“十二五”普通高等教育本科国家级规划教材
普通高等教育“十一五”国家级规划教材
普通高等教育“十五”国家级规划教材
普通高等教育农业农村部“十三五”规划教材
全国高等农林院校“十一五”规划教材
全国高等农林院校教材经典系列
全国高等农业院校优秀教材
中国农业教育在线数字课程配套教材

花卉学

第三版

包满珠 主编

中国农业出版社

图书在版编目（CIP）数据

花卉学/包满珠主编. —3版. —北京：中国农业出版社，2011.6（2022.11重印）
普通高等教育“十一五”国家级规划教材　全国高等农林院校“十一五”规划教材
ISBN 978-7-109-16416-1

Ⅰ. ①花…　Ⅱ. ①包…　Ⅲ. ①花卉－观赏园艺－高等学校－教材　Ⅳ. ①S68

中国版本图书馆CIP数据核字（2011）第268282号

中国农业出版社出版
（北京市朝阳区农展馆北路2号）
（邮政编码 100125）
责任编辑　戴碧霞
文字编辑　戴碧霞

三河市国英印务有限公司印刷　　新华书店北京发行所发行
1998年10月第1版　　2011年6月第3版
2022年11月第3版河北第12次印刷

开本：787mm×1092mm　1/16　　印张：31.5
字数：778千字
定价：68.50元

第三版编者

主　编　包满珠

副主编　义鸣放

编　者（按单位名称笔画和姓名笔画排列）

山东农业大学　赵兰勇

云南农业大学　李枝林

中国农业大学　义鸣放　陈　菊

东北农业大学　车代弟

四川农业大学　潘远智

西北农林科技大学　邹志荣

华中农业大学　王彩云　包满珠　宁国贵　刘国锋　张俊卫　胡惠蓉　傅小鹏

华南农业大学　范燕萍

扬州大学　何小弟

沈阳农业大学　孙红梅

河北农业大学　肖建忠

河南农业大学　何松林

河南科技学院　李保印

南京农业大学　陈发棣　管志勇

浙江大学　夏宜平

湖南农业大学　吴铁明

福建农林大学　陶萌春

审　稿　张启翔（北京林业大学）

刘　燕（北京林业大学）

第一版编者

主　编　鲁涤非（华中农业大学）
编　者　孙自然（中国农业大学）
　　　　熊济华（西南农业大学）
　　　　鲁涤非（华中农业大学）
　　　　义鸣放（中国农业大学）
　　　　包满珠（华中农业大学）
审　稿　陈俊愉（北京林业大学）

第二版编者

主　编　包满珠（华中农业大学）
副主编　义鸣放（中国农业大学）
编　者（按姓名笔画排列）
义鸣放（中国农业大学）
王彩云（华中农业大学）
车代弟（东北农业大学）
包满珠（华中农业大学）
孙红梅（沈阳农业大学）
李枝林（云南农业大学）
李保印（河南职业技术师范学院）
肖建忠（河北农业大学）
吴铁明（湖南农业大学）
何小弟（扬州大学）
何松林（河南农业大学）
邹志荣（西北农林科技大学）
张俊卫（华中农业大学）
陈发棣（南京农业大学）
陈　菊（中国农业大学）
范燕萍（华南农业大学）
赵兰勇（山东农业大学）
胡惠蓉（华中农业大学）
夏宜平（浙江大学）
陶萌春（福建农林大学）
管志勇（南京农业大学）
潘远智（四川农业大学）

第三版前言

《花卉学》第二版自2003年出版以来，至今已有近8年时间了。其间，我国花卉业和园林行业经历了快速发展的阶段，云南切花、广东盆花、西北及华北种子及种球、其他地区绿化苗木等都已逐步走向专业化生产道路，花卉种类及品种也不断增加；城市园林绿化植物种类也有了诸多更新，苗木业产值持续增加。行业发展的新形势对《花卉学》的修订提出了客观要求。

第二版自出版以来，全国许多兄弟院校将其作为园林专业、园艺专业的主干课程教材，同时也有许多院校将其作为相关专业选修课教材。在使用过程中许多老师和同学发现了其中的一些错误与瑕疵，并通过各种方式将意见反馈给编者。编者愿借此机会对关心本教材的老师和同学们表示衷心的感谢！

此次修订重点是对第二版中存在的一些不足之处进行了订正，对行业发展的新进展进行了更新，对一些新材料进行了补充。华中农业大学园艺林学学院教师王媛媛、张蔚、郑日如、何燕红参与了部分章节资料的收集、整理与修订工作。北京林业大学张启翔教授和刘燕教授对书稿进行了审阅并提出了宝贵意见。在此一并致谢！

由于编者水平所限，加之时间仓促，缺点错误仍在所难免。恳请老师和同学们在使用过程中给予批评和指正，并将具体意见及时反馈，以便在下一次修订时予以吸收。

编　者

2011年3月于湖北武汉狮子山

第一版前言

本书是在全国高等农业院校教材指导委员会会议精神指导下，为观赏园艺专业编写的专业课教材。总学时为100～120。全书除绪论外共含16章，编写者具体分工如下：

孙自然——第六章 花卉的开花调节；第七章 花卉装饰；第十章 宿根花卉；第十一章 球根花卉。

熊济华——第一章 花卉的分类与分布；第四章 花卉的繁殖；第十二章 多浆植物与仙人掌类；第十四章 兰科花卉；第十六章 木本花卉。

鲁涤非——绪论；第二章 花卉栽培与环境条件的关系；第五章 花卉的栽培管理；第九章 一二年生花卉；第十三章 室内观叶植物。

义鸣放——第三章 花卉栽培设施。

包满珠——第八章 花卉生产的经营管理；第十五章 水生花卉。

全书由鲁涤非教授统稿。

稿成请北京林业大学陈俊愉教授审阅，特致衷心感谢。

编写过程中华中农业大学观赏园艺专业部分同学帮助绘制插图与抄写稿件，还有许多同志给予指导与帮助，在此一并致谢。

限于作者水平，错误和不足之处，尚希不吝批评指正。

编　者

1997年1月

第二版前言

《花卉学》第二版是在原来教材的基础上修订而来的，本书被列入教育部面向21世纪课程教材和普通高等教育“十五”国家级规划教材。原《花卉学》是由华中农业大学鲁涤非教授主编，孙自然、熊济华、义鸣放、包满珠等参编的全国高等农业院校统编教材，其主要对象是观赏园艺专业学生。

随着我国高等教育的改革，相关专业做了较大调整，原来的观赏园艺专业已经与果树、蔬菜等合并为园艺专业，而原来我国高等农业院校开办较少的园林专业则发展十分迅速。因此，这次修订在继承原教材基本框架及内容的前提下，针对专业特点及我国和国际花卉业的发展变化对部分内容做了一些调整。首先，各论排列兼顾园林专业和园艺专业的特点，将园林应用相关的植物材料和室内应用相关的植物材料相对集中；其次，增加了花卉的园林应用、地被植物等内容。

全书共分十八章，具体修编分工如下：绪论（包满珠）；第一章（胡惠蓉、包满珠）；第二章（张俊卫、包满珠）；第三章（何松林）；第四章（邹志荣）；第五章（王彩云）；第六章（义鸣放、陈菊）；第七章（胡惠蓉、王彩云）；第八章（包满珠）；第九章（车代弟、孙红梅）；第十章（陈发棣、管志勇）；第十一章（夏宜平）；第十二章（范燕萍）；第十三章（吴铁明）；第十四章（陶萌春、包满珠）；第十五章（包满珠、何小弟）；第十六章（李枝林）；第十七章（赵兰勇、肖建忠、潘远智、李保印等）；第十八章（张俊卫、包满珠）。

全书由包满珠、义鸣放统稿。由于参编人员较多，统稿工作困难较大。此外，编写者大多是较年轻的教师，经验和知识的积累都还有限，因此这本教材的缺点和不足在所难免。我们真诚欢迎广大师生在使用过程中及时提出宝贵的批评和建议，以便在以后改进。

编　者

2003年5月于武汉狮子山

目 录

第三版前言
第一版前言
第二版前言

绪论 …… 1

一、花卉学的定义及范畴 …… 1
二、花卉在人类生活中的地位和作用 …… 1
三、我国花卉业的概况 …… 3
四、国内外花卉生产概况 …… 7
复习思考题 …… 9

总 论

第一章 花卉的起源与分布 …… 12

第一节 世界栽培植物地理起源 …… 12
第二节 世界气候型及其代表花卉 …… 13
第三节 我国花卉的地理分布及其特点 …… 15
复习思考题 …… 18

第二章 花卉的多样性与分类 …… 19

第一节 花卉资源的多样性 …… 19
一、遗传多样性 …… 19
二、物种多样性 …… 19
三、生态系统多样性 …… 20
第二节 花卉的分类 …… 20
一、按生态习性分类 …… 20
二、按形态分类 …… 22
三、按栽培类型分类 …… 23
四、按用途分类 …… 23
五、其他分类 …… 24
复习思考题 …… 25

第三章 花卉的生长发育与环境 …… 26

第一节 花卉的生长发育过程及其规律 …… 26
一、生长与发育的特性 …… 26

二、花卉生长发育的规律性 …… 27
三、生长的相关性 …… 28
四、植物发育的理论 …… 28
五、花卉的生长发育过程 …… 29
六、花芽分化 …… 31
第二节 环境对花卉生长发育的影响 …… 33
一、温度 …… 34
二、光照 …… 37
三、水分 …… 39
四、空气 …… 41
五、土壤与营养 …… 44
六、病虫害 …… 47
复习思考题 …… 49

第四章 花卉栽培设施及器具 …… 50

第一节 温室 …… 50
一、世界园艺设施发展历史 …… 50
二、温室在花卉生产中的作用及发展趋势 …… 51
三、温室的类型和结构 …… 52
四、我国引进温室的使用情况及存在问题 …… 54
五、温室的设计 …… 56
六、温室内环境的调节 …… 58
第二节 塑料大棚 …… 62
一、塑料大棚在花卉生产中的作用 …… 62
二、塑料大棚的类型和结构 …… 63
第三节 荫棚 …… 64
一、荫棚在花卉生产中的作用 …… 64
二、荫棚的类型和结构 …… 64
第四节 花卉栽培的其他设施 …… 65
一、冷床与温床 …… 65
二、栽培容器 …… 68
三、花卉栽培机具 …… 68
复习思考题 …… 69

第五章 花卉的繁殖 …… 70

第一节 有性繁殖 …… 70
一、花卉种子的来源 …… 70
二、花卉种子的成熟与采收 …… 71
三、种子的寿命与贮藏 …… 72
四、种子检验 …… 73
五、种子休眠与解除 …… 74
六、有性繁殖的方法与技术 …… 76
第二节 无性繁殖 …… 78

一、扦插繁殖 …… 78
二、嫁接繁殖 …… 84
三、分生繁殖 …… 87
四、组织培养繁殖 …… 88
五、压条繁殖 …… 90
六、孢子繁殖 …… 90
复习思考题 …… 91

第六章　花卉的栽培管理 …… 92

第一节　花卉的露地栽培 …… 92
一、土壤的选择与管理 …… 92
二、水分管理 …… 95
三、施肥 …… 97
四、露地花卉的防寒与降温 …… 101
五、杂草防除 …… 102
第二节　花卉的容器栽培 …… 104
一、花盆及盆土 …… 104
二、上盆与换盆 …… 108
三、灌水与施肥 …… 109
四、整形与修剪 …… 112
五、盆栽花卉环境条件的调控 …… 113
第三节　切花设施栽培 …… 114
一、土壤准备 …… 114
二、起苗与定植 …… 115
三、灌溉与施肥 …… 115
四、中耕除草 …… 116
五、整形修剪与设架拉网 …… 117
第四节　花卉的无土栽培 …… 117
一、无土栽培的方式 …… 118
二、无土栽培的基质 …… 119
三、营养液的配制与管理 …… 124
第五节　花卉的花期调控 …… 128
一、开花调节的意义 …… 128
二、确定开花调节技术的依据 …… 128
三、开花调节的技术途径 …… 129
复习思考题 …… 138

第七章　花卉的应用 …… 139

第一节　花卉的园林应用 …… 139
一、花坛 …… 139
二、花池 …… 141
三、花台 …… 141
四、花境 …… 142

五、花丛 …… 142
六、岩石园 …… 142
七、水景园 …… 143
八、垂直绿化 …… 143
九、地被和草坪 …… 143
第二节 花卉装饰 …… 144
一、盆花装饰 …… 144
二、插花艺术 …… 146
三、切花采后处理 …… 155
四、干燥花 …… 159
第三节 花卉的其他应用 …… 161
一、香花植物 …… 161
二、食用花卉 …… 162
复习思考题 …… 162

第八章 花卉生产的经营管理 …… 163

第一节 概述 …… 163
第二节 我国花卉产业结构及生产区划 …… 165
第三节 花卉的周年供应 …… 167
第四节 花卉栽培的轮作 …… 167
复习思考题 …… 168

各 论

第九章 一、二年生花卉 …… 170

第一节 概述 …… 170
一、一、二年生花卉的定义与特点 …… 170
二、一、二年生花卉繁殖与栽培管理要点 …… 170
第二节 常见一、二年生花卉 …… 171
（一）一串红（171） （二）矮牵牛（173） （三）翠菊（174） （四）大花三色堇（175） （五）半支莲（176） （六）瓜叶菊（177） （七）万寿菊（178） （八）百日草（179） （九）凤仙花（180） （十）石竹（181） （十一）波斯菊（182） （十二）金鱼草（183） （十三）鸡冠花（184） （十四）雏菊（185） （十五）金盏菊（186） （十六）美女樱（187） （十七）牵牛花（188） （十八）茑萝（189） （十九）虞美人（190） （二十）蒲包花（191） （二十一）福禄考（192） （二十二）羽衣甘蓝（193） （二十三）彩叶草（194） （二十四）蜀葵（195） （二十五）三色苋（195） （二十六）观赏辣椒（196） （二十七）桂竹香（197） （二十八）香雪球（198） （二十九）四季秋海棠（198） （三十）美兰菊（199） （三十一）紫罗兰（199） （三十二）藿香蓟（200） （三十三）白晶菊（201）
第三节 其他一、二年生花卉 …… 201
复习思考题 …… 205

第十章 宿根花卉 …… 206
第一节 概述 …… 206
一、宿根花卉的定义与范畴 …… 206
二、宿根花卉的特点 …… 206
第二节 常见宿根花卉 …… 207
(一) 菊花 (207) (二) 香石竹 (214) (三) 芍药 (218) (四) 鸢尾类 (221) (五) 秋海棠类 (224) (六) 君子兰属 (227) (七) 锥花丝石竹 (230) (八) 非洲菊 (232) (九) 花烛属 (234) (十) 补血草属 (236) (十一) 鹤望兰 (238) (十二) 荷包牡丹 (240) (十三) 宿根福禄考 (241) (十四) 萱草 (242) (十五) 荷兰菊 (243) (十六) 紫松果菊 (244) (十七) 大金鸡菊 (245) (十八) 玉簪 (245) (十九)天竺葵 (246) (二十) 随意草 (247) (二十一) 蓍草 (248) (二十二) '斑叶'芒 (248)
第三节 其他宿根花卉 …… 249
复习思考题 …… 251
第十一章 球根花卉 …… 252
第一节 概述 …… 252
一、球根花卉的定义与特点 …… 252
二、球根花卉的分类 …… 252
第二节 百合科球根花卉 …… 253
(一) 百合 (253) (二) 郁金香 (259) (三) 风信子 (263) (四) 花贝母 (265) (五) 葡萄风信子 (265) (六) 嘉兰 (266) (七) 绵枣儿 (267)
第三节 鸢尾科球根花卉 …… 268
(一) 唐菖蒲 (268) (二) 球根鸢尾类 (272) (三) 大花小苍兰 (274) (四) 番红花属 (276)、
第四节 石蒜科球根花卉 …… 277
(一) 中国水仙 (277) (二) 石蒜 (280) (三) 朱顶红 (282) (四) 晚香玉 (283) (五) 六出花 (284) (六) 雪花莲 (286) (七) 葱莲 (287) (八) 水鬼蕉 (288)
第五节 其他科球根花卉 …… 289
(一) 大丽花 (289) (二) 蛇鞭菊 (292) (三) 仙客来 (293) (四) 花毛茛 (296) (五) 欧洲银莲花 (298) (六) 大花美人蕉 (298) (七) 马蹄莲 (300) (八) 球根秋海棠 (301) (九) 姜花 (303) (十) 大岩桐 (303)
第六节 其他球根花卉 …… 304
复习思考题 …… 305
第十二章 室内观叶植物 …… 306
第一节 概述 …… 306
一、室内观叶植物的定义与功用 …… 306
二、室内气候与室内观叶植物选择 …… 306
三、室内观叶植物栽培管理 …… 308
四、室内观叶植物的繁殖 …… 309
第二节 常见室内观叶植物 …… 309

一、蕨类 …… 309
（一）铁线蕨（309） （二）鸟巢蕨（310） （三）二叉鹿角蕨（311） （四）肾蕨（311）
二、凤梨科 …… 312
（一）美叶光萼荷（313） （二）'艳'凤梨（313） （三）果子蔓（314） （四）铁兰（315） （五）虎纹凤梨（315）
三、竹芋科 …… 316
（一）花叶竹芋（316） （二）肖竹芋（317） （三）天鹅绒竹芋（317）
四、天南星科 …… 318
（一）广东万年青（318） （二）花叶芋（319） （三）花叶万年青（320） （四）长心叶喜林芋（321） （五）白鹤芋（322） （六）绿萝（322）
五、龙舌兰科 …… 323
（一）香龙血树（323） （二）富贵竹（324） （三）朱蕉（325） （四）巨丝兰（326）
六、百合科 …… 326
（一）吊兰（326） （二）文竹（327）
七、棕榈科 …… 328
（一）袖珍椰子（328） （二）散尾葵（329） （三）棕竹（329）
八、木棉科 …… 330
马拉巴栗（330）
九、大戟科 …… 331
变叶木（331）
第三节 其他室内观叶植物 …… 332
复习思考题 …… 334

第十三章 多浆植物 …… 335

第一节 概述 …… 335
一、多浆植物的概念 …… 335
二、多浆植物的植物学特性与分类 …… 335
三、多浆植物的观赏价值 …… 336
四、多浆植物对环境条件的要求 …… 336
五、多浆植物的繁殖 …… 337
第二节 常见多浆植物 …… 339
一、仙人掌科 …… 339
（一）金琥（339） （二）蟹爪兰（339） （三）'绯牡丹'（340） （四）昙花（340） （五）鸾凤玉（341） （六）松霞（341） （七）念珠掌（342）
二、其他科 …… 342
（一）长寿花（342） （二）佛甲草（343） （三）神刀（343） （四）美丽石莲花（343） （五）生石花（344） （六）鹿角海棠（344） （七）四海波（345） （八）龙须海棠（345） （九）大花犀角（345） （十）虎刺梅（346） （十一）条纹十二卷（346） （十二）墨鉾（347） （十三）鬼脚掌（347）
第三节 其他多浆植物 …… 348
复习思考题 …… 350

第十四章 兰科花卉 …… 351

第一节 兰科花卉的发展概况 …… 351

第二节　兰科花卉的分类 …… 352
一、按进化系统分类 …… 352
二、按属形成的方式分类 …… 352
三、按生态习性分类 …… 354
四、按对温度的要求分类 …… 354
第三节　兰科花卉的生长 …… 355
一、兰科花卉的营养生长 …… 355
二、兰科花卉的生殖生长 …… 355
第四节　兰科花卉的繁殖 …… 356
一、有性繁殖 …… 356
二、营养繁殖 …… 358
第五节　兰花的栽培管理 …… 361
第六节　露地切花兰生产 …… 363
一、栽培方式 …… 364
二、切花采收与处理 …… 364
第七节　兰花常见栽培属 …… 365
一、国兰类兰属 …… 365
二、洋兰类 …… 368
（一）蝴蝶兰属（368）　（二）兜兰属（370）　（三）卡特兰属（372）　（四）石斛属（373）　（五）万代兰属（376）　（六）兰属大花蕙兰（377）
复习思考题 …… 378

第十五章　水生花卉 …… 379

第一节　水生花卉的生态习性 …… 379
第二节　水生花卉的繁殖与管理 …… 379
一、水生花卉的繁殖 …… 379
二、水生花卉的管理 …… 380
第三节　常见水生花卉 …… 380
一、挺水类 …… 380
（一）荷花（380）　（二）千屈菜（383）　（三）长苞香蒲（383）　（四）玉蝉花（384）　（五）菖蒲（385）　（六）梭鱼草（385）　（七）再力花（386）
二、浮水类 …… 387
（一）睡莲（387）　（二）王莲（388）　（三）萍蓬草（388）
三、漂浮类 …… 389
（一）田字萍（389）　（二）荇菜（389）　（三）凤眼莲（390）　（四）大薸（391）
四、沉水类 …… 391
（一）金鱼藻（391）　（二）黑藻（392）　（三）苦草（392）
第四节　其他水生花卉 …… 393
复习思考题 …… 395

第十六章　高山花卉及岩生植物 …… 396

第一节　概述 …… 396
一、高山花卉及岩生植物的含义及主要种类 …… 396

二、高山花卉及岩生植物的特征 …… 396
三、高山花卉及岩生植物的应用价值 …… 397
第二节 常见高山花卉及岩生植物 …… 397
(一) 龙胆 (397) (二) 四季报春 (398) (三) 轮叶马先蒿 (399) (四) 点地梅 (400) (五) 雪莲 (401)
第三节 其他高山花卉及岩生植物 …… 403
复习思考题 …… 404

第十七章 木本花卉 …… 405

第一节 传统木本花卉 …… 405
(一) 月季 (405) (二) 牡丹 (409) (三) 梅花 (416) (四) 蜡梅 (418) (五) 云南山茶 (421) (六) 杜鹃花 (423) (七) 桂花 (426)
第二节 其他木本花卉 …… 430
(一) 栀子花 (430) (二) 八仙花 (431) (三) 含笑 (432) (四) 白兰花 (432) (五) 虾衣花 (433) (六) 瑞香 (434) (七) 一品红 (435) (八) 米兰 (437) (九) 叶子花 (437) (十) 扶桑 (438) (十一) 金丝桃 (439) (十二) 迎春 (440) (十三) 茉莉 (442) (十四) 凌霄 (442) (十五) 火棘 (443) (十六) 锦带花 (444) (十七) 紫藤 (445) (十八) 榆叶梅 (446) (十九) 碧桃 (447) (二十) 樱花 (448) (二十一) 海棠 (448) (二十二) 年橘 (449)
复习思考题 …… 450

第十八章 地被植物 …… 451

第一节 概述 …… 451
一、地被植物的概念与分类 …… 451
二、地被植物的选择 …… 451
三、地被植物的繁殖 …… 452
四、地被植物的养护管理 …… 453
第二节 常见地被植物 …… 454
(一) 白车轴草 (454) (二) 鸡眼草 (454) (三) 葛藤 (455) (四) 绣球小冠花 (455) (五) 紫花苜蓿 (455) (六) 红花酢浆草 (456) (七) 蛇莓 (456) (八) 诸葛菜 (457) (九) 百里香 (457) (十) 活血丹 (457) (十一) 过路黄 (458) (十二)'金山'绣线菊 (458) (十三) 地榆 (458) (十四) 马蔺 (459) (十五) 万年青 (459) (十六) 吉祥草 (459) (十七) 阔叶山麦冬 (460) (十八) 山麦冬 (460) (十九) 紫花地丁 (460) (二十) 翠云草 (461)
第三节 其他地被植物 …… 461
复习思考题 …… 462
附录 …… 463
一、重要花卉学名索引 …… 463
二、重要花卉中名笔画索引 …… 475

绪 论

我国花卉栽培历史十分悠久，在人类历史文化的发展中作出了不可磨灭的贡献，被誉为“世界园林之母”，其核心含义是我国的花卉资源在世界园林建设中发挥了举足轻重的作用。

随着改革开放的不断深入和国民经济持续稳定的发展，花卉不仅作为传统的园林栽培观赏，而已发展为一种产业，也是人类生存和发展的环境建设的重要组成部分。花卉是美的象征，也是社会文明进步的标志，随着人们物质文化生活水平的不断提高，对花卉的栽培和欣赏还会提出更高的要求。因此，花卉生产应紧跟时代的步伐，培育新的品种，形成新的产业，以满足广大人民群众的需求。

一、花卉学的定义及范畴

何为花卉?《辞海》(1999 年版）称花卉为“可供观赏的花、草”。从植物学的角度讲，花是被子植物的生殖器官，而卉则是草的总称。什么是花卉学呢？狭义的花卉学就是研究花花草草的一门科学。随着时代的进步和科技文化的发展，花卉学的外延也在扩大。广义的花卉学除草花之外，还研究木本花卉和观赏草类——即观花、观果、观叶和其他所有具观赏价值的植物。花卉学是研究草本及木本花卉的分类、繁殖、栽培及应用的科学。但由于篇幅所限，本书在重点介绍一、二年生花卉、宿根花卉、球根花卉的同时，对室内观叶植物、多浆植物、兰科花卉、水生花卉、高山花卉及岩生植物、地被植物以及部分花灌木和传统习惯盆栽的木本花卉也作了介绍。

二、花卉在人类生活中的地位和作用

随着花卉成为人们生活中的一种消费品，花卉业发展为一项朝气蓬勃的新兴产业，成为许多地区调整产业结构、振兴地方经济的支柱产业之一。同时，花卉也是人们普遍喜爱的一种特殊商品，发展花卉业经济效益高，社会效益好，生态效益大。花卉业的发展既美化了环境，改善了环境质量，也提高了人们的生活质量和情趣。因此花卉业是兼具物质文明与精神文明双重意义的特殊产业，其在农业和农村经济、城乡经济一体化建设以及社会经济、文化生活中将占据越来越重要的地位，起到越来越大的作用。

1. 花卉是城乡绿化的重要材料 人类的生产和生活对被覆地表的绿色植物造成了严重的破坏，引起生态平衡失调，导致自然灾害频频发生。人类从受到的惩罚中逐渐认识到，大力推行园林绿化，植树种草，恢复和改善自身的生存环境，已成为一项刻不容缓的工作。

花卉具有调节空气温湿度、吸收有害气体、吸附烟尘、防止水土流失等功能。色彩绚丽的花卉还有美化环境的作用，在普遍绿化的基础上，栽植丰富多彩的花卉进行重点美化，犹如锦上添花。因而花卉具有广泛的环境效益。

2. 花卉是人类精神文化生活中不可缺少的内容 观赏花草能消除疲劳，使人精神焕发，从而以充沛的精力和饱满的热情投入到工作中去。仅以观花植物而论，花形有的整齐，有的奇异；花色有的艳丽，有的淡雅；花香有的芬芳四溢，有的幽香盈室；花姿有的风韵潇洒，有的丰满硕大。千变万化，美不胜收。更有多种观叶、观果、观姿的种类都给人以美的享受。

花卉业的发展受社会政治经济的制约，也受人们文化素养的影响。纵观我国历代花卉业的发展，每当国泰民安、富强兴旺、科技文化昌盛的时代，人们种花、艺花、赏花的水平就得到提高，花卉业就得到发展，反之则受到摧残与破坏。

3. 花卉生产是国民经济的组成部分 花卉生产不仅有广泛的社会效益和环境效益，并且有巨大的经济效益，因而近年来花卉业以前所未有的速度得到发展。首先是人们认识到花卉这种特殊商品的价值，其次是消费的增长促进了生产，第三是花卉逐渐成为出口创汇的主要产品之一。

据国际园艺生产者协会（The International Association of Horticultural Producer, AIPH）2010 年不完全统计，荷兰、美国、德国、中国等 45 个切花和盆栽植物主要生产国的种植面积总和为 70.2 万 hm^2，产值超过 262 亿欧元；18 个观赏植物苗木主要生产国的种植面积总和超过 77.8 万 hm^2，产值超过 177 亿欧元；11 个花卉种球主要生产国家和地区的种植面积总和为 3.83 万 hm^2，产值超过 6.8 亿欧元。并且预测对盆花、切花、观叶植物的需求还将进一步增长。

2010 年，我国花卉种植面积达 91.8 万 hm^2，比 1998 年的 6.98 万 hm^2 增长了 12.2 倍；花卉销售总额达 862 亿元，比 1998 年的 99 亿元增长了 7.7 倍；花卉出口额由 1998 年的 0.32 亿美元增至 4.6 亿美元。

（1）发展花卉业有利于调整农业产业结构、促进农民增收 近几年来粮食生产出现阶段性过剩，蔬菜市场也出现阶段性饱和，农民增产不增收，调整农业结构已成为农业和农村工作的重要任务之一。花卉业是一项占地少、效益高的产业，俗话说“一亩园十亩田，一亩花十亩园”。与传统农业相比，其经济效益可成倍甚至几十倍增长。花卉业可以增加农民收入，提高我国农业国际竞争力，巩固农业基础地位。与此同时，随着环境的不断恶化和森林资源的急剧减少，林业产业结构也面临着调整的要求。花卉业开始成为农林业结构调整的重点，发展花卉业已逐步成为农民增收奔小康的一条重要途径。

（2）发展花卉业有利于增加就业 花卉业属于劳动密集型产业，每个花卉生产者平均需要 2 人为其提供产前、产中、产后的一系列服务。据统计，我国花卉业从业人数从 1998 年的 102 万人增加到 2010 年的 458 万人。可见花卉业能提供大量的就业机会，安置大批城乡剩余劳动力，今后还将有大发展的趋势。在推行机构改革、劳动就业逐渐成为我国社会热点问题的今天，发展花卉业无疑能促进就业结构的改善，为更多的城乡剩余劳动力提供就业机会，促进社会的安定团结。哥伦比亚有关人士称，花卉业确实提供了就业机会，2008 年哥伦比亚花卉出口从业人员达 17.4 万，花卉种植种类包括月季、香石竹等 50 多种。

（3）发展花卉业可以带动相关产业的发展 花卉业迅速发展，社会分工进一步明确并具体化，专业化程度更高，产业链更加牢固。花卉业作为一个产业体系，不但是农业的一个组成部分，也与轻工、化工食品及医药工业密切相关。花卉业的发展，可以带动相关产业的发展。据统计，1 元的花卉产值可以带动 6 元的相关产业，如花卉的包装、运输等。花卉业的大力发展、市场的拓宽也必然影响和带动轻工、化工、机械、食品、医药以及交通运输等相关行业的发展。

三、我国花卉业的概况

（一）我国花卉栽培史

我国花卉栽培历史悠久。远在春秋时期，吴王夫差在会稽建梧桐园，已有栽植观赏花木海棠的记载。至秦汉时期（前221—公元220），王室富贾营建宫苑，广集各地奇果佳树、名花异卉植于园内，如汉武帝在长安兴建上林苑，不仅栽培露地花卉，还建保温设施，种植各种热带、亚热带观赏植物，据《西京杂记》记载达2 000余种。西晋嵇含著《南方草木状》，记载两广和越南栽培的观赏植物如茉莉、菖蒲、扶桑、刺桐、紫荆、睡莲等80种。东晋（317—420）陶渊明诗集中有'九华菊'品种名，还有芍药开始栽培的记载。隋代（581—618）花卉栽培渐盛。据宋代李格非《洛阳名园记》记载，当时归仁园中"北有牡丹芍药四株，中有竹百亩"。唐代（618—907）王芳庆著《园庭草木疏》，李德裕著《平泉山居草木记》等。宋代（960—1279）花卉栽培有了长足的发展，有关花卉的著述盛极一时，有代表性的如陈景沂《全芳备祖》，范成大《桂海花木志》、《范村梅谱》、《范村菊谱》，欧阳修、周师厚《洛阳牡丹记》，陆游《天彭牡丹谱》，陈思《海棠谱》，王观《芍药谱》，刘蒙、史正志《菊谱》，王贵学《兰谱》，赵时庚《金漳兰谱》等。明代（1368—1644）花卉栽培又有新的发展，专著如高濂《兰谱》，周履靖《菊谱》，陈继儒《种菊法》，黄省曾《艺菊》，薛凤翔《牡丹史》，曹璿辑《琼花集》等，同时出版了一批综合性著作如周文华《汝南圃史》，王世懋《学圃杂疏》，陈诗教《灌园史》，王象晋《群芳谱》等。清代（1616—1911）前期花卉园艺亦颇兴盛，有名的专著如杨钟宝《缸荷谱》，赵学敏《凤仙谱》，计楠《牡丹谱》，陆廷灿《艺菊志》，评花馆主《月季花谱》，朱克柔《第一香笔记》等，有关花卉的重要的综合性文献如汪灏等《广群芳谱》，陈淏子《花镜》、马大魁《群芳列传》等。民国时期（1912—1949）花卉业虽有发展，但仅限于少数城市，专业书刊出版亦少，主要有陈植《观赏树木》，夏诒彬《种兰花法》、《种蔷薇法》，章君瑜《花卉园艺学》，童玉民《花卉园艺学》，陈俊愉、汪菊渊等《艺园概要》，黄岳渊、黄德邻《花经》等。

（二）我国丰富的花卉资源及其对世界的贡献

我国是世界花卉种质资源宝库之一。已栽培的花卉植物，初步统计产于我国的有113科523属，达数千种之多，其中将近100属有半数以上的种均产于我国（表0-1）。

表0-1　我国产花卉种数超过世界产种数50%的属

属　名	世界产种数	我国产种数	我国产种数占世界产种数的百分数（%）
翠菊属（*Callistephus*）	1	1	100
金粟兰属（*Chloranthus*）	15	15	100
铃兰属（*Convallaria*）	1	1	100
山麦冬属（*Liriope*）	6	6	100
独丽花属（*Moneses*）	1	1	100
紫苏属（*Perilla*）	1	1	100
桔梗属（*Platycodon*）	1	1	100
石莲属（*Sinocrassula*）	9	9	100
款冬属（*Tussilago*）	1	1	100
沿阶草属（*Ophiopogon*）	35	33	94.3
鹿蹄草属（*Pyrola*）	25	23	92.0
粗筒苣苔属（*Briggsia*）	20	18	90.0

（续）

属　　名	世界产种数	我国产种数	我国产种数占世界产种数的百分数（%）
山茶属（*Camellia*）	220	190	86.4
开口箭属（*Tupistra*）	14	12	85.7
狗哇花属（*Heteropappus*）	12	10	83.3
绿绒蒿属（*Meconopsis*）	45	37	82.2
沙参属（*Adenophora*）	50	40	80.0
结缕草属（*Zoysia*）	5	4	80.0
报春花属（*Primula*）	500	390	78.0
独花报春属（*Omphalogramma*）	13	10	76.9
杜鹃花属（*Rhododendron*）	800	600	75.0
吊石苣苔属（*Lysionotus*）	18	13	72.2
梅花草属（*Parnassia*）	50	36	72.0
蓝钟花属（*Cyananthus*）	30	21	70.0
紫堇属（*Corydalis*）	30	21	70.0
菊属（*Chrysanthemum*）	50	35	70.0
含笑属（*Michelia*）	50	35	70.0
棕竹属（*Rhapis*）	10	7	70.0
獐牙菜属（*Swertia*）	100	70	70.0
白芨属（*Bletilla*）	6	4	66.7
大百合属（*Cardiocrinum*）	3	2	66.7
石蒜属（*Lycoris*）	6	4	66.7
马先蒿属（*Pedicularis*）	500	329	65.8
金腰属（*Chrysosplenium*）	61	40	65.6
兰属（*Cymbidium*）	40	25	62.5
蜘蛛抱蛋属（*Aspidistra*）	13	8	61.5
瓦松属（*Orostachys*）	13	8	61.5
点地梅属（*Androsace*）	100	60	60.0
吊钟花属（*Enkianthus*）	10	6	60.0
黄精属（*Polygonatum*）	50	30	60.0
翠雀属（*Delphinium*）	190	111	58.4
绣线菊属（*Spiraea*）	105	60	57.1
荛花属（*Wikstroemia*）	70	40	57.1
香蒲属（*Typha*）	18	10	55.6
虾脊兰属（*Calanthe*）	120	65	54.2
射干属（*Belamcanda*）	2	1	50.0
八角金盘属（*Fatsia*）	2	1	50.0
十大功劳属（*Mahonia*）	100	50	50.0
莲属（*Nelumbo*）	2	1	50.0
吉祥草属（*Reineckia*）	2	1	50.0
虎耳草属（*Saxifraga*）	400	200	50.0

有些属我国所产种数虽不及半数或更少，却具有很高的观赏价值，如乌头属（*Aconitum*）、侧金盏花属（*Adonis*）、七叶树属（*Aesculus*）、银莲花属（*Anemone*）、耧斗菜属（*Aquilegia*）、紫金牛属（*Ardisia*）、紫菀属（*Aster*）、秋海棠属（*Begonia*）、小檗属（*Berberia*）、醉鱼草属（*Buddleja*）、苏铁属（*Cycas*）、杓兰属（*Cympripedium*）、瑞香属

(*Daphne*)、卫矛属 (*Euonymus*)、龙胆属 (*Gentiana*)、金丝桃属 (*Hypericum*)、冬青属 (*Ilex*)、凤仙花属 (*Impatiens*)、百合属 (*Lilium*)、忍冬属 (*Lonicera*)、木兰属 (*Magnolia*)、绣线梅属 (*Neillia*)、芍药属 (*Paeonia*)、独蒜兰属 (*Pleione*)、万年青属 (*Rohdea*)、蔷薇属 (*Rosa*)、雀梅藤属 (*Sageretia*)、景天属 (*Sedum*)、野茉莉属 (*Styrax*)、唐松草属 (*Thalictrum*)、络石属 (*Trachelospermum*)、万代兰属 (*Vanda*)、堇菜属 (*Viola*) 等。这些属中都有一些种是常见栽培或具观赏潜力尚待开发利用的。

我国原产的花卉为世界花卉业发展作出了巨大的贡献。早在公元前 5 世纪，荷花经朝鲜传至日本。大量的花卉和其他园艺作物交流始于 16 世纪。自 19 世纪初开始有大批欧美植物学工作者来华搜集花卉资源。100 多年以来，仅英国爱丁堡皇家植物园栽培的我国原产植物就达1 500种之多。威尔逊 (E. H. Wilson) 自 1899 年起先后 5 次来华，搜集栽培的和野生的花卉达 18 年之久，包括乔、灌木1 200余种，还有许多种子和鳞茎。1929 年，他出版了在中国采集的纪实，书名《中国，园林之母》(China，Mother of Gardens)。北美引种的我国乔、灌木就达1 500种以上，意大利引种的我国观赏植物约1 000种，已栽培的植物中德国有 50%、荷兰有 40%来源于我国。可以这样认为，凡是进行植物引种的国家，几乎都栽有我国原产的花卉。

西方各国园林中都引种和培育我国原产的花卉。如蔷薇属育成的许多品种中都含有月季花 (*Rosa chinensis*)、香水月季 (*R. odorata*)、玫瑰 (*R. rugosa*)、木香 (*R. banksiae*)、黄刺玫 (*R. xanthina*)、峨眉蔷薇 (*R. omeiensis*) 的血统；茶花类如山茶 (*Camellia japonica*) 变异性强，云南山茶 (*C. reticulata*) 花大色艳，两者进行杂交也培育了许多新品种。西方栽培的观赏树木，如银杏 (*Ginkgo biloba*)、水杉 (*Metasequoia glyptostroboides*)、珙桐 (*Davidia involucrata*)、玉兰 (*Magnolia denudata*)、泡桐 (*Paulownia fortunei*) 以及松柏类，全部或大部来自我国；花灌木类如六道木属 (*Abelia*)、醉鱼草属 (*Buddleja*)、小檗属 (*Berberis*)、栒子属 (*Cotoneaster*)、连翘属 (*Forsythia*)、金缕梅属 (*Hamamelis*)、八仙花属 (*Hydrangea*)、猬实属 (*Kolkwitzia*)、山梅花属 (*Philadelphus*)、火棘属 (*Pyracantha*)、杜鹃花属 (*Rhododendron*)、绣线菊属 (*Spiraea*)、丁香属 (*Syringa*)、锦带花属 (*Weigela*) 等，草本花卉如乌头属 (*Aconitum*)、射干属 (*Belamcanda*)、菊属 (Chrysanthemum)、萱草属 (*Hemerocallis*)、百合属 (*Lilium*)、翠菊属 (*Callistephus*)、飞燕草属 (*Consolida*)、石竹属 (*Dianthus*)、龙胆属 (*Gentiana*)、绿绒蒿属 (*Meconopsis*)、报春花属 (*Primula*)、虎耳草属 (*Saxifraga*) 等之中都有一些种是世界各地引种或作为杂交育种的亲本。由于原产我国的花卉广泛栽培在欧美的园林中，“没有中国植物就不能称其为园林”，因此我国被誉为“园林之母”、“花卉王国”等，确实是当之无愧的。

(三) 我国花卉业的现状与发展前景

我国的花卉业经受过种种曲折，在 20 世纪 80 年代以后发展十分迅速。50 年代初在“绿化祖国”的口号下，我国开始了有组织、有计划的花卉生产，1958 年党中央提出改造自然，实现大地园林化的号召。在这之前还在北京林学院设立我国第一个城市及居民区绿化专业，培养专门人才，明确了花卉业在国民经济建设和人民生活中的地位与作用，确定了大众化、科学化、多样化、生产化的发展方向，使花卉业的发展逐渐走向正轨。自 1978 年中国共产党十一届三中全会决定把工作重点转向社会主义现代化建设以来，花卉业步入了一个新的发展时期，许多院校恢复或新设了相关专业，各级园林花卉科研机构也相继成立，花卉生产在其故土很快恢复并有所发展，特别是建立了一批新的生产基地，一批有关花卉的图书、报刊相继问世，对花卉业的繁荣起了巨大的推动作用。1984年成立的中国花卉协会做了大量组织、协调和促进工作，使花卉的生产和经营、教学和科研工作获得了新的动力。近年全国有许多城市选定了市树市花，为花卉进入千家万户起了积极推动作用。随着花卉生产的发展，城乡出现了许多花卉市场，促进了花卉的生产和经营，也为爱好者提供了方便。在国内花卉市场日益扩大的同时，花卉出口也有较快的发展。

1. 我国花卉生产、科研、教育的现状 自1978年以来，花卉生产发展迅速。1987年全国花卉种植面积约26 700hm²，产值10亿元（《中国林业年鉴》）。据中国花卉协会统计，1989年全国22个省、直辖市、自治区花木种植面积已达40 000hm²，产值升至12亿元，其中江苏、浙江、福建、广东、四川各省种植面积在666hm²以上，产值在亿元以上，并且切花和干花以及盆景的出口逐渐增加，促进了生产。以城市郊区发展尤为迅速，出口花卉的种类主要有菊花、唐菖蒲、香石竹、月季、小苍兰等鲜切花和相配的观叶植物，占出口额的60%～70%。2010年全国花卉种植面积达918 000hm²，销售额862亿元。

花卉科学研究工作近年在农林、城建部门和科学院系统的一些单位逐渐开展起来，主要有传统名花的整理和新品种的选育、野生种的引种驯化、主要花卉的遗传改良及生物技术研究、商品化生产技术研究等，如对梅花、荷花、菊花、牡丹、山茶、兰花、月季、百合、芍药等都进行了系统的研究，包括来源、资源分布、分类、品种和品种选育，有的还出版了专著。在野生花卉的种质资源考察与搜集方面也开展了一些工作。我国花卉科技工作者分别对云南、浙江、湖北、河南、陕西、甘肃、新疆、辽宁、吉林、北京都先后进行了综合考察，摸清了各地野生花卉资源分布情况，发现了一批观赏价值高并有应用前景的种，还初步进行了引种栽培。在花卉的杂交育种方面也取得了显著的成绩，如菊花育成了早菊、夏菊、国庆菊、地被菊，牡丹育成了花色新颖、抗逆性强的品种，梅花育成了抗寒性强的品种，还有月季、荷花、百合、君子兰、美人蕉、萱草、石蒜等都进行了杂交育种工作，获得了新的品种。此外，在百合、非洲菊、香石竹、小苍兰、菊花等的组织培养快速繁殖以及转基因等方面也取得了可喜的进展。

在教育方面，1997年前，我国与发展花卉业有关的专业，在农业院校有观赏园艺，林业院校有园林，城建院校有风景园林，都培养花卉园林事业高级专门人才。最新国家专业目录调整设置园林、园艺、风景园林等专业。园林植物与观赏园艺专业培养更高层次人才的硕士点和博士点也逐渐增多。职业教育方面，各地相关职业技术学院、职业技术学校和园林技术学校也多设有与花卉有关的专业或开设花卉栽培学的课程。

2. 我国花卉业展望 花卉业已逐渐成为世界新兴产业之一。如将我国丰富的资源转化为商品，就会变成一笔巨大的财富，无疑这一光荣而艰巨的使命将落在花卉科技工作者身上。

近来我国各地在花卉种质资源考察中发现和搜集到一批观赏价值高的植物，其中有的可以直接引种，有的需经驯化，有的可作为培育新品种的亲本。这一基础性调查研究工作已引起有关人士的关注，将为花卉业的发展作出新的贡献。

科学技术就是生产力已逐渐为人们所认识，国家设立了全国性花卉研究机构，各省市也多设有相应的机构。为了提高花卉产品的质量，增加新的品种，采用新技术、新设备、新手段如多倍体单倍体育种、一代杂种的利用、辐射育种、组织培养等。对花卉种和品种的选择，从重视花色、花型、株型等转向适应生产性、交流运输性、抗病性等方面。

花卉生产还应扬长避短，并实行区域化、专业化、工厂化、现代化，有计划有步骤地发挥优势，形成特色，建立基地，形成产业，为花卉进入千家万户和国际市场创造条件。除大力发展名花外，对切花和室内植物应给予特殊重视，适于我国栽培的外国花卉，也应积极引种，使其为我所用。

建立生产基地和流通联合体。花卉种类繁多，要求的生育条件各异，因此选择适宜地区建立某种花卉的生产基地是发展花卉生产的重要措施，能收到事半功倍之效。建立经营种子、育苗设施、容器、机具、花肥花药以及保鲜、包装、贮藏、运输等一系列业务，使各个环节相互协调配合，对促进花卉业的发展将会产生积极的影响。

科学技术转变为生产力的一个中心环节就是科技的推广普及工作。商品化生产既要达到一定的数量，更要保持整齐一致的高质量，若没有现代科技的运用和现代化设备的武装，很难完成这一任务。因此还应普遍提高花卉种植者、经营者以及爱好者的水平，利用各种宣传工具如广播、电视、互联网和报刊，宣传普及花卉栽培管理和经营的基本知识和操作方法，以适应花卉商品化生产的要求，同时建立信息咨询服务机构，掌握国际国内花卉生产和市场的信息和活动，大力发展适销对路的切花、盆花、种苗、种球、盆景和干花生产，并通报气象变化情况、病虫害发生发展的规律及防治方法、种子种苗的流通和农药化肥的供销情况，为花卉生产提供服务。近年来，花卉贸易在全国的体系已逐步健全，电子商务已在花卉销售中发挥作用。

总之，随着国民经济的繁荣，我国花卉业应紧紧抓住有利条件和机遇，采取切实可行的措施，以取得飞跃性发展。

四、国内外花卉生产概况

花卉是人们普遍喜爱的一种特殊商品，花卉业作为新世纪的“朝阳产业”，是一项集经济效益、社会效益、生态效益于一体的绿色产业。第二次世界大战后，世界各国进入了相对平稳的时期，伴随着战后经济的恢复和快速发展，花卉业迅速在全球崛起，无论是发达国家还是发展中国家，都对花卉业产生极大兴趣，使之成为一项新兴的、具有活力的产业。随着经济全球化步伐的加快，各花卉生产国都最大限度地优化自然资源和人力资源，尤其将信息资源和品种资源作为产业发展的基础和根本动力，本着利益最大化的原则，积极开拓市场，激烈的花卉市场竞争局面已经形成。出口额以每年10%的速度递增，2010年世界花卉出口额已约202亿美元。出口的花卉种类主要有月季、香石竹、菊花、郁金香、百合、小苍兰、鹤望兰、满天星、洋兰以及各种其他观叶、观花、观果的盆栽植物，还有球根花卉的种球、草坪草种子等。

花卉产业的发达程度是一个国家经济发展水平和社会文明程度的重要标志之一。花卉产品已成为国际贸易的大宗商品，消费量稳步上升。20世纪50年代初，世界花卉的贸易额不足30亿美元，1985年发展为150亿美元，2010年上升到382.6亿美元，而且保持每年以10%的速度递增。据国际园艺生产者协会统计，2010年全球花卉总产值445.3亿欧元。

花卉业之所以迅速发展，原因如下：①需要量大，经济效益高（表0-2）。按每公顷年收益计，美国2009年大麦697美元，柑橘8 012美元，而切花达233 800美元。②花卉生产促进了花卉的销售，带动了花肥、花药、栽花机具及花卉包装贮运业的发展。③花卉生产促进了食品、香料、药材的发展，如丁香、桂花、茉莉、玫瑰、香水月季等常用来提取天然香精，红花、兰花、米兰、玫瑰作为食品香料，芍药、菊花、红花都是著名的中药材。④举办各种花卉博览会或花卉节，以花为媒，吸引游人，推动旅游业的发展。

表 0-2　2008—2010 年世界主要花卉生产国家和地区花卉进出口值

（单位：万美元）

国家或地区	2010		2009		2008	
	出口	进口	出口	进口	出口	进口
全球	2 015 662	1 809 946	1 753 462	1 708 744	1 878 753	1 804 438
荷兰	1 058 171	188 869	829 664	152 326	909 859	177 350
哥伦比亚	124 846	2 258	105 575	2 176	110 104	1 987
德国	87 761	365 544	88 685	352 159	78 183	286 043
意大利	86 932	74 281	82 448	66 128	95 230	72 123
比利时	86 195	66 677	79 281	65 398	78 171	61 942
厄瓜多尔	65 978	1 104	51 014	889	56 669	1 397
丹麦	55 398	29 495	61 469	31 231	65 266	38 239
肯尼亚	47 475	1 080	47 940	917	57 977	1 506
美国	41 471	171 949	40 544	157 854	44 315	173 522
加拿大	29 605	35 867	26 477	34 196	29 611	36 307
西班牙	28 845	21 915	28 191	23 998	32 715	29 628
以色列	25 278	1 274	26 040	1 170	26 095	1 239
中国	20 579	10 315	18 827	9 030	14 859	9 090
法国	19 254	150 135	20 738	153 356	24 245	159 099
埃塞俄比亚	18 285	554	15 059	1 015	12 417	3 595
哥斯达黎加	17 175	1 259	13 617	920	19 778	1 509
中国台湾	15 247	2 403	11 329	1 919	11 010	2 182
波兰	13 820	30 981	14 542	29 491	16 697	36 761
马来西亚	13 036	1 027	9 909	1 005	8 964	1 091
泰国	11 111	1 411	10 387	1 195	11 084	802
韩国	10 500	6 147	7 863	5 327	7 826	6 534
英国	8 560	153 906	9 307	144 613	10 408	175 722
日本	7 742	62 730	5 412	54 293	5 719	53 400
葡萄牙	7 383	10 942	7 823	9 210	6 721	13 976
南非	6 249	1 317	5 656	1 052	21 405	1 052
澳大利亚	5 923	4 107	4 859	3 962	4 590	4 878
印度	5 747	1 415	6 761	956	8 030	1 204
土耳其	5 609	4 976	4 860	3 702	4 552	5 775
墨西哥	5 562	7 724	5 343	7 239	5 842	9 265

注：表中数据来源于 International Trade Center UNCTAD/WTO。

（一）世界花卉生产的特点

1. 花卉生产区域化、专业化　在最适宜地区生产最适宜的花卉，可以收到事半功倍之效。如荷兰主要生产香石竹、郁金香和月季，哥伦比亚主要生产香石竹、月季、大丽花，以色列主要生产月季、香石竹，日本主要生产百合和菊花，丹麦主要生产观叶植物，这样既有利于栽培技术的提高，也便于商品化生产。

2. 花卉生产现代化　花卉的现代化生产包括耕作灌溉和化肥农药施用机械化，栽培环境自动调控，适应植物的要求充分利用空间采取立体种植等。

3. 花卉产品优质化　选择优良种和品种，运用科学有效的手段使生产的种或品种保持优质、保证纯正、不断更新，从而使产品常处畅销不衰的地位。

4. 花卉生产、经营、销售一体化　鲜花是活的有机体，为了保持新鲜状态，应减少中间环节，尽快到达消费者手中。所以必须使栽培、采收、整理、包装、贮藏、运输和销售各个环节紧密配合，形成一个整体，以减少可能发生的损失。

5. 花卉周年供应　花卉消费虽然因季节不同而有差异，节假日时出现旺季，但平时也有各种不同的需要，因此作为销售者应备有各种不同种和品种的花卉，以满足不同消费者的要求。

（二）世界花卉生产发展的趋势

1. 切花市场需要逐年增加　国际市场对月季、菊花、香石竹、满天星、唐菖蒲、六出花以及相应的配叶植物，还有球根花卉的种球、小型盆景和干花的需求有逐年增长的趋势。

2. 扩大面积，转移基地　随着花卉需求量的增加，世界花卉栽培面积不断扩大。荷兰花卉种植面积 2009 年达48 260hm^2，已占其国土面积的 1.2%。为了降低生产成本，正将其基地向世界各地转移，哥伦比亚、厄瓜多尔、新加坡、泰国等已成为新兴花卉生产和出口大国。目前世界上主要的几个花卉生产大国由于土地资源、劳动力成本等方面的压力与限制，花卉业发展的空间日渐狭小，花卉生产已呈下降趋势。随着国际贸易日趋自由化，花卉生产由高成本的发达国家转向低成本的发展中国家，转移到气候条件优越、土地和劳动力成本低的地区，为我国花卉生产提供了良好的发展机遇。

3. 观叶植物发展迅速　随着城镇高层住宅的修建和室内装饰条件的提高，室内观叶植物普遍受到人们喜爱。这类植物属喜阴或耐阴的种类，常见栽培的如豆瓣绿、酢浆草、秋海棠、花叶芋、龟背竹、花烛、姬凤梨、绿萝、鸭跖草、文竹、吊兰、朱蕉、玉簪、肖竹芋、竹芋等。

4. 野生花卉的引种　为了丰富花卉的种类，通过种质资源的调查，将获得的观赏价值较高的花卉或直接引种栽培，或用作育种亲本，仍是一种培育新种的既快又好的方法。

5. 研究培育开发新品种　利用各种有效手段培育生产型的新品种，如适合露地栽培或适于促成栽培，适于切花或适于盆栽，常见花色或稀有花色，大花型或小花型等，以满足各种不同的要求。

复习思考题

1. 试述花卉学的概念以及花卉在人们生活中的作用。
2. 简述我国花卉业发展简史。
3. 从世界花卉业发展的趋势看，学习花卉学时要注意积累哪些方面的知识？

总 论

第一章　花卉的起源与分布

第一节　世界栽培植物地理起源

地球上已发现的植物约 50 万种，其中近 1/6 具有观赏价值。野生的观赏植物广泛分布于全球热带、温带及寒带。植物在地球上的分布是不均匀的，有些地区特别丰富，如东南亚，有些地区则比较贫乏，如非洲干旱地区、北美洲。

栽培植物的原始起源中心是遗传类型多样、分布集中、具有地区特有性状并出现原始栽培种、近缘野生种的地区，又称初生起源中心。这种起源中心是历史形成的初生植物群集地，是野生种和变种的自然分布中心，同时蕴藏着大量的植物栽培种和品种。大多数栽培植物的种直到现在还保留在古代初生起源中心，并成为乡土植物。还有一部分物种被引入新的地理条件下发生突变或杂交后产生新的类型或品种，形成栽培种和品种的次生起源中心。

瑞士植物学家德堪多（A. de Candolle，1806—1893）最早采用现代科学方法对栽培植物的起源进行综合性研究，于 1882 年发表了《栽培植物起源》，提出人类最早驯化植物的地区可能在中国、亚洲西南部、埃及以至热带非洲。

前苏联植物学家瓦维洛夫（Vavilov，1887—1943）从 1920 年起通过对 60 多个国家约 20 次广泛的考察和搜集，于 1926 年发表了《栽培植物起源的研究》，提出栽培植物起源中心理论（又称基因中心或多样性变异中心学说），把全世界的栽培植物划分成 8 个初生起源中心，（表 1-1 中的 1～8 号起源中心）。瓦维洛夫还列举出 640 余种栽培植物的起源中心地，证明栽培植物的起源中心都包括在野生植物的自然分布区内。

自瓦维洛夫的起源中心学说发表以后，很多学者都对此问题进行了探讨，并做了补充和修正。如哈伦（J. R. Harlan）认为有些作物的起源中心和变异中心并不一致，作物的起源和变异要综合空间和时间来论证。他还认为时间的久远并非多样性变异中心的唯一成因，复杂的栽培环境更易引起变异的形成，山区尤易产生多样性的变异型。

前苏联的另一位学者茹科夫斯基（Zhukovsky）在 1968 年提出了不同作物的 100 多个小基因中心，把 8 个起源中心增加为 12 个大基因中心（表 1-1）。1975 年，他又和吉文（Zeven）将栽培植物的起源中心称为“栽培植物的多样性中心”。吉文 1982 年与韦特（Wet）又将“多样性中心”一词改称“多样性地区”，使瓦维洛夫的学说得到了发展。

花卉的起源中心有着各自的发展历史，并随着时代而转移。如中国中心经过唐宋等极盛时期的发展后，近几百年逐渐向日本及欧美转移；而西亚中心经过希腊、罗马以及阿拉伯文化时期后，逐渐出现了欧洲的次生中心；唯有中美洲、南美洲中心没有得到充分的发展。日本在 17～18 世纪初奠定了独特的花卉栽培和品种培育基础，到江户时代后半期出现了日本花卉业的黄金时代。西亚中心是中世纪欧洲花卉发展的起源。16 世纪前欧洲栽培的花卉数目非常有限，16 世纪约 90 种，而到 16 世纪末至少已有 300 种。欧洲现代花卉园艺的发展得益于 18～19 世纪从中国、土耳其、日本以及世界其他地区引种的花卉资源，荷兰、英国、法国成为欧洲花卉培育的主要国家。19 世纪初后，美国加入西欧的次生中心，使花卉栽培有了惊人的发展。研究花卉的起源中心对花卉事业的繁荣和发展有着重要的意义。

表 1-1　栽培植物起源中心概况

编号	起源中心名称	主要地域范围	植物举例	已知起源的植物种数
1	中国起源中心（东亚中心）	中国中部和西北山区	刚竹属、青篱竹属、簕竹属、桃、梅、李、杏、樱桃、山楂、木瓜、榆叶梅、贴梗海棠、银杏、香榧、棕榈、苏铁、胡颓子、枳椇、香橙、宜昌橙、金柑、枳、柿、君迁子、枇杷、杨梅、龙眼、荔枝、山茶、桃金娘、樟、杜仲、桑、构、乌头等	136
2	印度—缅甸起源中心与印度—马来西亚起源中心（南亚热带中心）	印度的北部与西北部边缘、东北部的阿姆及缅甸等地，马来半岛、爪哇、婆罗洲、苏门答腊、菲律宾等地	落葵、海芋、枸橼、酸橙、椰子、余甘子、玫瑰、茄、山柰、姜黄、檀香、散沫花、印度橡皮树、虎尾兰、柚、槟榔、面包果、依兰、红毛丹、豆蔻等	172
3	帕米尔起源中心（中亚细亚中心）	阿富汗、塔吉克斯坦、乌兹别克斯坦等地	杏、巴旦杏、西洋梨、苹果、阿月浑子、核桃等	42
4	近东起源中心（西亚中心）	小亚细亚内地、外高加索全部、伊朗、土库曼高地等地	罂粟、石榴、无花果、榅桲、月桂、樱、番红花、郁金香、鸢尾、丁香、白柳、七叶树、栎等	83
5	地中海起源中心	非洲东北部、小亚细亚西部及南部、意大利、希腊、叙利亚、巴勒斯坦、西班牙等地	荆豆、油橄榄、麝香草、薰衣草、突厥蔷薇、月桂等	84
6	非洲东部和埃塞俄比亚起源中心	埃塞俄比亚、阿拉伯山地等地		38
7	墨西哥和中美起源中心	墨西哥南部和中美洲的危地马拉、洪都拉斯等地	仙人掌、龙舌兰、凤梨、虎皮花、大丽花、万寿菊、百日草等	49
8	南美起源中心	秘鲁、厄瓜多尔、玻利维亚、智利、巴西、巴拉圭等地	西番莲、金鸡纳树、球根酢浆草、番樱桃等	45
9	澳大利亚多样性地区		木麻黄、桉树、金合欢、白千层等	
10	南非地区		天竺葵、龙须牡丹、蝶豆等	
11	欧洲、西伯利亚地区		菊苣、大米草、欧洲小檗、小冠花、欧乌头、毛地黄、毒鱼草、三色堇等	
12	北美地区		刺槐、红桧、糖槭、长山核桃、北美商陆等	

第二节　世界气候型及其代表花卉

花卉原产地或分布区的环境条件包括气候、地理、土壤、生物诸方面，其中又以气候条件，主要是水分与温度状况起着主导作用。因此，以温度与降水情况为主，Miller 与冢本氏将野生花卉的原产地按气候型分为 7 个大的区域，在每个区域内，由于其特有的气候条件又形成了不同类型的花卉的自然分布中心。

（一）中国气候型（大陆东岸气候型）

中国气候型区域包括中国大部、日本、北美东部、巴西南部、大洋洲东南部、非洲东南部等地。本区气候特点是冬寒夏热，雨季多集中在夏季。根据所处纬度不同，依冬季气温的高低又分为温暖型与冷凉型。

1. 温暖型（冬暖亚型，低纬度地区）　温暖型区域包括我国长江以南、日本西南部、北美洲东南部、巴西南部、大洋洲东部及非洲东南角附近等地。主要花卉有：原产我国及日本的中国水仙（*Narcissus tazetta* var. *chinensis*）、石竹（*Dianthus chinensis*）、蜀葵（*Althea rosea*）、报春花属（*Primula*）、百合属（*Lilium*）、石蒜属（*Lycoris*）、凤仙花属（*Impatiens*）、山茶属（*Camellia*）、杜鹃花属（*Rhododendron*）、南天竹属（*Nandina*）等；原产北美的福禄考属（*Phlox*）、天人菊属（*Gaillardia*）、马利筋属（*Asclepias*）、半边莲属（*Lobelia*）、堆心菊属（*Helenium*）等；原产巴西的一串红（*Salvia splendens*）、马鞭草属（*Verbena*）、马齿苋属（*Portulaca*）、矮牵牛属（*Petunia*）、叶子花属（*Bougainvillea*）；原产非洲的日中花属（*Mesembryanthemum*）、非洲菊属（*Gerbera*）、唐菖蒲属（*Gladiolus*）、马蹄莲属（*Zantedeschia*）等。

2. 冷凉型（冬凉亚型，高纬度地区）　冷凉型区域包括我国华北及东北南部、日本东北部、北美洲东北部等地。主要花卉有：原产我国的菊属（*Chrysanthemum*）、芍药属（*Paeonia*）、翠菊属（*Callistephus*）、荷包牡丹（*Dicentra spectabilis*）等；原产北美的紫菀属（*Aster*）、金光菊属（*Rudbekia*）、蛇鞭菊属（*Liatris*）、假龙头花属（*Physostegia*）、钓钟柳属（*Penstemon*）、醉鱼草属（*Buddleja*）、翠雀属（*Delphinium*）、毛茛属（*Ranunculus*）、铁线莲属（*Clematis*）、乌头属（*Aconitum*）、侧金盏属（*Adonis*）、鸢尾属（*Iris*）、百合属（*Lilium*）、木瓜属（*Chaenomeles*）等。

（二）欧洲气候型（大陆西岸气候型）

欧洲气候型区域包括欧洲大部、北美西海岸、南美西南部及新西兰南部等地。本区气候特点是冬暖夏凉，冬夏温差较小，雨水四季都有，但降水偏少。主要原产花卉有羽衣甘蓝（*Brassica oleracea* var. *acephala* f. *tricolor*）、宿根亚麻（*Linum perenne*）、香葵（*Malva moschata*）、铃兰（*Convallaria majalis*）、飞燕草属（*Consolida*）、丝石竹属（*Gypsophila*）、耧斗菜属（*Aquilegia*）、剪秋罗属（*Lychnis*）、勿忘草属（*Myosotis*）、堇菜属（*Viola*）、雏菊属（*Bellis*）、水仙属（*Narcissus*）、紫罗兰属（*Matthiola*）、毛地黄属（*Digitalis*）等。

（三）地中海气候型

地中海气候型区域包括地中海沿岸、南非好望角附近、大洋洲东南和西南部、南美洲智利中部、北美洲加利福尼亚等地。本区气候特点是冬不冷、夏不热，冬季最低温度 6～7℃，夏季 20～25℃，冬春多雨，夏季干燥，因此球根花卉种类众多。主要原产花卉有水仙属（*Narcissus*）、郁金香属（*Tulipa*）、风信子属（*Hyacinthus*）、小苍兰（*Freesia refracta*）、唐菖蒲属（*Gladiolus*）、网球花（*Haemanthus multiflorus*）、雪片莲（*Leucojum vernum*）、地中海蓝钟花（*Schilla peruviana*）、银莲花（*Anemone cathayensis*）、仙客来属（*Cyclamen*）、君子兰属（*Clivia*）、秋水仙属（*Colchicum*）、葡萄风信子属（*Muscari*）、黏射干属（*Ixia*）、尼润花属（*Nerine*）、金鱼草属（*Antirrhinum*）、紫罗兰属（*Matthiola*）、蒲包花属（*Calceolaria*）、金盏菊属（*Calendula*）、风铃草属（*Campanula*）、千里光属（*Cineraria*）等。

（四）墨西哥气候型（热带高原气候型）

墨西哥气候型区域包括墨西哥高原、南美洲安第斯山脉、非洲中部高山地区及我国云南的山岳地带。本区气候特点是四季如春，年温差小，周年气温 14～17℃，四季有雨或集中于夏季。本区原产的花卉喜冬暖夏凉气候，主要有大丽花属（*Dahlia*）、晚香玉属（*Polianthes*）、百日草属（*Zinnia*）、万寿菊属（*Tagetes*）、波斯菊（*Cosmos bipinnatus*）、旱金莲（*Tropaeolum majus*）、藿香蓟（*Ageratum conyzoides*）、报春花属（*Primula*）、球根秋海棠（*Begonia tuberhybrida*）、一品红（*Euphorbia pulcherrima*）、云南山茶（*Camellia reticulata*）、月季花（*Rosa chinensis*）、香水月季（*R. odorata*）、鸡蛋花（*Plumeria rubra* var. *acutifolia*）等。

（五）热带气候型

热带气候型区域包括亚洲、非洲、大洋洲、中美洲及南美洲的热带地区。本区气候特点是月均温差小，雨量丰富但不均匀，常有雨季和旱季之分。本区原产的花卉种类众多，主要有彩叶草（*Coleus blumei*）、牵牛花（*Pharbitis indica*）、秋海棠属（*Begonia*）、五叶地锦（*Parthenocissus quinquefolia*）、番石榴（*Psidium guajava*）、番荔枝（*Annona squamosa*）、紫茉莉属（*Mirabilis*）、长春花属（*Vinca*）、凤仙花属（*Impatiens*）、鸡冠花属（*Celosia*）、大岩桐属（*Sinningia*）、美人蕉属（*Canna*）、朱顶红属（*Amaryllis*）、非洲紫罗兰属（*Saintpaulia*）、草胡椒属（*Peperomia*）、虎尾兰属（*Sansevieria*）、花烛属（*Anthurium*）、凤梨科（Bromeliaceae）、竹芋科（Marantaceae）、爵床科（Acanthaceae）、大戟科（Euphorbiaceae）、天南星科（Araceae）与兰科（Orchidaceae）的一些热带属等。

（六）沙漠气候型

沙漠气候型区域包括阿拉伯、非洲、大洋洲及南美洲、北美洲等的沙漠地区。本区气候特点是周年少雨，气候干旱。本区是多浆植物的自然分布中心，主要有仙人掌属（*Opuntia*）、龙舌兰属（*Agave*）、芦荟属（*Aloe*）、十二卷属（*Haworthia*）、伽蓝菜属（*Kalanchoe*）、落地生根属（*Bryophyllum*）等。

（七）寒带气候型

寒带气候型区域包括寒带地区和高山地区。本区气候特点是冬季长而冷，夏季短而凉。本区植物生长期短，故形成耐寒性植物及高山植物的分布中心，主要有绿绒蒿属（*Meconopsis*）、龙胆属（*Gentiana*）、点地梅属（*Androsace*）、雪莲（*Saussurea involucrata*）、细叶百合（*Lilium tenuifolium*）等。

第三节 我国花卉的地理分布及其特点

我国幅员辽阔，地跨寒带、温带、亚热带三个气候带，自然生态环境复杂，植物种质资源极为丰富。全世界的维管束植物共有265 000种，我国有显花植物25 000～30 000种，主要分布在热带和亚热带地区，其中云南13 000～15 000种，四川约10 000种，广西7 000余种，广东约6 000种，贵州约5 000种。我国西南山区的植物种类比毗邻的印度、缅甸、尼泊尔等国山地多出 4～5 倍，因此，我国的中部和西部山区及附近平原被前苏联植物学家瓦维洛夫认为是栽培植物最早和最大的独立起源中心，有极其多样的温带和亚热带植物。

目前在世界园林中广泛应用的许多著名花卉都是我国特有的，如银杏属（*Ginkgo*）、金钱松属（*Pseudolarix*）、银杉属（*Cathaya*）、水杉属（*Metasequoia*）、水松属（*Glyptostrobus*）、珙桐属（*Davidia*）、观光木属（*Tsoongiodendron*）、木兰属（*Magnolia*）、丁香属（*Syringa*）、苹果属（*Malus*）、铁线莲属（*Clematis*）、百合属（*Lilium*）、龙胆属（*Gentiana*）、绿绒蒿属（*Meconopsis*）、萱草属（*Hemerocallis*）及兰属（*Cymbidium*）的多个种、梅花（*Prunus mume*）、桂花（*Osmanthus fragrans*）、菊花（*Chrysanthemum morifolium*）、荷花（*Nelumbo nucifera*）、中国水仙（*Nacissus tazata* var. *chinensis*）、牡丹（*Paeonia suffruticosa*）、黄牡丹（*P. lutea*）、芍药（*P. lactiflora*）、月季花（*Rosa chinensis*）、香水月季（*R. odorata*）、栀子花（*Gardenia jasminoides*）、南天竹（*Nandina domestica*）、蜡梅（*Chimonanthus praecox*）、金花茶（*Camellia chrysanthe*）、扶桑（*Hibiscus rosa-sinensis*）、紫薇（*Lagerstroemia indica*）、翠菊（*Callistephus chinensis*）等均为我国特有的属、种。

我国不仅是很多亚热带花卉和一部分热带花卉的自然分布中心，而且还是很多著名花卉的栽培中心。

梅在我国已有3 000多年的栽培历史，四川、云南、西藏是野梅的分布中心，湖北、江西、安徽、浙江等地为次生中心。20 世纪 90 年代，以武汉和南京等地为栽培中心，全国的梅花栽培品种已有约 300 个。

牡丹在我国已有1 500多年的栽培历史，栽培牡丹由多种野牡丹杂交演化而来，我国西北及西南部有几个野生种。牡丹的栽培中心唐宋时在长安（今西安）、洛阳，以后曾转到四川的天彭和安徽的亳州，明代又转至山东曹州（今菏泽），1949 年以后在山东菏泽市，目前全国有栽培品种约 500 个。

现代芍药品种群的原种是芍药，从秦代开始栽培，内蒙古、辽宁、陕西、甘肃等地尚有野生种。芍药 19 世纪传入英、美，由于西方人崇尚，形成了次生中心，栽培品种约有1 000个。

我国是现代菊花的起源中心，早在2 500多年前就已栽培、观赏和饮用。栽培菊的起源是多元的，陈俊愉认为四倍体的野菊和六倍体的毛华菊、紫花野菊等可能参加了杂交，经多代杂交和人工选育，在东晋（317—420）才产生较为稳定和色彩丰富的原始菊（*Chrysanthemum*×*grandiflorum*）。我国菊花品种在 20 世纪 80 年代有3 000多个。

我国的兰属植物有 25 种和几个变种，占世界兰属总数 40 种的 62.5%。兰以西南地区为分布中心，其中以春兰、蕙兰分布最广，栽培历史悠久，变异丰富。

蔷薇属植物在我国有 80 多种，天然分布广泛，以云南、四川、新疆最为集中。北宋时期，我国的月季栽培兴盛，品种繁多，品质优良且能连续开花，但自明代以后，栽培渐衰。欧洲从 19 世纪开始月季的育种工作，月季的育种中心和生产中心逐渐转移到英国、法国、美国和德国等地。我国仅有山东平阴成为玫瑰的生产中心。

全世界的杜鹃花属植物有 800 种，我国有 600 种，占世界的 75%。云南、四川、西藏等地是杜鹃花集中分布的地区，约有 400 种，是杜鹃花的发源地和现代分布中心。其中，云南种类最多。18～19 世纪，欧美一些国家从我国引种杜鹃花进行育种改良，栽培品种数以千计。其中，英国爱丁堡皇家植物园引种我国杜鹃花属植物 306 种，成为收集中心。我国的收集中心在庐山植物园和四川灌县野生观赏植物保护实验中心等处。

我国是山茶的地理分布和栽培起源中心。山茶野生于浙江、江西、四川等地山岳沟谷，浙江、湖南、江西、安徽等地则是栽培中心。云南是云南山茶的分布和栽培中心，广西是金花茶的起源和栽培中心，在南宁市还设有金花茶基因库。

我国也是栽培桂花的起源中心，有野生种，长江流域一带广泛栽培。

报春花属在我国有 390 种，分布中心在云南、四川、西藏等地。英国爱丁堡皇家植物园搜集的我国的报春达 160 多种，为收集研究中心。

我国有7 000多年前的荷花花粉化石和1 000多年前的古莲子，有典籍记载的栽培历史非常悠久，且品种多样性明显，可见现代莲的起源中心在我国。20 世纪 80 年代，我国莲的收集中心在武汉地区。

中国水仙起源于地中海和西亚，唐代从意大利引入我国，已有千年的栽培历史，是水仙的次生中心，栽培中心在福建漳州市和上海崇明县。

我国起源的花卉种类众多，地理分布概况见表 1-2。

表 1-2　我国花卉的地理分布概况

花卉类别	分布区域	所属气候型	花卉举例
一、二年生花卉	部分喜温暖的一、二年生花卉分布于长江以南地区	中国气候型温暖型	凤仙花属、报春花属、石竹、蜀葵
宿根花卉	部分不耐寒的宿根花卉分布于长江以南地区	中国气候型温暖型	吉祥草属、麦冬属、万年青属、沿阶草属、石蒜属
	较耐寒的宿根花卉分布于华北及东北东南部地区	中国气候型冷凉型	菊属、芍药属、鸢尾属、秋海棠属、翠菊属、补血草属、荷包牡丹
球根花卉	部分喜温暖的球根花卉分布于长江以南地区	中国气候型温暖型	百合属、石蒜属、银莲花属、中国水仙
	较耐寒的球根花卉分布于华北及东北东南部地区	中国气候型冷凉型	贝母属、郁金香、绵枣儿
木本花卉	部分喜温暖的木本花卉分布于长江以南地区	中国气候型温暖型	梅花、杜鹃花属落叶种、山茶属、紫薇、扶桑、南天竹、十大功劳、含笑、铁线莲、火棘
	部分喜温暖的木本花卉分布于云南等地	墨西哥气候型	杜鹃花属常绿种、云南山茶、月季花、香水月季
	较耐寒的木本花卉分布于华北及东北东南部地区	中国气候型冷凉型	牡丹、贴梗海棠、丁香属、蜡梅
水生花卉	部分喜温暖的水生花卉分布于长江以南地区	中国气候型温暖型	荷花、睡莲
	较耐寒的水生花卉分布于华北及东北东南部地区	中国气候型冷凉型	香蒲、泽泻、雨久花
多浆植物	部分多浆植物分布于海南岛西南部地区	沙漠气候型	仙人掌属、龙舌兰属、量天尺、光棍树、霸王鞭
	部分多浆植物分布于长江以南地区	中国气候型温暖型	佛甲草、落地生根
观叶植物	部分观叶植物分布于长江以南地区	中国气候型温暖型	铁线蕨、鸟巢蕨、广东万年青、棕竹

（续）

花卉类别	分布区域	所属气候型	花卉举例
兰科花卉	部分兰科花卉分布于长江以南地区	中国气候型温暖型	兜兰属、蝶兰属、虾脊兰属、鹤顶兰属、白芨属、石斛属、万代兰属、蜘蛛兰属、春兰、蕙兰、建兰、寒兰、墨兰、多花兰、独占春、美花兰、虎头兰、兔耳兰、多花指甲兰、火焰兰、假万代兰、风兰
	部分兰科花卉分布于云南等地	墨西哥气候型	兜兰属、蝶兰属、鸟舌兰属、钻喙兰属

复习思考题

1. 世界花卉起源中心分区的意义是什么？
2. 简述花卉原产地气候型的特点，每类气候型列举 3～5 种代表花卉。
3. 我国是哪些著名花卉的自然分布中心？有哪些花卉是我国特有的？

第二章　花卉的多样性与分类

第一节　花卉资源的多样性

生物多样性是指生命有机体及其赖以生存的生态综合体的多样化和变异性，即生命形式的多样化，各种生命形式之间及其与环境之间的多种相互作用以及各种生物群落、生态系统及其生境与生态过程的复杂性。生物多样性包括三个层次，即遗传多样性、物种多样性与生态系统多样性。

一、遗传多样性

遗传多样性是指所有生物个体中所包含的各种遗传物质和遗传信息，既包括了同一种的不同种群的基因变异，也包括了同一种群内的基因差异。遗传多样性对任何物种维持和繁衍其生命、适应环境、抵抗不良环境与灾害都是十分必要的。在花卉园艺化育种中，花卉植物的遗传多样性具有关键性作用。

据《法国种苗商报》报道，不把高山植物及野生草花计算在内，已经园艺化的花卉达8 000多种，在改良了的花卉种类中，还有众多的品种（cultivar）。在Emsweller品种数量表中列举了月季10 000多个品种，郁金香8 000多个品种，水仙3 000多个品种，唐菖蒲25 000多个品种，芍药2 000多个品种，鸢尾4 000多个品种，大丽花7 000多个品种。

我国是多种名花的故乡，在栽培名花的实践中，通过长期不懈的选育，创造了五彩缤纷的奇品。如梅花品种有300个以上，牡丹品种800个以上，荷花品种300个以上，菊花品种3 000个以上。

近半个世纪以来，由于生物科学、细胞工程学的迅速发展，各国对野生花卉资源的引种及育种又有许多新的突破。如菊花、矮牵牛、百合等都在不同程度上育出了全新的园艺化品种，为花卉资源宝库增添了新的基因。

二、物种多样性

物种多样性是指多种多样的生物种类，强调物种的变异性，即生物种类的丰富程度和均匀程度。物种多样性代表着物种的生态适应性。花卉植物物种多样性给人们提供丰富多彩的观赏植物资源。

现在用于观赏的多数花卉，是随着人类社会的经济发展、文化水平的不断提高，而逐渐把野生花卉进行园艺化后形成的。当然不排除尚有部分花卉正在园艺化过程中，或直接采来野生花卉进行应用。这些丰富的野生花卉资源广布于五大洲，分布于全球热带、温带及寒带地区。它们之间由于地理性的隔离，诸如海拔高度、年平均气温、年降水量等有相当大的差异。据Miller及冢本氏的研究，全球共划分为7个气候型。中国气候型就是其中一个较大的区域，分温暖型和冷凉型，以我国大部分地区为主，所涉及的国家及地理范围较广。温暖型区域生长部分喜温暖的球根花卉，如百合、石蒜、中国水仙、马蹄莲、唐菖蒲等；还有不耐寒的宿根花卉，如美女樱、非洲菊。冷凉型区域多生长较耐寒的宿根花卉，如菊属、芍药属等。

我国土地辽阔、地形多变，兼有热带、亚热带、暖温带、温带和湿润、半湿润、干旱及半干旱地区，分布着极丰富的植物资源。我国约有3万种高等植物，分布全国。据不完全统计，我国有观赏价值的栽培园林植物即达6 000种以上。在这些园林植物中，很多花卉的科、属都以我国为其世界分布中心，在相对较小的范围内集中分布着众多的种类。

三、生态系统多样性

生态系统多样性是指地球上生态系统组成、功能的多样性以及各种生态过程的多样性，包括生物群落、生境类型和生态过程的多样性等方面。我国国土辽阔，气候和地貌类型复杂，南北跨越热带、温带、寒带三带，高原山地占80%，河流纵横，湖泊星罗棋布，海岸线漫长，复杂的自然条件使得我国生态系统的多样性极其丰富。我国的陆生生态系统类型主要有森林、灌丛、草甸、沼泽、草原、荒漠和冻原等。灌丛的类型复杂，主要有113类，草甸77类，沼泽19类，红树林18类，草原55类，荒漠52类，冻原及高山植被17类。在水生生态系统中有各类河流生态系统、湖泊生态系统及海洋生态系统。

从植被类型上讲，根据《中国植被》（吴征镒，1980），我国分为8个植被区：寒温带针叶林，温带针阔叶混交林，落叶阔叶林，常绿阔叶林、常绿落叶阔叶混交林、季风常绿阔叶林，季节性雨林，温带草原，温带荒漠，寒温带针叶林、高寒灌丛与草甸、高寒草原、高寒荒漠。

第二节　花卉的分类

花卉与其他作物相比，具有属种众多，习性多样，生态条件复杂及栽培技术不一等特点。长期以来，人们从不同角度对花卉进行分类。每种分类方法都各有其优点和缺点，也各有其适用的具体条件。

一、按生态习性分类

（一）一、二年生花卉

一、二年生花卉（annual and biennial flower）是指在一个或两个生长周期内完成其生活史的花卉。前者称为一年生花卉，后者称为二年生花卉。一、二年生花卉在其生长周期内，完成从播种到开花结实，直至死亡的过程。

一年生花卉多数种类原产于热带或亚热带，一般不耐0℃以下低温。常在春季播种，夏、秋季开花，冬季到来之前死亡。如百日草、鸡冠花、凤仙花、千日红、半支莲等。

二年生花卉多数原产于温带或寒冷地区，耐寒性较强。常在秋季播种，能在露地越冬或稍加覆盖防寒越冬，翌年春、夏开花。如三色堇、桂竹香、羽衣甘蓝等。

（二）球根花卉

球根花卉（bulb flower）均为多年生草本。其共同特点是具有由地下茎或根变态形成的膨大部分，以度过寒冷的冬季或干旱炎热的夏季（呈休眠状态）。至环境适宜时再活跃生长，出叶开花，并再度产生新的地下膨大部分或增生子球进行繁殖。

球根花卉种类很多，因其变态部分各不相同，又可分为以下几类：

(1) 鳞茎类　茎短缩为圆盘状的鳞茎盘。按外层有无鳞片状膜包被分为有皮鳞茎和无皮鳞茎，前者如郁金香、风信子、水仙、石蒜等，后者如百合、大百合等。

(2) 球茎类　地下茎短缩膨大呈实心球状或扁球形，其上有环状的节，节上生膜质鳞叶，球茎有发达的顶芽，抽叶开花。如唐菖蒲、小苍兰、番红花等。

(3) 块茎类　地下茎或地上茎膨大呈不规则实心块状或球状，上面具螺旋状排列的芽，无干膜质鳞叶。如马蹄莲、仙客来、球根秋海棠等。

(4) 根茎类　地下茎呈根状膨大，具分枝，横向生长。如大花美人蕉、姜花、荷花、鸢尾等。

(5) 块根类　由不定根或侧根膨大形成。如大丽花、花毛茛等。

此外，还有过渡类型，如晚香玉地下膨大部分既有鳞茎部分，又有块茎部分。

(三) 宿根花卉

宿根花卉 (perennial herb flower) 是多年生草本花卉的一部分，指那些与一、二年生花卉相似，但又能生活多年的花卉。常见的宿根花卉有芍药、菊花、香石竹、荷兰菊、非洲菊、红秋葵、蜀葵、天竺葵、蜘蛛抱蛋、文竹等。

(四) 多浆植物

多浆植物 (succulent) 因其具有旱生喜热的生态生理特点、植物体含水分多、茎或叶特别肥厚、呈肉质多浆的形态而归为一类。在植物分类系统中，有 40 多科均含多浆植物。常见栽培的有仙人掌科、景天科、番杏科、萝藦科、菊科、百合科、龙舌兰科、大戟科的许多属、种，其中以仙人掌科的种类最多，因而有时又独立于多浆植物之外另成仙人掌类。常见的多浆植物有玉树、落地生根、豹皮花、吊灯花、仙人笔、翡翠珠、生石花、霸王鞭、芦荟、十二卷及仙人掌科的仙人指、仙人掌、令箭荷花、昙花、蟹爪兰、金琥等。

(五) 室内观叶植物

室内观叶植物 (indoor foliage plant) 是按观赏部位而分的，即以叶为主要观赏部位并多盆栽供室内装饰用的植物，不论是蕨类或种子植物，也不论是草本或木本植物。室内观叶植物大多数是性喜温暖的常绿植物，许多种又比较耐荫蔽，适于室内观赏。其中有不少是彩叶或斑叶品种，有更高的观赏价值。蕨类植物作盆栽观叶或插花装饰用的配叶，日益受到重视。现已栽培利用的如翠云草、铁线蕨、鸟巢蕨、鹿角蕨、凤尾蕨、波士顿蕨、肾蕨等都很受欢迎。木本植物中也有一些作室内观叶用，常见的有苏铁、异叶南洋杉、印度橡皮树、一品红、棕竹等。草本观叶植物更为丰富，以秋海棠科、爵床科、百合科、天南星科、竹芋科、凤梨科、鸭跖草科等的种类最丰富。

(六) 兰科花卉

兰科是植物中的第二大科，共20 000余种，已利用及有价值而尚未利用的种类均很多。因其具有相同的形态、生态和生理特点，可采用近似的栽培与特殊的繁殖方法，故将兰科花卉独立成一类。

兰科植物都是多年生的，地生或附生。许多属、种都具有变态茎假鳞茎 (pseudobub)，假鳞茎是由长短不一的根状茎顶部膨大而成，一般由 1～10 节组成，含有大量养料与水分，供开花及新假鳞茎生长之需。一般以合轴方式分枝。

兰科花卉中著名的有兰属、石斛属、卡特兰属、贝母兰属、齿瓣兰属、兜兰属、蝶兰属、万代兰属等的许多栽培种。

（七）水生花卉

水生花卉（aquatic flower）包括水生及湿生花卉，如荷花、睡莲、菖蒲等。

（八）木本花卉

木本花卉（wooded flowering plant）是指以赏花为主的木本植物。木本花卉，尤其是一些乔木，通常都归入观赏树木中。为了不与观赏树木学有过多的重复，本教材所包括的木本花卉是以花或果供观赏的灌木及小乔木，也包括我国传统名花中的木本植物。这些木本花卉，一般都可以矮化盆栽。

二、按形态分类

（一）草本花卉

草本花卉没有主茎，或虽有主茎但不具木质或仅基部木质化。

1. 多年生草本花卉 生命能延续多年，包括终年常绿花卉和地上部开花后枯萎、以芽或根蘖或地下部越冬或越夏的花卉。

（1）须根类 如菊花、侧金盏、落新妇等，还包括一些多浆植物和观赏草类。

（2）非须根类

①肉质根类：地下部有粗壮肉质根，如芍药、桔梗等。

②块根类：根部肥大呈块形，只在根冠处生芽，如大丽花、花毛茛等。

（3）变态茎类

①鳞茎类：地下部分的茎部极短缩，形成鳞茎盘，由鳞叶包裹成球形，如百合、水仙、郁金香等。

②球茎类：地下部分的茎部短缩肥大，呈球形，顶部有肥大顶芽，侧芽不发达，如唐菖蒲等。

③块茎类：有肥大的地下块茎，形状不规则，可从顶端抽芽萌发，如马蹄莲等。

④根茎类：有肥大的根状茎，肉质，有分枝，每节有侧芽和根，如荷花、大花美人蕉、鸢尾等。

2. 一、二年生花卉 一、二年生花卉从种子到种子的生命周期在一年之内，春季播种、秋季采种，或秋季播种、翌年春末采种。另外有些多年生草本如雏菊、金鱼草、石竹等常作一、二年生栽培。

（二）木本花卉

1. 乔木

（1）常绿花木 如云南山茶、山玉兰、桂花等，多为暖地原产。

（2）落叶花木 如海棠、樱花、紫薇、梅花等，多为暖温带或副热带植物，有少量冷温带植物，如北美所产海棠类等，也有少量副热带南缘植物，如木棉等。

2. 灌木

（1）常绿花灌木 如杜鹃花、山茶、含笑、栀子花等，多数为暖地原产，需要酸性土壤。

（2）落叶花灌木 如月季、牡丹、绣线菊、八仙花，多为暖温带或北副热带原产，也有少数来自冷温带，如新疆忍冬、树锦鸡儿等。

3. 竹类 一些观赏竹种如佛肚竹、凤尾竹可作观赏盆栽，又如黄金间碧玉竹、碧玉间黄金竹可在庭园栽培观赏。

三、按栽培类型分类

（一）露地花卉

1. 开花乔木　以观花为主的乔木，某些种类如山楂、海棠，秋冬可赏果或赏叶。

2. 开花灌木　以观花为主的灌木，如榆叶梅、丁香、绣线菊等，有些种类可赏果，如枸子、火棘等。

3. 花坛、花境草花　包括一、二年生花卉、宿根花卉和球根花卉。

4. 地被植物　用以被覆不规则地形或坡度太陡的地面，如细叶美女樱、蔓长春花、络石等。

（二）温室盆栽观叶植物

1. 热带植物　越冬夜间最低温度为12℃，如喜林芋、凤梨、橡皮树、变叶木等。

2. 副热带植物　越冬夜间最低温度为5℃，如文竹、吊竹梅、鹅掌柴等。

（三）温室盆花

1. 低温温室　保证室内不受冻害，夜间最低温度维持5℃即可，栽培报春花、藏报春、仙客来、香雪兰、金鱼草等亚热带花卉。

2. 暖温室　室内夜间最低温度为10～15℃，日温为20℃以上，栽培大岩桐、玻璃翠、红鹤芋、扶桑、五星花及一般热带花卉。

（四）切花

1. 露地栽培　唐菖蒲、桔梗、各种地栽草花以及南方的桂花、蜡梅等。

2. 低温温室栽培　香石竹、驳骨丹、香雪兰、月季、香豌豆、非洲菊等（包括温室催花枝条如丁香、桃花等）。

3. 暖温室栽培　六出花、嘉兰、花烛等。

（五）切叶

1. 露地栽培　木本植物如胡颓子、桃叶珊瑚等。

2. 温室栽培　如文竹、蕨类等。

（六）干花

一些花瓣为干膜质的草花如麦秆菊、海香花、千日红以及一些观赏草类等，干燥后作花束用。

（七）其他

如观芽的银芽柳，观果的南天竹、金柑、佛手等。

四、按用途分类

从商业性生产的角度，根据商品的用途可将花卉大致分为切花、盆花和地栽三类。但有时同一花卉的不同品种或采用不同的栽培方法，可以生产出不同用途的产品，如菊花、月季、非洲菊等。

（一）切花类

栽培的目的是剪取花枝作瓶花或其他装饰用。香石竹、菊花、月季及唐菖蒲为世界四大切花，此外，作切花栽培的还有非洲菊、马蹄莲、锥花丝石竹、飞燕草、晚香玉、小苍兰、百合等。

（二）盆花类

盆花的商品生产仅次于切花，主要作盆花生产的有菊花、一品红、非洲紫罗兰、天竺葵、秋海棠及其他大量的观叶、观茎及肉质多浆花卉。

（三）地栽类

大量花卉均可栽培于露地、布置花坛或点缀园景用，木本、多年生、抗性强、栽培容易的花卉更适于露地较粗放栽培。许多草本花卉，如雏菊、三色堇、石竹、半支莲等也是花坛常用材料。

五、其他分类

1. 依对水分的要求分类

（1）旱生花卉　如仙人掌类及其他多浆植物。

（2）半旱生花卉　如山茶、梅花及常绿针叶植物等。

（3）中生花卉　大多数花卉都属此类，不同种类对土壤干湿程度要求与适应能力差异较大。

（4）湿生花卉　如马蹄莲、花菖蒲、海芋等。

（5）水生花卉　如荷花、睡莲、凤眼莲等。

2. 依对温度的要求分类

（1）耐寒花卉　如榆叶梅、珍珠梅、黄刺玫、芍药、荷兰菊等。

（2）喜凉花卉　如桃花、蜡梅、三色堇、雏菊、紫罗兰等。

（3）中温花卉　如苏铁、山茶、桂花、金鱼草等。

（4）喜温花卉　如茉莉、叶子花、白兰花、瓜叶菊、非洲菊等。

（5）耐热花卉　如米兰、扶桑、竹芋科、仙人掌科、天南星科花卉等。

3. 依对光的要求分类

（1）依对光照度的要求分类

①阳性花卉：如月季、茉莉、荷花、半支莲以及沙漠型仙人掌与许多旱生、沙生、多浆花卉。

②中性花卉：如山茶、米兰、桂花、杜鹃花、蜡梅、菊花、天竺葵等。

③阴性花卉：如蕨类、蜘蛛抱蛋、玉簪、秋海棠、常春藤、虎耳草等。

（2）依对光照时间的要求分类

①短日照花卉：如叶子花、一品红、蟹爪兰、仙人指、菊花、波斯菊等。

②长日照花卉：如八仙花、唐菖蒲、香豌豆、紫茉莉、瓜叶菊及许多十字花科花卉如桂竹香、紫罗兰、香雪球、屈曲花等。

③中日性花卉：如月季、茉莉、扶桑、天竺葵、仙客来、香石竹、矮牵牛等。

4. 依主要观赏部位分类

（1）观花类　如梅花、月季、牡丹、水仙、金鱼草、三色堇等。

（2）观果类　如金柑、冬珊瑚、五色椒、乌柿、风船葛等。

（3）观叶类　如苏铁、异叶南洋杉、棕竹、红背桂、红桑、彩叶芋、龟背竹、肖竹芋、竹芋、草胡椒及其他一些斑叶植物。

（4）观茎类　如光棍树、竹节蓼、天门冬及仙人掌类植物。

（5）芳香类　如米兰、含笑、茉莉、栀子花、白兰花、桂花等。

复习思考题

1. 花卉的实用分类与科学系统分类各有何意义?

2. 根据生活周期和地下形态特征的不同，可将花卉分为哪些类别?

3. 试述一年生花卉、二年生花卉、宿根花卉、球根花卉的含义。每类花卉列举2～3种进行说明。

第三章　花卉的生长发育与环境

第一节　花卉的生长发育过程及其规律

生长是植物体积的增大与重量的增加；发育则是植物器官和机能的形成与完善，表现为有顺序的质变过程。不同的植物种类具有不同的生长发育特性，完成生长发育过程所要求的环境条件也各有不同，只有充分了解每种植物的生长发育特点及所需要的环境条件，才能采取适当的栽培手段与技术管理措施，达到预期的生产与应用目的。如花卉栽培中经常应用遮光处理达到短日照效果，对种子与种球进行低温处理以打破休眠等，都是在充分了解和掌握了具体花卉的生长发育规律的基础上摸索总结出来的。这些技术的应用，不仅缩短了生产周期，降低了成本，也提高了花卉的观赏价值和经济价值。

一、生长与发育的特性

花卉种类不同，其生长发育类型及对外界环境的要求各不相同。对于观花和观果类花卉，如果只有营养生长而没有及时的发育——开花结果，就会失去观赏价值；对于观叶类花卉，如果没有适当的营养生长，观赏价值也会降低。

植物的生长与发育不同，营养生长与生殖生长之间存在着相互促进和相互制约的关系。在花或果实形成以前，植株必须具有较大的同化面积，才能保证其正常生长和发育。对生长和发育而言，都不是越快越好或越慢越好，这涉及生长与发育的速度问题。

就植物个体生长而言，无论是整个植株重量的增加，还是茎的伸长或叶面积的扩大，都不是无限的，而是存在一个生长的速度问题。生长最基本的规律是初期生长慢，中期生长逐渐加快，当生长达到高峰后，逐渐减慢，最后生长停止。这种规律形成所谓的S形曲线。

从数学的观念来看，生长可以看作是一定时间的鲜重的增加，或干物质的积累。这两个变量，重量（W）与时间（t），在其按指数增加的初期，都服从复利法则。如果一个器官的初始重量为W_0，其复利率为r，则在一定时间t以后的总重量就是W_t。它们之间的关系如下：

$$W_t = W_0(1+r)^t$$

这个基本公式，对于许多自然现象，即一个数量的增长率，按照其数量本身的多少而变异的现象，都可适用。把生长量与时间联系起来，可以得到下式：

$$\ln W_t = \ln W_0 + rt$$

如果以单位重量在时间t的增长率来表示，则其相对增长率（RGR）可以用两个时间t_1及t_2的干物重W_1及W_2来表示：

$$RGR = \frac{1}{W} \cdot \frac{\mathrm{d}W}{\mathrm{d}t} = \frac{\ln W_2 - \ln W_1}{t_2 - t_1}$$

除了个体或植株的生长量有速度的变化以外，还有器官或个体的不同方向的生长问题。一片叶子的长度与宽度、一个果实的直径与高度的生长速度，往往不一致，因而一个果实的最后形状，不是一开始就固定下来的。这样，果实（或叶片）的长度（y）与宽度（x）的生长率的不同，可以用相对生长关系公式来表示（Huxley，1932）：

$$y=bx^k$$

$$\ln y=\ln b+k\ln x$$

把 x 与 y 两个变量绘成直线关系，这条直线的斜率 k 叫作相对生长系数。$k=1$ 时，表示叶片（或果实）在生长过程中长和宽的生长率相同，形状不变；$k>1$ 时，形状变长；$k<1$ 时，形状变扁。

生长过程中的每一时期的长短及速度，一方面受该器官的生理机能的控制，另一方面又受外界环境的影响。对于观花和观果类花卉可以通过栽培措施来控制花和果实的生长速度及生长量，在生长足够的茎叶以后，及时地满足其对温度及光照的要求，使其正常生长和发育。对于观叶类花卉，栽培时并不要求很快满足发育的条件。

二、花卉生长发育的规律性

花卉同其他植物一样，无论是从种子到种子或从球根到球根，在一生中既有生命周期的变化，又有年周期的变化。在个体发育中，多数种类经历种子休眠与萌发、营养生长和生殖生长三个时期（无性繁殖的种类可以不经过种子时期），上述各个时期或周期的变化，基本上都遵循一定的规律性，如发育阶段的顺序性和局限性等。由于花卉种类繁多，原产地的生态环境复杂，常形成众多的生态类型，其生长发育过程和类型以及对外界环境条件的要求也比其他植物繁多而富于变化。不同种类花卉的生命周期长短差距甚大，一般花木类的生命周期从数年至数百年，如牡丹的生命周期可达 300～400 年之久，草本花卉的生命周期短的只有几天（如短命菊），长的可达一年、两年至数年（如翠菊、万寿菊、须苞石竹、蜀葵、毛地黄、金鱼草、美女樱、三色堇等）。

花卉在年周期中表现最明显的有两个阶段，即生长期和休眠期的规律性变化。但是，由于花卉种和品种极其繁多，原产地立地条件也极为复杂，同样年周期的情况也多变化，尤其是休眠期的类型和特点多种多样。一年生花卉春天萌芽后，当年开花结实而后死亡，仅有生长期的各时期变化，因此年周期即为生命周期，较短而简单；二年生花卉秋播后，以幼苗状态越冬休眠或半休眠；多年生的宿根花卉和球根花卉则在开花结实后，地上部分枯死，地下贮藏器官形成后进入休眠进行越冬（如萱草、芍药、鸢尾以及春植球根类唐菖蒲、大丽花、荷花等）或越夏（如秋植球根类水仙、郁金香、风信子等，它们在越夏中进行花芽分化），还有许多常绿多年生花卉，在适宜环境条件下，几乎周年生长，保持常绿而无休眠期，如万年青、沿阶草和麦冬等。

植物生长到一定大小或株龄时才能开花，到达开花前的这段时期称为花前成熟期或幼期（在果树学和树木学中称为幼年期），这段时期的长短因植物种类或品种而异。花卉不同种或品种间的花前成熟期差异很大，有的短至数日，有的长至数年乃至几十年。如矮牵牛在短日照条件下，子叶期就能诱导开花；红景天的不同品种的花前成熟期具明显差异，据德国的 Watler Runger 试验，在同样条件下（发芽后进行短日照处理），'Goldrand'品种花前成熟期的平均对生叶数为 11.3，而'A. Graser'为 4.2，说明后者花前成熟期很短；唐菖蒲早花品种一般种植后 90d 就可开花，而晚花品种需要 120d；瓜叶菊播种后需 8 个月才能开花；牡丹播种后需 3～5 年才能开花；有些木本花卉更长，可达 20～30 年，如欧洲冷杉为 25～30 年，欧洲落叶松为 10～15 年。一般来讲，草本花卉的花前成熟期短，木本花卉的花前成熟期较长。

三、生长的相关性

1. 地上部与地下部的相关 由于矿质营养及水分都是由根部吸收，而糖分首先在叶中通过光合作用合成，物质的积累又集中到果实、块茎、块根中。因此，在同一植物的不同器官之间，有着密切的物质运转的“源—库”关系，也使地上部与地下部的比值不断变动，变动程度由于栽培上采取的措施不同而异。

摘除花或果实，可以增加地下部根的生长量，因为原来转移到果实中去的有机物质，会转运到根组织中去。如果摘除一部分叶，则会减少根的生长量。肥料及水分的供给多少，会影响地上部与地下部的比例。氮肥及水分充足，地上部枝叶繁茂；氮肥及水分缺乏，则地上部生长大为减弱，但对根的影响较小。温度的高低也会影响地上部与地下部的比例。就开花而言，地上部的温度主要影响第一花序着生的节位，而根部的温度影响第一花序的花数。同时花卉在不同的生长阶段其生长中心不同，花芽分化前，生长中心是茎和叶，而开花结实后，生长中心是果实和种子。

2. 营养生长与生殖生长的相关 没有生长就没有发育，这是一般的规律。营养生长旺盛，叶面积大，光合产物多，花多而艳；相反，营养生长不良，叶面积小，则花器官发育不完全。

在栽培上，氮肥及水分施用过多往往开花结果少，导致徒长。应用示踪元素的试验结果表明，凡是徒长的植株，其大部分同化物质都运转到茎端的生长点和嫩芽中，运转到果实和种子中的只有一小部分。在这种情况下，可以通过栽培措施（如少施氮肥）和利用植物生长抑制剂（如矮壮素、比久等）等方法控制其营养生长。

同时，生殖生长反过来又影响营养生长。如月季，开花前茎的伸长生长快，开花后茎的伸长生长则逐渐减慢。因为开花后光合产物主要运转到花及以后的果实中去，而影响了茎叶的继续生长。如果在开花初期摘除花蕾，可延长营养生长。郁金香也有这种现象，正常的郁金香植株，如果及早摘除花蕾，可延缓衰老，绿叶期明显延长。

四、植物发育的理论

花卉从一个繁殖单位到另一个繁殖单位，无论是种子或球根，通过一年或两年，都有其前后的连续性与相关性。任何一个生长发育时期都和前一个时期有密切的关联，如没有良好的营养生长就没有良好的生殖生长。因此要获得优质、高产，必须注重每一生长阶段。

关于植物发育的理论，有各种不同的学说，如碳氮比学说、成花激素学说等。

花卉的种类和品种不同，对发育条件的要求也不同。阶段发育理论可以说明许多二年生花卉的发育现象，但不能用来说明一年生花卉及木本花卉的发育现象。不同种类的花卉有不同的原产地，是在不同的环境条件下经培养及选择而成的，经过人类长期栽培，又产生了许多品种间的差异。如牡丹、菊花等，都有对春化及光照要求严格的品种和要求不严格的品种，在周年供应上，正是利用了这些特性，选用早、中、晚品种搭配来延长供应时期。

每种花卉通过发育的途径与其地理起源有关。起源于热带的种类，大都是在温度高而日照短的环境下通过发育的。在热带地区，全年的温差不大，每日理论光照时数差异也不大，一般在12h左右，这些地区原产的花卉不要求经过低温，并能在较短的日照下通过发育。起源于亚热带及温带的花卉，是在一年中的温度及日照长度有明显差别的条件下通过发育的，如起源于这些地区的牡丹、芍药等，都要求低温通过春化，在较长的日照下开花，成为春花花卉。

发育阶段中还存在顺序性与局限性问题。所谓顺序性，是指前一阶段完成以后，后一阶段才能出现，不能超越，也不能倒转。如没有通过春化阶段的，就不能通过光照阶段，也不能先通过光照阶段而后通过春化阶段。所谓局限性，是指春化阶段的通过局限在植株的生长点上，是由细胞分裂的方式来传递的，而且不同的生长部位可以有不同的阶段性。同一植株顶端的芽相对其他部位，在生长年龄上是较幼的，但在阶段性上又是较老的。但是，如果把局限性看得太狭窄，而认为与植株的其他器官无关，显然是不全面的。如春化阶段的通过虽然局限在生长点上，但与叶及茎的生长状态有密切的关系。因此，在应用阶段发育理论时，必须同时考虑到芽（生长点所在处）、叶及根的相互关系。

花卉的发育除了受温度及光照条件的影响以外，还受营养条件的影响。

对于许多二年生花卉的发育，春化及光周期的作用是主要的，而且不可代替，采用施肥或灌溉等方法无法诱导其花芽的形成。但一年生与二年生的种类之间有很大的差异，营养条件对发育的影响也有很大的差异。生产实践证明，金盏菊及雏菊的营养生长受施肥、灌溉的影响很大，对花芽分化及抽薹开花也有一些影响。

有些要求光周期很严格的植物种类（即质的光周期反应的种类），如苍耳、晚熟大豆等，它们的临界光照长度几乎不受肥料施用量的影响，但在花卉中这种类型是很少见的。如香石竹、非洲菊及大丽花等，对光照的要求不严格，通常被称为中光性植物，它们的花芽分化受营养水平的影响很大，氮、磷、钾的施用量大，植株的生长加快，其花芽分化也显著提早，这类花卉可称为发育上的营养型。

五、花卉的生长发育过程

由于花卉种类繁多，由种子到种子的生长发育过程所经历的时间有长有短，可以分为一年生、二年生及多年生。其中，大多数采用种子繁殖，但也有相当一部分为无性繁殖，或两者兼而有之。

（一）不同种类花卉的生长发育

1. 一年生花卉　一年生花卉多为春播花卉，在播种的当年开花结实，采收种子，植株完成生命周期而枯死。一年生花卉在幼苗成长不久后就进行花芽分化，直到秋季才开花结实，多为短日性。如一串红、百日草、鸡冠花、凤仙花、千日红、半支莲、波斯菊、万寿菊等。

2. 二年生花卉　二年生花卉多为秋播花卉，在播种的当年进行营养生长，经过一个冬季，到第二年才开花结实。植株完成生命周期也不超过一年，但跨越一个年度，多为长日性。如三色堇、金盏菊、石竹、紫罗兰、瓜叶菊、桂竹香、虞美人等。

3. 球根花卉　球根花卉分春植球根花卉和秋植球根花卉两大类。春植球根花卉类似一年生花卉，多为短日性，如唐菖蒲、大丽花、美人蕉等。秋植球根花卉类似二年生花卉，多为长日性，如郁金香、水仙、风信子、小苍兰、葡萄风信子、银莲花、绵枣儿、雪花莲等。

4. 宿根花卉　宿根花卉分地上部分枯死以地下部分越冬和地上部分常绿两大类，均不需每年繁殖。第一类通常耐寒性较强，春夏生长，冬季休眠，如芍药、菊花等。第二类通常耐寒性较弱，无明显的休眠期，如君子兰、非洲菊、花烛、万年青、麦冬、鹤望兰等。

5. 其他花卉 上述四大类花卉的生长发育过程较为明显，还有一些花卉的生长发育过程与它们有较大的差异。如木本花卉的生长发育与分布有极大的关系，可为常绿的，可为落叶的，或感温，或感光。种类较多，过程也较复杂，如牡丹、蜡梅、桃花、海棠等。多浆植物的生长发育也有特点，大多喜强光，不耐寒，夏季生长，冬季休眠，如仙人掌、景天、燕子海棠、芦荟等。

应该说明，一年生与二年生之间，二年生与多年生之间，有时并不是截然分开的。如金盏菊、雏菊、瓜叶菊，如在秋季播种，当年形成幼苗，越冬以后，翌年春天抽薹开花，表现为典型的二年生花卉。但这些花卉在春季播种，则当年也可以抽薹开花。

（二）花卉个体生长发育

从个体发育而言，由种子发芽到重新获得种子，可以分为种子期、营养生长期和生殖生长期三个生长期，每个生长期又可分为几个时期，每一时期各有其特点。

1. 种子期

（1）胚胎发育期 从卵细胞受精开始，到种子成熟为止，受精以后，胚珠发育成种子。这个时期，种子的新陈代谢作用与母体同在一个个体中，由胚珠发育成种子，有显著的营养物质的合成和积累过程。这个过程也受当时环境的影响，应使母本植株有良好的营养条件及光合条件，以保证种子的健壮发育。

（2）种子休眠期 种子成熟以后，大多数花卉都有不同程度的休眠期（营养繁殖器官如块茎、块根等也有休眠期）。有的花卉种子休眠期较长，有的较短，甚至没有。休眠状态的种子代谢水平低，如保存在冷凉而干燥的环境中，可以降低其代谢水平，保持更长的种子寿命。

（3）发芽期 种子经过一段时间的休眠以后，遇到适宜的环境（温度、氧气及水分等）即能吸水发芽。发芽时呼吸旺盛，生长迅速，所需能量来自种子本身的贮藏物质，所以种子的大小及贮藏物质的性质与数量，对发芽的快慢及幼苗的生长影响很大。栽培上要选择发芽能力强而饱满的种子，保证最合适的发芽条件。

2. 营养生长期

（1）幼苗期 种子发芽以后，进入幼苗期，即营养生长的初期。幼苗生出的根吸收土壤中的水分及矿质营养，生出叶子后，进行光合作用。子叶出土的花卉，子叶对幼苗生长的作用很大。幼苗期间生长迅速，代谢旺盛，光合作用所产生的营养物质除呼吸消耗外，全部为新生的根、茎、叶生长所需要。

花卉幼苗生长的好坏，对以后的生长及发育有很大的影响。幼苗的生长量虽然不大，但生长速度很快，对土壤水分及养分吸收的绝对量虽然不多，但要求严格，此外，对环境的抗性也弱。

（2）营养生长旺盛期 幼苗期以后，一年生花卉有一个营养生长的旺盛时期，枝叶及根系生长旺盛，为以后开花结实打下营养基础。二年生花卉也有一个营养生长的旺盛时期，短暂休眠后，第二年春季又开始旺盛生长，并为以后开花结实打下营养基础。这个时期结束后，转入养分积累期。营养生长的速度减慢，同化作用大于异化作用。

（3）营养休眠期 二年生花卉及多年生花卉在贮藏器官形成后有一个休眠期，有的是自发的（或称真正的）休眠，但大多数是被动的（或称强制的）休眠，一旦遇到适宜的温度、光照及水分条件，即可发芽或开花。它们的休眠性质与种子的休眠不同。一年生花卉没有营养器官的休眠期，有些多年生花卉，如麦冬、万年青也没有这一时期。

3. 生殖生长期

（1）花芽分化期　花芽分化是植物由营养生长过渡到生殖生长的形态标志。二年生花卉通过一定的发育阶段以后，在生长点进行花芽分化，然后现蕾、开花。在栽培上，要具有满足花芽分化的环境，使花芽及时发育。

（2）开花期　从现蕾开花到授粉、受精，是生殖生长的一个重要时期。这一时期对外界环境的抗性较弱，对温度、光照及水分的反应敏感。温度过高或过低、光照不足或过于干燥等，都会妨碍授粉及受精，引起落蕾、落花。

（3）结果期　观果类花卉的结果期是观赏价值最高的时期。果实的膨大生长是依靠光合作用的养分从叶不断地运转到果实中去。木本花卉结果期一边开花结实，一边仍继续营养生长，而一、二年生花卉的营养生长期和生殖生长期分别比较明显。

上面所述的是花卉的一般生长发育过程，并不是每种花卉都经历所有的时期。营养繁殖的多年生观叶花卉，在栽培过程中，不经过种子时期，也不必注意到花芽分化问题及开花结果问题。当然，有些无性繁殖的种类也会开花甚至产生种子，但与有性繁殖的种类有很大的不同。

六、花芽分化

花芽的多少和质量不但直接影响观赏效果，也会影响花的产量、质量等。花芽分化是花卉生长发育中的一个重要环节，了解和掌握各种花卉花芽分化的时期、特性和规律及其对环境条件的要求，对花卉栽培和生产具有重要意义，尤其对花期调控和促成栽培意义重大。

（一）花芽分化的生理机制

随着花卉生产的迅速发展，对开花植物花芽分化生理机制的研究与探索也日渐深入。有关的报道和相关理论很多，碳氮比学说和成花激素学说被普遍接受和采用。

1. 碳氮比学说　碳氮比学说认为植物体内同化糖类（含碳化合物）的含量与含氮化合物的比例，即C/N，对花芽分化起决定性作用。C/N较高时利于花芽分化，反之则花芽分化少或不可能。实践结果也证明：同化养分不足（也就是植物体内营养物质供应不足）时，花芽分化不能进行，即使有分化，其数量较少，质量也不好，最终导致不能开花或开花少、花朵小，开花品质不良等。如一些无限花序的花卉（唐菖蒲、金鱼草等）在开花过程中通常是基部的花先开，花大、发育完全，而向上则逐渐开得迟，花小、发育不完全，最上端甚至未分化花芽。其原因就是花序基部位置的芽C/N较高，即基部花芽养分供给充足，越向上营养状况越差。菊花、香石竹等通常采用疏去部分花芽、摘顶打尖等办法来保证同化养分充足，促进花朵增大。

2. 成花激素学说　成花激素学说也叫开花激素学说，该学说认为花芽的分化以花原基的形成为前提，而花原基的发生是植物体内各种激素达到某种平衡的结果，形成花原基后的生长发育才受营养、环境因子的影响，激素也继续起作用。但是，成花激素的形成及其作用机制尚不太清楚，目前仍在探索中。

除上述学说外，还有的认为植物体内有机酸含量及水分的多少也与花芽分化有关。不论哪种学说，都承认花芽分化必须具备组织分化基础、物质基础和一定的环境条件。

（二）花芽分化的阶段

花芽分化是指叶芽的生理和组织状态向花芽的生理和组织状态转化的过程。花芽分化的整个过程可分为三个阶段：生理分化阶段、形态分化阶段及性细胞形成阶段。三个阶段顺序不可改变，而且缺一不可。生理分化是形态分化之前生长点内部由叶芽的生理状态（代谢方向）转向花芽的生理状态（代谢方向）的过程，是肉眼看不见的生理变化期；形态分化是芽内部花器官出现，表现为花部各个花器（花瓣、雄蕊、雌蕊等）的发育形成；性细胞形成即为花粉和柱头内的雌雄两性细胞的发育形成。全部花器官分化完成，称花芽形成。外部或内部一些条件对花芽分化的促进称花诱导。

当植物通过光合作用进行营养生长将营养物质积累到一定程度，并通过了春化阶段，也满足了光周期要求时，即进入生殖生长期，开始花芽分化，为开花结实做准备。此时营养生长减慢或停止。

（三）花芽分化的类型

不同花卉开始花芽分化的时间以及完成花芽分化所需的时间长短是不同的，随花卉种类和品种、生态条件、栽培技术的不同而变化甚大。依花芽分化的时期及年限周期内分化的次数分为以下几类。

1. 夏秋分化型 花芽分化一年一次，6～9 月进行，正值一年中高温期。这类花卉多数在秋末花芽已具备各种花器，但是性细胞形成必须经过一段时间的低温刺激，因此要到第二年春季才能开花。如牡丹、丁香、榆叶梅、梅花等木本花卉，球根类花卉也是在夏季较高温度下进行花芽分化。秋植球根花卉在进入夏季后，地上部分全部枯死，进入休眠状态停止生长，花芽分化在夏季休眠期间进行，此时温度不宜过高，超过 20℃，花芽分化受阻，通常最适温度为 17～18℃，但也视种类而异。春植球根花卉则在夏季生长期进行花芽分化。

2. 冬春分化型 原产温暖地区的大多数花卉均属此类，其特点是花芽分化时间短并连续进行，冬春分化花芽，或只在春季温度较低时进行。如一些二年生草本花卉以及春季开花的宿根花卉。

3. 当年一次分化、一次开花型 一些当年夏秋季开花的花卉种类，在当年茎顶端分化花芽。如紫薇、木槿、木芙蓉以及夏秋开花较晚的部分宿根花卉，如菊花、萱草、芙蓉葵等，草坪草也多属此类。

4. 多次分化型 一年中多次发枝，每次枝顶均能成花。如茉莉、月季、倒挂金钟、一串红等四季开花的花木、宿根花卉和一年生花卉中花芽分化时期较短的种类，只要营养充足、生境适宜，一年中多次分化花芽，多次开花。

5. 不定期分化型 每年只分化一次花芽，无确定时期，只要达到一定叶面积就能成花和开花。如凤梨、芭蕉科的某些种类以及万寿菊、百日草、叶子花等。

不论哪种类型，某种植物在某一特定环境条件下，其花芽分化时期既有相对集中性和相对稳定性，又有一定的时期范围。形成一个花芽所需的时间和全株花芽形成的时间是两个概念，通常所指的花芽分化时期是后者。

（四）不同器官的相互作用与花芽分化

1. 枝叶生长与花芽分化 良好的营养生长是花芽分化的物质基础，有一定的茎（枝）量才能有一定的花芽量。但是营养生长太旺，特别是花芽分化前营养生长不能停缓下来时，不利于花芽分化。许多花卉“疯长”的结果总是花少、花小，就是营养生长太旺影响了花芽分化。

2. 开花结果与花芽分化 大量开花结果影响植株同时分化花芽。原因之一是营养的竞争，二是幼果的种子产生大量抑制花芽分化的激素（如赤霉素），如月季花圃及时摘去月季果实是促进成花的有效措施。

（五）花芽分化的环境因素

花芽分化的决定性因素是植物遗传基因，但环境因素可以刺激内因的变化，启动有利于成花的物质代谢。影响花芽分化的环境因素主要是光照、温度和水分。

1. 光照　光周期现象是指植物通过感受光照周期长短控制生理反应的现象。各种植物成花对日照长短要求不一，根据这种特性把植物分成长日照植物、短日照植物、日中性植物。从光照度来看，高光照度较利于花芽分化，所以太密植或树冠太密集时不利于成花。从光质来看，紫外光可促进花芽分化。

2. 温度　各种花卉花芽分化的最适温度不一，但总的来说花芽分化的最适温度比枝叶生长的最适温度高，这时枝叶停长或缓长，开始花芽分化（表 3-1）。许多越冬性花卉和多年生木本花卉，冬季低温是必需的，这种必需低温才能完成花芽分化和开花的现象，称春化作用。根据春化的低温量要求，可把植物分成三类：冬性植物、春性植物和半冬性植物。

表 3-1　部分花卉花芽分化适温范围

种　类	花芽分化适温（℃）	花芽伸长适温（℃）	其他条件
郁金香	20	9	
风信子	25～26	13	
喇叭水仙	18～20	5～9	
麝香百合	2～9	20～25（花序完全形成）	
球根鸢尾	13		
唐菖蒲	10 以上		花芽分化和发育要求较强光照
小苍兰	5～20	15	分化时要求温度范围广
旱金莲			17～18℃，长日照下开花，超过 20～21℃不开花
菊花	＞13（某些品种） 8～10（某些品种）		

3. 水分　一般而言，土壤水分状况较好，植物营养生长较旺盛，不利于花芽分化；而土壤较干旱，营养生长停止或较缓慢时，利于花芽分化。花卉生产的“蹲苗”，即是利用适当的土壤干旱促使成花。

（六）调控花芽分化的农业措施

调控（包括促进与抑制两方面）花芽分化的技术措施主要有：

1. 促进花芽分化　减少氮肥施用量，减少土壤供水，对生长着的枝梢摘心以及扭梢、弯枝、拉枝、环剥、环割、倒贴皮、绞缢等，喷施或土施抑制生长、促进花芽分化的生长调节剂，疏除过量的果实，修剪时多轻剪、长留缓放。

2. 抑制花芽分化　促进营养生长如多施氮肥、多灌水，喷施促进生长的生长调节剂如赤霉素，多留果，修剪时适当重剪、多短截。

第二节　环境对花卉生长发育的影响

花卉与其他植物一样，在生长发育过程中除受自身遗传因子影响外，还与环境条件有着密切的关系。这些条件包括温度、光照、水分、空气、土壤和营养元素等，它们相互关联、相互制约。花卉在长期的系统发育中，对环境条件的变化也产生各种不同的反应和多种多样的适应性。因此，只有了解组成环境的各个因素，全面地考察它们之间的相互关系，才能科学地进行栽培管理，达到优质高产的目的。

一、温　度

温度是影响花卉生长发育的重要因素之一，它影响着花卉的地理分布，制约着生长发育的速度及体内的生化代谢等一系列生理机制。花卉是在必需的最低最高温度之间进行生命活动的，只有当温度的量和持续的时间在最适宜的情况下，花卉才能健壮生长。

（一）不同花卉种类对温度的要求

在花卉栽培过程中，对温度的考虑主要包括以下三个方面：一是极端最高最低温度值和持续时间，二是昼夜温差的变化幅度，三是冬夏温差变化的情况。这些都是促成或限制花卉生长发育和生存的条件。

由于原产地不同，花卉的生长对温度的要求有很大差异。一般来说，原产热带及亚热带地区的花卉是不耐寒性花卉，这类花卉喜高温、耐热、忌寒冷，对温度三基点要求较高，如仙人掌类在15～18℃才开始生长，可以忍耐50～60℃的高温；原产寒带的花卉是耐寒性花卉，对温度三基点要求较低，如雪莲在4℃时就开始生长，能忍耐－20～－30℃的低温；原产温带地区的花卉耐寒力介于耐寒性与不耐寒性花卉之间，对温度三基点的要求也介于两者之间。在花卉栽培过程中，应尽可能提供与原产地近似的生态条件。

根据不同花卉对温度的要求，一般可将花卉分为以下五种类型。

1. 耐寒花卉　耐寒花卉多原产于高纬度地区或高山，性耐寒而不耐热，冬季能忍受－10℃或更低的气温而不受害，在我国西北、华北及东北南部能露地安全越冬。如木本花卉中的榆叶梅、牡丹、丁香、锦带花、珍珠梅、黄刺玫及在我国北方能安全越冬的一些宿根花卉，如荷包牡丹、荷兰菊、芍药等。

2. 喜凉花卉　喜凉花卉在冷凉气候下生长良好，稍耐寒而不耐严寒，但也不耐高温，一般在－5℃左右不受冻害，我国在江淮流域及北部的偏南地区能露地越冬。如梅花、桃花、月季、蜡梅等木本花卉及菊花、三色堇、雏菊、紫罗兰等草本花卉。

3. 中温花卉　中温花卉一般耐轻微短期霜冻，在我国长江流域以南大部地区露地能安全越冬。如木本花卉苏铁、山茶、云南山茶、桂花、栀子花、夹竹桃、含笑、杜鹃花，草本花卉矢车菊、金鱼草、报春花、我国产的兰属许多种等。

4. 喜温花卉　喜温花卉性喜温暖而绝不耐霜冻，一经霜冻，轻则枝叶坏死，重则全株死亡。一般在5℃以上能安全越冬，我国长江流域以南部分地区及华南能安全越冬。如茉莉、叶子花、白兰花、瓜叶菊、非洲菊、蒲包花和大多数一年生花卉。

5. 耐热花卉　耐热花卉多原产于热带或亚热带，喜温暖，能耐40℃或以上的高温，但极不耐寒，在10℃甚至15℃以下便不能适应，我国福建、广东、广西、海南、台湾大部分地区及西南少数地区能露地安全越冬。如米兰、扶桑、红桑、变叶木及许多竹芋科、凤梨科、芭蕉科、仙人掌科、天南星科、胡椒科热带花卉。

温度直接影响花卉一系列的生理发育过程，特别是花器官的形成更要求一定的温度。同种花卉由于所处的发育阶段不同，对温度的要求也不一样，如水仙花芽分化的最适温度为13～14℃，而花芽伸长的最适温度仅为9℃左右。牡丹、杜鹃花甚至在花芽形成之后，还必须经过一定低温（2～3℃），才能在适温（15～20℃）下开放。此外，热带高原原产的一些花卉在整个生长发育过程中也要求冬暖夏凉的气候，如百日草、大丽花、唐菖蒲、波斯菊、仙客来和倒挂金钟等。

花卉的耐寒能力与耐热能力是息息相关的，一般来说，两者是呈反比关系的，即耐寒能力强的花卉一般都不耐热。就种类而言，水生花卉的耐热能力最强，其次是一年生草本花卉及仙人掌类，再次是扶桑、夹竹桃、紫薇、橡皮树、苏铁等木本花卉。而牡丹、芍药、菊花、石榴等耐热性较差，却相当耐寒。耐热能力最差的是秋植球根花卉，此外还有秋海棠、倒挂金钟等，这类花卉的栽培养护关键环节是降温越夏，注意通风。有些花卉既不耐寒，又不耐热，如君子兰等。

（二）不同生育阶段对温度的要求

花卉在不同的生长发育阶段对温度的要求也有所变化。一般而言，一年生花卉种子萌发可在较高温度下（尤其是土壤温度）进行。一般喜温花卉的种子，发芽温度在25～30℃为宜；而耐寒花卉的种子，发芽可以在10～15℃或更低时就开始。幼苗期要求温度较低，幼苗渐渐长大又要求温度逐渐升高，这样有利于进行同化作用和积累营养。旺盛生长期需要较高的温度，否则容易徒长，而且营养物质积累不够，影响开花结实。至开花结实阶段，多数花卉不再要求高温条件，相对低温有利于生殖生长。生长期要求温度较低。

二年生草本花卉播种期要求较低的温度（相对于一年生花卉而言），一般在16～20℃。幼苗生长期需要有一个更低的低温阶段（1～5℃），以促进春化作用完成，这一时期的温度越低（但不能超过能忍耐的极限低温），通过春化阶段所需的时间越短。旺盛生长期要求较高的温度。开花结实期同样需要相对较低的温度，以延长观赏时间，并保证子实充实饱满。

研究温度对花卉生长发育的影响时，还要注意土温、气温和花卉体温之间的关系。土温与气温相比是比较稳定的，距离土壤表面越深，温度变化越小，所以花卉根的温度变化也较小，根的温度与土壤温度之间差异不大。地上部的温度则由于气温的变化而变化很大，当阳光直射叶面时，其温度可以比周围的气温高出2～10℃，这是阳光引起花卉叶片灼伤的原因。此外，温室结构不合理，会造成一定程度的聚光，灼伤植物，应采取遮阴措施。到了夜间，叶子表面的温度可以比气温低些。

植物的根一般比较不耐寒，但越冬的多年生花卉，往往地上部已受冻害，而根部还可以正常存活。这是由于土壤温度比气温变化较小，冬季的土壤温度比气温高。春暖后，土温稍微升高，根的生理机能即开始恢复。

（三）高温及低温的障碍

花卉的生长发育并不总是处于最适宜的温度，因为自然气候的变化是不以人们的意志为转移的。温度过高或过低都会造成生产上的损失。

在温度过低的环境下，生理活性停止，甚至死亡，低温受冻的原因主要是植物组织内的细胞间隙结冰，细胞内含物、原生质失去水分，导致原生质的理化性质发生改变。花卉的种类不同，细胞液的浓度也不同，甚至同种花卉在不同的生长季节及栽培条件下，细胞液的浓度也不同，因而它们的抗寒性（耐寒性）也不同。细胞液的浓度高，冰点低，较能耐寒，利用温床、温室、风障、阳畦及塑料薄膜覆盖等，都能提高温度，防止冻害，增加植物本身的抗寒能力也是一个重要的方面。

高温障碍是由强烈的阳光与急剧的蒸腾作用相结合引起的。当气温升高到生长的最适温度以上时，生长速度开始下降。高温直接导致茎叶死亡的情况是少见的，但由于高温引起植物体失水，因而产生原生质脱水和原生质中蛋白质的凝固，则是较常见的。高温障碍可使部分花卉产生落花落果、生长瘦弱等现象，某些温带原产的花卉，在亚热带地区由于不适应酷热，导致叶片灼伤枯黄，危害生长。

我国农民积累了多年的生产经验，创造了许多抗寒、抗热的方法。如在东北南部，将花卉的根颈部分埋到封冻的土中，可以忍耐－10～－20℃的低温，长江流域的温床育苗、华北的风障阳畦都是一种防冻的措施。南方搭篷遮阴、广东水坑栽培等也可以起到降低夏季高温的作用。

（四）温周期的作用

花卉所处的环境中温度总是变化着的，有两个周期性的变化，即季节的变化及昼夜的变化。在一天中是白天温度较高，晚上温度较低，尤其在大陆性气候地区（如西北各地及新疆、内蒙古等），昼夜温差更大。植物的生活也适应了这种昼热夜凉的环境。白天有阳光，光合作用旺盛，夜间无光合作用，但仍然有呼吸作用，夜间温度较低，可以减少呼吸作用对能量的消耗。因而周期性的温度变化对植物的生长与发育是有利的，许多花卉都要求有这样的变温环境，才能正常生长。如热带花卉的昼夜温差应在3～6℃，温带花卉在5～7℃，而沙漠植物如仙人掌则要求10℃以上。这种现象称为温周期。

昼夜温差也有一定的范围。如果日温高，而夜温过低，也生长不好。不同花卉要求的昼、夜最适温度是不同的（表3-2）。

表3-2　一些花卉的昼、夜最适温度

种　类	温　　度	
	白天最适温度（℃）	夜间最适温度（℃）
金鱼草	14～16	7～9
心叶藿香蓟	17～19	12～14
香豌豆	17～19	9～12
矮牵牛	27～28	15～17
彩叶草	23～24	16～18
翠菊	20～23	14～17
百日草	25～27	16～20
非洲紫罗兰	19～21	23.5～25.5
月季	21～24	13.5～16

有许多要求低温通过春化的植物，仅仅有夜间低温，也可达到与昼夜连续低温相同的作用。

在自然界中，温周期的变化与光周期的变化是密切相关的。植物昼夜间有对光照变化的反应，也有相应的对温度变化的反应，从开花的生理意义上讲，高温相当于光照的作用，而低温相当于黑暗的作用。

（五）温度与花芽分化及花的发育

1. 在低温下进行花芽分化　有些花卉开花之前需要一定时期的低温刺激，这种需要低温阶段才能开花的现象称为春化作用。冬性越强的花卉要求温度越低，持续时间也越长。许多原产温带中北部及各地的高山花卉，其花芽分化多要求在20℃以下较凉爽的气候条件下进行，如八仙花、卡特兰属和石斛属的某些种类在13℃左右和短日照下可促进花芽分化，一些秋播花卉如金盏菊、雏菊、金鱼草、飞燕草、花菱草、虞美人、石竹、蜀葵、三色堇、羽衣甘蓝、桂竹香、紫罗兰、香豌豆、大花亚麻、美女樱、毛地黄等都要求在低温下进行花芽分化。近年的研究指出，除冬性花卉外，其他种类也表现出类似的春化现象。

2. 在高温下进行花芽分化　有些花卉在20℃或更高的温度下通过春化阶段进行花芽分化，实际这已超出了春化作用的最初含义。许多花木类如杜鹃花、山茶、梅花、桃花、樱花、紫藤等都在6～8月气温高至25℃以上时进行花芽分化，入秋后，植物体进入休眠，经过一定低温后结束或打破休眠而开花。许多球根花卉的花芽分化也在夏季较高温度下进行，如唐菖蒲、晚香玉、美人蕉等春植球根花卉于夏季生长期进行，而郁金香、风信子等秋植球根花卉是在夏季休眠期进行。其他如醉蝶花、紫茉莉、半支莲、鸡冠花、千日红、含羞草、月见草、凤仙花、风船葛、长春花、茑萝、彩叶草、一串红、烟草花、矮牵牛、蛇目菊、波斯菊、麦秆菊、百日草等也都是在高温条件下进行花芽分化。

温度对于分化后花芽的发育也有很大影响。荷兰的Blaauw等通过研究温度对几种球根花卉花芽发育的影响后认为，花芽发育以高温为最适的有郁金香、风信子、水仙等。花芽分化后的发育，初期要求低温，以后温度逐渐升高能起促进作用，低温最适值和范围因花卉种类和品种而异，如郁金香为2～9℃，风信子为9～13℃，水仙为5～9℃，必要的低温时期为6～13周。

温度的高低还会影响花色。如蓝白复色的矮牵牛，蓝色和白色部分的多少受温度的影响，在30～35℃高温下，花呈蓝色或紫色，而在15℃以下呈白色，在15～30℃时，则呈蓝和白的复色花。此外还有月季、大丽花、菊花等在较低温下花色浓艳，而在高温下则花色暗淡。喜高温的花卉在高温下花朵色彩艳丽，如荷花、半支莲、矮牵牛等；而喜冷凉的花卉，如遇30℃以上的高温则花朵变小，花色黯淡，如虞美人、三色堇、金鱼草、菊花等。

多数花卉开花时如遇气温较高、阳光充足的条件，则花香浓郁，不耐高温的花卉遇高温时香味变淡。这是由于参与各种芳香油形成的酶类的活性与温度有关。花期气温高于适温时，花朵提早脱落，同时，高温干旱条件下，花朵香味持续时间也缩短。

二、光　　照

光是植物的生命之源。没有光照，植物就不能进行光合作用，其生长发育也就没有物质来源和物质保障。一般而言，光照充足，光合作用旺盛，制造的糖分多，花卉体内干物质积累就多，花卉生长和发育就健壮，而且C/N高，有利于花芽分化和开花，因此大多数花卉只有在光照充足的条件下才能花繁叶茂。一般说来，光照对花卉的影响主要表现在光照度、光照时间和光质三个方面。

（一）光照度对花卉的影响

不同种类的花卉对光照度的要求是不同的，主要与它们的原产地光照条件相关。一般原产热带和亚热带的花卉因原产地阴雨较多，空气透明度较低，往往要求较低的光照度，将它们引种到北方地区栽培时通常需要进行遮阴处理。原产于高海拔地区的花卉则要求较高的光照度，而且对光照中的紫外光要求较高。光的有无和强弱也会影响开花的时间，如半支莲、酢浆草必须在强光下才能开放，紫茉莉、晚香玉需在傍晚光弱时才能盛开，牵牛花只盛开于晨曦，而昙花则在深夜开放，大多数花卉则晨开夜闭。

根据花卉对光照度的要求不同，可以分为以下三种类型。

1. 阳性花卉　阳性花卉喜强光，不耐荫蔽，具有较高的光补偿点，在阳光充足的条件下才能正常生长发育，发挥其最大观赏价值。如果光照不足，则枝条纤细、节间伸长、枝叶徒长、叶片黄瘦，花小而不艳、香味不浓，开花不良甚至不能开花。

阳性花卉包括大部分观花、观果类花卉和少数观叶花卉，如一串红、茉莉、扶桑、石榴、柑橘、月季、梅花、菊花、玉兰、棕榈、苏铁、橡皮树、银杏、紫薇等。

2. 阴性花卉 阴性花卉多原产于热带雨林或高山阴坡及林下，具有较强的耐阴能力和较低的光补偿点，在适度荫蔽的条件下生长良好。如果强光直射，则会使叶片焦黄枯萎，长时间会造成死亡。

阴性花卉主要是一些观叶花卉和少数观花花卉，如蕨类、兰科、苦苣苔科、姜科、秋海棠科、天南星科以及文竹、玉簪、八仙花、大岩桐、紫金牛等。其中一些花卉可以较长时间在室内陈设，所以又称为室内观赏植物。

3. 中性花卉 中性花卉对光照度的要求介于上述二者之间，它们既不很耐阴又怕夏季强光直射，如萱草、耧斗菜、桔梗、白芨、杜鹃花、山茶、白兰花、栀子花、倒挂金钟等。

此外，同一种花卉在其生长发育的不同阶段对光照的要求也不一样。一般种子发芽期需光量低一些，而且光对不同花卉种子的萌发也有不同的影响。有些花卉的种子，曝光时比在黑暗中发芽好，一般称为好光性种子，如报春花、秋海棠、六倍利等，这类好光性种子播种后不需覆土或稍覆土即可。有些花卉的种子需要在黑暗条件下发芽，通常称为嫌光性种子，如百日草、三色堇等，这类种子播种后必须覆土，以提高发芽率。幼苗生长期至旺盛生长期需逐渐增加光量，生殖生长期则因长日照、短日照等习性不同而不一样。

花卉与光照度的关系不是固定不变的，随着年龄和环境条件的改变会相应地发生变化，甚至变化较大。光照度对花色也有影响，紫红色花是由于花青素的存在而形成的，花青素必须在强光下才能产生，在散射光下不易形成，如春季芍药的紫红色嫩芽以及秋季红叶均与光照度以及花青素形成相关。各类喜光花卉在开花期若适当减弱光照，不仅可以延长花期，而且能保持花色艳丽，而各类绿色花卉，如绿月季、绿牡丹、绿菊花、绿荷花等在花期适当遮阴则能保持花色纯正、不易退色。

（二）光照时间对花卉的影响

花卉开花的多少、花朵的大小等除与其本身的遗传特性有关外，光照时间的长短对花卉花芽分化和开花也具有显著的影响。一般在同一植株上，充分接受光照的枝条花芽多，受光不足的枝条花芽较少。根据花卉对光照时间的要求不同，通常将花卉分为以下三类。

1. 长日照花卉 长日照花卉要求每天的光照时间必须长于一定的时间（一般在12h以上）才能正常形成花芽和开花，如果在发育期不能提供这一条件，就不能开花或延迟开花，如令箭荷花、唐菖蒲、风铃草、大岩桐、黑缨藤等。日照时间越长，这类花卉生长发育越快，营养积累越充足，花芽多而充实，因此花多色艳，种实饱满，否则植株细弱，花小色淡，结实率低。唐菖蒲是典型的长日照植物，为了周年供应唐菖蒲切花，冬季在温室栽培时，除需要高温外，还要用电灯来增加光照时间。通常春末和夏季为自然花期的花卉是长日照植物。

2. 短日照花卉 短日照花卉要求每天的光照时间必须短于一定的时间（一般在12h以内）才有利于花芽的形成和开花。这类花卉在长日照条件下花芽难以形成或分化不足，不能正常开花或开花少，一品红和菊花是典型的短日照植物，它们在夏季长日照的环境下只进行营养生长而不开花，入秋以后，日照时间减少到10～11h，才开始进行花芽分化。多数自然花期在秋、冬季的花卉属于短日照植物。

3. 日中性花卉 日中性花卉对光照时间长短不敏感，只要温度适合，一年四季都能开花，如月季、扶桑、天竺葵、美人蕉、香石竹、矮牵牛、百日草等。

（三）光质对花卉的影响

光质又称光的组成，是指具有不同波长的太阳光的成分。太阳光的波长范围在150～4 000nm之间，其中波长为380～770nm之间的光（即红、橙、黄、绿、青、蓝、紫）是太阳辐射光谱中具有生理活性的波段，称为光合有效辐射，占太阳总辐射的52%，不可见光中紫外线占5%，红外线占43%。不同波长的光对植物生长发育的作用不尽相同。植物同化作用吸收最多的是红光，其次为黄光，蓝紫光的同化效率仅为红光的14%。红光不仅有利于植物糖分的合成，还能加速长日植物的发育；短波的蓝紫光则能加速短日植物的发育，并能促进蛋白质和有机酸的合成。一般认为长波光可以促进种子萌发和植物的高生长；短波光可以促进植物分蘖，抑制植物伸长，促进多发侧枝和芽的分化；极短波光则促进花青素和其他色素的形成，高山地区及赤道附近极短波光较强，花色鲜艳，就是这个道理。

三、水　　分

水是植物体的重要组成部分和光合作用的重要原料之一，无论是植物根系从土壤中吸收和运输养分，还是植物体内进行一系列生理生化反应都离不开水，水分的多少直接影响着植物的生存、分布、生长和发育。如果水分供应不足，种子不能萌发，插条不能发根，嫁接不能愈合，生理代谢如光合作用、呼吸作用、蒸腾作用也不能正常进行，更不能开花结果，严重缺水时还会造成植株凋萎，以致枯死。反之，如果水分过多，又会造成植株徒长、烂根，抑制花芽分化，刺激花蕾脱落，不仅会降低观赏价值，严重时还会造成死亡。

（一）不同种类花卉对水分的需求

由于花卉种类不同，需水量有极大差别，这同花卉原产地的降水量及其分布状况有关。为了适应环境的水分状况，植物体在形态和生理机能上形成了相应的特点。根据花卉对水分的要求不同，一般将花卉分为五种类型。

1. 旱生花卉　旱生花卉多原产热带干旱、沙漠地区或雨季与旱季有明显区分的地带。这类花卉根系较发达，肉质植物体能贮存大量水分，细胞的渗透压高，叶硬质刺状、膜鞘状或完全退化，能忍受长期干旱的环境而正常生长发育。常见栽培的如仙人掌、仙人球、生石花、大芦荟、日中花、泥鳅掌、青锁龙、龙舌兰等。在栽培管理中，应掌握宁干勿湿的浇水原则，防止水分过多造成烂根、烂茎而死亡。

2. 半旱生花卉　半耐旱花卉叶片多呈革质、蜡质、针状、片状或具有大量茸毛，如山茶、杜鹃花、白兰花、天门冬、梅花、蜡梅以及常绿针叶植物等。栽培中的浇水原则是干透浇透。

3. 中生花卉　绝大多数花卉属于中生花卉，不能忍受过干和过湿的条件，但是由于种类众多，因而对干与湿的忍耐程度具有很大差异。耐旱力极强的种类具有旱生植物性状的倾向，耐湿力极强的种类则具有湿生植物性状的倾向。中生花卉的特征是根系及输导系统均较发达，叶片表皮有一层角质层，叶片的栅栏组织和海绵组织均较整齐，细胞液渗透压为（5.07～25.33）$\times 10^5$Pa，叶片内没有完整而发达的通气系统。常见的花卉其中不怕积水的如大花美人蕉、栀子花、凌霄、南天竹、棕榈等，怕积水的如月季、虞美人、桃花、辛夷、金丝桃、西番莲、大丽花等。栽培管理中浇水要掌握见干见湿的原则，即土壤含水量保持田间最大持水量的60%左右。

4. 湿生花卉　湿生花卉多原产于热带雨林中或山涧溪旁，喜生于空气湿度较大的环境中，若在干燥或中生环境下常致死亡或生长不良。湿生花卉由于环境中水分充足，所以在形态和机能上没有防止蒸腾和扩大吸水的构造，其细胞液的渗透压也不高，一般为（8.11～12.16）$\times 10^5$ Pa。其中喜阴的如海芋、华凤仙、翠云草、合果芋、龟背竹等，喜光的如水仙、燕子花、马蹄莲、花菖蒲等。在养护中应掌握宁湿勿干的浇水原则。

5. 水生花卉 生长在水中的花卉叫水生花卉。水生植物根或茎一般都具有较发达的通气组织，在水面以上的叶片大，在水中的叶片小，常呈带状或丝状，叶片薄，表皮不发达，根系不发达。如荷花、睡莲、王莲等。

（二）花卉不同生育阶段与水分的关系

同种花卉在不同的生育阶段对水分的需求各不相同。种子萌芽期需要较多的水分，以便透入种皮，有利于胚根的抽出，并供给种胚必要的水分。种子萌发后，在幼苗期因根系浅而瘦弱，根系吸水力弱，保持土壤湿润状态即可，不能太湿或有积水，需水量相对于萌芽期要少，但应充足。旺盛生长期需要充足的水分供应，以保证生理代谢活动顺利进行。生殖生长期（即营养生长后期至开花期）需水较少，空气湿度也不能太高，否则会影响花芽分化、开花数量及质量。

水分对花卉的花芽分化及花色也有影响。一般情况下，适当控制水分供应有利于花芽分化，如风信子、水仙、百合等用30～35℃的高温处理种球，使其脱水可以使花芽提早分化并促进花芽的伸长。此外，在栽培上常用“扣水”的方法来促进花芽分化，控制花期。水分对花色的影响也很大，水分充足才能显示花卉品种色彩的特性，花期也长，水分不足的情况下花色深暗，如蔷薇、菊花表现很明显。

（三）水分的调节

花卉对水分的需求量主要与其原产地水分条件、花卉的形态结构及生长发育时期等有关。首先，原产热带和热带雨林的花卉需水量大，而原产干旱地区的花卉较湿润地区的气孔少，贮水能力较强，需水量相对较少。其次，叶片大、叶质柔软或薄而光滑的花卉需水量大，叶片细小、叶质硬或具蜡质或密被茸毛的则需水量少，这也是针叶植物较阔叶植物耐旱的原因。

花卉对水分的消耗取决于生长状况。休眠期的鳞茎和块茎，不仅不需要水，有水反而会引起腐烂。如朱顶红种植后只要保持土壤湿润，便会终止休眠，生根，一旦抽出花茎，蒸腾增加，需少量灌水，叶子大量发育后，需充足供水。四季秋海棠重剪之后，失去很多叶片，减小了蒸腾面积，应控制灌水，以防因土壤积水引起烂根。因此，应经常注意保持根系与叶幕的平衡，并通过灌水加以调节。

肉质植物在冬季休眠期温度在10℃以下时可以不灌水，其他半肉质植物如天竺葵等也可用上述处理方法。

园林中可以依靠降水和各种排灌设施来满足花卉对水分的要求，还可以通过改良土壤质地来调节土壤持水量。根自土壤中吸收水分受土温的影响，不同植物间也有差别。原产热带的花卉在10～15℃才能吸水，原产寒带的藓类甚至在0℃以下还能吸水，多数室内花卉要求5～10℃。土温越低植物吸水越困难，根不能吸水也就越容易引起积水。

空气湿度对花卉生长影响也很大。许多花卉要求60%～90%的相对空气湿度，常常通过空中喷雾和地面洒水以提高空气湿度。

水质对花卉的生长也至关重要。对于碱性水，可以用酸对水进行酸化，如有机酸中的柠檬酸、醋酸，无机酸中的正磷酸、磷酸，酸性化合物如硫酸亚铁等都可以用来酸化水。清洁的河水、池塘水较适合浇花。生产中主要使用自来水浇花，对一般的自来水，可先晾水，使氯气（Cl_2）挥发，同时改变水温，对花卉生长有益。含盐量高的水需用特殊的水处理设备加以净化后使用。

四、空　气

空气对花卉的影响是多方面的。氧气是植物呼吸作用必不可少的，如果氧气缺乏，植物根系的正常呼吸作用就会受到抑制，不能萌发新根，严重时嫌气性有害细菌大量滋生，引起根系腐烂，造成全株死亡。

(一) 空气成分与花卉的生长发育

影响花卉生长发育的气体主要是氧气和二氧化碳。一般大气中含氧约为21%，而二氧化碳只有0.03%（300mL/m^3）左右，还有其他微量气体。大气中二氧化碳虽然很少，但在植物生活中作用很大，光合作用就是将二氧化碳和水同化为有机物。一般氧在大气中的含量是足够的，但土壤中由于水涝或土壤板结而缺氧，从而影响根的呼吸。

1. 二氧化碳 二氧化碳（CO_2）是植物进行光合作用的原料之一，在一定范围内，随着二氧化碳浓度的提高，光合作用加强，有利于植物生长发育。设施栽培中可采取提高二氧化碳含量的措施。酿热温床利用的酿热物，包括垃圾、厩肥等有机物的发酵及分解会释放出二氧化碳，可增加温床中二氧化碳的含量。在温室及塑料大棚中，可以进行二氧化碳施肥。

由于大气中二氧化碳的含量只有300mL/m^3，远远不能满足光合作用的要求。据试验（Lindstrom，1968），温室中二氧化碳的浓度增加到1 500mL/m^3以上时，菊花的茎长、干物重和花径均有所增加（表3-3）。此外，二氧化碳施肥在香石竹以及月季的栽培中均已获得良好的效果，大大提高了产品的数量和质量。但在实际生产中二氧化碳施肥也有一定的限制，因为人体对二氧化碳的安全极限为5 000mL/m^3，一般温室可以维持在1 000～2 000mL/m^3。

表3-3 二氧化碳施肥对菊花生长的影响

（Lindstrom，1968）

品　种	处　理	茎　长 (cm)	干物重 (g)	单位茎长 (cm) / 干物重 (g)	花　径 (cm)
'Giant'	无处理	60.5[a]	5.9[a]	0.097	12.5
	1 500μL/L	88.4[b]	9.2[b]	0.104	16.5
	4 000μL/L	82.7[b]	10.5[b]	0.127	16.5
'Good News'	无处理	44.8[a]	3.6[a]	0.080	11.0
	1 500μL/L	54.3[b]	5.6[b]	0.103	12.5
	4 000μL/L	57.8[b]	7.4[b]	0.128	13.5
'Indian White'	无处理	59.0[a]	6.3[a]	0.107	12.0
	1 500μL/L	83.5[b]	9.9[b]	0.119	14.5
	4 000μL/L	88.0[b]	12.8[c]	0.145	15.0
'White Cheep'	无处理	70.2[a]	5.7[a]	0.081	11.5
	1 500μL/L	88.6[b]	6.7[b]	0.076	12.5
	4 000μL/L	85.1[b]	8.1[b]	0.095	14.5

注：1月14日定植，2月10日短日开始，二氧化碳施肥时间为8:00～16:00；实验数据均采用邓肯氏新复极差测验法（SSR法）进行比较，显著水平$P \leqslant 0.05$。

大气中二氧化碳的含量均值为300mL/m^3左右。实际上，在不同高度，尤其是作物群体的不同垂直高度，二氧化碳的浓度都不同。一年中的不同季节及一天中的不同时刻，浓度也不同。一年中地面二氧化碳的浓度以4月、5月、6月较低，而冬季的11月、1月、2月浓度较高。一天中则以0:00～7:00较高，而12:00～18:00较低，即在一天中凌晨时最高。在植物群体中，冠层内的空气成分与冠层外的空气成分相差很大。在群体中由于光合强度和呼吸强度的不同，其空气组成在同一冠层的纵剖面上部及下部也不同。在一般情况下，冠层的中、上部往往相当于叶面积指数（LAI）最大的地方，由于光合作用的消耗，二氧化碳的含量在整个冠层剖面中最少，近地面处，浓度稍高，而到冠层的最上层浓度又逐渐增加。这种二氧化碳的剖面分布，刚好与温度的变化相反。这些变化又受风速的影响。在大田里，风速是影响作物群体的二氧化碳浓度以及温度、湿度的主要因素。如果风速小，空气不流通，则冠层中的二氧化碳就会由于光合作用的消耗而相对稀少，这对于光合作用的加强及物质的积累都不利。如果有一定的风速，可以增加冠层中二氧化碳的含量，因为新鲜的空气（即冠层外的空气）中二氧化碳的浓度比冠层内的高。这对于夏季栽培的花卉更为重要，因此通风、透光是培养优质花卉和提高产量的两个重要因素。

但是通风的强度也有一个范围，风速并不是越大越好。有试验表明（Wilson，1958），当风速在200cm/s以内时，风速增加，生长率也增加（由于增加了二氧化碳的供应），但风速高于200cm/s时，生长率又由于风速过大而引起的干燥及机械倒伏而下降。一般以风速100cm/s（相当于气象上的二级风左右）较为适宜。

2. 氧气 在花卉栽培生产上，空气中氧气（O_2）的含量常与种子发芽、土壤管理以及中耕排水等密切相关。种子发芽需要氧的供给，种子直播时，要求土壤不板结。排水不良、土温低和缺氧对种子发芽及根的生长都不利。

（二）空气污染对花卉的危害

空气中存在着一些对植物生长和发育有害的气体，如二氧化硫、氟化氢、氯气、一氧化碳、氯化氢、硫化氢及臭氧等。有毒气体主要是通过气孔，也可以通过根部进入植物体中。它的危害程度一方面决定于其浓度，另一方面决定于植物本身的表面保护组织、气孔开张程度、细胞中和气体的能力和原生质的抵抗力等。危害花卉的主要有毒气体有：

1. 二氧化硫 二氧化硫（SO_2）主要由工厂的燃料燃烧所产生，是我国当前主要的大气污染物，对花卉的危害也较严重。当空气中二氧化硫的浓度达到0.2mL/m^3时，几天就能使植物受害，浓度越高，危害越严重。二氧化硫在大气中易被氧化为三氧化硫，由于二氧化硫首先是从叶片气孔周围细胞开始侵入，然后逐渐扩散到海绵组织，进而危害栅栏组织，使细胞叶绿体遭到破坏，组织脱水并坏死。所以症状首先在气孔周围及叶缘出现，开始呈水浸状，然后叶绿素被破坏，在叶脉间出现斑点。

三氧化硫也是燃料燃烧不良时产生的，当浓度达到5mL/m^3时，几小时植物即出现病斑。

2. 氟化氢 氟化氢（HF）通过叶的气孔或表皮吸收进入细胞内，经一系列反应转化成有机氟化物而影响酶的合成，导致叶组织发生水渍斑，而后变枯呈棕色。氟化物对植物的危害首先表现在叶尖和叶缘，呈环带状，然后逐渐向内发展，严重时引起全叶枯黄脱落。

大气氟化物污染的程度不如二氧化硫严重，范围也较小，但对植物的毒性要比二氧化硫重10～100倍，当大气中氟化物达1～5mL/m^3时，较长时期接触就会产生药害。

3. 氯气 有些化工厂的废气中含有氯气（Cl_2），聚氯乙烯树脂原料不纯所制成的塑料薄膜也会放出少量氯气。氯的毒性比二氧化硫大2～4倍，能很快破坏叶绿素，使叶片退色漂白脱落。初期伤斑主要分布在叶脉间，呈不规则点或块状，与二氧化硫危害症状不同之处为受害组织与健康组织之间没有明显界限。对氯气敏感的花卉有珠兰、茉莉等，在0.1mL/m^3浓度下接触1h即可见到症状，低于0.1mL/m^3时，时间延长，也可使叶绿素分解，叶黄化。

4. 氨气　在设施中使用大量有机肥或无机肥常会产生氨气（NH_3），危害设施内的花卉。当氨气达40mL/m^3时，1h可以产生伤害。尿素施后也会产生氨，尤其在施后的第三到第四天最易发生，所以施尿素后要盖土或灌水，避免产生氨害。当氨气与花卉接触时，常发生黄叶现象。

5. 臭氧　汽车排出废气中的二氧化氮经紫外线照射后产生一氧化氮和氧原子，后者立即与空气中的氧化合成臭氧（O_3）。臭氧危害植物栅栏组织的细胞壁和表皮细胞，在叶片表面形成红棕色或白色斑点，最终导致花卉枯死。

所有有毒气体都在日间、光照强、温度高、湿度大时危害较严重，应通过环境保护减少有毒气体的产生。不同种类花卉对有害气体的抗性有很大差异，使用时可参考表3-4。

表3-4　常见花卉对有害气体的抗性分级表

气体名称	抗性			
	极强	强	中	弱
二氧化硫	美人蕉、石竹、无花果、夹竹桃、菊花、柏、刺槐、黄杨、向日葵	月季、石榴、凤尾柏、大丽花、蜀葵、唐菖蒲、翠菊、鸡冠花、苏铁、白兰花、令箭荷花、扶桑、柑橘、龟背竹、鱼尾葵、广玉兰、君迁子、木兰、红叶李、桂花、月桂、蚊母树、冬青、海桐、白蜡	紫茉莉、鸢尾、一串红、荷兰菊、百日草、矢车菊、银边翠、天人菊、波斯菊、蛇目菊、桔梗、锦葵、杜鹃花、茉莉、叶子花、旱金莲、一品红、红背桂、彩叶苋、柳杉、龙柏、棕榈、白玉兰、紫荆、郁李、南天竹、芭蕉	硫华菊、美女樱、月见草、麦秆菊、福禄考、滨菊、瓜叶菊、水杉、白榆、悬铃木、木瓜、樱花、雪松、黑松、竹子
二氧化碳和酸雨	无花果、八仙花、龙柏、构树、香椿、桑、臭椿、刺槐、黄杨、珊瑚树	棕榈、月季、枫杨、乌桕、合欢	龙柏、夹竹桃、迎春	黑松、水杉、榆、悬铃木
氟化氢	木芙蓉、葱兰、龙柏、构树、桑树、黄连木、丁香、小叶女贞、无花果、罗汉松	蜡梅、石榴、玫瑰、紫薇、山茶、柑橘、一品红、秋海棠、大丽花、万寿菊、紫茉莉、牵牛花、柳杉、臭椿、杜仲、银杏、悬铃木、丝棉木、广玉兰、柿、枣、女贞、珊瑚树、蚊母树、海桐、大叶黄杨、锦熟黄杨、石楠、火棘、凤尾兰、棕榈	美人蕉、百日草、蜀葵、金鱼草、半支莲、水仙、醉蝶花、栀子花、红背桂、榆、三角枫、枫杨、木槿、金银花、丝兰、小叶黄杨、白蜡、樱桃、栓皮栎、核桃	桂花、玉簪、唐菖蒲、锦葵、凤仙花、杜鹃花、彩叶苋、万年青、合欢、杨、桃、枇杷、垂柳、扁柏、黑松、雪松、海棠、碧桃
氯气	合欢、乌桕、接骨木、木槿、紫荆	桂花、海桐、珊瑚树、大叶黄杨、夹竹桃、石榴、木槿、月季、万年青、罗汉松、南洋杉、苏铁、杜鹃花、唐菖蒲、一串红、鸡冠花、金盏菊、大丽花、臭椿、刺槐、三角枫、合欢、泡桐、苦楝、丝棉木、凤尾柏、洒金柏	一品红、石刁柏、柚、木本夜来香、八仙花、叶子花、米兰、黄蝉、彩叶苋、红背桂、晚香玉、凤仙花、万寿菊、波斯菊、百日草、金鱼草、矢车菊、醉蝶花、黑松、榆、木瓜、南天竹、牡丹、六月雪、地锦、凌霄	福禄考、锦葵、茉莉、倒挂金钟、樱草、四季海棠、瓜叶菊、天竺葵、广玉兰、紫薇、竹、糖槭、山荆子

（续）

气体名称	抗性			
	极强	强	中	弱
氯化氢	小叶女贞、日本樱花、无花果、美人蕉、紫茉莉、苦楝、龙柏、杨、桑、刺槐、国槐	紫薇、锦带花、海桐、锦熟黄杨、棕榈、蜀葵、栀子花、白蜡、合欢、乌桕、红叶李	蜡梅、夹竹桃、榆、女贞	广玉兰、黑松、雪松
硫化氢	月季、羽衣甘蓝、构树、樱花、罗汉松、蚊母树、锦熟黄杨	龙柏、悬铃木、榆、桑、桃、樱桃、夹竹桃	唐菖蒲、矢车菊、向日葵、旱金莲、石榴	桂花、紫菀、虞美人

五、土壤与营养

土壤是栽培花卉的重要基质，土壤质地、物理性质和酸碱度都不同程度地影响花卉的生长发育。一般要求栽培所用土壤应具备良好的团粒结构，疏松、肥沃，排水和保水性能良好，并含有较丰富的腐殖质，酸碱度适宜。但是，由于花卉种类不同，对土壤的要求也有较大的差异。

（一）花卉对土壤的要求

1. 土壤质地 露地栽培的花卉由于根系能够自由伸展，对土壤的要求一般不甚严格，只要土层深厚，通气和排水良好，并具有一定肥力就可利用。而盆栽时，由于根系的伸展受到花盆限制，因此盆栽用土除物理性状上能满足其种性要求外，还必须含有充足的营养物质。盆栽用土的好坏是培养盆花成败的关键因素。

培养土通常是由园土、河沙、腐叶土、松针土、泥炭、煤灰等材料按一定比例配制而成的。园土一般取自菜园、果园或种过豆科农作物的表层土壤，它们都具有一定的肥力和良好的团粒结构，是配制培养土的主要原料之一，但缺水时表层容易板结，湿时透气、透水性差，不能单独使用。河沙颗粒较粗，不含杂质，通气和透水性能良好，也是培养土的主要成分，并可单独用于扦插或播种繁殖，但是河沙不具团粒结构，没有肥力，保水性能也较差。腐叶土是用落叶和园土加肥堆积沤制而成的，一般肥力较充足，含腐殖质多，质地疏松，通气、排水性能良好，是较理想的基质材料，可用来配制培养土，也可单独使用栽培花卉，但是腐叶土中生物碱含量较高，呈微碱性反应，使用时应根据需要加以调整。泥炭是由一些水生植物经腐烂、炭化、沉积而成的草甸土，其质地松软，通气、透水及保水性能都非常好，其中还含有胡敏酸，对插条产生愈伤组织和生根极为有利，常作为培养土的成分和扦插基质，但泥炭没有肥力。煤灰通气和透水性好，不板结，并含有一定量的营养元素，用它代替河沙调制培养土时，可以减轻盆土的重量。

培养土一般可以分为以下三种：

（1）黏重培养土　园土 6 份、腐叶土 2 份、河沙 2 份，适于栽培多数木本花卉。

（2）中培养土　园土 4 份、腐叶土 4 份、河沙 2 份，适于栽培多数一、二年生花卉。

（3）轻松培养土　园土 2 份、腐叶土 6 份、河沙 2 份，适于栽培宿根或球根花卉。

此外，还要根据不同花卉种类在不同的生长发育阶段的要求，调整所用培养土的类型和配制比例。

2. 土壤对花卉生长发育的影响　土壤对花卉生长发育的影响主要表现在三个方面：土壤的物理性状即黏重程度和通透性能、土壤肥力以及土壤的酸碱度。

一般一、二年生花卉对土壤要求不太严格，除重黏土及过度轻松的土壤外均可。秋播夏花类应以表土深厚的黏质壤土为宜，这类土壤保水力强，可以保证夏季的水分供给，而且一般幼苗期要求土壤的腐殖质含量更高一些。宿根花卉因根系较发达，对土壤要求不严格，但幼苗期喜腐殖质较丰富的疏松土壤，而且因生命周期长，需要土壤营养更充足一些，一般在栽植前通过施底肥来补充。球根花卉对土壤要求严格，要求腐殖质含量高而且排水良好，实生苗（即播种繁殖苗）则要求更多的腐殖质。

就土壤酸碱度而言，虽然一般花卉对土壤酸碱度要求不严格，在弱碱性或偏酸的土壤中都能生长，但大多数花卉在中性至偏酸性（pH5.5～7.0）的土壤中生长良好。根据花卉对土壤酸碱度的不同要求，可将其分为以下 4 种类型。

（1）强酸性花卉　要求土壤的 pH 为 4.0～6.0，如杜鹃花、山茶、栀子花、兰花、彩叶草和蕨类植物等。

（2）酸性花卉　要求土壤 pH 为 6.0～6.5，如秋海棠、朱顶红、蒲包花、茉莉、柑橘、马尾松、石楠等。

（3）中性花卉　要求土壤 pH 为 6.5～7.5，绝大多数花卉属于此类。

（4）碱性花卉　要求土壤 pH 为 7.5～8.0，如石竹、天竺葵、玫瑰、柽柳、白蜡、紫穗槐等。

部分花卉对土壤酸碱度的要求如表 3-5 所示。

表 3-5　部分花卉对土壤酸碱度的要求

花卉名称	适宜 pH	花卉名称	适宜 pH
藿香蓟	5.0～6.0	金盏花	6.5～7.5
香豌豆	6.5～7.5	紫罗兰	5.5～7.5
桂竹香	5.5～7.0	勿忘草	6.5～7.5
雏菊	5.5～7.0	石竹	7.0～8.0
三色堇	6.3～7.3	香堇	7.0～8.0
紫菀	6.5～7.5	风信子	6.5～7.5
野菊	5.5～6.5	水仙	6.5～7.5
百合	5.0～6.0	美人蕉	6.0～7.0
郁金香	6.5～7.5	孤挺花	5.0～6.0
仙客来	5.5～6.5	文竹	6.0～7.0
大岩桐	5.0～6.5	紫露草	4.0～5.0
四季报春	6.5～7.0	蟆叶秋海棠	6.3～7.0
倒挂金钟	5.5～6.5	盾叶天竺葵	5.5～7.0
马蹄纹天竺葵	5.0～7.0	兰科	4.5～5.0
凤梨科	4.0	蕨类	4.5～5.5
仙人掌科	5.0～6.0	棕榈类	5.0～6.3
金鱼草	6.0～7.0		

此外，土壤酸碱度对某些花卉的花色变化也有重要影响，八仙花的花色变化即由土壤

pH 的变化引起。著名植物生理学家 Molisch 研究表明，八仙花蓝色花朵的出现与铝和铁有关，还与土壤 pH 高低有关，pH 低花色呈现蓝色，pH 高则呈现粉红色。

3. 土壤耕作与花卉生长发育的关系 栽培花卉的土壤是经人类生产活动和改造的农业土壤，是花卉生产最基本的生产资料。在合理利用和改良条件下，土壤肥力可以得到不断提高。

土壤的肥沃程度主要表现在能否充分供应和协调土壤中的水、肥、气和热，支持花卉的生长和发育。土壤中含有花卉所需要的有效肥力和潜在肥力，采用适宜的耕作措施，如精耕细作、冬耕晒垡、排涝疏干、合理施肥等，能使土壤达到熟化的要求，并使潜在肥力转化为有效肥力，把用土、养土、保土和改土密切结合起来。

通过耕作措施使上层土壤疏松深厚，有机质含量高，土壤结构和通透性能良好，蓄保水分养分的能力和吸收能力提高，微生物活动旺盛，这些都能促进花卉的生长发育。

为了改善土壤耕作层的构造，提高土壤肥力，还应与灌溉施肥制度相配合，并且要对当地的小气候、地势坡向、土壤轮作、生产技术条件以及机械化等综合因素加以考虑。总之，要采取适宜的耕作措施，为花卉的生长发育创造良好的土壤环境。

4. 土壤微生物与花卉 土壤中含有大量微生物，当栽培的花卉进入这个环境后，微生物的状况会发生激烈的变化，特别在根际能聚集大量微生物。有的微生物能产生生长调节物质，这类物质在低浓度时刺激花卉生长，而在高浓度时则抑制花卉生长。

土壤微生物对花卉的生长履行着一系列重要功能，如氮素的循环，有机物质和矿物质分解为花卉需要的营养物质，固氮微生物增加土壤中的氮素，菌根真菌有效地增加根的吸收面积等。

根瘤菌能自由生存在土壤中，但没有固定大气中氮的能力，必须与豆科植物共生才有固氮功能。香豌豆、羽扇豆等即使在土壤氮素不够的条件下，也能生长良好，这是由于它们能由根瘤菌获得较多的氮。

外生菌根真菌与多种树根共栖，由于真菌的侵染，根的形态发生了变化，从而能接触更多的土壤，因此增加了对磷酸盐的吸收。

菌根是真菌和高等植物根系结合而形成的，在高等植物的许多属中都有发现。特别是真菌与兰科、杜鹃花科植物形成的菌根相互依存尤为明显，兰科植物的种子没有菌根真菌共存就不能发芽，杜鹃花科的种苗没有菌根真菌也不能成活。

（二）营养元素

1. 有机肥料 有机肥料多以基肥形式施入土壤中，也可作追肥，但必须经过充分腐熟才能施用，常用的有人粪尿、厩肥、鸡鸭粪、草木灰、饼肥和马蹄片等。

人粪尿主要提供氮素，但因有异味，影响环境卫生，故不能直接施入园林或花盆中，可用于苗圃或晒成粪干后使用。厩肥以氮为主，也含有一定量的磷、钾元素，肥力比较柔和，但肥中所含有效成分较少。鸡鸭粪是磷素的主要来源，特别适合观果植物使用，因肥效较慢，所以多不作追肥施用。草木灰是钾素的主要来源，含钙较多，常呈碱性，不可用于酸性花卉。饼肥（豆饼、花生饼或棉籽饼等），它们既含有大量的氮，又含有较多的磷，更为可贵的是 pH 不超过 6.0，属于酸性肥料，干施时肥效发挥较慢，水施时为速效性肥料，既可作基肥，又可用作追肥，是花卉的主要肥源。盆施时可配制成矾肥水，其配制比例为黑矾（硫酸亚铁）1 份、饼肥 2 份、粪干 4 份，加水 80 份，经阳光暴晒全部腐熟后，即可稀释使用，它不仅可提供花卉生长发育所需要的营养元素，还可调节土壤的酸碱度，是一种理想的追肥材料。马蹄片含有氮、磷、钾三要素及其他元素，如放在盆土的下层或四周，其肥效可慢慢发挥，经久不断，如泡制马掌水，则成为速效性肥料。

2. 化肥和微量元素　化肥和微量元素主要用作追肥，兼作基肥或根外施肥，常用的有尿素、硫酸铵、过磷酸钙、硫酸亚铁、磷酸二氢钾、硼酸等。其中尿素和硫酸铵主要提供速效氮，过磷酸钙提供速效磷，硫酸亚铁除提供铁以外，还可以调整土壤的酸碱度，磷酸二氢钾和硼酸主要用于根外施肥，以补充植物体内的磷、钾和硼。

除上述几种肥料外，还有复合肥和专用花肥等，这类肥料营养元素较全，使用起来也较方便卫生，尤其适用于家庭或室内盆栽观赏植物。

3. 花卉的营养贫乏症　在花卉的生长发育过程中，当缺少某种营养元素时，植株形态就会呈现出一定的症状，称为花卉营养贫乏症。各元素缺少时所表现的症状，常依花卉种类与环境条件的不同而有一定的差异。为便于参考，将主要元素贫乏症检索表分列如下。

花卉营养贫乏症检索表（录自 A. Laurie 及 C. H. Poesch）

1. 症状通常发生于全株或下部较老叶子上
  2. 症状常出现于全株，但常是老叶黄化而死亡
    3. 叶淡绿色，生长受阻；茎细弱并有破裂；叶小，下部叶较上部叶的黄色淡，叶黄化而干枯，呈淡褐色，少有脱落 ………… 缺氮
    3. 叶暗绿色，生长延缓；下部叶的叶脉间黄化而常带紫色，特别是在叶柄上，叶早落 ………… 缺磷
  2. 症状常发生于较老较下部的叶上
    4. 下部叶有病斑，在叶尖及叶缘常出现枯死部分，黄化部分从边缘向中部扩展，以后边缘部分变褐色而向下皱缩，最后下部叶和老叶脱落 ………… 缺钾
    4. 下部叶黄化，在晚期常出现枯斑，黄化出现于叶脉间，叶脉仍为绿色，叶缘向上或向下反曲而形成皱缩，叶脉间常在一日之间出现枯斑 ………… 缺镁
1. 症状发生于新叶
  5. 顶芽存活
    6. 叶脉间黄化，叶脉保持绿色
      7. 病斑不常出现，严重时叶缘及叶尖干枯，有时向内扩展，形成较大面积，仅有较大叶脉保持绿色 ………… 缺铁
      7. 病斑通常出现，且分布于全叶面，极细叶脉仍保持绿色，形成细网状，花小而且花色不良………… 缺锰
    6. 叶淡绿色，叶脉色泽浅于叶脉相邻部分，有时发生病斑，老叶少有干枯 ………… 缺硫
  5. 顶芽通常死亡
    8. 嫩叶的尖端和边缘腐败，幼叶的叶尖常形成钩状；根系在上述症状出现以前已经死亡 ………… 缺钙
    8. 嫩叶基部腐败，茎与叶柄极脆；根系死亡，特别是生长部分 ………… 缺硼

六、病 虫 害

（一）病害

1. 花卉病害概述　花卉的病害与其他作物一样分为非侵染性病害和侵染性病害。非侵染性病害又称生理病害，主要是由于水分、温度、光照、矿质营养元素等过多或不足所引发的，因未受病原生物的侵染，所以没有传染性。防治方法主要是改进栽培技术措施，改善环境，消除有害因素，以防止该类病害的发生。侵染性病害是由病毒、细菌、真菌、线虫、寄生性种子植物等寄生所引发的，具传染性。防治方法主要是植物检疫，种子苗木消毒和清园

消毒，改善通风透光条件和栽培措施，喷洒药物以及选育抗病品种等。

2. 常见花卉病害及其防治要点

（1）猝倒病　猝倒病又名立枯病，属真菌性病害，危害幼苗，使近地表处茎、根组织死亡，导致植株倒地。可在发病初期喷50%克菌丹500倍液或75%百菌清800倍液进行防治。

（2）白粉病　白粉病属真菌性病害，危害花卉的茎叶，在表面形成灰白色真菌层，对草本花卉及月季等花灌木危害较多。可喷施25%粉锈宁可湿性粉剂2 000倍液或70%甲基托布津1 000倍液，灌木类于冬季修剪后喷1.022～1.037kg/L的石硫合剂，防治效果良好。

（3）锈病　锈病属真菌性病害，锈病病原菌是专性寄生菌，病灶呈红褐色斑点，常危害草本花卉及松柏、月季等。可用20%粉锈宁乳油2 000倍液或嗪氨灵乳液1 000倍液喷雾防治。

（4）软腐病　软腐病或称腐烂病，属细菌性病害，使活性细胞腐解，危害多年生花卉的根颈或球根部分。可用链霉素1 000倍液防治。

（5）线虫病　线虫病是由线虫引起的茎部肿胀、异常分枝、叶片畸形、抑制开花和根部结瘤等，危害多种花卉，使叶脉间呈现为褐色或浅黑色。可用对硫磷50%乳油2 000～3 000倍液喷施，或以0.1%棉隆拌土防除。

除上述常见病害及防治方法外，杀菌剂以防护为主，常用的有65%代森锌可湿性粉剂、波尔多液、石硫合剂等；治疗剂有50%代森铵水溶液、75%百菌清可湿性粉剂；内吸型杀菌剂有70%托布津可湿性粉剂、50%多菌灵可湿性粉剂、25%粉锈宁可湿性粉剂等。杀线虫的还有二溴氯丙烷等。

（二）虫害及有害动物

1. 花卉虫害及有害动物概述　花卉害虫及有害动物种类很多，既有危害根、茎、叶的，也有危害花、果的，不仅造成经济损失，而且大大降低了观赏性。为了防止或减少害虫及有害动物的危害，采取的措施有保护或放养天敌，创造害虫及有害动物不适宜的环境，严格进行检疫和施用化学药剂以控制其数量、活动和发展，最后达到消灭的目的。

2. 常见花卉虫害与有害动物及其防治

（1）蛴螬　蛴螬为金龟子类幼虫，呈乳白色，头橙黄或黄褐色，身体圆筒形，常呈C形蜷曲。分布广，食性杂，危害花卉幼苗根及根颈部，受害严重时使植株枯萎死亡。盆花常因施用洗鱼洗肉的废水诱集金龟子钻入盆土产卵，孵化为幼虫后，危害盆花根部。其防除可用氧化乐果或敌敌畏乳油500～800倍液、25%西维因200倍液、50%辛硫磷乳剂1 000～1 500倍液或磷胺乳油1 500～2 000倍液，浇灌根际，效果较好，同时还可杀死蝼蛄。

（2）蚜虫　蚜虫种类多，分布广，成虫、若虫以刺吸式口器在叶背或嫩枝吸取营养汁液，受害枝叶常呈卷缩状，使植物生长停滞，甚至枯萎死亡，并且常诱发烟煤病，传染病毒病等。其防治可用3%天然除虫菊酯、2.5%鱼藤精800～1 200倍液、20%合成除虫菊酯2 000～3 000倍液、50%安得利乳剂1 000～1 500倍液或40%乐果乳剂800～1 000倍液，效果均好。还可于盆土中撒布3%呋喃丹颗粒剂，在一只直径20cm的花盆中埋入10g左右即可。

（3）介壳虫类　介壳虫包括许多不同的属和种，花卉上常见的有矢尖蚧、桑白盾蚧、长白盾蚧、椰圆蚧、糠片蚧、梨圆蚧等，其形态特征主要为介壳被蜡质。若虫、成虫吸食木本花卉嫩枝与叶片的汁液，排泄蜜露，诱发烟煤病，严重时引起枝叶枯死甚至全株死亡。其防治可在若虫被蜡前喷洒25%西维因可湿性粉剂200倍液、50%安得利乳剂1 000～1 500倍液或50%敌敌畏乳剂800～1 000倍液。若虫被蜡后喷松脂合剂，冬季稀释20倍，夏季稀释30～40倍，也可用机械油乳剂60倍液。此外还可以用40%氧化乐果、50%杀螟硫磷、50%久效磷1 000倍液或20%杀灭菊酯1 500～2 000倍液，自开始孵化起每隔10d喷药一次，连续3次，也可达到杀除的效果。

（4）蛞蝓　蛞蝓是软体动物，无外壳，暗灰、灰红或黄白色。杂食性，刮食花卉叶片，还因排留粪便导致细菌侵入叶片组织，引起腐烂。多生于阴暗潮湿场所，畏光怕热，阴雨后、地面潮湿或有露水时活动旺盛，危害也重。其防治可向地面或花盆内撒施石灰，将氨水稀释成70～100倍液喷射毒杀。

（5）蜗牛　蜗牛体外具螺壳，呈扁球形，壳质较硬，黄褐或红褐色，壳口马蹄形。喜阴湿，昼夜活动危害花卉，用齿舌刮食叶、茎，严重时咬断幼苗。其防治可用1∶15茶籽饼水或撒8%灭蜗灵于花卉根际，效果较好。

（6）马陆　马陆是节肢动物，栖息于阴湿的地方，花盆下常见，昼伏夜出，主要危害花卉的根部和幼苗。可用25%西维因或25%二嗪农500倍液喷施盆土面防除。

（7）蚯蚓　蚯蚓是环节动物，种类很多，分布也广。虽可改良土壤或作家禽、鱼类食饵，但常危害盆花幼苗及根部，撒氯丹、西维因粉剂于盆土中有良好的防除效果。

复习思考题

1. 影响花卉生长发育的主要生态因子有哪些？这些因子之间有什么关系？
2. 如何理解花卉生长发育的最适温度？
3. 光照是怎样影响花卉生长发育的？什么是短日照花卉？举例说明。
4. 花卉生长发育的必要元素有哪些？对花卉生长发育有什么主要作用？
5. 什么是监测植物？它们有什么用途？举例说明。

第四章　花卉栽培设施及器具

花卉栽培设施是指人为建造的适宜或保护不同类型的花卉正常生长发育的各种建筑及设备，主要包括温室、塑料大棚、冷床与温床、荫棚、风障以及机械化、自动化设备、各种机具和容器等。

由于花卉的种类繁多，产地不同，对环境条件的要求差异很大。因此，在花卉栽培中采用以上设施，就可以在不适于某类花卉生态要求的地区和不适于花卉生长的季节进行栽培，使花卉生产不受地区、季节的限制，从而能够集世界各气候带地区和要求不同生态环境的奇花异卉于一地，进行周年生产，以满足人们对花卉日益增长的需求。

第一节　温　　室

温室（greenhouse）是覆盖着透光材料，带有防寒、加温设备的建筑。

一、世界园艺设施发展历史

世界园艺设施的发展大体上分为原始时期、发展时期和现代化时期三个阶段。

（一）原始时期

2 200多年前，我国秦代（前 221—前 206）秦始皇就密令：冬种瓜于骊山谷中温处，瓜实成。西汉（前 206—公元 25）《汉书·循吏传》上记载："太官园种冬生葱韭菜茹，覆以屋庑，昼夜燃蕴火，待温气乃生，信臣以为此皆不时之物。"这种栽培蔬菜的方法开创了设施蔬菜栽培的先河。到唐代（618—907），在长安附近利用天然温泉热源在早春促成栽培瓜类，农历二月即可采收。明代《帝京景物略》中有关于北京黄土岗乡草桥的温室与花卉生产的记载："草桥惟冬花支尽三季之种，坏土窖藏之，蕴火炕烜之，十月中旬，牡丹已进御矣。"此时的温室可能是半地下式的，内有加温设备。到清代时，北京人创造了北京式土温室，即前窗用纸糊成直立状的土温室，室内较高，进深较大，专供木本花卉越冬之用。黄土岗一带栽培的供熏茶之用的茉莉，就是使用这种温室。

在国外，古罗马帝国皇帝尼禄时期（54—68）有掘坑后覆盖云母片或滑石板片栽培黄瓜的记载，是用最简易的材料进行围护栽培，仅有挡风避寒功能，不能透光增温。到了 17 世纪，法国、英国、日本、德国等相继出现了简易的保护地蔬菜与花卉栽培。1894 年美国人留柏尔斯发明了平板玻璃，1943 年聚乙烯塑料薄膜用于农业生产获得成功后，设施栽培进入了迅速发展时期。

（二）发展时期

第二次世界大战后，工业水平的提高和科学技术的进步以及玻璃和塑料薄膜大量用于蔬菜生产，极大地推动了世界各地设施栽培发展，面积迅速扩大。以荷兰、日本为代表的国家大力发展温室，起步早，发展快，面积大。日本 1953 年引进农田塑料薄膜成功后迅速得到普及，以塑料薄膜温室和大棚为特征的日本设施栽培发展速度很快，1965 年其面积已达

4 992hm²，其结构也由竹木结构换成钢管结构，温室构型大型化，设备功能较齐全。1949年美国建成了第一个现代化人工气候室，1953年日本建成了第一个人工气候室，1957年苏联建成第一个大型人工气候室，世界范围内设施栽培水平已发展到了高投入、高产出、高技术的阶段。

我国的设施栽培在这一时期也有较大发展，主要应用风障、阳畦、温床、玻璃温室以及改良阳畦、北京改良温室、东北立窗温室、废气加温温室等。1956年引入塑料薄膜拱棚，20世纪60年代东北建成了占地1hm²的大型塑料温室，吉林建成了占地667m²的塑料大棚，70年代山西省已形成了以塑料薄膜拱棚为主，与风障、阳畦、温室、地面覆盖相配套的设施栽培体系。

（三）现代化时期

20世纪70年代后，大型钢架温室、大棚及连栋温室相继建成，而且室内具备加温、降温降湿、光照、灌水、二氧化碳施肥、多层覆盖、无土栽培等设施配套，可实行人工控制，以电子计算机应用于温室为先导，设施蔬菜和花卉栽培实现了机械化、电子化、专业化。荷兰、日本、英国、德国、美国、以色列、韩国、俄罗斯、匈牙利、波兰和中国等国家设施栽培面积较大，档次较高，代表着世界设施栽培的发展趋势。据不完全统计，截至2006年，世界各国塑料薄膜温室和大棚总面积约有3 979 000hm²。其中亚洲3 370 100hm²，占总面积的84.7%；地中海各国395 000hm²，占总面积的9.9%；北欧87 800hm²，仅占总面积的2.2%。从设施内栽培作物来看，各国有所不同，如荷兰以花卉为主、蔬菜为辅；中国和日本则80%是蔬菜，20%是花卉和果树。其中，我国南方的大型温室以生产花卉为主，北方的则以生产蔬菜为主，少部分温室用于生产苗木。

我国从20世纪80年代开始，为了节约能源、调节市场，积极研究和推广了电热线快速育苗、装配式钢管塑料薄膜温室、大棚和立体栽培技术等。1985年辽宁省海城采用塑料薄膜日光温室，冬季不加温栽培黄瓜获得成功，现在已由第一代节能日光温室发展到第二代节能日光温室。节能日光温室低投入、高效益、节能、高产，是我国所特有的，具有中国特色，对解决我国蔬菜与花卉供应起到了非常重要的作用，持续发展前景广阔。

"九五"期间，我国研制开发了华北型、东北型、西北型、华东型、华南型以及东南沿海等不同生态类型区和气候条件的新型、适用的温室及配套设施，提高了整体园艺设施水平。同时，我国又自建或引进了一批荷兰型温室、日本及美国型塑料温室，开展了工厂化育苗的技术研究，大面积采用薄壁镀锌钢管装配骨架的塑料大棚，使我国以塑料大棚为主体的保护地生产体系发挥更高的生产效益。现在国家建设了一批现代化示范园区，建立工厂化新型设施园艺示范基地，向规模化、集约化、现代化方向发展。

二、温室在花卉生产中的作用及发展趋势

（一）温室的作用

在花卉生产中，温室能比其他任何栽培设施（如塑料大棚、风障、荫棚、冷温床、地窖等）更好、更全面地调控环境因子。尤其是温室设备的高度机械化、自动化，使花卉生产达到了工厂化、现代化和商品化，生产效率提高了数十倍，因此已成为花卉生产中最重要、应用最广泛的栽培设施。温室在花卉生产中的主要作用是：

①在不适合花卉生态要求的季节，创造出适于花卉生长发育的环境条件来栽培花卉，以达到花卉的反季节生产。

②在不适合花卉生态要求的地区，利用温室创造的条件栽培各种花卉，以满足人们的需求。

③利用温室可以对花卉进行高度集中栽培，实行高肥密植，以提高单位面积产量和质量，节省开支，降低成本。

（二）温室花卉生产的发展趋势

当前国际上温室花卉生产有三个明显的发展趋势，即大型化、现代化和工厂化。

1. 温室的大型化 由于温室有室内温度稳定、日温差较小、便于机械化操作、造价低等优点，温室建筑有向大型化、超大型化发展的趋势，小则一幢 $1hm^2$，大则一幢几公顷以上。但是大型温室常有日照较差、空气流通不畅等缺点。

2. 温室的现代化

（1）温室结构标准化 根据当地的自然条件、栽培制度、资源情况等因素，设计适合当地条件、能充分利用太阳辐射能的一种至数种标准型温室，构件由工厂进行专业化配套生产。

（2）温室环境调节自动化 根据花卉在一天中不同时间或不同条件下对温度、湿度及光照的要求，定时、定量地进行调节，保证花卉有最适宜的生长发育条件。现在世界上发达国家的温室花卉生产，温室内环境的调控已经由一般的机械化发展为计算机控制，做到了及时精确管理，能创造更稳定、更理想的栽培环境。

（3）栽培操作机械化 灌溉、施肥、中耕及运输作业等，都实行机械化操作。

（4）栽培管理科学化 首先应充分了解和掌握花卉在不同季节、不同发育阶段、不同气候条件下对各种生态因子的要求，制定一整套具体指标，一切均按栽培生理指标进行栽培管理。温度、光照、水分、养分及二氧化碳的补充等都应根据测定数据进行科学管理。

3. 花卉生产工厂化 1964 年在维也纳建成了世界上第一个以种植花卉为主的绿色工厂，这条“植物工业化连续生产线”采用三维式的光照系统，用营养液栽培，室内的温度、湿度、水分和二氧化碳的补充均采用自动监测和控制，使花卉生产的单位面积产量比露地提高了 10 倍，且大大缩短了生产周期。这种绿色工厂全用人工光照，耗能很大，称为第二代人工气候室，后来进行了改进，采用自然光照系统，称为第三代人工气候室。另外，荷兰、法国、日本等国都实现了花卉生产工厂化。

三、温室的类型和结构

（一）根据建筑形式分类

根据温室建筑形式，可将温室分为单屋面温室、双屋面温室、不等屋面温室和连幢式温室（图 4-1）。

1. 单屋面温室 单屋面温室多利用温室北侧的高墙，屋面向南倾斜，依墙而建，一般北、东、西三面是墙，南面是透明层。这种温室阳光充足，保温性能较好，造价低廉，小面积温室多采用这种形式，尤其在北方严寒地区。一般跨度为 6～8m，北墙高 2.7～3.5m，墙厚度 0.5～1.0m，顶高 3.6m。其缺点是通风不良，光照不均匀，室内盆花需要经常转盆。

2. 双屋面温室 双屋面温室多南北延伸，在温室的东西两侧装坡面相等的玻璃，屋面倾斜角一般为 28°～35°，使室内从日出到日落都能受到均匀的光照，故又称全日照温室。这种温室面积较大，一般跨度为 6～10m，室内受光均匀，温度较稳定，适于修建大面积温室，栽培各种花卉。其缺点是通风不良，保温较差，需要有完善的通风和加温设备。

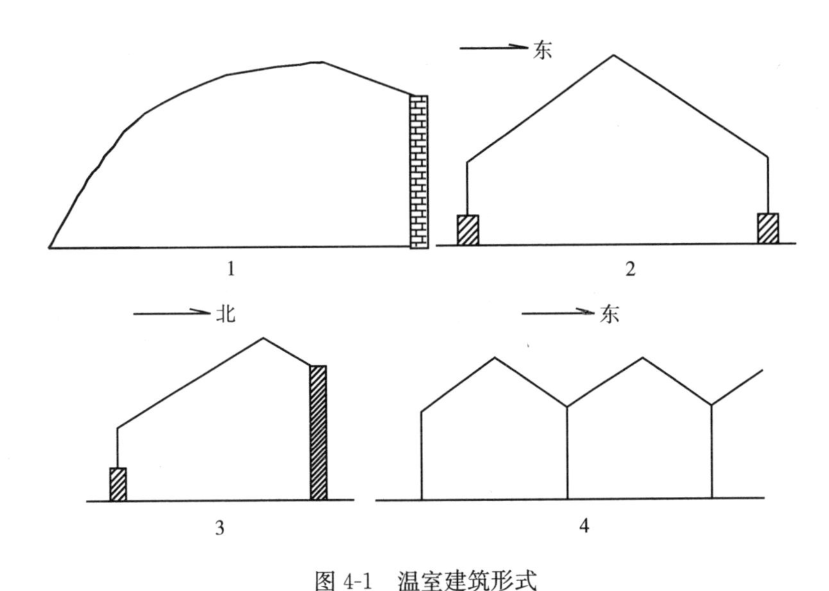

图 4-1　温室建筑形式

1. 单屋面温室　2. 双屋面温室　3. 不等屋面温室　4. 连幢式温室

3. 不等屋面温室　不等屋面温室多东西向延伸，温室南北两侧具有两个坡度相同而斜面长度不等的屋面，北坡约为南坡的 1/2，故又称为 3/4 屋面温室（也有 2/3 屋面温室）。这种温室一般跨度为 5～8m，适于修建小面积温室，提高了光照度，通风较好。其缺点是光照不均，保温性能不及单屋面温室。

4. 连幢式温室　连幢式温室由同一样式和相同结构的两幢或两幢以上的温室连接而成。若采用双屋面，应顺东西向排列成行；若采用 3/4 屋面，应顺南北向排列成行。这种温室占地面积少，建筑费用省，采暖集中，尤其便于经营管理和机械化生产，国际上大型、超大型温室花卉生产皆采用这种形式。其缺点是光照和通风不如单幢温室好，在多雪地区必须安装除雪装置，否则容易发生危险。

（二）根据屋面覆盖材料分类

根据温室屋面覆盖材料，可将温室分为玻璃屋面温室、塑料玻璃屋面温室和塑料温室。

1. 玻璃屋面温室　玻璃屋面温室以 3～5mm 厚的玻璃为屋面覆盖材料，为了防雹也有使用钢化玻璃的，玻璃的透光度大，使用年限长。

2. 塑料玻璃屋面温室　塑料玻璃屋面温室以塑料玻璃又称玻璃钢（丙烯树脂或聚氯乙烯加玻璃纤维）为屋面覆盖材料，可建大型温室，形式多为斗圆形或拱形，近 20 年来应用很普遍，尤其是在日本和美国。塑料玻璃透光率高，平行光和散射光都可透过，新材料透光率可达 90%以上，旧材料透光率仍可达 50%，可以清洗，重量轻（不足玻璃的 1/3），可生产大规格的板片，不易破碎，可任意切割，热导率小（仅为玻璃的 1/5），使用寿命为 15～20 年。缺点是易燃、老化和灰尘污染，另外进口材料较贵，价格为普通玻璃的 3～4 倍。目前我国已研制出这种材料，质量基本上与进口的相当。

3. 塑料屋面温室　塑料屋面温室以 1.0～1.2mm 厚的塑料薄膜为屋面覆盖材料，可应用于各类温室。塑料薄膜透光率在 80%以上，热导率小，使用寿命 1～4 年，价格便宜。缺点是易燃、老化和污染。

（三）根据用途分类

根据温室用途，可将温室分为生产性温室、观赏性温室和试验研究温室。

1. 生产性温室 生产性温室的建筑形式以适于栽培需要和经济实用为原则，不注重外形，一般造型和结构都较简单，室内地面利用甚为经济。

2. 观赏性温室 观赏性温室多设在公园、植物园或高等院校内，供展览观赏植物、普及科学知识和教学之用，其建筑形式要求具有一定的艺术性。在高纬度地区，还常把观赏性温室作为公园的一景来处理，以增加冬季的景色，如上海植物园的高架展览温室、美国宾夕法尼亚州的Longwood花园、北京植物园的大温室等。

3. 试验研究温室（人工气候室） 试验研究温室需要提供精度较高的试验研究条件，因此在建筑和设备上都要求很高，室内需装有自动调节温度、湿度、光照、通风及土壤水肥等栽培环境条件的一系列装置。

（四）根据温度分类

根据温室温度，可将温室分为高温温室、中温温室、低温温室和冷室。

1. 高温温室 高温温室室内温度冬季一般保持在18～36℃，供冬季花卉的促成栽培及养护热带观赏植物之用。如王莲、热带兰、热带棕榈等。

2. 中温温室 中温温室室内温度冬季一般保持在12～25℃，供栽培亚热带和热带高原观赏植物之用。如热带蕨类、秋海棠类、天南星科植物、凤梨科植物、中温常绿植物和多浆植物等。

3. 低温温室 低温温室室内温度冬季一般保持在5～20℃，供栽培温带观赏植物之用。如温带兰花、温带蕨类、低温常绿植物等。

4. 冷室 冷室室内温度冬季一般保持在0～15℃，用以保护不耐寒的观赏植物越冬。如常绿半耐寒植物、柑橘类、松柏类等。

另外，还可根据加温设备的有无将温室分为不加温温室与加温温室。

不加温温室也称日光温室，作低温温室和冷室应用。在寒冷地区，这种温室是晚花防霜御寒、早春提前育苗的重要设施，可比露地花卉培育延迟15～20d，或提前20～30d。加温温室除利用太阳热力外，还用烟道、热水、蒸汽、电热等人为加温方法来提高温室温度，属于中温和高温温室。

（五）根据建筑材料分类

根据建筑材料，可将温室分为土温室、砖木结构温室、水泥骨架温室、复合材料温室、钢结构温室和铝合金结构温室。

四、我国引进温室的使用情况及存在问题

我国从国外引进温室用于蔬菜和花卉生产，对于改变我国花卉保护地生产的落后状况起到了积极的推动作用，但是也存在着不少问题。

（一）引进温室的类型和性能

1. 荷兰温室 荷兰温室主要是屋脊型，玻璃覆盖，内部设施齐全，90%以上实现了自动控制。我国引进荷兰温室大多用于花卉生产，集中分布在广东、上海、北京、昆明等地区。从使用情况看，其结构合理，制造工艺先进，外观规整，防锈性、密封性和透光性都很好。

2. 日本温室 日本温室多为屋脊型，其结构设计、建造工艺及产品质量与荷兰温室不

相上下。

3. 美国温室　美国温室除屋脊型外，还有拱型，拱型温室用透明聚丙烯树脂纤维板覆盖，全封闭式，并配有湿帘降温系统。主要用于花卉生产，分布在北京、上海、深圳和新疆。

4. 法国温室　法国的拱圆型塑料温室主要是双层充气薄膜结构，内部配套齐全。目前其数量最大，分布在北京、上海、云南、西安、广州等城市。

（二）引进温室的使用效果

1. 使用性能的评价　引进温室在国外经过多年的发展完善，技术上是比较成熟的，引进后在国内使用时也证实了这一点。其使用性能上出现的一些问题，大多不是温室自身的技术缺陷，而是适应性问题。大致可归纳为以下几个方面：

（1）引进温室的规模和体量　引进温室绝大多数为连幢式，面积在3 000m^2 以上，且其中有跨度高屋架温室。一些使用单位和专家认为，这不太适合我国国情。我国的花卉生产规模较小，实行多品种栽培，大型温室难以满足不同花卉种类和品种生长对温度、湿度和光照的不同需求。在高屋架温室中又不进行多层栽培，是对空间和能源的浪费。

（2）北方地区的耗能　引进温室采用单层玻璃或聚丙烯树脂纤维板覆盖，散热面大，在我国北方秋冬使用时，燃料消耗量很大，相当于传统温室的 3～4 倍，在保温性能上不适合我国北方的气候条件。事实上这些现代化大温室在国外也主要集中在比较温暖的地区使用。

（3）湿帘降温系统的使用效果　湿帘的降温效果取决于空气相对湿度，气候越干燥降温效果越好，反之，当空气相对湿度已接近饱和时，则完全没有降温效果。因此湿帘降温系统较适于我国干燥的北方地区，而不适于湿度大的长江以南地区。在北京降温效果明显，夏季室温可低于室外 8℃；而在上海、广东则降温效果不好，夏季室内外温度基本相等。

（4）引进温室在我国南方的适应性　南方地区对温室的性能要求是降温。引进温室的降温设施就是湿帘、遮阴加通风，湿帘降温效果不好，靠遮阴和通风措施降温也很有限，一般只能降 2～3℃，所以引进温室在我国南方使用还需进行研究改造。

2. 经济效益　引进温室的经济效益是一个很突出的问题，主要原因是设施投资大，运行费用高，产值低，收不抵支。

（1）设施投资大　引进温室价格一般为每公顷 90 万～105 万美元，此外还要修建锅炉房等配套设施。

（2）经营亏损　亏损原因有以下几个方面。

①燃料、水电费开支大：可占生产费用的 60%。如在哈尔滨，面积为 0.53hm^2 的温室，每年烧煤的开支 8 万元，合每公顷 15 万元，而产品的价值每公顷只有 9 万～10.5 万元。全封闭温室长年依靠排气扇通风，电能消耗多，电费开支大，如北京琅山苗圃，0.53hm^2 的温室日用电量为 120～130kW·h，夏季最多时达 200kW·h。

②温室产量低、产值低：如中国农业科学院蔬菜花卉研究所引进的罗马尼亚大温室，计划每 667m^2 产 0.75 万 kg，实际上只达到 0.5 万 kg，而在罗马尼亚可达 1.5 万 kg。产量低的主要原因是栽培的品种不适合、温室的空间没有充分利用。另外，由于栽培技术、化肥、农药、包装、运输等各项措施不配套，生产出的花卉质量不高，出口竞争力差，售价低，而国内消费者的承受能力又有限。

（三）我国温室发展需要解决的问题

1. 建立并完善相关的国家标准　目前我国与温室相关的国家标准只有《温室结构设计

载荷》（GB/T 18622—2002），天津市已制定实施了《新型节能日光温室建造技术规范》（DB12/T 314—2007），温室国家标准化还有很多工作要做。现有的控制系统大都具有较强的针对性，由于温室结构千差万别，执行机构各不相同，对于控制系统的优劣缺乏横向可比性。借鉴国外经验、建立本国模式是温室行业国产化的必由之路。由于我国地域辽阔，气候多样，所以我国温室的研究设计单位应建立不同地区、不同气候条件下的温室模式，从而使我国温室产业的发展模式有据可依。可以尝试制定行业标准或地区标准，然后申请国家标准。

2. 开发与我国国情相适应的温室优化控制软件 目前我国引进温室的控制系统大多运行费用过高，而自行研制的控制系统缺乏相应的优化软件，大多仍使用单因子开关量进行环境因子的调节，而实际上温室内的日射量、气温、地温、湿度及二氧化碳浓度等环境要素是在相互间彼此关联着的环境中对作物的生长产生影响的，环境要素的时间变化和空间变化都很复杂，当改变某一环境因子时常会把其他环境因子变到一个不适宜的水平上。因此，结合温室内的物理模型、作物的生长模型和温室生产的经济模型，开发出一套与我国温室生产现状相适应的环境控制优化软件是非常重要的。

3. 需进一步加强对温室结构以及相关技术的研究 不同地区气候条件不同，应有相应的温室结构和与之配套的综合机械与管理技术，温室结构与管理水平直接影响到温室生产的经济性。例如，在我国北方地区，应加强对温室保温性能的研究，以减少冬季的热能耗；而在南方地区，则应加强对夏季通风装置的研究，以减少夏季的温室高热。

总之，在引进国外大型现代化温室进行花卉生产时，一定要将当地的气候条件、生产经营条件、经济条件以及要引进的温室性能等做综合考虑，以减少盲目性和不必要的损失。同时应大力扶持和发展我国的温室制造业，生产出更适合我国国情、物美价廉的产品来。

五、温室的设计

1. 选择温室类型的依据 温室类型要依据当地的自然气候条件、种植花卉种类、生产方式（切花、盆栽、育苗等）、生产规模及资金等情况而定。如在北方地区宜选用南向单屋面或不等屋面的中小型温室，其保温性能好，能充分利用太阳的辐射热，跨度小，抗压能力强。在南方地区一般不用温室，塑料大棚即可，若进行大规模的周年切花生产、观叶植物生产或名贵花卉如热带兰、花烛、鹤望兰等的生产宜选用南北延伸的双屋面中大型温室，并且需具备良好的降温、通风和遮阴等设施。

2. 温室设置地点的选择 温室设置地点要依据温室用途而定。观赏性温室和试验研究温室应设置在本单位内，而生产性温室则可近可远。对地理条件的要求是：地形开阔，地势平坦，避风向阳，土质良好，水源充足，交通方便，排水良好。

3. 温室的平面布局和间距 设计规模较大的温室群时，所有的温室应尽可能地集中，以利于管理和保温，但应以彼此不遮光为原则。东西走向温室的间距，以冬至时前排的投影刚好映在后排前窗脚下最为理想。不同纬度地区，建筑物的投影长度不等，最合理的间距可用下面公式计算：

$$W=\frac{T}{\tan\theta}$$

式中：W——东西走向温室前后排的间距（m）；

T——前排温室的高度（m），若温室的最高点不在温室的最北端，计算时则应以屋面的最高点向下至地面的铅垂点为准；

θ——冬至中午当地太阳高度角（度）。

例如：北京地区纬度是 40°，冬至太阳高度角为 26.6°，计算最合理的间距：

$$W=\frac{T}{\tan 26.6^{\circ}}=\frac{T}{0.5}$$

投影的长度约为高度的 2 倍，即东西走向温室的前后排间距以保持前排高度的 2 倍为宜。

南北走向的温室间距，由于中午前后无彼此遮光的现象，在管理方便和有利通风的前提下，以不小于温室跨度、不大于温室跨度 2 倍为宜。

4. 温室屋面的倾斜度　太阳辐射热是温室的基本热源之一。东西走向的温室利用太阳辐射热能主要是通过南向倾斜的玻璃屋面取得的，当太阳光线与玻璃屋面的交角为 90°时，温室内获得的能量最大，约为太阳辐射能的 86.48%，可见吸收太阳辐射能的多少，取决于太阳高度角和南向玻璃屋面的倾斜度。太阳高度角在一年之中是不断变化的，在北半球，冬季以冬至时太阳高度角最小，是一年中太阳辐射能最小的一天，所以通常以冬至中午的太阳高度角来确定东西走向温室玻璃屋面的倾斜度（表 4-1）。以北京地区为例，地处北纬 40°，冬至中午的太阳高度角为 26.6°，投射角若为 90°，玻璃屋面的倾斜度应为 63.4°。这在温室结构上不易处理，在温室设计中，既要考虑尽可能多吸收太阳辐射热，又要便于建筑结构的处理，一般以投射角不小于 60°为宜，即南向玻璃屋面的倾斜度应不小于 33.4°。其他纬度地区可据此做相应处理。

表 4-1　我国境内各纬度地区冬至中午的太阳高度角

纬度（北纬）	15°	20°	25°	30°	35°	40°	45°	50°
冬至中午太阳高度角	51.6°	46.6°	41.6°	36.6°	31.6°	26.6°	21.6°	16.6°

南北走向的双屋面温室，不论玻璃屋面的倾斜角度多大，都和太阳光线投射于水平面相同，这正是南北走向的温室中午温度比东西走向的温室相对偏低的原因。但是，为了上下午能更多地接受太阳的辐射热，屋面倾斜度不宜小于 30°。

不同地区日光温室的屋面角度可参考表 4-2。

表 4-2　我国北方部分城市日光温室屋面角度设计参考值

城　市	北纬	冬至时太阳高度角	合理前屋面角	合理后屋面角
西　安	34°15′	32°18′	30°15′	40°
郑　州	34°43′	31°49′	30°43′	40°
兰　州	36°03′	30°32′	32°03′	38°
西　宁	36°35′	29°58′	32°35′	38°
延　安	36°36′	29°57′	32°36′	38°
济　南	36°41′	29°52′	32°41′	38°
太　原	37°47′	28°38′	33°47′	36°30′
榆　林	38°14′	28°15′	34°14′	36°
银　川	38°29′	28°08′	34°29′	36°
大　连	38°54′	27°40′	34°54′	35°30′
北　京	39°54′	26°36′	35°54′	34°30′

（续）

城　市	北纬	冬至时太阳高度角	合理前屋面角	合理后屋面角
呼和浩特	40°49′	25°44′	36°49′	34°
沈　阳	41°46′	24°47′	37°46′	33°
乌鲁木齐	43°47′	22°46′	39°47′	31°
长　春	43°54′	22°41′	39°54′	31°
哈尔滨	45°45′	20°18′	41°45′	29°
齐齐哈尔	47°20′	19°13′	43°20′	27°

六、温室内环境的调节

（一）温度的调节

为了使花卉生长在一个比较理想的温室环境中，以达到最高的产量和最优的质量或者及时供应市场，需要对温室的温度进行调节，即冬季的保温、加温和夏季的降温。

1. 保温　提高温室的保温性能、减少放热量的方法有：

（1）增加光的透射率　使用透射率高的覆盖材料，尽量减少建材的影响，经常清洗或打扫覆盖面。

（2）增加地热贮存，减少浪费　温室内土壤贮存的热用于蒸发和蒸腾的占 50%～60%，可用地表覆盖减少土壤的蒸发量和作物的蒸腾量，增加保温性。如在地表铺一层锯末，既减少土壤蒸发，又可起到反射作用，使花卉植物下部的枝叶得到更多的光和热，收获后还可将锯末翻入土中作肥料。

（3）减少放热　热交换主要是通过门窗及其间隙进行的，可采用双层门窗和玻璃屋面（间距为 10～12cm）减少热损失，但此法减小了透明度，影响光质，对花卉生长发育不利。我国中小型温室多使用草帘覆盖，草帘不易传导热，保温效果较好，能提高室内温度 3～5℃。20 世纪 60～70 年代国外在大型温室中使用保温帘，由两层塑料薄膜封成宽管状，里面封入泡沫、空气或混入铝箔，在温室内联结组成天花板，比草帘轻便得多，且可使夜间热量损失减少 35%。80 年代后，现代化的大型温室多配有保温幕系统。保温幕由吸湿性好的合成纤维无纺布制成，水平铺在屋架下，由拉幕机牵引自动开闭，在冬季严寒地区还可沿四周主墙装保温幕，其保温性能很好，可节省能源消耗 24%以上。

2. 加温　温室加温的方法较多，有火炕加温、散热管系统加温、热风系统加温和温泉地热加温等。

（1）火炕加温　火炕加温是最简单易行的方法，在我国花卉生产的土温室中常见，如瓦管炕。其缺点是室内空气干燥，烟尘和二氧化硫污染严重。

（2）散热管系统加温　散热管系统用于高纬度地区，由锅炉集中供热，以煤、石油液化气或天然气为燃料。散热管装在温室内四周，也可根据需要在地下、种植床下或空中（可上下移动）装散热管，以提高局部种植面或地面的温度。

散热管内可通热水或蒸汽。热水加温室内温度均匀，湿度较高，即使管内的水温达到 70℃，也不会使触壁的植物发生烫伤，是温室花卉生产常用的加温方式。其缺点是冷却后不易使温室的温度迅速回升，热力也有限，一般只适用于中小型温室。蒸汽加温可在 100℃左右送热，是热水加温送热量的 2 倍以上，因此室内温度提高快，而且蒸汽锅炉房规模大，自动化和安全装置多，操作较简单，是现代化大型温室常用的加温方式。其缺点是室内温度较低，靠近散热管的植物容易受到伤害。

（3）热风系统加温　热风系统由加热器、风机和送风管组成，在现代化大型温室中使用，主要用于低纬度地区作临时加温。如深圳鲜花公司配 3 台柴油加热器，每台 10.5 亿 J/h，供热量为 31.4 亿 J/(h·m^2)，空气被加热后由风机通过悬吊在温室上部的塑料薄膜管吹送出来，散布在植物生长区。缺点是室温冷热不均，热风机一开温度剧升，一停又骤降，还需安装温度自动控制器。

（4）温泉地热加温　在温泉或地热深井的附近建造温室，将热水直接泵入温室用以加温，是一种极为经济的加温方法。如北京小汤山地热泉水的温度在 51℃左右，经管道进入温室后仍可达 48℃左右，可使温室的夜温保持在 10℃以上，是当地温室极好的热源。

3. 降温　在炎热的夏季，每天日照 10～15h，在密闭高温的温室内往往出现温度过高的现象。如北京地区，夏季正午东西走向温室内屋顶下 1m 处的温度达 70℃以上，南北走向温室温度也可达 60℃左右，对花卉的生长发育极为有害。特别是我国长江以南地区，温室的主要功用就是夏季降温。温室降温通常采用自然降温和机械降温两种方式。

（1）自然降温　自然降温采取遮阴、通风、屋顶喷水或屋顶涂白相结合的方法，效果比较显著，也经济实用。北方地区的土温室一般是大开门窗及用苇帘遮阴，能使东西走向温室的温度降至当地百叶箱的温度水平，南北走向的温室也能降 2～3℃，对栽培喜凉爽气候的地生兰、蕨类植物等十分有利。在长江以南地区，引进的现代化大温室都配有遮阴幕，可使室温降低 2～3℃，并且遮阴与保温使用同一套控制和支撑系统。

（2）机械降温　机械降温有两种方式。一是用压缩式冷冻机制冷，降温快，效果好，但是耗能大，费用高，而且制冷面积有限，只适用于试验研究温室。二是现代化大型温室常用的湿帘降温系统，其结构是在温室的北墙（迎风侧）安装湿帘，南墙（背风侧）安装排风扇。湿帘是由白杨木丝、草纸或猪鬃等纤维质制成，吸水性极强，不易腐烂，有蜂窝造纸型和壁毯型两种，沿墙的全长安装，宽为 1.5m。使用时冷水不断淋过使其饱含水分，开动排风扇，随温室气体的流动、蒸发、吸收而起到降温作用。此系统在北方使用夏季降温效果明显，而在南方不理想。

（二）光照的调节

温室内要求光照充足且分布均匀，因此在设计和建造温室时，必须从结构、屋面覆盖物、屋面倾斜角及坐落方位等方面综合考虑，合理规划，以保证室内良好的光照条件。必要时还需补光、遮光和遮阴。

1. 补光　补光的目的一是满足光合作用的需要，在高纬度地区冬季进行切花生产时，温室内光照时数和光照度均不足，因此需补充高强度的光照。其次是调节光周期，为了调节花期，达到周年生产，需延长或缩短日照长度，这种补光不要求高强光。适用于花卉栽培的人工光源及其效能见表 4-3。

表 4-3　适用于花卉栽培的人工光源及其效能

灯　型	功　率（W）	应用范围
白炽灯	50～150	光周期
荧光灯	50～100	光周期、光合作用
小型气体放电灯	25～180	光周期
高压水银灯	50～400	光合作用
金属卤化灯	400	光合作用
高压钠灯	350～400	光合作用

2. 遮光 在高纬度地区栽培原产热带、亚热带的短日照花卉，让其于春夏长日照季节开花，需进行遮光。常在温室外部或内部覆盖黑色塑料薄膜或外黑里红的布帐，根据不同花卉对光照时间的不同要求，在下午日落前几小时放下，使室内保持一定时间的短日照环境，以满足短日照花卉生长发育的生理需要。

3. 遮阴 夏季在温室内栽培花卉时，常由于光照度太大而导致室内温度过高，影响花卉的正常生长发育，可用遮阴来减弱光照度。

（1）覆盖帘子 夏季中午前后（10:00～16:00）在温室外部覆盖苇帘或竹帘，帘子编织的密度依所栽培的花卉对荫蔽度的要求而定。如多浆植物在50%左右，喜阴的秋海棠在70%左右，兰花在80%左右。用帘子还可起到降温和防止冰雹危害的作用。

（2）遮阴幕（网） 遮阴幕是一种耐燃的黑色化纤织物，孔隙大小也根据花卉要求的荫蔽度而定。国外现代化花卉生产中，还使用彩色遮阴幕，有乳白、浅蓝、绿、橘红等色，上面粘有宽度不同的、反射性很强的铝箔条，遮阴度在25%～99.9%，因此适于各种花卉生长发育的需要。

（3）涂白 将石灰水加少许食盐均匀地喷洒在温室外面的玻璃屋面上，能经久不落。由于白色能够大量反射太阳光，从而起到减弱室内光强的作用。

（4）室内外种植藤本植物 观赏性温室种植叶子花、薜荔等多年生藤本植物，使其枝蔓攀缘于屋架上，造成下部荫蔽的环境。此法与自然界郁闭的森林环境极相似，荫蔽效果好，且能展示植物生态群落景观。

（三）湿度的调节

1. 空气湿度 温室内的空气湿度是由土壤水分的蒸发和植物体内水分的蒸腾在温室密闭的情况下形成的，空气湿度的大小直接影响花卉的生长发育。湿度过低时，植物关闭气孔以减少蒸腾，间接影响光合作用和养分的输送；湿度过高时，则花卉生长细弱，造成徒长而影响开花，还容易发生霜霉病。

温室内降低空气湿度一般都采用通风法，即打开所有门窗，通过空气的流动来降湿。但是在夏季室外也处于高温高湿的环境时，就需用排气扇进行强制通风，以增大通风量，效果明显。如在4m×27m的小温室内采取强制通风时，大约45min就能达到降低湿度的目的。

提高温室内的空气湿度可采取室内修建贮水池、装配人工喷雾设备、室内人工降雨、室外屋顶喷水等方法。

2. 土壤湿度 土壤湿度直接影响花卉根系的生长和肥料的吸收，间接影响地上部的生长发育。调节土壤湿度的方法有：

（1）地表灌水法 地表灌水法是我国花卉生产通常采用的，也是最古老的灌水方式，对地栽的花卉于地面开沟漫灌，对盆栽的花卉用手提软管或喷壶灌水。这种方法是将土壤表面和植物基部湿润，向根系存在的土壤里供水；缺点是用水量大，不均匀，易造成病虫害的传播。

（2）底面吸水法 底面吸水法是花卉播种育苗和盆花常用的灌水方法。将花盆底部装入碎砖瓦、粗沙砾、煤渣等，上面填入栽培土后，放在栽培床中，床中间隔一定时间灌满水，使花盆底部完全浸泡在水中，水逐渐由下向上浸满全盆。这种方法用水量小，植物根部着水均匀，不易感染真菌病害；缺点是由于水的移动方向是自下而上，往往造成花盆表土的盐分浓度较高。

（3）喷灌法 喷灌法是将供水管高架在温室内，从上面向植物全株进行喷灌，既使植物和土壤得到了水分，又能起到降温和增加空气湿度的作用，是大型现代化温室花卉生产较理想的一种灌水方式。我国引进的大型温室中都配有喷灌装置，但喷灌强度差异较大，如中国农业科学院蔬菜花卉研究所温室为 0.04mm/min，北京四季青温室为 0.2mm/min，哈尔滨温室为 1.2mm/min。喷灌量由定时器控制，根据土壤含水量和每天蒸腾蒸发量确定灌水定额，然后设定开始喷灌时间和延续时间。喷灌系统的主管道上一般还配有液肥混合装置，液肥（或农药）与水的配比可在 100～600 倍范围内选定，自动均匀地混合流往支管中，达到一举多得的效果。

(4) 滴灌法 滴灌法是花卉生产中常用的灌水方法，将供水细管（发丝管）一根根地连接在水管上，或将供水细管几根同时连接到配水器上，细管的另一端则插入植株的根际土壤中，将水一滴滴地灌入，因此用水量少而灌水时间长。每种滴头的滴灌强度是不一样的，如深圳鲜花公司温室为 8L/h，南京市蔬菜研究所温室为 2L/h。采用这种方法灌溉，若土壤或栽培基质的物理性状良好，再掌握所栽花卉的灌水点和停水点，是相当经济的，但是要求花卉的生长发育整齐一致，否则供水量和供水时间无法控制。

3. 灌水的自动化 为使灌溉系统能在花卉的全生育期和夏季的耗水高峰期及时供水，采用自动灌水，方法有时间控制法、水分张力控制法和电阻控制法。其中时间控制法和水分张力控制法在生产上应用较多，而电阻控制法则多用于科研。

(四) 土壤条件及其调节

1. 土壤盐类浓度及其调节 温室一般用于在特定的季节里生产特定的花卉，连续施用同种肥料，形成了高度连作的栽培方式，使温室内的土壤性质和土壤微生物的情况发生了很大变化。特别是由于室内雨水淋不到，施用的肥料又很少流失，经毛细管作用，剩余的肥料和盐类逐渐从下向上移动并积累在土壤表层，使土表溶液浓度增大，从而影响了花卉的生长发育。因此，为了减轻或防止盐类浓度的障碍，可采取以下措施：①正确地选择肥料的种类、施肥量和施肥位置，多施有机肥或不带副成分的无机肥，如硝酸铵、尿素、磷酸铵等。②深翻改良土壤。③防止表层盐分积累，进行地面覆盖、切断毛细管、灌水，或夏季去掉屋顶玻璃、打开天窗让雨水淋洗。④更换新土。

2. 土壤生物条件及其调节 土壤中有病原菌、害虫等有害生物，有硝酸细菌、亚硝酸细菌、固氮菌等有益生物。正常情况下这些微生物在土壤中保持着一定的平衡，但连作时由于植物根系分泌物或病株的残留，打破了土壤中微生物的平衡，造成连作危害。解决的方法有：

(1) 更换土壤 更换土壤是很费工、费时的作业，一般 3～4 年进行一次，或者只加一部分新土，或者温室与露地之间进行轮作栽培。但是随着温室结构的大型化和固定化，换土的作业越来越困难，所以逐渐改用土壤消毒。

(2) 土壤消毒

①药剂消毒：根据药性，有灌入土壤和洒在土壤表面汽化等方式。常用的药剂有：

甲醛：消灭土壤中的病原菌，也能杀死有益微生物。使用浓度为 50～100 倍。先将土壤翻松，用喷雾器将药剂均匀地洒在地面上，用量为 400～500mL/m^3，先用塑料布覆盖 2d，之后揭掉塑料布，打开门窗，使甲醛蒸气完全散发出去，2 周后才能使用。

硫黄粉：消灭白粉病菌、红蜘蛛等。一般在播种前或定植前 2～3d 进行熏蒸，每 100m^3 的温室用硫黄粉和锯末 0.25kg，放在室内数处，关闭门窗点燃，熏蒸一昼夜即可。

氯化苦：防治土壤中的菌类和线虫，也能抑制杂草发芽。将土堆成高 30cm 的长垄，每

$30cm^2$ 注入药剂 3～5mL 至地面下 10cm 处，用塑料薄膜覆盖 7d（夏季）～10d（冬季），之后打开薄膜放风 10～30d，待无刺激性气味后再使用。

②蒸汽消毒：利用高温杀死有害生物。很多病菌在 60℃时 30min 即能致死，病毒需 90℃ 10min，杂草种子需 80℃ 10min，由于有益的硝酸细菌达到 70℃会致死，所以一般蒸汽消毒多采用 60℃ 30min 的处理方法。

蒸汽消毒无药害，操作时间短，能提高土壤的通气性、保水性和保肥性，可与加温锅炉兼用，是温室内土壤消毒的常用方法。具体做法：用直径 5～7.5cm、长 2～5m 的铁管，在管上每隔 13～30cm 钻直径为 3～6mm 的小孔，三根管子并排埋入土中 20～30cm 深处，地面覆盖耐热的布垫后通气，用 450kg/h 的蒸汽，温度为 100～120℃，每小时大致能消毒 $5m^2$，然后移动管子依次进行。另一种方法是在地下 40cm 深处埋直径为 5cm 的水泥管，每管相隔 50cm，一次给三条管子通气。由于管子埋得深，翻地时不用移动，较省工，还可与灌溉、排水兼用。

（五）温室的附属设备和建筑

1. 室内通路 观赏温室内的通路应适当加宽，一般应为 1.8～2m，路面可用水泥、方砖或花纹卵石铺设。生产性温室内的通路则不宜太宽，以免占地过多，一般为 0.8～1.2m，多用土路，永久性温室的路面可适当铺装。

2. 水池 为了在温室内贮存灌溉用水并增加室内湿度，可在种植台下建造水池，深一般不超过 50cm。在观赏性温室内，水池可修建成观赏性的，带有湖石和小型喷泉，栽培一些水生植物，放养金鱼，更能点缀景色。

3. 种植槽 观赏性温室用得较多。将高大的植物直接种植于温室内，应修建种植槽，上沿高出地面 10～30cm，深度为 1～2m，这样可限制管养面积和植物根的伸展，以控制其高度。

4. 台架 为了经济地利用空间，温室内应设置台架摆设盆花，结构可为木制、钢筋混凝土或铝合金。观赏性温室的台架为固定式，生产温室的台架多为活动式。靠窗边可设单层台架，与窗台等高，60～80cm；靠后墙可设 2～3 层阶梯式台架，每层相隔 20～30cm；中部多采用单层吊装式台架，既利用了空间，又不妨碍前后左右花卉的光照。

5. 繁殖床 为在温室内进行扦插、播种和育苗等繁殖工作而修建，采用水泥结构，并配有自动控温、自动间歇弥雾的装置。

6. 照明设备 在温室内安装照明设备时，所有的供电线路必须用暗线，灯罩为封闭式的，灯头和开关要选用防水性能好的材料，以防因室内潮湿而漏电。

第二节 塑料大棚

一、塑料大棚在花卉生产中的作用

塑料大棚是花卉栽培养护的主要设施，可代替温床、冷床，甚至可以代替低温温室，而其费用仅为温室的1/10 左右。塑料薄膜具有良好的透光性，白天可使地温提高 3℃左右，夜间气温下降时，又因塑料薄膜具有不透气性，可减少热量的散发起到保温作用。在春季气温回升昼夜温差大时，塑料大棚的增温效果更为明显，如早春栽培月季、唐菖蒲、晚香玉等，在棚内生长比露地可提早 15～30d 开花，晚秋时花期又可延长 1 个月。由于塑料大棚建造简单，耐用，保温，透光，气密性能好，成本低廉，拆转方便，适于大面积生产，近年来，在花卉生产中已被广泛应用，并取得了良好的经济效益。

二、塑料大棚的类型和结构

（一）根据屋顶形状分类

根据屋顶形状，可将塑料大棚分为拱圆型塑料大棚和屋脊型塑料大棚（图4-2）。

1. 拱圆型塑料大棚　拱圆型塑料大棚在我国使用很普遍，屋顶呈圆弧形，面积可大可小，可单幢也可连幢，建造容易，搬迁方便。小型的塑料棚可用竹片作骨架，光滑无刺，易于弯曲造型，成本低。一般由地基、后墙、支架、塑料薄膜等组成，有的还设有一条龙火道的加温设备，多为土木结构。大型的塑料棚常采用钢管架结构，用6～12mm的圆钢制成各种形式的骨架。

2. 屋脊型塑料大棚　屋脊型塑料大棚是采用木材或角钢为骨架的双屋面塑料大棚，多为连幢式。具有屋面平直、压膜容易、开窗方便、通风良好、密闭性能好的特点，是周年利用的固定式大棚。

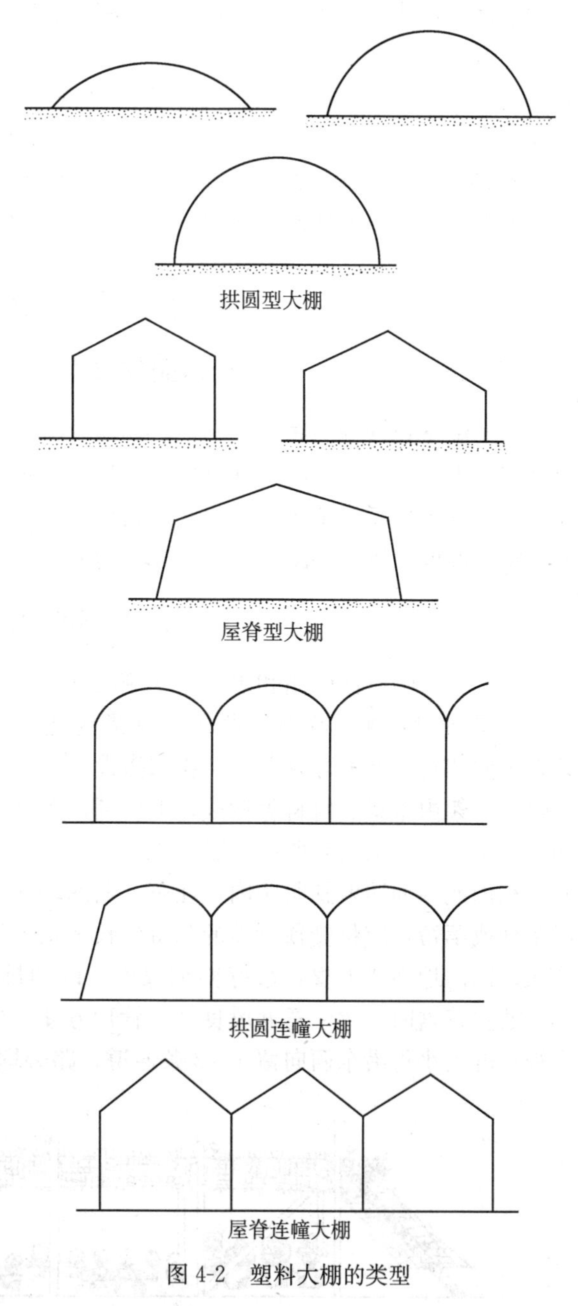

图4-2　塑料大棚的类型

（二）根据耐久性能分类

根据耐久性能，可将塑料大棚分为固定式塑料大棚和简易式移动塑料大棚。

1. 固定式塑料大棚　固定式塑料大棚使用固定的骨架结构，在固定的地点安装，可连续使用2～3年或更长。这种大棚多采用钢管结构，有单幢或连幢、拱圆型或屋脊型等多种形式，面积常为667～6 667m^2或更大。多用于栽培菊花、香石竹等切花，也有的栽培观叶植物与盆栽花卉等。

2. 简易式移动塑料大棚　简易式移动塑料大棚用比较轻便的骨架，如竹片、条材或6～12mm的圆钢曲成半圆形或其他形式，罩上塑料薄膜即成。这种大棚多作扦插繁殖、花卉的促成栽培、盆花的越冬等使用。露地草花的防霜防寒也多就地架设这种大棚，用后即可拆除，十分方便。

（三）根据覆盖材料分类

塑料大棚的覆盖材料主要有聚氯乙烯薄膜、聚乙烯薄膜和醋酸乙烯薄膜。

1. 聚氯乙烯薄膜　聚氯乙烯薄膜具有透光性能好、保温性强于铺盖等特点，是我国园艺生产使用最广泛的一种覆盖材料。厚度以 0.075～0.1mm 为标准规格，而大型连幢式的大棚则多采用 0.13mm，宽度以 180cm 为标准规格，也有宽幅为 230～270cm 的。其缺点是易吸附尘土。

2. 聚乙烯薄膜 聚乙烯薄膜具有透光性好、附着尘土少、不易粘连、耐农药性强、价格比聚氯乙烯薄膜低的优点。缺点是夜间保温性能较差，扩张力、延伸力不如聚氯乙烯，在直射光下的耐照性不到聚氯乙烯的 1/2。因此聚乙烯薄膜多用在温室里做双重保温幕，在外面使用时则多用于可短期收获的作物的小棚上。欧洲各国主要使用这种塑料薄膜，厚度在 0.2mm 以上。

3. 醋酸乙烯薄膜 醋酸乙烯薄膜质地强韧，不易污染，耐药，不变质，无毒，耐候性强（冬不变硬，夏不粘连），热黏合容易，加工方便，是较理想的覆盖材料。

第三节 荫 棚

一、荫棚在花卉生产中的作用

不少温室花卉种类属于半阴性，如观叶植物、兰花等，不耐夏季温室内的高温，一般均于夏季移出室外，在遮阴条件下培养，夏季的嫩枝扦插及播种、上盆或分株的植物的缓苗，在栽培管理中均需注意遮阴。因此，荫棚是花卉栽培必不可少的设备，荫棚下可避免日光直射，降低温度，增加湿度，减少蒸发，为夏季花卉栽培管理创造适宜的环境。

二、荫棚的类型和结构

荫棚分为临时性荫棚和永久性荫棚两种。

1. 临时性荫棚 临时性荫棚除放置越夏的温室花卉外，还可用于露地繁殖床和紫菀、菊花等的切花栽培。北京黄土岗花农搭设临时性荫棚的方法是：5 月上旬架设，秋凉时逐渐拆除。主架由木材、竹材等构成，上面铺设苇秆或苇帘，再用细竹材夹住，用麻绳及细铁丝捆扎。荫棚一般采用东西向延长，高 2.5m，宽 6～7m，每隔 3m 设立柱一根。为了避免阳光从东面或西面照射到荫棚内，在东、西两端还要设遮阴帘，将竿子斜架于末端的柁上，覆以苇秆或苇帘，或将棚顶所盖的苇帘延长下来。注意遮阴帘下缘应距地面 64cm 左右，以利通风。棚内地面要平整，最好铺细煤渣，以利排水，下雨时又可减少泥水溅在枝叶或花盆上。放置花盆时，要注意通风良好，管理方便，植株高矮有序，略喜光者置于南北缘。荫棚中视跨度大小可沿东西向留 1～2 条通道，路旁埋设若干水缸以供浇水（图 4-3）。

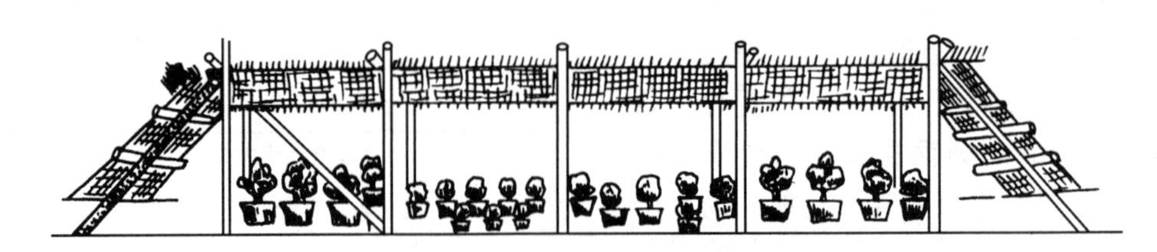

图 4-3 荫棚的构造（南面）

2. 永久性荫棚 永久性荫棚多用于温室花卉和兰花栽培，在江南地区还常用于杜鹃花等喜阴花卉的栽培。形状与临时性荫棚相同，但骨架用铁管或水泥柱构成。铁管直径为 3～5cm，其基部固定于混凝土中，棚架上覆盖苇帘、竹帘或板条等遮阴材料。板条荫棚常用宽

5cm、厚1cm的木条，间距5cm，固定于棚架上，其遮阴度约为50%。有的地方采用葡萄、凌霄、攀缘性蔷薇等植物作荫棚，颇为实用，但要经常进行疏剪以调整荫蔽程度。

现代化的温室外一般不搭设荫棚，而是在室内装有遮阴帘、风扇、水帘等，供夏季花卉栽培时遮阴、通风和降温之用。

第四节　花卉栽培的其他设施

一、冷床与温床

冷床与温床是花卉栽培的常用设施。不加温只利用太阳辐射热的叫冷床；除利用太阳辐射热外，还需人为加温的叫温床。

（一）冷床与温床的功能

（1）提前播种，提早花期　花卉春季露地播种需在晚霜后进行，而利用冷床或温床可在晚霜前30～40d播种，以提早花期。

（2）促成栽培　秋季在露地播种育苗，冬季移入冷床或温床使之在冬季开花，或在温暖地区冬季播种，使之在春季开花。如球根花卉水仙、百合、风信子、郁金香等常在冬季利用冷床进行促成栽培。

（3）保护越冬　在北方，一些二年生花卉不能露地越冬，可在冷床或温床中秋播并越冬，或在露地播种，幼苗于早霜前移入冷床中保护越冬，如三色堇、雏菊等。在长江流域，一些半耐寒性盆花，如天竺葵、小苍兰、万年青、芦荟、天门冬以及盆栽灌木等，常在冷床中保护越冬。

（4）小苗锻炼　在温室或温床育成的小苗，在移入露地前，需先于冷床中进行锻炼，使其逐渐适应露地气候条件，然后栽于露地。

（5）扦插　在炎热的夏季，可利用冷床进行扦插，通常在6～7月进行。

（二）冷床与温床的构造

1. 冷床　北京花农常用的冷床形式是阳畦。

（1）抢阳阳畦　抢阳阳畦由风障、畦框和覆盖物三部分组成。

①风障：向阳倾斜70°，外侧用土堆——土背固定风障，土背底宽50cm，顶宽20cm，高40cm，并且要高出阳畦北框顶部10cm。

②畦框：垒土夯实而成。北框高35～50cm，框顶宽15～20cm，底宽40cm；南框高25～40cm，框顶宽25cm，底宽30～40cm。由于畦框南低北高，便于较多地接收阳光照射，故称抢阳阳畦。一般畦面宽1.6m，长5.6m。

③覆盖物：用玻璃、塑料薄膜和蒲席、草苫等。白天接收阳光照射，提高畦内温度，傍晚在塑料薄膜或玻璃上再加不透明覆盖物，如蒲席、草苫等保温（图4-4）。

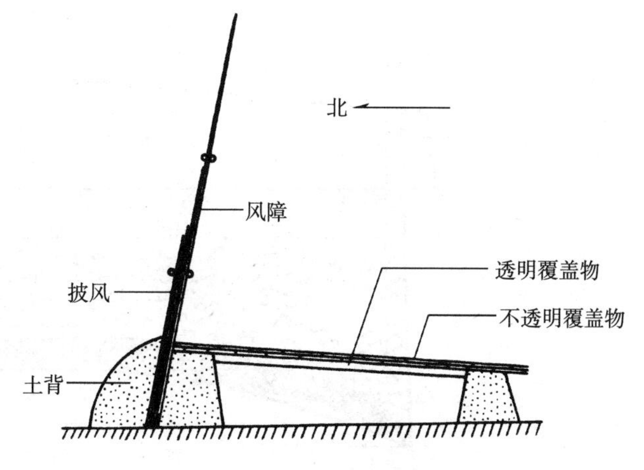

图4-4　抢阳阳畦断面图

（2）改良阳畦　改良阳畦由风障、土墙、棚顶、玻璃窗、蒲席等部分构成。土墙高 1m，厚 0.5m，山墙最高点为 1.5～1.7m，棚架前柱高 1.7m，柁长 1.7m。在棚架上先铺上芦苇或高粱秸、玉米秸为棚底，以不漏土为度，上面覆盖 10cm 厚的干土并用麦秸泥封固。建成的改良阳畦，后墙高 0.93m，前檐高 1.5m，前柱距土墙和南窗各 1.33m，玻璃窗的角度是 45°，跨度约 2.7m。若用塑料薄膜覆盖，可不设棚顶（图 4-5）。

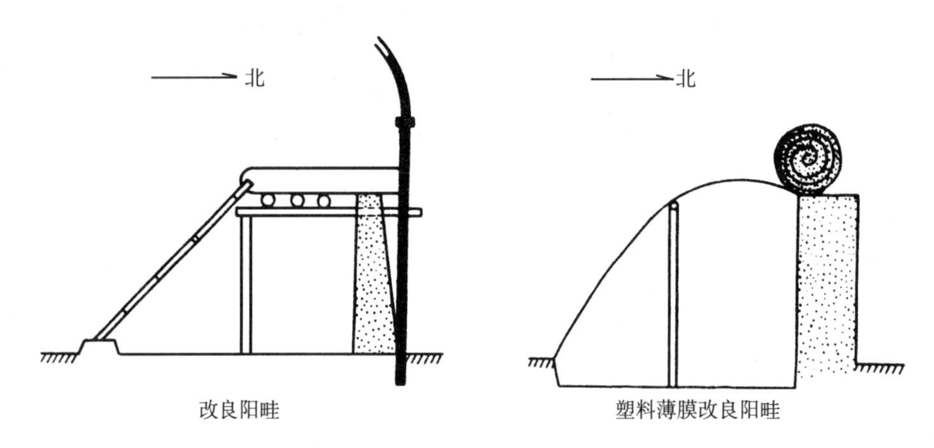

图 4-5　改良阳畦断面图

2. 温床

（1）酿热温床　酿热温床由床框、床坑、加温设备和覆盖物组成。床框有土、砖、木等结构，以土框温床为主；床坑有地下、半地下和地表三种形式，以半地下式为主；加温设备有蒸汽、电热和酿热物等方法，其中以酿热物为主，如马粪、稻草、落叶等，利用微生物分解有机质产生的热能提高苗床的温度。温床选择背风、向阳、排水良好的场地建造，床宽为 1.5～2.0m，长度依需要而定。床顶加盖玻璃或塑料薄膜呈一斜面，利于阳光射入，提高床内温度。温床要用酿热物加热，需提前将酿热物装入床内，每 15cm 左右铺一层，铺 3 层，每层踏实并浇温水，然后盖顶封闭，让其充分发酵。温度稳定后，再铺上一层 10～15cm 厚的培养土或河沙、蛭石、珍珠岩等。酿热温床扦插或播种用，也可用于秋播草花和盆花的越冬（图 4-6）。

（2）电热线加温　将电加温线铺于温室内，是一种简便、快速、效果好的加温方法，但

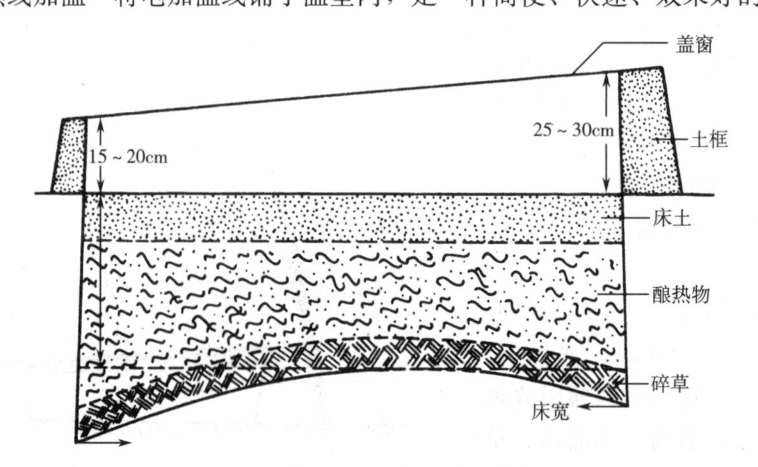

图 4-6　半地下式土框酿热温床剖面

此方法耗电量较大，只能作短期临时加温。目前，利用电热线加温主要有两个用途：一是电热温床育苗，二是补充加温。电热温床是在温室和大棚内的栽培床上，做成育苗用的平畦，在育苗床上铺上加温线而成。

①电热加温原理及电热加温设备：电热加温是利用电流通过电阻大的导体，将电能转变成热能使室内增温，并保持一定温度。一般 1kW·h 的电能可产生 3.6MJ 的热量。电热加温具有升温快、温度均匀、易调控等优点，是自动化控温育苗的好方法。

电热加温设备一般包括电加温线（表 4-4)、控温仪、继电器、电闸盒、配电盘等。

表 4-4 DV 系列电加温线主要技术参数

型号	电压（V）	电流（A）	功率（W）	长度（m）	包标	使用温度（℃）
DV20410	220	2	400	100	黑	≤45
DV20406	220	2	400	60	棕	≤40
DV20608	220	3	600	80	蓝	≤40
DV20810	220	4	800	100	黄	≤40
DV21012	220	5	1 000	120	绿	≤40

选定功率密度：功率密度是指每平方米电热温床平均占有的电热线的功率（瓦数），功率密度的大小取决于当地气候条件、育苗季节、作物种类及使用的设备。一般来说，可选功率密度为 80～120W/m^2，阳畦 80～100W/m^2，温室 70～90W/m^2。

控温仪与电加温线的连接：确定功率密度后进行控温仪与电加温线的连接。控温仪和电加温线配套使用有两个优点：一是节约用电 1/3 左右，二是不会使温室温度超过作物许可范围。KWD 控温仪可与电加温线配套使用，它的直接负载是2 000W，可带 800～1 000W 的电加温线 2 根，或 600W 的电加温线 3 根，或 400W 的电加温线 5 根。

控温仪和电加温线配套使用的连接方法有以下两种：一种是控温仪直接负载电加温线，在电热线总功率不大于2 000W 时使用，接法见图 4-7。另一种接法是控温仪外加一交流接触器，再与电源相接。这种方法可负载较多的电加温线，在电热线总功率大于2 000W 时使用，这时控温仪应只直接和接触器的线圈发生控制作用，而电加温线则受接触器的触点控制。这种方法根据电源的不同又分两种，即单相＋接触器＋控温仪接线法和三相四线制接线法。

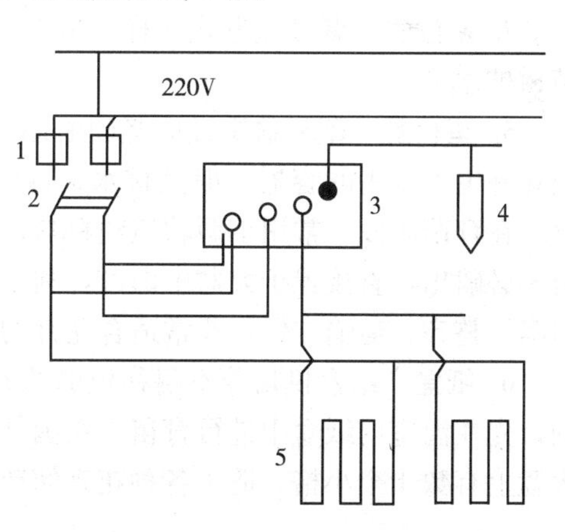

图 4-7 单相控温仪接线法
1. 保险丝 2. 闸刀 3. KWD 控温仪 4. 感温头 5. 电加温线

②使用电加温线应注意的问题：严禁成圈加温线在空气中通电使用；加温线不得剪短使用，布线时不得交叉、重叠和扎结；土壤加温时应把整根电加温线（包括与引出线的接头部分）全部埋在土中；每根电加温线的工作电压必须是 220V，两根以上电加温线一起使用时，不可串联，只能并联；使用 380V 三相电源时，只能采用星形接法，而不能采用三角形接法，以保证电加温线的工作电压仍为 220V；电加温线铺设和取出时，要避免生拉硬拽和用锹、锄挖掘；旧加温线每年应做一次绝缘检查，可将线浸在水中，引出线端接在电工用的兆欧表一端

上，表的另一端插入水中，摇动兆欧表绝缘电阻应大于 1MΩ；电加温线不用时，要妥善保管，放置阴凉处，并防止鼠、虫咬坏绝缘层。

除了电热温床育苗外，还可用电加温线作补充加温方式。

电加温线的铺设方法是在整好的栽培小高畦中央挖深 10cm 的沟，埋入一根长 100m 的 800W 电加温线，接南北畦铺设，连续回龙布线，每根电加温线可铺 13 畦左右，采用并联方式连接每根电加温线，每公顷温室需要电加温线 120～150 根。

加温每天 6:00～8:00 进行，开始加温 2h 即可，阴雪天可从 22:00 加温至次日 6:00。白天一律不加温，夜间加温时间长短可以根据外界天气情况而定。总之，既要节药用电，又要保证土温不过低。

二、栽培容器

1. 素烧泥盆 素烧泥盆又称瓦盆，由黏土烧制而成，有红色和灰色两种，底部中央留有排水孔。这种盆虽质地粗糙，但排水透气性好，价格低廉，是花卉生产中常用的容器。素烧泥盆通常为圆形，其规格大小不一，一般口径与高相等。盆的大小为 7～40cm。

2. 陶瓷盆 陶瓷盆是在素陶盆外加一层彩釉，质地细腻，外形美观，但透气性差，对栽培花卉不利，一般多作套盆或短期观赏使用。陶瓷盆除圆形外，还有方形、菱形、六角形等式样。

3. 木盆或木桶 素烧盆过大时容易破碎，因此当需要用口径在 40cm 以上的容器时，则采用木盆或木桶。外形仍以圆形为主，两侧设有把手，上大下小，盆底有短脚，以免腐烂。材料宜选用坚硬又耐腐的红松、槲、栗、杉木、柏木等，外面刷以油漆，内侧涂以环烷酸铜防腐。木盆或木桶多用于大型建筑物前、广场和展览会的装饰，栽培苏铁、南洋杉、棕榈、橡皮树等。

4. 紫砂盆 紫砂盆形式多样，造型美观，透气性稍差，多用来养护室内名贵盆花及栽植树桩盆景。

5. 塑料盆 塑料盆质轻而坚固耐用，形状各异，色彩多样，装饰性极强，是国外大规模花卉生产常用的容器。但其排水、透气性不良，应注意培养土的物理性质，使之疏通透气。在育苗阶段，常用小型软质塑料盆，底部及四周留有大孔，使植物的根可以穿出，倒盆时不必磕出，直接置于大盆中即可，利于花卉的机械化生产。另外，也有不同规格的育苗塑料盘，整齐，运输方便，非常适合花卉的商品生产。

6. 纸盒 纸盒供培养不耐移植的花卉的幼苗之用，如香豌豆、香矢车菊等在露地定植前，先在温室内纸盒中进行育苗。在国外，这种育苗纸盒已商品化，有不同的规格，在一个大盘上有数十个小格，适于各种花卉幼苗的生产。

三、花卉栽培机具

国外大型现代化花卉生产常用的农机具有播种机、球根种植机、上盆机、加宽株行距装置、运输盘、传送装置、收球机、球根清洗机、球根分拣称重装置、切花去叶去茎机、切花分级机、切花包装机、盆花包装机、温室计算机控制系统、花卉冷藏运输车及花卉专用运输机等。

复习思考题

1. 与露地栽培相比，花卉设施栽培有哪些特点?
2. 花卉有哪些栽培设施及设备?
3. 一个完整的温室系统通常由哪几组成部分?
4. 在决定建造温室时，需要考虑哪几方面的问题?

第五章　花卉的繁殖

花卉繁殖是指通过各种方式产生新的后代，繁衍其种族和扩大其群体的过程与方法。在长期的自然选择、进化与适应过程中，各种植物形成了自身特有的繁殖方式。人类的栽培实践和技术进步，不断影响着植物的繁衍数量和质量，使植物朝着满足人类各种需要的方向进化。花卉繁殖是花卉生产的重要一环，掌握花卉的繁殖原理和技术对进一步了解花卉的生物学特性，扩大花卉的应用范围都有重要的理论意义和实践意义。

依繁殖体来源不同，花卉的繁殖分为有性繁殖和无性繁殖。

第一节　有性繁殖

种子植物的有性繁殖（sexual propagation）是经过减数分裂形成的雌、雄配子结合后，产生的合子发育成的胚再生长发育成新个体的过程。有性繁殖的后代，细胞中含有来自双亲各一半的遗传信息，故常有基因的重组，产生不同程度的变异，表现较强的生命力。种子繁殖具有简便、快速、数量大的优点，也是新品种培育的常规手段。某些具有无融合生殖（apomixis）的种类，如柑橘属、仙人掌属、苹果属的某些种子繁殖的后代实质上是无性系，只保持了母本的特性。

种子是由胚珠发育而成的器官，被子植物的种子包被在厚薄不一的果皮内。在农业生产及习惯上，常把具有单粒种子而又不开的干果（如瘦果、颖果、小坚果、坚果等）均称为种子。

一、花卉种子的来源

优良种子是保证产品质量的基础。现代花卉生产十分重视种子品质，宜由专业机构生产。花卉的种类和品种繁多，又各具特点，杂种一代种子每年都要杂交制种。异花传粉花卉留种需要一定条件及技术。同时，花卉市场每年都要求由一些专门的种子公司生产供应花卉种子。

花卉植物因传粉方式不同，种子的来源也不相同。

1. 自花传粉花卉　种子是经过自花传粉、受精形成，不带有外来的遗传物质。天然杂交率很低，一般不超过4%，纯合度较高，留种时只需注意去杂、去劣、选优，一些豆科花卉及禾本科草坪植物属于这一类。

2. 异花传粉花卉　异花传粉方式在花卉中较为普遍。异花传粉花卉自交结实率低或表现退化，其个体都是种内、变种内或品种间杂交的后代，是不同程度的杂合体，实生苗有不同程度的变异，留种时应分别对待。

某些品种较少、性状差异不大的种类，留种时只要不断地进行选优去劣，便可取得遗传性状相对一致、接近自花传粉的种子，如瓜叶菊。而另一些异花传粉花卉，品种较多，性状的差异也较大，留种时应在品种内杂交，否则后代必产生分离，如羽衣甘蓝。还有一些异花传粉花卉，如菊花、大丽花等，它们的栽培品种都是高度杂合的无性系，品种内自交不孕，生产上不能用种子繁殖。

3. 杂交优势的利用 杂种优势的利用在农作物和蔬菜生产上已成为增产的一项重要手段。它们的基因型虽然是杂合的，但表现型都完全一致并具有杂种优势，在生活力及某些经济性状上（如花大、重瓣性）也超过双亲。但杂交优势的种子必须每年杂交生产，从杂种一代上再采种，即便是自交，后代也表现严重的分离，失去 F_1 代具有的优点。三色堇、金鱼草、矮牵牛、万寿菊、紫罗兰、天竺葵等均有杂交优势的利用。

杂交种子常用人工控制授粉获得，成本高，难以大量生产。利用雄性不育的母体，可减少人工去雄和授粉的工作。矮牵牛可以既不去雄也不人工授粉而取得杂交种子；万寿菊、天竺葵、石竹、金鱼草、百日草等的雄性不育系不需去雄，但仍应人工授粉才能结实；一些自花不孕的花卉，如藿香蓟和雏菊也易取得杂交种子。

二、花卉种子的成熟与采收

（一）种子的成熟

种子有形态成熟和生理成熟两方面。生产上所称的成熟种子一般指形态成熟的种子，其外部形态不再变化且能从植株上或果实内自然脱落。生理成熟的种子指已具有良好发芽能力的种子，仅以生理特点为指标。

大多数植物种子的生理成熟与形态成熟是同步的，形态成熟的种子已具备了良好的发芽力，如菊花、许多十字花科花卉、报春花属花卉的形态成熟种子在适宜环境下可立即发芽。但有些植物种子的生理成熟和形态成熟不一定同步，不少禾本科植物如玉米，当种子的形态发育尚未完全时，生理上已完全成熟。蔷薇属、苹果属、李属等许多木本花卉的种子，当外部形态及内部结构均已充分发育，达到形态成熟时，在适宜条件下并不能发芽，生理上尚未成熟。生理未成熟是种子休眠的主要原因。

（二）种子的采收与处理

种子达到形态成熟时必须及时采收并进行处理，以防散落、霉烂或丧失发芽力。采收过早，种子的贮藏物质尚未充分积累，生理上也未成熟，干燥后皱缩成瘦小、空瘪、千粒重低、发芽差、活力低并难于干燥、不耐贮藏的低品质种子。理论上种子越成熟越好，故种子应在完全成熟、果实已开或自落时采收最适。生产上采收常应稍早，已完全成熟的种子易自然散落，且易受鸟虫取食，或因雨湿造成种子在植株上发芽及品质降低。

1. 干果类 干果包括蒴果、蓇葖果、荚果、角果、瘦果、坚果、分果等，果实成熟时自然干燥、开裂而散出种子，或种子与干燥的果实一同脱落。这类种子应在果实充分成熟前、行将开裂或脱落前采收。某些花卉，如半支莲、凤仙花、三色堇等，开花结实期持续时间很长，果实随开花早晚而陆续成熟散落，必须从尚在开花的植株上陆续采收种子。

干果类种子采收后，宜置于浅盘中或薄层敞放于通风处 1～3 周使其尽快风干。当种子含水量在 20%以上时，在不通风环境下堆放几小时就会因发热而降低种子的生活力。某些种子成熟较一致而又不易散落的花卉，如千日红、桂竹香、矮雪轮、屈曲花等，也可将果枝剪下，装于薄纸袋内或成束悬挂于室内通风处干燥。种子经初步干燥后，及时脱粒并筛选或风选，清除发育不良的种子、植物残屑、杂草及其他植物种子、尘土石块等杂物。最后再进一步干燥至含水量达到安全标准，一般为 8%～15%。在大气干燥的环境中可自然干燥达到此标准，在多雨或高湿度季节，种子难以自然充分干燥，需加热促使快干。含水量高的种子，烘烤温度不要超过 32℃，含水量低的种子也不宜超过 43℃，干燥过快会使种子皱缩或裂口，导致贮藏力与生活力下降。

2. 肉质果 肉质果成熟时果皮含水多，一般不开裂，成熟后自母体脱落或逐渐腐烂，常见的有浆果、核果、瓠果、柑果等。有许多假果的果实本身虽然是干燥的瘦果或小坚果，但包被于肉质的花托、花被或花序轴中，也视作肉质果对待。君子兰、石榴、忍冬属、女贞属、冬青属、李属等有真正的肉质果，蔷薇属、无花果属是含干果的假肉质果。肉质果成熟的指标是果实变色、变软，未成熟的一般为绿色并较硬，成熟时逐渐转变为白、黄、橙、红、紫、黑等色，含水量增加，由硬变软。肉质果熟后要及时采收，过熟会自落或遭鸟虫啄食，若果皮干燥后才采收，会加深种子的休眠或受霉菌侵染。

肉质果采收后，先在室内放置几天使种子充分成熟，腐烂前用清水将果肉洗净，并去掉浮于水面的不饱满种子。将果肉短期发酵（21℃下 4d）后，果肉更易清洗，果肉必须及时洗净，不能残留在种子表面，因果肉中含有糖及其他养分，易于吸湿，也是霉菌滋生的因素。洗净后的种子干燥后再贮藏。

三、种子的寿命与贮藏

种子和一切生命现象一样，有一个有限的生活期——寿命。种子成熟后，随着时间的推移，生活力逐渐下降，发芽率逐渐降低，可能每一粒种子都各有一定的寿命，不同植株、不同地区、不同环境、不同年份产生的种子差异更大。因此种子的寿命不能以单粒种子寿命的平均值表示，只能从群体来测定，通常取样测定其群体的发芽百分率来表示。

在生产上，低活力的种子由于发芽率低、幼苗活力差而失去实用价值。因此，生产上把从收获起种子群体的发芽率降低到原来发芽率的 50％的时间定为种子群体的寿命，这个时间称为种子的半活期。种子 100％丧失发芽力的时间可视为种子的生物学寿命。

（一）种子按寿命分类

在自然条件下，种子寿命的长短因植物种类而异，差别很大，短的只有几天，长的达百年以上。种子按寿命长短一般分为三类。

1. 短命种子 种子寿命在 3 年以内，常见于以下几类植物：种子在早春成熟的树木，原产于高温地区无休眠期的植物，子叶肥大的植物，水生植物等。

2. 中寿种子 种子寿命在 3～15 年间，大多数花卉属于这一类。

3. 长寿种子 种子寿命在 15 年以上，这类种子以豆科植物最多，荷花、美人蕉属及锦葵科某些花卉种子寿命也很长。

（二）影响种子寿命的因素

种子寿命的缩短是种子自身衰败（deterioration）所引起的，衰败或称老化，是生物存在的规律，是不可逆转的。

种子寿命的长短除遗传因素外，也受种子成熟度、成熟期的矿质营养、机械损伤与冻害、贮存期含水量以及外界温度、病原菌的影响，其中以种子含水量及贮藏温度为主要因素。大多数种子含水量 5％～6％寿命最长，低于 5％细胞膜结构破坏，加速种子的衰败，8％～9％则虫害出现，12％～14％真菌繁衍危害，18％～20％易发热而败坏，40％～60％种子发芽。种子贮藏的安全含水量，含油脂多的一般不超过 9％，含淀粉多的一般不超过 13％。

种子均具有吸湿特性，在任何湿度的环境中，种子水分都要与环境水分保持平衡。种子的水分平衡（moisture equilibrium）取决于种子含水量及其与环境相对湿度间的差异。空气相对湿度为70%时，一般种子水分平衡在14%左右，是一般种子安全贮藏含水量的上限。在相对湿度为20%～25%时，一般种子贮藏寿命最长。

空气的相对湿度与温度紧密相关，随温度的上升而加大。一般种子在低相对湿度及低温下寿命较长。多数种子在相对湿度80%及25～30℃下，很快丧失发芽力；在相对湿度低于50%、温度低于5℃时，生活力保持较久。种子贮藏在27℃下，相对湿度不能超过40%；在21℃下，不能超过60%；在4～10℃下，不能超过70%。

（三）花卉种子的贮藏方法

花卉种子与其他作物相比，有用量少、价格高、种类多的特点，宜选择较精细的贮藏方法。

1. 不控温湿的室内贮藏　将自然风干的种子装入纸袋或布袋中，挂室内通风环境中贮藏。这种贮藏方法简便易行，经济实用，在低温、低湿地区效果很好，特别适用于不需长期保存，几个月内即将播种的生产性种子及硬实种子。

2. 干燥密封贮藏　将干燥的种子密封在绝对不透湿气的容器内，能长期保持种子的低含水量，可延长种子的寿命，是近年来普遍采用的方法。密封贮藏的种子必须含水量很低，如含淀粉多的种子含水量达12%、含油脂多的种子达9%，密封时种子的衰败反较不密封者加快，效果不佳。

由于大气的相对湿度高，干燥的种子在放入密封容器前或中途取拿种子时，均可使种子吸湿而增加含水量，故必须使容器内的湿度受到控制。最简便的方法是在密封容器内放入吸湿力强的经氯化铵处理的变色硅胶，将约占种子量1/10的硅胶与种子同放在玻璃干燥器内，当容器内空气相对湿度超过45%时，硅胶由蓝色变为淡红色，此时应换用蓝色的干燥硅胶。换下的淡红色硅胶在120℃烘箱中除水后又转蓝色，可再次使用。

3. 干燥冷藏　凡适于干燥密封贮藏的种子，在不低于伤害种子的温度下，种子寿命随着温度的降低而延长。一般草本花卉及硬实种子可在相对湿度不超过50%、温度4～10℃下贮藏。

四、种子检验

为了了解种子发芽力，确定播种量和苗木密度，一般播种前要对种子做质量检查，即种子检验。种子的质量检验一般包括种子的品种品质和播种品质两方面。

1. 品种品质　种子的品种品质是指品种的真实性、典型性和一致性，即种子的真实性和品种纯度。品种纯度用本品种种子数或植株数占供试样品的百分率表示，其直观检验法是田间检验，但是室内检验对保证种子质量有重要作用。纯度的检验以本品种稳定的重要质量性状为主要依据，与本品种标准对照进行比较，明确其数量性状的差异。种子的室内鉴定常用种子形态鉴定法，通过比较典型种子与供检样品的形态学和解剖学特征，确定种子纯度。也可用化学鉴定法，即用化学试剂处理种子，使不同品种类型表现出明显的区别，从而鉴定品种纯度和真实性。

2. 播种品质　播种品质的检验是指对种子净度、千粒重、发芽率、发芽势及含水量等项目的测定。净度是以完好种子占供检样品的百分率表示。千粒重则是指1 000粒风干种子的重量。发芽力通常用发芽势和发芽率量度。发芽势指在规定的时间内，发芽种子占供试种子的百分数；发芽率是指在足够的时间内，正常发芽的种子占全部供试种子的百分数。发芽势和发芽率是确定种子使用价值和估计田间出苗率的主要依据。含水率是种子水分占试样重量的百分率，它是种子安全贮运的重要内因。

五、种子休眠与解除

具有生活力的种子处于适宜的发芽条件下仍不正常发芽称为种子的休眠（seed dormancy）。当环境条件不适宜时种子暂时处于不能发芽的状态，称为种子的不活动状态或静止状态。种子的休眠与不活动状态是完全不相同的，休眠种子处在适宜的发芽条件下，是由于种子自身的原因，或不能很好地利用发芽条件，或受本身生理生化因素的限制而不能发芽。

休眠是植物在长期演化过程中形成的一种对季节和环境变化的适应，以利于个体的生存、种族的繁衍与延续。温带四季明显，秋季成熟的种子均进入休眠，不立即发芽，可避免冬季寒冷对幼苗的伤害。早春成熟的种子，如杨属、柳属植物，种子成熟时环境适于生长，不经休眠立即发芽。湿润热带四季温暖高湿，当地植物的种子也无休眠期。

（一）初生休眠

初生休眠（primary dormancy）指种子形成后即具有的先天性休眠，是常见的类型，可分为外源休眠与内源休眠。

1. 外源休眠 外源休眠（exogenous dormancy）指种子发芽所必需的外部环境条件都适宜，但因种子本身的原因而不能很好利用具备的条件所造成的休眠。外源休眠不同于种子的不活动状态，前者是外界发芽条件具备而种子不能利用它们，后者是不具备发芽条件。

（1）外源休眠的原因 外源休眠多与种子的生理特性有关，一般是水与氧气不易透入。

水分不易透入种子是由于种皮或果皮坚实，不易透水所致，这类种子称为硬实（hard seed），其种皮具发达的角质层和栅栏组织，阻碍了水分的进入，在豆科种子中很常见。

种皮透气性差也是外源休眠的原因。因为种皮具有选择性透性，有时水分能通过而气体不能透入，因而限制了种子的发芽。如苹果、欧洲白蜡的果皮和咖啡的内果皮均限制氧气的透入。

（2）外源休眠的解除方法 在自然界，外源休眠可以通过冷冻、动物消化、微生物作用、土壤的酸性等作用而解除。生产上欲使硬实快速、整齐地发芽，可采用下列措施：

①物理方法：使种皮破损、松软的物理方法都能打破硬实的休眠，用研磨剂或粗沙磨破种皮，或锉破、穿破及剥去种皮对许多豆科植物的硬实、莲子均有促进吸水、加快发芽的效果。加热对豆科植物硬实的破除也很有效，如将金合欢属的种子投入 3 倍于种子量的沸水中，自然冷却后立即播种，效果很好。

②化学方法：用化学药剂使种皮破损或降解也是打破硬实休眠的方法。最广泛使用的有效药剂为硫酸，将干燥的种子浸没于浓硫酸中，依不同植物及温度高低，浸 15min～3h，每几分钟检查一次，见种皮出现孔纹时立即取出，用流水将硫酸冲洗干净后立即播种。硫酸处理适用于豆科及禾本科植物的许多种子。硫酸对人体及衣物有强烈的灼伤及腐蚀力，使用要特别小心，一般只用于处理少量种子。一些种皮含有非水溶性物质的种子，可用酒精、丙酮等有机溶剂处理。有报道，用酒精处理莲子可增加种皮透性。近年还有使用纤维素酶、果胶酶等使种皮细胞解离的生物化学处理方法。

2. 内源休眠 内源休眠（endogenous dormancy）指来自种皮或胚本身的原因造成的休眠。种子吸水后也不发芽，或称为胚休眠，是种子休眠最普遍的原因。

（1）内源休眠的原因

①未发育胚休眠（rudimentary embryo dormancy）：某些种子形态成熟时，胚在形态上并未发育完全，生理上尚未成熟，不具有发芽能力而呈休眠状态，称未发育胚休眠。如许多毛茛属、白蜡属、荚蒾属、冬青属、银杏及兰科植物的种子有这种特点。如兰花的种子，当果实开裂表现成熟时，胚尚未分化，还只具有很小一团细胞，只有当种子在土中与一定种类的真菌共生后，或在人工组培下吸收配制的养分后才逐渐分化发育，才能发芽。又如银杏的种子，形态成熟从树上脱落时，胚尚未受精，受精卵从种皮及胚乳中摄取营养逐渐发育成完全的胚后才能发芽。

②生理休眠（physiological dormancy）：已发育完全的胚，由于生理代谢上的抑制作用而不发芽称生理休眠。一般认为，种子生理休眠是由内源生长抑制物质与内源生长促进物质间的平衡所调节的。这些物质主要有赤霉素、细胞分裂素、脱落酸及其他抑制物，它们的代谢与变化又受某些环境因素如光、温度的影响。

（2）内源休眠的解除方法

①层积处理（stratification）：或称种子湿冷处理（moist-chilling），是生产实践中长期使用的有效方法，常用来处理一些温带木本植物的种子，主要是一些裸子植物及蔷薇科植物。早期的方法是一层湿沙一层种子堆积，在室外经冬季的冷冻，种子休眠即被破除。现在多在控制温度下完成。

层积处理的适温一般为1～10℃，多数植物以3～5℃最好。低于0℃，不仅无破除休眠的效果，反而对某些种子造成冻害。冷冻时间的长短也因植物而异，差别很大。层积的效应随时间的延续而逐渐增加，随着时间的延长，种子的发芽率、发芽速度及幼苗的品质与生长速度都将逐渐提高，到一定时间达最高水平。大多数植物需1～3个月时间。

层积必须在湿润条件下进行。干燥冷冻对种子不利，或受到冻害，或不完全成熟，或引起次生休眠。通气也是层积时必要的条件，氧气不足也会引起次生休眠。

在层积过程中，种子中的生理活性物质及形态上都会发生一些显著的变化。层积时，种子内各种酸的活性增强，吸水力增大，发芽抑制物脱落酸含量降低，如桃、胡桃、糖槭、苹果等的种子经层积20～30d后，脱落酸几乎完全消失。促进种子发芽的赤霉素及细胞分裂素在休眠种子内含量很低，层积后明显增加。某些种子，如苹果、樱桃层积后胚的细胞明显增多，胚轴伸长，干物质增加。

②去皮：种皮常是抑制发芽物质的来源，采用与处理硬实相同的方法，将种皮剥去或破损，也有助于打破某些种子的内源休眠。如桃的休眠种子可以用人工破除内果皮及去掉种皮的方法促进其发芽，去皮后再用赤霉素处理，发芽效果更佳。

③光处理：某些喜光种子在光照下可解除休眠，如莴苣。

④激素处理：用赤霉素可以代替某些种子的层积处理。如未经层积的桃种子，剥去内果皮和种皮后虽可以发芽，但常出现矮化的不正常幼苗，若将去皮的种子用赤霉素浸种便可以克服。乙烯也具有促进种子发芽的功效，生产上常用500mg/L的乙烯利处理。细胞分裂素也能解除某些种子的休眠，如6-BA对高等植物的活性很强。

⑤干贮后熟：某些一、二年生草本花卉的种子，刚成熟时发芽力差，常有1～6个月的休眠期。将这类花卉的含水量为5%～15%的干燥种子贮藏一段时间，便能打破休眠而发芽。如新采收的莴苣种子，需有光或经低温处理后才能发芽，若将其干贮12～18个月后也能发芽。用凤仙花的种子试验，新采种子在发芽箱中经20周只40%以下发芽，干贮43周

后，1周内100%发芽。苋属、报春花属、仙客来属、毛茛属花卉种子也可用此法提高发芽率。

⑥化学药品处理：某些化学药品如0.1%～0.2%的硝酸钾、0.5%～3%的硫脲能代替光的作用，降低某些需光种子发芽对光的要求。

⑦淋洗：淋洗可以去掉种皮中含有的抑制发芽物质，将甜菜的种子在25℃的流水中冲洗，便能打破休眠。

（二）次生休眠

某些种子在初生休眠解除后，若遇到某些不利的环境条件，又重新转入休眠状态而不发芽，称为次生休眠（secondary dormancy）。次生休眠可视为后熟作用的逆转，并不同于种子的不活动状态，再给予其全部适宜的发芽条件也不会发芽，必须再度解除其休眠才能发芽。已解除初生休眠的种子只要遇上一项不适条件就会产生次生休眠。光、高温、低温、氧不足、二氧化碳过高均能引起次生休眠。

六、有性繁殖的方法与技术

（一）种子萌发的基本条件

1. 基质 基质会直接改变影响种子发芽的水、热、气、肥、病、虫等条件，一般要求细而均匀，不带石块、植物残体及杂物，通气排水性好，保湿性能好，肥力低且不带病虫。

2. 温度 各种花卉要求不同，绝大多数花卉种子发芽的最适温度为18～21℃。

3. 水分 基质的含水量不能过高或过低，只要有短时间的干燥甚至只在土表，也会使刚萌发的小粒种子死亡，可用自动喷雾系统，白天每10min喷6s左右，或覆膜保湿。土壤太湿又将妨碍根的发育并助长病虫的滋生。基质的含水量应在播种前一天调节好，不能将种子播于干燥基质中后再浇水，这会使水分分布不均或冲淋种子。播种前临时将干燥基质浇湿也不适宜，常使水分过多不便操作。

4. 光 根据不同花卉分别对待，发芽前忌光种子可覆上黑薄膜，喜光种子不覆土。发芽后24h全光照有利于幼苗生长，幼苗太密或荫蔽导致光照不足时，会产生细长、柔嫩的弱苗。

5. 病虫害及有害动物 常见土壤害虫及有害动物可通过基质的选用及蒸汽消毒来防治。

播种苗床中最常见并危害严重的是猝倒病。病原菌多源于基质或周围环境中，也可附于种子上。在种子发芽后的初期危害，或出土前即腐烂，但最易发生于幼苗子叶展开后至几片真叶的幼期，从接近土表的根颈处骤然枯萎，使幼苗猝然倒下。防治猝倒病应从清除病原菌和控制育苗环境两方面进行。基质和种子应先杀菌，苗床及周围环境要彻底清洁并喷杀菌剂，腐烂的植物病原菌最多，应彻底清除。高活力的种子发芽、生长快，常在病害大量滋生前已生长健壮或成苗，受害较小。高温、高湿、通气不良和光照不足条件下，病害会大量发生。幼苗出土后保持土表稍干，给予良好通风和充足光照，能抑制病害发生或蔓延。施肥过量，盐分浓度达到妨碍幼苗生长的水平时，病原菌还能生长，这时猝倒病特别严重。

（二）播种期与播种技术

播种期应根据各种花卉的生长发育特性、计划供花时间以及环境条件与控制程度而定。保护地栽培下，可按需要时期播种；露地自然条件下播种，则依种子发芽所需温度及自身适应环境的能力而定。适时播种能节约管理费用、出苗整齐，且能保证苗木质量。

1. 一年生花卉 春季气温开始回升、平均气温已稳定在花卉种子发芽的最低温度以上时播种，若延迟到气温已接近发芽最适温度时播种则发芽较快而整齐。在生长期短的北方或需提早供花时，可在温室、温床或大棚内提前播种。

宿根草本和水生花卉按一年花卉对待。

2. 二年生花卉　一般进行秋播，气温降至30℃以下时争取早播。在冬季寒冷地区，二年生花卉常需防寒越冬，或作一年生栽培。

3. 多年生草本花卉和木本花卉　多年生花卉也常采用播种繁殖。原产温带的落叶木本花卉，如牡丹属、苹果属、李属、蔷薇属等，种子有休眠特性，一些地区可以在秋末露地播种，在冬季低温、温润条件下起到层积作用，休眠被打破，翌春即可发芽。也可人工破除休眠后春季播种。原产热带或亚热带的许多花卉，在种子成熟及以后的高温高湿条件均适于种子发芽与幼苗生长，故种子多无休眠期，经干燥或贮藏会使发芽力丧失，这类种子采后应立即播种。朱顶红、马蹄莲、君子兰、山茶等的种子也宜即采即播，但在适宜条件下也可贮藏一定时期。

先根据实际生产需要和种子质量确定播种量，以保证种苗的数量。为了苗齐苗壮，播种前一般要对种子进行消毒处理和药物处理，消毒可用药粉拌种、药水浸种或温汤浸种。用种子重量的3%的药粉拌种，如50%的退菌灵、90%的敌百虫、50%的多菌灵等拌种都可达到较好的消毒效果，或者用100倍的福尔马林溶液浸15～20min，或1%的硫酸铜浸种5min，或10%的磷酸钠或2%的氢氧化钠浸种15min，均可达到较好的消毒效果，浸种后的种子必须用清水冲洗干净后方可进行播种。消毒液应尽量避免装在金属器皿中，以免发生化学反应而变质。在没有药剂的时候，可用30～40℃的温水对种子进行温汤浸种，也能起到杀灭病虫的作用。为了提早出苗和提高发芽率，使出苗整齐，生产上常在适当的温度、湿度和通气条件下，进行人工催芽。还有些种子需要进行特殊处理，如莲子种皮坚硬，吸水困难，往往采用物理方法损伤种皮，然后播种。播种的时期、方法与花卉的种类有关，并与气候条件、栽培目的密切相关。

（三）播种育苗方式

1. 移栽育苗　集中育苗后再移栽是花卉生产最常用的方法。在小面积上培育大量幼苗，对环境条件易于控制，可以精细管理，特别适用于种子细小、发芽率低、发芽期长、育苗要求高或新引进、名贵、种子量少的情况。

（1）室内育苗　花卉育苗多在温室或大棚内进行，环境条件容易控制。室内育苗又分为苗床育苗和容器育苗。

①苗床育苗：在室内固定的温床或冷床上育苗是大规模生产常用的方法。通常采用等距离条播，利于通风透光及除草、施肥、间苗等管理，移栽起苗也方便。小粒种子也可撒播，操作时先做沟，播种后一般覆以种子直径2～4倍厚的细土，小粒种子及需光种子不覆土。出苗前常覆膜或喷雾保湿。

②容器育苗：容器育苗是现在普遍采用的方法，有各种容器可供选用。容器搬动与灭菌方便，移栽时易带土。小容器单苗培育在移栽时可完全带土，不伤根，有利于早出优质产品。用一定规格的容器可配合机械化生产。在播种材料多、每种的量小及进行育种材料的培育时，容器育苗不易产生错乱。

（2）露地育苗　露地育苗常用于成苗容易或成苗时间长的木本花卉，不需要昂贵的设备与设施，在南方应用更广泛。通常在专门的苗圃地进行，选阳光充足、土质疏松、排水良好的环境，耕翻整平后，再做畦播种。方法与室内苗床育苗相似，多用薄膜、草帘、稻草等覆盖。注意防晒、防暴雨和防鼠虫。

2. 直播栽培 一些花卉可以将种子直接播种于容器内或露地永久生长的地方，不经移栽直至开花。容器内直播常用于植株较小或生长期短的草本花卉，如矮牵牛、孔雀草、花菱草等。

室外露地直播是南方常用的方法，适用于生长较易、生长快、不适移栽的种类。大面积粗放栽培也常用直播，如虞美人、花菱草、香豌豆、紫茉莉等花卉。露地直播需选耕地，除尽杂草并施基肥。一般采用穴播利于管理。生长期注意除草、间苗、浇水、施肥、除虫等。

（四）幼苗的管理与移栽

种子萌发后要接受足够的阳光，保证幼苗健康生长。光照不足会长成节间稀疏的细长弱苗，故间苗要及时。过密者分两次间苗，第二次间出的苗可加以利用。播种基质肥力低，苗期宜每周施一次极低浓度的完全肥料，总浓度以不超过 0.25%为安全。移栽前后炼苗，在移栽前几天降低土壤温度，最好使温度比发芽温度低 3℃左右。

移栽适期因植物种类而异，一般在幼苗具 2～4 片展开的真叶时进行，苗太小时操作不便，过大又伤根太多。大口径容器培育苗带土移栽，可考虑其他因素来确定移栽时期。阴天或雨后空气湿度高时移栽，成活率高，以清晨或傍晚移苗最好，忌晴天中午栽苗。起苗前半天，苗床浇一次透水，使幼苗吸足水分更适合移栽。移栽后常采用遮阴、中午喷水等措施保证幼苗不萎蔫，有利于成活及快速生长。

第二节　无性繁殖

无性繁殖（asexual propagation）又称营养繁殖（vegetative propagation），是以植物的营养器官进行的繁殖。很多植物的营养器官具有再生性，即具有细胞全能性，是恢复分生能力的基础。无性繁殖是由体细胞经有丝分裂的方式重复分裂，产生和母细胞有完全一致的遗传信息的细胞群发育而成新个体的过程，不经过减数分裂与受精作用，因而保持了亲本的全部特性。

用无性繁殖产生的后代群体称为无性系（clone）或营养系，在花卉生产中有重要意义。许多花卉如菊花、大丽花、月季、唐菖蒲、郁金香等，栽培品种都是高度杂合体，只有用无性繁殖才能保持其品种特性。另一些花卉，如香石竹、重瓣矮牵牛及其他花卉的重瓣品种，不能产生种子，必须用无性繁殖延续后代。与有性繁殖相比，无性繁殖具有快速而经济、杂合体能保持原有性状等优势，但同时存在植物后代根系浅等问题。

无性繁殖的类型有扦插繁殖、嫁接繁殖、分生繁殖、组织培养繁殖、压条繁殖和孢子繁殖。其中，孢子繁殖就繁殖材料的性质而言属于无性繁殖，但从新个体的生长发育过程来看属于有性繁殖。

一、扦插繁殖

取植物营养器官的一部分，利用其再生能力，使之出根和芽发育成新个体，称为扦插繁殖（cutting）。扦插所用的营养体称为插条（穗）。自然界中只少数植物具有自行扦插繁殖的能力，栽培植物多是在人为干预控制下进行，具有简便、快速、经济、繁殖系数大的优点，在花卉生产中应用十分广泛。

（一）扦插繁殖的类型

依插穗的器官来源不同，扦插繁殖可分为以下几种。

1. 茎插　茎插是以带芽的茎作插条的繁殖方法，是应用最为普遍的一种扦插方法。依枝条的木质化程度和生长状况分为硬枝扦插、半硬枝扦插和软枝扦插。

（1）硬枝扦插　硬枝扦插（hardwood cutting）以生长成熟的休眠枝作插条，常用于木本花卉的扦插，许多落叶木本花卉，如木芙蓉、紫薇、木槿、石榴、紫藤、银芽柳等均常采用。插条一般在秋冬休眠期获取。

（2）半硬枝扦插　半硬枝扦插（semihardwood cutting）以生长季发育充实的带叶枝梢作为插条，常用于常绿或半常绿木本花卉，如米兰、栀子花、杜鹃花、月季、海桐、黄杨、茉莉、山茶和桂花等的繁殖。

（3）软枝扦插　软枝扦插（softwood cutting）以生长期幼嫩枝梢作为插穗，适用于某些常绿及落叶木本花卉和部分草本花卉。木本花卉如木兰属、蔷薇属、绣线菊属、火棘属、连翘属和夹竹桃等，草本花卉如天竺葵属、菊花、大丽花、丝石竹、矮牵牛、香石竹和秋海棠等。

2. 叶芽插　叶芽插（leaf-bud cutting）是以一叶一芽及芽下部带有一小片茎作为插穗的扦插方法。这种方法具有节约插穗、操作简单、单位面积产量高等优点，但成苗较慢，在菊花、杜鹃花、玉树、天竺葵、山茶、百合及某些热带灌木上常用。

3. 叶插　叶插（leaf cutting）是用一片全叶或叶的一部分作为插穗的扦插方法，适用于叶易生根又能生芽的植物，常用于叶质肥厚多汁的花卉，如秋海棠、非洲紫罗兰、十二卷属、虎尾兰属、景天科的许多种，叶插极易成苗。

其他还有用根段扦插的方法称为根插（root cutting），如随意草、丁香、美国凌霄、福禄考属等。

（二）扦插繁殖的原理

1. 不定芽与不定根的产生

（1）茎插　在茎插过程中，茎段上都带有芽，可由此产生不定根。茎上不定根起源于某些尚处于分裂阶段的细胞或分化程度很低的薄壁组织，不同植物产生不定根的来源不尽相同，如产生于表皮、皮层、维管束鞘、形成层或射线等。草本植物最常见起源于最邻近形成层的次生韧皮部。首先由这些细胞继续或恢复分生形成一团未分化的不定根原始细胞群，原始细胞群因植物种类及环境条件不同，或继续分生或经休眠后，分生、分化成不定根的根原基。根原基的结构与根尖相同，包括根冠和分生区，继续生长就产生伸长区，最后突出于茎的表面。

许多花卉插条的母株上已形成了根的原始细胞，插条在适宜条件下易发展成根原基生根。而有些花卉，从母株上剪下的插条中尚不具有根的原始细胞，只有在剪下后并处于适宜条件下细胞才开始分生、分化并发育成根原基，最后产生不定根。这一进程的快慢，植物间的差异很大，如菊花扦插后3d便产生根的原始细胞，最快的7d便生根；香石竹5d才产生原始细胞，约20d才生根；另一些植物始终不产生根的原始细胞，便不能生根。因此，不能以插条从母株上剪取时是否具有根的原始体或根原基来判定能否生根。某些极易产生不定根的种类，当处于湿润大气中或枝条平卧时，便会产生不定的气生根。从母株上剪取时具有根原基的花卉，如无花果属、八仙花属、茉莉属、柳属、千里光属等易扦插生根。

不定根在枝条上出现的位置也常不同，易生根的种类不定根首先从基部切口形成层处直接生出。生根迟缓的种类，主要是一些木本植物，先在切面形成愈伤组织，再从愈伤组织中突出不定根。愈伤组织是伤口处的某些薄壁组织快速分生成的一团分化程度较低的细胞群，初白色，后转浅褐色，表面凹凸不平，封闭着伤口，起保护作用。它和不定根的形成一般无直接关系，二者是独立发生的，由愈伤组织伸出的不定根仍然起源于茎中的某些薄壁细胞而不直接来自愈伤组织的细胞。不生根的插条也产生愈伤组织。少数植物，如洋常春藤、景天属、草胡椒属花卉的不定根起源于愈伤组织。

不定根也可以从插条切口上方的节间或节上出生，但越向上越少。许多单子叶植物，如禾本科、天南星科及匍匐生长的双子叶植物，不定根常从节部生出，天竺葵的插条也常自节上生根。

（2）叶插　叶插成苗需产生不定根与不定芽，缺一不可。一般生根比出芽容易，能生根的不一定能出芽，但能出芽的总能生根。某些花卉，如菊花、玉树、天竺葵、印度榕等，叶插容易生根，但难产生芽，生根的叶有时生活一年也不形成不定芽。叶插成苗有两种类型，一般植物的不定根和不定芽均起源于叶的基部或大脉伤口处的薄壁组织。叶柄基部或粗大叶脉的结构与茎相似，不定根的来源也相同。少数植物，如落地生根属花卉，母株上的叶片成熟后，在叶缘缺刻处，由发育早期便存在的一群细胞反复分生形成一个近似胚结构的胚状体，或称叶胚。胚状体继续发育便突破表皮，在叶缘发育成带叶的芽，最后脱落生根而形成幼苗。人工叶插时，将成熟叶取下几天后，胚状体的根原基首先突破表皮成根，接着再出芽成苗。

（3）根插　根插产生的不定芽起源于中柱鞘，新根常来自本已存在的侧根原始细胞或侧根原基。在较老的根上，不定芽和不定根都是外起源的，即来自形成层、木栓形成层射线或皮层等部位，少数也来自切口的愈伤组织。根插的成苗，常常是先由不定芽发出幼枝，再从枝上产生不定根。

2. 植物激素与其他辅助物质

（1）植物激素　内源植物激素由植物体自身合成。种类很多，对插条生根作用最大的是生长素，其化学成分为吲哚乙酸（IAA）。IAA 及其衍生物普遍存在于植物体中，由活动芽及叶中产生，转运到作用部位，促进插条的根原基细胞的分生与不定根的形成。经人工合成的一些化学物质，如吲哚丁酸（IBA）、萘乙酸（NAA），结构与 IAA 相似，功能与 IAA 相同，现普遍使用。促进插条产生不定芽的激素是细胞分裂素，自然界最常见的是玉米素（ZT）及其衍生物。人工合成常用的有 6-BA 和激动素等。要使插条良好生根与出芽，必须使生长素与细胞分裂素之间达到某种动态平衡。

（2）其他辅助物质　扦插不易生根的植物经 IAA 处理后，某些能生根，但是另一些则仍不能生根。经研究，在活动芽及叶中能产生一些生根辅助物质，如类萜、绿原酸、脂质、儿茶酚、正二羟酚、酶及糖等。不带叶的硬枝扦插，生长素及辅助物质均早贮藏在茎内，插条不带叶也能生根，其他几种枝插均应带上足够的叶片才易生根。但这些物质与生根的复杂关系尚不清楚。

此外，植物的任何器官，甚至一个细胞，都具有极性。形态学上的上端和下端具有不同的生理反应。一段枝条，无论按何种方位放置，即使是倒置，它总是在原有的形态学上端抽梢，形态学下端生根。根插则在形态学下端生根，形态学上端产生不定芽。故在扦插中应注意扦插材料的极性。

（三）影响插条生根的因素

1. 内在因素

（1）植物种类　不同植物间遗传性的差异也反映在插条生根的难易上，不同科、属、种，甚至品种间都存在差别。如仙人掌科、景天科、杨柳科的植物普遍易扦插生根；木犀科的大多数易扦插生根，但流苏扦插则难生根；山茶属的种间反应不一，山茶、茶梅易，云南山茶难；菊花、月季等品种间差异大。

（2）母体状况与采条部位　营养良好、生长正常的母株，体内含有各种丰富的促进生根物质，是插条生根的重要物质基础。不同营养器官的生根、出芽能力不同。有试验表明，侧枝比主枝易生根，硬枝扦插时取自枝梢基部的插条生根较好，软枝扦插以顶梢作插条比下方部位的生根好，营养枝比结果枝更易生根，去掉花蕾比带花蕾者生根好，如杜鹃花。

2. 扦插的环境条件

（1）基质　基质直接影响水分、空气、温度及卫生条件。理想的扦插基质排水、通气良好，又能保温，不带病、虫、杂草及任何有害物质。人工混合基质常优于土壤，可按不同植物的特性而配备。

（2）水分与湿度　基质含水量是插条成活的重要因素，可选择保水性好的成分并配合适当的浇水等管理。较高的空气湿度同样重要，尤其是带叶的插条，短时间的萎蔫就会延迟生根，干燥使叶片凋枯或脱落，使生根失败。

（3）温度　一般花卉插条生根的适宜温度，气温白天为18～27℃，夜间为15℃左右，土温应比气温高3℃左右。

（4）光照度　许多花卉如大丽花、木槿属、杜鹃花属、常春藤属等，采自光照较弱处母株上的插条比强光下者生根较好，但菊花却相反，采自充足光照下的插条生根更好。扦插生根期间，许多木本花卉，如木槿属、锦带属、荚蒾属、连翘属，在较低光照下生根较好，但许多草本花卉，如菊花、天竺葵及一品红，适当的强光照生根较好。

（四）扦插繁殖技术

1. 插条的准备

（1）茎插　硬枝扦插的插条均在休眠期采取，一般选用一年生枝条，以长势强者为佳，枝的下端最好，顶端较差。插条一般长10～20cm，最少含2个节。节间很长的茎段，基部切口应位于节的下方，上端切口应远离顶端的芽。节密芽多的种，可按一定长度剪截成等长的插条。插条的两端最好剪成不同斜度以便区分。

①常绿针叶植物扦插：常绿针叶植物多数生根很慢，需几个月甚至长达一年才生根，扦插时应注意以下几点：插条在秋季或冬初采取，采后不能失水，立即扦插；用高浓度生根剂处理；基质、环境及插条应消毒，保持清洁；生根前一直保持高空气湿度；地温宜高，24～27℃最好。针叶树中的花柏属、侧柏属、桧属、刺柏属、罗汉松属生根较快。

②落叶阔叶植物扦插：落叶阔叶植物生根较快。

硬枝扦插的插条有几种处理方法：

冬季冷贮法：长期使用的有效而简便的方法。枝条在秋末或冬季采下后立即剪成一定规格的插条并定量捆扎成束，基部用生根剂处理，将基部朝上，顶端朝下埋入湿润的锯木屑或湿沙中，在冬季土壤不结冰地区可在室外进行。最低温度不低于3℃，最适宜为5℃左右。贮藏期间插条基部能很好地形成愈伤组织。春暖后取出扦插。

秋季高温促进法：在刚休眠后将枝采下并剪截成插条，生根剂处理后立即贮于18～

21℃的湿润条件下3～5周，促进根原基和愈伤组织形成。在冬季温暖地区，这时便可取出扦插。在较冷地区应贮于2～5℃条件下，越冬后再扦插。

春季随采随插法：春季萌芽前期的插条，经生长素处理后立即插入苗床中。方法简单，但效果常不理想。因为未经预处理的插条先出芽后出根，易枯死。

秋季采穗立插法：可在冬季温暖地区使用，秋季刚休眠时立即采插条并插入苗床中，利用冬季到来前的温暖季节形成愈伤组织，有时还能生根发芽。采用这种方法，插条在苗圃中存留时间长，费用高，风险大，一般少用。

半硬枝扦插均在生长季节进行。采取插条的时间是关键，原则是在母株两次旺盛生长期之间的间歇生长期采插条，即最好在春梢完全停止生长而夏梢尚未萌动期间进行，也可一叶一芽。半硬枝扦插的插条必须带有足够的叶。

软枝扦插与半硬枝扦插相似，所采用的枝梢较为幼嫩，即枝梢刚停止伸长，内部尚未完全成熟时立即进行。生产上常在母株抽梢前将生长壮旺枝条的顶端短截，促使抽出多数侧枝作为插条，是很好的措施。软枝扦插应注意插条的保湿，不能有片刻干燥。

③草本植物的扦插：草本植物的扦插都在生长季节进行，一般选顶梢作插条，老化的茎生根差。

④多浆植物的扦插：多浆植物的插条含水分多，伤口遇水污染后最易腐烂，插条应先放于通风干燥处几天，使切口干燥愈合后再插入基质中。

（2）叶插　叶插均用生长成熟的叶，有几种不同的方式。

①整叶扦插：整叶扦插是常用的方法，多用于一些叶片肉质的花卉。许多景天科植物的叶肥厚，但无叶柄或叶柄很短，叶插时只需将叶平放于基质表面，不用埋入土中，不久即从基部生根出芽。落地生根属植物则从叶缘生出许多幼苗。另一些花卉，如非洲紫罗兰、草胡椒属等，有较长的叶柄，叶插时需将叶带柄取下，将基部埋入基质中，生根出苗后还可从苗上方将叶带柄剪下再度扦插成苗。

②切段叶插：切段叶插用于叶窄而长的种类，如虎尾兰叶插时可将叶剪切成7～10cm的几段，再将基部约1/2插入基质中。为避免倒插，常在下端剪一缺口以便识别。网球花、风信子、葡萄风信子等球根花卉也可用叶片切段繁殖，将成熟叶从鞘上方取下，剪成2～3段扦插，2～4周即从基部长出小鳞茎和根。

刻伤与切块叶插常用于秋海棠属花卉。具根茎的种类，如蟆叶秋海棠，从叶片背面隔一定距离将一些粗大叶脉切割后将叶正面向上平放于基质表面，不久便从切口上端生根出芽。具纤维根的种类则将叶切割成三角形的小块，每块必须带有一条大脉，叶片边缘脉细、叶薄部分不用，扦插时将大脉基部埋入基质中。

某些花卉，如菊花、天竺葵、玉树、印度榕等，叶插虽易生根，但不能分化出芽。有时生根的叶存活1年仍不出芽成苗。

（3）叶芽插　在生长季节选叶片已成熟、腋芽发育良好的枝条，削成带一芽一叶作插条，以带有少量木质部最好。

（4）根插　插条在春季活动生长前挖取，一般剪截成10cm左右的小段，粗根宜长，细根宜较短。扦插时可横埋土中或近轴端向上直埋。

2. 插条处理的方法

（1）生长调节剂　插条的生根处理都是在插条剪截后立即于基部进行，浓度依植物种类、施用方法而异。一般而言，草本、幼茎和生根容易的种类用较低浓度，相反则用高浓度。施用方法分水剂与粉剂两种，都可以用化学产品配制，但一般用配制好的商品更为方便。

用水剂处理的最大缺点是易于使病害随药液相互感染，使用后剩余的药液不宜保存再用，浪费大。故近年来已普遍改用粉剂，方便经济，效果很好。粉剂用滑石粉配成一定浓度，只需将插条新切口在盛药粉的浅盘中蘸一下即可。生根剂使用过量，会抑制芽的萌发，严重过量时会使叶变黄脱落、茎部变黑而枯死。最佳剂量是不产生药害的最高剂量，需经过试验确定，适量情况下，插条表现出基部略膨大，产生愈伤组织，首先出现根。

（2）杀菌剂　插条的伤口用杀菌剂处理可以防止生根前受感染而腐烂，常用的杀菌剂为克菌丹和苯那明。克菌丹水剂浓度 0.25%，粉剂浓度 5%，与生根剂处理配合。用水剂生根处理的插条可先用水剂杀菌剂处理，或处理后再用粉剂杀菌剂处理，或将二者的水剂按用量混合使用。

最简便的方法是粉剂杀菌剂和粉剂生根剂混合使用。如用含 0.4%生根剂的药粉按重量 1∶1加入含 50%克菌丹可湿性粉剂，配成含生根促进物 0.2%、克菌丹 25%的混合剂。又如先将 50%苯那明可湿性粉剂与滑石粉按 1∶4 配成 10%的苯那明粉剂，再用它和含 IBA 0.4%+NAA0.4%的生根粉按 1∶1 配合，即成含苯那明 50%、IBA0.2%、NAA0.2%的混合粉剂。

其他促进生根的处理还有环割、绞缢或割伤和黄化处理。木本植物，如杜鹃花、木槿、印度榕等在母株上将茎环割、绞缢或割伤，使伤口上方聚集更多的促进生根物质及养料，有助于扦插后生根，对较老的枝条效果更好。黄化处理是将枝条正在生长的部位遮光使其黄化，再作为插条可提高生根力。

3. 扦插苗的管理　硬枝扦插的插条多粗大坚实，一般在露地畦面按一定距离开沟扦插。带叶的各种扦插苗插条较细软，多在苗床上按等距离做孔扦插。插后注意管理，插条生根前要调节好温、热、光、水等条件，促使尽快生根，其中以保持高空气湿度不使萎蔫最重要。落叶树的硬枝扦插不带叶片，茎已具有次生保护组织，故不易失水干枯，一般不需特殊管理。

根插的插条全部或几乎全部埋入土中，这样不易失水干燥，管理也较容易。多浆植物的插条内含水分多，蒸腾少，本身是旱生类型，保温比保湿更重要。带有叶的各类扦插，由于枝梢幼嫩，失水快，相应地需加强管理。少量的带叶插条可插于花盆或木箱中，上覆玻璃或薄膜，避免日光直射，经常注意通风与保湿，也可用一条宽约 30cm 的薄膜，长度按需要而定，对折放于平台上，中间夹入苔藓作保湿材料。将处理好的插条基部逐一埋入苔藓后，从一端开始卷成一圆柱体，然后直立放于冷凉湿润处，放花盆或其他容器内，上方加盖玻璃或薄膜保湿。生根后再分栽。

间歇喷雾法是现今世界上使用广泛的最有效方法。它既保持了周围空气的高温湿度，又能使叶面有一层水膜，降低了温度与呼吸作用，使集积的物质较多，有利于生根。全天 24h 连续喷雾有害，连续喷水既增加水电费，也可能使土壤含水过多或温度过低而不利生根。目前使用的方法是夜间停止喷雾，白天依气候变化做间歇喷雾，以保持叶面的水膜存在为度。无间歇喷雾时，改用薄膜覆盖保湿，在不太热的气候条件下效果也很好。在强光与高温条件下应在上方遮阴，午间注意通风、喷水降温。

扦插苗在喷雾或覆盖下生根后，常较柔嫩，移栽于较干燥或较少保护的环境中，应逐渐减少喷雾至停喷，或逐渐去掉覆膜，并减少供水，加强通风与光照，使幼苗得到锻炼后再移栽。移栽最好能带土，防止伤根。不带土的苗，需放于阴凉处多喷水保湿，以防萎蔫。

不同的扦插苗要分别对待。草本扦插苗生根后生长迅速，可供当年出产品，故生根后要及时移栽。叶插苗初期生长缓慢，苗长到一定大小时才宜于移栽。软枝扦插和半硬枝扦插苗应根据扦插的迟早、生根的快慢及生长情况来确定移栽时间，一般在扦插苗不定根已长出足够的侧根、根群密集而又不太长时最好，也不应在新梢旺长时移栽。生根及生长快的种类可在当年休眠期前进行；扦插迟、生根晚及不耐寒的种类，如山茶、米兰、茉莉、扶桑等最好在苗床上越冬，次年再移栽。硬枝扦插的落叶树种生长快，1 年即可成商品苗，在入冬落叶后的休眠期移栽。常绿针叶树生长慢，需在苗圃中培育 2～3 年，待有较发达的根系后于晚秋或翌年早春带土移栽。

由于各种原因，已采下而不能及时扦插的插条、已掘起又不能立即栽植的扦插苗，某些种类可冷藏一段时间。如菊花的插条用聚乙烯膜封好，在 0～3℃下贮藏 4 周再扦插，不影响成活。菊花已生根的扦插苗在 0℃下贮存 1～2 周，香石竹苗在－0.5℃下贮藏几周，均不受影响。

二、嫁接繁殖

嫁接繁殖（grafting）是把两株植物（常是不同的品种或种）的各部分结合起来使之成为一个新植株的繁殖方法。嫁接植株的下部称为砧木（stock），上部称为接穗（scion）。嫁接繁殖常用于其他无性繁殖方法难以成功的植物。嫁接在木本花卉中使用较为广泛，如山茶、桂花、月季、杜鹃花、白兰花、樱花、梅花、桃花等常用此法繁殖，也常用于菊花、仙人掌等草本花卉造型上。

因砧木和接穗的取材不同，嫁接可分为根接、枝接、芽接以及根颈接、高接、靠接等。

（一）嫁接的原理与作用

嫁接实际上是砧木与接穗切口相互愈合的过程。愈合发生在新的分生组织或恢复分生的薄壁组织的细胞间，通过彼此间联合完成。因此，形成层区及其相邻的木质部、韧皮部、射线薄壁细胞是新细胞的来源，嫁接时必须尽可能使砧木与接穗的形成层有较大的接触面并且紧密贴合。嫁接口的愈合通常分为愈伤组织的产生、形成层的产生和新维管束组织产生三个阶段。

首先在砧木和接穗切口表面产生一层褐色的坏死层，把砧木和接穗的生活细胞分隔开。在适宜的温度与湿度下，不久坏死层下的薄壁细胞便大量增殖，产生一些新的细胞，称为愈伤组织。初期的愈伤组织主要是由韧皮部、射线及木质部薄壁细胞而来，又因砧木带有根系，故初期大部分愈伤组织来自砧木。愈伤组织发生 2～3d 后便向外突破坏死层，很快便填满砧木与接穗间的微小空隙，即薄壁组织互相混合与连接，使砧穗彼此连接愈合。嫁接后 2～3 周内，由愈伤组织的外层与砧木和接穗原有形成层相连部分化出新的形成层细胞，并逐渐向内分化，最终和砧穗原有的形成层连接起来。新形成层产生新的维管束组织，完成砧穗间水分和养分的相互交流。

嫁接繁殖在花卉上具有特殊意义与应用价值：①可用于某些不易用其他无性方法繁殖的花卉，如云南山茶、白兰花、梅花、桃花、樱花等，常用嫁接大量生产；②可提高特殊品种的成活率，如仙人掌类不含叶绿素的黄、红、粉色品种只有嫁接在绿色砧木上才能生存；③提高观赏性，垂枝桃、垂枝槐等嫁接在直立生长的砧木上更能体现出下垂枝的优美体态，菊花利用黄蒿作砧木可培育出高达 5m 的塔菊；④嫁接是提高观赏植物抗性的一条有效途径，如切花月季常用强壮品种作砧木促使其生长旺盛。

（二）影响嫁接成功的因素

1. 植物内在因素

（1）砧穗间的亲缘关系　一般而言，关系越近，成活的可能性越大。同一无性系间的嫁接都能成功，而且是亲和的。同种的不同品种或不同无性系间也总是成功的，但偶有不亲和而失败。同属的种间嫁接因属种而异，如柑橘属、苹果属、蔷薇属、李属、山茶属、杜鹃花属的属内种间常能成活。某些同科异属间也能成活，如仙人掌科的许多属间，柑橘亚科的一些属间，茄科的一些属间，桂花与女贞属间，菊花与蒿属间都易嫁接成活。不同科之间尚无真正嫁接成功的例证。

（2）嫁接的亲和性　嫁接成活的难易和嫁接苗生长的好坏程度与砧穗间的亲和性（compatibility）有关。从亲和到不亲和之间有各种程度，砧穗不能很好愈合或不能正常生长成株为完全不亲和。造成不亲和的原因有解剖、生理、生化等多方面，比较复杂。亲和性差表现为植株矮小、生长弱、落叶早、枯尖、嫁接口肿大、砧穗粗细不一、接合处易断裂及树龄短等。

（3）砧木与接穗的生长发育情况　生长健壮、营养良好的砧木与接穗中含有丰富的营养物质和激素，有助于细胞旺盛分裂，成活率高。接穗以一年生的充实枝梢最好。枝梢或芽正处于旺盛生长时期不宜作为接穗。

此外，植物维管束类型不同，嫁接成活率也不同。裸子植物和双子叶植物均具有环状排列的开放维管束，形成层能不断分生新细胞，砧穗间的维管系统也易于连通，故一般都能嫁接成活。而单子叶植物因具有散生的闭合维管束，细胞再生力弱，维管束系统更难贯通，故嫁接一般难以成活。只有少数在居间分生组织部分嫁接成功的报道，但并不完全成功。试验表明，香子兰的嫁接只实现薄壁细胞的愈合，生存了 2 年。

2. 环境因素　嫁接后初期的环境因素对成活的影响很大，主要因素有温度、湿度和氧气等。

（1）温度　温度对愈伤组织发育有显著影响。春季嫁接太晚，温度过高易导致失败，温度过低则愈伤组织发生较少。多数植物生长最适温度为 12～32℃，也是嫁接适宜的温度。

（2）湿度　在嫁接愈合的全过程中，保持嫁接口的高湿度是非常必要的。因为愈伤组织内的薄壁细胞细胞壁薄而柔嫩，不耐干燥。过度干燥会使接穗失水，切口细胞枯死。空气湿度在饱和相对湿度以下时，阻碍愈伤组织形成，湿度越高，细胞越不易干燥。嫁接中常采用涂蜡、保湿材料如泥炭藓包裹等措施提高湿度。

（3）氧气　细胞旺盛分裂时呼吸作用加强，故需要有充足的氧气。生产上常用透气保湿聚乙烯膜包裹嫁接口和接穗，是较为方便、合适的材料与方法。

此外，嫁接的操作技术也常是成败的关键。为使嫁接快速愈合，技术要点包括：刀刃锋利，操作快速准确，削口平直光滑，砧穗切口的接触面大，形成层要相互吻合，砧穗要紧贴无缝，捆扎要牢、密闭等，每个环节都不可忽视。

（三）嫁接方法与技术

嫁接方式与方法多种多样，因植物种类、砧穗状况等不同而异。依砧木和接穗的来源性质不同可分为枝接（grafting）、芽接（budding）、根接（root grafting）、靠接（approaching）和插条接（cutting graft）等多种。依嫁接口的部位不同又可分为根颈接（crown grafting）、高接（top working）和桥接（bridge grafting）等几种。

1. 枝接 枝接（grafting）是用一段完整的枝作接穗嫁接于带有根的砧木茎上。常用的方法有：

（1）切接 切接（splice grafting）操作简单，普遍用于各种植物，适于砧木较接穗粗的情况，根颈接、靠接、高接均可。先将砧木去顶并削平，自一侧的形成层处由上向下做一个长3～5cm的切口，使木质部、形成层及韧皮部均露出。接穗的一侧也削成同样等长的平面，另一侧基部削成短斜面。将接穗长面一侧的形成层对准砧木一侧的形成层，再扎紧密封。高接时可在一枝砧木上同时接2～4枝接穗，既提高成活率，也使大断面更快愈合。

（2）劈接 劈接（cleft grafting）也是常用的方法，适于砧木粗大或高接。砧木去顶，过中心或偏一侧劈开一个长5～8cm的切口。接穗长8～10cm，将基部两侧略带木质部削成长4～6cm的楔形斜面。将接穗外侧的形成层与砧木一侧的形成层相对插入砧木中。高接的粗大砧木在劈口的两侧宜均插上接穗。劈接应在砧木发芽前进行，旺盛生长的砧木韧皮部与木质部易分离，使操作不便，也不易愈合。劈接的缺点有伤口大，愈合慢，切面难于完全吻合等。

（3）舌接 舌接（whip grafting）适用于砧穗都较细且等粗的情况，根接时也常用。可将砧穗二者均削成相同的约为26°的斜面，吻合后再封扎，或再将切面纵切为两半，砧穗互相嵌合后再封扎。

（4）楔接和锯缝接 楔接（wedge grafting）和锯缝接（saw-kerf grafting）常用于粗大砧木高接。楔接时先在砧木上做2～4个V形切口，再将接穗基部削成能吻合的相应切面，嵌入砧木切口后封扎。锯缝接与楔接相似，先用锯在砧桩上做缝，再用短而厚的刀从上向下将锯缝削成V形光滑面，然后嵌入接穗。山茶的高接常用锯缝接。

（5）皮下接 皮下接（bark grafting）也适用于粗大的砧木。用各种方法在砧桩上2～4m处将树皮从木质部剥离，将削面与切接相似的接穗插入、封扎。皮下接较楔接、锯缝接操作简便，伤口小，易成活。必须在砧木已活动生长时进行，树皮才易剥离，但接穗需先采下冷藏，不使发芽。

（6）腹接 腹接（side grafting）特点是砧木不去掉，接穗插入砧木的侧面，成活后再剪砧去顶。腹接的最大优点是一次失败后还可及时补接。常用于较细的砧木上，如柑橘属、金柑属、李属、松属均常用。腹接的切口与切接相似，但接穗常为单芽。

2. 芽接 芽接（budding）与枝接的区别是接穗为带一芽的茎片，或仅为一片不带木质部的树皮，或带有部分木质部。常用于较细的砧木，具有以下优点：接穗用量省，操作快速简便，嫁接适期长，可补接，接合口牢固等。应用广泛，如柑橘属、月季均常用。

芽接都在生长季节进行，从春到秋均可。砧木不宜太细或太粗，接穗必须是经过一个生长季，已成熟饱满的侧芽，不能用已萌发的芽及还在生长的嫩枝上的芽作接穗。在接穗春梢停止生长后进行，一般在5～6月进行夏季芽接，成活后即剪砧，促使快发快长，当年即可成苗出圃。适用于速生树种及生长季节长的地区。另有秋季芽接和春季芽接。秋季接穗采下即用，不需贮藏，当年愈合，次年抽梢早，苗壮。春季芽接只用于秋接失败后补接。因在春季发芽前进行，接穗需在发芽前采下贮藏，砧木活动后再接，故适期短，接后抽梢迟，一般不常用。

依砧木的切口和接穗是否带木质部有两种不同的芽接方法：盾形芽接和贴皮芽接。

（1）盾形芽接 盾形芽接（shield budding）是将接穗削成带有少量木质部的盾状芽片，再接于砧木的各式切口上，适用于树皮较薄和砧木较细的情况。依砧木的切口不同有T形芽接（T-budding）、倒T形芽接（inverted T-budding）和嵌芽接（chip budding）。T形芽接是最常用的方法。在砧木适当部位切一深入木质部的T形切口，并将切口两旁的树皮与木质部剥离。作接穗的芽为长约2cm、带一侧芽和少量木质部的盾形小片，将其插入砧木切口后用薄膜封扎。倒T形芽接的砧木切口为⊥形，故称为倒T形芽接。嵌芽接是将砧木从上向下削开长约3cm的切口，然后将芽嵌入，称为嵌芽接。适用于砧木较细或树皮易剥离的情况。

（2）贴皮芽接　贴皮芽接（bark budding）接穗为不带木质部的小片树皮，将其贴嵌在砧木去皮部位。适用于树皮较厚或砧木太粗，不便于盾形芽接的情况，也适于含单宁多和含乳汁的植物。在剥取接穗芽片时，要注意将内方与芽相连处的很少一点维管组织保留在芽片上，使芽片与砧木贴合。贴皮芽接常用的方法有补皮芽接（patch budding）、I形芽接（I-budding）和环形芽接（ring budding）几种。补皮芽接是先在砧木上取下一块长方形的树皮，再将从接穗上取下的相同形状与大小的树皮补贴于砧木的去皮部位。操作时可将两把刀刃按需要距离固定，一次可做出两条平行切口，即易于取得等形的接穗和砧木切口。I形芽接的砧木切口是与接穗芽片等长的I形切口。操作时将I形切口两旁的树皮剥离，再将芽片嵌入，I形芽接适于砧木树皮厚于接穗树皮的情况。环形芽接则是在砧木和接穗上取等高的一圈树皮，接穗的树皮在与芽相对的一方剖开，再套于砧木切口上，适于砧穗等粗的情况。

三、分生繁殖

分生繁殖（division）是植物营养繁殖方式之一，是利用植株基部或根上产生萌枝的特性，人为地将植株营养器官的一部分与母株分离或切割，另行栽植和培养而形成独立生活的新植株的繁殖方法。新植株能保持母本的遗传性状，方法简便，易于成活，成苗较快。常应用于多年生草本花卉及某些木本花卉。依植株营养体的变异类型和来源不同分为分株繁殖和分球繁殖。

（一）分株繁殖

分株繁殖是将植物带根的株丛分割成多株的繁殖方法。操作方法简便可靠，新个体成活率高，适于易从基部产生丛生枝的花卉植物。常见的多年生宿根花卉如兰花、芍药、菊花、萱草属、玉簪属、蜘蛛抱蛋属等及木本花卉如牡丹、木瓜、蜡梅、紫荆和棕竹等均可采用分株繁殖。

分株繁殖依萌发枝的来源不同可分为以下几类。

1. 分短匍匐茎　短匍匐茎（offset）是侧枝或枝条的一种特殊变态，多年生单子叶植物茎的侧枝上的蘖枝就属于此类，在禾本科、百合科、莎草科、芭蕉科、棕榈科中普遍存在。如竹类、天门冬属、蜘蛛抱蛋属、水塔花属、吉祥草、沿阶草、麦冬、万年青和棕竹等均常用短匍匐茎分株繁殖。

2. 分根蘖　根蘖（sucker）是由根上不定芽产生的萌生枝，如凤梨、红杉和刺槐等。凤梨虽也是用蘖枝繁殖，生产上常称之为根蘖或根出条。

3. 分根颈　由茎与根相接处产生分枝，草本植物的根颈（crown）是植物每年生长新条的部分，如八仙花、荷兰菊、玉簪、紫萼和萱草等，单子叶植物更为常见。木本植物的根颈产生于根与茎的过渡处，如樱桃、蜡梅、木绣球、夹竹桃、紫荆、结香、棣棠、麻叶绣球等。此外，根颈分枝常有一段很短的匍匐茎，故有时很难与短匍匐茎区分。

其他分株法还有分珠芽法（bulblet），如百合科的某些种，卷丹、观赏葱等；分走茎法

(runner)，如吊兰、虎耳草、狗牙根、野牛草等。

（二）分球繁殖

分球繁殖是指利用具有贮藏作用的地下变态器官（或特化器官）进行繁殖的一种方法。地下变态器官种类很多，依变异来源和形状不同，分为鳞茎、球茎、块茎、块根和根茎等。

1. 鳞茎 鳞茎由一个短的肉质的直立茎轴（鳞茎盘）组成，茎轴顶端为生长点或花原基，四周被厚的肉质鳞片所包裹。鳞茎发生在单子叶植物，通常植物发生结构变态后成为贮藏器官。鳞茎由小鳞片组成，鳞茎中心的营养分生组织在鳞片腋部发育，产生小鳞茎。鳞茎、小鳞茎、鳞片都可作为繁殖材料。郁金香、水仙和球根鸢尾常用长大的小鳞茎繁殖。

郁金香为秋季种植的鳞茎花卉，分露地成行种植（英美国家和地区）和苗床繁殖（荷兰）两种。种植株行距、深度和时间依种株大小或重量、机械操作或人工播种方式以及所需花期等而定。当夏秋叶子变黄、鳞茎外皮变深褐色时，把鳞茎挖出来。将鳞茎上的松土抖掉后，放于浅盘内，于通风良好的贮藏室风干、清选、分类和分级。通常贮藏温度18～20℃，根据促成或抑制栽培花期要求调整贮藏温度和时间。

水仙的鳞茎每年在其中心产生一个分生组织生长点。小鳞茎长大后从母鳞茎上分离开来繁殖。一年内可发育成含单花芽的球状鳞茎（单肩鳞茎），再生长一年则可见新的小鳞茎，出现两个花芽（双肩鳞茎）。商品球大多是球状鳞茎或双肩鳞茎。

百合常用小鳞茎和珠芽繁殖。把百合母鳞茎上的鳞片一片片分开，放在适宜的生长条件下，鳞片基部长出小鳞茎，每个鳞片可发育出3～5个小鳞茎。鳞片繁殖是在仲夏开花后不久某些种能在茎上形成小鳞茎即珠芽，则用珠芽繁殖。

2. 球茎 球茎为茎轴基部膨大的地下变态茎，短缩肥厚呈球形，为植物的贮藏营养器官。球茎上有节、退化叶片和侧芽。老球茎萌发后在基部形成新球，新球旁再形成子球。新球、子球和老球都可作为繁殖体另行种植，也可带芽切割繁殖。唐菖蒲可采用此法繁殖。秋季叶片枯黄时将球茎挖出，在空气流通、温度32～35℃、相对空气湿度80%～85%的条件下自然晾干，依球茎大小分级后，贮藏在5℃、70%～80%的条件下。春季栽种前，用适当的杀菌剂、热水等处理球茎。

3. 块茎 块茎是匍匐茎的次顶端部位膨大形成的地下茎的变态。块茎含有节，有一个或多个小芽，由叶痕包裹。块茎为贮藏与繁殖器官，冬季休眠，第二年春季形成新茎而开始一个新的周期。主茎基部形成不定根，侧芽横向生长为匍匐茎。块茎的繁殖可用整个块茎进行，也可带芽切割。花叶芋、菊芋用此法繁殖。

4. 根茎 根茎也是特化的茎结构，主轴沿地表水平向生长。根茎鸢尾、铃兰、美人蕉等都有根茎结构。根茎含有许多节和节间，每节上有叶状鞘，节的附近发育出不定根和侧生长点。根茎代表着连续的营养阶段和生殖阶段，其生长周期是从在开花部位孕育和生长出侧枝开始的。根茎的繁殖通常在生长期开始的早期或生长末期进行。根茎段扦插时，要保证每段至少带一个侧芽或芽眼，实际上相当于茎插繁殖。

其他还有块根繁殖，如大丽花，其地下变粗的组织是真正的根，没有节与节间，芽仅存在于根颈或茎端。繁殖时要带根颈部分繁殖。

四、组织培养繁殖

组织培养繁殖（in vitro propagation）是将植物组织培养技术应用于繁殖上，种子、孢子、营养器官均可用组织培养法培育成苗。许多花卉的组培繁殖已成为商品生产的主要育苗方法。近代的组织培养在花卉生产上应用最广泛，除具有快速、繁殖系数大的优点外，还通过组织培养以获得无病毒苗。许多花卉，如秋海棠属、喜林芋属、百合属、萱草属、多种兰花、波士顿蕨、彩叶芋、花烛、非洲紫罗兰、香石竹、唐菖蒲、非洲菊、芍药、杜鹃花、月季及许多观叶植物用组织培养繁殖都很成功。

（一）营养器官

在花卉生产中应用最广的是用一小块营养器官作为外植体进行组织培养，最后生产出大量幼苗的方法，故又称微体繁殖（micropropagation）。微体繁殖的成败及是否有经济价值，受多种因素影响。

1. 植物种类 虽然植物细胞全能性的理论已被许多实验所证明并得到普遍承认，但组织成苗的难易在不同植物间存在着极大的差异。某些植物组织成苗非常容易且增殖很快，另一些植物，尤其是许多木本植物，迄今组织培养成苗尚未成功。各种植物组织培养成苗的难易和增殖速度虽然与植物亲缘关系有一定相关，但具体情况只有经过实验看出。

2. 外植体的来源 外植体（explant）是组培时最初取自植物体、用作起始培养的器官或组织。一般而言，凡处于旺盛分裂的幼嫩组织均可作外植体。常用的外植体多取自茎端、根尖、幼茎、幼叶、幼花茎、幼花等，不同的植物各有最适的外植体。

3. 无菌环境 组培在植物生长的最适温度及高湿度下进行，培养基含糖及丰富的营养物质，这些条件也适于各种微生物的快速繁衍。因此，组培过程中，自始至终均应在绝对清洁无菌的条件下进行。因外植体消毒不彻底、用具杀菌不完全、操作时污染等原因，都会导致失败。故组织培养要在一定的设施、设备条件下严格按操作规程进行。

4. 培养条件 除水、温、光条件外，培养基的成分特别重要。组培成苗是分段进行。第一阶段使外植体分生并产生大量丛生枝，第二阶段使丛生枝生根，第三阶段将生根苗移入土中。每一阶段需要不同培养条件，因此第一与第二阶段便有不同的培养基配方，不同植物的配方也有差异。

5. 移栽环境调控 已生根的组培苗要及时从试管中取出移栽于土壤或人工基质中，再培养一段时间成为商品苗。组培苗从封闭玻璃容器内的无菌、保温保湿及以糖为主的丰富营养综合条件下转移到开放的土壤基质中，在各方面都发生巨大的变化，柔嫩的幼苗常不适应而死亡。因此，从试管内移入土中是组培成败的关键之一，组培苗应先在试管内接受锻炼，逐渐适应环境的改变。

（二）种子

兰科植物的种子非常小，在自然条件下只有在一定的真菌参与下，极少数的种子能发芽。多年来育种家只有把兰花种子播于母株的盆中，借盆中原有菌根真菌的作用，靠机遇才能得到几株幼苗。自 1992 年 Kundson 首次报道用无机盐与蔗糖培养基在试管内将兰花种子培育成苗以来，经过许多研究，现已用于工厂化生产。

其他还有蕨类孢子的组织培养繁殖。孢子的无菌繁殖虽手续较繁，成本较高，但更安全可靠。首先将孢子在无菌培养基中培育出原叶体，再将原叶体移入已消毒的基质中培养成苗。将消毒后的孢子用离心或过滤方法除去消毒液，用无菌水清洗后播于加有 3%蔗糖及维生素 B_1 的 MS 琼脂培养基中，在有光处 27℃ 2～3 周即可见有原叶体产生，2～3 个月便可移入土壤基质中培育。原叶体在琼脂培养基中还可不断增殖成为大团，并能产生少数孢子体。

五、压条繁殖

（一）压条繁殖的原理

压条繁殖（layering）是枝条在母体上生根后，再和母体分离成独立新株的繁殖方式。某些植物，如令箭荷花属、悬钩子属的一些种，枝条弯垂，先端与土壤接触后可生根并长出小植株，是自然的压条繁殖，生产上称为顶端压条（tip layering）。压条繁殖操作烦琐，繁殖系数低，成苗规格不一，难大量生产，故多用于扦插、嫁接不易的植物，有时用于一些名贵或稀有品种上，可保证成活并能获得大苗。

压条繁殖的原理和枝插相似，只需在茎上产生不定根即可成苗。不定根的产生原理、部位、难易等均与扦插相同，和植物种类有密切关系。

（二）压条繁殖的方法

压条繁殖通常在早春发芽前进行，经过一个旺盛生长季节即可生根，也可在生长期进行。方法较简单，只需将枝条埋入土中部分环割1～3cm宽，在伤口涂上生根粉后再埋入基质中使其生根。常用的方法有下列几种：

1. 空中压条 空中压条（air layering）始于我国，故又称中国压条（Chinese layering），适用于大树及不易弯曲埋土的情况。先在母株上选好枝梢，将基部环割并用生根粉处理，用水苔或其他保湿基质包裹，外用聚乙烯膜包密，两端扎紧即可。一般植物2～3个月后生根，最好在进入休眠后剪下。杜鹃花、山茶、桂花、米兰、夜合花、蜡梅等均常用此法。

2. 埋土压条 埋土压条（mound layering）是将较幼龄母株在春季发芽前于近地表处截头，促生多数萌枝。当萌枝高10cm左右时将基部刻伤，并培土将基部1/2埋入土中，生长期中可再培土1～2次，培土共深15～20cm，以免基部露出。至休眠分出后，母株在次年春季又可再生多数萌枝供继续压条繁殖，如贴梗海棠、日本木瓜等常用此法繁殖。

3. 单干压条 单干压条（simple layering）是将一根枝条弯下，使中部埋在土中生根。

4. 多段压条 多段压条（compound layering）适用于枝梢细长柔软的灌木或藤本。将藤蔓做蛇曲状，一段埋入土中，另一段露出土面，如此反复多次，一根枝梢一次可取得几株压条苗，如紫藤、铁线莲属可用。

六、孢子繁殖

孢子是在孢子囊中经过减数分裂形成的特殊细胞，含单倍数染色体。在适宜环境中，孢子萌发成平卧地面的原叶体——配子体，在原叶体上不久又生出颈卵器与精子器，颈卵器中的卵细胞受精后发育成胚。胚逐渐生长出根、茎、叶而发育成新植物体——孢子体。观叶蕨类用孢子繁殖，但它的新株是通过精卵结合而产生的。孢子是有性过程中一个不可缺少的环节，起着扩大个体数量的作用。

（一）孢子繁殖的特点

孢子繁殖（spore propagation）在植物界比较广泛，在花卉中仅见于蕨类，蕨类植物的孢子是经过减数分裂形成的单个细胞，含有单倍数染色体，只有在一定的湿度、温度及pH下才能萌发成原叶体。原叶体微小，只有假根，不耐干燥与强光，必须在有水的条件下才能完成受精作用，发育成胚而再萌发成蕨类的植物体（孢子体）。成熟的孢子体上又产生大量的孢子，但在自然条件下，只有处于适宜条件下的孢子能发育成原叶体，也只有少部分原叶体能继续发育成孢子体。

（二）孢子人工繁殖方法

孢子人工繁殖能获得大量幼苗，但孢子细微，培养期抗逆性弱，需精细管理，在空气湿度高及不受病害感染环境条件下才易成功。培养步骤如下：

1. 孢子的收集　蕨类的孢子囊群多着生于叶背。人工繁殖宜选用孢子成熟但尚未开裂的孢子囊群。用手执放大镜检查，未成熟的孢子囊群呈白色或浅褐色。选取孢子囊群已变褐但尚未开裂的叶片，放薄纸袋内于室温（21℃）下干燥1周，孢子便自行从孢子囊中散出。除尽杂物后移入密封玻璃瓶中冷藏备播种用。

2. 基质　播种基质以保湿性强且排水良好的基质最好，常用2/3清洁的水苔与1/3珍珠岩混合而成。

3. 播种和管理　将基质放在浅盘内，稍压实，弄平后播入孢子。播后覆以玻璃保湿，放于18～24℃、无直射日光处培养。发芽期间用不含高盐分的水喷雾，一直保持高的空气湿度，孢子20d左右开始发芽，从绿色小点逐渐扩展成平卧基质表面的半透绿色原叶体，直径不及1cm，顶端略凹入，腹面以假根附着基质吸收水分养料。原叶体生长3～6个月后，腹面的卵细胞受精后产生合子，合子发育成胚，胚继续生长便生出初生根及直立的初生叶。不久又从生长点发育成地上茎，并不断产生新叶，逐渐长大成苗。

4. 移栽　若原叶体太密，在生长期可移栽1～2次。第一次在原叶体已充分发育尚未见初生叶时进行，第二次在初生叶出生后进行。用镊子将原叶体带土取出，不使受伤，按2cm×2cm株行距植于盛有与播种相同基质的浅盘中。移栽后仍按播种时相同的方法管理，至有几片真叶时再分栽。

复习思考题

1. 花卉有哪些繁殖方法？

2. 什么是花卉种子的寿命？影响种子寿命的内外因素有哪些？花卉生产和栽培中常用的种子贮藏方法有哪些？

3. 花卉分生繁殖有哪些类别？

4. 促进扦插生根的方法有哪些？

第六章　花卉的栽培管理

花卉的生命活动过程是在各种环境条件综合作用下完成的。为了使花卉生长健壮，姿态优美，必须满足其生长发育需要的条件，而在自然环境下，几乎不可能完全具备这些条件。因此花卉生产中常采取一些栽培措施进行调节，以期获得优质高产的花卉产品。农谚常说的“三分种、七分管”，就言简意赅地阐明了栽培管理的重要意义。

第一节　花卉的露地栽培

露地栽培是指完全在自然气候条件下，不加任何保护的栽培形式。一般植物的生长周期与露地自然条件的变化周期基本一致。露地栽培具有投入少、设备简单、生产程序简便等优点，是花卉生产中常用的方式。

一、土壤的选择与管理

土壤由土壤矿物质、空气、水分、微生物、有机质等组成，与土壤酸碱度和土壤温度等共同构成一个土壤生态系统。土壤深度、肥沃度、质地与构造等，都会影响到花卉根系的生长与分布。优良的土质应深达数米，富含各种营养成分，沙粒、粉粒和黏粒的比例适当，有一定的空隙以利通气和排水，持水与保肥能力强，还具花卉生长适宜的 pH，不含杂草、有害生物以及其他有毒物质。

土壤是花卉生活的基质之一，肥沃、疏松、排水良好的土壤适于栽培多种花卉。有些花卉适应性强，对土壤要求不严格，而另一些则必须对土壤进行最低限度的改良才能正常生长。因此，土质变化是影响花卉生长状况的决定性因素之一。

（一）土壤质地类型

通常按照土壤矿质颗粒的大小将土壤分为沙土类、壤土类和黏土类三种，其中又可将介乎沙土和壤土之间者称为沙壤土，介乎壤土和黏土之间者称为黏壤土。

1. 沙土类　沙土（sand soil）颗粒大，粒径 0.05～1.0mm，土壤通透性好，透水排水快，但缺乏毛管孔隙，保水保肥能力差，热容量小，昼夜温差大，肥料分解快，有机质含量少，肥效猛但肥力短。适用于培养土的配制及作为黏土改良的组分之一，也可作扦插及播种基质及耐干旱花木的栽培。

2. 黏土类　黏土（clay soil）颗粒小，粒径在 0.002mm 以下，结构致密，土壤空气少，保水保肥力强，但通透力差。含矿质营养丰富，有机质含量也高，热容量大，土壤昼夜温差小，特别是早春黏土升温慢，不利于花卉的生长。除少数喜黏土种类外，绝大部分花卉不适应此类土壤，常需与其他土壤或基质混配使用。

3. 壤土类　壤土（loam）土粒大小适中，粒径 0.002～0.05mm，性状介于沙土及黏土之间，既有较强的保水、保肥能力，又有良好的通透性，有机质含量多，土温比较稳定。适合于大多数花卉的生长发育。

（二）土壤性状与花卉的生长

1. 土壤结构　土壤结构影响土壤水、肥、气、热的状况，在很大程度上反映了土壤肥力水平。土壤结构有团粒状、块状、核状、柱状、片状、单粒结构等。团粒结构最适宜植物的生长，是最理想的土壤结构。因为团粒结构是由土壤腐殖质把矿质颗粒相互黏结成直径为0.25～10.0mm的小团块而形成的，外表呈球形，表面粗糙，疏松多孔，在湿润状态时手指稍用力才能压碎，放在水中能散成微团聚体。团粒结构是土壤肥料协调供应的调节器，有团粒结构的土壤，其通气、持水、保温、保肥性能良好，而且土壤疏松多孔，利于种子发芽和根系生长。

2. 土壤通气性与土壤水分　土壤空气决定于土壤孔隙度和含水量。由于土壤中存在大量活动旺盛的生物，它们的呼吸均需消耗大量氧气，故土壤氧气含量低于大气，为10%～21%。通常土壤氧气含量从12%降至10%时，根系的正常吸收功能开始下降，氧气含量低至一定限度时（多数植物为3%～6%）吸收停止，若再降低会导致已积累的矿质离子从根系排出。土壤二氧化碳的含量远高于大气，可达2%或更高，虽然二氧化碳被根系固定成有机酸后，释放的氢离子可与土壤阳离子进行交换，但高浓度的二氧化碳和碳酸氢根离子（HCO_3^-）对根系呼吸及吸收均会产生毒害，严重时使根系窒息死亡。

土壤水分对植物的生长发育起着至关重要的作用，俗语说“有收无收在于水”。适宜的土壤含水量是花卉健康生长的必备条件。土壤水分过多则通气不良，严重的缺氧及高浓度二氧化碳的毒害，会使根系溃烂、叶片失绿，直至植株萎蔫。尤其在土壤黏重的情况下，再遇夏季暴雨，通气不良加之雨后阳光暴晒，会对根系吸水不利而产生生理干旱。因此，适度缺水时，良好的通气反而可使根系发达。

3. 土壤酸碱性　土壤的酸碱性对花卉的生活有较大的影响，如必需营养元素的可给性（图6-1）、土壤微生物的活动、根部吸水吸肥的能力以及有毒物质对根部的作用等，都与土壤的pH有关。多数花卉喜中性或微酸性土，适宜的土壤pH范围是5.5～6.8。特别喜酸性土的花卉如杜鹃花、山茶、兰花、八仙花等要求pH为4.5～5.5。三色堇pH应在5.8～6.2，大于6.5会导致根系发黑，基叶发黄。土壤酸碱度影响土壤养分的分解和有效性，因而影响花卉的生长发育。如酸性条件下，磷酸可固定游离的铁离子和铝离子，使之成为有效形式，而与钙形成沉淀，使之成为无效形式。因此在pH5.5～6.8的土壤中，磷酸、铁、铝均易被吸收，pH过高过低均不利于养分吸收。pH过高使钙、镁形成沉淀，锌、铁、磷的利用率降低；pH过低，铝、锰浓度增高，对植物有毒害。

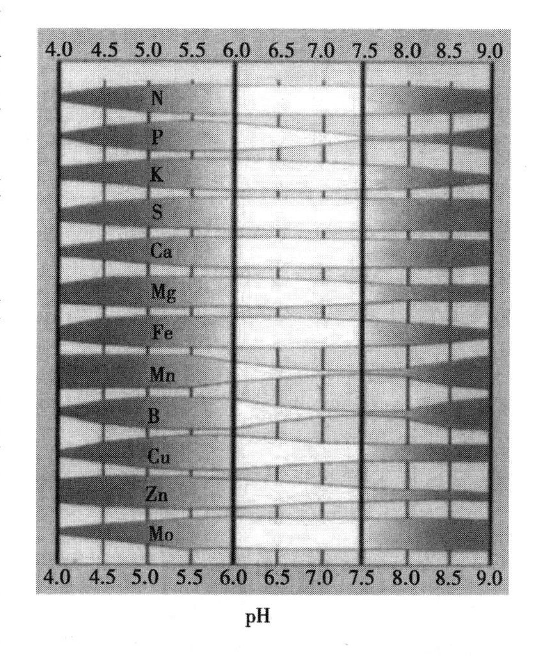

图6-1　土壤pH对养分有效性的影响
（注：带的宽窄表示有效养分的多寡）

土壤酸碱度还影响某些花卉的花色变化。如八仙花的颜色与不同土壤pH条件下铝和铁的有效吸收有关。pH在4.6～5.1时，花瓣中铝和铁含量很高，花瓣呈深蓝至蓝色，pH为

5.5～6.5时，铝含量较低，呈紫色至紫红色，pH6.8～7.4时，铝含量极低，呈粉红色。常见花卉适宜的土壤pH见表6-1。

表6-1 常见花卉适宜的土壤pH

花卉种类	pH	花卉种类	pH
铁线蕨	6.0～8.0	藿香蓟	6.0～7.5
蜀葵	6.0～8.0	庭荠	6.0～7.5
朱顶红	5.5～6.5	花烛	5.0～6.0
金鱼草	6.0～7.5	耧斗菜	5.5～7.0
文竹	6.0～8.0	鸟巢蕨	5.0～5.5
紫菀	6.5～7.0	秋海棠	5.5～7.0
蒲包花	4.6～5.8	山茶	4.5～5.5
风铃草	5.5～6.5	美人蕉	6.0～7.5
鸡冠花	6.0～7.5	矢车菊	6.0～7.5
铁线莲	5.5～7.0	君子兰	5.5～6.5
彩叶草	6.0～7.0	铃兰	4.5～6.0
波斯菊	5.0～8.0	番红花	6.0～8.0
仙客来	6.0～7.5	拖鞋兰	5.6～6.0
大丽花	6.0～7.5	瑞香	6.5～7.5
飞燕草	6.0～7.5	菊花	6.0～7.5
石竹	6.0～8.0	荷包牡丹	6.0～7.5
花叶万年青	5.0～6.0	毛地黄	6.0～7.5
一品红	6.0～7.5	橡皮树	5.0～6.0
金钟花	6.5～8.0	小苍兰	6.0～7.5
吊钟海棠	5.5～6.5	栀子花	5.0～6.0
唐菖蒲	6.0～7.0	小岩桐	5.5～6.5
丝石竹	6.5～7.5	常春藤	6.0～8.0
萱草	6.0～8.0	朱槿	6.0～8.0
球兰	5.0～6.5	八仙花	4.6～5.0
屈曲花	5.5～7.0	枸骨叶冬青	4.5～5.5
凤仙花	5.5～6.5	血苋	5.5～6.5
鸢尾	5.5～7.5	素馨	5.5～7.0
香豌豆	6.0～7.5	百合	6.0～7.0
金银花	6.5～7.0	勿忘草	6.0～8.0
水仙	6.0～7.0	波士顿蕨	5.5～6.5
芍药	6.0～7.5	罂粟花	6.0～7.5
矮牵牛	6.0～7.5	牵牛花	6.0～7.5
喜林芋	5.0～6.0	福禄考	5.0～6.0
半支莲	5.5～7.5	报春花	5.5～6.5
杜鹃花	4.5～5.5	月季	6.0～7.0
非洲紫罗兰	5.5～7.5	一串红	6.0～7.5
聚花风铃草	6.0～8.0	长生草	6.0～8.0
大岩桐	4.6～5.4	笑靥花	6.0～8.0
鹤望兰	6.0～6.5	丁香	6.0～7.5
万寿菊	5.5～7.0	旱金莲	5.5～7.5
美女樱	6.0～8.0	三色堇	5.5～6.5
紫藤	6.0～8.0	丝兰	6.0～8.0
百日草	5.5～7.5	花毛茛	6.0～8.5
火棘	6.0～8.0		

4. 土壤盐浓度 土壤中总盐浓度的高低会影响植物的生长，植物生长所需的无机盐类都是根系从土壤吸收而来，所以土壤盐浓度过高时，因渗透压高，会引起根部腐烂或叶片尖端枯萎的现象，盐类浓度的高低一般用电导值（EC）表示，单位是 mS/cm，EC 值高表示土壤中盐浓度高。每一种花卉都有一个适当的 EC 值，如香石竹为 0.5～1.0mS/cm，一品红为 1.5～2.0mS/cm，百合、菊花为 0.5～0.7mS/cm，月季为 0.4～0.8mS/cm。EC 值在适宜的数值以下，表示需要肥料，EC 值在 2.5 以上时，会产生盐类浓度过高的生理障碍，需要大量灌水冲洗，降低 EC 值。

5. 土壤温度 土壤温度也影响花卉的生长。特别是许多温室花卉播种及扦插繁殖常于秋末至早春在温室或温床进行，此时温室气温高而土温很低，一些种子难以发芽，插穗则只萌芽而不发根，结果水分、养分很快消耗而使插穗枯萎死亡，因此提高土温才能促进种子萌发及插穗生根。

不同的花卉种类及不同生长发育阶段，对土壤性状要求也有所不同。露地花卉中，一、二年生夏季开花种类忌干燥及地下水位低的沙土，秋播花卉以黏壤土为宜。宿根花卉幼苗期喜腐殖质丰富的沙壤土，而生长到第二年后以黏壤土为佳。球根花卉更为严格，一般以下层沙砾土、表层沙壤土最理想，但水仙、风信子、郁金香、百合、石蒜等，则以黏壤土为宜。

（三）土壤改良及管理

理想的土壤是很少的。因此在种植花卉之前，应对土壤 pH、土壤成分、土壤养分进行检测，为栽培花卉提供可靠的信息。过沙、过黏、有机质含量低等土壤结构性差的土质，通过客土或加沙以改良土质和使用有机肥，可以起到培育良好结构性的作用。可加入的有机质包括堆肥、厩肥、锯末、腐叶、泥炭以及其他容易获得的有机物质。合理的耕作也可以在一定时期内改善土壤的结构状况。施用土壤结构改良剂可以促进团粒结构的形成，利于花卉的生长发育。

由于花卉对土壤酸碱性要求不同，栽培时应根据种类或品种需要，对酸碱性不适宜的土壤进行改良。如在碱性土壤上栽培喜酸性花卉时，一般露地花卉可施用硫酸亚铁，每 $10m^2$ 用量为 1.5kg，施用后 pH 可相应降低 0.5～1.0，黏性重的碱性土，用量需适当增加。对盆栽花卉如杜鹃花，常浇灌硫酸亚铁等的水溶液，即每千克水加 2g 硫酸铵和 1.2～1.5g 硫酸亚铁的混合溶液，也可用矾肥水浇灌，配制方法是将饼肥或蹄片 10～15kg、硫酸亚铁 2.5～3kg、加水 200～250kg 放入缸内于阳光下暴晒发酵，腐熟后取上清液加水稀释即可施用。当土壤酸性过高不适宜花卉生长时，根据情况可用生石灰中和，以提高 pH，草木灰是良好的钾肥，也可起到中和酸性的作用。含盐量高的土壤采用淡水洗盐可降低土壤 EC 值。

松土是花卉栽培必不可少的管理措施，可与除草结合进行，以防止土面板结和阻断毛细管的形成，有利于保持水分和土壤中各种气体交换及微生物的活动。

二、水分管理

水是花卉的主要组成成分之一。花卉的一切生理活动，都是在水的参与下完成的。没有水，生命就会停止。各种花卉由于长期生活在不同的环境条件下，需水量不尽相同；同一种花卉在不同生育阶段或不同生长季节对水分的需求也不一样。遇水分亏缺时给花卉供水的行为就是灌水。灌水虽简单易行，但应考虑的问题很多，如土壤的类型、湿度与坡度，栽培花卉的种类和品种，气候、季节、光照度以及地面有无覆盖等。

（一）花卉的需水特点

花卉种类不同，需水量有极大的差别，这与原产地的降水量及其分布状况有关。一般宿根花卉根系强大，并能深入地下，因此需水量较其他花卉少。一、二年生花卉多数容易干旱，灌溉次数应较宿根花卉和木本花卉为多。对于一、二年生花卉，灌水渗入土层的深度应达30～35cm，草坪应达30cm，一般灌木45cm，就能满足各类花卉对水分的需要。

同种花卉不同生长时期对水分的需求量也不相同，种子发芽时需要较多的水分，以便渗入种皮，有利于胚根的伸出，并供给种皮必要的水分。幼苗期必须经常保持湿润。生长时期需要给予充足的水分维持旺盛的生长，但水分供应过多易引起植株徒长，所以水分要控制适当。开花结实时，要求空气湿度小。

花卉在不同季节和气象条件下，对水分的需求也不相同。春秋季干旱时期，应有较多的灌水，晴天风大时应比阴天无风时多浇水。

（二）土壤理化性质与灌水

植物根系从土壤中吸收生长发育所需要的营养和水分，只有土壤理化性质能满足花卉生长发育对水、肥、通气及温度的要求时，才能获得最佳质量的花卉产品。

土壤的性质影响灌水，壤土较易管理。优良的园土持水力强，多余的水也易排出。黏土持水性强，但孔隙小，水分渗入慢，灌水易引起流失，还会影响花卉根部对氧气的吸收，造成土壤板结。疏松土质的灌溉次数应比黏重土质的多，所以对黏土应特别注意干湿相间的管理，湿以供花卉所需足够的水分，干以利土壤空气含量的增加。沙土颗粒越大，持水力越差，粗略地测算，30cm厚的沙土持水仅0.6cm，沙壤土2.0cm，细沙壤3.2cm，而粉沙壤、黏壤、黏土持水达6.3～7.6cm。因此，不同的土壤需要不同的灌水量。

土壤性质不良或是管理不当，常是引起花卉缺水的因素之一。增加土壤中的有机质，有利于土壤通气与持水力。

灌水量因土质而定，以根区渗透为宜。灌水次数和灌水量过多，花卉根系反而生长不良，以至引起伤害，严重时造成根系腐烂，导致植株死亡。此外灌水不足，水不能渗入底层，常使根系分布浅，这样就会大大降低花卉对干旱和高温的抗性。因此应充分掌握两次灌水之间土壤变干所需要的时间。

遇表土浅薄、下有黏土盘的情况，每次灌水量宜少，但次数增多；如为土层深厚的沙质壤土，灌水应一次灌足，待见干后再灌。黏土水分渗透慢，灌水时间应适当延长，最好采用间歇方式，留有渗入期，如灌水10min，停灌20min，再灌10min等，这是喷灌常用的方式，遇高温干旱时尤为适宜，并且场地应预先整平，以防水土流失。

（三）灌溉方式

（1）漫灌　漫灌（flooding）是大面积的表面灌水方式，用水量最大，适用于夏季高温地区植物生长密集的大面积草坪。

（2）沟灌　沟灌（furrow irrigation）适用于宽行距栽培的花卉，采用行间开沟灌水的方式，水能完全到达根区，但灌水后易引起土面板结，应在土面见干后进行松土。

（3）畦灌　畦灌（bed irrigation）是将水直接灌于做好的畦内，是北方大田低畦和树木移植时的灌溉方式。

（4）浸灌　浸灌（irrigation by infiltration）适用于容器栽培的花卉，灌水充足可达饱和的程度，较省水，且不破坏土壤结构；在地下埋设具有渗水孔的输水管道，水从中渗出浸润土壤。一般需要较大的投资，但有节约用水、土壤不板结、便于耕作等优点。

（5）喷灌　喷灌（sprinkler irrigation）是利用喷灌设备系统，使水在高压下通过喷嘴喷至空中，呈雨滴状落在植物上的一种灌溉方式。适用于观赏树木和大面积的草坪以及品种单一的花卉，一般根据喷头的射程范围安装一定数量的喷头，定时打开喷头，即可均匀灌水。这种方式易于定时控制，节水并能使花卉枝叶保持清新状态，还可改善环境小气候，但是喷灌设备投资较高。

（6）滴灌　滴灌（drip irrigation）是利用低压管道系统，使水分缓慢不断地呈滴状浸润根系附近的土壤，能使土壤保持湿润状态，同时节约用水。主要缺点是滴头易堵塞，并且设备投资较高。

（四）灌水时期

灌溉按时间分为休眠期灌水和生长期灌水。休眠期灌水在植株处于相对休眠状态时进行，北方地区常对观赏树木灌“冻水”防寒，一般灌水量较小。灌水时间因季节而异。夏季灌溉应在清晨和傍晚进行，此时水温与地温相近，对根系生长活动影响小。严寒的冬季因早晨气温较低，灌溉应在中午前后进行。春、秋季以清早灌水为宜，这时风小光弱，蒸腾较低，傍晚灌水，湿叶过夜，易引起病菌侵袭。

（五）灌溉用水

灌溉用水以软水为宜，避免使用硬水，最好是河水，其次是池塘水和湖水。不含碱质的井水方可利用，一般应先抽出贮于池内，待水温升高后使用，因为水温较低，对植物根系生长不利。河水富含养分，水温较高，适合用于灌溉。小面积灌溉也可采用自来水，但费用较高。

（六）排水

通过人为设施避免植物生长积水的方法称为排水。排水是花卉栽培的重要环节之一，花卉露地栽培中常见的是铺设地下排水层，在栽培基质的耕作层以下先铺砾石、瓦块等粗粒，其上再铺排水良好的细沙，最后覆盖一定厚度的栽培基质。此法排水效果好，但工程面积大，造价高。排水措施的完善在中国南方尤为重要，许多花卉由于地下水位过高而长期处于水淹和半淹状态，久而久之，使花卉生长不良甚至死亡。在花卉生产实践中，应该依据每种花卉的需水量采取适宜的灌溉与排水措施，以调控花卉对水分的需求。

三、施　　肥

花卉所需要的营养元素，碳取自空气，氧、氢由水中获得，氮在空气中含量虽高，植物却不能利用。土壤中虽有花卉可利用的含氮物质，但大部分地区含量不足，因此必须施用氮肥来补充。此外构成植物营养的矿质元素还有磷、钾、硫、钙、镁、铁等，由于成土母质不同，各种元素在土壤中含量不一，所以对缺少或不足的元素应及时补充。还有微量元素如硼、锰、铜、锌、钼以及氯等也是花卉生长发育必不可少的。

影响肥效的常是土壤中含量不足的那一种元素。如在缺氮的情况下，即使基质中磷、钾含量再高，花卉也无法利用，因此施肥应特别注意营养元素的完全与均衡。

（一）花卉的养分含量

分析植物体养分的含量，有利于了解植物对不同养分的吸收、利用及分配情况，并以此作为施肥标准的参考。以大花天竺葵为例，其不同部位的养分分配比例为：茎和叶 71%、根 23%、花 6%，其中大量元素氮、磷、钾的含量（占干重百分数）及分配情况如表 6-2 所示。

表 6-2　大花天竺葵植株中氮、磷、钾含量占其干重的百分率

营养元素	根	茎	叶	花
N　(%)	0.49	0.56	1.82	1.27
P_2O_5 (%)	0.49	0.66	0.41	0.70
K_2O (%)	0.77	1.41	1.53	2.05

与大花天竺葵类似，在菊花、香石竹、月季、紫罗兰等切花及仙客来、大岩桐、四季樱草等盆花中，必需大量元素的吸收及分配表现的规律为：氮的含量在叶片中最多，而且对氮、钾吸收较多，对磷的吸收相对较少。但不同种类花卉的养分含量相差悬殊（表 6-3）。

表 6-3　几种花卉体内营养元素的适宜浓度

元　素	杜鹃花	香石竹	天竺葵	一品红	月　季	菊　花
N (%)	2.0～3.0	3.5～5.2	3.3～4.8	4.0～6.0	3.0～5.0	4.5～6.0
P (%)	0.29～0.50	0.2～0.3	0.40～0.67	0.3～0.7	0.2～0.3	0.26～1.15
K (%)	0.8～1.6	2.5～6.0	2.5～4.5	1.5～3.5	1.8～3.0	3.5～10.0
Ca (%)	0.22～1.60	1.0～2.0	0.81～1.20	0.7～2.0	1.0～1.5	0.5～4.6
Mg (%)	0.17～0.50	0.24～0.50	0.20～0.52	0.4～1.0	0.25～0.35	0.14～1.50
Mn (mg/kg)	30～300	100～300	42～174	100～200	30～250	195～260
Fe (mg/kg)	50～150	50～150	70～268	100～500	50～150	—
Cu (mg/kg)	6～15	10～30	7～16	6～15	5～15	10
B (mg/kg)	17～100	30～100	30～280	30～100	30～60	25～200
Zn (mg/kg)	15～60	25～75	8～40	25～60	10～50	7～26

（二）花卉营养元素的适宜比例

1. 营养元素之间的比例　一般花卉正常发育需要的氮、磷、钾的适宜比例为 1∶0.2∶1，但不同花卉类型也有差别，如蕨类植物氮、磷、钾在 3∶0.4∶2 或 4∶0.4∶1.6 时生长良好，而观叶植物氮、磷、钾比例以 4∶0.1∶5 为宜。确定适宜的营养元素比例的同时，还需注意适宜的施肥浓度。营养元素间的适宜比例较单一营养元素水平更为重要，因为元素间比例对花卉产量、品质及抗逆性有重大影响。早在 1934 年，Hill 等就发现，菊花体内氮钾比过高时，营养体易受害，花色变差，品质降低；但氮钾比过低时，也会导致节间缩短，植株变矮。目前许多专家认为，菊花体内的氮、钾适宜比例应为 1∶1.2～1.5，即体内含钾量应高于含氮量。香石竹、月季、杜鹃花、万寿菊、百日草等花卉，尽管氮、钾水平没有菊花那么高，但其在组织中的适宜比例则是相同的。在观叶植物组织中，氮、钾比例则以 1∶1～1.5 为宜。许多研究者测定植物体内磷的临界水平为 0.25%，为氮水平的 5%～10%，随着组织中磷的增加，微量元素的缺乏也随之增加。研究发现当菊花组织中磷钙比（P/Ca）和磷镁比（P/Mg）接近 1 或大于 1 时，微量元素的缺乏症就难以控制。

试验表明，八仙花的蓝色花在氮、磷、钾为 5∶10∶30、10∶5∶30 和 5∶5∶30 三种情况下，即氮与磷比例不同，钾比例均提高的情况下，生长发育良好，表明蓝色花并不完全依赖于氮磷比；而粉红色花在氮、磷、钾比例为 25∶15∶5、30∶10∶5 和 25∶10∶0 的三种组合下，以提高氮的比例效果最好。表 6-4 为常见草本花卉的适用肥料成分比例，浓度过高会产生盐害，栽培中适宜浓度可通过电导值检测。表 6-5 为菊花、月季和香石竹施肥的安全浓度及盐害浓度。

表 6-4　主要草本花卉的适用肥料成分（g/m^2）

	氮（N）	磷（P_2O_5）	钾（K_2O）
一串红	22	36	37
孔雀草	22	36	37
鸡冠花	22	18	74
紫菀	30	36	50
彩叶草	40	36	40
百日草	40	36	50
矮牵牛	90	36	40
三色堇	25	40	30

表 6-5　三种花卉施肥的总电导值（mS/cm）

	安全浓度	盐害浓度
菊花‘天原’（切花用）	＜0.6	2.0
菊花‘金公主’（盆栽）	0.6	1.3
月季‘超级明星’	0.6	1.9
香石竹‘Chlolisim’	＜0.6	2.1

2. 不同形态氮肥的比例　不同种类花卉对铵态氮肥（NH_4^+-N）和硝态氮肥（NO_3^--N）的需求有明显差异。波斯菊、裂叶牵牛、一串红、百日草、彩叶草等花卉，以硝态氮生长最好，随铵态氮比率增加生育下降，称为硝酸型；香石竹、秋海棠、三色堇、非洲菊、百合等花卉，在硝态氮中加入20%～40%的铵态氮时则生长良好，称为共存型；唐菖蒲的生育状况则与硝态氮和铵态氮的比例无关，称为共用型。氮素形态引起的生育变化被认为是花卉植物对硝态氮和铵态氮的嗜好性不同或氮素同化作用不同所致。如一串红、裂叶牵牛、百日草等硝酸型花卉以硝态氮形式在体内贮存，再逐渐还原利用，因而耐氨性差；秋海棠和三色堇等共存型花卉，以铵态氮形式贮存于叶片，尤其是三色堇能将铵态氮转化为酰胺，以无毒形式存在，所以耐氨能力强。因此，应针对不同的花卉施用相应种类的氮肥。

（三）花卉需肥特点

不同类别花卉对肥料的需求不同，一、二年生花卉对氮、钾要求较高，施肥以基肥为主，生长期可以视生长情况适量施肥，但是一、二年生草花间也有一定的差异。一年生花卉在幼苗阶段尚未大量生长，因而对氮肥的需要量较少。而二年生草花，在春季就能很快地进行大量生长，所以在生长初期除需供应充足的氮肥外，还应该配施磷、钾肥，在开花前停止施肥。一些春播花卉由于花期较长，所以在开花后期仍可以追肥。宿根花卉对于养分的要求以及施肥技术基本上与一、二年生草花类似，维持营养体的功能使宿根能顺利度过冬季不良环境，保证次年萌发时有足够的养分供应，所以花后应及时补充肥料，常以速效肥为主，配以一定比例的长效肥。球根花卉对磷、钾肥比较敏感，施肥上应该考虑如何使地下球根膨大，一般基肥比例可以减少，前期追肥以氮肥为主，在子球膨大时应及时控制氮肥，增施磷、钾肥。

（四）肥料的类型

有机肥来自动植物遗体或排泄物，如堆肥、厩肥、饼肥、鱼粉、骨粉、屠宰场废弃物以及制糖残渣等。有机肥一般由于肥效慢，多作基肥使用，但以腐熟为宜，有效成分作用的时间长，其无效成分也有改良土壤理化性质的作用，如提高土壤的疏松度，加速土与肥的融合，改善土壤中的水、肥、气、热状况等。堆肥还用于覆盖地面。基肥的施用量应视土质、土壤肥力状况和植物种类而定，一般厩肥、堆肥应多施，饼肥、骨粉、粪干宜少施。所施基肥应充分腐熟，否则易烧坏根系。有的无机肥如过磷酸钙、氯化钾等与枯枝落叶和粪肥、土杂肥混合施用效果更好。有机肥施用量因肥源不同，种类间差异大，施用时应因地因花卉种类制宜。

商品无机肥有氮肥如尿素、硝酸铵、硫酸铵、碳酸氢铵等，磷肥如过磷酸钙、磷酸二氢钠等，钾肥如硫酸钾、氯化钾、磷酸二氢钾等。这些是基本肥料或肥料三要素。此外有复合肥料，其中氮、磷、钾含量的百分比可能不同，但顺序不变，如外包装上标明 5-10-10 的肥料，即含氮（N）5%，磷（P_2O_5）10%，钾（K_2O）10%；有的是说明三种要素之间的比例，如 2∶1∶1，为氮（N）、磷（P_2O_5）、钾（K_2O）的比例。无机肥肥效高，常为有机肥的 10 倍以上。呈粉状、颗粒状或小球状的无机肥，施用时可撒于地面，随即灌水或耕埋入土壤。对液肥可加水稀释施用，还可于滴灌或灌水时同时施用，也可叶面喷施，肥效更快，当根部吸肥发生障碍时喷施效果尤佳。

无论无机肥或有机肥，均不得含有毒物质。

（五）施肥时期

植物对肥料需求有两个关键的时期，即养分临界期和最大效率期，掌握不同花卉种类的营养特性，充分利用这两个关键时期，供给花卉适宜的营养，对花卉的生长发育非常重要。植物养分的分配首先是满足生命活动最旺盛的器官，一般生长最快以及器官形成时，也是需肥最多的时期。因此对于木本花卉，春季应多施氮肥，夏末少施氮肥，否则促使秋梢生长，冬前不能成熟老化，易遭冻害。多年生花卉秋季顶端停止生长后，施完全肥，对冬季或早春根部继续生长有促进作用。冬季不休眠的花卉，在低温、短日照下吸收能力也差，应减少或停止施肥。

追肥施用的时期和次数受花卉生育阶段、气候和土质的影响。苗期、生长期以及花前花后应施追肥，高温多雨时节或沙质土，追肥宜少量多次。对于速效性、易淋失或易被土壤固定的肥料如碳酸氢铵、过磷酸钙等，宜稍提前施用；而迟效性肥料如有机肥，可提前施。施肥后应随即进行灌水。在土壤干燥的情况下，还应先行灌水再施肥，以利吸收并防止伤根。

（六）施肥量

因花卉种类、品种、土质以及肥料种类不同，很难确定统一的施肥量标准。一般植株矮小、生长旺盛的花卉可少施；植株高大、枝叶繁茂、花朵丰硕的花卉宜多施。有些喜肥植物，如梓树、梧桐、牡丹、香石竹、一品红、菊花等需肥较多；有些是耐贫瘠的植物，如刺槐、悬铃木、山杏、臭椿、凤梨、山茶、杜鹃花等。缓效有机肥可以适当多施，速效有机肥应适度使用。要确定准确的施肥量，需经田间试验，结合土壤营养分析和植物体营养分析，根据养分吸收量和肥料利用率来测算。施肥量的计算方法：

$$施肥量=\frac{元素植物吸收量-元素土壤供给量}{肥料利用率\times肥料中元素含量}$$

根据 AldrichG A. 的报道，施用氮、磷、钾 5-10-5 的完全肥，球根类 0.05～0.15kg/m^2，花境 0.15～0.25kg/m^2，落叶灌木 0.15～0.3kg/m^2，常绿灌木 0.15～0.3kg/m^2。我国通常每千克土施氮（N）0.2g、磷（P_2O_5）0.15g、钾（K_2O）0.1g，折合化肥硫酸铵［$(NH_4)_2SO_4$］1g 或尿素 0.4g、磷酸二氢钙［$Ca(H_2PO_4)_2$］1g、硫酸钾（K_2SO_4）0.2g 或氯化钾（KCl）0.18g，即可供一年生作物开花结实。由于淋失等原因，实际用量一般远

远超过这些数量。通常与植物需要量较大的磷、钾、钙一样，土壤中氮含量有限，大多不能满足植物的需要，需通过施肥来大量补充。其他大量元素是否需要补充，视植物要求及其存在于土壤中的数量和有效性决定，并受土壤性质和水质的影响。通常微量元素除沙质碱土和水培时外，一般在土壤中已有充足供应，不需要另外补充。

（七）施肥方法

施肥有土壤施肥和根外追肥两种方式。土壤施肥的深度和广度，应依根系分布的特点，将肥料施在根系分布范围内或稍远处。这样一方面可以满足花卉的需要，另一方面还可诱导根系扩大生长分布范围，形成更为强大的根系，增加吸收面积，有利于提高花卉的抗逆性。由于各种营养元素在土壤中移动性不同，不同肥料施肥深度也不相同。氮肥在土壤中移动性强，可浅施；磷、钾肥移动性差，宜深施至根系分布区内，或与其他有机质混合施用效果更好。氮肥多用作追肥，磷、钾肥与有机肥多用作基肥。施肥的方法有：

1. 全圃施肥　全圃施肥即将肥料均匀撒布地面，深翻于土中。这种方法多与园圃整地同时进行。

2. 环状施肥　沿植株周围开环状沟，将肥料施入后随即掩埋。

3. 施肥与灌溉结合进行　施肥与灌溉尤其与喷灌或滴灌相结合，肥分分布均匀，既节省劳力又不破坏土壤结构，因此在花卉栽培中是一种高效低耗的灌溉方法。

4. 根外追肥　根外追肥或称叶面施肥，这种方法简单易行，肥效快，并且节约肥料，可与土壤施肥相互补充。实践证明施用复合肥效果尤佳。

四、露地花卉的防寒与降温

（一）防寒越冬

防寒越冬是对耐寒能力较差的花卉实行的一项保护措施，以免除过度低温危害，保证其成活和生长发育。防寒方法很多，常用的有：

1. 覆盖　在霜冻到来前，在畦面上覆盖干草、落叶、马粪、草席、蒲席、薄膜等，直到翌春晚霜过后去除。常用于二年生花卉、宿根花卉、可露地越冬的球根花卉和木本植物幼苗的防寒越冬。

2. 灌水　冬灌能减少或防止冻害，春灌有保温、增温效果。由于水的热容量大，灌水后提高了土壤的导热能力，使深层土壤的热量容易传导到土表，从而提高近地表空气温度。灌溉可提高地面温度2～2.5℃。常在严寒来临前1～2d进行冬灌。

3. 培土　冬季地上部分枯萎的宿根花卉和进入休眠的花灌木，培土压埋或开沟覆土压埋植株的根颈部或地上部分进行防寒，待春季到来后，萌芽前再将培土扒开，植株可继续生长。

4. 浅耕　浅耕可降低因水分蒸发而产生的冷却作用，同时，因土壤疏松，有利于太阳辐射热的导入，对保温和增温有一定效果。

5. 包扎　一些大型观赏树木茎干常用草或塑料薄膜包扎防寒，如香樟等。

除以上方法外，还有设立风障、利用冷床、熏烟、喷施药剂、减少氮肥施用、增施磷钾肥料等增加抗寒力的方法，都是有效的防寒措施。

（二）降温越夏

夏季温度过高会对花木产生危害，可通过人工降温保护花木安全越夏。人工降温措施包括叶面及畦间喷水、搭设遮阳网或覆盖草帘等。

（三）覆盖

将一些对花卉生育有益的材料覆盖在圃地上（株间），具有防止水土流失、水分蒸发、地表板结、杂草滋生的效果以及调节土温的作用。覆盖物应是容易获得、使用方便、价格低廉的材料，应因地制宜进行选择。常用天然有机覆盖物如堆肥、秸秆、腐叶、松针、锯末、泥炭藓、树皮、甘蔗渣、花生壳等。覆盖厚度一般为 3～10cm，不宜太厚，以防止杂草生长。

有机覆盖物夏季使地面凉爽，研究证明能降低地表温度达 17℃；秋冬两季对土壤又有保温作用，给根部创造较稳定的温度环境，从而延长根部的生长期；早春气温变幅大，稳定的土温可减缓植物过早生长，避免晚霜的危害。

天然有机覆盖物分解后能增加土壤养分，提高硝化细菌的活性，覆盖前施氮肥效果尤佳。覆盖还可改善土壤的耕性和质地，松针、栎树叶、泥炭藓腐烂后土壤呈酸性反应，枫树和榆树叶腐烂后呈碱性反应。地面进行覆盖后，应镇压使其稳定，不易被风力或鸟类所扰动。

目前还有用黑色聚乙烯薄膜、铝箔片等作覆盖物的。以聚乙烯薄膜为覆盖物时，应预先于其上打孔洞，以利雨水渗入。

五、杂草防除

杂草防除是除去田间杂草，不使其与花卉争夺水分、养分和阳光，杂草往往还是病虫害的寄主。因此一定要彻底清除，以保证花卉的健壮生长。

除草工作应在杂草发生的早期及早进行，在杂草结实之前必须清除干净，不仅要清除栽植地上的杂草，还应把四周的杂草除净，对多年生宿根性杂草应把根系全部挖出，深埋或烧掉。小面积以人工除草为主，大面积可采用机械除草或化学除草。近年多施用化学除草剂，若使用得当，可省工、省时，但要注意安全，根据作物的种类正确选用适合的除草剂，根据使用说明书，掌握正确的使用方法、用药浓度及用药量。

除草剂大致分 4 类：

（1）灭生性除草剂　灭生性除草剂对所有植物不加区别，全部杀死。如五氯酚钠、百草枯。

（2）选择性除草剂　选择性除草剂对杂草有选择地杀死，对作物的影响也不尽相同。如 2,4-D 丁酯。

（3）内吸性除草剂　内吸性除草剂可通过草的茎、叶或通过根部吸收到植物体内，起到破坏内部结构、破坏生理平衡的作用，从而使植物死亡。由茎、叶吸收的，如草甘膦；通过根部吸收的，如西玛津。

（4）触杀性除草剂　触杀性除草剂只杀死直接接触的植物部分，对未接触的部分无效。如除草醚。

常见的化学除草剂有除草醚、草枯醚、五氯酚钠、扑草净、灭草隆、敌草隆、绿麦隆、2,4-D、草甘膦、百草枯、茅草枯、西玛津、盖草能等。

2,4-D 可防除双子叶植物杂草，多用 0.5%～1.0%的稀释液田间喷洒，每 $667m^2$ 用量 0.05～0.2kg。

草甘膦能有效防除一、二年生禾本科杂草、莎草科杂草、阔叶杂草以及多年生恶性杂草。蜀桧、龙柏、大叶黄杨、紫薇、紫荆、女贞、海桐、金钟花、迎春、南天竹、金橘、木槿、麦冬、鸢尾等花卉对草甘膦抗性较强，桃花、梅花、红叶李、水杉、无花果、槐、金丝桃等花卉苗木对草甘膦反应极敏感，不宜使用。草甘膦对植物没有选择性，具强内吸性，因此，不能将药剂喷到花卉叶面上。在杂草生长旺盛时施用，比幼苗期施用效果更佳。

盖草能可有效去除禾本科杂草，如马唐、牛筋草、狗尾草等。每 667m^2 宜用盖草能 25～35mL，加水 30kg 喷雾，在杂草三至五叶期使用较佳，如在杂草旺盛期施用，需增加剂量。

部分草坪杂草和花卉的杂草防除剂见表 6-6 和表 6-7。

表 6-6　草坪杂草防除剂

杂草名称	除草剂	施用有效成分量（g/hm^2）	时期	注意事项
普通双子叶植物杂草（如蒲公英、车前草和十字花科杂草）	2,4-D胺盐	1 125，或按说明施用	春、秋	杂草至少生长 60d，避免飘雾喷洒
车轴草	2,4-D胺盐	1 125	春、秋	杂草至少生长 60d，避免飘雾喷洒，每月一次
	百草畏	300～600	春、秋	对乔、灌木根部有害
繁缕	2 甲 4 氯丙酸（MCPP）	1 125～1 425	春、秋（发芽后）	
婆婆纳属	百草畏	525～600	生长期	对乔、灌木根部有害
	2 甲 4 氯丙酸	1 125～1 425	生长期	对翦股颖和羊茅可能有害
	草藻灭	1 125	生长期	
蓍属	Trime 或 2,4-D	1 125	常年	对乔、灌木根部有害
	百草畏	600	生长期	
蓼属	2,4-D	1 125	种子萌发期	随植株长大药效显著
小酸模	百草畏	300	生长期	对乔、灌木根部有害
早熟禾（一年生）	地散磷	16 875	种子萌发期	2～3 个月内对草坪草有害

表 6-7　花卉杂草防除剂

作物	化学物质	用量	施用期	注意事项
所有作物通用（土壤消毒）	溴甲烷	450kg/hm^2	种植前	有毒，应用塑料薄膜覆盖，土温保持 10℃，播种前 1 周施用
	威百亩	3 750L/hm^2	种植前	施用后灌水，土温在 10℃以上，种植前 2～4 周施用
	棉隆	280.5～393kg/hm^2	种植前	混入土中，保持湿润 6～8 周后播种
球根类	草乃敌	4 500～6 750g/hm^2	出土前	土壤无杂草
	西玛三嗪	1 125g/hm^2	长成植物	保持土面湿润

（续）

作　　物	化学物质	用　　量	施　用　期	注 意 事 项
一般花卉	莠去津	2 250～4 500g/hm²	长成植物	无草土壤喷洒
	毒滴混剂	2 250～3 375g/hm²	种植前、长成植物	杀多年生杂草，勿接触栽培植物
	敌草腈	3 375～5 625g/hm²	长成植物	无草土壤
		4 500～9 000g/hm²	长成植物	防多年生杂草
	草乃敌	4 500～6 750g/hm²	长成植物，移后	无草土壤、耕作后
	草萘胺	4 500～6 750g/hm²	长成植物，移后	无草土壤、土壤湿润
	敌草索	10 125～13 500g/hm²	长成植物，移后	无草土壤、土壤湿润
	恶草灵	2 250～4 500g/hm²	长成植物，移后	无草土壤、土壤湿润
	西玛三嗪	1 125～3 375g/hm²	成活植物	无草土壤、土壤湿润
	氟乐灵	562.5～1 125g/hm²	种植前、成活后、移后	与土壤混合应用
	拿草特	1 125～3 375g/hm²	成活后	10月到翌年3月控制多年生杂草

资料来源：Woman's Gardening Encyclopedia，1188-1190。

第二节　花卉的容器栽培

将栽植于各类容器中的花卉统称盆栽花卉，简称盆花或盆栽。盆栽便于控制花卉生长的各种条件，利于促成栽培，还便于搬移，既可陈设于室内，又可布置于庭院。盆栽易于抑制花卉的营养生长，促进花卉的发育，在适当水肥管理条件下常矮化，且繁密，叶茂花多。

我国盆栽花卉历史悠久，在河姆渡出土的距今7 000年前的陶块上的盆栽图案是最早的关于盆栽的史料。盆花的栽培历史是与盆景艺术的发展历史分不开的，应该说盆栽是先于盆景出现的，盆景艺术的雏形就是盆栽花卉，早在新石器时代就已经有了盆栽花卉的现象。经过几千年的栽培技艺的演变，盆栽已经是花卉生产中非常重要的栽培形式之一，而盆花在花卉生产中也占有极其重要的地位。尤其近些年，我国盆花发展极其迅猛，2010 年花卉生产总面积为 91.8 万 hm²，其中盆栽植物面积达 8.3 万 hm²。每年的年宵花市场上，盆花琳琅满目，供求数量飞速增长。蝴蝶兰、大花蕙兰、凤梨、杜鹃花、仙客来、一品红、花烛等盆花都深受人们的青睐。

组合盆栽也备受推崇，组合盆栽又称盆花艺栽，就是把若干种独立的植物栽种在一起，使它们成为一个组合整体，以欣赏它们的群体美，使之以一种崭新的面貌呈现在人们面前。这种盆花艺栽色彩丰富，花叶并茂，极富自然美和诗情画意，予人以一种清新和谐的感觉，极大地提高了盆花的观赏效果。

一、花盆及盆土

（一）花盆

花卉盆栽应选择适当的花盆。通用的花盆为素烧泥盆或称瓦钵，这类花盆通透性好，适于花卉生长，价格便宜，花卉生产中广泛应用。近年塑料盆也大量用于花卉生产，它具有色彩丰富、轻便、不易破碎和保水能力强等优点。此外应用的还有紫砂盆、水泥盆、木桶以及作套盆用的瓷盆等。不同类型花盆的透气性、排水性等差异较大（表 6-8），应根据花卉的种类、植株的高矮和栽培目的选用。

表 6-8　盆栽容器的类别及性能

材质	类别及制品	用　途	透气性	排　水	花盆特性
土	素烧盆	栽培观赏	良好	良好	质地粗糙，不美观，易破损，使用不太方便
	陶瓷盆	栽培观赏	不透气	居中	观赏价值高，不太易破损
	紫砂盆	栽培观赏	居中	良好	造型美观，形式多样
	套盆	栽培观赏	不透气	不好	盆底无孔洞，不漏水，美观大方
塑胶	硬质	栽培观赏	不透气	居中	不易破损，轻而方便，保水能力强
	软质	育苗	不透气	居中	不会破，使用方便，容易变形
	发泡盆	栽培观赏	不透气	居中	轻而体积大
木	木盆或木桶	栽培观赏	居中	良好	规格较大，盆侧有把手，便于搬运，整体美观
玻璃	玻璃钢花钵、瓶箱	栽培观赏	较差	居中	盆体质轻高强，耐腐蚀，各种造型都极为美观
石	石盆	栽培观赏	较差	居中	盆重不易搬移，适于大型花材的栽植观赏
泥炭	吉惠盆	育苗	良好	不好	易破损，质轻，使用简便，不能重复使用
纸	纸钵	育苗	不一致	良好	易破损，质轻但使用费事，不能重复使用
其他	水养盆、兰盆等	栽培观赏	—	—	—

花盆的形状多种多样，大小不一，样式也越来越丰富，柱状立体栽培容器就是其中一种，它不仅美观、节约空间，而且可以根据需要进行组合，可以向上延伸高度，4～6 个柱状栽培容器组成一组，最高可达 2m，中心有透气层。保持水分时间也很长，从立柱的最高处浇水，水分可以平均分布到各层，一次浇透可保湿 20～30d。这种柱状立体栽培容器的应用范围广，既可家庭养花用，也适用于宾馆、饭店大堂的植物立体装饰，节省了管理时间，但对基质的要求较高。

有些花盆平底留排水孔，排水孔紧贴地面或花架，易堵塞，使用时，应先在地面铺一层粗沙或木屑、谷壳等或将花盆用砖头垫起，以免堵塞花盆的排水孔。

塑胶盆等盆壁透气性差的容器，可以通过选择孔隙大的基质来弥补其缺陷。

（二）盆土

容器栽培，盆土容积有限，花卉赖以生存的空间有限，因此要求盆土必须具有良好的物理性状，以保障植物正常生长发育的需要。盆土的物理特性比其所含营养成分更为重要，因为土壤营养状况是可以通过施肥调节的。良好的透气性应是盆土的重要物理性状之一，因为盆壁与盆底都是排水的障碍，气体交换也受影响，且盆底易积水，影响根系呼吸，所以盆栽培养土的透气性要好。培养土还应有较好的持水能力，这是由于盆栽土体积有限，可供利用的水少，而盆壁表面蒸发量相当大，约占全部散失水的 50%，而叶面蒸腾仅占 30%，盆土表面蒸发占 20%。盆土通常由园土、沙、腐叶土、泥炭、松针土、谷糠及蛭石、珍珠岩、腐熟的木屑等材料按一定比例配制而成，培养土的酸碱度和含盐量要适合花卉的需求，同时培养土中不能含有害微生物和其他有毒物质。

1. 常见培养土的组分

（1）园土　园土是果园、菜园、花园等的表层活土，具有较高的肥力及团粒结构，但因其透气性差，干时板结，湿时泥状，故不能直接拿来装盆，必须配合其他透气性强的基质使用。

（2）厩肥土　马、牛、羊、猪等家畜厩肥发酵沤制，其主要成分是腐殖质，质轻、肥沃，呈酸性反应。

（3）沙和细沙土　沙通常指建筑用沙，粒径为0.1～1mm；用作扦插基质的沙，粒径应在1～2mm之间较好，素沙指淘洗干净的粗沙。细沙土又称沙土、黄沙土、面土等，沙的颗粒较粗，排水性较好，但与腐叶土、泥炭土相比较透气、透水性能差，保水持肥能力低，质量重，不宜单独作为培养土。

（4）腐叶土　腐叶土由树木落叶堆积腐熟而成，土质疏松，有机质含量高，是配制培养土最重要的基质之一。以落叶阔叶树最好，其中以山毛榉和各种栎树的落叶形成的腐叶土较好。腐叶土养分丰富，腐殖质含量高，土质疏松，透气透水性能好，一般呈酸性（pH4.6～5.2），是优良的传统盆栽用土。适合于多种盆栽花卉应用。尤其适用于秋海棠、仙客来、地生兰、蕨类植物、倒挂金钟、大岩桐等。腐叶土可以人工堆制，也可在天然森林的低洼处或沟内采集。

（5）堆肥土　堆肥土由植物的残枝落叶、旧盆土、垃圾废物等堆积，经发酵腐熟而成。堆肥土富含腐殖质和矿物质，一般呈中性或碱性（pH6.5～7.4）。

（6）塘泥和山泥　广东地区用塘泥块栽种盆花已有悠久历史，到现在仍大量使用。塘泥是指沉积在池塘底的一层泥土，挖出晒干后，使用时破碎成直径0.3～1.5cm的颗粒。这种材料遇水不易破碎，排水和透气性比较好，也比较肥沃。适合华南多雨地区作盆栽土。缺点是比较重。一般使用2～3年后颗粒粉碎，土质变黏，不能透水，需更换新土。山泥是江苏、浙江等地山区出产的天然腐殖土，呈酸性反应，疏松、肥沃、蓄水，是栽培山茶、兰花、杜鹃花、米兰等喜酸性土壤花卉的良好基质。

（7）泥炭　泥炭土分为褐泥炭和黑泥炭。褐泥炭呈浅黄至褐色，含有机质多，呈酸性反应，pH6.0～6.5，是酸性植物培养土的重要成分，也可以掺入1/3河沙作扦插用土，既有防腐作用，又能刺激插穗生根。黑泥炭炭化年代久远，呈黑色，矿物质较多，有机质较少，pH6.5～7.4。

（8）松针土　山区松林林下松针腐熟而成，呈强酸性，是栽培杜鹃花等强酸性花卉的主要基质。

（9）草皮土　取草地或牧场上的表土，厚度为5～8cm，连草及草根一起掘取，将草根向上堆积起来，经一年腐熟即可应用。草皮土含较多的矿物质，腐殖质含量较少，堆积年数越多，质量越好，因土中的矿物质能得到较充分的风化。草皮土呈中性至碱性反应，pH 6.5～8.0。

（10）沼泽土　沼泽土主要由水中苔藓和水草等腐熟而成，取自沼泽边缘或干涸沼泽表层约10cm的土壤。含较多腐殖质，呈黑色，强酸性（pH3.5～4.0）。我国北方的沼泽土多为水草腐熟而成，一般为中性或微酸性。

盆栽花卉除了以土壤为基础的培养土外，还可用人工配制的无土混合基质，如用珍珠岩、蛭石、砻糠灰、泥炭、木屑或树皮、椰糠、造纸废料、有机废物等一种或数种按一定比例混合使用。由于无土混合基质有质地均匀、重量轻、消毒便利、通气透水等优点，在盆栽花卉生产中越来越受重视，尤其是一些规模化、现代化的盆花生产基地，盆栽基质大部分采用无土基质。而且，我国已经加入世界贸易组织，为促进和加快盆花贸易的发展，无土栽培基质无疑是未来盆栽基质的主流。但是就我国目前的花卉生产现状，培养土仍然是盆栽花卉最重要的栽培基质。

2. 培养土的配制　因各地材料来源和习惯不同，培养土的配制也有差异。

（1）常用几种培养土调配成分及比例（表 6-9）

表 6-9　常用培养土成分及配制比例

培养土成分	比　例	适宜的花卉种类
园土、腐叶土、黄沙、骨粉	6∶8∶6∶1	通用
泥炭、黄沙、骨粉	12∶8∶1	通用
腐叶土（或堆肥土）、园土、砻糠灰	2∶3∶1	凤仙花、鸡冠花、一串红等
堆肥土、园土	1∶1	一般花木类
堆肥土、园土、草木灰、细沙	2∶2∶1∶1	一般宿根花卉
腐叶土、园土、黄沙	2∶1∶1	多浆植物
腐叶土加少量黄沙	—	山茶、杜鹃花、秋海棠、地生兰、八仙花等
水苔、椰子纤维或木炭块	—	气生兰

（2）上海市园林科学研究所使用的一些栽培基质配方

①育苗基质：泥炭、砻糠灰 1∶2，或泥炭、珍珠岩、蛭石 1∶1∶1。

②扦插基质：珍珠岩、蛭石、黄沙 1∶1∶1。

③盆栽基质：腐烂木屑、泥炭 1∶1，或壤土、泥炭、砻糠灰 1∶1∶1，或腐烂木屑、腐烂醋渣 1∶1。

（3）上海市一般经营者使用的一些栽培基质配方

①育苗基质：腐叶土、园土 1∶1，另加少量厩肥和黄沙。

②扦插基质：黄沙或砻糠灰。

③盆栽基质：腐叶土、园土、厩肥 2∶3∶1。

④耐阴植物基质：园土、厩肥、腐叶土、砻糠灰 2∶1∶0.5∶0.5。

⑤多浆植物基质：黄沙、园土、腐叶土 1∶1∶2。

⑥杜鹃花类基质：腐叶土、垃圾土（偏酸性）4∶1。

（4）国外一些标准培养基质

①种苗和扦插苗基质：壤土、泥炭、沙 2∶1∶1，每 100L 另加过磷酸钙 117g，生石灰 58g。

②杜鹃花类盆栽基质：壤土、泥炭或腐叶、沙 1∶3∶1。

③荷兰常用的盆栽基质：腐叶土、黑色腐叶土、河沙 10∶10∶1。

④英国常用基质：腐叶土、细沙 3∶1。

⑤美国常用基质：腐叶土、小粒珍珠岩、中粒珍珠岩 2∶1∶1。

花卉种类不同，对盆土的要求不一，各地容易获得的材料不一，加上各地栽培管理的方法不一等原因，实践中很难拟定统一的配方。但总的趋向是要降低土壤的容重，增加孔隙度，增加水分和空气的含量，提高腐殖质的含量。一般混合后的培养土，容重应低于 $1g/cm^3$。通气孔隙应不低于 10%为好。培养土可根据花卉的种类和不同生长发育时期的要求配制，培养土的 pH 对花卉的生长发育具有重要的作用，它与培养土中所含有机质及矿质元素的种类直接相关，为增加培养土的酸性，可加入适量的松针土或沼泽土等酸性土类。

3. 培养土的消毒　为了防止土壤中存在的病毒、真菌、细菌、线虫等的危害，对花木栽培土壤应进行消毒处理。土壤消毒方法很多，可根据设备条件和需要来选择。

（1）物理消毒法

①蒸汽消毒：将100～120℃的蒸汽通入土壤中，消毒40～60min，或将70℃的水蒸气通入土壤处理1h，可以消灭土壤中的病菌。蒸汽消毒对设备、设施要求较高。

②日光消毒：当对土壤消毒要求不高时，可用日光暴晒方法来消毒，尤其是夏季，将土壤翻晒，可有效杀死大部分病原菌、虫卵等。在温室中土壤翻新后灌满水再暴晒，效果更好。

③直接加热消毒：少量培养土可用铁锅翻炒法杀死有害病虫，将培养土在120℃以上铁锅中不断翻动，30min后即达到消毒目的。

（2）化学药剂法　化学药剂消毒有操作方便、效果好的特点，但因成本高，只能小面积使用，常用的药剂有福尔马林、氯化苦、溴甲烷等。具体方法如下：

①福尔马林：福尔马林500mL/m^3均匀浇灌，并用薄膜盖严，密闭1～2d，揭开后翻晾7～10d，使福尔马林挥发后使用。也可用稀释50倍的福尔马林均匀泼洒在翻晾的土面上，使表面淋湿，用量为25kg/m^2，然后密闭3～6d，再晾10～15d即可使用。

②氯化苦：每平方米打25个深约20cm的小洞，每洞喷氯化苦药液5mL左右。然后覆盖土穴、踏实，并在土表浇水，提高土壤湿度，使药效延长，持续10～15d后，翻晾土2～3次，使土壤中氯化苦充分散失，2周以后使用。或将培养土放入1m×0.6m面积大箱中，每10cm一层，每层喷氯化苦25mL，共4～5层，然后密封10～15d，再翻晾后使用。因氯化苦是高效、剧毒的熏蒸剂，使用时要戴手套和合适的防毒面具。

③溴甲烷：溴甲烷用于土壤消毒效果很好，但因其有剧毒，而且是致癌物质，所以近年来已不提倡使用，许多国家在开发溴甲烷的替代物，已有一些新的药剂问世，但作用效果都不及溴甲烷。

二、上盆与换盆

将幼苗移植于花盆中的过程叫上盆。幼苗上盆根际周围应尽量多带些土，以减少对根系的伤害。如使用旧盆，无论上盆或是换盆应预行浸洗，除去泥土和苔藓，干后再用，如为新盆，应先行浸泡，以溶淋盐类。上盆时首先在盆底排水孔处垫置破盆瓦片或用窗纱以防盆土漏出并方便排水，再加少量盆土，将花卉根部向四周展开轻置土上，加土将根部完全埋没至根颈部，使盆土至盆缘保留3～5cm的距离，以便日后灌水施肥。

多年生花卉长期生长于盆钵内有限土壤中，常感营养不足，加以冗根盈盆，因此随植株长大，需逐渐更换大的花盆，扩大其营养面积，利于植株继续健壮生长，这就是换盆。换盆还有一种情况是原来盆中的土壤物理性质变劣，养分丧失或严重板结，必须进行换盆，而这种换盆仅是为了修整根系和更换新的培养土，用盆大小可以不变，故也可称为翻盆。

换盆的注意事项：①应按植株的大小逐渐换到较大的盆中，不可换入过大的盆内，因为盆过大给管理带来不便，浇水量不易掌握，常会造成缺水或积水现象，不利花卉生长。②根据花卉种类确定换盆的时间和次数，过早、过迟对花卉生长发育均不利。当发现有根自排水孔伸出或自边缘向上生长时，说明需要换盆了。多年生盆栽花卉换盆于休眠期进行，生长期最好不换盆，一般每年换一次。一、二年生草花随时均可进行，并依生长情况进行多次，每次花盆加大一号。③换盆后应立即浇水，第一次必须浇透，以后浇水不宜过多，尤其是根部修剪较多时，吸水能力减弱，水分过多易使根系腐烂，待新根长出后再逐渐增加灌水量。为减少叶面蒸发，换盆后应放置阴凉处养护2～3d，并增加空气湿度，移回阳光下后，应注意保持盆土湿润。

换盆时一只手托住盆将盆倒置，另一只手以拇指通过排水孔下按，土球即可脱落。如花卉生长不良，还可检查原因。遇盆缚现象，用竹签将根散开，同时修剪根系，除去老残冗根，刺激其多发新根。

上盆与换盆的盆土应干湿适度，以捏之成团、触之即散为宜。上足盆土后，沿盆边按实，以防灌水后下漏。

三、灌水与施肥

水肥管理是盆栽花卉十分重要的环节，盆花栽培中灌水与施肥常结合进行，依花卉不同生育阶段，适时调控水肥量的供给，在生长季节中，相隔3～5d，水中加少量肥料混合施用，效果亦佳。

（一）灌水

1. 灌水方法　盆栽花卉测土湿的方法，是用食指按盆土，如下陷达1cm说明盆土湿度是适宜的。搬动一下花盆如已变轻，或是用木棒敲盆边声音清脆等说明需要灌水了。根据盆栽花卉自身的生物学特性，对不同的花卉应采用不同的浇水方法。将灌溉水直接送入盆内，使根系最先接触和吸收水分，是盆花最常用的浇水方式。盆栽花卉常用的浇水方法为浸盆法、洒水法、喷雾法。

（1）浸盆法　浸盆法多用于播种育苗与移栽上盆期。先将盆坐入水中，让水沿盆底孔慢慢地由下而上渗入，直到盆土表面见湿时，再将盆由水中取出。这种方法既能使土壤吸收充足水分，又能防止盆土表层发生板结，也不会因直接浇水而将种子、幼苗冲出。此法可视天气或土壤情况每隔2～3d进行一次。

（2）喷水法　喷水法洒水均匀，容易控制水量，能按花卉的实际需要有计划给水。用喷壶洒水第一次要浇足，看到盆底孔有水渗出为止。喷水不仅可以降低温度，提高空气相对湿度，还可清洗叶面上的尘埃，提高植株光合效率。

（3）喷雾法　喷雾法是利用细孔喷壶使水滴变成雾状喷洒在叶面上的方法。这种方法有利于空气湿度的提高，又可清洗叶面上的粉尘，还能防暑降温，对一些扦插苗、新上盆的植物或树桩盆景都是行之有效的浇水方法。全光自动喷雾技术是大规模育苗给水的重要方式。

盆栽花卉还可以施行一些特殊的水分管理方式，如找水、扣水、压清水、放水等。找水是补充浇水，即对个别缺水的植株单独补浇，不受正常浇水时间和次数的限制。放水是指生长旺季结合追肥加大浇水量，以满足枝叶生长的需要。扣水即在植物生育某一阶段暂停浇水，进行干旱锻炼或适当减少浇水次数和浇水量，如苗期的“蹲苗”，在根系修剪伤口尚未愈合、花芽分化阶段及入温室前后常采用。压清水是在盆栽植物施肥后的浇水，要求水量大且必须浇透，因为只有量大浇透才能使局部过浓的土壤溶液得到稀释，肥分才能够均匀地分布在土壤中，不致因局部肥料过浓而出现“烧根”现象。

2. 灌水注意事项

（1）根据花卉种类及不同生育阶段确定浇水次数、浇水时间和浇水量　草本花卉本身含水量大、蒸腾强度也大，所以盆土应经常保持湿润（但也应有干湿的区别），而木本花卉则可掌握干透浇透的原则。蕨类、天南星科、秋海棠类等喜湿花卉要保持较高的空气湿度，多浆植物等旱生花卉要少浇。进入休眠期时，浇水量应依花卉种类不同而减少或停止，解除休眠进入生长，浇水量逐渐增加。生长旺盛时期要多浇，开花前和结实期少浇，盛花期适当多浇。有些花卉对水分特别敏感，若浇水不慎会影响生长和开花，甚至导致死亡。如大岩桐、蒲包花、秋海棠的叶片淋水后容易腐烂；仙客来球茎顶部叶芽、非洲菊的花芽等淋水会腐烂而枯萎；兰科植物、牡丹等分株后，如遇大水也会腐烂。因此，对浇水有特殊要求的种类应和其他花卉分开摆放，以便浇水时区别对待。

（2）不同栽培容器和培养土对水分的需求不同　素烧瓦盆通过蒸发丧失的水分比花卉消耗的多，因此浇水要多些。塑料盆保水力强，一般供给素烧瓦盆水量的1/3就足够了。疏松土壤多浇，黏重土壤少浇。一般腐叶土和沙土适当配合的培养土，保水和通气性能都好，有利于花卉生长。以草炭土为主的培养土，因干燥后不易吸水，所以必须在干透前浇水。

（3）灌水时期　夏季以清晨和傍晚浇水为宜，冬季以10:00以后为宜，因为土壤温度直接影响根系的吸水。因此浇水的温度应与空气温度和土壤温度相适应，如果土温较高、水温过低，就会影响根系的吸水而使植物萎蔫。

灌水的原则应为不干不浇，干是指盆土含水量到达再不加水植物就濒临萎蔫的程度。浇水要浇透，如遇土壤过干应间隔10min分数次灌水，或以浸盆法灌水。为了救活极端缺水的花卉，常将盆花移至阴凉处，先灌少量水，后逐渐增加，待其恢复生机后再行大量灌水，有时为了抑制花卉的生长，当出现萎蔫时再灌水，这样反复处理数次，破坏其生长点，以促其形成枝矮花繁的观赏效果。

总之，花卉浇水需掌握：气温高、风大多浇水，阴天、天气凉爽少浇水；生长期多浇水，开花期少浇水，防止花朵过早凋谢。此外，冬季少浇水，避免把花冻死或浸死。

（4）盆栽花卉对水质的要求　盆栽花卉的根系生长局限在一定的空间，因此对水质的要求比露地花卉高。灌水最好是天然降水，其次是江、河、湖水。以井水浇花应特别注意水质，如含盐分较高，尤其是给喜酸性土花卉灌水时，应先将水软化处理。无论是井水或含氯的自来水，均应于贮水池经24h之后再用，灌水之前，应该测定水分pH和EC值，根据花卉的需求特性分别进行调整。

（二）施肥

盆栽花卉生活在有限的基质中，因此所需要的营养物质要不断补充。施肥分基肥和追肥，常用基肥主要有饼肥、牛粪、鸡粪、蹄片和羊角等，基肥施入量不要超过盆土总量的20%，与培养土混合均匀施入，蹄片分解较慢，可放于盆底或盆土四周。追肥以薄肥勤施为原则，通常以沤制好的饼肥、油渣为主，也可用化肥或微量元素追施或叶面喷施。叶面追施时有机液肥的浓度不宜超过5%，化肥浓度一般不超过0.3%，微量元素浓度不超过0.05%。根外追肥不要在低温时进行，应在中午前后喷洒。叶子的气孔是背面多于正面，背面吸肥力强，所以喷肥应多在叶背面进行。同时应注意液肥的浓度要控制在较低的范围内。温室或大棚栽培花卉时，还可增施二氧化碳气体，光合作用的效率在二氧化碳含量由0.03%～0.3%的范围内随浓度增加而提高。

一、二年生花卉除豆科花卉可较少施用氮肥外，其他均需一定量的氮肥和磷、钾肥。宿根花卉和花木类，根据开花次数进行施肥。一年多次开花的如月季、香石竹等，花前花后应施重肥。喜肥的花卉如大岩桐，每次灌水应酌加少量肥料。生长缓慢的花卉施肥两周一次即可，生长更慢的一个月一次即可。球根花卉如百合类、郁金香等喜肥，特别宜多施钾肥。观叶植物在生长季中以施氮肥为主，每隔6～15d追肥一次。

据日本研究，以腐叶土为栽培基质，化肥的用量是：对需肥少的种类如铁线蕨、杜鹃花、花烛、卡特兰、石斛、栀子花、文竹、山茶等每千克基质施复合肥1～5g；需肥中等的小苍兰、香豌豆、银莲花、哥伦比亚花烛等施5～7g；需肥多的种类如天竺葵、一品红、非洲紫罗兰、天门冬、波斯毛茛等施 7～10g。

温暖的生长季节，施肥次数多些，天气寒冷而室温不高时可以少施。较高温度的温室，植株生长旺盛，施肥次数可多些。

与露地花卉相同，盆栽花卉施肥同样需要了解不同种类花卉的养分含量、需肥特性以及需要的营养元素之间的比例。

盆栽施肥的注意事项：①应根据不同种类、观赏目的、不同的生长发育时期灵活掌握。苗期主要是营养生长，需要氮肥较多；花芽分化和孕蕾阶段需要较多的磷肥和钾肥。观叶植物不能缺氮，观茎植物不能缺钾，观花和观果植物不能缺磷。②肥料应多种配合施用，避免发生缺素症。③有机肥应充分腐熟，以免产生热和有害气体伤苗。④肥料浓度不能太高，以少量多次为原则，积肥与培养土的比例不要超过 1∶4。⑤无机肥料的酸碱度和 EC 值要适合花卉的要求。

几种盆栽花卉适宜的施肥量见表 6-10。

表 6-10　几种盆栽花卉最适宜的施肥量

花卉种类	每升泥炭的施肥量（g）		
	氮（N）	磷（P_2O_5）	钾（K_2O）
天门冬	100～200	40～150	90～200
杜鹃花	70～200	25～150	50～200
秋海棠	140～280	120～240	140～350
山　茶	60～180	50～150	60～180
仙客来	210～420	180～300	210～500
一品红	380～700	360～600	420～700
非洲菊	140～300	120～200	140～500
唐菖蒲	280	240	280～400
天竺葵	420～700	380～600	400～800
报　春	60～120	50～100	80～200

控释肥（controlled released fertilizer）是近年来发展起来的一种新型肥料，指通过各种机制措施预先设定肥料在作物生长季节的释放模式（释放期和释放量），使养分释放规律与作物养分吸收同步，从而达到提高肥效目的的一类肥料。它是将多种化学肥料按一定配方混匀加工，制成小颗粒，在其表面包被一层特殊的由树脂、塑料等材料制成的包衣，能够在整个生长季节，甚至几个生长季节慢慢地释放植物养分的肥料。目前控释肥已在全球广泛应用于园艺生产。其优点是有效成分均匀释放，肥效期较长，并可以通过包衣厚度控制肥料的施放量和有效施放期。控释肥克服了普通化肥溶解过快、持续时间短、易淋失等缺点。在施用时，将肥料与土壤或基质混合后，定期施入，可节省化肥用量 40%～60%。日本大多数控释肥用在大田作物上，仅一小部分用于草坪和花卉。而在美国和欧洲，约 90%是用于花卉、高尔夫球场、苗圃、专业草坪，仅有 10%用于农业。我国对控释肥的研究起步较晚，还没有推广应用，仅在少量作物上有研究报道，花卉仅在万寿菊上有研究报道。

控释肥在花卉上的应用虽然能有效地解决氮、磷、钾淋失的问题，并且能在一定程度上促进花卉的生长、改善花卉的品质，但是具体在某些种和品种的应用上仍存在一些问题。因此，还应针对花卉的营养特性，研究花卉专用的控释肥，达到肥效释放曲线与花卉的营养吸收曲线相一致。

四、整形与修剪

（一）整枝

整枝的形式多种多样，总体分为两种：①自然式，着重保持植物自然姿态，仅对交叉、重叠、丛生、徒长枝稍加控制，使其更加完美；②人工式，依人们的喜爱和情趣，利用植物的生长习性，经修剪整形做成各种形姿，达到寓于自然高于自然的艺术境界。在确定整枝形式前，必须对植物的特性有充分了解，枝条纤细且柔韧性较好者，可整成镜面形、牌坊形、圆盘形或S形等，如常春藤、叶子花、藤本天竺葵、文竹、令箭荷花、结香等。枝条较硬者，宜做成云片形或各种动物造型，如蜡梅、一品红等。整形的植物应随时修剪，以保持其优美的姿态。在实际操作中，两种整枝方式很难截然分开，大部分盆栽花卉的整枝方式是二者结合。

（二）绑扎与支架

盆栽花卉中有的茎枝纤细柔长，有的为攀缘植物，有的为了整齐美观，有的为了做成扎景，常设支架或支柱，同时进行绑扎。花枝细长的如小苍兰、香石竹等常设支柱或支撑网；攀缘性植物如香豌豆、球兰等常扎成屏风形或圆球形支架，使枝条盘曲其上，以利通风透光和便于观赏；我国传统名花菊花，盆栽中常设支架或制成扎景，形式多样，引人入胜。

支架常用的材料有竹类、芦苇及紫穗槐等。绑扎在长江流域及其以南各地常用棕线、棕丝或其他具韧性又耐腐烂的材料。

（三）剪枝

剪枝包括疏剪和短截两种类型。疏剪指将枝条自基部完全剪除，主要是一些病虫枝、枯枝、重叠枝、细弱枝等。短截指将枝条先端剪去一部分，剪时要充分了解植物的开花习性，注意留芽的方向。在当年生枝条上开花的花卉种类，如扶桑、倒挂金钟、叶子花等，应在春季修剪；而一些在二年生枝条上开花的花卉种类，如山茶、杜鹃花等，宜在花后短截枝条，使其形成更多的侧枝。留芽的方向要根据生出枝条的方向来确定，要其向上生长，留内侧芽；要其向外倾斜生长时，留外侧芽。修剪时应使剪口呈一斜面，芽在剪口的对方，距剪口斜面顶部1～2cm为度。

花卉移植或换盆时如伤及根部，伤口应行修整。修根常与换盆结合进行，剪去老残冗根以促其多发新根，只是对生长缓慢的种类，不宜剪根。为了保持盆栽花卉的冠根平衡，根部进行了修剪的植株，地上部也应适当疏剪枝条，还有为了抑制枝叶的徒长，促使花芽的形成，可剪除根的一部分。经移植的花卉所有花芽应完全剪除，以利植株营养生长的恢复。

一般落叶植物于秋季落叶后或春季发芽前进行修剪，有的种类如月季、大丽花、八仙花、迎春等于花后剪除着花枝梢，促其抽发新枝，下一个生长季开花硕大艳丽。常绿植物一般不宜剪除大量枝叶，只有在伤根较多情况下才剪除部分枝叶，以利平衡生长。

（四）摘心与抹芽

有些花卉分枝性不强，花着生枝顶，分枝少，开花也少，为了控制其生长高度，常采用摘心措施。摘心能促使激素的产生，导致养分的转移，促发更多的侧枝，有利于花芽分化，还可调节开花的时期。摘心行于生长期，因具抑制生长的作用，所以次数不宜多。对于一株一花或一个花序，以及摘心后花朵变小的种类不宜摘心，此外球根类花卉、攀缘性花卉、兰科花卉以及植株矮小、分枝性强的花卉均不摘心。

抹芽或称除芽，即将多余的芽全部除去，这些芽有的是过于繁密，有的是方向不当，是与摘心有相反作用的一项技术措施。抹芽应尽早于芽开始膨大时进行，以免消耗营养。有些花卉如芍药、菊花等仅需保留中心一个花蕾时，其他花芽全部摘除。

在观果植物栽培中，有时挂果过密，为使果实生长良好，调节营养生长与生殖生长之间的关系，也需摘除一部分果实。

五、盆栽花卉环境条件的调控

花卉在生长发育过程中总会遇到一些不适宜的气象条件，如高温高湿、强烈日照、极度低温等，需要人为及时调节花卉的生长环境条件。盆栽花卉对逆境的耐受力低于露地花卉，尤其是温室盆花更需要精心管理。温度调控包括加温和降温，常用的加温措施有管道加温、利用采暖设备、太阳能加温等；降温措施有遮阴、通风、喷水等。光照度可以通过加光和遮阴来调节。通风和喷水可以调节环境湿度。许多调节措施可以同时改变几个环境因素，如通风不仅可以降低温度，也可控制湿度，遮阴对温度和光照条件都有影响。这种相互影响有的对花卉有益，但有的则不利于花卉的生长发育。

（一）遮阴

许多盆花是喜阴或耐阴的花卉，不适应夏季强烈的太阳辐射，为了避免强光和高温对植物造成伤害，需要对盆花进行遮阴处理。遮阴不仅可以直接降低植物接收的太阳辐射强度，也可以有效降低植株表面和周围环境的温度。遮光材料应具有一定透光率、较高的反射率和较低的吸收率。常用遮光物有白色涂层（如石灰水、钛白粉等）、草席、苇帘、无纺布和遮阳网。涂白遮光率为14%～27%，一般夏季涂上，秋季洗去，管理省工，但是不能随意调节光照度，且早晚室内光照过弱。草席遮光率一般为50%～90%，苇帘遮光率为24%～76%，因厚度和编织方法不同而异，草席和苇帘不宜做得太大，操作麻烦，一般用于小型温室。白色无纺布遮光率为20%～30%。目前遮阳网最为常用，其遮光率的变化范围为25%～75%，与网的颜色、网孔大小和纤维线粗细有关。遮阳网的形式多种多样，目前普遍使用的一种是黑塑料编织网，中间缀以尼龙丝，以提高强度。在欧美一些发达国家，遮阳网形式更多，其中一种遮阳网是双层，外层为银白色网，具有反光性，内层为黑塑料网，用以遮挡阳光和降温。还有一种遮阳网，不仅减弱光强，而且只透过日光中植物所需要的光，而将不需要的光滤掉。所有遮光材料均可覆盖于温室或大棚的骨架上，或直接将遮光材料置于玻璃或塑料薄膜上构成外遮阴，遮阳网还可用于温室内构成内遮阴。

（二）通风

通风除具有降温作用外，还有降低设施内湿度、补充二氧化碳气体、排除室内有害气体等作用。通风包括自然通风和强制通风两种。最大的降温效果是使室内温度与室外温度相等。

1. 自然通风　自然通风即开启设施门、窗进行通风换气，适于高温、高湿季节的全面通风及寒冷季节的微弱换气。操作极为方便，设备简单，运行管理费用较低，因此它是温室广泛采用的一种换气措施。智能化温室的通风换气可根据人为设定的温度指标，自动调节窗户的开闭和通风面积的大小。

2. 强制通风　强制通风利用排风扇作为换气的主要动力，其特点是设备和运行费用较高，一般日光温室和塑料大棚不采用。对于盛夏季节需要蒸发降温，开窗受到限制、高温季节通风不良的温室，还有某些有特殊需要的温室才考虑强制通风。

3. 蒸发降温设备　蒸发降温设备利用水分蒸发吸热使室内空气温度下降，实践中常结合强制通风来提高蒸发效率。此法降温效果与温室外空气湿度有关，湿度小时效果好，湿度大时效果差，在南方高湿地区不适用。常用的设施蒸发降温设备有湿垫风机降温系统和弥雾排风系统等。

现代温室盆栽花卉的环境调节和控制是一个综合管理系统，包括综合环境调控系统、紧急处理系统和数据收集处理系统三大部分。综合环境调控系统利用计算机控制通风、加温、加湿、灌溉、二氧化碳施肥、遮光、补光等设备，使各项指标维持在设定的数值水平上，保持花卉在最佳的环境中生长发育，并最大限度地节约能源消耗，获得高产。紧急处理系统当外界环境异常、控制装置发生故障、停电时向生产者发出警报。数据收集处理系统随时将温室内外各种小气候要素、设备运转状况等打印出来进行处理，供生产者参考。

第三节　切花设施栽培

切花切离母体后仍要保持良好的鲜活性和观赏性，除取决于切花植物的遗传特性之外，在栽培管理中采用适当的技术措施，保证切花发育健壮、营养充实，是支持切花长途运输和瓶插寿命的基础。切花生产大多是在栽培设施中进行的，要保证切花周年供应更离不开设施栽培。

一、土壤准备

（一）土壤消毒

在设施中栽培切花，因病虫害的易传播性，土壤消毒尤显重要。国外常采用蒸汽消毒。其优点是消毒彻底，时间短，温度下降后即可种植；对附近植物无害，无残留物，能促进难溶性盐类溶解，使土壤理化性质得以改善。但蒸汽消毒设施一次性投入成本较高，国内很少采用，目前仍以药剂消毒为主。

（二）选地与整地

1. 选地　切花栽培用地要求阳光充足，土质疏松肥沃，排水良好，圃地周围无污染源，水源方便，水质清洁，空气流通。因此，种植前需先了解土壤结构、肥力状况、酸碱度、盐分含量等，并根据土壤的实际情况，结合整地进行土壤改良。如黏土可用砻糠灰、河沙、煤渣、锯末、菇渣等加以改良，并挖深沟排水；沙土需施用各类畜禽肥、腐叶土或有机堆肥后方可使用；一般切花种类要求土壤电导率为0.5～1.5mS/cm，若高于2.5mS/cm，则有盐分过高之危险，应对土壤进行灌溉或淋溶，降低土壤盐分后再行种植。

2. 整地做畦

（1）整地　整地应在土壤湿度适宜时进行，常选择在倒茬后、定植前进行。通常先进行翻耕，同时清除碎石瓦片、残根断株，再翻入腐熟的有机肥料或土壤改良物，翻匀后细碎耙平。翻耕深度依切花种类不同而定。一、二年生草花因根系较浅，翻耕深度20～25cm；宿根类切花和球根类切花一般在30～40cm；木本切花因根系强大，需深翻或挖穴种植，深度至少在40～50cm。

（2）做畦　做畦方式根据不同地区、地势及切花种类而有差异。南方多雨、地势低的地区，做高畦以利排水；北方少雨、高燥地区，宜做低畦以利保水、灌溉。畦多南北走向，畦面宽度应考虑农事操作便利和冬季保温盖膜的需要。

二、起苗与定植

1. 起苗　起苗是将花苗从苗床中取出。起苗时间依切花种类不同，总的要求是越早、苗越小，越省工，缓苗比较容易，成活率也高。但苗太小适应外界环境的能力弱，管理比较困难，所以新发根长到2～3cm、新长的心叶有1～2片时起苗最合适。起苗前一天通常浇水使土壤湿润，起苗当天不应再浇水，起苗时应进行遮阴，根部带基质或护心土以充分保湿。幼苗质量应以根系发育是否良好为首要因素，购苗时还应特别检查苗根基部，观察是否有真菌危害，如不能有斑点、水渍状部位等。

2. 定植　定植是指小苗最后一次移植在固定地方，之后不再移动。通常切花栽培以密植为主，并注重浅植。株行距大小依据不同切花植物后期的生长特性、剪花要求决定，如月季9～12株/m^2，香石竹36～42株/m^2等。定植不宜过深，否则抽芽发根慢。定植后的第一次浇水以刚浇透为宜，浇水太多易使土层内含氧量减少，不利于发新根。为使土壤吸足水分，通常可在定植前1～2d将土壤浇一次透水，小苗定植后，用细水流轻轻浇灌即可。

三、灌溉与施肥

（一）灌溉

水分管理是一项经常性的工作，在很大程度上决定了切花栽培的成败。浇水看似简单，其实技术性强，需要不断摸索、积累经验。

1. 水质要求　水质以清澈的活水为上，如河水、湖水、池水、雨水，避免用死水或含矿物质较多的硬水如井水等。若使用自来水，应注意当地的自来水水质，如酸碱度、含盐量等，并在水池中预置，让氟、氯离子及其他重金属离子等有害物质充分挥发、沉淀后再使用。

2. 根据不同切花植物的特性浇水　掌握不同切花植物的需水特性，有针对性地浇水，才能取得好的效果。如花谚中有“干兰湿菊”，说明兰花这种阴生植物需较高的空气湿度，但根际的土壤湿度又不宜太大；而菊花则喜阳，不耐干旱，要求土壤湿润，但又不能过于潮湿、积水。一般说来，大叶、圆叶植株的叶面蒸腾强度较大，需水量较多；而针叶、狭叶、毛叶或蜡质叶等叶表面不易失水的花卉种类需水较少。

3. 根据不同生育期浇水　同一种切花植物在各个不同的生长发育阶段对水分的需求量是不同的。通常而言，幼苗期根系较浅，虽然代谢旺盛，但不宜浇水过多，只能少量多次；植株恢复正常营养生长后，生长量大，应增大浇水量；进入开花期后，因根系深，生长量小，应控制水分以利提早开花和提高切花品质。

4. 根据不同季节、土质浇水　就全年来说，春、秋两季少浇，夏季多浇，冬季浇水最少。但在大棚栽培中，冬季双层薄膜覆盖下湿度很大，往往给人一种错觉，认为不必浇水。其实只是土壤表层湿润，而中下层比较干，单靠薄膜内汽化形成的雾滴水无法满足根系的需水量，所以也需要适当浇水。

5. 浇水时间　夏季以早、晚浇水为好，秋冬则可在近中午时浇灌。原则就是使水温与土温相近，若水温与土温的温差较大，会影响植株的根系活动，甚至伤根。

（二）施肥

土壤在栽培过程中需不断进行培肥。特别是对那些肥力水平不高、不适宜切花植物生长发育的土壤更要进行改良培肥，使水、肥、气、热条件都适应花卉植物高产、优质的需要。

对设施栽培的土壤要特别注意加强培肥，以防土壤发生退化。生产实践上采取如下措施进行培肥：

1. 保护性耕作 种植其他农作物的大田改种切花时，对土壤进行保护性耕作，少耕浅耕，轮作换茬，增加土壤中有机物的积累，涵养水分，提高微生物活动能力，以释放更多的土壤养分，满足花卉生长发育的需要。

2. 增施有机肥 有机肥料分解慢，肥效长，有利于改良土壤结构，故多用于基肥，也可用部分无机肥料与有机肥料混合作基肥使用，特别是那些易被土壤固定失效的无机肥如过磷酸钙等，与有机肥料混用效果很好。在用有机肥作基肥时，必须是腐熟的，因为有机肥在发酵和分解时会释放大量的热，容易伤根，而且未经发酵腐熟的有机肥其养分难以吸收，且往往带有许多病原菌和虫卵。基肥中通常氮、磷、钾的总量多于追肥，宿根花卉与球根花卉要求更多的有机肥料作基肥。有机肥料可以结合整地均匀地施入耕作层。常用的有机肥包括厩肥、堆肥、豆饼、骨粉、畜禽粪、人粪尿等。

3. 种植绿肥 豆科植物具有固氮作用，采摘可食部分后将其茎秆还田，尤其是将豌豆、绿豆、蚕豆、田菁等鲜嫩茎叶压青，可增加土壤有机质和氮素含量。

种植夏季绿肥作物，生长快，产量高，对土壤适应性强，耐盐、耐涝、耐瘠，便于管理，根瘤多，固氮能力强，能活化、富集土壤中的磷、钾养分，同时获得大量蛋白质和有机物质，是改土培肥的理想途径。种植前后土壤样品分析结果表明，培肥效果明显。

4. 合理施用化肥 化肥即无机肥，其特点是含量高、养分单一，多为无机盐类，易溶于水，便于植物吸收，肥效快，同时也易流失，一般多用于追肥。施肥前必须了解各种化肥的性质及各种花卉吸收养分的特性，合理施用。如磷肥的施用，应根据土壤酸碱性选用不同的磷肥品种，在酸性、微酸性土壤中施用钙镁磷肥、磷矿粉等碱性肥料，既可增加有效磷，又可中和土壤的酸性，还增加了土壤中的钙、镁元素；而在石灰性土壤中宜选施过磷酸钙、重过磷酸钙等磷肥，不仅提高磷的有效性，还可用过磷酸钙来改良盐碱土壤。常用的无机肥料还有尿素、硫酸铵、硝酸钾、碳酸氢铵、磷酸二氢钾、硫酸亚铁等。

无机肥料大多含养分单一，长期施用易使土壤板结，并不能满足切花对各种营养元素的均衡需要，应同时施用几种化学肥料，或无机肥料与有机肥料混合施用。但不是所有的肥料都能混合，若混合不当，易降低肥效甚至产生副作用。

5. 根外追肥 根外追肥一般采用叶面喷施肥料，以花卉急需某种营养元素或补充微量元素时施用最宜。喷施的时间，以清晨、傍晚或阴雨时最适。喷施浓度不能过高，一般掌握在0.1%～0.2%。

施肥量及用肥种类依据切花生育期不同而有差异。幼苗期吸收量较少，茎叶大量生长至开花前吸收量呈直线上升，一直到开花后才逐渐减少。幼苗生长期、茎叶发育期多施氮肥，能促进营养器官的发育；孕蕾期、开花期则应多施磷、钾肥，以促进开花和延长开花期。通常生长季节每隔7～10d施一次肥。

准确施肥还取决于气候、土壤以及管理水平。要掌握少量多次的原则，切忌施浓肥。施肥后要及时浇透水，不要在中午前后或有风时施追肥，以免无机肥伤害植株。

四、中耕除草

中耕除草的作用是疏松表土，通过切断土壤毛细管，减少水分蒸发，来提高土温，使土壤内空气流通，促进有机质分解，为切花生长和养分吸收创造良好的条件。中耕同时可以除去杂草，但除草不能代替中耕，因此在雨后或灌溉之后，即使没有杂草也要进行中耕。

幼苗期中耕应浅，随着苗的生长而逐渐加深。株、行中间处中耕应深，近植株处应浅。当幼苗渐大，根系已扩大于株间时中耕应停止，否则根系易断，造成生长受阻。

除草可以避免杂草与切花争夺土壤中的水分、养分和阳光，应在杂草发生之初尽早进行，因此时杂草根系较浅，易于清除。多年生杂草必须将其地下部分全部掘出，以防翌年再生。

除草一般结合中耕进行，在花苗栽植初期，特别是在植株郁闭之前将其除尽。可用地膜覆盖防除杂草，尤以黑膜效果最佳。目前除人工方法外，还可使用除草剂，但浓度一定要严格掌握。如采用 2,4-D 0.5%～1.0%稀释液，可消灭双子叶杂草。

五、整形修剪与设架拉网

整形修剪是切花生产过程中技术性很强的工作，包括摘心、除芽、除蕾、修剪枝条等。

通过整枝可以控制植株的高度，增加分枝数以提高着花率；或除去多余的枝叶，减少其对养分的消耗；也可作为控制花期或使植株二次开花的技术措施。整枝不能孤立进行，必须根据植株的长势与肥水等其他管理措施相配合，才能达到目的。

1. 摘心 摘心（pinching）是指摘除枝梢顶芽，能促使植株的侧芽形成，开花数增多，并能抑制枝条生长，促使植株矮化，还可延长花期。如香石竹每摘一次心，花期延长 30d 左右，每分枝可增加 3～4 个开花枝。

2. 摘芽 摘芽（disbud）的目的是除去过多的腋芽，以限制枝条增加和过多花蕾发生，可使主茎粗壮挺直，花朵大而美丽。

3. 剥蕾 剥蕾（paring flower bud）通常是摘除侧蕾、保留主蕾（顶蕾），或除去过早发生的花蕾和过多的花蕾。

4. 修枝 修枝（pruning）是剪除枯枝、病虫害枝、位置不正易扰乱株形的枝、开花后的残枝，改进通风透光条件，并减少养分消耗，提高开花质量。

5. 剥叶 剥叶（paring leaf）是经常剥去老叶、病叶及多余叶片，可协调植株营养生长与生殖生长的关系，有利于提高开花率和切花品质。

6. 支缚 支缚（underlaying）是用网、竹竿等物支缚住切花植株，保证切花茎秆挺直、不弯曲、不倒伏。例如香石竹、菊花生产上常用尼龙网作为支撑物。

第四节 花卉的无土栽培

除土壤之外还有许多物质可以作为花卉根部生长的基质。凡是利用其他物质代替土壤为根系提供环境来栽培花卉的方法，就是花卉的无土栽培（soilless culture）。无土栽培的历史虽然很古老，但真正的发展始于 1970 年丹麦 Grodan 公司开发的岩棉培技术和 1973 年英国温室作物研究所的营养液膜技术（NFT）。沙砾最早被植物营养学家和植物生理学家用来栽培作物，通过浇灌营养液来研究作物的养分吸收、生理代谢以及植物必需营养元素和生理障碍等。因此，沙砾可以说是最早的栽培基质。近 30 年来，无土栽培技术发展极其迅速，目前在美国、英国、俄罗斯、法国、加拿大、荷兰等发达国家已广泛应用。美国是世界上最早应用无土栽培技术进行生产的国家，但无土栽培生产的面积并不大。

20世纪80年代初，日本的无土栽培发展势头很猛，不过很快就被荷兰等欧洲国家和以色列等农业生产发达的国家超过。我国无土栽培的应用起步较晚，目前仍处于开发阶段，实际应用于生产的面积不大。

1. 无土栽培的优点

①无土栽培不仅可以使花卉得到足够的水分、无机营养和空气，而且这些条件更便于人工调控，有利于栽培技术的现代化。

②无土栽培扩大了花卉的种植范围，在沙漠、盐碱地、海岛、荒山、砾石地或荒漠都可进行，规模可大可小。

③无土栽培能加速花卉生长，提高花卉产品产量和品质。如无土栽培的香石竹香味浓、花朵大、花期长、产量高，盛花期比土壤栽培的提早2个月。又如仙客来，在水培中生长的花丛直径可达50cm，高度达40cm，一株仙客来平均可开20朵花，一年可达130朵花，同时还易度过夏季高温。无土栽培金盏菊的花序平均直径为8.35cm，而对照的花序直径只有7.13cm。

④无土栽培节省肥水。土壤栽培由于水分流失严重，其水分消耗量比无土栽培大7倍左右。无土栽培施肥的种类和数量都是根据花卉生长的需要来确定的，且其营养成分直接供给花卉根部，完全避免了土壤的吸收、固定和地下渗透，可节省一半左右的肥料用量。

⑤无土栽培无杂草，无病虫，清洁卫生。

⑥无土栽培可节省劳动力，减轻劳动强度。

2. 无土栽培的缺点

①无土栽培一次性投资较大。需要许多设备，如水培槽、培养液池、循环系统等，故投资较大。

②无土栽培风险性更大，一旦一个环节出问题，可能导致整个栽培系统瘫痪。

③无土栽培对环境条件和营养液的配制都有严格的要求，因此对栽培和管理人员要求也高。

一、无土栽培的方式

（一）水培

水培就是将花卉的根系悬浮在装有营养液的栽培容器中，营养液不断循环流动以改善供氧条件。水培方式有如下几种：

1. 营养液膜技术 营养液膜技术（NFT）仅有一薄层营养液流经栽培容器的底部，不断供给花卉所需营养、水分和氧气。但因营养液层薄，栽培管理难度大，尤其在遇短期停电时，花卉则面临水分胁迫，甚至有枯死的危险。根据栽培需要，又可分为连续式供液和间歇式供液两种类型。间歇式供液可以节约能源，也可以控制植株的生长发育，其特点是在连续供液系统的基础上加一个定时器装置。间歇供液的程序是在槽底垫有无纺布的条件下，夏季每1h内供液15min、停供45min，冬季每2h内供液15min、停105min。这些参数要结合花卉具体长势及天气情况而调整。

2. 深液流技术 深液流技术（DFT）是将栽培容器中的水位提高，使营养液由薄薄的一层变为5～8cm深，因容器中的营养液量大，湿度、养分变化不大，即使在短时间停电，也不必担心花卉枯萎死亡，根茎悬挂于营养液的水平面上，营养液循环流动。通过营养液的流动可以增加溶存氧，消除根表有害代谢产物的局部累积，消除根表与根外营养液的养分浓度差，使养分及时送到根表，并能促进因沉淀而失效的营养液重新溶解，防止缺素症发生。目前的水培方式已多向这一方向发展。

3. 动态浮根法　动态浮根法（DRF）是指在栽培床内进行营养液灌溉时，花卉的根系随着营养液的液位变化而上下左右波动。灌满 8cm 的水层后，由栽培床内的自动排液器将营养液排出去，使水位降至 4cm 的深度。此时上部根系暴露在空气中可以吸氧，下部根系浸在营养液中不断吸收水分和养料，不怕夏季高温使营养液温度上升、氧的溶解度降低，可以满足花卉的需要。

4. 浮板毛管水培法　浮板毛管水培法（FCH）是在深液流法的基础上增加一块厚 2cm、宽 12cm 的泡沫塑料板，根系可以在泡沫塑料浮板上生长，便于吸收营养液中的养分和空气中的氧气。根际环境条件稳定，液温变化小，根际供氧充分，不怕因临时停电影响营养液的供给。

5. 鲁 SC 系统　在栽培槽中填入 10cm 厚的基质，然后又用营养液循环灌溉花卉，因此也称为基质水培法。鲁 SC 系统因有 10cm 厚的基质，可以比较稳定地供给水分和养分，故栽培效果良好，但一次性投资成本稍高。

6. 雾培　雾培（spray cwlture）也是水培的一种形式，将植物的根系悬挂于密闭凹槽的空气中，槽内通入营养液管道，管道上隔一定距离有喷头，使营养液以喷雾形式提供给根系。雾气在根系表面凝结成水膜被根系吸收，根系连续不断地处于营养液滴饱和的环境中。雾培很好地解决了水、养分和氧气供应的问题，对根系生长极为有利，植株生长快，但是对喷雾的要求很高，雾点要细而均匀。雾培也是扦插育苗的最好方法。

由于水培法使花卉的根系浸于营养液中，花卉处在水分、空气、营养供应的均衡环境之中，故能发挥花卉的增产潜力。水培设施都是循环系统，其生产的一次性投资大，且操作及管理严格，一般不易掌握。水培方式由于设备投入较多，故应用受到一定限制。

（二）基质栽培

基质栽培有两个系统，即基质—营养液系统和基质—固态肥系统。

1. 基质—营养液系统　基质—营养液系统是在一定容器中，以基质固定花卉的根系，根据花卉需要定期浇灌营养液，花卉从中获得营养、水分和氧气的栽培方法。

2. 基质—固态肥系统　基质—固态肥系统又称有机生态型无土栽培技术，不用营养液而用固态肥，用清水直接灌溉。该项技术是我国科技人员针对北方地区缺水的具体情况而开发的一种新型无土栽培技术，所用的固态肥是经高温消毒或发酵的有机肥（如消毒鸡粪和发酵油渣）与无机肥按一定比例混合制成的颗粒肥，其施肥方法与土壤施肥相似，定期施肥，平常只浇灌清水。这种栽培方式的优点是一次性运转的成本较低，操作管理简便，排出液对环境无污染，是一种具有中国特色的无土栽培技术。

二、无土栽培的基质

栽培基质有两大类，即无机基质和有机基质。无机基质如沙、蛭石、岩棉、珍珠岩、泡沫塑料颗粒、陶粒等；有机基质如泥炭、树皮、砻糠灰、锯末、木屑等。目前 90%的无土栽培均为基质栽培。由于基质栽培的设施简单，成本较低，且栽培技术与传统的土壤栽培技术相似，易于掌握，故我国大多采用此法。

（一）基质选用的标准

①要有良好的物理性状，结构和通气性要好。

②有较强的吸水和保水能力。

③价格低廉，调制和配制简单。

④无杂质，无病、虫、菌，无异味和臭味。

⑤有良好的化学性状，具有较好的缓冲能力和适宜的EC值。

（二）常用的无土栽培基质

（1）沙　沙为无土栽培最早应用的基质。其特点是来源丰富，价格低，但容重大，持水力差。沙粒大小应适当，以粒径0.6～2.0mm为好。使用前应过筛洗净，并测定其化学成分，供施肥参考。

（2）石砾　石砾是河边石子或石矿厂的岩石碎屑，来源不同化学组成差异很大。一般选用的石砾以非石灰性（花岗岩等发育形成）的为好，选用石灰质石砾应用磷酸钙溶液处理。石砾粒径在1.6～20mm的范围内，本身不具有阳离子代换量，通气排水性能好，但持水力差。由于石砾的容重大，日常管理麻烦，在现代无土栽培中已经逐渐被一些轻型基质代替，但是石砾在早期的无土栽培中起过重要的作用，现在用于深液流水培上作为定植填充物还是合适的。

（3）蛭石　蛭石属云母族次生矿物，含铝、镁、铁、硅等，呈片层状，经1 093℃高温处理，体积平均膨大15倍而成。蛭石孔隙度大，质轻（容重为60～250kg/m^3），通透性良好，持水力强，pH中性偏酸，含钙、钾较多，具有良好的保温、隔热、通气、保水、保肥作用。因为经过高温煅烧，无菌、无毒，化学稳定性好，为优良无土栽培基质之一。

（4）岩棉　岩棉是60%辉绿岩、20%石灰石和20%焦炭经1 600℃高温处理，然后喷成直径0.5mm的纤维，再加压制成供栽培用的岩棉块或岩棉板。岩棉质轻，孔隙度大，通透性好，但持水略差，pH7.0～8.0，含花卉所需有效成分不高。西欧各国应用较多。

（5）珍珠岩　珍珠岩由硅质火山岩在1 200℃下燃烧膨胀而成，其容重为80～180kg/m^3。珍珠岩易于排水、通气，物理和化学性质比较稳定。珍珠岩不适宜单独作为基质使用，因其容重较轻，根系固定效果较差，一般和草炭、蛭石等混合使用。

（6）泡沫塑料颗粒　泡沫塑料颗粒为人工合成物质，含脲甲醛、聚甲基甲酸酯、聚苯乙烯等。泡沫塑料颗粒质轻，孔隙度大，吸水力强。一般多与沙和泥炭等混合使用。

（7）砻糠灰　砻糠灰即炭化稻壳。质轻，孔隙度大，通透性好，持水力较强，含钾等多种营养成分，pH高，使用过程中应注意调整。

（8）泥炭　泥炭习称草炭，由半分解的植被组成，因植被母质、分解程度、矿质含量而有不同种类。泥炭容重较小，富含有机质，持水保水能力强，偏酸性，含植物所需要的营养成分。一般通透性差，很少单独使用，常与其他基质混合用于花卉栽培。泥炭是一种非常好的无土栽培基质，特别是在工厂化育苗中发挥着重要的作用。

（9）树皮　树皮是木材加工过程中的下脚料，是一种很好的栽培基质，价格低廉，易于运输。树皮的化学组成因树种的不同差异很大。大多数树皮含有酚类物质且C/N较高，因此新鲜的树皮应堆沤1个月以上再使用。阔叶树树皮较针叶树树皮的C/N高。树皮有很多种大小颗粒可供利用，在盆栽中最常用直径为1.5～6.0mm的颗粒。一般树皮的容重接近于泥炭，为0.4～0.53g/cm^3。树皮作为基质，在使用过程中会因物质分解而使容重增加，体积变小，结构受到破坏，造成通气不良、易积水，这种结构的劣变需要1年左右。

（10）锯末与木屑　锯末与木屑为木材加工副产品，在资源丰富的地方多用作基质栽培花卉。以黄杉、铁杉锯末为好，含有毒物质树种的锯末不宜采用。锯末质轻，吸水、保水力强并含一定营养物质，一般多与其他基质混合使用。

此外用作栽培基质的还有陶粒、煤渣、砖块、火山灰、椰子纤维、木炭、蔗渣、苔藓、蕨根等。

（三）基质的作用与性质

1. 基质的作用　无土栽培基质的基本作用有三个：一是支持固定植物；二是保持水分；三是通气。无土栽培不要求基质一定具有缓冲作用。缓冲作用可以使根系生长的环境比较稳定，即当外来物质或根系本身新陈代谢过程中产生一些有害物质危害根系时，缓冲作用会将这些危害化解。具有物理吸收和化学吸收功能的基质都有缓冲功能，如蛭石、泥炭等，具有这种功能的基质通常称为活性基质。固体基质的作用是由其本身的物理性质与化学性质所决定的，要了解这些作用的大小、好坏，就必须对与之有密切关系的物理性质和化学性质有一个比较具体的认识。

2. 基质的物理性质

（1）容重　容重是指单位体积基质的重量，用 g/L 或 g/cm^3 来表示。基质的容重反映基质的疏松、紧实程度。容重过大则基质过于紧实，透气透水都较差，对花卉生长不利；容重过小，则基质过于疏松，虽透气性好，利于根系的伸展，但不易固定植株，给管理上增加难度。一般基质容重在 0.1～0.8g/cm^3 范围内，花卉生长效果较好。

（2）总孔隙度　总孔隙度是指基质中持水孔隙和通气孔隙的总和，以相当于基质体积的百分数（%）表示。总孔隙度大的基质，其空气和水的容纳空间就大，反之则小。总孔隙度大的基质较轻、疏松，利于植株的生长，但对根系的支撑和固定作用较差，易倒伏，如蛭石、岩棉等的总孔隙度为 90%～95%。总孔隙度小的基质较重，水和空气的总容量少，如沙的总孔隙度为 30%。因此为了克服单一基质总孔隙度过大或过小所产生的弊病，在实际应用中常将两三种不同颗粒大小的基质混合制成复合基质来使用。

（3）大小孔隙比　大孔隙指基质中空气所能够占据的空间，即通气孔隙。小孔隙是指基质中水分所能够占据的空间，即持水孔隙。通气孔隙与持水孔隙的比值称为大小孔隙比，大小孔隙比能够反映基质中水、气之间的状况。如果大小孔隙比大，则说明通气容积大而持水容积较小，反之则通气容量小而持水容积大。一般而言，大小孔隙比在 1∶1.5～4 范围内花卉都能良好生长。

（4）基质的颗粒大小　基质的颗粒大小直接影响容重、总孔隙度、大小孔隙比。同种基质越粗，容重越大，总孔隙度越小，大小孔隙比越大，颗粒越细则相反。因此，为了使基质既能满足根系吸水的要求，又能满足根系吸收氧气的要求，基质的颗粒不能太粗。颗粒太粗虽然通气性好，但持水性差，种植管理上要增加浇水的次数；颗粒太细，虽然有较高的持水性，但通气不良，易使基质内水分过多，造成过强的还原态影响根系生长。几种常用基质的物理性状如表 6-11 所示。

3. 基质的化学性质　基质的化学性质是指基质发生化学变化的难易程度。花卉无土栽培中要求基质有很强的化学稳定性，这样可以减少营养液受干扰的机会，保持营养液的化学平衡而方便管理。基质的化学稳定性因化学组成不同而差别很大，由石英、长石、云母等矿物组成的无机基质的化学稳定性最强；由角闪石、辉石等组成的次之；而以石灰石、白云石等碳酸盐矿物组成的最不稳定。有机基质中含木质素、腐殖质较多的基质的化学稳定性最好，如泥炭、经过堆沤腐熟的木屑、树皮、甘蔗渣等。

表 6-11 常用基质的物理性质、化学性质

基质种类	容重 (g/cm^3)	总孔隙度 (%)	大孔隙（%）（通气容积）	小孔隙（%）（持水容积）	大小孔隙比［大孔隙（%）/小孔隙（%）］
沙	1.49	30.5	29.5	1.0	29.50
煤渣	0.70	54.7	21.7	33.0	0.66
蛭石	0.13	95.0	30.0	65.0	0.46
珍珠岩	0.16	93.0	53.0	40.0	1.33
岩棉	0.11	96.0	2.0	94.0	0.02
泥炭	0.21	84.4	7.1	77.3	0.09
木屑	0.19	78.3	34.5	43.8	0.79
砻糠灰	0.15	82.5	57.5	25.0	2.30
蔗渣（堆沤 6 个月）	0.12	90.8	44.5	46.3	0.96

（1）基质的酸碱性　不同基质其酸碱性各不相同，过酸过碱都会影响营养液的平衡和稳定，使用前必须检测基质的 pH，进而采取相应的措施调节。

（2）阳离子代换量　基质中阳离子代换量会对基质营养液的组成产生很大影响。基质的阳离子代换量既有不利的一面，即影响营养液的平衡，也有有利的一面，即保存养分、减少损失，并对营养液的酸碱反应有缓冲作用。

（3）基质的缓冲能力　基质的缓冲能力是指基质在加入酸碱物质后，本身所具有的缓和酸碱性变化的能力。缓冲能力的大小，主要由阳离子代换量和存在于基质中的弱酸及其盐类的多少而定。一般阳离子代换量高的基质的缓冲能力也强。有机基质都有缓冲能力，而无机基质有些有很强的缓冲能力，如蛭石，但大多数无机基质的缓冲能力都很弱。

（4）基质的电导率　未加入营养液的基质本身原有的电导率，反映了基质含可溶性盐分的多少，将直接影响到营养液的平衡。受海水影响的沙，常含有较多的海盐成分，树皮、砻糠灰等也含有较高的盐分。使用基质前应对其电导率了解清楚，以便做适当处理。

（四）基质的消毒

任何一种基质使用前均应进行处理，如筛选除杂质、水洗除泥、粉碎浸泡等。有机基质经消毒后才宜应用。基质消毒的方法有三种：

1. 化学药剂消毒

（1）福尔马林　福尔马林是良好的消毒剂，一般将原液稀释 50 倍，用喷壶将基质均匀喷湿，覆盖塑料薄膜，经 24～26h 后揭膜，再风干 2 周后使用。

（2）溴甲烷　利用溴甲烷进行熏蒸是相当有效的消毒方法，但由于溴甲烷有剧毒，并且是强致癌物质，因而必须严格遵守操作规程，并且须向溴甲烷中加入 2%的氯化苦以检验是否对周围环境有泄漏。方法是将基质堆起，用塑料管将药剂引入基质中，每立方米基质用药 100～150g，基质施药后，随即用塑料薄膜盖严，5～7d 后去掉薄膜，晒 7～10d 后即可使用。

2. 蒸汽消毒　向基质中通入高温蒸汽，可以在密闭的房间或容器中，也可以在室外用塑料薄膜覆盖基质，蒸汽温度保持 60～120℃，温度太高，会杀死基质中的有益微生物，蒸汽消毒时间以 30～60min 为宜。

3. 太阳能消毒　蒸汽消毒比较安全，但成本较高。药剂消毒成本较低，但安全性较差，

并且会污染周围环境。太阳能消毒是近年来在温室栽培中应用较普遍的一种廉价、安全、简单实用的基质消毒方法。具体方法是，夏季高温季节在温室或大棚中，把基质堆成20～25cm高的堆（长、宽视具体情况而定），同时喷湿基质，使其含水量超过80%，然后用塑料薄膜覆盖基质堆，密闭温室或大棚，暴晒10～15d，消毒效果良好。

（五）基质的混合及配制

各种基质既可单独使用，也可按不同的配比混合使用，但就栽培效果而言，混合基质优于单一基质，有机与无机混合基质优于纯有机或纯无机混合的基质。基质混合总的要求是降低基质的容重，增加孔隙度，增加水分和空气的含量。基质的混合使用，以2～3种混合为宜。比较好的基质应适用于各种作物。

育苗和盆栽基质，在混合时应加入矿质养分，以下是一些常用的育苗和盆栽基质配方：

1. 常用的混合基质

①2份泥炭、2份珍珠岩、2份沙。

②1份泥炭、1份珍珠岩。

③1份泥炭、1份沙。

④1份泥炭、3份沙。

⑤1份泥炭、1份蛭石。

⑥3份泥炭、1份沙。

⑦1份蛭石、2份珍珠岩。

⑧2份泥炭、2份火山岩、1份沙。

⑨2份泥炭、1份蛭石、1份珍珠岩。

⑩1份泥炭、1份珍珠岩、1份树皮。

⑪1份刨花、1份煤渣。

⑫3份泥炭、1份珍珠岩。

⑬2份泥炭、1份树皮、1份刨花。

⑭1份泥炭、1份树皮。

2. 美国加利福尼亚大学混合基质　0.5m^3细沙（粒径0.05～0.5mm）、0.5m^3粉碎泥炭、145g硝酸钾、145g硫酸钾、4.5kg白云石石灰石、1.5kg钙石灰石、1.5kg过磷酸钙（20%P_2O_5）。

3. 美国康奈尔大学混合基质　0.5m^3粉碎泥炭、0.5m^3蛭石或珍珠岩、3.0kg石灰石（最好是白云石）、1.2kg过磷酸钙（20%P_2O_5）、3.0kg三元复合肥（5-10-5）。

4. 中国农业科学院蔬菜花卉研究所无土栽培盆栽基质　0.75m^3泥炭、0.13m^3蛭石、0.12m^3珍珠岩、3.0kg石灰石、1.0kg过磷酸钙（20%P_2O_5）、1.5kg三元复合肥（15-15-15）、10.0kg消毒干鸡粪。

5. 泥炭矿物质混合基质　0.5m^3泥炭、0.5m^3蛭石、700g硝酸铵、700g过磷酸钙（20%P_2O_5）、3.5kg磨碎的石灰石或白云石。

混合基质中含有泥炭，当植株从育苗钵（盘）中取出时，植株根部的基质就不易散开。当混合基质中泥炭含量小于50%时，植株根部的基质易于脱落，因而在移植时，务必小心，以防损伤根系。

如果用其他基质代替泥炭，则混合基质中就不用添加石灰石，因为石灰石主要是用来降低基质的氢离子浓度（提高基质pH）。

三、营养液的配制与管理

（一）常用的无机肥料

（1）硝酸钙　硝酸钙［$Ca(NO_3)_2 \cdot 4H_2O$］为白色结晶，易溶于水，吸湿性强，一般含氮13%～15%，含钙25%～27%，生理碱性肥。硝酸钙是配制营养液良好的氮源和钙源肥料。

（2）硝酸钾　硝酸钾（KNO_3）又称火硝，为白色结晶，易溶于水但不易吸湿，一般含硝态氮13%，含钾（K_2O）46%。硝酸钾为优良的氮钾肥，但在高温遇火情况下易引起爆炸。

（3）硝酸铵　硝酸铵（NH_4NO_3）为白色结晶，含氮34%～35%，吸湿性强，易潮解，溶解度大，应注意密闭保存，具助燃性与爆炸性。硝酸铵含铵态氮比重大，故不作配制营养液的主要氮源。

（4）硫酸铵　硫酸铵［$(NH_4)_2SO_4$］为标准氮素化肥，含氮20%～21%，为白色结晶，吸湿性小。硫酸铵为铵态氮肥，用量不宜大，可作补充氮肥施用。

（5）磷酸二氢铵　磷酸二氢铵（$NH_4H_2PO_4$）为白色晶体，可由无水氨和磷酸作用而成，在空气中稳定，易溶解于水。

（6）尿素　尿素［$CO(NH_2)_2$］为酰胺态有机化肥，为白色结晶，含氮46%，吸湿性不大，易溶于水。尿素是一种高效氮肥，作补充氮源有良好的效果，还是根外追肥的优质肥源。

（7）过磷酸钙　过磷酸钙［$Ca(H_2PO_4)_2 \cdot H_2O + CaSO_4 \cdot 2H_2O$］为使用较广的水溶性磷肥，一般含磷7%～10.5%，含钙19%～22%，含硫10%～12%，为灰白色粉末，具吸湿性，吸湿后有效磷成分降低。

（8）磷酸二氢钾　磷酸二氢钾（KH_2PO_4）为白色结晶，粉状，含磷（P_2O_5）22.8%，钾（K_2O）28.6%，吸湿性小，易溶于水，显微酸性。磷酸二氢钾的有效成分植物吸收利用率高，为无土栽培的优质磷、钾肥。

（9）硫酸钾　硫酸钾（K_2SO_4）为白色粉末状，含钾（K_2O）50%～52%，易溶于水，吸湿性小，生理酸性肥。硫酸钾是无土栽培中的良好钾源。

（10）氯化钾　氯化钾（KCl）为白色粉末状，含有效钾50%～60%，含氯47%，易溶于水，生理酸性肥。氯化钾为无土栽培的钾源之一。

（11）硫酸镁　硫酸镁（$MgSO_4 \cdot 7H_2O$）为白色针状结晶，易溶于水，含镁9.86%，硫13.01%。硫酸镁为良好镁源。

（12）硫酸亚铁　硫酸亚铁（$FeSO_4 \cdot 7H_2O$）又称黑矾，一般含铁19%～20%，含硫11.53%，为蓝绿色结晶，性质不稳，易变色。硫酸亚铁为良好无土栽培铁源。

（13）硫酸锰　硫酸锰（$MnSO_4 \cdot 3H_2O$）为粉红色结晶，粉状，一般含锰23.5%。硫酸锰为无土栽培中的锰源。

（14）硫酸锌　硫酸锌（$ZnSO_4 \cdot 7H_2O$）为无色或白色结晶，粉末状，含锌23%。硫酸锌为重要锌源。

（15）硼酸　硼酸（H_3BO_3）为白色结晶，含硼17.5%，易溶于水。硼酸为重要硼源，在酸性条件下可提高硼的有效性，营养液有效成分如果低于0.5mg/L，发生缺硼症。

（16）磷酸　磷酸（H_3PO_4）在无土栽培中可以作为磷的来源，而且可以调节pH。

（17）硫酸铜　硫酸铜（$CuSO_4 \cdot 5H_2O$）为蓝色结晶，含铜24.45%，硫12.48%，易溶于水。硫酸铜为良好铜肥，营养液中含量低，为0.005～0.012mg/L。

(18) 钼酸铵 钼酸铵 [$(NH_4)_6Mo_7O_{24} \cdot 4H_2O$] 为白色或淡黄色结晶，含钼54.23%，易溶于水。钼酸铵为无土栽培中的钼源，需要量极微。

(二) 营养液的配制

1. 营养液配制的原则

①营养液应含有花卉所需要的大量元素即氮、钾、磷、镁、硫、钙、铁等和微量元素锰、硼、锌、铜、钼等。在适宜原则下元素齐全、配方组合，选用无机肥料用量宜低不宜高。

②肥料在水中有良好溶解性，并易为花卉吸收利用。

③水源清洁，不含杂质。

2. 营养液对水的要求

(1) 水源 自来水、井水、河水和雨水是配制营养液的主要水源。自来水和井水使用前需对水质做化验，一般要求水质和饮用水相当。收集雨水要考虑当地空气污染程度，污染严重不可使用。一般降水量达到100mm以上，方可作为水源。河水作水源需经处理，达到符合卫生标准的饮用水才可使用。

(2) 水质 水质有软水和硬水之分。硬水是水中钙、镁的总离子浓度较高，超过了一定标准。该标准统一以每升水中氧化钙 (CaO) 的含量表示，1度=10mg/L。硬度划分：0～4度为极软水，4～8度为软水，8～16度为中硬水，16～30度为硬水，30度以上为极硬水。用作营养液的水，硬度不能太高，一般以不超过10度为宜。

(3) 其他 pH6.5～8.5，氯化钠(NaCl)含量小于2mmol/L，溶氧在使用前应接近饱和。

在制备营养液的许多盐类中，以硝酸钙最易和其他化合物起化合作用，如硝酸钙和硫酸盐混合时易产生硫酸钙沉淀，硝酸钙与磷酸盐混合易产生磷酸钙沉淀。

3. 营养液的配制 营养液内各种元素的种类、浓度因不同花卉种类、不同生长期、不同季节以及气候和环境条件而异。营养液配制的总原则是避免难溶性沉淀物质的产生。但任何一种营养液配方都必然潜伏着产生难溶性沉淀物质的可能性，配制时应运用难溶性电解质溶度积法则来配制，以免沉淀产生。生产上配制营养液一般分为浓缩贮备液（母液）和工作营养液（直接应用的栽培营养液）两种。一般将营养液的浓缩贮备液分成A、B两种母液（表6-12）。A母液以钙盐为中心，凡不与钙作用而产生沉淀的盐都可溶在一起；B母液以磷酸盐为中心，凡不与磷酸根形成沉淀的盐都可溶在一起。以日本的配方为例，A母液包括 $Ca(NO_3)_2$ 和 KNO_3，B母液包括 $NH_4H_2PO_4$ 和 $MgSO_4$、EDTA-Fe和各种微量元素。浓缩100～200倍。

表6-12 花烛营养液配方

A液		B液	
化合物	含量(g/L)	化合物	含量(g/L)
$Ca(NO_3)_2$	27	KNO_3	11
NH_4NO_3	5.4	KH_2PO_4	13.6
KNO_3	14	K_2SO_4	8.7
EDTA	558	$MgSO_4 \cdot 7H_2O$	24
$FeSO_4 \cdot 7H_2O$	417	H_3BO_3	122
		Na_2MoO_4	12
		$ZnSO_4 \cdot 7H_2O$	87
		$CuSO_4 \cdot 5H_2O$	12

注：A液用适量38%硝酸中和碳酸氢根离子，B液用适量59%磷酸中和碳酸氢根离子。使用时分别取A、B母液各1L，混合于98L水中，注意不能将未稀释的A、B母液直接混合。调节pH至5.6～6.0。

4. 营养液 pH 的调整 当营养液的 pH 偏高或是偏低，与栽培花卉要求不相符时，应进行调整校正。pH 偏高时加酸，偏低时加氢氧化钠。多数情况为 pH 偏高，加入的酸类为硫酸、磷酸、硝酸等，加酸时应徐徐加入，并及时检查，使溶液的 pH 达到要求。

在大面积生产时，除了 A、B 两个浓缩贮液罐外，为了调整营养液 pH 范围，还要有一个专门盛酸的酸液罐，酸液罐一般是稀释到 10%的浓度，在自动循环营养液栽培中，与营养液的 A、B 罐均用 pH 仪和 EC 仪自动控制。当栽培槽中的营养液浓度下降到标准浓度以下时，浓液罐会自动将营养液注入营养液槽。此外，当营养液 pH 超过标准时，酸液罐也会自动向营养液槽中注入酸。在非循环系统中，也需要这三个罐，从中取出一定量的母液，按比例进行稀释后灌溉花卉。常见花卉无土栽培营养液的 pH 见表 6-13。

表 6-13 常见花卉营养液 pH

花卉种类	pH	花卉种类	pH
百合	5.5	唐菖蒲	6.5
鸢尾	6.0	郁金香	6.5
金盏菊	6.0	天竺葵	6.5
紫罗兰	6.0	蒲包花	6.5
水仙	6.0	紫菀	6.5
秋海棠	6.0	虞美人	6.5
月季	6.5	樱草	6.5
菊花	6.8	大丽花	6.5
倒挂金钟	6.0	香豌豆	6.8
仙客来	6.5	香石竹	6.8
耧斗菜	6.5	风信子	7.0

（三）几种主要花卉营养液的配方

由于肥源条件、花卉种类、栽培要求以及气候条件不同，花卉无土栽培的营养液配方也不一样。表 6-14 至表 6-21 的配方是指大量元素，微量元素则按常量添加。

表 6-14 道格拉斯的孟加拉营养液配方

肥料名称	化学式	两种配方用量（g/L）	
		1	2
硝酸钠	$NaNO_3$	0.52	1.74
硫酸铵	$(NH_4)_2SO_4$	0.16	0.12
过磷酸钙	$CaSO_4 \cdot 2H_2O + Ca(H_2PO_4)_2 \cdot H_2O$	0.43	0.93
碳酸钾	K_2CO_3		0.16
硫酸钾	K_2SO_4	0.21	
硫酸镁	$MgSO_4$	0.25	0.53

表 6-15 波斯特的加利福尼亚营养液配方

肥料名称	化学式	用量（g/L）
硝酸钙	$Ca(NO_3)_2$	0.74
硝酸钾	KNO_3	0.48
磷酸二氢钾	KH_2PO_4	0.12
硫酸镁	$MgSO_4$	0.37

表 6-16　菊花营养液配方

肥料名称	化学式	用量（g/L）
硫酸铵	$(NH_4)_2SO_4$	0.23
硫酸镁	$MgSO_4$	0.78
硝酸钙	$Ca(NO_3)_2$	1.68
硫酸钾	K_2SO_4	0.62
磷酸二氢钾	KH_2PO_4	0.51

表 6-17　唐菖蒲营养液配方

肥料名称	化学式	用量（g/L）
硫酸铵	$(NH_4)_2SO_4$	0.156
硫酸镁	$MgSO_4$	0.55
磷酸氢钙	$CaHPO_4$	0.47
硝酸钙	$Ca(NO_3)_2$	0.62
氯化钾	KCl	0.62
硫酸钙	$CaSO_4$	0.25

表 6-18　非洲紫罗兰营养液配方

肥料名称	化学式	用量（g/L）
硫酸铵	$(NH_4)_2SO_4$	0.156
硫酸镁	$MgSO_4$	0.45
硝酸钾	KNO_3	0.70
过磷酸钙	$CaSO_4 \cdot 2H_2O+Ca(H_2PO_4)_2 \cdot H_2O$	1.09
硫酸钙	$CaSO_4$	0.21

表 6-19　月季、山茶、君子兰等观花花卉营养液配方

成　分	化学式	用量（g/L）	成　分	化学式	用量（g/L）
硝酸钾	KNO_3	0.6	硫酸亚铁	$FeSO_4$	0.015
硝酸钙	$Ca(NO_3)_2$	0.1	硼酸	H_3BO_3	0.006
硫酸镁	$MgSO_4$	0.6	硫酸铜	$CuSO_4$	0.000 2
硫酸钾	K_2SO_4	0.2	硫酸锰	$MnSO_4$	0.004
磷酸二氢铵	$NH_4H_2PO_4$	0.4	硫酸锌	$ZnSO_4$	0.001
磷酸二氢钾	KH_2PO_4	0.2	钼酸铵	$(NH_4)_6Mo_7O_{24}$	0.005
EDTA 二钠	Na_2EDTA	0.1			

表 6-20　观叶植物营养液配方

成　分	化学式	用量（g/L）	成　分	化学式	用量（g/L）
硝酸钾	KNO_3	0.505	硼酸	H_3BO_3	0.001 24
硝酸铵	NH_4NO_3	0.08	硫酸锰	$MnSO_4$	0.002 23
磷酸二氢钾	KH_2PO_4	0.136	硫酸锌	$ZnSO_4$	0.000 864
硫酸镁	$MgSO_4$	0.246	硫酸铜	$CuSO_4$	0.000 125
氯化钙	$CaCl_2$	0.333	钼酸	H_2MoO_4	0.000 117
EDTA 二钠铁	$Na_2FeEDTA$	0.024			

表 6-21 金橘等观果类花卉营养液配方

成 分	化学式	用量（g/L）	成 分	化学式	用量（g/L）
硝酸钾	KNO_3	0.70	硫酸铜	$CuSO_4$	0.000 6
硝酸钙	$Ca(NO_3)_2$	0.70	硼 酸	H_3BO_3	0.000 6
过磷酸钙	$CaSO_4 \cdot 2H_2O + Ca(H_2PO_4)_2 \cdot H_2O$	0.80	硫酸锰	$MnSO_4$	0.000 6
硫酸镁	$MgSO_4$	0.28	硫酸锌	$ZnSO_4$	0.000 6
硫酸亚铁	$FeSO_4$	0.12	钼酸铵	$(NH_4)_6Mo_7O_{24}$	0.000 6
硫酸铵	$(NH_4)_2SO_4$	0.22			

以上配方可供无土栽培花卉经测试后选用，有些需要另加微量元素，其用量为每千克混合肥料中加 1g，少量时可以不加。

第五节 花卉的花期调控

花期调控（controlling blooming season）即采用人为措施，使花卉提前或延后开花的技术，又称催延花期。人们对于花期调控这项技术的研究与利用已有很长的历史。我国早在宋代就有用沸水熏蒸、人工催花提前开放的记载。明代《帝京景物略》中有"草桥惟冬花支尽三季之种，坏土窖藏之，蕴火炕烜之，十月中旬牡丹已进御矣"，可见在明代北京就掌握了牡丹促成栽培的方法。至清代《花镜》中有"变化催花法"一节，记载了人工对牡丹、梅花、桂花等催花的简单方法。当时在北方冬季常用暖室以火炕增温的办法，可使牡丹、梅花等提前于春节开放。古代多通过温度的升降来改变花期，特别是对冬季休眠的植物更是如此。20 世纪 30 年代后，有人根据植物对光周期长短的不同反应，延长或缩短光周期处理，从而提前或推迟花期。50 年代起，生长调节物质被应用到花期调控上。到 70 年代，花期调控技术应用范围更加广泛，方法也层出不穷。如今花期调控已经成为许多花卉周年生产的常规技术了。

一、开花调节的意义

使花期比自然花期提前的栽培方式称为促成栽培，使花期比自然花期延后的方式称为抑制栽培，目的在于根据市场或应用需求按时提供产品，以丰富节日或经常的需要。如每到十一各大城市总展出百余种不时之花，集春、夏、秋、冬各花开放于一时，极大地强化了节日气氛。一年中节日很多，元旦、春节、五一、母亲节、情人节、圣诞节等，都需应时花卉。目前月季、香石竹、菊花等重要切花种类，采用促成与抑制栽培已完全能够周年供花。同时人工调节花期，由于准确安排栽培程序，可缩短生产周期，加速土地利用周转率，准时供花还可获取有利的市场价格。因此，开花调节技术具有重要的社会意义与经济意义。

二、确定开花调节技术的依据

开花调节，尤其准确预定花期是一项复杂的技术。选定适宜的技术途径及正确的技术措施，不仅需对栽培对象的生长发育特性有透彻的了解，对栽培地的自然环境及所要控制的环境有充分的估计，还需掌握市场需求信息，具有成本核算等经济概念。

1. 根据生长发育特性采取相应措施 充分了解栽培对象生长发育特性，如营养生长、成花诱导、花芽分化、花芽发育的进程和所需要的环境条件，休眠与解除休眠的特性与要求的条件。如需要光周期诱导的花卉应采用人工长日处理；对温度诱导成花的种类和花芽分化有临界温度要求的种类，需采用温度处理；对具有休眠特性的种类，可采用人工打破休眠或延长休眠的技术。

2. 配合使用各种措施　一种措施或多种措施的配合使用能达到定期开花的目的。一些花卉在适宜的生长季内只需调节种植期，即可起到调节花期的作用，如凤仙花、万寿菊、百日草、孔雀草等，于3～7月分期播种，则可在6～10月陆续开花。而菊花周年供花需要调节扦插时期、摘心时期，采用长日照抑制成花，促进营养生长，应用短日照诱导孕育花、花芽分化等多项措施方可达到目的。

3. 了解各种环境因子的作用　在控制环境调节开花时，需了解各环境因子对栽培花卉起作用的有效范围及最适范围，分清质性与量性作用范围，同时还要了解各环境因子之间的相互关系，是否存在相互促进或相互抑制或相互代替的性能，以便在必要时相互弥补。如低温可以部分代替短日照作用，高温可部分代替长日照作用，强光也可部分代替长日照作用。

4. 了解设施设备性能　控制环境实现开花调节需要加光、遮光、加温、降温及冷藏等特殊设施，在实施栽培前需先了解或测试设施、设备的性能是否与栽培花卉的要求相符合，否则可能达不到目的。如冬季在日光温室促成栽培唐菖蒲，若温室缺乏加温条件，光照过弱，往往出现"盲花"、花枝产量降低或每穗花朵过少等现象。

5. 利用自然环境条件　应尽量利用自然季节的环境条件以节约能源及降低成本。如促成木本花卉开花，可以部分或全部利用户外低温以满足花芽解除休眠对低温的需求。

6. 制定开花调节计划　人工调节开花，必须有明确的目标和严格的操作计划。根据需求确定花期，然后按既定目标制定促成或抑制栽培计划及措施程序，并需随时检验。根据实际进程调整措施，在控制发育进程的时间上要留有余地，以防意外。

7. 选择适宜品种　人工调节开花应根据开花时期选用适宜的品种。如早花促成栽培宜选用自身花期早的品种，晚花促成栽培或抑制栽培宜选用晚花品种，可以简化栽培措施。如香豌豆是量性长日花卉，冬季生产可用对光周期不敏感的品种，夏季生产可用长日照品种。

8. 配合常规管理　不管是促成栽培还是抑制栽培，都需与土、肥、水、气及病虫害防治等常规管理相配合。

三、开花调节的技术途径

花卉生长发育的节奏是对原产地气候及生态环境长期适应的结果。开花调节的技术途径也是遵循其自然规律加以人工控制与调节，达到加速或延缓其生长发育的目的。实现促成栽培与抑制栽培的途径主要是控制温度、光照等生长发育的气候环境因子，调节土壤水分、养分等栽培环境条件，对花卉实施外科手术，外施生长调节剂等化学药剂。

（一）一般园艺措施

一般园艺外科措施如修剪、摘心、摘蕾等，对花期的调控可起重要作用。这类技术措施需要与所控制的环境因子相配合才能达到预期目的。土壤水分及营养管理对开花调节的作用较小，可作为开花调节的辅助措施。

1. 调节种植期　不需要特殊环境诱导，在适宜的生长条件下只要生长到一定大小即可开花的种类，可以通过改变播种期调节开花期。部分一年生草花属日中性，对光周期长短无严格要求，在温度适宜生长的地区或季节可分期播种，在不同时期开花。如果在温室提前育苗，可提前开花，秋季盆栽后移入温室保护也可延迟开花。如翠雀花的矮性品种于春季露地播种，6～7 月开花；7 月播种，9～10 月开花。于温室 2～3 月播种，则 5～6 月开花；8 月播种的幼苗在冷床内越冬，则可延迟到次年 5 月开花。一串红的生育期较长，春季晚霜后播种，可于 9～10 月开花；2～3 月在温室育苗，可于 8～9 月开花；8 月播种，入冬后假植、上盆，可于次年 4～5 月开花。

二年生花卉需在低温下形成花芽和开花。在温度适宜的季节或冬季在温室保护下，也可调节播种期在不同时期开花。金盏菊在低温下播种 30～40d 开花。自 7～9 月陆续播种，可于 12 月至次年 5 月先后开花。紫罗兰 12 月播种，次年 5 月开花；2～5 月播种，则 6～8 月开花；7 月播种，则次年 2～3 月开花。

2. 采用修剪、摘心、除芽等措施 月季、茉莉、香石竹、倒挂金钟、一串红等花卉，在适宜条件下一年中可多次开花，通过修剪、摘心等技术措施可以预定花期。月季从修剪到开花的时间，夏季 40～45d，冬季 50～55d。9 月下旬修剪可于 11 月中旬开花，10 月中旬修剪可于 12 月开花，不同植株分期修剪可使花期相接。一串红修剪后发生新枝，约经 20d 开花，4 月 5 日修剪可于五一开花，9 月 5 日修剪可于十一开花。荷兰菊在短日照期间摘心后新枝经 20d 开花，在一定季节内定期修剪也可定期开花。茉莉开花后加强追肥，并进行摘心，一年可开花 4 次。倒挂金钟 6 月中旬进行摘叶，则花期可延至次年 6 月。榆叶梅 9 月上旬摘除叶片，则 9 月底至 10 月上旬可以促使二次开花。在生长后期摘除部分老叶，也可改变花期，延长开花时间。

3. 肥水管理调节开花 施肥包括土壤施肥、叶面喷施和二氧化碳施肥。通常氮肥和水分充足可促进营养生长而延迟开花，增施磷、钾肥有助于抑制营养生长而促进花芽分化。菊花在营养生长后期追施磷、钾肥可提早开花约 1 周。根外追肥比土壤施肥见效更快，可直接缓解作物对某种元素的亏缺，用量少而且见效快。农业生产上，为了达到不同目的，在敏感期可喷施不同的必需元素。二氧化碳施肥不仅能提高植物的光合作用，增加产量，而且还有促进开花的效应，促进植物由营养生长向生殖生长转化。

高山积雪、仙客来等花期长的花卉，于开花末期增施氮肥，可延缓衰老和延长花期，在植株进行一定营养生长之后，增施磷、钾肥，有促进开花的作用。

能连续发生花蕾、总体花期较长的花卉，在开花后期增施营养可延长总花期。如仙客来在开花近末期增施氮，可延长花期约 1 个月。

干旱的夏季，充分灌水有利于生长发育，促进开花。如在干旱条件下，在唐菖蒲抽穗期充分灌水，可提早开花约 1 周。木兰、丁香等木本花卉，可人为控制水分和养分，使植株落叶休眠，再于适当的时候给予水分和肥料供应，可解除休眠，促使发芽生长和开花。

（二）温度处理

温度处理调节开花主要是通过温度质的作用调节休眠期、成花诱导与花芽形成期、花茎伸长期等主要进程而实现对花期的控制。温度对花卉的开花调节也有量性作用。如在适宜温度下植株生长发育快，而在非最适条件下进程缓慢，从而调节开花进程。大部分越冬休眠的多年生草本和木本花卉以及越冬期呈相对静止状态的球根花卉，都可采用温度处理。大部分盛夏处于休眠、半休眠状态的花卉，生长发育缓慢，防暑降温可提前度过休眠期，使这些不耐高温的花卉在夏季开花不断。

1. 越冬休眠的球根花卉 唐菖蒲秋季起球时叶片枯干，已进入休眠。通常是在越冬贮藏中经低温解除休眠后于 4 月种植，6～7 月开花。促成栽培时，起球后置 5℃中经 5 周可打破休眠，于 10～11 月在温室中栽培，可于次年 1～4 月开花。抑制栽培可于 4 月气温上升前，将球茎贮藏于2～4℃中，可延迟到5～8月种植，于9～11月开花，栽培温度需在10℃以上。光强不足的地区应延长光照时间。

麝香百合秋季叶枯后进入休眠，越冬解除休眠后于初夏开花，打破休眠需10～12℃低温。当芽伸长到已形成5片叶以上叶原基时，在2～9℃条件下完成春化诱导并分化花芽，而后再在20～25℃形成花序并开花。促成栽培需先将鳞茎冷藏，起打破休眠与春化诱导双重作用。经冷藏的鳞茎可分期种植分期开花。春化温度高低也具调节花期作用，9℃比2℃速度要快，但形成花的数量少。另外，麝香百合为长日性花卉，春化要求的低温可以由长日照全部或部分代替。

百子莲越冬休眠要求低温，花芽形成要求在10～15℃低温中经50～60d，此后在高温中迅速开花。如将鳞茎冷藏在10℃左右低温中，则可延迟种植期来延迟开花。

铃兰以地下茎上的芽越冬休眠，春季萌发，初夏开花。将休眠的地下茎在10月初用−2℃低温处理4周可打破休眠，在温室中升温栽培可于12月开花。如用2℃冷藏，打破休眠更快，还可提前开花。延长低温冷藏期，一年中任何时期均可栽种开花。

2. 越夏休眠的球根花卉　越夏休眠球根花卉在夏季高温期休眠，在高温或中温条件下形成花芽，秋季凉温中萌芽，越冬低温期内进入相对静止状态并完成花茎伸长的诱导，而后在温度上升的春季开花。调节开花的方法主要是控制夏季休眠后转入凉温的迟早以及低温期冷藏持续时间的长短。

郁金香为夏季休眠的秋植鳞茎花卉。促成栽培时选用早花品种，提前起球，夏季休眠期提供20～25℃适温，使鳞茎顺利分化叶原基与花原基，一旦花芽形成，可采用5～9℃人工冷藏以满足发根及花茎伸长的低温要求。当芽开始伸长后逐渐升温，13～20℃进行促成栽培，可提前于12月至翌年1月开花。当花芽形成后冷藏延迟发根时期，或在满足花芽伸长准备要求的低温之后，降温冷藏于2℃中，延迟升温，可推迟到翌年3～4月或更晚开花。

风信子的生育习性与郁金香相似，其夏季休眠期花芽分化要求的温度较高，虽然在35℃分化最快，但通常将鳞茎先置20℃中2周，然后在25.5℃中经3周，以后在20～23℃中贮藏使其达到花序形成期。风信子发根和花茎伸长要求的温度为9～13℃，促成栽培开花温度为22℃左右，调节花期措施与郁金香相同。

喇叭水仙为夏季休眠、秋植春花鳞茎花卉。在叶枯前5月间已经开始分化花芽，6～7月叶枯时花芽分化已达到副冠形成期。起球后将鳞茎冷藏于5～11℃中经12～15周，使其完成花茎伸长的低温诱导。当芽伸长到4～6cm时，升温到18～20℃，可在年底开花。选用早花品种提前收球，起球后用30～32℃高温处理3周，可促进花芽形成，以后再冷藏、升温栽培，可提前到10～11月开花。

3. 越冬休眠的宿根花卉　六出花在适宜温度下可不断发生新芽，花芽形成需经5～13℃低温诱导，在5℃中需4～6周。春化后如遇15～17℃以上高温可解除春化。夏季栽培需采用地下冷水循环，保持地温15℃可以连续开花。

芍药通常利用自然低温进行处理，12月以后进入温室，翌年2月以后开花。也可以在9月上旬进行0～2℃的低温处理，早花品种25～30d，晚花品种40～50d，然后在15℃的温度下处理60～70d即可开花。

4. 越冬休眠的木本花卉　在越冬期间解除了休眠的芽于春季萌发生长和开花。促成栽培可人工低温打破休眠，再经升温促成开花，但升温必须逐步提高，循序渐进，否则只开花不长叶，或出现畸形。低温时间过短即休眠不足会出现开花不整齐，或花与叶同时长出的现象。在休眠期即将结束时，继续给以低温，强迫其继续休眠，可以达到推迟花期的目的。

杂种连翘在自然条件下10月以前已完成花芽分化，此后进入休眠，早春3月开花。自10月起于0.5℃中经3～4周或5℃中经稍长时间，人工打破休眠，然后在温室栽培，可于12月至翌年1月或2～3月开花。春季萌芽前将自然条件下生长的植株移至0℃左右冷藏，可以延长休眠期4～5个月，即可推迟开花。

八仙花是在越冬芽萌发的新生枝上形成花芽，也可控制休眠，调节花期。打破休眠温度为4～10℃持续6～8周，温度高则需时间较长。促成栽培适温15～20℃，温度高时花芽形成延迟。

梅花、桃花、樱花等在休眠期花芽分化基本完成后，给以28℃高温打破休眠，可提前开花。

5. 一、二年生花卉 紫罗兰花芽分化或春化处理有一个温度界限，只有白天温度低于15.6℃时才能开花，当温度高于15.6℃时，植株生长受抑制且叶片发生形态变化。紫罗兰在促控栽培时应注意其大苗移植不易恢复生长，以2～5枚真叶时定植较为适宜。低温处理以10枚真叶时较好。

报春花在10℃低温下，无论日照长短均可进行花芽分化，若同时进行短日照处理，则花芽分化更加充分，花芽分化后保持15℃左右的温度并进行长日照处理，则可促进花芽发育，提早开花。

瓜叶菊现蕾后转入室温20～25℃下培养，促其提前开花，若要延缓开花，在含苞或初开时，将温度降至4～8℃即可。

金鱼草常于夏末播种，秋凉后移入温室，白天保持20～25℃，夜间在10℃以上，可元旦开花。但是对于长日照品种应注意冬季加光。

（三）光照处理

光照与温度一样对开花调节既有质的作用，也有量的作用。光周期通过对成花诱导、花芽分化、休眠等过程的调控起到质的作用；光照度则通过调节植株生长发育影响花期，起到量的作用。

1. 光周期处理时期的计算 光周期处理的时期依植物临界日长及所在地的地理位置而定。如北纬40°10月初至翌年3月初的自然日长为12h，对临界日长为12h的长日植物自10月初至翌年3月初是需要进行长日处理的大致时期。不同纬度地区一年中日长各异。

植物光周期处理中计算日长的方法与自然日长有所不同。每天日长应从日出前20min至日没后20min计算。如北京3月9日日出至日没的自然日长为11h 20min，加日出前和日没后各20min，共为12h，即做光周期处理时，北京3月9日的日长应为12h。

2. 长日处理

（1）方法 长日处理的方法有多种，如彻夜照明法、延长明期法、暗中断法、间隙照明法、交互照明法等（表6-22）。目前生产上应用较多的是延长明期法和暗中断法。

①延长明期法：在日没后或日出前给以一定时间照明，使明期延长到该种花卉的临界日长以上。较多采用的是日没前做初夜照明。

②暗中断法：也称夜中断法或午夜照明法。在自然长夜的中期（午夜）给以一定时间照明，将长夜打断，使连续的暗期短于该花卉的临界暗期。通常晚夏、初秋和早春夜中断照明1～2h，冬季夜中断照明3～4h。

表 6-22　不同长日处理方法对锥花丝石竹开花的影响

(Shillo 等，1982)

长日处理方法	开花始期(月/日)
自然长日(10.7～13.5h)	5/30
初夜照明(18:00～22:00 连续照明)	5/20
清晨照明(2:00～5:00 连续照明)	4/17
夜中断照明(22:00 至翌日 2:00 连续照明)	4/17
间隙照明(22:00 至翌日 2:00 间隙照明)	4/17
彻夜照明(18:00 至翌日 6:00 连续照明)	3/14

注：白炽灯光照度 100lx。间隙照明为 5min 明，10min 暗。锥花丝石竹为一年生，11 月重剪，12 月 13 日开始长日处理，夜温 16℃。

③间隙照明法：也称闪光照明法。该法以夜中断法为基础，但午夜不用连续照明，而改用短的明暗周期，其效果与夜中断法相同。间隙照明是否成功，决定于明暗周期的时间比。Cathey (1961) 设计在 16h 的长夜中做 4h 夜中断照明，并在此 4h 内采用 1min 明、10min 暗的间隙周期，使总照明时间减少至 24min，大大节约了电能。在荷兰栽培切花菊，晚间的间隙照明以 30min 为单位，可进行照明 6min 停 24min、照明 7.5min 停 22.5min、照明 10min 停 20min 等处理，该法大约可节省电费 2/3。以色列菊花的抑制栽培，采用照明 7.5min 停 22.5min 的方法。

④交互照明法：依据诱导成花或抑制成花的光周期，需要连续一定天数方能引起诱导效应的原理而设计的节能方法。如长日照抑制菊花成花，在长日处理期间采用连续 2d 或 3d（依品种而异）夜中断照明，随后间隔 1d 非照明（自然短日），依然可以达到长日的效果。

(2) 光源与照度　照明光源主要有白炽灯、荧光灯、高压汞灯、金属卤化物灯、高压钠灯等，不同花卉适用的光源有所差异。日本小西等提出菊花等短日照花卉多用白炽灯，因白炽灯含远红外光比荧光灯多，锥花丝石竹等长日照花卉则多用荧光灯。也有人提出，短日照花卉叶子花在荧光灯和白炽灯组合的照明下发育更快。

不同花卉种类照明的有效临界光照度有所不同。紫菀在 10lx 以上，菊花需 50lx 以上，一品红在 100lx 以上才有抑制成花的长日效应。50～100lx 通常是长日照花卉诱导成花的光强。锥花丝石竹长日处理时，采用午夜 4h 中断照明，随光照度增强有促进成花的效果，但是超过 100lx 并不产生更强的效应。有效的光照度常因照明方法而异。菊花抑制成花采用午夜闪光照明法时，照明 1min 停 10min 的明暗周期需要较高的光照度，200lx 才起长日效应，而照明 2min 停 10min 的明暗周期则 50lx 即可有效。

植物接收的光照度与光源安置方式有关。100W 白炽灯相距 1.5～1.8m，其交界处的光照度在 50lx 以上。生产上常用的方式是 100W 白炽灯相距 1.8～2m，距植株高度为 1～1.2m。如果灯距过远，交界处光照度不足，长日照花卉会出现开花少、花期延迟或不开花现象，短日照花卉则出现提前开花、开花不整齐等弊病。所以应了解常用白炽灯的照光有效面积（表 6-23）。

表 6-23　不同功率白炽灯的有效面积

功率 (W)	有效半径 (m)	有效面积 (m^2)
50	1.4	6.2
100	2.2	15.2
150	2.9	26.4

3. 短日处理

（1）方法　在日出之后至日没之前利用黑色遮光物，如黑布、黑色塑料膜等对植物进行遮光处理，使日长短于该植物要求的临界日长的方法称为短日处理。

短日处理以春季及早夏为宜，夏季做短日处理，在覆盖物下易出现高温危害或降低产花品质。为减轻短日处理可能带来的高温危害，应采用透气性覆盖材料或将覆盖材料的外层涂为白色，在日出前和日落前覆盖，夜间揭开覆盖物使与其自然夜温相近。

（2）遮光度　遮光度应保持低于各类植物的临界光照度，一般不高于 22lx，一些花卉还有特定的要求，如一品红不能高于 10lx，菊花应低于 7lx。另外，植株已展开的叶片中，上部叶比下部叶对光照敏感。因此在检查时应着重注意上部叶的遮光度。

每日遮光时间需根据不同植物的临界日长，使暗期长于临界夜长。在实际操作中短日处理超过临界夜长不宜过多，否则会影响植物正常光合作用，从而影响开花质量。如一品红的临界日长为 13h，经 30d 以上短日处理可诱导开花，对其做短日处理时日长不宜少于 8h。

短日照花卉做短日处理时，临界日长受温度影响而改变，温度高时临界日长相应缩短。

4. 光暗颠倒处理　光暗颠倒处理即白天遮光夜间加光，可以使只在夜晚开花的花卉种类在白天开花。如昙花，当其花蕾长到 6～8cm 时，白天进行完全遮光，夜间给以100W/m^{2}的光照，4～6d 即可在白天开花，并且可以延长开花期 2～3d。

5. 几种花卉的光周期处理　倒挂金钟的多数品种为质性长日照花卉，临界日长 12～13h，最适诱导温度为 25℃。由于在长日条件中茎的先端也能不断生长，在控制日长与温度的条件下可以持续开花。但需注意，有时虽给以长日处理，但因季节的弱光而使花芽形成量大大减少或根本不形成花芽。

意大利风铃草为质性长日照花卉，在 18℃中临界日长 14～15h，温度降低时临界日长加长。花芽发育也需长日条件，自长日开始到开花需 60～70d，调节光周期可全年开花。

旱金莲属于量性长日照花卉，在 17～18℃中可在长日条件下开花，当温度降至 13℃时开花与日长无关，因此冬季在温室也能开花。

矮牵牛在长日条件下比在短日条件下开花约早 2 周。在短日条件下促进分枝，在长日条件下生长茂盛。

香豌豆夏季开花品种的长日性更明显，冬季开花品种长日性较弱。发芽的种子用低温处理可促进开花。

翠菊夏花品种在长日条件下花芽形成较快，短日条件下则较慢。在高温中长日与短日条件均能开花，但短日能促进开花，长日能促进植株生长健壮。光照度高可改善开花的品质。

金鱼草量性长日的特性强弱因品种而异。长日性弱的品种即使在短日下也能开花，只是叶片数比在长日下少，适于冬季温室栽培；长日性明显的品种在短日条件下植株高，开花迟，故多作夏季栽培。

长寿花属于质性短日照花卉，多数品种的临界日长为 11.5～12.5h，短日诱导需持续 3～4d 或 15～20d。多数品种花芽形成要求 20～25℃或稍低，其花芽发育与日长无关，控制日长与温度可以周年开花。

香堇在短日和低温下形成花芽，并在短日条件下开放，在长日条件下则不能成花。

一品红是典型的短日照花卉，10 月下旬开始花芽分化，12 月下旬开始开花，通过调节光照时间的长短，就可达到控制花期的目的。如要使其在十一开花，则可从 8 月上旬开始，短日照处理约 40d，即可在 9 月下旬显出美丽的红色苞片。若要在新年开花，则不必遮光，

10月以后移入温室栽培，则苞片自然变红。对于生长过长过旺的枝条要进行曲枝盘头。要延迟花期时，可通过人工加光。

蟹爪兰通常在春节前后开花，在8月中旬左右每天遮光，光照时间控制在8～9h，连续45d，花期可提前到十一左右。对花卉植株进行短日照处理时，必须营养充分，停止施氮肥，增加磷、钾肥的供应。

另有一类花卉对日长条件的要求随温度不同而有很大变化。如万寿菊在高温条件下短日开花，但温度降低时（12～13℃）只能在长日条件下开花。报春花在低温条件下，长日和短日都能诱导成花，当温度增高则仅在短日中诱导成花，花芽发育则在高温长日中都能得到促进。叶子花在高温和短日中诱导成花，而15℃中温则长日与短日均能诱导成花。

（四）应用植物生长调节剂

1. 应用特点　自从发现植物激素对生长发育所起的调节作用之后，人们致力于研究其调节功能及代谢机理，并模拟合成类似作用的物质。人工合成的和从植物或微生物中提取的生理活性物质，称为植物生长调节剂，除包括生长素类、赤霉素类、细胞分裂素类、脱落酸、乙烯之外，还包括植物生长延缓剂和植物生长抑制剂。

虽然植物生长调节剂在花卉上曾展开了大量的试验研究，但是在生产上应用却并非想象的那样广泛，这可能与其作用的复杂性有关。植物生长调节剂应用的特点为：

（1）相同药剂对不同花卉种类、品种的效应不同　如赤霉素（GA）对一些花卉，如花叶万年青有促进成花作用，而对其他多数花卉，如菊花等则具抑制成花的作用。相同的植物生长调节剂因浓度不同而产生截然不同的效果。如生长素低浓度时促进生长，而高浓度则抑制生长。低浓度2,4-D能促进无籽果实发育，防止形成离层，而高浓度2,4-D可引起杀伤而造成疏花效应。相同生长调节剂在相同植物上，因施用时期不同也产生不同效应。如吲哚乙酸（IAA）对藜的作用，在成花诱导之前使用可抑制成花，而在成花诱导之后使用则促进开花。

（2）不同生长调节剂使用方法不同　由于各种生长调节剂被吸收和在植物体内运输的特性不同，因而各有其适宜的施用方法。易被植物吸收、运输的生长调节剂，如GA、比久（B_9）、矮壮素（CCC），可叶面喷施；由根系吸收并向上运输的生长调节剂，如嘧啶醇、多效唑（PP_{333}）等，可用土壤浇灌；对易于移动或需在局部发生效应的生长调节剂，可用局部注射或涂抹，如6-苄基腺嘌呤（BA）可涂芽际促进落叶，为打破球根休眠可用浸球法。叶面喷施是多数生长调节剂常用的方法，常以叶面湿润到淋漓为适度，需喷布均匀。叶龄老幼会影响生长调节剂在叶面存留的时间及吸入量，从而产生不同效应，应予以注意。土壤浇灌时应考虑土中残留生长调节剂的影响。

（3）环境条件明显影响生长调节剂施用效果　有的生长调节剂以低温为有效条件，有的则需高温，有的需在长日条件中发生作用，有的则需短日相配合。此外土壤湿度、空气相对湿度、土壤营养状况以及有无病虫害等都会影响生长调节剂的正常效应。

（4）生长调节剂的组合效应　多种植物生长调节剂组合应用时，可能存在增效或拮抗作用。植物的反应不仅取决于植物体内存在的与所施用的外源植物生长调节剂同类的植物内源激素的含量，而且还取决于其他各类内源激素的含量，应慎重使用。

2. 具体应用

（1）促进诱导成花　CCC、B_9、嘧啶醇可促进多种花卉的花芽形成。CCC浇灌盆栽杜鹃花与短日处理相结合，比单用生长调节剂更为有效。最后一次摘心后5周，叶面喷施

CCC 1.58%～1.84%溶液可促进成花。CCC 促进秋海棠花芽形成，适温为 18℃，如温度高于 24℃则花朵变小。0.08mol/L CCC 以土壤浇灌方式施于生长于 21℃中的秋海棠，可使花期提前 37.5d。CCC 在短日条件下促进叶子花成花。CCC 促进红羽大戟成花，即使在盆土干燥状况下也有效。CCC 促进天竺葵成花，0.2%的 CCC 处理后开花提前 2 周。B_9 可促进桃等木本花卉花芽分化，于 7 月以 0.2%的浓度喷施叶面，促使新梢停止生长，从而增加花芽分化数量。以 0.25%B_9 在杜鹃花摘心后 5 周喷施叶面，或以 0.15%的浓度隔周喷施 2 次，有促进成花作用。一年生草花藿香蓟、波斯菊、矮牵牛等用 0.5% B_9 喷洒，可以使花期提前。

乙烯利、乙炔、β-羟乙基肼（BOH）对凤梨科花卉有促进成花的作用。凤梨科花卉营养生长期长，需两年半至三年才能成花。BOH 对果子蔓属、水塔花属、光萼荷属、彩叶凤梨属、巢凤梨属、花叶兰属等，以 0.1%～0.4%溶液浇灌叶丛中心，在 4～5 周内可诱导成花，之后在长日条件下开花。浓度超过 0.4%对有些种有毒害。这些花卉能忍耐的剂量依植物体量大小而定。因为已分化叶片数量、已展开叶片数量以及植株的总重量常是成花潜力的指标。BOH 诱导成花可与萘乙酸（NAA）组合应用。乙烯在非光周期诱导条件下也可诱导凤梨属和水塔花属成花，而对花叶兰属和光萼荷属则需与短日条件配合诱导效果最好。Heins（1979）报道，凤梨属花卉生长到 18～24 月龄时，用 1.2%乙烯利溶液 10mL 灌于叶丛中心，2 个月后可诱导成花。田间生长的荷兰鸢尾喷施乙烯利可提早成花并减少盲花百分率。水仙于 6 月挖球，晒干后贮藏时采用乙烯气浴可提高鳞茎开花百分率，并提早花期，如先用高温处理（32℃）10～14d 并用乙烯气浴，更可增加花茎数量，使花茎粗壮，每花茎上小花数增加。

GA 对部分花卉种类有促进成花作用。A. Long（1957）认为 GA 可代替二年生花卉所需低温而诱导成花。GA 对少数短日照花卉成花也有促进作用，如波斯菊、凤仙花，而对多数短日照花卉则表现无效。GA 对一些观叶植物有促进成花作用，用 GA_3 100～400mg/L 喷施广东万年青可在 21 周内开花，未施的则仍保持营养生长状态。GA 还可诱导花叶万年青、白鹤芋和朱蕉成花。叶子花在高温中需短日条件才能成花，在中温（15℃）则无论长日或短日条件均能成花，如应用 GA 处理则在长日或低温条件下都有促进成花的作用，在短日中应用 GA 则无效。

细胞分裂素对多种花卉有促进成花效应。激动素（KT）可促进金盏菊及牵牛成花，BA 和 GA_3 组合应用，对部分菊花可在短日诱导的后期代替光周期诱导成花。

（2）打破休眠促进开花　不少花卉通过应用 GA 打破休眠从而达到提早开花的目的。宿根花卉芍药的花芽需经低温打破休眠，用 5℃至少需经 10d，促成栽培前用 GA_3 10mg/L 处理可提早开花并提高开花率。蛇鞭菊在夏末秋初休眠期用 GA_3 100mg/L 处理，经贮藏后分期种植，分批开花。当 10 月以后进入深休眠时处理则效果不佳，开花少或不开花。桔梗在 10～12 月为深休眠期，在此之前于初休眠期用 GA_3 100mg/L 处理可打破休眠，提高发芽率，促进伸长，提早开花，10 月种植可于翌年 1 月开花。

木本花卉也可利用 GA 打破休眠提早开花。杜鹃花形成花芽后于秋季进入休眠。休眠期的长短与休眠深度因品种而异。5～10℃低温有利于解除休眠，应用 GA 促进解除休眠提早开花的适宜时机与花芽发育程度有关。Nail 等（1974）提出，花柱伸长期为处理的敏感期，此时期大约在摘心后 14 周，过早处理则无效。应用 GA_3 或（GA_4＋GA_7）1 000～3 000mg/L 喷施叶面 1～5 次，隔周进行，多数花蕾吐色时立即停止。用量过多会使花色减退，花瓣软，花梗弱。曾有人试验，如果在应用 GA 前先经过 8 周短日照处理，或是经用 B_9 或 CCC 处理 1～2 次，则更易收到打破休眠、提早开花的效果。

（3）代替低温促进开花　夏季休眠的球根花卉，花芽形成后需要低温使花茎完成伸长准备。GA 是常用作部分代替低温的生长调节剂。

郁金香需在雌蕊分化后经过低温诱导方可伸长开花。促成栽培时栽种已经过低温冷藏的鳞茎，待株高达 7～10cm 时由叶丛中心滴入 GA_3 400mg/L 液 0.5～1mL，这种处理对需低温期长的品种，以及在低温处理不充分的情况下效果更为明显，GA 起到了弥补低温量不足的作用。为促进开花和防止"盲花"，可将 GA_3 100mg/L 与 BA 25mg/L 混合施用。在第一片叶展叶期，将药液滴入第一叶与第二叶的间隙，每次用量 0.5～1mL，隔日再滴一次，效果更为明显。

小苍兰球茎经低温后方能正常伸长开花。未经低温处理的球茎在种植前用 $GA_3$100～500mg/L 或 GA_4＋GA_7 浸球处理，然后假植于 10℃中做冷藏处理，经 35d 后定植。经浸球处理的球比未处理球提早开花约 3 周，花朵较大。缺点是浸药植株叶片稍细且短。

（4）防止莲座化，促进开花　一些宿根花卉在经过越夏高温后生长活力下降，在凉温中转向莲座化而停止生长，需经过低温期后方可恢复生活力。在生产中促成栽培锥花丝石竹，把即将进入莲座化的株苗栽种到 15℃长日照条件下，同时喷施 BA300mg/L 溶液，可防止莲座化并继续保持生长状态，从而提早开花。处理前先给予一段时期的低温，再喷施 BA 则效果更好，用 $GA_3$300mg/L 液喷施也有效。

（5）代替高温打破休眠和促进花芽分化　夏季休眠的球根花卉起球时已进入休眠状态，在休眠期中花芽分化。促成栽培中常应用高温处理打破休眠和促进花芽分化，而应用生长调节剂也有同样效应。

荷兰鸢尾及多花水仙鳞茎采用乙烯气浴或熏烟法，每日做 1～3h 乙烯气浴，连续 4d，或连续烟熏处理有同样效果。香水仙用 0.75mg/L 以上浓度乙烯经 3～6h 气浴，可提高小鳞茎开花率。小苍兰球茎用烟熏法每日处理 3～5h，连续 2～3d 有效。用乙烯 0.75mg/L 做气浴，保持 25℃也有效。都可加速促成栽培进程，增进效果。

（6）促进生长　切花栽培中促使花茎达到一定商品高度标准时可应用生长调节剂促进植株生长，并提早开花。

标准菊切花生产中要求花茎达到足够高度，可于栽种后 1～3d 开始喷施 GA_3 1～6mg/L，重复 3 次，隔周进行。栽培多花型的切花小菊，要求各花朵有较长的花梗，可在短日照诱导开始后 21～28d，或顶花破蕾期用 $GA_3$20～50mg/L 喷施顶部，使花梗伸长而不影响开花期。

为加长切花月季花枝长度，用 GA_4＋GA_7 和 BA 混合液喷施。为增加切花郁金香花茎高度，在通过低温期后应用 IAA 或 NAA 处理。为增加百日草、紫罗兰、金鱼草等植株高度可用 NAA 或 GA_4＋GA_7 处理。GA 处理可以使仙客来和君子兰的花茎伸长，提早开花，GA 可以促进山茶和含笑花芽的膨大，使其花期提前。

培养树状倒挂金钟，可用 $GA_3$250mg/L 溶液喷施 3 次，隔周进行。培养树状天竺葵可用 $GA_3$25～250mg/L 自栽后喷 5 次有效。

（7）抑制花芽分化，延迟开花　2,4-D 对某些花卉的花芽分化和花蕾发育有抑制作用，用 0.1mg/L2,4-D 喷布的菊花呈初花状态，用 1mg/L2,4-D 喷布的菊花花蕾膨大而透明。用 2.5g/L 吲哚丁酸（IBA）喷洒落地生根植株，可以延长开花两周。

脱落酸（ABA）结合长日照处理可以推迟香石竹的花期。用 0.5g/L NAA 在蕾期喷离层部，可延长盆栽叶子花的花期 20d。秋菊在花芽分化前，用 50mg/L NAA 每 3d 处理一次，处理 50d，可延迟开花 10～14d。

总之，在花期调控中，应该根据不同花卉的生长发育规律及各种相关因子，采取相应措施。在各种调控花期的措施中，有的起主导作用，有的起辅助作用，有可同时使用的，有应先后使用的，应提前进行试验，再确定最佳方案。任何措施都不是孤立的，需要与其他措施配合，才能达到最好的效果。

复习思考题

1. 花卉连作障碍的原因及其防止措施有哪些?
2. 上盆栽苗时要注意哪些问题?
3. 无土栽培的方式有哪些? 常用的基质有哪几种?
4. 花卉为什么要进行花期调控? 目前花期调控主要有哪些方法?

第七章　花卉的应用

第一节　花卉的园林应用

木本花卉在园林中主要是作为骨架花材用于园林空间的构建，草本花卉则因具有丰富的色彩，主要是作为细部点缀，用于园林气氛的渲染。草花的园林应用包括花坛、花池、花台、花境、花丛、岩石园、水景园、垂直绿化、地被和草坪等形式，其应用原则是服从园林规划布局及园林风格。

一、花　　坛

花坛是在具有一定几何轮廓的植床内种植颜色、形态、质地不同的花卉，以体现其色彩美或图案美的园林应用形式。花坛具有规则的外形轮廓，内部植物配置也是规则式的，属于完全规则式的园林应用形式。花坛具有极强的装饰性和观赏性，常布置在广场和道路的中央、两侧或周围等规则式的园林空间中。

（一）花坛的类别

1. 按表现主题分类　花坛根据表现主题不同可分为盛花花坛、图案花坛和彩结花坛。

（1）盛花花坛　盛花花坛图案简单，以色彩美为其表现主题，又称花丛式花坛。盛花花坛不宜采用复杂的图案，但要求图案轮廓鲜明、对比度强。盛花花坛着重观赏开花时草花群体所展现出的华丽鲜艳的色彩，因此必须选用花期一致、花期较长、高矮一致、开花整齐、色彩艳丽的花卉，如三色堇、金鱼草、金盏菊、万寿菊、翠菊、百日草、福禄考、紫罗兰、石竹、一串红、夏堇、矮牵牛、长春花、美女樱、鸡冠花等。一些色彩鲜艳的一、二年生观叶花卉也较常用，如羽衣甘蓝、银叶菊、地肤、彩叶草等。也可选用一些宿根花卉或球根花卉，如鸢尾、菊花、郁金香、风信子、水仙等，它们的花形和花色都很理想，但株丛较稀，因此栽植时一定要加大密度。同一花坛内的几种花卉之间的界限必须明显，相邻的花卉色彩对比一定要强烈，高矮则不能相差悬殊。盛花花坛的观赏价值高，但观赏期较短，必须经常更换花材以延长其观赏期。由于经营费工，盛花花坛一般只用于园林中重点地段的布置。

（2）图案花坛　图案花坛以精细的图案为表现主题，又称镶嵌式花坛等。由于要清晰准确地表现图案，图案花坛中应用的花卉要求植株低矮、株丛紧密、生长缓慢、耐修剪，如五色苋、三色堇、半支莲、矮牵牛、香雪球、佛甲草、彩叶草、四季秋海棠、银叶菊、孔雀草、万寿菊、一串红等。此外，一些低矮紧密的灌木也常用于图案花坛，如雀舌黄杨等。这种花坛要经常修剪以保持其原有的纹样，其观赏期长，采用木本花卉可长期观赏。图案花坛的表现形式有平面、浮雕和立体三种。平面形式的图案花坛称为毛毡花坊或模纹花坛，其常见图案有文字、钟面、花纹等。浮雕形式的图案花坛称为浮雕花坛，其特点是图案在同一高度，高出背景之上。立体形式的图案花坛称为立体花坛，常见的造型有花篮、花瓶、动物或建筑小品如亭、桥、柱、长城、华表、日晷等。这种花坛通常以竹木或钢筋为骨架进行造型，再在其表面种植草花而形成立体装饰的效果。

（3）彩结花坛 彩结花坛既表现图案美，也表现色彩美，又称结纹园（knot garden）。通常用绿篱植物勾勒图案，用草花填充其间展现色彩。此处绿篱的图案略有讲究，可以通过不同植物高度、色彩、质感的穿插，以增添趣味性。绿篱的高度以中篱（约 1.0m）为宜，以便观赏到其整体的图案及种植其间的草花，兼具界定草花布置空间的作用。常见的中篱植物均可应用，如大叶黄杨、法国冬青、紫叶小檗、小叶女贞、红檵木、火棘等。每一个纹孔中通常只用一种草花，以便管理，也可以采用盛花花坛布置形式。目前较为流行的草种混播形式非常符合彩结花坛的布置特色，在上海等地已有推广。彩结花坛的形式使得一些高性草花种类在园林中拓展了用武之地，如波斯菊、硫华菊、百日草、蓝蓟、青葙、鸡冠花、虞美人、冰岛罂粟、蜀葵、大花秋葵、高雪轮、霞草、马利筋、紫茉莉、凤仙花等。彩结花坛的管理比较繁复，要求绿篱常修剪，同时由于草花布置在纹孔内，给种植施工与养护操作增加了难度。

2. 按布置形式分类 花坛根据布置形式不同分为独立式花坛、组合式花坛和带状花坛。

（1）独立式花坛 独立式花坛为单个花坛或多个花坛紧密结合而成。大多作为局部构图的中心，一般布置在轴线的焦点、道路交叉口或大型建筑前的广场上。

（2）组合式花坛 组合式花坛又称花坛群，是由多个花坛组成的不可分割的整体。组合式花坛与独立式花坛的区别在于组成花坛群的各个花坛之间在空间上是分割的，一般以道路或草地连接，游人可以自由进入。组合式花坛用花量大，造价高，管理费工，因而只在重要地段、重要场合使用。

（3）带状花坛 带状花坛长为宽的 3 倍以上，在道路、广场、草坪的中央或两侧，划分成若干段落，有节奏地简单重复布置。

（二）花坛的设计

花坛的设计内容包括花坛的外形轮廓、高度、边缘处理、内部纹样和色彩以及花材选配等。

1. 花坛的外形轮廓 花坛的外形轮廓应服从园林规划布局的要求。作为主景设计的花坛一般采用辐射对称、四面观赏的外形，而作为建筑物的陪衬则可采用左右对称、单面观赏的轮廓。花坛的大小应与所处的空间相协调，一般以不超过广场面积的 1/3、不小于广场面积的 1/10 为宜。为便于观赏和管理，独立式花坛的直径或宽度应在 10m 以下，必要时采用组合式布置。带状花坛的宽度 2～4m 为宜，其长度及段落的划分则根据环境而定。

2. 花坛的高度 花坛的高度应主要从方便观赏的角度出发，如供四面观的花坛一般要求中间高，四周低。要达到这一要求有两种方法：一是堆土法，即在种植池中堆出中间高、四周低的土基，再将高度一致的花材按设计的要求进行种植；另一种方法是直接选择不同高度的花卉进行布置，将高的种在中间，矮的种在四周即可。若为两侧观的带状花坛则要求中间高、两侧低或为平面布置，而单面观的花坛要求前排低、后排高。

3. 花坛的边缘处理 花坛的边缘处理主要考虑对花坛进行装饰和避免游人踩踏，一般设有装缘石和矮栏杆。常见的装缘石有混凝土石、砖、条石、假山石等，其高度一般设为 10～15cm，不超过 30cm，宽 10～15cm，兼作坐凳的可增至 50cm。有些花坛不用装缘石，而是在花坛边缘铺设一圈草皮作装饰，或者种植一圈装缘植物，如葱莲、韭莲、麦冬、吉祥草、书带草、地肤、雀舌黄杨等，更显自然美观。花坛边缘的矮栏杆一般是可有可无的，但矮栏杆有装饰和保护的双重作用，因而应用仍然广泛。矮栏杆主要有竹制、木制、铁铸和钢筋混凝土制的四种，前两者制作简单，后两者经久耐用，可根据具体情况选用。矮栏杆设计的高度不宜超过40cm，纹样宜简洁，色彩以白色和墨绿色为佳。这两种颜色都能起到装饰和衬托的效果，而以白色更为醒目，墨绿色更耐脏。在以木本花卉作花材的花坛设计中，矮栏杆可用红檵木、金叶女贞、紫叶小檗等的植篱代替。此外，装缘石和矮栏杆的设计应注意与周围的道路和广场铺装材料相协调。

4. 花坛的内部纹样和色彩　花坛的内部纹样和色彩应与园林风格相适应，热烈的气氛宜采用鲜艳的色彩，严肃的环境宜准确展示纹样。一般色彩鲜艳的花坛，图案应力求简单；图案复杂的花坛，色彩不能杂乱。

5. 花坛的花材选配　花坛的花材选配应满足不同主题的花坛的要求，考虑高度和色彩的搭配，并注意花期的一致性。

二、花　池

花池是在特定种植槽内栽种花卉的园林应用形式。花池的主要特点在于其外形轮廓可以是自然式的，也可以是规则式的，内部花卉的配置以自然式为主。因此，与花坛的纯规则式布置不同，花池是纯自然式或由自然式向规则式过渡的园林形式。

1. 自然式花池　自然式花池外部种植槽的轮廓和内部植物配置都是自然式的。自然式花池常见于中国古典园林，其种植槽多由假山石围合，池中花卉多以传统木本名花为主体，衬以宿根草花。如以花坛中作装缘植物的麦冬、吉祥草、书带草以及玉簪、萱草、兰花等草花衬托松、竹、南天竹、蜡梅等木本花卉的姿态。

2. 规则式花池　规则式花池外部种植槽的轮廓是规则式的，内部植物配置是自然式的。规则式花池常见于现代园林中，其形式灵活多变，有独立的，有与其他园林小品相结合的。如将花池与栏杆、踏步相结合，以便争取更多的绿化面积，创造舒适的环境；还有的把花池与主要的观赏景点结合起来，将花木山石构成一个大盆景，称为盆景式花池。规则式花池中植物的选用更为灵活，除盆景式花池中的植物仍采用上述规则式花池的布置外，其他多采用鲜艳的草花以加强装饰效果。

花池的建造材料和施工工艺多种多样，有天然石砌筑、规整石砌筑、混凝土预制块砌筑、砖砌筑以及塑料预制块砌筑等多种形式。表面材料有干黏石、黏卵石、洗石子、瓷砖和马赛克等。

三、花　台

花台是在高出地面几十厘米的种植槽中栽植花卉的园林应用形式。花台的主要特点是种植槽高出地面，装饰效果更为突出，其次花台的外形轮廓都是规则的，而内部植物配置有规则式的，也有自然式的。因此，花台属于规则式或由规则式向自然式过渡的园林形式。

花台最初用于栽植传统的木本花卉，如梅花、蜡梅、牡丹、杜鹃花、山茶、石榴、松、柏、竹、南天竹等，非常注重植株的姿态和造型，常在花台中配置山石、小草等，属于自然式的植物配置形式。这种花台常见于中国古典园林或民族式建筑的庭园内，通常把花台当盆模仿盆景的形式进行布置。

现代园林中的花台更像是小而高的花坛，在外形规则的种植槽中规则地种植一、二年生花卉。由于面积较小，每个花台内一般只栽种一种草花，同花丛式花坛一样，以盛花期鲜艳的花色取胜。由于花台较高，故应选用株形较矮、株丛紧密或匍匐性的花卉，使它们的匍匐枝或叶片从台壁的外沿垂挂下来，如天门冬、书带草等，也可以用宿根和球根草花来布置。这种花台一般布置在广场或庭园的中央，也可布置在建筑物的前面。与花坛相似，花台有单个的，也有组合型的，如有的将花台与休息坐椅相结合，有的结合竖向构图，把花台做成与各种隔断、格架或墙面结合的高低错落的画面，使绿化与建筑装修有机地结合在一起，在构图上形成富有趣味性的装饰小品。

传统的花台四周用砖或混凝土砌出矮墙，里面装土，将花卉栽种在台子上，使其更加突出，并增加立体感。随着屋顶花园、城市广场、商业街、步行街的盛行，现代花台的种植槽已演变为可移动的、外形简洁多样的花钵。为了减轻荷载，花钵多采用轻质介质代替土壤栽培花卉。

四、花　境

花境（flower border）是将花卉布置于绿篱、栏杆、建筑物前或道路两侧的园林应用形式。花境没有人工修砌的种植槽，外形可采用直线布置如带状花坛，也可做规则的曲线布置，内部植物配置是自然式的，属于由规则式向自然式过渡的园林形式。

花境主要表现花卉丰富的形态、色彩、高度、质地及季相变化之美，故多采用花朵顶生、植株较高大、叶丛直立生长的宿根花卉和木本花卉，如玉簪、鸢尾、萱草、芍药、随意草、麦冬等，应时令要求也可适当配以一、二年生花卉或球根花卉。由于主要采用多年生花卉，不需要经常更换，养护也比较省工。

花境内花卉的布置方式大多采用不同种类的自然斑状混交，但在同一花境内种植的不同花卉应注意株型和数量上的彼此协调，色彩或姿态上的鲜明对比。花境配置的密度以花卉成年后不露土面为度，不能用草坪植物覆盖花境内的地面，否则花卉将无法生长。常用花卉有垂盆草、半支莲等便于自然繁衍的低矮草花。

五、花　丛

花丛是将大量花卉成丛种植的园林应用形式。花丛没有人工修砌的种植槽，从外形轮廓到内部植物配置都是自然式的，属纯自然式的园林形式。

花丛在园林中的应用极其广泛，它借鉴了天然风景区中野花散生的景观，可以布置在大树脚下、岩石中、溪水边、自然式草坪边缘等，将自然景观相互连接起来，从而加强园林布局的整体性。用于草坪边缘的花丛亦称为岛式种植。

花丛花卉在种类的选择上要求植株茎秆挺拔直立，叶丛不能倒伏，花朵或花枝应着生紧密，仍以宿根或球根类花卉为宜。常用花卉有小菊、芍药、萱草、鸢尾、百合、郁金香、水仙、风信子、石蒜、葱莲、文殊兰等，或可用时令一、二年生花卉。

六、岩 石 园

岩石园是用岩生花卉点缀、装饰较大面积的岩石地面的园林应用形式。岩石园是借鉴自然界山野的形象，在园林中用山石堆砌假山或溪涧，模仿山野在崖壁、岩缝或石隙间布置单株或成丛的岩生花卉。因此，岩石园属纯自然式的专类园林形式。

岩生花卉的特点是耐瘠薄和干旱，一般植株低矮紧密，枝叶细小，花色鲜艳。岩生花卉生长在千米以上的高山上，大都喜欢紫外线强烈、阳光充足和冷凉的环境条件，大多不适应平原地区的自然环境，在盛夏酷暑季节常常死亡。因此在实践中，多从宿根草花或亚灌木中进行选择，条件是根系能在石隙间生长，不需要经常灌水和施肥，如耧斗菜、荷包牡丹、宿根福禄考、剪夏罗、桔梗、玉簪、石蒜等。

岩石园中有些阴湿的位置如溪涧，或有些山地园林中为防护坡地水土流失用石块砌筑梯田式挡土墙的部位，应选用极耐阴的植物作装饰，如中华卷柏、肾蕨、虎耳草、苦苣苔等。

七、水景园

水景园是用水生花卉对园林中的水面进行绿化装饰的园林应用形式。水景园的水面包括池塘、湖泊、沼泽地和低湿地等，属纯自然式的专类园林形式。水生花卉可以改善水面单调呆板的空间，净化水质，抑制有害藻类的生长，还可以充分利用水生植物的经济价值。

水生花卉的应用应考虑水的深度、流速以及园林景观的需要。如荷花可栽在1m以下、流速缓慢的浅水中，睡莲则应栽在水池等静止的水中，超过1m深的湖泊和水塘多栽植萍蓬草、凤眼莲等，千屈菜、芦苇、慈姑、石菖蒲、花菖蒲、水生鸢尾等则可栽在沼泽或低湿地上。为体现水面特有的空灵、宁静，应限制水生花卉的生长区域，不能让植物占据整个水面，以免妨碍水中倒影的产生。此外，同一片水面的水生花卉种类宜简不宜杂，简而后生雅，方能与水的特质相协调。

八、垂直绿化

垂直绿化又称立体绿化，是在园林的立面空间进行绿化装饰的一种园林应用形式。

垂直绿化是在提倡向建筑要绿地、见缝插绿的城市园林化进程中盛行起来的。因此，垂直绿化常见于用蔓性攀缘类花卉对建筑或一些小品的立面进行绿化。这种绿化形式不仅可以装点枯燥、僵硬的墙体，还可以起到保温、降温及增加空气湿度的作用。值得注意的是，对于一些外观奇特的建筑要保证其观赏性时，不可滥用垂直绿化。

为了营造丰富的园林景观，在园林中还可以充分利用蔓性植物构成篱栅、棚架、花洞和花廊。这些结构不但可以起掩蔽、防护和点缀作用，还能给游人提供纳凉和休息的场所。

垂直绿化的植物材料种类很多，草花由于重量较轻，适宜在篱栅、棚架作立体布置，常用的蔓生草花有牵牛花、茑萝、香豌豆、小葫芦等，也有的结合经济效益栽种丝瓜、苦瓜等。

九、地被和草坪

地被是采用低矮紧密的植物材料对地面进行覆盖的园林应用形式。草坪是地被的一种，特指用以禾本科、莎草科为主的草本植物对地面进行覆盖。

（一）地被

地被是园林中为提高环境质量、达到黄土不露天的绿化效果所采用的园林形式。它不仅能增加园林植物层次，丰富园林色彩，提高园林布局的艺术效果；也能阻滞沙尘、净化空气、调节温度和空气湿度；还能护坡固堤，保持水土，抑制杂草的生长。

园林中适宜作地被的草本花卉有白三叶、紫花苜蓿、蛇莓、美女樱、含羞草、诸葛菜、矮雪轮、波斯菊、大金鸡菊、蛇目菊、白芨、麦冬、吉祥草、万年青、沿阶草、石菖蒲、留兰香、过路黄等。

狭义的地被游人一般不能进入游憩，要提供居民休息、锻炼的场地，可采用嵌草铺装，选用紧贴地面匍匐生长的地被植物如马蹄金、百里香、婆婆纳镶嵌在石板或预制混凝土板的缝隙内，使硬质地面增添有生命的绿色，显得生动活泼。

（二）草坪

在园林中，草坪首先提供了一个统一协调的有生命的底色，使天空、山石、树木、水体、建筑、小品得以映衬，更显明朗、洁净，增强了园林艺术的表现力；草坪还可为游人提供足够的观赏、游憩、运动和开展各种社会活动的园林空间；更为重要的是草坪本身具有开阔、舒适的观赏价值。此外，草坪也具有与地被相同的生态调节功能。

草坪有规则式的，也有自然式的，规则式的草坪在铺设前要进行地面平整，自然式的则要进行地面修整。无论规则式的还是自然式的草坪都要排水良好，避免积水造成草坪上形成枯黄的斑块。

草坪根据布置形式的不同可分为空旷草坪、缀花草坪和疏林草坪三种。

1. 空旷草坪 空旷草坪上不栽种除草坪草之外的任何其他植物材料。草坪草一般要求生长低矮紧密，耐修剪、耐践踏。草种的选择还应考虑草坪所处的地域及主要园林用途。如暖季型草种狗牙根、结缕草、天鹅绒、假俭草、黑麦草、地毯草、莎草等多不耐寒，一般应用于我国南方；冷季型草种羊胡子草、野牛草、早熟禾、剪股颖、羊茅、冰草等不耐湿热，多用于我国北方。

2. 缀花草坪 缀花草坪是在以某一草种为主的草坪上混植少量多年生草花，如鸢尾、番红花、秋水仙、葱莲、韭莲、葡萄风信子、水仙、石蒜、酢浆草、虞美人等。缀花草坪上草花的应用不宜超过草坪面积的1/3，分布则尽可能自然错落，疏密有致，这样才能获得良好的观赏效果。

3. 疏林草坪 疏林草坪是模仿森林中的空地，在草坪上疏散地布置树木的形式。疏林草坪上的树木株距一般在8～12m，树冠的覆盖率为30%～60%。由于庇荫性不强，在这种草坪上可以选用一些能耐适度遮阴的草种，如黑麦草、剪股颖、高羊茅、早熟禾、羊胡子草等。

第二节 花卉装饰

花卉装饰（flower decoration）是指用盆花或切花制成的各种植物装饰品对室内外环境进行美化和布置。花卉装饰的环境与对象既包括室内公共环境，也包括居家环境以及人体服饰等。在各种公共场所如车站、码头、展览厅、舞台、宾馆等进行花卉布置与装饰，可以烘托气氛、突出主题，居家花卉装饰更可美化居室、消除疲劳、清新环境、增进身心健康。花卉装饰品作为社交、礼仪、馈赠用花还可倡导社交新时尚，提高国民素养。随着花卉装饰业的兴起，花卉装饰艺术必将在提高人民生活品质和增加国民收入等方面发挥越来越大的作用，因而具有重大的社会效益、环境效益和广阔的市场前景。

一、盆花装饰

（一）盆花装饰的特点

盆花装饰是指用盆栽花卉进行的装饰。广义的盆栽花卉既包括以观花为目的的盆花，又包括以观叶、观果、观形为目的栽培的盆栽观叶植物和盆景等。这些花卉通常是在花圃或温室等人工控制条件下栽培成形后，达到适于观赏和应用的生长发育阶段后摆放在需要装饰的场所，在失去最佳观赏效果或完成装饰任务后移走或更换。

盆花装饰用的植物种类多，不受地域适应性的限制，栽培造型方便。布置场合随意性强，在室外可装点街道、广场及建筑周围，也可装点阳台、露台和屋顶花园，在室内可装饰会场、休息室、餐厅、走道、橱窗以及家居环境等，是花卉应用很普遍的一种形式。

（二）盆花的种类

1. 根据观赏部位分类　依观赏部位不同，广义的盆花包括观花盆栽（狭义的盆花）、观叶盆栽和盆景等。

（1）盆花类　以观赏花部器官为主的盆栽花卉有菊花、大丽花、仙客来、瓜叶菊、一品红、彩叶凤梨、月季、杜鹃花、山茶、梅花等。这类花卉通常较喜光，适于园林花坛、花境和专类园的布置以及室内短期摆放。近年来，年宵花等节庆用花发展势头迅猛，已逐渐发展成盆花市场的一个重要分支。各种兰花如蝴蝶兰、大花蕙兰、墨兰、春兰盆栽的市场反应热烈，凤梨、花烛、蟹爪兰、仙客来等盆花已走进千家万户百姓家，成为走亲访友的时尚礼品。

（2）观叶类　以观赏叶色、叶形为主的植物种类，包括木本观叶植物和草本观叶植物。木本如南洋杉、龙血树、苏铁和棕竹等，草本如白鹤芋、广东万年青、秋海棠、冷水花、豆瓣绿、虎尾兰、文竹和旱伞草等。这类花卉耐阴性比盆花类强，更适于室内较长期摆放。

（3）盆景类　以盆景艺术造型为观赏目的的类别。多为喜光的树木类，不宜在室内长期摆放，如五针松、六月雪、火棘、九里香等。

2. 根据植物姿态及造型分类　依植物姿态及造型不同，可分为自然式、垂吊式、立柱式、攀缘式和组合式等。

（1）自然式　盆栽花卉种类繁多，形态各异，可依其自然姿态选择适宜的环境进行装饰。如利用植物自然矮化、株形丰满的特点单独摆放于桌案或多盆组合成带状或块状图案，如仙客来、瓜叶菊、蒲包花、冷水花、中国兰等；利用植物本身姿态直立、高耸或有明显挺拔的主干，可以形成直立性线条的特点，用作花卉装饰的背景材料或形成装饰物的视觉中心，如盆栽南洋杉、龙血树、旱伞草和马拉巴栗等；利用植物株形四散、枝叶开展、占有空间大的特点，可用于较大空间的室内外单独摆放，或布置成带状或块状，如苏铁、椰枣、散尾葵等。

（2）垂吊式　茎叶细软、下弯或蔓生花卉可作垂吊式栽培，放置室内几架高处，或嵌放在街道建筑物或房屋建筑的墙面等，也可植于吊篮悬挂窗前、檐下，其枝叶自然下垂，姿态潇洒自然，装饰性很强，如吊兰、吊金钱、常春藤、球兰、吊竹梅、蔓性天竺葵、蔓性矮牵牛等。

（3）立柱式　对一些攀缘性和具气生根的花卉如绿萝、黄金葛、合果芋和喜林芋等，盆栽后于盆中央直立一柱，柱上缠以吸湿的棕皮等软质材料，将植株缠附在柱的周围，气生根可继续吸水供生长所需，全株形成直立柱状。立柱高低依植物种类而异，高时可达 2～3m，装饰门厅、通道、厅堂角隅，十分壮观，小型的可装饰居室角隅，使室内富有生气。

（4）攀缘式　蔓性和攀缘性花卉盆栽后，可经牵引使其沿室内窗前墙面或阳台栏杆攀爬，使室内生机盎然，如旱金莲、常春藤、鸭跖草、观赏南瓜、丝瓜和红花菜豆等。

（三）盆花装饰技艺

1. 室外装饰　室外盆花常应用于建筑周围铺装场地，在盛大节日、迎宾、庆典时作为街道、广场的临时性装饰。室外装饰的形式通常与园林中花坛、花境等布置相似，可根据布置的形式与场地环境条件选用不同形态与生态要求的种类。应该指出，室外盆花在布置、更换与清场或收回过程中要耗去大量人工和运费，摆放期要求精细照管，因此，只宜作为园林布置的补充。作专类展示或综合展示时也往往采用盆花室外装饰的方式，如菊展、大丽花展、郁金香展等。

2. 室内装饰 室内环境与室外环境不同，室内不同部位的生态环境有很大差异，布置时要科学分析环境的差异和植物在该条件下的反应，在此基础上再加以艺术布局，使植物的自然美表现得更集中、更突出，更有益于改善室内环境，有益于身心健康。

（1）室内生态环境的多样性 室内生态环境因建筑材料的透光性和建筑结构等的不同而对花卉生育影响不同，其中主导的生态因子为光照度和空气湿度。

①光照度：现代建筑物有大面积进光的玻璃与人工照明场所，光照充足，可摆放喜光花卉，如观花类的梅花、仙客来、山茶、月季等。靠近东窗或西窗附近，光照较充足，并有部分直射光的场所，可放置较喜光的花卉，如中国兰、凤梨、竹芋、朱蕉、八仙花等。较明亮但无直射光的场所，或具有其他人工照明的场所，可以摆放半耐阴花卉，如龟背竹、一叶兰、八角金盘、君子兰等。靠近无直射光的窗口，或远离有直射光的窗口的场所，光照不足，只能摆放耐阴花卉，如鹅掌柴、万年青等，或短期摆放，需频繁更换。

②空气湿度：一些原产热带雨林的植物于室内摆放时，要求较高的空气湿度才能保持蓬勃生机。在我国北方春、秋、冬季多干燥，冬季室内取暖后空气湿度低，常是一些室内花卉的应用障碍，需要增加空气湿度。如常进行叶面喷水，或采用人工加湿器，或在室内设计喷泉、流水、水景盆栽，以调节室内空气湿度。在北窗的附近，没有直接阳光，易于保持空气湿度，可以摆放较喜湿花卉，而南窗则相反，可摆放较耐旱花卉。通常室内不宜摆放要求湿度过高的花卉，如蕨类等，因湿度过大易损伤室内墙面、橱柜、书籍及衣物。

（2）室内花卉布置遵循的艺术原则

①装饰效果与所要创造的装饰气氛相一致。隆重、严肃的会场布置宜选用形态整齐、端庄、大体量的盆花组成规则式的线点主体，色彩宜简单、不宜繁杂。一般性庆祝会场或纪念会场，宜创造活泼轻松的气氛，所用盆花体量不必太大，花卉色彩可适当丰富、热烈，形式活泼。居室盆花装饰要创造舒适、轻松、宁静的气氛，摆花种类和数量都不宜过多过杂，色彩宜淡雅。

②花卉装饰风格要与环境相协调，即与建筑式样、家具风格与软装设计相协调。如在东方式的建筑与家具陈设环境下，盆花配以中国传统题材的松、竹、梅、兰、南天竹、万年青、牡丹等，再配上几架就十分相称。在现代建筑与陈设的环境中，适宜配以棕竹、椰枣、绿萝、朱蕉或垂吊花卉等。

③花卉装饰符合造型艺术的基本法则。如在深色家具和较暗的室内需要明亮花色，而在浅色家具和明亮的室内可选用色彩稍深、鲜艳的盆花。盆花装饰的体量与数量要与环境相协调，在装饰布局与选材上如能考虑艺术构思与主题表现，能表现更深的意境。

二、插花艺术

插花艺术是指在一定的容器中，将适当剪切或整形处理的花材，运用造型艺术的基本原理创作花卉装饰作品。插花作品陈设于室内桌面或几架之上，或落地摆放，可增加环境装饰性。

(一) 插花艺术的起源与发展

插花艺术在东西方文化发展的历史长河中，源远流长，博大精深，是千百年来民族历史、经济、文化等共同积淀而形成的，是一个民族智慧的结晶、民族意识和民族精神的体现。然而，由于插花艺术创作和欣赏的即时性，并与传统工艺与民间文学一样，属于一种非物质性的文化遗产，故其传承性远不如传统的文化遗产与自然遗产那样被后人所认识。加之插花艺术过去极少有人进行专门的考证，对其起源与发展的考证更多依赖各类非物质性的史料记载或地下出土文物等，如果与插花相关的某些民间、民俗文化的传承面临绝续之虞或已然断脉，那么，插花艺术的传统形式或风格就更无从考证了。此处仅将前人对插花艺术的起源与发展的研究做一简要介绍。

1. 东方插花艺术的起源与发展

(1) 中国插花　中国是举世闻名的文明古国，具有悠久的花卉栽培与欣赏历史。插花艺术是中华艺术百花园中一颗绚丽的瑰宝，借自然万物之灵气，寓相关姊妹艺术（绘画、书法、园林等）之精华，在几千年悠久文化积淀的基础上，逐渐形成了独具中华民族文化特色的中国传统插花艺术。中国插花艺术属于东方插花艺术的范畴，中国是东方插花艺术的起源地。

前人研究认为，中国传统插花艺术始于先秦的原始阶段，渐趋形成于汉晋南北朝，兴盛于隋唐，至宋代发展迅速，进入插花艺术的极盛时期，元代朝政更迭，插花艺术仅在宫廷和少数文人中流行。明代是中国插花复兴、昌盛和成熟的时期，在技艺和理论上皆形成了较为完善的体系。清代在插花形式、技艺和著作等方面日趋多样，理论上也日渐成熟，但至清末，随社会的衰落与政局动荡，插花日渐沉沦，处于停滞衰微的境地。中国插花经历了各朝代的起起落落，经历了清末的萧条与数十年的孤寂，终于今又复苏，随着我国改革开放与花卉园艺事业的发展而迅速发展起来。

①先秦的原始阶段：在距今5 000年的代表仰韶文化的彩陶上，绘有多数由五个花瓣组成的花朵纹饰，还有许多其他花卉题材图案在各地新石器时代的陶器上陆续发现，在其他出土文物中，还可找到4 500年前的云纹彩陶花瓶。这是最早关于插花起源的证据。

人们在以后的生产活动中逐渐形成了与花为伴的习惯，认为佩戴花（叶）可作为护身符，驱魔祛邪，得以平安，装饰人体可表现自己的美丽迷人，互相赠送以示爱慕和思念。从《诗经》的“比兴”到孔子的“比德”，再到屈原的“内美”，一方面表明插花的早期形式为手秉花、插于头上或襟前的佩花；另一方面说明花材的自然美已与人品道德融为一体，以花卉之美来寓人品、人貌之美，表达丰富的思想感情。孔子说：“岁寒而后知松柏之后凋也。”劝诫人们学习松柏岁寒不凋的永恒精神，讲究花的形色香德，以花的生长习性或特点寓意人的品性之风开始流行，奠定了中国插花艺术意境的基础。屈原的《离骚》、《楚辞·九歌》等都有关于佩戴花饰、以花相赠或寄托思念、祭祀的诗句。

②汉晋南北朝的形成阶段：汉代园艺事业开始兴旺，人们玩赏花木之风甚盛，中国插花也步入初级阶段，渐趋成熟。河北望都东汉墓道壁画中有一方几上盛有六支小红花的陶质圆盆的考古发现，是人们认为的插花的花、盆、架三位一体的最早形式，此时的插花已从先前的随意插作、佩戴、摆放与观赏，到有规律地造型，置于几架上欣赏。这时期民间插花与佛前供花都有很大发展。如北周庾信（513—581）的《杏花诗》：“春色方盈野，枝枝绽翠英。依稀映村坞，烂熳开山城。好折待宾客，金盘衬红琼。”将折取的粉红杏枝插于金色铜盘待客，表现一种殷勤与愉快的心情，这种形式很像现在的浮花。另有《晋诗清商曲辞·孟珠》

中的“扬州石榴花，摘插双襟中”，《宋诗清商曲辞·石城乐》中的“阳春百花生，摘插环鬓前”，无不显现当时用花的习俗。

随着文化艺术的交流，佛教从印度传入我国，佛前供花同时也随之传入，出现佛教供花的几种形式，即皿花、拈花和散花。佛经和《魏书》中都有“花供养”的记载。到了南北朝，佛教才真正大为流行，佛事活动才日渐兴旺。此期，一些文人或虔诚于宗教，将我国民间的插花艺术很自然地与佛教活动相结合，或隐居山林，以自然山水为友，怡然自得。因此，其形式和风格或多或少带有一些宗教色彩。公元5世纪的《南史》中，有关于晋安王子懋的记载：“年七岁时，母阮淑媛尝病危笃，请僧行道，有献莲华（花）供佛者，众僧以铜罂盛水，渍其茎，欲华不萎。子懋流涕礼佛曰：‘若使阿姨因此和胜，愿诸佛令华竟斋不萎。’七日斋毕，华更鲜红，视罂中稍有根须，当世称其孝感。”这段莲花供佛的记载，被认为是插花源于佛教的文证，也是已知的历史遗存中，关于容器插花水养的最早文字记载。

③隋唐五代的繁荣阶段：隋唐时代（581—907）是中国插花艺术发展史上的昌盛时期，此期政局稳定，经济繁荣，文化艺术空前活跃，插花艺术也进入了黄金时代。插花已深植民众日常生活，人们均以花为荣。唐代富强昌盛，促进了插花艺术的蓬勃发展，当时可谓君王提倡、文士雅尚、仕女爱花，处处呈现一派赏花爱花、争奇斗艳的盛况，并把每年的农历二月十五订为“花朝”，视作百花诞生日。

隋唐君王与文人均雅好花艺，帝王们不但在御花园中广植名花，还在园中布置人造绢花，使花卉艺术成为雅士游行的一部分。唐代文人爱花的狂热从白居易的诗《买花》中可见一斑：“帝城春欲暮，喧喧车马度。共道牡丹时，相随买花去……家家习为俗，人人迷不悟……”人们竞相赏花、买花成为当时的一种时尚。杜牧的诗《杏园》：“夜来微雨洗芳尘，公子骅骝步贴匀。莫怪杏园憔悴去，满城多少插花人!”正是对当时盛况的写照。

这期间插花从佛前供花发展为宫廷和民间。佛前供花以荷花和牡丹为主，色彩素雅，构图简洁，表现虔诚与庄重的气氛。宫廷和民间多以牡丹为主，讲究花材的品格与寓意。牡丹被视为富贵的象征而为人们所偏爱，称为牡丹精神。罗虬的《花九锡》是我国最早的插花专著。“九锡”是古代帝王尊礼臣所赐的九种器物，是至高无上的。作者以此强调牡丹插花应遵循的准则，罗虬以这种礼仪替牡丹封锡，即所谓的《花九锡》：重顶帷——用作瓶花障风；金错刀——用作剪截花枝；甘泉——用以养花；玉缸——用以贮水插花；雕文台座——用来安置花瓶、花缸；画图——对花状貌绘影；翻曲——对花制曲奏乐；美醑——对花嘬酒品赏；新诗——对花吟诵诗文。对插花陈列环境、剪切工具、容器、几案以及花、画、酒、曲伴赏的情趣提出了一系列严格规定与要求。由此可见，当时对插花已有相当的欣赏品位和创作技艺。

五代十国（907—960）政局动荡，文人雅士隐居避难，插花成为他们抒发内心情感的一种手段。蜀汉张翊的《花经》更以古代王朝选才任官的体制所谓“九品”、“九命”来定花卉的品第高下，开创了中国近千年来花卉品第高下的先例。这时，佛教由盛渐转衰微，佛前供花仍承袭唐以前的瓶花和盘花形式，民间插花形式多样，花器从瓷盘扩展为竹筒、漆器等，意在表现自然情趣和朴实简洁的风格。

④宋元的精雅期：宋代（960—1279）由于政局稳定，经济繁荣，文化艺术发展迅速，插花艺术也步入极盛时期。表现为插花形式多样，技艺精湛，意境深邃。宋代崇尚理学，代表人物有周敦颐（1017—1073）及其弟子以及南宋朱熹（1130—1200）等。插花受其影响，不只追求怡情娱乐，而是注重构思理念与内涵。花材多选用寓意深刻的松、柏、竹、梅、

兰、桂、山茶等上品花木。欣赏插花的习俗虽仍沿袭唐代，但经五代的战乱，不像唐代那样富丽堂皇，构图力求清新、疏朗，线条优美，从而形成以花品、花德为基础的人伦教化的插花形式。

除宫廷贵族或喜庆节日外，宋人多喜爱梅花，讲求高雅韵致，审美标准也不同于唐代，以清雅素淡为美，视为“梅花精神”。陆游（1125—1210）在《岁暮书怀》中写道：“床头酒瓮寒难热，瓶里梅花夜更香。”杨万里（1127—1206）在《瓶中梅花》中有：“胆样银瓶玉样梅，此枝折得未全开。为怜落寞空山里，唤入诗人几案来。”由此可见当时文人对插花的情感寄托。

宋代插花艺术成就颇多，主要特色为花器多样、以花拟人、民间爱花成风以及风格独特等。继五代的占景盘后，又有三十一孔瓷花盆、六孔花瓶等。宋代的篮花也极为流行，花篮造型精致，纹样优美，花材（牡丹、萱草、蜀葵等）色彩鲜艳，生机勃勃。此外放置花瓶的花几、花架也十分考究，这都大大促进了陶瓷、漆雕、竹木器等工艺的发展。北宋中期理学兴起，提出“太极”、“阴阳”、“天人合一”等哲学思想，更加深了以花寓意、人伦教化的风尚，因而产生了“理念花”的形式——一种以花的品格寓意人伦教化的插花花型。理念花多以松、柏、竹、兰、梅、桂等素雅花材为主，结构清新、疏朗，用来影射人格，解说教义，以表现理学之“理”。在这种文化氛围中，相继出现了许多关于以花拟人的著作，如曾慥的《花中十友》、张敏叔的《花十二客》、姚伯声的《花十三客》等，对当时插花的构思立意、选材、造型与风格形成等都有极大的指导意义。此期广为人们欣赏的花有牡丹、荷花、梅花和菊花等，牡丹是沿袭唐代习俗，主要为宫廷君王官贵们所追崇。宋代王者簪花、赐花赏给群臣之风比唐代更盛。理学开山鼻祖周敦颐的《爱莲说》喻莲为花之君子，菊为隐者，还有林逋的爱梅，这些寓意得到不少文人雅士的支持，人们的审美观念渐从好尚牡丹的雍荣华富走向追求梅、菊、荷的清雅隐逸。

元代（1206—1368）朝代更迭，文化艺术的发展受到很大影响，插花也发展缓慢。普通平民少有插花、赏花的闲情逸致，而仅在宫廷和少数文人中流行。随着文人们避世思想滋长，他们不注重人伦教化的内涵和形式，而从个人感性出发，追求借花传情和禅房清静，出现所谓“心象花”和“自由花”。与“理念花”相比，不强调花材的品格立意，没有严格的结构形式，信手拈来，凭个人的愿望，或以此明志，或借花浇愁，颇具抽象艺术美。代表作品有荷叶上置花瓣，表现孤凄寒意的“平安莲年”，以瓶的谐音“平”表达期望的“年年太平”等。

⑤明代的完善期：明代（1368—1644）插花在宋代精雅的基础上，更趋成熟。插花的理论更为系统与完善，是中国插花艺术的复兴、昌盛与成熟时期。插花不仅重意，更善借鉴书法与绘画的构图章法等，讲求布局造型。这个时期的插花以瓶花为主流，从原来崇尚的佩花和秉花，到注重瓶花造型、瓶花与环境的配合。明代的插花专著颇丰，袁宏道（1568—1610）的《瓶史》和张谦德（1577—1643）的《瓶花谱》把插花的理论与实践都提升到了一个新的阶段。高濂（1573—1620）的《遵生八笺·燕闲清赏笺》中的《瓶花三说·瓶花之宜》曰：“大率插花须要花与瓶称，花高于瓶四五寸则可。假如瓶高二尺，肚大下实者，花出瓶口二尺六七寸，须折斜冗花枝，铺撒左右，覆瓶两旁之半则雅。若瓶高瘦，却宜一高一低双枝，或曲屈斜袅，较瓶身少短数寸乃佳。最忌花瘦于瓶，又忌繁杂。如缚成把，殊无雅趣……”“疏密斜正，各具意态，得画家写生折枝之妙，方有天趣。”《瓶史》曰：“插花不可太繁，亦不可太瘦，多不过二种三种，高低疏密，如画苑布置方妙……夫花之所谓整齐者，

正以参差不伦，意态天然。”由此可见，当时插花的构图布局十分讲求书画的趣味，已把自然之美和画苑布置、诗文情趣结合，上升为艺术之美了。

明代插花风格有两种。一种为隆盛理念花，是宫廷和民间岁朝时节庆贺的厅堂插花，也是典型的中国传统式古典插花，这种形式传入日本，对日本的“立华”造型的形成有很大的影响。它以花表现人格、哲理，花材也以梅、松等为主，以其枝条曲折迂回表现中国书法的线条美，瓶口配以山茶、兰花、水仙、柿子、灵芝、松柏等。另一种为清雅的文人花，以清韵脱俗为主，花材常用一种，多则两三种，选取有点、线特征的花木，表现花枝的流畅利落。形式多变，高洁清雅，追求中国书法和绘画之虚灵与线条飘洒流畅的美感，乃是中国插花特有的风格。

⑥清代的衰微期：清代的插花艺术渐趋停滞、衰微，但清初和中期人们对政局深感厌倦，故寄心于花木之美，花市兴旺，种花赏花便成为一种时尚，并强调赏花要特别注意花卉性情。如“赏梅令人高，赏兰令人幽，蕉与竹令人韵……”不仅眼鼻欣赏花的形、色、香，耳闻花木之声也是人间快事，如雨打芭蕉、荷叶，风吹秋叶之声等。花与环境也要求相称，如梅旁的石宜古，松下的石宜拙等。品赏的方法除品茗、品画外，清人更将花自“人格化”进而“神化”。把有关的历代名人按其个性予以配称，作为各花的花神，如正月梅花，花神是柳梦梅，二月杏花，花神是杨玉环等。令人对各种花卉油然而生不同的联想，更增加了赏花的情趣。

沈复（1763—1825）的《浮生六记·闲情记趣》中论述有关插花的技术和方法，都极有见地，他提出的“起把宜紧”、“瓶口宜清”等技巧，对插花理论的发展和完善起了促进作用。所谓“起把宜紧”，即“自五七花至三四十花，必于瓶口中一丛怒起，以不散漫、不挤轧、不靠瓶口为妙”。日本池坊流的“立华”和“生花”就采用这种“点”的插法。所谓“瓶口宜清”，“或亭亭玉立，或飞舞横斜。花取参差，间以花蕊，以免飞钹耍盘之病。叶取不乱，梗取不强。用针宜藏，针长宁断之，毋令针针露梗。”

清代的写景花和谐音造型花得到发展。由于盆景艺术的高度发展，插花艺术也受熏陶，不仅欣赏花材枝条的自然美姿，还利用花材表现自然景色，采用写实手法把自然风光移入盆中。枫叶竹枝、乱草荆棘均堪入选，以表现满山秋色，几条水草、两朵荷花表现荷塘清趣等，这就是当时风行的写景式插花，达到“能备风晴雨露，精妙入神”的境地。此外，清代沿袭旧俗，利用花材的谐音或意义，配合果蔬的天然色泽进行造型，寓教于花，把清雅的插花艺术变为实用艺术，具有社会教育的功能，如柏、柿、灵芝构成“百事如意”，铜钱、拂尘、万年青、李子构成“前程万里”等。年节吉庆，一律以吉祥为主题，这也是中国插花异于他人之处。清末以后，中国插花逐渐沉沦，传统插花濒临绝迹。

⑦现代插花的复苏：新中国成立后，中国插花开始得以复苏，几经起落，终又于20世纪80年代初开始发展。1984年在中国台湾举办了第一届中国古典插花艺术展览，奠定了当代花艺的基础。1989年中国台湾花艺界又组团首次参加了在东京举行的FTD（Florists Transworld Delivery Association）世界大会暨世界杯花艺比赛。1987年与1989年，在北京举行的第一届和第二届全国花卉博览会上，祖国大陆才有了真正专题性插花展览和比赛，之后，中国插花花艺协会、中国花卉协会和各级地方花卉协会组织相继举办的各种国际性、全国性的插花艺术展览与大赛，有力地推进了中国插花花艺事业发展的进程。

（2）日本插花　日本的插花深受中国文化的影响。15世纪以前，日本插花主要是佛教寺庙内僧侣中流传的佛前供花。相传6世纪时，中国的插花艺术随着佛教传入日本，发展为早期日本插花的始源——“池坊”插花。16～19世纪初为日本插花的黄金时代，这期间，日本太平盛世，民众生活水平提高，插花也从僧侣、贵族阶层人士进入平民百姓家。池坊的“立华”不断完善，插花著作先后问世，如《池坊专应口传书》、《立华大全》、《抛入花传书》等。但“立华”愈趋豪华，一般百姓难以接受。随着茶道的流行，又出现简朴素雅的抛入花（俗称茶花），在此基础上逐渐演变为三主枝结构的“生花”。从此，插花在日本得以普及，池坊插花也于此时开始分出不同的流派。中国唐代插花的风俗传入日本，日本的皇室贵族们也仿效中国举办“花御会”（即插花展览）、“七瓶花赛”、斗草等，使日本的插花从佛寺供花逐渐转向宫廷和民间。我国袁宏道的《瓶史》被日本插花界奉为经典，还因而产生了“宏道派”。

20世纪随着西洋花卉的引进和西方思想的影响和冲击，原来保守的池坊流的追随者另立流派，派生出多个流派，其中较有影响的如小原流（1911年创立）、草月流等。小原云心受到当时流行的中国盆景和清代写景式插花手法的影响，又吸收了西洋花卉的色彩，把原来“立华”和“生花”那种“点”的插法改为“面”的插法，自行设计了圆形浅盆，把自然景色移入盆中，称为“盛花”，从此“盛花”开始流行。1930年以草月流为首的几个新兴流派创造新花型，大胆尝试非植物材料和各种新奇插法，不拘泥于形式，是日本插花界标新立异的新流派。

第二次世界大战爆发后，日本插花界也进入了低谷，花道濒于崩溃。战后的日本沦为战败国，插花更无人问津。但是，美国驻军开进日本，给日本插花带来了起死回生的转机，首先是草月流，随后其他各流派也都开始复苏、改革、组合与活跃起来。20世纪50年代初日本插花传入北美，世界各地热爱插花的女士们成立了国际插花协会，加强了各国的文化交流。现在各流派都在外国设立培训分部，大大促进了插花的国际交流和普及。

2. 西方插花艺术的起源与发展　西方插花源自古埃及，这在西方插花著作和部分中文插花书刊中都有此提法，其根据是公元前2500年埃及贝尼哈桑墓壁上的睡莲瓶壁画，并在墓中发现有鲜花随葬。据说古埃及人早就知道把莲花安置在有水的瓶口，使之不萎。这些都足以说明古埃及人很早就有鲜花祭祀的仪式。西方人认为花可抵抗巫术、闪电和毒药。在祭奠时，人们用橄榄叶与月桂叶做成花环，作为膜拜的用具，将花环戴在头上、脖子上，即可作护身符，挂在门上和墙上可防邪魔。古罗马人悬挂花环来庆祝农神节，并习惯将蔷薇花瓣撒在宴会桌和地板上，使客人闻香。从西方插花的造型形式看，随着罗马帝国席卷欧洲，建都于拜占庭后，开始出现神殿仪式用的大型插花，称为拜占庭式圆锥型插花。圣诞节的教堂装饰插花多使用百合、鸢尾等象征圣洁的花材。

随着14～16世纪欧洲文艺复兴运动的兴起，促进了包括建筑设计、室内设计、造园设计和花卉设计等造型艺术的发展。人们将多种鲜花插满花瓶、花篮、果盘，陈设在室内，插花花艺成了人们生活的一种情趣。而17、18世纪随着欧洲航海事业的发展以及战争、贸易的往来，各地插花花材得以广泛引种与交流，大大促进了家庭园艺和插花装饰艺术的发展。这期间，西方插花理论与技艺也得到显著发展，出版了大量的园艺书籍和插花书籍。19、20世纪花卉引种与研究中心逐渐从法国、德国等移到英国。插花形式逐渐从大型浅盘插花、胸花向贴花、花束等多样化形式发展。美国早期的花艺形式主要受当时维多利亚风格的圆型花式影响，表现为大体量、大堆头的花艺造型，后来则不断吸收东方插花与绘画的线条造型，使花艺设计更趋完美。美国人结合花艺商业化的需要，配合各种节假纪念日，如母亲节、父亲节、情人节等，不断研发各种新型花艺设计与礼品包装设计等，将插花花艺推向市场。随着世界花艺组织的发展和鲜花速递等业务的开展，花艺设计与花卉装饰业逐渐成为全球共同关注的事业。

综上所述，西方插花艺术的形成与发展受古埃及、古希腊、古罗马几何学、雕塑、建筑学等文化艺术的影响，以理性、神圣为思想基础，以欧美插花为代表的西方插花形式强调几何形构图，体现均衡、对称、稳重的效果。用大量花材形成丰富的色块，花色浓重、华丽而和谐，构图轮廓清晰，透视感强，富于感染力。花器多用钵、高脚杯，常用花材将容器遮掩。西方插花端庄大方，雍容华贵，气氛热烈，装饰性强，多用于室内装饰及礼仪庆贺。

3. 现代插花艺术 现代插花艺术融合了东西方插花艺术的特点，比传统插花更富有装饰性，更自由、更抽象，艺术风格与现代科技和现代人的生活方式紧密相关。体现在以下几个方面：

（1）用材广泛 除传统常见花材外，新的插花材料不断开发，尤其是许多大洋洲和非洲的热带、亚热带花材得到广泛开发利用，如帝王花、唐棉等，干花花材和各种人造花材琳琅满目。

（2）东西方插花风格相互融合与渗透 东方插花在讲求传统东方插花风格的线条、简洁与意境的基础上，吸收了西方插花构图形式的规整性与装饰性，在实用礼仪插花上得到迅速发展，容器形式也更为多样化。西方插花同样也不断吸收东方插花的线条与寓意，主题比传统更为深刻而简练，更活泼，更富有创造性。

（3）风格更为自由与抽象，富于装饰性 现代插花既把对传统插花的临摹与再现作为时尚，也把应用现代流行色、开发新型材料作为时尚，尤其是将大量非植物材料用于插花中。现代的插花既有表现自然美的简洁插花，也有富丽堂皇的豪华装饰性插花和风景式插花。新型的风景式插花仿清代盆景式插花，以浅盆为容器，花材姿态新奇，或配以野花野草，模拟自然花丛景色，高低、疏密相间，盆的下部也可铺垫碎石、青苔、小草，体现山野风光和庭院景色，不求奢华，给人以置身大自然的感受。

（二）插花的构图原则

插花与其他造型艺术一样，构图手法有一些需遵循的基本原则。

1. 均衡 均衡是指花材、容器在构图布局上给人的稳定感和自我支撑能力，包括重力、形态、色彩、质感各方面给人的视觉平衡感。

形态上的均衡可以用对称图形获得，即在垂直中心线的两侧所用花材形状、姿态、分量相同，这种均衡称为对称均衡，如三角型插花、半圆型插花、椭圆型插花等。构图上并不对称，但利用花材质地、色彩、形状、力矩等产生视觉上的均衡构图称为非对称均衡，如直角型插花、新月型插花等。

除了构图形态外，还应考虑重力均衡与动态均衡。重力均衡通常分势均衡、力均衡、量均衡、质均衡。构图中最引人注意的视觉焦点应靠近重力中心，视觉焦点远离重力中心会产生不稳定与压抑感。花的色彩、大小、厚薄、开放程度都会产生视觉质感，质感重者应放在接近重力中心处，质感轻者放在远离中心处。线形花材也给人轻重感受，下垂姿态重，上挑姿态轻，因此下垂姿态不宜远离重力中心。动态均衡是一种更高层次的均衡，有时为了表达某种特定的主题和目的，故意将均衡打破，让其形成新的均衡，产生一种动态的均衡感。

2. 协调 协调是指各构图因素本身和相互之间的和谐与统一，插花的协调包括质感和谐、形态和谐和色彩和谐等。花材与花材、花材与容器之间的色彩、大小、粗细、明暗和形态等都要和谐与统一，这样才能产生令人悦目的艺术效果。

3. 韵律　韵律是变化的节奏，节奏原指音乐上交替出现的有规律的强弱、明暗、缓急现象，在插花艺术中指花材色彩的强弱、明暗、浓淡和形态的大小、高低、俯仰、曲直等。多个相似或相同的色彩或形式的重复或渐变，能形成较强的节奏，有组织有节奏的变化就构成了插花的韵律，这种韵律感要借助观赏者视线的转移完成。构图中心即为视觉中心，因此，要将大型的、盛开的鲜艳花朵放在焦点上，而依次将中小型、开放程度渐低的，或色彩淡的花向周围过渡，就能将视觉向焦点转移，从而突出重点，强化韵律感。放射状构图、弯曲的线条更能直接引导视觉运动，产生韵律。

4. 对比　构图各因素在程度上形成较大的差异，这种差异影响到人的审美心理的变化叫对比。如色彩的深与浅、明与暗，线条的方向、粗细与曲直的对比产生不同的视觉效果。垂直线条显现刚直与进取，平斜线条展现轻松、文雅与愉快，曲线可产生动感，给人带来活泼、妩媚的美感，下垂线则给人带来轻柔与沉思的感受。恰到好处的对比可使人产生刺激、兴奋，使主题更突出。

不同的要素对比使人产生不同的心理感觉。如水平直线给人宁静、广阔的感觉，竖线给人挺拔、坚毅、权力、尊严的感觉，斜线则给人时空的动感和心理上的不安全感。几何形插花给人稳重、生硬和平衡之感，而自然形插花则显活泼和轻巧。

色彩本身就十分诱人，成功的插花构图需要科学地运用色彩的对比。不同色彩给人不同的感觉。暖色（红、橙等）使人联想到阳光、火焰，令人感到温暖、兴奋、愉快，这类色彩在阳光和白炽灯下很动人。冷色（蓝、绿等）使人联想到天空、水面、原野，给人宽阔、舒畅、宁静、凉爽的感觉，这类色彩在烛光和荧光灯下显示幽静美。不同色彩的花材组合能创造变化无穷的艺术效果。同类色（同一色相中不同明度或纯度的色彩关系）对比在视觉上色差很小，色相感单纯、柔和、和谐，在插花实践中，可以采用小面积的对比或鲜艳的颜色作为点缀，以增加构图的生气。类似色（在色相环上相距45°左右的色相关系）对比是色相的弱对比，如红色与适量的橙色和黄色搭配，它们之间的对比是柔和的。邻近色（色相环上相距90°左右的色相关系）对比是色相中较弱的对比，这种对比显得清新、明快、和谐和雅致。对比色（色相环上相距120°～180°的色相关系），这种对比强烈、饱满、丰富，容易使人兴奋、激动。

对比手法处理不当时，易给人造成凌乱、不协调的感觉，需要有高度的表现技巧。只有在熟练遵循构图原则的基础上运用才能有独创的效果，否则会弄巧成拙。

（三）插花技术

1. 插花花材分类　色、香、姿、韵俱佳的切花、切叶、切枝和果实等，经适当剪截与修整后，都可以作为插花花材。根据花材的形态与特点，通常将其分为线形花材、块状花材和散状花材三种；按花材在插花构图中的作用，又可分别将其称为骨架花、焦点花与填充花。

（1）线形花材（line flower）　花姿或枝条直立、修长，常用作插花造型与构图的高度和外形轮廓控制的材料，因此又称为骨架花。切花如唐菖蒲、金鱼草、紫罗兰、飞燕草，切叶如棕榈叶、凤尾蕨、虎尾兰等，木本切枝如银芽柳、龙血树、朱蕉等。

（2）块状花材（mass flower）　单朵花或花序、叶片外形呈团块状，色彩鲜艳，并形成一定的面的材料。典型的花器官为块状的花卉如月季、标准菊、香石竹、非洲菊、山茶、牡丹和芍药等，切叶为块状的花卉如花叶芋、龟背竹、喜林芋等。这类花材在构图中可形成鲜明的色块，常作为骨架花和焦点花应用，形成插花构图的主体，体现插花作品的构图、色彩与意境形成的主流。可以单类应用，也可多种组合以增加插花构图的分量。块状花材中有一类花材具有较为特殊的形态（有时称为特态花），或花朵硕大，如百合、花烛，或花序特殊，花常朝一个方向开放，如鹤望兰、小苍兰等，若注意这类花材的配插技巧，如适当增加其高度或放置于显著位置加以突出，可起到特殊的造型效果，表达特定的主题。

（3）散状花材（spray flower） 散状花材花朵小而分散，根据其形状又可分为束散花与星散花两类。束散花花小，茎多分枝而紧凑，呈束状，如一枝黄花、蓬蓬菊、纽扣菊、香豌豆；星散花花小而繁密，分枝多而松散，如丝石竹、补血草、勿忘草、欧石楠等。切枝如天门冬、蚌壳花等。散状花材常用作填补插花构图的空隙，在骨架花之间起连接及遮掩容器等作用，故又称为填充花。填充花对主体的形式、风格和色彩起补充、协调作用，使作品更丰满、自然，富于魅力。

插花花材除鲜花花材外，还包括干花花材和人造花材。不同类型的花材既可单独使用，也可混合使用，混合使用时要注意不同类型花材之间质感与色彩的协调以及插作要求和养护条件的差异性。

2. 容器 容器既是插花盛水工具，也是插花作品的重要组成部分之一。容器的质地、形状、色泽以及纹饰等不同，插花作品的艺术效果也不同。如玻璃、陶瓷、铜、塑料和竹木等不同的材料表现不同的质感，瓶、钵、盂、壶、盘、筒以及各种特形容器给人不同的外形感受。容器表现的各种特征或秀雅细腻，或粗犷浑厚，或古朴端庄，或玲珑清透，要根据不同的插花主题和风格进行选配。一般来说，容器的外形不宜过分雕琢，纹饰及色彩宜典雅清素。除容器外，适当的配件也对主题的表达和构图的完整起到很好的补充作用。

插花作为一件完整的艺术作品，主要由花材与容器组成，有时还可附加一些配件。

3. 插花步骤

（1）构思与构图设计 插制之前应明确作品的类型、风格以及所要采取的形式。如是礼仪用花、艺术插花还是趣味性插花；作品放置的环境与位置是会场还是居室；所要表现的气氛是喜庆、祝贺，还是哀悼等。要根据条件及要求选择适宜的容器、花材与构图形式。创作命题性的艺术插花应根据命题、立意，确定构图后选择花材。

（2）花材整理 插花花材需经过整理，即根据造型的要求进行枝叶与花材的剪切与整理。需要人工弯曲或剪裁造型的叶材，可根据需要做定型处理。

（3）固定花材 为稳定插花方向、位置、姿态，可用剑山、花泥、插座或金属网作为固定花材的辅助用具，应用花泥需预先吸足清水。

（4）插花顺序 先插骨架花与焦点花，然后插填充花与衬叶。

（5）终饰与命题 插好的作品，要反复多次从多方位审视端详，对照原定构思、立意以及基本构图法则对作品进行修饰调整，使之尽量完美。艺术插花作品还常对作品进行题名，可起画龙点睛的作用。

4. 其他形式的插花 除一般的瓶插或盘插插花外，还有几种常见的其他形式的插花。

（1）花束 花束也称手花，是手持的礼仪用花，用以迎送宾客，馈赠亲友，表示祝贺、慰问和思念。最常用的礼仪花束由线性花材决定花束长（高）度范围，块状花材数量和大小确定花束体量，然后用散状花材填充空间。花束用花不宜带刺，应无异味，不污染衣物。

花束造型可以是单种花材，也可多种混合。外形轮廓也有倒锥型、圆球型和扇型等多种。制作时一手握第一花枝中下部，然后逐枝增加，呈螺旋式重叠，同时调节上下位置及疏密程度，最后在握手处用缎带捆紧，外面套以各种装饰性包装纸。

（2）花篮　将切花插于用藤、竹、柳条等编制的花篮中的插花形式，常用于礼仪、喜庆或探亲访友以及室内装饰等。

花篮制作时先在篮中放置吸水花泥或其他吸水材料，用作花材的固着物及供水来源。插作时一般先以线形花材勾出构图轮廓，再插主体花和填充花，最后用丝带作蝴蝶结系于篮环上或插上标签等。艺术花篮则有不同的形式与风格，创作过程与手法与瓶花或盘花相同。

（3）花环和花圈　将切花捆附在用软性枝蔓（如藤、柳、竹片等）扎成的圆环上制成的装饰品或礼品称花环。精制的花环上还可饰以彩带、小铃等。花环可悬挂在门上、墙面作装饰，也常作圣诞节等节日的装饰礼品。由于花环没有供水来源，应选用持久性强的花材如热带兰、鸡蛋花、茉莉、玳玳、松枝、十大功劳叶和果、冬青叶等。有些国家将花朵直接用线串成软性花环，挂于胸前或头部作装饰。

花圈是将花捆扎在用枝、蔓等制作的圆盘形支架上，花色多用冷色，并用常青叶、松枝等作衬垫，用于祭奠与悼念。

（4）桌饰花　用于会议桌面、宴会餐桌的装饰花称为桌饰花。通常放于桌子中央。桌饰花要求精细美丽，常用的花材既有传统的月季、香石竹、非洲菊、菊花、热带兰和水仙等常见花卉，也有新型的现代线形衬材用小花类以及各种水果。将花材或水果直接在桌上铺成与桌子形状相称的各种图案，再用文竹、天门冬等枝叶作衬叶，将图案联系成整体。设计图案要简洁、清新。桌饰花宜平矮，不能影响坐席两面的对视线。花材不能有异味，不能有病虫和散落花粉等污染。

（5）捧花和胸花　捧花最常见的是新娘捧花，供婚礼上用。根据捧花的形状可分为束状捧花、圆球型捧花和下垂型捧花。捧花所用花材要精致、美丽或有香气。常用象征百年好合、相亲相爱等美好祝愿的百合、马蹄莲、月季、热带兰、非洲菊等，再配以丝石竹、小白菊、蕨类、文竹等。下垂型捧花常用文竹、常春藤等蔓性枝使其自然下垂，使捧花更潇洒，情意缠绵。捧花的式样及色彩应配合新娘服饰，表达爱情纯洁，陪衬主人的端庄、温柔气质。制作捧花时，剪取长约20cm的花材，用金属细丝将之缠住，以便于牢固和弯曲造型，每朵花与少量衬叶组合扎成小型花组，以小花组为单位将之缚成球状或束状捧花，基部用缎带绑扎，或插入捧花专用的握柄中。

胸花也称襟花，是将切花组合成小型的花束小品，佩戴在胸前或衣襟、裙子或发际。胸花制作时用花量少而精，选用小型花朵如香石竹、铃兰、热带兰等为主花，再衬以小花、细叶作衬花，如丝石竹、文竹等。制作精巧、高雅，装饰性强。我国传统用茉莉、白兰花、玳玳等用细铁丝穿成花串佩戴在头上、衣襟上，或放在车内闻香。

三、切花采后处理

切花采后处理主要包括花材的采切、贮藏与保鲜等步骤。

（一）花材的采切

适时采切是保证切花质量的关键。适时采切包括采切时间和不同花卉采切期两个方面。一般选晴朗天气早晨或傍晚采切，以保证花材体内最充足的含水量，最大限度防止切花过早萎蔫。不同花卉种类的开放度和开放速度不同，因而最佳采切期也不同。蕾期采切的花卉有香石竹、唐菖蒲、晚香玉等，完全开放后再剪切的花卉有菊花、郁金香等。剪切花枝的刀剪必须十分锋利，剪切后的花材放在水中和阴凉处。

（二）花材的贮藏

不同切花种类和品种耐贮性不同。红色月季品种、香石竹等切花在贮藏期花瓣常变蓝或变黑，百合、满天星型菊花、微型唐菖蒲等在贮运中易发生叶片变黄，金鱼草、香豌豆、飞燕草等在贮运中易发生切花花芽脱落等问题。试验表明，唐菖蒲、百合、郁金香和月季等切花贮藏后瓶插于水中，开花发育良好；香石竹、菊花、金鱼草等切花贮藏后直接插于水中发育和开放不佳，使用催花液或瓶插保持液处理后，开花质量有所提高。切花贮藏方法分为冷藏、气调贮藏和减压贮藏几种。

1. 冷藏 冷藏即低温贮藏，低温可使切花呼吸缓慢，能量消耗减少，乙烯的产生也受到抑制，从而延缓其衰老过程。同时，还可避免切花变色、变形及微生物的滋生。一般来说，起源于温带的花卉适宜的冷藏温度为0～1℃，起源于热带和亚热带的花卉适宜的冷藏温度分别为7～15℃和4～7℃，适宜的相对湿度为90%～95%。低温贮藏切花时，可采取快速冷却的方法以降低切花体内能量的消耗。在荷兰，采用真空冷却的方法效果好，可以一直冷到切花的髓部，用此法冷藏的切花有月季、香石竹、菊花、小苍兰、郁金香、水仙等，虽经长途运输，温度也不容易很快提高，保鲜效果好。依据贮藏的时间长短和切花种类不同，又分湿藏和干藏两种。

（1）湿藏 湿藏是将切花置于盛有水或保鲜液的容器中贮藏。通常用于切花的短期(1～4周）贮藏，有些切花种类如香石竹、百合、非洲菊、金鱼草等在湿藏条件下能保存几周。这种贮藏方式不需要包装，切花组织可保持高紧张度，但湿藏需占据冷库较大空间。采切后立即放入盛有温水或温暖保鲜液（38～43℃）的容器中，再把容器与切花一起放在冷库(3～4℃）中。对易感病的切花，湿藏前先喷布杀菌剂，花梗下部的叶片也应去除，防止在水中或溶液中腐烂。保鲜液可作为切花在整个湿藏期间的保持液，也可作为预处理液在贮前使用，对乙烯高度敏感的切花多用硫代硫酸银（STS）溶液预处理。切花经预处理后，仍置于水中或保持液中。

（2）干藏 干藏是将切花包装于纸箱、聚乙烯薄膜袋或用铝箔包裹表面的圆筒之中，以减少水分蒸发，降低呼吸速率，以延长切花的寿命。干藏通常用于切花的长期贮藏。干藏温度比湿藏温度略低，切花组织内营养物质消耗较慢，花蕾发育和老化过程也慢，因此切花干藏的贮藏期比湿藏长，且花的质量好，如香石竹干藏在0～1℃时，最长贮藏期为16～24周。干藏能节省贮库空间，但适于干藏的切花质量要求和包装要求高，需花费较多劳力和包装材料。有些切花如大丽花、小苍兰、非洲菊、丝石竹和唐菖蒲等湿藏效果比干藏好。

2. 气调贮藏 在低温的基础上，创造低氧和高二氧化碳含量的气调环境是现代采后技术的重要途径。通过气调降低切花呼吸速率，减缓组织中营养物质的消耗，抑制乙烯的产生和作用，达到延长切花寿命的目的。与果蔬产品气调贮藏一样，气调有人工气调和自发气调两种，用塑料薄膜包装和硅橡胶窗气调是两种常见的自发调节方法。二氧化碳含量一般控制在0.35%～10%，氧的含量控制在0.5%～1.0%，可达到良好的保鲜效果。气调冷藏库的装备必须密闭，并具备冷藏和控制气体成分的设备，因此，气调贮藏比常规冷藏成本更高。

3. 减压贮藏 减压贮藏是根据美国的S. P. Burg提出的减压贮藏保鲜原理，把切花置于低气压（相对于周围大气正常气压条件）并有连续湿气流供应的低温贮藏室进行贮藏，以延长贮藏期。把大气压力降到5.3～8.0kPa可获得较好的效果。在低压条件下，植物组织中氧浓度降低，乙烯释放速度及浓度也低，从而可以延缓贮藏室内切花的衰老过程。

（三）花材的保鲜

切花种类或品种不同，采后寿命差异很大。花烛的瓶插寿命在1个月左右，鹤望兰切花在常温下的货架寿命为25～35d，菊花与兰科植物可保持2～3周，紫罗兰、石竹、金鱼草则可保持1周左右，鸢尾仅3～5d。

1. 切花保鲜的生理基础　切花离开母体后，体内的水分、营养、植物激素等含量和成分都发生了很大变化。认识这些物质的变化规律是调控切花采后品质的基础。

（1）水分和糖类　一定的含水量是保持切花品质的基本条件。切花离体后，无法再由根部供水，而蒸腾作用失水仍在进行，这使得原有的体内水分平衡被打乱。要保证切花的鲜活度和品质，细胞和组织必须保持较高含水量和高度的膨胀状态，否则，切花就会萎蔫和死亡。故采切后一般要放在水中补充水分。但由于切口的创伤，切口端受伤细胞会释放出单宁和过氧化物酶物质，其氧化产物的钙、镁盐黏滞物会积累在切面的维管束附近，酶作用引起果胶分解产物堵塞输导组织。或切口处常有迅速繁殖的大量微生物侵入导管，引起木质部导管堵塞，导致花茎生理性和病理性堵塞，引起水分传导性的降低。因此，切花采收后应采取适当措施，保持其一定的含水量对于保鲜是极为重要的。

切花从母体切离后，体内原有的养分源也被切断，以后主要依靠花茎中贮藏的养分进行新陈代谢。随着贮藏养分的逐渐耗尽，切花开始衰竭，衰竭的速度取决于茎内养分的贮存量。糖作为能源物质可以延缓切花衰老症状的出现，保护细胞线粒体和细胞膜的完整性。

（2）结构物质和细胞膜透性　切花采收后，由于花枝与母体之间的联系被切断，花瓣内部的蛋白质、核酸、磷脂等大分子生命物质和结构性物质被逐渐降解而失去原有的功能。细胞内质膜流动性降低，通透性增加，最后导致细胞解体死亡，外观上表现为花瓣枯萎或脱落。切花体内的大多数蛋白质主要起着催化各种代谢反应的酶的作用，其中，相当一部分酶蛋白对维持切花的生命活动十分必需，也有一些酶类（如蛋白酶、过氧化物酶等）在切花采后活性往往提高，从而引起切花品质的降低。

切花中的氨基酸除了作为蛋白质的组分构成外，还有其他的特殊功能，如甲硫氨酸是乙烯合成的前体物质，而乙烯是促进切花衰老的最重要的激素。另外，切花采后蛋白质大量降解往往会引起丝氨酸的含量增加，其又能促进酶蛋白的合成，从而进一步加速蛋白质的水解。关于切花衰老时总的游离氨基酸含量的变化，在香石竹和月季切花上都已有报道，即花瓣衰老时体内的游离氨基酸含量是上升的。

（3）植物内源激素　乙烯是切花衰老过程中极为重要的植物激素，切花衰老的最初反应之一便是自动催化而产生乙烯物质。切花衰老过程产生乙烯，乙烯又反过来促进衰老，用乙烯抑制剂或拮抗剂来抑制乙烯产生或干扰其作用，则可延缓切花衰老。各种花卉对乙烯均有一定程度的敏感性，只是受害程度和响应剂量（乙烯浓度）因种类而异。乙烯敏感型切花有香石竹、兰花、小苍兰、仙客来、百合、金鱼草和石蒜等，非乙烯敏感型切花有菊花、郁金香、唐菖蒲和蔷薇类等。其他激素如激动素（KT）可延缓香石竹、月季、鸢尾、郁金香和菊花等切花的衰老。赤霉素（GA）能延迟离体香石竹花瓣衰老，并延长百合的瓶插寿命。吲哚乙酸（IAA）对切花衰老的作用因种而异，能延迟一品红的衰老，却促进香石竹的衰老。

（4）钙信使与钙调素　切花在衰老过程中，细胞膜透性增加，而且类脂化合物中磷脂成分减少，膜的流动性减弱，这种生理变化可能与组织中Ca^{2+}的分布有关。当区隔化破坏导致胞内游离的Ca^{2+}浓度迅速增加，Ca^{2+}作为第二信使使细胞对胞外信号做出生理响应，

Ca^{2+}与CaM结合，激活CaM，使磷脂酶A_2活化，导致膜上磷脂水解，最终产生MDA等代谢物，对膜造成伤害，从而加速衰老。此外，Ca^{2+}的代谢与乙烯的作用具有一定的关联，香石竹衰老过程中，CaM的增加与乙烯生成呈正相关。

(5) 活性氧代谢与生物自由基　正常情况下，植物体内自由基和保护性酶促系统处于平衡状态，当切花衰老时，这种平衡被打破。过剩的自由基会对构成组织细胞的生物大分子化学结构造成破坏，当损伤程度超过修复程度或使其代偿能力丧失时，组织器官的机能逐步发生紊乱和阻碍。这种紊乱突出表现为脂质过氧化，结果是膜结构破坏，膜渗漏而启动了衰老，切花逐渐趋于衰败。切花保鲜剂中常加入苯甲酸钠、水杨酸等自由基清除剂，以维持切花体内保护酶系统如SOD、CAT等的平衡，从而延缓切花衰老。

另外，其他物质如脂类、有机酸、挥发性物质、矿质元素和维生素等在采后也都发生各种不同的变化。

2. 切花保鲜剂种类与成分

(1) 切花保鲜剂种类　在采后处理的各个环节中，切花或切叶经保鲜剂处理后，可适当延长瓶插寿命。切花保鲜剂分为预处理液、开花液和保持液三种。

①预处理液（pre-treated solution）：在切花采切分级以后，贮藏运输或瓶插前使用，以降低贮运过程中乙烯对切花的伤害作用。通常用高浓度蔗糖和杀菌剂溶液（又叫脉冲液）脉冲处理数小时至2d，脉冲液中蔗糖浓度比一般瓶插保鲜液高出数倍（2%～5%，高可达20%）。

也可用一定浓度的硝酸银溶液或硫代硫酸银溶液对一些乙烯敏感型切花进行脉冲处理，如香石竹、香豌豆、兰花等。处理时，先配制硫代硫酸银溶液，然后把切花茎端插入溶液5～10min，处理时间因切花种类、品种和计划贮藏期而异。

②开花液（opening solution）：又称催花液，是促使蕾期采收的切花如香石竹、郁金香和鸢尾等开放所用的保鲜液。成分与预处理液相似，主要是糖和杀菌剂。由于催花所需的时间较长（一般需数天），一般选用的蔗糖浓度要低些，蔗糖浓度为1.5%～2.0%，杀菌剂（如硝酸银）200mg/L，有机酸70～100mg/L。适宜浓度的开花液既可促进开花，又能促使花蕾膨大。

③保持液（preservation solution）：切花在瓶插观赏期所用的保鲜液，主要功能除提供糖和防止导管堵塞外，还可起到酸化溶液、抑制细菌滋生、防止切花萎蔫的作用。瓶插液的配方随切花种类而异，其成分主要有糖、有机酸和杀菌剂。

(2) 切花保鲜剂的主要成分　切花保鲜剂的成分主要包括水、营养物质、杀菌剂、乙烯抑制剂和拮抗剂、植物生长调节物质和pH调节剂等，可根据切花种类和实际条件选配。

①水：水是切花保鲜剂中必不可少的成分。水质对切花的影响主要取决于水的含盐量、特殊离子的存在和溶液pH及其相互作用。一般来说，自来水对切花有不利影响，使用蒸馏水或去离子水可以延长切花的采后寿命。因为去离子水不含污染物，保鲜剂中的化学成分不会与污染物发生反应而产生沉淀，有利于完全溶解保鲜剂中各种化学成分。溶于去离子水中的花卉保鲜剂活性较稳定。如果没有去离子水，也可用自来水，但使用前应煮沸，冷却后把沉淀物过滤掉。

②营养物质：糖分被花枝吸收后先在叶片中积累，后转运到基部参与代谢。糖能作为切花呼吸基质，补充能量，改善切花营养状况，促进生命活动，保护细胞中线粒体结构和功能；调节蒸腾作用和细胞渗透压，促进水分平衡，增加水分吸入；保持生物膜的完整性，并

维持和改善植株体内激素的含量。蔗糖是切花保鲜剂中使用最广泛的糖类之一，在一些配方中还采用葡萄糖和果糖。另外，有人发现糖能抑制香石竹花瓣中乙烯形成酶的活性。

一些盐类，如钾盐、钙盐、镍盐、铜盐、锌盐和硼盐等常用于切花保鲜剂中，可增加溶液的渗透压和切花花瓣细胞的膨压，保持切花的水分平衡，防止花茎变软及“弯颈”现象发生。

③杀菌剂：在切花保鲜剂中添加杀菌剂是为了控制微生物生长繁衍，降低微生物对切花的危害作用。各种切花保鲜剂配方中一般至少含有一种杀菌剂，如8-羟基喹啉及其盐类、硫代硫酸银、硫酸铝、缓释氯化合物等，其他一些杀菌剂如次氯酸钠、硫酸铜、醋酸锌、硝酸铝等也常用于切花保鲜液中。

④乙烯抑制剂和拮抗剂：切花在老化过程中，随着花朵的凋谢，由植物呼吸作用所产生的乙烯量也急剧增多，释放出的乙烯会促使切花的凋谢。因此，控制乙烯的产生是控制许多切花老化的关键。目前普遍使用的乙烯抑制剂和拮抗剂有硝酸银、硫代硫酸银、氨基乙烯基甘氨酸（AVG）、氨氧乙酸（AOA）、乙醇、二硝基苯酚（DNP）等，它们可以抑制乙烯的产生或干扰乙烯的发生，从而使乙烯的伤害减缓。

另外，在切花保鲜上还有生长调节物质和有机酸的应用。生长调节物质如细胞分裂素类、赤霉素类、生长素类、B_9和矮壮素、青鲜素及多胺、油菜素甾醇、三十烷醇等。有机酸类能降低保鲜液pH，抑制微生物滋生，阻止花茎维管束的堵塞，促进花枝吸水。目前，常用于切花保鲜液中的有机酸及其盐主要有柠檬酸及其盐类、苯酚、山梨酸、水杨酸、阿司匹林、苯甲酸、异抗坏血酸、酒石酸及其钠盐、一些长链脂肪酸（如硬脂酸）和植酸等。

四、干燥花

（一）干燥花种类

干燥花可分原色干花、漂白干花、染色干花和涂色干花。

1. 原色干花　花材干燥后大体保持原来的色彩，可以直接制作干花饰品，如麦秆菊、补血草、一串红、绒缨菊、千日红、叶子花、矢车菊、黄刺玫、迎春、连翘、金莲花、孔雀草、三色堇、飞燕草、瓜叶菊、桔梗等。

2. 漂白干花　不少花材干燥后出现退色现象，或色泽晦暗，或易形成污斑。对这类花材需进行漂白处理，使其洁白明净，并依然保持花材原有形状、姿态。制作漂白干花的花材应是茎秆强硬、不易折损的花枝、花穗，如丝石竹花枝、野亚麻果穗、益母草果枝、狗尾草花穗、曼陀罗果枝、蜡梅花枝、柳枝、竹枝等。

3. 染色干花　干燥过程中易变色、退色的花材容易失去魅力，可使植物吸收色料制成染色干切花与染色压花，增强干燥花的色彩感染力，提高饰品的装饰效果。

4. 涂色干花　经过干燥处理的花材，在其表面喷、涂色料，利用附着剂或黏着剂的固着力将色料固着于干材表面。涂色干花色彩新艳，具极强的装饰效果。如金属光泽的铜金粉和铝银粉，分别放出金光与银光，此外水性颜料、油性颜料、印花染料都可用作涂染干花的色料。

（二）干燥花的制作过程

1. 采集与整理　干花花材的来源广泛，采集时应根据目的选择适宜的花材。剪取花材应以不影响植株继续生长的能力、不破坏资源为度。采后防止变干枯萎，如有失水萎蔫，应先复水使其充分伸展然后制作，不能复原的花材和有病虫危害的花材应剔除。根据欲制作干花的规格、体量做剪截整理。

2. 花材干燥 干燥处理是制作干花的关键环节，涉及保形、保色、防止腐坏等一系列保证干花品质的关键措施。花材干燥的方法很多，都应达到快速、保形、保色的效果。

(1) 压花干燥法 压花干燥法是制作平面干燥花的方法。将经整理过的花材（常是花朵和叶片）分散平铺在吸水纸上，各花、叶之间保持适当的间隔，在最底面和最上面分别用夹板将层叠的吸水纸夹紧，然后放通风干燥处，待其自然干燥。

(2) 自然干燥法 制作干切花时，一些易于干燥的花材如麦秆菊、千日红、补血草、丝石竹、香蒲、芦苇、早熟禾果穗、狗尾草穗等花材，可采用自然干燥法。将采集的花材捆成适当大小的捆束，放于洁净、干燥、通风场所，避免日晒、雨淋，任其自然风干。

(3) 干燥剂埋设干燥法 干燥或干燥后易变形的大型花材，可用干燥剂埋设干燥法。选用适当大小的玻璃容器，在容器内放一层干燥剂（如硅胶），再将花材逐一放进容器，同时徐徐注入硅胶，直至将花材全部埋没。最后密闭容器盖，直到花材干燥为止。待花材充分干燥后，再徐徐倾出硅胶，取出花，用毛笔清除残留在花材上的硅胶，将干燥后的花材分门别类保存在洁净、干燥的容器中待用。除硅胶外，也可用烘干河沙、食盐、硼砂等作为埋设材料。这些材料本身吸湿力低，但也可起定型作用，埋花后不需将容器封盖，置通风、干燥处任其自然干燥，常用于含水量稍低的花材如三色堇、矢车菊。

其他干燥法还有加热干燥法和冷冻减压干燥法等。

3. 脱色与漂白

(1) 自然脱色 花材在自然条件下由于氧和光的作用使色素受到破坏，导致退色。如绿色的叶片和一些小型花穗退色后呈淡绿色或浅棕色，但制作干花装饰品时仍具有较好观赏价值，这类花材可采用自然退色法。这种方法经济实惠。

(2) 漂白 不少花材在自然脱色后缺乏纯净感，还需经人工漂白以提高洁白度，增强观赏性与装饰价值。漂白时应选用适宜的漂白剂，调节适当浓度、pH 以及漂白持续时间。漂白处理后还需用酸或碱中和花材表面的残液，再用清水洗净、晾干。常用的漂白剂有过氧化氢（H_2O_2）、亚氯酸钠（$NaClO_2$）、漂白粉、漂白精、次氯酸钠（NaClO）和硫黄等。供漂白的花材茎秆组织含纤维丰富。

4. 保色、染色与涂色

(1) 保色 应用化学药物增加花材原有色素的稳定性，可以有效地保持色彩。常用的绿叶保色采用硫酸铜浸渍或煮浸法，以铜离子置换叶绿素中的镁离子，使叶绿素稳定而保持绿色，又如用酒石酸、柠檬酸、硫酸铝、氧化锌、氯化锡、氯化亚锡、明矾配制的溶液浸渍，在 pH 下降的情况下，以金属离子络合花青素类色素而保持红色。

(2) 染色 成熟的花材组织中含有大量纤维素，具有吸附色料的能力。将花材浸于色料中，色料随茎秆吸的水液流进入纤维素的组织中，随着花材干燥而固着在纤维壁上，从而使花材着色。花材染色与植物纤维纺织品的染色原理相同，因此多数植物纤维纺织品的染料，如直色染料、活性染料、还原染料、氧化染料、防离子染料等，都可作为干花染色的色料。

(3) 涂色 由于涂料本身固着力差，需加入适当的黏合剂，常用的铜金粉（金色）、铝银浆（银色）都以清漆为黏合剂，将色料固着于花材表面，呈强金属光。此外还有水溶性的广告颜料、水粉画颜料，需加胶性黏合剂；印花颜料不溶于水，需加高分子黏合剂。涂色后任其自然干燥即可。通常涂色法只用于厚实、挺拔、结构牢固的花材，如松果、桉叶等。

第三节　花卉的其他应用

一、香花植物

许多植物不仅色彩艳丽，株形优美，而且其花具有浓郁的香味，称为香花植物。我国具有悠久的花卉栽培历史，香花植物的栽培更是其中的首选。据明代周嘉胄《香乘》称："香之为用从上古矣（引宋代丁谓《天香传》）。秦汉以前，堪称兰蕙椒桂而已。"兰花芳香宜人，自古深受人们喜爱。《孔子家语》中有"与善人居，如入芝兰之室，久而不闻其香，即与之化矣。"可见秦汉以前早已有香花的使用了。汉代香花的应用始于宫廷之间，外国进贡的奇香珍品才开始使用。南宋叶廷珪的《叶氏香录》有："余于泉州职事实，兼舶司，因蕃商之至，询究本末，录之以广异闻。"说明以泉州为枢纽构成的香料之路，使国内外的贸易盛极一时。

香花植物一方面用于观赏、闻香，另一方面用于加工。近百年来，我国对香花植物的生产最初仍然只限于植物自身，如小花茉莉，已有1 700多年的栽培历史，但直至 19 世纪 50 年代才开始将其花朵用于窨制花茶。其他民间习用的有桂花糕、玫瑰羹和檀香扇等。随着科学技术的进步，更多的植物进行加工提油生产。

（一）香花植物类别

1. 观赏香花植物　园林中广为应用的香花植物很多，依栽培方式分为以下几类。

（1）切花类　月季、香石竹、百合、菊花、晚香玉、姜花等。

（2）盆花类　九里香、水仙、白兰花、紫罗兰、珠兰、香叶天竺葵、玳玳等。

（3）服饰佩花类　用于胸花、襟花佩戴的香花有白兰花、茉莉等。

（4）庭园花卉类　栀子花、桂花、蜡梅、瑞香、木香、铃兰、香水草、百里香、金银花等。其中可作为夜花园的香花有月见草、紫茉莉、昙花、夜来香等，作为家庭花园的香料植物有茴香、薄荷等。

2. 香料加工植物　植物除桂花、山茶、白兰花、梅花、蜡梅、茉莉、米兰等观赏与香料两用的植物外，还有一些特别用于香精或香料加工的植物，如依兰、灵香草、香根草、香荚兰、留兰香、薰衣草、珠兰、玫瑰、柠檬、岩蔷薇、丁子香、广藿香、芸香草、罗勒、檀香、大花茉莉、黄心夜合、含笑、香叶菊、团香果、青兰等。

（二）香花植物加工技术

香花植物主要含精油，在化学和医药上称为挥发油，商业上称为芳香油，存在于植物的根、茎、叶、枝和果实等部位。精油是许多不同的化学物质的混合物，包括含氮、含硫化合物、芳香族化合物、脂肪族的直链化合物等。世界主要的花精油的加工在地中海沿岸、法国和意大利等，主要加工技术包括提取自然的花精油，再添加配料以及合成香料加配料。香花植物的加工主要在茶叶赋香，如茉莉花茶、栀子花茶、米兰花茶等。天然香料的抽取方法有蒸馏法、抽取法、吸附法和压榨法。

1. 蒸馏法　水和原料同时加热，或原料直接加热，然后冷却分离得到精油。适于蒸馏法的花卉有苦橙、薰衣草、玫瑰等。

2. 抽取法　用热水蒸气间接加热提取花精油的方法，用挥发性溶剂如石油醚、苯、安息香油或液化气体如丙烷、丁烷等抽取，适于此法的花卉有苦橙、含羞草、紫丁香、栀子花、小苍兰和铃兰等。

3. 吸附法 将脂肪基涂于玻璃板两面，随即将花蕾平铺于玻璃板上冷吸香脂，此法适于茉莉、晚香玉等成熟花蕾期采收的花卉，用脂肪冷吸放香时间长。已开放的香花适于用油脂温浸吸附，如玫瑰、橙花和金合欢等。将鲜花浸在温热的精炼过的油脂中，经过一定时间后更换鲜花，直至油脂中芳香物质达到饱和为止，除去废花后，即为香花香脂。利用一定湿度的空气和风量均匀鼓入鲜花筛，从花层中吹出的香气进入活性炭吸附层，香气被吸附达饱和时，再用溶剂多次脱附，回收溶剂，即得吹附精油。

其他加工法还有压榨法，主要是对柑橘果实和果皮通过磨皮或压榨提取精油的方法。

二、食用花卉

食用花卉是国内外饮食文化中的一大特色，具有十分悠久的历史。按食用方式不同，可分为以下几种情况。

1. 直接食用 花朵是植物精华，尤其是花粉，科学家证实其含有 96 种物质，包括 22 种氨基酸、14 种维生素和丰富的微量元素，因而被认为是“地球上最完美的食物”。可食的种类很多，既有野生花卉，又有栽培的观赏花卉，如菊花、玫瑰、百合、芙蓉花、石斛、桂花、月季、荷花、晚香玉、凤仙花、玉簪等。在我国许多地方名菜中，粤菜有菊花凤骨、大红菊，鲁菜有桂花丸子，京菜有芙蓉鸡片，沪菜有茉莉汤、菊花鲈鱼、荷花栗子等，一些地方还推出留兰香花拌平菇、兰花鸡丝等。早在 16 世纪，欧洲就有食用番红花的习俗，西班牙用番红花调理什锦饭，法国人用来作火锅，日本人用作咖喱饭的调色剂。英国人在 20 世纪 40 年代就有用玫瑰花果酱提取维生素 C 治疗坏血病的历史，澳大利亚人用新鲜金莲花拌色拉食用，墨西哥人早有食用仙人掌的习惯，美国人用紫罗兰、矮牵牛、菊花、金莲花作花食，日本人喜用茶花作泡菜，将樱花、玉兰、桂花等搬上餐桌。这些花卉是菜肴的色香装饰，有丰富的饮食文化内涵。

2. 药用 花卉除供观赏外，还是治病良药和滋补佳品。兰花可清肺解毒、化痰止咳，菊花养肝明目，荷花治失眠、吐血，茶花治烫伤、血痢，梅花收敛止痢、解热镇咳，水仙消肿解毒，芦荟治咳嗽、清热解毒，鸡冠花治痔血，刺槐花凉血止血，桂花化痰化瘀，杜鹃花治疗哮喘、风湿病、闭经等。

3. 窨制花茶 利用花的芳香给茶赋香，制成花茶。传统的花茶主要有茉莉花茶、桂花花茶，此外，还有玉兰花茶、珠兰茶等。近年来，直接泡茶的干花还有玫瑰花蕾、千日红花序、栀子花蕾、柚子花等。

随着食品工业的发展和顺应人们“饮食回归自然”的要求，食用花卉资源的开发和利用途径将越来越广泛。

复习思考题

1. 花卉的园林应用形式主要有哪些？简要列举其特点。
2. 列举 10 种春季花坛中常用花卉，画出配置草图并简要说明。
3. 盆花装饰根据植物姿态造型分为哪几类？请举例说明。
4. 列举常见的 5 种香花植物材料，说明其科属特征。

第八章 花卉生产的经营管理

第一节 概 述

（一）花卉生产的特点

（1）花卉生产的地区性 花卉生产不但要在该地区能正常进行，而且受交通、能源及气候等多方面因素的限制。

（2）花卉生产的专业性与技术性 进行花卉生产必须经过专业培训，未经过专业培训者生产的产品原则上不能纳入正常的贸易渠道。另外，花卉生产必须注意其自身的特点，它是以培养观赏价值高的植物材料为目的。

（3）花卉生产的应时性 花卉生产提供的是有生命的新鲜产品，必须根据市场需求调整生产活动。

（4）花卉生产必须周年稳定地供应市场 花卉作为人们的一种消费品，必须像其他商品一样源源不断地稳定地供应市场。因此，如何克服花卉生产的季节性，达到周年稳定供应便成为花卉生产的重大课题。

（5）花卉生产受国民经济发展总体水平的制约 花卉是高层次的消费品，它是以经济的高度发展和人民生活水平的提高为基础的。只有在解决温饱的基础上，人们对精神追求更加迫切的时候，才为花卉生产提供了市场潜力。

（二）花卉产品的市场流通

1. 流通环节

（1）从生产者到批发商 从生产者到批发商的渠道有：一是生产者直接将其产品出售给批发商，二是通过中间商转移。相比之下，前者有利于降低花卉产品的售价，后者给生产者提供了方便。

（2）从批发商到零售商 从批发商到零售商可通过拍卖市场、批发市场，最后进入花店，到达零售商手中。

（3）从零售商到消费者 从零售商到消费者是花卉流通的最后一个环节。

2. 流通体制 花卉的正常流通需要一套完整合理的供销体系，将生产与销售有机地联系起来。近年市场经济体制在我国正在建立，但花卉产品的市场流通体系还不健全。目前还没有形成从生产到批发再到零售的系统。可喜的是，目前在我国许多大城市已兴建了花卉市场。

3. 建立健全我国花卉流通体系 建立健全花卉流通体系是我国花卉业与国际接轨的必需条件。健全的流通体系应形成全国性的网络，从而有利于有效地组织货源，调剂余缺。同时应建立相应的从事花卉贸易的进出口公司，从而有效地将国内生产的花卉出口到国外或将国外的某些产品有计划地引入国内。

（三）花卉的经营方式

1. 花卉经营的专业性 花卉经营必须要有专业机构来组织实施，这是由花卉生产、流通的特点所决定的。花卉经营的专业性还表现在作为花卉生产的部门，每个公司或企业仅对一两种重点花卉进行生产，这样使各生产单位形成自己的特色，进而形成产业优势。

2. 花卉经营的集约性 花卉经营是在一定的空间内最高效地利用人力、物力的事业，它要求技术的密集和生产设备的齐备。在一定范围内扩大生产规模，进而降低生产成本，提高花卉产品的市场竞争力。

3. 花卉经营的高技术性 花卉经营是以经营有生命力的新鲜产品为主体的事业，从产品生产到售出的各个环节，都要求有相应的技术，如花卉的采收、分级、包装、贮运等，都有严格的技术规程。因此，花卉经营必须要掌握一套完备的技术。

4. 花卉的经营方式

（1）专业经营 在一定的范围内形成规模，以一两种作物为主，集中生产，并按照市场需要进入专业流通领域。专业经营的特点是便于生产高技术产品，形成规模效应，提高市场竞争力，是经营的主体方式。

（2）分散经营 以农户或小集体为单位进行花卉生产，并按自身的特点进入相应的流通渠道。分散经营比较灵活，是地区性的一种补充。

（四）我国花卉生产经营管理现状

1. 花卉生产的专业化程度不够 目前我国各个大中城市都有相应的花卉生产机构，但所有花卉生产企业存在一个共同的缺点，就是花卉生产的专业性较差。首先，各地都是小而全的企业，谈不上对主要花卉的专门研究和生产，当然也不会形成有特色的花卉产品。其次，全国目前没有一家专门生产种子和种苗的企业，致使所有企业既生产种子、种苗，又生产成品，造成了技术上的分散。

2. 花卉生产的技术水平不高

①对花卉生产栽培的技术环节没有完全掌握，培养的产品质量不高，每种花卉植物还不能得到最佳的生长条件。

②对花卉经营相关的采收、分级、包装、贮运等环节的技术知识了解不够，也没有给予应有的重视，致使花卉产品的外在质量受到严重影响。

③与花卉生产有关的设备不齐备，即使对花卉植物的习性已经了解，也不能为其提供最佳的生长条件。

3. 花卉生产缺乏统一的规划 目前国内缺乏有力的生产组织体系，造成了产业结构和地区布局的不合理。近来许多单位纷纷发展切花，竞相攀比，不考虑当地条件适合与否，而对真正具有市场潜力的盆花、观叶植物、花坛用花等没有给予应有的重视。

4. 花卉生产经营管理的发展 近些年来初步形成了花卉生产的地区性结构，目前在广东、云南、上海、江苏已建成了一些专业化的生产基地和国有、集体、私有三级生产体系。生产设备也在不断改善，许多地方相继引进了国外先进的设备和设施，为花卉的周年供应提供了物质保证。

（五）国外花卉生产经营管理状况

花卉作为全球性高效农业，世界许多国家都给予了充分的重视。目前，花卉的国际贸易额日趋扩大，现以荷兰、日本为例简要介绍其生产经营管理状况。

1. 荷兰

（1）形成多元化的产业结构 其产品包括切花、盆花、种球、种子、花坛植物、观叶植物等。

（2）生产工厂化　设施栽培面积越来越大，2009年在花卉生产总面积48 260hm² 中，温室面积达5 005hm²，占总面积的10.4%。切花及盆栽观赏植物均在温室内栽培，露地栽培主要是种球繁殖和园林绿化树木苗圃。温室多由计算机控制，自动调节。

（3）生产专业化　种子、种球、种苗、基质、容器、包装材料及其他附属用品均由专业性工厂生产。

（4）合理的运输系统和流通体系　荷兰的花卉拍卖市场在荷兰的花卉供应链中处于枢纽地位。从1911年在Aalsmeer建立荷兰第一个切花拍卖场开始，最盛时花卉拍卖市场达到10个，每天凌晨送到拍卖中心的花卉可在24h内运达125个国家和地区的出售点。2008年1月1日FloraHolland和Aalsmeer拍卖市场合并（名称仍为FloraHolland），成为荷兰最大的拍卖市场，雇用工作人员5 000人，2010年交易额40亿欧元，拥有98%的国内市场，40%的欧洲市场。

另外，在荷兰4万多平方千米的国土上，有750个进出口公司进行国际贸易，专门负责花卉产品的批发销售业务，再加上1.4万多家零售店，其中传统花店4 000多个、自由市场和沿街花摊约2 000个、超级市场和百货商店的售花部2 200多个、花园中心460个、加油站的花屋1 200多个，构成了一个高效运行的流通网络，为71 000人提供了就业机会。2009年，荷兰花卉生产面积超过4.8万hm²，产值达到49.1亿欧元。当年，荷兰花卉出口额达83.0亿欧元，占世界花卉出口额的47.3%。可见荷兰是一个名副其实的花卉贸易大国。

2. 日本

（1）花卉生产布局合理　北海道生产唐菖蒲，长野县生产香石竹，山形县生产月季，爱知县生产兰花，静冈县生产小苍兰，岩手县生产龙胆等。

（2）建立健全市场体系　花卉经采收、分级、整理和包装后由农业公司或中间商组织运输至批发商，再经（或不经）中间商至零售商，最后到达消费者手中。其中批发主要以拍卖形式进行，完全采用荷兰拍卖系统。

（3）生产技术先进　花卉生产的栽培水平高，在自动调控温室中进行促成或抑制栽培。有计划地进行进口或出口，进口种类主要是日本不易繁殖或尚未栽培者，淡季供应不足者，价格低廉、容易运输且运价合理、无病虫害者。

第二节　我国花卉产业结构及生产区划

（一）花卉产业结构

（1）切花　切花要求栽培技术较高，以多产高质量的切花或切叶材料为目的。我国切花的生产相对集中在经济较发达的地区，但在生产成本低的地区也应布点组织生产。

（2）盆花及盆景　盆花包括家庭用花、室内观叶植物、多浆植物、兰科花卉等，是我国目前生产量最大、应用范围最广的花卉产品，应是目前花卉产品的主要形式。

盆景也广泛受到人们的喜爱，加上我国盆景出口量逐渐增加，可在出口方便的地区布置生产。

（3）草花　草花包括一、二年生花卉和多年生宿根、球根花卉。应根据市场的具体需求组织生产，一般来说，经济越发达，城市绿化水平越高，对此类花卉的需求量也就越大。

（4）种球　种球生产是以培养高质量的球根类花卉的地下营养器官为目的的生产方式，

它是培育优良切花和球根花卉的前提条件。国外种球的生产由专门的公司组织，已形成了庞大的产业，在我国，种球的生产也将会有较大发展。

（5）种苗　种苗生产是专门为花卉生产公司提供优质种苗的生产形式。所生产的种苗要求质量高，规格齐全，品种纯正，是花卉产业的重要组成部分。

（6）种子生产　国外有专门的花卉种子公司从事花卉种子的制种、销售和推广，并且肩负着良种繁育、防止品种退化的重任。我国目前尚无专门从事花卉种子生产的公司，但不久的将来必将成为一个新兴的产业。

（二）花卉生产区划的原则

①适地适花，在保证产品质量的前提下降低生产成本，当地气候及土壤条件能满足花卉生长的需要。

②在生态条件相似的前提下，应坚持就近原则，如城市用花应在城市附近组织生产。

③花卉生产地区必须有便利的交通和通信条件。

④要有充分的水源、能源供应，保证花卉生产的正常进行。

⑤花卉生产应安排在人才或科技力量相对集中的地区，以便提高栽培及经营管理水平。

（三）花卉生产区划

1. 全国范围内花卉生产的布局　根据花卉区划的原则，应在全国范围内形成整体布局，以降低生产成本，提高产品质量，增强市场竞争力，为出口做好准备。

各类花卉都有自身的生态习性，宜将最适合的花卉放在最佳的场所进行栽培，有利于花卉的生长发育和降低生产成本。全国范围的布局还包括同一种花卉不同季节在不同地区分别设点进行生产，以满足周年供应的需求。

种子生产和种苗生产也可在全国范围内分片设点建设，形成覆盖全国的种子和种苗生产布局。

2. 具体生产单位生产场地的布局

（1）综合性花圃的布局

①温室区：现代花卉生产的重要组成部分之一，它包括室温不同的温室、盆花场、荫棚、锅炉房、配电房、工具房及培养土配料场、燃料堆放场等。

②种苗区：繁殖培育生产用的种球或花苗的区域，根据不同要求可安排在露地或温室内，一般占地面积小。

③草花区：露地种植一、二年生草花、宿根花卉、球根花卉的区域，要求光照充足，土壤条件良好，部分耐阴或喜阴花卉需要遮阴条件，占地面积较大。

④花木区：盆栽或地栽观赏木本花卉，一般不作为花圃的主体，仅有点缀景观及丰富品种的作用，占地面积较小。

⑤水生花卉区：水生花卉是花卉中较特殊的类型，要求种植在低洼地或水塘中，以丰富花圃景观。

⑥景观区或示范区：作为生产性花圃，为了便于生产操作，往往单辟一块地进行花卉种植示范，同时创造出优美的景观，起到普及宣传作用。

（2）专业花圃的布局　专业花圃是以生产某一种或某一类产品为目的的花圃，其布局相对综合花圃要简单一些，但对生产设备的要求也高一些。根据生产功能的要求可分为种苗区、露地栽培区和保护地栽培区，另设采后处理及贮藏车间等。

第三节　花卉的周年供应

（一）花卉周年供应的意义

花卉作为一种消费品，同其他商品一样，要求源源不断地供应市场，才能形成稳定的消费群体，作为花卉生产者，花卉的反季节生产往往也可以获取高额利润。因而，周年稳定地供应市场，既有利于生产者又有益于消费者。

（二）花卉产品周年供应的实施

1. 周年供应的前提条件　新鲜的花卉产品要做到周年供应，除了技术上的要求以外，还必须有相应的栽培设施，包括温室、冷库及其他附属设施，以便在淡季生产出鲜花供应市场。

2. 周年供应的技术要求　花卉的周年供应需要技术的可靠保证，栽培者应充分掌握每一种花卉的生态习性及生物学特性，给予相应的最佳栽培条件。在花卉的栽培过程中，通过促成或抑制措施以调控植物的花期，从而达到适时供应市场的目的。

3. 花卉周年生产的管理　一般的露地花卉其周年管理具有明显的季节性变化。但作为周年供应的保护地生产，其管理的季节性不强，但管理的专业性很强。这一方面表现在全天候温室内周年可周而复始地进行播种、育苗、栽培、采收、分级、包装、贮运等工作。另一方面，由于每个环节的技术性都很强，所以每一步操作都必须严格按照操作规程进行，只有这样才能提高栽培水平，提高产品的产量和质量。

4. 全国范围内的周年供应体系　在有充分保护地及全天候温室的条件下，任何地方均可实现花卉的周年供应，只是成本不同而已。

我国地域辽阔，各地气候差异悬殊，同一种花卉在不同地方其自然花期有较大差异，由南到北，其花期形成一种自然的周年性，因而进行这种形式的周年供应，是一种多快好省的方式。

第四节　花卉栽培的轮作

（一）轮作的意义

轮作是指在一定年限内，同一块土地按计划轮换栽植不同种类花卉植物的种植制度。轮作制度的建立是为了满足各种花卉植物对土壤层次及营养条件的不同要求，使花卉植物与土壤之间形成良好的关系，进而达到充分利用地力、减少病虫害发生、保持花卉植物的均衡营养、节约肥料、减少农药污染、降低成本之目的。

（二）轮作的类型及方式

1. 露地轮作　在一年一熟地区采用定区式轮作，即将花卉栽培的各个区域用事先设计的轮换次序每年分别种植不同的花卉植物。在一年多熟地区采用换茬式轮作，即要求在同一地块栽植的花卉植物不但与上一年各季节栽培的花卉植物不同，而且与其时间相邻的花卉植物也不相同。

2. 保护地轮作　保护地轮作与换茬式轮作比较近似，但不完全相同，因为在全天候温室内打破了季节界限，花卉植物的栽植可连续进行，所以其轮作周期可根据花卉植物种类灵活掌握。

轮作的周期应根据各种花卉病虫害在栽培环境中存活和侵染的时间而定，原则上，轮作周期越长越好。还可采用土壤或基质消毒、均衡施肥等方法来解决。

复 习 思 考 题

1. 我国花卉生产的特点是什么？
2. 论述我国花卉产业现状，结合你所在地区提出改进措施。
3. 论述花卉周年供应的意义及实现花卉周年供应的措施。

各论

花卉学

第九章　一、二年生花卉

第一节　概　　述

一、一、二年生花卉的定义与特点

1. 一年生花卉　一年生花卉（annual flower）是指生命周期即经营养生长至开花结实最终死亡在一个生长季节内完成的花卉。一年生花卉一般春季播种，夏秋开花结实，入冬前死亡。典型的一年生花卉如鸡冠花、百日草、半支莲、凤仙花、矢车菊、牵牛花等。园艺上认为有些花卉虽非自然死亡，但为霜害杀死的也作一年生花卉，更有将播种后当年开花结实不论其死亡与否均作一年生花卉的，如藿香蓟、矮牵牛、金鱼草、美女樱、紫茉莉等。

一年生花卉依其对温度的要求分为三种类型，即耐寒、半耐寒和不耐寒型。耐寒型花卉苗期耐轻霜冻，不仅不受害，在低温下还可继续生长；半耐寒型花卉遇霜冻受害甚至死亡；不耐寒型花卉原产热带地区，遇霜立刻死亡，生长期要求高温。

2. 二年生花卉　二年生花卉（biennial flower）是指生活周期经两年或两个生长季节才能完成的花卉。二年生花卉播种后第一年仅形成营养器官，次年开花结实而后死亡，如羽衣甘蓝、蛾蝶花、高雪轮、风铃草、毛蕊花、须苞石竹等。典型的二年生花卉第一年进行大量生长，并形成贮藏器官。二年生花卉中有些本为多年生，但作二年生花卉栽培，如桂竹香、蜀葵、三色堇、四季报春等。

二年生花卉耐寒力强，有的耐0℃以下的低温，但不耐高温。苗期要求短日照，在0～10℃低温下通过春化阶段，成长过程则要求长日照，并随即在长日照下开花。

一、二年生花卉多由种子繁殖，具有繁殖系数大、自播种到开花所需时间短、经营周转快等优点，但也有花期短、管理繁、用工多等缺点。

一、二年生花卉为花坛主要材料，或在花境中依不同花色成群种植，也可植于窗台花池、门廊栽培箱、吊篮、旱墙、铺装岩石间及岩石园，还适于盆栽和用作切花。

二、一、二年生花卉繁殖与栽培管理要点

1. 留种与采种　一、二年生花卉多用种子繁殖，留种采种是一项繁杂的工作，如遇雨季或高温季节，许多草花不易结实或种子发育不良。一般留种应选阳光充足、气温凉爽的季节，此时结实多且饱满。

对于花期长、能连续开花的一、二年生花卉，采种应多次进行。如凤仙花、半支莲在果实黄熟时，三色堇当蒴果向上时，虞美人、金鱼草也是当果实发黄时，刚成熟即可采取。此外如一串红、银边翠、美女樱、醉蝶花、茑萝、紫茉莉、福禄考、飞燕草、柳穿鱼等需随时留意采收。翠菊、百日草等菊科草花当头状花序花谢发黄后采取。

容易天然杂交的草花，如矮牵牛、雏菊、矢车菊、飞燕草、鸡冠花、三色堇、半支莲、福禄考、百日草等必须进行品种间隔离方可留种采种。还有如石竹类、羽衣甘蓝等花卉需要进行种间隔离才能留种采种。

目前，许多一、二年生花卉如矮牵牛、万寿菊等，为杂交一代品种，其后代性状会发生广泛分离，不能继续用于商品生产，每年必须通过多年筛选的父母本进行制种。生产上每年需重新购买种子。

2. 种子的干燥与贮藏　在少雨、空气湿度低的季节，最好采用阴干的方式，如需曝晒时应在种子上盖一层报纸，切忌夏季直接日晒。如三色堇种子一经日晒则丧失发芽力，但早春或秋季成熟的种子可以晒干。

种子应在低温、干燥条件下贮藏，尤忌高温高湿，以密闭、冷凉、黑暗环境为宜。

3. 苗期管理　经播种或自播于花坛、花境的种子萌发后，仅施稀薄液肥，并及时灌水，但要控制水量，水多则根系发育不良并易引起病害。苗期避免阳光直射，应适当遮阴，但不能引起黄化。为了培育壮苗，苗期还应进行多次间苗或移植，以防黄化和老化，移苗最好选在阴天进行。现在一、二年生花卉多用穴盘育苗，生产单位可以直接购买种苗进行后续栽培。

4. 摘心及抹芽　为了使植株整齐，株型丰满，促进分枝或控制植株高度，常采用摘心的方法。如万寿菊、波斯菊生长期长，为了控制高度，于生长初期摘心。需要摘心的种类有五色苋、三色苋、金鱼草、石竹、金盏菊、霞草、柳穿鱼、高雪轮、绒缨菊、千日红、百日草、银边翠等。摘心还有延迟花期的作用。

有的则为了促进植株的高生长，减少花朵的数目，使营养供给顶花，而摘除侧芽，称为抹芽。如鸡冠花、观赏向日葵等。

5. 支柱与绑扎　一、二年生花卉中有些株型高大，上部枝叶花朵过于沉重，遇风易倒伏，还有一些蔓生植物，均需进行支柱绑扎才利于观赏。一般有三种方式：

①用单根竹竿或芦苇支撑植株较高、花较大的花卉，如尾穗苋、蜀葵、重瓣向日葵等。

②蔓生植物如牵牛花、茑萝可直播，或种子萌发后移栽至木本植物的枝丫或篱笆下，让其植株攀缘其上，并将其覆盖。

③在生长高大花卉的周围插立支柱，并用绳索联系起来以扶持群体。

6. 剪除残花与花茎　对于连续开花且花期长的花卉，如一串红、金鱼草、石竹类等，花后应及时摘除残花，剪除花茎，不使其结实，同时加强水肥管理，以保持植株生长健壮，继续开花繁密，花大色艳，还有延长花期的作用。

第二节　常见一、二年生花卉

（一）一串红

【学名】*Salvia splendens*

【别名】墙下红、草象牙红、爆竹红、西洋红、洋赪桐、撒尔维亚

【英名】scarlet sage

【科属】唇形科鼠尾草属

【产地及分布】原产南美，世界各地广为栽培。

【栽培史】一串红19世纪初引入欧洲，约100年前育出了早花矮性品种，首先在法国、意大利、德国等国家栽培，1900年左右培育成‘火球’和‘妙火’，至今仍为盆栽和切花生产的优良品种。

【形态特征】一串红为多年生亚灌木，作一年生栽培（图9-1）。茎直立，光滑有四棱，

高 50～80cm。叶对生，卵形至心脏形，叶柄长 6～12cm，顶端尖，边缘具牙齿状锯齿。顶生总状花序，有时分枝达 5～8cm 长；花 2～6 朵轮生；苞片红色，萼钟状，花瓣衰落后其花萼宿存，鲜红色；花冠唇形筒状伸出萼外，长达 5cm；花有鲜红、粉、红、紫、淡紫、白等色。花期 7～10 月。种子生于萼筒基部，成熟种子为卵形，浅褐色。种子千粒重约 2.8g。染色体 $x=10$，$2n=20$。

图 9-1 一串红

【种类与品种】

1. 同属其他栽培种

（1）红花鼠尾草（*S. coccinea*） 红花鼠尾草又名朱唇，原产美洲热带。一年生或多年生亚灌木。株高 60cm 左右，全株被毛。叶三角状卵形，长 3～5cm。花萼筒状钟形，花冠浓鲜红色，长 2～2.5cm，下唇长为上唇的 2 倍。花期 7～10 月。

（2）粉萼鼠尾草（*S. farinacea*） 粉萼鼠尾草又名一串蓝、蓝花鼠尾草，原产北美洲。多年生草本作一年生栽培。株高 60～90cm，多分枝。叶有时似轮生，基部叶卵形，上部叶披针形。花多密集，花冠紫蓝或灰白色，长 1.2～2.0cm。花期 7～10 月。

（3）深蓝鼠尾草（*S. guaranitica*） 深蓝鼠尾草原产南美洲。多年生草本，常作一、二年生栽培。株高 80～180cm，株型高大挺拔，多分枝。叶对生，卵圆形至近棱形，色翠绿。穗状花序修长，花色呈极深的蓝紫色，引人瞩目。花期 6～10 月，是夏秋优良的花境材料。喜温暖和阳光充足的环境，不耐寒，耐旱不耐涝，适应性强。

（4）天蓝鼠尾草（*S. uliginosa*） 天蓝鼠尾草原产南美及中美洲。多年生草本，常作一、二年生栽培。株高 50～150cm，叶片狭长披针形，浅绿色。花为独特的天蓝色，花期夏季。栽培容易，管理粗放。

2. 品种分类 品种依高矮分为 3 组：

（1）矮性品种 高 25～30cm。如‘火球’（‘Fireball’）花鲜红色，花期早；‘罗德士’（‘Rodes’）花火红色，播种后 7 周开花；‘埃及艳后’系列（‘Cleopatra’）；‘卡宾枪手’（‘Carabinere’）系列，其中‘Carabinere Orange’花橙红色，‘Carabinere Red’花火红色，‘Carabinere Blue’花蓝紫色，‘Carabinere White’花白色。

（2）中性品种 高 35～40cm。如‘红柱’（‘Red-pillar’）花火红色，花序形态优美，叶色浓绿；‘红庞贝’（‘Red-Pompei’）花红色。

（3）高性品种 高 65～75cm。如‘妙火’（‘Bonfire’）花鲜红色，整齐，生长均衡；‘高光辉’（‘Splendens Tall’）花红色，花期晚。

【生物学特性】一串红不耐寒，生育适温 24℃，当温度 14℃时降低茎的伸长生长。一串红原为短日照植物，经人工培育选出日中性和长日照品种。喜阳光充足，也稍耐半阴。喜疏松肥沃的土壤。

【繁殖】一串红一般以播种繁殖为主，可于晚霜后播于苗床，或提早播于温室中，播种温度 20～22℃，经 10～14d 发芽，低于 10℃不发芽。扦插在春、秋两季均可进行。

【栽培管理】一串红幼苗长出真叶后，进行第一次分苗。苗期易得猝倒病，应注意防治。当幼苗长到 5～6 片叶时，进行第二次分苗，也可直接上营养小钵。在温室中进行管理，也可以在 4 月下旬移入温床或大棚中管理。如需要盆栽的，可在 5 月上旬将大苗移植到 17～

20cm 花盆中。北方一般在 5 月下旬可以定植到露地。一串红从播种到开花大约 150d，为了使植株丛生状，可对其进行摘心处理，但摘心会推迟花期，所以摘心时应注意园林应用时间。在生长季节，可在花前花后追施磷肥，使花大色艳。一串红花期较长，从夏天一直开到第一次下霜。南方可在花后距地面 10～20cm 处剪除花枝，加强肥水管理还可再度开花。一串红种子易散落，应在早霜前及时采收，花序中部小花花萼失色时，剪取整个花序晾干脱粒。一串红种子在北方不易成熟，如果进行良种繁育，可提前播种。

【应用】一串红花色艳丽，是花坛的主要材料，也可作花带、花台等应用，还可以上盆作为盆花摆放。

（二）矮牵牛

【学名】*Petunia hybrida*

【别名】灵芝牡丹、碧冬茄、杂种撞羽朝颜

【英名】petunia

【科属】茄科矮牵牛属

【产地及分布】原产南美，世界各地广为栽培。

【形态特征】矮牵牛为一年生或多年生草本，北方多作一年生栽培（图 9-2）。株高 10～40cm，全株被腺毛。叶片卵形、全缘，几无柄，互生，嫩叶略对生。花单生叶腋或顶生，花萼五裂，裂片披针形，花冠漏斗状，花瓣有单瓣、重瓣和半重瓣，瓣边缘多变化，有平瓣、波状瓣和锯齿状瓣等；花径 5～8cm；花色丰富，有白、红、粉、紫及中间各种花色，还有许多镶边品种等。花期 5～10 月。果实尖卵形，二瓣裂，种子细小，千粒重约 0.16g。染色体 $x=7$，$2n=14$，大花型为四倍体，$2n=28$。

图 9-2　矮牵牛

【种类与品种】矮牵牛品种一般可分为单瓣、重瓣两类。

1. 单瓣品种

（1）大花品种　花径 8～12cm。如：‘彩云’系列（‘Cloud’），株高 30～35cm，花期早，大花，花色鲜艳、丰富；‘冰花’系列（‘Frost’），花瓣都带有白边，花期长，花色鲜艳；‘梦幻’系列（‘Dreams’），为美国泛美公司培育的 F_1 代杂种系列，包括了矮牵牛的所有基本花色，花期一致，株型紧凑，极耐灰霉病，盆栽和花坛栽培均很受欢迎。

（2）中花品种　花径 4～8cm。如‘佳期’（‘Prime Time’），植株整齐，花期长，抗逆性强，花色丰富，除纯色外，还有带条纹品种。

（3）多花型品种　如‘幻想’系列（‘Fantasy’），矮生，花径 4cm，花期特早，株型整齐，园林应用效果好，花色丰富。

2. 重瓣品种　重瓣品种也很多，多数为美国泛美公司培育的 F_1 代杂种系列，如：‘双瀑布’系列（‘Double Cascade’），以其开花早、分枝性好、综合性状优良而受消费者喜爱；‘二重奏’系列（‘Duet’），花色由两色组成，鲜艳美丽。

矮牵牛除以上依花朵重瓣性分类以外，还可根据株型分类，如垂吊型矮牵牛，有‘波浪’系列（‘Wave’），植株向外匍匐生长，可作花篱，也是垂直绿化的良好材料。

【生物学特性】矮牵牛不耐寒，喜向阳和排水良好的疏松沙质壤土。

【繁殖】矮牵牛主要采用播种繁殖，但一些重瓣品种和特别优异的品种需进行无性繁殖，如扦插和组织培养繁殖。矮牵牛种子细小，幼苗生长缓慢，所以应在 12 月至翌年 3 月播种。

播种时，覆土不宜过厚。矮牵牛品种在种植时退化现象严重，所以应注意选种。现在生产多用杂种一代种子。

【栽培管理】矮牵牛幼苗长出真叶后，进行分苗，一般分苗两次，然后移植到温床或营养钵中，待晚霜过后，便可移植于露地花坛中。也可以上 17～20cm 花盆，用作盆花布置。因盆栽有倒伏现象，可在生长期进行修剪整枝，促使开花并控制高度。蒴果尖端发黄时及时采收种子，防止脱落。

矮牵牛在早春和夏季需充分灌水，但又忌高温、高湿。土壤肥力应适当，土壤过肥，则易过于旺盛生长，以致枝条伸长倒伏。

【应用】矮牵牛是花坛及露地园林绿化的重要材料，也可盆栽作室内观赏，在温室中栽培可四季开花。

（三）翠菊

【学名】*Callistephus chinensis*

【别名】江西腊、蓝菊、五月菊、七月菊

【英名】China aster

【科属】菊科翠菊属

【产地及分布】原产我国东北、华北、四川及云南等地，世界各地均有栽培。

图 9-3 翠 菊

【形态特征】翠菊为一年生或二年生草本（图 9-3）。株高 30～90cm，茎具白色糙毛。叶互生，叶片广卵形至长椭圆形，叶缘具不规则的粗锯齿。头状花序较大，单生枝顶，舌状花常为紫色，心部管状花为黄色，亦有全部转变为舌状花而呈重瓣的类型。春播花期 7～10 月，秋播花期 5～6 月。瘦果楔形，浅黄色，种子千粒重约 2.0g。染色体 $x=9$，$2n=18$，大部分品种为四倍体，$2n=36$。

【种类与品种】翠菊属仅有 1 种，栽培品种极为丰富，花有纯白、雪青、粉红、紫红、黄等色，近年又培育出许多新品种。花型及花瓣形状变化多样。

翠菊品种分类标准不统一，通常有以下几种方法。

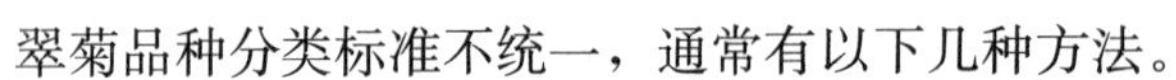

1. 按花瓣形状分类 分为平瓣类和管瓣类两类。

2. 按植株分枝习性分类 分为直立型、半直立型、丛生型和疏散型四类。

3. 按植株高矮分类 分为高生种（50cm 以上）如‘流星’系列（‘Meteor’），中生种（30～50cm），矮生种（30cm 以下）如‘阳台小姐’系列（‘Pot’N Patio’）三类。

4. 按开花习性分类 分为早花种、中花种和晚花种三类。

上述各类中，按照花朵形态又可分为许多类型，如：①单瓣型：花较小；②彗星型：花瓣长而略扭转散向下方，全花呈半球形，似带尾的彗星；③鸵羽型：瓣细而多，似鸵鸟的羽毛，极美丽；④管瓣型：瓣管状，不下垂而向上，呈放射状；⑤针瓣型：瓣呈极细之管状，花心似桂花，呈中心托桂状；⑥菊花型：花瓣全部是平瓣的，有的如野菊花；⑦芍药型：花形似牡丹、芍药；⑧蔷薇型：花形似月季。

【生物学特性】翠菊喜凉爽，不耐寒，忌酷热，炎热季节开花不良，因而南方暖地栽培不多。喜阳，耐轻微遮阴。根系较浅，要求肥沃、排水良好的土壤。能自播繁衍。忌连作。

【繁殖】翠菊采用播种繁殖。种子发芽率在60%以上，有些品种可达95%以上，发芽率随种子贮藏期延长而明显下降，因而生产中不宜长期保留种子，更不能使用陈种子。可于3月温室播种或4月中旬露地直播，播种不宜过密，否则幼苗徒长，如遇连续阴雨天或低温高湿环境也偶发猝倒病。8月播种，冷床越冬，翌年5～6月开花。

【栽培管理】翠菊幼苗极耐移植，春播经1～2次移植后，于6月初定植露地，矮生种株行距为20～30cm×20～30cm，高生种为30～40cm×30～40cm。翠菊属于浅根性植物，既不耐表土干旱，又怕水涝，露地栽培应保持土壤适当湿润。在干旱土壤上往往植株细弱，矮小，分枝少，开花小，水涝则会造成植株生长缓慢和黄叶。在冷凉条件下翠菊生长强健，夏季高温多雨季节，开花不良，头状花序易腐烂，导致整个植株茎叶枯萎而死亡。翠菊的病害可以通过种子消毒、苗期施药和轮作等方法防治。翠菊采种容易，当头状花序的舌状花干枯时，将整个花序采下，晾晒脱粒即可。

【应用】翠菊的品种很多，花色鲜艳，花型多变，植株高矮与开花早晚各异，广为人们所喜爱。花期很长，观赏价值可与菊花相媲美。高生种可作切花或花境栽植，中生种可栽于花坛或花境，矮生种可盆栽，是北方庭院绿化常见栽培的草花之一。

（四）大花三色堇

【学名】*Viola*×*wittrockiana*

【别名】蝴蝶花、鬼脸花、猫儿脸

【英名】pansy

【科属】堇菜科堇菜属

【产地及分布】原产欧洲，世界各地均有栽培。

【栽培史】三色堇（*V. tricolor*）自1813年开始进行品种改良，通过与欧洲堇菜（*V. lutea*）、阿尔泰堇菜（*V. altaica*）杂交及反复选育，于1839年逐渐育成大花三色堇系列。

【形态特征】大花三色堇为多年生草本，作一、二年生栽培（图9-4）。植株高10～30cm，茎光滑，多分枝。叶互生，基生叶圆心脏形，茎生叶较长，叶基部羽状深裂。花大，腋生，下垂，花瓣5枚，花冠呈蝴蝶状；花色有黄、白、紫三色，近代培育的大花三色堇花色极为丰富，有单色和复色品种，花色鲜艳而富于趣味性。花期3～8月，蒴果椭圆形，果熟期5～7月。种子千粒重约1.40g。染色体$x=13$，$2n=26$。

图9-4 三色堇

【种类与品种】

1. 同属其他栽培种

（1）香堇（*V. odorata*） 香堇原产欧洲、亚洲、非洲各地。被柔毛，有匍匐茎，花深紫堇、浅紫堇、粉红或纯白色，芳香。2～4月开花。

（2）角堇（*V. cornuta*） 角堇茎丛生，短而直立，花堇紫色，品种有复色、白、黄色者，花径2.5～3.7cm，微香。

2. 品种分类 大花三色堇园艺品种极多，无论花型、大小及色彩，均与原种大不相同。根据品种特征可分为以下几类：

（1）单色品种 野生三色堇是一花三色，现已育出单一色彩的品种，颜色有纯紫色、金黄色、蓝色、砖红色、橙色、纯白色等。这些品种花径为5～8cm。

（2）复色品种　几种色彩混合在一朵花上。

（3）大花品种　这是三色堇育种最新的趋向，美国已育出花径达 10cm 以上的品种，色彩以复色为多，还有带各式斑点、条纹的种类，如‘宾哥’系列（‘Bingo’）。

【生物学特性】大花三色堇性喜光，喜凉爽湿润的气候，较为耐寒，不怕霜。在南方温暖地区可在露地越冬，故常作二年生栽培。要求疏松肥沃的土壤。

【繁殖】大花三色堇主要采用播种繁殖。一般秋播，8 月下旬播种，发芽适温 19℃，约 10d 萌发。

【栽培管理】大花三色堇出苗后进行 2 次分苗，就可移植到阳畦或营养钵中。在北方 4 月上中旬就可定植于露地中，如果栽种过晚，则影响开花。大花三色堇喜肥沃的土壤，种植地应多施基肥，最好是氮磷钾全肥。一般在 5～6 月开花的大花三色堇，种子 6 月末就可成熟，而且早开花的种子质量较高。7 月以后，由于天气炎热，高温多湿，三色堇开花不良也难结种子。种子应及时采收，否则果实开裂，种子脱落。大花三色堇良种退化非常严重，应注意良种的引种和筛选。

【应用】大花三色堇因色彩丰富，开花早，是早春重要园林花卉，宜植于花坛、花境、花池、岩石园、野趣园、自然景观区树下，或作地被。还可以盆栽，作为冬季或早春摆花之用。由于其花形奇特，还可切取作插花材料。

（五）半支莲

【学名】*Portulaca grandiflora*

【别名】龙须牡丹、太阳花、松叶牡丹、大花马齿苋

【英名】ross-moss，sun plant

【科属】马齿苋科马齿苋属

【产地及分布】原产南美。

【形态特征】半支莲为一年生肉质草本，株高 20～30cm（图 9-5）。茎平卧或斜升。叶圆柱形，互生或散生，长 2.5cm，有时成簇生。花单生或数朵簇生枝顶，花径 3cm 以上，单瓣或重瓣，花色丰富，有白、淡黄、黄、橙、粉红、紫红或具斑嵌合色。花期 6～10 月。蒴果盖裂，种子细小，多数，种子千粒重约 0.10g。染色体 $x=9$，$2n=18$、36。

图 9-5　半支莲

【种类与品种】半支莲有很多不同高矮、花期、单瓣或重瓣品种。现代培育的品种许多是多倍体和杂交一代品种。如‘太阳钟’系列（‘Sundial’），大花，重瓣，花期比其他品种早 2 周左右。花色有奶油黄、蓝紫色、金色、芒果色、橘红、粉红、猩红、白色、黄色及各种混合色。

【生物学特性】半支莲喜温暖向阳环境，耐干旱，不择土壤，但以疏松排水良好者为佳，不需太多肥水，以保持湿润为宜。单花花期短，整株花期长。花仅于阳光下开放，阴天关闭。

【繁殖】半支莲以播种繁殖为主，种子发芽适温为 21～22℃，约 10d 发芽。露地栽培晚霜后播种，覆土宜薄。也可以在生长期进行扦插繁殖。

【栽培管理】半支莲栽培较容易，只需进行一般肥水管理，保持土壤湿润。较耐移植，开花时也可进行，移植时可不带土，雨季防积水。在 18～19℃条件下，约经 1 个月可开花。

果实成熟时开裂，种子极易散落，应及时采收。

【应用】半支莲宜植于花坛、花境、路边岸边、岩石园、窗台花池、门厅走廊，可盆栽或植于吊篮中。也多与草坪组合形成模纹效果。

（六）瓜叶菊

【学名】*Pericallis×hybrida*（*Senecio pericallis*）

【别名】千日莲、瓜叶莲、千叶莲

【英名】florists cineraria

【科属】菊科瓜叶菊属

【产地及分布】原产北非、加那利群岛。

【形态特征】瓜叶菊为多年生草本，作一、二年生栽培，北方作温室一、二年生盆栽（图 9-6）。植株高矮不一，全株密被柔毛。叶大，具长柄，单叶互生，叶片心脏状卵形，硕大似瓜叶，表面浓绿，背面洒紫红色晕，叶面皱缩，叶缘波状有锯齿，掌状脉；叶柄长，有槽沟，基部呈耳状。头状花序簇生成伞房状生于茎顶，每个头状花序具总苞片 15～16 片，单瓣花有舌状花 10～18 枚。花色除黄色外有红、粉、白、蓝、紫各色或具不同色彩的环纹和斑点，以蓝与紫色为特色。花期从 12 月到翌年 4 月。瘦果黑色，纺锤形，具冠毛，种子 5 月下旬成熟，千粒重约 0.19g。染色体 $x=10$，$2n=40$。

图 9-6 瓜叶菊

【种类与品种】瓜叶菊由原产加那利群岛的 *Pericallis lanata* 和 *P. cruenta*（*Senecio cruentus*，*Cineraria cruenta*）等多个种杂交而成，实际上是一个多元杂合体。瓜叶菊异花授粉，极易自然杂交，因此园艺品种极多，花色丰富，常见类型有以下 4 种：

（1）大花型　花大而密集，头状花序，花径达 4cm。植株较矮，30～40cm。花色从白到深红、蓝色，一般多为暗紫色，或具两色，界限鲜明。

（2）星型　花小量多，舌状花短狭而反卷，花径约 2cm。植株高大，60～100cm，生长疏散。花色有红、粉、紫红等色。茎秆强壮，多用于切花。

（3）中间型　花径较星型大，约 3.5cm，株高约 40cm，品种较多，宜盆栽。

（4）多花型　花小，数量多，矮生，每株有花近百朵，株高 25～30cm，花色丰富。

【生物学特性】瓜叶菊喜温暖湿润气候，不耐寒冷、酷暑与干燥。适温为 12～15℃，有的品种花芽分化要求 18℃，一般要求夜温不低于 5℃，日温不超过 20℃。生长期要求光线充足，日照长短与花芽分化无关，但花芽形成后长日照促使提早开花。补充人工光照能防止茎的伸长。

【繁殖】瓜叶菊以播种繁殖为主，也可扦插繁殖。

1. 播种繁殖　瓜叶菊播种至开花经 5～8 个月，3～10 月分期播种可获得不同花期的植株。夏秋播种，冬春开花，早播早开花。长江流域各地多在 8 月播种，可在元旦至春节期间开花。北京 3～8 月都可播种，分别在元旦、春节和五一开花。种子播于浅盆或木箱中，播种土应是富含有机质、排水良好的沙质壤土或蛭石等。土壤应预先消毒，播后覆土以不见种子为度，浸灌、加盖玻璃或透明塑料薄膜，置遮阴处，也可以穴盘育苗。种子发芽适温 21℃，经 3～5d 萌发，待成苗后逐渐揭去覆盖物，仍置遮阴处，保持土壤湿润，勿使干燥。

开花过程中，选植株健壮、花色艳丽、叶柄粗短、叶色浓绿植株作为留种母株，置于通风良好、日光充足处，摘除部分过密花枝，有利于种子成熟或进行人工授粉。当子房膨大、花瓣萎缩、花心呈白绒球状时即可采种。种子阴干贮藏，从授粉到种子成熟需 40～60d。

2. 扦插繁殖 瓜叶菊重瓣品种为防止自然杂交或品质退化，可采用扦插或分株法繁殖。瓜叶菊开花后在 5～6 月，常于基部叶腋间生出侧芽，可取侧芽在清洁河沙中扦插，经 20～30d 生根。扦插时可适当疏除叶片，以减小蒸腾，插后浇足水并遮阴防晒。若母株没有侧芽长出，可将茎高 10cm 以上部分全部剪去，以促使侧芽发生。

【栽培管理】瓜叶菊幼苗具 2～3 片真叶时，进行第一次移植，株行距为 5cm×5cm，7～8 片真叶时移入口径为 7cm 的小盆，10 月中旬以后移入口径为 18cm 的盆中定植。定植盆土用腐叶土、园土、豆饼粉、骨粉按 30∶15∶3∶2 的比例配制。生长期每两周施一次稀薄液氮肥。花芽分化前停施氮肥，增施 1～2 次磷肥，促使花芽分化和花蕾发育。此时室温不宜过高，白天 20℃、夜晚 7～8℃为宜，同时控制灌水。花期稍遮阴。通风良好，室温稍低，不太湿，有利于延长花期。

【应用】瓜叶菊株型饱满，花朵美丽，花色繁多，是冬春季最常见的盆花，可供冬春室内布置，也常用于布置会场，点缀厅、堂、馆、室。温暖地区也可脱盆移栽于露地布置早春花坛，还可用作花篮、花环的材料，也是美丽的瓶饰切花。

（七）万寿菊

【学名】*Tagetes erecta*

【别名】臭芙蓉、蜂窝菊

【英名】African marigold

【科属】菊科万寿菊属

【产地及分布】原产墨西哥及中美洲，世界各地广为栽培。

【栽培史】1596 年引入欧洲，1700 年我国华南已有记载。目前世界各地均有栽培。

【形态特征】万寿菊为一年生草本（图 9-7）。株高 20～90cm，茎粗壮直立，叶对生或互生，羽状全裂，裂片披针形或长矩圆形，叶缘背面有油腺点。头状花序顶生；舌状花具长爪，边缘皱曲，花序梗上部膨大。栽培品种极多，有矮生种和高生种，目前所用大多为进口的 F_1 代种子。花色为黄、橙黄、橙色。花期 6～10 月。瘦果黑色，有光泽。种子千粒重 2.56～3.50g。染色体 $x=12$，$2n=$24、48。

图 9-7 万寿菊

【种类与品种】

1. 同属其他栽培种

（1）孔雀草（*T. patula*） 孔雀草为一年生草本。茎多分枝，细长，洒紫晕。头状花序单生，径 2～6cm，舌状花黄色，基部或边缘红褐色。

（2）细叶万寿菊（*T. tenuifolia*） 细叶万寿菊为一年生草本。叶羽裂，裂片 12～13 枚，线状。头状花序单生，径 2.5～5.5cm，舌状花黄或橙色，基部色深或有赤色条斑。有矮生变种，株高 20～30cm。

2. 品种分类 万寿菊育种进展较快，现代培育品种一般为多倍体和杂种一代，可分为以下几类：

（1）矮型品种　‘紧凑’系列（‘Grush’），株高 22～25cm，冠幅10～12cm，花期早，重瓣，有三种颜色和复色；‘太空时代’系列（‘Space Age’），株高 30cm，花期很早，重瓣，径达 8cm，有橙、黄、金黄色品种；还有‘安提瓜’系列（‘Antigua’）等。

（2）中型品种　‘丰盛’系列（‘Galore’），株高 40～45cm，花大重瓣；‘印卡’系列（‘Inca’），株高 45cm，株型紧凑，花期早，重瓣，有三种颜色及复色，适合作花坛布置；还有‘贵夫人’系列（‘Lady’）、‘奇迹’系列（‘Marvel’）等。

（3）高型品种　‘金币’系列（‘Gold Coin’），株高 75～90cm，花重瓣，径 7～10cm，有三种颜色和复色品种。

【生物学特性】万寿菊性喜温暖、阳光，亦稍耐早霜和半阴，较耐干旱，在多湿、酷暑下生长不良。对土壤要求不严，耐移植，生长快。能自播繁殖。

【繁殖】万寿菊主要采用播种繁殖，但有些大花重瓣或多倍体品种则需进行扦插繁殖。种子发芽适温 21～24℃，约经 1 周发芽，70～80d 后开花。万寿菊种子线形，播种出苗较易，不需特殊管理，小苗生长快，所以一般在 2～4 月播种，也可露地直播，出苗后经过一次分苗，即可移植到温床，也可以移植到营养小钵中，在晚霜期过后，定植于花坛或园林绿地中。开花后，大部分万寿菊可以结种子，但种子退化严重，特别是 F_1 种子，所以生产中必须每年买种。扦插在生长期进行，经 2 周生根，1 个月后开花。

【栽培管理】万寿菊在 5～6 片真叶时定植。苗期生长迅速，对水肥要求不严，在干旱时需适当灌水。植株生长后期易倒伏，应设支柱，并随时除残花枯叶。施以追肥，促其继续开花。留种植株应隔离，炎夏后结实饱满。

【应用】万寿菊宜布植花坛、花境、林缘或作切花，矮生品种作盆栽。

（八）百日草

【学名】*Zinnia elegans*

【别名】步步高、节节高、百日菊、对叶梅

【英名】common zinnia，youth-and-old-age

【科属】菊科百日草属

【产地及分布】原产南北美洲，墨西哥为分布中心，世界各地均有栽培。

【形态特征】百日草为一年生草本。全株有长毛，高 30～90cm（图 9-8）。叶对生，无柄，基部抱茎。头状花序顶生，有单瓣和重瓣品种。因重瓣品种的观赏价值较高，所以栽培的优良品种多为重瓣类型。花色很丰富，有红、橙、黄、白及间色；花瓣也有许多类型，如菊花瓣型、丝瓣型等。植株初花时，较低矮，以后花越开，植株生长越高，所以常被叫作步步高。花期 6～10 月。瘦果扁平，种子千粒重 4.67～9.35g。染色体 $x=12$，$2n=24$。

图 9-8　百日草

【种类与品种】

1. 同属其他栽培种

（1）小花百日草（*Z. angustifolia*）　小花百日草株高 30～45cm。叶椭圆形至披针形。头状花序深黄或橙黄色，花径 2.5～4.0cm。分枝多，花多。

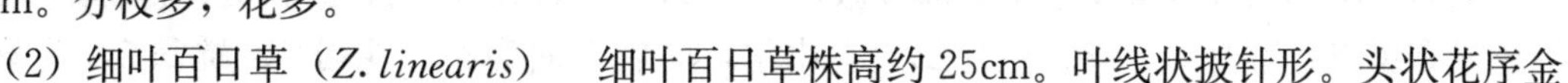

（2）细叶百日草（*Z. linearis*）　细叶百日草株高约 25cm。叶线状披针形。头状花序金

黄色，舌状花边缘橙黄，花径约5cm。分枝多，花多。

2. 品种分类 百日草品种很多，依高矮、花型分为：

（1）高型品种 植株高70cm以上。

（2）中型品种 植株高30～70cm。

（3）矮型品种 植株高30cm以下。现在园艺栽培较多：'皮特潘'系列（'Peter Pan'），株高25～30cm，植株健壮紧凑，花径8cm，花朵盛开不断，花期长，花色有乳白、红、黄等色。还有'小精灵'系列（'Short Stuff'）、'梦境'系列（'Dream Land'）、'明星'系列（'Star'）。

【生物学特性】百日草性强健，喜温暖阳光，较耐干旱与瘠薄土壤，但在较肥沃土壤与水分供给良好情况下，能提高花的质量并使花色鲜艳。

【繁殖】百日草以播种繁殖为主。可以露地直播，为使开花早大多在温室中育苗。因其种子较大，出苗快，小苗前期生长也快，所以一般2～4月播种均可。因品种退化严重，故采种时，一定要进行选种。种子发芽适温18～22℃，发芽率在60%左右，在24℃下经5～7d出苗。也可扦插繁殖，扦插选嫩枝于夏季进行，应注意遮阴。

【栽培管理】百日草幼苗在夜温10℃、日温16～17℃的人工控制条件下生长健壮。播种后分一次苗，就可移植到温床或营养钵中，在晚霜期过后，定植于露地中。株行距约30cm×40cm。当有3～4片真叶时，进行摘心促其分枝，供切花栽培时不仅不摘心，还应抹除侧芽和侧枝。夏季地面宜覆草，保持土壤湿润以降低土温。生长期多施磷、钾肥。株型高大的应设支柱以防倒伏。供留种用的植株应进行隔离，以免品种间混杂。忌连作以防病虫发生。雨季结果不佳。花期时进行选择，做好标记，待花色变为枯黄时采收脱粒，瘦果成熟后及时采收。

【应用】百日草花色丰富，花期长，常用来作花带、花境及花丛等。一些中型和矮型品种，也常用来布置花坛或作盆栽，但在花坛材料搭配时，应注意高度。

（九）凤仙花

【学名】*Impatiens balsamina*

【别名】指甲花、小桃红、急性子

【英名】garden balsam

【科属】凤仙花科凤仙花属

【产地及分布】原产中国南部、印度、马来西亚，世界各地均有栽培。

【栽培史】凤仙花在我国南北各地久已栽培。唐代李德裕的《平泉山居草木记》中即有关于凤仙花的记述。宋代植于宫廷，称为女儿花。明代王象晋的《群芳谱》记述了凤仙花的形态特征及不同花色的品种。清代赵学敏的《凤仙谱》为我国最早的凤仙花专著。

图9-9 凤仙花

【形态特征】凤仙花为一年生草本。株高20～80cm（图9-9）。茎直立，肥厚多汁，光滑，多分枝，浅绿或洒红褐色晕。叶互生，长达15cm，狭至阔披针形，缘有锯齿，柄两侧具腺体。花单朵或数朵簇生于上部叶腋，花径2.5～5cm，花色有白、黄、粉、紫、深红等色或有斑点；萼片3，特大一片膨大，中空，向后弯曲为距；花瓣5，雄蕊5，花丝扁，花柱短，柱头五裂。花期 6～9 月，果熟期 7～10 月。蒴果尖卵形，种子千粒重约 8.47g。染色体 $x=7$，$2n=14$。

【种类与品种】同属常见栽培种还有：

（1）巴富凤仙（*I. balfouri*）　巴富凤仙原产喜马拉雅山地区西部。多年生草本，株高 90cm，多分枝。叶缘有细小的弯齿，叶柄无腺。花大，6～8 朵簇生成总状花序。蒴果直立，长 2.5～4cm，光滑。

（2）何氏凤仙（*I. holstii*）　何氏凤仙原产非洲热带东部。多年生草本，株高 60cm。叶互生近卵形，上部叶轮生，卵状披针形。花大，径 4.5cm，砖红色，单生或两朵簇生。何氏凤仙为温室盆栽植物，有矮生种。

（3）苏丹凤仙（*I. sultanii*）　苏丹凤仙又名玻璃翠，原产坦桑尼亚。多年生草本，株高。叶片较狭，花较小，径 2.5～3.5cm，大红色，有紫色、桃红及白色变种。生长较慢。苏丹凤仙为温室盆栽植物。

（4）新几内亚凤仙（*I. hawkeri*）　新几内亚凤仙为多年生草本。株高 15～16cm，茎肉质，分枝多。花色丰富，有橙红、红、猩红、粉、紫红、白等色。

凤仙花具有一些不同花型的品种，主要有单瓣型和重瓣型。

【生物学特性】凤仙花性喜阳光充足，温暖气候，耐炎热，畏霜冻。对土壤适应性强，喜土层深厚、排水良好、肥沃的沙质壤土，在瘠薄土壤上亦能生长。因茎部肉质多汁，如夏季干旱，往往落叶而后凋萎。生长迅速。果实成熟后易开裂，弹出种子，有自播能力。

【繁殖】凤仙花采用播种繁殖，在 21℃下种子约经 7d 发芽。3～4 月将种子播于露地或温室。

【栽培管理】凤仙花苗期适温为 16～21℃，幼苗生长快，应及时间苗，经一次移植后，即可定植或上盆。生长期间注意灌水，保持土壤湿润，每月施稀薄液肥两次。7～8 月干旱时，应及时灌溉，勿使落叶，可以延长花期至 9 月。如延迟播种，苗株上盆，可于国庆开花。可通过摘心控制花期和株型，但需不断施用液肥。花坛用地栽植株亦可依照此法处理，株距 30cm。

采种植株应坚持优选，否则容易退化。蒴果容易弹裂，果皮发白时，用手指轻按，如能裂开的就采下。重瓣种的种子极少，应注意采收。

【应用】凤仙花可作花坛、花境材料，为篱边庭前常栽草花，矮性品种亦可进行盆栽。

（十）石竹

【学名】*Dianthus chinensis*

【别名】中国石竹、洛阳花

【英名】Chinese pink

【科属】石竹科石竹属

【产地及分布】原产我国，分布广。

图 9-10　石　竹

【形态特征】石竹为多年生草本，作一、二年生栽培，实生苗当年可开花（图 9-10）。株高 15～75cm，茎直立，节部膨大，无分枝或顶部有分枝。单叶对生，灰绿色，线状披针形，长达 8cm，基部抱茎，开花时基部叶常枯萎。花芳香，单生或数朵簇生于茎顶，形成聚伞花序，花径约 3cm；有白、粉红、鲜红等色；苞片 4～6 枚；萼筒上有条纹；花瓣 5 枚，先端有齿裂。花期5～9月，果熟期6～10月。蒴果，种子扁圆，黑色，千粒重约1.12g。染色体$x=15$，$2n=30$、60。

【种类与品种】同属常见栽培种还有：

（1）须苞石竹（*D. barbatus*） 须苞石竹又名美国石竹、五彩石竹、什样锦等，原产中国至俄罗斯。株高45～60cm，茎光滑，微四棱。叶对生，披针形至卵状披针形。头状聚伞花序圆形，苞片先端须状，花瓣有白、粉、绯红、墨紫等色，单色或具环纹、斑点及镶边等复色，单瓣或重瓣。不喜酸性土。花期夏。

（2）石竹梅（*D. latifolius*） 石竹梅又名美人草。叶较宽，长椭圆状披针形，色稍浅。每花序着花1～6朵，花径3cm左右，花瓣表面常具银白色边缘，单瓣或重瓣，背面为银白色，花萼开裂。花期长。

（3）常夏石竹（*D. plumarius*） 常夏石竹为多年生草本，株高30～40cm。植株丛生，茎叶光滑，被白粉。基部叶狭，叶缘具细齿。花2～3朵顶生，有紫、红、粉、白等色，花径2.5～4cm，花瓣边缘深裂，基部有爪。花期5～10月。

（4）少女石竹（*D. deltoides*） 少女石竹为多年生草本，株高20～30cm。植株匍匐状生长。叶小，色暗。花单生，有紫、红、粉、白等色。

（5）瞿麦（*D. superbus*） 瞿麦为多年生草本，株高30～40cm。花顶生，呈疏圆锥花序，花瓣呈羽状深裂，有紫、粉、白等色。

此外，我国与日本育种家进行了长期的工作，培育出许多品种，其中有的为重瓣，有的株型矮小，有的花大，花径达5～10cm，花色除白、粉外，还有紫红、复色以及花色奇特的品种。

【生物学特性】石竹喜阳光，宜高燥、通风、凉爽环境，性耐寒，在土壤不太湿的条件下尤为显著。适于肥沃疏松园土，更适于偏碱性土壤，忌湿涝和黏土。

【繁殖】石竹以播种繁殖为主。种子秋播或春播，在21～22℃种子约经10d出芽，苗期生长适温为10～20℃。播种至成苗需9～11周。生长期也可随时进行扦插，分株于秋季或早春进行。

【栽培管理】石竹生长期每3周施一次追肥，并进行两次摘心，促其分枝。花后剪除残枝，注意水肥管理，秋季还可再次开花。石竹属种间容易自然杂交，留种必须进行种间隔离。pH低于6.5时土壤中应加石灰，用量为$250g/m^2$。喜较低夜温。

【应用】石竹宜花坛、花境栽植，也可植于岩石园，还可供盆栽或用作切花。

（十一）波斯菊

【学名】*Cosmos bipinnatus*

【别名】秋英、秋樱、大波斯菊、扫帚梅

【英名】common cosmos

【科属】菊科秋英属

【产地及分布】原产墨西哥，世界各地都有栽培。

【形态特征】波斯菊为一年生草本，株高60～100cm（图9-11）。叶对生，长约10cm，二回羽状全裂，裂片稀疏，线形，全缘。头状花序有长总梗，顶生或腋生，花序径5～8cm；盘缘舌状花先端截形或微有齿，淡红或红紫色，盘心黄色。花期7月至降霜。瘦果有喙，种子千粒重约6g。染色体$x=12$，$2n=24$。

【种类与品种】

1. 同属其他栽培种 硫华菊（*C. sulphureus*），一年生草本，株高60～90cm。叶对生，二回羽状深裂。舌状花淡黄、金黄或橙黄色，盘心管状花呈黄色至红褐色。

图 9-11　波斯菊

2. 主要园艺变种

（1）白花波斯菊（var. *albiflorus*）　花纯白色。

（2）大花波斯菊（var. *grandiflorus*）　花大，有紫、红、粉、白等色。

（3）紫花波斯菊（var. *purpureus*）　花紫红色。

此外还有早花品种，花期早，日照反应为中性。现在还有一些重瓣品种。

【生物学特性】波斯菊不耐寒，忌酷热。性强健，耐瘠薄，土壤过肥时，枝叶徒长，开花不良。能自播繁衍。

【繁殖】波斯菊采用播种繁殖。晚霜后直播或于 21℃下播种，约经 6d 发芽，生长迅速。室内播种于晚霜前 4 周进行，夜温保持在 10℃，日间可高 3～5℃。播于露地苗床，发芽迅速，生长很快，注意及时间苗。也可用嫩枝扦插繁殖，生根容易。

【栽培管理】波斯菊于 3 月中旬至 4 月中旬播种，出苗后，过密时可适当间苗。可在幼苗发生 4 片真叶后摘心，同时移植、定植，株距 40～60cm。土壤过肥时，植株高大，应及时设立支柱，以防倒伏。其他管理简易，可粗放些。

9 月下旬起瘦果陆续成熟，容易脱落，应在清晨湿度较高时，采收瘦果已发黑的花序，如待中午气温高时，瘦果往往散开呈放射状立于花托上，一触即落。变种间容易杂交，因而在栽植时应保持一定距离。

【应用】波斯菊宜植花境、路边、草坪边缘或作为屏障种植，可作背景材料，也可杂植于树坛中，以增加色彩，还是优良的切花材料。因其抗旱、耐瘠薄，抗逆性强，是公路彩化的优良材料。

（十二）金鱼草

【学名】*Antirrhinum majus*

【别名】龙头花、龙口花、洋彩雀

【英名】common snapdragon

【科属】玄参科金鱼草属

【产地及分布】原产地中海沿岸及北非，世界各地广泛栽培。

【栽培史】由地中海沿岸引至北欧和北美，19 世纪育成了各种花色、花型和株型的品种。

【形态特征】金鱼草为多年生草本，作一、二年生栽培（图 9-12）。株高 15～120cm，茎直立，微有茸毛，基部木质化。叶对生，上部叶螺旋状互生，披针形或短圆状披针形，全缘。总状花序顶生，长达 25cm 以上；小花具短梗，花冠筒状唇形，外被茸毛，长 3～5cm，基部膨大成囊状，上唇二浅裂，下唇平展至浅裂；花有紫、红、粉、黄、橙、栗、白等色，或具复色，且花色与茎色相关，茎洒红晕者花为红、紫色，茎绿色者为其他花色。花期 5～7 月。蒴果卵形，孔裂，

图 9-12　金鱼草

含多数细小种子，种子千粒重约 0.16g。染色体 $x=8$，$2n=16$。

【种类与品种】金鱼草栽培品种多达数百种，单瓣或重瓣，大多为二倍体，还有四倍体，切花用多为 F_1 杂种。根据株型分为：

（1）高型品种　株高 90～120cm。主要有两个品系：'蝴蝶'系列（'Butterfly'），花为正常整齐型，似钓钟柳，花色多；'火箭'系列（'Rocket'），有 10 个以上不同花型，适合在高温下生长，为优良切花品种。

（2）中型品种　株高 45～60cm。花色丰富，有的为优良切花品种，有的适于花坛种植。

（3）矮型品种　株高 15～28cm。花色丰富，有的为重瓣花，有的为非正常整齐型。

（4）半匍匐型品种　花色丰富，花形秀丽。

【生物学特性】金鱼草性喜凉爽气候和阳光充足的环境，稍耐半阴，惧怕酷暑。典型的长日照植物，但有些品种不受日照长短的影响。较耐寒，可在 0～12℃气温下生长。小花由花茎基部向上逐渐开放。喜排水良好、富含腐殖质、肥沃疏松的中性或稍碱性土壤。

【繁殖】金鱼草以播种繁殖为主。秋播或春播于疏松沙性混合土壤中，稍用细土覆盖，覆土切忌过厚，保持基质湿润，但勿太湿。在 15℃条件下 1～2 周可发芽。若播种前将种子在 2～5℃下冷凉几天，则更能提高发芽率。也可采嫩枝进行扦插繁殖。

【栽培管理】金鱼草幼苗期适宜温度为昼温 12～15℃，夜温 2～10℃。在两次灌水间宜稍干燥。待长出 3～4 片真叶、易于操作时进行移栽。定植密度为株行距 30cm×30cm 左右。苗期摘心可促进分枝，使株型茁壮丰满，但常因此延迟花期。高型品种应架设支撑网以防止倒伏，切花栽培应随时抹去侧芽，以使茎秆粗壮挺拔，提高花穗质量。

生长期每 15d 可追液肥一次，注意灌水。在自然条件下秋播花期为 3～6 月。在人工控制条件下，7 月播种，可于 12 月至翌年 3 月开花；10 月播种，翌年 2～3 月开花；1 月播种，5～6 月开花。播种至开花一般约需 16 周。温室栽培应保持昼温 12～18℃，夜温 7～10℃。在适宜条件下花后保留 15cm 茎秆剪除地上部分，加强肥水管理，可在下一季继续开花。施用 0.02%GA_3 有促进花芽形成和开花的作用。

【应用】金鱼草花色鲜艳丰富，花期长。中、高型品种是作切花的良好材料，水养时间持久，也可用作花坛、花境的背景或中心布置。矮型品种可成片丛植于各类花坛、花境，广泛用于岩石园，与百日草、万寿菊、矮牵牛等配置效果尤佳。也可盆栽或冬季促成栽培以丰富冬季室内用花。特矮型品种适合在花坛、花境边缘种植。半匍匐型品种适合作地被种植或盆栽陈列路边。

（十三）鸡冠花

【学名】*Celosia cristata*

【别名】鸡冠

【英名】cock's comb

【科属】苋科青葙属

【产地及分布】原产东亚和南亚亚热带和热带，世界各地广为栽培。

【栽培史】我国栽培始于唐代，唐代罗邺有诗《鸡冠花》。宋代陈景沂《全芳备祖》中有鸡冠花的记述。明代王象晋的《群芳谱》较详细地记述了鸡冠花的品种及其特征、栽培方法和药用价值等。1570 年引入欧洲，至今世界各地普遍栽培。

【形态特征】鸡冠花为一年生草本，株高 20～150cm（图 9-13）。茎直立粗壮，通常有分枝或茎枝愈合为一。叶互生，有叶柄，长卵形或卵状披针形，全缘或有缺刻，有绿、黄绿及

图 9-13　鸡冠花

红等颜色。肉穗状花序顶生，呈扇形、肾形、扁球形等；小花两性，细小不显著，花被 5 片，雄蕊 5，基部联合；整个花序有深红、鲜红、橙黄、金黄或红黄相间等颜色，且花色与叶色常有相关性；花序上部退化呈丝状，中下部呈干膜质状。自然花期夏、秋至霜降。胞果卵形，种子黑色有光泽，千粒重约 1.0g。染色体 $x=9$，$2n=36$。

【种类与品种】鸡冠花常见栽培的品种有：

（1）'矮'鸡冠（'Nana'）　植株矮小，株高仅 15～30cm。

（2）'凤尾'鸡冠（'璎珞'鸡冠）（'Pyramidalis'）　株高 60～150cm，全株多分枝而开展，各枝端着生金字塔形圆锥花序，花色鲜艳丰富。

（3）'圆锥'鸡冠（'凤尾球'）（'Plumosa'）　株高 40～60cm，具分枝，不开展。花序卵圆形，表面羽绒状。

【生物学特性】鸡冠花生长期喜高温、全光照，较耐旱，不耐寒。短日照诱导开花。喜深厚肥沃、湿润、呈弱酸性的沙质壤土，适宜 pH5.0～6.0，忌土壤积水。栽培适温为昼温 21～24℃，夜温 15～18℃。种子自播繁殖能力强，生活力可保持 4～5 年。

【繁殖】鸡冠花通常采用播种繁殖。3 月于温床播种。种子萌发嫌光，需盖土，但因种子细小，覆土宜薄。发芽适温为 20℃左右，7～10d 发芽。

【栽培管理】鸡冠花 3～5 片真叶时移植一次。鸡冠花属直根系，不宜多次移植。切花栽培定植密度为株行距 20cm×50cm，花坛定植株距为 30～40cm。

鸡冠花生长期内需水较多，尤其炎夏应注意充分灌水，保持土壤湿润。开花前应追施液肥。植株高大、肉穗花序硕大的应架设支柱防止倒伏。在通风良好、气温凉爽的条件下，花期可延长。

【应用】鸡冠花高型品种适宜作切花，水养持久，还可植于花坛、花境、花丛等。矮型品种可于花坛作边缘种植或盆栽观赏。鸡冠花还是良好的干花花材。

（十四）雏菊

【学名】*Bellis perennis*

【别名】延命菊、春菊

【英名】daisy，English daisy

【科属】菊科雏菊属

【产地及分布】原产欧洲西部、地中海沿岸、北非和西亚，世界各地均有栽培。

图 9-14　雏　菊

【形态特征】雏菊为多年生宿根草本，作一、二年生栽培（图 9-14）。株高 10～20cm，茎、叶光滑或具短茸毛。叶基部簇生，长匙形或倒卵形，边缘具皱齿。花茎自叶丛中央抽出，头状花序单生于花茎顶，高出叶面，花径 3.5～8cm；舌状花一轮或多轮，有白、粉、蓝、红、粉红、深红或紫色，筒状花黄色。有单性小花全为筒状花的品种。花期暖地 2～3 月，寒地 4～5 月。瘦果，种子扁平状，千粒重约 0.17g。染色体 $x=9$，$2n=18$。

【种类与品种】雏菊园艺品种一般花大，重瓣或半重瓣。花色有纯白、鲜红、深红、洒金、紫等。有的舌状花呈管状，上卷或反卷，如‘管花’雏菊（‘Fistulosa’）、‘舌花’雏菊（‘Ligulosa’）和‘斑叶’雏菊（‘Variegata’）。

【生物学特性】雏菊喜冷凉、湿润和阳光充足的环境。较耐寒，地表温度不低于3～4℃条件下可露地越冬，但重瓣大花品种的耐寒力较差。对土壤要求不严，在肥沃、富含有机质、湿润、排水良好的沙质壤土上生长良好，不耐水湿。

【繁殖】雏菊常采用播种繁殖。一般采用撒播法，南方多在8～9月播种，10月下旬移入阳畦越冬。翌年4月下旬定植，株行距12cm×15cm。也可春播，但往往夏季生长不良。北方多在春季播种，也可秋播，但在冬季花苗需移入温室进行栽培管理。在夏凉冬暖地区，通过调节播种期，可达到周年供花的目的。种子发芽适温22～28℃，播后7～10d出苗。

由于实生苗变异较大，往往不能保持母本特性，对一些优良品种可采用分株法繁殖，但生长势不如实生苗，且结实差。分株可在秋季进行，把一盆植株分割成数丛，然后直接上盆养护，也可以利用一些越冬宿根在春季萌发前进行分株。

【栽培管理】雏菊2～3片真叶时可移栽一次，5片真叶时定植。在生长季节要给予充足肥水，花前约每隔15d追一次肥，使开花茂盛，花期也可延长。夏季炎热天气往往生长不良，甚至枯死。

花后种子陆续成熟，以5月采种为宜，种子发芽力可保持3年。

【应用】雏菊植株矮小，花期较长，色彩丰富，优雅别致，是装饰花坛、花带、花境的重要材料，或用来装点岩石园。在条件适宜的情况下，可植于草地边缘，也可盆栽装饰台案、窗几、居室。

（十五）金盏菊

【学名】*Calendula officinalis*

【别名】金盏花、长生菊

【英名】pot marigold

【科属】菊科金盏菊属

【产地及分布】原产地中海地区和中欧、加那利群岛至伊朗一带，世界各地广为栽培。

图9-15　金盏菊

【栽培史】金盏菊在欧洲栽培历史较长，最初作药用或食品染色剂栽培，后来广泛用于家庭小花园和盆栽观赏，在城市街旁的栽植槽和墙角花坛中，金盏菊是早春绿化的主角之一。早期引入我国，《本草纲目》有记载。清代乾隆年间，上海郊区已有批量金盏菊生产。1949年后，金盏菊在园林中广泛栽培，应用于盆栽观赏和花坛布置。

【形态特征】金盏菊为多年生草本，作一、二年生栽培（图9-15）。株高30～60cm，全株被毛。叶互生，长圆形至长圆状倒卵形，全缘或有不明显的锯齿，基部抱茎。头状花序单生，花梗粗壮，花径5cm左右，舌状花有黄、橙、橙红、白等色，也有重瓣、卷瓣和绿心、深紫色花心等品种。花期4～6月，果熟期5～7月。瘦果弯曲，种子千粒重9.35g。染色体$x=7$，$2n=28$。

【种类与品种】金盏菊常见品种有：

（1）‘邦·邦’（‘BonBon’）　株高30cm，花朵紧凑，花径5～7cm，花色有黄、杏黄、橙等。

(2)‘吉坦纳节日’(‘Fiesta Gitana’) 株高25～30cm，早花种，花重瓣，花径5cm，花色有黄、橙和双色等。

(3)‘卡布劳纳’系列(‘Kablouna’) 株高50cm，大花种，花色有金黄、橙、柠檬黄、杏黄等，具有深色花心。其中1998年新品种‘米柠檬卡布劳纳’(‘Kablouna Lemon Cream’)，米色舌状花，花心柠檬黄色。

(4)‘红顶’(‘Touch of Red’) 株高40～45cm，花重瓣，花径6cm，花色有红、黄和红黄双色，每朵舌状花顶端呈红色。

(5)‘宝石’系列(‘Gem’) 株高30cm，花重瓣，花径6～7cm，花色有柠檬黄、金黄。其中‘矮宝石’(‘Dwarf Gem’)更为著名。

(6)‘圣日吉他’ 极矮生种，花大，重瓣，花径8～10cm。

(7)‘祥瑞’ 极矮生种，分枝性强，花大，重瓣，花径7～8cm。

此外，还有‘柠檬皇后’(‘Lemon Queen’)和‘橙王’(‘Orange King’)等。

【生物学特性】金盏菊生长健壮，适应性强。喜阳光充足的凉爽环境，不耐阴，怕酷热和潮湿，有一定的耐寒能力，我国长江以南可露地越冬，黄河以北需入冷床或进行地面覆盖越冬。耐瘠薄土壤和干旱，但以肥沃、疏松和排水良好的沙质壤土生长旺盛，土壤pH以6～7最好。长日照植物。种子能自播繁殖，常温下发芽力可保持4年。

【繁殖】金盏菊主要采用播种繁殖。常以秋播或早春温室播种，撒播于育苗盘或苗床上，不宜过密，播后覆土3mm，发芽适温20～22℃，7～10d发芽。

【栽培管理】金盏菊3片真叶时移植一次，5～6片真叶时可定植。定植后7～10d摘心，促使分枝，或用0.4%B_9溶液喷洒叶面1～2次控制植株高度。生长期每半月施肥一次，以补充养分消耗，中等灌水量。第一茬花后，及时打掉已谢花朵，适当整枝，可延长花期。

生长期日照充足，对植株生长有利，如过多雨雪天、光照不足，基部叶片容易发黄，甚至根部腐烂死亡。生长适温为7～20℃，温度过低需加保护，否则叶片易受冻害。冬季气温10℃以上，金盏菊发生徒长。夏季气温升高，茎叶生长旺盛，花朵变小，花瓣显著减少。温室栽培空气湿度不宜过高，否则容易遭受病害，应加强通风来调节室内湿度。

金盏菊容易杂交，如要留种，不同品种应进行隔离，种子成熟后易脱落，应在晴天采种，随熟随采。留种要选择花大色艳、品种纯正的植株。

【应用】金盏菊植株矮生，花朵密集，花色鲜艳夺目，开花早，花期长，是早春园林和城市中最常见的草本花卉。盆栽摆放广场、车站、商厦等公共场所，呈现一派生机盎然的景象。数盆点缀窗台或阳台，使居室更加明亮、舒适。栽培得当，可周年开花，是晚秋、冬季和早春的重要花坛、花境材料，也可作切花栽培。

(十六)美女樱

【学名】*Verbena hybrida*

【别名】四季绣球、铺地锦、美人樱、铺地马鞭草

【英名】verbena

【科属】马鞭草科马鞭草属

【产地及分布】原产巴西、秘鲁、乌拉圭等南美热带地区，世界各地均有栽培。

【形态特征】美女樱为多年生草本，作一、二年生栽培(图9-16)。茎四棱，枝条横展，常呈匍匐状，多分枝，高30～40cm，全株有毛。叶对生，长圆形，边缘有钝锯齿。花顶生

或腋生，呈聚伞花序，花有蓝、紫、红、粉、白等色。花期 6～9 月。种子千粒重约 2.8g。

图 9-16 美女樱

【种类与品种】

1. 同属其他栽培种

（1）细叶美女樱（*V. tenera*） 细叶美女樱为多年生草本，茎基部稍带木质化，丛生匍匐，节部生根，株高 20～30cm。枝条细长，四棱，微生毛。叶三深裂，每个裂片再生羽状分裂，小裂片呈条形，端尖，全缘，叶有短柄。穗状花序顶生，花冠玫紫色。花期 4 月至下霜。

（2）柳叶马鞭草（*V. bonariensis*） 柳叶马鞭草为多年生草本，株高可达 150cm，花淡紫色，花期春、夏、秋三季。

2. 园艺变种与品种

（1）白心美女樱（var. *auriculiflora*） 喉部白色，大而显著。

（2）斑纹美女樱（var. *striata*） 花冠边缘有斑纹。

（3）大花美女樱（var. *grandiflora*） 如'憧憬'系列（'Imagination'），株高 30cm，株幅蔓延至 50cm，特别适用于吊篮、窗台及地被用花。

（4）矮生美女樱（var. *nana*） 如'石英'系列（'Quartz'），植株高 20cm 左右，抗白粉病，该系列从苗期就体现粗壮的趋势，植株健壮茂盛，花朵大而多。

【生物学特性】美女樱喜阳光充足，对土壤要求不严，但适宜肥沃而湿润的土壤，有一定的耐寒性，但夏季不耐干旱。

【繁殖】美女樱主要采用播种繁殖，可春播也可秋播。秋播的花苗根据地区情况进入低温温室越冬，翌年晚霜过后可于露地定植，从而提早开花。春播于 1～4 月进行，播后 1 周左右出苗。早春在温室内进行，也可于晚霜后播于露地。还可采用扦插和分株繁殖。

【栽培管理】美女樱播种出苗后经过 1～2 次分苗，即可移植温床或营养钵中，然后在晚霜过后，定植到露地。定植株距 40cm，定植成活后可摘心，促使其发生更多的二次枝。花后应及时将花头剪掉，也可以促使其再度开花。夏季要经常灌水，同时追施液肥 1～2 次，以保持植株的生长势，为秋季开花打下基础。在江南地区入冬后可将地上部分剪掉，让宿根在土中越冬，翌年利用其萌发的新枝进行扦插繁殖，也可以进行分株繁殖。花后注意采收种子，果实变黄以后再进行采收，否则种子发芽率会大大降低。种子不易散落，可分数次集中采收。

【应用】美女樱可以栽种花坛、花带、花丛，特别是经分色后，栽种效果更佳。

（十七）牵牛花

【学名】*Pharbitis nil*

【别名】牵牛、喇叭花

【英名】morning glory

【科属】旋花科牵牛属

【产地及分布】原产亚洲热带、亚热带，美洲热带，世界各地广泛栽培，以日本为多。

【栽培史】牵牛花在我国栽培历史悠久，宋代陈景沂《全芳备祖》、明代王象晋《群芳谱》中都有记述。北宋初年由我国传至日本。日本在育种方面做了大量工作。

【形态特征】牵牛花为一年生缠绕性蔓生草本植物（图 9-17）。茎长约 3m，左旋，全株被粗毛。叶互生，长10～15cm，有长柄，叶片常具不规则的白绿色条斑；叶身呈三裂，中央裂片特大，两侧裂片有时有浅裂。花腋生，花梗短于叶柄；萼片狭长，但不开展；花冠漏斗状喇叭形，直径10～20cm，边缘常呈皱褶或波浪状，有平瓣、皱瓣、裂瓣、重瓣等类型；花色极富变化，有白、红、蓝、紫、粉、玫红及复色品种。花期6～10月。种子黑色，三棱状，千粒重约43.48g。染色体$x=15$，$2n=30$。

图9-17　牵牛花

【种类与品种】同属常见栽培种还有：

(1) 圆叶牵牛（*P. purpurea*）　圆叶牵牛原产美洲热带。叶阔心脏形，全缘。花紫、蓝、桃红、白或黄色。

(2) 裂叶牵牛（*P. hederacea*）　裂叶牵牛原产南非。叶片三裂，裂片大小相当。花堇蓝、玫红或白色。

品种有早花型，花开时2～3朵成丛；还有不具缠绕茎的矮生无藤品系，适合盆栽；亦有白天花不凋谢、整日开花的品种。

【生物学特性】牵牛花喜温暖向阳环境，不耐寒，能耐干旱瘠薄土壤，以在湿润肥沃、排水良好的中性土壤中生长最好。为短日照植物。花朵通常清晨开放，不到中午即萎蔫凋谢。种子有自播繁殖能力，寿命可达4～5年。

【繁殖】牵牛花采用播种繁殖。因种皮坚硬，播种前应进行刻伤处理或温汤浸种24h，也可用10～250mg/L的赤霉酸溶液浸种，促进其发芽。发芽需要1～2周，适温25℃。

【栽培管理】牵牛花较易栽培，可春天露地直播，于幼苗时移栽；若播于花盆，当幼苗具有4～5片真叶时，换入直径20～25cm的盆中，并设立支架。如不立支架，则当主蔓长出5～7片真叶时摘心，于腋芽发生后选留中下部分两个枝蔓，其余除去，如此操作，每盆可同时着生花蕾10余个。适时施肥、浇水，雨季应及时排涝，氮肥不宜太多，以免茎叶过于茂盛，花前1周停止施肥。种子成熟期不一致，应注意随时采收。

【用途】牵牛花花色艳丽，为夏秋最常见的蔓生花卉，是垂直绿化用以攀缘棚架、覆盖篱笆、墙垣的重要材料，也是庭院、居室的遮阴植物，还可作盆栽或地被。

（十八）茑萝

【学名】*Quamoclit pennata*

【别名】茑萝松、绕龙花、锦屏封

【英名】cypress vine

【科属】旋花科茑萝属

【产地及分布】原产美洲热带，世界各地广为栽培。

【形态特征】茑萝为一年生缠绕性草本（图9-18）。茎细长，光滑，可达6m。叶互生，羽状细裂，长4～7cm。聚伞花序腋生，有花数朵，高出叶面；花冠呈高脚碟状，筒细长，2～4cm，先端呈五角星状，径2.0～2.5cm，猩红色，还有白及粉红色品种。花期7～10月，果熟期8～11月。蒴果卵形，种子黑色，长卵形，千粒重约14.8g。染色体$x=14$，$2n=28$。

图9-18　茑　萝

【种类与品种】同属常见栽培种还有：

(1) 圆叶茑萝（*Q. coccinea*）　圆叶茑萝又名橙红茑萝，

原产美国东南部。一年生草本。叶心状卵形至圆形。花橙红或猩红色，喉部稍呈黄色，筒长约4cm。

（2）裂叶茑萝（*Q. lobata*） 裂叶茑萝又称鱼花茑萝，原产墨西哥。多年生草本作一年生栽培。叶心脏形，具三深裂，花多，二歧状密生，深红后转乳黄色，筒长2cm。

（3）葵叶茑萝（*Q.* ×*sloteri*） 葵叶茑萝又名掌叶茑萝、槭叶茑萝。为茑萝与圆叶茑萝的杂交种。生长势强。叶掌状深裂，宽卵圆形。花红色至深红色，喉部白色，筒长约4cm，开花繁多。

茑萝有白花变种（*Q. pennata* var. *alba*）。

【生物学特性】茑萝喜阳光充足、温暖气候，不耐寒，怕霜冻。不择土壤，耐干旱、瘠薄。直根性，能自播。

【繁殖】茑萝采用播种繁殖。长江流域4月播种，约经1周发芽。因其为直根性植物，多行直播，也可用小盆点播。

【栽培管理】茑萝幼苗生长缓慢，具4枚真叶后定植于露地，也可翻盆育成大苗，再定植，效果更好，株距30～60cm。栽植前应施入基肥，促使其尽快抽生茎蔓，然后需设支架供其攀缘。生长期每半月施液肥一次，则叶茂花繁。

蒴果成熟期不整齐，且成熟后易开裂散落种子，故应分批采收。

【应用】茑萝适于篱垣、花墙和小型棚架，还可供盆栽或作地被。

（十九）虞美人

【学名】*Papaver rhoeas*

【别名】丽春花，赛牡丹

【英名】corn poppy

【科属】罂粟科罂粟属

【产地及分布】原产欧洲中部及亚洲东北部，世界各地广为栽培。

【形态特征】虞美人为一、二年生草本，具白色乳汁，全株被糙毛（图9-19）。茎直立，高达80cm。叶互生，羽状分裂，裂片线状披针形，缘具牙齿状缺刻，顶端尖锐，有柄。花单生于茎顶，蕾长椭圆形，开放前向下弯垂，开时直立，花径4.5cm以上；萼片2枚，绿色，花开即落；花瓣4枚，近圆形，薄而有光泽，有白、粉红、红、紫红及复色品种，花瓣基部常具黑斑；雄蕊多数，雌蕊由多心皮组成。花期4～7月，果熟期6～8月。蒴果无毛，倒卵形，长约2cm，顶孔裂，种子细小而极多，种子千粒重约0.07g。染色体$x=7$，$2n=14$。

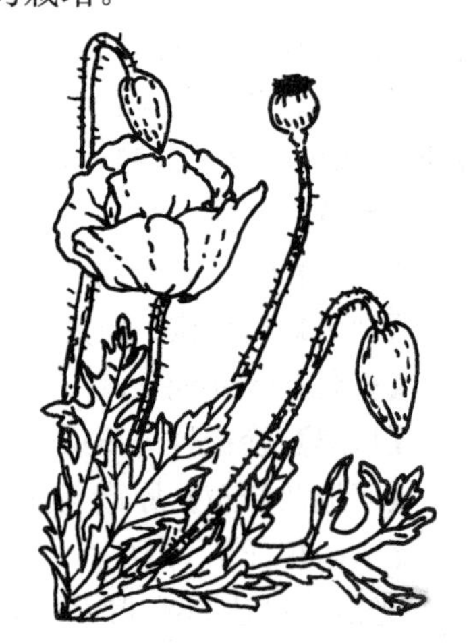

图9-19 虞美人

【种类与品种】同属常见栽培种还有：

（1）冰岛罂粟（*P. nudicaule*） 冰岛罂粟原产北极。多年生草本，丛生近无茎。叶基生，长16cm，叶片羽裂或半裂。花单生于无叶的花茎上，高30cm，深黄或白色。原产极地。变种有近红色及橙色。华北有野生变种山罂粟（subsp. *rubroaurantiacum* var. *chinense*），又名鸡蛋黄，花橘黄色，甚为艳丽。

（2）东方罂粟（*P. orientale*） 东方罂粟原产伊朗至地中海地区。多年生直立草本，株高60～90cm，茎部不分枝，少叶，全株被白毛。叶羽状深裂，长约20cm。花猩红色，基部具紫黑色斑，径 7～10cm。变种花色甚多，自白、粉红、橙红至紫红，花径增大至 15cm。可用根插法繁殖。

品种的主要品系有秋海棠型与花毛茛型、半重瓣及重瓣品种。

【生物学特性】虞美人喜阳光充足的凉爽气候，要求高燥、通风，喜排水良好、肥沃的沙质壤土。只能播种繁殖，不耐移植。

【繁殖】虞美人采用播种繁殖，一般直播。长江流域一带常于 9～10 月播种，因种子细小，宜拌细沙，覆土宜薄。

【栽培管理】虞美人待长出 4 片真叶时移苗，定植时必须带土，或在营养钵、小纸盒中育苗，连同容器一并定植，否则常出现叶片枯黄而影响生长。进行一般水肥管理，施肥不宜过多，忌连作与积水。蒴果成熟期不一致，需分批采收。

【应用】虞美人花色艳丽，花姿轻盈，是早春花坛或花境的良好材料。

（二十）蒲包花

【学名】*Calceolaria herbeohybrida*

【别名】荷包花

【英名】slipper wort

【科属】玄参科蒲包花属

【产地及分布】原产墨西哥、秘鲁、智利一带，世界各地都有栽培。

【栽培史】现在栽培的蒲包花是种间杂种。原种 1822 年传入欧洲，1830 年英国育出许多杂种蒲包花，20 世纪英国育出大花系蒲包花，后来德国育出多花矮生系蒲包花。

【形态特征】蒲包花为多年生草本，作一、二年生栽培（图 9-20）。株高 20～40cm，全株有短茸毛。叶卵圆形，黄绿色。花奇特，形成两个囊状物，上小下大，形似荷包，故又名荷包花；花有黄、红、紫色，间各色不规则斑点。花期 2～6 月。果实为蒴果，种子多数细小，6～7 月成熟。

图 9-20 蒲包花

【种类与品种】

1. 同属其他栽培种

（1）达尔文氏蒲包花（*C. darwinii*） 达尔文氏蒲包花为多年生草本，低矮，耐水湿，可用于水边、阴湿地布置。

（2）墨西哥蒲包花（*C. mexicana*） 墨西哥蒲包花原产墨西哥。一年生草本。高 30cm，花小，浅黄色。

2. 优良品系 蒲包花有许多优良品系，主要有：

（1）大花系 花径 3～4cm，花色丰富，多具色斑。

（2）多花矮生系 花径 2～3cm，着花多，植株矮，耐寒，适合盆栽。

（3）多花矮生大花系 性状介于大花系和多花矮生系之间。

现在栽培的多为大花系和多花矮生大花系品种。

【生物学特性】蒲包花喜温暖、湿润而又通风良好的环境。不耐寒，忌高温高湿，生长适温 7～15℃，开花适温 10～13℃，高于 25℃时不利其生长。好肥、喜光，要求排水良好、微酸性、含腐殖质丰富的沙质壤土。长日照可促进花芽分化和花蕾发育。

【繁殖】蒲包花一般采用播种繁殖。立秋前播种，常因高温而烂苗，所以在8月下旬、9月初播种为好。播种土最好经过灭菌，并用0.5mm的筛子过筛，底部应放粗土，上面放细土。种子细小，一般可和沙混合播种，播后上面盖一层细土，盖上玻璃放置在18～20℃的地方，经7～10d即可出苗。去掉覆盖物，温度降到15℃，有利于幼苗生长。

【栽培管理】蒲包花小苗长出2～3片真叶时，进行第一次分苗，盆土为富含腐殖质的沙质壤土，pH6.5。苗长到5～6片叶子时，可栽植到20cm盆中。蒲包花是半阴生、长日照花卉，但在冬季则需阳光充足。冬季生长温度10～12℃即可，如温度高于20℃且通风不良，则植株徒长，造成花朵稀疏、花小、株形不美。冬季在低温温室栽培，保持相对湿度80%以上。注意通风，保持适当盆距，不使拥挤徒长。每10d施稀薄液肥一次，开花时将温度降至6～8℃，则花期可以延长。蒲包花浇水和施肥应避免浇到叶上，以免导致叶片腐烂。另外此花忌大水，所以浇水要见干见湿。

蒲包花冬季开花，天然授粉能力较差，常需人工辅助授粉。5～6月种子逐渐成熟，为促进种子发育成熟，要控制室温，保持空气流通。蒴果变黄即可采收。

【应用】蒲包花花期长，花形美丽、奇特，是冬季重要的盆花。

（二十一）福禄考

【学名】*Phlox drummondii*

【别名】草夹竹桃、洋梅花

【英名】blue phlox

【科属】花荵科福禄考属

【产地及分布】原产北美南部，世界各地广泛栽培。

【形态特征】福禄考为一年生草本（图9-21）。株高15～40cm，被短柔毛，成长后茎多分枝。叶长椭圆形，基部叶对生，上部叶有时互生。聚伞花序顶生，花具较细的花筒，花冠五浅裂，花色有白、黄、粉红、红紫、斑纹及复色，以粉及粉红为常见。花期6～9月。蒴果椭圆形或近圆形，种子倒卵形或椭圆形，背面隆起，腹面平坦，千粒重约1.55g。

图9-21　福禄考

【种类与品种】

1. 依瓣型分类　福禄考根据瓣型分为：

（1）圆瓣福禄考（var. *rotundata*）　花冠裂片大而阔，使外形呈圆形。

（2）星瓣福禄考（var. *stellaris*，var. *cuspidata*）　花冠裂片边缘具有三齿裂，中齿长度5倍于两侧齿。

（3）须瓣福禄考（var. *firbriata*）　花冠裂片边缘呈细齿裂。

（4）放射福禄考（var. *radiata*）　花冠裂片呈披针状矩圆形，先端尖。

此外，还有矮生福禄考（var. *nana*）、大花福禄考（var. *gigantea*）。

2. 依花色分类　福禄考根据花色分为：

（1）单色品种　有白、鹅黄、各种深浅不同的红紫色以及淡紫和深紫。

（2）复色品种　包括内外双色，冠筒和冠边双色，喉部有斑点，冠边有条纹，冠边中间有五角星状斑等。

（3）三色品种　如玫红而基部白色中有黄心，或紫红有白星蓝点等。

【生物学特性】福禄考喜阳光充足的环境，稍耐寒，不耐高温，忌过肥、水涝和碱地。

【繁殖】福禄考主要采用播种繁殖，可春播或秋播。种子发芽率较低，应在幼苗期精细管理。

【栽培管理】福禄考秋播幼苗生长缓慢，虽能露地越冬，但苗子太小，不易管理，故常上盆（13～16cm 盆）于冷床越冬，翌春 3 月下旬脱盆定植，株距 30cm，矮生种 20cm。春播出苗后进行 1～2 次分苗，分苗时要尽量少伤根，可带些土进行移植，一般在 5 月下旬定植露地及花坛中，定植的株行距应小些，一般为 20cm×30cm，生长期不需特殊的管理。

蒴果成熟期参差不齐，成熟时能开裂，散落种子如逐个分别采收，费工太多，可于整个花序中大部分蒴果发黄时，于总花梗处摘下，晾干脱粒，否则种子成熟后易散失。

【应用】福禄考植株较矮，花色多样，姿态雅致，可用作花坛、花丛及庭院栽培，也可上盆作摆花，在作盆花时，每盆应定植 3 株，以保证株型丰满。

（二十二）羽衣甘蓝

【学名】*Brassica oleracea* var. *acephala* f. *tricolor*

【别名】叶牡丹、牡丹菜、花菜

【英名】ornamental cabbage

【科属】十字花科芸薹属

【产地及分布】原产西欧，我国各地普遍栽培。

【形态特征】羽衣甘蓝为二年生草本，株高可达 30～60cm（图 9-22）。叶平滑无毛，呈宽大匙形，且被有白粉，外部叶片呈粉蓝绿色，边缘呈细波状皱褶，内叶叶色极为丰富，通常有白、粉红、紫红、乳黄、黄绿等色。叶柄比较粗壮，且有翼。花茎比较长，有时可高达 160cm；总状花序顶生，有小花 20～40 朵。花期 4 月。角果扁圆柱形，种子球形，千粒重约 1.6g。种子成熟期为 6 月。

图 9-22　羽衣甘蓝

【种类与品种】羽衣甘蓝近年育出许多品种，日本在这方面进展较快，品种可以根据叶色和叶型进行分类。

1. 根据叶色分类　可分为红紫叶和白绿叶两类。前者心部叶呈紫红、淡紫红或雪青色，种子红褐色；后者心部叶呈白色或淡黄色，茎部绿色，种子黄褐色。

2. 根据叶型分类　可分为皱叶型、圆叶型和裂叶型。

【生物学特性】羽衣甘蓝喜阳光，喜凉爽，耐寒性较强，极喜肥。气温低，反而叶片更美，且只有经过低温的羽衣甘蓝才能结球良好，于翌年 4 月抽薹开花。

【繁殖】羽衣甘蓝常播种繁殖。南方一般于秋季 8 月播于露地苗床，北方一般早春 1～4 月在温室播种育苗。由于羽衣甘蓝的种子比较小，因此覆土要薄，以没种子为度。

【栽培管理】羽衣甘蓝播种后应及时浇足水，若阳光太强，可用草苫进行覆盖遮阴，防止土壤变干。若表土变白发干，要及时浇水。保持温度在 15～20℃，约 7d 就可以出苗。栽培用地要选择向阳且排水良好的疏松肥沃的土壤。播种苗一般在长出 4～5 片真叶时进行移植，定植前通常进行 2～3 次移植，南方于 11 月中下旬进行定植，北方于 5 月中旬定植。羽衣甘蓝极喜肥，因此在生长期间要多追肥，以保证肥料的供应。若在第一次移植时对其进行低温刺激（－1～－2℃），可以防止早熟抽薹。若不想留种，需将刚抽出的花薹及时剪去，以减少生殖生长的营养消耗，可以达到延长观叶期的目的。

留种母株应低温贮藏或低温处理，使其度过春化阶段，早春定植，抽薹开花，因其易于与其他十字花科的植物自然杂交，故要进行属种间隔离。因花薹太高，极易倒伏，应立支架。在花序上大多数角果发黄时采收，晾干，使种子充分后熟，然后脱粒。

【应用】羽衣甘蓝耐寒性较强，且叶色鲜艳，是南方早春和冬季重要的观叶植物，亦可作为布置花坛、花境的材料及盆栽观赏。

（二十三）彩叶草

【学名】*Coleus blumei*

【别名】锦紫苏、洋紫苏、五彩苏、鞘蕊花

【英名】common garden coleus

【科属】唇形科鞘蕊花属

【产地及分布】原产印度尼西亚，世界各地均有栽培。

【栽培史】彩叶草于 1837 年在印度尼西亚爪哇岛发现，其后在欧洲进行育种，美国近年育种工作进展较快，现代彩叶草是种间杂交的后代，形成了众多的品种和品系。杂种彩叶草已经成为重要的种类。

【形态特征】彩叶草为多年生常绿草本，作一年生栽培（图 9-23）。茎四棱形，少分枝。叶对生，卵圆形，有粗锯齿，两面有软毛；叶由多种色彩如红、黄、紫绿组合而成，且富于变化，故名彩叶草。随着植株的生长，色彩越变越好看。顶生圆锥花序，花小，蓝色或淡紫色，花期夏、秋。小坚果平滑，种子千粒重约 0.15g。

图 9-23　彩叶草

【种类与品种】彩叶草的变种有皱叶彩叶草（var. *verschaffeltii*），叶缘锯齿变成皱纹状，叶红紫色，叶面有朱红、桃红、淡黄等彩色斑纹，叶缘绿色。

彩叶草的栽培品种很多：‘奇才’系列（‘Wizard’），株高 30cm，心形叶片，矮生，基部分枝好，颜色丰富，还有‘墨龙’系列（‘Black Dragon’）、‘欢乐’系列（‘Carefree’）等。

【生物学特性】彩叶草性喜光照、温暖及湿润的环境，要求疏松、肥沃、排水良好的土壤。分枝较多，植株生长健壮，也较为耐寒，能耐 2～3℃的低温。

【繁殖】彩叶草采用播种或扦插繁殖。一般 2 月在温室浅盆中播种，播后 10d 左右出芽，发芽整齐。扦插繁殖多用于培育优良品种，可选择叶色艳丽多彩、富有变化的植株，在春秋季均可进行扦插。取茎上部长约 10cm 的枝条，剪去部分叶片，插入装沙土的繁殖温床或盆中，插入 1/3，保持一定的温度与湿度，在 18℃条件下，20d 左右即可生根。

【栽培管理】彩叶草生长健壮，栽培管理也较粗放，生长适温为 18～20℃，播种的小苗经过两次移栽可定植。苗期应进行 1～2 次摘心，促使多分枝，增大冠幅，使株形丰满、美观。若花坛栽植，用口径 7～12cm 盆培养即可。如果要盆栽观赏，应视植株大小，逐渐换略大于植株的盆栽植，盆土用培养土即可。生长期间叶面宜多喷水，保持湿度，使叶面清新，色彩鲜艳。浇水应以见干见湿为原则，不需大肥、大水，切忌施过量氮肥，否则节间过长，叶片稀疏，株形不美观。经强光照射，彩叶草叶色易发暗并失去光泽，但过于荫蔽叶色则变绿，失去观赏效果，将作为盆栽观赏的彩叶草放置在室内散射光处为好。彩叶草以观叶为主，除留种母株外，都应摘除花茎。

【应用】彩叶草是一种非常美丽的观叶植物，是花坛、花境的良好材料，特别适用于模纹花坛，也可作五色苋花坛的中心材料，盆栽观赏也极佳。

（二十四）蜀葵

【学名】*Althaea rosea*

【别名】熟季花、一丈红

【英名】hollyhock

【科属】锦葵科蜀葵属

【产地及分布】原产我国，世界各地广为栽培。

【形态特征】蜀葵为多年生草本，作一、二年生栽培（图9-24）。植株直立，高达2～3m，少分枝，茎、叶被毛。叶大，互生，近圆形，5～7掌状浅裂，表面凹凸不平、粗糙，具长柄。花单生叶腋，有白、黄、粉、红、紫、墨紫及复色。蒴果盘状，种子肾形，易脱落。花期5～9月，由下向上逐渐开放。种子千粒重4.67～9.35g。染色体 $x=7$，$2n=42$、56。

图9-24　蜀　葵

【种类与品种】蜀葵有各种花色品种，也有单瓣、复瓣和重瓣品种。

【生物学特性】蜀葵性喜凉爽气候，忌炎热与霜冻，喜阳光，略耐阴，宜土层深厚、肥沃、排水良好的土壤。

【繁殖】蜀葵常采用播种繁殖。在15℃下经2～3周发芽，能自播。一般当年仅形成营养体，翌年开花。也可用分株或扦插繁殖，扦插选用基部萌蘖作为插穗。

【栽培管理】蜀葵在南方多作二年生栽培；北方可露地直播，当年开花，作一年生栽培。蜀葵生长健壮，株高秆直，栽培管理较为简单，在大风地区应设支柱。

【应用】蜀葵是理想的背景与屏障材料，通常列植于花境作背景，或植于建筑物前、庭园周边与群植林缘，或用作切花。

（二十五）三色苋

【学名】*Amaranthus tricolor*

【别名】老来少

【英名】Joseph'scoat

【科属】苋科苋属

【产地及分布】原产美洲热带地区，世界各地普遍栽培。

【形态特征】三色苋为一年生草本（图9-25）。株高80～150cm，茎光滑直立。叶互生，具长柄，卵圆形至卵圆状披针形，叶片基部常暗紫色，常在秋季大雁南飞时节顶部叶片中下部或全叶变为鲜红、浅黄、橙黄等绚丽的颜色。近年新育成的品种叶片色彩变化更为丰富。穗状花序集生于叶腋，花小色绿。花期7～10月。

【种类与品种】

1. 同属其他栽培种

（1）繁穗苋（*A. paniculatus*）　繁穗苋又名圆锥穗苋。植株高大，常高至2m左右。

叶色暗紫至暗红。穗状花序顶生，近直立或稍下垂，长约30cm。

(2) 尾穗苋（*A. caudatus*） 尾穗苋又名老枪谷。茎粗壮，株高1～1.5m。穗状花序特长，暗红色，细而下垂。

2. 品种

(1)'雁来红' 秋季顶部叶片为鲜红色。

(2)'雁来黄' 秋季顶部叶片为浅黄或橙黄色。

(3)'锦西凤' 顶部叶片有红、黄、绿三色。

图 9-25 三色苋

【生物学特性】三色苋喜阳光充足、湿润及通风良好的环境，耐旱、耐碱，不耐寒。对土壤要求不严，在排水良好的肥沃沙壤土中生长茁壮。

【繁殖】三色苋采用播种繁殖。种子萌发有嫌光性，应注意覆土避光。3月于温床播种，4～6月可露地直播，发芽迅速整齐，发芽适温25～30℃，约1周出苗。株高10cm时即可定植。由于是直根性，最好直播，如要移植，以小苗4～6枚真叶时为宜，避免伤根。

【栽培管理】三色苋生活力强，管理粗放。生长适温为20～35℃。春播苗期生长缓慢，但后期生长迅速。肥水不宜过多，若施肥过多会引起徒长并且影响叶色。

【应用】三色苋植株高大，色彩艳丽，适合自然丛植，也可作为花坛中心材料或花境背景材料，或用来美化院落角隅，可盆栽或作切花。

（二十六）观赏辣椒

【学名】*Capsicum annuum*

【别名】樱桃椒、朝天椒、佛手椒、五色椒、珍珠椒

【英名】Christmas pepper，ornamental pepper

【科属】茄科辣椒属

【产地及分布】原产美洲热带地区，世界各地广为栽培。

【栽培史】观赏辣椒在南美2 000多年前已经栽培。秋天为观果期，因果实具有辣味，当地人长期当作调味品。后来作为观赏植物很快被广泛种植，并漂洋过海，遍布世界各地，由哥伦布引入欧洲。我国文字记载始见于《花镜》。

图 9-26 观赏辣椒

【形态特征】观赏辣椒为多年生亚灌木（曾误作*C. frutescens*），作一年生栽培（图9-26）。株型、叶、花、果皆比普通辣椒略小，株高30～60cm。茎直立，多分枝，常呈半木质化。单叶互生，卵状披针形或矩圆形，全缘，叶面具光泽。花单生叶腋或簇生枝梢顶端，白色，小型，不显眼；萼片尖五裂，花冠五裂，雄蕊5枚，蓝色，雌蕊头状。浆果直立，依品种不同形状有差别，指形、圆锥形或球形。在成熟过程中，由于成熟度不同，能在同一植株上呈现出白、黄、橙、浅红、深红等不同颜色有光泽的辣椒，形成顶端红黄相杂、底部青翠相拥的亮丽色彩，犹如绿丝中闪烁着各色星星，明丽动人。自然杂交，常出现新的变异。花期7～10月，果熟

期 8～11 月。种子扁平，多数，千粒重约 3.12g。染色体 $x=12$，$2n=24$、36、48。

【种类与品种】观赏辣椒栽培品种很多，一般以果实的形状命名，在果实的成熟期间，呈现出多种不同色彩，颇具观赏价值。常见有三组：

（1）樱桃椒组（Cerasiforme Group）　果直立，圆形，果径 1～2.5cm。如‘五色椒’。

（2）锥形椒组（Conoides Group）　果直立，圆锥形、圆柱形或椭圆形，长达 5cm。如‘朝天椒’。

（3）丛生椒组（Fassiculatum Group）　果直立，多数丛生枝顶。如‘佛手椒’。

【生物学特性】观赏辣椒不耐寒，适宜在阳光充足的温热环境栽培。要求排水良好，在潮湿、肥沃、疏松的土壤中生长最佳。由 8～15 片叶之上的顶芽分化为花芽，花芽下生 2～3 个分枝，每一分枝生 1～2 片叶后，顶芽又分化为花芽，并产生第二次分枝，形成二歧聚伞花序。若栽培管理得当，观果期可持续 6～10 个月。

【繁殖】观赏辣椒一般用播种繁殖。早春播种，种子发芽适温 25℃，2 周内发芽，待有 5～6 片真叶时定植。

【栽培管理】观赏辣椒栽培基质可用园土、堆肥等配制。春末要摘心，以使株型丰满，到夏季便能开花结实。生长期要保持水分充足，但花期水分不能过多。两次浇水之间土壤要有一段干燥期，但勿使植株脱水，以免落花。生长期间多施液肥，每周施肥一次，使植株冠径增大，促进花果生长。放在阳光充足、空气流通的地方，如果光照太弱，将影响植株的花芽分化。果熟时要选有特色的留种，晒干脱粒收藏。

【应用】观赏辣椒绚丽多彩，作为观果植物，最适合中小型盆栽。花盆宜选用浅色或用竹制筐作套盆，以突出辣椒果实富有光泽的美。也可以单株培植于小盆中或数株合植于稍大的盆中，叶绿果艳，光彩玲珑，灵巧可爱，是室内装饰佳品。也可植于花坛、花境。

（二十七）桂竹香

【学名】*Cheiranthus cheiri*

【别名】香紫罗兰、黄紫罗兰、华尔花

【英名】common wallflower

【科属】十字花科桂竹香属

【产地及分布】原产南欧，世界各地广为栽培。

【形态特征】桂竹香为多年生草本，常作二年生栽培（图 9-27）。株高 35～70cm。茎直立，多分枝，基部半木质化。叶互生，披针形，全缘。总状花序顶生，花径 2.0～2.5cm；萼片 4 枚，基部垂囊状；花瓣 4 枚，近圆形，具长爪；花色橙黄或黄褐色，有香气。花期 4～6 月。果实为长角果。种子千粒重 1.42～1.79g。染色体 $x=7$，$2n=14$。

图 9-27　桂竹香

【种类与品种】同属约有 10 种，常见栽培种还有七里黄（*Ch. allionii*），二年生或多年生草本，株高 30～40cm。叶互生，披针形。顶生总状花序，花鲜黄色。花期 5 月。

【生物学特性】桂竹香耐寒能力强，喜冷凉、阳光充足的环境，忌炎热和湿涝，雨水过多生长不良。宜在疏松肥沃、排水良好的弱碱性沙质土壤中种植。

【繁殖】桂竹香以播种繁殖为主。可于 9 月上旬播于露地，10 月下旬带土坨移植一次。重瓣种可用扦插繁殖，于秋季取茎端 6cm 左右长的茎段，插于沙中，不久即可生根。

【栽培管理】桂竹香苗期在长江流域以南地区可露地越冬。冬季在－5℃时可生长。北方宜移入低温温室，保持昼温 15℃以下，夜温 10℃左右。栽培期间宜控制水分，适当修剪，施以有机肥料，稍多施磷、钾肥可防止倒伏。花后剪去花枝，补施 1～2 次稀薄液肥，注意补充水分，可发出新枝，至 9 月二次开花。

【应用】桂竹香花色金黄，是早春花坛、花境的优良材料，又可作盆栽观赏。高型品种还可用作切花。

（二十八）香雪球

【学名】*Lobularia maritima*

【别名】庭荠、小白花

【英名】sweet alyssum

【科属】十字花科香雪球属

【产地及分布】原产地中海沿岸，世界各地广为栽培。

【形态特征】香雪球为多年生草本，作一、二年生栽培（图 9-28）。株高 15～30cm，多分枝。叶互生，披针形，全缘。总状花序顶生，总轴短，小花繁密，呈球状，有白、淡紫、深紫、浅堇、紫红等色，具淡香。花期6～10 月。短角果球形，种子扁平，黄色或麦秆黄色，千粒重 0.28～0.33g。染色体 $x=12$，$2n=24$。

【种类与品种】香雪球有重瓣和斑叶观叶品种，其中斑叶品种叶缘为白色或淡黄色。另有一些矮生种，高仅 10cm。

图 9-28　香雪球

【生物学特性】香雪球喜冷凉、阳光充足的气候，稍耐寒，稍耐阴，忌炎热。对土壤要求不严，较耐干旱瘠薄，忌涝，在湿润、肥沃疏松、排水良好的土壤中生长尤佳。种子能自播繁衍。

【繁殖】香雪球主要采用播种繁殖，可春播或秋播。发芽适温 20～25℃，5～10d 出苗。幼苗在 10～13℃下经 8～11 周开花。也可用嫩枝扦插繁殖，生根容易。

【栽培管理】香雪球在昼温 17～20℃、夜温 10～13℃下生长良好。适时施肥和供水，注意中耕除草和病虫防治。炎夏前进行重剪，去除衰败茎叶，并置于通风、凉爽处越夏，则秋后开花更盛。

【应用】香雪球匍匐生长，幽香宜人，是花坛、花境镶边的良好材料，宜在岩石园、石板路间栽种，也可盆栽或作地被，还可用作阳台摆饰或窗饰花卉。

（二十九）四季秋海棠

【学名】*Begonia semperflorens*

【别名】秋海棠、虎耳海棠、瓜子海棠、玻璃海棠

【科属】秋海棠科秋海棠属

【产地及分布】原产巴西，分布广。

【形态特征】四季秋海棠属须根类秋海棠。多年生草本，常作一年生栽培。株高 25～

45cm，植株低矮，茎直立，稍肉质，有发达的须根。叶片于茎基部着生，革质光亮，卵圆至广卵圆形，绿色或紫红色，并具蜡质光泽。聚伞花序腋生，花色有红、粉红、白色等，单瓣或重瓣。

【种类与品种】四季秋海棠园艺品种繁多，有二倍体（$2n=30\sim34$）、四倍体（$2n=66\sim68$）和三倍体（$2n=50\sim51$），其中三倍体杂交一代以花大而多、适应性强而被广泛应用。

【生物学特性】四季秋海棠性喜阳光，稍耐阴，怕寒冷，喜温暖稍阴湿的环境和湿润的土壤，但怕热及水涝，夏天注意遮阴，通风排水。

【繁殖】四季秋海棠以播种繁殖为主，春播或秋播，夏季高温不易发芽。由于种子非常细小，可以先将种子撒播于盘中，出芽后移入穴盘。生产上也可扦插繁殖，可以进行茎插和叶插。

【栽培管理】四季秋海棠露地栽培应用时，通常于1月在温室播种，初夏定植。室内观赏可根据要求的花期确定播种时间，一般播后8～10周开花。栽培用土壤应富含有机质，排水通畅。夏季不耐阳光直射和雨淋，冬季则喜欢充足的阳光，光照不足会造成植株生长细弱，叶色、花色黯淡。浇水应掌握见干见湿的原则，盆土长期潮湿会引起立枯病。生长旺盛，开花繁茂，需肥量较大，生长期可每周追稀薄肥一次。

【应用】传统生产中四季秋海棠常作室内观赏植物，现也常作一年生栽培广泛应用于花坛、花境布置。其植株低矮，开花茂密，是理想的花境前景植物。

（三十）美兰菊

【学名】*Melampodium paludosum*

【别名】黄帝菊

【科属】菊科美兰菊属

【产地及分布】原产中美洲，现广泛分布。

【形态特征】美兰菊为一年生草本。株高20～50cm，分枝茂密，株型圆润饱满。全株粗糙。叶片对生，卵圆形至长卵圆形，边缘具粗皱齿。头状花序顶生，花朵星状，花茎约2.0cm，舌状花一轮，筒状花簇生，多为黄色，花期从春季至秋季。

【种类与品种】美兰菊栽培品种不多，主要有：'德比'系列（'Derby'），株高约20cm，株型紧凑，花金黄色，花色艳丽，开花密集。'天星'系列（'Show Star'），株高约35cm，株型较大。花鲜黄色，花朵繁多。'金球'系列（'Golden Globe'），植株极矮，株高20～25cm，花深黄色，花期长。

【生物学特性】美兰菊稍耐旱，宜保持土壤湿润。对土质要求不严，以富含腐殖质、排水良好的沙壤土为佳。生育适温15～30℃，耐热性强。

【繁殖】美兰菊多采用播种繁殖。

【栽培管理】美兰菊幼苗长至5对叶时定植，株行距20cm×20cm。生性强健，管理粗放。基部多分枝，故不必刻意摘心。植株从苗期就开花，边长边开，花后将残花剪除可利于植株矮化和再次着花。修剪宜采用齐头式，剪去全部枝叶的1/3，同时补充肥料。

【用途】美兰菊植株低矮整齐，开花艳丽繁茂，是布置花坛的优良材料，也可作花境的前景材料，还可作组合盆栽，在岩石园进行自然种植也别有情趣。

（三十一）紫罗兰

【学名】*Matthiola incana*

【别名】草桂花、四桃克、草紫罗兰

【英名】common stock

【科属】十字花科紫罗兰属

【产地及分布】原产欧洲地中海沿岸，各地园林中常见栽培。

【形态特征】紫罗兰为多年生草本，作一、二年生栽培（图9-29）。株高30～60cm，茎直立，基部稍木质化。全株被灰色星状柔毛。叶片互生，长圆形至倒披针形，全缘，灰绿色。总状花序顶生，花具芳香，花梗粗壮，花径约3.0cm，花色丰富。花期12月至翌年4月。

【种类与品种】

1. 园艺变种

（1）夏紫罗兰（var. *annua*） 春播，花期6～8月，是典型的一年生花卉。

（2）秋紫罗兰（var. *autumnalis*） 早春播种，秋季开花。

（3）冬紫罗兰（var. *hiberna*） 秋播，花期冬至翌夏。

图9-29 紫罗兰

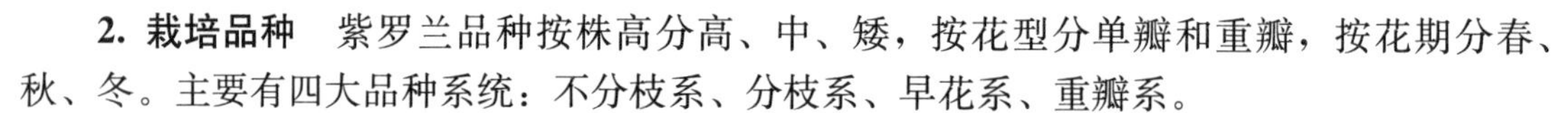

2. 栽培品种 紫罗兰品种按株高分高、中、矮，按花型分单瓣和重瓣，按花期分春、秋、冬。主要有四大品种系统：不分枝系、分枝系、早花系、重瓣系。

【生物学特性】紫罗兰喜夏季冷凉、冬季温和的气候，忌燥热。对土壤要求不严，在排水良好的中性偏碱环境中生长良好，忌酸性土壤。喜光照，不耐阴。

【繁殖】紫罗兰主要采用播种繁殖。

【栽培管理】紫罗兰直根性强，不耐移植，6～7片真叶后定植。供花坛用应控制灌水，使植株低矮紧密；作切花用应充分灌水，使植株高大。

【应用】紫罗兰色艳香浓，花期较长，是春季花坛的主要花卉。也是重要的切花，水养持久。矮生分枝品种可盆栽观赏。

（三十二）藿香蓟

【学名】*Ageratum conyzoides*

【别名】胜红蓟、一枝香

【科属】菊科藿香蓟属

【产地与分布】原产美洲热带。我国华南逸为野生，长江以南地区多见栽培。

【形态特征】藿香蓟为多年生草本，常作一年生栽培。株高20～60cm，株型低矮紧凑，叶片和茎秆被疏毛。叶片多对生，卵圆形至长圆形。头状花序顶生，常排成伞房状花序，花色多紫色、白色至粉色。

【种类与品种】同属常见栽培种还有大花藿香蓟（*A. houstonianum*），植株丛生，高30～60cm，花色有蓝、粉、白色。

【生物学特性】藿香蓟喜温暖、光照充足的环境。对土壤要求不严，在沙壤土、田园土、微酸或微碱性土中均能生长良好，耐瘠薄，不耐寒，忌酷热。分枝能力强，耐修剪。

【繁殖】藿香蓟可采用播种和扦插繁殖。一般4月春播，2周后发芽，种子也有自播繁衍能力。扦插于5～6月间剪取顶端嫩枝作插条，插后15d左右生根，成活率较高。

【栽培管理】藿香蓟播种苗3～4cm高时移栽一次，7～8cm高时定植或盆栽。生长期每半月施肥一次，6～7片叶时进行摘心，促使多分枝。开花期增施磷肥1～2次。花谢后重剪一次，萌发新枝后将继续开花不断。生长期保持空气和土壤湿润。在室内养护和室外种植时，尽量置于光照充足处。要保持株型紧凑和多花效果，可进行多次摘心。开花前保证足够的水分和肥料。

【应用】藿香蓟植株繁茂，花色清丽，常用作花坛、花境布置，也可作地被植物。

（三十三）白晶菊

【学名】*Chrysanthemum paludosum*

【别名】小白菊、晶晶菊

【科属】菊科菊属

【产地与分布】原产欧洲。

【形态特征】白晶菊为二年生草本。株高15～25cm，匍地生长，覆盖性较好。叶片互生，一至两回羽裂。头状花序顶生，边缘舌状花白色，中间筒状花金黄色。花期较长，可从冬末持续至翌年夏初，春季为盛花期。

【种类】同属常见栽培种还有黄晶菊（*Ch. multicaule*），二年生草本，茎具半匍匐性，头状花序顶生，花梗挺拔，花小而繁多，花金黄色。

【生物学特性】白晶菊喜光照充足且凉爽的环境。耐寒，不耐高温，生长适温15～25℃，30℃以上生长不良。适应性强，不择土壤，在疏松、肥沃、湿润的壤土或沙质壤土中生长最佳。

【繁殖】白晶菊采用播种繁殖，通常在9～10月秋播。将种子与少量细沙或培养土混匀后撒播于苗床或育苗盘中，覆土以不见种子为宜，不用薄膜覆盖。保持盆土湿润，种子5～8d发芽。

【栽培管理】白晶菊成苗后略加追肥，促进幼苗生长健壮。定植株距控制在15cm左右。定植后宜7～10d浇水一次。生长期内每半个月追施一次氮磷钾复合肥，因其开花量多，宜在花期补充磷、钾肥。

【应用】白晶菊花色纯净亮丽，花期较长，株型低矮紧凑，适合成片栽植作花坛或花境的前景布置。白花素雅，适宜与各类花色搭配。

第三节　其他一、二年生花卉

其他一、二年生花卉见表9-1。

表9-1　其他一、二年生花卉

中名（别名）	学　名	科属	习性	花色	花期	栽培要点	繁殖	用　途
黄葵（黄秋葵）	*Abelmoschus moschatus*	锦葵科秋葵属	直立，高1～1.2m	黄	夏、秋	不耐寒，全光，壤土，中水，中肥	播种	背景、篱边、野趣园、花坛、花境
杂种金铃花（美丽苘麻）	*Abutilon hybridum*	锦葵科苘麻属	直立，高30～180cm	白、黄、粉、红	4～6月、6～8月	不耐寒，半光，排水良好的壤土，中水，中肥	播种、根插	背景、盆栽
锦葵	*Malva sinensis*	锦葵科锦葵属	直立，高60～100cm	紫红、白	6～10月	耐寒，全光，不择土壤，中水，中肥	播种、分株	花坛、花境、背景

（续）

中名（别名）	学　名	科属	习性	花色	花期	栽培要点	繁殖	用　途
银苞菊	*Ammobium alatum*	菊科 银苞菊属	高 1m	白	夏	喜温暖，全光，壤土，中水，中肥	播种	丛植、花坛、花境、干花
五色菊（雁河菊）	*Brachycome iberidifolia*	菊科 雁河菊属	高 30～45cm	蓝、粉、白	夏、秋	喜温暖，全光，沙壤，中水、忌积水，中肥	播种	花境、盆花
矢车菊	*Centaurea cyanus*	菊科 矢车菊属	直立，高 30～90cm	白、粉、红、紫、蓝	春、夏	较耐寒，全光，较耐瘠，中水，中肥	播种	花坛、花境、盆栽、切花
绒缨菊（一点缨）	*Emilia sagittata*	菊科 一点红属	高 30～60cm	橙红、朱红	6～9 月	不耐寒，全光，壤土，中水，中肥	播种	花坛、花境、地被
麦秆菊（蜡菊）	*Helichrysum bracteatum*	菊科 蜡菊属	直立，高 40～150cm	黄、红、紫、橙	7～9 月	喜温暖，全光，不择土壤，中水，中肥	播种	花坛、背景、切花、干花
矮生向日葵	*Helianthus annuus* 'Nanus Flore-pleno'	菊科 向日葵属	高 60cm，多分枝	金黄	7～10 月	喜温暖，全光，不择土壤，中水，中肥	播种	花境、盆栽、切花
黑心菊	*Rudbeckia hirta*	菊科 金光菊属	直立，丛生	金黄	5～9 月	耐寒，全光，沙壤，耐旱，中肥	播种、扦插、分株	花坛、花境、丛植、切花
春黄熊菊（乌寝花）	*Ursinia anthemoides*	菊科 熊菊属	高 30～40cm	黄、橙	6～9 月	忌高温，全光，壤土，中水，重肥	播种	花境
天人菊	*Gaillardia pulchella*	菊科 天人菊属	高 30～50cm	黄	7～10 月	不耐寒、耐热，耐半阴，沙壤土，中水、耐旱，中肥	播种	花坛、花境、盆花、切花
五色苋（模样苋、红绿草）	*Alternanthera bettzickiana*	苋科 虾钳菜属	直立，高达 45cm	观叶，绿至红	夏、秋	喜高温，不耐寒，全光，沙壤，中水，重肥	扦插、分株	花坛、切花
千日红（火球花）	*Gomphrena globosa*	苋科 千日红属	直立，高 60cm	紫红、橙、金黄、白	7～10 月	喜温暖，不耐寒，全光，壤土，中水，中肥	播种	花坛、花境、盆花、切花、干花
香豌豆	*Lathyrus odoratus*	豆科 香豌豆属	蔓性，蔓长 3m	各种颜色	冬、春、夏	喜冬暖夏凉，全光，不择土壤，中水，中肥	播种	垂直绿化、切花
密花羽扇豆	*Lupinus densiflorus*	豆科 羽扇豆属	直立，高 45～60cm	白、黄、紫、玫红	夏	喜凉爽，全光，微酸壤土，中水，重肥	播种、扦插	花境、丛植
含羞草	*Mimosa pudica*	豆科 含羞草属	高 30～50cm	粉红	夏、秋	喜温暖、不耐寒，全光，不择土壤，中水，中肥	播种	盆栽
大花蓟罂粟	*Argemone grandiflora*	罂粟科 蓟罂粟属	直立，高 90cm	白	夏	喜温暖、不耐寒，全光，耐瘠，中水，中肥	播种	花坛、花境

（续）

中名（别名）	学　名	科属	习性	花色	花期	栽培要点	繁殖	用　途
花菱草（金英花）	*Eschscholzia californica*	罂粟科花菱草属	高 30～60cm	黄、橙、红、粉、玫红、白	4～7月	较耐寒、忌高温，全光，沙壤，中水、较耐旱，中肥	播种	花坛、花境、地被、盆栽
蓝英花	*Browallia speciosa*	茄科蓝英花属	高 60～150 cm	蓝紫至白	夏	喜凉爽，全光，壤土，耐瘠，中水，轻肥	播种、扦插	花坛、花境、切花、盆栽、岩石园
白花曼陀罗（洋金花）	*Datura metel*	茄科曼陀罗属	高 1.5m	白	夏、秋	不耐寒，全光，沙壤，中水，中肥	播种	花境、丛植
花烟草	*Nicotiana alata*	茄科烟草属	直立，高 45～120cm	白、红、紫黄、乳黄	夏、秋	喜温暖、不耐寒，长日、微耐阴，壤土，中水、耐旱，重肥	播种	花境、花丛、盆栽、切花
酸浆	*Physalis alkekengi*	茄科酸浆属	直立，高 30～60cm	观果	秋	半耐寒，全光，壤土，中水，中肥	播种	野趣园、盆栽、干花
蛾蝶花	*Schizanthus pinnatus*	茄科蛾蝶花属	直立，高 60～100cm	白、红蓝紫	4～6月	冬暖夏凉、稍耐寒，全光、半耐阴，沙壤，中水，中肥	播种	盆栽、花坛、切花
风铃草（钟花）	*Campanula medium*	桔梗科风铃草属	簇生，高 60～120cm	白、粉、蓝、堇紫	5～6月	喜冬暖夏凉，全光或稍遮阴，排水良好、富含有机质土壤，中水，重肥	播种、分株	花坛、花境、丛植、盆栽、切花
六倍利	*Lobelia erinus*	桔梗科半边莲属	直立，高 15～30cm	白、红、蓝	夏、秋	喜凉爽，全光，沙壤，中水，少肥	播种	花境、花坛、地被、盆栽
银边翠（高山积雪）	*Euphorbia marginata*	大戟科大戟属	高 30～90cm	观叶	7～11月	不耐寒，全光，壤土，中水，中肥	播种	花坛、花境、岩石园、切花
洋桔梗（草原龙胆）	*Eustoma grandiflorum*	龙胆科草原龙胆属	高达 90 cm	蓝紫、白、粉	夏	喜温暖、较耐寒，全光，沙壤土，中水、较耐旱，中肥	播种	盆栽、切花
风船葛（倒地铃）	*Cardiospermum halicacabum*	无患子科倒地铃属	攀缘，达 3m	观果	夏、秋	喜温暖、不耐寒，全光，壤土，中水，中肥	播种	地被、垂直绿化
山字草（绣衣花）	*Clarkia elegans*	柳叶菜科山字草属	高 30～150cm	白、红、紫红	5～6月	喜凉爽、不耐寒，全光，壤土，中水，轻肥	播种	花坛、花境、盆栽、切花
送春花（古代稀）	*Godetia amoena*	柳叶菜科古代稀属	直立，高 50～60cm	紫红、淡紫	春、夏	忌酷暑，全光，壤土，中水，中肥	播种	花坛、花境、盆栽
醉蝶花	*Cleome spinosa*	白花菜科白花菜属	直立，高达 1m	白至红紫	夏、秋	喜温暖，全光，不择土壤，中水、耐旱，中肥	播种	花坛、丛植、盆栽、切花

（续）

中名（别名）	学　名	科属	习性	花色	花期	栽培要点	繁殖	用　途
飞燕草	*Consolida ajacis*	毛茛科飞燕草属	直立，高30～60cm	白、红、蓝紫	5～6月	喜冷凉，全光或稍遮阴，排水良好，中水，中肥	播种	花坛、花境、切花
翠雀花（大花飞燕草）	*Delphinium grandiflorum*	毛茛科翠雀属	直立，高50～100cm	蓝紫、白	春、夏	耐寒，耐半阴，壤土，中水，重肥	播种、扦插	花坛、花境、切花
黑种草	*Nigella damascena*	毛茛科黑种草属	直立，多分枝，高35～45cm	白、蓝、玫粉	夏秋	耐寒，全光，沙壤土，干后灌水，重肥	播种	花坛、花境、干花
毛地黄	*Digitalis purpurea*	玄参科毛地黄属	直立，高90～120cm	紫红	5～6月	耐寒，耐半阴，壤土，中水，重肥	播种、分株	花坛、花境、林缘、盆栽
柳穿鱼	*Linaria vulgaris*	玄参科柳穿鱼属	高达40cm	青紫、玫红、粉	5～6月	较耐寒、忌酷热，全光，沙壤，中水，中肥	播种	花坛、花境、盆栽、切花
猴面花（锦花沟酸浆）	*Mimulus luteus*	玄参科沟酸浆属	茎平卧，长达30cm	黄	4～6月	喜凉爽、较耐寒，耐半阴，沙壤，中水，中肥	播种、扦插、分株	花坛、盆栽
龙面花	*Nemesia strumosa*	玄参科龙面花属	直立，高30～60cm	白、黄、紫红	春、夏	喜温暖、不耐寒，全光，壤土，中水，中肥	播种	花境、盆栽、切花
夏堇（蓝猪耳）	*Torenia fournieri*	玄参科夏堇属	高30cm	淡紫	夏、秋	喜凉爽，半阴，壤土，高湿，中肥	播种、扦插	花坛、地被
毛蕊花	*Verbascum thapsus*	玄参科毛蕊花属	高150～200cm	黄	夏	喜凉爽、较耐寒，全光，壤土，怕积水，中肥	播种	花境、岩石园、丛植
欧洲剪秋罗	*Lychnis coelirosa*	石竹科剪秋罗属	直立，高30～45cm	白、粉	夏、秋	喜凉爽、忌酷暑，全光，壤土，中水，中肥	播种	花坛、花境、岩石园、盆栽、切花
高雪轮	*Silene armeria*	石竹科蝇子草属	直立，高达60cm	粉、白、雪青	夏	喜温暖，全光，不择土壤，中水，中肥	播种	花坛、花境、地被、岩石园
屈曲花	*Iberis amara*	十字花科屈曲花属	直立、多分枝，高15～30cm	白	春、夏	较耐寒、忌炎热，全光，壤土，中水、怕涝，中肥	播种	花坛、花境、盆栽
地肤（扫帚草）	*Kochia scoparia*	藜科地肤属	株丛高1～1.5m	秋叶紫红	秋	喜温暖，全光，壤土、耐碱，耐旱、中水，中肥	播种	花境、盆栽、边缘种植
观赏葫芦	*Lagenaria siceraria* var. *microcarpa*	葫芦科葫芦属	藤本，长达10m	白，观果	秋	喜温暖、不耐寒，全光，壤土，中水，重肥	播种	垂直绿化

（续）

中名（别名）	学　名	科属	习性	花色	花期	栽培要点	繁殖	用　途
贝壳花	*Molucella laevis*	唇形科 贝壳花属	直立，60～90 cm	白，萼大绿色	夏	喜温暖，全光，沙壤，中水，中肥	播种	花境、切花、干花
勿忘草	*Myosotis sylvatica*	紫草科 勿忘草属	直立，高30～45cm	白、蓝、粉	春、夏	较耐寒、适冷凉，喜稍阴，沙壤，保湿润，重肥	播种	花境、花坛、岩石园、盆栽、切花
木犀草	*Reseda odorata*	木犀草科 木犀草属	略俯状，高 20 ～35cm	黄白、橙黄、橘红	春	冬暖夏凉，全光，壤土，中水，重肥	播种	花境、花坛、盆栽、切花
紫盆花（轮锋菊、松虫草）	*Scabiosa atropurpurea*	川续断科 蓝盆花属	直立，高30～60cm	黑紫、粉红、白	5～6 月	耐寒，全光，壤土，中水，中肥	播种	花坛、花境、盆栽、切花
翼叶山牵牛（黑眼苏珊）	*Thunbergia alata*	爵床科 山牵牛属	草质藤本	橙红、白	6～11 月	喜温暖、不耐寒，全光、耐半阴，壤土，中水，中肥	播种、扦插	垂直绿化
蓝饰带花	*Trachymene caerulea*	伞形科 饰带花属	直立，高达 60cm	蓝、白、粉	7～10 月	喜凉爽、不耐热，全光，壤土，中水，中肥	播种	花境、盆栽、切花
旱金莲	*Tropaeolum majus*	旱金莲科 旱金莲属	草质藤本	紫红、橘红、黄	2～3 月	喜温暖、不耐寒，全光，壤土，大水，中肥	播种	花境、花坛、垂直绿化、盆栽
三色吉利花（三色介代花）	*Gilia tricolor*	花荵科 吉利花属	直立，高30～60cm	白、玫红、淡紫	5～6 月	不耐寒，全光，壤土，中水，少肥	播种	花坛、花境、盆栽
大花亚麻	*Linum grandiflorum*	亚麻科 亚麻属	直立，基部分枝，高40～50cm	玫红	5～6 月	不耐寒、忌酷热，半阴，壤土，小水，少肥	播种	花坛、盆栽、切花

复习思考题

1. 简述一、二年生花卉与宿根花卉的异同。
2. 以矮牵牛为例，论述一、二年生花卉的栽培管理要点。
3. 根据一串红的生长习性，如何使其在十一开花?
4. 简述虞美人与罂粟的异同。
5. 简述半支莲、佛甲草与垂盆草的区别。

第十章 宿根花卉

第一节 概 述

一、宿根花卉的定义与范畴

宿根花卉（perennial flower）指地下部器官形态未发生肥大变态的多年生草本花卉，为常绿草本或地上部在花后枯萎，以地下部着生的芽或萌蘖越冬、越夏。

宿根花卉依耐寒力不同可分为耐寒性宿根花卉和不耐寒性宿根花卉。耐寒性宿根花卉一般原产温带，性耐寒或半耐寒，可以露地栽培，此类在冬季有完全休眠的习性，其地上部的茎叶秋冬全部枯死，地下部进入休眠，到春季气候转暖时，地下部着生的芽或根蘖再萌发生长、开花，如芍药、鸢尾等。不耐寒性宿根花卉大多原产温带的温暖地区及热带、亚热带，耐寒力弱，在冬季温度不过低时停止生长，叶片保持常绿，呈半休眠状态，如鹤望兰、花烛、君子兰等。

多年生草本花卉中，适于水生的种类如睡莲列入水生花卉；叶的观赏价值较高，适于盆栽观赏的种类则列入观叶植物，如龟背竹、绿萝；香雪球、美女樱等虽为多年生，但多作一、二年生栽培，列入一、二年生草本花卉；兰科花卉因种类繁多、生态习性特殊而单列。

二、宿根花卉的特点

1. 具有存活多年的地下部 宿根花卉多数种类具有不同粗壮程度的主根、侧根和须根。主根、侧根可存活多年，由根颈部的芽每年萌发形成新的地上部开花、结实，如芍药、飞燕草、火炬花、东方罂粟、玉簪等。也有不少种类地下部能存活多年，并继续横向延伸形成根状茎，根茎上着生须根和芽，每年由新芽形成地上部开花、结实，如荷包牡丹、鸢尾、玉竹、费菜、石碱花等。

2. 休眠及开花特性 原产温带的耐寒、半耐寒宿根花卉具有休眠特性，其休眠器官（芽或莲座枝）需要冬季低温解除休眠，次年春季萌芽生长，通常由秋季的凉温与短日条件诱导休眠器官形成。春季开花的种类越冬后在长日条件下开花，如风铃草属的一些种等；夏秋开花的种类需在短日条件下开花或短日条件可促进开花，如秋菊、紫菀等。原产热带、亚热带的常绿宿根花卉，通常只要温度适宜即可周年开花，但夏季温度过高可导致半休眠，如鹤望兰等。

3. 无性繁殖为主 宿根花卉普遍应用无性繁殖，即利用其特化的营养繁殖器官如萌蘖、匍匐茎、走茎、根茎、吸芽、叶生芽进行分株和扦插繁殖，有利于保持品种优良特性，维持商品苗的一致性与花的品质。此外多数宿根花卉还可采用播种繁殖。

4. 多年开花不断 一次种植后可多年观赏从而简化种植是宿根花卉在园林花坛、花境、篱垣、地被应用中的突出优点。作为切花生产，如花烛、鹤望兰等，一次种植可多年连续采花，大大减省育苗程序，延长产花年限。

5. 栽培管理 由于宿根花卉一次栽种后生长年限较长，植株在原地不断扩大占地面积，因此在栽培管理中要预计种植年限，并留出适宜空间。宿根花卉根系比一、二年生花卉强大，入土较深，定植前更应重视土壤改良及基肥施用，以便较长期地维持良好的土壤结构和保持足够养分。每年注意肥水管理及病虫防治，尤其是地下害虫的防治。宿根花卉生长一定年限后会出现株丛过密、植株衰老、产量下降及品质变劣的现象，应及时复壮或更新。

第二节 常见宿根花卉

(一) 菊花

【学名】*Chrysanthemum morifolium*（*Dendranthema*×*grandiflorum*，*D. grandiflora*，*D. morifolium*）

【别名】黄花、节华、鞠等

【英名】florists' chrysanthemum

【科属】菊科菊属

【产地及分布】原产我国，世界各地广为栽培。

【栽培史】西汉的《礼记·月令》中有“季秋之月，鞠有黄华”之句，用菊花指示月令。春秋战国时著名诗人屈原的《离骚》中有“朝饮木兰之坠露兮，夕餐秋菊之落英”的诗句。晋代以后，菊花的栽培逐渐从食用、药用向园林观赏发展，如陶渊明的名句“采菊东篱下，悠然见南山”说明菊花已在田园栽培观赏。唐代菊花栽培已很普遍，采用嫁接法繁殖，并出现了紫、白花色。宋代是栽菊全盛时期，逐渐由露地栽培向整形盆栽过渡，已能栽培一株开上千朵花的大立菊和用小菊盘扎的扎景。有关菊花的专著也相继问世，如刘蒙的《菊谱》(1104) 是我国第一部菊花专著，此后还有史正志的《菊谱》(1175)、范成大的《范村菊谱》(1186)、沈竞的《菊谱》(1213)、史铸的《百菊集谱》(1242) 等。记载了百余个菊花品种的形态和栽培方法，明、清两代品种增加到 400 余个，专著达 30 余部，对品种的记载中逐渐形成了按花型分类的概念，明代王象晋著《群芳谱》记载了 16 个花型、330 余个品种。

菊花在 709—749 年经朝鲜传入日本，明末开始，菊花传入欧洲。欧美国家大都喜爱花朵整齐、丰满的类型，培育了许多可供周年生产的切花品种。我国民间偏爱千姿百态的盆栽秋菊以及裱扎成多种造型的艺菊。近年来，菊花栽培与育种有了新的进展，从多方面展开了品种选育工作，包括不同季节开花的切花新品种、露地栽培的大菊和小菊以及抗性强的地被菊。

【形态特征】菊花为宿根草本。株高 30～150cm，茎基部半木质化，茎青绿色至紫褐色，被柔毛。单叶互生，有柄，叶大型，卵形至广披针形，具较大锯齿或缺刻，托叶有或无。头状花序单生或数朵聚生枝顶，由舌状花和筒状花组成。花序边缘为雌性舌状花，花色有白、黄、紫、粉、紫红、雪青、棕色、浅绿、复色、间色等，花色极为丰富；中心花为两性筒状花，多为黄绿色。花序直径 2～30cm。种子（实为瘦果）褐色，细小，寿命 3～5 年。

【种类与品种】

1. 种的起源 菊属有 30 余种，我国原产的有 17 种，有菊花、毛华菊（*Ch. vestitum*）、紫花野菊（*Ch. zawadskii*）、野菊（*Ch. indicum*）、小红菊（*Ch. chanetii*）、甘菊

（*Ch. lavandulifolium*）等。陈俊愉认为现代菊花的原始种是多个野生种之间经天然杂交，并经长期人工选择而成。主要亲本有毛华菊、紫花野菊、野菊等，染色体数为 36～75 不等。

2. 品种分类 菊花品种丰富，全世界有 2 万～2.5 万个，我国现存 3 000 个以上，常采用以下分类方案。

（1）依开花特性分类

①按自然花期分类：春菊（4 月下旬至 5 月下旬）、夏菊（6 月上旬至 8 月中下旬）、早秋菊（9 月上旬至 10 月上旬）、秋菊（10 月中下旬至 11 月下旬）和寒菊（12 月上旬至翌年 1 月）。

②按开花对日长的反应分类：欧美栽培的品种一般为质性短日型，根据从短日开始到达开花需要的周数（通常需要 6～15 周）划分品种类型，分别称为 6 周品种、7 周品种……15 周品种。

③按开花对温度的反应分类：Cathey（1954）将品种分为三类。对温度不敏感的品种，10～27℃对开花没有明显抑制，15.5℃时开花最佳，这类品种适于周年生产。对低夜温敏感的品种，温度在 15.5℃以下时开花受抑制，这类品种维持适宜温度可以周年产花。对高夜温敏感的品种，温度在 15.5℃以上时开花受抑制，低于 10℃时延迟开花，这类品种只能在夜温 15.5℃或略低于此温度的地方栽培。

（2）按栽培和应用方式分类

①盆栽菊：普通盆栽菊按培养枝数不同分为：a. 独本菊，一株只开一朵花，养分集中，能充分表现品种优良性状，故又称标本菊或品种菊。b. 案头菊，一株仅开一朵花，株矮，株高仅 20cm 左右，花朵大，常陈列在几案上欣赏。c. 立菊，一株着生数花，又称多头菊。

②造型艺菊：一般也作盆栽，但常做成特殊艺术造型。包括：a. 大立菊，一株着花数百朵乃至数千朵以上的巨型菊花，用生长强健、分枝性强、枝条易于整形的大、中菊品种培育而成。b. 悬崖菊，用分枝多、开花繁密的小菊经整枝呈悬垂的自然姿态。c. 嫁接菊：以白蒿或黄蒿为砧木嫁接的菊花，一株上可嫁接不同花型及花色的品种，常做成塔状或各种动物造型等，故又称塔菊或什锦菊。d. 菊艺盆景，由菊花制作的桩景或菊石相配的盆景。

③切花菊：供剪切下来插花或制作花束、花篮、花圈等的菊花品种。此类品种多花形圆整，花色纯一，花颈短而粗壮，枝秆高，叶挺直。切花菊按整枝方式有标准菊与射散菊两种。标准菊（standard）每茎顶端着生一朵花，常用大、中花品种；射散菊（spray）每茎着花多朵，常用小花型品种。

④花坛菊：布置花坛及岩石园的菊花，常用株矮枝密的多头型小菊。

（3）按形态分类

①按花径大小分类：小菊系（花序径小于 6cm）、中菊系（花序径 6～10cm）、大菊系（花序径 10～20cm）和特大菊系（花序径 20cm 以上）。

②按瓣型及花型分类：中国园艺学会和中国花卉盆景协会于 1982 年在上海召开的品种分类学术讨论会上，将秋菊中的大菊分为 5 个瓣类，即平瓣、匙瓣、管瓣、桂瓣、畸瓣，花型分为 30 个型和 13 个亚型（表 10-1）。李鸿渐按花径、瓣型、花型、花色对菊花品种进行了四级分类，在花型、花色分类上更为全面。

表 10-1　菊花品种瓣型与花型分类

类	型	特　征
平瓣（舌状花平展，基部成管，短于全长 1/3）	1. 宽带型 (1)平展亚型 (2)垂带亚型	舌状花 1～2 轮，花瓣较宽；筒状花外露 舌状花平展直伸 舌状花下垂
	2. 荷花型	舌状花 3～6 轮，花瓣宽厚，内抱；筒状花显著，盛开时外露
	3. 芍药型	舌状花多轮或重轮，花瓣直伸，近等长；筒状花少或缺
	4. 平盘型	舌状花多轮，花瓣狭直，向内渐短；筒状花不外露或微露
	5. 翻卷型	舌状花多轮，外轮花瓣反抱，内轮向心合抱或乱抱；筒状花少
	6. 叠球型	舌状花重轮，花瓣整齐，内曲，向心合抱，各瓣重叠；全花呈球形
匙瓣（舌状花管部为瓣长的 1/2～2/3）	7. 匙荷型	舌状花 1～3 轮，匙片船形；筒状花外露；全花整齐，呈扁球形
	8. 雀舌型	舌状花多轮，外轮狭直，匙片如雀舌；筒状花外露
	9. 蜂窝型	舌状花多轮，匙瓣短、直，排列整齐，匙瓣卷似蜂窝；筒状花少；全花呈球形
	10. 莲座型	舌状花多轮，外轮长，匙片向内拱曲，各瓣排列整齐，似莲座；筒状花外露
	11. 卷散型	舌状花多轮，内轮向心合抱，外轮散垂；筒状花微露
	12. 匙球型	舌状花重轮，内轮间有平瓣，外轮间有管瓣，匙片内曲；筒状花少；全花呈球形
管瓣（舌状花管状，先端如开放，短于瓣长1/3）	13. 单管型 (3)辐管亚型 (4)垂管亚型	舌状花 1～3 轮，多为粗或中管；筒状花显著，外露 各瓣平展四射 各瓣下垂
	14. 翎管型	舌状花多轮，近等长；筒状花少或缺；全花呈球形或半球形
	15. 管盘型 (5)钵盂亚型 (6)抓卷亚型	舌状花多轮，中或粗管，外轮直伸，内轮向心合抱；筒状花少；全花扁形 花中心稍下凹 管瓣端部向内弯卷如钩状
	16. 松针型	舌状花多轮，细管长直，各瓣近等长；筒状花不外露；全花呈半球形
	17. 疏管型 (7)狮鬣亚型	舌状花多轮，中粗管，各瓣近等长；筒状花不外露 管瓣蓬松披垂
	18. 管球型	舌状花重轮，中管向心合抱；筒状花不外露；全花呈球形
	19. 丝发型 (8)垂丝亚型 (9)扭丝亚型	舌状花多轮或重轮，细长管瓣弯垂；筒状花不外露 细长管瓣平顺、弯垂 细长管瓣捻弯扭曲
	20. 飞舞型 (10)鹰爪亚型 (11)舞蝶亚型	舌状花多轮至重轮，卷展无定，参差不齐；筒状花少 粗径长管直伸，端部弯大钩 外轮管卷曲或下垂，内轮向心合抱
	21. 钩环型 (12)云卷亚型 (13)垂卷亚型	舌状花多轮，粗及中管，端部弯曲如钩或成环；筒状花外露或微露 管端环卷，相集如云朵 管瓣下垂，管端卷曲
	22. 璎珞型	舌状花多轮，细管直伸或下垂，管端具弯钩；筒状花少或缺
	23. 贯珠型	舌状花重轮，外轮细长，或直或弯，内轮细短管，管端卷曲如珠；筒状花少或缺
桂瓣（舌状花少，筒状花先端不规则开裂）	24. 平桂型	舌状花平瓣，1～3 轮；筒状花桂瓣状（或称星管状）
	25. 匙桂型	舌状花匙瓣，1～3 轮；筒状花桂瓣状（或称星管状）
	26. 管桂型	舌状花管瓣，1～3 轮；筒状花桂瓣状（或称星管状）
	27. 全桂型	全花序变为桂瓣状筒状花或仅一轮退化舌状花
畸瓣（管瓣先端开裂成爪状或瓣有毛刺）	28. 龙爪型	舌状花数轮，管瓣端部支裂，呈爪状或劈裂呈流苏状；筒状花正常
	29. 毛刺型	舌状花上生有细短毛或硬刺；筒状花正常或少
	30. 剪绒型	舌状花多轮至重轮，狭平瓣，瓣细裂，如剪切成绒；筒状花正常或稀少

【生物学特性】

1. 对温度的要求　菊花性喜冷凉，具有一定的耐寒性，小菊类耐寒性更强。5℃以上地上部萌芽，10℃以上新芽伸长，16～21℃适宜生长，15～20℃花芽分化，但因品种不同临界温度不同，遇 27℃以上高温花芽分化受抑制。低温有利于夏菊的开花，其中的一些早花品种在夜温5℃都能形成花芽。多数秋菊和寒菊在15.5℃以上形成花芽，花芽发育要求的温度低于花芽分化温度，这与在自然开花过程中气温逐渐下降相一致，根据这一特性，在短日开始后大约4周内，夜温保持15℃以上，随后将温度降至10℃。秋菊在春季遮光促成栽培时，应提高温度。

2. 对光的要求

（1）菊花对日长的要求　菊花喜光，在长日照条件下营养生长，花芽分化与花芽发育对日长要求则因不同类型品种而异（表10-2）。传统栽培的秋菊、寒菊大部分为质性短日，在一定临界日长以下形成花芽并开花；夏菊、八月菊花芽分化与花芽发育都为量性短日；九月菊花芽分化为量性短日，花芽发育为质性短日（冈田，1957）。

表10-2　菊花对日长要求

品种类别	自然花期	对日长的反应		对温度反应
		花芽分化	花芽发育	
秋菊	10～11月	质性短日	质性短日	多数品种在15℃以上花芽分化，临界低温10℃，高温抑制花芽分化与发育
寒菊	12月至翌年1月	质性短日	质性短日	15℃以上花芽分化，高温抑制花芽分化与发育
夏菊	5～7月	量性短日	量性短日	大部分品种在10℃左右花芽分化，少数品种在5℃，高温抑制花芽分化与发育
八月菊	7～8月	量性短日	量性短日	15℃以上花芽分化，低温抑制花芽分化
九月菊	9月	量性短日	质性短日	15℃以上花芽分化，低温抑制花芽分化

（2）花芽分化与花芽发育的临界日长　秋菊是典型的短日照花卉，当日照减至13.5h、最低气温降至15℃左右时，开始花芽分化，当日照缩短到12.5h、最低气温降至10℃左右时，花蕾逐渐伸展。超过临界日长会使花芽发育异常。

（3）花芽分化与花芽发育要求短日天数　为达到开花，成花的各个时期要求一定的短日天数。通常在短日开始后3d可以产生成花诱导，7d后可以辨认茎顶始化花芽，9d后总苞片原基形成，14d后开始分化小花原基。短期的短日诱导仅使顶端花芽开始分化，通常要有10d以上短日诱导才能使5个以上腋芽开始分化花芽。短日诱导最好持续到胚珠形成阶段，实际生产中，舌状花显色即可停止短日诱导。

3. 莲座化与打破莲座化

（1）莲座化产生的原因　菊花在开花后，茎的基部发生萌蘖（脚芽）。初秋发生的萌蘖可以伸长，如果环境适宜（夜温10℃）可以开花，晚秋或初冬发生的萌蘖节间不能伸长而呈莲座状。这种莲座化发生在生长着的顶芽上，如将顶芽摘除，则发生的侧枝不呈莲座状。此外，乙烯有诱导莲座化的作用。

（2）打破莲座化　接受一定时间低温可以使莲座枝生长恢复，即打破莲座状态，其有效温度为10℃以下。有效低温量常用10℃以下温度积累的时间表示，也可以日最低气温在5℃以下的天数表示。Schwabe（1950）提出在5℃以下经2周即有效，3周已足够打破莲座化。菊花感应低温的部位是茎顶和侧芽。

（3）防止莲座化　菊花夏季因高温生活力下降也能诱导莲座化，如果在夏季（7～9月）保持凉温、冬季短日期保持夜温10℃可以防止莲座化。代替凉温的栽培方法是将插穗或生根苗冷藏，如在8～9月高温期采取插穗，将生根苗在1～3℃中冷藏40d，冷藏苗于冬季栽种，在凉温短日条件下可以正常生长发育。这在电照栽培中具有实用价值。

4. 对土壤及营养的要求　菊花适应各种土壤，但以富含腐殖质，通气、排水良好，中性偏酸（pH 5.5～6.5）的沙质壤土为好，可溶性盐的电导值不超过 2.5mS/cm。菊花对多种真菌病害敏感，应避免连作。

菊花需要大量氮与钾肥，在营养生长早期约 7 周内维持高水平氮营养尤为重要，早期缺氮不仅影响株高及叶片发育，还影响花的质量。在花蕾显色前 10～20d（依品种生育期而异）需氮量达到最大，显色时开始减少。钾也是菊花的重要矿质营养元素，定植后应施全素肥。显色后一般不再施肥，此时磷在体内重新分配，在叶面喷洒磷酸二氢钾对花蕾发育、增进花色、提早花期有一定效应。

【繁殖】菊花可采用营养繁殖与播种繁殖。营养繁殖包括扦插、分株、嫁接和组培繁殖。

1. 扦插繁殖　扦插在春夏季进行，以 4～5 月最为适宜。首先需培养采穗母株，一般选用越冬的脚芽，定植株行距 10～15cm×10～15cm，植株生长到 10cm 左右即可摘心，促进分枝，侧枝高达 10～15cm 即可采取插穗，采穗时需留有两片叶的茎段，使其再发枝，以便下次采穗。母株在栽植床内可保留 13～21 周，前后采 4～5 批。超过这一期限会引起芽的早熟，从而失去插穗的作用。

采穗母株应处于长日条件，取营养生长状态的顶梢，插穗长 8～10cm，摘除基部 1～2 片叶，扦插时深入基质 2～3cm，基质温度 18～21℃，空气温度 15～18℃，扦插株行距 1.5cm×2.0cm，插后 10～20d 根长 2cm 时，可起苗定植或冷藏于 0～3℃等待定植。

2. 分株繁殖　分株在清明前后进行，将植株掘出，依根的自然形态，带根分开，另植盆中。

3. 嫁接繁殖　菊花嫁接以黄蒿（*Artemisia annua*）、青蒿（*A. apiacea*）、白蒿（*A. sieversiana*）为砧木，采用劈接法嫁接。

4. 组培繁殖　菊花的茎尖、叶片、茎段、花蕾等部位都可用作组培繁殖的外植体，其中未开展的、直径 0.5～1cm 的花蕾作外植体易于消毒处理，分化快。茎尖培养分化慢，常用于脱毒苗培养。

5. 播种繁殖　菊花种子于冬季成熟，采收后晾干保存。3 月中下旬播种，1～2 周即可萌芽。实生苗初期生长缓慢。

【栽培管理】菊花栽培管理技术依栽培方式不同有别。

1. 盆栽菊栽培　普通盆栽菊主要有独本菊、立菊。栽培方法大致有三种，即一段根法、二段根法、三段根法。

（1）一段根法　一段根法直接利用扦插繁殖的菊苗栽种后形成开花植株。上盆一次填土，整枝后形成具有一层根系的菊株。

①独本菊：秋冬季扦插脚芽，4 月初移至室外，5 月底留茎约 7cm 处摘心，当茎上侧芽长出后，选留最下面一个侧芽，其余全部剥除。待选留的侧芽长到 3～4cm 时，从该芽以上 2cm 处剪除原菊株全部茎叶。8 月下旬至 9 月上旬，当苗高 30cm 左右时，由植株背面中央设立支柱，并随植株生长逐次裱扎，直至花蕾充实，将支柱多余部分剪掉。

②立菊：当苗高 10～13cm 时，留下部 4～6 片叶摘心，如需多留花头，可再次摘心。每次摘心后，可发生多数侧芽，除选留的侧芽外，其余均应及时剥除。生长期应经常追肥，可用豆饼水或化肥等。小苗 10d 左右一次，立秋后 1 周左右一次，且浓度可稍加大，但在夏季高温及花芽分化期应停止施肥或少施肥。菊花需浇水充足，才能生长良好、花大色艳，现蕾后需水更多。在高温、雨水多的夏季，应注意排水。为使生长均匀、枝条

直立，常设立支柱。

（2）二段根法　二段根法与一段根法基本相似。利用扦插苗上盆，第一次填土 1/3～1/2，经整枝摘心后形成侧枝，当侧枝伸长时根据生长势强弱分 1～2 次将侧枝盘于盆内，同时覆以培养土促其发根（第二段根），此法培养的盆栽菊各枝间生长势均匀，株矮叶茂，花姿丰满。

（3）三段根法　三段根法是在北京地区应用较多的方法，分为冬存（越冬）、春种（扦插苗上盆）、夏定（摘心）、秋养（加强水肥管理）4 个步骤。栽培中通过 3 次填土，3 次发根。此法培养盆栽菊需时较长，不利于批量商品生产，但是根系发达、株壮叶肥、花朵硕大、姿态优美，能充分表现品种特色。

2. 造型艺菊栽培

（1）大立菊　初冬开始在温室内培养脚芽，把带有一部分根茎的脚芽切下后，栽于 15cm 盆中。当菊苗长到 6～7 片叶时，进行第一次摘心，侧芽萌发后留 3～4 个生长势均匀而健壮的侧枝作主枝，主枝向四方诱引于框架上。当主枝生长 5～6 片叶时，留 4～5 片叶摘心，共摘心 4～5 次至 7～8 次。现蕾后，剥除侧蕾，并设立正式竹架，裱扎成蘑菇形造型。

（2）悬崖菊　秋冬季扦插脚芽，春季出室后定植于大盆中，选 3 个健壮的分枝作为主枝，用竹片向前诱引。主枝一般不摘心，但其上发生的侧枝长出 3～4 片叶时摘心，再发的侧枝长到2～3片叶时摘心，如此反复进行，直到花蕾形成前，茎基部萌出的脚芽也进行多次摘心，以使枝叶覆盖盆面，保持菊株后部丰满圆整。

3. 切花菊栽培

（1）品种选择　切花菊与盆栽菊对品种性状要求有很大差异。标准菊要求花型规则的中、大型菊，以莲座型、半球形为好；花瓣质地厚实、有光泽，花色明快，花颈短壮，花头向上；分枝性弱，枝秆直立强韧；叶片平展厚实，叶色浓绿。射散菊宜选小花型，复瓣、桂瓣或重瓣花，枝秆强韧，分枝角度适中。

（2）生产方式　切花菊生产大体上可分为两种方式：一是以多品种组合自然花期为基础，部分地结合设施栽培完成周年生产；另一种是以单一品种在控制环境下完成。如秋菊、寒菊在 10～12 月开花，利用电照明作抑制栽培。秋菊可于 12 月至翌年 3 月开花，利用遮光栽培可于 5～9 月开花。

一些国家育成了可周年生产的品种，全年在温室中栽培，利用控温、控光等现代化栽培设施，采用工厂化标准程序，达到一个品种周年生产的目标。但是需要注意，并非所有品种都适于周年生产。如 13～15 周品种要求 15.5℃或更低的夜温才能保证花芽分化及开花品质，宜在花芽发育后期具有冷凉气候的地区栽培。9、10 和 11 周品种通常既能在炎热的夏季、也能在低光照的冬季生产出符合商品质量要求的切花，如果夜温能维持 15.5℃，则在大多数季节里能生产质量较高的切花。

（3）栽培技术

①定植：菊花切花生产应严格根据产花期、各品种自种植到开花需要天数、整形方式、栽培季节等因素确定定植期。多分枝的标准菊比单枝标准菊要提早种植 10～15d。冬季生产由于生育比夏季慢，需要时间较长，要提早定植。

定植株行距也应依栽培季节、品种特性、整枝方式而异。如单枝标准菊夏秋季采用 10cm×15cm，冬季采用 13～15cm×15cm；一株 2～3 枝的标准菊夏秋季采用 15cm×15～20cm，冬季采用 18～22cm×18～22cm。

②摘心：摘心是为了促进分枝，调节生长势和控制花期。单枝标准菊可以不摘心，从定植到开花时间短。一株多分枝栽培可减少单位面积苗数，但到开花期需要时间长。摘心的适宜时机是定植后 10～20d。

③营养生长与成花诱导：长日期间或加光条件下菊株进行充分的营养生长，每日增长 2～4 节。在实施诱导成花之前，植株需完成 30～50 cm 的生长量。自摘心后茎长到这一高度需经历的时间因季节和地区而不同，如晚春、初夏（5～7 月）在北纬 25～30°地区约需 3 周，而秋冬季（10～12 月）在北纬 40～50°地区则需 6 周。过早进入成花诱导则植株偏矮，过晚则植株生长时间过长，而且易引起柳芽的发生。普通品种在株高 30～50cm 时开始转入短日诱导，至开花时有 18～20 片叶展开，株高可达 90～100cm 以上。生长势弱的品种，如短日开始时已达 40cm 高，则花枝总长度也可达 90cm。秋菊栽培需要日长处理的时期见表 10-3。营养生长一旦达到适宜高度，应立即转入成花诱导。标准菊一般需 21～28d 短日处理，射散菊约需 42d。在短日开始后 14d，头状花序形成。夏季在短日诱导的头 10d 内，易因高温而引起花芽分化的延缓，称为“热延迟”，应注意夜间降温通风。

表 10-3　秋菊需要日长处理的时期

品　种		电　照		遮　光	
花期	类型（周）	始	末	始	末
早生秋菊	7～9	8 月上旬	5 月中旬	3 月下旬至 4 月上旬	9 月上旬至 9 月中旬
中生秋菊	10～12	8 月中旬至 8 月下旬	4 月下旬至 5 月上旬	3 月中旬至 3 月下旬	9 月下旬至 10 月上旬
晚生秋菊	13～15	9 月上旬	4 月上旬至 4 月中旬	2 月下旬至 3 月上旬	10 月中旬

④疏蕾：成蕾后（约 8 mm）应及时疏蕾。标准菊疏蕾通常自上而下将侧蕾疏除，为防意外损伤，可在顶端保留 2～3 个侧蕾，待发育可靠时再做最后疏除。射散菊应疏除顶蕾，保留侧枝花蕾，使整体花蕾发育一致。成蕾后花蕾发育很快，在显色前一般仍保持短日条件。

⑤防止柳芽产生：柳芽俗称柳叶头，是菊花发育不正常的假蕾。早春定植的秋菊苗，任其自然生长，6 月下旬到 9 月上旬（北京）可形成 3 次柳芽。这是因为植株长到一定叶片数，达到了生理成熟，具备了形成花芽的能力，而此时环境条件（主要是日长）不能满足花芽发育的诱导所致。因此栽培中按时定植、摘心，使植株生理成熟与环境条件（日长符合花芽分化、发育的要求）相一致是避免柳芽产生的基本方法。

切花菊栽培中遇到柳芽发生时，可于初期将假蕾摘除，选营养性的次顶芽代替主枝生长。

⑥夏菊促成栽培：夏菊属于低温开花类型，自然花期在 7～8 月，采用促成栽培对早春开花极为有利。为使夏菊早春开花，方法之一是在高寒地育苗，利用冷凉条件防止莲座化；方法之二是采用冷藏扦插苗的促成栽培方法。以脚芽为插穗于 8 月底成苗后，将苗冷藏(1～3℃）40d，于 10～12 月间定植，当苗高 25～30 cm 再用电照促其伸长。此期间如温度在 0℃以上不必加温。停止电照后用 5～8℃冷温栽培，可于翌年 2～4 月开花并保持优良品质。

4. 病虫害防治　菊花常见病虫害较多。常见虫害有蚜虫（菊小长管蚜）、菊天牛、潜叶蛾、菜蛾等，其他还有红蜘蛛、尺蠖、蛴螬、蜗牛等危害。可用 20％杀灭菊酯 2 000 倍，或 40％氧化乐果 800～1 000倍，或 80％敌敌畏 800～1 000倍喷杀。常见病害有叶斑病、白粉病、枯萎病、立枯病等。可用 50％甲基托布津 800 倍，或 50％多菌灵 800～1 000倍，或

80%敌菌丹500倍，或80%代森锰锌500倍等进行防治。

【应用】菊花是优良的盆花、花坛、花境用花及重要的切花材料。

（二）香石竹

【学名】*Dianthus caryophyllus*

【别名】康乃馨、麝香石竹

【英名】carnation

【科属】石竹科石竹属

【产地及分布】原产地中海区域、南欧及西亚，世界各地广为栽培。

【栽培史】香石竹已有2 000余年栽培历史。原种只在春季开花，1840年法国人达尔梅（M. Dalmais）将香石竹改良为连续开花类型。尤其是1852年传到美国后培育了百余个品种，并应用于商业生产。1938年育成了'William Sim'系列品种，包括由其产生的品系，其中有些优良品种直到现在还占有重要地位。

香石竹是世界四大切花之一，目前主要生产国有以色列、意大利、西班牙、法国、哥伦比亚、肯尼亚、南非等国，各国或利用自然气候优势，或采用现代化全天候温室达到周年生产，同时培育抗病新品种，保持优质种苗性状的稳定性。

我国上海于1910年开始引种生产，到20世纪50年代迅速发展，80年代以'西姆'（'Sim'）系列品种为主，近年又从欧洲引进新品种，并进行脱毒快繁扩大推广。

【形态特征】香石竹为多年生宿根草本。株高25～100cm，茎直立，多分枝，节间膨大，茎秆硬而脆，基部半木质化，全株稍被白粉，呈灰绿色。叶对生，线状披针形，全缘，叶较厚，基部抱茎。花单生或数朵簇生枝顶；苞片2～3层，共6枚，紧贴萼筒，萼端五裂；花瓣多数，扇形；雄蕊10枚，雌蕊2枚；花色极为丰富，有红、紫红、粉、黄、橙、白等单色，还有条斑、晕斑及镶边复色；现代香石竹已少有香气。果为蒴果，种子褐色。

【种类与品种】香石竹品种极多，按开花习性有一季开花与四季开花型；按花朵大小有大花型与小花型；按栽培方式有露地栽培型（一季开花）与温室栽培型（可连续开花）；按切花整枝方式有标准型（大花型一枝一花）和射散型（小花型一枝多花）；此外，根据用途不同分为切花品种和盆栽品种。

根据形态、习性及育成来源，分8个系统。

1. 花坛香石竹（Border Carnation）　花坛香石竹单季开花，花茎细，花瓣深齿裂，具芳香，宜盆栽与花坛栽培。较耐寒，可作二年生栽培，品种如'Grenadin'、'Fantaisia'。

2. 延命菊型香石竹（Mangeurite Carnation）　延命菊型香石竹四季开花，花色丰富。花型与卡勃香石竹相似，植株比花坛香石竹大。作一、二年生栽培。

3. 卡勃香石竹（Chabaud Carnation）　卡勃香石竹单季开花，是延命菊型香石竹与树型香石竹的杂交种。株高25～50cm。花大，花瓣深齿裂，多数为重瓣，花色丰富，芳香。秋播后翌年6月起直到秋季不断开花。由于不易倒伏，宜布置花坛，品种如'Dwarf Fragrance'。

4. 安芳·迪·纳斯香石竹（Enfant de Nice Carnation）　安芳·迪·纳斯香石竹四季开花，花大，茎粗，叶宽，花瓣少齿裂，近圆形，花色丰富。

5. 巨花香石竹（Super Giant Carnation）　巨花香石竹是由延命菊型香石竹改良而来的大花型类型，花茎长，多重瓣。

6. 马尔梅松香石竹（Malmaison Carnation）　马尔梅松香石竹是由法国皮柯梯

（'Picotee'）育成的大花型温室香石竹，重瓣，花瓣圆，多为粉红色，叶宽而反卷，作盆花，多裂萼。

7. 常花香石竹（Perpetual Carnation）　常花香石竹由美国育成，经改良后花朵大，有芳香，花色丰富，是现代温室栽培的主要切花品种，也可露地栽培。

8. 小花型香石竹（Spray Carnation）　小花型香石竹也称射散香石竹，花小，四季开花，色彩丰富。栽培中多留侧生花枝，呈射散状。温室栽培，是目前欧美较流行的切花类型。紫色品种如'Scarlet Elegance'，白色品种如'Exquisite Elegance'，此外还有许多芽变与杂交品种。

我国目前栽培的多数为大花型标准香石竹。

【生物学特性】

1. 生育周期　目前商品切花香石竹生产多用四季开花的温室型香石竹。幼苗节间短，从营养生长转入生殖生长大约在6对叶展开阶段。花芽开始分化后节间迅速伸长，一茎形成15～18对叶。当茎顶花蕾接近成熟时，自茎基部第4～6节以上节内发生侧枝，侧枝先端也形成花蕾。当上部侧枝开花之际，植株下部叶腋内萌生的侧枝保持营养生长状态。这些营养枝在花枝剪切之后，迅速生长并形成下一茬花茎，如此反复连续开花，盛花期在5～6月和9～10月。

2. 环境因子对生育的影响

（1）温度　在北纬30°大陆西岸的气候适宜香石竹生长。有些地区纬度虽低，但在海拔2 800m高处，也适宜香石竹生长。

香石竹性喜温和，不耐酷暑和严寒，生长适温为15～21℃，周年生产的适宜温度（昼/夜温）分别为：夏季18～21℃/13～15℃，冬季15～18℃/11～13℃，春秋季18～19℃/12～13℃。温度不适对产量、品质带来不利影响，如花朵小、叶片窄、茎秆弱、产量低，还易形成圆形蕾、引起裂苞等。

（2）光照　光对香石竹生育影响极为重要。一季开花的香石竹为长日性。现代温室切花香石竹为量性长日，在长日下促进花芽开始分化，着花节位低。生产上在加光条件下，有6～7对叶的新梢只要几天就开始分化花芽，具有3～5对叶的新梢加光3～4周也分化花芽。当花芽开始分化之后，节间迅速伸长。有试验表明，在短日（8h日长）下发生的侧枝多，植株伸长快，花头稍大；在长日（16h日长）下茎稍短，侧枝发生较少。

光照度对香石竹亦很重要。香石竹喜日光充足的环境，光合作用的最低光照度为21.5klx，有些产区光照度为150klx，自然条件下完全可以满足香石竹的需求。有试验表明，加长日长而光照度不足会造成减产；而夏季过强的光照会带来高温，造成花朵灼伤和生育不良。

【繁殖】香石竹可用播种、扦插、组织培养繁殖。由于香石竹易罹病害，宜定期用脱毒苗更换，组织培养主要用于脱毒母株的繁殖。播种繁殖用于一季开花类型和杂交育种，以秋播为主，播后10d左右发芽出苗，幼苗需经移植，2～3个月可以成苗。切花生产中多用扦插繁殖。

1. 插穗来源　插穗选择与按时开花有密切关系。插穗来源有二：一是采自生产切花植株中下部的营养性侧枝，二是专门培养的采穗母株。

利用开花植株侧枝作插穗，宜选主茎中部2～3节（有的品种可稍多）侧枝，中部以下侧枝较弱，不够充实，发根后生长势弱；中部以上侧枝虽易生根，但节间长，易过早形成花芽，分枝性差。插穗长 10～15cm，含 4～5 对叶。采穗时不用剪刀，可用左手握主茎，右手将侧枝中下部幼梢向侧方掰下。

采穗母株在隔离区培育可延缓种性退化。于春季定植，株行距 20cm×20cm，定植后 20d 第一次摘心，保留 5～6 节，摘心后发生 4 个分枝，经 40～50d 第二次摘心，保留 5～6 节，又经 50～60d 各分枝上发生的新梢即可作为插穗。采插穗时基部保留 2～3 节，以便发枝后反复采穗。

采穗前喷杀菌剂。所采插穗如不立即扦插，可盛于塑料袋中保湿，冷藏在（0±0.5)℃冷库中，贮藏期 3～5 个月。冷藏便于按需定植，以控制花期。

2. 扦插技术 扦插基质可用草炭 1 份与珍珠岩 2 份混合，也可用素沙。扦插前插床及基质均必须消毒。株行距取决于插穗大小，约 2cm×5cm。扦插深度在不倒的前提下以浅为好。插后用全光弥雾装置或覆膜保湿，保持床温 21℃、气温 13℃，约 15d 生根，根长 1～2cm 时起苗。生根插条也可用上述方法冷藏，贮藏期不宜超过 8 周。

3. 移栽 移栽的目的是促进发根与分枝，可栽于假植床或营养钵中，移栽 1～2 次。如只移栽一次，株行距 9cm×12cm，如移栽两次，第一次株行距为 5cm×6cm。苗床夜温 7～8℃，白天通风，光照充足，经移栽的苗定植后根系发达，地上部分枝多，产花多，产花期长。

【栽培管理】

1. 定植

（1）种植前准备 香石竹喜空气流通、干燥，忌高温多湿。要求排水良好、富含腐殖质的土壤，能耐弱碱。在雨水较多地区常需避雨设施。避免连作。种植前最好对土壤消毒，但要避免使用溴化物。施足基肥，每 667m^2 施入腐熟鸡粪 3 500kg、过磷酸钙 150kg、草木灰 200kg，并加入长效性复合肥，然后将地深翻整平，确保 30cm 土层内通气良好，做高 20～30cm、宽 1.2 m 左右的高畦。

（2）定植时期 香石竹虽为多年生，但通常情况下，大花型作二年生栽培，小花型作一年生栽培；在露地和无加温温室中作一年生栽培，全控温室中作二年生栽培。定植时期依据产花计划，在人工控制的适宜条件下，香石竹可以按时产花。从定植到开花所经历的时间除与品种特性有关外，还与摘心方式、温度、光照的变化有关。最短为 100～110d，最长约 150d。在气候温暖地区，4 月种植的大花香石竹，经一次摘心可于 8 月下旬至 9 月上旬始花，如在 10～11 月种植，约需 150d 方可开花。上海根据市场需求于 4 月定植，由于夏季高温其生长和花芽分化被抑制或延缓，因此于 7 月摘心一次，到 10 月下旬花蕾形成，移进温室后于 12 月开花直到次年 5～6 月。

（3）定植密度 定植密度与品种分枝性能、摘心方式和种植年限等有关，通常作二年生栽培的标准香石竹定植的株行距一般为 15cm×20cm 左右，35～45 株/m^2，分枝性强的品种可略稀植，分枝性弱的如'西姆'类品种可适当密植。

2. 技术措施

（1）摘心、除蕾、拉网 摘心是香石竹栽培中的基本技术措施，目的是促进分枝，增加花枝数量。不同摘心方法对产量、品质及开花时间有不同影响。切花生产中常用的有 3 种摘心方式：①一次摘心：只在种植后幼苗生长到有 6～7 对展开叶时，对主茎摘心一次，可形成 4～5 个侧枝，从种植到开花时间短，质量好，但产量较低。②一次半摘心：当第一次摘心后所萌发的侧枝长到 5～6 节时，对一半侧枝做第二次摘心，该法虽使第一批花产量减少，但产花稳定，均衡上市，且质量较好。③二次摘心：主茎摘心后，当侧枝生长到5～6节时，对全部侧枝做第二次摘心，该法可使第一批产花量高且集中，但第二批花的花茎变弱。停止摘心的时间与产花计划有关，如在元旦供花，摘心时间应不晚于7月中旬，否则会延缓花期。

生产大花标准型香石竹应及时疏除侧蕾，疏蕾适期为顶蕾横径达1.5cm、次顶蕾达可见程度。射散型小花香石竹应摘除顶蕾，促进侧枝生长整齐，保留上部4～5个侧枝，每侧枝开一朵顶花。疏蕾操作应及时并反复进行。

当侧枝开始生长后，植株向外开张，为防止倒伏应尽早立柱张网。第一层网一般距离地面15cm，以上各层相距20 cm，共设2～3层。

（2）修剪　夏季高温影响香石竹产量和品质，生产上在冬春季产花高峰之后，于6月中下旬进行重修剪，将一年苗龄的植株在地表附近处剪除，促使其基部发生新枝，可在入冬时再次开花。或保留一部分不修剪，使其在缺花季节仍可维持一定产量。修剪前后一段时间应停止灌溉，直到修剪过的植株出现新梢生长时，才可进行灌溉。停止灌溉的时间为3～4周。

3. 肥水管理

（1）浇水　定植后在植株四周浇水，避免从茎叶上淋水或从根蔸浇水，使根蔸土壤经常保持一定干燥。初栽苗株易于萎蔫，晴天需每天喷水。1周后根系开始生长，不必每天喷水，并要适当减少浇水量，促进根系向土壤下层生长。露地种植香石竹宜沟灌，在行间开沟。灌溉中注意在根颈周围保留适量干土，防止根颈部过湿，温室种植可滴灌，使土壤湿润而地表保持干燥。

（2）施肥　可用固态肥，如饼肥、鸡粪、骨粉等，一年中可施肥5次，并可配合施用速效液肥，大约每月一次。香石竹缺硼时表现为节间短，花朵颜色变淡，有时出现畸形花或花瓣数减少等症状，所以在生产中应注意补充硼肥。

4. 采收与采后

（1）切花采收　标准型大花香石竹在花朵初放时采切，即当外轮花瓣开展到与花梗呈垂直状态时。射散型小花香石竹在有3朵花开放时剪切。需长期运输或贮藏的切花可在蕾期采收，当花瓣显色后，花瓣长1～2cm时采切，在贮运前宜用保鲜液做预处理，贮运后做催花处理。

（2）采后处理　香石竹切花的分级通常以长度为标准，各国分级对长度要求有所不同。日本标准香石竹特长级（LL）为70cm以上，长级（L）60～70cm，中级（M）50～60cm。每束20支，每箱100支。对优级花的要求是：花型丰满、对称、无病虫及污斑，无“安眠花”、“胖头花”，无裂萼花，花枝强硬，手握茎下部花茎下垂程度不低于水平面以下30°。我国《主要花卉产品等级　第1部分：鲜切花》（GB/T 18247.1—2000）对香石竹切花质量等级进行了划分。

（3）切花贮藏　已开放的香石竹在0℃、90%～95%相对湿度下可贮藏2～4周。蕾期采收经保鲜液处理的切花可贮藏6～8周，最长的可达3个月。蕾期采收的切花花枝比开放花枝感染病虫机会低，采收、搬运等过程对其伤害较轻，在贮藏中释放乙烯量少，对乙烯的敏感性也较开放花低，利于长期贮藏及远途运输。贮藏已开放的花枝，从库中取出后24h内上市。贮藏蕾期采收的花枝出库后要经催花1～2d（大蕾）或4～5d（小蕾），待开放后上市。

5. 病虫害防治　香石竹病害较为严重，5～9月高温多湿时更甚。主要病害有细菌性枯萎病、真菌性萎蔫病、茎腐病、枯萎病、锈病等。病毒病有花叶病、条纹病、环斑病、斑驳病等。防治措施主要有：选择抗病品种及无病、健壮种苗；土壤消毒；加强水肥管理，注意通风降湿；及时拔除并销毁病株，减少侵染源；定期药剂防治。香石竹虫害主要有红蜘蛛、蚜虫、蓟马、棉铃虫等。防治措施主要有：清除杂草，减少寄主植物；定期轮作；灯光等捕杀；及时药剂防治。

【应用】香石竹主要用于切花生产，也可盆栽观赏。

（三）芍药

【学名】*Paeonia lactiflora*

【别名】将离、婪尾春、殿春、没骨花、绰约

【英名】Chinese peony

【科属】芍药科芍药属

【产地及分布】原产我国北部、朝鲜及西伯利亚，世界各地广为栽培。

【栽培史】芍药原产我国，是我国最古老的传统名花之一。在《诗经·郑风》中已有“维士与女，伊其相谑，赠之以芍药”的诗句，以芍药花相送，寄以惜别之情，也是芍药又名“将离”的来历。先秦古籍《山海经》中记载：“秀山，其草多芍药；条谷之山，其草多芍药；司之山，其草多芍药；洞庭之山，其草多芍药。”说明了芍药野生分布广泛。作为观赏栽培的最早记载见于晋代。唐宋时已盛，有多种花型和花色的品种记载，当时主要栽培集中在江苏、安徽等地，尤以扬州为最盛。明代李时珍在《本草纲目》中重点介绍了芍药栽培技术。清代以后自扬州引到北京丰台一带。1949 年以后，山东菏泽、安徽亳州、河南洛阳也成为盛产地。

欧洲栽培芍药始于引入我国品种。1805 年引至英国丘园，1870 年选出了切花用品种。美国自 1806 年开始有芍药记载，以后不断引进并选育了一些品种，到 19 世纪末开发了冷藏切花的技术。日本有关芍药的记载最早是 1445 年，以后发展很快，培育了不同花色、花型、株高，适用于花坛和切花的品种，到 1932 年有品种 700 余个，近代发展了促成和抑制栽培技术，大体上可以周年产花。

【形态特征】芍药为多年生宿根草本。具粗大肉质根，茎簇生于根颈，初生茎叶红褐色，株高 60～120cm。叶为二回三出羽状复叶，枝梢部分成单叶状，小叶椭圆形至披针形，叶端长而尖，全缘微波。花 1～3 朵生于枝顶或枝上部腋生，单瓣或重瓣；萼片 5 枚，宿存；花色多样，有白、绿、黄、粉、紫及混合色；雄蕊多数，金黄色，离生心皮 4～5 个。花期4～5 月，果实 9 月成熟。蓇葖果，内含黑色大粒球形种子数枚。

【种类与品种】芍药属植物约 23 种，我国有 11 种。芍药在全世界目前有 1 000 余个品种，园艺上常按花型、花色、花期、用途等方式进行分类。

1. 花型分类 花型分类的依据主要是雌、雄蕊的瓣化程度，花瓣的数量以及重台花叠生的状态等。雄蕊瓣化过程为：花药扩大，花丝加长加粗，进而药隔变宽，药室只留下金黄色的痕迹，进而花药形态消失，成为长形和宽大的花瓣。雌蕊的瓣化使花瓣数量增加，形成重瓣花的内层花瓣。当两朵花上下重叠着生时，雌、雄蕊瓣化后出现芍药特殊的台阁花型。芍药依花型可分为：

（1）单瓣类 花瓣 1～3 轮，瓣宽大，雌、雄蕊发育正常。

单瓣型：性状如上述，如‘紫双玉’、‘紫蝶献金’等。

（2）千层类 花瓣多轮，瓣宽大，内层花瓣与外层花瓣无明显区别。

①荷花型：花瓣3～5轮，瓣宽大，雌、雄蕊发育正常，如‘荷花红’、‘大叶粉’等。

②菊花型：花瓣6轮以上，外轮花瓣宽大，内轮花瓣渐小，雄蕊数减少，雌蕊退化变小，如‘朱砂盘’、‘红云映日’等。

③蔷薇型：花瓣数量增加很多，内轮花瓣明显比外轮小，雌蕊或雄蕊消失，如‘大富贵’、‘白玉冰’、‘杨妃出浴’等。

（3）楼子类 外轮大型花瓣1～3轮，花心由雄蕊瓣化而成，雌蕊部分瓣化或正常。

①金蕊型：外瓣正常，花蕊变大，花丝伸长，如‘大紫’、‘金楼’等。

②托桂型：外瓣正常，雄蕊瓣化成细长花瓣，雌蕊正常，如‘粉银针’、‘池砚漾波’、‘白发狮子’等。

③金环型：外瓣正常，接近花心部的雄蕊瓣化，远离花心部的雄蕊未瓣化，形成一个金黄色的环，如‘金环’、‘紫袍金带’、‘金带圈’等。

④皇冠型：外瓣正常，多数雄蕊瓣化成宽大花瓣，内层花瓣高起，并散存着部分未瓣化的雄蕊，如‘大红袍’、‘西施粉’、‘墨紫楼’、‘花香殿’等。

⑤绣球型：外瓣正常，雄蕊瓣化程度高，花瓣宽大，内外层花瓣区别不大，全花呈球形，如‘红花重楼’、‘平顶红’。

（4）台阁类 全花分上、下两层，中间由退化雌蕊或雄蕊瓣隔开，如‘山河红’、‘粉绣球’等。

2. 其他分类 除按花型分类外，芍药按花色可分为白色、黄色、粉色、红色、紫色、墨紫和混色等品种；按花期可分为早花品种（花期5月上旬）、中花品种（花期5月中旬）和晚花品种（花期5月下旬）；按用途可分为切花品种和园林栽培品种等。

【生物学特性】

1. 生育习性 芍药适应性强，耐寒，我国各地均可露地越冬，忌夏季炎热酷暑，喜阳光充足，也耐半阴，要求土层深厚、肥沃而又排水良好的沙壤土，忌盐碱和低湿洼地。一般于3月底4月初萌芽，经20d左右生长后现蕾，5月中旬前后开花，开花后期地下根颈处形成新芽，夏季不断分化叶原基，9、10月茎尖花芽分化。10月底至11月初经霜后地上部枯死，地下部分进入休眠。

2. 花芽分化的条件 芍药花芽在越冬期需接受一定量的低温方能正常开花，故促成栽培需采取人工冷藏法，在2℃下贮藏25～50d，早花品种需冷量低，晚花品种需冷量高。精细的肥水管理促使植株生长健壮，花芽分化早，相反分化则晚。8月底以前提前刈割地上部也可推迟花芽分化时期。

【繁殖】芍药采用分株、扦插及播种繁殖，通常以分株繁殖为主。

1. 分株繁殖 谚语云："春分分芍药，到老不开花。"芍药分株常于9月初至10月下旬进行，此时地温比气温高，有利于伤口愈合及新根萌生。分株过早，当年可能萌芽出土；分株过晚，不能萌发新根，降低越冬能力。春季分株，严重损伤根系，对开花极为不利。

分株时每株丛需带2～5个芽，顺自然纹理切开，在伤口处涂以草木灰、硫黄粉或含硫黄粉、过磷酸钙的泥浆，放背阴处稍阴干待栽。

分株繁殖的新植株隔年能开花。为不影响开花观赏，可不将母株全部挖起，只在母株一侧挖开土壤，切割部分根芽，如此原株仍可照常开花。

2. 扦插繁殖 扦插繁殖系数比分株法大，但新株达到开花的年限较长，常需4～5年方可开花。根插与分株季节相同，将根分成5～10cm切段，种于苗圃，覆土5～10cm，浇透水，翌年萌发新株。枝插于春季开花前 2 周、新枝成熟时进行。切取枝中部充实部分，每枝段带两芽，沙藏于沙床中，遮阴、保湿，经 30～45d 可发生新根并形成休眠芽，翌春萌芽后植于苗圃或种于花坛。

3. 播种繁殖 播种常用于培育新品种。芍药种子于 8 月成熟，随采随播，或阴干后用湿沙贮藏，到 9 月中下旬播种。芍药种子为上胚轴休眠型，要经过一定低温与黑暗方能萌芽，据研究（陈瑛，1983），在 4℃下经 30d 以上可以打破种子休眠。通常采用沟播，覆土 6～10cm，一般当年只发根不萌芽，越冬后于翌年 4 月萌芽，萌芽的适温为 11℃。播种前用 1 000mg/L 赤霉酸浸种，可提高萌芽率。播种苗 4～5 年后可开花。

【栽培管理】

1. 定植 秋季定植后于肉质根上发生大量须根。宜选阳光充足、土壤疏松、土层深厚、富含有机质、排水通畅的地方栽植。切花栽培宜用高畦或垄栽，花坛栽培时，筑成花台更有利于排水通气。

定植前深耕 25～30cm，施足基肥。种植时芽顶端与土面平齐，田间栽培株行距 50cm×60cm，园林种植 50cm×100cm，视配置要求及保留年限而定。

2. 管理 芍药喜肥，除栽植时施足基肥外，每年追肥 2～3 次。第一次在展叶现蕾期；第二次于花后；第三次在地上部枝叶枯黄前后，可结合刈割、清理进行，此次可将有机肥与无机肥混合施用。

芍药除茎端形成花蕾外，在上部叶腋内也能形成数个花蕾。为保证顶花发育，常于 4 月下旬现蕾期将侧蕾摘除。若不留种子，花后应立即剪去残花或果实，减少养分消耗。高型品种作切花栽培易倒伏，需设支架或拉网支撑。夏季酷热宜用遮阳网降温，有利于增进花色。早霜后需及时剪除枯枝。

切花栽培在定植的第一年重点是培养植株，可将花头剪去。第二年植株已养成，每株可留2～3 支花。第三年以后生长旺盛，产花枝增加，但仍应适当疏、间花枝，以便维持生长势。

3. 开花调节 芍药促成栽培可于冬季和早春开花，抑制栽培可于夏、秋开花。

（1）促成栽培 在自然低温下完成休眠后可进行促成栽培。9 月中旬掘起植株，栽于箱或盆中，置于户外令其接受自然低温，12 月下旬移入温室，保持温度 15℃，使其生长，可于翌年 2 月中旬或稍晚开花。过早移入温室，会因接受低温不足而致花芽不能发育，入室时如用 10mg/L 赤霉酸喷淋，可提高开花率。要使芍药于冬季开花，需采用人工冷藏以满足其对低温的要求。注意冷藏开始期必须在 8 月下旬花芽开始分化之后，只有已开始形态分化的花芽才能有效接受低温诱导，在冷藏的低温条件下得以进一步发育。冷藏的温度为 0～2℃，所需时间早花品种 25～30d，中、晚花品种 40～50d。早花品种于 9 月上旬挖起，经冷藏后栽种，在温室中培育，可于 60～70d 后开花；晚花品种冷藏时间长，到开花所需时间也长，12 月到翌年 2 月开花。

（2）抑制栽培 抑制栽培于早春芽萌动之前挖起植株，贮藏在 0℃及湿润条件下抑制萌芽，于适宜时期定植，经 30～50d 后开花。贮藏植株需加强肥水管理，保持根系湿润，不受损害。

4. 采收及采后 作为商品出售的肉质根株丛，应于秋季休眠期挖起，贮藏在 0～2℃冷库中，用潮湿的泥炭或其他吸湿材料包裹保护。切花芍药于花蕾未开放时剪切，切后水养在 0℃条件下可贮藏 2～6 周，已松散初开的花蕾可贮藏 3 周。切花的等级按花枝长度、茎秆硬度、茎秆挺直与弯曲程度等标准分级，特级花茎长 80cm 以上，一级 75～80cm，二级 65cm 以上。

【应用】芍药兼具色、香、韵，在中国古典园林中与山石相配，相得益彰。也常与牡丹结合建立专类园，牡丹先开芍药继后，万紫千红，蔚为壮观。也是配置花境、花坛及花台的良好材料，在林缘或草坪边缘可作自然式丛植或群植。也可作切花。

（四）鸢尾类

【学名】*Iris* spp.

【科属】鸢尾科鸢尾属

【形态特征】鸢尾为多年生草本，地下部分为匍匐根茎、肉质块状根茎或鳞茎。基生叶二列互生，剑形或线形，长 20～50cm，宽 2.5～3.0cm，基部抱合叠生。花梗从叶丛中抽出，分枝有或无，每枝着花一至数朵。花被 6 枚，外轮 3 枚平展或下垂，称垂瓣；内轮花被片直立或直拱形，称旗瓣。内、外花被片基部联合呈筒状。花两性，雄蕊 3 枚，贴生于外轮花被片基部，花柱三裂、瓣化，与花被同色。蒴果长圆柱形，多棱，种子多数，深褐色，具假种皮。花期春、夏季。

【种类与品种】鸢尾属有 200 余种，分布于北温带，我国约 45 种。鸢尾属除植物学分类外，还有形态分类、园艺分类等分类方法。此处主要介绍根茎类鸢尾，球根（鳞茎）类鸢尾将在“第十一章　球根花卉”中介绍。

1. 形态分类　鸢尾类形态分类主要依据根茎形态及花被片上须毛的有无等，分为两大类，即根茎类和非根茎类。根茎类中分为有须毛组（Bearded，Pogon）与无须毛组（Beardless，Apogon）。有须毛组如德国鸢尾（*I. germanica*）、香根鸢尾（*I. pallida*）、矮鸢尾（*I. pumila*）和克里木鸢尾（*I. chamaeiris*）等；无须毛组如蝴蝶花（*I. japonica*）、燕子花（*I. laevigata*）、鸢尾（*I. tectorum*）、黄菖蒲（*I. pseudacorus*）、溪荪（*I. sanguinea*）、西伯利亚鸢尾（*I. sibirica*）、玉蝉花（*I. ensata*）和西班牙鸢尾（*I. xiphium*）等。

2. 园艺分类　鸢尾类园艺分类主要依据亲本、地理分布及生态习性分为 4 个系统，即德国鸢尾系（German Irises）、路易斯安那鸢尾系（Louisiana Irises）、西伯利亚鸢尾系（Siberian Irises）和拟鸢尾系（Spuria Irises）。

（1）德国鸢尾系　以德国鸢尾为主，包括匈牙利鸢尾（*I. varigata*）、香根鸢尾、美索不达米亚鸢尾（*I. mesopotamica*）、克什米尔鸢尾（*I. kashmiriana*）以及由其反复杂交而来的杂交种。本系统早期育成的品种中等高度，近期育成的品种多属于四倍体的高型有须毛鸢尾。

（2）路易斯安那鸢尾系　美国路易斯安那州的几种鸢尾及以其为亲本杂交而来的一群，包括铜红鸢尾（*I. fulva*）、弗吉尼亚鸢尾（*I. virginia*）、细叶鸢尾（*I. giganticaerulea*）、短茎鸢尾（*I. brevicaulis*）等。本系统鸢尾根茎健壮，一般株高 15～90cm，高的甚至可达 180cm，一茎多花，有的品种着花 5～10 朵，花径 11～18cm，花无须毛，花色多种。

（3）西伯利亚鸢尾系　主要由西伯利亚鸢尾和溪荪杂交而来，包括金脉鸢尾（*I. chrysographes*）、云南鸢尾（*I. forrestii*）、德拉瓦氏鸢尾（*I. delavayi*）等。本系统花多白色、青紫色，也有粉红色，花被片有网纹。株高 10～100cm。适应性强，耐旱、耐湿。

（4）拟鸢尾系　以拟鸢尾（*I. spuria*）原种为主，包括矮鸢尾、禾叶鸢尾（*I. graminea*）等。本系统有许多优良品种，外花被片圆形，种皮羊皮纸质，气候适应性强，在湿润土壤上生长良好，喜光、耐阴。

3. 主要栽培种

（1）德国鸢尾　德国鸢尾（*I. germanica*）为有须毛组高型鸢尾。根茎粗壮。叶剑形，灰绿色。花茎高 60～90cm，有分枝 2～3，每茎有花 3～8 朵。垂瓣卵形，紫色，反曲下垂，中肋有白色须毛及斑纹，爪部有淡紫色、茶色条纹，基部黄色。旗瓣倒卵形，拱状直立，深蓝紫色。花期 5～6 月。染色体 $2n=44$，有的变种 $2n=48$。

（2）香根鸢尾　香根鸢尾（*I. pallida*）为有须毛组中型鸢尾。原产中南欧和西南亚。根茎粗大，叶剑形，灰绿色。花茎高 60～80 cm，有 2～3 个分枝，每茎着花 1～3 朵，苞片短，篦形，银白色，干膜质。花淡蓝紫色，垂瓣倒卵形，须毛橙色，旗瓣拱形直立，花大，有香气。有花叶变种，根茎有香气。花期 5 月。染色体 $2n=44$。

（3）克里木鸢尾　克里木鸢尾（*I. chamaeiris*）为有须毛组极矮型鸢尾。原产法国南部、意大利西北部。叶细，剑形，长7～15 cm，宽约 1 cm，花茎高 2.5～ 25cm 。花色有白、黄、蓝紫等多种。花期4～5 月。染色体 $2n=40$。

（4）矮鸢尾　矮鸢尾（*I. pumila*）为有须毛组极矮型鸢尾。叶线状剑形，长 7.0～12 cm，宽不到1cm。花茎矮，每茎一花。花有白、堇、紫等色，有黑色斑点。垂瓣反折，密生须毛，旗瓣与之等长，直立。花有香气。花期 4 月上旬。染色体 $2n=32$、30。

（5）鸢尾　鸢尾（*I. tectorum*）又称蓝蝴蝶、中国鸢尾、扁竹叶，属无须毛组。原产我国中部山区海拔 800～1 800m处，日本也有分布。根茎粗壮，匍匐多节。叶薄，淡绿色，剑形，长约 40cm，宽 3～4 cm。花茎高于叶，有 2～3 个分枝，每茎着花 2～3 朵。花径 10～12 cm，淡蓝色，有白色变种。垂瓣近圆形，中央有鸡冠状突起；旗瓣小，平展。花期 5 月。染色体 $2n=28$。

本种适应性强，喜湿润，也耐旱，喜半阴。

（6）蝴蝶花　蝴蝶花（*I. japonica*）属无须毛组。原产我国及日本。根茎较细，横向伸展。叶剑形，深绿色，光滑，长 30～60cm，宽 2～3cm，常绿性。花茎高于叶，有 2～3 个分枝，每茎着花 2～3 朵。花淡紫色，花径 5～7cm。垂瓣宽卵形，中央有黄色斑点及鸡冠状突起，边缘有齿；旗瓣稍小，斜伸。花期 4～5 月。染色体 $2n=34$、36、54，二倍体为稔性，三倍体为不稔性。

本种喜湿润、肥沃土壤。

（7）燕子花　燕子花（*I. laevigata*）属无须毛组，西伯利亚鸢尾系。原产我国东北、日本、朝鲜、西伯利亚。根茎细。叶宽线形，长 40～80cm，宽 2～3cm，淡绿色，光滑，中肋明显。花茎高 50～70cm，着花 3 朵，花紫色，花径 10～12cm。垂瓣椭圆形，基部中央为白色；旗瓣倒披针形，直立，与垂瓣等长。花期 5 月。染色体 $2n=32$。

近年日本育成很多新品种，有白、粉红等色系，部分品种可四季开花。本种性喜水湿。

（8）溪荪　溪荪（*I. sanguinea*）又名赤红鸢尾，属无须毛组，西伯利亚鸢尾系。原产我国东北、日本及西伯利亚。根茎横向匍匐伸展。叶线状剑形，长 50cm，中肋明显。花茎圆柱形，与叶同高，着花 3 朵。苞片晕红色。垂瓣圆形，爪部有紫斑；旗瓣长椭圆形，直立。花径 7cm，花紫色，中心淡紫色或紫色网纹，有白色、青紫色等变种，优良品种多。花期 5 月。染色体 $2n=28$。

本种耐湿、耐旱，喜光、耐半阴，是良好的园林花卉和切花种类。

（9）西伯利亚鸢尾　西伯利亚鸢尾（*I. sibirica*）属无须毛组，西伯利亚鸢尾系。原产欧洲中部、西伯利亚、乌拉尔山脉以西、保加利亚等地区，与溪荪相似。根茎短。叶线形，长30～60cm，宽0.3cm。花茎高于叶，中空。苞片在开花时成茶色干膜质。着花2～5朵，花径6～7cm，通常为蓝色。垂瓣圆形，旗瓣直立。花期6月。染色体$2n=28$。有白色变种，还有不少与溪荪的杂交种。

本种喜湿润。

（10）拟鸢尾　拟鸢尾（*I. spuria*）又称拟海滨鸢尾、欧洲鸢尾，属无须毛组，拟鸢尾系统。原产西班牙、法国等地。根茎细小。叶线形，有白粉。每茎着花1～3朵，花淡蓝色或紫红色，有亚种花为金黄色、白色黄边、紫色者。花期6～7月。染色体$2n=22$。

本种喜湿润。

【生物学特性】

1. 生态习性　鸢尾类对生长环境的适应性因种而异，大体可分为两大类型。第一类根茎粗壮，适应性强，但在光照充足、排水良好、水分充足的条件下生长良好，亦能耐旱，如德国鸢尾、香根鸢尾、鸢尾等。第二类喜水湿，在湿润土壤或浅水中生长良好，如燕子花、溪荪、蝴蝶花、玉蝉花、拟鸢尾等。

2. 生育特性　根茎类鸢尾以根茎在地下越冬。越冬根茎的顶芽萌发时形成叶片与顶端花茎，在腋内形成侧芽，侧芽萌发后形成地下茎及新的顶芽。地上部入冬前枯死，有少数种地上部不枯死。以玉蝉花为例进行说明。

（1）花芽分化与开花　玉蝉花侧芽萌发的新株丛经一段时间营养生长后，于9月下旬顶芽转向花芽分化，在苞叶原基形成阶段进入越冬休眠。翌年2月花芽进一步分化，4月上旬分化第一朵花的花被片，同时形成第二朵花的花原基。此时花茎不断伸长，直到5月上旬开花。

玉蝉花花芽开始分化需要短日诱导，其临界日长为13.5h，所需时间通常为15～20d。诱导的适宜温度为15℃以下，超过20℃则诱导受到抑制。完成始化诱导的花芽在长日条件下分化与发育。

（2）休眠与打破休眠　玉蝉花于8月下旬开始短日感应，9月下旬花芽开始分化后进入休眠。在露地条件下约12月脱离休眠，即在10℃以下经45d可脱离休眠，采用人工低温在2℃下经18d可打破休眠。此后在凉温（10℃夜温）和长日下花芽进一步发育，在高温下开花会得到促进。

【繁殖】根茎类鸢尾通常采用分株、扦插繁殖，也可用种子繁殖。

1. 分株繁殖　分株于初冬或早春休眠期进行。将老株挖起，切割根茎，每段带2～3个芽，待切口晾干即可栽种，也可在花后将植株留基部30cm，将上部割除，分切根茎株丛直接定植。花后分割的新株由于伤根过重而影响花芽形成，需待翌年再度形成足够数量叶片后方可转向花芽形成，约在定植后第三年开花。

2. 扦插繁殖　分割根茎插于沙床，保持床温20℃，经2周后可发芽。

3. 种子繁殖　鸢尾多数种类易结实，可用种子繁殖。采种后立即播种，春季萌芽，实生苗需生长3～4年开花。冷藏种子可打破休眠，播种后10d发芽，从而加速育苗，提早开花。

【栽培管理】

1. 园林栽培　鸢尾类多数应用于园林花境、花坛、花丛，在草坪边缘、山石旁或池边或浅水中栽种，矮型种可作地被、盆栽观赏。虽然一年中不同季节都可栽种成活，但以早春或晚秋种植为好。地栽时应深翻土壤，施足基肥，株行距30cm×50cm，每年花前追肥1～2次，生长季保持土壤水分，每3～4年挖起分割，更新母株。湿生种鸢尾可栽于浅水或池畔，栽植深度7～10cm，生长季不能缺水，否则生长不良。

2. 切花栽培 玉蝉花、燕子花等都是重要商品切花。除露地栽培外，也常用于促成栽培或抑制栽培，供应冬季、早春或秋季切花市场。

（1）露地栽培 普通切花栽培于 6 月花后将母株分株后栽种，花芽分化前追肥 1～2 次，入冬休眠时将地上部割除，翌年 6 月开花。

（2）促成栽培 促成栽培于 4～5 月开花，第一年与普通切花栽培相同。在植株越冬接受自然低温之后，于 12 月下旬解除休眠，开始在温室保温和加温，可提前开花。如需提前到 1～2 月开花，则需待花芽开始分化后，于 9 月下旬至 10 月中旬用凉温、长日处理 50d，以促进花芽分化，随后加温加光，给予长日条件促进花芽发育与开花。注意升温超过 30℃时应换气降温。

（3）抑制栽培 延迟开花可挖起株丛，在早春萌芽前保湿贮藏在 3～4℃中抑制萌芽，在计划开花前 50～60d，为使植株适应环境，先将库温升到 8～12℃，经 3～4d 后出库种植，可于夏秋季开花。如在 9 月开花，花后加强肥水管理，可于翌年连续开花。

切花鸢尾若就地销售，于开始开放时采切，为运输或贮藏可提前至花蕾初显色期采切，置水中养护。

3. 病虫害防治 鸢尾的主要病害有细菌性软腐病、细菌性叶枯病、立枯病、萎缩病、白绢病、锈病，主要害虫有钻心虫、金龟子、根腐线虫、蓟马等。除药剂防治外，还应注意拔除病株、进行土壤消毒、防止连作等。

【应用】鸢尾适应性广，色彩丰富，适用于花坛、花境、地被、岩石园及湖畔栽种，有的种类可作切花。

（五）秋海棠类

【学名】*Begonia* spp.

【英名】begonia，elephant ear，beef-steek geranium

【科属】秋海棠科秋海棠属

【产地及分布】秋海棠属有 1 000 余种，原产热带和亚热带地区，主要分布在墨西哥、巴西、阿根廷、秘鲁、乌拉圭和西印度、南非等地。我国有约 90 种，主要分布在华南、西南和喜马拉雅山区。

【栽培史】最早于 1570 年发现的是 *Begonia gracilis*。秋海棠命名为 begonia 是为了纪念法国植物学家米歇尔·比贡（Micheal Begon）。进行大量杂交改良是近 150 年间，主要集中在球根秋海棠、四季秋海棠、蟆叶秋海棠的改良和冬花秋海棠的创造。近期美国还致力于培育新的竹节秋海棠改良品种，以大花、多色、重瓣或矮性为主要目标。

【形态特征】秋海棠为多年生草本，茎直立或蔓性。根有须根、球状块茎和根茎等类型。叶互生，卵圆形、心脏形、广椭圆形或掌状等，边缘有锯齿，基部偏斜（两侧不对称）。聚伞花序腋生，雌、雄同株异花，雄花较大，花被片和萼片同色，均为两枚，雌花较小，由花萼和花被片组成，共 5 枚。花有白色、红色、黄色、粉红色等。蒴果具翅，内含多数细微种子，种子呈褐色面粉状，每克种子有 3 万～5 万粒。染色体 $x_1=6$、9，$x_2=13$（6+7）。

【种类与品种】秋海棠属种类与品种繁多，栽培品种已定名的超过 3 000 种，还有大量未定名的杂交种。根据根部形态不同可分为球根类（球状块茎）、须根类和根茎类；英国根据商品栽培分为冬花秋海棠（elatior begonia）、圣诞秋海棠（lorraine begonia）、四季秋海棠（semperflorens begonia）、球根秋海棠（tuberous begonia）和观叶秋海棠（foliage begonia）；美国则根据形态分为八大类，即四季秋海棠类、根茎秋海棠类、蟆叶秋海棠类、竹节秋海棠类、丛生秋海棠类、粗茎秋海棠类、块茎秋海棠类、匍匐或攀缘秋海棠类；根据观赏部位不同可分为观花类和观叶类，观花类包括冬花秋海棠、圣诞秋海棠、四季秋海棠和球根秋海棠，其他属于观叶类。此处主要介绍须根类秋海棠和根茎类秋海棠，球根类秋海棠将在“第十一章　球根花卉”中介绍。

1. 观花类

（1）四季秋海棠类（Semperflorens Type）　四季秋海棠类为原种四季秋海棠（*B. semperflorens*）杂交培育而成的栽培种的统称。原种产南美巴西。须根性，茎直立，多汁，高 15～40cm，少分枝，基部木质化。园艺品种多为矮性，高 10～15cm，叶广卵形，有光泽，绿色或古铜色。聚伞花序有花 2～10 朵，有单瓣、复瓣和重瓣，花色有白色、粉红色、玫红色、橙红色和洋红色等。

（2）冬花秋海棠类和圣诞秋海棠类（Hiemalis and Cheimatha Type）

①冬花秋海棠（*B.* ×*hiemelis*）：夏季开花的球根秋海棠和印度冬季开花的阿拉伯秋海棠（*B. socotrana*）杂交并改良而成。后代保持冬季开花习性，花期比球根秋海棠长，花色和花形则和球根秋海棠一样丰富。茎矮，须根性。叶斜心脏形，幼叶褐绿色，成熟叶绿色，有光泽。花有单瓣、复瓣和重瓣，花色有白色、粉红色、红色、深红色、洋红色和黄色等。部分品种只有雄花。

②圣诞秋海棠（*B.* ×*cheimantha*）：冬季开花的阿拉伯秋海棠（*B. socotrana*）和原产南非的小叶秋海棠（*B. dregei*）杂交并改良而成的非球根类杂种。早花品种 10 月下旬开花，圣诞节最盛；晚花品种 12 月始花，直到翌年 4～5 月。花色有白色、朱红色、粉红色等。主要用于温室盆栽。

冬花秋海棠和圣诞秋海棠对光周期敏感，日长短于 14h 可诱导花芽形成。

2. 观叶类

（1）竹节秋海棠类（Cane-stemmed Type）　竹节秋海棠类茎直立，叶形多样，有绿、古铜、赤褐等色，叶面具有斑纹或斑点，光滑或有茸毛。雄花常先于雌花开放，并于雌花开放前脱落，多数种一季开花，少数种可周年开花。花小成串，花色多，既可观花也可观叶。常见种类有：

①斑叶竹节秋海棠（*B. maculata*）：原产巴西。须根性。茎直立，高 90～150cm，茎基木质化，茎上部有分枝，全株无毛。叶椭圆状卵形，偏斜，叶绿色，具银灰色小斑点。花淡红或白色，花梗先端下垂。花期春至秋。染色体 $2n=56$。

②银星竹节秋海棠（*B.* ×*argentea-guttata*）：又名银星秋海棠、斑叶秋海棠、麻叶秋海棠等。株高 60cm 或更高，亚灌木，茎红褐色，多分枝。叶卵状三角形，偏斜，有多数银白色斑点，叶背紫红色。花白色有红晕，光照充足时为橙红色。盛花期 7～9 月。

③红花竹节秋海棠（*B. coccinea*）：又名绯红秋海棠、珊瑚秋海棠。株高约 100cm，亚灌木，全株无毛。叶绿色，花大，绯红色。花期以春、夏季为主。

④玻璃秋海棠（*B. margaritae*）：又名洒金秋海棠、珍珠秋海棠。须根性。株高约 60cm，茎紫色，全株密生白色绵毛。叶片小，长卵形，表面暗绿，背面淡绿色。花大、粉红色，夏季开花。染色体 $2n=54$。

（2）根茎秋海棠类　根茎秋海棠类栽培广泛，虽然也可开花，但叶片的观赏价值更高。其根茎在地面匍匐生长，节短而密，叶基生，花茎自叶腋内抽生。6～8 月为主要生长期，花后休眠或半休眠。主要种类包括：

①铁十字秋海棠（*B. masoniana*）：又名刺毛秋海棠，原产我国南部。1952年由英国人L. Maurica Mason引入英国，以后在世界各地广为栽培。叶缘有细毛，叶脉紫褐色呈十字形，叶背灰绿色，叶柄密生白色细毛。花茎长30cm，花小而密集，黄色，初夏开花。越冬温度4～5℃以上，稍耐空气干燥。

②枫叶秋海棠（*B. heracleifolia*）：原产墨西哥。叶柄长20～40cm，有棱，紫红色，上有绿色小斑点。叶掌状深裂，浓绿，边缘暗绿，背面边缘紫红色，叶柄、叶脉、叶缘均有毛状突起。花小而多，白色或粉红色。花期春至初夏。

③莲叶秋海棠（*B. nelumbifolia*）：原产墨西哥。叶柄长20～40cm，直伸，褐色具浅色斑，有茸毛。叶大，绿色，盾形至卵圆形，似荷叶。花小而多，白色至粉红色。花期夏季。

（3）蟆叶秋海棠类　蟆叶秋海棠类虽同属根茎类，但由于其叶形特殊而单列为一类。原种蟆叶秋海棠（*B. rex*），原产巴西、印度等热带地区。叶基生，卵形，偏斜，叶面有凹凸泡状突起，有与叶缘平行的银白色斑纹，叶面暗绿色，叶背红色，带金属光泽，叶背面、叶脉及叶柄上有粗毛。花梗直立，聚伞花序，花大而少，粉红色。花期为秋、冬季。本种经与非洲种、南美种杂交后形成了大量杂种后代，统称蟆叶秋海棠类，其大部分仍具有根茎。

（4）丛生秋海棠类与匍匐秋海棠类　多数为须根性，我国栽培较少。

【生物学特性】秋海棠类均不耐寒，喜温暖，生长温度12～30℃，适温15～20℃，温度过低则落叶休眠或半休眠。一般越冬温度不低于7～8℃，稍耐寒的种类如红花竹节秋海棠要求不低于5℃，而不耐寒种类如蟆叶秋海棠要求不低于10℃，喜湿润、半阴的环境，一般要求空气相对湿度40%～60%，忌夏季阳光直射。多数种对光周期无反应，冬花类秋海棠为短日性，在临界日长以下诱导成花。要求富含腐殖质而又排水良好的中性或微酸性土壤，既怕干旱，又怕水渍。

【繁殖】秋海棠常采用播种、扦插和分株繁殖。

1. 播种繁殖　播种繁殖多用于四季秋海棠，竹节秋海棠也可用播种繁殖，以春、秋两季最好。秋海棠种子细小，每克3万～5万粒，寿命短。播种常用浅盆，盆土下层为粉沙壤土，上层由2份消毒壤土、1份细碎草炭、1份粉沙土配成。过2mm孔筛，表面压实。取2份粉沙与种子拌匀后，均匀撒播于育苗盆，播后不需覆土，用浸盆法浇水或细雾喷水。将盆置于18～21℃条件下，盆口覆盖玻璃保持湿度，播种后约1周发芽。

2. 茎插繁殖　将未木质化的茎切成带3个节的茎段，或采用植株基部发生的新茎作插穗，有利于成活后形成分枝。扦插基质可用素沙和草炭，插前需行消毒。插条经消毒，蘸生根粉，扦插深度2～3cm。插床保持15～16℃，弥雾保湿。竹节秋海棠、丛生秋海棠约经3周可生根，生根后尽快上盆。盆栽基质可用3份泥炭土、1份珍珠岩、1份粗沙配成，并加少量基肥，避开阳光直射。根茎类秋海棠可用根茎扦插，粗大根茎切成茎段，每段带有一叶，斜埋在扦插基质中，3～4周生根。分枝性根茎可将分枝的先端两节切下扦插。

3. 叶插繁殖　叶插繁殖多用于蟆叶秋海棠等根茎类秋海棠。基质与茎插基质相同。小叶型秋海棠可用全叶扦插，保留叶柄1.5cm，斜插于混合基质中，深2～3cm，在20℃地温下，30～40d生根。稍大的叶片（直径超过5cm），可用叶脉切断法扦插，将叶片平铺在基质表面，以利刃将主脉切断，并用拱形细铁丝将叶片固定，叶脉切口处会很快生根，一片叶可获得多株新幼苗。叶片大的秋海棠，尤其是蟆叶秋海棠等，可用楔形分割法将叶片自中心（叶片与叶柄连接处）向边缘放射形切割成若干片，每片需带一主脉。将楔形切片插于基质中，深度为长度的1/4～1/2。插后自盆底吸水，经常保持空气湿润。生根后上小号盆，盆土用3份草炭、1份珍珠岩，约4周后换盆。

【栽培管理】

1. 四季秋海棠栽培　花坛应用时，多是作一年生栽培。通常于1月在温室播种，初夏定植。室内观赏可根据要求的花期确定播种期，一般播后8～10周开花。花坛土需富含有机质，排水通畅，栽培场所应避免中午阳光暴晒。株高10cm左右摘心促进分枝，为避免空气过干，炎热季节可用喷灌。栽后开花直到霜期。

盆栽观赏多用重瓣品种的扦插苗。栽培中保持16～18℃，每两周施用一次全素液肥，每年春季换盆。四季秋海棠扦插成活率低，可于春季换盆时分株。

2. 蟆叶秋海棠栽培　温室栽培观叶的蟆叶秋海棠生长适温18～21℃，空气相对湿度60%，湿度过低时叶片卷曲。冬季光照弱，温度低时进入休眠，此时盆土保持适当干燥。老株遇温度过低，地上部便枯死，翌年自根茎部重新萌枝生长；幼年株在冬季仍可保持缓慢生长状态。生长期每三周施全素液肥。浇水时避免叶片沾水，还应注意避免盆土过湿。当根茎生长到盆边时可截顶促进分枝，使株型丰满。

3. 冬花秋海棠栽培　冬季开花的冬花秋海棠和圣诞秋海棠多数缺少雌花。新株来自叶插、茎插或分株，盆栽基质用2份轻松壤土、2份腐叶土、1份草炭、1份粗沙，并加基肥配成。生长温度16～18℃，冬季保持12℃以上，置阳光充足而非直射处，生长季每三周施全素液肥，不同品种在每日暗期达12～14h以上时开花，冬季温度下降到12℃后适当减少灌水。春季换盆，对长出的新茎进行短截，提高地温到15℃促进营养生长，至冬季再度开花。调节光周期，可周年开花。夜中断维持长日有利于营养生长，短日处理（日长9h）2周可形成花芽。

4. 病虫害防治　秋海棠属种类在栽培中病害较为严重，主要有冠腐病、叶斑病、枯斑病等。尤以冠腐病较为多见，危害时茎基等部位出现水渍状变色软腐，并向上扩展，引起黑色茎腐，叶片、叶柄也呈水渍状，柔软变黑并折倒，最终使植株死亡。可通过基质消毒、通风降湿、遮阴降温、药剂控制等方法防治，如出现病株应及时清除，以减少侵染源。此外秋海棠类还受卷叶蛾幼虫等食叶害虫危害，也应注意防治。

【应用】秋海棠是优良的观赏盆花，也是夏季花坛的重要材料，叶、花均有观赏价值，部分种应用于切花。

（六）君子兰属

【学名】*Clivia*

【科属】石蒜科君子兰属

【产地及分布】原产非洲南部，世界各地广为栽培。

【形态特征】君子兰为多年生常绿草本。根肉质。叶剑形，叶基二列交互叠生成假鳞茎。花茎自叶丛中伸出，伞形花序顶生，有花多数。花漏斗形，花被片六裂，两轮，有短花筒，橙色至鲜红色。雄蕊6枚，花药、花柱细长。花期冬、春季。浆果，圆形，成熟后红色。

【栽培史】19世纪引入欧洲栽培，1828年和1854年日本先后将垂笑君子兰与大花君子兰引入栽培。君子兰20世纪初传入我国，首先由德国传至青岛，随后从日本传到长春。近40年来，我国培育出了一大批优良品种。

【种类与品种】

1. 种类　君子兰属有3个种，即大花君子兰、垂笑君子兰和窄叶君子兰，我国栽培的是前两种。

（1）大花君子兰（*C. miniata*） 大花君子兰又名剑叶石蒜、宽叶君子兰、达木兰，产于非洲南部的纳塔尔。多年生常绿草本，具粗壮而发达的肉质须根，长的可达 50cm。叶宽大，剑形，先端钝圆，质硬，厚而有光泽，基部合抱，呈假鳞茎状，二列叠生于短缩的根颈上，长 30～80cm，宽 3～10cm，主脉平行，侧脉横向，脉纹明显。花茎自叶丛中抽出，粗壮，呈半圆或扁圆形，伞形花序顶生，小花数朵至数十朵。总苞片 1～2 轮，花被片六裂，组成宽漏斗状，橙色至鲜红色，喉部黄色。雄蕊 6 枚，比花被片短，花药线形或长椭圆形，子房下位。浆果球形，成熟时紫红色，内含球形种子 1～6 粒。花期冬、春季。

染色体 $2n=22$。

大花君子兰园艺变种主要有：黄花君子兰（var. *aurea*），花为黄色；斑叶君子兰（var. *stricta*）。

（2）垂笑君子兰（*C. nobilis*） 垂笑君子兰原产非洲南部的好望角。肉质根纤维状丛生，叶剑形，革质，狭而长，宽 2.5～4cm，叶缘有小齿。花茎高 30～45cm，花橙红色，花序着花 40～60 朵，花筒狭漏斗状，长 6～10cm，裂片披针形，先端尖。小花梗长 3cm，软垂，稍有香气。花期春、初夏。染色体 $2n=22$。

（3）窄叶君子兰（*C. gardenii*） 窄叶君子兰形态与垂笑君子兰相近，但叶片较狭，2～2.5cm，拱状下垂。每花序着花 14 朵左右，花被片较宽，花淡橘黄色。花期早，冬春季开花。

2. 主要品种 我国原有大花君子兰品种 4 个（‘青岛大叶’、‘大胜利’、‘和尚’、‘染厂’），自 20 世纪 60 年代以来在原有品种基础上进行品种间杂交，培育了大量品种，其中不乏一些为群众认可的优良品种，但是这些品种长期未能正式定名。谢成元曾于 1981 年提出大花君子兰品种分类方法：将大花君子兰分为两大类，即显脉类和隐脉类，显脉类中又分凸显脉与平显脉两型，每一类型中又分为长叶、中叶、短叶三种，并对 20 个优良品种定名。

（1）显脉类

①凸显脉型：‘涟漪’、‘秋波’、‘翡翠’、‘奉酒’、‘胜利’、‘似胜利’、‘春阳秋月’、‘雪青莲盘’。

②平显脉型：‘嫦娥舞袖’、‘凌花’、‘丽人梳妆’。

（2）隐脉类 ‘福寿长春’、‘枫林夕照’、‘翠波’、‘荷露含芳’、‘朝霞’、‘舞扇’、‘碧绿含金’、‘玲珑剑’、‘凤开屏’。

【生物学特性】君子兰不耐寒，适应周年温和湿润气候，生长适温 15～25℃，低于 10℃ 生长受抑制，低于 5℃停止生长，0℃以下受冻。夏季高温叶易徒长，使叶片狭长，并抑制花芽形成；而生长期适度低温可使叶片短、壮、宽、厚，利于花芽形成，提高观赏效果。温暖地区可露地栽培，长江以北宜温室盆栽。君子兰喜湿润，由于肉质根能贮藏水分，故略耐旱，但忌积水。宜半阴环境，喜漫射光，忌夏季阳光直射。喜疏松透气并富含腐殖质的沙壤土，忌盐碱。

自然条件下，春、秋两季温度适宜，君子兰生长迅速，冬、夏温度过低或过高则生长停滞。君子兰的每一叶片在根颈上可存活 2～3 年，实生苗 4～5 年可开花、结果，5～6 年壮龄株开花最盛，君子兰寿命可达 20～30 年。

自然花期 1～5 月，每一小花开放 25～30d，每一花序开放 30～40d。通常一年开花一次，管理得当一年可开花两次，1～2 月一次，8～9 月一次。

【繁殖】君子兰常用分株和播种繁殖。

1. 分株繁殖 四年生以上的植株在叶腋内发生吸芽，待其长到有5～6片叶、芽的下方发生肉质根后可进行分株，一年中各季均可进行，但常在春、秋季温度适宜时结合换盆进行，夏季高温季节应避免进行分株。分株前适当控水，分株时将母株周围发生的新株带肉质根切离，切口用木炭粉涂抹，待伤口干后上盆栽植，子株经2～3年即可开花。未发生肉质根的吸芽也可从分蘖处割下，扦插于沙床中，待生根后上盆。

2. 播种繁殖 种子繁殖要选择优良亲本，在充分授粉的条件下，一个果实可产生40多粒种子，一株可产生300～500粒。君子兰果实8～9月成熟，由于种子含水量较高，贮藏时间长变干后不易发芽，应即采即播。如需贮藏，则应贮藏在背光、10℃左右的湿润条件下。播种前进行种子和基质的消毒，播种时种孔向下，平置于沙床表面，间距1cm×2cm，播后覆土以埋没种子为度。用薄膜或玻璃覆盖以保湿，播种基质除河沙外，也可用河沙与腐熟马粪或河沙与森林腐叶土各半混合。发芽适温为18～25℃，保持湿润，10～15d可长出胚根，30～40d可长出胚芽鞘，50d左右长出第一片叶，此后可适当降低温度至18～20℃，使幼苗生长茁壮。第二片叶伸出时控水蹲苗，使叶片壮、厚、浓绿、光亮。70～80d可移苗分盆，分盆基质用1/3河沙与2/3腐熟马粪或森林腐叶土混合，栽植时要埋没根颈。优先留用叶宽、短、厚，叶脉明显，叶端圆钝，肉质根粗壮的幼苗。

【栽培管理】

1. 换盆 从幼苗到成株需4～5年，植株叶片可增加到20片以上。在生长期中由于生长迅速，通常每半年至一年换盆一次，不断增加花盆容量，如不更换大盆，则肉质根卷曲拥挤，影响营养吸收。君子兰根肉质肥大，无分枝，宜采用高型筒盆。盆大小常按叶片数而定，表10-4是长春的换盆经验。

表10-4 花盆规格与植株大小

规格（寸）*	盆高（cm）	盆口径（cm）	盆底径（cm）	植株叶片数
4	13	15	11	2～3
5	15	16	12	4～5
6	16	20	13	6～7
7	20	22	15	8～10
8	22	26	18	11～15
10	26	30	20	16～20
12	28	34	22	20以上

每次换盆应将老、残、枯、死根剔除。栽时舒展根群，注意根端不能受折损。已造成的伤口需抹木炭粉，晾干后栽种。成年植株可1～2年换盆一次。盆土可用2/3森林腐叶土加1/3河沙，或2/3腐熟马粪加1/3河沙，或2/5森林腐叶土加2/5腐熟马粪加1/5河沙，盆土需消毒后使用。

2. 肥水管理 君子兰的肥料以有机肥为主，适当结合无机肥。常用有机肥有腐熟豆饼、菜饼、骨粉、鱼粉等。新上盆的幼苗一般不需要施肥，待长到两片叶、种子营养耗尽时，开始施用稀释的液态有机肥。两年生苗约每10d施用一次液态有机肥，还需适时补充固态有机肥，三至四年生君子兰除按此方法施肥之外，在换盆时还可混合固体肥作基肥，但应避免肥

* 寸为非法定单位，1寸≈3.3cm。

料与根系的直接接触。施肥量除随株龄增长而增加外，还应随季节变化而调整。春、秋季生长旺盛期可多施，夏、冬季应少施或停止施肥。

3. 植株管理

（1）维持整齐株形　君子兰是花叶兼赏的花卉，提高叶片观赏性状已成为栽培中的重要目标。当前评价叶片观赏性状的标准是宽、短、厚，光亮，鲜绿，脉纹明显，全株叶片呈两侧对称排列，达到“侧视一条线，正视如开扇”的要求。除了品种固有特性外，叶片的观赏品质主要由肥、水、温、光等管理控制，而株形的完美可由花盆的摆放位置与光源方向的关系予以调节。摆放君子兰时，可使叶片的展开扇面与光源平行或垂直，并定期（10d 左右）调换 180°，这样可使两列叶片相对成扇形整齐地开展，提高观赏品质。

（2）防止“夹箭”　“夹箭”是指花茎发育过短，花朵不能伸出叶片之外就开放从而降低观赏效果的现象。花茎抽生时温度低于 15℃，或由于缺水缺肥造成花茎生长不良，都会产生“夹箭”现象，针对上述原因，可通过提高温度至 20℃和增施液肥加以防止。

（3）防止日灼　君子兰宜在散射光下生长，夏季阳光暴晒会造成日灼。在户外宜放在遮阴、空气湿润、通风的场所，夏季在室内应放在离直射光稍远的位置。

（4）防止烂根　君子兰根肉质肥大无分枝，土壤水分过多、盆土通气不畅、温度过高、肥料过浓或施用未经腐熟的有机肥，常易发生烂根，在管理上应注意。发现烂根时，应及时将植株从盆中磕出，抖掉附土，清除腐根，并用高锰酸钾或其他杀菌剂冲洗根部进行消毒，在伤口处涂混有硫黄粉的木炭粉，待伤口干燥后换土换盆栽种。新栽植株适当控水 15～20d，可逐渐恢复生长。

4. 病虫害防治　君子兰抗性较强，一般不易罹病，但高温高湿条件下易通过伤口感染细菌性软腐病，此外有炭疽病、叶斑病，主要危害叶片。虫害有吹绵蚧、红圆蚧等。

【应用】君子兰叶片肥厚，有光泽，花色鲜艳，姿态端庄华丽，花期长，是观叶、观花、观果的优良盆花，适于装饰居室、会场等。在北方是冬春季优质盆花，在南方可植花坛或作切花。

（七）锥花丝石竹

【学名】*Gypsophila paniculata*

【别名】满天星、宿根霞草

【英名】baby's-breath

【科属】石竹科丝石竹属

【产地及分布】原产地中海沿岸，世界各地广为栽培。

【形态特征】锥花丝石竹为半耐寒多年生草本。株高约 90cm，多分枝，全株稍被白粉。地下部为粗大肉质根。叶对生，披针形至线状披针形。多数小花组成圆锥状聚伞花序，萼短钟形，五齿裂，花瓣 5 枚，长椭圆形，雄蕊 10 枚，花柱 2 枚，小花梗细长。花期 6～8 月。

【种类与品种】

1. 同属常见栽培种　丝石竹属有 125 种以上，锥花丝石竹是本属中园艺水平较高的一种。

（1）多年生霞草（*G. oldhamiana*）　多年生霞草为草本，高 60～100cm，叶短圆状披针形，聚伞花序顶生，花粉红或白色。

（2）霞草（*G. elegans*）　霞草为一、二年生草本，叶线状披针形，聚伞花序顶生，花粉红或白色，花单瓣，多秋播作二年生栽培。

2. 变种与品种　锥花丝石竹有大花变种（var. *grandiflora*）、矮性变种（var. *campacta*）和重瓣变种（var. *florepleno*）等。

锥花丝石竹生产上常用品种有：'仙女'（'Bristol Fairy'），花白色，重瓣，小花型，适应性强，产量高，适用于周年生产，为各国栽培量最大的品种；'完美'（'Perfect'），花白色，重瓣，大花型，茎秆粗壮挺拔，对光、温变化较敏感，也为常用品种；'钻石'（'Diamond'），花白色，重瓣，花大小中等。此外，还有'火烈鸟'（'Flamingo'）、'粉星'（'Pink Star'）、'红海洋'（'Red Sea'）等，均为粉红色，重瓣花。

【生物学特性】

1. 生态习性　锥花丝石竹耐寒，生长适温 15～25℃，幼苗可耐－15℃左右低温，而开花要求温度在 10℃以上。当温度高于 30℃或低于 10℃时，易引起莲座状丛生，只长叶不开花。喜向阳高燥地，忌低洼积水，适宜石灰质、肥沃和排水良好的土壤。

2. 生育周期　锥花丝石竹以根颈处发生的莲座枝越冬，在接受冬季低温打破莲座化后于早春开始营养生长，4 月中旬花芽分化，5～6 月或稍晚开花。夏季高温生活力下降，当秋季低温、短日来临时，由吸芽萌生的枝条不再伸长而形成莲座状枝进入越冬休眠。

3. 莲座化与打破莲座化　在秋季低温（10℃以下）和短日（11h 日长以下）的影响下，锥花丝石竹生长停滞而形成莲座状枝。莲座化的诱导除与日长、温度有关外，也与苗龄及品种相关。老龄苗比幼龄苗易诱导莲座化，对低温感应不明显的品种易诱导莲座化。

进入莲座状的植株，接受冬季低温后可使生活力得到恢复，打破莲座化要求 10℃以下的低温。6-BA 有打破莲座化的效应，在低温量不足的情况下，结合使用 250 mg/L 6-BA，对花茎伸长及开花具有促进作用。

值得注意的是，经过低温提高了生长活性的植株，当再经过短期（15d 左右）的高温，还会因随后而遇到的短日、低温的诱导而再次产生莲座枝。这在促成栽培中不可忽视。

4. 防止莲座化　生活力下降的植株，在长日（16h）和稍高温度（15℃以上）下不产生莲座枝，节间可照常伸长和开花。

夏季将幼苗或老株冷藏待秋季定植，这样避开高温的影响可防止莲座化。相关试验表明，莲座化与根系发育状况有关，提供充足光照、良好的肥水条件使根系发育充分，有阻止莲座化的作用。此外，在产生莲座化的时期，应用 300mg/L 6-BA，并结合长日和 15℃凉温条件，可以防止莲座化，促进生长和开花，如采用种苗冷藏结合 6-BA 处理则效果更明显。

5. 花芽分化的环境条件　锥花丝石竹是典型的长日照花卉，在长日照下才能开花。临界日长不仅受温度影响，还与植株生长活性高低密切相关。

在春季，已接受低温的植株生长活性较高，植株能在早春自然长日、5℃低温条件下缓慢生长，并能在 10℃下正常开花。有试验证明在春季植株生长活性高的阶段，低温（昼 20℃/夜 10℃）、凉温（昼 25℃/夜 15℃）下开花的临界日长可以缩短到 8h。在秋季，由于经历夏季高温，生长活性下降，植株开花对温度、日长的要求范围均较狭，只有在长日（16h）、高温（昼 30℃/夜 20℃）条件下才能有少量花芽形成并开花，低温（昼 20℃/夜 10℃）、凉温（昼 25℃/夜 15℃）条件使植株生长迟缓，形成莲座状。这正是秋冬开花少、品质低的原因。

【繁殖】锥花丝石竹可采用组培、播种、分株和扦插繁殖。单瓣品种以播种繁殖为主，9 月播种，经 1～2 周发芽，秋季或翌春定植，初夏开花。重瓣品种不结实，只能无性繁殖，主要采用组培繁殖，以发育充实的枝条上端幼嫩部位为外植体；也可扦插或分株繁殖，扦插宜在春、秋季选用花茎未伸长的侧芽，分株多在休眠期进行。现代切花生产以组培繁殖为主，极少用扦插和分株繁殖。

【栽培管理】

1. 栽培技术要点　锥花丝石竹极怕涝，应选地势高燥处栽培。南方多雨地区应做深沟高畦，且最好有避雨设施。定植株行距约 50cm×50cm，定植前施足基肥，秋冬季做促成栽培时株行距可略小，而春夏季可略大。定植后应勤浇水，保持土壤湿润，成活后保持地面通风，同时要经常中耕锄草，保证土壤疏松，利于根系生长。定植后 1 个月左右，当苗长出 7～8 对叶时摘掉顶芽。摘心后 2 周，待侧枝长至 10cm 左右时，保留 4～5 个侧枝开花，疏除其余的侧枝，一般 $1m^2$ 面积保留 15～20 支切花即可。株高达 20cm 时，为防止倒伏，应拉网固定或用竹竿支撑。植株开始抽薹时，应适当控制水分，防止徒长，并增施磷、钾肥。开花期要严格控制水分，以防止枝条软弱，只在土壤干燥而引起叶片枯萎时再灌水。栽培过程中要不断追肥，每 2 周追肥一次，通常与灌溉相结合，也可结合病虫害防治进行叶面追肥，幼苗期以氮肥为主，孕蕾期以磷、钾肥为主，后期如氮肥过多会引起徒长，茎秆软弱，影响切花品质，在开花前 20d 停止追肥。

2. 栽培模式　锥花丝石竹切花生产主要栽培模式有 3 种。

（1）春夏开花型　9～11 月定植，幼苗在自然条件或简单保护下越冬，翌年春夏季开花，为长江流域及以北地区最常见栽培模式。生产成本低，栽培容易，但效益也较低。

（2）夏秋开花型　3～5 月定植，在自然条件下于当年夏秋季开花。这种栽培模式易受高温影响，使开花不良，故仅限于夏季冷凉地区应用。

（3）秋冬开花型　5～7 月定植，9 月后加光至开花，期间保持 10℃以上温度，可在当年秋冬至翌年早春开花，是最重要的栽培模式，尤以南方地区应用最为广泛。

3. 切花采收　切花采收以有 1/3～1/2 的花朵开放时为宜。需提前采切时，在少量花朵开放时采收，剪切部位通常在地上 10cm 处，采后摘除下部叶片置背阴处水养。提前采切宜在含20mg/L硝酸银、3%糖的保鲜液中过夜，捆束、装箱。高温期切花运输应做预冷处理。

4. 病虫害防治　锥花丝石竹主要病害有疫病、灰霉病等，尤以疫病危害较为严重，其主要症状是幼苗根茎软腐或立枯而死，在高温高湿的夏季尤易发生。主要防治措施包括土壤消毒，避雨栽培，降低地下水位防止积水，加强苗期管理以提高抗性，化学药剂防治如使用杀菌剂灌根，轮作等。虫害主要有红蜘蛛、地老虎、斜纹夜蛾等。

【应用】锥花丝石竹是重要的切花材料，也宜布置花坛、花境和配置岩石园。

（八）非洲菊

【学名】*Gerbera jamesonii*

【别名】扶郎花、灯盏花

【英名】gerbera，barberton daisy

【科属】菊科大丁草属

【产地及分布】原产南非，世界各地广为栽培。

【栽培史】最早进行非洲菊品种改良的是英国人 Irwin Lynch，用非洲菊（*G. jamesonii*）和绿叶非洲菊（*G. virifolia*）杂交。以后法国人 M. Adent 继续改进，育成了大量切花品种。另外日本也育成了重瓣品种，花型、花色多样，统称杂种非洲菊（*G. hybrida*），用于切花、盆花。

【形态特征】非洲菊为多年生宿根常绿草本。基生叶丛状，全株有茸毛，老叶背面尤为明显，叶长椭圆状披针形，具羽状浅裂或深裂，叶柄长12～30cm。总苞盘状钟形，苞片条状披针形，花茎高20～60cm，有的品种可达80cm，头状花序顶生。舌状花条状披针形，1～2轮或多轮，长2～4cm或更长，管状花呈上、下二唇状。花色有白、黄、橙、粉红、玫红、洋红等，可四季开花，以春、秋为盛。

【种类与品种】大丁草属约40种，并有诸多园艺变种与栽培品种。如：*G. jamesonii* var. *illustris*，花红色，耐寒性强；var. *trasvalens*，总苞和花特大。荷兰育成四倍体杂交种，花茎粗壮，花头大，色彩丰富，瓶插持久。我国引进非洲菊以上海为早，目前已用组培脱毒快繁投入生产，其他各地发展较为迅速，成为重要切花之一。

【生物学特性】非洲菊性喜冬季温暖、夏季凉爽、空气流通、阳光充足的环境；要求疏松肥沃、排水良好、富含腐殖质且土层深厚、微酸性的沙质壤土，忌黏重土壤，在碱性土壤中，叶片易产生缺铁症状。对日照长度不敏感，生长期最适温度20～25℃，低于10℃停止生长，不耐0℃以下的低温。冬季若能维持在12～15℃以上，夏季不超过30℃，则可终年开花，以5～6月和9～10月为盛。华南地区可露地栽培，华东、华中、西南地区可以覆盖保护越冬，华北需在温室中栽培。

【繁殖】非洲菊采用播种、组培和分株繁殖。

1. 播种繁殖　非洲菊播种多用于盆栽苗的繁殖，由于种子寿命只有数月，通常采种后应即行播种，为获得发芽良好的种子，可于花期人工辅助授粉。播种时种子尖端朝下，发芽需光，故种子不要全部覆盖。发芽适温20～25℃，约2周发芽，出芽率一般为50%左右。

2. 组培繁殖　非洲菊切花生产多用组培繁殖。组培繁殖常取未显色花蕾，消毒后剥离花托作外植体。

3. 分株繁殖　非洲菊分株一般在4～5月或9～10月进行，通常每3年分株一次，每丛带4～5片叶，由于分株苗生长势较弱、规格不一致、繁殖速度慢，在规模化生产中已较少应用。

【栽培管理】

1. 栽培技术要点　非洲菊根系发达，栽植床至少要有25cm以上土质疏松、肥沃的壤土层。定植前应施足基肥，栽植的株行距约为30cm×40 cm，栽植时不宜过深，以根颈部略露出土面为宜，否则易引起根腐病、茎腐病。苗成活后可适当控水蹲苗，促进根系生长。生长期应供给充足水分，但冬季浇水时应注意勿使叶丛中心沾水，否则易使花芽腐烂，保持土面湿润，但不可过湿或遭雨水，否则易发生病害或死苗。因此，非洲菊生产应尽可能做到避雨栽培，条件许可时，应以滴灌供水、肥；要随时清除枯萎黄叶，保持土面洁净；常撒布硫黄粉，以防止灰霉病；连作易罹病害，因此忌连作。夏季适当遮阴并加强通风，以降低温度，防止高温引起休眠。

非洲菊为喜肥花卉，氮、磷、钾的适宜比例为15∶8∶25。追肥时要特别注意钾肥的补充，每100m^2种植面积上每次施用硝酸钾0.4kg、硝酸铵0.2kg或磷酸铵0.2kg。春、秋季每5～6d追肥一次，冬、夏季每10d追肥一次。若植株处于半休眠状态，则应停止施肥。

非洲菊栽培时应协调营养生长与生殖生长的关系，以促进开花。叶片生长过旺，开花减少甚至不开花；叶片过少，也会影响开花。适当的剥叶既可抑制过旺的营养生长，又可加强通风透光，减少病虫害的发生。剥叶时应注意：①剥去病叶与老叶；②每株留4～5片功能叶，剥去多余的重叠叶、交叉叶；③功能叶较少而新生叶过多时，可适当摘去部分新生叶；④花蕾过多时应适当疏蕾，成苗后如在同一时期具有3个以上发育程度相当的花蕾时，应剥去多余花蕾；⑤一般幼苗未达到5片功能叶或叶片很小时应摘除花蕾，暂时不让其开花。

2. 切花采收 切花采收的适宜时期为心花雄蕊第一轮开始散粉时，过早采花易萎蔫。采收时将花茎用手拔起，花枝保留50～60cm，剪切基部1～2cm水养。切花的贮藏条件要求严格，温度为2～4℃，相对湿度90%，湿藏一般可保存4～6d，干藏只可保存2～3d。湿藏时应将花茎基部3～6cm红褐色的部分剪去，以利于吸水；干藏时不必剪切，瓶插时再剪。应用保鲜剂硝酸银3mg/L处理，一般浸24h，可减轻花茎腐烂和折头。用含硫酸铝的预处理液预处理也可延长瓶插寿命。

3. 病虫害防治 非洲菊病虫危害较严重。常见病害有病毒病、斑点病、白粉病、灰霉病等。其中病毒病最为常见，表现为花叶、叶片退绿有环斑等，严重时叶片变小、皱缩、发脆。防治方法有选用无病组培苗，及时拔除病株并销毁，杀灭线虫、蚜虫等传毒媒介等。常见虫害有螨虫、潜叶蝇、线虫、蚜虫、粉虱等。其中螨虫最为常见，危害也最严重。螨虫在幼叶背面、幼蕾上吸取汁液危害，使被害叶叶缘向上卷曲，叶质地变硬、变脆，花瓣不能正常开放。螨虫多于春夏季气温高时发生，如气候干燥危害尤甚，低温及湿润时危害减轻。可以用三氯杀螨醇800～1 000倍、克螨特1 000～1 500倍或索尼朗1 000倍等进行防治。

【应用】非洲菊是重要的切花种类，国内目前发展极为迅速。矮生种亦可盆栽观赏，或用于花坛、花境或树丛、草地边缘丛植。

（九）花烛属

【学名】*Anthurium*

【别名】安祖花、红掌、灯台花

【英名】anthurium，tail flower，flamingo plant

【科名】天南星科花烛属

【产地及分布】原产美洲热带雨林地区，世界各地广为栽培。

【栽培史】花烛属于19世纪中叶引种到欧洲，到20世纪中期才开始品种改良，培育了众多观花为主的品种，作盆花或切花生产，如今已成为世界重要名贵切花。我国自20世纪80年代引种栽培，开展了组织培养快速繁殖，在广东、海南等地有较大的生产规模。

【形态特征】花烛属为多年生常绿草本植物。形态变化较大，植株直立，稀蔓生。叶革质，披针形至椭圆状心形，全缘或有分裂。佛焰苞着生在花茎顶部，颜色鲜艳有光泽，是观赏的主要部位。肉穗花序自佛焰苞中伸出，直立或扭曲，犹如动物尾巴或似灯盏中的蜡烛。

【种类与品种】花烛属有几百种。主要的种类和变种有：

1. 观花类

（1）花烛（*A. andraeanum*） 花烛别名红掌、大叶花烛、哥伦比亚花烛等。原产哥伦比亚。茎极短，直立。叶鲜绿色，长椭圆状心脏形，长30～40cm，宽10～12cm。花梗长约50cm，高于叶片。佛焰苞阔心脏形，长10～20cm，宽8～10cm，表面波皱，有蜡质光泽。肉穗花序圆柱形，直立，黄色，长约6cm。花两性，小浆果内有种子2～4粒，粉红色。花烛于1853年由M. Triana发现，1876年传入欧洲，1940年后开始人工选育出大量不同花形、花色的品种，可作切花、盆花，尤以切花为主。目前在夏威夷、哥伦比亚、荷兰、新加坡等地栽培较多。

花烛主要变种有：可爱花烛（var. *amoenum*），又名白灯台花，佛焰苞粉红色，肉穗花序白色，先端黄色；克氏花烛（var. *closoniae*），又名白尖灯台花，佛焰苞大，心脏形，先端白色，中央淡红色；大苞花烛（var. *grandiflorum*），又名大苞灯台花，佛焰苞大；粉绿花烛（var. *rhodochlorum*），又称巨花花烛，株高达 1m，佛焰苞粉红色，中央为绿色，肉穗花序初开为黄色，后变为白色；莱氏花烛（var. *lebaubyanum*），又名绿心灯台花，佛焰苞宽大，红色；光泽花烛（var. *lucens*），佛焰苞血红色；单胚花烛（var. *monarchicum*），又名黄白灯台花，佛焰苞血红色，肉穗花序黄色带白色。

（2）火鹤花（*A. scherzerianum*）　火鹤花别名红鹤芋、席氏花烛。原产中美洲的危地马拉、哥斯达黎加，由 M. Scherzer 发现。植株直立，叶深绿色，长 15～30cm，宽约 6cm。花茎长 25～30cm，佛焰苞火红色，肉穗花序呈螺旋状扭曲，长约 15cm。火鹤花与花烛的区别主要是：叶片较窄，佛焰苞光泽不如花烛明亮，肉穗花序扭曲等。

火鹤花主要变种有：白条火鹤花（var. *albistriatum*），佛焰苞紫色，有白色条斑；白苞火鹤花（var. *album*），佛焰苞白色；暗红火鹤花（var. *atrosanguineum*），佛焰苞大，暗血红色；巨白火鹤花（var. *maximum*），佛焰苞大，白色；雾状火鹤花（var. *nebulosum*），佛焰苞白色，有粉红雾斑；矮火鹤花（var. *pygmaeum*），佛焰苞鲜肉粉色，肉穗花序橙色；淡绿火鹤花（var. *viridescens*），佛焰苞绿色，有红色斑点；瓦氏火鹤花（var. *wardianum*），佛焰苞大，鲜红色。

2. 观叶类　除观花类花烛外，还有一些以观叶为主的种类。

（1）水晶花烛（*A. crystallinum*）　水晶花烛茎短，上有多数密生叶片，叶阔心脏形，长 30～40cm，暗绿色，有绒光，叶脉银白色，佛焰苞带褐色。

（2）胡克氏花烛（*A. hookeri*）　胡克氏花烛叶长椭圆形，叶缘波状，肉穗花序紫色。

（3）蔓生花烛（*A. scendens*）　蔓生花烛枝蔓生，长可达 1m。

（4）长叶花烛（*A. warocqueanum*）　长叶花烛叶宽厚，长 1m，有绒光。

（5）沃氏花烛（*A. wallisii*）　沃氏花烛叶细长秀丽。

【生物学特性】花烛属喜温暖，不耐寒，生长适温为日温 25～28℃，夜温 20℃。夏季高于 35℃植株生长发育迟缓，冬季所能忍耐的低温为 15℃，18℃以下时生长停止，在 13℃以下易发生寒害。喜多湿环境，但不耐土壤积水，适宜的相对空气湿度 80%～85%。喜半阴，但冬季需充足光照，根系才能发育良好，植株健壮，适宜的光照度为15 000～20 000lx，低于15 000lx时品质受影响，超过20 000lx 时叶面发生日灼现象。要求疏松、排水良好的腐殖质土。环境条件适宜可周年开花。

【繁殖】花烛属主要采用播种、分株和组培繁殖。

1. 播种繁殖　由于花烛自然授粉不良，如需采种应选择优良母株进行人工授粉，授粉后 8～9 个月种子成熟。种子应随采随播，播种时株距 1cm，不必覆土，播种后遮阴保湿，保持地温 25℃，约 3 周可发芽，展叶后移栽到育苗盆中。实生苗生长 3～4 年开花。

2. 分株繁殖　花烛分株可直接将成年植株根颈部蘖芽分割，对大型母株可先将分株部位切伤，用湿苔藓包裹，等发根后分切。对生长较弱的母株，可先将老茎上的叶片摘除，然后用轻基质埋没保湿，操作时保护好休眠芽，保持地温 25～35℃，待新根和新叶萌发后分切。

3. 组培繁殖　组织培养是目前花烛规模化生产应用的主要繁殖方法，以叶片或幼嫩叶柄为外植体，接种后 20～30d 形成愈伤组织，从愈伤组织到苗分化需 30～60d。种植第三年才可开花。

【栽培管理】

1. 盆栽 矮生花烛多行盆栽，盆土可用泥炭或腐叶土加腐熟马粪与适量珍珠岩混合，盆底垫砾石、瓦片，保持通气、排水。每 2～3 年换盆一次，春季进行较好。浇水以滴灌为主，结合叶面喷灌，适度喷灌可保持较高空气湿度，但喷灌过多易引起病害发生，且使叶面蒸腾作用下降，从而降低根系吸收水分、养分的能力，导致光合效率下降。生长季节应薄肥勤施，可以随水滴灌或叶面喷施。对氮、钾肥的需求较多，成株氮、钾用量分别为磷的 7 倍和 10 倍。

2. 切花栽培 花烛切花栽培时，要深翻基质 20～30cm，施以腐熟基肥，保持土壤适度湿润。为了能周年供花，可分批种植，通常种植一年后开花。1～5 月定植，定植苗以 6～7 片叶、株高 30cm 为宜，株行距 40cm×50cm，呈三角形栽植，每公顷用苗 30 000 株左右。单株栽培 7～8 年后生长势下降，需及时更新。生长期间注意温度、湿度和光照调节。夏季高温期通过遮阴、喷雾、通风降温，冬季保持夜温 18℃左右。夏季遮光率为 75%～80%，冬季 60%～65%。每年追肥 2～3 次。

花烛切花采收的适宜时期是肉穗花序黄色部分占 1/4～1/3 时，自花梗基部切下。采后立即插于水中。花烛切花水养持久，在 13℃条件下可贮藏 3～4 周，但在 7℃以下会产生冷害。

3. 病虫害防治 花烛属常见病害有炭疽病、疫病、根腐病等，虫害有线虫、蚜虫、红蜘蛛等。可通过基质消毒、加强通风、药剂控制等方法防治，如出现病株应及时摘除病叶或整株清除，以减少传染。

【应用】花烛是新兴的切花和盆花种类，花叶共赏。

（十）补血草属

【学名】*Limonium*

【英名】statice，sea-pink，sea lavander

【科属】蓝雪科补血草属

【产地及分布】原产地中海沿岸及北欧的俄罗斯、高加索一带。

【形态特征】补血草为多年生草本，直根性。叶基生，呈莲座状。圆锥形花序呈叉状分枝，有鳞片状苞片。萼筒漏斗状，干膜质，具蓝、紫、粉红、黄、白等色，经久不凋，是主要的观赏部位。花瓣小，5 枚，有白、黄等色，基部合生，与 5 雄蕊相连，花柱 5 枚。

【种类与品种】补血草属在全世界有约 300 种，我国约 18 种。其中栽培最为广泛的是：

（1）深波叶补血草（*L. sinuatum*） 深波叶补血草原产西西里岛、巴勒斯坦、北非地中海沿岸的干燥地带。性耐寒。株高 50～90cm，全株具粗毛。叶基生，羽裂，叶缘波状。花茎叉状分枝，具 3 片左右狭长的波状翼，使茎成三棱状，花茎分枝点下有 3 枚线状披针形附着物；小花穗有花 3～5 朵，呈覆瓦状排列的偏侧型穗状花序，花萼有黄、白、粉红、蓝紫等色。花期夏季。该种用作重要的切花和干花，其栽培日益广泛。

主要栽培品种有‘Pasty’系列（紫色、粉红、黄、白色等）、‘Pearl Blue’（淡紫色）、‘Flash Pink’（深粉色）、‘Marine Blue’（蓝紫色）、‘Moon Float’（浅黄色）、‘Snow Top’（白色）、‘Lip Stick’（粉红色）等。

（2）宽叶补血草（*L. latifolium*） 宽叶补血草原产高加索、保加利亚。性耐寒。株高 40～70cm。基生叶长约 30cm，椭圆形至长卵形，基部狭，有长柄。花茎有棱，上部叉状分枝，花序疏散状圆锥形。小花穗有花 1～2 朵，偏侧型穗状花序。萼筒小，倒圆锥形，裂片三角形，有淡青、紫白等色。具芳香，用于切花。花期 7～9 月。

（3）鞑靼补血草（*L. tataricum*）　鞑靼补血草原产北欧高加索及西伯利亚。性耐寒。株高 20～50cm。基生叶暗绿，长约 15cm，倒卵形至长椭圆形。花茎叉状分枝，有 3 枚狭翼，松散伞房状圆锥花序。小花穗有花 1～2 朵，萼筒有短毛，边缘白色，花冠深粉红色，有白色变种和矮生变种。花期 7～9 月。切花栽培，矮生型用于花坛。

（4）佩雷济补血草（*L. perezii*）　佩雷济补血草原产加那利群岛。半耐寒性亚灌木。株高 50～80cm。基生叶硬革质，宽三角状卵形，有长柄。花序多分枝，被软毛，萼青紫色，极美，花冠黄色。秋季开花。用于切花。

（5）杂种补血草（*L. hybrida*）　杂种补血草为网状补血草（*L. reticulata*）和宽叶补血草的杂种。具有网状补血草四季开花的性状。全株具短星状毛，株高 40～70cm。外形与宽叶补血草相似，花朵小，小花穗分布均匀，观赏效果优于宽叶补血草。

主要栽培品种有'Misty Pink'（粉色）、'Misty Blue'（蓝紫色）、'Misty White'（白色）、'Ocean Blue'（蓝紫色）、'Emiile'系列（粉红、淡紫等色）等。

（6）二色补血草（*L. bicolor*）　二色补血草原产我国西北及华北草原、沙丘及滨海盐碱地。多年生草本，常作一年生栽培。株高 20～60cm。叶基生，匙形或长倒卵形，基部成狭叶柄。花茎上部叉状分枝，呈疏散聚伞状圆锥花序，有多数不育枝。苞片紫红色或绿色。萼筒漏斗状，有干膜质萼檐，有白、浅紫及粉红色。花冠小，黄色。用作切花及干花花材。

【生物学特性】补血草性耐寒，畏夏季高温，耐旱、忌涝，要求阳光充足、通风良好、干燥凉爽的栽培环境，宜在排水良好、微碱性的土壤中生长。由于补血草叶腋部具有排盐的"盐腺"，因此有一定的耐盐性。

补血草自然条件下夏季或夏秋开花，花后种子很快成熟。秋季在低温和短日照下形成莲座状株丛，经自然低温越冬，接受低温的腋芽形成花芽，接受低温越充分，能形成花芽的腋芽越多。未接受低温的株丛，腋芽形成莲座叶，不能开花。

补血草抽薹开花需要低温春化诱导，通常是在越冬期间以莲座状株丛腋间生长点感应低温。据研究，深波叶补血草、二色补血草、阿尔及利亚补血草（耐寒一年生花卉）萌动的种子在 1～3℃中经 30d 可满足低温春化要求，5℃以上效果减弱。已完成春化的幼苗或种子如立即回到 25℃的条件下，则春化解除。但如果春化后经历一段时间 20℃以下凉温生长期，即使再回到高温条件，也不解除春化。随苗龄的增长，春化效果越稳定，8～10 片叶的大苗比 2～3 片叶的幼苗在同样的高温中更易保持春化效果。因此在高温季节生产切花，采用已通过春化的大苗较为安全。

自开始抽薹，经花芽分化到开花所需的温度和时间因种类、品种而异。如早花的深波叶补血草在 10℃以上需要 40d，而在温度稍低的无加温温室中则需要 80～90d；一般杂种补血草要求 10℃，有些品种要求 13℃，超过 25℃的高温不利于花芽分化，因此在高温季节生产切花需要通风、遮阳降温。

补血草为长日性植物，长日照可促进开花。抽薹前用 500mg/L 赤霉酸喷洒可提早开花。冬季短日期间生产切花可用赤霉素处理或进行补光。

【繁殖】补血草为直根性，不宜分株，多采用播种或组培繁殖。

1. 播种繁殖　补血草通常于初秋播种，2～3 片叶时移苗到育苗钵中，定植时带基质扣盆，以免伤根。切花生产中常用冷藏育苗，有两种方法：第一种是种子吸水萌动后再行冷藏，冷藏后播种，但这种方法容易造成发芽快的种子（如深波叶补血草）受伤。第二种是箱播后冷藏，播于浅盘，经 1～2 个月胚芽萌动后连箱存放于冷藏室。干燥种子冷藏无任何效果。深波叶补血草种子在2～3℃中30d即可完成春化。冷藏育苗有利于冬、春产花，多用在不加温温室或加温温室中促成栽培。应注意，冷藏育苗的初期培育必须在凉温中进行，以防止脱春化。

2. 组培繁殖 杂种补血草的商品生产常用组培苗。商品苗经过低温春化后出售，生产者可直接于凉温中栽培，组培苗通常以具有7～10片叶为优。

【栽培管理】

1. 栽培方式 深波叶补血草、宽叶补血草、杂种补血草可于春季或秋季定植，植株在露地自然越冬后于翌年6～7月开花，在不加温温室5～6月开花，加温温室3～4月开花。深波叶补血草、二色补血草产花后生育不良，常作冬性一年生花卉栽培。宽叶补血草、杂种补血草、佩雷济补血草花后继续加强管理可再度开花。

冷藏育苗可应用于促成栽培与超促成栽培。7月播种并冷藏，8～9月在冷室中育苗，夜温15～18℃，昼温25～28℃，2～3片叶时移植，9月当苗具有8～10片叶时定植，翌年1月以后保持夜温8～10℃，昼温20～25℃，可陆续开花到3～4月。超促成栽培提前于6月播种，冷藏育苗，8月定植，提前保温，可于10月开花，一直延续至翌年3～4月。

杂种补血草、宽叶补血草、佩雷济补血草花后保留母株，可连续产花4～5年，但通常3年以上切花品质下降即应更新。杂种补血草在不加温温室中栽培，用6～7片叶的组培苗于3月定植，给以凉温管理可于7～10月开花，此时正值高温季节，需通风、降温，保持30℃以下。产花后整理老株，清除枯老叶片，作越冬管理。杂种补血草稍耐寒，越冬温度不低于10℃，2～3月返青，给以肥水管理，5月开花直至10月。多季开花品种维持7～10℃可连续开花。

2. 栽培技术 补血草耐旱、忌湿，对土壤无严格要求，以排水通畅的壤土或沙壤土为宜。栽前深耕30cm，并施充分腐熟的基肥。

定植距离因种类、株型大小及栽培年限而定，株型小的如深波叶补血草常采用30cm×30～40cm，株型大和多年栽培的如杂种补血草、宽叶补血草采用40～50cm×60～90cm。生长期保持土壤湿润，防止过湿，花期适当控水，花前可追肥1～2次。抽薹时拉支撑网，对分枝开展较小的种类用20cm×20cm网孔，开展大的用30cm×30cm网孔。

3. 切花采收 切花宜在50%～100%小花穗开放时采收。杂种补血草、宽叶补血草花朵细小，常在80%～100%小穗开放时剪切。需要连续开花的种类，剪切时保留花茎基部1～2片大叶，有利于老株再度萌发。切花采后水养，按长度分级。切花在2～4℃条件下贮藏，可保持新鲜状态3～4周。

【应用】补血草主要用于切花和干花栽培，部分矮生品种也可用于盆栽和花坛。

（十一）鹤望兰

【学名】*Strelitzia reginae*

【别名】极乐鸟花、天堂鸟花

【英名】bird of paradise flower，queen's bird of paradise

【科属】旅人蕉科鹤望兰属

【产地及分布】原产南非，世界各地常见栽培。

【栽培史】鹤望兰1773年由M. Banks介绍到英国，引起了人们极大的关注，以其奇特的花姿，很快成为世界普遍重视的室内花卉，并作切花栽培，尤其在意大利、美国、日本、新西兰等温暖地区更为普遍。我国引种虽较早，但只在植物园、公园温室少量展示。20世纪 80 年代中期，杭州等地批量引进种子，开始了我国较早的生产性栽培。目前在广州、深圳等地有规模性切花栽培。

【形态特征】鹤望兰为多年生常绿草本。肉质根粗壮而长，上有多数细小须根。茎极短而不明显。株高 1～2m。叶两侧排列，全缘，革质，侧脉羽状平行，蓝绿色，叶背和叶柄被白粉，宽椭圆形或卵状披针形，长 30～40 cm，宽 8～15 cm，叶柄长为叶长的 2～3 倍。花茎于叶腋间生出，高出叶片，佛焰苞横生似船形，长 15～20cm，绿色，边缘具暗红色晕。总状花序着花 3～9 朵，露出苞片之外。小花有花萼 3 枚，橙黄色；花瓣 3 枚，舌状，蓝紫色，上面一枚短，下面两枚中间联合，组成花舌。雄蕊 5 枚，雌蕊突出较长，子房下位，3 室。下部的小花先开，依次向上开放，花形奇特，好似仙鹤翘首远望。

【种类与品种】鹤望兰属有 5 种，常见栽培种还有：

(1) 尼可拉鹤望兰（*S. nicolaii*）　尼可拉鹤望兰茎高 5～7m，叶基部心脏形，外花被片白色，内花被片蓝色。

(2) 小叶鹤望兰（*S. parvifolia*）　小叶鹤望兰叶棒状，花深橙红、紫色。

(3) 大鹤望兰（*S. augusta*）　大鹤望兰茎高约 10m，叶生茎顶，总苞深紫色，内外花被均为白色。

【生物学特性】鹤望兰喜温暖而不耐寒，最适生长温度为 23～25℃，秋冬季夜温 5～10℃、昼温 20℃条件下可正常生长，0℃以下易受冻害，也不耐热，超过 30℃导致休眠。喜光照充足，较为适宜的光照度为30 000lx。秋冬至春季应给予充分光照，否则植株徒长，叶片细弱，开花不良或不开花；而夏季应避免强光直射，否则易产生高温障碍，使叶片卷曲呈萎蔫状。喜湿润气候，空气湿度宜在 60%～70%，但又怕积水，要求富含腐殖质和排水良好的土壤，忌地下水位过高。

自播种起到开花需 3～4 年的营养生长期。据浙江杭州观察，一年生苗具有叶片 5～6 枚，二年生苗有叶片 5～10 枚，以后经常有老叶枯死和新叶发生。生长 3 年以上的实生苗可产生分蘖，成株每一分蘖上有叶片 5～12 枚。随着株龄的增长，株幅不断扩大，五年生植株高达 110cm，冠幅 60cm。一年之中 4～ 7 月为新叶发生高峰期，4～6 月为分蘖旺盛期。

成年鹤望兰植株只要环境适宜可周年不断开花。每片叶的叶腋都能形成花枝，若温度适宜，从花茎出现到开花约 60d。在一个佛焰苞中，第一朵花开放期 4～10d，第一朵花开放后 2～4d，第二朵花开放，以后各小花开放间隔时间逐渐延长，而单朵花开放期则逐次缩短，总花期在 20d 以上。

【繁殖】鹤望兰多采用播种和分株繁殖。

1. 播种繁殖　鹤望兰是鸟媒植物，在栽培条件下，必须人工辅助授粉才能结实，授粉后 80～100d 果实成熟，每果可获种子 10～30 枚。播种时，种子宜随采随播，陈种子因种皮干硬，很难发芽。播种可用点播法，通常在 4 月下旬进行，密度为 3cm×6cm，覆土 0.5cm，播后浇透水，发芽适温为 25～30℃，20～30d 生根，40～50d 发芽，少数种子翌年才能发芽。有 3 枚真叶时移栽，移栽株行距 15cm×20cm 左右，有 5～6 片真叶时定植。

2. 分株繁殖　鹤望兰分株宜在 4～5 月进行，选择优质高产母株。分株时将植株从土中挖起，抖掉根部土壤，用利刀从根颈空隙处将株丛切开，每株需保留 2～3 个蘖芽，根系不少于 3 条，切口涂以木炭粉或草木灰，置阴凉处晾放半天，再行栽种。

【栽培管理】

1. 盆栽　鹤望兰为直根系，需用高盆栽培，盆底多垫瓦片或石砾以利排水。盆土用疏松肥沃园土、草炭加少量粗沙，与腐熟有机肥混合。栽后充分灌水，置阴处数日，成活后置阳光充足处，平时保持盆土湿润，但需防止浇水过多造成烂根。花茎发育期追施稀薄液肥。每2～3年翻盆一次，随株型增大换大盆。作室内装饰时宜置于南向窗前阳光充足处，保持中等空气湿度。

2. 切花栽培 鹤望兰在广东、广西、海南等暖热地区可露地栽培，而在长江以南的温暖地区可在双层膜覆盖下越冬，北方需在温室栽培方可周年开花。栽种前深耕50cm，施足腐熟基肥，株行距一般为70～90cm×100～130cm，通常在4～5月定植，易于成活和生长。定植苗应具有5～6枚真叶，高约20cm。栽植深度以根颈部在土表下2～3cm为宜，种植后浇透水，每天向叶面喷水一次，约15d可长新根。

从花芽分化到开花期间，温度应保持在20～27℃。在冬季严寒与夏季酷暑的地区，植株会出现明显的生长停滞，进入休眠。每日光照时间应不少于12h，夏季应适当遮阴。生长旺盛期水肥供应要充足，每7～10d追肥一次，用量为每平方米复合肥0.05kg、腐熟饼肥0.1kg。花芽在顶叶下第5～7叶腋中形成，花芽形成后，可追施2～3次磷肥。优良植株一年可产花20支，花期主要集中在3～5月和9～12月。

需要贮运的切花可在第一朵小花显色或开放时剪切，也可根据市场需求在第二朵小花开放时剪切。切花按花茎长度和花头长度分级，一、二、三级切花要求花茎长分别为＞100cm、＞80cm、＞60cm，花头长度分别为＞18cm、＞16cm、＞14cm，一、二级切花花茎中部粗度超过1.3cm。鹤望兰切花水养持久，水养过程中能继续开放小花2～3朵。

3. 病虫害防治 鹤望兰易发生介壳虫，可人工刷除或喷洒1 000倍40%氧化乐果乳剂或50%久效磷防治。也较易发生细菌性立枯病，注意保持空气流通，及时清理枯叶、病叶，定期喷施杀菌剂防治。

【观赏与应用】鹤望兰叶大姿美，花形奇特，四季常青，是大型盆栽观赏花卉，适宜于大房间摆放。作为高档切花材料，瓶插寿命可达2～3周。

（十二）荷包牡丹

【学名】*Dicentra spectabilis*

【别名】兔儿牡丹、铃儿草

【英名】bleeding heart

【科属】罂粟科荷包牡丹属

【产地及分布】原产我国北部及日本，我国各地广泛栽培。

【形态特征】荷包牡丹为多年生草本。株高40～60cm。根状茎水平生长，稍肉质。一至数回三出羽状复叶，对生。花序顶生或与叶对生，排列成下垂的总状花序，花瓣稍合呈心形，花有桃红、红、黄、白等色。花期5～6月。蒴果长形，开裂为两果瓣，种子有冠状物。

【生物学特性】荷包牡丹耐寒性强，喜向阳，亦耐半阴，好湿润、富含腐殖质、疏松肥沃的沙质壤土，忌高温、高湿。

【繁殖】荷包牡丹采用分株、扦插和播种繁殖。

1. 分株繁殖 荷包牡丹3年左右分株一次。将根掘出，用刀切分为2～4株，栽植于备好的土地或花盆中覆土压实、浇水。春季分株的当年可开花，但花序小，秋季分株的生长较好。分株不但繁殖新株，同时又可使老株得到更新。

2. 扦插繁殖 荷包牡丹扦插应在花全部凋谢后，剪去花序，取枝下部具有腋芽的嫩枝作插条，长12～15cm，分株时的断根也可扦插，插入素沙或沙壤土中，浇透水并遮阴，一般 30～40d 可生根。

3. 播种繁殖　荷包牡丹播种主要用于杂交育种，种子采收后当年秋播，若春播需层积处理，实生苗生长缓慢，约 3 年才能开花。

【栽培管理】荷包牡丹栽培容易，不需特殊管理。栽植最好秋季进行，春季也可，但影响当年开花。栽植前整地，施入基肥，根据植株的大小挖穴栽植，穴内应施入堆肥或饼肥，把根栽入，踩实浇水，株行距 50cm×60cm。植株生长旺盛期每周浇一次水，保持地面湿润。花蕾形成期应追肥 1～2 次，促使其花大、色浓。秋季和早春可在根的四周开沟施入有机肥。秋季枝叶枯黄后，应将地面植株全部剪掉，以防止病虫潜伏。每隔 3 年分株一次，时间过长则影响植株生长及开花。盆栽宜选用深盆。

荷包牡丹可进行促成栽培，在休眠后栽于盆中，置于冷室，至 12 月中旬移至 12～13℃的室内，注意养护管理，翌年 2 月即可见花，花后再放回冷室，早春重新栽于露地。

【应用】荷包牡丹叶形似牡丹，稍小，花似玲珑荷包，优雅别致。适宜布置花境、花坛或于建筑物及山石前丛植，点缀园景，别有风趣。因耐半阴，又可作地被植物。低矮品种可盆栽观赏。用作切花时，水养可持续 3～5d。

（十三）宿根福禄考

【学名】*Phlox paniculata*

【别名】天蓝绣球、锥花福禄考

【英名】perennial phlox

【科属】花葱科福禄考属

【产地及分布】原产北美东部，世界各地广泛栽培。

【形态特征】宿根福禄考为多年生草本。茎基部呈半木质化，多须根。株高 60～120cm，光滑或上部有柔毛。叶十字状对生，长圆状披针形，被腺毛。圆锥花序顶生，花冠高脚碟状，喉部紧缩呈细筒，花径 2.5～3cm。花色有蓝、紫、粉红、绯红、白等深浅不同颜色及复色。花期在 7～9 月。

【种类与品种】

1. 同属其他栽培种　丛生福禄考（*Ph. subulata*），又名针叶天蓝绣球，原产北美东部。植株丛生呈毯状。叶片多而密集，多数长仅 1.2cm。花多数，有柄，高出叶丛，径约 2.0cm，花色有白、粉红及雪青，花冠裂片倒心形，有深凹。花期 4～6 月。

2. 品种类型

（1）矮型　株高 30～50cm，叶卵圆状披针形，叶和茎略带紫色，叶面光滑，全株无毛，花大，耐寒。

（2）高型　株高 50～70cm，叶长圆状披针形，全株有毛，花小，不太耐寒。

【生物学特性】宿根福禄考喜排水良好的沙质壤土和湿润环境。耐寒，忌酷日，忌水涝和盐碱。在疏阴下生长最强壮，尤其是有庇荫或西侧背景，更有利于其开花。

【繁殖】宿根福禄考采用播种、分株和扦插繁殖。

1. 播种繁殖　北方地区播种冷床越冬，要注意防冻，春播则宜早，花期较秋播短，雨季多枯死。

2. 分株繁殖　5 月前将母株根部萌蘖用手掰下，每 3～5 个芽栽在一起，注意浇水，露地栽植的每 3～5 年可分株一次。

3. 扦插繁殖　春季新芽长到 5cm 左右时，将芽掰下，插入装有素沙的苗床及浅盆中，扣上塑料薄膜，置于室内阳光不直射的地方。如果繁殖量过大，可搭荫棚，于露地扣棚扦插，温度保持在20℃左右，在叶面和苗床上喷淋药水（1 000倍40%氧化乐果+1 000倍多菌灵溶液），起杀虫杀菌作用，1个月即可生根。

【栽培管理】

1. 露地栽培 选背风向阳而又排水良好的土地，结合整地施入厩肥或堆肥作基肥，化肥以磷酸二铵效果最好。5月初至中旬移植，株距40～45cm为宜，栽植深度比原深度略深1～2cm。生长期经常浇水，保持土面湿润。6～7月生长旺季，可追1～3次人粪尿或饼肥。在东北，有些品种应在根部盖草或覆土保护越冬。11月中旬浇一次封冻水，开春浇一次返青水。

2. 盆栽 每年春季新芽萌发后换一次盆，换盆时要换土，园土3份、鹿粪3份、炉灰1份混合。盆底可施入少量的磷酸二铵作基肥，换盆后应浇透水。当新芽生长到6～7cm时，应根据盆的大小，选留部分健壮的芽，剪除多余的芽，一般口径20cm的盆可留4～5个芽。生长期间要及时追肥，可用腐熟的人粪尿、豆饼水、化肥溶液，2～3周追一次肥。注意浇水，保持土壤疏松、湿润，注意调节向光性，使植株健壮、挺直。

【应用】宿根福禄考花期长，花色多，花冠美丽，可布置花坛、花境，也可点缀于草坪中。作盆栽及切花，是美化厅堂、居室的好材料。

（十四）萱草

【学名】*Hemerocallis fulva*

【别名】忘忧草

【英名】daylily

【科属】百合科萱草属

【产地及分布】原产我国南部、欧洲南部及日本，我国各地广泛栽培。

【形态特征】萱草为多年生宿根草本。根状茎粗短，有多数肉质根。叶基生，披针形，长30～60cm，宽22.5cm，排成二列状。花茎高90～110cm。圆锥花序着花6～12朵，橘红至橘黄色，阔漏斗形，长7～12cm，边缘稍为波状，盛开时裂片反卷；花径约11cm，无芳香。花期7～8月。有重瓣变种。单花开放1d，有朝开夕凋的昼开型、夕开次晨凋的夜开型以及夕开次日午后凋谢的夜昼开型。

【种类与品种】萱草属约20种，我国产约8种。常见栽培种还有：

（1）黄花萱草（*H. flava*） 黄花萱草为宿根草本。叶片深绿色，带状，长30～60cm，拱形弯曲。花茎高约125cm。顶生疏散圆锥花序，着花6～9朵，花淡柠檬黄色，浅漏斗形，花径约9cm。花傍晚开次日午后凋谢，具芳香。花期5～7月。

（2）黄花菜（*H. citrina*） 黄花菜又名金针菜，为宿根草本。叶片较宽长，深绿色，长75cm左右，宽1.5～2.5cm。花序上着花多达30朵左右，花序下苞片呈狭三角形，花淡柠檬黄色，背面有褐晕，花被长13～16cm，裂片较狭，花梗短，具芳香。花期7～8月。花傍晚开，次日午后凋谢。

（3）大苞萱草（*H. middendorffii*） 大苞萱草为宿根草本。叶长30～45cm，宽2～2.5cm，低于花茎。花2～4朵簇生于花茎顶端，花有芳香，花瓣长8～10cm，花梗极短，花朵紧密，具有大型三角形苞片。花期7月。

（4）小黄花菜（*H. minor*） 小黄花菜为宿根草本。高30～60cm。叶绿色，长约50cm，宽6mm。花茎着花2～6朵，黄色，外有褐晕，长5～10cm，有香气。傍晚开花。花期 6～8 月。花蕾可食用。

（5）大花萱草（*H. hybrida*） 大花萱草又名多倍体萱草。宿根草本，为园艺杂交种。具短根状茎及纺锤状块根。生长势强壮。叶基生，披针形，长 30～60cm，宽 3～4cm，排成二列状。花茎高 80～100cm。圆锥花序着花 6～10 朵，花大，花径 14～20cm，无芳香，有红、紫、粉、黄、乳黄及复色。花期 7～8 月。

【生物学特性】萱草适应性强，喜阳光充足、排水良好并富含腐殖质的湿润土壤，耐阴、耐旱、耐瘠薄，对土壤要求不严。生长期需温暖的气候，同时注意追肥。

【繁殖】萱草采用分株和播种繁殖。

1. 分株繁殖 植株生长 3 年以上，分蘖已过分拥挤，需将其掘出进行分根。用快刀将根切成几块，每块上留有 3～5 个芽，每块分穴定植，不影响当年的观赏效果。

2. 播种繁殖 部分结实种类可播种繁殖。秋季采种后即播入土中，翌春出苗。春播前可用 20～25℃的温水将种子浸 8～12h，以促进发芽和提高发芽率。播种苗 2～3 年开花。

【栽培管理】

1. 栽培技术 萱草多采用穴植，行距 65～100cm，株距 35～50cm，栽植不宜过深或过浅。过深分蘖慢，过浅分蘖虽快，但多生长瘦弱，一般定植穴深度在 30cm 以上，施入基肥至离地面 15～20cm，然后栽植，踩实并浇透水。春秋两季栽植均可。一般在春天发芽前、返青、拔草时进行浇水，并结合浇水进行施肥，之后进行中耕除草，秋后除去地上茎叶，随即培土，于开花前后追肥长势更好，花大而艳。

2. 病虫害防治 萱草茎、花易受蚜虫危害，用 40％氧化乐果、80％敌敌畏1 000倍液防治。

【应用】萱草花色鲜艳，栽培容易，且春季萌发早，绿叶成丛，极为美观，园林中多丛植或用于花坛、花境、路旁栽植。萱草耐半阴，又可作疏林地被应用，是很好的地被材料，也可作切花。

（十五）荷兰菊

【学名】*Aster novi-belgii*

【别名】柳叶菊、寒菊

【英名】New York aster

【科属】菊科紫菀属

【产地及分布】原产北美，世界各地均有栽培。

【形态特征】荷兰菊为宿根草本。植株高 40～90cm，主茎直立，多分枝。叶线状披针形，光滑，幼嫩叶常带有紫色。头状花序伞房状着生，花径 2～4cm，花色有浅蓝、蓝、紫红、粉白等色。花期 9 月中下旬。

【种类与品种】

1. 同属其他栽培种 紫菀（*A. tataricus*），又名青菀，株高 40～150cm，花色有紫、红、蓝、白等。

2. 品种 荷兰菊常见矮生品种有‘丁香红’、‘皇冠紫’、‘蓝夜’、‘蓝梦’、‘粉雀’。

【生物学特性】荷兰菊性耐寒、耐旱，喜阳光、干燥和通风良好，要求富含腐殖质的疏松肥沃、排水良好的土壤。

【繁殖】荷兰菊以扦插、分株繁殖为主，也可播种繁殖。

1. 扦插繁殖 5～6 月剪 5～6cm 长、有 3～4 节的嫩梢作插条，苗床可用素沙或沸腾炉炉灰，苗床需遮阴，温度控制在18～25℃，保持土壤湿润，2～3周即可生根，生根后即可定植。

2. 分株繁殖 春季4～5月新芽长出后进行，将根掘起，新萌发的小芽长8～10cm时都带有壮实的根，可分为2～3个芽一墩，也可单株定植，踩实并适当浇水，使新分株穴保持湿润。可隔年分株一次。

3. 播种繁殖 播种于春季在温室或温床内进行，保持18～20℃，约1周可发芽。苗高3～4cm时分苗一次，7～8cm时以株行距8cm×8cm移植，5月中旬可露地定植，株行距30～50cm×30～50cm。花前追肥2～3次，生长期适当摘心，促使植株生长茂盛。

【栽培管理】

1. 栽培技术 荷兰菊多选择向阳、肥沃、排水良好的地方栽植，整地后施足堆肥作基肥，株行距30cm×40cm，穴植应加深1～2cm，踩实、浇水。出苗后与开花前需追肥，浇透水。天旱时注意浇水。在生长期按不同的栽植目的可进行几次修剪整形，进入9月后不再修剪，防止剪掉花蕾影响开花。如果想在十一开花，应在8月底进行最后摘心；要在五一开花，可于上一年9月剪嫩枝扦插，或深秋挖老根上盆，冬季在低温温室培育。

2. 病虫害防治 荷兰菊栽植密度过大时，由于植株下部湿度过大而易发生紫菀白粉病，除加强管理外，应确保合理的栽植密度，一旦发现病害，应喷施可湿性硫黄粉或粉锈宁防治。荷兰菊易发生蚜虫、红蜘蛛，危害叶和茎部，造成叶片枯黄影响生长，可用40%氧化乐果或40%辛硫磷1 000倍液防治。

【应用】荷兰菊花色淡雅，又为宿根，在我国东北地区能露地越冬，为庭院绿化极佳材料，可用于花坛、花境、丛植，尤其适合点缀岩石园和野趣园。也可盆栽，同时也是切花的良好材料。

（十六）紫松果菊

【学名】*Echinacea purpurea*

【别名】松果菊

【英名】purple coneflower

【科属】菊科紫松果菊属

【产地及分布】原产北美，我国大部分地区有栽培。

【形态特征】紫松果菊为多年生草本。株高80～120cm。叶卵形或披针形，缘具疏浅锯齿，基生叶基部下延，茎生叶叶柄基部略抱茎。头状花序单生或数朵集生，花径8～10cm；舌状花一轮，玫瑰红或紫红色，稍下垂；中心管状花具光泽，呈深褐色，盛开时橙黄色。花期7～9月。

【生物学特性】紫松果菊性强健且耐寒，在吉林省可露地越冬。喜光照及深厚、肥沃的壤土，能自播繁衍。

【繁殖】紫松果菊采用播种和分株繁殖。早春4月露地直播，常规管理，7～8月开花，也可在温室、大棚中播种育苗，经1～2次移植后即可定植，株距约40cm。春、秋可分株繁殖。

【栽培管理】4月中旬及时浇返青水，4～6月是生长期，要不断浇水，保持土壤湿润。7～8月正值雨季，要注意排水，并防止植株倒伏，为使翌年开花良好，要注意及时进行花后修剪，同时加强肥水管理。秋末要清理园地施基肥，入冬前浇足封冻水，为翌年生长打好基础。

【应用】紫松果菊适用于野趣园，是理想的花境、花坛材料，也可丛植于花园、篱边、山前或湖岸边。水养持久，是良好的切花材料。

（十七）大金鸡菊

【学名】*Coreopsis lanceolata*

【别名】剑叶金鸡菊、线叶金鸡菊

【英名】lance coreopsis

【科属】菊科金鸡菊属

【产地及分布】原产北美，我国各地均有栽培或野生。

【形态特征】大金鸡菊为多年生草本。株高30～70cm，全株疏生白色柔毛。叶多簇生基部或少数对生，基生叶全缘，长圆状匙形至披针形，茎生叶3～5裂。头状花序，单生，具长梗，花径6～7cm，花金黄色。花期6～10月。瘦果具膜质翅，种子可保存3年，发芽率达95%。有大花重瓣、半重瓣等园艺品种。

【种类与品种】同属常见栽培种还有：

（1）大花金鸡菊（*C. grandiflora*）　大花金鸡菊为多年生草本，茎直立，多分枝，高30～80cm，基生叶羽状全裂，裂片线形或线状长圆形。

（2）蛇目菊（*C. tinctoria*）　蛇目菊为一、二年生草本，叶对生，二回羽状深裂。舌状花单轮，黄色，基部褐红色。

【繁殖】大金鸡菊采用播种及分株繁殖。由于可以自播繁衍，播种繁殖大多在种子成熟之后，即在8月进行，也可于4月露地直播，当年7～8月开花。分株繁殖于4～5月进行。

【栽培管理】大金鸡菊适应性强，不择土壤，但在肥沃深厚的土壤中长势更佳。可于早春将植株掘出，把大墩根芽分成数份，切割后，挖穴深25～30cm栽入，培土、踏实、浇透水即可。7～8月要特别注意排水，防止倒伏，并及时摘叶，剪掉枯枝和花梗，以减少不必要的养分消耗，促使植株开花。

【应用】大金鸡菊花色鲜艳，适宜布置花坛、花境，是道路、坡地、缀花草坪良好的美化材料，也可作切花用。由于易自播繁衍，可作为地被材料。

（十八）玉簪

【学名】*Hosta plantaginea*

【别名】玉春棒、白玉簪

【英名】fragrant plantain lily

【科属】百合科玉簪属

【产地及分布】原产我国，世界各地均有栽培。

【形态特征】玉簪为多年生草本。株高可达50～70cm。叶基生或丛生，卵形至心状卵形，具长柄，平行脉，端尖，基部心形，长15～30cm，宽10～15cm。顶生总状花序，高出叶面，花被筒长13cm，下部细小，形似簪，白色，具芳香。花期7～8月。有重瓣及花叶品种。

【种类与品种】玉簪属约40种，多分布在东亚，我国有6种，玉簪栽培最广泛。其他常见栽培种还有：

（1）狭叶玉簪（*H. lancifolia*）　狭叶玉簪叶卵状披针形至长椭圆形，花淡紫色，较小。有叶具白边或花叶的变种，花白色，较大，有芳香。

（2）紫萼（*H. ventricosa*）　紫萼叶阔卵形，叶柄边缘常下延呈翅状，花淡紫色，较大。

【生物学特性】玉簪性强健，忌直射光，在强光下栽植，叶片有焦灼样，叶边缘枯黄。植于树下、建筑物背阴处长势甚好，花鲜艳，叶浓绿。

【繁殖】玉簪多采用分株繁殖，极易成活，当年即可开花。4月或10月将根掘出，晾晒1～2d，使其失水，避免太脆切分时易折，用快刀切分，可3～5个芽为一墩，植于土穴中。分根后浇一次透水，以后浇水不宜过多，以免烂根。一般3～5年分根一次，盆栽3年分株一次。

【栽培管理】

1. 栽培技术 玉簪多为穴植，选择背阴处，株行距30cm×50cm，穴深15～25cm，以不露出白根为度，覆土后与地面相平。基肥不足时，可于开花前施氮肥及磷肥。盆栽以园土、腐殖质、煤渣按3∶3∶1配成培养土，冬季置于冷室，温度保持在2～5℃为宜，不浇水。翌年4～5月出室，放于阴处，浇水，并需适量追肥。

2. 病虫害防治 玉簪易受蜗牛危害，当有症状呈现时，可灌施40%氧化乐果800～1 000倍液和80%敌敌畏1 000倍液，效果较好。

【应用】玉簪为典型的喜阴花卉，可丛植于林荫下、建筑物及庭院背阴处，花香叶美，是园林绿化的极佳材料。近年已选育出矮生及观叶品种，多用于盆栽观赏或切花、切叶。

（十九）天竺葵

【学名】*Pelargonium hortorum*

【别名】洋绣球、入腊红、石蜡红

【英名】geranium

【科属】牻牛儿苗科天竺葵属

【产地及分布】原产南非，我国各地常见栽培。

【形态特征】天竺葵为多年生草本。株高30～60cm，为一园艺杂交种。茎肉质，基部稍木质化，通体被细毛和腺毛，具鱼腥气味。单叶互生，圆形至肾形，叶面通常有暗红色马蹄纹。伞形花序顶生，花在蕾期下垂，花瓣下面3瓣稍大，花色有红、淡红、白、肉红等色。有单瓣和重瓣品种，还有彩叶变种，叶面具黄、紫、白色的斑纹。花期10月至翌年6月，最佳观赏期4～6月。除盛夏休眠外，其他季节只要环境条件适宜，皆可不断开花。

【种类及品种】天竺葵属有250种，常见栽培其他种有：

（1）大花天竺葵（*P. domesticum*） 大花天竺葵又名蝴蝶天竺葵、洋蝴蝶。多年生草本，亚灌木状。株高30～50cm，为一园艺杂交种，全株具软毛。单叶互生，叶广心脏状卵形，叶面微皱，边缘锯齿较锐。花大，径约5cm，有白、淡红、粉红、深红等色，上面两瓣较大，且有深色斑纹。每年开花一次，花期3～7月。

（2）马蹄纹天竺葵（*P. zonale*） 马蹄纹天竺葵为多年生草本，亚灌木状。株高30～40cm，茎直立，圆柱形，肉质。叶倒卵形，叶面有深褐色马蹄状斑纹，叶缘具钝齿。花瓣同色，上面两瓣较短，有深红至白等色。花夏季盛开。

（3）盾叶天竺葵（*P. peltatum*） 盾叶天竺葵又名藤本天竺葵。多年生草本，亚灌木状。茎半蔓性，分枝多，匍匐或下垂。叶盾形，具五浅裂，锯齿不显。花总梗长可达7.5～20cm，着花4～8朵，有白、粉、紫、水红等色。上面两瓣较大，有暗红色斑纹。花期5～7月。

天竺葵还有很多园艺品种，如‘精英’系列、‘卧猫’系列、‘玛瑙’系列。

【生物学特性】天竺葵喜凉爽，怕高温，也不耐寒；要求阳光充足；不耐水湿，而稍耐干燥，宜排水良好的肥沃壤土。

【繁殖】天竺葵可采用扦插、播种繁殖。

1. 扦插繁殖 选一年生健壮嫩枝于春、秋扦插，切口需经晾干后再插。插后浇一次透水，以后保持湿润，1个月左右可生根发芽。

2. 播种繁殖 宜在3～6月采种，此期间温室环境比较干燥，利于种子充分成熟。一般花后约50d种子成熟，成熟后即可播种，也可在秋季或春季播种。宜用轻松沙质培养土，在13℃下，7～10d发芽。播种后半年至一年即可开花。

【栽培管理】

1. 栽培技术 春、秋季节天气凉爽，最适于天竺葵生长。冬季在室内白天15℃左右、夜间不低于5℃，保持充足的光照，即可开花不绝。夏季炎热，植株处于休眠或半休眠状态，要置于半阴处，注意控制浇水并注意防涝。花后或秋后适当进行短截式疏枝，使其重新萌发新苗，有利于翌年生长开花。

天竺葵根系多肉质，性喜干燥，忌水湿。由于浇水不当而引起天竺葵烂根是养护管理中常见的问题。防止天竺葵烂根，除了科学浇水外，还应选择好土壤。黏重土结构不良，排水透气性差，因而不可用来栽植天竺葵，宜选择富含腐殖质、排水透气性良好的沙质壤土。另外在移栽时，要尽可能使根系完好无损，损伤了的根系，浇水后极易发霉腐烂。

2. 病虫害防治 线虫是天竺葵的常见病虫害。气温在25～35℃、湿度40%左右时，是线虫侵入天竺葵根部的最宜时期，可用3%呋喃丹10倍液浇灌。或者在盆花浇透水后，在盆上盖一层2cm厚拌有农药的细沙，线虫因土中空气不足，很快就从湿盆土中钻入沙中呼吸，然后把沙子去掉，2～3次可以根治。

【应用】天竺葵是重要的盆栽花卉，栽培极为普遍，有观花和观叶两类。北京、上海、东北等地常用作春夏花坛材料，是五一花坛布置常用的花卉。

（二十）随意草

【学名】*Physostegia virginiana*

【别名】假龙头花、芝麻花

【英名】virginia false-dragonhead

【科属】唇形科随意草属

【产地及分布】原产北美，现广泛栽培。

【形态特征】随意草为多年生宿根草本。株高60～90cm，植株直立挺拔，茎呈四棱形。单叶对生，披针形，边缘有锯齿，质地粗糙。穗状花序顶生，从下至上依次开放，花色有白、红、紫红等。花期7～9月。

【生物学特性】随意草喜阳光充足、通风良好的环境。较耐寒，能耐轻霜冻，适应能力强。耐旱，耐肥，不耐涝。地下匍匐根茎发达，花后植株地上部分衰老枯萎，地下根茎萌蘖出新芽形成植株。

【繁殖】随意草常采用播种繁殖，发芽适温为18～25℃，种子撒播，育苗基质要求质地松软，透气性佳，覆土约为种子直径的2倍，保持盆土湿润，10～15d即可出苗。假龙头花匍匐根茎发达，萌蘖性较强，可在早春或花后挖出生长旺盛的植株进行分株，易成活。

【栽培管理】随意草幼苗长出4～6片真叶时进行摘心，促使株型低矮紧凑。高温季节要注意适时浇水，保持盆土湿润。每半个月追肥一次可促使开花量多色艳。花后剪去枯枝，移至大棚越冬，翌年春天再进行分株。

【应用】随意草株型挺拔，穗状花序小花从下至上依次开放，花色淡雅清丽，是优良的庭院花境材料。可与深蓝鼠尾草、柳叶马鞭草等构成别具一格的蓝紫色花境。

（二十一）蓍草

【学名】*Achillea sibirca*

【英名】yarrow

【科属】菊科蓍属

【产地及分布】原产东亚、西伯利亚及日本，我国东北、华北及宁夏、甘肃、河南等地分布，现各地广泛栽培。

【形态特征】蓍草为多年生宿根草本。株高 40～110cm，茎直立挺拔。叶片披针形，二回羽状全裂，有少数锯齿。头状花序顶生，聚集成复伞房花序，花丛紧凑，花色丰富。花期夏秋季。

【种类与品种】蓍属有约 85 个种，园艺品种极为丰富。常见栽培种还有：

（1）千叶蓍（*A. millefolium*）　千叶蓍株高 30～100cm，叶片深裂更为明显，枝叶扶疏。

（2）珠蓍（*A. ptarmica*）　珠蓍株高 30cm，叶长披针状线形，锯齿刺状。

【生物学特性】蓍草喜光，耐寒耐瘠薄，湿度过高易引起倒伏。对土壤要求不严，但需排水性良好，在富含有机质的石灰质沙壤土上生长良好。

【繁殖】蓍草多采用分株和扦插繁殖。分株四季均可进行，夏季分株后需进行遮阴处理。分株时以 2～3 个芽为一丛，分栽间距 30～40cm 为佳。扦插以 5～6 月为好，剪取其开花茎，除去顶上的花序，插条剪成 15cm，保留少许叶片，叶片适当剪短，扦插于疏松、透水的基质中，及时浇水、遮阴，1 个月后生根，便可长成植株。

【栽培管理】蓍草耐旱，是优良的城市绿化节水植物。春季进行摘心和修剪可以促进夏季开花。夏季温湿度过高易造成植株倒伏，花后宜及时进行修剪。

【用途】蓍草株型优美，花色丰富，同时也耐瘠薄，是理想的岩石园材料。应用在花境中，与对肥水要求不高的阳性花卉搭配种植效果较好，如钓钟柳、蓝刺头、紫松果菊、柳叶马鞭草等。

（二十二）‘斑叶’芒

【学名】*Miscanthus sinensis* ‘Zebrinus’

【科属】禾本科芒属

【产地及分布】分布广泛，我国华北、华中、华南、华东及东北地区均适宜生长。

【形态特征】‘斑叶’芒为多年生禾本科草本植物。丛生状，株高 80～120cm，株丛密集。叶鞘生于节间，鞘口有柔毛，叶片长 20～45cm，狭长披针形，具黄白色环状斑。圆锥花序扇形，具芒，秋季形成白色大花序。

【生物学特性】‘斑叶’芒喜光，也耐半阴。生性强健，抗性强，喜潮湿、肥沃的壤土。

【繁殖】‘斑叶’芒常采用分株繁殖。

【栽培管理】‘斑叶’芒叶片上的斑点受温度影响，早春气温较低时往往没有斑点，夏季高温也会使斑纹减弱，因此栽培时需注意周边小气候，保持优良的观赏性。

【应用】‘斑叶’芒植株秀丽，色彩亮丽，花序柔美飘逸。在庭院布置中常起衬托与点缀作用，可成为花境的亮点。

第三节　其他宿根花卉

其他宿根花卉见表10-5。

表10-5　其他宿根花卉

中　名（别名）	学　名	科　属	花期	花　色	繁殖方法	特性及应用
春黄菊	*Anthemis tinctoria*	菊科 春黄菊属	6～9月	黄、白	播种、分株	耐寒，喜凉爽，喜光，株高30～60cm，宜花境、花坛、岩石园点缀，可作切花材料
亚菊	*Ajania pallasiana*	菊科 亚菊属	9～11月	黄	分株、扦插	喜光地被，株高30～60cm，宜作花坛、花境材料
大花矢车菊	*Centaurea macrocephala*	菊科 矢车菊属	6～7月	金黄	播种、分株	耐寒，喜光，株高40～90cm，宜布置花坛、花境，或作切花
飞蓬	*Erigeron speciosus*	菊科 飞蓬属	春、夏	淡紫、淡红	播种、分株、自播性强	耐寒，喜光，株高40～80cm，宜花境、背景栽植或作切花
泽兰	*Eupatorium japonicum*	菊科 泽兰属	秋	白	播种、分株、扦插	耐寒，喜冷凉，高1～2m，宜花境栽植
堆心菊	*Helenium autumnale*	菊科 堆心菊属	7～10月	黄	播种，自播性强	耐寒，喜光，高1m，宜花境栽植或作切花
艳花向日葵	*Helianthus laetiflorus*	菊科 向日葵属	7～9月	黄	播种	高1～2m，宜花境栽植或作切花
金光菊	*Rudbeckia laciniata*	菊科 金光菊属	6～8月	黄	播种、分株	耐寒，喜光，高80～150cm，宜布置花境，或作切花
一枝黄花（加拿大一枝黄花）	*Solidago canadensis*	菊科 一枝黄花属	7～9月	黄色	播种、分株或扦插	耐严寒，耐－25℃低温，喜凉爽，也耐热，株高1～2m，自然式栽培，丛植或作背景材料，也可作切花
乌头	*Aconitum carmichaeli*	毛茛科 乌头属	秋	淡蓝	播种、分株	耐寒，耐半阴，株高1m，宜花境、林下栽植，也可作切花
耧斗菜	*Aquilegia vulgaris*	毛茛科 耧斗菜属	5～6月	白、紫、蓝	春、秋播种	耐寒，喜半阴，高40～80cm，宜布置花坛、花境，较高品种可作切花
杂种铁线莲 大瓣铁线莲	*Clematis hybridus* *C. macropetala*	毛茛科 铁线莲属	6～9月	蓝、紫、红、粉、白	扦插、压条、嫁接、播种	耐寒，喜冷凉和半阴，蔓性，园林篱垣种植，可作切花
白头翁	*Pulsatilla chinensis*	毛茛科 白头翁属	3～5月	紫、粉	播种	耐寒，喜凉爽，耐旱，喜光，高20～40cm，宜布置花坛、花境，或作地被
唐松草	*Thalictrum aquilegifolium*	毛茛科 唐松草属	7～8月	白	播种、分株	耐寒，喜光，高60～150cm，宜布置花境、花坛

（续）

中　名 （别名）	学　名	科　属	花期	花　色	繁殖方法	特性及应用
瓣蕊唐松草	*Th. petaloideum*	毛茛科 唐松草属	6～7月	白	播种、分株	耐寒，喜光，高20～50cm，宜布置花境、花坛
展枝唐松草	*Th. squarrosum*	毛茛科 唐松草属	6～7月	淡黄绿	播种、分株	耐寒，喜光，高60～100cm，宜布置花境、花坛
金莲花	*Trollius chinensis*	毛茛科 金莲花属	6～7月	金黄	播种、分株	耐寒，喜光，喜冷凉，忌炎热，株高40～90cm，宜布置花坛、花境，或作切花
沙参	*Adenophora tetraphylla*	桔梗科 沙参属	6～8月	蓝、白	播种、分株	耐寒，耐旱，喜半阴，株高30～150cm，宜花坛、花境、林缘栽植
丛生风铃草	*Campanula carpatica*	桔梗科 风铃草属	7～9月	蓝紫、蓝白	播种、分株	耐寒，喜凉爽，喜光，高20～40cm，宜布置花坛、花境
意大利风铃草	*C. isophylla*	桔梗科 风铃草属	6～9月	蓝、白	播种、分株	高10～20cm，盆栽
桃叶风铃草	*C. persicifolia*	桔梗科 风铃草属	5～7月	蓝、白	播种、分株	高60～90cm，宜布置花坛，或作切花
聚花风铃草	*C. glomerata*	桔梗科 风铃草属	5～9月	蓝、白	播种、分株	高40～100cm，宜布置花境，盆栽，或作切花
紫斑风铃草	*C. punctata*	桔梗科 风铃草属	6～8月	白有紫斑	播种、分株	高20～60cm，宜布置花坛、花境、岩石园
桔梗 （僧冠帽）	*Platycodon grandiflorum*	桔梗科 桔梗属	6～9月	白、蓝	播种、分株	耐寒，喜湿润，耐半阴，高30～100cm，宜布置花坛、花境、岩石园，或作切花
岩生庭荠	*Alyssum saxatilis*	十字花科 庭荠属	4月	黄	播种、扦插	耐寒，耐旱，株高15～30cm，丛生状，宜花境镶边、岩石园栽植，或作地被
落新妇	*Astilbe chinensis*	虎耳草科 落新妇属	6～7月	粉	播种、分株	耐寒，喜光，喜半阴，株高50～80cm，宜花境、花坛、盆花，或作切花
射干	*Belamcanda chinensis*	鸢尾科 射干属	7～8月	红、橙	播种、分株	耐寒，喜光，耐半阴，株高50～100cm，宜布置花坛、花境，或作切花
剪秋罗 皱叶剪秋罗 大花剪秋罗 剪夏罗	*Lychnis senno* *L. chalcedonica* *L. fulgens* *L. coronata*	石竹科 剪秋罗属	5～7月	橙红 砖红、红、白 深红、白 红、橙红	播种、分株	耐寒，喜冷凉，喜光，耐半阴，株高40～80cm，宜花坛、花境栽植，或作为地被植物，或作切花
石碱花 （肥皂草）	*Saponaria officinalis*	石竹科 肥皂草属	6～8月	白、粉	播种、分株、扦插	耐寒，耐旱，株高30～100cm，宜花境、花坛，或作地被植物

（续）

中 名 （别名）	学 名	科 属	花期	花 色	繁殖方法	特性及应用
火炬花 （火把莲）	*Kniphofia uvaria*	百合科 火把莲属	夏	红、橙、黄	播种、分株	耐寒，喜光，喜温暖，株高60～90 cm，宜布置花坛、花境，或作切花
宿根香豌豆	*Lathyrus latifolius*	豆科 香豌豆属	7～8月	白、红、紫	播种	半耐寒，喜光，蔓性，宜篱垣栽植，或作切花
宿根亚麻 （蓝亚麻）	*Linum perenne*	亚麻科 亚麻属	6～7月	淡蓝、白	播种、分株	耐寒，喜光，高40～80cm，宜花坛、花境丛植或镶边
钓钟柳	*Penstemon campanulatus*	玄参科 钓钟柳属	6～9月	紫、粉、红、白	播种、扦插分株	不耐寒，喜光，忌炎热，忌涝，株高40～80cm，宜布置花境、花坛，也可盆栽
细叶婆婆纳	*Veronica linariifolia*	玄参科 婆婆纳属	6～7月	蓝紫色	播种、分株	耐寒，喜光，喜冷凉，高30～80cm，总状花序细长，宜布置花境
穗花婆婆纳	*V. spicata*	玄参科 婆婆纳属	6～8月	蓝	播种	喜光，耐半阴，耐寒，不择土壤，忌冬季湿涝，株高30～60cm，花序秀美，花色淡雅，宜作花镜、岩石园等点缀
花荵	*Polemonium coaeruleum*	花荵科 花荵属	6～8月	蓝、紫	播种、分株	耐寒，耐旱，喜光，耐半阴，高40～70cm，宜布置花坛、花境，林缘栽植，或作切花
大花蓝盆花 华北蓝盆花	*Scabiosa superba* *S. tschiliensis*	川续断科 蓝盆花属	6～8月	蓝、紫	播种	耐寒，喜冷凉，喜光，高40～80cm，宜布置花坛、花境，或作切花
山桃草	*Gaura lindheimeri*	柳叶菜科 山桃草属	夏、秋	白、粉	播种	喜凉爽及半湿润气候，耐寒，喜光，要求肥沃、疏松的沙质壤土，花形似桃花，群植效果壮观，宜作花境栽植
羽叶薰衣草	*Lavandula pinnata*	唇形科 薰衣草属	春、夏	蓝紫	播种、扦插	需全光照环境，要求排水良好、略带碱性的沙质壤土，株高30～50cm，叶片深裂细碎，花色清丽，花序迷人，质地柔软，是传统欧洲花园中常用的花境材料

复习思考题

1. 列举5种常见的宿根花卉，说明其科属特征。
2. 根据栽培和应用方式，菊花分为哪几类？
3. 菊花莲座化现象产生的原因是什么？在生产中如何预防其发生？
4. 简述芍药与牡丹的异同点。

第十一章　球根花卉

第一节　概　　述

一、球根花卉的定义与特点

球根花卉（bulb flower）是多年生花卉中的一大类，在不良环境条件下，于地上部茎叶枯死之前，植株地下部的茎或根发生变态，膨大形成球状或块状的贮藏器官，并以地下球根的形式渡过其休眠期（寒冷的冬季或干旱炎热的夏季），至环境条件适宜时，再度生长并开花。可以利用地下球根蘖生的子球或其地下膨大部分进行无性繁殖。

由于球根花卉种类多，品种极为丰富，适应性强，栽培容易，管理简便，加之球根种源交流便利，因此广泛应用于花坛、花境、花带、岩石园或作地被、基础栽植等园林布置，还是商品切花和盆花的优良材料。

二、球根花卉的分类

（一）根据球根形态和变态部位分类

根据球根的形态和变态部位，球根花卉可分为六大类。

1. 鳞茎类（bulb）　鳞茎是变态的枝叶，其地下茎短缩呈圆盘状的鳞茎盘（bulbous plate），其上着生多数肉质膨大的变态叶——鳞片（scale），整体呈球形。鳞茎盘的顶端为生长点（顶芽），鳞片多由叶基或叶鞘基肥大而成，简单的鳞茎如朱顶红的鳞片全部由叶基特化而成，郁金香的鳞片则全部由叶鞘基特化而来，水仙的鳞片则由叶基与叶鞘基共同特化而成。成年鳞茎的顶芽可分化花芽，幼年鳞茎的顶芽为营养芽。鳞茎盘上鳞片的腋内分生组织形成腋芽，形成茎、叶或子鳞茎（bulblet）。

根据鳞片排列的状态，通常又将鳞茎分为有皮鳞茎（tunicated bulb）和无皮鳞茎（nontunicated bulb）。有皮鳞茎又称层状鳞茎（laminate bulb），鳞片呈同心圆层状排列，于鳞茎外包被褐色的膜质鳞皮（tunic），以保护鳞茎，如郁金香、风信子、水仙、石蒜、朱顶红、文殊兰等大部分鳞茎花卉。无皮鳞茎又称片状鳞茎（scaly bulb），鳞茎球体外围不包被膜状物，肉质鳞片沿鳞茎的中轴呈覆瓦状叠合着生，如百合、贝母等。

依鳞茎的寿命可分为一年生和多年生两类。一年生鳞茎每年更新，母鳞茎的鳞片在生育期间由于贮藏营养耗尽而自行解体，由顶芽或腋芽形成的子鳞茎代替，如郁金香等。多年生鳞茎的鳞片可连续存活多年，生长点每年形成新的鳞片，使球体逐年增大，早年形成的鳞片被推挤到球体外围，并依次先后衰亡，如百合、水仙、风信子、石蒜等。

2. 球茎类（corm）　地下茎短缩膨大呈实心球状或扁球形，其上着生环状的节，节上着生叶鞘和叶的变态体，呈膜质包被于球体上。顶端有顶芽，节上有侧芽，顶芽和侧芽萌发生长形成新的花茎和叶，茎基则膨大形成下一代新球，母球由于养分耗尽而萎缩，在新球茎发育的同时，其基部发生的根状茎先端膨大形成多数小球茎（cormel）。

球茎有两种根，一种是母球茎底部发生的须根，其主要功能是吸收营养与水分；此外，在新球茎形成初期，于新球茎基部发生粗壮的牵引根或称收缩根（contractile root），其功能是牵引新球茎不远离母体，并使之不露出地面。常见的球茎花卉如唐菖蒲、小苍兰、番红花、秋水仙、观音兰、虎眼万年青等。

3. 块茎类（tuber）　地下茎变态膨大呈不规则的块状或球状，但块茎外无皮膜包被。块茎由地下根状茎顶端膨大而成，上面具有明显的呈螺旋状排列的芽眼，块茎上不能直接产生根，主要靠形成的新块茎进行繁殖，如花叶芋。

4. 块状茎类（tuberous stem）　地下茎由种子下胚轴和少部分上胚轴及主根基部膨大而成，其芽着生于块状茎的顶部，须根则着生于块状茎的下部或中部，能连续多年生长并膨大，但不能分生小块状茎，因此需用播种繁殖或人工方法繁殖，如仙客来、球根秋海棠、大岩桐等。

5. 根茎类（rhizome）　地下茎呈根状肥大，具明显的节与节间，节上有芽并能发生不定根，根茎往往水平横向生长，地下分布较浅，又称为根状茎。其顶芽能发育形成花芽开花，而侧芽形成分枝，如美人蕉、姜花、红花酢浆草、铃兰等。

6. 块根类（tuberous root）　块根为根的变态，由侧根或不定根膨大而成，其功能是贮藏养分和水分。块根无节、无芽眼，只有须根。发芽点只存在于根颈部的节上，故块根一般不直接用作繁殖材料。典型的块根如大丽花、花毛茛、欧洲银莲花等。

（二）根据栽培习性分类

球根花卉的种类和园艺栽培品种极其繁多，原产地涉及温带、亚热带和部分热带地区，因此生长习性各不相同。一般来说，球根花卉宜阳光充足、温度适宜，对土壤条件要求较高，喜欢疏松肥沃、排水良好的沙质壤土或壤土，最忌水湿或积水。根据栽培习性可分为春植球根和秋植球根。

1. 春植球根　春植球根多原产中南非洲、中南美洲的热带、亚热带地区和墨西哥高原等地区，如唐菖蒲、朱顶红、美人蕉、大岩桐、球根秋海棠、大丽花、晚香玉等。这些地区往往气候温暖，周年温差较小，夏季雨量充足，因此春植球根的生育适温普遍较高，不耐寒。这类球根花卉通常春季栽植，夏秋季开花，冬季休眠。进行花期调控时，通常采用低温贮球，先打破球根休眠再抑制花芽的萌动，延迟花期。

2. 秋植球根　秋植球根多原产地中海沿岸、小亚细亚、南非开普敦地区和大洋洲西南、北美洲西南部等地，如郁金香、风信子、水仙、球根鸢尾、番红花、仙客来、花毛茛、小苍兰、马蹄莲等。这些地区冬季温和多雨，夏季炎热干旱，为抵御夏季的干旱，植株的地下茎变态肥大成球根状并贮藏大量水分和养分，因此秋植球根较耐寒而不耐夏季炎热。

秋植球根类花卉往往在秋冬季种植后进行营养生长，翌年春季开花，夏季进入休眠期。其花期调控通常可利用球根花芽分化与休眠的关系，采用种球冷藏，即人工给予自然低温过程，再移入温室进行催花。这种促成栽培的方法对那些在球根休眠期已完成花芽分化的种类效果最好，如郁金香、水仙、风信子等，已成功进入商业化栽培。

第二节　百合科球根花卉

（一）百合

【学名】*Lilium* spp.

【别名】强瞿、蒜脑薯、百合蒜

【英名】lily

【科属】百合科百合属

【产地及分布】百合属约有 90 个原生种，主要分布于北半球的温带和寒带地区，热带高海拔山区也少有分布，而南半球几乎没有野生种。我国是全世界百合属植物的主要产地之一，也是世界百合的起源中心，有 47 种、18 个变种，占世界百合种类总数的 1/2 以上，其中 36 种、15 个变种为我国特有种。百合在我国大部分地区都有分布，其中以四川西部、云南西北部和西藏东南部分布种类最多。

【栽培史】我国关于百合的记载历史甚早，《尔雅》记有："百合小者如蒜，大者如碗，数十叶相累，壮如白莲花，故名百合，言百片合成也。"《本草纲目》中记载："百合一名番韭，即百合蒜。一名强瞿，此物花、叶、根皆四向。一名蒜脑薯，因其根如大蒜，其味如山薯。"《金匮要略》记述了百合的药用价值。直到近代，我国百合还以食用、药用为主。

日本也是百合的重要原产地，在2 000年前即用于宗教礼仪，直到现在还用百合作酒樽装饰。欧洲对百合记载较早的是《旧约圣经》，书中提到白花百合（*L. candidum*）应用于宗教仪式，以洁白的百合象征圣母，1794 年麝香百合由日本传至荷兰，1819 年传入英国，自 20 世纪前半期开始大规模展开杂交育种，极大地丰富了品种。

【形态特征】百合为多年生草本，地下具鳞茎，呈阔卵状球形或扁球形，由多数肥厚肉质的鳞片抱合而成，外无皮膜，大小因种而异。多数种地上茎直立，少数为匍匐茎，高50～100cm。叶多互生或轮生，线形、披针形、卵形或心形，具平行脉，叶有柄或无柄。花单生、簇生或成总状花序。花大，有漏斗形、喇叭形、杯形和球形等。花被片 6 枚，内、外两轮离生，由 3 个花萼片和 3 个花瓣组成，颜色相同，但萼片比花瓣稍窄。花色丰富，花瓣基部具蜜腺，常具芳香。重瓣花有花瓣 6～10 枚，雄蕊 6 枚，花药丁字形着生。柱头三裂，子房上位，蒴果 3 室，种子扁平。花期初夏至初秋。染色体数为 $x=12$。

【种类与品种】百合的原种和变种很多，其中不少原种也具有较高观赏价值而被栽培应用，现代栽培的商品品种是由多个种反复杂交选育出来的。

1. 野生种的分类 百合根据叶序和花形特征可分为 4 个组。

（1）百合组 百合组叶散生；花朵呈喇叭形或钟形，横生于花梗上，花被片先端略向外弯，雄蕊的上部向上弯曲。百合组观赏价值较高，如著名的王百合、麝香百合、布朗百合等。

①王百合（*L. regale*）：王百合又名岷江百合，原产我国四川、云南 800～1 800m 高地。鳞茎卵形至椭圆形，棕黄色，洒紫红晕，周径 12～25cm，味苦。茎直立，株高 60～150cm，茎绿色有紫色斑点。叶披针形。通常每株开花 4～5 朵，多时达 20～30 朵。花白色，喉部黄色，外面有淡紫晕，花径 12～15cm，芳香。花期早，6～7 月开花。染色体 $2n=24$。

②麝香百合（*L. longiflorum*）：麝香百合又名铁炮百合、复活节百合，原产我国台湾及日本九州南部诸岛海边岩上。鳞茎近球形至卵形，周径 18～25cm。茎直立，株高 60～100cm。叶披针形。花白色，内侧深处有绿晕。花单生或 2～4 朵，花被片长 15～18cm，长筒状喇叭形，有浓香。花期 6～8 月。染色体 $2n=24$。

③布朗百合（*L. brownii*）：布朗百合又名野百合，原产我国华中、华南、西南海拔 1 500～1 800m 的山地草坡或林下。鳞茎扁球形，黄白色，有时有紫色条纹，周径 26～28cm，有苦味。茎直立，株高 60～80cm，半阴地可达 100cm 以上。每株开花 2～3 朵，有时 5～6 朵。花冠乳白色，有红紫色条纹，长约 16cm，花粉赤褐色，有浓香。花期 6～7 月。

本种有许多栽培变种，我国南北各地均有栽培。

（2）钟花组　钟花组叶散生，极少轮生；花朵呈钟形，花被片较百合组短，花被片不弯或稍弯，花朵向上、倾斜或下垂，雄蕊向中心靠拢。我国钟花组百合遗传资源特别丰富，如渥丹、毛百合、玫红百合（*L. amoenum*）、紫花百合（*L. souliei*）等。

①渥丹（*L. concolor*）：渥丹又名山丹，原产我国北部、朝鲜和日本。鳞茎小，味苦。花朵直立，顶生，深红色，有光泽，无异色斑点。易实生繁殖，曾产生许多变种。本种在我国华北山地多有野生。

②毛百合（*L. dauricum*）：毛百合又名兴安百合，原产我国东北部、西伯利亚贝加尔湖以东、日本及朝鲜。鳞茎球形至圆锥形，周径10～15cm，白色，可食用。株高40～50cm。花朵直立，顶生，橙黄色，有紫色斑点，花径9～10cm，每茎有花3～4朵，多时7～8朵。花期5月下旬。染色体数$2n=24$。

（3）卷瓣组　卷瓣组叶散生；花朵下垂，花不为喇叭形或钟形，花被片向外反卷或不反卷，雄蕊上端向外张开。卷瓣组百合宜作庭院露地栽培，如卷丹、鹿子百合、湖北百合（*L. henryi*）、川百合等，食用百合如兰州百合也属此组。

①卷丹（*L. lancifolium*）：卷丹又名虎皮百合、南京百合，原产我国各地，江浙一带常栽培作食用。鳞茎卵圆形至扁球形，黄白色。地下茎易生小鳞茎，地上茎多生珠芽。株高80～150cm，圆锥状总状花序，有花15～20朵，花瓣朱红色，有暗紫大斑点，花径10～12cm。花期7～8月。为三倍体，染色体$3n=36$。

②兰州百合（*L. davidii* var. *unicolor*）：兰州百合是川百合（*L. davidii*）的变种。川百合原产于我国西北、西南、中南地区海拔1 500～3 000m的高地。鳞茎白色，扁卵形，周径10～12cm，株高100～200cm，多花性，有花20～40朵，花期7～8月，染色体$2n=24$。兰州百合则花大，橙红色，花期晚，我国大面积作食用栽培。

③鹿子百合（*L. speciosum*）：鹿子百合又称美丽百合、药百合，原产我国浙江、江西、安徽、台湾及日本。鳞茎呈球形至扁球形，周径20～25cm。鳞片颜色依品种而异，有橙、绿黄、紫、棕等色，味苦。株高50～150cm。花红色者茎浅绿色。有花10～12朵，大鳞茎可有花40～50朵，花径10～12cm，芳香。花期8～9月。染色体$2n=24$。

（4）轮叶组　轮叶组叶片轮生或近轮生，花朵向上或下垂，花被片反卷或不反卷。花朵向上的如青岛百合（*L. tsingtauense*），花朵下垂且花瓣反卷的如欧洲百合（*L. martagon*）、新疆百合（*L. martagon* var. *pilosiusculum*）等。

2. 园艺栽培种的分类　百合的园艺品种众多，1982年，国际百合学会在1963年英国皇家园艺学会百合委员会提出的百合系统分类的基础上，依据亲本的产地、亲缘关系、花色和花姿等特征，将百合园艺品种划分为9个种系，即：亚洲百合杂种系（Asiatic Hybrids）、星叶百合杂种系（Margon Hybrids）、白花百合杂种系（Candidum Hybrids）、美洲百合杂种系（American Hybrids）、麝香百合杂种系（Longiflorum Hybrids）、喇叭型百合杂种系（Trumpet Hybrids）、东方百合杂种系（Oriental Hybrids）、其他类型（Miscellaneous Hybrids）和原种（包括所有种类、变种及变型）。这个分类系统已被普遍认可并在所有的百合展览中采用。常见栽培的主要有以下3个种系：

（1）亚洲百合杂种系　亚洲百合杂种系的亲本包括卷丹、川百合、山丹、毛百合等，花直立向上，瓣缘光滑，花瓣不反卷。

（2）麝香百合杂种系　麝香百合杂种系花色洁白，花横生，花被筒长，呈喇叭状。主要是麝香百合与台湾百合（*L. formosanum*）衍生的杂种或杂交品种，也包括这两个种的种间杂交种——新铁炮百合（*L.* × *formolongo*），花直立向上，可播种繁殖。目前应用最多的品种是日本培育的‘雷山’系列。

（3）东方百合杂种系　东方百合杂种系包括鹿子百合、天香百合（*L. auratum*）、日本百合、红花百合及其与湖北百合的杂种，花斜上或横生，花瓣反卷或瓣缘呈波浪状，花被片上往往有彩色斑点。

主要百合商业品种有亚洲百合杂种系的‘Avignon’、‘Connecticut King’、‘Pollyanna’、‘Nove Cento’等；东方百合杂种系的‘Acapulco’、‘Casablanca’、‘Siberia’、‘Sorbonne’、‘Marco Polo’、‘Star Gazer’等；麝香百合杂种系的‘Snow Queen’、‘White Fox’等。

【生物学特性】百合类大多性喜冷凉、湿润气候，耐寒，大多数种类品种喜阴。要求腐殖质丰富、多孔隙疏松、排水良好的壤土，多数喜微酸性土壤，有些种和杂种能耐受适度的碱性土壤，适宜pH为5.5～7.5，忌土壤高盐分。生育和开花的适温为15～20℃，5℃以下或30℃以上，生育近乎停止。

百合的地下部包含鳞茎盘和鳞片，其顶端分生组织发育为地上茎和叶。初期分化的叶为基生叶，当地上茎达到一定长度时顶端分化花芽，花茎上着生茎生叶。不开花的幼年鳞茎只形成基生叶。鳞片的腋内生长点分化的鳞片群形成子鳞茎，以后形成旁蘖。当母鳞茎开花之后，子鳞茎的鳞片数不再增加，但其大小、重量则继续增长。地表以下的茎节上可形成茎生小鳞茎，有时在鳞茎盘及匍匐茎的节上也能着生小鳞茎，又称为木子，地上茎节上着生的小鳞茎特称珠芽。木子和珠芽都是无性繁殖器官。

百合类为秋植球根，鳞茎盘下方的根原基通常在秋凉后萌发基生根，并萌生新芽，但新芽多不出土。基生根肉质，有分支，可以维持数年寿命，主要功能是吸收营养供茎叶生长及开花。经自然低温越冬后于翌春回暖后萌发地上茎，并迅速生长开花，自然花期暮春至夏季。秋冬来临时其地上部逐渐枯萎，再以鳞茎休眠态在深土中越冬。百合植株的地下部分也能发生不定根，称为茎生根或颈根，为纤维性根，分布于土壤表面，所吸收营养主要供新鳞茎发育，每年秋季随植株地上部枯萎而死亡。

百合开花后鳞茎进入休眠期，经过夏季一段时期的高温即可打破休眠，再经低温春化诱导，于适宜温度下形成花芽。打破休眠及低温春化的温度、时间因品种而异，打破休眠一般需20～30℃温度3～4周；亚洲系百合需在－2℃条件下冷藏，而东方系和麝香系百合通常需在－1～－1.5℃条件下度过低温春化期，并在茎叶长到8～10cm时即开始形成花芽。

【繁殖】百合的繁殖方法较多，以自然分球繁殖最为常用，也可采用分珠芽、鳞片扦插、播种和组培繁殖。

（1）分球繁殖　百合分生的子鳞茎和小鳞茎是主要的分球繁殖材料。分球率低的如麝香百合，子球大，可较早达到开花龄。分球力强的如卷丹，子球较小，需2年以上方能开花。麝香百合、鹿子百合等能形成多数小鳞茎，将茎轴旁形成的小鳞茎与母鳞茎分离，选择冷凉地或海拔800m以上的山地，于10月中旬至11月上旬下种，适当深栽15～20cm，翌春追施肥水，及时中耕除草并摘除花蕾，10月至11月中旬可收获种球。

卷丹、鳞茎百合（*L. bulbiferum*）、淡黄花百合（*L. sulphureum*）等可发生大量珠芽，商用百合的少数品种也有珠芽发生。用珠芽播种，一般经2～3年才能形成商品种球，但通过珠芽繁殖可促使百合复壮。

（2）鳞片扦插　对不易形成小鳞茎和珠芽的种类，常用鳞片扦插法扩大繁殖量。取成熟大鳞茎，剥下健壮鳞片，稍晾干后，斜插于沙土或蛭石等疏松介质中。保持温度 20℃左右，自鳞片基部伤口处可发生小鳞茎并生根，一般经 3 年培育可成开花球。每个鳞片通常可发生 2～5 个不定芽，形成小鳞茎需 10～30d。鳞片繁殖时母球外层鳞片形成小鳞茎的能力较强，故可剥取外层鳞片作扦插材料，余下内层鳞茎仍可作切花栽培。

（3）播种繁殖　百合多数种的自花结实率高，但长期营养繁殖的后代有自花不亲和现象，采用异花授粉可提高结实率。早花种授粉后约 60d 种子成熟，中花种 80～90d，晚花种则需 150d。百合种子可保持发芽力 2～3 年。

春、秋均可播种，种子发芽适温为 15～25℃。麝香百合、王百合、台湾百合、川百合等子叶出土者多行秋播，播后 2 周发芽，翌年可开花。毛百合、青岛百合、鹿子百合等子叶不出土者播种后发芽迟缓，常采用春播，播后 2～3 年开花。

（4）组培繁殖　百合的鳞片、鳞茎盘、小鳞茎、珠芽、茎、叶、花柱等各组织均可作外植体培养分化成苗。但不同品种、不同部位分化小鳞茎的能力有很大差异。目前多认为以鳞片的中、下部为外植体，生长快，形成鳞茎大，常用作百合快速繁殖的材料。不同的培养基及激素组合对诱导分化小鳞茎也有较大影响，普遍认为 MS 培养基较适于各种百合离体培养，生长素类中的 NAA 与细胞分裂素类中的 6-BA 配合为佳。

【栽培管理】百合对土壤盐分很敏感，最忌连作，故以新选地并富含腐殖质、土层深厚疏松且排水良好者为宜，东西向做高畦或栽培床。选用周径 10cm 以上、无病虫害侵染的百合鳞茎，东方系百合周径在 12cm 以上。

1. 露地栽培　百合 9～10 月定植，翌年 4 月下旬至 6 月中下旬开花。早春 2～3 月也可定植，但最忌在春末移栽，易导致成活率下降、开花受损。百合基生根可存活 2 年，一般不必每年起球，尤其是园林栽种，可 3～5 年起球一次。种前需施入充分腐熟的基肥，百合所需的氮、磷、钾比例应为 5∶10∶10。

百合属浅根性植物，但种植宜稍深，一般种球顶端到土面距离为 8～15cm，约为鳞茎直径的 2 倍。种植密度随种系和栽培品种、种球大小等的不同而异（表 11-1）。种植后 3 周施氮肥，以 $1kg/m^2$ 硝酸钙的标准施入。种球时土壤应疏松、稍湿润，百合地上茎开始出土时，茎生根迅速生长并为植株提供大量水分和养分。百合春暖时分抽薹并开始花芽分化，追施 2～3 次饼肥水等稀薄液肥使之生长旺盛；4 月下旬进入花期，增施 1～2 次过磷酸钙、草木灰等磷、钾肥，施肥应离茎基稍远；孕蕾时土壤应适当湿润，花后水分减少。及时中耕、除草并设立支撑网，以防花枝折断。

表 11-1　百合不同品种群和不同鳞茎规格的种植密度（个/m^2）

类　型	规格（cm）				
	10～12	12～14	14～16	16～18	18～20
亚洲百合杂种系	60～70	55～65	50～60	40～50	—
东方百合杂种系	40～50	35～45	30～40	25～35	25～35
麝香百合杂种系	55～65	45～55	40～50	35～45	—

百合喜光照充足，但在其生长过程中注意防止光照过强，因此普遍采用遮阴设备。在夏季全光照下，亚洲百合杂种系和麝香百合杂种系种类可遮去 50％的光照，东方百合杂种系种类则应遮去 70％左右的光照，并保证栽植地充分通风透气。

2. 促成栽培 欲使百合在10月至翌年4月开花，可采用促成栽培技术。

（1）种球冷藏 促成栽培需在定植前进行充分的种球冷藏处理。一般取周径12～14cm的大鳞茎，在13～15℃条件下处理6周，再在8℃下处理4～5周。冷藏时用潮湿的泥炭或新鲜木屑等基质包埋种球置于塑料箱内，并用薄膜包裹保湿，冷藏的百合种球已充分发根，若发现新芽长5～6cm时，应尽快下种。百合种球的长期冷藏或远距离运输，需在－1～－2℃条件下进行。

抑制栽培需长时间冷藏，先以1℃预冷6～8周提高其渗透压，亚洲系百合在－2℃可贮藏1年以上，东方系和麝香系百合在－1.5℃条件下不能长时间冷藏，贮藏期为6～8个月。

（2）定植时期 经冷藏处理的百合种球，如能满足其生长的温度条件，可在任何时期种植，从而达到调节花期的目的。

在长江流域，若让百合在十一前后开花，必须于7月中旬至8月中下旬定植，此时正值夏季高温，植株生长发育不良，严重影响切花品质。因此，必须在降温条件好的设施中或海拔800m以上的冷凉山地栽培。如要在11月至元旦前后开花，取冷藏球于8月下旬至9月上旬定植，12月后保温或加温到15℃以上。如要在春节前后至4月开花，取冷藏球于9月下旬至10月中旬定植，冬季加温到13～15℃，并进行人工补光。

（3）温光调节 经冷藏处理的百合鳞茎，自下种到开花一般只需60～80d。10月下旬后需加薄膜保温或加温至15℃以上，保持昼温20～25℃、夜温10～15℃，注意防止出现白天持续25℃以上的高温及夜晚持续5℃以下的低温。注意保护地内的通风透气，避免温度、湿度的剧烈变化，在开花期应尽量减少浇水。

盆花促成栽培宜用轻松基质，如泥炭、蛭石（或珍珠岩）、园土以2∶1∶1混合，pH6.5～7.0，盆径15cm，栽深5～6cm，随植株生长拉开盆距。控制昼温20～25℃、夜温15℃左右，盆花高度宜在40～60cm。

百合为长日照植物，尤其是亚洲系百合对光照比较敏感，为防止出现盲花、落芽或消蕾现象（消蕾最易发生在11月至翌年3月），冬季促成栽培中需人工补光。百合的补光以花序上第一个花蕾发育为临界期，花蕾达到0.5～1cm之前开始加光直到切花采收为止。在温度16℃条件下，大约维持5周的人工光照，从20:00至次日4:00，加光8h，对防止百合消蕾、提早开花、提高切花品质等有明显效果。

3. 病虫害防治 百合的病害主要是真菌类病害和病毒病，多在高温多湿环境下发生。防治措施包括：种植前检查鳞茎的茎盘部分是否已被真菌侵染并进行种球消毒；土壤消毒，并严格防止连作；避免土壤及空气过湿；生长旺期后勿向叶面浇水，避免栽植地内气温突然升高；及时喷施百菌清、代森锰锌等杀菌剂；发现病株及时拔除。

百合的病毒病是造成生长发育不良和品种退化的重要原因。在已报道的14种常见的百合病毒病原菌中，以黄瓜花叶病毒百合株系（cucumber mosaic virus-lily strain，CMV）、百合无症状病毒（lily symptomless virus，LSV）、百合花叶病毒（lily mosaic virus，LMV）或称郁金香碎锦病毒（tulip breaking virus，TBV）3种病毒的危害最大，被荷兰等国认定为百合鳞茎的必检病毒。

百合还易出现生理性的叶烧病，多是根系生长不良或土壤盐分过高、空气过于干燥或气温变化过大、光照过强使叶面蒸腾过大等原因所致。应注意适当深植、淋洗土壤盐分，光照过强时采取遮阴、喷水、通风等管理措施。

4. 采收与包装 亚洲系百合第一朵花着色后即可剪花，东方系百合则至少有3个花蕾开始着色后才能采收。采收后分级，去除下部10cm的叶片，以10支一束扎束，立即插入水中。若需贮藏，温度宜为2～3℃。可用带孔的瓦楞纸盒包装，在运输过程中保持温度1～5℃。

【应用】百合有“百事合意，百年好合”之意，尤其白百合代表少女的纯洁，在欧洲被视为圣母玛利亚的象征，深受世界各国人民的喜爱。百合花期长、花姿独特、花色艳丽，在园林中宜片植疏林、草地，或布置花境。商业栽培常作鲜切花，也是盆栽佳品。

（二）郁金香

【学名】*Tulipa gesneriana*

【别名】草麝香、洋荷花

【英名】tulip

【科属】百合科郁金香属

【产地及分布】郁金香原产地中海沿岸、中亚细亚、土耳其，中亚为分布中心。重要原种包括考夫曼郁金香（*T. kaufmaniana*）、克氏郁金香（*T. clusiana*）、福氏郁金香（*T. fosteriana*）、郁金香（*T. gesneriana*）、芬芳郁金香（*T. suaveolens*）、格里郁金香（*T. greigii*）等，叶片上多有花斑或条纹。我国约产14种，主要分布在新疆地区，如伊犁郁金香（*T. iliensis*）、准噶尔郁金香（*T. schrenkii*）、柔毛郁金香（*T. buhseana*）等。

【栽培史】郁金香栽培约始于1554年，由A. G. Busbequius在土耳其发现，并将种球带至欧洲栽培，1637—1643年和1733—1734年先后两次在欧洲形成了郁金香热，1753年林奈将栽培的实际上已是杂种的郁金香定名为*Tulipa gesneriana*。19世纪又发现了许多新种，同时，新的杂种和品种不断涌现，推动了郁金香分类学的发展。世界各国都有栽培，主产国有荷兰、英国、丹麦、日本，目前荷兰是世界上最大的郁金香球根和切花生产国。我国有关郁金香的历史文字记载很少，栽培品种自20世纪80年代初引进。

【形态特征】郁金香为多年生草本。鳞茎呈扁圆锥形，外被棕褐色膜质鳞片保护。茎、叶光滑，具白粉。叶3～5枚，长椭圆状披针形或卵状披针形，全缘并呈波状。花单生茎顶，花冠杯状或盘状，花被内侧基部常有黑紫或黄色色斑。花被片6枚，花色丰富。雄蕊6枚，花药基部着生，紫色、黑色或黄色。子房3室，柱头短，蒴果背裂，种子扁平。

【种类与品种】郁金香的园艺栽培品种多达8 000余个，由栽培变种、种间杂种以及芽变而来，亲缘关系极为复杂。通常按花期可分为早花类、中花类、晚花类；按花形分有杯形（cup-shaped）、碗形（bowl-shaped）、百合花形或高脚杯形（goblet-shaped）、流苏花形（fringed）、鹦鹉花形（parrot）及星形（star-shaped）等；花色则有白、粉、红、紫、褐、黄、橙、黑、绿斑和复色等，花色极丰富，唯缺蓝色。

1981年，在荷兰举行的世界品种登录大会郁金香分会上，重新修订并编写成的郁金香国际分类鉴定名录中，根据花期、花形、花色等性状，将郁金香品种分为4类15群。

1. 早花类（Early Flowering）

（1）单瓣早花群（Single Early Group）　花单瓣，杯状，花期早，花色丰富。株高20～25cm。

（2）重瓣早花群（Double Early Group）　花重瓣，大多来源于共同亲本，色彩较和谐，高度相近，花期比单瓣种稍早。

2. 中花类（Midseason Flowering）

（3）凯旋群（Triumph Group）　或称胜利群，花大，单瓣，花瓣平滑有光泽。由单瓣早花种与晚花种杂交而来，花期介于重瓣早花与达尔文杂种之间，花色丰富。株高 45～55cm，粗壮。如著名品种‘开氏内里斯’（‘Kees Nelis’），血红色，亮黄边。

（4）达尔文杂种群（Darwin Hybrids Group） 由晚花达尔文郁金香与极早花的福氏郁金香及其他种杂交而成。植株健壮，株高 50～70cm。花大，杯状，花色鲜明。如常用的品种‘金阿帕尔顿’（‘Golden Apeldoorn’），纯黄色。

3. 晚花类（Late Flowering）

（5）单瓣晚花群（Single Late Group） 包括原分类中的达尔文系（Darwin）和考特吉系（Cottege）。株高 65～80cm，茎粗壮。花杯状，花色多样，品种极多。如受欢迎的品种‘法兰西之光’（‘Ile de France’），鲜红色；‘夜皇后’（‘Queen of Night’），紫黑色。

（6）百合花型群（Lily-flowered Group） 花瓣先端尖，平展开放，形似百合花。植株健壮，高约 60cm，花期长，花色多种。如展览常用品种‘希巴女王’（‘Queen of Shuba’），红花黄边；‘阿拉丁’（‘Aladdin’），红花白边。

（7）流苏花群（Fringed Group） 花瓣边缘有晶状流苏。如‘汉密尔顿’（‘Hamilton’），黄色带流苏；‘阿美’（‘Arma’），红色带流苏。

（8）绿斑群（Viridiflora Group） 花被的一部分呈绿色条斑。

（9）伦布朗群（Rembrandt Group） 有异色条斑的芽变种，如在红、白、黄等色的花冠上有棕色、黑色、红色、粉色或紫色条斑。

（10）鹦鹉群（Parrot Group） 花瓣扭曲，具锯齿状花边，花大。如‘黑鹦鹉’（‘Black Parrot’），‘花鹦鹉’（‘Flaming Parrot’），‘洛可可’（‘Rococo’）等。

（11）重瓣晚花群（Double Late Group） 也称牡丹花型群（Peony-flowered Group），花大，花梗粗壮，花色多种。如‘蒙地卡罗’（‘Monte Carlo’），纯黄色；‘天使’（‘Angelique’），亮粉色。

4. 变种及杂种（Varieties and Hybrids）

（12）考夫曼群（Koufmaniana Group） 原种为考夫曼郁金香，花冠钟状，野生种金黄色，外侧有红色条纹。栽培变种有多种花色，花期早。叶宽，常有条纹。植株矮，通常 10～20cm。易结实，播种易发生芽变。

（13）福氏群（Forsteriana Group） 有高型（25～30cm）和矮型（15～18cm）两种，叶宽，绿色，有明显紫红色条纹。花被片长，花冠杯状，花绯红色，变种与杂种有多种花色，花期有早有晚。

（14）格里群（Greigii Group） 原种株高 20～40cm，叶有紫褐色条纹。花冠钟状，洋红色。与达尔文郁金香的杂交种花朵极大，花茎粗壮，花期长，被广泛应用。

（15）其他混杂群（Miscellaneous Group） 这些种及杂种不在上述各群中。

以上各群中，（1）～（11）是多次杂交后形成的，即为普通郁金香。（12）～（14）为野生种、变种或杂种，但其原种的性状依然明显，故以亲本名称作为群的名称。

常见的商品切花及盆栽品种（包括促成栽培品种）主要属于中花类的凯旋群、达尔文杂种群和晚花类的单瓣晚花群等。

【生物学特性】郁金香适宜富含腐殖质、排水良好的沙土或沙质壤土，最忌黏重、低湿的冲积土。耐寒性强，地下部球根可耐－34℃的低温，但生根需在 5～14℃，尤其 9～10℃最为适宜，生长期适温为 5～20℃，最适温度 15～18℃。郁金香的花芽分化在鳞茎贮藏期内完成，适温为 17～23℃。花期 3～5 月，花白天开放，傍晚或阴雨天闭合。

由于郁金香花芽分化是在鳞茎贮藏期内完成，因此花后6～7月球根贮藏期间的温度条件至关重要。若6月处于较高温（20～25℃），而7月处于较低温（20℃以下），则花芽分化顺利完成。反之，超过35℃的高温分化受到抑制，易出现花芽畸形或花被片部分叶化。

地下鳞茎是典型的变态茎，寿命通常为1年，基部有1～2个较大的子鳞茎，植株开花后发育成更新鳞茎。母鳞茎中每层鳞片腋内均有一个子鳞茎，将来发育成子球，其中最大的子鳞茎又称为梨球，其余的称为子球。在鳞茎的更新过程中，有些子鳞茎往往不发育，因此收获时子球的数量一般较子鳞茎数要少，如郁金香达尔文杂种型的中晚花种平均繁殖系数为3.14。

郁金香的根系属肉质根，再生能力较弱，折断后难以继续生长。

【繁殖】郁金香常采用分球、播种和组培繁殖。

1. 分球繁殖　郁金香以自然分球繁殖为主，在秋季9～10月分栽子鳞茎，大者1年、小者2～3年可培育成开花球。荷兰利用其气候优势，尤其在邻近海边的恩克赫伊森（Enkhuizen）一带大量进行种球生产，通常采用分级繁育法，即用周径为8～9cm、10～11cm的栽植种球经一年分别培育成周径为11～12cm、12cm以上的商品球（开花种球）。荷兰非常重视郁金香的轮作，一般每隔5～6年才连作一次，其间用旋耕机打碎地下的残余球根，并与马铃薯或豆科作物等进行间作。

国内引种郁金香后，更新球极易发生退化现象，表现为鳞茎变小、开花率降低、花色浅、花小等。为有效地保存良种，可选择气候冷凉地或海拔800～1 000m的山地进行种球的复壮栽培，采用冷凉地区越夏贮藏、掌握种植适期及合理定植的密度和深度、施用合理的配方基肥、加强苗期管理并及时摘花、后期进行遮阴、适时收球等措施，可取得良好的复壮效果。

2. 播种繁殖　郁金香种子发芽需湿润与低温（0～10℃）条件，超过10℃发芽迟缓，25℃以上则不能发芽。一般露地秋播，经冬季低温后萌发，当年只形成一片真叶，地下部为圆形小鳞茎，一般需经3～5年生长才能发育成开花球。

3. 组培快繁　郁金香的所有组织都可发生芽及愈伤组织，但并非都可发生再生茎和再生根。试验证明，用花茎茎段来诱导芽最为成功，需8周（Wright和Alderson，1980），而子鳞茎诱导芽则需6个月。

【栽培管理】

1. 露地栽培

（1）定植前准备　定植前首先检查郁金香鳞茎有无病虫害，将罹染病害或开始腐烂者捡出焚毁。病球捡出后，将球根浸泡于杀菌药液中消毒，如在百菌清600倍液中浸泡20～30min。于8月中旬左右，切开3～4个郁金香鳞茎，观察其内部鼻头（Nose，即已完成分化的花芽）的发育，以鼻头长达3～4mm、呈象牙色而硬者为好，白色、扁平者为次。

选择富含腐殖质、排水良好的沙质壤土，做20cm以上的高畦，并于定植前一个月用1%～2%的福尔马林溶液浇灌进行土壤消毒。栽培床底层最好用煤渣等粗颗粒物铺垫，施入充分腐熟的堆肥作基肥，充分灌水，定植前2～3d耕耙，确保土质疏松。

（2）定植　9月下旬至11月下旬均可定植，定植深度一般为种球高度的两倍，株行距为9cm×10cm，切花栽培可采用露出球肩的浅植方法。定植前需消毒种球，用托布津或高锰酸钾溶液浸泡15～20min。

由于地温高，郁金香会发生脱春化现象，因此不宜早植，一般在10月下旬至11月定植为好。虽然自然露地栽培不会因定植早晚而影响开花期，但因为郁金香的根系在整个冬季吸收并贮藏大量氮元素，如种植太晚则会因地温过低而影响植株根系的正常发育，而郁金香根系发育是否良好是栽培成败的关键。定植后表面铺草可防止土壤板结，早期应充分灌水，以促使其生根。

（3）田间管理　郁金香发根后经过一个自然低温阶段，此期间注意保持土壤湿润，但要防止土壤积水。2月初开始发叶后，进行田间除草，并及时检查病株，拔出销毁。当植株发生两片叶后，追施1～2次稀薄液肥或复合肥，因郁金香对钾、钙较为敏感，适当施用磷酸二氢钾、硝酸钙等无机肥，可提高花茎的硬度。5月初开花结束后，追施1～2次磷酸二氢钾或复合肥，以利地下更新鳞茎的膨大发育。

郁金香一般在3月下旬至4月中旬盛花，花期应控制肥水，并通过遮阴、遮雨等措施延长花期，同时避免阳光直晒。

（4）收球　郁金香叶片基本枯黄后，择干燥晴天掘球。注意掘球时勿伤根，否则伤口极易染病腐烂。掘起后摘叶，将球根按大小分开，置阴处充分晾干或风干。若置强光下晒干，易罹病。

将种球适当摊开或只装半箱，在通风良好、20～25℃条件下贮藏越夏。其间应翻箱2～4次并捡出腐烂球。

2. 促成栽培　将球根贮藏于5℃或9℃低温一定时间后，转入温室催花。在设施栽培的轮作制中，种植一季为50d左右，从10月中旬到翌年3月底之间均可种植，产花期则从11月下旬到翌年5月底。

（1）冷藏方式　鳞茎花芽分化完成后，于8月10日左右置于13～15℃条件下预冷处理2～3周，再以2～5℃冷藏8周左右。5℃冷藏处理技术适合大部分品种，5℃冷处理以8周为准。郁金香有些品种可用9℃冷藏处理技术，其方法是在9℃条件下冷藏12～16周，后6周需将种球种在木箱或塑料箱内，浇水后进入9℃生根冷风库，在冷库内植株发根、抽芽。5℃促成栽培时，自种球下种到开花50～60d，而9℃箱式栽培移入温室催花的时间仅为25d左右。

长叶后，若叶横向展开，且伸长缓慢，则表示其低温处理不足；反之，若叶直立而细，看似徒长，花药枯死者，表示低温过度。一般而言，预冷加冷藏约70d后，打破休眠。若低温不足，可用400mg/L的赤霉酸液滴于叶筒间加以弥补，由于赤霉酸最易由叶腋被植株吸入体内，故用喷洒法难以见效。

郁金香促成栽培中，因低温处理不足，有些品种易发生盲花现象，也可用400mg/L赤霉酸溶液在叶筒中滴入0.5～1mL加以防止。此外，不同品种对盲花的敏感性不同，有些早花品种如‘圣诞快乐’、‘横滨’等，若早期遇较高温，则很容易发生盲花现象。

（2）温、光调控　郁金香最适生长温度为15～18℃。当气温降至5℃以下时停止生长，因此当夜温降至10℃以下时，必须加塑料布覆盖保温或加温，使保护地内昼温保持在25℃以下，夜温14℃左右。但温度、湿度过高时，易徒长及发生灰霉病、畸形花，应注意通风透气。一旦发现病株，应及时拔除、焚毁。郁金香植株对光照不甚敏感，花期忌强光。

（3）栽培要点

①种植前，通过遮阴、浇水等措施，尽可能使地温降至10℃左右，在下种后的两周内，最佳土温为14～16℃，以利种球良好发根。②种植前除去鳞茎基部附近的外皮膜，勿伤及鳞茎盘。将种球按下时，不能用力过大，种球应种植在微湿的土壤中。③保持土壤和水源的

低盐水平，若土壤盐分含量过高，种植前两周应充分浇水，以冲洗盐分，土壤 pH 不可低于 6。④郁金香严禁连作，必须轮作。⑤尽量保持土壤的持续潮湿，浇水时需保持上层土壤的完好，灌水量以种球下方的土壤可握捏成球为准。⑥5℃处理的球种植后覆土 5cm 左右；9℃处理的球一般采用箱式栽培法，浅植至露肩，种植密度可达 200 头/m^2 以上。⑦确认植株根系发育良好后，可施用硝酸钙肥，用量为 50g/m^2，温度也可增加到 17～19℃。⑧当植株长到 5～10cm 时，检查未出苗的种球，剔除病虫害植株。⑨防止出现昼夜温差过大，保持相对湿度不高于 80%。

（4）切花采收　切花采收应在花苞充分显色但花朵仍闭合时进行。整株收获后切除鳞茎部分，并将切花浸入 10g/L 硝酸钙保鲜液中 30～60min。处理后，尽快将切花放置于 2～5℃的冷库中，相对湿度不低于 90%。注意不能将种球、鲜切花与水果、蔬菜放在同一个冷库。

3. 病虫害防治　郁金香的主要病害有郁金香基腐病、郁金香青霉病、郁金香疫病等，主要虫害有蛴螬、蚜虫、锈螨等。郁金香的病毒病易造成种球退化、花瓣碎裂、叶片花斑。

防治方法：选用脱毒种球栽培；进行充分的土壤消毒和种球消毒；及时焚毁病球、病株；注意种球复壮；撒布二硫松粒剂，以防锈螨。此外，郁金香还易发生缺钙、缺硼的生理性病害，生产中应注意防治。

【应用】郁金香是重要的春植球根花卉，以其独特的姿态和艳丽的色彩赢得了各国人民的喜爱，成为胜利、凯旋的象征。郁金香花期早、花色多，可作切花、盆花，在园林中最宜作春季花境、花坛布置或草坪边缘呈自然带状栽植。

（三）风信子

【学名】*Hyacinthus orientalis*

【别名】洋水仙、五色水仙

【英名】common hyacinth，Dutch hyacinth

【科属】百合科风信子属

【产地及分布】风信子属的 3 个种（另 2 个种是 *H. amethystinus* 和 *H. azureus*）均原产西亚及中亚海拔2 600m 以上的石灰岩地区。现在全世界广泛栽培。

【形态特征】风信子为多年生草本，鳞茎呈球形或扁球形，外被皮膜呈紫蓝色或白色等，与花色相关。基生叶 4～6 枚，叶片肥厚，带状披针形。花茎高 15～45cm，中空，总状花序密生，着花 10～20 朵，长 20cm 以上，小花钟状，基部膨大，花瓣裂片端部向外反卷。花具香气，有蓝紫、白、红、粉、黄等色，深浅不一，单瓣或重瓣。蒴果。

【种类与品种】风信子有 3 个变种，即罗马风信子（ var. *albulus*）（也称为浅白风信子）、大筒浅白风信子（var. *praecox*）和普罗旺斯风信子（var. *provincialis*）。原产地均在法国南部、瑞士及意大利。

现在栽培的品种均从风信子衍变而来，而野蔷薇和罗马型（Multiflora and Roman）的野生种总状花序小且紧凑，长约 13cm，目前已很少栽培。风信子的园艺栽培品种性状较为一致，通常按花色分类，有白色系、浅蓝色系、深蓝色系、紫色系、粉色系、红色系、黄色系、橙色系和重瓣系。

近年来引进的风信子著名品种有：‘蓝色夹克’（‘Blue Jacket’），天蓝色；‘卡耐基’（‘Carnegie’），纯白色；‘哈勒姆城’（‘City of Haarlem’），淡黄色；‘显赫’（‘Distinction’），紫红色；‘简巴士’（‘Jan Bos’），樱桃红色；‘奥斯特拉’（‘Ostara’），蓝紫色；‘德贝夫人’（‘Lady

Derby’），玫瑰粉色；‘粉皇后’（‘Queen of the Pinks’），深粉红。

【生物学特性】风信子性喜凉爽湿润和阳光充足的环境，较耐寒，在长江流域可露地越冬，忌高温。好肥，要求排水良好、肥沃的沙质壤土。早春2～3月出土生长，花期3～4月。花后4～5周叶片枯黄，鳞茎休眠，6月起球，在贮藏期内7月完成花芽分化。花芽分化的适温为25～27℃。

风信子为层状鳞片，鳞片由叶鞘和叶片基部膨大而成，其生存期可达3～4年。在叶与花的生长期内消耗鳞片的贮藏养分，最外层鳞片耗尽营养而枯萎，从而形成鳞片的逐年更新。成年鳞茎顶端生长点分化花芽，风信子鳞茎内一般不形成侧芽，因而通常也不能形成子球。

吞食风信子植株各部位均会引起强烈的肠胃不适，皮肤过敏者接触鳞茎就会产生过敏反应。

【繁殖】风信子不易形成子球，可采用刻伤法或刮底法促使子球形成。

1. 刻伤法 鳞茎起球后1个月，将鳞茎用0.1%升汞溶液浸泡20～30min消毒，再用小刀将鳞茎底部切割成十字形或两个十字交叉，切口深达球高的1/2～2/3。在伤口处产生愈伤组织形成不定芽并产生小鳞茎，平均每个母鳞茎可产生15～20个小球。小球需培养3～4年才能开花。

2. 刮底法 将消毒后的鳞茎用弧形刀在茎盘底部挖空，再将鳞茎倒置在湿沙上培养，气温25℃，空气相对湿度90%，在伤口处产生愈伤组织形成不定芽并产生小鳞茎，平均每个母鳞茎可产生40个小球。

风信子易结实，可以采用播种繁殖，但需培养5～7年才能成为开花鳞茎。

【栽培管理】风信子可地栽或盆栽，也可水养。

1. 地栽 选高燥地，取大规格种球（周径12～14cm），与郁金香相似，当地温下降到10℃左右时下种。种植深度通常为10cm，至少8cm，北方寒冷地种植深度为15～20cm。早春萌芽及花序伸出期追施以磷、钾为主的液肥一次。花后叶片变黄时起球，置通风处晾干，分级贮藏。栽培地忌连作。

2. 盆栽 以疏松、排水良好并富含腐殖质的基质上盆，通常10cm盆每盆一球，15～18cm盆每盆三球。覆土后可露出鳞茎顶部1cm。初期保持10～15℃，出叶后升温至20～22℃，追施以磷、钾为主的液肥1～2次。

风信子也常用促成栽培以提早开花。通常先高温处理打破鳞茎的休眠，再将种球上盆后置于7℃的冷室生根，待根系充分生长后，送至温室促成开花。风信子低温生根需10～16周（至少10周），依品种而异。经冷处理生根后，当芽长约1cm时，将花盆移入温室，逐渐提高温度和光照，在20～22℃的温室中需2～3周开花。注意控制温室的湿度，湿度过高易引起病害。经促成栽培开花后的风信子种球，可再植于庭园露地，翌年开花。

3. 水养 选生长充实的大规格鳞茎，于10月下旬至11月将其置于无底孔花盆、玻璃瓶或塑料容器中，以卵石或网格固定，浸水3～6cm，放置暗处数日或用黑布遮盖容器以促进生根。当根长至3～4cm时除去遮光物，每周换水，保持水面接触鳞茎底部，在室温下2～3个月开花。

用经冷藏处理的风信子鳞茎水养，可以在春节和元旦前开花。

【应用】风信子花期早、花色艳丽，其独有的蓝紫色品种更是引人注目，适合早春花坛、花境布置及作园林饰边材料。鳞茎易促成栽培，故被广泛用作冬春室内盆栽观赏。

（四）花贝母

【学名】*Fritillaria imperalis*

【别名】皇冠贝母、瓔珞贝母、瓔珞百合

【英名】crown imperial

【科属】百合科贝母属

【产地及分布】原产欧亚大陆温带。

【形态特征】花贝母为多年生草本，植株高大，可达 1m 左右。鳞茎较大，圆形，淡土黄色，有强烈异味。叶 3～4 枚轮状丛生，披针形或狭长椭圆形，上部叶呈卵形。伞形花序腋生，下具轮生的叶状苞。花下垂，紫红色至橙红色，基部常呈深褐色，栽培品种较多，有各种花色及重瓣类型。花柱长于雄蕊，柱头三裂，蒴果。

【种类与品种】贝母属约有 100 种，分布于北半球尤其是地中海地区、亚洲西南部、北美西部等。常见的种还有浙贝母（*F. thunbergii*）、川贝母（*F. cirrhosa*）、平贝母（*F. ussuriensis*）、黑贝母（*F. camtschatcensis*）、伊贝母（*F. pallidiflora*）等。

浙贝母原产我国、日本。鳞茎有肉质鳞片 2～3 片，直径 1.5～4cm。叶无柄，宽线形，3～4 片叶轮生或对生，顶部须状钩卷。总状花序，着花 1～6 朵，生于茎顶叶腋间，钟状，淡黄色至黄绿色，内有紫色网状斑纹，俯垂。花期 3～4 月。

花贝母的主要品种：‘光环’（‘Aureomarginata’），花橙色，叶缘深黄色；‘王冠王’（‘Crown upon Crown’或‘Prolifera’），花两轮，橙红色；‘鲁提亚’（‘Lutea’），花亮黄色；‘鲁提亚极限’（‘Lutea Maxima’），花深黄色；‘总理’（‘The Premier’），花橙黄色，带紫色斑纹。

【生物学特性】贝母性喜凉爽湿润的气候，耐寒性强，冬季能耐－10℃低温，春季发芽早。喜阳光充足环境，忌炎热干燥，也可在半阴条件下生长。要求土层深厚、排水良好并富含腐殖质的沙质壤土，pH 以微酸性至中性为宜。花期 4～5 月。

【繁殖】贝母常用分球法繁殖。于秋季 9～10 月分栽小鳞茎，花贝母鳞茎较大，栽植深度 15～20cm，株距 15～20cm，经培养 1～2 年后成为开花球。也可播种繁殖，但需经 3～4 年才能开花。

【栽培管理】贝母是秋植球根花卉，10～11 月种植鳞茎，地栽、盆栽皆宜。适当深栽，覆土约为球高的两倍。花贝母鳞茎顶部有一残花茎的凹孔，为防止孔内积水，栽时将鳞茎侧倒。露地越冬后，于早春长叶，追施稀薄肥水 2～3 次，生长期间土壤保持充足的水分。花后鳞茎枯萎，夏季休眠期应保持土壤适当干燥，以免烂球，或于叶黄时起球，贮藏于湿锯末、沙或草炭中。由于贝母鳞茎有刺激性异味，在有田鼠危害的地区，可将贝母与郁金香组合栽种，有驱避田鼠啃食郁金香鳞茎的作用。

贝母栽培管理较容易，园林栽培不必每年掘出鳞茎，可 2～3 年分栽一次。应注意避免土壤干燥和高温环境。

【应用】贝母宜作林下地被、布置岩石园或自然式庭院配置，也可盆栽观赏。

（五）葡萄风信子

【学名】*Muscari botryoides*

【别名】蓝壶花、葡萄百合

【英名】common grape hyacinth

【科属】百合科蓝壶花属

【产地及分布】葡萄风信子原产欧洲的中部及西南部。

【形态特征】葡萄风信子为多年生草本，鳞茎卵状球形，皮膜白色。基生叶线形，长5～25cm，稍肉质，暗绿色，边缘略向内卷。花茎自叶丛中抽出，高 10～30cm，直立，圆筒状。总状花序密生花茎上部，小花梗下垂，花小型，蓝色。蒴果。

【种类与品种】蓝壶花属有 30 多种，分布于地中海地区和西亚，常见栽培种还有：

（1）亚美尼亚蓝壶花（*M. armeniacum*） 亚美尼亚蓝壶花原产欧洲西南部至高加索地区。植株半直立性，秋季长叶，叶狭线形或稍反卷，长约 30cm。总状花序密集着生，花序长 2～8cm，小花球形，亮蓝色，具明显白色开口。花期早春，习性强健。著名品种如‘蓝穗’（‘Blue Spike’），具密集成串着生的重瓣蓝色花。

（2）丛生葡萄风信子（*M. comosum*） 丛生风信子原产欧洲南部、土耳其、伊朗。叶片伸展，长约 15cm。总状花序呈长椭圆状，长 6～30cm，小花球形，亮紫色，不育。

（3）总状葡萄风信子（*M. racemosum*） 总状葡萄风信子原产欧洲、南非和亚洲西南部。植株半直立性，常于秋季长叶，叶片圆柱状线形，长 6～40cm。总状花序密集，长 1～5cm，小花蓝黑色。

葡萄风信子有白花变型 *M. botryoides* f. *album*，总状花序密集着生，白花具芳香。

【生物学特性】葡萄风信子性喜冬季温和、夏季冷凉的环境，耐寒，在我国华北地区可露地越冬。耐半阴，喜肥沃疏松、排水良好的沙质壤土。鳞茎夏季休眠，花期 3 月上旬至 5 月上旬。

【繁殖】葡萄风信子以分球繁殖为主。通常于夏、秋季分栽小鳞茎，培养 1～2 年后可开花。也可播种繁殖，秋季于盆中撒播，勿入温室。

【栽培管理】葡萄风信子属秋植球根，常地栽，也可盆栽。适应性强，管理简便。自 9 月下旬至 11 月初均可下种，覆土 5～10cm。选择地势高燥、土层深厚、阳光充足处栽种，长叶后追施 1～2 次稀薄液肥即可。促成栽培需将鳞茎进行低温冷藏处理，并于 12 月移入温室，约经 1 个月开花。

【应用】葡萄风信子植株低矮、习性强健，独特的蓝紫色花在早春开放，且花期长，尤其适合布置疏林草地和作地被。

（六）嘉兰

【学名】*Gloriosa superba*

【别名】嘉兰百合、火焰百合

【英名】lovely gloriosa

【科属】百合科嘉兰属

【产地及分布】原产我国云南南部、亚洲热带及非洲热带的河边森林地区。现世界各地均作温室盆栽。

【形态特征】嘉兰为多年生蔓生草本，地下具块茎。叶无柄，互生、对生或 3 枚轮生，卵状披针形，叶色翠绿，基部钝圆，顶端渐尖，呈卷须状。花两性，大而下垂，单生或数朵生于顶端组成疏散的伞房花序。花被 6 片，离生，条状披针形，向上反曲，边缘呈皱波状。花多为鲜艳的红色。蒴果。

【种类与品种】嘉兰属只有 1 种。常见栽培品种有：‘宽瓣’嘉兰（‘Rothschildiana’），花亮红至鲜红色，瓣缘金黄色；‘柠檬黄’（‘Citrina’），花橙黄色或带深紫红色条纹。

【生物学特性】嘉兰性喜温暖湿润气候，不甚耐寒，越冬需 10℃以上，生长适温为 17～

25℃。喜光，需较高空气湿度。自然花期 5～10 月。

地下具块茎，为球根类中的蔓生植物，典型的半阴性植物。块茎有毒勿食用，并对皮肤有刺激作用。

【繁殖】嘉兰常采用播种繁殖，种子发芽适温为 19～24℃。也可采用切割块茎繁殖，早春进行，每个切割下来的小块茎需带有芽眼。

【栽培管理】温室地栽或盆栽，从定植到开花需 2～3 个月。通常早春种植块茎，土壤宜肥沃，结构和排水良好，盆栽则用园土、腐叶土按 1∶1 配制。覆土深度为 7～10cm 或离块茎芽眼 3cm 左右，经常浇水以保持土壤湿润，生长初期即设立支架，以免开花后折枝。

室内栽培需光照充足，春夏季进入生长旺盛期，可每两周追施一次液肥。强光下需遮阴，秋后 10 月地下部开始形成小块茎并进入休眠状态。

【应用】嘉兰花形特殊，如一团燃烧的火焰，十分艳丽，花期长，尤其适合装饰豪华场面，是美丽的爬藤植物、切花和高档盆花。

（七）绵枣儿

【学名】*Scilla sinensis*

【别名】地枣儿

【科属】百合科绵枣儿属

【产地及分布】原产我国，各地均有分布。

【形态特征】绵枣儿鳞茎近球形，有黑色皮膜。叶基生，线状披针形至长椭圆形。花茎直立，高 20～60cm，总状花序顶生，密生小花，花星形或钟形，花被片 6 枚，基部稍合生。花色粉红、紫红。春季开花。

【种类与品种】绵枣儿属约 90 种，广泛分布于欧洲、亚洲、非洲的亚高山带草地、林地、石灰岩及滨海地带。常见栽培种还有：

（1）地中海绵枣儿（*S. peruviana*）　地中海绵枣儿又名海葱、地中海蓝钟花。原产地中海沿岸葡萄牙、西班牙、意大利的半山区。鳞茎大，洋梨形，直径 5～7cm。叶缘有白色细毛。花茎高 15～30cm。花序大，横径可达 10cm，花密生，着花 50 朵以上，花杯状，花径 1.5～2cm。花蓝色，有白色与紫色变种。花期 5～6 月。易结实。染色体 $2n=16$。

（2）西伯利亚绵枣儿（*S. sibirica*）　西伯利亚绵枣儿又名西伯利亚蓝钟花。原产中亚高加索、伊朗北部、土耳其等地海拔2 500m 的灌丛、草丛间。鳞茎卵形，直径 3cm，具紫色薄皮膜。叶 2～4 片，宽线形。花茎高 10～12cm，与叶等长或稍长。总状花序着花 2～3 朵，侧向生长，垂下开放，蓝色或浅蓝色，有白色变种。花期早，3～4 月开放。栽培普遍。染色体 $2n=12$。

（3）聚铃花（*S. campanulata*）　聚铃花又名蓝钟花。原产西班牙、葡萄牙。鳞茎有皮膜。叶 5～8 片。花茎高 20～30cm，着花 12 朵以上。花径 2.5cm，垂下开放，浅蓝至深蓝，也有玫紫、粉红、白色，芳香。栽培品种多。花期 5～6 月。易结实。染色体 $2n=16$。耐寒力强，易栽培。

（4）二叶绵枣儿（*S. bifolia*）　二叶绵枣儿又名小蓝钟花。原产南欧、中亚，分布较广。鳞茎小，卵形，直径 1.6cm。通常为两叶。花茎高 10～30cm。花星形，花径约 6cm。蓝色，有白色、粉色变种，具芳香。花期早，高山草地 2～3 月雪融后即可开花。染色体 $2n=18$。

【生物学特性】绵枣儿为秋植球根花卉，夏季休眠，休眠期内花芽分化。秋季萌发，以簇状叶越冬，春季开花。要求冷凉气候，耐寒性强。在温暖地区生长不良，花易败育。喜阳光充足环境，也耐半阴。不择土壤，只要求排水良好、富含有机质。栽培容易。

【繁殖】绵枣儿采用播种繁殖，播种后2～3年开花。也可用旁蘖分球繁殖，经1～2年开花。

【栽培管理】绵枣儿种植深度为8～10cm，土壤需疏松透气或拌以树皮、落叶。园林地栽每2～3年起球一次即可，但应注意夏季球根休眠，宜保持土壤干燥，勿积水。地中海绵枣儿没有自然休眠期，但在夏季也需给予一定时期的控水干燥期。

【应用】绵枣儿宜布置花坛、花境，或作草地镶边、植于岩石园，也可盆栽观赏。

第三节　鸢尾科球根花卉

（一）唐菖蒲

【学名】*Gladiolus hybridus*

【别名】剑兰、菖兰、十三太保等

【英名】gladiolus，sword lily

【科属】鸢尾科唐菖蒲属

【产地及分布】唐菖蒲原产南非好望角、地中海沿岸及小亚细亚，现代栽培品种由10个以上原生种经长期杂交选育而成。对现代唐菖蒲做出贡献的重要原生种包括绯红唐菖蒲（*G. cardinalis*）、柯氏唐菖蒲（*G.* ×*colvillei*）、甘德唐菖蒲（*G. gandavensis*）、鹦鹉唐菖蒲（*G. psittacinus*）、多花唐菖蒲（*G. floribundus*）、报春花唐菖蒲（*G. primulinus*）等。

【形态特征】唐菖蒲为多年生草本，地下具球茎，球形至扁球形，外被膜质鳞片。基生叶剑形，嵌叠为二列状，通常7～9枚。穗状花序顶生，着花8～20朵，小花漏斗状，色彩丰富，花径7～18cm，苞片绿色。雄蕊3枚，花柱单生，子房下位。蒴果，种子扁平，有翼。染色体数$2n=30$、60～130。

【种类与品种】现代唐菖蒲品种上万个，形态、性状多样，园艺上常按生育习性、花期、花朵大小、花型、花色等进行分类。

1. 按生态习性分类

（1）春花类　春花类主要由欧、亚原种杂交育成。耐寒性较强，在温和地区秋植春花。多数品种花朵小，色淡株矮，有香气，已少见栽培。

（2）夏花类　夏花类多由南非的印度洋沿岸原种杂交育成。耐寒力弱，春种夏花。花型、花色、花径、香气、花期早晚等性状均富于变化，是当前栽培最广泛的一类。

2. 按生育期长短分类

（1）早花类　早花类种植种球后70～80d开花。生育期要求温度较低，宜早春温室栽种，夏季开花，也可夏植秋花。

（2）中花类　中花类种植种球后80～90d开花，如经催芽、早栽，则生长快，花大，新球茎成熟也早。

（3）晚花类　晚花类种植种球后90～100d开花。植株高大，叶片数多，花序长，产生子球多，种球耐夏季贮藏，可用于晚期栽培以延长切花供应期。

3. 按花型分类

（1）大花型　大花型花径大，排列紧凑，花期较晚，新球与子球发育均较缓慢。

（2）小蝶型　小蝶型花朵稍小，花瓣有皱褶，常有彩斑。

（3）报春花型　报春花型花形似报春，花序上花朵少而排列稀疏。

（4）鸢尾型　鸢尾型花序短，花朵少而密集，向上开展，呈辐射状对称。子球增殖力强。

4. 按花朵大小分类　按花径大小（x）将唐菖蒲分为五类：$x<6.4$cm 为微型花，$6.4\text{cm}\leqslant x<8.9$cm 为小型花，$8.9\text{cm}\leqslant x<11.4$cm 为中型花，$11.4\text{cm}\leqslant x<14.0$cm 为大型花（标准型）；$x\geqslant 14$cm 为特大型花。

5. 按花色分类　一般按花的基本颜色分为白、绿、黄、橙、橙红、粉红、红、玫瑰红、淡紫、蓝、紫、烟色、黄褐等色系。

【生物学特性】

1. 生育周期　现代杂种唐菖蒲多为春植球根，夏季开花，秋季成熟，冬季球根休眠。生长发育可分为如下时期：

（1）萌芽与孕花　种植后，首先在基部生出不定根，也称下层根。栽后 15～20d 出苗，先伸出 1～2 片鞘状叶。当有两片完全叶展开时（二叶期）开始花芽分化，约经 40d 达到雌蕊分化期。当有三片叶展开时（三叶期）花茎开始伸长，四叶期花芽明显膨大，外观上达孕花期。

（2）新球茎形成　约在二叶期球茎基部开始逐渐形成新球茎，并在基部生出水平伸展的粗根，称为牵引根或上层根。

（3）花茎伸出与子球形成　当有 6～8 片叶展开时，花茎自叶丛中抽出，这时在新球与上层根之间形成一些短的根状茎，其先端膨大成为子球，在上层根发育的同时，老球茎与下层根逐渐死亡萎缩。

（4）开花　花茎全部伸出后，小花迅速发展，自下至上依次着色、开放。花期一般可延续1～2 周。

（5）新球成熟与休眠　花期后地下新球迅速增大，子球增多、增大。花后约一个月，地上部枯黄，果实成熟并开裂，新球与子球进入休眠。

2. 对环境条件的要求

（1）温度　球茎在 4～5℃萌芽，10℃以下生长缓慢，昼温 20～25℃、夜温 12～18℃为生育最适温。炎夏花蕾易枯萎或开花不盛，常使种球退化；在生长季气候凉爽地区，株高健壮，花色鲜明，种球不易退化，即使球径 1.5cm 的小球也能开花。

（2）光照　唐菖蒲为典型的阳性植物，对光强度、光周期要求高，14h 以上的长日有利于花芽分化。冬季室内栽培，人工加光可提高成花率。花芽分化后，短日条件能促进花的发育，使其提前开放，花后还可促进新球茎成熟。

（3）土壤与水分　生长期要求水分充足，忌旱、忌涝。以土层深厚、土质疏松、排水通畅、富含有机质、pH5.6～6.8 的微酸性沙质壤土最为适宜。生长期中对缺水敏感，尤其是 4～7 叶期，如遇水分不足将明显减少花朵数量，降低切花品质。

（4）空气　唐菖蒲对空气中二氧化硫有较强的抗性，但对氟化物敏感，微量即可致害。

【繁殖】唐菖蒲通常以自然分球法繁殖，小球茎多数，经栽种 1～2 年后可开花。一般采用周径为 0.75cm 或 0.5cm 的优质子球，选择冷凉地或海拔 500m 以上的山地，施入基肥，春季条播，每 667m^2 可播种 4 万～6 万粒，播后及时喷施除草剂或以稻草覆盖。为使养分集中供应地下部分生长，剪除花枝。立秋后种球膨大发育迅速，注意追施复合肥 2～3 次。通常在10月下旬至11月中旬，即当叶片出现1/3～1/2枯萎时，开始收获地下球茎。

唐菖蒲还可采用球茎切割法和组培法繁殖。球茎切割繁殖是将能开花的成年球茎纵向切割成2～3块，每块带一个以上芽眼和一部分根盘，每个切块可作一个开花球应用。组培繁殖用植株幼嫩部分作外植体进行。在试管中培育成直径0.3～1.0cm的休眠小球茎，经栽培一季后可得到3cm以上的开花种球。茎尖组培脱毒苗是唐菖蒲球根复壮的重要手段。

【栽培管理】

1. 种球的分级 美国唐菖蒲协会及荷兰的分级标准见表11-2。

表11-2 美国及荷兰唐菖蒲种球分级标准

美国分类			荷兰分类			
种类	等级	球茎直径（x，cm）	种类	等级	周径（cm）	球茎直径（cm）
开花球	特大级	$x>5.1$	商品种球	一级	>14	>4.5
	一级	$3.8<x\leqslant5.1$		二级	12～14	3.5～4.5
	二级	$3.2<x\leqslant3.8$		三级	10～12	3～3.5
	三级	$2.5<x\leqslant3.2$		四级	8～10	2.5～3
培植种球			非商品球	五级	6～8	2～2.5
	四级	$1.9<x\leqslant2.5$				
	五级	$1.3<x\leqslant1.9$				
	六级	$1.0<x\leqslant1.3$				

2. 培植开花种球 直径小于2.5cm的小球茎休眠程度深，在自然越冬条件下需经4个月脱离休眠。栽植前在32℃温水中浸2d使外皮软化，盛网袋内并转入53～55℃杀菌剂溶液中浸30min。杀菌剂的配制是在100L水中加100g苯菌灵及180g克菌丹，也可用200倍苯来特溶液。球茎从杀菌剂溶液中取出后用凉水冲洗10min，摊成薄层晾干，贮藏于2～4℃下待播种。

播种子球多用条播，行距20cm，株距4cm，收获时可得直径1.0～2.5cm的培植种球，需再培植一年方可收获合格的商品种球。培植球种植前仍需消毒，只是消毒液温度降为46℃，浸球时间减为15min。培植球有一部分可能开花，应及时剪除，以促进新球发育。每公顷可收获39万～45万粒商品种球。收获后2d内浸杀菌剂消毒（如200倍苯来特），晾干后于2～4℃条件下贮藏。

优质的种球浑圆、结实、芽点饱满、表面光滑、无病虫害侵染。唐菖蒲有很明显的种球退化现象，栽培年限越长，退化越严重，球茎也表现出大而扁。因此，优质种球并非越大越好，而应当具备以下几个特征：①球茎厚实，即厚度与直径之比越大越好。②用手触摸感硬，有沉甸感，说明内部淀粉等养分含量充足。③球茎表面应平整、光滑、均匀，中间不能有大的凹陷，芽点要明显凸出饱满。④无病虫害。

3. 切花栽培管理

（1）种植时期 露地栽培北方需待晚霜过后，南方可周年种植。为延长花期还可分批栽种，但种球需在2～4℃条件下贮存，以防萌发和霉烂。

（2）栽植密度与深度 通常用高畦或垄栽。高畦栽培时床宽90～100cm，通道40～50cm，株行距15cm×15～20cm，覆土厚5～10cm，每公顷种植18万～30万个球。垄栽时通常按双行式平栽，行内株距10～12cm，每垄两行，垄距60～80cm，培土时将垄间土铲起覆伏垄上，使原来垄间成为沟。

种植深度为5～10cm，常依品种而异。深栽不易倒伏，有利保持花茎挺直，并能为上层根生育创造条件，有利花茎发育。我国有些地区的垄栽法采用浅栽，以后分别在出苗期、四叶期和花前期分批覆土，利于防止倒伏，促使花期地上部的增长，从而提高切花商品质量。

（3）肥水及田间管理　唐菖蒲宜有机质丰富的土壤，栽植前每公顷施有机肥150 000～225 000kg，并加过磷酸钙及草木灰各300kg，于二叶期或三叶期、孕穗期各追肥一次，以利花芽分化、花茎发育及新球形成。每公顷施肥量为氮180kg、磷120kg、钾90～120kg。缺氮时，叶色淡，开花延迟，穗短，花少。缺磷时，上部暗绿，下部叶紫色。缺钾时，花数减少，花枝短，花期延迟，幼叶叶脉变黄，老叶早黄。

生育期要求土壤水分充足，二叶期遇干旱易出现盲花。由于上层根距地表近，不宜深中耕除草。化学除草可在种植前进行。生长期间每20d喷一次30%除草乙醚1∶800的水溶液即可见效。

风大的地区需拉网防止倒伏。株高10cm时拉网，以后随植株增高逐渐上升到约50cm高度。

4. 切花采收及采后处理

（1）采收　就地销售的切花在花穗基部2～3朵花半开时剪切。远途运输或贮藏者宜在基部1～2朵小花花蕾显色时采收。注意在剪切部位以下保留4～5片叶，以作为后期新球、子球发育的营养来源。剪下的花枝立即插于清水中。

蕾期采收的花枝含糖量低，经贮藏、运输后水养达不到满意的开花品质，用含糖和杀菌剂的保鲜液处理尤为重要。

（2）分级、贮藏及运输　切花按长度分级，各国所定长度标准不同，有的国家还规定每支必需的花朵数。通常合格级长度在70cm或80cm以上，中等级在80cm或96cm以上，良级在90cm或107cm以上，优级在100cm或130cm以上。

以10～12支为一束，直立存放于4～6℃冷库中做临时性贮藏，一般不超过24h。需长期贮藏或远途运输的花枝需干藏于包装箱中，箱内有塑料膜衬里保湿。在4℃下可贮藏3～7d。运输与冷藏中仍需注意花枝直立，以防弯曲。

花枝到达目的地后应立即开箱，将茎基剪去2cm左右，插入清水或保鲜液中，需用时转入21～23℃、有散射光处即可开放。

5. 球茎收获与贮藏　唐菖蒲叶1/3枯黄时起球。起球后连叶晾干，待叶全枯时清除枯叶、残球及残根。分级后置网袋或筛盘内，保持通风、干燥。越冬期保持相对湿度70%～80%，温度不低于0℃。

6. 花期调节　调节唐菖蒲种球种植期可达到周年供花的目的。在华南、云南昆明等温暖地区，可以周年露地栽培。在北方无霜期可露地栽培，霜期需采用设施栽培。

（1）抑制栽培　抑制栽培即通过冷藏种球延迟种植期而达到延迟开花的要求。如5～6月露地种植，8～9月开花；9月温室种植，12月至翌年1月开花；10～11月种植，翌年2～4月开花。

抑制栽培的主要技术环节为：①种球贮藏在2～4℃库中，防止萌芽与霉烂。②选用早花、抗病品种，缩短冬季育花周期以节约成本。③选用健壮大球，在低温冷藏后保存营养多，有利提高花枝品质。④栽植后初期保持10℃以上，旺盛生长期保持夜温12～18℃、昼温20～25℃为宜。冬季光照不足应加光。低温会延迟开花，温度过低、光照不足会导致盲枝。

（2）促成栽培　促成栽培是指初秋（或其他季节）提早收获种球，应用人工打破休眠和提前种植的技术调节开花期。人工打破休眠的方法有多种：

①低温冷藏法：如提前于6～8月起球，经3～5℃低温冷藏30～40d，9～10月种植，翌年2～4月可开花。

②人工高低变温处理：收球后保持种球干燥，先在35℃下经15～20d，再转入2～3℃中经20d加速打破休眠。

③化学药剂处理：将挖起的种球先冷藏一周，密封于每升容量含4mL40% 2-氯乙醇的容器中，在室温（约23℃）中经2～3d即可解除休眠。或将种球浸上述药剂3%溶液中经2～4min，然后密封在容器中，在23℃室温下经24h亦有效。处理后的种球应立即种植，2～3周可发芽。

7. 病虫害防治　唐菖蒲的病害主要由真菌引起，如灰霉病、干腐病、茎腐病、根腐病、锈病等，防治措施包括：避免连作，进行土壤和种球消毒，保证种植地排水良好、空气通畅，及时拔除病株并销毁，定期喷施克菌丹、代森锰锌、百菌清等。江浙一带栽培唐菖蒲，常因空气中氟化氢、二氧化硫的污染造成叶枯病，属生理病害。唐菖蒲对氟化氢气体特别敏感，当空气中浓度达0.1nL/L（即10亿分之一）时就受害，先在叶尖、叶缘出现退绿斑，后向中部、基部扩展，严重的黄化或呈灰白色。

【应用】唐菖蒲为世界著名的四大切花之一，花色繁多，广泛应用于花篮、花束和艺术插花，也可用于庭院丛植。

（二）球根鸢尾类

【学名】*Iris* spp.

【英名】bulbous iris

【科属】鸢尾科鸢尾属

【产地及分布】原产西班牙、法国南部等地中海沿岸及西亚一带，现广泛栽培。

【形态特征】球根鸢尾为多年生草本，鳞茎长卵圆形，外被褐色皮膜。叶片线形，被灰白色粉，表面中部具深纵沟。茎粗壮。花茎直立，着花1～2朵，有梗，花紫色、淡紫色或黄色。花垂瓣圆形，中央有黄斑，基部细缢，爪部甚长；旗瓣长椭圆形，与垂瓣等长。

【种类与品种】球根鸢尾包括三个组，即西班牙鸢尾组（Xiphium Section）、网脉鸢尾组（Reticulata Section）和朱诺鸢尾组（Juno Section），朱诺鸢尾组少见栽培。

1. 西班牙鸢尾组

（1）西班牙鸢尾（*I. xiphium*）　西班牙鸢尾鳞茎细长，较小。茎高30～60cm。叶线形，长约30cm，外被白粉，表面有纵条沟。每茎先端有1～2朵花，花径约7cm，紫色，垂瓣喉部有黄斑。花期5～6月。染色体$2n=34$。杂交改良品种花色有白、黄、蓝、紫等，主要用于切花，如'蓝河'（'Blue River'）、'加那利鸟'（'Canary Bird'）。

（2）荷兰鸢尾（*I. hollandica*）　荷兰鸢尾是西班牙鸢尾与丹吉尔鸢尾（*I. tingitana*）等的杂种。株高40～90cm，每茎一花，花色众多，有白、黄、蓝、紫等色，垂瓣喉部有黄或橙色斑。栽培普遍，品种多，花期比西班牙鸢尾早约2周，主要用于切花生产。重要品种如'理想者'（'Ideal'），浅蓝紫色；'蓝色魔术'（'Blue Magic'），深蓝紫色；'蓝带'（'Blue Ribbon'），深蓝紫色；'威治伍德'（'Wedgewood'），淡青蓝色；'阿波罗'（'Apollo'），旗瓣白色，垂瓣黄色；'白威治伍德'（'White Wedgewood'），白色；'金皇后'（'Yellow Queen'），金黄色。

(3) 英国鸢尾（*I. xiphioides*）　英国鸢尾原产英国山地。鳞茎细长梨形。株高 30～60cm，每茎有花 2～3 朵。花大，蓝紫色垂瓣椭圆形，比前两种宽，喉部有黄斑。花期比西班牙鸢尾约晚 2 周。品种如‘蓝皇后’（‘Queen of the Blue’）、‘帝王’（‘Emperor’）等。

2. 网脉鸢尾组　网状鸢尾组为矮生鸢尾。鳞茎比西班牙鸢尾组小，具网纹状皮膜。花期叶与花茎等长，花后叶比花茎略长。垂瓣喉部橙黄色斑的两侧有白边。花期 3～4 月。栽培较多的有网脉鸢尾（*I. reticulata*），鳞茎皮乳白色，茎极短，仅 2.5cm，有叶 2～4 枚，花后长达 30cm，顶花单生，深紫色，具芳香。染色体 $2n=20$。园艺杂种有紫、蓝紫、深蓝、紫红等色。

【生物学特性】球根鸢尾性强健，耐寒性与耐旱性俱强。喜排水良好、适度湿润、呈微酸性的沙质壤土，好凉爽，忌炎热，若土壤过湿，容易使鳞茎腐烂。地中海沿岸原产地的最低气温为 12.5℃，最高 23.6℃，平均温度 17.4℃，因此生育适温的幅度较宽，生长适温为 20～25℃，并能耐 0℃低温，但－2～－3℃时花芽受害而枯死。

当植株伸长到 2～3cm 时开始分化花芽，花芽分化及发育的适温为 13～18℃。在自然状态下，球根鸢尾于秋季定植后立即发芽，花芽于冬季完成分化，但要到入春后才能抽薹开花。花后在母鳞茎的基部附生多粒子球，6 月以后，随着地上部的枯死，鳞茎进入休眠状态。

【繁殖】球根鸢尾以分球繁殖为主。母鳞茎的顶芽开花，次顶芽可形成大的更新鳞茎，下部腋芽依次形成大小不等的子球。将子球分开种植，经 1～2 年培育可成为开花球。子球的繁育栽培需在冷凉地或海拔 600m 以上的山地进行。收获的开花种球需放在 20～25℃通风处以防霉烂。

【栽培管理】

1. 常规栽培　球根鸢尾秋天定植，选择排水良好、肥沃、中性壤土，因在生长期间需要大量水分，故土地的保水性要强。球根鸢尾的养分供给以基肥为主，应在定植前 2 周尽早施足基肥，避免用速效性肥料，以有机肥或复合肥为主，可用腐熟的堆肥或菜饼、豆饼、骨粉、草木灰等作基肥。球根鸢尾忌土壤高盐分，避免连作，定植前应对栽培土进行淋洗，以降低土壤盐分含量。定植覆土深度约 5cm。

定植后应立即充分灌水，前期需进行遮阴，生长期间需经常灌水，避免土壤干燥，花茎抽生时应控制浇水。球根鸢尾需追肥不多，可在开花前叶面喷施 1%～2%磷酸二氢钾，以促进花茎硬挺、花色鲜艳。花后 6 月半数叶片枯黄时收球。

2. 促成栽培

(1) 打破休眠　促成栽培首先需进行球根处理以打破休眠，主要方法有：

①高温处理：球根鸢尾的球茎休眠较浅，用一定的高温短期处理对打破休眠有效。常用 30℃左右高温处理 2～3 周。

②冷藏处理：冷藏处理是球根鸢尾促成栽培的主要手段，如在夏季冷藏后定植，可大大提早开花期。球根鸢尾多采用干式冷藏法，以 8～10℃处理最为有效，冷藏期通常为 7～9 周，长短依品种和开花时期的不同而异。一般而言，种球越大对低温冷藏越敏感，开花也越早，冷藏期越长，植株的叶片越短小。

③熏烟处理：熏烟处理是一种快速打破休眠的方法。将鳞茎放入一密闭的房间，通常以稻壳作燃料，用量为 $3L/m^3$，以熏烟状态在室内燃烧，每天一次，连续处理 3d 后结束。在处理期间，无需将鳞茎摊开放置。

（2）栽培类型　经冷藏或熏烟处理后栽培，利用加温或无加温设施栽培，可于10月至翌年3月开花。

如需10月开花，6月下旬开始冷藏，8月初取出栽培，在不加温设施中经40～50d即产花；若要11月至12月上旬供花，可在7～8月冷藏，9月上旬栽培，也属不加温促成栽培；如需元旦至3月产花，则需加温促成栽培，一般于上一年7～8月进行熏烟处理，然后冷藏，9月下旬到10月上旬定植，11月下旬开始加温至15℃以上。

（3）管理要点　球根鸢尾促成栽培时采用经低温冷藏处理的鳞茎，为避免脱春化现象，可先在露地条件下生长，到夜温降至15℃左右时，再加盖薄膜保温，白天要注意保护地内的通风换气，避免气温升到25℃以上。

3. 切花采收与保鲜　球根鸢尾切花的适期采收非常重要。当花瓣伸出苞尖或绽开后，就容易受损伤，而且不耐插、不耐包装、不耐运输，因此不可采收过迟，但若采收太早，有时会不开花。因此，切花宜在花瓣露色或稍微绽开时采收。通常气温高时应稍提早采花，气温低时则延迟。

切花一经采切要立即浸水，使其充分吸水后再进行包装，可延长保鲜期，否则很容易因吸水不良而导致花颈下垂，且难以恢复。切花采收后20～30d方可收球。

4. 病虫害防治　球根鸢尾的病害主要有白绢病、黑斑病、细菌性软腐病以及病毒性花叶病等，虫害主要有蝙蝠蛾、蚀夜蛾、根瘤线虫等。防治方法包括：定植前用氯化苦等进行彻底的土壤消毒；种球用百菌清等药剂浸泡消毒；定植后注意田间卫生，并定期用多菌灵、托布津等喷施防治。

【应用】球根鸢尾是著名的切花材料，适应性强，叶片青翠，花如鸢似蝶，也可作春季花境、花丛布置。

（三）大花小苍兰

【学名】*Freesia hybrida*

【别名】香雪兰、小菖兰、洋晚香玉

【英名】common freesia

【科属】鸢尾科香雪兰属

【产地及分布】大花小苍兰原产南非好望角一带，现在世界各地广泛栽培。

【形态特征】大花小苍兰为多年生草本，地下球茎圆锥形，外被棕褐色薄膜。基生叶6～10枚，线状剑形，套褶着生，质较硬。穗状花序顶生，主花序下常有1～3个侧生花序，花序轴平生或倾斜，花偏生一侧。主花序着花8～16朵，与花茎呈直角向上开放。花冠漏斗状，长3～6cm，分裂为6枚花被片。花色有白、黄、橙、红、粉、紫、蓝等多种，具芳香。雄蕊3枚，雌蕊柱头三裂。子房下位，蒴果小，种子小，黑褐色。花期2～4月。染色体$x=11$。

【种类与品种】香雪兰属约有20种，目前栽培的大花小苍兰由原产非洲南部的红花小苍兰的园艺变种和原产好望角的小苍兰经人工杂交改进而来，以荷兰为主产国。

（1）小苍兰（*F. refracta*）　小苍兰球茎小，直径约1cm。基生叶6枚，花茎常出一枝。花小，黄色或白色，花冠下花瓣中央有三道红色条斑。花期较早，有浓香。

（2）红花小苍兰（*F. armstrongii*）　红花小苍兰株高可达50cm，叶与花均大于小苍兰。花有红、紫等色。4～5月开花。1898年由W. Armstrongii将球茎引至英国，成为当今流行品种的重要亲本。宜作切花栽培。

大花小苍兰的品种甚多，花型有单瓣、重瓣，花径大小各异，花期有早有晚，花色丰富。由于本身为杂交后代，品种间易于杂交，形成了众多的栽培品种。我国近年引入的常见栽培品种有‘曙光’（‘Aurora’，黄色），‘芭蕾舞女’（‘Ballerina’，白色），‘蓝色天堂’（‘Blue Heaven’，丁香蓝色），‘奥贝朗’（‘Oberon’，大红），‘潘多拉’（‘Pandora’，粉色），‘红狮’（‘Red Lion’，橙红色），‘红玛丽’（‘Rose Marie’，玫红），‘乌奇达’（‘Uchida’，蓝色），‘黄芭蕾’（‘Yellow Ballet’，暗黄色）等。

【生物学特性】小苍兰性喜冬季温暖湿润、夏季凉爽的环境，要求阳光充足，不耐寒，越冬一般需5～8℃。在生育过程中，生长点感受低温（5～10℃）后花芽分化，低温春化的诱导时间在三叶期需6～9周，七至八叶期需3周。花芽分化及初期的花芽发育是在比较低的温度（12～15℃）下进行的，生育后期逐渐喜好高温，植株的生长发育以18～23℃最为适合。

小苍兰的根细且多分支，因此栽培以富含有机质、疏松的土壤最为理想。地下部形成圆锥形或卵圆形小球茎，于新生芽基部发育成新球茎（更新球茎），新球叶腋内腋芽则发育成子球。新球与子球成熟时，母球耗尽营养枯萎。

小苍兰萌发时先抽生2～4片鞘叶，随后发生10片左右真叶。当生长到四叶期时开始花芽分化，五至六叶期在新球膨大基部产生1～3条收缩根（牵引根），牵引新球不远离母体。六叶期花原基分化完成，八至十叶阶段可见孕穗。新球茎在6月成熟后进入休眠状态，在自然状态下越夏，休眠期50～60d。

短日照条件可促进小苍兰花原基分化，增加花朵数和侧穗数量，加长花茎长度，而长日条件则促进花序发育和开花。

【繁殖】小苍兰以分球繁殖为主。花后在新球基部发生5～6个或更多的小球，小球经培育后隔年开花。小球茎多采用露地栽培，秋季10月下种，密植，覆土4～5cm，出芽后，喷施代森锌等杀菌剂2～3次，以预防灰霉病。小苍兰也可用播种繁殖。通常5月初采种，采后即播，发芽的最适温度为22～23℃。实生苗需经3～5年始可开花。利用花瓣、花穗、花蕾等作外植体均可用于小苍兰的组培繁殖，应用脱毒技术培养脱毒试管苗是小苍兰复壮的重要手段。

【栽培管理】小苍兰为秋植球根花卉，温暖地区可露地种植，长江流域地区若无加温设施，秋季种植开花球可于翌年2～3月开花，加温温室栽培可于11～12月开花。应用促成栽培与抑制栽培可达到周年开花的目的。

1. 温室盆栽　秋季9～11月取较大规格球茎，每盆栽植2～3个，盆土用透气、排水良好的腐殖质土、砻糠灰、河沙等配制。生长初期室温不宜过高，维持在5～10℃即可，以便其充分发根，随后升至15～18℃，并加强室内通风。当室外气温降到12℃以下时，需覆盖薄膜保温，在生育后半期，保持在昼温23℃、夜温13℃最为理想。同时，保持室内通风换气，结合遮阴、喷水等措施，以避免白天出现25℃以上的高温。浇水以盆土稍湿为度，其间施2～3次稀薄肥水，花后待叶片枯黄后，掘出球茎置通风干燥处。

2. 切花栽培　定植前2周施基肥，以腐熟堆肥或复合肥为主。设施栽培时应先拆除覆盖物，令其充分淋雨，以降低土壤中的盐分含量。定植后切忌土壤干燥，要求灌水充足，保持土壤湿润。由于从定植到开花的时间短，因此种植后通常无需再施用追肥，尤其花蕾抽生前后应避免施用追肥。为防止小苍兰地上部倒伏，需拉一层支撑网，随着生育进程，在30cm处将其固定。

3. 花控栽培 为调节花期，小苍兰可采用冷藏促成栽培或抑制栽培。为保证小苍兰的球茎已打破休眠，在 9 月定植前可采用高温或烟熏处理，即在 30℃中处理 4 周，然后在 20℃中经 3 周。将已打破休眠的种球于夏季进行冷藏处理以完成春化诱导，秋季定植，早者 10～12 月产花，不进行冷藏促成栽培的，则 9 月定植于露地，而后移入温室，进行保温或加温，可于翌年 1～3 月产花。

定植后生长期的夜温保持在 14～18℃（不低于 10℃），昼温 25℃。刚从冷藏室取出定植时应避免室温达到 20℃以上，以防高温引起畸形花。

延长冷藏时间可达到抑制栽培的目的。将已通过夏季休眠的小苍兰种球于 10 月间湿润贮藏于 2～5℃冷库中抑制生长，翌年 1～2 月定植，5～6 月可开花。也可延迟至 7～8 月起球，干藏在 2～5℃冷库中，定植前 1 个月出库，在 30℃中经 1 个月后定植。

4. 病虫害防治 小苍兰的主要病害有颈腐病、球茎腐败病和病毒病等。颈腐病症状是靠近地表部分的茎叶变成茶褐色并出现叶枯现象，球茎上出现暗褐色斑点。球茎腐败病往往由镰刀菌感染引起，生育期中叶片变为紫色并遍及全株，不久枯死。病毒病则表现为叶片上有坏死性斑点，红色、紫色等品种则于花瓣上发生白斑。

真菌性病害防治主要是通过土壤和种球消毒、适当稀植、加强通风、降低室内温度和湿度、注意轮作等措施。种球消毒需在收获后种植前进行，具体方法包括：贮藏前用 30℃热水处理 10～15d，以促进愈伤；仔细剔除已罹病的种球；用 50％福美双粉剂1 000倍液浸泡球茎或用 50％苯来特1 000倍液浸泡种球，晾干后再贮藏。

小苍兰易受病毒侵染，主要有番茄轮纹病毒、烟草轮纹病毒和黄瓜花叶病毒等，染病后种球退化并失去观赏价值。病毒病的防治措施主要有实生繁殖复壮和组培脱毒复壮。一旦发现病球、病株，应立即拔除并销毁。

小苍兰的虫害主要有蚜虫、蓟马、叶螨、夜盗蛾等。蚜虫危害花朵并扩散病毒，蓟马使花朵不能正常开花。可用 50％杀螟硫磷等内吸性杀虫剂1 000倍液喷杀防除。

【应用】小苍兰花色艳丽，芳香独特，花期正值冬春，为室内观赏的优良盆花，也是重要的冬春季鲜切花。

（四）番红花属

【学名】*Crocus*

【产地及分布】番红花原产巴尔干半岛和土耳其、喜马拉雅山，后引入欧洲。

【形态特征】番红花为鸢尾科多年生草本，球茎扁圆形，端部呈冠状，有干膜质或革质外皮。叶基生，多数，狭线状，灰绿色。花单生茎顶，苞片 2，花大，芳香，花被片 6 枚，具细长之筒部，雄蕊 3 枚，花柱长，子房 3 室。花色雪青、红紫或白色。花期秋季或春季。

【主要种类】番红花属大约有多年生球根花卉 80 种。植物学上依花茎基部有无佛焰苞片将本属分为两大类群，即具总苞片类和裸花类，园艺上则按花期将栽培种分为春花类和秋花类两大类。

1. 春花类 花期 2～3 月，花茎常先叶抽出。

（1）番黄花（*C. maesiacus*） 番黄花又名黄番红花。原产小亚细亚、欧洲东南部。球茎大，直径 2.5cm，外皮膜质，属裸花类，无基生佛焰苞。叶 6～8 枚。花金黄色，较大，有乳白色变种。

（2）春番红花（*C. vernus*） 春番红花又名番紫花。原产欧洲中南部阿尔卑斯山地。球茎大，直径 2.5cm，外皮为网状纤维结构。花茎基部具佛焰苞。叶 2～4 枚，与花茎等长。

花有堇色、白色，具紫色纹。本种与其他种杂交育成诸多品种。

（3）金番红花（*C. chrysanthus*）　金番红花又名金冬番红花。原产巴尔干半岛、小亚细亚。球茎小，外皮膜质结构，属裸花类。叶5～7枚。花金黄色，杂交后有雪青、黄、白色等品种。

2. 秋花类　花期为9～11月，花茎常于叶后抽出。

（1）番红花（*C. sativus*）　番红花又名西红花、藏红花，英名saffron crocus。原产南欧地中海沿岸。球茎外皮膜质，具基生佛焰苞。花与叶等长或稍短，淡紫色，花药大，黄色，花柱细长，先端三裂，伸出花被外下垂，深红色，为药用部分。我国早期引种作药用植物栽培，亦可观赏。

（2）美丽番红花（*C. speciosus*）　美丽番红花原产亚洲西南部。球茎大，直径2.5cm，外皮膜质，属裸花类。叶狭长，4～5枚，花大，筒部长，筒内上部紫红色，花色鲜黄，有蓝色羽状纹，柱头暗橙色。秋花类中花最大的一种，品种多，观赏价值高。

【生物学特性】番红花性喜凉爽、湿润和阳光充足的环境，也耐半阴，耐寒性强，能耐－10℃低温。忌高温和水涝，要求肥沃疏松、排水良好的沙质壤土。番红花类无论是春花种或秋花种均为秋植球根，即秋季开始萌动，经秋、冬、春三季迅速生长至开花。番红花夏季（5～8月）进入球茎休眠期并开始花芽分化，花芽分化的适温为15～25℃。秋季种植前花芽分化已完成。

【繁殖】番红花以分球繁殖为主。球茎寿命为1年，即每年更新老球茎，新球于母球之上形成，秋季分栽新球附近的小球茎，2年后可开花。本属的有些种也可用播种繁殖，采种后立即播种，实生苗经3年开花。

【栽培管理】番红花栽培简便，地栽或盆栽皆宜。选择地势高燥、采光充足的地块，施足基肥，盆栽用土应混入适量河沙和腐熟的有机肥如饼肥、厩肥等。9月下旬至11月初均可下种，覆土5cm左右。抽叶后追施1～2次稀薄液肥即可。番红花喜光，但在半阴条件下花期长久。

秋花种9月种植很快发芽，10～11月开花。温暖地区霜前种植，霜前开花，栽后当年不出叶，翌春发叶，2～3月新球茎生长，5月新球成熟，母球茎耗尽而干缩，叶枯后进入夏季休眠。春花种10月种植后只生长根系，翌春发叶后开花，有的种发叶与开花同时发生，5月间叶枯后进入休眠。

庭院栽培时一般3～4年起球一次。

如进行促成栽培，将春花种和秋花种球茎起球后经低温（6～10℃）干藏8～10周，在温室内栽培，可于元旦、春节开花。

【应用】番红花习性强健，花色艳丽，开花甚早，常片植、丛植形成美丽的色块，最宜作疏林地被，也是优良的盆花。

第四节　石蒜科球根花卉

（一）中国水仙

【学名】*Narcissus tazetta* var. *chinensis*

【别名】中国水仙、金盏银台、天葱、雅蒜

【英名】Chinese narcissus

【科属】石蒜科水仙属

【产地及分布】水仙属原产北非、中欧及地中海沿岸，现世界各地广为栽培。

【形态特征】水仙为多年生草本，地下鳞茎肥大，卵状或近球形，外被棕褐色皮膜。叶基生，狭带状，排成互生二列状，绿色或灰绿色，基部有叶鞘包被。花多朵（通常4～6朵）成伞房花序着生于花茎端部，花序外具膜质总苞，又称佛焰苞。花茎直立，圆筒状或扁圆筒状，中空，高20～80cm；花多为黄色或白色，侧向或下垂，具浓香；花被片6枚，副冠杯状。蒴果，种子空瘪。

【种类与品种】水仙属约30种，有众多变种与亚种，园艺品种近3 000个。根据英国皇家园艺学会制定的水仙属分类新方案，依花被裂片与副冠长度的比以及色泽异同可分为喇叭水仙群（Trumpet Narcissi）、大杯水仙群（Large-cupped Narcissi）、小杯水仙群（Small-cupped Narcissi）、重瓣水仙（Double Narcissi）、三蕊水仙（Triandrus Narcissi）、仙客来水仙（Cyclamineus Narcissi）、丁香水仙（Jonquilla Narcissi）、多花水仙（Tazetta Narcissi）、红口水仙（Poeticus Narcissi）、原种及其野生品种和杂种（Species and Wild Forms of Wild Hybrids）、裂副冠水仙（Split-corana Narcissi）和所有不属于以上者（Miscellaneous）共12类。目前国内广泛栽培和应用的原种和变种有中国水仙、喇叭水仙、明星水仙、红口水仙、丁香水仙、多花水仙和仙客来水仙等。

（1）喇叭水仙（*N. pseudo-narcissus*） 喇叭水仙又名洋水仙、欧洲水仙，英名common daffodil。原产南欧地中海地区，鳞茎球形，直径3～4cm。叶扁平线形，灰绿色，端圆钝。花单生，大型，花径约5cm，黄或淡黄色，副冠与花被片等长或比花被片稍长，钟形至喇叭形，边缘具不规则的锯齿状皱褶。花冠横向开放。花期3～4月。

（2）明星水仙（*N. incomparabilis*） 明星水仙又名橙黄水仙，为喇叭水仙与红口水仙的杂交种。鳞茎圆形。叶扁平线形，花茎有棱，与叶同高。花平伸或稍下垂，大型，黄或白色，副冠为花被片长度的一半。花期4月。主要变种有：黄冠明星水仙（var. *aurantius*），副冠端部橙黄色，基部浅黄色；白冠明星水仙（var. *albus*），副冠白色。

（3）红口水仙（*N. poeticus*） 红口水仙又名口红水仙。原产西班牙、南欧、中欧等地。鳞茎卵圆形。叶线形，30cm左右。一茎一花，花径5.5～6cm，有香气。花被片纯白色，副冠浅杯状，黄色或白色，边缘波皱带红色。花期4月。

（4）丁香水仙（*N. jonquilla*） 丁香水仙又名灯芯草水仙、黄水仙。原产葡萄牙、西班牙等地。鳞茎较小，外被黑褐色皮膜。叶长柱状，有明显深沟。花高脚碟状，侧向开放，具浓香。花被片黄色，副冠杯状，与花被片等长、同色或稍深呈橙黄色，有重瓣变种。花期4月。

（5）多花水仙（*N. tazetta*） 多花水仙又名法国水仙。分布较广，自地中海直到亚洲东南部。鳞茎大。一茎多花，3～8朵，花径3～5cm，花被片白色，倒卵形，副冠短杯状，黄色，具芳香。花被片与副冠同色或异色，有多数亚种与变种。花期12月至翌年2月。

（6）仙客来水仙（*N. cyclamineus*） 仙客来水仙原产葡萄牙、西班牙西北部。植株矮小。鳞茎小。叶狭线形，背面隆起呈龙骨状。一茎一花或2～3朵聚生，花冠筒极短，花被片自基部极度向后反卷，形似仙客来，黄色，副冠与花被片等长，花径1.5cm，鲜黄色。花期2～3月。

中国水仙为多花水仙的主要变种之一，大约于唐代初期由地中海传入我国。在我国，水仙的栽培分布多在东南沿海温暖湿润地区。从瓣型来分，中国水仙有两个栽培品种：一为单瓣，花被裂片 6 枚，称‘金盏银台’，香味浓郁；另一种为重瓣花，花被通常 12 枚，称‘百叶花’或‘玉玲珑’，香味稍逊。从栽培产地来分，有福建漳州水仙、上海崇明水仙和浙江舟山水仙。漳州水仙鳞茎形美，具两个均匀对称的侧鳞茎，呈山字形，鳞片肥厚疏松，花茎多，花香浓，为我国水仙中的佳品。

【生物学特性】水仙性喜冷凉、湿润的气候，喜阳光充足，也耐半阴，尤以冬无严寒、夏无酷暑、春秋多雨的环境最为适宜。多数种类也甚耐寒，在我国华北地区不需保护即可露地越冬。好肥喜水，对土壤要求不甚严格，除重黏土及沙砾土外均可生长，但以土层深厚、肥沃湿润而排水良好的黏质壤土最好，土壤 pH 以中性和微酸性为宜。

水仙属秋植球根花卉，秋冬季地下部生长，经一段低温期后在早春迅速发叶生长并开花，花期早晚因种而异，多数种类 3～4 月开花，中国水仙的花期早，1～2 月开放。花后地上部的茎叶逐渐枯黄，地下鳞茎吸收、贮藏养分并膨大，于夏季进入休眠期。花芽分化在休眠期完成，整个花芽分化期大约需 2 个月，适合鳞茎花芽分化的温度为 18～20℃，而其花芽发育、花茎伸长则需经过一个低温期，适温为 9～10℃。

水仙的成年大鳞茎是由不同世代鳞茎单位组成的复合结构。每年地上部枯萎后，地下肥大的鳞片组称为鳞茎单位。越夏休眠后其顶芽与侧芽萌发并形成第二世代叶鞘与叶片，生长期末其叶鞘与叶片基部肥大部分形成第二世代的顶生鳞茎单位和侧生鳞茎单位。每一鳞茎单位的寿命约为 4 年。每年形成新一代鳞茎单位时，外层老鳞片变成棕褐色，膜质化死亡而脱落。未成年鳞茎单位的顶芽保持营养生长，只形成叶鞘与叶。到达成年期的鳞茎，其顶芽分化为花芽。

水仙的芽能抽出 2～4 个叶鞘和 2～6 片叶，漳州水仙一年生小鳞茎有 2～4 片叶，二年生鳞茎有 4～6 片叶。通常能形成 5～6 片宽型叶片的鳞茎有可能分化花芽。水仙花芽分化的起始时间因种的特性及地区气候、栽培环境而异，整个花芽分化过程可分为九个时期。即未分化期，生长锥顶端平坦；花芽分化始期，生长锥顶端圆钝；佛焰苞形成期；外花被形成期；内花被形成期；外轮雄蕊形成期；内轮雄蕊形成期；雌蕊形成期；副冠形成期。

水仙的叶鞘与叶在生长过程中，叶鞘细胞分裂的活跃区在基部，叶片的细胞分裂活跃区在被叶鞘包被部位的居间组织。叶片栅栏组织细胞分裂速度比中心薄壁细胞快，利用这种差异，我国水仙花农发展了水仙雕刻造型艺术。

【繁殖】中国水仙为同源三倍体植物，具高度不孕性，虽子房膨大，但种子空瘪，无法进行有性繁殖。通常以自然分球繁殖为主，即将母球上自然分生的小鳞茎掰下来作为种球，另行栽植培养，从种球到开花球需培养 3～4 年。

多花水仙的培育方式通常为水田栽培，而喇叭水仙则常用旱田栽培。

以我国漳州水仙传统的培育法为例：将二年生鳞茎上着生的侧生子球消毒后，于 10 月播种于高畦上，覆土 2～3cm。高畦四周挖成灌溉沟，沟内经常保持一定深度的水，以保证充足的土壤水分和空气湿度。翌年 5 月叶片开始衰老，7 月叶枯黄后起球，即可形成直径 4～5cm 的圆球。当年秋季再种，第三年收获时可得直径 5～8cm 的开花球，且主球两侧又有 1～3 个侧生鳞茎，可重新作为繁殖子球。商品化的漳州水仙还常采用“阉割”技术，由于水仙芽的分化能力强，一个母鳞茎可分化 3～4 个子鳞茎，为保证养分对主芽的集中供应，用匙形利刃将二年生主球两侧的侧芽各挖除 1～2 个，注意勿伤及底盘和主芽。“阉割”后置于阴凉通风处，待伤口愈合后即可栽种。

为提高繁殖系数，水仙可用鳞片扦插和组织培养进行繁殖。扦插适期 6～9 月，生根适温为 25℃，经 12～16 周后可见鳞茎盘周围发生小鳞茎。通常中、外层鳞片形成小鳞茎的能力较强。水仙的叶基、花茎、子房等均可作为组培快繁的外植体。目前用微型双鳞片作外植体诱导产生的小鳞茎还可继续诱导产生小鳞茎，大大加快了繁殖速度。采用茎尖脱毒培养有明显的复壮作用。

【栽培管理】中国水仙多在盆中水养，也可露地栽培，并常应用促成栽培技术，使其在元旦或春节开花。

1. 露地栽培 水仙为秋植球根花卉，地栽常于 10～11 月下种。种植前深翻土壤并施足基肥，种植深度 10～15cm，株距 10～15cm。地栽水仙的管理可较粗放，保持土壤稍湿润即可，若植于疏林下半阴环境花期可延长 7～10d。园林布置用水仙通常每 3～4 年起球一次。

2. 水养与雕刻 中国水仙常于室内摆放水养。种球经贮藏运输，鳞茎已完成花芽分化，具进一步发育条件。首先剥除褐色外皮、残根，浸水 1～2d，置浅盆中，用卵石固定鳞茎，球体浸水 3cm 左右，保持 15～18℃以促进生根。当芽长至 5～6cm 时降温至 7～12℃，晴天白天不低于 5℃时可置室外阳光下，使植株矮壮。

为控制株高可采用控水法，即白天浸水、见光、降温，夜间在室内排水，温度保持 12℃左右。还可利用生长抑制剂来控制株高，如用多效唑（PP_{333}）、矮壮素（CCC）等溶液浸球或进行鳞片内注射。

我国传统水仙盆养常用雕刻技术，通过除去部分鳞片和人工刻伤鳞茎的方法控制叶片的营养生长，经水养后开花繁密多姿，大大增添了观赏情趣。还可使叶片、花茎等在生长过程中扭曲，按人们的意愿进行各种艺术造型。如常规的蟹爪水仙雕刻，可用三刀法，即将鳞茎纵向切除 1/3～1/2，以露出芽体，并根据造型需要，从纵向削割叶片宽度的 1/3～1/2，经削割的叶片在伸长过程中呈卷曲状，割除程度高，卷曲程度大。为促使花茎矮化，在幼花茎的基部可用针头略加戳伤。

3. 促成栽培 为使中国水仙提早至 9～10 月开花，可选用大规格种球，提早起球，待叶枯干脱落后用 30℃高温处理 3～4 周或熏烟处理（每日熏烟 1～3h，连续 2～4d）或用乙烯气浴后栽培于温室中。室内促成栽培早期应先给予 10℃以下的温度，待根系充分生长后，再升温至10～15℃，为保证提早开花和防止茎叶徒长，需勤换水，并置于室内采光处养护。

【应用】水仙株丛清秀，花色淡雅，芳香馥郁，花期正值春节，深为人们喜爱，是我国传统的十大名花之一，被喻为“凌波仙子”。既适宜室内案头、窗台点缀，又宜在园林中布置花坛、花境，也宜在疏林下、草坪中成丛成片种植。

喇叭水仙较中国水仙植株高大，花大色艳，品种繁多，但无香气。由于其耐寒和生长势强、花期早，可露地配置于疏林草地、河滨绿地，早春开花，景观秀致，并且花朵水养持久，是良好的切花材料。

（二）石蒜

【学名】*Lycoris radiata*

【别名】红花石蒜、蟑螂花、龙爪花

【英名】red spider lily

【科属】石蒜科石蒜属

【产地及分布】石蒜以我国和日本为分布中心。原产我国的分布于华中、西南、华南地区。

【形态特征】石蒜为多年生草本。鳞茎椭圆状球形，直径 2～4cm，皮膜褐色。叶基生，线形，晚秋叶自鳞茎抽出，至春枯萎。入秋抽出花茎，高 30～60cm，顶生伞形花序，着花

5～7朵，鲜红色具白色边缘；花被6裂，瓣片狭倒披针形，边缘皱缩，反卷，花被片基部合生呈短管状，长0.5～0.7cm，花径6～7cm；雌、雄蕊长，伸出花冠并与花冠同色。染色体数我国原产种$2n=22$，能结实，蒴果；日本原产种$2n=33$，不能结实。

【主要种类】石蒜属在全世界有20余种，中国有15种。常见栽培种还有：

（1）忽地笑（*L. aurea*） 忽地笑又名黄花石蒜（英名golden spider lily），分布于我国福建及中南、西南等山地、林缘阴湿处。鳞茎卵形。秋季出叶，叶阔线形，中间淡色带明显；花茎高60cm左右，花径10cm左右，花黄色，瓣片边缘高度反卷和皱缩。花期8～9月。蒴果，果期10月。

（2）鹿葱（*L. squamigera*） 鹿葱又名夏水仙、紫花石蒜。主产日本，我国山东、江苏、浙江、安徽等地也有分布。鳞茎较大，卵形。春季出叶，叶带状，绿色。花淡紫红色，具芳香，边缘基部略有皱缩。花期8～10月。蒴果。

（3）中国石蒜（*L. chinensis*） 中国石蒜分布于我国江苏、浙江、河南等地。鳞茎卵形。春季出叶，叶带状，中间淡色带明显。花鲜黄色或黄色，花被裂片高度反卷和皱缩，花柱上部玫瑰红色。花期7～8月。蒴果，果期9月。

（4）玫瑰石蒜（*L. rosea*） 玫瑰石蒜分布于我国江苏、浙江、安徽等地。鳞茎近球形，较小。秋季出叶，叶带状，中间淡色带略明显。花玫瑰红色，花被裂片中度反卷和皱缩。花期9月。蒴果。

（5）换锦花（*L. sprengeri*） 换锦花分布于我国江浙、华中等地。鳞茎椭圆状球形。早春出叶。花淡紫红色，花被裂片顶端常带蓝色，边缘不皱缩。花期8～9月。

（6）香石蒜（*L. incarnata*） 香石蒜分布于我国华中、华南等地。春季出叶。花初开时白色，后渐变为肉红色，花丝、花柱均呈紫红色。花期9月。

（7）乳白石蒜（*L. albiflora*） 乳白石蒜分布于我国江苏、浙江等地。春季出叶。花开时乳黄色，渐变为白色，花被裂片高度反卷和皱缩，花丝黄色，花柱上部玫瑰红色。花期7～8月。蒴果，果期9月。

【生物学特性】石蒜野生于山林及河岸坡地，喜温和阴湿环境，适应性强，具一定耐寒力，地下鳞茎可露地越冬，也耐高温多湿和强光干旱。不择土壤，但以土层深厚、排水良好并富含腐殖质的壤土或沙质壤土为宜。

石蒜属植物依据生长习性可分为两大类：一类为秋季出叶，如石蒜、忽地笑、玫瑰石蒜等，8～9月开花，花后秋末冬初叶片伸出，在严寒地区冬季保持绿色，直到高温夏季来临时叶片枯黄进入休眠。另一类为春季出叶，如中国石蒜、鹿葱、香石蒜、乳白石蒜、换锦花等，春季出叶后，初夏植株枯黄休眠，夏末秋初开花，花后鳞茎露地越冬，表现为夏季、冬季两次休眠。

【繁殖】石蒜以分球繁殖为主，多数种可结实，也可进行播种繁殖。春、秋两季用鳞茎繁殖，暖地多秋栽，寒地春栽，挖起鳞茎分栽即可，最好在叶枯后花茎抽出之前分球，也可于秋末花后抽叶前进行。

【栽培管理】石蒜虽喜阴湿，但也耐强光和干旱，因此栽培简单，管理粗放。栽植深度为8～10cm，过深则翌年不能开花。一般每隔3～4年掘起分栽一次。注意勿浇水过多，以免鳞茎腐烂。花后及时剪除残花，9月下旬花凋萎前叶片萌发并迅速生长，应追施薄肥一次。石蒜抗性强，几乎没有病虫害。

【应用】石蒜是园林中不可多得的地被花卉，素有“中国的郁金香”之称，冬春叶色翠绿，夏秋红花怒放，城市绿地、林带下自然式片植、布置花境或点缀草坪、庭院丛植，效果俱佳。石蒜花叶共赏，花茎茁壮，又能反映季相变化，可作专类园，也可用作切花，矮生种也作盆花观赏。

（三）朱顶红

【学名】*Hippeastrum vittatum*（*Amaryllis vittata*）

【别名】孤挺花、朱顶兰、百枝莲、华胄兰

【英名】amaryllis，barbadoslily

【科属】石蒜科孤挺花属

【产地及分布】朱顶红原产南美秘鲁、巴西，现在世界各地广泛栽培。

【形态特征】朱顶红为多年生草本，地下鳞茎大，球形，直径7～8cm。叶二列状着生，4～8枚，带状，略肉质，与花同时或花后抽出。花茎粗壮，直立而中空，自叶丛外侧抽生，高于叶丛，顶端着花4～6朵，两两对生略呈伞状；花大型，漏斗状，呈水平或下垂开放，花径10～15cm，花色红、粉、白、红色具白色条纹等。雄蕊6枚，花丝细长。子房3室，花柱长，柱头三裂。蒴果球形，种子扁平。染色体基数$x=11$。

【种类与品种】朱顶红属约有75种，常见栽培种还有：

（1）网纹孤挺花（*H. reticulatum*）　网纹孤挺花原产巴西南部。株高20～30cm，叶深绿色，具显著的白色中脉。鳞茎球形，中等大小。花茎长25～35cm，着花4～6朵，花径8～10cm，花被片鲜红紫色，有暗红条纹，具浓香。花期9～12月。常见栽培的变种有白纹网纹孤挺花 var. *striatifolium*，花茎上着花5朵，花玫瑰粉色。

（2）短筒孤挺花（*H. reginae*）　短筒孤挺花又名王百枝莲、墨西哥百合（Mexican lily）。原产墨西哥、西印度群岛。鳞茎大，球形，直径5～8cm。株高可达60cm。花茎着花2～4朵，鲜红色，喉部有具白色星状条纹的副冠，花被裂片倒卵形，有重瓣品种。冬春开花。

（3）美丽孤挺花（*H. aulicum*）　美丽孤挺花原产巴西、巴拉圭。株高30～50cm，叶色中等绿色。花茎较粗，着花两朵。花深红色，花大，直径可达15cm，喉部有带绿色的副冠。花期冬春。

（4）大花杂种朱顶红（*H. hybridum* Large-flowered Type）　大花杂种朱顶红参与杂交的亲本有朱顶红、美丽孤挺花、短筒孤挺花、网纹孤挺花等。栽培品种有许多无性系。通常花径为10～15cm，花期多为冬季。著名的品种如'Apple Blossom'（'苹果花'），白花带粉色条纹；'Christmas Star'（'圣诞星'），鲜红色花，具白色条纹；'Picotee'（'花边石竹'），白花，瓣缘红色饰边；'Red Lion'（'红狮'），花鲜红色。

（5）小花杂种朱顶红（*H. hybridum* Miniature-flowered Type）　小花杂种朱顶红通常花径为8～10cm，冬季开花。常见品种如'Pamela'（'帕莫拉'），橙红色；'Scarlet Baby'（'红婴孩'），亮红。

【生物学特性】朱顶红性喜温暖、湿润的环境，较为耐寒。冬季地下鳞茎休眠，要求冷凉干燥，适温为5～10℃。在温带栽培具半耐寒性质，在长江流域稍加保护即可露地越冬。夏季喜凉爽，生长适温为18～25℃。喜光，但不宜过分强烈的光照。要求排水良好且富含腐殖质的沙质壤土。花期5～6月。

朱顶红的鳞片由叶基肥大而成，在热带地区表现为常绿性。成年鳞茎为合轴分支，每一合轴单位含4片叶和1个顶生花序。在顶端分化一个侧生生长点，由此形成一个新的合轴单位。在同一个合轴单位中花序发育比叶片晚。在气候适宜的条件下，可以看到一个大鳞茎内含有 6 个合轴单位，其中 2 个只保留叶基鳞片，2 个已经萌发，另 2 个尚未萌发。叶片自分化到萌芽需 11～14 个月，花序自萌发到开花需 3～4 周。

子鳞茎在母鳞茎腋内形成，当母鳞茎外部鳞片衰老死亡时，子鳞茎与母鳞茎自然脱离。新生子鳞茎只产生 1 片叶，需产生 9 片叶后分化花芽。但初生花芽往往败育，在下一个合轴单位形成时可以产生正常花芽。

【繁殖】朱顶红以分球繁殖为主。秋季将大球周围着生的小鳞茎剥下分栽，子球培育 2 年后开花。朱顶红也可播种繁殖，种子即采即播，发芽率高，需经 3～4 年才能开花。为提高繁殖系数，还可用鳞片扦插和组培快繁。通常切割双鳞片或三鳞片，在保温保湿条件下经 6 周后鳞片间发生 1～2 个小鳞茎。组织培养的外植体可用鳞片、花梗、子房等，经 3～4 个月可产生不定芽形成新植株。

【栽培管理】朱顶红球根春植或秋植，地栽、盆栽皆宜。选取高燥并富含有机质的沙质壤土，加入骨粉、过磷酸钙等作基肥。浅植，使 1/3 左右的鳞茎露出表土。鳞茎在地温 8℃以上开始发育，花芽分化适温为 18～23℃。初栽时少浇水，抽叶后开始正常浇水，开花前逐渐增加浇水量。若要在元旦前后开花，需选大规格、发育充实的鳞茎，在 8 月中旬使鳞茎干燥，9 月初去叶，置于 15～17℃条件下 32d，然后转置 23℃干燥处 4 周，11 月初上盆，土温约 20℃，室温18～24℃，则可在圣诞节或元旦开花。

【应用】朱顶红花茎直立，花朵硕大，色彩极为鲜艳，适宜盆栽，也可布置花境、花丛或作切花。

（四）晚香玉

【学名】*Polianthes tuberosa*

【别名】夜来香、月下香、玉簪花

【英名】tuberose

【科属】石蒜科晚香玉属

【产地及分布】原产墨西哥、南美，现在世界广为栽培。

【形态特征】晚香玉为多年生草本，地下部呈圆锥状块茎（上半部呈鳞茎状）。叶互生，带状披针形，茎生叶较短，向上则呈苞状。穗状花序顶生，小花成对着生，每穗着花 12～32 朵；花白色，漏斗状，端部五裂，筒部细长，具浓香，夜晚香气更浓。蒴果，自花授粉，但由于雌花晚于雄花成熟，自然结实率低。种子黑色，扁锥形。

【种类与品种】晚香玉属有 12 种，但栽培应用的只有晚香玉，而且品种不多，主要品种有'珍珠'（'Pearl'），花茎 75～80cm，花白色，大花，重瓣，花筒短，花穗短，着花多而密；'白珍珠'（'Albino'），是'珍珠'的芽变，花纯白色，单瓣；'高重瓣'（'Tall Double'），植株高，花茎长，重瓣，大花，白色，宜用于切花；'墨西哥早花'（'Early Mexican'），早花品种，周年开花，以秋季最盛，单瓣，白色；'斑驳'（'Variegate'），叶长而弯曲，具金黄色条斑。

【生物学特性】晚香玉性喜温暖湿润和阳光充足的环境，在原产地无休眠期，为常绿草本。不耐寒，霜后叶枯，进入休眠期，翌春萌发，生长适温 25～30℃。喜光，稍耐半阴。不择土壤，生长期需充足水分，但忌涝。对土壤湿度反应较敏感，喜肥沃、排水良好、潮湿但不积水的黏壤土。不忌盐碱。干旱时，叶边上卷，花蕾皱缩，难以开放。夏花，花期长，直至秋季。

花芽分化于春末夏初生长时期（即叶丛形成的后期）进行，适温20℃左右，但也与球体营养状况有关。一般球重11g以上者均能当年开花，否则需培养2～3年才开花。

【繁殖】晚香玉常采用分球繁殖，小块茎经栽种1年后即成为开花球。母球自然增殖率较高，通常一个母球能分生10～25个子球（当年未开花的母球，分生子球较少）。播种繁殖一般只用于育种。

【栽培管理】

1. 定植 晚香玉适宜地栽，春植为主，且以黏壤土为好。取直径2cm左右的块茎，先在25～30℃下经过10～15d的湿处理后再行栽植。应将大小球及去年开过花的老球（俗称“老残”）分开栽植。大球株行距20cm×25～30cm，小球10cm×15cm或更密，栽植深度较其他球根稍浅，不必深种，一般栽大球以芽顶稍露出地面为宜，栽小球和“老残”时，芽顶可低于或与土面齐平。

2. 水肥管理 定植后浇透水，温度回升后即萌发，注意排水良好，以免烂球。晚香玉出苗缓慢，需一个多月，出苗后生长较快。因此种植前期灌水不必过多，叶丛形成后期花茎抽生时，应充分灌水并保持土壤湿润。晚香玉喜肥，应经常追肥。一般栽植1个月后施一次，开花前施一次，以后每个半月或每2个月追肥一次。雨季注意排水，防止花茎倒伏。

3. 促成栽培 晚香玉促成栽培较为简易。在温室内11月种植，翌年2月可开花，2月栽种，5～6月开花。温室需保持20℃以上，采光充足，空气流通，栽前在25～30℃环境中置10～15d，经湿热处理可起催芽作用。半促成栽培于2月在温室催芽盘栽，出叶后移至阳畦或大棚定植，可提前于6月开花。抑制栽培于6～8月种植于大棚中，可延迟至10～11月开花。温室中保持高温可保证冬季开花。

4. 球根贮藏 秋末霜冻前将球根挖出，略晾晒，除去泥土及须根，将球的底部薄薄切去一层，以显露白色为宜，继续晾晒至干，然后将残留叶丛编成辫子吊挂在温暖干燥处贮藏过冬。或将球根吊挂在室内用火炉烘熏，最初室温保持25～26℃，使球体内水分逐渐减少至外皮干皱后，降低温度至15～20℃，直至翌春出房为止。经烘熏后可使球体充分干燥，从而强迫其完全休眠，有利于翌春栽植后的生长和花芽分化。我国北方也将球根晾干后堆放在干燥向阳的地窖中，分层覆盖稻草和土并压紧，埋藏过冬。庭院栽培可每2～3年掘起分球一次。

【应用】晚香玉花色纯白，香气馥郁，入夜尤盛，最适布置花园，供游人夜晚欣赏。也是重要的切花材料。

（五）六出花

【学名】*Alstromeria* spp.

【别名】百合水仙、秘鲁百合

【英名】Peruvian lily

【科属】石蒜科六出花属

【产地及分布】六出花原产南美洲的高山地带、草原，现世界各地作为切花栽培。

【形态特征】六出花为多年生草本。叶披针形至倒卵形，长约10cm。花茎高80～100cm，有多个花序轴。伞形花序，着花10～30朵。花漏斗形，花被片六裂，内、外轮各3枚。花色有白、黄、粉红、红等多种，内轮花被片具深色条斑。雄蕊6枚，子房下位，3室。花期5～6月。

【种类与品种】六出花属约有50种，并有众多的园艺栽培品种。常见栽培种有：

（1）黄六出花（*A. aurantiaca*）　黄六出花原产智利。株高50～100cm。花黄至橙黄色，先端稍带绿色，有葡萄酒色条纹。着花10～30朵，用于切花栽培。

（2）智利六出花（*A. chilensis*）　智利六出花原产智利。株高1m以上。花淡红色、红色或白色，花大。

（3）红六出花（*A. haemantha*）　红六出花原产智利。株高近1m。外轮花瓣红色，内轮花瓣橙红色，具深紫色条斑。有白色变种。

（4）紫条六出花（*A. ligta*）　紫条六出花原产智利。株高70cm左右。外轮花瓣淡紫色至红色，内轮花瓣带黄色并具紫色条纹。

（5）淡紫六出花（*A. pelegrina*）　淡紫六出花原产智利。株高30cm。花淡紫红色，有紫红色条纹。

（6）美丽六出花（*A. pulchella*）　美丽六出花株高50～100cm。花暗红色，先端带绿色，内轮花瓣有褐色条纹。

（7）多色六出花（*A. versicolor*）　多色六出花原产智利。株高15～30cm。花黄色，有紫色斑纹。园艺品种有多种花色。

【生物学特性】六出花性喜温暖湿润和阳光充足的环境，在原产地无休眠期。不甚耐寒，冬季低于5℃易受冻害，生长适温25～30℃，夏季超过30℃则进入休眠，在温带地区秋栽，春夏开花，夏季休眠，属长日照植物。具肉质根系，宜轻松肥沃的沙质壤土，忌涝，若温度适宜，可周年开花，5～7月盛花。

六出花的根茎横向生长，顶端生长点形成新芽。新芽第一与第二叶鞘腋内又可形成新的侧生生长点，并形成侧生新芽，如此发展成假轴分枝的地下茎，同时增加新芽的数量。当地上茎旺盛生长时，地下部分开始形成新的肥大贮藏器官块根，并发生须根。

花芽分化需要低温春化。春化的有效低温为5～13℃，在5℃中经4～6周可以满足春化要求。感应低温的部位是地下茎上处于活动状态的芽，已感应低温的地下茎，如遇15～17℃地温会出现脱春化现象。在17℃以上新芽加速形成，数量增加，可见春化要求的温度与新芽形成的温度是不同的。

花芽分化与发育与日长有关，感应低温后的新芽，在短日条件下抑制开花，在长日条件下促进开花。在12h日长下花枝数形成最多，而在16h日长条件下叶片数与花序轴的分枝数都减少（Lin Molnar，1983）。因此，从既能形成一定花枝数、又保持切花品质的要求出发，生产上常采用12h日长和低于15℃的地温作为六出花周年产花的适宜管理条件。

【繁殖】六出花以分株繁殖为主，也可播种繁殖，快繁时用茎尖组培。

六出花有横卧地下的根茎，其上着生肉质根，贮存水分和养分。在横卧根茎上着生许多隐芽，当外界条件适合时，横卧根茎在土壤中延伸，同时部分隐芽萌发，直到长成花枝。分株繁殖就是利用根茎上未萌发的隐芽，当根茎分段切开后，刺激隐芽萌发即可成新的植株。分株繁殖时间为秋季9～10月。分栽前要使土壤疏松、不干不湿，分株时距地面30cm处剪除植株上部，将植株挖起，尽量避免碰伤根系，轻轻抖动周围土壤，根茎清晰可见，种植在已准备好的苗床上。

杂种六出花种子千粒重约16g，宜秋冬季播种。播种基质用草炭土与沙按1∶1（体积比）的比例，经高温消毒后，装于播种盆中。10月中旬至11月下旬播种，经过1个月0～5℃的自然低温，种子逐渐萌动，然后移至15～20℃的条件下，约2周，种子发芽率可达

80%以上。种子发芽后温度维持10～20℃，生长迅速。幼苗长至4～5cm高时，应及时分植。移植时切勿损伤根系，移植时间以早春2～3月为佳。

【栽培管理】六出花根系发达，习性强健，病虫害不多，适宜地栽。也可用于盆栽，但需选用大盆，保证盆中土层深厚。

1. 土壤准备与定植 选择透气排水、富含有机质的沙质壤土，土层厚度需在50cm以上，土壤pH为6.5左右。定植前应大量施用腐熟的有机肥，如厩肥以30～40kg/m^2为宜，或加入适量的过磷酸钙作为补充。

定植时期多在秋季9～10月，此时根茎尚处于休眠状态。定植深度7～15cm，栽后充分灌水，促进莲座状枝早期发育良好。

2. 水肥管理 六出花生长旺盛季节应保证充足的水分供应和较高的空气湿度，相对湿度控制在80%～85%较为适宜。

生长前期（定植后至大量侧芽萌发出土之前，一般为10月下旬至次年2月中旬）不需追肥；生长旺盛期（通常在2月下旬至6月上旬）施用1～2次以氮肥为主的追肥，促其营养生长；产花盛期（3月下旬至6月上旬）应每隔2～3周追施一次肥料，氮、磷、钾的配比为3∶1∶3，也可每周用0.2%的磷酸二氢钾追肥一次。夏季高温、强光条件下，植株处于半休眠状态，应减少施肥。8月下旬至9月上旬天气转凉后，若管理适当，植株可迅速恢复生长，并且有一定的产花量。冬季低温时应注意控制水分。

3. 温光管理 六出花原产美洲热带地区，生育适温较高，切花栽培需加强温度管理，保证采光充足。新植株在定植后1～2个月内给予适当低温（夜温2～5℃），有利于根系健壮；生长季温度应维持在8～15℃；夏季则最好使土温保持在20℃左右。温度升至25℃以上时，叶节疏，茎叶软，影响切花的产量和质量；温度35℃以上时，植株处于半休眠状态。六出花适宜的花芽分化温度为20～22℃，夏季为了防止土壤温度过高，可在地下埋设供水管、珍珠岩等达到降温的目的。同时加强通风，增加空气湿度。

六出花是强阳性植物，生长季节应有充足光照，最适日照时数为13～14h。秋冬季为保证开花良好，可进行人工补光。补光开始时间选择在植株旺盛生长阶段，即有3～4个新芽长出土面时。每天补充光照4～5h，直到自然光照达到13h后停止补光。

4. 支架拉网 六出花高性品种茎秆可达1.5m以上，必须及时搭架拉网以防倒伏。早春在植株长至40cm时开始拉网，网格间距为15cm×15cm，拉网3～4层。

5. 切花采收 设施栽培冬季及早春有2～3朵小花初开时为适宜采花期；4～6月为产花高峰期，气温偏高，花苞着色完好或有1朵小花初开时即可采切。采切时用剪刀剪取，防止用力拉扯损伤根茎。鲜花采切后，在运输途中或贮藏过程中，可在4～6℃的低温下进行冷藏。六出花在气温20～30℃条件下，在水中切花寿命可达12d以上。用硫代硫酸银和赤霉素的混合液可以有效延缓切花叶片变黄和花苞脱落。

【应用】六出花开花美丽，品种众多，是新兴切花种类，也适合园林丛植或庭院花坛、花境布置。

（六）雪花莲

【学名】*Galanthus nivalis*

【别名】雪滴花、雪钟花

【英名】snowdrop

【科属】石蒜科雪花莲属（雪滴花属）

【产地及分布】雪花莲原产欧洲中南部至高加索一带。

【形态特征】雪花莲为多年生草本。鳞茎球形，具深色膜状外皮，直径1.3～3cm。株高10～20cm。叶基生，线形，有纵沟。花茎实心，高15～25cm。单花顶生，白色，钟状，顶端有绿色斑点。花被片6，外轮3枚比内轮3枚长1倍。花期2～3月。果实为蒴果。有多个变种：var. *florepleno*，每花茎着花2朵；var. *viridapicis*，外轮花被片先端有绿斑点；var. *flavescens*，内轮花被片上有黄色斑点。

【种类与品种】雪花莲属约有19种，绝大多数原产山地林带，也有少数分布于岩地。常见栽培种还有：

1. 大雪花莲（*G. elwesii*）　大雪花莲又名大雪滴花（giant snowdrop）、雪地水仙，原产土耳其西部。鳞茎大，叶宽3cm，长10～15cm，顶端兜头。花大，直径4cm，白色，花被片宽，内、外轮均有绿色斑点。花期从冬至春。

2. 高加索雪花莲（*G. caucasius*）　高加索雪花莲原产高加索及伊朗。叶宽1.4～2cm，长13cm左右。花大，外轮花被片长椭圆形，长1.4～3cm，内轮花被片顶端有绿斑。有双花品种，如'Lady Beatrix Sanley'，花期长，从晚秋至早春。

3. 弗斯特雪花莲（*G. fosteri*）　弗斯特雪花莲原产土耳其南部、黎巴嫩等。叶较宽，明亮深绿色，长8～14cm。花大，内轮花被片基部与顶部均有绿斑点。花期晚冬。需较干燥土壤，种植深度至少为10cm。较为著名，被称为"雪花莲之王"（king of snowdrop）。

【生物学特性】雪花莲性喜湿润的冷凉环境，适应性强，耐寒，我国长江流域都可露地越冬。冬春季要求阳光充足，初夏宜半阴条件，在疏林下生长良好。喜好肥沃、排水良好、湿润及稍黏性土壤。花期从晚冬至仲春，开花期10～20d。

【繁殖】雪花莲采用播种或分球繁殖。雪花莲易于结实，种子即采即播，播种繁殖2～3年开花。也可于秋季9～11月分栽小鳞茎，经2年培育可开花。

【栽培管理】雪花莲属秋植球根花卉，习性较为强健，栽植及养护简便。选择高燥地种植，覆土2倍球高，浇一次透水即可。开春发叶早，如遇寒流，稍加覆盖保护。

【应用】雪花莲粉绿色叶丛清秀雅致，洁白的小花朵朵垂悬，似雪花飘逸，惹人喜爱，加之株型低矮，最宜于庭院假山石配置或于草坪上自然丛植。

（七）葱莲

【学名】*Zephyranthes candida*

【别名】葱兰、玉帘

【英名】zephyranthes

【科属】石蒜科葱莲属（玉帘属）

【产地及分布】原产北美至南美一带。

【形态特征】葱莲为多年生草本，鳞茎卵形，直径2.5cm，颈部细长，具黑褐色皮膜。叶基生，肥厚，窄线形，稍肉质，鲜绿色，长可达40cm。花茎中空，与叶同时伸出；花单生茎顶，漏斗形，花被片6枚，花白色或外略带紫红晕。花期夏季至初秋。落叶种，但在暖地常绿，长江流域可露地越冬。

【种类与品种】葱莲属约70种，有些具常绿性。常见栽培种还有韭莲（*Z. grandiflora*），又名风雨花。原产中南美洲墨西哥、古巴、危地马拉湿润林地。鳞茎卵球形，径3～4cm。基生叶5～7枚，扁平线形，与花同时伸出，长30cm。花单生于花茎先端，花粉红色至玫瑰红色。可多次开花，尤其在风雨交加时开得更旺，故有"风雨花"之称。落叶种，半耐寒，长江流域可露地越冬。

【生物学特性】葱莲性喜温暖、湿润和阳光充足的环境，也耐半阴和低湿。适应性强，在无霜或霜期很短地区可露地越冬。北方春季种植，晚秋起球，鳞茎越冬贮藏于无冷冻温室中。要求肥沃、排水良好的略带黏质的壤土。盛花期7～11月。

【繁殖】葱莲以分球繁殖为主，也可种子繁殖。

【栽培管理】葱莲为春植球根花卉，种前施足基肥，每穴种植3～4个鳞茎，覆土2～3cm。盆栽时每年结合分球换盆、换土、施基肥。春夏生长季节追施1～2次腐熟的肥水，保持土壤湿润，夏季高温时宜置遮阴处。秋后叶片枯萎，温暖地园林地栽不必每年挖起，可3～4年起球移栽一次。寒冷地入冬前可掘出鳞茎，稍晾干后置通风处或沙藏，至翌春再种。

【应用】葱莲株型低矮、清秀，开花繁多，花期长，应用广泛，尤适在林下、花境、道路隔离带或坡地半阴处作地被植物，丛植成缀花草地则效果更佳。

（八）水鬼蕉

【学名】*Hymenocallis littoralis*（*H. americana*）

【别名】美洲蜘蛛兰、美洲水鬼蕉

【英名】beach spider lily

【科属】石蒜科水鬼蕉属

【产地及分布】原产美洲热带地区。

【形态特征】水鬼蕉为多年生草本。鳞茎大，直径7～11cm，叶基生，剑形。花茎高30～80cm，伞形花序着花3～8朵生于茎顶，花白色，花被筒纤细，长者可超过10cm，花被裂片线形，通常短于花被筒。花形似蜘蛛身体，因此又名蜘蛛兰。花期夏秋。

【种类与品种】水鬼蕉属约40种，有些具常绿性。常见栽培种还有：

（1）美丽水鬼蕉（*H. speciosa*） 美丽水鬼蕉又名美丽蜘蛛兰。叶宽带或椭圆形。花茎实心，伞形花序着花9～15朵，花被筒长7.5～10cm，花被裂片线形，为花被筒长的2倍。花期夏秋。

（2）蓝花水鬼蕉（*H. calathina*） 蓝花水鬼蕉又名秘鲁水仙（Peruvian daffodil）。原产安第斯山、秘鲁、玻利维亚。鳞茎球形。叶互生，带状。花茎二棱形，高40～60cm，有的可达100cm。伞形花序着花2～5朵，无花梗。花喇叭形，白色，浓香，长5～10cm，裂片与花筒等长。副冠（雄蕊筒）白色，有绿色条纹。花期6～8月。

【生物学特性】水鬼蕉喜温暖环境。植株茁壮，春季萌发，夏秋季开花，秋季叶黄进入休眠期。花芽在休眠期内分化，秋季高温、干燥促进花芽形成。

【繁殖】水鬼蕉采用分球繁殖，春季分栽小鳞茎，培育1～2年成为开花球。也可播种繁殖，种子发芽适温19～24℃。

【栽培管理】水鬼蕉喜肥，栽前宜深耕并施足基肥。地栽、盆栽皆宜，通常于4～5月种植，覆土2～3cm，园林地栽株距15～20cm。盆栽也于春季翻盆换土，夏季置半阴处，勤施液肥，冬季植株呈半休眠态，应置于不低于5℃的温室，适当控水。秋季叶枯黄时将鳞茎掘起，充分干燥后贮藏于无冰冻场所，春季4月回暖后置温暖处发根后再下种。盆栽也可于秋末带根脱盆，贮藏于干沙中，翌年另行上盆。

【应用】水鬼蕉花形奇特，花叶俱美，宜林缘、草地丛植，布置花坛、花境，或用作盆栽、切花。

第五节　其他科球根花卉

（一）大丽花

【学名】*Dahlia hybrida*

【别名】大理花、西番莲、天竺牡丹、地瓜花

【英名】dahlia

【科属】菊科大丽花属

【产地及分布】原产墨西哥热带高原，现世界各地广泛栽培。

【形态特征】大丽花为多年生草本，地下部为粗大的纺锤状肉质块根。叶对生，1～3 回奇数羽状深裂，裂片呈卵形或椭圆形，边缘具粗钝锯齿。茎中空，直立或横卧，株高依品种而异，40～150cm。头状花序顶生，花径 5～35cm，具总长梗。外周为舌状花，一般中性或雌性；中央为筒状花，两性。总苞鳞片状，两轮，外轮小，多呈叶状。瘦果扁，长椭圆状，黑色。花期夏秋季。染色体基数 $x=8$。四倍体为不稳性，八倍体为可稳性 $2n=8x=64$。

【种类与品种】

1. 主要原种　大丽花属约有 30 种，重要的原种有：

（1）红大丽花（*D. coccinea*）　红大丽花为部分单瓣大丽花品种的原种，舌状花一轮 8 枚，平展，花径 7～11cm，花瓣深红色。园艺品种有白、黄橙、紫色。染色体 $2n=32$。花期 8～9 月。

（2）大丽花（*D. pinnata*）　大丽花为现代园艺品种中单瓣型、小球型、圆球型、装饰型等品种的原种，也是装饰型、半仙人掌型、牡丹型品种的亲本之一。花单瓣或重瓣，单瓣型有舌状花 8 枚，重瓣花内卷成管状，雌蕊不完全。花径 7～8cm。花色绯红，园艺品种有白、紫色。染色体 $2n=64$。

（3）卷瓣大丽花（*D. juarezii*）　卷瓣大丽花为仙人掌型大丽花的原种，也是不规整装饰型及芍药型大丽花的亲本之一。花红色，有光泽，重瓣或半重瓣。舌状花细长，瓣端尖，两侧向外反卷。花径 18～22cm。为天然杂种四倍体。

（4）树状大丽花（*D. imperialis*）　树状大丽花株高 1.8～5.4m，茎截面呈四至六边形，先端中空，秋季木质化。花大，花头下弯。舌状花 8 枚，披针形，先端甚尖。花白色，有淡红紫晕，管状花橙黄色。染色体 $2n=32$。

（5）麦氏大丽花（*D. merckii*）　麦氏大丽花又名矮大丽花，是单瓣型和仙人掌型大丽花的原种，不易与其他种杂交。株高 60～90cm，茎细，多分枝，株型开展。花瓣圆形，黄色。花径 2.5～5cm，花梗长，花繁茂。染色体 $2n=32$。

2. 品种分类　大丽花的栽培品种已达 3 万个以上，其花型、花色、株高均变化丰富。

（1）依花型分类　随着大丽花现代新品种不断涌现，花型更加丰富，花型分类也不断更新。较早的花型分类见于 1924 年英国皇家园艺学会杂志，分为 16 种，1958 年美国大丽花协会分又为 14 类。我国目前尚无统一规范，现将常见的类型介绍如下：

① 单瓣型（Single and Mignon Single Dahlia）：花露心，舌状花 1～2 轮，小花平展，花径约 8cm，也有花瓣交叠、花头呈球状者。如‘单瓣红’。

② 领饰型（Collarette Dahlia）：花露心，舌状花单轮，外围管状花瓣化，与舌状花异色，长度约为舌状花的 1/2，犹如服装领饰。如‘芳香唇’。

③ 托桂型（银莲花型）(Anemone Dahlia)：花露心，舌状花一至多轮，花瓣平展，管状花发达，比一般单瓣型的长。如'春花'。

④ 芍药型（Paeony-flowered Dahlia)：半重瓣花，舌状花 3～4 轮或更多，相互交叠，排列不整齐，露心。如'天女散花'。

⑤ 装饰型（Decorative Dahlia)：舌状花重瓣不露，或稍露心。花瓣排列规则，花瓣端部宽圆或有尖者为规整装饰型（Formal Decorative)；舌状花排列不整齐，花瓣宽，较平或稍内卷，急尖者为非规整装饰型（Informal Decorative)。如'古金殿'、'宇宙'、'玉莲'。

⑥ 仙人掌型（Cactus Dahlia)：重瓣型，舌状花边缘外卷的长度不短于瓣长的 1/2。花大，常超过 12cm，其中舌状花狭长、纵卷而直者称直伸仙人掌型（Straight Cactus Dahlia)，尖端内曲者称内曲仙人掌型（Incurved Cactus Dahlia)，边缘外卷部分不足全长 1/2 者，称半仙人掌型（Semi-cactus Dahlia)。

⑦ 球型（Show Dahlia)：舌状花多轮，瓣边缘内卷成杯状或筒状，开口部短而圆钝。内轮舌状花与外轮相同但稍小，花径常超过 8cm。

⑧ 蜂窝型（绣球型，蓬蓬型）(Pompon-flowered Dahlia)：蜂窝型与球型相似，只是舌状花较小，顶端圆钝，内抱呈小球状，不露心，花色较单纯，花梗更为坚硬，花径最小在 5cm 以下。

其他还有如睡莲型（Waterlily)、兰花型（Orchid)、披散型（Fimbriated）等。

(2) 依花色分类　可分为红、粉、紫、白、黄、橙、堇以及复色等。

(3) 依株高分类　通常可分为高型（1.5～2m)、中型（1～1.5m)、矮型（0.6～0.9m）和极矮型（20～40cm)。

(4) 依花朵大小分类　可分为五级：巨型 AA（>25cm)、大型 A（20～25cm)、中型 B（15～20cm)、小型 BB（10～15cm)、迷你型 Min（5～10cm)、可爱型 Mignon（<5cm)。

【生物学特性】大丽花原产地属热带高原气候，喜高燥凉爽、阳光充足的环境，既不耐寒，又忌酷热，低温期休眠。在 5～35℃条件下均可生长，但以 10～25℃为宜，4～5℃进入休眠，秋季经轻霜叶即枯萎。不耐旱，又怕涝，土壤以富含腐殖质、排水良好的中性或微酸性沙质壤土为宜。一年中以初秋凉爽季节花繁而色艳，夏季炎热多雨地区易徒长，甚至发生烂根。

大丽花为春植球根花卉，春季萌芽生长，夏末秋初时进行花芽分化并开花，花期长，8～10 月盛花。喜光，但炎夏强光对开花不利。对光周期无严格要求，但短日照条件（日长 10～12h）能促进花芽分化，长日照条件促进分枝，延迟开花。

【繁殖】大丽花可用分球、扦插、播种、嫁接和组培繁殖。

1. 分球繁殖　大丽花的块根由茎基部发生的不定根肥大而成，肥大部分无芽，仅在根颈部发生新芽，因此分割块根时每株需带有根颈部 1～2 个芽眼。通常春季分球或利用冬季休眠期在温室内催芽后分割。注意分割伤面应涂草木灰防腐，然后栽种。分球法操作简便，可提早开花，但繁殖系数低，不适于大量商品生产。

2. 扦插繁殖　扦插繁殖一年四季均可进行，但以早春扦插为好。通常取自根颈部发生的脚芽进行扦插，当幼梢长至 6～10cm 时，采顶端 3～5cm 作插穗，基部留 1～2 节，待侧枝长出后还可再次采穗。秋季采穗可选植株顶梢或侧梢，每一插穗长 1～3 节，带叶扦插，老茎还可自茎的中央割开，使成一芽一叶的茎段插条。

常用珍珠岩与泥炭等量混合作为扦插基质。保持昼温 20～22℃，夜温 15～18℃，2 周左右即可生根。若温度过高（30℃以上），发芽力差；温度较低（13℃左右）时，发根迟缓。日照长度10～14 h为佳，10 h以下不利于发根。扦插苗当年即可开花，扦插早者能于6～7月开花，9～10月秋插者成活率低于春插。

3. 播种繁殖　花坛或盆栽用的矮生系列品种，常用播种繁殖。可露地春播或早春温室播种，播后5～10d发芽，4～6片真叶展叶时定植，当年开花。

杂交育种时采用播种繁殖。大丽花需异花授粉，除单瓣型、芍药型和领饰型等露心品种由昆虫传粉自然结实外，其他花型需人工授粉。夏季结实困难，秋凉条件下则较易结实。重瓣品种筒状花雄蕊深藏于花筒下部，授粉时剪去花筒顶部，使雄蕊露出，成熟过程中分批授粉，授粉后30～40d种子成熟。干燥后采种，干藏于2～5℃条件下。

4. 嫁接繁殖　春季将繁殖品种的幼梢劈接于另一块根的根颈部，必须先将作砧木的块根根颈部的芽全部抹除。

5. 组培繁殖　组培法常用于快繁和脱毒苗的生产。由于病毒的危害，大丽花的花径缩小而退化，可取茎尖0.5～1mm大小的生长点和萌动芽分离培养。

【栽培管理】

1. 露地栽培　露地栽培生长健壮，花多，花期长，适用于扩大繁殖种株、切花栽培以及布置花坛、花境。

（1）定植前准备　选择排水良好的沙壤土或壤土，土壤pH为6.5～7.0。施入堆肥3kg/m^2，使其与土壤充分拌和，并经过冬季的堆置，在定植前2周施入钾肥、氮肥各15g/m^2，然后整地。忌连作。

（2）催芽　定植前先催芽。使块根的顶部向上，排齐，覆土约2cm，充分灌水，外搭小拱棚或在温室中保温，催芽温度保持15℃以上，白天注意换气。

（3）定植　当植株展两叶时为定植适期。露地定植宜在4月初进行。定植密度每100m^2可定植大轮品种150株，中轮品种270株，小轮品种300株。地栽的种植深度以根颈的芽眼低于土面6～10cm为宜。定植后宜充分灌水，地温保持在10℃以上。

（4）整枝拉网　整枝常用两种方法：一是留单芽或单株，使其早开花，花后留1～2节短截，长出的新芽可继续开花。二是对分枝性差的品种，在早期进行摘心，一般在3～4节处摘心，促使其发枝，7月中旬至8月上旬对植株进行短截，9～10月产出高质量的切花。搭架拉网一般在株高20～25cm时进行，网孔以15cm×15cm为宜。

（5）肥水管理　大丽花喜肥，露地栽培在施足基肥的基础上辅以氮、磷、钾等量追肥2～3次，于孕蕾前、初花期、盛花期施入。保持土壤湿润，雨季注意排水防涝。

2. 盆栽　盆栽时选用中、矮型品种，浇水勿过多，掌握干时浇水、见干见湿的原则，防止叶片萎蔫。大丽花喜肥，但初上盆时勿过肥，生长期间每2周左右追一次肥水，夏季停肥，至显蕾后又开始追施腐熟的稀薄有机液肥，每7～10d一次，并逐渐加浓，可使花色鲜艳。

为控制盆栽大丽花的株高，常采取的措施包括：选用矮型大花品种；控水栽培，平时只供应需水量的80%，午间喷水防旱；多次换盆逐渐增加肥力；盘根曲枝以降低株高，同时阻碍营养运输而造成抑制作用；应用生长延缓剂，如矮壮素200～300倍液或多效唑；针刺节间，破坏输导组织，延缓节间伸长等。

块根于11月掘出，沙藏越冬，亦可用木屑装填贮藏于4.5～7.4℃的温度环境下，至翌春再栽。大丽花虽喜光，但炎夏应适当遮阴。

3. 花期调控

（1）一般调控 选用不同花期的品种，分期扦插。如早花品种 6 月扦插、晚花品种 4 月下旬至 5 月初扦插可于国庆开花。

（2）盆栽促成 选用早花品种，于温室中 1 月催芽，2 月上盆，控制夜温不低于 15℃，昼温 20～22℃，可于 3 月下旬显蕾，5 月初开花。由于冬末初春光照不足，还需人工补光，可采用初夜照明，光强 100lx，使每日光照增加到 14h。

（3）冬季切花栽培 选用早花品种，5～6 月间对采穗母株摘心，保持新梢健壮以供采穗。7 月扦插，8 月初定植，8～9 月摘心，可于元旦开花。7～8 月高温期宜适当遮阴，9 月后需进行初夜人工补光，光照增加至每日 14h。10 月后需保温或加温，使夜温不低于 10℃，昼温 25℃以上时需通风换气。地栽切花第一批开放后采用平茬修剪，可于 2～4 月再度开花。

4. 切花采收 春季以花朵三四成绽开、夏季以两成绽开时为采花适期。春季第一批花留两节切取，第二批留一节切取。由于大丽花吸水性差，宜选择在早晨或傍晚时采切，采后立即插入水中。大丽花的催花液和瓶插保鲜液由蔗糖、硝酸银、8-羟基喹啉柠檬酸盐混合组成。

5. 病虫害防治 大丽花的主要侵染病毒有大丽花花叶病毒、黄瓜花叶病毒、番茄斑萎病毒。病害有白粉病、根头癌肿病、细菌性萎蔫病。主要虫害有线虫、斜纹夜盗蛾、叶蝉、红蜘蛛、蚜虫及蛴螬等。

【应用】大丽花花大色艳，花型丰富，品种繁多，花坛、花境或庭前丛植皆宜，也是重要的盆栽花卉，还可用作切花。

（二）蛇鞭菊

【学名】*Liatris spicata*

【别名】麒麟菊、马尾花、舌根菊

【英名】gayfeather，blazing star

【科属】菊科蛇鞭菊属

【产地及分布】原产美国马萨诸塞州至佛罗里达州。

【形态特征】蛇鞭菊为多年生草本，地下具块根。茎直立，无分枝，无毛，植株呈锥形，叶线形或剑状线形，叶长 30～40cm。头状花序呈密穗状，长 45～70cm，紫红色、淡红色或白色。花期夏季至初秋。

【种类与品种】蛇鞭菊属约 40 种，均为块根类多年生植物。

1. 同属其他栽培种

（1）糙叶蛇鞭菊（*L. aspera*） 糙叶蛇鞭菊原产北美。叶片密集簇生，粗糙有毛，长 40cm。花序长 45cm，花淡紫色。花期夏末至初秋。

（2）细叶蛇鞭菊（*L. graminifolia*） 细叶蛇鞭菊叶片稀疏，具白点。花紫红色。

（3）堪萨斯蛇鞭菊（*L. pycnostachya*） 堪萨斯蛇鞭菊原产美国中部及西南部。叶长 10～30cm，茎有毛。花序长 45cm，花亮紫色。花期仲夏至初秋。

（4）蛇根草（*L. punctata*） 蛇根草原产加拿大北部至美国的新墨西哥州和西南部。叶无毛，硬质线形，长约 1.5cm。花序长达 30cm，紫色。花期秋季。

2. 栽培品种 目前多以切花品种为主。如'蓝鸟'（'Blue Bird'），蓝紫色；'佛维斯'（'Floristan Weiss'），白色，花序长达 90cm；'小鬼'（'Goblin'或'Kobold'），深紫色，

花序长 40～50cm；'雪皇后'（'Snow Queen'），白色，花序长 75cm。

【生物学特性】蛇鞭菊耐寒性强，喜阳光，生长适温为 18～25℃。喜肥，要求疏松肥沃、湿润又排水良好的沙壤土或壤土。盛花期 7～8 月。

【繁殖】蛇鞭菊多采用分球繁殖，春、秋季均可分栽块根，多在 3～4 月进行。也可播种繁殖，秋播为主，冷凉环境下容器育苗，实生苗培育 2 年后开花。

【栽培管理】蛇鞭菊栽培地宜选择排水良好处，种植前施足基肥，块根栽植密度 30～40 个/m^2，覆土 2～3cm，自定植到开花需 80～110d。蛇鞭菊喜凉爽环境，最适生长昼温为 17～18℃，最高 25～35℃；夜温为 10～20℃，不要超过 22℃。在生长旺盛期对缺水敏感，需充分灌水以保持土壤湿润，但又忌水分过多，尤其冬季更应控制浇水，否则极易导致烂根。

【应用】蛇鞭菊性强健，宜布置花境或植于篱旁、林缘，或庭院自然式丛植。瓶插寿命长，是重要的切花材料。

（三）仙客来

【学名】*Cyclamen persicum*

【别名】兔耳花、兔子花、萝卜海棠、一品冠

【英名】florists cyclamen

【科属】报春花科仙客来属

【产地及分布】原产地中海东部沿岸、希腊、土耳其南部、叙利亚、塞浦路斯等地。

【形态特征】仙客来为多年生草本，株高 20～30cm。肉质块状茎初期为球形，随年龄增长呈扁圆形，外表木栓化呈暗紫色。肉质须根着生于块状茎下部。叶丛生于块状茎上方，叶心状卵圆形，边缘具细锯齿，叶面深绿色有白色斑纹；叶柄红褐色，肉质。花大，单生而下垂，由块状茎顶端叶腋处生出，花梗细长；花冠五深裂，基部连成短筒，花冠裂片长椭圆形向上翻卷、扭曲，形如兔耳，有白、绯红、玫红、紫红、大红各色。有些品种具有香气。蒴果球形，成熟后五瓣开裂，种子褐色。

【种类与品种】仙客来属约 20 种，变种和栽培品种也比较丰富。

1. 同属其他栽培种

（1）地中海仙客来（*C. hederifolium*）　地中海仙客来原产地中海地区（意大利至土耳其等地），是阳生植物优势种，由于耐寒，在欧洲普遍栽培。块状茎扁球形。花小，淡玫红至深红色。须根着生在块状茎的侧面。叶匍匐生长。花梗长 9～12cm。花芽比叶芽先萌生，自 8 月初开花直到秋末。有芳香类型，也有早花与晚花类型，整株花期持久。多花，寿命长，越冬时叶不枯萎。

（2）欧洲仙客来（*C. europaeum*）　欧洲仙客来原产欧洲中部和西部，在欧洲栽培较普遍。本种美丽而有浓香。在暖地为常绿性，可四季开花。块状茎扁球形。须根着生于块状茎上、下部表面。叶小，圆形至心脏形，暗绿色，上有银色斑纹。花小，浅粉红至深粉红色，花瓣长 2～3cm。花梗细长，10～15cm，先端弯曲。花期自 7～8 月一直开到初霜。叶芽与花芽同时萌发。冬季不枯萎，易结实，播种后 3 年开花。喜碱性土壤。

（3）非洲仙客来（*C. africanum*）　非洲仙客来原产北非阿尔及利亚。本种花与叶均比地中海仙客来粗壮。块茎表面各部位均能发生须根。叶亮绿色，有深色边缘，心脏形或常春藤叶形。叶与花同时萌发。花为不同深浅的粉红色，有时有香气。秋季开花，易结实，播种后 2～3 年始花。不耐寒。

（4）小花仙客来（*C. coum*） 小花仙客来原产保加利亚、高加索、土耳其、黎巴嫩等地的沙质土中。植株矮小，块状茎圆，顶部凹，须根在块状茎基部中心发生。圆叶，深绿色。花冠短而宽，花色浅粉、浅洋红、深洋红及白色。耐寒，花期自 12 月至翌年 3 月。有多个变种、变型，如 f. *albissimum*，白花，花冠基部深洋红色斑。

2. 变种和栽培品种 仙客来属的种间存在不亲和性，现代栽培的仙客来主要从野生原始种的变异中选择而来。在变异选择中初期重视花色，后来重视花瓣宽度及瓣型变化，获得了不少栽培变种，如裂瓣仙客来（*C. persicum* var. *papilio*）、皱瓣仙客来（var. *rococo*）、暗红仙客来（var. *splendens*）。

园艺栽培品种繁多，仙客来品种按花朵大小分有大、中、小型，按花型分有大花型、平瓣型、洛可可型、皱边型、重瓣型（6～10 枚或更多）和小花型，按花色分有纯色与复色，按染色体倍数分有二倍体与四倍体。还有杂种 F_1 代品种，其品种性状比非 F_1 代趋于一致，但是尚不如其他作物的 F_1 代纯一。

现代仙客来育种的主要目标是：种子发芽率高，生长迅速，开花周期短，花期一致，花多，花色纯正、鲜明，有浓香，重瓣花可达 10 瓣以上，花型丰满，姿态自然；叶色明亮，有美丽银色斑纹；株型紧凑，茎秆健壮，不易弯倒；切花品种茎秆长 25cm 以上，总花期长；具抗热、抗寒、抗病虫害等优良性状。在引进品种中表现较好的有：大花 F_1 代品种，如‘卡门’（‘Carmen’），玫红色；‘波海美’（‘Boheme’），紫红色。中花 F_1 代品种，如‘里伯卡’（‘Libka’），粉红色。微型品种，如‘迷你玫瑰’（‘Mini Rose’），玫紫色；‘迷你粉’（‘Mini Pink Shade’），为微型四倍体桃红色品种。

【生物学特性】仙客来性喜凉爽、湿润及阳光充足的环境，不耐寒，也不喜高温。秋、冬、春三季为生长季节，生长适温为 15～25℃。夏季不耐暑热，需遮阴，温度不宜超过 30℃，否则植株进入休眠期，35℃以上块状茎易腐烂。花芽分化期的适温为 13～18℃，高于 20℃引起花芽败育。冬季开花期温度宜 12～20℃，应不低于 10℃，否则花色暗淡，易于凋萎。温度在 7～8℃时花芽分化延缓，夜温降至 5～6℃时则难以形成花芽。

仙客来幼苗经一定营养生长后，通常在第 6 片真叶展开时在叶腋内开始花芽分化，此时茎顶端正在分化第 10～13 片叶。初期花芽分化进度较慢，到开花时有叶 35～40 片。此后在不断形成新叶片的同时形成新的花芽，直到高温季节来临进入半休眠或休眠状态。

栽培土壤切忌过湿，否则极易烂根且地上部罹病。喜光，但不耐强光，适宜的光照度范围为 27～36klx。叶片宜保持清洁，要求排水良好、富含腐殖质的微酸性土壤。花期长，可自 10 月陆续开花至翌年 5 月上旬。生长期及开花期需保持一定空气湿度，否则会造成落蕾或花蕾干枯、叶片变黄、花期缩短等现象。

【繁殖】仙客来的块状茎不能自然分生子球，播种繁殖简便易行，繁殖率高，且品种内自交变异不大，是目前最普遍应用的繁殖方式。

1. 种子采收 仙客来通常采用人工辅助授粉以获得种子，于开花前 2～3d 内完成，一旦受精，花梗仍继续伸长并向下弯曲，经 2～3 个月后种子成熟。

大花品种多为四倍体，其种子比二倍体品种大，但二倍体品种种子萌发快，开花期早。经验证明，采用同品种异株间授粉，既可保持品种性状，又可提高结实率和种子质量。采种母株在 15～25℃、相对湿度 60%、20～30klx 光照度环境下生长，繁殖成功率较高。

仙客来种子不需后熟，新鲜种子播种萌发力强。种子短期贮藏可置室温、干燥处，在 2～10℃低温下可保存 2～3 年。

2. 催芽　播种前用清水浸种24h催芽或用温水（30℃）浸种2～3h，浸后置25℃中2d，待种子萌动后播种，则发芽期比不处理缩短一半时间。

3. 播种时间　一般多在9～10月播种，播前浸种，40d左右即可发芽，翌年12月开花，整个过程需14个月。如于温室中12月播种，在冷凉条件下越夏，可于8月中下旬开花，全程仅需8～9个月。

4. 播种方法　采用含全素营养的混合基质，基质需充分疏松透气，pH6.5左右。以点播为主，现代育苗方式多采取穴盘播种，平盘则保持间距1.5～2cm。播后用原基质覆盖0.5cm，轻压，浸盆法浇水。仙客来发芽前要求黑暗，萌发后逐渐增加光照。

5. 温度管理　仙客来在9～20℃均可发芽，18～20℃条件下30～40d发芽。冬季播种需进行苗床保温或加温，温室内通常采用地热线加温。但需注意苗床温度不宜超过25℃，否则发芽期延迟。当子叶展开、真叶初现时，仍保持18～20℃，但此时相对湿度应降低。已萌发的幼苗可适当经低温（6～10℃）锻炼2周左右。

仙客来也可采用分割块状茎和组织培养法繁殖。

【栽培管理】

1. 移植和上盆　待播种苗长出一片真叶时进行移苗，小球带土移植于培养钵中。移植时，大部分块状茎应埋入土中，顶端生长点部分露出土面。移植后灌水不宜过多，以保持表土稍湿润为好。1个月后松土，每隔2周施氮肥一次。翌年1～2月小苗长至3～5片叶时，移植于口径10cm的盆内。此时，块状茎顶端稍露出土面，盆土不必压实，保持表土湿润。结合浇水每周施氮肥一次，使叶片生长健壮。

2. 生长期管理　3～4月气温转暖，仙客来发叶增多，宜换口径20cm盆，块状茎露出土面1/3。翻盆后喷水2次，使盆土湿透。此时开始加强肥水管理，并逐渐增加钾肥浓度，促使植株生长茂盛。4月底气温升高，中午遮阴以避免叶片晒焦发黄。气温增高时，块状茎及叶片极易腐烂，养护管理需特别小心，置于室外通风荫棚下的架上，浇水宜在上午进行，最好采用滴灌方式。盆土水分供应需均衡，否则一旦萎蔫持续24～36h，就会导致叶片枯黄。

仙客来需避雨栽培，块状茎切忌受雨淋，以防烂球。夏季停肥，待立秋气温降低后，再开始追施肥水。

3. 花期管理　10月下旬进入室内养护，11～12月可开花。为使花蕾繁茂，在现蕾期间需给以充足的阳光，保持温度在10℃以上，并增施磷肥，加强肥水管理，注意防止肥水沾块状茎顶部而造成腐烂。同时，发叶过密时可适当疏稀，以使营养集中，开花繁多。在温室内保持光照充足（20klx），通风良好。已老化变色的花朵需及时剪除，以减少结实对养分的消耗和延缓植株衰老并延长花期。

4. 越夏管理　仙客来对温度极为敏感，温度管理的关键在于越夏。6～9月间高温（30℃以上）来临时，注意采用遮阴、强制通风等措施降温，江浙地区近年来将仙客来盆苗移至海拔600m以上的高山越夏，最高昼温30℃以下，夜温20℃左右，且通风透气，至国庆前后下山移至温室促成，获得了良好的栽培效果。

5. 花期调控　调节播种期可使植株在幼苗期越夏，避开休眠，提早开花。在人工控制环境条件的温室中，可周年播种达到周年开花。

苗期和花芽形成期适当降低温度可延缓生长和延迟开花。在花芽分化以后6～40片叶阶段将地温升到13～18℃经6周，可提前开花约2周。提高到20℃以上则更有促进开花的作用，但必须在开花前 45d 将温度降低到 16～13℃，否则将造成花芽败育。

激素处理如喷施赤霉素有加速花茎伸长、提前开花的作用，硫脲、乙醚、硫代氰酸盐等都有促进块状茎打破休眠、提早开花的作用，萘乙酸钠等可延缓生长、延迟开花。

6. 病虫害防治　仙客来的主要病害包括灰霉病（真菌性病害）、软腐病（细菌性病害），病毒有黄瓜花叶病毒、烟草花叶病毒等。主要虫害有仙客来根结线虫，侵害根部，使植株变黄、死亡。应注意土壤与种球的消毒。

【应用】仙客来花期长达 4～5 个月，花叶俱美，因其形态似兔耳，花期正值冬春，适逢元旦、春节等传统节日，故极受人们喜爱，为冬季重要的观赏花卉。主要用作盆花室内点缀装饰，也可作切花。

(四) 花毛茛

【学名】*Ranunculus asiaticus*

【别名】波斯毛茛、芹菜花

【英名】Persian buttercup，crowfoot

【科属】毛茛科毛茛属

【产地及分布】原产欧洲东南与亚洲西南部，现世界各地广为栽培。

【形态特征】花毛茛为多年生草本，地下具纺锤形的小型块根，常数个聚生于根颈部。株高20～40cm，茎单生或稀分枝，具毛。基生叶阔卵形、椭圆形或三出状，叶缘有齿，具长柄；茎生叶羽状细裂，无柄。花单生枝顶或数朵着生长梗上，花径 2.5～4cm，鲜黄色。蓇果。染色体$2n$=16、32。

【种类与品种】毛茛属约有 400 种（包括一年生、二年生和以落叶为主的多年生植物），广泛分布于世界各地。

1. 同属其他栽培种　同属常见栽培种还有：学士毛茛（*R. aconitifolius*）、高毛茛（*R. acris*）、阿尔卑斯毛茛（*R. alpestris*）、球根毛茛（*R. bulbosus*）、禾草毛茛（*R. gramineus*）、长叶毛茛（*R. lingua*）等。

2. 变种及品种　花毛茛花高度重瓣且色彩丰富，有大红、玫红、粉红、白、黄、紫等色，共分为 4 个系统：

（1）波斯花毛茛（Persian Ranunculus）　花毛茛原种。主要为半重瓣、重瓣品种，花大，生长稍弱。花色丰富，有红、黄、白、栗色和很多中间色。花期稍晚。

（2）法兰西花毛茛（Franch Ranunculus）　花毛茛的变种（var. *superbissimus*）。植株高大，半重瓣，花大，有红、淡红、橘红、金黄、栗、白等色。

（3）土耳其花毛茛（Turban Ranunculus）　花毛茛的变种（var. *africanus*）。叶片大，裂刻浅。花瓣波状并向中心内曲，重瓣，花色多种。

（4）牡丹型花毛茛（Peony-flowered Ranunculus）　杂交种。有重瓣与半重瓣，花型特大，株型最高。

【生物学特性】花毛茛性喜凉爽和阳光充足的环境，也耐半阴。不甚耐寒，越冬需 3℃以上，忌炎热。夏季休眠。要求富含腐殖质、排水良好的沙质或略黏质壤土，土壤 pH 以中性或略偏碱性为宜。花期 4～5 月。

【繁殖】花毛茛常采用分球或播种繁殖。分球繁殖春、秋季均可，通常于秋季分栽块根，注意每个分株需带有根颈，否则不会发芽。也常用播种繁殖，秋播，温度勿高，10℃左右约3 周后出苗，种子在超过 20℃的高温下不发芽或发芽缓慢。实生苗第二年即可开花。

【栽培管理】

1. 盆栽　花毛茛盆栽要求富含腐殖质、排水良好的疏松土壤。立秋后下种，养成株丛，开春后生长迅速，追施2～3次稀薄肥水，促使花大色艳。防止盆土积水而导致块根腐烂。夏季球根休眠，宜掘起块根，晾干后藏于通风干燥处，秋后再种。

2. 切花栽培

(1) 定植　选择通透性好、肥沃的土壤进行地栽。若连作要进行土壤消毒。每667m^{2}施入1.4t腐熟有机肥，并充分均匀混入土壤。一般栽培畦宽50cm，高25～30cm。每畦通常双行定植，行距为25～30cm，株距为15cm，也可采取交叉定植。

定植时要求温度在20℃以下，冷凉地区在9月下旬、温暖地区在10月中旬以后比较安全。若块根进行了低温处理，则处理后需立即定植。如果外界气温较高，要将冷藏块根适当驯化后再定植。但是，必须在中心芽长至1cm以下时定植。定植后要充分浇水，特别是在冷藏块根的新根形成时，切忌干旱。

(2) 施肥管理　在生育初期如果氮肥过剩，植株的营养生长过旺，会影响花芽分化和花茎伸长。因此，除施用基肥以外，花毛茛的施肥管理是其切花生产的关键技术之一，通常追肥中以磷肥为主，氮、磷、钾三要素的比例为5∶8∶4。在适宜的条件下，可以长时间抽薹开花，如果施肥管理不当，就会严重影响切花产量。若采花量大，则需增补钾肥。必须注意氮肥量勿过多，否则花茎容易发生中空而弯曲或折断。

(3) 温度管理　花毛茛对生育温度非常敏感，如温度不适，不但花茎中空、产量减少，而且切花的保鲜性能也降低。

定植以后虽在较高的生育温度下可以促进开花，但是花茎矮，影响切花质量。一般夜温需控制在8℃左右，采取通风等措施将昼温控制在15℃左右。冬季设施内湿度大，易引发病害，在保证夜间5℃以上的前提下适当换气。

3. 促成栽培

(1) 块根吸水　花毛茛块根通常采取干燥处理后贮藏，因此在栽培前需进行吸水处理。若使块根快速吸水，则易造成块根腐烂。因此，一般采取低温吸水最为安全有效，即在5℃以下的低温中缓慢地吸水，做法是将块根置于颗粒较粗大的珍珠岩或者洁净的粗沙内，然后充分喷水并置于1～3℃的冷藏库中缓慢吸水。

在没有冷库的情况下，可将块根倒置在珍珠岩或粗沙等基质内，块根的大部分露在空气中，只将萌芽的部位埋在基质内。放在阴凉处，不时喷水，保证基质不干。待块根肥大以后，置于8℃条件下。不久中心芽就会萌动，并且生出新根，在此之前要及时定植。

(2) 低温处理　进行促成栽培时，块根吸水后，当中心芽肥大到3mm左右时即进行低温处理。虽然此时的块根也能够感受10℃低温，但是，在5℃以上条件下，中心芽会伸长，并发出新根而影响定植操作，所以一般用3～5℃低温处理30d。此外，在低温处理过程中，块根干燥或过湿都会造成块根腐烂，需注意冷藏室的湿度管理。

(3) 温室促成　经低温处理的块根定植于中温温室，冬季保持昼温15～20℃、夜温5～8℃进行促成栽培，可提前至11～12月开花。如果从9月到翌年1月每隔2周种植一批经低温处理的块根，则3～5月可不断产花。

4. 切花采收　切花的长短决定其商品价格，在国际花卉市场上，花毛茛的切花长度一般要求在50cm以上，理想长度为60cm。

花毛茛的花瓣高度重叠，在现蕾阶段采收一般不能正常开放，而且只有在盛花期其花茎才能硬化。因此，采收过早会因花梗吸水不良而导致切花不能盛开，应该在盛开之前采收。采收后充分吸水，每10支为一束包装。

【应用】花毛茛开花极为绚丽，花形优美，又适于室内摆放，是十分优良的切花和盆花材料。也可植于花境或林缘、草地。

（五）欧洲银莲花

【学名】*Anemone coronaria*

【别名】罂粟秋牡丹、冠状银莲花

【英名】poppy anemone，windflower

【科属】毛茛科银莲花属

【产地及分布】原产地中海沿岸地区。

【形态特征】欧洲银莲花为多年生草本，地下具褐色分支的块根。株高25～40cm，叶三裂或掌状深裂，裂片椭圆形或披针形，边缘牙齿状。总苞不与花萼相连，无柄，近于花下着生，多深裂为狭带状；花单生茎顶，大型；萼片瓣化，多数，雄蕊也常瓣化。花色有红、紫、白、蓝和复色等。瘦果。

【种类与品种】银莲花属约120种，主要分布于北半球的温带地区，少量分布于南半球温带。同属常见栽培种还有：

（1）打破碗花花（*A. hupehensis*）　打破碗花花又名湖北秋牡丹、野棉花。原产我国西部及中部的四川、陕西、湖北等地。花紫红色，花期仲夏至秋季。

（2）银莲花（*A. cathayensis*）　银莲花原产我国山西、河北等地。花白色或带粉红色，花期夏秋。

【生物学特性】银莲花性喜凉爽、阳光充足的环境，能耐寒，忌炎热。秋植球根花卉，夏季休眠。要求肥沃、湿润而排水良好的稍黏质壤土。栽培品种甚多，花色多样。花期4～5月。

【繁殖】银莲花以分球繁殖为主。秋季分栽块根，块根的上下位置不易辨别，注意勿使发芽部倒置。也可以播种繁殖，随采随播，保持18～20℃，约2周后出苗。

【栽培管理】银莲花属的大部分种类均于秋季定植，但欧洲银莲花却宜在春季种植。本种生长习性强健，地栽、盆栽均宜，管理简便。种植前施足基肥，播种幼苗经一次间苗后即可定植露地或上盆，分株苗直接上盆或定植。种后保持土壤稍湿润，夏季高温时应遮阴降温。春至初夏时开花，待茎叶枯黄后进入休眠期，可将块根掘出，经消毒、晾干后，贮藏于凉爽干燥处越夏，翌年可再种植。

【应用】银莲花花形丰富，花色极其艳丽，花期长，为春季花坛、花境材料，尤适于林缘草地丛植，也可盆栽观赏。

（六）大花美人蕉

【学名】*Canna ×generalis*

【别名】法国美人蕉

【英名】garden canna，Indian shot

【科属】美人蕉科美人蕉属

【产地及分布】大花美人蕉为法国美人蕉的总称，主要由原种美人蕉杂交改良而来，原种分布于美洲热带。

【形态特征】美人蕉为多年生草本。地下具粗壮肉质根茎，株高约1.5m。叶大，互生，阔椭圆形，茎、叶被白粉。总状花序有长梗，花大，花径10cm，有深红、橙红、黄、乳白等色；基部不呈筒状；花萼、花瓣也被白粉；雄蕊5枚均瓣化成花瓣，圆形，直立而不反卷；其中一枚雄蕊瓣化瓣向下反卷，为唇瓣。花期夏秋。蒴果，种子黑褐色。

【种类与品种】

1. 同属其他栽培种　美人蕉属有51种，常见栽培种还有：

（1）美人蕉（*C. indica*）　美人蕉原产美洲热带。地下茎少分枝，株高1.8m以下。叶长椭圆形，长约50cm。花单生或双生，花稍小，淡红色至深红色，唇瓣橙黄色，上有红色斑点。

（2）鸢尾美人蕉（*C. iridiflora*）　鸢尾美人蕉又名垂花美人蕉。原产秘鲁，是法兰西系统的重要原种。花形酷似鸢尾花。株高2～4m，叶长60cm，花序上花朵少，花大，淡红色，稍下垂，瓣化雄蕊长。

（3）紫叶美人蕉（*C. warscewiczii*）　紫叶美人蕉又名红叶美人蕉。原产哥斯达黎加、巴西，是法兰西系统的重要原种。株高1～1.2m。花深红色，唇瓣鲜红色。茎、叶均为紫褐色，有白粉。

（4）兰花美人蕉（*C. orchioides*）　兰花美人蕉又名意大利美人蕉，由鸢尾美人蕉改良而来。株高1.5m以上，叶绿色或紫铜色。花黄色有红色斑，基部筒状，花大，径15cm，开花后花瓣反卷。

（5）柔瓣美人蕉（*C. flaccida*）　柔瓣美人蕉又名黄花美人蕉。原产北美。根茎极大，株高1m以上。花极大，筒基部黄色，唇瓣鲜黄色，花瓣柔软。

2. 品种分类　园艺上将美人蕉品种分为两大系统，即法兰西系统与意大利系统。法兰西美人蕉系统即大花美人蕉的总称，参与杂交的有美人蕉、鸢尾美人蕉、紫叶美人蕉，特点为植株稍矮，花大，花瓣直立不反卷，易结实。意大利美人蕉系统主要由柔瓣美人蕉、鸢尾美人蕉等杂交育成，特点为植株高大，开花后花瓣反卷，不结实。

【生物学特性】美人蕉性喜温暖、炎热气候，不耐寒，霜冻后地上部枯萎，翌春再萌发。习性强健，适应性强，生长旺盛，不择土壤，最宜湿润肥沃的深厚土壤，稍耐水湿。

美人蕉喜阳光充足的环境，生育适温较高，为25～30℃。春植球根花卉，萌发后茎顶形成花芽，小花自下而上开放，生长季内根茎上的芽陆续萌发形成新茎开花。花期长，6月至霜降开花不断，8～10月盛花。

【繁殖】三倍体美人蕉不结实，以根茎分生繁殖为主。春季切割分栽根茎，注意分根时每丛需带有2～3个芽眼，直接下种，当年开花。二倍体美人蕉能结实，可播种繁殖。因其种皮坚硬，播种前需将种皮刻伤或用温水浸泡，发芽适温为25℃以上，经2～3周可发芽。

【栽培管理】美人蕉宜露地栽种，一般春植为主，长江流域地区也可秋季分栽。丛距50～100cm，覆土约10cm。虽耐贫瘠，但也喜肥，地栽盆栽均需施足基肥，保持土壤湿润，并在开花前追肥一次。

美人蕉栽培容易，管理粗放，病虫害少，注意置采光充足的地方。花后及时摘去残花，略施肥水后可再度开花。寒冷地区待茎叶大部分枯黄后可将根茎掘出，适当干燥后贮藏于沙中或堆放在通风的室内，保持室温5～7℃即可安全越冬。暖地冬季不必每年采收，但经2～3年后需挖出重新栽植。

【应用】美人蕉生长势极强，红花绿叶，花期甚长，适合大片自然栽植，也可布置于花坛、花境、庭院隙地或作基础栽植，矮生种还可盆栽观赏。

（七）马蹄莲

【学名】*Zantedeschia aethiopica*

【别名】慈姑花、水芋、观音莲

【英名】callalily

【科属】天南星科马蹄莲属

【产地及分布】原产南非和埃及，现世界各地广泛栽培。

【形态特征】马蹄莲为多年生草本，株高60～70cm，地下块茎肥厚肉质。叶基生，叶柄一般为叶长的2倍，下部有鞘，抱茎着生，叶片戟形或卵状箭形，全缘，鲜绿色。花梗从叶旁抽生，高出叶丛，肉穗花序黄色、圆柱形，短于佛焰苞，上部为雄花，下部为雌花；佛焰苞大，开张呈马蹄形，花有香气。浆果，子房1～3室，每室含种子4粒。

【种类与品种】马蹄莲属约有8种，园艺栽培的有4～5种，其中著名的有黄花马蹄莲、红花马蹄莲等彩色种，其佛焰苞分别呈深黄色和桃红色，均原产南非。

1. 同属其他栽培种

（1）银星马蹄莲（*Z. albo-maculata*）　银星马蹄莲又称斑叶马蹄莲，株高60cm左右，叶片大，上有白色斑点，佛焰苞黄色或乳白色。自然花期7～8月。

（2）黄花马蹄莲（*Z. elliottiana*）　黄花马蹄莲株高90cm左右，叶片呈广卵状心脏形，鲜绿色，上有白色半透明斑点，佛焰苞大型，深黄色，肉穗花序不外露。自然花期7～8月。

（3）红花马蹄莲（*Z. rehmannii*）　红花马蹄莲植株较矮小，高约30cm，叶呈披针形，佛焰苞较小，粉红或红色。自然花期7～8月。

2. 国内栽培类型　目前国内用作切花的马蹄莲，其主要栽培类型有青梗种、白梗种和红梗种。

（1）青梗种　地下块茎肥大，植株较为高大健壮。花梗粗而长，花呈白色略带黄，佛焰苞长大于宽，即喇叭口大、平展，且基部有较明显的褶皱。开花较迟，产量较低。上海及江浙一带较多种植。

（2）白梗种　地下块茎较小，直径1～2cm的小块茎即可开花。植株较矮小，花纯白色，佛焰苞较宽而圆，但喇叭口往往抱紧、展开度小。开花期早，抽生花枝多，产量较高。昆明等地多此种。

（3）红梗种　植株生长较高大健壮，叶柄基部稍带紫红晕。佛焰苞较圆，花色洁白，花期略晚于白梗种。

【生物学特性】马蹄莲性强健，喜潮湿土壤，较耐水湿。生育适温为18℃左右，不耐寒，越冬应在5℃以上。生长期间需水量大，空气湿度宜大，喜水喜肥。花期从10月至翌年5月，自然盛花期4～5月，夏季高温期休眠。花期需要阳光，否则佛焰苞带绿色，若气温合适，可四季开花，冬季保持夜温在10℃以上能够正常生长开花。红花种和黄花种的生长温度不低于16℃，越冬应在5℃以上。

马蹄莲通常在主茎上每展开4片叶就各分化2个花芽，夏季遇25℃以上高温会出现盲花或花枯萎现象。因此，从理论上讲，具有一个主茎的块茎可在一年内分化6～8个花芽，然而在实际栽培中，每株只能采3～4支花。

【繁殖】马蹄莲以分球繁殖为主。花后或夏季休眠期，取多年生块茎进行剥离分栽即可，注意每丛需带有芽。一般种植2年后的马蹄莲可按1∶2甚至1∶3分栽。分栽的大块茎经1年培育即可成为开花球，较小的块茎需经2～3年才能成为开花球。马蹄莲也可播种繁殖，于花后采种，随采随播，经培养2～3年后开花。彩色马蹄莲多采用组织培养繁殖。

【栽培管理】

1. 定植 马蹄莲适宜地栽，多作切花栽培，也可盆栽。栽培要求疏松、肥沃的黏质壤土，定植前施足基肥。春、秋下种均可，勿深植，覆土约5cm。切花定植采用东西向畦，株行距根据种球大小而定。一般开花大球的株距20～25cm、行距25～35cm。定植后应浇透水，以利于块茎快速发芽生长。

2. 水肥管理 马蹄莲喜湿，生长期内应充分浇水，通常水温15℃左右，空气湿度也宜大。夏季高温期休眠，需遮阴。马蹄莲为喜肥植物，在生长期间，每2周追肥一次，但切忌肥水浇入叶柄，否则易造成块茎腐烂，一旦马蹄莲块茎受伤，很易罹染软腐病。

3. 温光管理 设施内温度以15～25℃最为适宜。10月下旬开始覆盖薄膜保温，冬季保持夜温在10℃以上就能正常生长开花，最低温度不能低于0℃。喜高温，但气温较高时应多施肥水，气温低时应减少肥水供应。

马蹄莲定植后，为促使其提早生长开花，从6月下旬到8月下旬用遮阳网覆盖，遮光率30%～60%。秋、冬、春三季需充足的阳光。越夏若保持不枯叶，至少遮光60%。

4. 营养体管理 马蹄莲定植后的第一年，为使植株生育充实，可不摘芽。自定植后的第二年开始摘芽，保证3～4株/m^2，每株带10个球左右，其余全部摘除。否则由子球或小球发生大量芽体，造成株间通风不良，而且营养体的旺盛生长易造成与生殖生长间的不平衡，而使切花产量减少。此外，植株生长过于繁茂时可除去老叶、大叶或切除叶片的1/3左右，以抑制其营养生长，促使花梗不断抽生。

5. 促成栽培 若将块茎提前冷藏，并在立秋后种植，则可提早到10月开花。一般在9月中旬种植的植株，可于12月开花。冬季促成则需严格保温或加温，马蹄莲对光照不敏感，只要保持温度在20℃左右，即可在元旦至春节期间开花。3月开花的植株，更应持续保温或加温。

6. 彩色马蹄莲栽培要点 彩色马蹄莲多为陆生种，与喜水湿的白花种不同，因此仅能在旱田栽培。栽培管理的要点有：①以稍深植为佳，覆土是球根高度的2倍左右。②彩色马蹄莲既不耐寒，又不耐热，应保持设施内温度相对均衡，即白天18～25℃，夜间不低于16℃，切忌昼夜温差过大，越冬最低温度不能低于6℃。③防止土壤过于潮湿，多雨季节应培土以防植株基部渍水，冬季宜干，尤其在花期要适当控水。④喜半阴环境，夏季为休眠期，需充分遮阴越夏，并覆草以防地温上升。⑤施肥量稍多，生长期每10d左右施一次以氮为主的液肥，每15d左右叶面喷施一次0.1%的磷酸二氢钾溶液，特别在孕蕾期和开花前，增施磷、钾肥有助于花大色艳。

7. 病虫害防治 马蹄莲病害主要有软腐病、干腐病，虫害主要有蓟马、粉虱、红蜘蛛、卷叶虫和夜蛾等。防治措施有：块茎及土壤消毒；注意种球贮藏期间的通风换气并去除病球；避免设施内昼夜温差过大、夜间湿度过高；定期喷施多菌灵或百菌清等药剂。

【应用】马蹄莲花形独特，花叶同赏，是花束、捧花和艺术插花的极好材料，且花期不受日照长短的影响，栽培管理又较省工，故在我国南北方广为种植。

（八）球根秋海棠

【学名】*Begonia tuberhybirda*

【英名】tuberous begonia

【科属】秋海棠科秋海棠属

【产地及分布】球根秋海棠为种间杂交种，原种产于秘鲁、玻利维亚等地。秋海棠起源分布于非洲、中南美洲和亚洲等地。

【形态特征】球根秋海棠为多年生草本。地下具块茎，呈不规则扁球形。株高30～100cm。茎直立或铺散，有分枝，肉质，有毛。叶互生，多偏心脏状卵形，叶先端渐尖，缘具齿牙和缘毛。总花梗腋生，花雌雄同株异花，雄花大而美丽，具单瓣、半重瓣和重瓣，花径5cm以上，雌花小型，5瓣。花色有白、淡红、红、紫红、橙、黄及复色等。

【种类与品种】原种约达1 000种。同属常见栽培种还有：

（1）玻利维亚秋海棠（*B. boliviensis*） 玻利维亚秋海棠原产玻利维亚，是垂枝类品种的主要亲本。块茎扁平球形，茎分枝下垂，绿褐色。叶长，卵状披针形。花橙红色，花期夏秋。

（2）丽格海棠（*B. aelatior-hybrid*） 丽格海棠又名冬花秋海棠、玫瑰海棠，是一个杂交种。1883年阿拉伯海棠（*B. socotrana*）与球根秋海棠杂交成功，1954年德国人Otto Rieger介绍这种Rieger aelatior秋海棠，由于其花朵迷人，繁殖容易，有些品种如'Aphrodite'系列又非常适合吊篮栽培，因此深受欢迎，在全世界范围内迅速推广。丽格海棠为短日照植物，开花需每天少于13h的光照。花期长，夏秋季盛花。

球根秋海棠的园艺品种可分为三大类型：大花类，多花类，垂枝类。常见的商业栽培品种包括'泰丽'（'Santa Teresa'）、'苏珊'（'Santa Suzana'）、'佳丽'（'Calypso'）等。

【生物学特性】球根秋海棠喜温暖湿润环境，春暖时块茎萌发生长，夏秋开花，花期长，冬季休眠。不耐寒，越冬需保持在10℃以上，夏季又忌酷热，超过32℃时茎叶则枯落，甚至引起块茎腐烂。生长适温为18～22℃，栽培期应保证一定的昼夜温差，夜温不超过16℃时生长最好。长日照促进球根秋海棠开花，短日照诱导其休眠。生长期要求较高的空气湿度，为75%～80%。栽培宜疏松、肥沃、排水良好的微酸性土壤。

【繁殖】球根秋海棠以播种繁殖为主，也可分球和叶插繁殖。

1. 播种繁殖 种子采收后应有1个月的后熟期，虽然种子的生活力可保持9年之久，但大多数种子1年之内就播。因种子极为细小（1g种子25 000～40 000粒），播种时应特别小心，可与细沙等拌和再播，基质尽量采用疏松的泥炭及苔藓，播后采用盆浸法吸水。通常秋播，翌春开花。

2. 分球繁殖 种球繁殖一般于早春2～3月栽植，当年5～6月开花。比利时、美国加利福尼亚州等地的气候很适合种球生产，因夏末短日照来临较早，可促进种球早日更新形成，于11～12月收球，晚于以往的9月收球。种球可贮藏在10℃的干燥环境中。

【栽培管理】球根秋海棠以盆栽方式为主。栽培基质应富含有机质，并掺和一定的自然纤维如椰壳、树皮等。上盆宜浅，应严格遮雨栽培，以防根际和叶片腐烂，生长期应避免过于干旱和积水，保持盆土微湿即可。夏季遇高温则叶片短缩、块茎休眠，应充分遮阴并常喷水保湿，空气湿度宜在80%左右。秋冬季严格控水、停肥，并保证通风良好。

经促成栽培处理后，可种在10cm的盘、盒或盆中，当两片子叶充分平展后定植在15cm盆中。经人工促成栽培，可于冬季在室内开花。但冬季还应进行补光，每晚补3～5h光照。

【应用】球根秋海棠花大色艳，花色丰富，花期长，可作大型盆栽，适合花园布置或作窗台盆花，室内布置尤显富丽堂皇，是近年来深受人们喜爱的高档盆花。

（九）姜花

【学名】*Hedychium coronarium*

【别名】香雪花、蝴蝶花、夜寒苏

【英名】garland flower，white ginger lily

【科属】姜科姜花属

【产地及分布】分布于我国南部及西南部，印度、越南、马来西亚至澳大利亚等地也有分布。

【形态特征】姜花为多年生草本，地下具根茎，株高1～2m。叶无柄，矩圆状披针形或披针形，先端渐尖，背面疏被短柔毛。穗状花序顶生，苞片绿色，卵圆形，内有花2～3朵，花极香，白色。

【种类与品种】姜花属约有40种，同属常见栽培种还有：

（1）圆瓣姜花（*H. forrestii*）　圆瓣姜花原产我国云南。花白色，唇瓣近圆形。花期夏末至秋初。

（2）红丝姜花（*H. gardnerianum*）　红丝姜花原产印度北部、喜马拉雅山脉。花柠檬黄色，雄蕊亮红色。花期夏末至秋初。

【生物学特性】姜花性喜温暖、湿润的气候和稍阴的环境。不耐寒，忌霜冻，生长适温为20～25℃，越冬地上部枯萎。宜土层深厚、疏松肥沃而又排水良好的壤土。花期长，夏秋开花。

【繁殖】姜花主要采用分株繁殖，将根茎切割分栽即可，常在春季进行。也可播种繁殖，即采即播，种子发芽适温为20～25℃。

【栽培管理】姜花为春植球根花卉，露地栽培为主。种植前施足基肥如腐熟的堆肥、骨粉等，经常保持土壤湿润，春夏生长期间追施1～2次腐熟、稀薄的氮肥。姜花习性强健，适应性强，栽培管理简便。

【应用】姜花花形优美，芳香浓郁，宜群植或配置花境、花坛，也是夏季优良切花材料。

（十）大岩桐

【学名】*Sinningia speciosa*

【别名】六雪泥、紫蓝大岩桐

【英名】florists' gloxinia

【科属】苦苣苔科大岩桐属

【产地及分布】原产巴西热带高原，现世界各地普遍栽培。

【形态特征】大岩桐为多年生常绿草本，地下具扁球形的块茎。株高15～25cm，茎极短，全株密布茸毛。叶对生，长椭圆形或长椭圆状卵形，叶缘钝锯齿。花顶生或腋生，花梗长，每梗一花，花冠阔钟形，裂片5，矩圆形，花径6～7cm。花色丰富，包括红、粉、白、紫、堇和镶边的复色等。

【种类与品种】大岩桐属有15种，常见栽培的多为杂交种。园艺品种众多，常可分为大花型、厚叶型、重瓣型和多花型等。著名品种如'瑞士'（'Switzerland'），喇叭花形，鲜红色，波状白边。

【生物学特性】大岩桐喜冬季温暖、夏季凉爽的环境。忌阳光直射，生长适温为18～24℃，冬季休眠，越冬室温在5℃以上，生长期要求较高的空气湿度，宜疏松、肥沃而又排水良好的壤土。花期长，自春至秋。

【繁殖】大岩桐采用播种或扦插繁殖。种子极细小，每克种子有25 000～30 000粒，能成苗5 000～6 000株。春播为主，发芽适温 15～21℃。播种后轻轻镇压，通常不覆土，2 周左右发芽。大岩桐叶片肉质肥厚，也可采用叶插繁殖，保持 25℃左右，约 2 周后生根。

【栽培管理】大岩桐常作盆花栽培，自上盆到开花需 4～5 个月。大岩桐喜肥，应施足基肥如腐熟的堆肥、骨粉等，春夏生长旺盛期追施腐熟的豆饼水，施肥后需用清水淋洗叶面。夏季忌长期高温多湿，应适当遮阴。若要冬季开花，需保持昼温 23℃、夜温 18℃，并置光照充足处。

【应用】大岩桐花大色艳、雍容华贵，如温度合适，周年有花，尤其室内摆放花期长，适宜窗台、几案等室内美化布置。

第六节　其他球根花卉

其他球根花卉见表 11-3。

表 11-3　其他球根花卉

中　名（别名）	学　名	科　属	原产地	花　色	习　性	繁殖方法	观赏与应用
百子莲	*Agapanthus africanus*	百合科百子莲属	南非	蓝、白、淡紫	花期 6～8 月，较耐寒，需半阴环境	4 月分栽根茎	室内盆栽
大花葱	*Allium giganteum*	百合科葱属	中亚	红、紫红	春夏开花，喜凉爽、半阴环境，适温 15～25℃	春季分栽小鳞茎	布置花境、盆栽，或作切花
秋水仙	*Colchicum autumnale*	百合科秋水仙属	中南欧、中亚	紫、黄、白	春秋开花，耐寒，喜凉爽、半阴环境	秋季分栽鳞茎或播种	布置花境、岩石园
铃兰	*Convallaria majalis*	百合科铃兰属	欧亚大陆、北美	白色	花期早春，喜散射光和湿润的环境	秋季分栽根茎	布置花坛、花境、盆栽
虎眼万年青（鸟乳花）	*Ornithogalum caudatum*	百合科虎眼万年青属	南非	白色	花期 6～8 月，不耐寒，耐半阴，好湿润环境	分栽鳞茎或播种	盆栽
延龄草（头顶一颗珠）	*Trillium tschonoskii*	百合科延龄草属	亚洲	花小，浆果黑紫色	耐寒，耐阴，喜酸性黄壤土	播种，分栽根状茎	作林下地被
凤梨百合	*Eucomis pallidiflora*	百合科凤梨百合属	非洲	白色	花期 5～7 月，耐寒，喜光	分子球	盆花
大花猪牙花	*Erythronium grandiflorum*	百合科猪牙花属	美国	黄色	花期 2～5 月，极耐寒，喜半阴条件	播种繁殖	花境
提灯花	*Sandersonia aurantiaca*	百合科提灯花属	南非	黄色	花期 5～7 月，半耐寒	播种或分块茎	切花或盆花

（续）

中　名（别名）	学　名	科　属	原产地	花　色	习　性	繁殖方法	观赏与应用
狒狒花	*Babiana stricta*	鸢尾科狒狒花属	南非	紫、粉、黄	春季开花，稍耐寒，喜阳光	秋季分栽小球茎，也可播种	低矮花坛布置或作盆花
虎皮花	*Tigridia pavonia*	鸢尾科虎皮花属	墨西哥、危地马拉	黄、白等	花期 8～9 月，不耐寒，喜阳光	秋季分栽小鳞茎	作切花、盆花或布置花坛
观音兰	*Tritonia crocata*	鸢尾科观音兰属	南非	红、紫、粉	花期 5～6 月，较耐寒，适应性强	秋季分栽小球茎	布置花境、丛植草坪或作切花
三色魔杖花	*Sparaxis tricolor*	鸢尾科魔杖花属	南非	红、紫、白	花期 5～7 月，不耐寒，喜阳光	秋季分栽小鳞茎	布置花境、庭院或作切花
文殊兰	*Crinum asiaticum*	石蒜科文殊兰属	亚洲热带	白色	花期夏秋，不耐寒，略喜阴	春季分栽吸芽	室内盆栽或布置花境
大花油加律（南美水仙）	*Eucharis grandiflora*	石蒜科油加律属	中南美洲	白色	可冬、春、夏三季开花，喜高温，忌强光	鳞茎自然分球或播种	布置花境、作切花或盆栽
网球花	*Haemanthus multiflorus*	石蒜科网球花属	非洲热带	朱红色	花期 6～9 月，不甚耐寒，入冬休眠	春季分栽小鳞茎或播种	优良盆栽
雪片莲	*Leucojum vernum*	石蒜科雪片莲属	欧洲中部	白色	早春开花，耐寒，适应性强	秋季分栽小鳞茎	布置花境
娜丽花（海女花）	*Nerine bowdenii*	石蒜科娜丽花属	南非	红、粉、白	花期春秋，不耐寒，喜温暖湿润	春季分栽小鳞茎	切花或盆花
龙头花（火燕兰）	*Sprekelia formosissima*	石蒜科龙头花属	墨西哥、危地马拉	红色	春夏开花，喜温暖	春季分栽鳞茎或播种	盆栽或作切花

复习思考题

1. 根据球根的形态和变态部位，球根花卉分为哪几类？举例说明。
2. 野生种百合根据其形态特征分为哪几类？举例说明。
3. 列举 5 种常见的球根花卉，说明其科属特征。
4. 简述朱顶红与蜘蛛兰的异同。
5. 简述君子兰与朱顶红的异同。
6. 以百合为例，简述球根花卉的栽培管理要点。

第十二章　室内观叶植物

第一节　概　　述

一、室内观叶植物的定义与功能

在室内条件下，经过精心养护，能长时间或较长时间正常生长发育，用于室内装饰与造景的植物，称为室内观叶植物（indoor foliage plant）。室内观叶植物以阴生观叶植物（shade foliage plant）为主，也包括部分既观叶，又观花、观果或观茎的植物。

室内观叶植物是花卉学的一个分支，其应用融技术、艺术和科学于一体。在远离大自然的都市生活中，室内观叶植物能带来大自然气息、丰富生活情趣。在家庭、宾馆、办公楼、餐厅等公共场所，到处都能看到绿色的室内观叶植物。室内观叶植物除具有美化居室的功能外，还可以吸收二氧化硫等有害气体，起到净化室内空气的作用，这对营造良好的生活环境具有十分重要的意义。近年来，国内外市场对室内观叶植物的需求与日俱增，主要是生活水平的提高和家庭供暖系统的出现，为家庭摆放室内观叶植物提供了客观可能性。此外，由于室内观叶植物奇异多变，几乎可以周年观赏，因而广受大众青睐，生产和销售呈直线上升，已成为我国花卉生产的重要组成部分。

二、室内气候与室内观叶植物选择

室内观叶植物种类繁多，差异很大，由于原产地的自然条件相差悬殊，不同产地的植物均有独特的生活习性，对光、温、水、土及营养的要求各不相同。另外，不同的室内空间和房间的不同区域，其光照、温度、空气湿度亦有很大差异，因此室内摆放植物必须根据具体条件，选择合适的种类和品种，满足各种植物的生态要求，使植物健壮生长，充分显示其固有特性，达到最佳观赏效果。

（一）室内光照与室内观叶植物选择

由于室内的光照条件较差，因此适于室内装饰的花卉多为耐阴观叶类及部分观花、观果类。由于花卉耐阴程度不同，花卉在室内摆放的时间和适宜摆放的位置不同，大致可分为以下几类：

1. 极耐阴室内观叶植物　极耐阴室内观叶植物是室内观叶植物中最耐阴的种类，如蕨类、蜘蛛抱蛋、白网纹草、八角金盘、虎耳草等。这类植物在室内极弱光线下也能供较长时间观赏，适宜在离窗户较远的区域摆放，一般可在室内摆放2～3个月。

2. 耐半阴室内观叶植物　耐半阴室内观叶植物是室内观叶植物中耐阴性较强的种类，如竹芋类、凤梨类、喜林芋、绿萝、香龙血树、常春藤、马拉巴栗、橡皮树、苏铁、朱蕉、吊兰、文竹、花叶万年青、广东万年青、冷水花、白鹤芋、豆瓣绿、龟背竹、合果芋等。这类植物在接近北向窗户或离有直射光的窗户较远的区域摆放，一般可在室内摆放1～2个月。

3. 中性室内观叶植物　中性室内观叶植物要求室内光线明亮，每天有部分直射光线，是较喜光的种类，如鸭跖草类、彩叶草、花叶芋、蒲葵、龙舌兰、鱼尾葵 、散尾葵、鹅掌柴、榕树、棕竹、长寿花、叶子花、一品红、天门冬等。这类植物在东、西朝向的窗户附近或其他有类似光照条件的区域摆放，一般观赏期为15～30d。

4. 阳性室内观叶植物 阳性室内观叶植物要求室内光线充足，如变叶木、沙漠玫瑰、虎刺梅等。这类植物只适宜在室内短期摆放，摆放期10d左右。

总之，不同位置、不同季节室内光线强弱有很大差异，各种室内观叶植物耐阴程度也各不相同。即使是比较耐阴的室内观叶植物，也并不是在阴暗处生长最好，过于荫蔽的环境对它们也是一种逆境。因此，应根据具体情况进行室内观叶植物的更换，调整其摆放的位置。

（二）室内温度与室内观叶植物选择

冬季低温是室内观叶植物生存的限制因子。根据室内观叶植物对低温的忍耐程度不同，可将其分为以下几种类型：

1. 耐寒室内观叶植物 耐寒室内观叶植物能耐冬季夜间室内3～10℃的温度，如八角金盘、海桐、酒瓶兰、朱砂根、吊兰、常春藤、波士顿蕨、虎尾兰、虎耳草等。

2. 半耐寒室内观叶植物 半耐寒室内观叶植物能耐冬季夜间室内10～16℃的温度，如棕竹、蜘蛛抱蛋、冷水花、龙舌兰、南洋杉、文竹、鱼尾葵、鹅掌柴、白粉藤、朱蕉、旱伞草等。

3. 不耐寒室内观叶植物 不耐寒室内观叶植物必须保持冬季夜间室内16～20℃才能正常生长，如凤梨类、竹芋类、富贵竹、变叶木、合果芋、豆瓣绿、喜林芋、彩叶草、袖珍椰子、铁线蕨、观叶海棠、吊金钱、小叶金鱼藤、白网纹草、金脉爵床等。

不同室内观叶植物生长发育所要求的温度各不相同，因此要随季节变化采取相应措施，以保证植物安全越冬，促进植物健壮生长。另外，夏季高温也是很多室内观叶植物生长的限制因子，因此，夏季高温季节应选用原产热带、亚热带的植物进行装饰。

（三）室内空气湿度与室内观叶植物选择

没有水就没有生命，没有水分，植物的一切代谢都无法进行。水分对植物的影响主要是土壤水分和空气湿度。根据室内观叶植物对土壤水分和空气湿度的要求，可将其大致分为以下几类：

1. 半耐旱室内观叶植物 半耐旱室内观叶植物大都具有肥胖的肉质根，根内能够贮存大量水分，或者叶片呈革质或蜡质状，甚至叶片呈针状，蒸腾作用较小，短时间干旱不会导致叶片萎蔫，如人参榕、吊兰、文竹、天门冬等。

2. 中性室内观叶植物 中性室内观叶植物生长季节需供给充足的水分，干旱会造成叶片萎蔫，严重时叶片凋萎、脱落，一般土壤含水量应保持在60%左右，如香龙血树、蒲葵、棕竹、散尾葵等。

3. 耐湿室内观叶植物 耐湿室内观叶植物根系耐湿性强，稍缺水就会枯死，如花叶万年青、广东万年青、花叶芋、虎耳草等。特别是一些需要高空气湿度的室内观叶植物，如竹芋类、白网纹草、鸟巢蕨、铁线蕨、白鹤芋等，可通过喷雾、套水盆及室内观叶植物组合群植来增加空气湿度，也可将这些植物栽于封闭或半封闭的景箱、景瓶中，以保持足够的湿度。

总之，室内观叶植物的养护管理一方面要了解植物的特性和要求，另一方面要掌握室内环境条件的变化，满足植物生长发育的需要。

三、室内观叶植物栽培管理

1. 栽培基质 室内观叶植物栽培容器的容积小，土层浅，因此要求栽培基质供应水、肥的能力较强，以最大限度满足室内观叶植物生长发育的需要。栽培基质具体要求如下：①均衡供水，持水性好，但不会因积水导致烂根；②通气性能良好，有充足的氧气供给根部；③疏松轻便，便于操作；④含营养丰富，可溶性盐类含量低；⑤无病虫害。

另外，采用水培栽植室内观叶植物既清洁又省力。适合水培的观叶植物有富贵竹、绿萝、常春藤、万年青、蜘蛛抱蛋、南洋杉、鹅掌柴、花烛、绿巨人、袖珍椰子、合果芋、喜林芋、旱伞草、龟背竹等。

2. 栽培容器 栽培室内观叶植物的容器，虽然从外形、质地还是审美角度出发，有多种选择，但都不得违背使植物在其中正常生长并与植物在形态和色彩上协调这一基本原则。因植物种类和栽培用途不同，常用的容器依构成的原料分为素烧泥盆、塑料盆、陶盆、玻璃钢盆、金属盆、木桶、吊篮和木框等，每类都有不同大小、式样和规格，可依需要选用。

3. 室内观叶植物造型及艺术栽培 由于室内观叶植物主要是用于装饰室内环境，要求有较高的艺术价值，对室内观叶植物进行造型及艺术栽培，可大大提高观赏效果。主要的造型及艺术栽培方式有以下几种：

（1）艺术整形

①单干树形：选一枝干，保留顶芽，去侧芽、侧枝，当顶芽向上直立生长到一定高度形成主干后，再对顶芽摘心，促使从主干一定高度发出数个侧芽，然后再对长成的侧枝进行1～2次摘心，以形成具茂密分枝的树冠。如扶桑、垂叶榕等。

②编绞造型：编绞造型近年来比较流行。也是单干树形的姿态，将几株植株编绞成螺旋状、辫状，成为三辫、五辫、七辫编织盆栽和猪笼辫等，常用于马拉巴栗、垂叶榕等。

③图腾式造型（柱式栽培）：对于植株直立性不强、易倒伏的观叶植物可在盆中心设支柱供植株攀附，如绿萝、蔓绿绒等。

④宝塔式造型：富贵竹的茎干切段可组合造型，组合的富贵塔形似我国古代的宝塔，称为“开运塔”。

（2）组合盆栽 利用花艺设计的理念，将各种不同形态的室内观叶植物进行设计造型，组合在一起，可制作成盘皿庭院、针叶树木箱、沙漠公园、彩石组合栽培、吊篮组合栽培等，大大提高了室内观叶植物的观赏价值。

（3）瓶景 在封闭或半封闭的瓶中种植植物而形成的景观叫作瓶景，用底部没有排水孔的容器水培植物，结合沙艺技术，可形成优美独特的植物景观。应选择合适的阴生观叶植物制作瓶景，如蕨类、冷水花、袖珍椰子、薜荔等，选高低不同、形状和叶色各异的植物材料组合在一起，可以形成较好的效果。

4. 趋光性管理与除尘

（1）趋光性管理 由于植物生长素分布不匀，常使植物趋向光源弯曲，因此应每经3～5d转盆90°，以保持株形直立。

（2）除尘 室内观叶植物放在室内不同环境中，叶面上常落灰尘甚至沾上油烟，宜用软布擦拭、软刷清除或喷水冲除，并应定期进行。为增加室内观叶植物叶片的光亮度，可在清洗后喷植物光亮剂，提高观赏效果。

5. 利用植物生长调节物质延长室内观叶植物的观赏期

（1）延缓叶片衰老脱落　在运输前对已成形的盆栽绿萝用 0.5～1.0mmol/L 硫代硫酸银喷洒茎秆和叶背可防止绿萝叶片脱落，摆入室内喷施 1%亚硫酸钠防止叶片黄化。

（2）提高观赏品质　株形是室内观叶植物观赏品质的一个重要指标，在生产过程中，常用生长调节物质达到控制株形的目的。一般而言，矮化处理后植株节间明显变短，但叶片及花朵形状、大小不会受到影响。室内观叶植物成形以后，需较长时间保持株形，可用生长延缓物质如多效唑（PP_{333}）等处理，控制植株的高度，延长观赏期。

四、室内观叶植物的繁殖

室内观叶植物的繁殖可分为有性繁殖和无性繁殖，大部分室内观叶植物均采用无性繁殖方法，主要有扦插、压条、分株繁殖等。有些棕榈科植物无性繁殖有一定困难，要获得批量植株，只能采用播种繁殖。有些室内观叶植物可用扦插和播种繁殖，播种繁殖的实生苗根颈处特别膨大，特意栽入浅盆中突出肥大的根颈部位，具有特殊的观赏价值，因此往往采用播种繁殖。如马拉巴栗、榕树、沙漠玫瑰等。

实际生产中某些室内观叶植物种苗需求量较大，进行大规模集约化生产时，仅凭常规育苗手段来进行繁殖无法满足生产的需要，需采用组培繁殖才能保证生产的顺利进行，因此，利用组织培养技术大规模繁殖室内观叶植物具有很好的市场前景。

第二节　常见室内观叶植物

一、蕨　　类

蕨类植物是室内观叶植物的一大类。蕨类植物大多数原生于森林植物群落的底层，形成了耐阴的习性，非常适应家居室内环境，主要用于盆栽装饰，布置室内环境或作插花的配叶等。

蕨类作为室内摆设应调节空气湿度和温度，注意经常灌水，将其放在室内没有直射阳光的地方，但在较暗走廊中需增加光照。在室内观赏期间，要求最低光照度 0.8klx，最好 2.7 klx，并保持 50%以上的相对空气湿度。

（一）铁线蕨

【学名】*Adiantum capillus-veneris*

【别名】水猪毛

【科属】铁线蕨科铁线蕨属

【产地及分布】广布于世界热带地区，我国长江以南各地以及陕西、甘肃、河北各省也有分布。

【形态特征】铁线蕨为常绿草本。株高 15～40cm。根状茎横走。叶薄革质，叶柄栗黑色似铁线，叶呈卵状三角形，鲜绿色，长 10～15cm，宽 8～16cm，中部以下二回羽裂，小羽片斜扇形或斜方形，外缘全至深裂，不育叶裂片顶端钝圆，具细锯齿，叶脉扇状分叉（图 12-1），孢子囊群生于变形裂片顶端反折的肾形至矩圆形囊群盖上。

【种类与品种】同属常见栽培种还有：

（1）掌叶铁线蕨（*A. pedatum*）　掌叶铁线蕨叶片阔扇形，长 30cm、宽 40cm，二叉分枝，每枝生一回羽状叶片。

（2）团羽铁线蕨（*A. capillus-junonis*） 团羽铁线蕨叶片披针形，长8～15cm、宽2.5～3.5cm，一回羽状，叶轴顶端着地生根。

（3）鞭叶铁线蕨（*A. caudatum*） 鞭叶铁线蕨叶片长10～30cm、宽2～4cm，下部一回羽状，叶轴顶端着地生根。

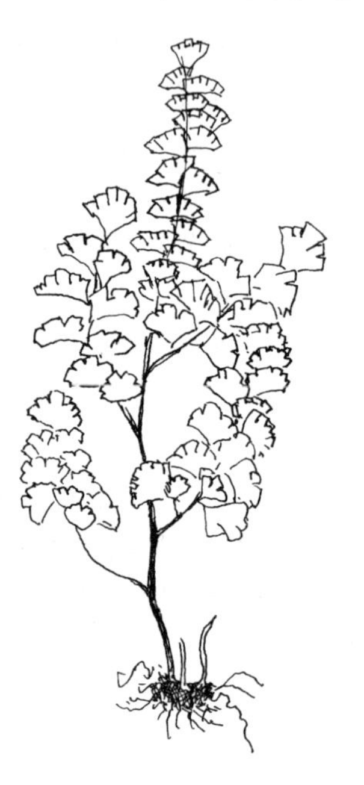

图12-1 铁线蕨

【栽培与繁殖】铁线蕨喜温暖、湿润、半阴环境。生长适温17～26℃，冬季要求7℃以上，持续低温会引起落叶。在肥沃疏松、微酸至微碱性土壤中生长较快，为钙质土指示植物。稍耐水湿，可耐旱。栽培时要求空气湿度高，在生长期甚至冬季土壤都要保持湿润，同时防止冷风侵袭，避免阳光直射。

铁线蕨采用孢子或分株繁殖，分株时分离横生根茎，冬末进行。

【应用】铁线蕨株形美观，叶色碧绿，适应性强，是室内盆栽观赏的优良材料，可用于各种室内装饰摆设，在南方地区也可作庭院及林荫下的地被栽培。枝叶可制作插花和干燥花。

（二）鸟巢蕨

【学名】*Neottopteris nidus*

【别名】巢蕨、山苏花

【科属】铁角蕨科巢蕨属

【产地及分布】产于热带、亚热带地区，分布于我国广东、广西、海南、云南、福建、台湾等地，其他亚洲热带地区也有分布。

【形态特征】鸟巢蕨为常绿草本，大型附生植物，高60～100cm，成丛附生于雨林中的树干或岩石上。根状茎粗短，直立。叶辐射状丛生于根状茎边缘顶端，中间无叶，空如鸟巢状。单叶，叶片带状阔披针形，顶端渐尖，全缘。孢子囊群条形，生于叶背面上部的侧脉上，向叶边伸达1/2，囊群盖条形，厚膜质，全缘，向上开裂（图12-2）。

【种类与品种】

1. 同属其他栽培种

（1）狭基巢蕨（*N. antrophyoides*） 叶基粗短。叶片较窄，下部渐狭，几近无柄，叶片上部后弯，先端锐尖。

（2）大鳞巢蕨（*N. antiqua*） 叶片较宽，可达10cm，叶柄长2～3cm。孢子囊群线形，长几达叶片边缘。

2. 栽培品种 近年引进的鸟巢蕨品种有‘皱叶’巢蕨（‘Plicatum’）、‘卷叶’巢蕨（‘Volulum’）、‘圆叶’巢蕨（‘Avis’）等。

图12-2 鸟巢蕨

【栽培与繁殖】鸟巢蕨喜温暖阴湿环境，生长适温为白天21～32℃，夜晚16℃，不耐寒，冬季不得低于5℃，因此要注意防寒。生长季节宜充足灌水，并喷洒叶面。避免阳光直射，最适宜的光照度是12.9～21.6klx。

鸟巢蕨常用孢子或分株繁殖。将孢子收集播于水苔上，保持水苔湿润，置于遮阴处，1～2个月即可出苗，小苗长至2～3叶时可移植上盆。分株繁殖以春季进行为宜，在母株上带叶4～5片连同根茎从母株上切下另栽即可。

【应用】鸟巢蕨常用作盆栽，盆土要透气透水，可用泥炭土、木屑和少量腐叶土配制，也可用吊篮做悬挂式栽培或种植在木框中，置于阴湿场所，在温暖地区也可在庭园中较阴处种植，或植于古树上进行装饰。也是很好的插花配叶。

（三）二叉鹿角蕨

【学名】*Platycerium bifurcatum*

【别名】蝙蝠蕨

【科属】鹿角蕨科鹿角蕨属

【产地及分布】原产澳大利亚与波利尼西亚，我国西双版纳雨林中有野生。

【形态特征】二叉鹿角蕨为常绿草本，附生状气生性蕨类植物。全株灰绿色，高40～50cm。叶有两种：不孕叶，或称裸叶，较薄，生于基部，圆或心形，成熟后呈纸质退色，附生包在树干或枝上；可孕叶，或称实叶，丛生，长45～90cm，基部狭，向上逐渐变宽，顶端分叉下垂，形似鹿角（图12-3）。

图12-3 鹿角蕨

【栽培与繁殖】鹿角蕨喜明亮的散射光，生长适温10～18℃，可耐3～5℃低温，要求高空气湿度，适宜生长的相对空气湿度为70%。盆栽宜用吊盆栽植，可用轻质陶粒、木屑、木炭、树皮、蔗渣、泥炭等疏松透气透水材料作基质，也可以附植在木桩或树干上，在荫棚或树荫下培植，夏季要经常向叶面喷水，提高空气湿度。春秋两季为生长旺盛季节，每月施薄肥一次，可以用有机肥与无机肥相间施用。

鹿角蕨采用分株或孢子繁殖，宜在春秋两季进行，可将母株以4～5叶为一丛分株另植，也可将吸根分生的小苗分植。孢子繁殖宜用无菌培养。

【应用】鹿角蕨叶形奇特，姿态优美。盆栽悬挂室内或公园的亭、台、楼阁下装饰，也可附生于树桩上作室内装饰。

（四）肾蕨

【学名】*Nephrolepis auriculata*

【别名】圆羊齿、尖叶肾蕨、蜈蚣草、石黄皮

【科属】骨碎补科肾蕨属

【产地及分布】原产我国长江流域以南及亚洲热带地区。

【形态特征】肾蕨为多年生草本，附生或地生。根状茎有直立主轴及从主轴向四面横走的匍匐茎，并从匍匐茎短枝上长出圆形或卵形块茎，主轴及匍匐茎上密生钻形鳞片。叶簇生，一回羽状复叶，长60～90cm，小叶条状披针形，长2～3cm，孢子囊群生于小叶背面每组侧脉的上侧小脉顶端，囊群盖肾形（图12-4）。

【种类与品种】同属常见栽培种还有高大肾蕨（*N. exaltata*），也叫碎叶肾蕨。叶长60～150cm，强壮直立。常见品种有‘波士顿’蕨（‘Bostoniensis’），常绿草本，叶丛生，鲜绿

色，密集并向四周披散，羽叶紧密相接；‘皱叶波士顿’蕨（‘Teddy Junior’），小叶波形扭曲状。

【栽培与繁殖】肾蕨喜温暖、潮湿、半阴环境。忌烈日直射，最适宜的光照度是 12.9～19.3klx。最适生长温度为 20～26℃，能耐短暂－2℃低温，越冬温度 5℃。要求疏松、透气、透水、腐殖质丰富的土壤，盆栽要用疏松透水的植料，可用泥炭土、河沙与腐叶土混合调制。上盆后置遮阴 60%～70%的荫棚下培植。生长季节要保持较高的空气湿度，可经常向叶面喷水，每月施肥1～2次，宜淡施薄施。也可以地栽。

肾蕨常用分株繁殖，宜在春季进行。也可采用孢子繁殖，将成熟孢子播于水苔上，水苔保持湿润，置半阴处，即可发芽，待小苗长至 5cm 左右即可移植。

【应用】肾蕨叶片碧绿，可盆栽作室内装饰。在温暖地区可作庭园林荫下或背阴处片植，或点缀山石。叶片是插花的良好叶材，还可以将叶片干燥、漂白加工成干叶，作为装饰品。

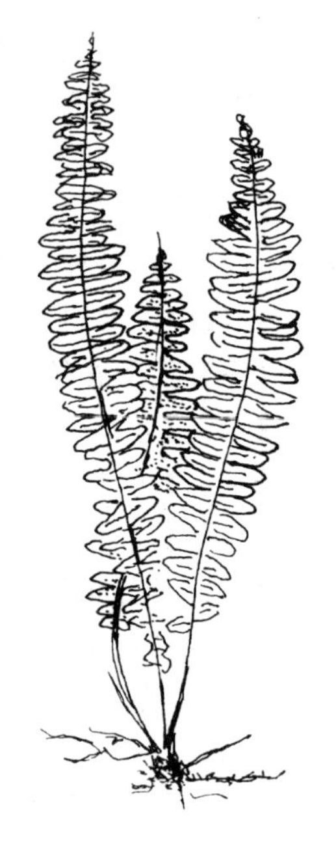

图 12-4 肾 蕨

二、凤梨科

凤梨科（Bromeliaceae）植物为单子叶植物，是非常庞大的一类，分为 50 多属，原生种约2 500个，主要分布在中南美洲的墨西哥、安的列斯群岛、哥斯达黎加、巴西、哥伦比亚、秘鲁和智利。许多种生在热带雨林中，有的种生在高山上，还有种生于干旱沙漠地区。

凤梨科植物为草本植物，多为有短茎的附生植物。叶硬，边缘有刺。莲座状叶丛，常中心呈杯状形成持水结构。叶大小因种而异，小的如铁兰，长仅 5cm，大而厚硬的如菠萝。花序为圆锥花序、总状花序或穗状花序，生于叶形成的莲座叶丛中央。花色有黄、褐、粉红、绿、白、红、紫等，十分艳丽，小花生于颜色鲜亮的苞片中，有些种彩色的苞片能保持半年以上，有的形态奇异，叶与花的质量很高。花后死亡，死亡前基部产生吸芽。果实有的为聚花果，有的为单果。

凤梨科植物适应性强，易栽培，根据其持水特性，可将其分为空气凤梨和积水凤梨。空气凤梨是凤梨科铁兰属耐旱气生种类，植株中央没有持水结构，无需种植在土壤中，只要保持空气湿润就可以生长。积水凤梨具有杯状结构，种植在排水良好的疏松基质中，保持杯状持水结构内有水。水质对凤梨生长有很大影响，要求 pH5.5～6.5 的微酸性水，忌钙、钠、氯离子，栽培用水的 EC 值在 0.1～0.6mS/cm 为好。施肥以 N、P_2O_5、K_2O 比例 1.0∶0.5∶0.5～1.2 为佳，凤梨对铜、锌和硼敏感。一般叶色鲜艳、叶片薄软者较喜阴，叶有灰白鳞片、叶片厚、硬的种类宜植全光下。属一次结果植物，茎 1～2 年后死亡，叶基部可产生几个萌蘖枝，待其生长高达 20 cm 左右，即可与母株切断，植水苔中促其生根。或采用播种繁殖，将种子播于湿润消毒的基质中（如泥炭＋水藓＋沙混合物），封闭置于无阳光直射的地方，温度保持在 18～21℃，使其萌发。小苗不宜多次移植，培育良好的实生苗 3 年可开花。凤梨也可用果实顶端的冠芽繁殖，而近年则用组织培养大量繁殖。凤梨在室内养护需保持 2.2klx 以上的光照度。

（一）美叶光萼荷

【学名】*Aechmea fasciata*

【别名】蜻蜓凤梨、粉菠萝

【属名】光萼荷属

【产地及分布】原产亚马孙河流域、哥伦比亚、厄瓜多尔的热带雨林中，我国广东、福建、台湾常见栽培。

【形态特征】美叶光萼荷为多年生附生草本。高40～60cm，具短茎，茎基多萌株。叶莲座状基生，基部相互交叠卷成筒状，无柄，叶片带状条形，长20～60cm，宽6～8cm，两面被白粉，有银白色横纹，边缘有黑色刺状细锯齿，先端弯垂。花茎直立，穗状花序，有短分枝，花上部密集呈头状，深红色、红色或粉色。花序轴下部有多数苞片，紧贴花梗，粉红色，小苞片生花序上部，斜向上伸展，粉红色，锐三角状披针形，边缘有细锯齿，先端具硬尖头，小花无柄，淡蓝色。自然花期春夏。聚花果状浆果（图12-5）。

图12-5　美叶光萼荷

【种类与品种】

1. 栽培品种　‘花叶’蜻蜓凤梨（‘Albo-marinata’），上部叶片中央有纵向黄色宽带。

2. 同属其他栽培种及品种　‘斑叶’光萼荷（*A. chantinii*‘Variegata’），叶面有墨绿色和白色相间的横斑，十分显眼。

【栽培与繁殖】美叶光萼荷喜明亮散射光。适宜温热湿润的环境，生长适温18～22℃，开花温度不低于18℃，不耐寒，低于2℃易引起冻伤，6℃以上可以安全越冬。耐阴，但过分荫蔽叶片会徒长伸长，色斑暗淡，忌暴晒。喜排水良好、富含腐殖质和纤维质的土壤，耐旱。

美叶光萼荷常采用分株繁殖，大量繁殖时用组培法。盆栽观赏的盆土可用泥炭、腐叶土、河沙等配制。在夏秋季遮光70%～80%、冬春季遮光40%～50%的荫棚或温室栽植。生长季节应多施液肥并保持湿润，冬季要注意防寒。只要环境温度在20℃以上，植株成熟，即可用乙烯利喷叶催花，约2个月后开花。

【应用】美叶光萼荷叶色秀丽，花期持久，为优良的室内观叶植物。

（二）‘艳’凤梨

【学名】*Ananas comosus*‘Variegatus’

【别名】斑叶凤梨、金边凤梨

【属名】凤梨属

【产地及分布】原产阿根廷，现世界各地大量栽培。

【形态特征】‘艳’凤梨为多年生常绿草本。叶莲座状着生，成株有叶35～50片，叶基叠卷成松散的筒状，叶剑形，厚而硬，革质，长70～120cm，宽3～4cm，两侧近叶缘处有象牙黄纵向宽条纹，边缘有红褐色硬刺。花茎伸出叶丛，穗状花序密集成卵圆形，花瓣3片，紫色或紫红色。花谢后结聚合果，果顶部常生有冠芽（图12-6）。

【种类与品种】常见的栽培品种还有‘金心’凤梨（‘Porteanus’），其叶片中央金黄色，边缘浓绿色。

【栽培与繁殖】‘艳’凤梨喜强光，宜温暖、湿润、通风的环境，稍耐阴。生长适温23～30℃，可耐炎热，稍耐寒，5℃以上可安全越冬。宜疏松、肥沃、排水良好的沙质壤土。亦较耐干旱。

‘艳’凤梨常用根出芽分株繁殖，茎出芽或冠芽亦可切取扦插繁殖。

【应用】‘艳’凤梨叶果俱美，是优良的室内观叶观果植物。

图 12-6 ‘艳’凤梨

（三）果子蔓

【学名】*Guzmania lingulata*

【别名】擎天凤梨、西洋凤梨

【属名】果子蔓属

【产地及分布】原产哥伦比亚和厄瓜多尔，我国南部各地有栽培。

【形态特征】果子蔓为多年生常绿附生性草本。株高可达70cm，茎短，基部多萌芽。叶莲座状基生，叶基相互叠生卷成筒状，成株有叶片约25片，叶片剑状披针形，长40～60cm，宽3～4cm，革质，有亮光，先端弯垂，边缘平滑。花序梗长，伸出叶筒上，头状花序顶生，花两性，有苞片多数，苞片鲜红色，花梗上贴生苞片卵状披针形，总苞呈星状，顶端近平截。花期可达3～4个月（图12-7）。

图 12-7 果子蔓

【种类与品种】

1. 栽培品种 ‘红星’（‘Minor’），总苞片披针形，外面红色，里面颜色略淡。

2. 同属其他栽培种及品种

（1）圆锥擎天（*G. conifera*） 圆锥擎天又称咪头，穗状花序在花梗顶端密簇生长成头状，每个小花的苞片猩红色，尖端鲜黄色。

（2）黄萼果子蔓（*G. dissiflora*‘Gemma’） 黄萼果子蔓花梗上红色的总苞疏离，小花成管状，自总苞梗上斜出，分离，小苞片呈红色，花萼黄色，花瓣白色，非常艳丽。

（3）黄苞果子蔓（*G.* ×‘Remembrance’） 黄苞果子蔓又称金黄星，穗状花序苞片鲜黄色。

【栽培与繁殖】果子蔓喜半阴、温热和湿润的环境，不宜暴晒。生长适温18～25℃，不耐寒，冬季8℃上可安全越冬。要求排水良好且富含腐殖质的栽培基质。

果子蔓常用分株繁殖，植株开花后茎基萌出具5～6片叶的萌株，连根切下另植即可。大量生产以组培繁殖。生长季节保持湿润，每月施肥1～2次。催花时温度要求控制在25℃

左右，以免温度过高引起叶片损伤。

【应用】果子蔓花叶俱美，花期持久，为优良的室内观叶、观花植物，可用于室内装饰和组合盆栽。还可作切花。

（四）铁兰

【学名】*Tillandsia cyanea*

【别名】紫花凤梨

【属名】铁兰属

【产地及分布】原产西印度群岛与中美洲。

【形态特征】铁兰为多年生常绿草本。叶基生，呈莲座状，灰绿色，线状披针形，质硬，具绒毛状鳞片，长20～30cm。穗状花序长10～15cm，花蓝紫色，生于淡红色苞片之上（图12-8）。花瓣卵形，3片，形似蝴蝶。观赏期可达数月。

图12-8　丛生铁兰

【种类与品种】

1. 栽培品种　‘斑叶’紫花凤梨（‘Vari-gata’），叶片两侧有黄白色的纵条纹。

2. 同属其他栽培种

（1）歧花铁兰（*T. flabellata*）　歧花铁兰又名扇花凤梨、多花小红箭。复穗状花序有多个分枝，甚至可达9～11个穗状花序，鲜红色或橙红色。

（2）松萝铁兰（*T. usuneoides*）　松萝铁兰又名老人须、气生凤梨。植株下垂生长，茎长，纤细。叶片互生，半圆形，长3～4cm，密被银灰色鳞片。小花腋生，黄绿色，花萼紫色，小苞片褐色，花芳香。

（3）小精灵（*T. ionantha*）　小精灵植株高5～10cm，具有莲座状灰绿色叶序，不同品种花前叶片变红、变白或不变色。花艳紫色，不同品种开花时间不同。

【栽培与繁殖】铁兰喜明亮的散射光，怕阳光直射，喜温热气候。生长适温18～30℃，冬季18～20℃，最低不低于10℃，可耐短暂的5℃低温。喜湿度较高的环境，要求空气湿度60%以上。

铁兰采用分芽扦插繁殖。

【应用】铁兰适于盆栽或植吊篮中，可摆放阳台、窗台、书桌等，也可悬挂在客厅，还能作插花材料。

（五）虎纹凤梨

【学名】*Vriesea splendens*

【别名】丽穗凤梨、红剑

【属名】丽穗凤梨属

【产地及分布】原产南美北部和泰国，我国华东、华南地区有栽培。

【形态特征】虎纹凤梨为多年生常绿附生性草本。株高50～70cm。叶莲座状基生，叶基相互叠生成筒状，成株有叶片12～20片，叶剑状条形，长30～45cm，宽2.5～5cm，有灰绿色和紫黑色相间的虎斑状横纹。穗状花序顶生，苞片红色，二列，相互叠生成扁平剑状，长 20～30cm，宽 2～3cm，花序梗长 15～25cm，有贴生的绿色苞片，苞片背面有紫黑色横纹，小花淡黄色（图 12-9）。花期长达 5 个月。

【种类与品种】同属常见栽培种还有：

（1）莺哥凤梨（*V. carinata*） 莺哥凤梨花梗顶端扁平的苞片整齐依序叠生成莺哥鸟的冠毛状，苞片基部呈红色，苞端嫩黄色或黄绿色。

（2）彩苞凤梨（*V.* × *poelmannii*） 彩苞凤梨为复穗状花序，有多个分枝，苞片艳红色。

（3）斑纹莺哥（*V. zebrona*） 斑纹莺哥叶片中央有宽白色纵斑条，复穗状花序有分枝，苞片多个，艳红色。

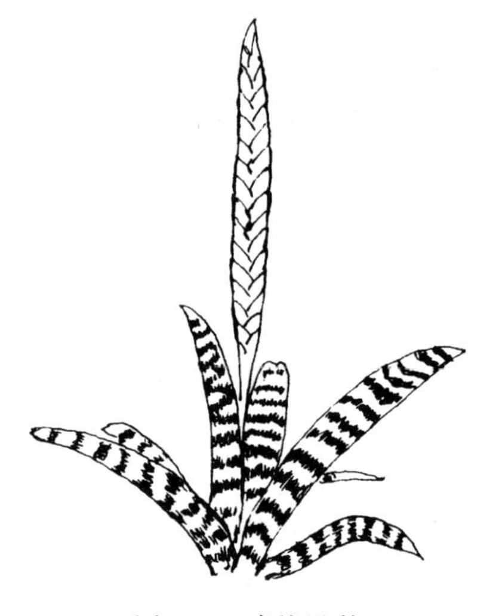

图 12-9 虎纹凤梨

【栽培与繁殖】虎纹凤梨喜温暖、高湿、半阴的环境。生长的适宜温度为 18～28℃，温度低于 13℃时进入半休眠状态。耐寒性较差，2℃低温导致冻伤。要求排水良好、富含腐殖质和粗纤维的栽培基质。要求每天 3～4h 直射光才能开花。浇水适量，土壤不可过湿，经常向叶面喷水，莲座状叶丛中的水槽要贮水。生长季每半个月施一次稀薄液肥。乙烯催花或控制条件可以提前开花。

虎纹凤梨常用分株、播种和组培繁殖。

【应用】虎纹凤梨为优良的室内观叶、观花植物，可作各种室内摆设。花序观赏期可达 5～6 个月。

三、竹 芋 科

竹芋科（Marantaceae）植物约有 30 属，400 种。原产热带美洲和亚洲。多年生草本植物，多具地下茎，丛生状根出叶。叶基生或茎生，叶脉羽状，全缘，叶柄鞘状。花两性，不整齐，不显著，为穗状或头状花序，1～2 个或更多着生一起。花序下有佛焰苞状苞片，花被 6，外 3 片为花萼，分离，内 3 片如花瓣，联合呈筒状，一般外面 1 片较大，多少具钩，为彩色或白色。雄蕊 6，能育者 1，其他呈花瓣状。子房下位 3 室，其中 1 或 2 败育，每室胚珠 1 个。蒴果。花小，不艳丽，大多无观赏价值。

（一）花叶竹芋

【学名】*Maranta bicolor*

【别名】二色竹芋、豹斑竹芋

【属名】竹芋属

【产地及分布】原产巴西和圭亚那，我国南部和东南部地区有栽培。

【形态特征】花叶竹芋为多年生常绿草本。植株矮小，高 25～38cm，株形紧凑。地上直立茎有分枝。叶片长圆形、椭圆形至卵形，长 8～15cm，先端圆形具小尖头，叶基圆或心形，边缘多波浪形，叶面粉绿色，中脉两侧有暗褐色的斑块，背面粉绿色或淡紫色，叶枕长 4～5mm，叶柄长 3～4cm，下部鞘状。花小，白色，具紫斑和条纹（图 12-10）。

【栽培与繁殖】花叶竹芋喜半阴、温暖、多湿环境，喜充足散射光，但不耐强光直射。

生长适温 20～30℃，怕炎热，35℃以上高温叶片会灼伤，畏寒，低于 5℃叶片易冻伤。喜肥沃、疏松、保湿而又不积水的土壤。要求较高的空气湿度。

花叶竹芋采用分株或扦插繁殖，宜在春季进行。扦插可剪取带 2～3 个节的插穗，去叶，插于沙床，约需 30d 生根。盆栽以泥炭和园土以及少量的基肥混合作基质。要注意遮阴。生长季节要保持高湿，每月施肥 1～2 次。

图 12-10　花叶竹芋

【应用】花叶竹芋叶片有美丽色斑，叶形优美，叶色多变，植株小巧玲珑，是一种很雅致的室内观叶植物，常作盆栽，用于室内装饰布置。

（二）肖竹芋

【学名】*Calathea ornata*

【别名】大叶蓝花蕉

【属名】肖竹芋属

【产地及分布】原产圭亚那、哥伦比亚、巴西等地。

【形态特征】肖竹芋为多年生常绿草本。高达 1m。叶椭圆形，长 60cm，叶面黄绿色，沿侧脉有白色或红色条纹（图 12-11）。穗状花序紫堇色。

图 12-11　肖竹芋

【种类与品种】同属常见栽培种还有：

（1）玫瑰竹芋（*C. roseopicta*）　玫瑰竹芋叶阔卵形，叶缘呈波状，叶色浓绿，叶缘和近叶缘处有白色斑纹，叶背和叶柄紫红色。

（2）箭羽竹芋（*C. lancifolia*）　箭羽竹芋叶片线状披针形，叶缘稍呈波状，先端尖，叶面淡黄绿色，在中脉左右两侧具箭羽状浓绿色斑点，叶背深紫红色，具光泽。

【栽培与繁殖】肖竹芋喜温暖、高湿、半阴环境。生长适温 20～30℃，怕炎热，越冬温度在 12℃以上，低于 12℃易受冻害。夏季遇高温，叶尖及叶缘易出现焦状卷叶，一旦发生就难以恢复，应注意夏季降温。生长适宜的光照度为 10.5～16klx。需水较多，但土壤不宜太湿，保持空气湿度 60%以上。采用富含腐殖质的壤土，土壤 pH5.5 左右。生长期每 2～3 个月施稀薄液肥一次，肥料中 N、P_2O_5、K_2O 的比例 4：2：3 较适宜。室内养护时注意光照度，不能低于 1.6klx，并维持室内温度 13℃以上。

肖竹芋采用分株和扦插繁殖。

【应用】肖竹芋叶色秀美，是优良的室内观叶盆栽植物，也是珍贵的插花衬叶。

（三）天鹅绒竹芋

【学名】*Calathea zebrina*

【别名】斑叶肖竹芋、绒叶肖竹芋

【属名】肖竹芋属

【产地及分布】原产巴西，我国广东、福建等地有栽培。

【形态特征】天鹅绒竹芋为多年生常绿草本。株高50～100cm，有根状茎，多萌株，呈丛生状。叶基生，椭圆状披针形，长30～45cm，顶端钝尖，基部渐狭，叶面深绿色，有天鹅绒光泽，间以灰绿色的横向条纹，外形十分美丽，叶背幼时浅灰绿色，老时深紫红色，两面无毛，叶柄鞘状，长25～45cm，顶端以关节和叶片相连。花两性，蓝紫色或白色，花期6～8月（图12-12）。

图12-12 天鹅绒竹芋

【栽培与繁殖】天鹅绒竹芋喜温暖、湿润、阴暗的环境，不耐烈日强光。不耐干旱。生长适温20～26℃，冬季夜间温度不能低于16℃，低于5℃易引起叶片损伤，超过35℃生长不良。要求疏松、肥沃、湿润的轻质壤土。在种植过程中，需要维持较高的空气湿度。宜作盆栽，盆土要疏松且保水性能良好。栽培基质可用腐叶土与泥炭按1∶1混合。生长季节要注意经常浇水，保持充足水分，多向叶面及植株周围喷水以提高空气湿度。每月施肥1～2次。

天鹅绒竹芋常用分株繁殖。

【应用】天鹅绒竹芋叶色秀美，是世界著名的室内观叶植物，其叶片可作插花的高档配材。

四、天南星科

天南星科（Araceae）约有115属，其中包含大量室内观叶植物，常见室内栽培的有12属。主要原产热带地区及西印度，少数产于亚洲东南部。多数生于阴湿环境。多年生常绿或落叶草本。叶具长柄，有鞘，叶形变化很大，幼期与成熟期形状不一。天南星科植物的显著特点是有一个粗直、肉质的中央佛焰花序。花小，密集着生于苞片之上的穗轴上，雄花在上、雌花在下，缺花被，仅在肉穗花序基部有一佛焰苞片。佛焰苞片色彩一般艳丽。果为浆果状，密生于佛焰花序轴上，有的种类颜色艳丽。常见栽培的有广东万年青、花烛、花叶芋、花叶万年青、龟背竹、喜林芋、马蹄莲、白鹤芋、绿萝等。

（一）广东万年青

【学名】*Aglaonema modestum*

【别名】亮丝草、粗肋草

【属名】广东万年青属

【产地及分布】原产我国南部、马来西亚和菲律宾等地。

【形态特征】广东万年青茎直立，不分枝，株高50～80cm。叶暗绿色，光亮，椭圆状卵形，边缘波状，顶端渐尖至尾尖状，叶片长15～30cm，叶柄为叶长的2/3。总花梗长7～10cm，青绿色，佛焰苞长6～7cm，肉穗花序，花小，白绿色（图12-13）。花期夏秋。浆果成熟时由黄变红。

图12-13 广东万年青

【种类与品种】同属常见栽培种及品种还有：

（1）'银后'粗肋草（*A.* ×'Silver Queen'）　'银后'粗肋草叶片密集，叶面银灰色，仅叶缘和沿主侧脉稀疏布有少量绿色、极细的斑带。

（2）细斑粗肋草（*A. commutatum*）　细斑粗肋草叶长 30cm，宽 10cm，浓绿色，沿主脉灰绿，佛焰苞淡绿色，浆果密集生于肉质花穗上，转黄后变红。本种的品种'白斑'粗肋草（'Pesudo-bracteatum'）又称'金黄后'，叶片布满粉白或黄绿色斑块，是本属中观赏价值较高的品种。

（3）心叶粗肋草（*A. costatum*）　心叶粗肋草茎短，多分枝，叶暗绿色，中脉为明显的乳白色，有光泽，具灰绿色斑点。

【栽培与繁殖】广东万年青性喜温暖，生长适温 20～27℃，越冬保持 4℃以上，可耐 0℃低温。最适宜的光照度为 16～27klx，在热带地区夏季需遮阴 80%，忌阳光直射，在微弱光照下也不会徒长。室内养护中应注意光照度保持在 1.7～2.7klx，最低不能低于 1.1klx。喜阴湿环境，叶面应经常喷水。当空气干燥时，叶片发黄并失去光泽。能在浅水中生长，冬季应减少灌水。夏季应加强通风，防暑降温，及时剪除基秆下面的枯黄老叶。土壤宜微酸性，适宜的土壤 pH5.5～6.5，以园土与腐叶土混合配制。生长期每半个月施肥一次，以氮、钾肥为主，其 N、P_2O_5、K_2O 的比例以 2∶1∶2 为好，对钾、镁和铜的要求高，要注意补给。

广东万年青主要病害是细菌引起的茎和叶软腐，防治首先要保持清洁，用无菌扦插苗，也可喷铜制剂防治。生理病害是叶弯曲，特别是'银后'粗肋草，褐尖和冷害也是生产中存在的主要问题。

广东万年青常用茎秆切段扦插繁殖，也可剪取基秆先端直接插入清水中，或于春季换盆时进行分株，还可用新鲜种子播种繁殖。

【应用】广东万年青四季常青，极耐阴，栽培容易，常盆栽或植于篮中作室内陈设，还可作切叶。

（二）花叶芋

【学名】*Caladium bicolor*

【别名】二色花叶芋、彩叶芋

【属名】花叶芋属

【产地及分布】原产南美热带地区，我国广东、广西、福建、云南、台湾等地常见栽培。

【形态特征】花叶芋为多年生草本。具扁球形块茎，黄色，有膜质鳞叶。叶从块茎的芽眼上抽生，具长叶柄，叶柄纤细，圆柱形，长 15～25cm，基部扩展呈鞘状，有褐色小斑点。叶大型，盾状，先端渐尖，基部心形，叶缘有皱，叶纸质，暗绿色，叶面有红色、白色或淡黄色、橙色等各色透明或不透明的斑点或斑块。佛焰苞具筒，外部绿，内部白绿，喉部通常紫色，苞片坚硬，尖端白色，肉穗花序黄至橙黄色，浆果白色。花期 4～5 月（图 12-14）。

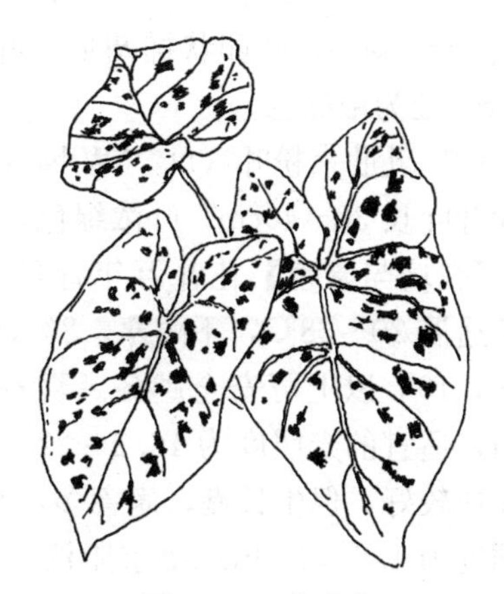

图 12-14　花叶芋

【栽培与繁殖】花叶芋喜高温、高湿、明亮、半遮阴光照。全光照栽培中午会引起日灼，光照太弱导致徒长，叶色不艳，适宜的光照度为 6.9～

53.8klx，夏季应进行60%～80%遮阴。不同品种对光照度要求不同，红色和粉色品种需较高光照度。生长适温21～32℃，18℃以下停止生长，12.8℃植株受冻害，2℃下植株冻死。低温条件下，植株落叶休眠，以块茎休眠越冬。要求疏松、肥沃、排水良好的土壤，不耐积水。栽培基质为2份泥炭、2份腐叶土及1份沙组成，pH5.5～6.5，肥料中N、P_2O_5、K_2O比例为2∶2∶3或1∶1∶1，氮肥过多，叶色不艳。对钾、镁、钙和硼有较高的要求。空气干燥、低温易引起叶缘和叶尖枯焦。怕冷风吹袭。

彩叶芋以分株繁殖为主，常在块茎开始抽芽时，用利刀将块茎带芽切下，晾干切口后另植即可。盆栽时先将块茎埋于沙床催根，待长根后再上盆定植。花叶芋叶片寿命仅有1年，冬季低温时会引起休眠，可待其叶片干枯后，将块茎挖起晾干后去残根，用沙层积或留于盆中保持半干半湿，块茎完成休眠后可重新萌发新叶。

花叶芋病毒病较严重，可用组培繁殖脱毒苗。

【应用】花叶芋叶色艳丽夺目，为优良观叶花卉，作室内盆栽，布置案台、茶几等极为雅致。在温暖地区也可在户外栽培观赏。

（三）花叶万年青

【学名】*Dieffenbachia maculata*

【别名】黛粉叶

【属名】花叶万年青属

【产地及分布】原产南美洲热带，我国广东、福建、海南、台湾等地常见栽培。

【形态特征】花叶万年青为常绿多年生草本。茎绿色，高达1.0～1.5m。单叶互生，叶片长圆形、长圆状椭圆形或长圆状披针形，长17～29cm，宽8～18cm，两面暗绿色，有亮光，有多数不规则、白色或黄绿色的斑块或斑点，叶基圆形或渐狭，先端钝尖，叶柄鞘状抱茎。肉穗花序圆柱形，直立，先端稍弯垂，花序柄短，隐藏于叶丛之中。佛焰苞长圆状披针形，与肉穗花序等长（图12-15）。

【种类与品种】同属常见栽培的其他种和品种有：

（1）大王万年青（*D. amoena*）　大王万年青茎粗叶大，叶长椭圆形，主脉绿色，沿侧脉具黄白色斑纹或线纹。其品种‘夏雪’万年青（‘Tropic Snow’）黄白绿色斑较密，叶稍厚和密生。

（2）白玉黛粉叶（*D.* ‘Camilla’）　白玉黛粉叶株高35～40cm，叶卵状椭圆形，叶片乳白色，仅叶缘约1cm处为浓绿色。

（3）乳肋黛粉叶（*D.* ‘Wilson's Delight’）　乳肋黛粉叶叶长30～40cm，叶浓绿色，中脉白色。

图12-15　花叶万年青

【栽培与繁殖】花叶万年青要求高温、多湿环境。生长适温20～28℃，不耐寒，8℃以下低温易引起叶片冻伤，10℃以上可安全越冬。喜较强光线，但忌阳光直射，适宜的光照度为16.2～32.3klx，光强度低，观赏品质较好，但生长慢，病害多，栽培时保持75%～80%的遮阴度。室内观赏时，适宜的光照度为1.6～2.7klx。要求肥沃、疏松、排水良好的酸性土壤。不耐干旱，生长期应充分灌水，并经常向叶面喷水。生长季每月施稀薄完全肥1～2次，N、P_2O_5、K_2O的比例为

3∶1∶2。

花叶万年青常见的病害是细菌性叶斑病、茎腐病及镰刀菌引起的茎腐病。生理性病害是叶缘焦枯，主要原因是土壤中盐分含量高、极端高温或空气湿度低，可针对具体原因进行防治。

花叶万年青常用扦插繁殖，取带芽的茎节，使芽向上平卧基质中，在20℃下经1个月即可生根。扦插时要先晾干插穗下端切口，再插于苗床，床土不宜过湿。植株基部易产生吸芽，也可分芽繁殖。

【应用】花叶万年青品种繁多，叶色优美，耐阴性强，宜盆栽装饰室内，可单株或高矮不同多株组合栽培。

（四）长心叶喜林芋

【学名】*Philodendron erubescens* ‘Green Emerald’

【别名】绿宝石蔓绿绒

【属名】喜林芋属

【产地及分布】原产巴西南部温暖潮湿的热带雨林中。

【形态特征】长心叶喜林芋为常绿多年生藤本。茎圆柱形，坚硬木质化，节间长，有分枝，节上有气生根。单叶互生，叶长25～35cm，宽12～18cm，长心形，先端突尖，基部深心形，浓绿色，光滑，较厚，有光泽，叶柄有鞘。花序梗长3cm，佛焰苞长7～8cm，较肉穗花序为长（图12-16）。

图12-16　长心叶喜林芋

【种类与品种】同属常见栽培的种和品种还有：

（1）羽裂喜林芋（*Ph. selloum*）　羽裂喜林芋又名春羽。无茎，叶柄长，叶片浓绿，有深缺刻至二次羽裂。

（2）红苞喜林芋（*Ph. imbe*）　红苞喜林芋又名红柄蔓绿绒、红宝石蔓绿绒。攀缘植物，嫩茎节间淡红色，老茎灰白色，嫩叶鲜红色，老叶表面绿色，背面淡红褐色，叶柄红褐色。

（3）琴叶蔓绿绒（*Ph. panduraeforme*）　琴叶蔓绿绒植株蔓性，具气生根，叶片掌状五裂,形似小提琴。

（4）心叶蔓绿绒（*Ph. cordatum*）　心叶蔓绿绒叶心脏形，全缘，深绿色。其品种‘黄金’心叶蔓绿绒（‘Golden Pride’）叶小，心形，整叶呈黄绿色。‘箭叶’蔓绿绒（‘Wind-imbe’）叶丛生，椭圆形，全缘，叶基凹心形，叶面有丝缎光泽。

【栽培与繁殖】喜林芋喜高温湿润环境。生长适温20～30℃，最低温度13℃。需较少光照。喜湿润的空气，要求空气湿度为70%左右，生长期需水较多。每半个月施稀薄液肥一次，N、P_2O_5、K_2O的比例以3∶1∶2为佳。适合盆栽，使其缠绕于用棕皮或椰子壳纤维制成的桩柱上。室内观赏期间，最低光照度为0.5klx，一般以0.8～1.6klx为宜。

喜林芋常用扦插繁殖，剪取至少带2个节的茎插入沙中，在21～24℃生根最为适宜。也可用水插或压条繁殖，还可用播种繁殖，果实成熟后采后即播，勿使种子干燥。

【应用】喜林芋叶色艳丽，耐阴性强，生长强健，是常见的室内观叶植物之一。在温暖地区，还可在庭园林荫处作攀附栽培。

（五）白鹤芋

【学名】*Spathiphyllum kochii*

【别名】苞叶芋、白掌、一帆风顺

【属名】苞叶芋属

【产地及分布】原产哥伦比亚，我国南方地区广东、福建等地常见栽培。

【形态特征】白鹤芋为多年生常绿草本，具短根状茎。叶片基生，有亮光，薄革质，长椭圆形或长圆状披针形，长 20～35cm，叶基部圆形或阔楔形，先端长渐尖或锐尖，叶柄长而纤细，基部扩展呈鞘状，腹面具浅沟，背面圆形。佛焰状花序生于叶腋，具长梗，形似一只白鹤或手掌。花序高出叶丛，佛焰苞白色，卵状披针形，先端锐尖，肉穗花序白色或绿色，花两性（图 12-17）。花期 2～6 月。

【种类与品种】同属常见栽培的种和品种还有：

（1）'绿巨人'（*S.* × 'Sensation'） '绿巨人'株高 1m 左右。叶宽披针形，长 40～50cm，宽 15～25cm，亮绿色。佛焰苞大型，白色。

（2）大银苞芋（*S.* × 'Mauna Loa'） 大银苞芋植株矮生。佛焰苞大型，白色，有香味。

图 12-17 白鹤芋

【栽培与繁殖】白鹤芋喜高温、多湿、半阴环境，极耐阴，怕阳光暴晒。生长适温18～30℃，10℃以上可安全越冬。喜肥沃、疏松、湿润而排水良好的微酸性土壤。栽培基质要求透气透水，可用泥炭、腐叶土和粗沙及少量过磷酸钙混合配制而成。生长季节每月施肥两次。不耐干旱，要求空气湿度 50％以上。

白鹤芋常用分株繁殖，以 5～6 月进行为好，常将 2～3 个萌芽从母株分离另栽即可。大规模生产用组织培养繁殖。

【应用】白鹤芋叶片浓绿光亮，是观叶植物中较耐阴的种类，花多而持久，是优良的室内观叶观花植物。点缀室内厅堂、门厅、内庭十分别致。也可作林荫下地被栽植，还是良好的切花。

（六）绿萝

【学名】*Scindapsus aureus*（*Epipremnum aureum*）

【别名】黄金葛

【属名】藤芋属

【产地及分布】原产所罗门群岛，我国南方各地常见栽培。

【形态特征】绿萝为多年生常绿藤本。茎蔓粗壮，长达数米，茎节处有气生根，能吸附性攀缘。单叶互生，幼叶心形，全缘，成熟叶常长卵形，叶缘有时羽裂状，叶片绿色而富有光泽，叶面上有不规则的黄色斑块或条纹，叶基心形或圆形，先端短渐尖。叶片大小变化大：茎吸附他物时叶片长 30～48cm，宽 20～38cm，叶柄粗壮，长26～40cm，呈鞘状扩大，腹面具槽，上端关节（叶枕）2.5～3cm；茎枝悬垂时叶长 6～10cm，宽5～6cm，叶柄长8～

10cm，呈鞘状达顶部，中肋粗壮，侧脉 8～9 对，两面隆起（图 12-18）。佛焰状花序腋生，具粗壮花序柄，佛焰苞卵状阔披针形。

【种类与品种】常见栽培的品种有‘白金葛’（‘Marble Queen’），叶片上具有明显的银白色斑块。

【栽培与繁殖】绿萝要求高温、高湿、有明亮散射光的环境。耐阴性强，但过阴时叶片上色斑消失或不明显，怕强光直射。生长适温 20～32℃，稍耐寒，10℃以上可安全越冬。要求空气湿度 40%以上。土壤以肥沃、疏松的腐叶土和含腐殖质丰富的沙质壤土为佳。较耐水湿，可用水插莳养，稍耐旱。常用 4～6 株苗攀附纤维材料、棕皮等包扎成的桩柱上，作柱式盆栽。也可用带顶芽、具 3～4 节的枝条直接上盆，无需育苗。生长季节保持盆土湿润，每两周施肥一次，并补施 1～2 次磷、钾肥。每年 5～6 月换盆时，摘除下部萎黄的老化叶，并更新修剪，促发新梢，重新造型。也可用吊盆悬挂栽培。

图 12-18　绿　萝

绿萝常用扦插繁殖，成活率高，只要保持温度25～30℃，同时保持湿润约 1 个月即可生根并萌发新芽。

【应用】绿萝金绿相嵌，叶色艳丽悦目，适应室内环境，常作柱式盆栽，用于各种室内装饰布置，也可作室内悬挂观赏或水插莳养，是目前我国各地最为常用的室内观叶植物。在温暖地区可作庭园绿化，攀附于山石或树干上。还可作为插花的衬叶。

五、龙舌兰科

龙舌兰科（Agavaceae）有很多常见的观叶植物，如龙舌兰、龙血树、虎尾兰、朱蕉等。龙舌兰科植物大都为多年生草本植物或灌木，具有缩短或直立的长茎。叶单生，纤维质丰富，厚肉质，簇生于短缩茎顶或螺旋状着生于茎干上，全缘或具刺齿，圆锥花序或总状花序。多分布于温带和亚热带。

（一）香龙血树

【学名】*Dracaena fragrans*

【别名】巴西木、巴西铁

【属名】龙血树属

【产地及分布】原产非洲西部的加那利群岛及亚洲热带地区，我国南方地区广泛栽培。

【形态特征】香龙血树为常绿单干小乔木，偶有分枝，高可达 6m，径达 20cm，茎干直立。叶簇生茎顶，长椭圆状披针形或宽条形，长 40～80cm，宽 8～10cm，叶片向下弧形弯曲，基部渐狭呈鞘状，叶绿色（图 12-19）。圆锥花序顶生，30～45cm，花 1～3 朵簇生花轴上，芳香，花两性，有香味，花小无观赏价值。

【种类与品种】常见栽培的品种有：‘金边’香龙血树（‘Lindenii’），又名‘金边’巴西木，叶片边缘有黄色宽条状，中间有淡白色或乳黄色线状条纹。‘金心’香龙血树（‘Massangeana’），又名‘金心’巴西木，叶片中央有黄色宽带状条纹，新叶黄带尤为鲜明。

【栽培与繁殖】香龙血树喜高温多湿环境，喜散射光，耐阴性强。忌烈日暴晒，最适宜的光照度为 32.4～38.7klx。要求较高温度，生长适温 18～35℃，低于 13℃停止生长，不耐寒，7℃左右低温即会引起叶片冻伤，10℃以上可安全越冬，过高的温度会引起叶枯。70%～80%以上的相对空气湿度有利于生长，湿度过低叶尖易枯。要求肥沃、疏松、含钙量高和排水良好的土壤，pH6.0～6.5，氟害严重时应提高基质 pH。在生长季节每月施追肥一次，其间喷施一次叶面肥，使叶色更鲜艳。施用肥料 N、P_2O_5、K_2O 的比例为 3∶1∶2。注意防止风害和冷害。室内养护以 0.8～1.6klx 的明亮光线及 40%以上的相对空气湿度为宜。

图 12-19　香龙血树

香龙血树粗茎常作三株一盆的高、中、低柱式栽培，可将茎干分别锯成长 60cm、90cm 和 120cm 的茎段，上端锯口涂蜡防止失水，将下端埋入沙床中，深约 15cm，保持湿润，经常喷淋树干，约 30d 可生根发芽。生根后再选芽体长短相近，高、中、低不同茎长的植株上盆定植。花盆大小与高矮根据栽培形式而定。小型植株常用普通塑料盆，柱式栽培用宽口径高筒盆。

香龙血树常用扦插繁殖。老茎、嫩枝均可扦插，插穗长短不限。幼茎剪成长 5～10cm 的插穗，平放于沙床中，保持湿润，在 25～30℃温度条件下，约 30d 生根。也可在茎干上的新芽长出 3～4 片叶时，剪下重新扦插。

【应用】香龙血树植株挺拔、秀丽，耐阴性强，叶姿优美，是重要的室内观叶植物。由几株高低不一的茎干组成的大型盆栽，是布置会场、办公室、宾馆酒楼和家居客厅的好材料，小型盆栽可点缀居室。叶片可作插花材料。

（二）富贵竹

【学名】*Dracaena sanderiana* ‘Virens’

【别名】绿叶仙达龙血树、万年竹

【属名】龙血树属

【产地及分布】原产非洲西部的喀麦隆及刚果一带。富贵竹是银边富贵竹的芽变品种。

【形态特征】富贵竹为常绿灌木，株高 1～1.2m，植株细长，直立不分枝。叶长披针形，互生，薄革质，长 18～20cm，宽 4～5cm，浓绿色，叶柄鞘状，长约 10cm（图 12-20）。

【种类与品种】原种银边富贵竹（*D. sanderiana*），叶缘乳白色。栽培品种‘金边’富贵竹（‘Gold Edge’），叶缘金黄色。

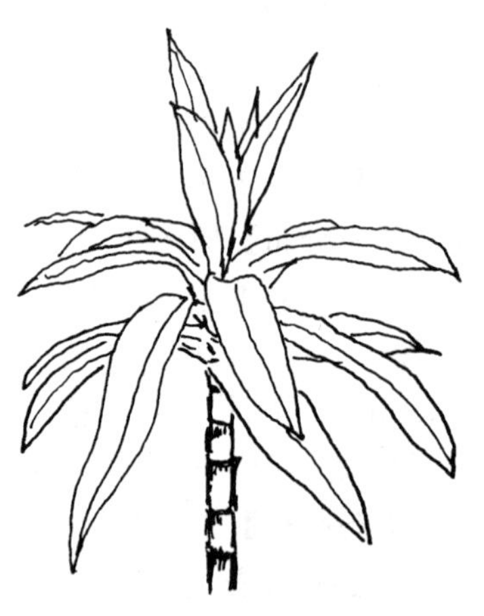

图 12-20　富贵竹

【栽培与繁殖】富贵竹喜高温多湿和阳光充足的环境。生长适温 20～28℃，12℃以上才能安全越冬。不耐寒，耐水湿。喜疏松、肥沃、排水良好的轻壤土。施用肥料 N、P_2O_5、K_2O 的比例以 3∶1∶2 为宜。忌夏季炎热时烈日暴晒，需遮阴 50%～70%。冬季注意保温和提高空气湿度，避免叶尖干枯。

富贵竹可采用扦插或分株繁殖。

目前流行富贵竹的塔式栽培，称为开运塔。制作开运塔的材料在田间生产时不遮阴或少遮阴，生长较为缓慢，节间较短，茎较粗。在收获植株时连根拔起，取中段部位，去掉叶片，洗净后消毒，按需要剪成切口平整的茎段并涂抹愈合剂后，放入盛有水的盘子里养护。冬天约需 2 个月，夏天 15d 以上，养好的切段富贵竹就可以用来制作开运塔。

【应用】富贵竹的茎干可塑性强，可以根据需要单枝弯曲造型，也可以切段组合造型。切段组合的开运塔形似我国古代宝塔，象征吉祥富贵，开运聚财。在公司、机关、店堂、宾馆等场合，作为吉祥物摆于大厅之中，以求得吉祥平安。

（三）朱蕉

【学名】*Cordyline terminalis*

【别名】铁树、红铁

【属名】朱蕉属

【产地及分布】分布于我国南部热带、亚热带地区，印度东部至太平洋诸岛也有分布，现各地广泛栽培。

【形态特征】朱蕉为常绿灌木，高可达 4～5m，常单干，偶有分枝，节明显，茎干直立细长。叶聚生茎顶，绿色或紫红色，披针状椭圆形至长矩圆形，长 30～50cm，宽 5～10cm，中脉明显，侧脉羽状平行，顶端渐尖，基部渐狭，叶柄长 10～15cm，腹面具宽槽，基部扩展，抱茎（图 12-21）。圆锥花序生于叶腋，多分枝。果为浆果。

图 12-21　朱　蕉

【种类与品种】常见栽培的品种有：'亮叶'朱蕉（'Aichiaka'），叶阔披针形至长椭圆形，新叶亮红色，成叶颜色多样，叶缘艳红色。三色朱蕉（'Tricolor'），叶革质，箭状，斜向上聚生枝顶，叶面纵生绿、黄、红三色纵条纹。'五彩'朱蕉（'Goshikiba'），叶椭圆形，淡绿色，有不规则红色斑，叶缘红色。

【栽培与繁殖】朱蕉喜高温、湿润的环境。喜光线明亮处，在全光照或半阴条件下均能正常生长，但烈日下叶色较差，叶片带色彩的品种相对较耐阴，在过弱的光照下，生长欠佳，最适光照度 32～37klx，在热带地区，宜遮阴63%～73%。最适生长温度 20～35℃，稍耐寒，低于 4℃，叶片易受冻伤，10℃以上可安全越冬。基质要求排水良好，应含 50%～60%泥炭，pH6.5，并含有高水平的钙，要求低氟含量的磷肥，灌溉水含氟量应低于 0.2mg/L，施用肥料 N、P_2O_5、K_2O 的比例以 3∶1∶2 为佳。

朱蕉可用播种、扦插及压条繁殖。用扦插繁殖时，老嫩枝均可，生产上常用嫩枝扦插。温度 20℃以上 20～30d 生根。

朱蕉栽培中主要病害为细菌性软腐病以及由镰刀菌引起的茎干腐和叶斑病，可喷波尔多液，保持较高的土壤 pH，叶片不要过于潮湿。

【应用】朱蕉栽培品种十分丰富，叶色富于变化，叶形多变，且适应性强，是优良的观叶植物和庭园绿化植物。盆栽可作室内观赏，在温暖地区也可用于布置庭园。

（四）巨丝兰

【学名】*Yucca elephantipes*

【别名】象脚丝兰、无刺丝兰、荷兰铁

【属名】丝兰属

【产地及分布】原产墨西哥、危地马拉，我国广东、福建等地有栽培。

【形态特征】巨丝兰为常绿乔木，高可达 10m，茎粗壮，少分枝，表皮粗糙，褐色或灰褐色，直径可达 30cm，干基常膨大。叶螺旋状聚生茎顶，无柄，厚革质，剑状披针形，长 40～50cm 或更长，中部宽 3～4cm 或更宽，先端长渐尖，具刺状尖头，下部渐狭，基部稍扩大呈鞘状，无中脉，纵向平行脉不明显，中缘有细密锯齿，叶基有短而横生、褐色的鳞叶（图 12-22）。

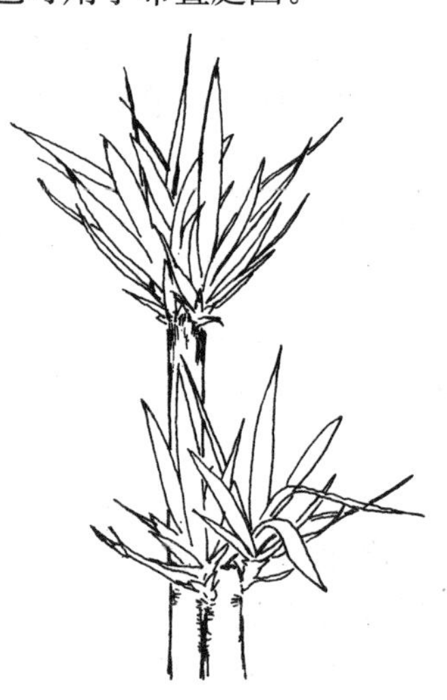

图 12-22　巨丝兰

【栽培与繁殖】巨丝兰喜通风而稍干爽的环境，喜光，也耐半阴，怕烈日暴晒。最适光照度为 54klx 左右，需遮阴 50%～60%，光照度不能低于 32klx，否则生长不良。要求较高的温度，生长适温18～35℃，冬季 5℃以上可以安全越冬。喜疏松、肥沃、排水良好的轻壤土。施用肥料 N、P_2O_5、K_2O 的比例以 3∶1∶2 为宜。

巨丝兰栽培中最严重的病害是由盾壳霉属真菌引起的叶斑病，可喷洒百菌清或代森锌防治。

巨丝兰多采用扦插繁殖。

【应用】巨丝兰生性强健，适应性强，株形优美，叶色浓绿，显得刚劲有力，层次分明，放置在会场极为雄伟庄严，是优良的室内及庭园观赏植物，盆栽可作室内装饰美化。在温暖地区也可作庭园布置。

六、百合科

百合科（Liliaceae）是一个大科，广泛分布于全球，多数分布于温带和亚热带，约有 240 属。其中有一些观赏价值很高的室内观叶植物，通常为多年生草本，具鳞茎、球茎、根茎与块茎。叶多基生，也有的茎生，互生或轮生，少对生。花单生或组成花序，花被多 6 片，排成 2 轮，或合被具 6 缺刻，雄蕊与花被同数，子房上位或半下位，3 室，中轴胎座。蒴果或浆果。种子多数，成熟后常黑色。

（一）吊兰

【学名】*Chlorophytum comosum*

【别名】钓兰、挂兰

【属名】吊兰属

【产地及分布】原产南非。我国各地多于室内盆栽。

图 12-23　吊　兰

【形态特征】吊兰为多年生常绿草本。根茎短，肉质，横走或斜生，丛生。叶基生，细长，条形或条状披针形，基部抱茎，鲜绿色。叶丛中常抽生细长花茎，花后成匍匐枝下垂，并于节上形成带根的小植株，总状花序，花白色，花期夏、冬两季（图 12-23）。室温在 12℃以上时也可开花。蒴果圆三棱状扁球形。

【种类与品种】常见栽培的品种有：'大叶'吊兰（'Picturatum'），叶较宽，叶中间具黄白色纵条纹。'银边'吊兰（'Variegatum'），叶缘具白纹。'银心'吊兰（'Vittatum'），叶中间具白色纵条纹。

【栽培与繁殖】吊兰喜温暖湿润和半阴环境，宜疏松、肥沃、排水良好的土壤。以 20～25℃生长最快，也容易抽生匍匐枝，30℃以上生长停止，叶片常发黄干尖，冬季室温应保持 12℃以上，低于 6℃就会受冻。耐阴力强，怕阳光暴晒，在疏阴下生长良好。室内栽培时应置光照充足处，光线不足常使叶色变淡呈黄绿色。在干燥空气中叶片失色，干尖现象严重。生长旺盛期每月施稀薄熟液肥 2～3 次，保持盆土湿润，冬季控制灌水。

吊兰以分株繁殖为主，以春季换盆时进行为宜，亦可切取花茎上带根的幼株随时分栽，还可采用播种繁殖。

【应用】吊兰一般多进行盆栽。植株小巧，枝叶青翠，匍匐枝从盆边垂挂下来，先端植株向上翘起，是布置几架、阳台或悬挂室内的良好观赏植物。温暖地区还可植树下作地被或栽于假山石缝之中。

（二）文竹

【学名】*Asparagus setaceus*

【别名】云片竹

【属名】天门冬属

【产地及分布】原产南非。

【形态特征】文竹为常绿蔓性亚灌木状多年生草本。根部稍肉质，茎丛生，柔细伸长，多分枝，叶状枝纤细，6～12 枚簇生于枝条两侧。叶小呈鳞片状，主茎上则呈钩刺状。花小，白色，两性，1～4 朵着生于短柄上（图 12-24）。浆果球形，紫黑色，内有种子 1～3 粒。

【种类与品种】同属常见栽培种还有天门冬（*A. densiflorus*），又名武竹、天冬草。半蔓性草本，具纺锤状肉质块根。叶状枝线形，簇生。花色淡红，浆果鲜红色，甚美。宜盆栽或作插花配叶材料。其栽培品种'狐尾'天冬（'Myers'），叶片鲜绿色，细针状而柔软，枝条长 30～50cm，状如狐狸之尾。

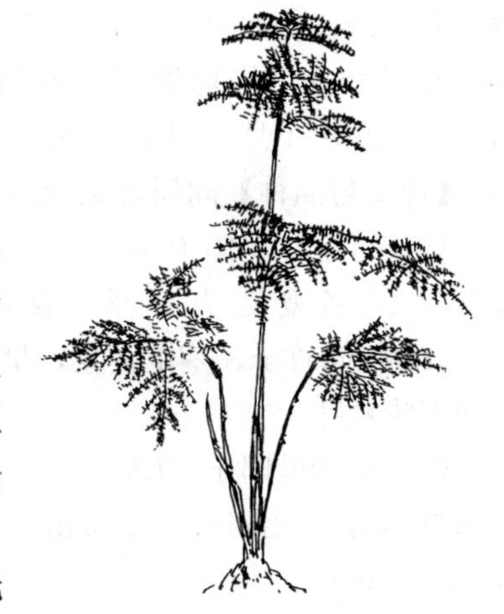

图 12-24　文　竹

【栽培与繁殖】文竹喜温暖湿润半阴环境。适宜的光照度为 27～49klx。不耐干旱，忌积水。既不耐寒，也怕暑热，冬季室温不得低于10℃，5℃以下受冻而死，夏季室温如超过32℃，生长停止，叶片发黄。在通风不良的环境下，大量落花而不能结实。适宜种植在富含腐殖质、排水良好、肥沃的沙质土壤中。盆栽用土以50%腐叶土、20%园土、20%沙、10%腐熟厩肥，再加适量的磷、钾肥配制而成。冬季要求阳光直射，宜置半阴下。生长期间盆土要求见湿见干，施肥不宜多，以氮、钾薄肥为主，以防徒长。暖地可露地栽培，蔓生枝攀缘向上，在支架上高达5m以上。一般7月可开花，12月以后果实陆续成熟。

文竹以播种繁殖为主。果实变黑成熟后，采后即播或沙藏，以防止丧失发芽力。在20℃左右均可进行，但以春季为佳，同时重剪老叶，促使新叶萌发。

【应用】文竹枝叶青翠，叶状枝平展如云片重叠，甚为雅丽，宜盆栽陈设书房、客厅或作插花配叶。

七、棕榈科

棕榈科（Arecaceae）植物为乔木或灌木，茎不分枝，常绿，是典型的热带植物，有很高的观赏与装饰价值，尤以幼期为好。花序大，花小，单性或两性。果为浆果或核果，种子一粒或三到多粒，有的色艳，寿命长。一般分为扇叶类与羽叶类。

棕榈科植物喜高温，除少数种类外，冬季不低于15℃为宜。需较强光照，但夏季忌阳光直射。要求较高的空气湿度，特别是冬季室内干燥时，应经常向叶面喷水，每日2～3次，以防叶尖黄化，保持土壤湿润，冬季则可稍干。生长期施稀薄完全肥，2周一次，以排水良好、富含有机质、颗粒较粗的土壤为宜，盆栽时不需每年换盆，一般隔年一次。

棕榈科植物主要用播种繁殖，种子寿命不长，尤其热带原产的种类仅2～3周，有季节变化地区原产的种类，种子寿命为2～3个月或稍长。还可用分株繁殖。

（一）袖珍椰子

【学名】*Chamaedorea elegans*

【别名】矮生椰子、矮棕

【属名】袖珍椰子属

【产地及分布】原产墨西哥和危地马拉。

【形态特征】袖珍椰子为常绿小灌木。茎直立，高1～3m，茎干直立，不分枝，盆栽者一般30～60cm。叶片由顶部生出，细软弯曲下垂，长达60cm，有全裂羽片12对以上，绿色，有光泽。肉穗花序腋生，花淡黄色，雌雄异株，春季开花，果卵圆形，橙红色。花期3～5月，果期9～11月（图12-25）。

图12-25　袖珍椰子

【种类与品种】同属常见栽培种还有：

（1）竹茎玲珑椰子（*Ch. erumpens*）　竹茎玲珑椰子又名夏威夷椰子。株高约2m，干径1.5cm，状如竹子。茎干直立，呈丛生状，叶片为一回羽状复叶。

（2）雪佛里椰子（*Ch. seifrizii*）　雪佛里椰子株高3m，干径1.5～2.0cm，茎干丛生，全叶长40～60cm。

【栽培与繁殖】袖珍椰子喜温暖、湿润、通

风、半阴环境。要求较强光照，但忌夏季阳光直射，适宜光照度为16～32klx，在室内摆放需0.8～1.6klx，才能保证其观赏质量。生长适温24～32℃，温度过高生长不良，土温低于18℃时生长缓慢，稍耐寒，可耐短时0℃低温，7℃以上可安全越冬。要求肥沃、疏松、排水良好的土壤，不耐干旱瘠薄。吸水能力强，尤其夏季应供给充足水分，生长期每月施肥一次，肥料N、P_2O_5、K_2O的比例以3∶1∶2为宜。定期喷洒温水，以防除红蜘蛛，并使叶片保持清洁。主要生理病害是叶尖干枯，土壤通气性差或土壤积水、根系活力降低、土壤盐分高都会引起，增加土壤通气性和排盐可减轻叶尖干枯的发生。

袖珍椰子主要采用播种繁殖，也可进行分株繁殖。种子不耐脱水贮藏，宜随采随播，或用半湿河沙层积至春季播种。宜用沙床播种，覆土2～3cm，种子发芽温度要求15℃以上，播种后4～6个月开始发芽。待真叶长出后即可上盆。

【应用】袖珍椰子植株矮小，树形清秀，叶色浓绿，耐阴性强，极适宜作室内盆栽观赏，叶片也可作插花材料。

（二）散尾葵

【学名】*Chrysalidocarpus lutescens*

【别名】黄椰子

【属名】散尾葵属

【产地及分布】原产马达加斯加群岛，我国华南至东南部常见栽培，各地作室内观叶盆栽。

【形态特征】散尾葵为丛生常绿灌木至小乔木。在原产地可高达3～8m，干上有明显的环状叶痕。叶羽状全裂，有裂片40～60对，裂片狭披针形，两列排列，长40～60cm，先端尾状渐尖并呈不等长的二裂，叶轴和叶柄光滑，黄绿色，腹面有浅槽，叶鞘初时被白粉（图12-26）。肉穗花序腋生，多分枝。果稍呈陀螺形或椭圆形，橙黄色至紫黑色。花期5～6月，果期翌年8～9月。

图12-26 散尾葵

【栽培与繁殖】散尾葵喜温暖、湿润、半阴环境。耐阴性强，生长最适光照度37～60klx，一般遮阴63%～73%栽培。生长最适温度21～27℃，不耐寒，5℃低温会引起叶片损伤，使叶片变成橙色甚至干枯，10℃以上可安全越冬。要求疏松、肥沃、深厚的土壤，不耐积水，也不甚耐旱。根系发达，生长较快。对镁和微量元素有相当高的要求，叶面喷洒镁和微量元素可改善叶色，铁、镁之间不平衡，会导致心叶发黄，氟过多也会引起叶尖干枯，可通过提高土壤钙水平来克服。

散尾葵常采用播种繁殖，宜随采随播。温度在20℃以上，2～3周发芽。播种时宜先用育苗筛播种，覆土厚度以种子的3～4倍为宜，幼苗长至10～15cm时可以分植。

【应用】散尾葵株形优美，枝叶茂密，叶色翠绿，四季常青，且耐阴性强，是优良的室内观赏植物。在温暖地区也可作庭院绿化。

（三）棕竹

【学名】*Rhapis excelsa*

【别名】筋头竹、观音竹

【属名】棕竹属

【产地及分布】原产我国西南、华南至东南部。

【形态特征】棕竹为常绿丛生灌木，高2～3m，茎绿色，竹状，直径2～3cm，常有宿存叶鞘。叶掌状，5～10深裂或更多，裂片线状披针形，长达30cm，宽2～5cm，顶端有不规则齿缺，边缘和主脉上有褐色小锐齿，横脉多而明显，叶柄长8～20cm，横切面呈椭圆形，叶柄下扩展成鞘状，叶鞘边缘有黑褐色的粗纤维（图12-27）。肉穗花序腋生，雌雄异株，果倒卵形或近球形，熟时黑褐色。花期4～5月，果期10～11月。

图12-27 棕 竹

【种类与品种】

1. 栽培品种 ‘花叶’观音竹（‘Variegata’），叶片上具有黄色或白色条纹。

2. 同属其他栽培种 矮棕竹（*Rh. humilis*），也称细叶棕竹，叶掌状深裂，裂片10～20枚。

【栽培与繁殖】棕竹生长强壮，适应性强，喜温暖阴湿环境。生长适温20～30℃，夜温10℃。耐阴性强，也稍耐日晒，适宜的光照度为27～64klx，夏季60%～70%遮阴度较为适合。较耐寒，可耐0℃以下短暂低温。宜湿润而排水良好的微酸性土壤，在石灰岩区微碱性土上也能正常生长，忌积水。施用N、P_2O_5、K_2O的比例为3∶1∶2的复合肥，每2～3周一次。

棕竹常用播种繁殖，播后约3个月发芽，也可分株繁殖，宜于早春新芽萌动前进行。

【应用】棕竹株丛饱满，秀丽青翠，叶形优美，生势强健，常作盆栽，在南方地区也可地栽，宜在荫棚下培植，作园景时宜植林荫处或庭荫处。

八、木 棉 科

马拉巴栗

【学名】*Pachira macrocarpa*

【别名】发财树、瓜栗

【属名】瓜栗属

【产地及分布】原产墨西哥，我国广东、海南、台湾等地大量种植，已成为全球最大的生产与供应中心。

【形态特征】马拉巴栗为半常绿乔木，高可达15m，主干直立，枝条轮生，茎基常膨大，有疏生栓质皮刺。掌状复叶，互生，叶具长柄10～18cm，两端稍膨大。小叶4～7片，长椭圆形，长9～20cm，宽3～6cm，具柄。花大，两性，单生叶腋，粉红色。果卵状椭圆形，种子四棱状楔形。花期5～6月，果期9～11月。种子可食（图12-28）。

【种类与品种】常见栽培品种有：‘花叶’马拉巴栗（‘Variegata’），叶面有黄白色斑纹。

【栽培与繁殖】马拉巴栗适应力极强，无论在全光照、半光照和荫蔽处均能生长良好。喜高温高湿和阳光充足的环境，生长适温20～30℃，不畏炎热，稍耐寒，成年树可耐短暂

0℃左右低温，但低于5℃，茎叶会停止生长，引起落叶。喜肥沃疏松、排水良好的微酸性沙质壤土，忌积水，较耐旱。生长速度快，耐移植。

马拉巴栗矮化盆栽室内观赏，常采用粗桩单干式栽培；或利用其幼苗枝条柔软、可随意弯曲、耐修剪的特性，在实生苗高80～100cm时以数株栽植于一盆，绞成辫状（3～6瓣），作桩景式盆栽，也可几株编织成菱形或筒形。管理粗放，冬季要注意防寒。只要温度10℃以上，全年均可裸根移植。每1～2个月施肥一次，室内观赏不必施肥。室内应摆放在光线明亮的位置，否则生长变劣。极怕烟熏，熏烟后叶片黄化枯萎。盆栽需1～2年进行一次修剪，并更换较大的盆，以促进茎围膨大和株形美观。

图12-28 马拉巴栗

马拉巴栗采用播种或扦插繁殖。播种宜随采随播，新鲜种子播种，保持室温20～25°C，一般3～5d即可发芽。多胚植物，每粒种子可出苗1～4棵，20～30d幼苗就可移植盆栽。扦插苗茎基常不膨大，观赏效果差。

【应用】马拉巴栗适应力强，茎基膨大而奇特，叶形优美，叶色翠绿，是重要的观赏树种。盆栽可作家居、宾馆、办公楼的各种室内绿化美化布置。温暖地区也可作各种园景树种植，常作为庭荫树和行道树。

九、大戟科

变叶木

【学名】*Codiaeum variegatum*

【别名】洒金榕

【属名】变叶木属

【产地及分布】原产马来半岛、太平洋列岛及澳大利亚北部，现热带地区广泛栽培。

【形态特征】变叶木为多年生常绿灌木或小乔木，高0.5～2m。叶片的大小、形状和颜色变化极大，形状有线形、矩圆形、戟形，全缘或分裂，扁或波状甚至螺旋状，叶片长8～25cm，叶色有黄、红、粉、绿、橙、紫红和褐色等，常具斑块或斑点。叶厚而光滑，具叶柄。花单性，花不明显，总状花序腋生，雄花白色，雌花绿色，花期3月。

【种类与品种】常见栽培的变型有：

（1）戟叶变叶木（f. *lobatum*） 叶片宽大，常具三裂片，似戟形（图12-29）。

（2）阔叶变叶木（f. *platyphyllum*） 叶片卵圆形或倒卵形，叶长5～20cm，宽3～10cm。

（3）螺旋叶变叶木（f. *crispum*） 叶片

图12-29 戟叶变叶木

波浪起伏，呈不规则的扭曲与旋卷。

（4）长叶变叶木（f. *ambiguum*） 叶片长披针形，长约 20cm。

（5）细叶变叶木（f. *taenisum*） 叶带状，宽仅为叶长的 1/10。

【栽培与繁殖】变叶木喜高温、湿润的气候，生长适温 20～32℃，冬季不低于 15℃，否则易受冻甚至落叶。喜强光，适宜的光照度为 27～35klx，光照足够及钾肥充足，则叶色鲜艳。喜肥沃、保水性较好的土壤，土壤 pH 5.5～6.0为好。施用肥料 N、P_2O_5、K_2O 的比例以 1∶1∶1 为宜。变叶木是所有室内观叶植物中光照度要求较高的植物，在室内摆放时，需 5.4～10.8klx 的光照度才能保持叶色。

变叶木常用扦插繁殖，4～5 月进行，剪取 10cm 长的新梢扦插。

【应用】变叶木的叶形、叶色、叶斑千变万化，盆栽可布置客厅与会场，在南方布置庭院。叶片是良好的插花配材。

第三节 其他室内观叶植物

其他室内观叶植物见表 12-1。

表 12-1 其他室内观叶植物

名称（别名）	学 名	科 属	产地及分布	繁殖	生态习性
姬凤梨（紫锦凤梨）	*Cryptanthus acaulis*	凤梨科 姬凤梨属	巴西	吸芽扦插	喜半阴、温热环境，宜排水良好、腐殖质丰富的土壤
龟背竹（蓬莱蕉）	*Monstera deliciosa*	天南星科 龟背竹属	墨西哥、中美洲	扦插	喜温暖、湿润、荫蔽环境，能耐 4℃低温
黑叶观音莲	*Alocasia* × *amazonica*	天南星科 海芋属	杂交种	分株、组培	喜温暖、湿润、半阴环境，15℃以下休眠
海芋	*Alocasia macrorrhiza*	天南星科 海芋属	中国南部	扦插、分株、播种	喜温暖、潮湿环境，要求明亮散射光
合果芋	*Syngonium podophyllum*	天南星科 合果芋属	热带美洲、西印度群岛的热带雨林	扦插	适应性强，喜温暖、湿润气候
雪铁芋（金钱树）	*Zamioculcas zamiifolia*	天南星科 雪芋属	热带非洲	扦插	喜高温、高湿，耐阴性强
短穗鱼尾葵	*Caryota mitis*	棕榈科 鱼尾葵属	缅甸、马来半岛、爪哇及菲律宾群岛	播种、分株	喜高温、强光、湿润环境
软叶刺葵（美丽针葵）	*Phoenix roebelenii*	棕榈科 刺葵属	缅甸、老挝	播种、分株	喜高温、较强光强，但忌阳光直射
蒲葵	*Livistona chinensis*	棕榈科 蒲葵属	中国华南地区	播种	喜高温多湿，不耐寒，适合室内明亮处
圆叶椒草	*Peperomia obtusifolia*	胡椒科 草胡椒属	南美洲	分株、扦插	喜温暖、湿润气候、忌霜冻
西瓜皮椒草	*Peperomia argyreia*	胡椒科 草胡椒属	巴西	分株、扦插	喜温暖、湿润、半阴环境，夏季避免阳光直射和高温

（续）

名称（别名）	学　　名	科　　属	产地及分布	繁殖	生态习性
皱叶椒草	*Peperomia caperata*	胡椒科 草胡椒属	巴西	扦插、分株	喜温暖、湿润、半阴环境
冷水花（白雪草）	*Pilea cadierei*	荨麻科 冷水花属	越南	扦插、分株、播种	喜高温、高湿环境
深红网纹草	*Fittonia verschaffeltii*	爵床科 网纹草属	秘鲁	扦插、分株	喜高温、阴湿环境
丹尼亚单药花	*Aphelandra squarrosa* 'Dania'	爵床科 单药花属	巴西	扦插	喜高温多湿，耐寒性差
红斑枪刀药（红点草）	*Hypoestes phyllostachya* 'Splash'	爵床科 枪刀药属	非洲马达加斯加	扦插、播种	喜温暖、湿润、半阴环境
紫背万年青（蚌兰）	*Rhoeo spathacea*	鸭跖草科 紫背万年青属	厄瓜多尔、墨西哥和西印度群岛	播种、扦插、分株	喜温暖、湿润气候，耐寒力弱，对光照适应性强
白花紫露草（淡竹叶）	*Tradescantia fluminensis*	鸭跖草科 鸭跖草属	巴西、乌拉圭	扦插、分株	喜温暖、湿润、半阴环境
白雪姬	*Tradescantia sillamontana*	鸭跖草科 鸭跖草属	墨西哥、危地马拉	扦插、分株	喜温暖、湿润环境和充足散射光
吊竹梅（吊竹草）	*Zebrina pendula*	鸭跖草科 吊竹梅属	墨西哥	扦插、分株	喜温暖、湿润环境，要求强光但不直射
南洋杉	*Araucaria cunninghamii*	南洋杉科 南洋杉属	大洋洲东南沿海	播种、扦插、压条	喜温暖、湿润、阳光充足环境
花叶艳山姜（斑纹月桃）	*Alpinia zerumbet* 'Variegata'	姜科 山姜属	中国、印度	分株	喜高温、多湿环境，不耐寒，怕霜雪，喜阳光、不耐阴
圆叶南洋参（圆叶福禄桐）	*Polyscias balfouriana*	五加科 南洋参属	太平洋群岛	扦插	喜高温、湿润和明亮光照，不耐寒
'斑叶'鹅掌藤（'斑叶'矮伞树）	*Schefflera arboricola* 'Variegata'	五加科 鹅掌柴属	中国南部	扦插	喜高温、湿润和半阴环境，对光照适应性强
澳洲鸭脚木（昆士兰伞树）	*Schefflera octophylla*	五加科 鹅掌柴属	澳大利亚、几内亚	播种、扦插	喜温暖、湿润和阳光充足环境，不耐寒，不耐阴，怕阳光暴晒
孔雀木	*Dizygotheca elegantissima*	五加科 孔雀木属	澳大利亚和太平洋群岛	扦插	喜温暖、湿润气候，不耐寒，喜光但不耐强光直射
常春藤	*Hedera helix*	五加科 常春藤属	欧洲、非洲、亚洲温暖地区	扦插	耐寒力较强，不耐高温酷暑，喜荫蔽环境
'斑叶'橡皮树	*Ficus elastica* 'Variegata'	桑科 榕属	印度、马来西亚	扦插、压条	喜温暖多湿、阳光充足和通风良好的环境
人参榕（细叶榕）	*Ficus microcarpa*	桑科 榕属	亚洲南部至东南部	播种	喜温暖、湿润，耐阴，耐旱

（续）

名称（别名）	学　　名	科　　属	产地及分布	繁殖	生态习性
‘斑叶’垂榕	*Ficus benjamina* ‘Golden Princess’	桑科 榕属	印度、马来西亚	扦插、嫁接、压条	喜温暖、湿润和散射光环境
斑叶露兜树	*Pandanus veitchii*	露兜树科 露兜树属	波利尼西亚	播种、分株	喜温暖、湿润，喜肥，耐阴性好
酒瓶兰	*Nolina recurvata*	龙舌兰科 酒瓶兰属	墨西哥	播种	喜温暖、湿润环境，喜明亮散射光，耐寒力较强
虎耳草（金丝荷叶）	*Saxifraga stolonifera*	虎耳草科 虎耳草属	中国长江、珠江流域	分株	喜温暖环境，耐阴、耐湿
紫鹅绒（红凤菊、紫绒三七）	*Gynura aurantiaca*	菊科 三七草属	爪哇及亚洲热带地区	扦插	喜温暖、湿润环境，宜散射光，不耐寒，怕强光暴晒
‘花叶’木薯（‘斑叶’木薯）	*Manihot esculenta* ‘Variegata’	大戟科 木薯属	热带美洲	扦插、播种	喜温暖和阳光充足，不耐寒，怕霜冻，耐半阴

复习思考题

1. 列举5种常见的凤梨科植物，说明其观赏特性。
2. 列举5种常见的竹芋科植物，说明其观赏特性。
3. 简述广东万年青与花烛的异同。
4. 简述袖珍椰子与散尾葵的异同。

第十三章　多浆植物

第一节　概　　述

一、多浆植物的概念

多浆植物（succulent）或称多肉植物，其概念最早由瑞士植物学家琼·鲍汉（Jean Bauhin）在1619年提出。词义来源于拉丁词succus（多浆、汁液），意指这类植物具有肥厚多汁的肉质茎、叶或根。广义的多浆植物指茎、叶特别粗大或肥厚，含水量高，并在干旱环境中有长期生存力的一群植物。大部分生长在干旱或一年中有一段时间干旱的地区，所以多具有发达的薄壁组织以贮藏水分，其表皮角质或被蜡层、毛或刺，表皮气孔少且经常关闭，以降低蒸腾强度，减少水分蒸发。它们之中相当一部分的代谢形式与一般植物不同，多在晚上较凉爽潮湿时气孔开放，吸收二氧化碳并通过β羧化作用合成苹果酸，白天高温时气孔关闭，不吸收二氧化碳而靠分解苹果酸放出二氧化碳供光合作用之用。

本章的多浆植物是广义概念，泛指包括仙人掌科以及景天科、番杏科、大戟科、萝藦科、百合科、凤梨科、龙舌兰科、马齿苋科、鸭跖草科、菊科等50多个科在内的多浆植物。

二、多浆植物的植物学特性与分类

多浆植物大多为多年生草本或木本植物，少数为一、二年生草本植物，但在它完成生命周期枯死前，周围会有很多幼芽长出并发育成新的植株。

由于科属种类不同，多浆植物在个体大小上相差悬殊，小的只有几厘米，大的可高达几十米，但都能耐较长时间的干旱。例如，将龙舌兰科的鬼脚掌根部切除，不令其生根，经过18个月仍未枯萎，一旦置于培养土中，不久即生根重新生长；只有几厘米大的番杏科的生石花，从盆中抠出用纸包裹数月仍然没有枯萎。

多浆植物的花变异很大，有菊花形、梅花形、星形、漏斗形、叉形等。色彩相当丰富，有的种类花瓣带有特殊的金属光泽。花的大小相差悬殊，据记载，花最小的是马齿苋科的巴氏回欢草，才开1mm大的洋红色花；花最大的是萝藦科的大花犀角，花的直径可达35cm。有的是单生花，有的组成大小不等的花序。果实的类型及种子的形状也各种各样。

鲁涤非等依形态特点将多浆植物分为四类：

1. 仙人掌型　仙人掌型多浆植物以仙人掌科植物为代表。茎粗大或肥厚，块状、球状、柱状或叶片状，肉质多浆，绿色，代替叶进行光合作用，茎上常有棘刺或毛丝。叶一般退化或短期存在。除仙人掌科外，还有大戟科的大戟属，萝藦科的豹皮花属、玉牛掌属、水牛掌属等。

2. 肉质茎型　肉质茎型多浆植物除有明显的肉质地上茎外，还具有正常的叶片进行光合作用。茎无棱，也不具棘刺。木本的如木棉科的猴面包树、大戟科的佛肚树；草本的如菊科的仙人笔、景天科的玉树等。

3. 观叶型　观叶型多浆植物主要由肉质叶组成，叶既是主要的贮水与光合器官，也是观赏的主要部分。形态多样，大小不一，或茎短而直立，或细长而匍匐。常见栽培的如景天科的驴尾景天、石莲花，番杏科的生石花、露草；菊科的翡翠珠，百合科的芦荟属、十二卷属、鲨鱼掌属，龙舌兰科的龙舌兰属等。

4. 尾状植物型 尾状植物型多浆植物具有直立于地面的大型块茎，内贮丰富的水分与养分，由块茎上抽出一至多条常绿或落叶的细长藤蔓，攀缘或匍匐生长，叶常肉质。常见于葫芦科、西番莲科、萝藦科等的多浆植物中，如葫芦科的笑布袋、西番莲科的蒴莲属、萝藦科的吊金钱、葡萄科的四棱白粉藤、百合科的苍角殿等。

三、多浆植物的观赏价值

①不少多浆植物体态小巧玲珑，适于盆栽，更宜于当今公寓式高层建筑的室内或阳台绿化装饰。多浆植物年生长量小，可几年不换土，不翻盆。

②多浆植物大都耐旱、耐瘠薄，在少浇水、不施肥的粗放管理下也能存活。

③多浆植物茎与叶形态多样，各有韵致，终年翠绿，可全年观赏。不少种类兼有十分美丽的花朵，观赏价值极高。

④多浆植物大都繁殖、栽培容易，适于业余爱好者或初学养花者栽培。

⑤多浆植物许多种类特别适合配置在岩石园中。

四、多浆植物对环境条件的要求

1. 光照 原产沙漠、半沙漠、草原等干热地区的多浆植物，在旺盛生长季节要求阳光适宜，水分充足，气温也高。冬季低温季节是休眠时期，在干燥与低光照下易安全越冬。幼苗比成年植株需光照较低。

一些多浆植物，如长寿花、蟹爪兰、仙人指等，是典型的短日照花卉，必须经过一定的短日照时期，才能正常开花。

附生型仙人掌原产热带雨林，终年均不需强光直射。冬季不休眠，应给予充足的光照。

2. 温度 多浆植物除少数原产高山的种类外，都需要较高的温度，生长期间不能低于18℃，以25～35℃最适宜。冬季能忍受的最低温度随种类而异，多数在干燥休眠情况下能忍耐6～10℃的低温，喜热的种类不能低于12～18℃。原产北美高海拔地区的仙人掌，在完全干燥条件下能耐轻微的霜冻。原产亚洲山地的景天科植物，耐冻力较强。

仙人掌科的一些属，如鹿角柱属、仙人球属、丽花球属、仙人掌属、子孙球属等，越冬时在不浇水完全干燥的条件下，较低的温度能促进花芽分化，次年开花更盛。

3. 土壤 沙漠地区的土壤多由沙与石砾组成，有极好的排水、通气性能。同时土壤的氮及有机质含量也很低。实践证明，用完全不含有机质的矿物基质，如矿渣、花岗岩碎砾、碎砖屑等栽培沙漠型多浆植物，和用传统的人工混合园艺栽培基质一样非常成功。矿物基质颗粒的直径以2～16mm为宜。基质的pH很重要，一般以pH5.5～6.9最适，不能超过7.0，某些仙人掌在pH超过7.2时很快失绿或死亡。

附生型多浆植物的栽培基质也需要有良好的排水、透气性能，需含丰富的有机质并常保持湿润才有利于生长。

4. 水 多浆植物大都具有生长期与休眠期交替的节律。休眠期中需水很少，甚至整个休眠期中可完全不浇水，休眠期中保持土壤干燥能更安全越冬。生长期中足够的水分能保证旺盛生长，若缺水，虽不影响植株生存，但干透时导致生长停止。多浆植物在任何时期根部都应绝对防止积水，否则会很快导致死亡。

水质对多浆植物很重要，忌用硬水及碱性水。

5. 肥料　多浆植物和其他绿色植物一样需要完全肥料。欲使植株快速生长，生长期可每隔 1～2 周施液肥一次，肥料宜淡，浓度以 0.05%～0.2%为宜。施肥时不要沾在茎、叶上。休眠期不施肥，要求保持株型小巧的也应控制肥水。附生型多浆植物要求较高的氮肥。

6. 空气　多浆植物原产空气新鲜流通的开阔地带。在高温、高湿条件下，若空气不流通对生长不利，易染病虫害甚至腐烂。

五、多浆植物的繁殖

多浆植物繁殖较容易，常用扦插、分株与播种繁殖，嫁接繁殖在仙人掌科多浆植物中应用最多。

（一）扦插繁殖

多浆植物一般都能采用扦插繁殖，由于植株多浆不易枯萎，不仅扦插成活容易，许多种还能用叶插繁殖。

多浆植物扦插繁殖的注意事项如下：①在生长期中任何时期都可以扦插，以春季开始生长时最好。②从健康的植株或部位采插条，刀、剪等用具先消毒，以免切口受感染。多浆植物的伤口感染后，很容易造成腐烂。③采下的插条不能立即扦插，应置于干燥通风、温暖和有散射光处，使切口产生愈伤组织封闭后再插入基质中。④扦插后要控制基质湿度，少浇水或不浇水。过湿很容易造成腐烂，干燥并不会引起萎蔫。⑤未生根的插条不宜强光直射。

（二）播种繁殖

不少多浆植物也常采用播种繁殖。但是有些多浆植物，如仙人掌科、景天科、番杏科等植物的种子细小，播种及管理要精细，才能取得较高的发芽率和成苗率。

1. 播种适期　多浆植物播种繁殖一般在春季进行。仙人掌类的种子无休眠期，只要环境条件适宜，成熟的种子可采后即播。种子发芽的最适温度是昼温 25～30℃，夜温 15～20℃。条件适宜时，发芽最快的为豹皮花属，播后 2d 便发芽，多数种在 10～20d 内发芽。

多浆植物种子多不耐长时间贮藏，必要时贮于干燥冷凉处。

2. 播种管理　种子、用具、基质应先消毒杀菌。基质用微酸性、低肥力及透性好的材料。水分是播种成败的重要环节，水质应为微酸性且无菌，可用雨水或煮沸后的自来水。播种后保证基质和空气湿润。播种后要不断检查，注意水分状况及病虫发生情况。

3. 幼苗移栽　幼苗足够强壮或太密时移栽。仙人掌类尽可能在播种后第二年移栽，幼苗开始长出棘刺、小球直径超过 0.5cm 时移栽比较安全。具有大型叶的观叶种类生长较快，发芽后几周便可移栽。移栽时避免使幼苗受到任何损伤，否则易腐烂。移栽应在生长季节进行，春季最好。幼苗一般需移栽 1～2 次。

（三）嫁接繁殖

仙人掌科多浆植物常采用嫁接繁殖。

1. 嫁接的作用　一些仙人掌科植物的自然变种和园艺品种自身不含叶绿素，如常见栽培的绯牡丹等，只有嫁接在绿色砧木上才能生长开花；鸡冠状的种类根系很差，宽阔的基部埋入土中也易腐烂，嫁接才能表现其优美姿态；嫁接还能用于挽救基部腐烂的植株；嫁接后生长快，一般比自根苗生长快 3～5 倍；分枝低及下垂的种类嫁接在较高的砧木上易于造型；

一株砧木上可嫁接多种不同形态、色彩及花期的仙人掌，提高观赏价值。

2. 砧木 仙人掌科许多属、种之间均能嫁接成活，而且亲和力高。一般选用繁殖快、生长迅速、植株健壮、与接穗在亲和力和形态上适应的种类作砧木。如毛鞭柱属的钝角毛鞭柱、毛花柱，天轮柱属的秘鲁天轮柱、山影拳等都是柱状仙人掌的优良砧木。其中黄大文字对全部仙人掌都适合，有万能砧木之称，只是它的刺太多。量天尺的亲和性也广，特别适宜缺叶绿素的种类和品种，在我国应用最为普遍，它喜温暖与湿润，耐寒力稍差。叶仙人掌属也是很好的砧木，对葫芦掌、蟹爪兰、仙人指等分枝低的附生型都很适宜。

3. 仙人掌的嫁接方法 仙人掌植株的茎肥厚多汁，嫁接方法不同于一般植物，常采用平接、斜接、劈接和插接几种方式，具体依砧木与接穗的形态而定。

（1）平接 平接是应用最广泛的一种方式，球形、柱形的种类普遍采用，操作简便，效果好。将砧木顶端与接穗基部用利刀削平，将削面吻合，绑扎或加适当压力使二者紧密结合即可。

（2）斜接 斜接适用于茎细长的柱状仙人掌类。方法近于平接，将砧木与接穗的切口均削成30°～45°的斜面，既增大了砧木与接穗的吻合面，又易于固定。

（3）劈接 劈接适用于接穗为扁平叶状的种类。将砧木在一定高度去顶，通过中心或偏向一侧从上向下做一切口，再将扁平接穗两侧的皮部削掉呈楔形，插入砧木切口，先用仙人掌的刺或其他针状物固定，再绑扎或夹牢。

（4）插接 插接是与劈接相似的一种方法，但砧木不切开，而是用窄的小刀从砧木的侧面或顶部插入，形成一嫁接口，再将削好的接穗插入接口中，用刺固定。叶仙人掌属作砧木时，也可用插接法，只需将砧木短枝顶端的韧皮部削去，顶部削尖，插入接穗体的基部即可。

4. 仙人掌类嫁接的技术要点

①嫁接应在生长期进行，最适时期是初夏生长旺季，在温暖及湿度大的晴天嫁接，空气干燥时宜在清晨操作。

②砧木与接穗均应健壮无病，不用太老已木质化的部分，但太嫩的也不适宜。

③嫁接时，砧木与接穗均应含水充足，萎蔫者成活较难。因此，嫁接前母株应保持处在良好的生长条件下。若接穗已萎蔫，必要时在嫁接前先浸水几小时，使其吸水复原。嫁接操作时，砧木与接穗表面均要干燥、无水，否则易腐烂。

④砧木接口的高低由多种因素决定。无叶绿素的种类接口较高，以保证有足够的光合产物供给。下垂或自基部分枝的种类接口也较高，以便于造型，鸡冠状的种类接口也较高，才能充分体现其形态特征。除上述情况外，一般接口都较低，低接后应移栽或换盆1～2次，逐渐使砧木埋入土中。

⑤仙人掌类嫁接操作比较简单，用较薄的刀刃将嫁接口削平即可。切口切开后要尽快接上，表面干燥后便不易成活。接穗安上后，再轻轻转动一下，排除接合面间的空气，使砧穗紧密接合，然后再固定。固定方法多样，用仙人掌类自身的棘刺固定，或用绳索缠扎，或用重物从顶上压牢均可。

⑥嫁接后需2周左右精心管理，接后放阴处，不能日光直射，完全愈合前也不能使接口处沾水。成活后，由砧木上生出的侧芽、侧枝均应尽早去掉，以免影响接穗生长。

第二节　常见多浆植物

一、仙人掌科

（一）金琥

【学名】*Echinocactus grusonii*

【别名】象牙球

【属名】金琥属

【产地及分布】原产墨西哥中部干燥炎热的沙漠地区。

【形态特征】金琥茎圆球形，单生或成丛，高 1.3m，直径 80cm 或更大，有棱 21～37。刺座很大，密生硬刺，刺金黄色，后变褐。辐射刺 8～10，长 3cm；中刺 3～5，较粗，稍弯曲，长 5cm 左右。6～10 月开花，花生于球顶部黄色绵毛丛中，钟形，黄色，花径 4～6cm，花筒被尖鳞片。果被鳞片及绵毛，基部孔裂。种子黑色，光滑。

【种类与品种】

1. 变种

（1）白刺金琥（var. *albispinus*）　又名银琥，球顶端绵毛和刺均为白色。

（2）短刺金琥（var. *subinermis*）　又名裸琥，刺很短。

（3）狂刺金琥（var. *intertextus*）　刺呈不规则弯曲。

2. 品种　金琥栽培品种有金琥‘锦’（‘Variegata’）、金琥‘冠’（‘Cristata’）等。

【栽培与繁殖】金琥性强健，容易栽培。喜肥沃并含石灰质的沙壤土。喜阳光，但夏季仍应适当遮阴。越冬温度 10℃左右，并保持盆土干燥。温度太低时，球体上会产生黄斑。在肥沃土壤及空气流通的条件下生长较快，4 年生的实生苗可长到直径 9～10cm，20～40 年生植株直径可达到 70～80cm。栽培中宜每年换盆一次。

金琥多用播种繁殖，因种子来源比较困难，爱好者也常采用嫁接繁殖。可在早春切除球顶端生长点，促其产生子球，子球长到 0.8～1cm 时即可切下嫁接，砧木用生长充实的量天尺一年生茎段较为适宜。

【应用】金琥球体浑圆碧绿，刺色金黄，刚硬有力，为强刺球类中的代表种。盆栽可长成很规整的大型标本球，点缀厅堂，更显金碧辉煌。很多爱好者都精心培养一个或数个标本球，以显示其品种收集和栽培技艺的水平。大型个体适宜布置专类园。

（二）蟹爪兰

【学名】*Zygocactus truncactus*

【别名】锦上添花、圣诞仙人掌

【属名】蟹爪兰属

【产地及分布】原产巴西东部热带森林。

【形态特征】蟹爪兰植株多分枝，常铺散下垂。茎节扁平，截形，绿色或带紫晕，长4～5.5cm，宽 1.5～2.5cm，两端及边缘有尖齿 2～4，似螃蟹的爪子。刺座上有短刺毛 1～3。冬季或早春开花，花着生于茎节顶端，两侧对称，花瓣张开反卷，粉红、紫红、深红、淡紫、橙黄或白色。果梨形或广椭圆形，光滑，暗红色。

仙人指（*Schlumberaera bridgsii*）与蟹爪兰非常相似，容易混淆，区别之处在于仙人指变态茎边缘没有尖齿而呈浅波状，花的形状也不相同，为整齐花。

【栽培与繁殖】蟹爪兰喜半阴、潮湿环境。盆栽用土要求排水、透气良好的肥沃壤土。夏季要遮阴、避雨，秋凉后可移到室内阳光充足处，同时要对植株进行修剪，对茎节过密者要进行疏剪并去掉过多的弱小花蕾。冬季室温不宜过高或过低，以维持15℃为宜。

蟹爪兰是短日照植物，在短日照（每天日照8～10h）条件下，2～3个月就可开花。如果要求10月开花，可在7月用不透光的遮光罩进行短日照处理，每天只见光8h，9月下旬即可开花。

春季剪取生长充实的变态茎进行扦插，很容易生根。为了培养出伞状的悬垂株形，提高观赏价值，可在春、秋嫁接繁殖，砧木多用量天尺或片状仙人掌。

【应用】蟹爪兰株形优美，花朵艳丽，在没有直射阳光的房间里生长良好，因而格外受到人们的喜爱，是一种非常理想的冬季室内盆栽花卉。

（三）'绯牡丹'

【学名】*Gymnocalycium mihanovichii* var. *friedrichii* 'Rubra'

【别名】红牡丹、红球

【属名】裸萼球属

【产地及分布】原产南美洲巴拉圭干旱的亚热带地区。

【形态特征】'绯牡丹'是牡丹玉瑞云变种的一个斑锦变异品种，为日本园艺家1941年选育出来。植株小球形，直径3～5cm，球体橙红、粉红、紫红或深红色。具8棱，棱上有突出的横脊。辐射刺短或脱落。花漏斗形，着生于球顶部刺座，4～5cm长，粉色，常数朵同时开放。

【种类与品种】同属常见栽培种还有新天地（*G. saglione*）、绯花玉（*G. baldianum*）、光琳玉（*G. cardenasianum*）、多花玉（*G. multiflorum*）、天赐玉（*G. pflanzii*）等。

【栽培与繁殖】'绯牡丹'喜温暖和阳光充足的环境，但夏季高温时应稍遮阴，土壤要求肥沃而排水良好，越冬温度不低于8℃。

'绯牡丹'主要采用嫁接繁殖，春季或初夏进行，砧木用仙人掌、仙人柱等。

【应用】'绯牡丹'红色球体光彩夺目，夏季开粉红色花，花茎争艳。盆栽用于点缀阳台、案头和书桌，或与其他多浆植物加工为组合盆景。

（四）昙花

【学名】*Epiphyllum oxypetalum*

【别名】月下美人

【属名】昙花属

【产地及分布】原产墨西哥及中、南美洲的热带森林。

【形态特征】昙花为多年生灌木。无叶，主茎圆筒状，木质，分枝扁平叶状，长达2m，边缘具波状圆齿。刺座生于圆齿缺刻处，幼枝有刺毛状刺，老枝无刺。夏季晚间20:00～21:00开大型白色花，经4～5h凋谢。花漏斗状，长30cm以上，直径12cm，花筒稍弯曲。果红色，有浅棱脊，成熟时开裂。种子黑色。

【栽培与繁殖】昙花盆栽要求排水、透气良好的肥沃壤土。施肥可用腐熟液肥加硫酸亚铁。由于变态茎柔弱，应及时立支柱。为了改变昙花夜晚开花的习性，可采用昼夜颠倒的办法，使昙花白天开放。

昙花可在生长季节剪取生长健壮的变态茎进行扦插，20～30d即可生根成活。

【应用】昙花多作盆栽，适于点缀客厅、阳台及庭院。夏季开花时节，几十朵甚至上百朵同时开放，香气四溢，光彩夺目，十分壮观。

（五）鸾凤玉

【学名】*Astrophytum myriostigma*

【属名】星球属

【产地及分布】原产墨西哥。

【形态特征】鸾凤玉植株单生，初呈球状，长大后为柱状。球体圆至卵形，具5棱。刺座无刺，褐色，被绵毛。春夏球顶开花，花黄色或黄色有红心，花径4～5cm。

【种类与品种】

1. 变种　鸾凤阁（var. *columnare*），植株柱状，高可达2m，直径10～20cm。具5棱。植株灰白色，密被白色星状毛或小鳞片。春夏开花，花较原种小。

2. 同属其他栽培种

（1）星球（*A. asterias*）　星球植株无刺，茎扁球形，常有8钝圆棱。花黄色，花径约2cm。

（2）般若（*A. ornatum*）　般若植株高可达95cm，有7～8棱。花柠檬黄色，径约7cm。

【栽培与繁殖】鸾凤玉喜阳光充足环境，耐强光照射，要求排水良好、富含石灰质的沙质土壤，应保持湿润，耐寒性一般，冬季注意保暖。

鸾凤玉主要采用播种繁殖，也可采用嫁接繁殖，砧木用量天尺等。

【应用】鸾凤玉形态奇特，观赏价值较高，是植物园和多肉植物爱好者热衷收集的珍品。多作室内盆栽，植株很像奇特的岩石，颇具山石盆景的意味。

（六）松霞

【学名】*Mammillaria prolifera*

【别名】银松玉

【属名】乳突球属

【产地及分布】原产西印度群岛。

【形态特征】松霞植株丛生，单个球体小，圆筒状，直径3～4cm，高4～6cm，暗绿色。疣状突起小，圆形。刺座无毛，疣突腋部密生短绵毛。周刺40～60，刚毛状，长0.6～1cm，白色；中刺5～9，稍粗，暗黄色。小花漏斗状，直径1.2～1.4cm，黄白色。果实红，种子黑色。

【种类与品种】同属常见栽培种还有：

（1）金手指（*M. elongata*）　金手指茎肉质，形似人的手指，全株布满黄色的软刺。春季侧生淡黄色小型钟状花。

（2）银手指（*M. gracilis*）　银手指形态与金手指形似，刺为银白色。

【栽培与繁殖】松霞盆栽宜用排水良好的肥沃沙壤土，可用腐殖土2份加1份粗沙配制。除冬季应在室内保持盆土较干燥外，整个生长季节均可在室外培养，但应注意避免盆土积水。宜用浅盆，可每年换盆一次。

松霞采用分株或播种繁殖。分株不宜分得太小，分成单个球体栽培时生长较慢，还是逐步分较好，先将满盆株丛分成几盆，等长满挤不下时再分成几盆。这样既安全，生长又快。播种出苗容易。

【应用】松霞小巧玲珑，果实红色久留球顶，盆栽装饰窗台、案头和书桌，或与其他多浆植物组合成瓶景或小盆景。

（七）念珠掌

【学名】*Rhipsalis salicornioides*

【别名】猿恋苇

【属名】丝苇属

【产地及分布】原产巴西东南部。

【形态特征】念珠掌植株全高约 40cm，主茎一般直立，分枝横卧或悬垂。植株无叶也无刺，茎很细，茎节像一个接一个串起来的念珠，每节长 3cm 左右。茎节先端有刺座，刺座无刺但有绵毛。花着生在茎枝顶端的刺座上，钟状，长 1.3cm，直径 1cm，无花筒，黄色。果实陀螺形，白色。种子黑色。

【栽培与繁殖】念珠掌在温暖湿润而有散射光的环境中生长良好。盆栽用土应疏松透气、富含腐殖质，冬季最好维持 10℃以上。生长期间可半个月追肥一次。

念珠掌多用扦插繁殖，极易成活。也可用播种繁殖。

【应用】念珠掌在我国栽培历史较长，株形奇特，而且耐阴，适合家庭栽培。可作悬垂吊盆栽植或作挂壁式盆景布置。

二、其 他 科

（一）长寿花

【学名】*Kalanchoe blossfeldiana*

【别名】寿星花、圣诞伽蓝菜、矮生伽蓝菜

【科属】景天科伽蓝菜属

【产地及分布】原产非洲马达加斯加岛阳光充足的热带地区。

【形态特征】长寿花为多年生肉质草本。茎直立，株高 10～30cm，株幅 15～30cm，全株光滑无毛。叶肉质，交互对生，长圆形，叶片上半部具圆齿或呈被状，下半部全缘，深绿，有光泽，边缘略带红色。1～4 月开花。圆锥状聚伞花序，直立，花序长 7～10cm。单株有花序6～7，着花 80～290 朵，小花高脚碟状，花瓣 4，偶为 3 或 5，小花直径 1.3～1.7cm。花色有鲜红、桃红或橙红等。

【种类与品种】伽蓝菜属约 200 种，常见栽培种还有落地生根（*K. pinnata*）、玉吊钟（*K. fedtschenkoi*）、褐斑伽蓝菜（*K. tomentosa*）、趣蝶莲（*K. synsepala*）、唐印（*K. thyrsifolia*）、花叶川莲（*K. marmorata*）、扇雀（*K. rhombopilosa*）、仙女之舞（*K. beharensis*）等。

【栽培与繁殖】长寿花为短日照植物，生长发育良好的植株经短日照处理（每天光照8～9h，其余时间放黑暗处或用遮光罩罩住）3～4 周后即有花蕾出现，可根据需要分期处理调节花期。栽培中还要定期追施腐熟液肥或复合肥料，施肥不会改变品种的矮生性状，缺肥植株叶片显著变小，叶色变淡。

长寿花常采用扦插繁殖。

【应用】长寿花植株矮小，株型紧凑，花朵细密拥簇成团，整体观赏效果极佳。花期又在元旦与春节前后，为大众化的冬季室内盆花，布置窗台、书桌、几案都很相宜。如进行短日照处理，提前开花，则可作露地花坛布置用。

（二）佛甲草

【学名】*Sedum lineare*

【别名】佛指甲、火焰草

【科属】景天科景天属

【产地及分布】原产我国和日本，在我国自然分布很广。

【形态特征】佛甲草为多年生肉质草本。株高 10～20cm，茎多分枝，幼时直立，后下垂呈丛生状。叶呈线状披针形，常 3～4 叶轮生，无柄。聚伞花序顶生，花小，黄色。花期5～6 月。

【种类与品种】景天属约 600 种，常见栽培种还有八宝景天（*S. spectabile*）、垂盆草（*S. sarmentosum*）、翡翠景天（*S. morganianus*）、费菜（*S. aizoon*）、圆叶景天（*S. makinoi*）、凹叶景天（*S. emarginatum*）、乙女心（*S. pachyphyllum*）、'胭脂'红景天（*Sedum spurium* 'Coccineum'）、虹之玉（*S. rubrotinctum*）、姬星美人（*S. anglicum*）等。

【栽培与繁殖】佛甲草喜温暖湿润、光照充足环境。生性强健，耐寒、耐旱力强，对土壤要求不严，但以疏松肥沃、排水良好的土壤为佳，怕涝。在我国北方地区栽培，严寒期地上部茎叶冻枯，翌年土壤解冻后可萌发新芽，早春便能覆盖地面；长江以南地区栽种，则一年四季郁郁葱葱，翠绿晶莹。

佛甲草常采用播种与扦插繁殖。

【应用】佛甲草植株整齐美观，可作为盆栽观赏，也可作为露天地被，是良好的屋顶绿化材料。

（三）神刀

【学名】*Crassula falcata*

【别名】尖刀

【科属】景天科青锁龙属

【产地及分布】原产南非。

【形态特征】神刀为肉质半灌木，茎直立，高可达 1m，分枝少。叶长圆斜镰刀状，灰绿色，肉质，互生，基部联合，长 7～10cm，宽 3～4cm。夏天开花，伞房状聚伞花序，花深红或橘红色。

【种类与品种】同属常见栽培种还有燕子掌（*C. portulacea*）、青锁龙（*C. lycopodioies*）茜之塔（*C. corymbulosa*）、串钱景天（*C. perforata*）、'火祭'（*C.* 'Flamingo'）等。

【栽培与繁殖】神刀习性强健，耐干旱，在室内条件下生长良好。夏季可将盆株置室外培养，冬季应放冷凉的室内，温度不超过 10℃，保持盆土干燥。喜肥沃沙壤土，可用草炭、腐叶上、粗沙等份混合配制。

神刀可采用播种繁殖，也可取叶片扦插。可整片叶插，也可将叶片切成 4cm 长的段块晾干切口后，平放在潮润的沙土上，很容易生根出芽。还可切取茎段扦插，茎段的叶腋处很容易长出幼芽。

【应用】神刀株形奇特，开花美丽，是一种理想的室内盆栽花卉。

（四）美丽石莲花

【学名】*Echeveria elegans*

【别名】月影、雅致石莲花

【科属】景天科石莲花属

【产地及分布】原产墨西哥。

【形态特征】美丽石莲花为多年生肉质草本，无茎。叶倒卵形，紧密排列成莲座状，叶端圆，但有一个明显的叶尖，叶长3～6cm，宽2.5～5cm，叶面蓝绿色，被白粉，叶缘红色并稍透明，叶上部扁平或稍凹。总状花序，高10～25cm，花序顶端弯，小花铃状，直径1.2cm。

【种类与品种】同属常见栽培种与品种还有石莲花（*E. glauca*）、绒毛掌（*E. pulvinata*）、锦司晃（*E. setosa*）、'黑王子'（*E.* 'Black Prince'）、'特玉莲'（*E.* 'Topsy Turvy'）等。

【栽培与繁殖】美丽石莲花夏季可放室外培养，冬季放在有阳光的居室或温度不超过10℃的温室，保持盆土稍干燥。

美丽石莲花可用播种繁殖。爱好者多用扦插繁殖，用莲座状叶丛、叶片扦插都易成活。

【应用】美丽石莲花株形圆整，叶色美丽，是一种栽培普遍的室内花卉。在气候适宜地区也可作岩石园植物栽培。

（五）生石花

【学名】*Lithops* spp.

【别名】石头花

【科属】番杏科生石花属

【产地及分布】原产南非及非洲西南的干旱地区。

【形态特征】生石花是一种非常肉质的多年生草本植物，茎很短，通常看见的地上部分是两片对生联结的肉质叶，形似倒圆锥体。颜色不一，有淡灰棕、蓝灰、灰绿、灰褐等变化，顶部近卵圆，平或凸起，上有树枝状凹纹，半透明，可透过光线，进行光合作用。顶部中间有一条小缝隙，3～4年生的生石花在秋季就是从这条缝隙里开出黄、白色的花。一株通常只开一朵花，但也有开2～3朵的，午后开放，傍晚闭合，可延续4～6d，花直径3～5cm。花后可结果实，易收到种子，种子非常细小。

【栽培与繁殖】生石花3～4月开始生长，原来的老植株皱缩并被长出的新植株胀破裂开，新长出的植株生长很快，生石花在自然界中之所以多成丛散生，主要由于它有这种不断脱皮生长并"一分为二"的特性。生石花性喜温暖、干燥及阳光充足，生长适温20～24℃。夏季高温时呈休眠或半休眠状态，此时要稍遮阴并控制浇水，防止腐烂。冬季要求充分阳光，维持室内温度13℃以上。

生石花多在春季进行播种繁殖。

【应用】生石花外形奇特，而且开花美丽，小盆栽植非常秀气，是一种很受欢迎的室内小型盆栽植物。

（六）鹿角海棠

【学名】*Astridia velutina*

【别名】熏波菊

【科属】番杏科鹿角海棠属

【产地及分布】原产非洲西南部。

【形态特征】鹿角海棠为肉质灌木，高约30cm，分枝具明显节间，老枝褐色。叶交互对生，基部稍联合。半月形肉质叶具三棱，3～3.5cm长，0.3～0.4cm宽，叶端稍狭，叶光滑，被很细的短茸毛。冬季开花，花顶生，单出或数朵同生，有短梗，直径4cm，白或粉色。

【栽培与繁殖】鹿角海棠喜温暖，耐干旱。栽培要求沙质壤土。夏季高温时节呈休眠或半休眠状态，此时应放阴凉处并控制浇水，保持盆土不过分干燥。冬季生长较旺，要求室内维持在15℃以上，适当浇水。

鹿角海棠采用播种或扦插繁殖。

【应用】鹿角海棠枝繁叶茂，冬季开花，盆栽点缀室内更显生机盎然，也可作悬挂吊篮栽培，观赏效果更佳。

（七）四海波

【学名】*Faucaria tigrina*

【别名】肉黄菊、虎颚花

【科属】番杏科肉黄菊属

【产地及分布】原产南非。

【形态特征】四海波植株常密集成丛。叶非常肉质，常2～3对交互对生，长5cm，宽2～3cm，叶面扁平，叶背凸起，灰绿色，有细小白点，叶缘有9～10反曲具纤毛的尖齿。花大，直径5cm，黄色，中午开放，近无柄，无苞片。

【栽培与繁殖】四海波喜温暖及阳光充足，甚耐干旱。夏季高温时节休眠，此时宜放通风阴凉处并控制浇水，越冬温度要求15℃以上。栽培要求排水良好的沙壤土。

四海波可采用分株繁殖，大量繁殖仍多用播种。

【应用】四海波叶色碧绿，肉质叶缘齿毛极似虎颚，非常奇特有趣。秋冬开大型花，为室内小型盆栽佳品。

（八）龙须海棠

【学名】*Lampranthus spectabilis*

【别名】松叶菊、日中花

【科属】番杏科日中花属

【产地及分布】原产南非，世界各地多有栽培。

【形态特征】龙须海棠为多年生肉质草本，分枝稍木质，平卧。叶簇生，线形，肉质，具三棱，龙骨状，长5～8cm，宽0.4～0.6cm，绿色，被白粉。花单生，花梗长8～15cm，花直径5～8cm，紫红或粉红色，有金属光泽。

【栽培与繁殖】龙须海棠喜阳光充足，盆栽要求肥沃的沙壤土，生长适温18～25℃。春季至初夏及秋季为生长旺盛期，盛夏时节处于半休眠状态，应放通风良好的半阴处，节制浇水；冬季室内保持冷凉及阳光充足，温度不要超过10℃。早春可结合换盆进行修剪，老枝可剪去1/3～1/2，以促发新枝，开花才能繁茂。

龙须海棠多用扦插繁殖，也可用播种繁殖。

【应用】龙须海棠花大色艳，是优良的盆栽植物，还可成片种植，景观效果极佳。

（九）大花犀角

【学名】*Stapelia grandiflora*

【别名】海星花

【科属】萝藦科豹皮花属

【产地及分布】原产南非干旱的热带和亚热带地区。

【形态特征】大花犀角为多年生肉质草本。茎粗，四角棱状，棱边有齿状突起及很短的软毛，灰绿色，直立向上，高20～30cm，粗3～4cm，基部分枝。花1～3朵，从嫩茎基部长出，大型，直径15～16cm，五裂张开，星形，淡黄色，具暗紫红色横纹，边缘密生细长毛。夏秋开花。

【栽培与繁殖】大花犀角性强健，生长较快，新栽苗当年就可长成很密的株丛。盆栽要求富含腐殖质的肥沃壤土。生长季节可充分浇水，但盛夏高温时节，植株呈休眠或半休眠状态，此时要控制浇水，否则易引起腐烂。冬季放室内温暖处，保持温度10～12℃，充分见光并保持盆土稍干燥。生长季节宜半阴条件，如直射阳光太强，则肉质茎呈现红色。生长过密的株丛宜早春结合换盆分栽，进行更新。

大花犀角多用分株及扦插繁殖。可于春季结合换盆将过密的株丛进行分割，稍晾干后，有根者可直接上盆，无根者可插于素沙土中。另外，也可播种繁殖。

【用途】大花犀角肉质茎挺拔刚健，形如犀牛角，花大绮丽，宛如海星，适于盆栽点缀书房、客厅的案头、茶几。

（十）虎刺梅

【学名】*Euphorbia milii*

【别名】麒麟刺、麒麟花

【科属】大戟科大戟属

【产地及分布】原产非洲马达加斯加岛西部。

【形态特征】虎刺梅为灌木，高约2m，分枝多，粗1cm左右，体内有白色乳汁。茎和枝有棱，棱沟浅，具黑刺，长约2cm。叶片长在新枝顶端，倒卵形，长4～5cm，宽2cm，叶面光滑，绿色。花有长柄，有两枚红色苞片，直径1cm。花期主要在冬春。

【种类与品种】同属常见栽培的多浆植物还有霸王鞭（*E. neriifolia*）、光棍树（*E. tirucalli*）、彩云阁（*E. trigona*）等。

【栽培与繁殖】虎刺梅喜阳光充足，盆栽用土要求沙质壤土。在生长期间要随时用竹棍和铅丝做成各种式样的支架，将茎均匀牵引绑扎到支架上，以形成美丽的株形。虎刺梅全株生有锐刺，另外茎中白色乳汁有毒，要注意放置地点，以免儿童刺伤中毒。

虎刺梅常采用扦插繁殖，以5～6月进行最好。

【应用】虎刺梅花期长，苞片颜色鲜艳，是优良的盆栽植物，在园林中可作刺篱。

（十一）条纹十二卷

【学名】*Haworthia fasciata*

【别名】锦鸡尾、条纹蛇尾兰

【科属】百合科十二卷属

【产地及分布】原产南非亚热带地区。

【形态特征】条纹十二卷肉质叶排列成莲座状，无茎，株幅5～7cm。叶多数，3～4cm长，1.3cm宽，三角状披针形，渐尖，稍直立，上部内弯，叶面扁平，叶背凸起，呈龙骨状，绿色，具大的白色疣状突起，排列呈横条纹，非常美丽。

【种类与品种】同属常见栽培种及变种还有点纹十二卷（*H. margaritifera*）、水晶掌（*H. cymbiformis*）、玉露（*H. obtusa* var. *pilifera*）、万象（*H. maughanii*）、寿（*H. retusa*）、玉扇（*H. truncata*）、琉璃殿（*H. limifolia*）、蛇皮掌（*H. tessellata*）等。

【栽培与繁殖】条纹十二卷性喜温暖，生长适温为16～18℃，冬季要求冷凉，以不超过12℃为宜。栽培宜半阴条件，冬季则要阳光充足，光线太强时叶会变红。栽培要求排水良好的沙壤土。夏季高温炎热时植株呈休眠状态，此时要放半阴处并控制浇水。盆栽一般可不必另外施肥。

条纹十二卷多用分株繁殖。

【应用】条纹十二卷株型小巧秀丽，深绿叶上的白色条纹对比强烈。耐阴性强，是非常理想的小型室内盆栽花卉。

（十二）墨鉾

【学名】*Gasteria maculata*

【别名】白斑厚叶草

【科属】百合科鲨鱼掌属

【产地及分布】原产南非南部。

【形态特征】墨鉾茎多叶。坚硬肉质的叶成二列，叶舌状，长16～20cm，宽4.5～5cm，叶缘角质化，表面深绿色有光泽，有直径为0.4～0.5cm的白色斑点。总状花序，小花下垂，色粉红，有绿尖，花瓣联合成略弯曲的筒状，两端细，封闭，中间空，形如动物的胃。

【种类与品种】同属常见栽培种还有鲨鱼掌（*G. verrucosa*），叶厚而硬，表面具白色硬质小突起，使叶面犹如满被白沙而粗糙；花被基部红色，上端绿色。

【栽培与繁殖】墨鉾冬季放冷凉室内越冬，温度不要超过12℃，夏季要遮阴。

墨鉾可用基部蘖芽扦插繁殖。花序梗有时会出芽，也可取下扦插。

【应用】墨鉾叶色美丽，花形别致，比较耐阴，是栽培较为普遍的室内盆栽佳品。

（十三）鬼脚掌

【学名】*Agave victoriae-reginae*

【别名】箭山积雪、女王龙舌兰、笹之雪

【科属】龙舌兰科龙舌兰属

【产地及分布】原产墨西哥。

【形态特征】鬼脚掌无主茎，基生莲座状叶丛，株幅40cm。叶数量多，大株可达100片以上。叶先端细，三棱形，腹面扁平，背面圆形微呈龙骨状凸起。叶长10～15cm，宽5cm，尖端有0.3～0.5cm长的坚硬刺，有时在这根刺的两边各有一根短刺。叶绿色，有不规则的白线条，叶缘和叶背龙骨状凸起均为角质，而且呈白色，中心的几片幼叶并在一起成圆锥状。30年左右的植株才能开花，花序高可达4m，松散穗状花序，小花淡绿色，长5cm。花后植株枯死。

【种类与品种】同属常见栽培种还有：

（1）龙舌兰（*A. americana*）　龙舌兰为大型草本植物，植株莲座状；充分发育植株的叶长1.5m，宽25cm，10～25年始花；圆锥花序自中心抽出，高可达2～7m，仅顶端生花。

（2）雷神（*A. potatorum*）　雷神叶片莲座状基生，侧卵状匙形，先端急尖。

【栽培与繁殖】鬼脚掌喜阳光充足，非常耐旱，盆栽要求排水、透气良好的沙壤土，栽培中应保持叶面清洁，可定期喷水浇叶，盆栽用盆不宜过大。

鬼脚掌多采用分株繁殖，可在换盆时掰取分蘖长出的幼株单独上盆栽植。如有种子来源，可播种繁殖。

【应用】鬼脚掌叶片排列紧凑，叶色浓绿，上面有不规则的白色纵线，非常美丽，为多浆植物中的观叶佳品，专业收集和家庭培养都很合适。

第三节　其他多浆植物

其他多浆植物见表 13-1。

表 13-1　其他多浆植物

中　名（别名）	学　名	科　属	形态特征
鼠尾掌	*Aporocactus flagelliformis*	仙人掌科 鼠尾掌属	茎自基部分枝，径 1～2cm，长而下垂或匍匐，常具 8～12 棱脊；花鲜桃红，长约 8cm，每朵开 3～4d，花期初夏
龟甲牡丹	*Ariocarpus fissuratus*	仙人掌科 岩牡丹属	球状植株呈垫状生长；表皮具厚实而坚硬的三角形疣突，疣突表面龟裂并有小疣；花白至浅红，径 3～4cm
岩牡丹	*Ariocarpus retusus*	仙人掌科 岩牡丹属	株形奇特，疣突呈莲座状，表面被白粉；花期夏季
珊瑚树	*Austrocylindropuntia salmiana*	仙人掌科 圆筒仙人掌属	茎细而密集，高低错落，形似绿色的珊瑚
黄金纽	*Borzicactus aureispina*	仙人掌科 花冠柱属	茎细，匍匐下垂，密被金黄色的刺毛
天轮柱	*Cereus peruvianus*	仙人掌科 天轮柱属	茎柱状，具 6～8 棱
山影拳	*Cereus* sp. f. *monst*	仙人掌科 天轮柱属	茎圆柱状，多分枝；生长锥分生不规则
山吹	*Chamaecereus silvestris* var. *aurea*	仙人掌科 白檀属	筒状茎丛生；黄色，多分枝；花红色
金星	*Dolichothele longimamma*	仙人掌科 长疣球属	长疣状突起翠绿色，顶端具刺座，花黄色
仙人球	*Echinopsis tubiflora*	仙人掌科 仙人球属	茎球状暗绿色，具 11～12 棱，刺锥状，黑色，长 1～1.5cm；花着生于球体侧方，大型，喇叭状，白色，长 24cm，径 10cm
量天尺	*Hylocereus undatus*	仙人掌科 量天尺属	茎柱状，三棱形，长 3～6m，多分枝，通常 60～80cm 为一节，以气生根附于树干、岩石或墙壁上，无刺；花大，长约 30cm，径 40cm，白色
彩云	*Melocactus intortus*	仙人掌科 花座球属	茎单生，球状；花座大，花小，顶生
令箭荷花	*Nopalxochia ackermannii*	仙人掌科 令箭荷花属	灌木状，形似昙花，分枝扁平，有时三棱，叶片状；花被联合部分短于瓣片，易与昙花区别；花白、黄、橙、红、紫等色
仙人掌	*Opuntia dillenii*	仙人掌科 仙人掌属	丛生或灌木状，茎节扁平，倒卵形，刺多数褐色；花鲜黄色，果梨形，长 5～8cm，无刺，可食
黄毛掌	*Opuntia microdasys*	仙人掌科 仙人掌属	茎节扁平，黄绿色，密生金黄色钩毛；夏季开淡黄色花；冬季气温不宜低于 7℃

（续）

中　名（别名）	学　名	科　属	形态特征
叶仙人掌	*Pereskia aculeata*	仙人掌科 叶仙人掌属	灌木呈藤状，节上具短钩刺1～3，具正常绿色叶片，椭圆形
假昙花	*Rhipsalidopsis gaertneri*	仙人掌科 假昙花属	主茎圆，分枝呈扁平节状；花大，鲜红色
沙漠玫瑰	*Adenium obesum*	夹竹桃科 沙漠玫瑰属	乔木状，株高2～3m，茎基部膨大，呈块状；叶肉质，长圆形，长6～10cm，集生小枝顶端
毛叶莲花掌	*Aeonium simsii*	景天科 莲花掌属	叶片繁茂，排列成莲座状，叶缘有毛
芦荟	*Aloe vera* var. *chinensis*	百合科 芦荟属	叶软而多汁，边缘疏生软刺，幼叶有白点；花黄色或红色，长约2.5cm
大芦荟	*Aloe arborescens* var. *natalensis*	百合科 芦荟属	有明显近木质地上茎，高可达2m，盆栽者常矮小；叶线状披针形，边缘有多数齿刺；花红色
吊金钱（心心相印）	*Ceropegia woodii*	萝藦科 吊灯花属	地上茎细，长可达1m，匍匐或悬垂；叶对生，心形，圆而硬，长1～1.5cm，表面有白色花纹
玉牛掌	*Duvalia elegans*	萝藦科 玉牛掌属	茎干肉质丛生，具数棱；花钟状，深紫色
球兰	*Hoya carnosa*	萝藦科 球兰属	常绿藤本，对生叶肉质，伞形花序
短叶雀舌兰	*Dyckia brevifolia*	凤梨科 雀舌兰属	叶肥厚坚硬，基生呈莲座状，淡灰绿色
佛肚树	*Jatropha podagrica*	大戟科 麻风树属	株高30～150cm，茎基部膨大，肉质；叶数枚顶生，有长柄，叶片盾状着生，3～5掌裂；花序顶生，花鲜红色
红雀珊瑚	*Pedilanthus tithymaloides*	大戟科 红雀珊瑚属	无刺草本，高可达1m以上，肉质茎绿色，常之字形弯曲；叶排为两列，卵形，中肋在背面龙骨状突起
棒槌树	*Pachypodium namaguanum*	夹竹桃科 棒槌树属	茎肉质膨大，密生长刺，顶部簇生绿叶
鸡蛋花	*Plumeria rubra* var. *acutifolia*	夹竹桃科 鸡蛋花属	小枝肉质，花色鲜艳明媚，清香幽雅
树马齿苋（金枝玉叶）	*Portulacaria afra*	马齿苋科 树马齿苋属	直立肉质灌木，外形似景天科植物，茎多分枝；叶对生，倒卵形，长1～2cm，绿色
虎尾兰	*Sansevieria trifasciata*	龙舌兰科 虎尾兰属	叶剑形，丛生，直立，长可达50cm，绿色，两面有由绿色与白色相间的横斑纹；花白色
‘金边’虎尾兰	*Sanseriera trifasciata* ‘Laurentii’	虎耳草科 虎尾兰属	叶有金黄色边缘
长生草	*Sempervirum tectorum*	景天科 长生草属	低矮丛生，叶排列呈莲座状，叶顶红褐色

（续）

中　名 （别名）	学　名	科　属	形态特征
仙人笔	*Senecio articulatus*	菊科 千里光属	株高 30～50cm，茎直立，肉质，棒状而成节，形似笔杆，绿色被白粉；顶生小叶肉质，扁平，羽状分裂；头状花序顶生，白色而带红晕，径约 1.2cm
翡翠珠	*Senecio rowleyanus*	菊科 千里光属	茎细弱，匍匐或悬垂；叶近球形，径约 1cm，鲜绿色，具半透明线条，先端有尖头；花白色，腋生

复习思考题

1. 简述多浆植物的概念、特点。试列举常见多浆植物 15～20 种。
2. 结合多浆植物对环境条件的要求，阐述多浆植物在栽植过程中如何调控光照和肥水。
3. 多浆植物微型化栽培在家庭应用中的优点及存在的问题各是什么？

第十四章　兰科花卉

兰花泛指兰科中具观赏价值的种类，因形态、生理、生态都具有共同性和特殊性而单独成为一类花卉。

兰科是种子植物中的大科，有 20 000～35 000种及天然杂种，人工杂交种超过40 000种。我国原产1 000种以上，并引种了不少属、种。兰科植物广布于世界各地，主产于热带，约占总数的 90%，其中以亚洲最多，其次为中、南美洲。

兰花为多年生草本，地生、附生及少数腐生，直立及少数攀缘。地生种常具根茎或块茎，附生种常有假鳞茎及气生根。气生根粗短，白色或绿色，具有从空气中吸收水分及固着的功能。单叶通常互生，排成两列，或厚而革质，或薄而软。附生种叶片的近基部常有关节，叶枯后自此处断落；腐生种叶退化为鳞片状。花单生或呈穗状、总状、伞形或圆锥花序。花两性，绝大多数两侧对称，多数种的花美丽，有的具芳香，具浓香的如秀丽卡特兰、香指甲兰等，兰属的许多种亦香。兰科花的组成一致，花被片 6，两轮，外轮为花萼，内轮为花冠，萼通常彩色，花冠状，中央一枚花瓣常大而显著，有各种形态及更鲜明的色彩，称为唇瓣（labellum），基部延长为长短不同的距。花开放后，唇瓣总是位于向地面的一方，有利于昆虫“着陆”进行传粉。花序下垂的种类，如蝴蝶兰属的许多种，花各部的位置正常，即近轴面（唇瓣位置）朝向花序轴顶端，远轴面（中萼片）朝向花序轴基部。大多数属、种的花序直立，子房扭转 180°，使唇瓣同样朝向地面（远轴面），中萼片则转向上方（近轴面）。花序斜出呈弧形生长的种类，依各花所处位置的不同，子房做不同角度的扭转，均使唇瓣保持在下方的位置。中央萼片常直立，侧生两萼片或合二为一。雄蕊与花柱、柱头结合为一体，称蕊柱或合蕊柱（column 或 gynostemium），栽培上称“鼻”。雄蕊一枚，少数 2～3 枚，花粉粒多集合成花粉块（pollinia），少数为四合花粉或单生。子房下位，多伸长，常被误认为花梗，多做 180°扭转，使花的各部上下颠倒，三心皮一室，侧膜胎座，胚珠极多，柱头三裂，栽培属仅两裂片能育，不育裂片形成一舌状体称蕊喙（rostellum），能分泌黏液黏着花粉块。果为蒴果，具极多数微小种子。

兰科最大的经济价值为供观赏，主要用作切花或盆栽。

第一节　兰科花卉的发展概况

兰花栽培始于何时，虽无准确记载可考，但从古籍记载，深信它始于我国并有2 000多年的历史。《易经・系辞》中“同心之言，其臭如兰”是最早的记载。孔子《家语》中有“孔子曰与善人交，如入芝兰之室”，证明在公元500 年前我国已在室内种芳香的兰花了。世界上最早的兰花专著，当推南宋赵时庚的《金漳兰谱》(1233)。

古希腊与古罗马只注意兰科植物的药用价值。兰科花卉的广泛栽培观赏是近代的事，始于英伦三岛，且发展很快。19 世纪初才由一些航海家、传教士及植物学家从新大陆、亚洲等地相继采集一些兰花带回英国栽种，受到大众喜爱，刺激了大批人员到世界各地采集兰花，使英国成为近代兰花栽培的先驱。

兰花的商品生产，最早是1812年由Conrad Loddige夫人及其儿子们在伦敦附近的Hackney的苗圃中开始生产兰花出售。另一家英国早期的兰园是James Veitch及其家族于1808年创建的，至1913年解体。兰园中贡献最大的是Sander及其家族经营的兰园，始创于1860年，该园出版的Sander's Orchids Guide及Sander's List of Orchid Hybrids最负盛名，是兰花育种者不可不读的经典之作。Sander被誉为兰花之王。

大约经过了整整一个世纪，至20世纪初，兰花切花生产才逐渐兴起。由于地理条件的优越性，东南亚发展为世界兰花切花的主要产地，菲律宾、新加坡、马来西亚、美国（夏威夷）、泰国等是兰花切花的主要生产国。新加坡1913年成立的Sun Kee苗圃生产兰花切花出售，该苗圃目前仍生产蜘蛛兰属、*Aranda*、*Aranthera*等切花出售。这些国家生产的兰花大部分销往欧洲。欧美各国兰花的产销也很兴旺。

我国的兰花虽有悠久的栽培历史，但长期以来仅局限于私家、苗圃及公园中少量栽培，少有商品生产，品种也以耐寒的兰属为主。近年来逐渐引入一些其他属的兰花，在珠海、深圳等南方城市有石斛属、齿瓣兰属、蝴蝶兰属的切花生产。台湾已有不少商业性的兰园，生产多种兰花供应市场。当前，中国大陆及台湾的养兰热情方兴未艾，有增无减，对名、特、新品种兴趣尤浓。

第二节　兰科花卉的分类

一、按进化系统分类

植物分类学家将兰科植物发育雄蕊的数目及花粉分合的性状作为高阶层分类的主要特征，兰科成员众多，分类系统在科以下分有亚科、族及亚族。了解兰科的系统分类对杂交育种很有必要，实践证明，兰科同一亚族的各属间常能相互杂交并产生能育的后代，不同亚族间杂交则难以成功。

不同学者对兰科植物亚科、族及亚族的划分不尽一致，主要有以下几种：①多蕊亚科（Pleonandrae）及单蕊亚科（Monandrae）两亚科；②拟兰亚科（Apostosioideae）、杓兰亚科（Cyprepedioideae）及兰亚科（Orchidoideae）三亚科；③拟兰亚科、杓兰亚科、鸟巢兰亚科（Neottioideae）、兰亚科及附生兰亚科（Epidendroideae）五亚科。

二、按属形成的方式分类

1. 天然形成的属　兰科天然形成的属未经人为干涉，是自然演化或天然杂交而成的，早期栽培的兰花多为此类。主要栽培的属有杓兰属（*Cypripedium*）、兜兰属（*Paphiopedilum*）、白芨属（*Bletilla*）、独蒜兰属（*Pleione*）、石斛属（*Dendrobium*）、虾脊兰属（*Calanthe*）、鹤顶兰属（*Phaius*）、贝母兰属（*Coelogyne*）、兰属（*Cymbidium*）、指甲兰属（*Aërides*）、蜘蛛兰属（*Arachnis*）、鸟舌兰属（*Ascocentrum*）、五唇兰属（*Doritis*）、蝴蝶兰属（*Phalaenopsis*）、火焰兰属（*Renanthera*）、钻喙兰属（*Rhynchostylis*）、万代兰属（*Vanda*）、假万代兰属（*Vandopsis*）、卡特兰属（*Cattleya*）、齿瓣兰属（*Odontoglossum*）、文心兰属（*Oncidium*）、堇花兰属（*Miltonia*）等。

2. 两属间人工杂交而成的属　近代栽培的兰花中，除种间杂交外，还有许多两属间人工杂交而成的新属。属间杂种几乎全是同一亚族间的后代，均按《国际栽培植物命名法规》

的规定给予一个新的组合属名。常见栽培的新属名及其亲本如表 14-1 所示。

表 14-1　两属间人工杂交而成的新属名及其亲本

属　名	亲 本 属 名
Aëridachnis	*Aërides* × *Arachnis*
Aëridocentrum	*Aërides*×*Ascocentrum*
Aëridovanda	*Aërides* × *Vanda*
Arachnopsis	*Arachnis* × *Phalaenopsis*
Arachnostylis	*Arachnis* × *Rhynchostylis*
Aranda	*Arachnis*×*Vanda*
Aranthera	*Arachnis*×*Renanthera*
Ascocenda	*Ascocentrum*×*Vanda*
Ascohopsis	*Ascocentrum*×*Phalaenopsis*
Brassocatteya	*Brassavola*×*Cattleya*
Doritaenopsis	*Doritis*×*Phalaenopsis*
Laeliacattleya	*Laelia*×*Cattleya*
Odontioda	*Cochlioda*×*Odontoglossum*
Odontocidium	*Odontoglossum*×*Oncidium*
Oncidioda	*Cyrtochilium*×*Cochlioda*
Odontonia	*Miltonia*×*Odontoglossum*
Opsisanda	*Vanda* ×*Vandopsis*
Renades	*Aërides*×*Renanthera*
Renancentrum	*Ascocentrum* × *Renanthera*
Renanopsis	*Renanthera* × *Vandopsis*
Renanstylis	*Renanthera* × *Rhynchostylis*
Renanthopsis	*Phalaenopsis* × *Renanthera*
Renantanda	*Renanthera* × *Vanda*
Rhynchocentrum	*Rhynchostylis* × *Ascocentrum*
Rhynchovanda	*Rhynchostylis*×*Vanda*
Vandachnis	*Arachnis* × *Vanda*
Vandaenopsis	*Phalaenopsis*×*Vanda*

3. 三属或多属间人工杂交而成的属　兰科的同一亚族内常有三个或更多属杂交而形成的新属，也按《国际栽培植物命名法规》及《国际兰科植物命名法规》的规定给予一个新属名或组合新属名。常见的新属名及其亲本如表 14-2 所示。

表 14-2　三属或多属间人工杂交而成的新属名及其亲本

属　名	亲 本 属 名
Burkillara	*Aërides* × *Vanda* × *Arachnis*
Christieara	*Aërides* × *Ascocentrum* × *Vanda*
Dialaeliocattleya	*Diacrium* × *Laelia* × *Cattleya*
Holttumara	*Arachnis* × *Renanthera* × *Vanda*
Kagowara	*Ascocentrum* × *Renanthera* × *vanda*
Laycockara	*Arachnis* × *Phalaenopsis* × *Vandopsis*
Limara	*Araehnis* × *Renanthera* × *Vandopsis*
Lymanara	*Aërides* × *Arachnis* × *Renanthera*
Mokara	*Arachnis* × *Vanda* × *Ascocentrum*
Sanderara	*Brassia* × *Cochlioda* × *Odontoglossum*
Sappanara	*Arachnis* × *Phalaenopsis* × *Renanthera*

（续）

属　名	亲本属名
Sophrolaeliocattleya	*Sophronitis* × *Laelia* × *Cattleya*
Trevorara	*Archnis* × *Phalaenopsis* × *Vanda*
Vascostylis	*Ascocentrum* × *Rhynchostylis* × *Vanda*
Vuylstekeara	*Cochlioda* × *Miltonia* × *Odontoglossum*
Witsonara	*Cochlioda* × *Odontoglossum* × *Oncidium*
Carrara	*Rhynchostylis* × *Ascocentrum* × *Euantha* × *Vanda*
Potinara	*Brassavola* × *Cattleya* × *Laelia* × *Sophronitis*
Goodaleara	*Brassia* × *Cochlioda* × *Miltonia* × *Odontoglossum* × *Oncidium*

现以 *Potinara cherub* 为例，具体说明多亲本来源（图 14-1）：

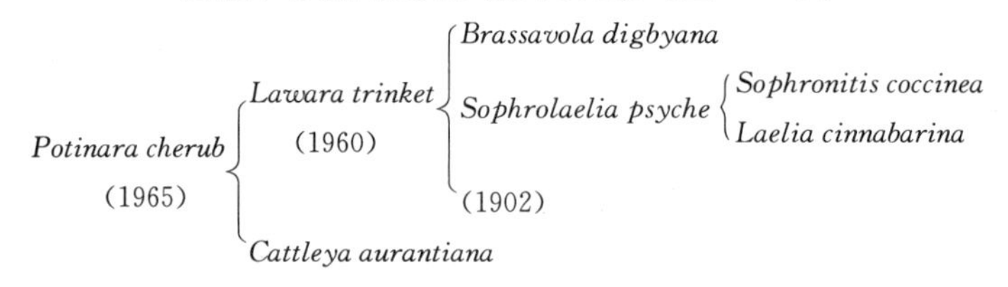

图 14-1　多亲本来源的兰花种的形成

现代栽培的兰花，一部分是自然形成的种，但是一个世纪以来，通过不断杂交又育成了许多种间、属间人工杂交属种。这些杂交种不仅在花形、花径、花色上比亲本更好，且对环境的适应力更强，逐渐成为当今商品生产的主要品种。

三、按生态习性分类

1. 地生兰类　地生兰类（terrestrial）根生于土中，通常有块茎或根茎，部分有假鳞茎。产于温带、亚热带及热带高山。地生兰类属、种数多，杓兰属、兜兰属大部分种为地生。

2. 附生及石生兰类　附生及石生兰类（epiphytic and lithophytic）附着于树干、树枝、枯木或岩石表面生长，通常具假鳞茎，贮存水分与养料，适应短期干旱，以特殊的吸收根从湿润空气中吸收水分维持生活。主产于热带，少数产亚热带，适应热带雨林气候。常见栽培的有指甲兰属、蜘蛛兰属、石斛属、万代兰属、火焰兰属等。

一些属，如兰属，某些种适于地生，另一些种则为附生。

3. 腐生兰类　腐生兰类（saprophytic）不含叶绿素，营腐生生活，常有块茎或粗短的根茎，叶退化为鳞片状。

四、按对温度的要求分类

栽培者习惯按兰花生长所需的最低温度将兰花分为喜凉、喜温、喜热三类。不同的属、种、品种都有不同的温度要求，这种划分比较粗略，仅供栽培参考。

1. 喜凉兰类　喜凉兰类多原产高海拔山区冷凉环境下，如喜马拉雅地区、安第斯山高海拔地带及北婆罗湖的最高峰基纳巴洛（Kinubalu）山。这些种类不耐热，需一定的低温，适宜温度：冬季最冷月夜温 4.5℃，日温 10℃；夏季夜温 14℃，日温 18℃。如堇花兰属（产哥伦比亚），齿瓣兰属，兜兰属的某些种如 *Paphiopedilum insigne*、*P. venustrum*、*P. villosum*，杓兰属，贝母兰属的毛唇贝母兰（*Coelogyne cristata*），文心兰属的福比文心兰（*Oncidium forbosii*）、鸟嘴文心兰（*O. ornithorhynchum*），独蒜兰属的 *Pleione* *logenaria* 等。

2. 喜温兰类　喜温兰类或称中温性兰类，原产温带地区，种类很多，栽培的多数属都是这一类。适宜温度：冬季夜温10℃，日温13℃；夏季夜温16℃，日温22℃。如兰属，石斛属，卡特兰属的大部分种，兜兰属某些种及杂种如 *Paphiopedilum parishii*、*P. philippinense*、*P. spiceramum*，万代兰属某些种如 *Vanda amesiana*、*V. coerulea*、*V. cristata* 等。

3. 喜热兰类　喜热兰类或称热带兰，多原产热带雨林中。不耐低温。适宜温度：冬季夜温14℃，日温16～18℃；夏季夜温22℃，日温27℃。花朵美丽的许多杂交种都属这一类，目前广泛栽培。如蝴蝶兰属、万代兰属的许多种及其杂种，兜兰属某些种如 *Paphiopedilum bellatulum*、*P. callosum*、*P. hirsutissimum*、*P. hookerae*，兰属某些种如 *Cymbidium finlaysonianum*、*C. madidum* 及其杂种，卡特兰属少数种如 *Cattleya aclandiae*、*C. rex* 等，以及许多属间杂种。

第三节　兰科花卉的生长

一、兰科花卉的营养生长

兰科花卉有单轴、合轴和横轴三种分枝方式。

1. 单轴分枝　单轴分枝（monopodial）的种类不具根茎、块茎或假鳞茎；茎直立地上或少数攀缘，顶芽不断分生新叶与节继续向前生长，少分枝或从基部产生分蘖；花腋生。我国较常见的有指甲兰属、蜘蛛兰属、鸟舌兰属、火焰兰属、钻喙兰属、盆距兰属（*Gastrochilus*）、万代兰属和假万代兰属及许多属间杂交属如 *Aranda*、*Holttumara*、*Renantanda* 等。

2. 合轴分枝　合轴分枝（sympodial）的种类具根茎或假鳞茎，根茎长短不一，有一至多节，顶端弯向地面形成一至多节粗细不一的假鳞茎。假鳞茎生一至多片叶。假鳞茎形成后便不再向前生长，某些种顶端成花，由基部的一个或少数几个侧芽萌发出新根茎，以同样的方式产生新的假鳞茎。常绿类型的叶可生活几年，叶落后的假鳞茎称为后鳞茎（backbulb）。后鳞茎尚可生活几年，为继续向前方新生的假鳞茎提供养料与水分，最后皱缩干枯。大部分兰花，包括地生及附生类，多为合轴分枝。

合轴分枝又因花序着生的位置不同分为顶花合轴分枝（acranthous sympodial）及侧花合轴分枝（pleuranthous sympodial）两类。前者花序顶生，如卡特兰属、白芨属、石豆兰属（*Bulbophyllum*）、虾脊兰属等，后者如兰属、石斛属、鹤顶兰属、堇花兰属、齿瓣兰属等。

3. 横轴分枝　横轴分枝（diapodial）的种类有长短不等的根茎，以合轴方式分枝，但不具假鳞茎。根茎先端出土成苗，花顶生。如杓兰属、兜兰属。

二、兰科花卉的生殖生长

1. 开花、传粉、受精　栽培的兰花，一朵花开放后持续时间都较长，在不受精的情况下一般能开1～2个月。花两性，极少单性，绝大多数由蜂类、蝇类、蝶类及夜间活动的蛾类传粉，少数由蜘蛛、蜂鸟传粉。花一经传粉，蕊柱顶部便开始增粗，花被逐渐萎蔫，故欲保持较长的花期，需防止传粉。兰花绝大多数为异花授粉。

兰科植物为二核花粉，花粉粒含丰富生长素，传粉后几周内，花粉管穿入子房与胚珠受精，受精前后，子房开始膨大伸长。

兰科植物在种间及一些近缘属间很易杂交结实，后代多能正常生长开花，有些还能继续播种繁殖，有些则只能无性繁殖。这使兰科的育种工作得以广泛开展，已育成数以万计的杂种后代，丰富了兰花的品种，提高了观赏价值，并推动了兰花业向前发展。

从传粉经受精到果实成熟所需的时间，不同属种间差异很大。一般情况下，蒴果生长4～12个月成熟，但也有短的，如鹤顶兰（*Phaius tankervilleae*）约经2个月便可完成整个过程，兜兰（*Paphiopedilum insigne*）需4个月，最快的是一些耐寒的陆生兰。

P. M. Black介绍了石斛的传粉、受精、结实过程，由此可得兰科花卉的一般情况。石斛花在人工授粉后2d，花萼与花瓣便开始凋萎，蕊柱先端开始增粗为半球形。接着3周内，花粉管开始穿入子房，再约3周，子房与胎座同时增粗、加长，每一胎座分成两条脊，每条脊上产生大量细小乳头状突起。2个月后，胎座才由胚珠覆盖。这时花粉管仍位于胎座的两侧。再经约1个月，胚珠已充分发育，并且子房（果实）已长至最大。从传粉后大约4个月，花粉管才进入胚珠。此后2周，花粉管才完成其全部作用。子房仅需2～3周便成熟。由此可知，兰科植物在果实成熟时，胚珠受精的时间还很短，故种子尚未发育。

2. 种子 兰科植物的蒴果一般能产生大量极细小的种子，一个蒴果一般有5×（10^5～10^6）粒种子，种子通常长470～560μm，宽80～130μm，50粒种子相连，长约2.5cm。

兰科植物的果实成熟时，开裂并散发种子，这时的种子在形态和生理两方面均未成熟。种子外表有一层由少数细胞组成的种皮，种皮两端常延伸成短翅。内部无胚乳，胚也尚未分化发育，仅为一团未分化细胞，故称为裸种子（naked seed）。

兰科植物种子寿命很短，散出的种子在室温下很快便丧失生活力，干燥条件下冷贮，可保存几周至几个月。在自然条件下，种子发芽率极低，需与一定的真菌共生，由真菌供给营养才能发芽。兰科植物种子发芽与真菌的关系很复杂，虽已有不少研究，但仍未完全清楚。Bernard 1903年首先报道了真菌与兰科植物种子发芽的关系，他通过实验，得出“兰科种子在自然条件下，只有被适宜的真菌感染，才能成功发芽”的结论。同时发现，侵入种子的真菌被胚细胞所消化。1986年Wahrlich在实验室条件下对兰科植物菌根做了解剖观察，也得出了兰科植物细胞消化入侵真菌的结论。

第四节　兰科花卉的繁殖

一、有性繁殖

兰科花卉有性繁殖主要用于新品种的培育。由于兰科植物易于种间或属间杂交，杂种后代又可通过组培方式大量繁殖，使播种繁殖具有商业价值。

兰花种子因胚及胚乳在散落时均未发育，自身不带营养物质，在自然条件下若无真菌参与便不能发芽。早期的育种者只能将种子播于母本盆中，由母本根际真菌的作用协助发芽。此方法粗放，仅能凭幸运得到极少幼苗。直至1922年，Kundson首次在《兰花种子在非共生条件下发芽》一文中指出，真菌使基质中的淀粉转化为糖，兰花种子利用糖来完成发芽。他用糖代替淀粉，在无真菌条件下使卡特兰属、树兰属（*Epidendrum*）及蕾丽兰属（*Laelia*）3属种子发芽，并获得优良生长。他的研究结果为现代兰花有性繁殖、杂交育种与组培繁殖打下了基础。

兰花播种繁殖目前均在玻璃器内无菌条件下进行，只要有组培技术与设备便可进行。

1. 培养基 自 Kundson 首先发现兰花种子能在经灭菌的含有糖及矿物盐的琼脂培养基上正常发芽并生长成株开花以来，兰花种子便在各种培养基中播种繁殖。最早的培养基是 Kundson 1923 年的配方 C（表 14-3）。它是长期以来最常用的配方之一，也是其他配方的基础配方。

表 14-3 Kundson 配方 C

成 分	分 子 式	含 量
硝酸钙	$Ca(NO_3)_2 \cdot 4H_2O$	1g
磷酸二氢钾	KH_2PO_4	0.25g
硫酸镁	$MgSO_4 \cdot 7H_2O$	0.25g
硫酸铵	$(NH_4)_2SO_4$	0.50g
硫酸亚铁	$FeSO_4$	0.25g
硫酸锰	$MnSO_4 \cdot 4H_2O$	0.007 5g
琼脂		15g
蔗糖		20g
蒸馏水		1 000mL

Vacin 及 Went 1949 年指出，Kundson 配方 C 在兰花幼苗生长期间，pH 变化很快，常降得太低，使幼苗生长减慢。他们将成分做了一些修改，改进后的培养基（表 14-4）在幼苗生长期 pH 变化很慢，该培养基现被广泛采用。

表 14-4 Vacin 及 Went 培养基

成 分	分 子 式	含 量
磷酸三钙	$Ca_3(PO_4)_2$	0.20g
硝酸钾	KNO_3	0.525g
硫酸镁	$MgSO_4 \cdot 7H_2O$	0.25g
硫酸铵	$(NH_4)_2SO_4$	0.50g
磷酸二氢钾	KH_2PO_4	0.25g
酒石酸铁	$Fe(C_4H_4O_6)_3 \cdot 2H_2O$	0.028g
硫酸锰	$MnSO_4 \cdot 4H_2O$	0.007 5g
琼脂		16g
蔗糖		20g
蒸馏水		1 000mL

除上述两种培养基外，其他几种常用的标准培养基，如 MS、Chang 培养基用于兰花种子发芽也很有效。不少研究者对兰花种子发芽培养基做过实验，证明了不同属、种甚至品种都有各自适宜的配方，发芽难易程度也不一样。如 Mukherjee 等（1974）发现石斛属、卡特兰属、齿瓣兰属、蝴蝶兰属、万代兰属在 Kundson C 培养基上发芽很好，但是黄蝉兰（*Cymbidium iridioides*）、多花指甲兰（*Aerides multiflorum*）、鹤顶兰属的 *Phaius wallichii* 则不发芽。兰属的不同种及品种对培养基的反应或发芽情况也不一致，Ichihashi（1979）用 6 种培养基试验后认为，兰属种子在 Thompson 培养基上发芽不受抑制，台兰（*Cymbidium floribundum* var. *pumilum*）在 Kundson 培养基上生长很慢。Chang 及 Chun（1983）用 14 种培养基试验后认为，建兰（*Cymbidium ensifolium*）在 3 种培养基上发芽很好。吴汉珠等（1987）的资料表明，兰属的气生种，如虎头兰（*Cymbidium hookerianum*）、

黄蝉兰（*Cymbidium iridioides*）发芽容易，地生种一般发芽差或不发芽，素心品种很少能发芽。

有研究者在培养基中试用过许多天然物质作添加剂，已用过椰子汁、香蕉果肉、番茄汁、酵母提取液、菠萝汁、蜂蜜、兰科假鳞茎中提取的干淀粉、鱼酱、牛肉汁、蚕蛹提取物等，其中以椰子汁、香蕉果肉和番茄汁对兰科种子发芽很有效。Northon（1970）认为，番茄汁并非对全部的属均有效，而番茄汁与椰子汁的混合物对全部属均安全。果汁刺激兰科种子发芽被认为是所含的氨基酸、山梨糖醇、肌醇及细胞分裂素等混合物的作用。

在东南亚一带常用于兰花种子发芽的培养基为 Yamad 修改配方培养基Ⅱ（表 14-5），便使用了椰子汁与番茄汁，并用商品肥料代替了化学药品，效果很好。

表 14-5 Yamad 修改配方培养基Ⅱ

成 分	含 量
Gaviota 67*	2.5g
幼椰子汁	250mL
蔗糖	15g
胨	1.75g
鲜番茄汁	3 茶匙
琼脂	15g
蒸馏水	750ml

* 一种复合无机肥料的商品名称，成分为^{14}N、^{27}K 及微量钼、锰、铁、铜、锌与 B 族维生素。

培养基的 pH 对兰花种子发芽及幼苗生长也很重要，不同的属各有最适的范围，大多数属如兰属、万代兰属、石斛属、蝴蝶兰属等以 5.0～5.2 最适。

2. 种子的收获与贮藏 兰花的蒴果由绿转黄再变褐时，开裂并散落种子，应在蒴果开裂前采收。采下的蒴果先用蘸 50%次氯酸钾溶液的棉球做表面灭菌，然后包于清洁白纸中放干燥冷凉处几天，使蒴果自然干燥并散出种子。兰花种子寿命短，室温下很快便丧失发芽力，应随采随播。干燥密封贮于 5℃下可保持生活力几周至几个月。

3. 种子发芽的温、光要求 播种后置于光照充足但无直射日光的室内发芽。Arditti（1967）认为，兰花种子能在 6～40℃发芽，最适为 22～29℃，他建议每天 12～18h 2 000～3 000lx 光照，这样有利于大多数兰花种子发芽。Harvais（1973）认为多数兰花种子最适的发芽温度为 20～25℃，并推荐在夜温 21℃、日温 27℃、3 000lx 光照条件下培养。Post（1949）认为，每天 16h 1 000lx 光照已能满足良好发芽的要求。

发芽时间不同属从几天到几周不等，先开始转为绿色，逐渐发芽。兜兰属发芽较慢，需 1 个月以上。

兰花播种繁殖的用具、操作方法与步骤，和一般组培繁殖大体一致。

4. 绿果培养 将兰花的蒴果尚处于绿色时的种子取出播种称绿果培养。蒴果成熟开裂前 3～4 周的种子也能生长出健康的幼苗。绿果培养的优点是种子尚未与外界接触，不需表面消毒，简化了操作，减少了污染可能性，同时缩短了授粉至播种的时间，加快成苗过程。

二、营养繁殖

（一）组培繁殖

用茎尖分生组织在无菌条件下做无性系繁殖（cloning）是一项近代技术，目的是取得无病毒苗。组培繁殖具有繁殖快速、繁殖系数大、苗整齐、不带病毒等优点，一株母本在一年内可繁殖百万株。1960 年 Morel 首先将组培方法用于兰花繁殖，后经改进，现已广泛应用于卡特兰属、兰属、石斛属、文心兰属、火焰兰属、万代兰属及许多杂交属如 *Aranda*、*Holttumara* 等的商品生产。

兰花组培苗上盆后，一般 3～5 年可开花。

兰花组培繁殖的外植体均取自分生组织，可用茎尖、侧芽、幼叶尖、休眠芽或花序，最常用的是茎尖。外植体可在不加琼脂的 Vacin 及 Went 液体培养基中振荡培养。有的外植体能在几周内直接发育成小植株，为达到扩繁目的，应将其取出，细心将叶全部剥去后放回原处再培养，直至形成原球茎（protocorm）。原球茎是最初形成的小假鳞茎，形态结构与一般假鳞茎相似。

原球茎移入不含糖的 Vacin 及 Went 培养基中继续培养，能不断增殖。增殖的原球茎又可转移培养，不断扩大繁殖系数。

若将原球茎转移到 Yamad 修改配方培养基Ⅰ（表 14-6）中，便能分化成小植株，最后将小植株再转移到 Vacin 及 Went 固体培养基（表 14-4）或 Yamad 修改配方培养基Ⅱ（表 14-5）中使其生根。生根良好后可移栽成苗。

表 14-6　Yamad 修改配方培养基 I

成　分	含　量	成　分	含　量
Gaviota 67	1.5g	椰子汁	200mL
胨	1.75g	鲜番茄汁	10mL
琼脂	10.0g	蒸馏水	1 000mL
蔗糖	15.0g		

（二）扦插繁殖

1. 扦插繁殖方法　依插穗的来源不同，兰花扦插繁殖有下列几种方法。

（1）顶枝扦插　顶枝扦插适用于具有长地上茎的单轴分枝种类，如万代兰属、火焰兰属、蜘蛛兰属、*Aranda* 及这些属的杂种。剪取一定长度并带有 2～3 条气生根的顶枝作为插条，一般长度 7～10cm，带 6～8 片叶，过短又不带气生根者成活慢、生长差。剪取插条时，母株至少要留两片健壮叶，有利于萌生幼株。万代兰属的插条长 30～37cm 最好，蜘蛛兰属宜长 45～60cm。顶枝扦插不需苗床育苗，采后立即栽插于大棚或地中，注意防雨、遮阴，并保持足够空气湿度。

（2）分蘖扦插　分蘖扦插主要用于单轴分枝及不具假鳞茎的属，如万代兰属、火焰兰属、蜘蛛兰属及属间杂交的 *Aranda*、*Aranthera*、*Ascocenda*、*Holttumara*、*Renantanda* 等，生长成熟后，尤其在将顶枝剪作插条或已生出的幼株被分割后，母株基部的休眠侧芽易萌发或形成分蘖，逐渐生根成为幼株。生长至一定大小，一般在具有 2～3 条气生根时，从基部带根割下作为插条繁殖。一株上的几个分蘖要一次全部割下，才能使母株再产生分蘖。

石斛属及树兰属常于地上枝近顶端的叶腋产生小植株，待生出几条完整的气生根后，连同母株的茎剪下，按株分段扦插繁殖。

（3）假鳞茎扦插　假鳞茎扦插适用于具假鳞茎的种类，如卡特兰属、兰属、石斛属等。剪取叶已脱落的后鳞茎作为插条，石斛属的假鳞茎细长，可剪为几段，兰属的每一后鳞茎作一个扦条。用 BA 羊毛脂软膏涂于 2～3 个侧芽上有助于侧芽萌发成新假鳞茎并生根成苗。

插条可扦插于盛水苔基质的浅箱中，注意保湿，或包埋于湿润水苔中，用聚乙烯袋密封，悬挂于室内温暖处，几周后即出芽生根。卡特兰后鳞茎有一个芽生于两假鳞茎间的平卧根茎上，分割时应使其留在后面一个假鳞茎上并不受损伤。

（4）花茎扦插　花茎扦插用于蝴蝶兰属、鹤顶兰属。鹤顶兰花枝的第一朵花以下还有7至多节，每节有一片退化叶及腋芽。在最后一朵花开过后，将花枝从基部剪下，去掉顶端有花部分后尚有37～45cm，将其横放在浅箱内的水苔基质上，将两端埋入水苔中以防干燥，2～3周后每节上能生出一个小植株。小植株长出3～4条根后，分段将各株剪下移栽盆内。蝴蝶兰属的花茎扦插只能在无菌玻璃器内进行，和组培繁殖近似。培养基也用Kundson配方C，在适宜条件下约3个月出苗生根。

2. 植物生长调节物质在兰花扦插繁殖上的应用　许多研究指出，植物生长调节物质在兰花扦插繁殖上有很好的促进作用，有促进生根及侧芽发生的良好效果。现将一部分资料摘录于表14-7供参考。

表14-7　植物生长调节物质在兰花扦插繁殖中的应用

生长调节剂	浓度及效果	资料来源
IBA	5 000mg/L处理*Renanopsis*插条可促进生根	Hartona，1978
	以不同浓度处理卡特兰后鳞茎，2 000mg/L对生根及出苗效果最好	Wittner，1951
	对兰属绿色假鳞茎的枝和根的生长有效	Kofranek et Barstow，1955
	100～200mg/L对*Dendrobium aggregatum*假鳞茎的生根效果最好	Nagbhushan，1982
NAA	10^{-4}mol/L处理万代兰插条，100%生根，对照只有20%～25%生根	Goh，1983
	90mg/L处理卡特兰杂种的假鳞茎，86%生根，对照只有14%生根	Delizo，1974
BA	750～1 000mg/L有刺激侧芽萌生出小植株的效果	Kunisaki，1975
	处理兜兰基部侧芽有促进其萌发的效果	Stewartet Button，1977
	0.1～100mg/L处理兜兰属能增加侧枝的形成	Plamee et Boesmanl，1982

（三）分株繁殖

分株繁殖适用于合轴分枝种类，在具假鳞茎的种类上普遍采用。如卡特兰属、兰属、石斛属、文心兰属、树兰属、兜兰属、堇花兰属等栽培几年后，或由于假鳞茎的增多，或由于分蘖的增加，一株多苗，便可分株。

分株繁殖简单易行，一般在旺盛生长前进行。

1. 兜兰属　兜兰属不具假鳞茎，分株常在换盆时进行，只需将全株从土中取出，用手将两苗掰开即成，一般1～2年换盆分株一次。

2. 兰属　兰属是兰花中假鳞茎生长最快的种类，通常用分株繁殖。每年可从顶端假鳞茎上产生1～3个新假鳞茎。一般2～3年便可分株，分株常结合换盆进行。先将全株自盆内倒出，在适当位置分成两至几丛。分剪时每丛最少要留4个假鳞茎才利于生长，4个假鳞茎中有1～2个可以是无叶的后鳞茎。

3. 卡特兰属及相似属　卡特兰每年只在原有假鳞茎的前端长出一个假鳞茎。假鳞茎一般6年后落叶成后鳞茎，两个假鳞茎之间有一段粗而短的根茎，在根茎中部有一个休眠芽。分株要求栽培5年以上、具5个以上假鳞茎时才进行，按前端留3～4个、后端留2～3个的原则分成两株。分株时注意将根茎上的休眠芽留在后段，否则后段不易产生新的假鳞茎。不具叶的后鳞茎可割下作扦插繁殖。

卡特兰及相似习性的种类，分株最好在能辨识根茎上的生活芽时进行。不需将植株取出，在原盆内选好位置割成两段，植株仍留在原盆中生长，待翌年春季旺盛生长前再将整株取出，细心将两株根部分开栽植。

第五节　兰花的栽培管理

1. 基质　基质是盆栽兰花的首要条件，基质组成在很大程度上影响根部的水、气的平衡。大部分兰花，特别是附生种类，在自然环境中根均处于通气良好、空气中不渍水的条件下，地生种类的根也多处于质地疏松、排水通气良好、有机质丰富的土壤中。兰花从进入栽培起便重视基质的选用。传统的栽培基质有壤土、水苔、木炭等，后来又发现蕨类的根茎和叶柄、树皮、椰子壳纤维和碎砖屑等都是很好的材料。

兰花栽培基质应具备的首要特性是排水、通气良好，以既能迅速排除多余水分、使根部有足够的空隙透气，又能保持中度水分含量为最好。附生兰类更需要良好的排水透气条件。兰花本身一方面只需低肥，另一方面，肥料多是在生长期间不断施用，故基质一般不考虑肥力因子。

在马来西亚、新加坡、菲律宾等地，气候温暖湿润，栽培的兰花以附生兰类为主，管理上要求不断浇水。盆栽基质以硬木炭粗粒及碎砖块为主，按盆的大小、苗的大小及兰花种类选用适宜大小的基质颗粒，盆底用（2cm×2cm×4cm）～（5cm×5cm×10cm）的颗粒垫底，上面用（1.5cm×1.5cm×2cm）～（5cm×5cm×7cm）的颗粒栽苗。根细的种类，如蝴蝶兰属、石斛属、卡特兰属、文心兰属、鸟舌兰属等及幼苗用颗粒较细的基质；根粗的种类，如万代兰属、火焰兰属及杂交而成的 *Aranda*、*Holttumara* 等用较粗的基质。只用木炭粒而不加其他材料能充分透气。对某些生长强健的种类，如蜘蛛兰属、*Aranthera* 才用土壤栽培。

东南亚以外的地区常采用两种以上的材料混合作基质，取长补短，效果很好。Black 推荐了几个常见属使用的基质（表 14-8）。

表 14-8　常见栽培属的适宜基质配方

成　分	体积比
卡特兰属	
中等粗细树皮或切碎的粗紫箕纤维	1/2
活水苔	1/4
木炭屑及珍珠岩（各 1/8）	1/4
兰属	
晒干切段的蕨叶或中等粗细树皮或切碎的粗紫箕纤维	1/2
活水苔	1/4
木炭碎块及珍珠岩（各 1/8）	1/4
齿瓣兰属、堇花兰属及属间杂种	
细树皮或切细的紫箕纤维	1/2
活水苔	1/4
细木炭块及珍珠岩（各 1/8）	1/4
兜兰属及其他地生兰类	
中等粗细的树皮或切碎的紫箕纤维	1/4
活水藓或泥炭	3/4
每 4.5L 加一杯木炭块及珍珠岩	

（续）

成　分	体积比
蝴蝶兰属、万代兰属	
切碎的活水苔	3/4
木炭与珍珠岩	1/4

Poole 及 Sheehan（1977）推荐，附生兰类或地生兰类均可用泥炭和珍珠岩按体积 1∶1 混合作基质，效果很好。这一配方取材较方便，简便易行，对忌湿的种类只需注意不过度浇水，以免引起根部腐烂。

2. 上盆　盆栽兰花一般用透气性较好的瓦盆或专用的兰盆。兰盆除底部有一至几个孔以外，侧面也有孔，排水透气性好，更适于附生兰类生长，有时气生根还从侧孔伸至盆外。也可用直径 2cm 的细木条钉成各式木框种植附生兰。

盆栽要做到以下几点：①盆底垫足瓦片、骨片、粗块木炭或碎砖块，保证排水良好；②严格小苗小盆、大苗大盆原则，小苗用大盆不但不经济，且苗生长不良，大株用小盆也会生长不良，植株、花枝小，花数少；③操作要细心，不伤根和叶，小苗更重要；④幼苗移栽后可喷一次杀菌剂；⑤浅栽，茎或假鳞茎需露出土面；⑥上盆后不宜浇水过多；⑦上盆后宜放无直射日光及直接雨淋处一段时间。

3. 浇水　浇水是兰花栽培管理上一项经常性的重要工作。有时需每天浇水，但许多兰花的死亡也由浇水过度引起。兰花浇水应注意以下几点：①种类、基质、容器、植株大小等不同的条件下，浇水的次数、多少、方法均不一致。因此，不要将不同情况的兰花混放在一起，否则会增加浇水的难度，加大工作量。如卡特兰的杂交种比兜兰的杂交种需要较多光照、较少水分及较低湿度。②水质对兰花生长很重要。水中可溶性盐分忌过高，T. J. Sheehan 认为，低于 125mg/L 最好，125～500mg/L 也属安全，500～800mg/L 应慎用，800mg/L 以上不能用。城市自来水一般能达到安全标准。我国北方尤其是盐碱地区，水中含盐分较高，有些地方的井水比河水的含盐量更高，浇水前应先进行水质分析。雨水是浇灌兰花的最佳水源。浇兰应用软水，以不含或少含石灰为宜。但是，Northern（1970）提到，卡特兰用 pH4～9 的软水或硬水浇灌均可。③浇水时机原则上和其他花卉相同，待基质表面变干时浇。种兰基质透水性好，盆孔多，蒸发快，浇水周期比一般花卉短，具体视当地气候、季节、基质种类及粗细、盆的种类及大小、苗的大小及兰花种类而定。如在东南亚一带，气温高，如果用木炭作基质栽培的幼苗，要早晚各浇水一次，若用椰子壳纤维作基质，每天只需浇一次水。④浇水宜用喷壶，小苗宜喷雾，忌大水冲淋。每次连叶带根喷匀喷透。

4. 施肥　种兰的基质多不含养分或养分含量很少。有机材料如蕨类根茎或叶柄、椰壳纤维、树皮、泥炭、木屑等，在几年内能分解并释放出一些养分，但量微而不能满足兰花旺盛生长的需要，生长季节要不断补充肥料。附生兰类的自然生态环境中肥料来源少、浓度低，故只需补充低浓度肥料。

（1）肥料的成分　兰花跟其他花卉一样，也需完全肥料，以氮、磷、钾为主，适当补充微量元素。肥料的成分依基质的成分及兰花的生长发育时期而定。地生兰类在营养生长期间，基质为蕨类根茎或泥炭等含氮的材料时，氮、磷、钾可按 1∶1∶1 配合；基质为不含氮的木炭、砖块、树皮时，按 3∶1∶1 配合。在花形成期间，多用磷、钾肥，氮、磷、钾按 1∶3∶2 配合，对花的形成有利。

无机化肥用商品复合肥，既方便又含多种营养元素。近年来缓释性肥料用于盆栽兰花也很成功，一般不会产生用量过多的危险。将缓释性肥料与速效肥料配合使用更为合理。

兰花很适于叶面施肥，因兰花需经常在叶面及气生根上喷水以保持湿度，在喷水时加入极稀薄的肥料，效果有时比每月施用两次常规肥料更好。

兰花也适合用有机肥料。有机肥取材方便，价格低廉，兼具生长调节物质与有机成分，能改良地栽兰花的土壤结构，对土壤起覆盖作用。我国及东南亚的兰花生产地习惯使用有机肥。有机肥有人粪尿、牛粪、猪粪尿、禽粪等，均宜发酵后使用。人粪尿与牛粪用于盆栽兰加水 30 倍、地栽兰加水 20 倍比较安全。猪粪尿质地更粗，又不含草籽，施用比较安全，更适于兰花，一般加水 10 倍施用。禽粪含氮、磷、钾均较高，未经发酵或用量过浓常伤根，宜慎用。

（2）兰花施肥要点　兰花施肥应注意下列几点：①肥宜稀不宜浓，盐分总浓度不高于 500mg/L 最好。兰花的根吸收肥料快，一时又不能转运或利用，高浓度肥料易伤根或使根腐烂。②夏季为生长旺季，一般浓度肥料可 10～15d 施一次，低浓度肥料 5d 施一次或每次浇水时作叶面喷洒。③化肥使用前必须完全溶解。④缓释性肥料与速效肥料配合使用，化肥和有机肥交替使用，比单一施用效果好。

5. 光照与遮阴　光照是兰花栽培的重要条件，光照不足常导致不开花、生长缓慢、茎细长而不挺立及新苗或假鳞茎细弱，光照过强又会使叶片变黄或造成灼伤，甚至使全株死亡。热带或亚热带常有较充足光照，通常夏季均进行遮阴以防止过度强烈阳光的伤害。不同属、种对光照的要求不一：①兰属除夏天外可适应全光照，夏天需较低温度。②蝴蝶兰属及其杂交属 *Doritaenopsis* 每日只需全光照的 40%～50% 8h，这类兰花的叶较脆弱，强光照或雨淋均易使叶受伤。③卡特兰属、万代兰属带状叶种、文心兰属及 *Ascocenda* 等需全光照的 50%～60%及高温。④不需遮光的种类较多。蜘蛛兰属及 *Aranthera* 必须有长时间的强光照，光照度及时数不足便不开花；火焰兰属、*Renanopsis*、*Renantanda* 等在全日照下可正常生长；*Renantanda* 带状叶种及 *Kagawara* 在稍微荫蔽处生长良好。

6. 温度　温度是限制兰花自然分布及室外栽培的最重要条件。在自然或栽培环境中，温度、光照及湿度是相互联系又相互影响的，兰花栽培中必须使三者协调平衡才能取得良好效果。如高温时必须配合强光与高湿度，光照与湿度不足或低温高湿环境都是有害的。温度不适宜，兰花虽然也能生活，但生长不良甚至不开花。如卡特兰，若昼夜温度均保持在 21℃以上，始终不开花，若昼温在 21℃以下，夜温 12～17℃经过几周，幼苗能提早半年开花。昼夜温差太小或夜间温度高，对兰花都很不利。

第六节　露地切花兰生产

切花是兰花的主要商品形式之一，切花兰大多是喜热的附生兰类，目前栽培的多是一些属间或种间杂种。切花兰抗性强，栽培容易，全年不断开花，一枝多花或具香气，耐运输，插瓶寿命长，因而在切花市场上很受欢迎。切花兰的生产都集中在热带地区，主要分布在东南亚，如菲律宾、新加坡、马来西亚、泰国、斯里兰卡等地及美国夏威夷。切花兰虽然都是附生兰类，但生产地都直接地栽，称为 ground orchid。地栽的设备、能源花费少，成本低，经济效益好，东南亚各国有数不清的兰圃，小的不及 1hm²，大的超过 40hm²，收入均相当可观。

常见的栽培种类中，不需遮阴的种类有万代兰属、蜘蛛兰属、火焰兰属、*Aranthera* 等的种间或属间杂种，需遮阴 40%～50%的有石斛属、文心兰属、*Ascocenda* 及 *Aranda* 的某些杂交种。

一、栽培方式

1. 地栽 切花兰地栽在东南亚很普遍而且很成功。现将当地的情况介绍于下：

（1）品种 普遍使用的品种有 *Arachnis* 'Maggie Qei'、*Aranthera* 'James Storie'、*Aranthera* 'Anne Black'、*Aranthera* 'Mohamed Haniff'、*Holttumara* 'Lake Tuck YiP'、*Aeridachnis* 'Bogor'、*Aeridachnis* 'Mandai'、某些 *Aranda* 及少数其他杂交种。

（2）整地与定植 先除草，杂草晒干后作栽后的土壤覆盖物。栽苗前 1～2d 耕地，土块不打细，大块土团不易积水，兰花生长更好。按宽 60cm、高 15cm 做畦，切花兰都具攀缘性，株高可达 2m 以上，畦做好后，每畦面用木条做两行高 140～180cm 的支架，两支架间距 35cm，每架上加 3 行横条。

一般用顶枝直接插畦时，从将要更新的栽培地中剪取顶梢作为插条更为经济。插条一般为长 60～100cm 并带有几条气生根的大条，生长快、开花早，最短也应长 40cm。沿支架下方开深约 10cm 的沟，按株距 15～25cm 将插条基部及气生根埋在沟中，上端固定在支架的横条上。插栽最好在雨天进行。

栽好后，畦面用干草覆盖，可降温保湿、促进生根、防止土壤冲刷与杂草生长。充分浇水后，当地多用椰子或其他棕榈科植物遮阴一段时间。

种后一般 3～4 个月即可产生花枝，2～3 年生者高 2m 以上，又可将顶枝作为插条扩大繁殖。剪顶后的母株也可保留，使其产生根蘖，管理恰当者可产生 2～3 批根蘖，最后连根拔除，另栽新苗。

2. 盆栽

（1）品种 一些切花兰品种在热带地栽虽已成功，但仍以在遮光 50%的条件下盆栽生长更好。最常用的品种有 *Aranda* 'Wendy Scott'、*Aranda* 'Christine'、*Oncidium* 'Golden Showers'、*Arachnis* 'Maggie Qei' 及 *Ascocenda* 杂交种、石斛属杂交种等。

（2）栽培要点 一般用口径 15～20cm 的瓦盆，基质应排水良好。为使兰根不入土、通气更佳，花盆均不直接放在土面，最好放于高 30～60cm 的木制或砖砌支架上，也可在地面先铺木板或砖块，再将花盆成行放置其上。盆栽切花兰也需支架固定。

盆栽切花兰用顶梢扦插繁殖，种 2～3 年后更新另栽。石斛属在盆中生长 3～4 年后满盆，应换盆并分栽。

二、切花采收与处理

1. 品质标准 兰花成为大规模商品切花的时间较短，各个种的切花要求也不一致，因而在商品的分级、品质、包装、处理等方面尚未形成一套完整的共同标准。习惯上常按花枝长短、花朵数目、花径大小与排列来划分等级。一些大批量生产的主要种类，已逐渐形成了标准。如泰国生产的石斛 'Mme Pompadour' 品种，一级花的标准是有 7 朵已开放的花及 7 个花蕾；蜘蛛兰 'Maggie Qei' 品种应有 1～3 朵已开放的花和 4 朵以上的花蕾；兰属的切花以 6、8 或 12 支的小包装论价；卡特兰的价格以每朵花的大小及色彩而定，同等大小者，又以纯白色较紫色或白花红唇为高。

2. 采收　兰花的花朵一般在开放后 3～4d 才完全成熟，未成熟的花采下后不耐久贮或在运达市场前便凋萎，开放后期的花寿命也缩短，也非高质量的切花。适宜的采收期，多花型可依已开放的花朵数来确定，兰花花序各花由下向上逐一开放，一般每隔 1.5～3d 开一朵，故花序的基部已有 3～4 朵开放时表明最下一朵花已经成熟，是采收的适期。但单花或 2～3 朵的少花种类，如卡特兰属及其杂交种，便难以判断，尤其在有大量花逐日开放时更难准确判定。生产者最好每天清晨到兰园检查，逐日用不同色彩的标牌挂于当天初开的花枝上以表明应采收的日期。

兰花在授粉后很快凋萎，蕊柱增粗增大或变色都是已传粉的标志，这类花品质差。兰花是多年生植物，一般以扦插、分株等方式繁殖，作业时防止病毒感染与传播十分重要。采花时也要采取预防措施，每采一株后刀剪均应消毒一次，简便的方法是将刀剪在饱和的石灰水（pH 12）中浸泡一下。

3. 包装与运输　兰属、卡特兰属及其近缘属的花枝，采下后应将其基部立即插入盛有清水的兰花管中。兰属按花枝及花朵大小以 6、8 或 12 支为一小包装入玻璃纸盒中，再装入大箱。卡特兰及其杂交或近缘种一般直接放入包装盒中，各花之间隔以蜡纸条以免各花移动碰伤。其他种类通常不用水插，如石斛属、*Aranda* 的花枝，采下后先浸在水中 15min，使其充分吸水后再包装，或将花枝基部用少许湿棉花包裹保湿，每 12 支一束包塑料袋内后再装箱，在箱内一般密集平放。

兰花较耐运，东南亚生产的切花经半个地球运往欧洲后仍然十分新鲜，但运达后应立即摊开。

4. 贮藏与处理　兰花原产热带或亚热带，花亦喜温暖而怕冷冻。已开放的花枝，一般能在植株上保持良好状态 3～4 周，故可以使已开的花保留在植株上一段时间，至需花时再采收。需贮藏的花放于 5～7℃下能保鲜 10～14d，未成熟的花不耐贮。

经过远途运输或贮藏后的花取出后，兰属、卡特兰属应立即将花枝基部剪去 1cm，多花型的种类花枝较长，可剪去 2.5cm 左右，再插入含保鲜剂的水中，置于 38℃下使之吸水坚挺。

第七节　兰花常见栽培属

一、国兰类兰属

【产地及分布】兰属（*Cymbidium*）在自然界约 70 种，主产我国及东南亚，北起朝鲜、南迄澳大利亚北部、西至印度、东达日本的广大地区均有分布。我国种类最多，有 20 余种，主要分布在东南沿海及西南地区。

【形态特征】兰属植物常绿，合轴分枝。具大小不等的假鳞茎，假鳞茎生叶二至十余片，多条形或带形，近基部有关节，枯叶由此断落。花序自顶生一年生假鳞茎基部抽出，有花 1～50 朵。唇瓣三浅裂或不明显，中裂片有时反卷，侧裂片有两条纵向平行的隆起，称褶片，明显或不明显，蕊柱长，明显，花粉块二，生共同的柄上，有黏盘。花中大或大，色泽多样，有白、粉、黄、绿、黄绿、深红及复色，有的具芳香。

【生态习性】兰属植物附生或地生。因具假鳞茎，耐旱力强，也是兰花中最耐低温的种类。生长快，繁殖、栽培均较易。花的寿命长，可达 10 周之久，清水瓶插也可保鲜同样时间。

【栽培利用】兰属是我国栽培历史最久、最多和最普遍的兰花，也是世界著名而广栽的兰花之一。既是名贵的盆花，也是优良的切花。我国以盆花为主，品种甚多，以浓香、素心品种为珍品。国外喜花多、花大、瓣宽、色艳的品种，目前栽培的多为一些杂交种。

兰属隶属兰亚族（Cymbidinae），兰亚族只有少数几个属，除兰属外，其余均未见栽培。兰属的杂交育种多在属内的种间进行，有记载可与不同亚族的鹤顶兰属及 *Ansicllia* 杂交。兰属有价值的杂种的亲本大都产自我国南方，还有缅甸、越南、印度一带的少数几个种，即独占春、美花兰、碧玉兰、西藏虎头兰、台兰及 *C. devonianum*。人工杂交种在1 000种以上，多作半地生栽培。

【我国栽培种】我国以往栽培的兰属花卉绝大多数都是从野生种中选择、培育、繁殖而来的自然种，近年来才做了一些种间杂交工作，已取得了结果。

我国兰属常见栽培种检索表

1. 叶片椭圆形，有细而长的柄……………………（1）兔耳兰（*C. lancifolium*）
1. 叶片狭，线形、带形或剑形……………………2
2. 叶片边缘有极细齿，手触有粗糙感……………………3
2. 叶片边缘全缘，手触平滑（建兰与寒兰有时近顶部有极细齿）……………………4
3. 叶脉不明显，在光下不透明；单花，偶两朵；苞片宽而长，宽达 1cm，长过于花梗及子房；早春开花……………………（2）春兰（*C. goeringii*）
3. 叶脉明显，在光下色浅较透明；花序具数花；苞片窄短，宽 2～4mm，短于或近等长于花梗和子房，3～5 月开花……………………（3）蕙兰（*C. faberi*）
4. 萼片较窄短，宽 1.2cm 以下，长不及 4cm，花径一般在 6cm 以内（寒兰萼片有时长达 4cm，但宽不过 1.2cm），蕊柱长 1～1.8cm，花序直立（多花兰斜出或下弯）……………………5
4. 萼片较宽长，宽 1.2cm 以上，长 4.3cm 以上，花径 8cm 以上；蕊柱长 2cm 以上；花序斜出或下弯……………………8
5. 花序有花 15～50 朵，密生；花序斜出、下弯或近直立；苞片长不及子房的 1/3，唇瓣具乳突；花无香……………………（4）多花兰（*C. floribundum*）
5. 花序有花 2～20 朵，疏生；花序直立；花序最上方一枚苞片长为子房的 1/3～1/2 或更长；花芳香……………………6
6. 花序长 40cm 以下，通常低于叶丛；假鳞茎较小，不显……………………（5）建兰（*C. ensifolium*）
6. 花序长 40cm 以上，通常高于叶丛；假鳞茎粗大，明显……………………7
7. 花序中部以上的苞片长不超过 1cm，约为子房的 2/3；花序轴在花的苞片基部有蜜腺……………………（6）墨兰（*C. sinense*）
7. 花序中部以上的苞片长 1.3～2.8cm，与子房约等长；花序轴无蜜腺……………………（7）寒兰（*C. kanran*）
8. 花白色、淡玫瑰红或深红色……………………9
8. 花绿色、黄绿色、绿褐色或红褐色……………………10
9. 花序有花 1～2 朵，少数 3～6 朵，花纯白色或微牙黄，仅唇瓣常有两个黄色斑块……………………（8）独占春（*C. eburneum*）
9. 花序有花 12～15 朵，淡玫瑰红或深红色……………………（9）美花兰（*C. insigne*）
10. 花被绿色或黄绿色，有紫色条纹；花授粉后唇瓣转变为红色……………………（10）虎头兰(*C. hookerianum*)
10. 花被浅橙黄色或浅橙红色，有深色条纹；花授粉后唇瓣不变色……………………11
11. 花直径 12cm 以下，唇瓣毛较少……………………（11）黄蝉兰（*C. iridioides*）
11. 花直径 12～15cm，唇瓣毛多……………………（12）西藏虎头兰（*C. tracyanum*）

1. 兔耳兰（*C. lancifolium*）　兔耳兰假鳞茎包于数枚叶鞘内，长圆形，生叶 2～4 片。叶片椭圆形或椭圆状倒披针形，基部渐狭长成柄。花序直立，长 10～30cm，有花 3～8 朵；苞片长约 1cm，明显比花梗和子房短；花白色带紫，径 5～7cm，唇瓣不明显三裂，白色，基部绿色，侧裂片有紫红色斑纹。花 5～7 月开放，微香。分布于台湾、广东、广西、云南、四川及西藏。生林下或附生树上，有少量栽培。

2. 春兰（*C. goeringii*）　春兰假鳞茎生叶 4～6 片，叶宽 0.5～1.0cm，叶缘透明的角质边有细微的齿，手触有粗糙感。花单生，偶 2 朵并生，变种有多达 7 朵者；花下方的苞片宽而长，宽达 1cm，长过于花梗加子房的长度。花通常淡黄绿色或带红色，1～3 月开放，浓香。春兰在我国分布广泛，长江以南山区资源丰富，抗性强，易栽培，花期正值春节前后，有浓香，故栽培甚普遍，为群众所喜爱。缺点是花少而低，常隐于叶丛下，故宜用小盆栽少数苗，也可选用花枝较长的品种。

变种：线叶春兰（var. *serratum*），叶甚窄，花被多深绿色，香气淡；春剑（var. *longibracteatum*），叶刚健直立，每花序有花 2～7 朵，产于四川，其唇瓣纯色无斑的品种称春剑素，为四川兰花的珍品。

3. 蕙兰（*C. faberi*）　蕙兰叶 7～15 片，直立性强，幼时对折，中下部横切面呈 V 形；中脉色浅，迎光时较透明；叶缘有锋利细齿，能划破手指。花 7～15 朵，顶花的苞片短于子房，花被多淡黄绿色，唇瓣具多数小乳突状毛，3～4 月开放，浓香。我国秦岭以南盛产，久经栽培，性耐寒。

4. 多花兰（*C. floribundum*）　多花兰叶 3～8 片，直立性强，叶缘无齿，先端二细尖裂。花序直立或稍弯斜，花 30～50 朵或更多密生，一般无香气；花被红褐色，边缘黄色，颇美丽，极罕灰褐色。花期 4～5 月，无香或微香。产于我国东南地区，喜排水良好的腐殖土。

变种台兰（var. *pumilum*），叶较短，花序斜出，向下弓弯，有花 15～40 朵，花较小，暗红色有黄色边。广泛栽培，国外用作小型多花兰的育种亲本。四川因其花群似群蜂出巢而称蜂子兰。

5. 建兰（*C. ensifolium*）　建兰叶 2～6 片，叶缘无齿或近顶部有极细齿。花 2～13 朵，花序上部的苞片短于子房，花被多淡绿黄色。花期 7～9 月，一般在此期间开两次花。分布广，我国广泛栽培。

6. 墨兰（*C. sinense*）　墨兰假鳞茎大而显著。叶 4～5 片，宽 1.5～4cm，边缘平滑无齿。花序长 40～60cm 或更长，高于叶丛，着花 7～20 朵或更多；花序中部的苞片不及 1cm，明显短于子房，花序轴在苞片下方有蜜腺；花色变化较大，常为暗紫色或紫褐色而具浅色唇瓣。花期 9 月至翌年 1 月，芳香。我国南方多野生，广泛栽培，因其在春节前开花故又称报岁兰。

7. 寒兰（*C. kanran*）　寒兰假鳞茎大，高 3～4cm、径 1.2～1.8cm。叶 3～7 片，直立性强，宽 1.5～2cm，叶缘无齿或有极细齿。花序长达 40～60cm，常高于叶丛，着花 6～16 朵；中部苞片长 1.3～2.8cm，与子房近等长；花大，径 6～9cm，萼片窄长，宽不及 0.7cm；花有黄绿、淡红褐等色。花期 10～12 月，浓香。栽培日益广泛。

8. 独占春（*C. eburneum*）　独占春假鳞茎长，常多苗丛生。叶 6～8 片，多的可达 15 片以上，叶片先端二尖裂或扭转。花序长约 20cm，花 1～2 朵，偶 3～6 朵；花径约 10cm；花被片宽 1cm 以上，白色或微牙黄色，唇瓣折片黄色，蕊柱长 2cm 以上。春季 4 月前后开放。分布于我国云南、广东及海南，缅甸、越南、锡金、尼泊尔及印度也产，生于海拔2 500～3 000m的山区。1846年引入英国，一度是广泛栽培种，也是最早的杂交亲本之一，它是近代许多白花杂种的祖先。我国有少量栽培。

9. 美花兰（*C. insigne*） 美花兰假鳞茎粗大，叶多6～9片，宽1.5～2.0cm。花序具花10～15朵；花大，径约9cm；花被片宽1cm以上，淡玫瑰红或深红色。产于我国海南，越南也产。通常附生，有时也生于沙地中。本种是兰属杂交育种的优良亲本，是许多红色杂交种的祖先。

10. 虎头兰（*C. hookerianum*） 虎头兰假鳞茎大而显著，高6～9cm，野生者常成大丛。叶7～11片，长70～90cm，宽2～2.5cm。花序近直立或下弯，花10～20朵，常短于叶；花大，径约9cm，绿色或苹果绿色有紫色条纹；唇瓣淡黄色，传粉受精后变红色。春季开花，无香或微香。分布于我国西南，越南、老挝、柬埔寨及印度亦产。附生，适宜温暖湿润气候，常作悬吊栽培。

变种：碧玉兰（var. *lawianum*），花苹果绿色，特点是唇瓣先端的边缘有一个紫红色的鲜艳斑块。花期2～6月，栽培广泛，1928年引入英国，也是杂交育种的优良亲本。

二、洋 兰 类

（一）蝴蝶兰属

【产地及分布】蝴蝶兰属（*Phalaenopsis*）是著名热带兰花，原种40多种，主要产于亚洲热带和亚热带，分布于亚洲及澳大利亚等地森林，我国台湾、云南、海南有原生种分布。现代栽培的蝴蝶兰多为原生种的属内、属间杂交种，世界各地均有栽培。

【形态特征】蝴蝶兰为多年生常绿草本，茎短，单轴分枝型，无假鳞茎，气生根粗壮，圆或扁圆状。叶厚，多肉质，卵形、长卵形、长椭圆形，抱茎着生于短茎上。总状花序，蝶形小花数朵至数十朵，花序长者可达1～2m。花色艳丽，有白花、红花、黄花、斑点花和条纹花。花期30～40d（图14-2）。果为蒴果，内含种子数十万粒，种子无胚乳。

【生态习性】蝴蝶兰为附生兰，气生根多附生于热带雨林下层的树干或枝杈上，喜高温多湿，喜阴，忌烈日直射，全光照的30%～50%有利开花。生长适温25～35℃，夜间高于18℃或低于10℃出现落叶、寒害。生长期喜通风，忌闷热，根系具较强耐旱性。

【栽培利用】蝴蝶兰属具气生根，人工栽培以温室盆栽为主，基质忌黏重不透气，可用疏松保湿的植料，如树皮、蛇木、椰糠、椰壳、陶粒、水苔、细砖石块、腐殖土等材料中的两种以上混合而成，栽培容器底部和四周应有许多孔洞，选用木框、藤框、兰盆利于根条生长。生长期温度控制在日温28～30℃，夜温20～23℃，高于35℃或低于18℃生长停滞。缓苗期空气湿度控制在85%～95%，生长期宜保持75%～80%，通过浇水和使用加湿器维持。栽培期间应适时通风。施用薄肥，忌施未腐熟的家禽肥、人粪尿。栽培中时有软腐病、褐斑病及介壳虫、红蜘蛛危害，应定时喷药防治。

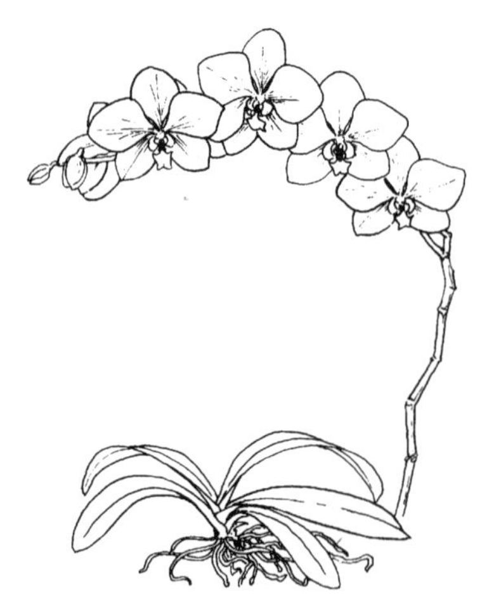

图14-2 蝴蝶兰

大量繁育蝴蝶兰种苗以组织培养法最为常用，花后切取花梗基部数个梗节为繁殖体，一个梗节可长出众多芽叶，扩繁培养后，继而长出气生根。少量繁殖可采用人工辅助催芽法，花后选取一支壮实的花梗，从基部第三节处剪去残花，其余花枝全部从基部剪除以集中养分。剥去节上的苞衣，在节上芽眼位置涂抹催芽激素，30～40d后可见新芽萌出，待气生根长出后可切取上盆。

蝴蝶兰是世界著名盆栽花卉，也作切花栽培。花朵美丽动人，是室内装饰和各种花艺装饰的高档用花，为花中珍品。

【原生种】

1. 南洋白花蝴蝶兰（*Ph. amabilis*）　南洋白花蝴蝶兰原产菲律宾、印度尼西亚、巴布亚新几内亚和澳大利亚，附生于雨林树上。茎短，叶3～5片，长卵形，长可达50cm，宽约10cm，肉质。花序总状，长可达1m，有花5～10朵或更多，花白色，唇瓣尖端二叉状，基部有黄色斑纹。花春夏季。

2. 菲律宾白花蝴蝶兰（*Ph. aphrodite*）　菲律宾白花蝴蝶兰原产中国台湾和菲律宾，附生于低海拔的热带或亚热带丛林中的树干上。茎短，叶3～4片或更多，上面绿色，背面常紫色，长卵圆形，长10～20cm，宽3～6cm，肉质。总状花序侧生于茎基部，长可达50cm，花5～10朵或更多，花白色，唇瓣尖端开叉，喉部有许多红色斑点。花期4～6月。

3. 菲律宾蝴蝶兰（*Ph. philippionensis*）　菲律宾蝴蝶兰原产菲律宾，附生于低地雨林中树上。茎短，叶3～7片，卵形，叶面绿色，背面紫红色，长10～30cm，宽3～8cm，肉质。花序小花可达100朵，花瓣白色，唇瓣基部黄色，喉部有红色斑点。花期春季。

4. 苏拉威西蝴蝶兰（*Ph. celebensis*）　苏拉威西蝴蝶兰原产印度尼西亚苏拉威西岛，附生于近海滨的原始林中树上。茎短，叶2～5片，长卵形，叶面绿色间以灰绿色，长约17cm，宽约6cm，肉质。总状花序长可达40cm，有花10余朵，白色有黄点和红斑，唇瓣顶端圆钝。花期夏秋季。

5. 桃红蝴蝶兰（*Ph. epuestris*）　桃红蝴蝶兰原产菲律宾和中国台湾小兰屿岛，附生于近海滨的林中树上。变种var. *alba*茎短，叶2～4片，叶稍肉质，长约20cm，宽约6cm，卵圆形，先端钝或不等二裂。花序斜立，有花10余朵，桃红色，唇瓣颜色较深，三角状，肉质。花期春季。

6. 华西蝴蝶兰（*Ph. wilsonii*）　华西蝴蝶兰原产我国广西、四川、云南及西藏，生于海拔800～2 000m的疏林中树干上或湿石上。气生根发达，簇生，表面有疣状突起的纵沟。茎极短，叶4～6片，稍肉质，长椭圆形，长6.5～8cm，宽2.6～3cm，先端钝，旱季落叶，开花时无叶或仅留小叶。花序疏生小花2～5朵，花粉红色，唇瓣紫红色，肉质。花期春季。

7. 玉兔蝴蝶兰（*Ph. lobbii*）　玉兔蝴蝶兰原产不丹、锡金、印度和缅甸，附生于海拔1 000m以上山地林中树上或湿石上。变种var. *flava*唇瓣黄色，产于印度。根众多，簇生，扁圆形。茎短，叶1～4片，卵形，长约12cm，宽约5cm，叶尖偏斜。花序斜出，有花3～6朵，花瓣白色，唇瓣阔三角状，红褐色，两边及中间有三条白色纵带。花期春季。

8. 柏氏蝴蝶兰（*Ph. parishii*）　柏氏蝴蝶兰原产缅甸，附生于海拔1 000～2 000m的山林中树上或湿石上。根簇生，扁圆形。茎短，叶2～4片，卵形，长约12cm，宽约5cm，顶端尖锐。花序斜出或下垂，有小花3～5朵，花白色，唇瓣暗红色，基部和舌尖白色。花期秋季。

9. 鹿角蝴蝶兰（*Ph. cornu-cervi*） 鹿角蝴蝶兰原产马来西亚、菲律宾、印度尼西亚、缅甸和泰国，附生于光线充足的大树上或湿石上。植株丛生，茎短，叶 3～4 片，长卵形，长约 20cm，宽约 4cm，叶尖二裂。花序直立，长可达 10～40cm，花苞片排列成角状，有花 3～8 朵，小花黄褐色有紫红色斑纹，唇瓣浅黄色。花期秋季。

10. 豹纹蝴蝶兰（*Ph. pantherina*） 豹纹蝴蝶兰原产印度尼西亚和马来西亚，附生于海拔1 000m 左右的山地雨林中树上或湿石上。气根肉质，极长。茎短，叶 4～5 片，叶卵形或长卵形，长 12～22cm，宽 2～4cm，肉质。总状花序斜出，有花 3～5 朵，花绿黄色有褐色斑纹，唇瓣浅黄色。花期夏季。

11. 贝壳蝴蝶兰（*Ph. cochlearis*） 贝壳蝴蝶兰原产马来西亚，附生于海拔 500～700m 雨林中树上。气根扁圆形，肉质。茎短，叶 2～4 片，质薄，卵形至宽卵形，长约 22cm，宽约 8cm，叶面有多条明显的叶脉。圆锥花序斜出，长约 50cm，有花 3～5 朵，花黄色，唇瓣深黄色有数条褐色条纹。花期秋季。

12. 绿花蝴蝶兰（*Ph. viridis*） 绿花蝴蝶兰原产印度尼西亚的苏门答腊岛，附生于山地密林中树上。气根肉质，极长；茎短，叶 3～4 片，亮绿色，卵形，长约 30cm，宽约 8cm，革质。圆锥花序，长可达 40cm，有花 3～8 朵，花瓣棕褐色有绿斑纹，唇瓣绿白色有几条棕色条纹。花期夏季。

13. 象耳蝴蝶兰（*Ph. gigantea*） 象耳蝴蝶兰原产印度尼西亚和马来西亚，附生于低地雨林中树上或湿石上，广泛栽培。根粗壮，肉质。茎短，叶 5～6 片，叶大，卵形，长达 50cm，宽 20cm，薄革质。总状花序，长可达 40cm，下垂，有花 20～40 朵，花白色有许多棕红色大斑点，唇瓣紫红色或白色，唇盘中央凸起。花期夏季。

14. 巴氏蝴蝶兰（*Ph. bstianii*） 巴氏蝴蝶兰原产菲律宾，附生于低地雨林中树上。气根肉质，极多。茎短，叶 2～10 片，叶长卵形，长 15～23cm，宽 5～7cm，叶脉凸起。总状花序，有花 2～7 朵，花黄绿色有褐红色斑纹，唇瓣紫色，肉质。花期夏季。

15. 横纹蝴蝶兰（*Ph. fasciata*） 横纹蝴蝶兰原产菲律宾，附生于山地密林中树上。根肉质，极多。茎短，叶 3～5 片，叶卵形至长卵形，长 14～20cm，宽 6～8cm，叶尖圆钝。花序斜出，花梗扁圆形，有花 3～8 朵，花黄色密布红色横纹，唇瓣白色，中部黄色，舌端尖锐。花期夏季。

（二）兜兰属

【产地及分布】兜兰属（*Paphiopedilum*）又称拖鞋兰，原种 70 余种，主要产于东南亚的热带和亚热带地区，分布于亚洲南部的印度、缅甸、泰国、越南、马来西亚、印度尼西亚至大洋洲的巴布亚新几内亚。我国也是兜兰的重要原产地之一，原种约 17 种，分布于我国西南、华南地区。

【形态特征】兜兰属为常绿无茎草本，无假鳞茎，叶带状革质，基生，深绿或有斑纹，表面有沟。花单生，少数种多花，花形美丽，唇瓣膨大成兜状，口缘不内折；侧萼片合生，隐于唇瓣后方，中萼片大，位于唇瓣上方，侧生两枚花瓣常狭而长；能育雄蕊两枚，退化雄蕊一枚；花色艳丽，花期 20～50d，少数种可多次抽生花茎（图 14-3）。

【生态习性】兜兰属为地生或半附生兰类，生于林下涧边肥沃的石隙中，喜半阴、温暖、湿润环境。耐寒性不强，冬季仅耐 5～12℃的温度，种间有差异，少数原种可耐 0℃左右低温，生长温度 18～25℃。根喜水，不耐涝，好肥。

【栽培利用】兜兰属大部分野生种在原生地无明显休眠期，植株无假鳞茎，根数少，耐旱性差，喜湿好肥。栽培使用的基质应疏松肥沃，选择蛇木、树皮、椰糠、泥炭、腐叶土、苔藓等2～3种混合，各成分比例随种的不同加以调整。盆底加垫木炭、碎砖石块排水。栽培需常施肥浇水，生长期每月施肥1～2次，以尿素、复合肥、磷酸二氢钾较为常用，依生长的不同时期调整肥料成分。注意维持土壤空气湿度，酷暑时应喷雾加湿，忌干热。夏季遮阴70%～80%，春秋遮阴50%，冬季可全日照。依原产地的不同要求不同的越冬温度，热带原产的种应不低于18℃，产于印度、我国的种可在8～12℃越冬，高海拔山区的原生种可耐受1～5℃的低温。

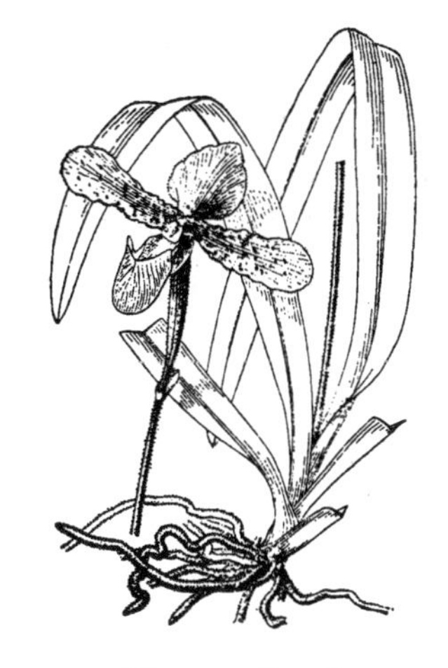
图14-3　兜　兰

兜兰在通风不良的条件下易发生软腐病、叶斑病、叶枯病，应保持场地清洁透气，及时喷洒抗菌素和杀菌剂防治。

兜兰属采用分株繁殖，花后结合换盆进行分株，一般两年进行一次，先将植株从盆中倒出，轻轻除去根部附着的植料，用消过毒的利刀从根茎处分开，2～3苗一丛，切口用药剂涂抹处理，稍晾后分别上盆。商业栽培需要大量种苗时，采用组培繁殖。培育新品种时采用播种繁殖，用培养基在无菌条件下进行胚培养，播种苗于4～5年后开花。

兜兰属以单花种居多，花姿奇妙动人，盆栽观赏为主。众多野生种很早就被广泛引种栽培，通过长期栽培和人工育种，现已育出许多园艺品种。

【原生种】

1. 杏黄兜兰（*P. armeniacum*）　杏黄兜兰产于我国，是我国植物学家陈心启教授在1982年发表的新种。斑叶种，叶长条状，上面有网格状云斑，背面密布紫点。花单朵，杏黄色，唇瓣为椭圆状卵形的兜。花期4～5月。

2. 同色兜兰（*P. concolor*）　同色兜兰又称黄花兜兰，产于我国。斑叶种，叶有不规则的斑纹，背面密布紫红色点。花茎短，花紧靠叶面开放，花1～2朵，深黄色均匀分布紫红小斑点，唇瓣兜部长卵形，爪极短。花期5～6月。

3. 海南兜兰（*P. hainanensis*）　海南兜兰产于我国。斑叶种，叶上面有较大的方格状斑纹，叶背面绿色，基部有紫点。花茎直立，花单朵，紫色，背萼片黄绿色，花瓣淡紫色，外侧有10余个黑色点，内侧有5～6个黑色细点。花期3～4月。

4. 麻栗坡兜兰（*P. malipoense*）　麻栗坡兜兰产于我国，是我国植物学家陈心启教授在1984年发表的新种，一种具有香味的兜兰，是良好的杂交亲本。斑叶种，叶上面有网格状纹斑，叶背密布紫点。花淡黄色，有紫红色斑点和条纹，花茎直立有毛，花1～2朵。花期12月至翌年早春，是兜兰属已知种类中最原始的代表。

5. 麦氏兜兰（*P. markianum*）　麦氏兜兰是产于我国云南碧江地区的新种。绿叶种，狭长披针形，叶基部龙骨状突起，叶反面基部有细紫点。花单朵，花梗有紫毛，背萼及萼片上有红褐色线状粗条纹。花期秋季。

6. 硬叶兜兰（*P. micranthum*）　硬叶兜兰产于我国。斑叶种，叶上面有网状云斑，背面密布紫点。花单朵，白色，有淡粉红色网纹，唇瓣兜部前伸，宽椭圆状卵形，长达6cm。花期3～4月，是我国特有种。

7. 韩氏兜兰（*P. hangianum*） 韩氏兜兰产于越南，为最近发现的新种，生于海拔1 000m左右的石灰岩缝中，它的花是现今所发现有香味的兜兰中最香的，是香花兜兰育种的极佳种质。植株丛生，叶3～5片，革质，宽带形，长12～25cm，宽3～4.6cm，叶面深绿色，叶背浅绿色。花单朵，极芳香，花瓣白色，基部有红色斑点并密生长毛，唇兜圆球形，白色，退化雄蕊盾状，白色有深红色网状斑纹。花期春季。

8. 苏氏兜兰（*P. sukhaulii*） 苏氏兜兰产于泰国北部，生于海拔250～1 000m的林下。植株丛生，高约30cm。叶3～5片，狭矩形，长约13cm，宽约5cm，叶面有深浅绿色相同的网状脉纹，叶背有紫色斑点。花单朵，背萼白色有绿色脉纹，花瓣黄绿色有许多疣状紫斑和脉纹，唇兜盔状，褐绿色有深紫红色网状脉纹，退化雄蕊半月形，白色有褐色网斑。花期冬季。

9. 菲律宾兜兰（*P. philippinense*） 菲律宾兜兰产于菲律宾，生于低海拔的林下。植株丛生，高可达50cm。叶5～10片，长带状，长约35cm，宽约4cm，绿色。花序长达50cm，有花3～5朵，花大，背萼白色有紫红色脉纹，花瓣下垂，长而扭曲状，紫褐色，唇兜浅黄绿色有暗紫色脉纹，退化雄蕊盔状，绿黄色。花期春夏季。

（三）卡特兰属

【产地及分布】卡特兰属（*Cattleya*）又称嘉德利亚兰，或卡特利亚兰，原种约65种，全部产于中美洲热带，分布于危地马拉、洪都拉斯、哥斯达黎加、哥伦比亚、委内瑞拉至巴西的中美洲、南美洲的热带森林中。本属19世纪被发现并引种栽培，因花大色艳、花期长深受人们喜爱，素有“洋兰之王”的美誉。

【形态特征】卡特兰属为多年生常绿草本，合轴分枝型，假鳞茎粗大。顶生叶1～2枚，分为单叶种和双叶种，叶厚革质，长椭圆形，长20～40cm，宽2～3.5cm。花茎从叶基抽生，顶生花，单生或数朵，花硕大，颜色鲜艳，唇瓣大而醒目，边缘多有波状褶皱（图14-4）。

图14-4 卡特兰

【生态习性】卡特兰属为热带植物，附生兰类，多附生于林中大树干上，喜光照，夏季遮阴40%～50%，过于荫蔽不利于开花。长年喜温，生长适温25～32℃，冬季宜在不低于16℃的环境中越冬，不耐寒，温度低于5℃对植株有致命伤害。喜空气潮湿，空气湿度可长年保持60%～85%，花后有数周休眠期。

【栽培利用】野生的卡特兰根系多暴露在林中空气中，根上布有小孔，能吸收空气中的游离水并有一定光合作用功能，栽培中常伸出基质暴露于盆外。栽培植料宜疏松透气，用苔藓、蛇木屑、刨花、椰壳、陶粒、碎砖粒等材料中的一种或几种混合。光照对卡特兰生长开花有重要影响，夏季的直射光不宜，宜遮阴40%～50%，其他季节应有全光照。栽培中应注意保证空气湿润而通风，忌闷热，温度维持适宜生长温度。卡特兰喜薄肥，薄肥勤施有利于开花。施肥多用颗粒复合肥和缓效肥片，定时叶面喷施速效肥。其根部有小孔、叶有大气孔，具有吸收空气中游离水分的功能，有一定抗旱性和抗瘠薄能力，施肥时忌空气污染，还应防止不清洁肥水污染叶片。

卡特兰常用分株繁殖，花后萌芽前进行，分株时将植株从盆中倒出，除去根部植料，每三个芽苗一组切开，伤口涂抹药剂，分别栽植。

卡特兰是名贵兰科植物，是高档盆花和切花材料，虽为热带兰花，但栽培甚广。

【原生种】

1. 秀丽卡特兰（*C. dowiana*）　秀丽卡特兰产于哥斯达黎加和哥伦比亚，生于雨林中树上。假鳞茎纺锤状，长约 20cm。顶生叶厚革质，长约 20cm。花 2～6 朵，花大，直径可达 16cm，花瓣黄色，唇瓣黄色，满布红色条纹，边缘强烈褶皱。花期夏季。

2. 硕花卡特兰（*C. gigas*）　硕花卡特兰产于哥伦比亚，生于雨林中。植株高大，假鳞茎纺锤状，长达 25cm。叶长椭圆形，革质，长约 25cm。花序有花 2～3 朵，花大，花瓣白色，唇瓣红色，喉部浅黄色，边缘有白色镶边。花期夏季。

3. 卡特兰（*C. labiata*）　卡特兰产于巴西东部，是卡特兰建属模式种，自 1818 年发现以来，园艺家以其作为亲本，与其他种或属杂交，产生了许多优秀杂交品种，成为现代杂种卡特兰用得最多的亲本之一。假鳞茎扁平，棍棒状，长 15～25cm。叶与假鳞茎等长，长椭圆形，厚革质。花序具短梗，有花 2～5 朵，花白色或淡红色，唇瓣白色，中间有一个红色大斑块，边缘强烈褶皱。花期秋季。

4. 瓦氏卡特兰（*C. warneri*）　瓦氏卡特兰产于哥伦比亚，生于海拔 500～1 000m 的山地雨林中。假鳞茎棍棒状，长约 25cm。叶革质，与假鳞茎等长，椭圆形。花序有花 2～5 朵，花大，直径达 15cm，浅紫色，唇瓣有红褐色斑块，边缘强烈皱曲。花期夏季。

5. 中型卡特兰（*C. intermedia*）　中型卡特兰产于巴西，多生于溪旁树上或石壁上，由于过量采集，已濒临绝种。植株丛生，假鳞茎圆柱状，长 25～40cm，稍肉质。叶两片，卵形，长 7～15cm。花序有花 3～5 朵或更多，长达 25cm，花中等大，直径约 10cm，淡紫色或浅红色，唇瓣舌状，深红色。花期夏秋季。

（四）石斛属

【产地及分布】石斛属（*Dendrobium*）是兰科植物的大属，原种 1 600 种，分布于亚洲至大洋洲的热带、亚热带地区。我国产 70 多种，分布于秦岭以南各省，云南的西双版纳地区种类尤多。

【形态特征】石斛属为多年生草本，落叶或常绿。茎丛生，细长，圆柱状或棒状，节处膨大。叶革质、近革质或草质。总状花序生于上部节处或枝顶，花数朵至数十朵，中萼片与花瓣近同形，唇瓣匙形，外缘多有波状褶皱，花色鲜艳，花期长，春、秋开花种甚多（图 14-5）。

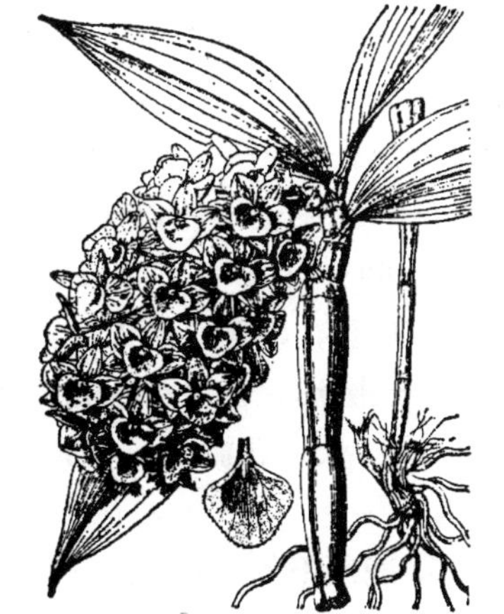
图 14-5　密花石斛

【生态习性】石斛属分布范围广，原产于高原山区的种类稍耐低温，冬季落叶或休眠，低温通过春化阶段，气温回升后开花，花期春季，喜半阴，为春石斛类。原产于低海拔热带雨林的种类为附生性热带兰花，无明显休眠期，喜温暖湿润，不耐寒，光照充足有利于生长开花，为秋石斛类。石斛属植物均喜通风、空气湿度 60%～80%、排水好的栽培环境，较喜肥。

【栽培利用】春石斛多盆栽，基质宜疏松肥沃，可用腐叶土、沙、木炭、粗泥炭、苔藓、树皮等混合。生长适温 18～26℃，冬季不低于 5℃，有利于翌春开花。秋季入室不宜旱，应有一段10℃左右的温度促进花芽分化。春石斛忌强光直射，夏季应半遮阴，春秋稍遮阴。秋石斛花枝长，花数多，多作切花栽培，目前花店销售的切花洋兰即为秋石斛中的蝴蝶石斛的杂交种。秋石斛类生长要求高温，适宜生长温度25～30℃，高于35℃或低于15℃生长停滞，低于5℃将对植株产生严重伤害。除夏季需遮阴外，其他季节可全日照促进开花。

石斛属均喜湿润，生长期应及时浇水，经常向叶面空气中喷雾，可使茎叶旺长。秋石斛根系较耐旱，春石斛如基质黏湿根系易烂，栽培环境宜通风，供水应掌握空气潮湿、基质干爽，冬季要较干燥。石斛株丛大，生长迅速，需按时施肥，叶面肥与根肥同样重要。

石斛属繁殖容易，扦插或分株繁殖，大量育苗用组培繁殖。除作切花、盆花栽培外，也可作室内垂吊植物悬挂装饰。

【原生种】

1. 细茎石斛（*D. moniliforme*） 细茎石斛原产我国华中、华南、西南地区，生于海拔500～3 000m的阔叶林，日本、朝鲜也有，是日本广为栽培的古典兰花，具不同花色和不同线艺的品种。植株丛生，茎纤细，肉质。叶互生，狭披针形，长3～4.5cm，宽5～10mm，先端为不等二裂。总状花序生于落叶后的叶腋节间，有花1～3朵，花白色或粉红色，唇瓣白色，喉部黄色或红色。花期春季。

2. 石斛（*D. nobile*） 石斛又名金钗石斛。原产我国华南、西南、西藏和台湾等地区，生于海拔450～1 700m的山林，喜马拉雅地区和东南亚各国也产。本种是现代春石斛类盆栽品种的主要亲本，几乎所有春石斛的品种均有它的血统。植株高大，丛生，茎较粗壮，肉质。叶互生，长圆形，长6～11cm，宽1～3cm，先端钝或有不等二裂。总状花序从具叶或已落叶的老茎节间长出，有花1～4朵，花大，花瓣基部白色，尖端部分紫色，唇瓣中央有一紫色大斑块，边缘白色，唇尖紫红色。花期春季。

3. 樱石斛（*D. linawianum*） 樱石斛原产我国广东、广西和台湾，生于海拔400～1 500m的山林。植株较小，丛生，茎稍扁，圆柱形，肉质。叶互生，长圆形，长4～8cm，宽2～2.5cm，先端钝或有不等二裂；花序从无叶老茎节间长出，有花2～4朵，花大，花瓣白色，尖端紫红色，唇瓣尖端和喉部紫红色，其余为白色。花期春季。本种外形和花极似金钗石斛，但植株和花均较小，花色不同，可加以区别，是春石斛类盆花的优良潜在亲本。

4. 美花石斛（*D. loddigesii*） 美花石斛原产我国广东、广西、贵州、云南和海南等地，生于海拔400～1 500m的山林，越南和老挝亦有分布。本种1833年就被引入英国，并被作为杂交亲本培育出了多个春石斛的品种。茎柔弱，常下垂，肉质。叶互生，二列，长圆状披针形，长2～4cm，宽1～1.3cm，先端尖且有一倒钩。花序生于老茎叶腋间，有花1～2朵，花瓣白色或粉红色，唇瓣白色或淡红色，中央有一大黄斑，边缘流苏状。花期春季。

5. 肿节石斛（*D. pendulum*） 肿节石斛原产我国云南南部，生于海拔1 000～1 600m的山地疏林，印度、缅甸、泰国、越南和老挝也有分布。茎斜立，下垂，肉质，圆柱形。叶互生，长圆形，长8～11cm，宽1.7～2.7cm，先端急尖。总状花序生于无叶的老茎节间，有花1～3朵，花瓣白色，尖端紫红色，唇瓣白色，中央有一个大黄斑，唇尖紫红色。花期春季。

6. 兜唇石斛（*D. aphyllum*） 兜唇石斛原产我国广西、贵州和云南等地，生于海拔400～1 500m的疏林，印度、尼泊尔、缅甸、泰国、越南和马来西亚也有分布。茎长而下垂，叶互生，披针形、卵形或卵状披针形，长6～8cm，宽2～3cm，先端渐尖。花序生于有叶或无叶的老茎节间，花瓣白色带淡紫色，唇瓣兜状，密被茸毛，中央有一深红色大斑块。花期春季。

7. 流苏石斛（*D. fimbriatum*）　流苏石斛原产我国广西、贵州和云南，生于海拔600～1 700m的密林中，印度、尼泊尔、锡金、不丹、缅甸、泰国和越南也有分布。茎粗壮，斜立或下垂，圆柱形，肉质。叶互生，长圆形或长圆状披针形，长8～15cm，宽2～3.5cm，先端急尖，有时稍二裂。花序生于老茎节间，有花6～12朵，花瓣黄色，唇瓣黄色，中央部分有一深紫色斑块，边缘流苏状。花期春末夏初。

8. 鼓槌石斛（*D. chrysotoxum*）　鼓槌石斛原产我国云南，生于海拔500～1 600m的阳光充足的林中，印度、缅甸、泰国、老挝和越南也有分布。茎直立，纺锤状，肉质，具2～5节。叶互生，长圆形，长达19cm，宽2～3.5cm，先端急尖而有钩转。总状花序近顶端叶腋发出，有花5～8朵，花瓣金黄色，唇瓣金黄色，中央有一深红色斑块。花期春季。

9. 报春石斛（*D. primulinum*）　报春石斛原产我国云南南部及东南部，生于海拔700～1 800m的山地，印度、尼泊尔、不丹、缅甸、泰国、老挝和越南也有分布。本种的花极香，是香花型春石斛的优良种质资源。茎下垂，肉质，圆柱形。叶二列互生，纸质，卵状披针形，长8～10cm，宽2～3cm，先端有不等二裂。花序生于无叶的茎节间，有花1～3朵，花瓣淡紫色，唇瓣白色，密被茸毛。花期春季。

10. 束花石斛（*D. chrysanthum*）　束花石斛原产我国广西、贵州、云南和西藏，生于海拔700～2 500m的山地密林中，印度、尼泊尔、不丹、锡金、缅甸、泰国、老挝和越南也产。茎粗厚，肉质，下垂或下弯。叶二列互生，长圆状披针形，长13～19cm，宽1.5～4.5cm，先端渐尖。花序2～6朵一束，生于茎上部叶腋间，花瓣金黄色，唇瓣多色，黄色，中央有两个深红色斑块。花期秋季。

11. 蝴蝶石斛（*D. phalaenopsis*）　蝴蝶石斛原产澳大利亚昆士兰省，生于低山密林。本种是当今秋石斛品种的重要杂交亲本之一，几乎每一个秋石斛品种均有其血统。茎粗壮，直立，有纵沟。叶互生，披针形，长约20cm，宽约2.5cm，顶端尖锐。总状花序靠近茎端节间斜出，有花5～8朵，花大，直径6～9.5cm，紫色、淡紫色或白色。花期秋季。

12. 囊距石斛（*D. bigibbum*）　囊距石斛原产澳大利亚，生于低地雨林中。本种也是秋石斛重要亲本之一。茎丛生，斜出，圆柱状，稍肉质。叶二列互生，卵状披针形，长5～15cm，宽1～3.5cm，先端尖锐，叶面常有红色条纹。花序每条老茎1～4个，水平伸出或斜出，有花可达20朵，花瓣白色，粉红色或紫色，唇瓣色泽同花瓣，近基部有深色条纹。花期秋季。

13. 毛药石斛（*D. lasianthera*）　毛药石斛原产巴布亚新几内亚，生于低地雨林。本种是高大型秋石斛的育种资源，其杂种后代均高大。植株粗壮高大，高可达2m。叶长矩形，长可达14cm，宽2～3cm，革质，互生。花序直立或斜出，长可达30cm，有花20～30朵，花瓣暗红褐色，扭曲，唇瓣暗红褐色，唇端尖锐、反折。花期秋季。

14. 美丽石斛（*D. speciosum*）　美丽石斛原产澳大利亚东部，生于低地雨林。植株粗壮，丛生。假鳞茎长可达1m，棒状，基部隆起。叶硬革质，卵形，长4～25cm，宽2～8cm，顶端钝。花序生于茎端叶腋，斜出或近直立，长达60cm，花多达50朵，小花密生，花瓣黄绿色，唇瓣黄绿色有红色斑点。花期秋冬季。

15. 羊角石斛（*D. stratiotes*）　羊角石斛原产巴布亚新几内亚，生于低地雨林。本种植株高大，花形优美，是大型秋石斛的优良育种亲本。茎丛生，长棒状，长可达2m。叶革质，互生，卵形，长约 8cm，宽约 2cm。花 3～15 朵，花大型，直径达 9cm，花瓣绿白色，线状，直立向上扭曲，状似羚羊角，花萼白色，较宽阔，唇瓣黄绿色有紫红色脉纹。花期秋季。

（五）万代兰属

【产地及分布】万代兰属（*Vanda*）在东南亚国家又称梵兰，学名 *Vanda* 来自印度梵文，意为“长在树上的附生植物”。本属原种约 60 个，广泛分布于自亚洲的印度以东至大洋洲巴布亚新几内亚、澳大利亚的热带及亚热带林地。我国处于万代兰属的分布区域内，有原种约 10 个，分布于华南和西南地区，主要生长在北纬 20°以南的海南和云南南部，野生，观赏价值低，未开发利用。

【形态特征】万代兰属为多年生草本，单轴分枝型，无假鳞茎，植株高大，50～200cm。叶革质，抱茎着生，排成左右两列，扁平状、圆柱状或半圆柱状。花自叶腋抽出，总状花序着花 5～20 朵，质厚，萼片发达，两侧萼片大于花瓣，唇瓣小而不发达，与蕊柱基部粘连，有距，蕊柱短，花药顶生，有的具香味，花期长（图 14-6）。

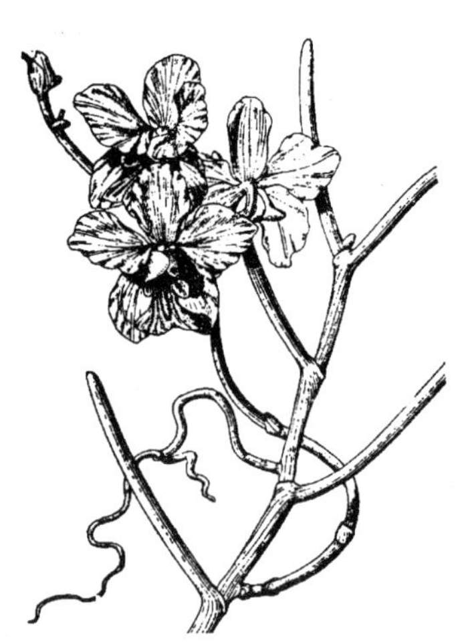

图 14-6 棒叶万代兰

【生态习性】万代兰属现有栽培种绝大多数为杂交种，是热带附生兰，原生种多附生在林中树干或石壁上，喜光喜湿，不耐寒。气生根粗壮发达，好气好肥，环境适宜时栽培管理容易。

【栽培利用】万代兰的根常伸出容器暴露于空气中，好气且十分耐旱，栽培基质忌用土壤，宜用颗粒较粗的植料，如树皮、木炭、椰壳、蕨根等，置于木框、藤框等利于根条伸出的网格状容器中。栽培万代兰要求给予充足的光照，夏季遮阴 30%，其余时间不必遮光。浇水量依季节和温度调节，在旺盛生长期应给予高湿高温条件促使茎叶生长，7～10d 施液肥一次，间或给予叶面肥。当温度降至 20～25℃时生长趋缓，施肥间隔时间拉长；15～20℃时少浇水施肥，防止烂苗；低于 15℃基本不施肥，并只叶面喷水；10℃以下气温对产于热带地区的种和品种将产生冻害。在光照充足、温湿度高、营养供应有保证的条件下，万代兰生长迅速，开花多。在高温强光照环境中，只要保持 80%～90%的空气湿度，适时通风，万代兰也能生长开花。

万代兰的商品生产大量采用组织培养试管苗，杂交育种采用人工培养基无菌播种，盆栽可分株。在东南亚，万代兰是重要的商品花卉，不仅作切花栽培大量出口，盆花生产和园林绿地应用也十分普遍。

【产于我国的原生种】

1. 棒叶万代兰（*V. teres*） 棒叶万代兰原产云南南部。常绿，茎木质，攀缘状。叶棒状，两列状着生。总状花序腋生，疏生少数花，花大，径 7cm 以上，紫红色，内外花被片近同形，基部收窄，唇瓣上面被毛，黄色，下面无龙骨状突起，蕊柱粗短。花期 7～8 月。

2. 白柱万代兰（*V. brunnea*） 白柱万代兰原产我国云南东南部至西南部、广西，缅甸和泰国也产，生于海拔 800～1 800m 的林中。茎长，具多数短的节间。叶二列，革质，带状，长 22～25cm，宽约 2.5cm，先端有 2～3 个尖齿状缺刻。花序腋生，有花 3～5 朵，花瓣质厚，黄褐色带深褐色网状脉纹，唇瓣有许多褐色条纹，蕊柱白色稍带淡紫色晕。花期冬春季。

3. 琴唇万代兰（*V. concolor*）　琴唇万代兰原产我国广东、广西、云南和贵州，生于海拔 800～1 200m 的林中。茎长。叶二列，革质，带状叶长 20～30cm，宽 1～3cm，中部以下常呈 V 字形对折，先端有 2～3 个不等长的尖齿状缺刻。花序腋生，有花 2～8 朵，花瓣黄褐色有褐色条纹，唇瓣有许多褐色斑点和条纹。花期春季。

4. 纯色万代兰（*V. subconcolor*）　纯色万代兰原产我国海南和云南，生于海拔 600～1 000m 的疏林中。茎粗壮，长可达 20cm。叶二列，带状，长 14～20cm，宽约 2cm，先端有 2～3 个不等长的尖齿状缺刻。花序腋生，有花 3～6 朵，花质厚，花瓣黄褐色，有网格状脉纹，唇瓣白色，有许多紫色斑点和条纹。花期冬春季。

5. 鸡冠万代兰（*V. cristata*）　鸡冠万代兰又名叉唇万代兰，原产我国云南西南部、西藏东南部，锡金、尼泊尔和印度也产，生于海拔 700～1 600m 的常绿阔叶林中。茎直立，长达 6cm。叶厚革质，二列，带状，长可达 12cm，宽约 1.3cm，先端有三个不等的细尖齿。花序腋生，有花 1～2 朵，花瓣质厚，浅黄色，唇瓣白色有多条深红色条纹，尖端开叉。花期春夏季。

6. 矮万代兰（*V. pumila*）　矮万代兰原产我国云南南部、广西西部、海南，印度、泰国和越南也产，生于海拔 900～1 800m 的山地林中。茎直立，长约 5cm。叶二列，带状，长 10～11cm，宽约 1cm，革质，中部对折呈 V 形。花序短，腋生，有花 1～2 朵，花瓣白色，唇瓣肉质，白色，有红色斑纹和斑点。花期夏季。

7. 垂头万代兰（*V. alpina*）　垂头万代兰原产我国云南南部，锡金和印度也有，生于高山阔叶林中。茎直立，长约 5cm。叶厚革质，带状，长 10～11cm，宽约 1cm，中部以下呈 V 状对折。花序短，腋生，有花 1～2 朵，花瓣黄绿色，质厚，唇瓣肉质，绿黄色带深紫红色条纹。花期夏季。

8. 雅美万代兰（*V. lamellata*）　雅美万代兰原产我国台湾的兰屿，日本琉球群岛和菲律宾也产，生于低海拔林中。茎粗壮，长达 30cm。叶二列，厚革质，带状，长 15～20cm，宽约 2cm，先端具 2 个不等长的尖齿状缺刻。花序腋生，长约 20cm，有 5～15 朵花，花瓣质厚，黄绿色有褐色斑块和条纹，唇瓣白色带黄，先端钝或圆形。花期春夏季。

9. 小蓝万代兰（*V. coerulescens*）　小蓝万代兰原产我国云南南部和西南部，印度、缅甸、泰国也产，生于海拔 700～1 600m 的疏林中。茎粗壮，长 2～8cm。叶二列，斜立，带状，常呈 V 字形对折，长 7～12cm ，宽约 1cm，先端斜截形并有不整齐的缺刻。花序近直立，长达 36cm，萼片和花瓣淡蓝色或白色带蓝色晕，唇瓣深蓝色，肉质。花期春季。

10. 大花万代兰（*V. coerulea*）　大花万代兰原产云南南部，印度、缅甸、泰国也有分布，生于海拔 1 000～1 600m 的疏林中。茎粗壮，长 13～23cm。叶二列，带状，长 17～18cm，尖端近斜截并且具缺刻。花序腋生，花大，花瓣质薄，天蓝色，唇瓣三裂，侧裂片白色，中裂片深蓝色。花期冬春季。

（六）兰属大花蕙兰

【学名】*Cymbidium hybrida*

【别名】喜姆比兰、蝉兰、西姆比兰

【产地及分布】大花蕙兰是由原产印度、缅甸、泰国、越南和中国南部等地区的兰属中的一些附生性较强的大花种为亲本培育出来的品种的统称。现作为商品花卉主要产地有泰国、新加坡、马来西亚和中国台湾。

【形态特征】大花蕙兰为多年生附生性草本，假鳞茎椭圆形、粗大，合轴分枝型。叶片二列，长披针形，下垂，有光泽，叶片长度、宽度不同品种差异很大。花茎较长，花序小花一般多于10朵；花大，花色有白、黄、绿、紫红或带有紫褐色斑纹等。花期依品种不同从10月到翌年4月。

【生态习性】大花蕙兰性喜凉爽高湿的环境，生长适温为10～25℃，夜间温度以10℃左右为宜，尤其是开花期温度维持在5～15℃，花期可长达3个月以上。喜光，光照充足有利于叶片生长，形成花茎和开花，盛夏需遮阴50％～60％。对水质要求比较高，喜微酸性水，对水中的钙、镁离子比较敏感。

【栽培利用】大花蕙兰栽培基质要具有较好的通气性、排水性，同时又具有较好的保湿性和保肥性，通常采用树皮、蕨根、木炭、水苔、椰子壳、陶粒等材料中的一种或多种混合。对温度的适应性较强，以日间20～30℃、夜间8～20℃最适宜。生长适宜光照度是15～70klx，是兰花中对光照要求较高的种类，兰棚栽培一般使用单层50％～70％遮光网遮阴，冬春弱光季节不遮阴。要求较高的空气湿度，最佳湿度80％～90％，空气湿度过低不利于生长发育，栽培场地可用喷雾、设置水池、放置水盆等办法增加空气湿度。植株高大，需肥较多，每周施液体肥料一次，每月施有机固体肥料一次。氮、磷、钾的比例为小苗2∶1∶2，中苗1∶1∶1，大苗1∶2∶2。花期前半年停施氮肥，促进植株从营养生长转向开花。

大花蕙兰植株挺拔，花茎直立或下垂，花大色艳，主要用作盆栽观赏，适于居家阳台、窗台和室内摆设。还可多株组合成大型盆栽，于宾馆、商厦、车站布置。

复习思考题

1. 简述兰科花卉的概念和特殊的栽培技术措施。
2. 简述国兰和洋兰的观赏特性的差异。
3. 兰属重要植物，如春兰、蕙兰、建兰、寒兰、墨兰如何进行鉴别？
4. 结合国内外兰花交易概况，简述我国兰花市场的前景。

第十五章　水生花卉

第一节　水生花卉的生态习性

水生花卉（aquatic flower）泛指生长于水中或沼泽地的观赏植物，与其他花卉明显不同的是对水分的要求和依赖远远大于其他各类，因此也构成了其独特的习性。

根据水生花卉对水分要求的不同，可将其分为如下四类：

1. 挺水类　挺水花卉根扎于泥中，茎叶挺出水面，花开时离开水面，甚为美丽，是主要的观赏类型之一。对水的深度要求因种类不同而异，多则深达1～2m，少则至沼泽地。挺水花卉主要有荷花、千屈菜、花菖蒲、石菖蒲、水葱等。

2. 浮水类　浮水花卉根生于泥中，叶片漂浮水面或略高出水面，花开时近水面，是主要的观赏类型。对水的深度要求也因种类而异，有的深达2～3m。浮水花卉主要有睡莲、萍蓬草、芡实、王莲、菱、莼菜等。

3. 漂浮类　漂浮花卉根系漂于水中，叶完全浮于水面，可随水漂移，在水面的位置不易控制。漂浮花卉主要有凤眼莲、荇菜、大薸、水鳖等。

4. 沉水类　沉水花卉根扎于泥中，茎叶沉于水中，是净化水质或布置水下景观的优良植物材料，水族箱中使用的即为此类。沉水花卉有金鱼藻、黑藻、苦草、眼子菜等。

绝大多数水生花卉喜欢光照充足、通风良好的环境。但也有耐半阴者，如石菖蒲等。

水生花卉因原产地不同而对水温和气温的要求不同，其中较耐寒者可在我国北方地区自然生长，但在江河封冻的季节，越冬有几种方式：①以种子越冬；②以根状茎、块茎或球茎埋藏在淤泥中越冬，如荷花、香蒲、芦苇、荸荠、慈姑等；③以冬芽的方式越冬，冬芽在母体上形成，深秋脱离母体沉入水底，保持休眠状态，春季来临水温上升时开始萌动，夏季浮到水面形成新株，如苦草等。而王莲等原产热带地区的水生花卉在我国大多数地区需温室栽培。

栽培水生花卉的塘泥大多需含丰富的有机质，在肥分不足的基质中生长较弱。

水中的含氧量也影响着水生花卉的生长发育。只有极少数低等水生植物在近30m的深水中尚能生存，而绝大多数高等水生植物主要分布在1～2m深的水中，挺水和浮水花卉常以水深60～100cm为限，近沼生习性的种类则只需20～30cm的浅水即可。水的流动能增加水中的含氧量并具有净化作用，所以完全静止的小水面不适合水生花卉的生长，有些植物需生长在溪涧或泉水等流速较大的水域，如苦草等。而在流水中生长的沉水植物，常具有穿孔状的叶片或茎叶呈细丝状，以适应特殊的环境。

第二节　水生花卉的繁殖与管理

一、水生花卉的繁殖

水生花卉一般采用播种和分株繁殖。

1. 播种繁殖 水生花卉一般在水中播种。将种子播于有培养土的盆中，盖以沙或土，然后将盆浸入水中，浸入水的过程应逐步进行，由浅到深。刚开始时仅使盆土湿润即可，之后可使水面高出盆沿。水温应保持在18～24℃，王莲等原产热带者需保持24～32℃。

种子的发芽速度因种而异，耐寒性种类发芽较慢，需3个月到1年，不耐寒种类发芽较快，播后10d左右即可发芽。

播种可在室内或室外进行，室内条件易控制，室外水温难以控制，往往影响其发芽率。

大多数水生花卉的种子干燥后即丧失发芽力，需在种子成熟后立即播种或贮于水中或湿处。少数水生花卉种子可在干燥条件下保持较长的寿命，如荷花、香蒲、水生鸢尾等。

2. 分株繁殖 水生花卉大多植株成丛或具有地下根茎，可直接分株或将根茎切成数段进行栽植。分根茎时注意每段必须带顶芽及尾节，否则难以成株。

分栽时期一般在春秋季节，有些不耐寒者可在春末夏初进行。

二、水生花卉的管理

栽培水生花卉的水池应具有丰富、肥沃的塘泥，并且要求土质黏重。盆栽水生花卉的土壤也必须是富含腐殖质的黏土。

由于水生花卉一旦定植，追肥比较困难，因此，需在栽植前施足基肥。已栽植过水生花卉的池塘一般已有腐殖质的沉积，视其肥沃程度确定施肥与否，新开挖的池塘必须在栽植前加入塘泥并施入大量有机肥料。

各种水生花卉，因其对温度的要求不同而采取相应的栽植和管理措施。

王莲等原产热带的水生花卉，在我国大部分地区进行温室栽培。其他一些不耐寒者，一般盆栽之后置池中布置，天冷时移入贮藏处。也可直接栽植，秋季掘起贮藏。

半耐寒性水生花卉如荷花、睡莲、凤眼莲等可行缸植，放入水池特定位置观赏，秋冬取出，放置于不结冰处即可。也可直接栽于池中，冰冻之前提高水位，使植株周围尤其是根部附近不结冰。少量栽植时可人工挖掘贮存。

耐寒性水生花卉如千屈菜、水葱、芡实、香蒲等，一般不需特殊保护，对休眠期水位没有特别要求。

有地下根茎的水生花卉一旦在池塘中栽植时间较长，便会四处扩散，以致与设计意图相悖。因此，一般在池塘内需建种植池，以保证不四处蔓延。

漂浮花卉常随风而动，应根据当地情况确定是否种植，种植之后是否需固定位置。如需固定，可加拦网。

水体常因流动不畅、水温过高等原因，引起藻类大量繁殖，造成水质浑浊。防治的方法是：小范围内可用硫酸铜除之，即将硫酸铜装布袋悬于水中，用量为1kg/m^3；大范围内则需利用生物防治，如放养金鱼藻、狸藻等水草或螺蛳、河蚌等软体动物。

第三节 常见水生花卉

一、挺 水 类

（一）荷花

【学名】*Nelumbo nucifera*

【别名】莲花、芙蕖、水芙蓉、菡萏、藕花

【科属】莲科莲属

【产地及分布】原产亚洲热带地区及大洋洲。考古发现证明，我国是荷花的自然分布中心。在柴达木盆地曾发现距今 1 000 万年的荷叶化石，1973 年在浙江余姚距今 7 000 年前的河姆渡文化遗址中发现荷花花粉化石，同年在河南郑州距今 5 000 多年前的仰韶文化遗址中发现两粒炭化莲子。除我国外，荷花在日本、俄罗斯、印度、斯里兰卡、印度尼西亚、澳大利亚等国均有分布。我国黑龙江省密山兴凯湖莲花河附近仍有大片野生荷花。目前，在我国除西藏和青海以外，绝大多数地区都有栽培分布。湖北省武汉市已成为近代荷花品种资源中心和研究中心。

【形态特征】荷花地下茎膨大横生于泥中，称藕，藕的断面有许多孔道，是为适应水下生活而长期进化形成的气腔，气腔一直连通到花梗及叶柄。藕分节，节周围环生不定根并抽生叶、花，同时萌发侧芽。叶盾状圆形，具 14～21 条辐射状叶脉，叶径可达 70cm，全缘。叶面深绿色、被蜡质白粉，叶背淡绿、光滑，叶柄侧生刚刺。从顶芽初产生的叶小柄细，浮于水面，称为钱叶。最早从藕节处产生的叶稍大，浮于水面，叫浮叶。后来从节上长出的叶较大，立出水面，称为立叶。花单生，两性，萼片 4～5 枚，绿色，花开后脱落；花蕾瘦桃形、桃形或圆桃形，暗紫或灰绿色；花瓣多少不一，色彩各异，有深红、粉红、白、淡绿及复色等。花期 6～9 月，单朵花期 3～4d。花后膨大的花托称莲蓬，上有 3～30 个莲室，发育正常时，每个心皮形成一个小坚果，俗称莲子，成熟时果皮青绿色，老熟时变为深蓝色，干时坚固。果壳内有种子，外被一层薄种皮，在两片胚乳之间着生绿色胚芽，俗称莲心。果熟期 9～10 月。

【种类与品种】荷花根据栽培目的可分为三种类型，即花莲、子莲和藕莲。

花莲是以观花为目的进行栽培的类型。主要特点是开花多，花色、花型丰富，群体花期长，观赏价值较高。但根茎细弱，品质差，一般不作食用。花莲雌、雄蕊多为泡状或瓣化，常不能结实，茎、叶均较其他两类小，长势弱。藕莲是以产藕为目的进行栽培的类型。主要特点是根茎粗壮，生长势旺盛，但开花少或不开花。子莲是以生产莲子为目的进行栽培的类型。主要特点是根茎细弱且品质差，但开花多，以单瓣为主。

莲属在全世界共有两种，我国原产一种，另一种为美洲黄莲（*N. lutea*, *N. pentapetala*），近年通过园艺工作者的研究，已培育出了远缘杂种，为荷花品种增添了新成员。

目前，荷花品种达 200 多个。王其超等根据种性、植株大小、重瓣性、花色等主要特征将其分为 3 系 5 群 12 类 28 组。

1. 中国莲系

（1）大中花群

①单瓣类：瓣数 12～20。分为 3 组，即红莲组、粉莲组、白莲组。

②复瓣类：瓣数 21～59。只有 1 组，即粉莲组。

③重瓣类：瓣数 60～190。分为 4 组，即红莲组、粉莲组、白莲组、洒金莲组。

④重台类：只有 1 组，即红台莲组。

⑤千瓣类：只有 1 组，即千瓣莲组。

（2）小花群（碗莲群）

①单瓣类：分为 3 组，即红碗莲组、粉碗莲组、白碗莲组。

②复瓣类：分为 3 组，即红碗莲组、粉碗莲组、白碗莲组。

③重瓣类：瓣数 60～130。分为 3 组，即红碗莲组、粉碗莲组、白碗莲组。

2. 美国莲系 只有 1 群 1 类 1 组，即大中花群，单瓣类，黄莲组。

3. 中美杂种莲系

（1）大中花群

①单瓣类：分为 4 组，即红莲组、粉莲组、黄莲组、复色莲组。

②复瓣类：分为 2 组，即白莲组、黄莲组。

（2）小花群（碗莲群）

①单瓣类：只有 1 组，即黄碗莲组。

②复瓣类：只有 1 组，即白碗莲组。

其中，凡植于口径 26cm 以内盆中能开花，平均花径不超过 12cm，立叶平均直径不超过 12cm，平均株高不超过 33cm 者为小型品种。凡其中任一指标超出者，即属大中型品种。

在众多的荷花品种中，千瓣莲、并蒂莲等为珍品，开黄色花者亦为难得之品。

【生物学特性】荷花喜湿怕干，喜相对水位变化不大的水域，一般水深以 0.3～1.2m 为宜，过深时不见立叶，不能正常生长。泥土长期干旱会导致死亡。荷花喜热喜光。生长季需气温 15℃以上，最适温度为 20～30℃，在 41℃高温下仍能正常生长，低于 0℃时种藕易受冻。在强光下生长发育快，开花、凋谢均早，弱光下开花、凋谢均迟缓。荷花对土壤要求不严，喜肥沃、富含有机质的黏土，对磷、钾肥要求多，pH 以 6.5 左右为宜。对含有酚、氰等污染物的水敏感。

荷花一边开花一边结实，春季萌芽，夏季开花，入秋后进入休眠，整个生育期 160～190d，从萌芽至开花需 2～3 个月。

【繁殖】荷花可采用播种和分株繁殖。播种繁殖主要用于培育新品种，分株繁殖可保持品种特性，在园林中常用。

1. 分株繁殖 选取带有顶芽和保留尾节的藕段作种藕，池栽时可用整枝主藕作种藕，缸栽或盆栽时，主藕、子藕、孙藕均可使用。栽植前，应将泥土翻整并施入基肥。栽植时，用手指保护顶芽，与地面呈 20°～30°方向将顶芽插入泥中，尾节露出泥面。缸栽或盆栽时，种藕应沿缸（盆）壁徐徐插入泥中。

2. 播种繁殖 选取饱满的种子，然后对其进行“破头”处理，即将莲子凹入的一端破一小口，之后将其放入清水中浸泡 3～5d，每天换水一次，待浸种的莲子长出 2～3 片幼叶时便可播种。莲子无自然休眠期，可随采随播，也可用贮藏莲子播种，春秋两季均可，适宜温度为 17～24℃。

【栽培管理】荷花栽培应选择避风向阳的场所。水位应根据苗的大小而定，栽植初期水位不宜过深，随着浮叶、立叶的生长，逐渐提高水位，池塘最深处水位不宜超过 1.5m。秋冬季节进入休眠状态，只需保持浅水即可。栽培荷花应保证有充足的基肥，一般不追肥，如生长期内发现明显生长不良，则可追施肥料，并掌握薄肥多施的原则，切忌污染叶片。为使荷花不在池塘中任意蔓延，可在池塘中设种植池，将其限定在所需要的范围内。

影响荷花生长的主要病虫害有大蓑蛾、蚜虫、斜纹夜蛾、铜绿金龟子、水蛆、腐烂病等，在栽培过程中应及时防治。

【应用】荷花是我国著名的传统花卉之一，花大色丽，清香四溢。因其迎骄阳而不惧，出淤泥而不染的气质，深受文人墨客及大众的喜爱。可装点水面景观，也是良好的插花材料。

（二）千屈菜

【学名】*Lythrum salicaria*

【别名】水柳、水枝柳、对叶莲

【科属】千屈菜科千屈菜属

【产地及分布】分布于我国大部分地区，主产四川、陕西、河南、山西和河北。国外产于阿富汗、伊朗、蒙古、日本、朝鲜、俄罗斯，其他一些欧洲国家及非洲北部、北美洲、大洋洲也有分布。

【形态特征】千屈菜根状茎横卧于地下，粗壮，木质化。株高30～100cm，茎直立，四棱形。叶对生或3片轮生，披针形或宽披针形，有时基部略抱茎，叶全缘，无柄。花组成小聚伞花序，簇生，花梗及花序柄均短；花两性，花萼长筒状，花瓣6枚，紫色。花期6～9月。蒴果扁圆形。

【生物学特性】千屈菜喜温暖及光照、通风良好的环境，尤喜水湿，喜生长于沼泽地、水旁湿地或河边、水沟边，在浅水中生长最佳，可盆栽和露地栽植，耐寒性极强，在我国南北各地多可露地越冬，无需防寒。对土壤要求不严，以土层深厚、富含腐殖质的土壤中生长最佳。

【繁殖】千屈菜可采用播种、分株和扦插繁殖。盆播3～4月进行，室内温度15～20℃时，20d左右发芽；露地播种可在4～5月进行，选择背风向阳处做阳畦，用薄膜覆盖，经20～30d即可发芽。分株繁殖可在4月进行，每丛应有芽4～7个。扦插繁殖可在春、夏两季进行，剪取嫩枝长6～7cm、保留顶端两节的叶片，插入湿沙中，薄膜覆盖，保持温度20～25℃，7～10d即可生根。

【栽培管理】千屈菜露地栽培宜于池边湿地丛植，株行距25cm×30cm，当年即可生长成片。盆栽宜选择口径40～50cm的无排水孔的盆，施足底肥，装入培养土，沿盆口留出5～10cm为贮水层，生长期盆内不能断水，旺盛生长期盆内一定要满水。沉水盆栽，初期水面要距盆面5～7cm，生长旺期10～15cm，适当疏除过密过弱的茎秆，使株形健壮美观。越冬前将枯枝剪掉，入冷室养护，并保持盆土潮湿。

【应用】千屈菜株丛整齐清秀，花色明丽，观花期长，最适于水边丛植或水池栽植，或作花境背景材料，也可盆栽观赏和作切花。

（三）长苞香蒲

【学名】*Typha angustata*

【科属】香蒲科香蒲属

【形态特征】长苞香蒲根状茎粗壮。地上茎直立，高0.7～2.5m，粗壮。叶片长40～150cm，宽0.3～0.8cm。雌雄花序远离；雄花序位于上部，长7～30cm；雌花序位于下部，长4.7～23cm；雄花通常由3枚雄蕊组成，稀2枚；雌花具小苞片，孕性雌花柱头比花柱宽，不孕雌花子房先端呈凹形。花果期6～8月。

【产地及分布】原产我国东北、华北、西北、西南地区，亚洲其他地区也有分布。

【种类与品种】同属其他常见栽培种还有：

（1）水烛（*T. angustifolia*）　水烛根状茎乳黄色、灰黄色，先端白色。地上茎直立，粗壮，高1.5～2.5m。叶片长54～120cm，宽0.4～0.9cm。雌雄花序相距2.5～6.9cm；雄花序轴具褐色扁柔毛；雌花序长15～30cm，基部叶状苞片通常比叶片宽；雄花由3枚雄蕊合生；雌花具小苞片，孕性雌花柱头窄条形或披针形，不孕雌花子房倒圆锥形。花果期6～

9月。

(2) 香蒲（*T. orientalis*） 香蒲又名东方香蒲，根状茎乳白色。地上茎粗壮，向上渐细，高1.3～2m。叶片条形，长40～70cm，宽0.4～0.9cm。雌雄花序紧密连接；雄花序长2.7～9.2cm，花序轴具白色弯曲柔毛；雌花序长4.5～15.2cm。雄花通常由3枚雄蕊组成，雌花无小苞片。花果期5～8月。

(3) 宽叶香蒲（*T. latifolia*） 宽叶香蒲根状茎乳黄色，先端白色。地上茎粗壮，高1～2.5m。叶条形，叶片长45～95cm，宽0.5～1.5cm，光滑无毛。雌雄花序紧密相接；花期时雄花序长3.5～12cm，比雌花序粗壮，花序轴具灰白色弯曲柔毛；雌花序长5～22.6cm，花后发育。花果期5～8月。

【生物学特性】香蒲性耐寒，喜阳光，喜深厚肥沃的泥土，最宜生长在浅水湖塘或池沼内，对环境条件要求不甚严格，适应性较强。

【繁殖】香蒲通常分株繁殖。春季将根茎切成10cm左右的小段，每段根茎上带2～3芽，栽植后根茎上的芽在土中水平生长，待伸长30～60cm时，顶芽弯曲向上抽生新叶，向下发出新根，形成新株，根茎再次向四周蔓延。连续3年后根茎交错盘结，生长势逐渐衰退，应更新种植。

【栽培管理】香蒲宜栽植于阳光充足、通风良好的地方。管理较粗放，长期保持土壤湿润。

【应用】香蒲叶丛细长如剑，色泽光洁淡雅，最宜水边栽植，也可盆栽，为常见的观叶植物，花序经干制后为良好的插花材料。

（四）玉蝉花

【学名】*Iris ensata*

【别名】花菖蒲

【科属】鸢尾科鸢尾属

【产地及分布】分布于我国内蒙古、山东、浙江及东北地区，朝鲜、俄罗斯、日本也有分布。

【形态特征】玉蝉花根状茎短粗。须根多数，细条形，灰白色。植株基部有棕褐色纤维状干枯叶鞘。叶基生，条形，长30～90cm，中脉明显凸起，两侧有多数平行脉。花茎基生直立，长40～80cm，苞片卵状披针形。有花2朵，花深紫色，花大，直径可达8～15cm；外轮3片裂片较大，宽卵状椭圆形，开展或外折，顶端钝，中部有黄斑和紫纹；内轮3片花被裂片较小，长椭圆形，直立。花期5～6月，果期6～8月。

【种类与品种】鸢尾属常见栽培挺水花卉还有黄菖蒲（*I. pseudacorus*），花大，黄色，花期4～5月。

【生物学特性】玉蝉花性喜温暖湿润，耐半阴。适生于草甸子或沼泽地中，常生长于池边湿地及浅水中。生长适温15～30℃，温度在20～25℃时生长最佳。要求土质疏松肥沃，中性或微酸性。

【繁殖】玉蝉花采用播种繁殖，可春播或秋播，秋播比春播出苗率高。播前先将种子用温水浸泡半天，然后捞出，撒播在装有培养土的浅盆里，培养土用腐殖土3份、沙子1份和少量蛭石混匀。播后盆土浸透，温度保持20～25℃，15～20d即可发芽，30d以后苗出齐，即可移栽。

【栽培管理】玉蝉花露地栽培时，选择池边湿地或浅水处，株行距20cm×25cm，深6～

8cm。选择中性或微酸性土壤，如土质偏碱，可在栽前用过磷酸钙、钾肥等作基肥，并与土壤充分混合。盛夏高温炎热，应经常向叶面喷水、地面灌水，并保持水深4～5cm，可增加空气湿度，使苗壮叶绿。2～3年后地下根茎满布时要分栽。盆栽时选用大口径盆，栽后盆内不能断水。

玉蝉花常见的病害有软腐病及花腐病。软腐病多在雨季发生，叶片由绿变淡直至干枯变褐，地下茎也随之腐烂。发现病株时应及时拔除销毁，并在周围喷洒1∶1∶200的波尔多液。花腐病由病菌引起，需拔除病株并销毁，再喷45%代森锌800倍液、25%退菌特500倍液防治。

【应用】玉蝉花叶片翠绿剑形，花色极其丰富，观叶赏花兼备，是园林中良好的绿化材料。用于专类园，可与其他鸢尾属植物依地形变化，株高、花色的不同及耐湿程度的差别相互搭配布置。花、叶可作切花材料。盆栽可作庭院摆放或室内装饰。

（五）菖蒲

【学名】*Acorus calamus*

【别名】臭菖蒲、水菖蒲、泥菖蒲、大叶菖蒲、白菖蒲

【科属】天南星科菖蒲属

【产地及分布】原产中国及日本，广布全球温带、亚热带。生于池塘、湖泊岸边浅水区或沼泽地中。

【形态特征】菖蒲为多年生草本植物。地下根茎横走，每年春天从根茎簇生剑状叶。叶片剑状线形，长90～100cm，排成两行，主脉显著，有香味。初夏叶间抽花茎，着生黄色花，排列成圆柱状肉穗花序，佛焰苞叶状。

【种类与品种】同属常见栽培的观赏种还有石菖蒲（*A. tatarinowii*），株高30～50cm，肉穗花序，端部细弯，白色，花期2～4月。

【生物学特性】菖蒲最适生长温度为20～25℃，10℃以下停止生长。冬季以地下茎潜入泥中越冬。

【繁殖】菖蒲主要采用播种与分株繁殖。

（1）播种繁殖　秋播，将收集到的成熟红色浆果洗净，在室内播种，保持潮湿的土壤或浅水。早春发芽后进行分离培养，待苗生长健壮时，可移栽定植。

（2）分株繁殖　早春或生长期内进行。用铁锹将地下茎挖出，洗净，去除老根、茎及枯叶，再用快刀将地下茎切成若干块状，每块保留3～4个新芽，进行繁殖。

【栽培管理】菖蒲露地栽培选择池边低洼地，根据水景布置的需要，可采用带形、长方形等栽植方式。栽植深度保持主芽接近泥面，同时灌水1～3cm。盆栽时选择不漏水的盆，内径40～50cm，盆底施足基肥，中间挖穴植入根茎，生长点露出泥面，加水1～3cm。

菖蒲适应性较强，管理粗放。生长期内保持浅水或潮湿，追肥2～3次，并结合施肥除草。初期以氮肥为主，抽穗开花前应以磷、钾肥为主，将肥施入泥表面5cm以下。越冬前清理地上部分的枯枝残叶，集中烧掉或沤肥。露地栽培2～3年需更新，盆栽2年需换盆分栽一次。

【应用】菖蒲叶丛翠绿，端庄秀丽，具有香气，适宜水景岸边及水体绿化，或作湿地植物，是水景园中主要的观叶植物。叶、花序还可作插花材料。

（六）梭鱼草

【学名】*Pontederia cordata*

【别名】北美梭鱼草、海寿花、箭叶梭鱼草

【科属】雨久花科梭鱼草属

【产地及分布】原产北美。

【形态特征】梭鱼草株高 80～150cm。叶丛生，叶片较大，深绿色，表面光滑。叶形多变，多为倒卵状披针形。花茎直立，通常高出叶面，穗状花序顶生，长 5～20cm 不等，上簇生几十至上百朵蓝紫色圆形小花；单花约 1cm 大小，上方两花瓣各有两个黄绿色斑点，质地半透明，花被裂片 6 枚，近圆形，裂片基部联合为筒状。果实初期绿色，成熟后褐色；果皮坚硬，种子椭圆形，直径 1～2mm。花期 5～10 月。

【种类与品种】梭鱼草主要应用的品种有‘白心’梭鱼草（‘Alba’）和‘蓝花’梭鱼草（‘Caeius’）。

【生物学特性】梭鱼草性喜温、喜阳、喜肥、喜湿，怕风不耐寒，静水及水流缓慢的水域中均可生长，适宜在 20cm 以下的浅水中生长，适温 15～30℃，越冬温度不宜低于 5℃。生长迅速，繁殖能力强，条件适宜的前提下，可在短时间内覆盖大片水域。

【繁殖】梭鱼草采用分株和播种繁殖。分株可在春、夏两季进行，自植株基部切开即可。播种繁殖一般在春季进行，种子发芽温度需保持在 25℃左右。

【栽培管理】梭鱼草可栽植于浅水中或植于花盆内，再放入水池，栽培基质以肥沃为好，对水质没有特别要求，应尽量没有污染，春、秋两季各施一次腐熟有机肥。肥料需埋入土中，以免扩散到水域影响肥效。

【应用】梭鱼草叶色翠绿，花色迷人，花期较长，可用于家庭盆栽、池栽，也可广泛用于园林美化，栽植于河道两侧、池塘四周、人工湿地，花开时节，串串紫花在绿叶的映衬下，别有一番情趣。

（七）再力花

【学名】*Thalia dealbata*

【别名】水竹芋、水莲蕉、塔利亚

【科属】竹芋科塔利亚属

【产地及分布】原产美国南部和墨西哥。

【形态特征】再力花植株高 100～200cm，具根状茎。叶基生，卵状披针形，浅灰蓝色，边缘紫色，长 50cm。复穗状花序，花小，紫堇色，花柄高达 2m 以上。

【生物学特性】再力花喜温暖水湿、阳光充足的气候环境，不耐寒，耐半阴，怕干旱。生长适温 20～30℃，低于 10℃停止生长，入冬后地上部分逐渐枯死。以根状茎在泥中越冬。在微碱性的土壤中生长良好。

【繁殖】再力花采用分株繁殖。初春从母株上割下带 1～2 个芽的根茎，栽入盆内，施足底肥，放进水池养护，待长出新株，移植于池中生长。

【栽培管理】再力花栽植一般每丛 10 芽、每平方米 1～2 丛。定植前施足底肥，以花生麸、骨粉为好。室内栽培生长期保持土壤湿润，叶面上需多喷水，每月施肥一次。露天栽植，夏季高温、强光时应适当遮阴。剪除过高的生长枝和破损叶片，对过密株丛适当疏剪，以利通风透光。一般每隔 2～3 年分株一次。

【应用】再力花植株高大美观，硕大的绿色叶片形似芭蕉叶，叶色翠绿可爱，花序高出叶面，亭亭玉立，蓝紫色的花朵素雅别致，是水景绿化的上品花卉，有“水上天堂鸟”的美誉，也可盆栽观赏或种植于庭院水体景观中。

二、浮水类

（一）睡莲

【学名】*Nymphaea tetragona*

【别名】子午莲、水芹花

【科属】睡莲科睡莲属

【产地及分布】本属大部分种原产北非和东南亚热带地区，少数种产于欧洲和亚洲的温带、寒带地区。

【形态特征】睡莲地下具块状根茎。叶浮于水面，具细长叶柄，近圆形或卵状椭圆形，纸质，直径6～11cm，全缘，叶面浓绿，背面暗紫色。花色白，午后开放，花径2～7.5cm，单生于细长花茎顶端；萼片4，阔披针形或窄卵形。聚合果球形，内含多数椭圆形黑色小坚果。花期6～9月，果期7～10月。

【种类与品种】睡莲属有40多种，我国原产7种以上。本属尚有许多种间杂种和栽培品种。通常根据抗寒能力将其分为两类：

1. 不耐寒类 原产热带地区，在我国温带以北地区不能正常越冬。主要有：

（1）红花睡莲（*N. rubra*） 红花睡莲原产印度。花深紫红色，花大，径15～25cm，傍晚开放。

（2）埃及白睡莲（*N. lotus*） 埃及白睡莲原产埃及尼罗河流域。花白色，径12～25cm，傍晚开放。

（3）南非睡莲（*N. capensis*） 南非睡莲原产南非、东非、马达加斯加岛。花蓝色，大且具香味。

（4）黄睡莲（*N. mexicana*） 黄睡莲原产墨西哥。花黄色，中午开放。

（5）蓝睡莲（*N. caerulea*） 蓝睡莲原产非洲。花浅蓝色，径7～15cm，白天开放。

2. 耐寒类 原产温带或寒带，耐寒性强，均为白天开花类。主要有：

（1）雪白睡莲（*N. candida*） 雪白睡莲原产新疆、中亚、西伯利亚等地。花白色。

（2）白睡莲（*N. alba*） 白睡莲原产欧洲及北非，是目前栽培最广泛的种类。花白色，径12～15cm。变种多，主要有大瓣白（var. *candissima*）、大瓣黄（var. *marliaca*）、大瓣粉（var. *rubra*）等。

（3）香睡莲（*N. odorata*） 香睡莲原产北美。花白色，有许多红花及大花变种。

（4）块茎睡莲（*N. tuberosa*） 块茎睡莲原产北美。花白色，花径10～22cm。

【生物学特性】睡莲喜强光、通风良好、水质清洁的环境。对土壤要求不严，但需富含腐殖质的黏质土，pH6～8。最适水深25～30cm，最深不得超过80cm。

耐寒类型春季萌芽，夏季开花，10月以后进入枯黄休眠期，可在不冰冻的水中越冬。不耐寒类型则应保持水温18～20℃。

【繁殖】睡莲一般采用分株繁殖，也可播种繁殖。在春季转暖开始萌动时，将其挖出，用刀切分为若干块另行栽培。睡莲种子成熟时易散落，因此在花后需用布袋套头以收集种子。

所收集的种子立即播种或装于盛水的瓶中，密封瓶口，投入池水中贮藏，翌春捞起，将种子倾入盛水的三角瓶中，放于25～30℃温箱催芽，每天换水，约2周后种子萌发，长出幼根时可行移植。

【栽培管理】睡莲幼苗盆栽可在温室内移入盆中，将盆放入缸中，水刚好淹没幼叶1cm为宜，天气转暖时移至户外管理，换盆2～3次。露天池塘栽培应将池水放尽，随苗的长高而升高水位。

睡莲栽培时应保持阳光充足，通风良好。施肥多采用基肥。大面积种植时，可直接栽于池中，小面积栽植时可先植入盆中再将盆置于水中。分栽次数应根据长势而定，一般2年左右分株一次。

【应用】睡莲可用于美化平静的水面，也可盆栽观赏或作切花材料。

（二）王莲

【学名】*Victoria regia*

【别名】水玉米

【科属】睡莲科王莲属

【产地及分布】原产南美洲，现世界各地均有引种栽培。

【形态特征】王莲地下具短而直立的根状茎，侧根发达。幼叶卷曲呈锥状，逐渐伸展变成圆形，叶径达1～2.5m。叶表面绿色无刺，叶背紫红色，网状叶脉上具长硬刺，叶缘形成高约10cm的直立周缘。叶柄长2～3m，直径2.5～3cm。花单生，径25～35cm，初开时白色，翌日淡红至深红，第三天闭合沉入水中。花期夏秋季。果实球形，具多数玉米状种子。

【生物学特性】王莲喜高温高湿、光照充足、水面清洁的环境，喜肥沃、富含有机质的栽培基质。一般要求水温30～35℃，空气湿度80%左右。室内栽培时要求室温25℃以上，低于20℃则不能正常生长。

【繁殖】王莲一般采用播种繁殖。种子需在30～35℃水池中贮藏催芽，失水种子丧失发芽力。催芽种子长出根和锥形叶后上盆放入水面下2～3cm处，顶端露出基质面。随小苗长大逐次换盆，离水面的距离也随之加深到15cm左右。叶片生长至20～30cm时便可定植。

【栽培管理】一般栽植一株王莲，需水面积30～40m^2，深80～100cm。定植前应将水池消毒，并在池内设种植槽、暖气管、排水管等。

王莲栽培时应注意光照充足和保持较高的温度，栽植基质中应施入充足的有机基肥。夏季温度过高时注意通风。

【应用】王莲叶形硕大奇特，花大色艳，可用于创造典型热带景观，深受人们喜爱，是美化水面的良好材料，在我国大多地区需在高温温室中栽培。

（三）萍蓬草

【学名】*Nuphar pumilum*

【别名】黄金莲、萍蓬莲

【科属】睡莲科萍蓬草属

【产地及分布】分布于广东、福建、江苏、浙江、江西、四川、吉林、黑龙江、新疆等地。日本、俄罗斯的西伯利亚地区和欧洲也有分布。

【形态特征】萍蓬草根状茎肥厚块状，横卧泥中。叶二型：浮水叶纸质或近革质，圆形至卵形，全缘，基部开裂呈深心形，叶面绿而光亮，叶背隆凸，紫红色，有柔毛；沉水叶薄而柔软，无茸毛。花单生叶腋，圆柱状花茎挺出水面，花蕾球形，绿色；萼片5枚，黄色，花瓣状；花瓣10～20枚，狭楔形。浆果卵形，具宿存萼片，不规则开裂。种子矩圆形，黄褐色，光亮。花期5～7月，果期7～9月。

【种类与品种】本属主要观赏种还有：

（1）贵州萍蓬草（*N. bornetii*）　贵州萍蓬草叶近圆形或卵形，株型较小。

（2）中华萍蓬草（*N. sinensis*）　中华萍蓬草叶心脏卵形，花大，径5～6cm，柄长，伸出水面20cm左右，观赏价值极高。

（3）欧亚萍蓬草（*N. luteum*）　欧亚萍蓬草叶大，厚革质，椭圆形。

（4）台湾萍蓬草（*N. shimadai*）　台湾萍蓬草叶长圆形或卵形。

【生物学特性】萍蓬草性喜温暖、湿润、阳光充足的环境，对土壤要求不严，土质肥沃略带黏性为好。适宜水深30～60cm，最深不宜超过1m。生长适宜温度为15～32℃，温度降至12℃以下停止生长。耐低温，长江以南可在露地水池越冬，不需防寒。在北方冬季需保护越冬，休眠期温度保持在0～5℃即可。

【繁殖】萍蓬草以无性繁殖为主。块茎繁殖在3～4月进行，用快刀切取带主芽的块茎6～8cm长，或带侧芽的块茎3～4cm长。分株繁殖在生长期6～7月进行，用快刀切取带主芽或有健壮侧芽的地下茎，留出心叶及几片功能叶，保留部分根系，在营养充足条件下，所分的新株与原株很快进入生长阶段，当年即可开花。

【栽培管理】萍蓬草的栽培管理可参照睡莲进行。

【应用】萍蓬草初夏开花，朵朵黄色的花朵挺出水面，是夏季水景园中极为重要的观赏植物，又可盆栽于庭院、建筑物、假山石前，或在居室前向阳处摆放。

三、漂 浮 类

（一）田字萍

【学名】*Marsilea quadrifolia*

【别名】四叶萍

【科属】萍科萍属

【产地及分布】分布于我国长江以南各地，世界热带至温暖地区都有分布。

【形态特征】田字萍根状茎细长，横走，有分枝，顶端有淡棕色毛，茎节远离，向上出一叶或数叶。叶柄长20～30cm；叶由4片倒三角形的小叶组成，呈十字形，外缘半圆形，两侧截形；叶脉扇形分叉，网状，网眼狭长。

【生物学特性】田字萍喜生于水田、池塘或沼泽地中。幼年期沉水，成熟时漂浮水面或陆生。

【繁殖】田字萍以根状茎及孢子繁殖。冬季叶枯死，根状茎宿存，翌春分枝出叶，自春至秋不断生叶与孢子果，叶柄基部生出具柄的孢子囊2～3个，孢子囊椭圆形，囊内具大、小孢子，成熟时孢子囊裂开，散出孢子。

【应用】田字萍生长快，整体形态美观，可在水景园浅水、沼泽地中成片种植。

（二）荇菜

【学名】*Nymphoides peltatum*

【别名】水荷叶、大紫背浮萍、水镜草、水葵、莕菜

【科属】龙胆科荇菜属

【产地及分布】原产我国，在西藏、青海、新疆、甘肃均有分布，常生长在池塘边缘。

【形态特征】荇菜枝条有二型：长枝匍匐于水底，如横走茎；短枝从长枝的节处长出。叶卵形，上表面绿色，边缘具紫黑色斑块，下表面紫色，基部深裂成心形。花大而明显，花径约2.5cm，花冠黄色。蒴果椭圆形，不开裂。种子多数，圆形，扁平。

【生物学特性】荇菜适生于多腐殖质的微酸性至中性底泥和富营养的水域中，土壤 pH 为 5.5～7.0。喜光线充足，肥沃土壤及浅水或不流动的水域。3～5 月返青，5～10 月开花并结果，9～10 月果实成熟。植株边开花边结果，至降霜，水上部分即枯死。在温暖地区，青绿期达 240d 左右，花果期 150d 左右。

【繁殖】荇菜采用分株、扦插和播种繁殖。分株繁殖于 3 月将生长较密的株丛分割另植。扦插繁殖在天气暖和的季节进行，将茎分成段，每段 2～4 节，埋入泥土中，2 周后生根。果实成熟后自行开裂，种子借助流水传播。

【栽培管理】荇菜在水池中种植，水深以 40cm 左右较为合适，盆栽水深 10cm 左右即可。以普通塘泥作基质，不宜太肥，否则枝叶茂盛，开花反而稀少。如叶发黄，可在基质中埋入少量复合肥或化肥片。平时保持充足阳光，否则容易干枯。管理较粗放。生长期注意防治蚜虫。

【应用】荇菜叶片小巧别致，鲜黄色花朵挺出水面，花多、花期长，是庭院点缀水景的佳品。

（三）凤眼莲

【学名】*Eichhornia crassipes*

【别名】水葫芦、水浮莲、凤眼蓝

【科属】雨久花科凤眼莲属

【产地及分布】原产南美洲，现我国长江、黄河流域广为引种。

【形态特征】凤眼莲植株高 30～50cm。根丛生于节上，须根发达，悬垂于水中。茎短缩，具匍匐枝。叶呈莲座状基生，直立，卵形、倒卵形至肾形，全缘，光滑鲜绿。叶柄基部略带紫红色，中下部膨大为葫芦状气囊，花茎单生，穗状花序，小花 6～12 朵；花被蓝紫色，六裂；上面一片较大，蓝色花被中央有鲜黄色的眼点。种子多数，有棱。花期 7～9 月。

【生物学特性】凤眼莲喜温暖湿润、阳光充足的环境，适应性强，在水田、水沟、池塘、河流湖泊及低洼的积水田中均可生长。喜生浅水、静水、流速不大的水体，漂浮于水面或在浅水扎根淤泥中生长。通过叶柄气囊悬浮于水面上，繁殖迅速，常形成密集的垫状群落。花后花茎弯入水中生长，子房在水中发育膨大，花谢后 35d 种子成熟。生长适宜温度为 20～30℃；在高湿的条件下，气温超过 35℃也能正常生长，且分株迅速；气温低于 10℃停止生长。冬季在北方需保护越冬，温度不低于 5℃。

【繁殖】凤眼莲以分株繁殖为主，春夏两季进行。母株基部侧生匍匐枝，顶端长叶生根，形成新植株，可切取作繁殖材料。

【栽培管理】凤眼莲水面放养可在清明以后进行，气温上升到 15℃以上时，越冬种株长出新叶即可开始。可直接将种苗放到静水水面向阳的一侧，任其漂浮生长，在较大的水面或流动水中放养必须用竹竿扎成三角形或方形的围框，浮放水面，并拉绳系在岸边桩上固定位置或在水中打桩，防止被风吹散。水深以 60～100cm 为宜。从清明至立夏植株生长缓慢，分株少，水位宜浅。从立夏至秋分植株生长和分株迅速。秋分以后停止生长，植株基部叶片渐次枯黄，只剩下中心几片绿叶，在不受冻条件下，可于浅水或湿润泥土中越冬。

【应用】凤眼莲叶色光亮，叶柄奇特，开花高雅俏丽，是布置水面的良好材料，花序可作切花。植株可以清除废水中的重金属元素、放射性污染物和许多有机污染物质，将其富集体内，是净化水源的良好材料。凤眼莲繁殖力很强，如不控制，极易蔓延，应用时要特别注意。

（四）大薸

【学名】*Pistia stratiotes*

【别名】水浮萍、大萍叶、水荷莲

【科属】天南星科大薸属

【产地及分布】原产我国华南、西南地区，长江流域广泛栽培，广布于全球热带及亚热带地区。

【形态特征】大薸无直立茎，具横走茎，须根着生于植株基部，细长而悬垂于水中。叶无柄，聚生于极度缩短、不明显的茎上，生成莲座状；叶片倒卵状楔形，长2～10cm，两面均被短小的茸毛，先端截平而有波折或圆，基部渐狭。叶肉组织疏松，海绵组织中间有很多大型气腔，可暂存气体。叶背数条叶脉凸起成纵褶，腹面脉稍隆起。肉穗花序贴生于佛焰苞中线处，佛焰苞小，淡绿色，中部缢缩，形如剖开的葫芦，密被长柔毛。花小，单性，无花被，花序上部的雄花序有花2～8朵，雌花单生于花序基部。浆果。花果期夏秋。

【生物学特性】大薸喜高温高湿，不耐严寒，河流、池塘、湖滨等水质肥沃的静水或缓流的水面均可生长。生长适宜温度为20～35℃，21～28℃时分株繁殖最快，29～35℃时营养生长最适宜；温度超过35℃或低于18℃时分株基本停止，温度降至14℃以下时停止生长，低于5℃不能生存。北方栽培需在温室池水中越冬。

【繁殖】大薸以分株繁殖为主。种株叶腋中的腋芽抽生匍匐茎，每株2～10条，匍匐茎的先端长出新株，可行分株。温度适宜时繁殖很快，3d即可加倍。

【栽培管理】大薸露地静水水池放养，池中水温上升到18℃以上时，将发出新叶的种苗投放到池中向阳的一侧任其漂浮生长。露地流动水域放养，可在水面用竹竿扎成方框，选择生长健壮的种苗放养于围框内。生长初期，静水池中应尽量提高池面水温。旺盛生长期植株生长迅速，分株不断增多，易造成拥挤，可淘汰弱苗，清除病苗，促进幼苗生长。随气温降低，植株基部叶片枯黄，必须做好种株防冻工作，将露地水池中生长健壮的种株收回，放到温室池水中越冬，水温保持5～10℃即可。沉水盆栽可选择健壮种苗栽入装有塘泥的盆中，再沉入水中培养。大薸栽培主要病害有黄萎病，由真菌引起，高温季节发病严重，可喷45%代森锌800倍液或1∶1∶200的波尔多液。主要虫害为蚜虫，刺吸叶背，可用40%乐果1 000倍液喷杀。

【应用】大薸形态较为独特，叶形如佛祖的莲花宝座，朵朵漂浮于明净的水面上，观赏价值较高。多用于绿化池塘，盛夏成片覆盖于水面上，别具情趣。

四、沉水类

（一）金鱼藻

【学名】*Ceratophyllum demersum*

【别名】细草、软草、灯笼丝

【科属】金鱼藻科金鱼藻属

【产地及分布】群生于淡水池塘、水沟、小河、温泉流水及水库中，全世界广泛分布。

【形态特征】金鱼藻茎长40～150cm，平滑，具分枝。叶4～12轮生，1～2次二叉状分歧，裂片丝状，或丝状条形，长1.5～2cm，宽0.1～0.5mm，先端带白色软骨质，边缘仅一侧有数细齿。花直径约2mm；苞片9～12，条形，长1.5～2mm，浅绿色，透明，先端有3齿及带紫色毛。坚果宽椭圆形。花期6～7月，果期8～10月。

【生态习性】金鱼藻生长与光照关系密切。水过于浑浊，水中透入光线较少，生长不良，水清透入阳光后恢复生长。2%～3%光强下，生长较慢；5%～10%光强下，生长迅速，但强烈光照会使金鱼藻死亡。在 pH7.1～9.2 的水中均可正常生长，但以 pH7.6～8.8 最适宜。对水温要求较宽，但对结冰较为敏感，在冰中几天内冻死。喜氮，水中无机氮含量高生长较好。

【繁殖】金鱼藻可自播繁衍，也可分株繁殖。

【栽培管理】金鱼藻在水温较高时生长较快，水温低时生长较慢或停滞。栽培中通常不施肥，鱼类排泄物可作肥料。生长过旺时可剔除一部分。

【应用】水体中种植金鱼藻可净化水体，提高水质，人工培养作为水族箱布景。

（二）黑藻

【学名】*Hydrilla verticillata*

【别名】温丝草、灯笼薇、转转薇

【科属】水鳖科黑藻属

【产地及分布】我国南北各地均产，广布于欧亚大陆热带至温带地区。

【形态特征】黑藻茎圆柱形，表面具有纵向细棱纹，质较脆。叶 3～8 片轮生，线形或长条形，常具紫红色或黑色小斑点，无柄。花单性，雌雄同株或异株，腋生；雄佛焰苞近球形，绿色，雄花萼片白色，花瓣白色或粉红色。

【生物学特性】黑藻喜阳光充足的环境，环境荫蔽生长受阻，新叶叶色变淡，老叶逐渐死亡。最好每天接收 2～3h 的散射日光。性喜温暖，耐寒，在 15～30℃范围内生长良好，越冬不低于 4℃。花果期 5～10 月。

【繁殖】黑藻可采用播种和扦插繁殖。春季播种于营养土中，加水高出土面 3～5cm，保温保湿，待发芽齐全、生长健壮即可移栽定植。扦插时将水中的植株剪成 6～8cm 长的茎段，生根后可移栽。4～8 月，采用枝尖插植 3d 就能生根，形成新的植株。

【栽培管理】黑藻生长期内要及时清除杂草和异物，保持水的清澈，增加水中的光照。追肥 1～2 次，促进植株的生长，使株形美观，提高其观赏效果。由于繁殖速度较快，要定期清理部分植株。

【应用】黑藻适宜浅水绿化、室内水体绿化，作水下植被，可盆栽、缸栽，是装饰水族箱的良好材料，常作为中景、背景使用。

（三）苦草

【学名】*Vallisneria natans*

【别名】蓼萍草、扁草

【科属】水鳖科苦草属

【产地及分布】产于我国南北大部分地区。中南半岛、日本和澳大利亚也有分布。

【形态特征】苦草具匍匐茎。叶基生，线形，无柄。花单性，雌雄异株；雄花小，多数；雌花单生，径约 2mm。花期 8 月，果期 9 月。

【生物学特性】苦草喜温暖，耐荫蔽，对土壤要求不严，野生植株多生长在林下山坡、溪旁和沟边。

【繁殖】苦草可采用播种和分株繁殖。3～4 月将种子催芽后，播于营养土中，加水高出土面 3～5cm，保温保湿，待生长健壮移栽。5～8 月，切取地下茎分株繁殖。

【栽培管理】苦草苗期娇小，生长较慢，为促进分蘖，控制营养生长，前期水位一般保持在 30cm 以内。5 月下旬至 6 月上旬进入快速生长期，7 月在水底覆盖面可达 95%以上，此时水深可加至 70～100cm。7 月中旬，根据水域肥瘦情况酌情追肥，一般每 667m² 施过磷酸钙 10kg 或三元复合肥 2kg，若淤泥较厚，水质较肥，则不必施肥，防止生长过旺。8 月上中旬苦草陆续开花，白色花粉大量漂浮水面，完成受精后，雌花花柄卷曲成螺旋状，将果实收缩沉入水中。10 月果实开始进入成熟期，花柄逐渐衰老、腐败，果实陆续漂浮于水面。苦草生长迅速，其匍匐茎常四处蔓延，因此每隔一段时间要进行清理。

【应用】苦草植株翠绿、丛生，是良好的水下绿化材料，也适合室内装饰水族箱，作为背景。

第四节　其他水生花卉

其他水生花卉见表 15-1。

表 15-1　其他水生花卉

中　名（别名）	学　名	科　属	生态类型	产地及分布	形态特征	繁殖与栽培	应　用
红莲子草（紫叶草）	*Alternanthera paronychioides*	苋科莲子草属	挺水	原产巴西南部、东半球热带地区，我国华东以南分布	株高 0.2～0.6m；头状花序腋生，花小，白色；花期 5～9 月	扦插、分株繁殖；喜高温高湿、阳光充足，河滩浅水或湿地	浅水处，多盆栽，观叶（紫红色）为主
皱叶波浪草	*Aponogeton cripus*	水蕹科水蕹属	沉水	产印度、斯里兰卡	株高 0.3m	匍匐茎繁殖；喜温暖，怕严寒，喜中至强光	水族箱中后景；观叶，叶狭长有波皱，植株莲座形
网草	*Aponogeton madagascaliensis*	水蕹科水蕹属	沉水	主产非洲马达加斯加	株高 0.7m 以上；穗状花序，粉红至淡黄色；花期春季	块茎繁殖；喜温暖，怕严寒，喜中度光	水族箱中后景；观叶，叶面无叶肉，株型高大，称为“水草之王”
变叶芦竹（花叶芦竹）	*Arundo donax* var. *versicolor*	禾本科芦竹属	挺水	原产欧洲，我国华东以南分布	株高 0.5～1.5m；圆锥花序顶生，花枝细长，花小，白色；花期 9～10 月	分株繁殖；喜温耐湿，喜光耐寒，常生于池沼及低洼湿地	池边、山石旁、低洼积水处，盆栽，叶具美丽条纹，花序可作切花或干花
莼菜（马蹄草）	*Brasenia schreberi*	莼菜科莼菜属	浮水	广布世界各地，我国长江以南分布	株高 0.5～1.0m；花单生叶腋，暗紫色；花期 6～9 月	分株、冬芽繁殖；喜温暖、光照充足，水质清洁水面，水深 30～60cm	水面布置，叶形奇特，叶色美丽
水生美人蕉	*Canna glauca*	美人蕉科美人蕉属	挺水	原产美洲	株高 1～1.5m；顶生总状花序，红、黄、粉等多种颜色；花期 7～10 月	播种、块茎分割繁殖；喜温、湿，喜光，浅水，不耐寒	湿地、水池，盆栽，叶色美丽，花序可作切花
芡实（鸡头米）	*Euryale ferox*	睡莲科芡实属	浮水	产东南亚、日本、印度、朝鲜	株高 0.3m；花单生叶腋，花瓣多数，紫色；花期 7～8 月	播种繁殖；喜温暖，喜光，1～3m 深水或浅水	布置水面，叶片巨大，花茎多刺，果形奇特

（续）

中　名（别名）	学　名	科　属	生态类型	产地及分布	形态特征	繁殖与栽培	应　用
水鳖（苤菜）	*Hydrocharis dubia*	水鳖科 菱属	漂浮	广布世界各地	株高 0.2m；雌雄同株，雌花白色、蓝色	种子自繁、匍匐茎繁殖；喜温暖，喜光，静水、池沼	布置水面，叶形奇特，花小野趣
黄花蔺	*Limnocharis flava*	花蔺科 黄花蔺属	挺水	产亚洲、美洲热带地区，我国西双版纳分布	株高 0.3～0.5m；伞形花序顶生，浅黄色；花期 7～9 月	播种、分株繁殖；喜温暖湿润，通风良好，不耐寒	水边，盆栽
鸭舌草（水玉簪）	*Monochoria vaginalis*	雨久花科 雨久花属	挺水	产我国各地，东南亚、非洲热带分布	株高≤0.5m；顶生总状花序，蓝色；花期 7～9 月	播种繁殖；喜温暖湿润，光照充足，浅水	水边、沼泽，盆栽，花叶俱美
雨久花（水白菜）	*Monochoria korsakowii*	雨久花科 雨久花属	挺水	我国东部、北部，日本、朝鲜及东南亚	株高 0.5～0.9m；顶生圆锥花序，花大，蓝色；花期 7～9 月	播种繁殖；喜光耐半阴，通风良好，浅水	水边，多盆栽，叶色绿亮，花序可作切花
茨藻	*Najas marina*	茨藻科 茨藻属	沉水	产我国、日本、北美、欧洲	花单生叶腋，小，花期夏季	种子自繁；静水，易栽培	水族箱，净化水质
浮叶眼子菜	*Potamogeton natans*	眼子菜科 眼子菜属	浮水	广布我国南北地区	穗状花序顶生，黄绿色；花期 6～8 月	种子自繁、根状茎繁殖；喜温暖湿润，池塘、沼泽、浅水	静水面
慈姑（茨菰）	*Sagittaria sagittifolia*	泽泻科 慈姑属	挺水	原产我国，广布亚热带、温带	株高 1.2m；顶生圆锥花序，白色；花期 7～9 月	分球、播种繁殖；喜光、温暖，浅水，忌连作	水面、岸边，盆栽，观叶为主，叶形奇特，叶色亮丽
泽泻	*Alisma plantago-aquatica*	泽泻科 泽泻属	挺水	原产北温带及大洋洲，我国北部野生	株高 0.5～1.0m；顶生复总状花序，小花稠密，白色带红晕；花期 7～8 月	分株、播种繁殖；喜温暖、通风良好，浅水	水边栽植，盆栽，叶花俱美
皇冠草	*Echinodorus amazonicus*	泽泻科 皇冠草属	沉水	产南美巴西	株高 0.2～0.3m；花白色，花期秋冬	匍匐茎或根茎子株、花茎茎芽繁殖；喜温暖，怕严寒，喜中度光	水族箱中景
槐叶苹	*Salvinia natans*	槐叶苹科 槐叶苹属	漂浮	世界广布	茎细长横走，三叶轮生，叶长圆形或椭圆形	孢子、茎断体分株繁殖；喜温暖，怕严寒，怕强光	水面圈养、水族箱，观叶，茎叶细小
旱伞草（风车草）	*Cyperus alternifolius*	莎草科 莎草属	挺水	原产非洲马达加斯加，我国各地有分布	株高 0.4～1.6m；聚伞花序，白色；花期 7 月	播种、分株繁殖；喜温暖阴湿、通风良好，浅水、沼泽地、山石旁，盆栽	溪流岸边浅水、山石旁，盆栽、花坛，株丛繁密，叶形奇特，观叶为主

（续）

中　名（别名）	学　名	科　属	生态类型	产地及分布	形态特征	繁殖与栽培	应　用
水葱	*Scirpus tabernaemontani*	莎草科藨草属	挺水	广布世界各地	株高0.5～1.0m；顶生聚伞花序，淡黄褐；花期6～8月	播种、分株繁殖；喜温暖，北方可露地越冬，浅水	岸边、盆栽，观叶为主，株丛挺立，色泽淡雅
菱（菱角）	*Trapa quadrispinosa*	菱科菱属	浮水	产亚洲、欧洲温暖地区	株高0.2m；菱盘生于叶腋，花小，乳白色	播种繁殖；喜温暖、喜光，耐深水	布置水面，叶密集重叠，白花具野趣

复习思考题

1. 简述水生花卉按照形态特征的分类。每类分别举两例。
2. 荷花品种繁多，简述我国荷花品种分类体系。
3. 耐寒和不耐寒睡莲的主要形态差异表现在哪些性状上？
4. 结合水生花卉在园林中的应用现状，阐述水生花卉的应用前景。

第十六章　高山花卉及岩生植物

第一节　概　　述

一、高山花卉及岩生植物的含义及主要种类

我国是一个多山的国家，山区面积占国土面积的70%，其中高原面积占国土面积的26%。我国一些高原山水相连，景色迷人，名山大川雄、险、奇、峻、秀兼而有之，气势恢宏。在高原上，不同海拔高度、不同纬度、不同地形和不同的生态环境，为多种植物群落构成了独特的生境，孕育了多姿多彩的高山花卉和岩生植物。无论在幽幽山野、茫茫草甸，还是在林缘、谷地，每当开花季节，各色山花竞相开放，争奇斗艳，形成十分亮丽的高原景观，令观者赏心悦目、心旷神怡。

高山上生长的花卉种类繁多，习性各异，生境复杂。有些花卉只生长于海拔5 000m以上的高山，生境适应幅度较窄；而另一些既可生长于海拔3 000m以上的高山，也可在低山区甚至平原见到它们的踪影。这说明有些高山花卉的生境适应幅度是较宽的，因此，何为高山花卉，直到现在还没有明确的定义，原因就是海拔下限难以明确界定。本书主要将原产较高海拔和山区的花卉称为高山花卉，而生长于石上或岩边的植物称为岩生植物。

在众多高山花卉及岩生植物种类中，杜鹃花、报春花和龙胆最负盛名，被誉为“山花三绝”。全球共有杜鹃花800多种，其中600多种生长在我国。云南省腾冲县高黎贡山区有一株大树杜鹃高达25m，树龄逾500年，被誉为世界杜鹃花之王。全球报春花有500多种，我国产390种左右，是世界报春花的分布中心。龙胆为一年或多年生草本植物，全球500多种，我国产230多种，大部分生长于海拔3 000～5 000m的高寒山区。

除以上三种外，另有世界著名花卉马先蒿属（*Pedicularis*）、紫堇属（*Corydalis*）、垂头菊属（*Cremanthodium*）。还有高山药用植物雪莲和形似狡兔的雪兔子，雪兔子分布于海拔5 000m左右的流石滩上，通体被覆着白或灰色茸毛，极抗寒，是生长在地球上海拔最高的有花植物。此外，还有许多毛茛科、蔷薇科、菊科、虎耳草科、景天科、紫葳科、唇形科、玄参科、桔梗科、鸢尾科和兰科植物，其花光彩夺目，观赏价值极高。我国高山花卉及岩生植物资源是世界观赏植物宝贵的种质资源基因库。

二、高山花卉及岩生植物的特征

虽然高山花卉和岩生植物在种与种之间的性状和形态差异较大，但在生态上却有着以下共同的特征。

1. 大多植株矮小　高山昼夜温差大，温度普遍较低，即使夏季也会有雪。另外土壤十分瘠薄，风也较强劲。在这样严酷的环境条件下，植株只能贴近地面生长，或分枝紧抱形成垫状，这样既可抵挡寒风吹袭，又能降低能量消耗。植株矮小是对生存环境的一种适应，但植株虽小，开花季节却能开出大而鲜艳的花朵。

2. 茎粗、叶厚、根系发达，植株富含糖和蛋白质　科学工作者曾横切千里香杜鹃

(*Rhododendron thymifolium*) 的叶片，在显微镜下发现内部有许多空隙，其中存有空气。这是由于高山空气稀薄，氧气不足，于是叶片自贮空气。高山大部分地方干旱贫瘠，砾石裸露，生存条件恶劣，在这种环境中生存的植物形成了发达的根系。这是高山花卉及岩生植物对恶劣环境条件的一种适应性结构变化。另据测定，一些植物的糖和蛋白质含量占到了干重的 25%。

3. 花色美丽　人们曾对高山花卉及岩生植物艳丽多彩的花色感到费解。研究证实，这是由于高山上紫外线强烈，极易破坏花瓣细胞的染色体，阻碍核苷酸的合成。为了生存，花瓣体内产生大量类胡萝卜素和花青素以吸收紫外线，保护染色体。类胡萝卜素使花瓣呈现黄色，花青素则使花瓣显露红、蓝、紫色。如果紫外线强，花瓣内上述两种物质含量越高，因此花色也越艳丽。

三、高山花卉及岩生植物的应用价值

1. 在世界园林的发展中起到重要的作用　早在一百多年前，我国的高山花卉及岩生植物就被引入西方国家，在其园林中大放异彩。同时，很多高山花卉及岩生植物被驯化或作杂交亲本，培育出了许多花卉园艺品种。到近代，我国的高山花卉及岩生植物仍是国际上育种和开发高山花卉品种的重要种质资源。

2. 具有重要的经济价值　高山花卉及岩生植物生长慢，加之强烈的光照和较大温差，使植物体内积累了丰富的次生代谢产物并富含糖和蛋白质，如乌头属（*Aconitum*）、黄芪属（*Astragalus*）、当归属（*Angelica*）等，资源丰富，质量上乘，是大自然赋予人类的天然药物宝库。另外，如雪莲的花等，是提取香精的优质原料。

3. 观赏价值极高　高山花卉及岩生植物色泽艳丽，五彩缤纷，是自然界自身发展的阶段性产物，也是人类可直接利用的物质财富。近半个世纪以来，随着交通条件的改善和资源考察活动的增加，高山花卉及岩生植物资源越来越受到重视，在引种和驯化方面已取得了可喜的成果。随着经济发展和科技进步，人们将进一步将珍贵高山花卉及岩生植物请到城市和乡镇，进行驯化和培育，用其仙姿丰富和美化人类居住的各种环境。

第二节　常见高山花卉及岩生植物

（一）龙胆

【学名】*Gentiana scabra*

【别名】龙胆草、观音草

【科属】龙胆科龙胆属

【产地及分布】原产我国大部分地区，日本、朝鲜、俄罗斯也有分布。

【形态特征】龙胆为多年生草本。茎直立，高 30～60cm。根细长，多条，集中在根茎处。叶对生，无柄，茎部叶鳞片状，中、上部叶卵形或披针形，长 3～7cm，宽 1.5～2cm。花多数，簇生枝顶和叶腋，花钟状，直径约 4cm，裂片卵形或卵圆形，鲜蓝色或深蓝色（图 16-1）。花期 9 月。蒴果长卵形。

【种类与品种】龙胆属约 400 种，我国有 247 种。云南有 130 多种，占全国的一半以上。多分布于海拔2 000～4 800m 的亚高山温带地区和高山寒冷地区。其中具观赏价值的还有：

（1）大花龙胆(*G. szechenyii*)　大花龙胆株高5～10cm。花枝数个丛生，花单生枝顶，

无花梗，花冠上部蓝色或蓝紫色，下部黄白色，钟形，裂片卵圆形或宽卵形。产于云南、四川、西藏、青海，生于海拔3 000～4 400m 的高山草甸和流石滩。

（2）头花龙胆（*G. cephalantha*） 头花龙胆株高10～30cm。花枝多数丛生，花多数簇生枝端呈头状，偶有腋生，花冠蓝色或蓝紫色，漏斗形或钟形，裂片卵形。产云南、广西、四川、贵州，生于海拔2 000～3 600m 的阳坡地。

（3）滇龙胆草（*G. rigescens*） 滇龙胆草株高30～50cm。花枝多数丛生，花多数簇生枝端呈头状，花冠蓝紫色或蓝色，漏斗形或钟形，裂片宽三角形。特产云南、贵州、四川、广西和湖南，生于海拔1 100～3 100m的山坡草地、灌丛、林下及山谷中。

图 16-1 龙 胆

【生物学特性】龙胆性耐寒，怕干旱，较耐阴，喜湿润的土壤和冷凉通风环境。宜选择疏松、肥沃的壤土栽培。生长期内要注意浇水、施肥，幼苗还要适当遮阴。

【繁殖】龙胆可用扦插、播种、分株等方法繁殖。扦插以新萌条作插条成活率较高。播种因种子细小，于早春播于育苗盘中。由于自然分生能力不强，分株法不宜经常采用。

【栽培管理】龙胆幼苗生长缓慢，苗期应及时除草。进入旺盛生长期，应多施磷、钾肥，少施氮肥。适时摘心有利于植株矮化和花枝数增加。

【应用】龙胆花较大，艳蓝色，于深秋开放，宜植于花境、林缘、灌丛间。

（二）四季报春

【学名】*Primula obconica*

【别名】四季樱草、球头樱草、鄂报春、仙鹤莲

【科属】报春花科报春花属

【产地及分布】报春花属绝大部分分布于北半球温带和亚热带高山地区，仅有少数产于南半球。我国主要分布于云南、四川、贵州、西藏南部，另外陕西、湖北也有分布，其余地区分布甚少。

【形态特征】四季报春为多年生宿根草本，常作一、二年生栽培。株高 20～30cm，全株被白色茸毛。叶基生，椭圆或长卵形，叶缘具浅波状缺刻，叶面光滑，叶背密被白色腺毛。花茎自基部抽出，高 15～30cm；顶生伞形花序，着花 10 余朵，花冠五深裂，呈漏斗状，花有红、粉红、黄、橙、蓝、紫、白等色，花径约 5cm，花萼管钟状。花期 2～4 月。蒴果，种子细小，圆形，深褐色（图 16-2）。

【种类与品种】报春花属植物约 500 种，我国约有 390 种。云南省是世界报春花属植物的分布中心。

图 16-2 四季报春

1. 同属其他常见栽培种

（1）藏报春（*P. sinensis*） 藏报春又名大花樱

草，产四川、湖北、陕西等地，栽培历史悠久，多年生作一年生栽培。株高15～30cm，全株被腺状刚毛。叶椭圆形或卵状心形。伞形花序两层，每层有花6～10朵；苞片叶状；花萼基部膨大，顶部紧缩似圆塔形；花冠高脚碟状，径2～3cm，有大红、粉红、淡青及白等色，5～7裂，先端深裂为二。种子细小，褐色。6～7月播种，春季开花。

（2）报春花（*P. malacoides*）　报春花为一年生草本。全株被白粉。叶边缘有不整齐缺裂，缺裂具细锯齿，叶柄长于叶片。伞形花序2～7轮；花萼齿三角形；花冠高脚碟状，原种雪青色，栽培品种有白、浅红、深红等色，还有重瓣品种。花期冬春。

（3）小报春（*P. forbesii*）　小报春叶多数簇生，长卵形，顶端钝圆，边缘有不整齐缺刻，具细齿，上面被纤毛，下面及叶柄被白粉。伞形花序2～4轮，由下至上渐开；花萼宽钟状；花冠浅红色，高脚碟状，立春前后盛开。

（4）球花报春（*P. denticulata*）　球花报春为多年生草本。老叶柄宿存，叶基生无柄；叶光滑、质厚、背面被白粉，长椭圆形，顶端钝尖，基部楔形，边缘有锐齿。花茎挺立，高达10～20cm，被白粉。花序近头状，有花10朵；花萼筒状钟形；裂片披针形，被纤毛；花冠高脚碟状，淡紫红色，直径1.5cm；裂片倒心形，顶端二深裂。6～7月播种，春节开花。

（5）多花报春（*P.×polyantha*）　多花报春是经园艺家多年选育而成。株高15～30cm，叶倒卵圆形，叶基渐狭成有翼的叶柄。花梗比叶长，伞形花序多丛生，有多种花色。花期春季。

（6）欧报春（*P. vulgaris*）　欧报春原产西欧和南欧。叶椭圆状卵形，长10～15cm，边缘下弯，具不规则圆齿状锯齿，叶背有柔毛。花梗长6～10cm，花径约3cm，单瓣或重瓣，花色有黄白、红紫和蓝等色。

此外，还有丘园报春（*P. kewensis*）、高山报春（*P. auricula*）等。

2. 栽培品种　大花种（*P. oboconia* ‘Grandiflora’），花径达5cm；深红种（‘Atrosanguinca’）；白花种（‘Alba’）；重瓣种（‘Plena’）等。近年又培育出了很多新品种。

【生物学特性】四季报春性喜凉爽、湿润气候和通风良好的环境，喜排水良好及富含腐殖质的微酸性土壤，不耐寒，不耐高温和强烈的直射光。

【繁殖】四季报春以播种繁殖为主，也可分株繁殖。播种繁殖一般以沙或泥炭为基质，因种子细小，播后可稍覆细土，也可不覆土，播后加盖玻璃或报纸保湿遮光，以利种子萌发。因种子寿命短，宜随采随播。播后10～28d发芽，发芽温度为15～21℃。播种期也可根据开花期而定。如冬季开花则晚春播种，要早春开花则宜前一年初秋播种。分株宜秋季进行。

【栽培管理】四季报春应选择排水良好的栽培基质。生长适温白天16～21℃，夜晚10～13℃，温度稍低有利于形成良好的株形，增加花量。生长期每半个月施一次肥，肥液宜淡。

【应用】四季报春品种多，花色鲜艳，形姿优美，花期长，适宜盆栽，点缀客厅、居室和书房。南方温暖地区可作露地花坛栽培，或栽植于岩石园内。

（三）轮叶马先蒿

【学名】*Pedicularis verticillata*

【科属】玄参科马先蒿属

【产地及分布】广布于北温带较寒地带，北极、欧亚大陆北部及北美西北部，东亚分布于俄罗斯、蒙古、日本及我国东北、内蒙古与河北等处，向西至四川北部及西部等地，云南高海拔地区有分布。

【形态特征】轮叶马先蒿为多年生草本，高 15～35cm。基生叶矩圆形至披针形，较狭窄；茎生叶常 4 枚轮生，较宽。轮状花序顶生，花萼球状卵形，花冠紫红色，唇形。蒴果披针形（图16-3）。

图 16-3 轮叶马先蒿

【种类】马先蒿属 600 多种，我国已知的有 329 种，主要分布于西南横断山区，自然生长于海拔2 000～5 000m 的高山草甸、林缘灌丛及沼泽地，北方地区也有一些种类分布。常见栽培种还有：

（1）三色马先蒿（*P. tricolor*） 三色马先蒿为一年生草本。茎单出或多条，铺散为疏密不同的丛。花茎自基部伸出，花多达 15 朵；花冠粗圆筒形，黄色；苞片柄具膜质翅，花梗粗而无毛，萼管卵形。为我国特有种。

（2）管花马先蒿（*P. siphonantha*） 管花马先蒿为多年生草本。花全部腋生，在主茎上常直达基部而很密，在侧茎上则下部之花很疏远而使茎裸露；花冠玫瑰红色；苞片完全叶状；萼多少圆筒形，有毛。

（3）华丽马先蒿（*P. superba*） 华丽马先蒿为多年生草本。茎直立，中空。穗状花序顶生；花冠紫红色或红色；苞片被毛，基部膨大结合成斗状；萼膨大，萼筒高出于斗上。为我国特有种。

（4）浅黄马先蒿（*P. lutescens*） 浅黄马先蒿为多年生草本。茎单出或多条丛生。总状花序顶生；花冠淡黄色；下部苞片叶状，上部苞片菱状卵形而有尾状长尖；花梗短，萼卵状圆筒形。为我国特有种。

【生物学特性】马先蒿喜光照、耐寒冷，对土壤适应性强，在潮湿地生长较好。根系较发达，深根性。种子细小，易随风撒播，自播力较强。

【繁殖】马先蒿可播种繁殖，秋后蒴果微裂时采收、晾干，搓揉果壳即可脱出种子，净种后干藏。到次年 3 月，做好苗床，将种子与沙或灰混匀撒播。发芽后，适时进行浇水、施肥和间苗工作。一年生苗即可出圃栽植。也可花盆直播育苗，还可分蘖繁殖。

【栽培管理】马先蒿于早春萌发前起苗定植。花坛或花盆内应装较湿润的土壤。起苗后立即定植。成活后，除照常抚育外，高山植物移植到低海拔地区往往病虫害较多，应加强防治。

【应用】马先蒿枝叶繁茂，翠绿成丛，唇形花紫红色，密集成团，绿叶红花，交相辉映，花期长，适合盆栽观赏。或植于花坛边缘，更是特别雅致。也可瓶插观赏。

（四）点地梅

【学名】*Androsace umbellata*

【别名】喉咙草、天星花、佛顶珠

【科属】报春花科点地梅属

【产地及分布】广布于我国各地。

【形态特征】点地梅为一、二年生草本，全株被有白色细柔毛。叶基生，平铺地面，半圆至近圆形，边缘有三角状锯齿。花茎自叶丛中抽出，伞形花序顶生，小花 5～10 朵白色。蒴果球形，种子细小，多数，棕色（图 16-4）。花期4～5 月。

图 16-4　点地梅

【种类】同属常见种还有：

（1）垫状点地梅（*A. tapete*）　垫状点地梅为多年生草本。花茎近于无或极短；花单生，无梗或具极短的柄，包藏于叶丛中；花冠粉红色，裂片倒卵形；苞片线形，花萼筒状。特产西藏、云南、四川、甘肃、青海和新疆，生于海拔4 000～5 300m 的高山河谷台地、裸露的沙质岩石或平缓山顶的高山草甸中。

（2）粗毛点地梅（*A. wardii*）　粗毛点地梅为多年生草本。花茎自叶丛中抽出，高 2～4cm；伞形花序，小花 3～6 朵；花冠粉红色，裂片楔状倒卵形；苞片长圆形或狭椭圆形，花萼阔钟形或杯状。特产西藏、云南、四川，生于海拔3 500～4 100m 的高山灌丛或高山草甸中。

（3）滇西北点地梅（*A. delavayi*）　滇西北点地梅为多年生草本。花 1～2 朵集生于长 1～3cm 的花茎顶端，有时无花茎，生于叶丛中；花冠白色或粉红色，裂片倒卵状楔形或阔倒卵形；苞片长圆状披针形，花萼杯状。产云南、四川，生于海拔2 800～3 600m 的高山草甸、草坡、岩石上或流石滩。

（4）硬枝点地梅（*A. rigida*）　硬枝点地梅为多年生草本。花茎单一，高 1.5～4.5cm；伞形花序，小花 1～7 朵；花冠深红色或粉红色，裂片宽倒卵形；苞片线形，花萼杯状。产云南、四川，生于海拔3 700～4 700m 的高山栎林、云杉林缘、高山杜鹃花灌丛、山坡岩石上或石缝中。

（5）景天点地梅（*A. bulleyana*）　景天点地梅为二年生或多年生仅结实一次的草本。花茎 1 支或数支，自叶丛中抽出；伞形花序多花；花冠紫红色，裂片楔状倒卵形；苞片阔披针形至线状披针形，花萼钟状。产云南、四川，生于海拔1 800～3 300m 的山坡松林、灌丛、草丛中或岩石上。

【生物学特性】点地梅喜温暖、湿润、向阳环境和肥沃土壤，常生于山野草地或路旁。种子能自播繁衍。

【繁殖】点地梅采用播种繁衍。

【栽培管理】点地梅宜选择疏松肥沃的土壤栽培，保持土壤湿润，并注意病虫防治。

【应用】点地梅植株低矮，叶丛生，平铺地面，适宜岩石园栽植及灌木丛旁作地被材料。

（五）雪莲

【学名】*Saussurea involucrata*

【别名】荷莲

【科属】菊科风毛菊属

【产地及分布】分布于我国新疆、青海、云南高海拔地区、俄罗斯中亚及西伯利亚东部。

【形态特征】雪莲为多年生草本，生于2 500m以上的高山。株高16～30cm。茎粗壮，颈部有纤维状残叶基。叶近革质，密集丛生，阔倒披针形或矩圆形，无柄，边缘有锯齿。头状花序，10余个聚生茎顶呈球形总花序。总苞半球形，总苞片被白色长毛。小花紫色（图16-5）。花期夏季。果期9～10月。

图16-5 雪 莲

【种类】同属常见种还有：

（1）昆仑雪兔子（*S. depsangensis*） 昆仑雪兔子为多年生一次结实草本。植株莲座状，无茎或有短茎。叶莲座状，长圆形，两面被黄褐色茸毛。头状花序无小花梗，多数在茎端或莲座状叶丛中密集成半球形总花序；总苞钟状，总苞片密被黄褐色或白色茸毛；小花紫红色。产西藏和青海。生于海拔4 800～5 400m的高山流石滩上。

（2）绵头雪兔子（*S. laniceps*） 绵头雪兔子为多年生一次结实草本。茎高14～36cm，基部有褐色残存的叶柄。叶极密集，倒披针形、狭匙形或长椭圆形，上面被蛛丝状绵毛，下面密被褐色茸毛。头状花序多数，无小花梗，在茎端密集成圆锥状穗状花序；总苞宽钟状，总苞片被黑褐色稠密的长绵毛；小花白色。特产西藏、云南、四川，生于海拔3 900～5 100m的高山流石滩上。

（3）黑毛雪兔子（*S. hypsipeta*） 黑毛雪兔子为丛生多年生多次结实草本。植株高5～13cm，茎直立。头状花序无小花序梗，多数密集于稍膨大的茎端成半球形总花序；总苞圆柱状，总苞片外面紫色；小花紫红色。特产西藏、云南、四川和青海，生于海拔4 700～5 300m的高山流石滩上。

（4）水母雪兔子（*S. medusa*） 水母雪兔子为多年生多次结实草本。茎直立，密被白色绵毛。叶密集，两面灰绿色，被稠密或稀疏的白色长绵毛。头状花序多数，在茎端密集成半球形总花序，无小花梗；总苞狭圆柱状；小花蓝紫色。产西藏、云南、四川、甘肃和青海，生于海拔3 900～4 800m的高山流石滩上。

（5）苞叶雪莲（*S. obvallata*） 苞叶雪莲为多年生草本。植株高大，16～60cm，茎直立。头状花序6～15个，在茎端密集成球形总花序，无小花梗或有短的小花梗；总苞半球形，苞片大而色黄，十分夺目；小花蓝紫色。产西藏、云南、四川，生于海拔3 500～4 500m的高山灌丛草地、草甸和流石滩上。

【生物学特性】雪莲极耐寒。生于海拔2 800～4 000m的高山，根系发达而柔韧，深扎在贫瘠的碎石及原始土层中，吸收少量养分即可生长。能抵抗高山狂风和奇寒，在雪原上生长繁衍。

【繁殖】雪莲一般采用播种繁殖。目前栽培较少。

【应用】雪莲是一种名贵的药材，根、茎、叶、花、籽均可入药。花又是制作香精的上等原料，种子是高原珍禽雪鸡的主要食物之一。

第三节　其他高山花卉及岩生植物

其他高山花卉及岩生植物见表 16-1。

表 16-1　其他高山花卉及岩生植物

中　名	学　名	科　属	分布海拔（m）	产　地	形态特征
多枝乌头	*Aconitum ramulosum*	毛茛科 乌头属	3 500	云南中甸	茎高 1m 多，总状花序顶生，约有 10 朵花，萼片蓝紫色
澜沧翠雀花	*Delphinium thibeticum*	毛茛科 翠雀属	3 000	云南、四川	茎高 28～70cm，总状花序狭长，小花花瓣蓝色，萼片蓝紫色
拟耧斗菜	*Paraquilegia microphylla*	毛茛科 拟耧斗菜属	3 400～4 700	云南、四川、甘肃、青海、新疆	二回三出复叶，花茎直立，萼片淡堇色或淡紫红色
红花无心菜	*Arenaria rhodantha*	石竹科 无心菜属	4 000～5 000	西藏、四川	多年生草本，茎高 2～5cm，花单生茎顶端，花紫红色
云南秋海棠	*Begonia yunnanensis*	秋海棠科 秋海棠属	1 000～2 000	云南	多年生具茎草本，花粉红色
岩白菜	*Bergenia purpurascens*	虎耳草科 岩白菜属	3 200～4 700	云南、四川、西藏	多年生草本，高 13～52cm，聚伞花序圆锥状，花紫红色
宾川溲疏	*Deutzia caclycosa*	虎耳草科 溲疏属	2 400～3 200	云南、四川	灌木，高约2m，伞房状聚伞花序紧缩或开展，花白色或稍粉红色
灰蓟	*Cirsium griseum*	菊科 蓟属	2 800～3 000	云南、四川、贵州	多年生草本，高 0.5～1m，头状花序，小花白色、黄白色，极少紫色
橙花瑞香	*Daphne aurantiaca*	瑞香科 瑞香属	2 800～4 400	云南、四川	矮小灌木，高 0.6～1.2m，花橙黄色，芳香
黄花岩梅	*Diapensia bulleyana*	岩梅科 岩梅属	3 100～4 200	云南	常绿平卧或半直立半灌木，高 5～10cm，花单生于枝顶，黄色
红花岩梅	*Diapensia purpurea*	岩梅科 岩梅属	2 600～4 700	云南、四川、西藏	常绿垫状平卧半灌木，高 3～6cm，花单生于枝顶，蔷薇紫色或粉红色
红波罗花	*Incarvillea delavayi*	紫葳科 角蒿属	2 500～3 900	云南、四川	多年生草本，无茎，高达 30cm，总状花序有 2～6 花，花红色
山玉兰	*Magnolia delavayi*	木兰科 木兰属	1 800～3 200	云南、四川、贵州	常绿乔木，高达 12m，花乳白色
丽江山荆子	*Malus rockii*	蔷薇科 苹果属	2 800～3 400	云南、四川、西藏	乔木，高 8～10m，近似伞形花序，花白色
荽叶委陵菜	*Potentilla coriandrifolia*	蔷薇科 委陵菜属	4 100～4 200	西藏	多年生草本，通常有花 2～3 朵，稀 4～5 朵，顶生，花黄色
刺参	*Morina nepalensis*	川续断科 刺参属	3 200～4 500	云南、四川	多年生草本，植株高 20～50cm，假头状花序顶生，花红色或紫色
地涌金莲	*Musella lasiocarpa*	芭蕉科 地涌金莲属	1 500～2 500	云南	植株丛生，花序直立，苞片黄色或淡黄色

（续）

中　名	学　名	科　属	分布海拔（m）	产　地	形态特征
大理百合	*Lilium taliense*	百合科 百合属	2 600～3 600	云南、四川	茎高 70～150cm，有的有紫色斑点，花下垂，花白色，内轮花被片有紫色斑点
滇蜀豹子花	*Nomocharis forrestii*	百合科 豹子花属	3 000～3 700	云南、四川	鳞茎花卉，茎高 30～100cm，花 1～6 朵，粉红色至红色
豹子花	*Nomocharis pardanthina*	百合科 豹子花属	3 000～3 700	云南大理、丽江、中甸	鳞茎花卉，茎高 25～90cm，花单生，少有数朵，红色或粉红色
假百合	*Notholirion bulbuliferum*	百合科 假百合属	3 000～4 500	云南、四川、甘肃、陕西	鳞茎花卉，茎高 60～150cm，总状花序具 10～24 朵花，花淡紫色或蓝紫色
钟花假百合	*Notholirion campanulatum*	百合科 假百合属	3 000～4 100	西藏、云南、四川	鳞茎花卉，茎高60～100cm，总状花序，具花10～16朵，花红色
黄花木	*Piptanthus nepalensis*	豆科 黄花木属	2 700～4 200	云南、四川、西藏、陕西、甘肃	灌木，高 1～4m，总状花序顶生，花黄色
云南锦鸡儿	*Caragana franchetiana*	豆科 锦鸡儿属	3 300～4 000	云南、四川	灌木，高 1～3m，花黄色
长梗蓼	*Polygonum griffithii*	蓼科 蓼属	3 500～4 500	云南、西藏	多年生草本，茎直立，高 20～40cm，总状花序呈穗状，花紫红色
塔黄	*Rheum nobile*	蓼科 大黄属	4 000～4 800	云南、青海、新疆	高大草本，高 1～2m，花被片黄绿色
长鞭红景天	*Rhodiola fastigiata*	景天科 红景天属	3 000～4 200	西藏、四川、云南	多年生草本，花茎 4～10，花序伞房状，花红色
大花景天	*Sedum magniflorum*	景天科 景天属	3 800～4 100	云南	一年生草本，丛生，花序疏伞房状，有花 3～5，花淡黄色
散鳞杜鹃	*Rhododendron bulu*	杜鹃花科 杜鹃花属	3 000～3 600	西藏	蜿蜒状蔓生灌木，花序伞形，花粉红带紫色
钟花杜鹃	*Rhododendron campanulatum*	杜鹃花科 杜鹃花属	3 200～4 200	西藏	常绿灌木，高 1～4.5m，顶生总状伞形花序，有花 6～12 朵，花白色或淡紫色
黄花杜鹃	*Rhodedendron lutescens*	杜鹃花科 杜鹃花属	1 800～3 000	云南、四川、湖北	灌木，高 1～3m，花 1～3 朵顶生或生枝顶叶腋，花黄色
狼毒	*Stellera chamaejasme*	瑞香科 狼毒属	1 600～3 800	云南及国内大部分地区	多年生草本，高 20～50cm，茎直立，丛生，花白色、黄色、红色，芳香
云南丁香	*Syinga yunnanensis*	木犀科 丁香属	1 000～2 500	云南	灌木，高 2～5m，圆锥花序直立，花白色、淡紫红色或淡粉红色

复 习 思 考 题

1. 简述高山花卉及岩生植物的概念和主要种类。

2. 高山花卉和岩生植物在形态上有哪些区别于其他类花卉的特征？简要阐述形成此特征的原因。

第十七章　木本花卉

第一节　传统木本花卉

(一) 月季

【学名】*Rosa hybrida*

【别名】蔷薇、玫瑰

【科属】蔷薇科蔷薇属

【栽培历史】月季是世界最古老的花卉之一。据资料记载波斯人早在公元前1200年就用来作装饰；公元前9世纪，古希腊有最早的文学记载；公元前6世纪，古希腊女诗人Sappho已将月季誉为“花中皇后”。我国栽培月季历史相当悠久，南北朝梁武帝时代(502—549)在宫中已有栽培，他曾手指蔷薇对其宠姬丽娟曰：“此花绝胜佳人笑也。”唐宋以来栽培日盛，有不少记叙、赞美的诗文。苏东坡有“花落花开不间断，春来春去不相关”和“唯有此花开不厌，一年常占四时春”的诗句，明代王象晋的《群芳谱》中就记载了很多月季品种。近200年来，欧美一些花卉业发达国家，在月季育种方面已经取得了辉煌成就，先后培育出了数以百计的品种。近年我国的主要栽培品种，基本上是引进的国外品种，一年多次开花的现代月季均有中国月季花的血统。

【产地及分布】蔷薇属植物有200余种，广泛分布在北半球寒温带至亚热带，主要在亚洲、欧洲、北美及北非。我国有82种及许多变种，其中部分种原产我国，部分种原产西亚及欧洲。目前世界各地均广泛栽培。

【形态特征】月季为常绿或半常绿灌木，直立、蔓生或攀缘，大都有皮刺。奇数羽状复叶，叶缘有锯齿。花单生枝顶，或成伞房、复伞房及圆锥花序；萼片与花瓣5，少数为4，栽培品种多为重瓣；萼、冠的基部合生成坛状、瓶状或球状的萼冠筒，颈部缢缩，有花盘；雄蕊多数，着生于花盘周围；花柱伸出，分离或上端合生成柱。聚合果包于萼冠筒内，红色（图17-1）。

图17-1　月　季

【种类与品种】月季是一个包括自然界形成的物种、古代栽培的种和人工杂交的后代的庞杂系统。园艺上的分类必然联系到它的育种和发展过程，按照其来源及亲缘关系分为自然种月季、古典月季和现代月季三类，类之下再分种、群或品种。

1. 自然种月季 (Species Roses)　自然种月季是指未经人为杂交而存在的种或变种，故又称为野生月季（Wild Roses）。野生性状强，每年一季花，单瓣，抗性强。虽也有引种或用作杂交亲本，但其性状未经人工改良，仍保持原有野生特点。我国常见及作为现代月季亲本的如野蔷薇（*R. multiflora*）及其变种、变型，金樱子（*R. laevigata*），缫丝花

（*R. roxburghii*），峨眉蔷薇（*R. omeiensis*）及其变型扁刺峨眉蔷薇（f. *pteracantha*），光叶蔷薇（*R. wichuriana*），小果蔷薇（*R. cymosa*）及黄刺玫（*R. xanthina*）等。

2. 古典月季（Old Garden Roses）　古典月季或称古代月季，是指18世纪以前，即现代月季的最早品系——杂交茶香月季（Hybrid Tea Roses）育成之前庭院中栽培的全部月季，不论它是野生引入或人工培育而成的。古典月季许多种是现代月季的亲本，但是庭院中已逐渐少见。每一类中又有许多品种，故习惯上多称为“系”，著名的有法国蔷薇系（*R. gallica*）、突厥蔷薇系（*R. damascena*）、百叶蔷薇系（*R. centifolia*）、白蔷薇系（*R.* × *alba*）、中国月季系（*R. chinensis*）、波旁蔷薇系（*R.* × *borboniana*）、包尔苏蔷薇系（*R.* × *iheritierana*）、密刺蔷薇系（*R. spinosissima*）等。杂交玫瑰系是玫瑰（*R. rugosa*）的杂交后代，杂交麝香月季系是麝香蔷薇（*R. moschata*）的后代，小姐妹月季系是野蔷薇的杂交后代，也是现代月季中的丰花月季系（Floribunda Roses，Fl.）的亲本之一，杂交长春月季系（Hybrid Perpetual Roses，HP）包括中国月季花、茶香月季及一些欧洲种的杂交后代。

3. 现代月季（Modern Garden Roses）　现代月季是指1867年第一次杂交育成茶香月季系新品种‘天地开’（‘La France’）以后培育出的新品系及品种，是当今栽培月季的主体，新品种层出不穷。现代月季几乎都是反复多次杂交培育而成，其主要原始亲本有我国原产的月季花、香水月季、野蔷薇、光叶蔷薇及西亚、欧洲原产的法国蔷薇、百叶蔷薇、突厥蔷薇、麝香蔷薇、异味蔷薇9个种及其变种。

现代月季也包含几个群，是按植株习性、花单生或多朵成花序及花径大小而划分的。这些性状和其亲本密切相联系，但由于现代月季是多亲本多次杂交而成，常出现性状的交叉和中间类型，使得某些品种难以划分，常被归入不同的群中。

现代月季的各群均有极多品种，而且新品种不断涌现，品种的更新也快。

（1）大花（灌丛）月季群（Large-flowered Bush Roses，简称GF群）　大花月季群即以往所称的杂交茶香月季系（Hybrid Tea Roses，HT），自‘天地开’育成起，至今已育成了大量品种。大花月季群有许多优点，深受人们喜爱，已成为当今栽培月季的主流，约占3/4。

（2）聚花（灌丛）月季群（Cluster-flowered Bush Roses，简称C群）　聚花月季群即丰花月季系（Floribunda Roses，Fl.），最初由野蔷薇和中国月季杂交而来，性状介于双亲之间，与大花月季群相似，主要区别为花径较小且多花聚生。第一个品种是1980年育成的‘Gruss an Hachen’，花白色。植株最低者如‘欢笑’（‘Bright Smile’），高仅60cm；最高者如‘Anne Harkness’，达1.2m，直立而多分枝，花数朵至30朵集生，花梗较长而花径较小，一般花径6～8cm，色彩多样而鲜艳。聚花月季群耐寒，抗热性强，也抗病，生长健旺，多数无香或微香，是花境、花坛的优秀材料，也可盆栽或作切花，近年来发展较快，品种过百，是仅次于大花月季群的栽培最多的一类。

（3）壮花月季群（Grandiflora Roses，简称G群）　壮花月季群是近年用大花月季群与聚花月季群品种杂交而成的，兼具双亲的特点，即一枝多花且花大，故又称聚花大花月季（Large-flowered Floribundas）。因具有两个亲本的特点，分类地位便难以划定。

（4）攀缘月季群（Climbing Roses，简称Cl群）　攀缘月季群无一定的亲本组合，是各群月季的混合群，凡茎干粗壮，长而软，需设立支柱才能直立的攀缘性月季均归入该群。如我国云南原产的巨花蔷薇（*R. gigantea*），长达15m，花大，径10～13cm，乳黄色。攀缘月季群一般单花或有较小的花序，花朵大，每年开一次花或不断开花。

（5）蔓性月季群（Rambler Roses，简称 R 群）　蔓性月季群其形态有时很难与某些野生的攀缘种或攀缘月季区分。其主要区别在于典型的蔓性月季群每年只开一次花，花期比攀缘月季群晚几周，多在仲夏以后才开放，花多达 150 朵，花小或很小，径 4cm 以下。蔓性月季群的大部分由亚洲的野蔷薇、光叶蔷薇、*R. luciae* 及欧洲原产的田野蔷薇（*R. arvensis*）及少数其他种杂交而成。蔓性月季群种类不多，栽培不广，常用作覆盖墙壁或围栅。

（6）微型月季群（Miniature Roses，简称 Min 群）　微型月季群是株矮花小的一类。许多早期品种与中国月季相似，故最初的学名为 *R. chinensis* var. *minima*，也可能来自中国月季的矮生芽变后代。株高仅 25cm，一枝多花，粉色，径 4cm，后来又培育出许多多色品种。

（7）现代灌木月季群（Mordern Shrub Roses，简称 MSR 群）　现代灌木月季有不同的来源。一般指现代栽培的野生种及其第一、二代杂交后代，一些古典月季及其后代，形态与古典月季非常相似，能够生长成大的灌丛。

（8）地被月季群（Ground Cover Roses）　地被月季群是月季花中的一个新群，指那些分枝特别开张披散或匍匐地面的类型，是很好的地被植物材料。

【生物学特性】月季性喜温暖湿润、光照充足的环境。光照不足时生长细弱，开花少甚至不开花，夏季烈日下宜适当遮阴。适宜的相对空气湿度为 70％～75％。生长发育的适宜温度为白天20～28℃，夜间 16℃左右，如果夜温低于 6℃，将严重影响其生长发育。某些品种在低温下花瓣数量增多，花形改变，色泽不佳，在高温下则花瓣减少，花型小且花枝较软，一般在 5℃以下或 35℃以上停止生长，也能忍受－15℃的低温。性喜富含有机质、疏松透气、排水良好的微酸性沙质壤土。生长环境要通气良好，无污染，若通气不良易发生白粉病，空气中的有害气体，如二氧化硫、氯、氟化物等均对月季有毒害。

【繁殖】月季可以用播种、扦插、嫁接和组织培养等方法繁殖。

1. 播种繁殖　月季种子具有休眠特性，未经处理或干藏种子不发芽，秋末月季的果实呈红黄色时即可采收，采收的种子要进行层积处理或人工冷冻。将种子与含水量 60％～70％的河沙、水苔或锯末等混合在一起，在通气条件下置于 4℃环境冷藏 3～4 周后即可进行播种。幼苗具有 3～4 枚真叶时，可以移入小盆中进行培育，也可在露地作实生苗，用于砧木或育种。

2. 扦插繁殖　扦插繁殖具有开花早、成苗快、繁殖材料充足和能保持母本性状等特点。月季扦插有嫩枝扦插和硬枝扦插之分，分别在 5～6 月和 10～11 月进行。插条应选择生长健壮、芽眼饱满的枝条，剪取插穗时应去掉上下两端芽不饱满的部分，根据节间长短剪成含 1～3 个芽、长度 10～12cm 的枝段。嫩枝扦插需保留枝段上部 1～2 片叶，在插穗上端距离顶芽 1cm 处平剪，下端背对芽斜剪呈马蹄形剪口，可以使用生根剂处理。按行距 7～10cm、株距 3～5cm 插于苗床中，在适宜的温度、湿度等条件下使其生根。

3. 嫁接繁殖　嫁接繁殖具有根系发达、生长快、成株早、产量高等特点，尤其适于切花生产。但是生产成本较高，不适于微型月季。嫁接所用砧木要选择生长强健、繁殖容易、抗性强且与接穗亲和力强的种或品种。我国常使用野蔷薇及其变种，如白玉堂（*R. multiflora* var. *albo-plena*）、粉团蔷薇（*R. m.* var. *cathayensis*）、七姊妹（*R. m.* var. *platyphylla*）等。

（1）芽接　芽接具有节省接穗、操作快及接合口牢固等特点。砧木可用扦插苗，也可用实生苗。芽接 5～11 月均可进行，常采用嵌芽接或 T 形芽接。芽接部位应选择砧木较低且光滑部位，砧木容易离皮，操作方便，接穗选取当年生枝条且腋芽要发育饱满。芽接时要使盾形芽片上端与砧木水平切口相吻合，绑缚时不要盖住芽，松紧度要适宜。一般经过3～4周即可愈合。早春嫁接可用折砧方式，将砧木顶端约1/3折断，不断抹除砧木上的萌蘖，约3周后再剪砧。秋季芽接苗要在翌年春季发芽前剪砧。

（2）枝接　枝接在早春发芽前进行。接穗采用发育充实且无病虫害的一年生枝条，腋芽要饱满，采用劈接、切接或腹接等方法，接后将砧木和接穗绑缚严密，使其不失水，4周左右即可愈合。

4. 组织培养繁殖　月季组织培养苗在我国还未普及，但根据世界花卉苗木发展的趋势，利用组织培养繁殖月季种苗具有很大的潜力，能在短时间内培养出大量的幼苗。

【栽培管理】月季栽培有切花栽培、盆花栽培和露地栽培等。

1. 切花栽培

（1）品种选择　切花月季品种应具有花形优美、花枝长而挺直、花色鲜艳带有绒光、生长强健、抗逆性强、产量较高且能周年生产等特点。大面积生产时应注意花色品种的比例，最好以红色系为主，兼有黄色、白色、粉色等其他色系品种。

（2）栽培环境　由于地区差异和投入成本的不同，切花月季栽培设施主要有温室和塑料大棚，最好不与其他花卉混栽在一起，北方冬季应有加温条件。栽培环境要求光照充足，通风良好，有适宜的温度和空气湿度保障。栽培床一般宽120～125cm，每行4株，8～10株/m^2，有时考虑到株间透光、肥水管道配置和田间管理方便等因素，也可采用双行定植，此时床宽60～70cm。栽培基质要求疏松透气、富含有机质，pH6.5左右，如利用泥炭、锯末、谷壳、畜粪堆肥等材料按一定的比例配制而成，每立方米基质中加过磷酸钙500～1 000g，表土层厚度25cm以上。

（3）定植　月季定植应在休眠期进行且使用嫁接苗。定植时要将根系舒展开，嫁接部位应高于土表3cm左右。如果使用盆栽苗，定植时必须将原有土团打散，使在盆内形成的卷曲根系分散开再栽种。栽种后要及时灌水，并且要充分，使根系与栽培基质紧密结合。

（4）浇水与施肥　浇水与施肥在切花月季栽培中非常重要，肥水不足会导致生长发育不良，产量低，品质差。定植后的浇水原则应掌握见干见湿，旺盛生长期应给予充足的水分，有条件时使用滴灌法浇水。浇水设施由蓄水池、电动水泵、配管及喷水装置等组成，浇水方法根据不同地区、不同基质条件、植株不同发育阶段和不同季节而定。

施肥除了定植时施入底肥外，还要在不同时期进行追肥，科学施肥应参考对栽培基质和叶片测定的结果，结合滴灌进行。一般每年每平方米追施氮70g、磷50g、钾60g。

（5）通风与光照　利用栽培设施生产月季切花，通风极为重要，尤其在室内温度过高时要及时通风，降低温度和湿度，减少白粉病等病害的发生。月季喜光照充足，但在夏季烈日下因光照度太高应适当遮阴，而冬季由于日照时间短且强度弱，又有防寒物的保护，还经常出现阴天和下雪，造成室内光照不足，因此应采取补光措施，以提高切花品质和单位面积花枝产量。

（6）修剪

①摘心与整枝：嫁接苗定植后要利用摘心和整枝来调节和控制其生长发育。一般幼苗长出新梢并在顶端形成花蕾时，保留下部5片叶进行摘心，促进侧芽萌发生枝，这样经过反复多次摘心处理后，下部枝条会发育成强壮枝条，形成开花母枝。开花母枝多生长健壮、发育充实，中部腋芽圆形饱满，而枝条顶端和基部腋芽呈尖形，尖形芽发育的花枝短且花小，剪

去顶端有尖形芽的枝段，由圆形芽发育的花枝长而花大色艳。

②夏季修剪：夏季修剪的主要作用是降低植株高度，促发新的开花母枝。包括剪除开花枝上的侧芽和侧蕾，以节省养分供给花枝发育，剪除砧木上的萌蘖，剪除病虫枝条等。有些地区夏季气温过高，如没有良好的降温措施，植株被迫进入休眠或半休眠状态，通过夏季修剪可更新老化枝、促发新枝以保证秋季以后的切花生产。

③冬季修剪：冬季在休眠期进行一次重剪，目的是使月季植株保持一定的高度，去掉老枝、过弱枝、冗枝、枯枝等。根据品种不同，一般在距地面 45～90cm 处重短截。在我国北方温室或塑料大棚内栽培，有加温设施条件时，不经过休眠同样能生产出高品质的切花。

(7) 采收与处理　月季切花要适时采收，它关系到瓶插寿命，切花应在花开放到一定程度时立即采收，这样才能保证品质，适应消费者的要求。红色系品种和粉色系品种花朵最外 1～2 轮花瓣张开时采收，黄色系品种切花采收可早些，而白色系品种要晚些采收。采收过早则花茎尚未吸足水分而发生弯颈现象，采收过迟则不利于打扎、包装和运输，也会缩短瓶插寿命。

月季花枝采收后要立即浸入清水中，使其吸足水分，放入 4～6℃室温下冷藏，并进行分级和包装处理。一般按照花色、花枝长短、花蕾开放程度等综合因素进行分级打扎，每 10 支或 25 支为一扎，用透明薄膜、玻璃纸或报纸进行包装。

2. 盆花栽培　盆栽月季应选择适宜的种或品种，矮株型、短枝型或微型月季均适宜盆栽。花盆尺寸应与苗木大小相宜，盆花根系较长，最好使用口径 13～20cm、深 20～27cm的花盆进行栽种。栽培时期、栽培基质等与切花月季基本一致。苗木可选择扦插苗，也可选择嫁接苗。早期上盆多为裸根小苗，应注意保护细根和幼叶，上盆后先浇透水。在栽培管理过程中，植株和根系逐渐长大。对于多年生盆栽月季应每 2～3 年换一次盆，以满足其生长发育的需要。盆栽月季每开一次花要修剪一次，剪后追施肥水，冬季休眠期进行一次重剪，避免植株生长过高。

3. 露地栽培　庭院或园林绿地栽种月季非常广泛，主要栽培种类有聚花月季群、攀缘月季群、蔓性月季群、现代灌木月季群和地被月季群等。栽培要选择地势高燥、光照充足、表土层深厚的地方，定植时应挖穴栽植，土壤不良应及时客土，施入有机肥和磷肥。地栽一般使用大苗，以减少苗期管理，也能及早见到效果。栽植时期最好选在休眠期，如在生长期应对苗木进行修剪，栽后要马上浇水。

【应用】月季应用非常广泛，有“花中皇后”之美誉，深受人们喜爱。根据其不同生长习性和开花特点，也各有用途。攀缘月季和蔓性月季多用于棚架绿化美化，如用于拱门、花篱、花柱、围栅或墙壁上，枝密叶茂，花葩烂漫；大花月季、壮花月季、现代灌木月季及地被月季等多用于园林绿地，花开四季，色香俱备，无处不宜，孤植或丛植于路旁、草地边缘、林缘、花台或天井中，也可作为庭院美化的良好材料；聚花月季和微型月季等更适于作盆花观赏；现代月季中有许多种和品种，花枝长且产量高，花形优美，具芳香，最适于作切花，是世界四大切花之一。

(二) 牡丹

【学名】*Paeonia suffruticosa*

【别名】富贵花、花中之王、木芍药、洛阳花、谷雨花

【科属】芍药科芍药属

【栽培历史】牡丹是我国特产的传统名花，最早是作为药用的，其根皮入药，称丹皮。成书于东汉的《神农本草经》和东汉早期圹墓医简中都有牡丹入药的记载，至今约有2 000年的历史。南北朝时牡丹开始作为观赏植物栽培，隋代观赏品种形成，此期已有‘飞来红’、‘袁家红’、‘醉颜红’、‘一拂黄’、‘云红’等品种。唐代时牡丹的观赏栽培日益繁盛，成为皇宫御苑的珍贵名花，长安为当时牡丹的栽培中心，除皇宫御苑外，渐次扩展栽培于达官贵人的花园及寺庙中。唐末，栽培地域扩展到洛阳、杭州及东北牡丹江一带。宋代牡丹栽培中心移至洛阳，栽养和欣赏牡丹已成为民间风尚。欧阳修的《洛阳牡丹记》（1034）是全世界第一部牡丹专著，其后又有周师厚著《洛阳花木记》（1082）、张邦基《陈州牡丹记》（1117）、陆游《天彭牡丹谱》（1178）等牡丹专著问世。陆游在书中称："牡丹在中州，洛阳为第一；在蜀，天彭为第一。"元代时牡丹发展处于低潮。至明代，其栽培中心又转移到安徽亳州。薛凤翔在所撰《亳州牡丹史》（1617）中分类列举了271个品种，记述了140多个品种的花色和形态特征。清代牡丹栽培中心逐渐移到曹州（今山东菏泽），又有余鹏年《曹州牡丹谱》（1792）和赵世学《新编曹州牡丹谱》（1911）等牡丹专著问世。明清两代，北京牡丹栽培也渐繁。

中国牡丹在唐代就已经传至日本，1656年，传至欧洲，荷兰、英国、法国等陆续引种，20世纪传至美国。从此，各国相继用中国牡丹和紫牡丹、黄牡丹杂交，培育出了一批色彩和性状优异的新品种，尤以法国和美国育成的一批黄色品种十分珍贵。近年来，日本和其他国家的牡丹新品种不断引入我国，同时，我国牡丹苗木也销往全世界多个国家和地区。

【产地及分布】我国是牡丹的原产地，分布在陕西、甘肃、河南、山西等省海拔800～2 100m的高山地带，立地条件多为阴坡或半阴坡，生长在腐殖质层较厚的林缘或灌木丛中。栽培种遍及全国，从塞外内蒙古、东北三省到南疆边陲的云南、广东、浙江沿海，从渤海、黄海之滨至青藏高原、新疆西域，从内陆中原到隔海相望的台湾宝岛，皆有牡丹的野生分布和人工栽培，以河南洛阳、山东菏泽最为著名，其次是甘肃的临夏与临洮、陕西的西安与延安、四川的彭州、江苏的盐城、浙江的杭州、湖北的襄阳、安徽的亳州与铜陵以及北京等地。

【形态特征】牡丹为落叶半灌木，入秋后新梢基部木质化，芽逐渐发育，新梢上部枯死脱落，故有"牡丹长一尺，缩八寸"之说。根系肉质，粗而长，须根少。老枝粗脆易折，灰褐色，当年生枝较光滑，黄褐色。叶呈二回羽状复叶，具长柄，顶生小叶多呈广卵形，端三至五裂，基部全缘，表面绿色，叶背有白粉。花单生枝顶，花径10～30cm，萼片绿色，宿存；野生种多为单瓣，栽培种有复瓣、重瓣及台阁花型；花色丰富，有黄、白、紫、深红、粉红、豆绿、雪青、复色等变化；雄蕊多数，心皮5枚，有毛；花期4～5月，随气温高低而有变动。蓇葖果，8～9月成熟，开裂，种子黑褐色（图17-2）。

图17-2　牡　丹

【种类与品种】

1. 主要变种　矮牡丹（var. *spontanea*），形似牡丹，但植株矮小。小叶较窄，顶生小叶宽卵形或近圆形，叶柄及叶轴均生短柔毛。花多重瓣，白至粉色。在陕西、山西有分布，生于山坡疏林中。有人认为，栽培牡丹是从其演化而来的。

2. 同属其他种及变种

（1）紫斑牡丹（*P. rokii*）　紫斑牡丹花朵大，白色，基部有深紫色斑块。野生于四川北部、甘肃及陕西南部。节间长，植株较高，生长强健，抗性强，现已广泛引种栽培。

（2）黄牡丹（*P. lutea*）　黄牡丹植株矮小，花常单生，金黄色，心皮 3～6。在云南、四川和西藏有分布。因其花为黄色而有特殊价值，可作杂交亲本培育开黄色花的牡丹品种，如美国、法国、日本等国引种后通过杂交培育了很多黄色牡丹品种。著名的植物分类学家 Rehder 将这一类杂交种命名为 *P.* × *lemoinei*（杂种黄牡丹）。黄牡丹的一个变种为大花黄牡丹（var. *ludlowii*），发现于西藏东南部一个海拔 2 700～3 200 m 的大峡谷中。花径有 12.5cm。在英国已大部分代替了黄牡丹，我国也开始引种并用于育种。

（3）杨山牡丹（*P. ostii*）　杨山牡丹高约 1.5m，小叶卵状披针形，多达 15 枚，花单生枝顶，白色。分布于河南嵩县杨山、湖南龙山、陕西留坝、湖北神农架、甘肃两当、安徽巢湖市等地。

（4）紫牡丹（*P. delavayi*）　紫牡丹高约 1.5m，叶小裂片披针形至长圆披针形，花 2～3 朵，紫红至红色。分布于云南西北部、四川东南部和西藏东南部。

3. 品种分类　据不完全统计，世界牡丹品种有 1 000 个以上，我国牡丹品种有 600 个以上。为了进一步掌握各类品种的特性、变异与演进规律，也便于实际应用与经营管理，需按照观赏园艺学的要求，对品种进行分类，下面简单介绍几种分类方法。

（1）二元分类法　中国牡丹专家周家琪和李嘉珏根据以演化关系为主，形态应用为辅，二者兼顾的原则，提出了牡丹芍药品种的二元分类系统，即 2 系 9 群 6 亚群 2 类 14 型。2 系指牡丹系（Tree Peony Series）和芍药系（Herb Peony Series），其中牡丹系下有 7 个品种群，6 个亚群，2 种花瓣类别，14 种花型。

①牡丹系的 7 个品种群和 6 个亚群：牡丹系包括中国中原牡丹品种群（含延安牡丹亚群和保康牡丹亚群）、中国西北牡丹品种群、中国江南牡丹品种群（含凤丹牡丹亚群）、中国西南牡丹品种群（含天彭牡丹亚群和丽江牡丹亚群）、欧洲牡丹品种群、美国牡丹品种群、日本牡丹品种群（含寒牡丹亚群）。

a. 中国中原牡丹品种群（Cultivar's Group of Tree Peony From Central Plains of China）：中国中原牡丹品种群以矮牡丹血统为主，兼有紫斑牡丹、杨山牡丹血统，是我国最大的品种群，形成历史最早，品种最多，各种变异也最丰富，以河南洛阳、山东菏泽为其栽培中心，其下有延安牡丹亚群和保康牡丹亚群。

b. 中国西北牡丹品种群（Cultivar's Group of Tree Peony From Northwest China）：中国西北牡丹品种群主要由紫斑牡丹演化而来，花瓣基部具有黑紫斑或棕褐、紫红斑为其共有的特征。

c. 中国江南牡丹品种群（Cultivar's Group of Tree Peony From South Yangtze River of China）：中国江南牡丹品种群主要由杨山牡丹形成的品种及其与中原牡丹杂交或中原牡丹南移后驯化形成的品种组成。其中以其变种药用牡丹（var. *lishizhensis*）为主形成的'凤丹'品种系列起源较纯，单独划分为一个亚群。

d. 中国西南牡丹品种群（Cultivar's Group of Tree Peony From Southwest China）：中国西南牡丹品种群是中原牡丹西移、西北牡丹南移并与当地牡丹相互杂交的产物，分为天彭牡丹亚群和丽江牡丹亚群。

e. 欧洲牡丹品种群（Cultivar's Group of Tree Peony From Europe）：欧洲牡丹品种群主要分布在法国、英国等地，由引进的中国中原牡丹经驯化及与黄牡丹杂交的后代、紫牡丹与大花黄牡丹杂交形成的品种等组成。

f. 美国牡丹品种群（Cultivar's Group of Tree Peony From American）：美国牡丹品种群是由欧洲、日本、中国引进的品种，以及紫牡丹、黄牡丹等野生原种与其多代杂交形成的品种系列。

g. 日本牡丹品种群（Cultivar's Group of Tree Peony From Japan）：日本牡丹品种群是由引进的中国中原牡丹经驯化并按日本人的爱好进行选育的系列品种。其特色是花色鲜艳，花朵扁平，花梗坚挺，花瓣质地厚，重瓣性不强。其中初冬开花的寒牡丹划分为一个亚群。

②牡丹系的 2 种花瓣类型：在品种群内按照花瓣起源的差异划分为千层类和楼子类，即 2 类。

a. 千层类（Hundred-Petals Section）：重瓣、半重瓣花的花瓣以自然增多为主，兼有雄蕊瓣化瓣，呈向心式有层次的排列，由外向内花瓣逐层变小。全花扁平状。

b. 楼子类（Crown Section）：重瓣、半重瓣的内花瓣以离心式排列的雄蕊瓣化瓣为主，外瓣宽大，一般 2～4 轮，内瓣狭长，细碎或皱曲。全花高起呈楼台状。

千层类和楼子类中的台阁品种又可分为千层台阁亚类和楼子台阁亚类。

③牡丹系的 14 种花型：在各类及亚类内，根据花瓣数量的不同以及雌雄蕊的瓣化程度不同划分为不同花型。千层类、楼子类中单花亚类分为 10 个花型，台阁亚类划分为 4 个花型，共 14 型。

a. 单瓣型（Simple Form）：花瓣宽大，2～3 轮，雌雄蕊正常，如‘泼墨紫’、‘黄花魁’、‘墨洒金’、‘瑶池砚墨’、‘黑天鹅’等品种。

b. 荷花型（Lotus Form）：花瓣 4～5 轮，形状大小相近，雌雄蕊正常，如‘似荷莲’、‘红云飞片’、‘西瓜瓤’、‘大红袍’、‘大红一品’品种。

c. 菊花型（Chrysanthemum Form）：花瓣 6 轮以上，自外向内逐渐变小，雄蕊正常，数量减少，如‘紫二乔’、‘胜荷莲’、‘美人面’、‘红艳艳’、‘葛巾紫’等品种。

d. 蔷薇型（Rose Form）：花瓣极度增多，自外向内逐渐变小，雄蕊基本消失或少量残留，雌蕊正常或稍瓣化，如‘大棕紫’、‘鹅黄’、‘青龙卧墨池’等。

e. 金蕊型（Golden-stamen Form）：外瓣宽大，1～2 轮，雄蕊花药增大，花丝变粗，雄蕊群金黄色，雌蕊正常，此型品种稀少。

f. 金心型（Golden-center Form）：外瓣宽大，2～5 轮，由外向内渐小，内瓣小，排列紧密，多有花药残留，中心有深色条纹，瓣间稀有正常雄蕊，花心有正常雄蕊，雌蕊正常，如‘淑女妆’、‘娇红’等品种。

g. 托桂型（Anemone Form）：外瓣 2～3 轮，雄蕊成狭长的花瓣，雌蕊正常或退化变小，如‘粉盘托桂’、‘粉狮子’等品种。

h. 金环型（Golden-circle Form）：外瓣宽大，雄蕊大多瓣化，高耸，雌蕊正常或瓣化，如‘姚黄’、‘赵粉’、‘烟笼紫’、‘孩儿红’、‘腰系金’等品种。

i. 皇冠型（Crown Form）：外瓣宽大平展，雄蕊几乎全部瓣化成群，高耸，雌蕊正常或瓣化，如‘魏紫’、‘蓝田玉’、‘首案红’、‘白玉’、‘墨魁’、‘醉杨妃’、‘玉兔天仙’、‘青心白’等品种。

j. 绣球型（Globular Form）：雄蕊充分瓣化，与外瓣大小及形状相似，雌蕊多瓣化或退化，全花球状，如‘银粉金鳞’、‘假葛巾紫’、‘绿蝴蝶’、‘蓝翠楼’、‘豆绿’、‘状元红’等品种。

k. 初生台阁型（Primary Proliferation Form）：下方花雌蕊正常或稍瓣化，上方花一般雌雄蕊正常，如‘花红重楼’、‘火炼金丹’、‘脂红’等品种。

l. 彩瓣台阁型（Color-petalled Proliferation Form）：下方花雌蕊瓣化，颜色比花色深，并带绿纹，雄蕊多瓣化，上方花雌雄蕊正常或稍瓣化，如‘罗春池’、‘青山卧云’、‘佛头青’、‘金花状元’、‘霓虹焕彩’、‘锦绣九都’等品种。

m. 分层台阁型（Stratified Proliferation Form）：下方花雌蕊瓣化如正常花瓣，雄蕊瓣化较正常花瓣短小，上方花雄蕊亦多瓣化成短瓣，雌蕊瓣化或退化，全花有明显的分层结构，如‘蓝绣球’、‘紫玉’等品种。

n. 球花台阁型（Globular Proliferation Form）：下方花雄蕊、雌蕊及上方花雄蕊变瓣与正常花瓣无异，上方花雌蕊瓣化或退化，全花球状，如‘紫重楼’、‘胜丹珠’等品种。

（2）株型分类法　牡丹植株分为直立型、开张型、半开张型三种类型。直立型枝条开展角度小，向上直伸，通常节间长，生长势强；开张型枝条开展角度大，株幅大于株高，生长势较弱；半开张型介于二者之间。

（3）分枝习性分类法　牡丹按分枝习性分为单枝型和丛枝型两种。单枝型当年生枝节间长，仅基部形成1～3个混合芽，芽以上的一年生枝当年枯死，这类品种植株高大。丛枝型当年生枝节间短，新芽多，发枝强，这类品种植株较矮。

（4）花色分类法　牡丹花色分为黄、白、红、粉、紫、黑、蓝、绿和复色。

（5）花期分类法　牡丹按花期分为早花品种（4月下旬至5月初开花）、中花品种（5月上旬至5月中旬开花）、晚花品种（5月中旬至5月下旬开花）和秋冬花品种（春天开花后，秋天或冬天再次开花）四类。

（6）栽培分布分类法　牡丹按栽培分布分为中原牡丹品种群、西北牡丹品种群、西南牡丹品种群和江南牡丹品种群。

【生物学特性】牡丹喜凉恶热，具有一定的耐寒性；喜向阳，怕酷暑；喜干燥，惧烈风，怕水浸渍；宜中性或微碱性土壤，忌黏重土壤；最适生长温度18～25℃，生存温度不能低于－20℃，最高不超过40℃。花芽为混合芽，分化一般在5月上中旬开始，9月初形成。植株前三年生长缓慢，以后加快，四至五年生时开花，开花期可延续30年左右。黄河中下游地区，2月至3月上旬萌芽，3月至4月上旬展叶，4月中旬至5月中旬开花，10月下旬至11月中旬落叶，进入休眠。一年生枝只有基部叶腋有芽的部分充分木质化，上部无芽部分秋冬枯死，谓之“牡丹长一尺退八寸”。牡丹花芽需满足一定低温要求才能正常开花，开花适温为16～18℃。

【繁殖】牡丹常用分株、嫁接繁殖，也可播种、扦插和压条繁殖，近年正研究组织培养快速繁殖以适应大面积生产的需要。

1. 分株繁殖　农谚有“春分分牡丹，到老不开花”的说法，因此时气温升高较快，枝芽虽已萌动，但根系还不能供应充足的水分和养分，只能消耗植株本身的贮藏物质，植株长势衰弱。所以，生产上分株多在寒露（10月8～9日）前后进行，暖地可稍迟，寒地宜略早。分株过迟，发根弱或不发根，过早则易秋发。黄河流域多在9月下旬至10月下旬进行。分株时选择四至五年生的健壮母株掘出，去泥土，置阴凉处2～3d，待根变软后，顺自然走势，从根颈处分开。若无萌蘖枝，可保留枝干上潜伏芽或枝条下部的1～2个腋芽，剪去上部；若有2～3个萌蘖枝，可在根颈上部留3～5cm剪去，伤口用1%硫酸铜或400倍多菌灵浸泡，然后栽植，壅土越冬。分株每3～4年进行一次，每次可得1～3株苗，繁殖系数低。目前，生产上采用将压条、分株和平茬相结合的方法（简称双平法），是洛阳首创的一种快速繁殖牡丹苗木的新技术。方法是秋季将牡丹分株栽植，将枝条平曲压埋，促进枝条上的不定芽萌发生长，第二年秋季全部平茬，第三年秋季挖出进行分株，一般每个母株可形成8～10株新苗。

2. 嫁接繁殖 牡丹嫁接适期为初秋后重阳前，过迟不宜，自处暑（8月23～24日）到寒露（10月8～9日）均可嫁接，但以白露（9月7～8日）到秋分（9月23～24日）为宜，尤以白露前后嫁接成活率最高。嫁接所用砧木，宋代用野生牡丹，明代用芍药根，清代用牡丹根、五年生以上的小牡丹，现在常用芍药根或牡丹根作砧木。芍药根短粗，质软，易嫁接，易成活，生长快，但寿命较短，分株少；牡丹根细，质硬，不易嫁接，但分株多，寿命长，抗逆性强。生产上多用'凤丹'作砧木。一般采用枝接，也可用芽接。枝接时，将芍药或牡丹根挖出，在阴凉处放半天，使之失水变软，然后嫁接。若砧木较粗，用劈接，反之用切接。接后绑紧，外涂泥浆，栽植深度与切口平，壅土至接穗上端2～3cm以防寒越冬，翌春扒开壅土。秋分时芽接，多用带木质部的单芽切接法，取萌蘖枝上的芽片，接后栽植，接口入地6～8cm。近几年，牡丹芽接的新技术即套芽换芽嫁接在5～7月进行，嫁接时期比传统芽接期还长，成活率较高。但是，牡丹生长缓慢且有枯梢退枝现象，接穗产量非常有限，因此制约了牡丹苗木产量的提高。

3. 播种繁殖 牡丹播种繁殖主要用于药用牡丹、培育实生砧木苗和新品种选育。牡丹单瓣花品种结实多，半重瓣品种次之，重瓣品种一般不结实。由于种子具坚硬种皮，可用50℃温水浸种24h或用浓硫酸浸泡2～3min，也可用95%酒精浸泡30min，以软化种皮，促进萌发。在5℃条件下层积种子或用赤霉酸（GA_3）100～300mg/L处理，也可打破休眠，促进萌发。生产上常采用即采即播方法，于8月下旬至9月中旬播种，播深4～6cm，培土10～15cm，翌春平土。由于种子有上胚轴休眠习性，当年只能长根，苗不出土，经一定时间的低温（1～10℃，60～90d）打破休眠，春天发芽出苗。因此，播种不能过迟，否则当年发根少，翌年春季出苗不旺。目前，在山东，用'凤丹'实生苗嫁接观赏牡丹进行商品化生产已经推广应用。

4. 扦插繁殖 牡丹扦插成活率低，即使成活，初期生长缓慢，养护难度大，因此生产上很少采用。但在春秋季节，利用掰掉的萌蘖枝（芽）作插穗，经赤霉酸（GA_3）、萘乙酸（NAA）、吲哚丁酸（IBA）等处理，可达到弃物利用、增加苗木产量的目的。

5. 压条繁殖 牡丹压条繁殖系数低，一般很少应用。压条多在开花后进行，选择健壮枝条，在当年生与多年生交界处刻伤（或环剥）后压入土中，第二年秋季与母株分离。

6. 组织培养繁殖 生产上为解决传统牡丹繁殖方法不可克服的繁殖系数低的问题，开始研究组织培养育苗。20多年来，已用花药、种子的胚和上胚轴、茎尖、腋芽、嫩叶、叶柄等外植体培养，取得了很大进展，但是存在着外植体表面消毒污染率高、培养物容易褐变、生长缓慢、移栽阶段植株感病严重和死亡率高等问题，故目前尚未在生产上推广应用。一旦这些问题得到解决，牡丹组织培养技术将成为快速繁殖苗木的有效手段。

【栽培管理】

（1）栽培地点 选择光照充足、地势高、排水良好、土质肥沃的沙壤作为栽培用地。

（2）栽植时期 一般在秋季（寒露前后）结合分株，待伤口阴干后栽植，使土与根系密接，栽后浇一次水。入冬前根系有一段恢复时期，能长出新根。一般不在春季栽植，但当需要延长牡丹栽植季节时，也可春栽，需要采取适当措施，精心养护。

（3）浇水　牡丹根系有较强的抗旱能力，在年降水量500mm以上的地区，一般干旱不需浇水，但特别干旱时应浇水。北方地区在春季萌芽前后、开花前后和越冬前要保证水分充分供应，雨季要注意排水。

（4）施肥　牡丹喜肥，施用腐熟的堆肥、厩肥、油饼等最为适宜。根据牡丹需肥的规律，一年内需施肥三次，分别在早春萌芽后、谢花后和入冬前施入，称作花肥、芽肥、冬肥。花肥、芽肥以速效肥为主，冬肥是值得重视的一次，施肥量要足，并以长效肥为主。

（5）植株管理　牡丹干性弱，一般采用丛状树形，每株定5～7个主枝（股），其余枝条疏除。每年从基部发出的萌蘖，若不作主枝或更新枝使用，应除去。成龄植株在10～11月剪去枯枝、病枝、衰老枝和无用小枝，缩剪枝条1/2左右，并注意疏去过多、过密、衰弱的花蕾，每枝最好仅留一个花芽。

（6）病虫害防治　牡丹主要病害有褐斑病、红斑病、锈病、炭疽病、菌核病、紫纹羽病等，主要害虫有根结线虫、蝼蛄、天牛等，要注意及时进行药剂防治和人工防治。

（7）催延花期技术　采取人为措施可使牡丹在同一年内形成的花芽提早开花（早于自然花期）称为催花（促成）栽培，使去年形成的花芽延迟开花（晚于自然花期）称为延迟（抑制）栽培。我国唐代就已有牡丹促成栽培的技术，现在已基本实现周年开花栽培。促成栽培的关键一是植株的花芽必须基本形成，二是植株已经具有一定的营养基础，三是给予适宜的环境条件。牡丹促成栽培时，对植株的要求是株龄4～7年，枝龄2～3年，枝长15cm以上。打破休眠的措施有低温处理、使用外源激素（如GA_3 500～1 000mg/L）等。催花过程中的温度、湿度和光照调节是否得当是能否成功的关键。温度控制前期（从萌动到翘蕾，约15d）白天7～15℃，夜间5～7℃为宜；中期（从翘蕾到圆桃期前，约20d）白天15～20℃，夜间10～15℃为宜；后期（圆桃期以后，约20d）白天18～23℃，夜间15～20℃。相对空气湿度一般控制在70%～80%，光照度保持5 000lx左右即可满足要求，在催花后期每天晚上补光4～5h（300～500lx），对提高成花质量有良好效果。表17-1为牡丹周年开花的栽培类型与花期。

表17-1　牡丹周年开花的栽培类型与花期

栽培类型	栽培环境	花　期	生育期（d）	备　注
一般栽培	露地	自然花期（4月上旬至5月中旬）	55～58	
延迟（抑制）栽培	露地	初夏	50～52	用半重瓣品种
	冷库或人工气候室	仲夏至初秋（5月下旬至9月上旬）	40～45	
催花（促成）栽培	露地	秋季（9月上中旬至11月中旬）	32～40	
	露地	冬季（1月上中旬至3月中下旬）	45～65	北株南催
	塑料大棚	早春（3月下旬至4月上中旬）	70～73	用早花品种
	塑料大棚	初冬（11月中下旬至1月上旬）	40～50	辅助加温
	温室	冬季（1月上中旬至3月中下旬）	55～65	用早花品种

注：生育期是指花芽萌动到开花的天数。

催延花期的牡丹盆花是目前生产上重大节日的紧俏商品，为沿海城镇重要年宵花之一，经济效益可观，很有开发价值。以前，催花牡丹因花后植株衰弱，多弃之不用，浪费了不少种苗。北京林业大学花卉研究所研究出了催花牡丹复壮技术，可使催花牡丹在1～2年后再度开花，既节省了种苗也节省了时间。此外，该所研究的牡丹无土栽培技术也正在催花生产中推广应用。无土栽培的牡丹根系旺盛，枝叶繁茂，花大色艳，无病虫害，远远优于土栽牡丹。

【应用】牡丹雍容华贵，国色天香，艳冠群芳，花开在风和日丽的谷雨前后，正宜游赏，自古以来，凡名园古刹多植牡丹，现在各类城市园林绿地中也广泛应用。

牡丹无论孤植、丛植、片植都很适宜，在园林中多布置在突出的位置，建立专类园或以花台、花坛栽植为好，也可种植在树丛、草坪边缘或假山之上，居民庭院中多行盆栽观赏。在洛阳、菏泽等地，用牡丹布置花境、花带，装饰道路，效果也很好。盆栽催延花期，可四季开花。案头牡丹、牡丹盆景、牡丹切花市场前景也非常好。

牡丹专类园常用规则式布置和自然式布置两种。规则式布置多用于平坦地面，不进行地形改造，采用等距离栽植，很少与其他植物或山石等配合。自然式布置则是结合地形变化，以牡丹为主体，配以其他树木花草、山石、建筑、雕塑、小品等，从而衬托出牡丹的华贵美丽，形成峰回路转、步移景异的优美景观效果。

（三）梅花

【学名】*Prunus mume*

【别名】春梅、红绿梅、干枝梅

【科属】蔷薇科李属

【栽培历史】梅是我国特有的传统名花。从古籍记载，最初利用果实调味及食用，《诗经》有“若作和羹，尔唯盐梅”句。1975 年在安阳殷墟商代铜鼎中发现有梅核，证明我国在3 200年前已有梅的应用，初期无疑是以果作食用。后来才逐渐有栽培记载，为花、果兼用。初汉的《西京杂记》载有“汉初修上林苑，远方各献名果异树，有朱梅、胭脂梅”，并记有‘朱’梅、‘胭脂’梅、‘紫花’梅、‘同心’梅、‘紫蒂’梅、‘丽枝’梅等品种，故知当时已把梅作名果及奇花栽培了。西汉末年，扬雄的《蜀都赋》中有“被以樱、梅，树以木兰”句，可知在2 000年前庭园中已种梅。自此，从南北朝、隋、唐、宋、元、明直至近代，艺梅、赏梅、咏梅之风不衰，留有众多咏梅佳句及专著。

【产地及分布】梅花原产我国，华东、华南、华中至华西均有野生，以四川、云南、西藏为分布中心。

梅花的栽培，在我国主要分布于长江流域的大、中城市，最南达台湾与海南，向北达江淮流域，最北已在北京栽培，但冬季需防寒。梅花是典型的中国式花卉，国外栽培不多，仅日本较普遍，美国早在 1844 年即引入，也只有在大植物园中才能见到，欧洲也不例外。

【形态特征】梅花为落叶小乔木，常具枝刺，一年生枝绿色。叶卵形至宽卵形，基部楔形或近圆形，边缘具细尖锯齿，两面有微毛或仅背面脉上有毛，叶柄上有腺体。花 1～2 朵腋生，梗极短或无，淡粉红色或近白色，芳香，径2～3cm，早春先叶开放（图 17-3）。核果近球形，熟时黄色，密被短柔毛。果味极酸，核面具小凹点。

【种类与品种】中国梅花现有 300 多个品种。陈俊愉教授自 20 世纪 40 年代起便对梅花的分类进行研究，确立了中国梅花品种分类系统，此系统的分类依据是品种演化与实际应用兼顾，以前者为主，将梅花分为 3 种系 5 类 18 型。

1. 真梅种系 真梅种系由梅花野生原种或变种演化而来，没有其他物种血统。具典型梅枝、梅叶，开典型梅花，有典型梅花香气。真梅种系按枝姿分为 3 类，即直枝梅类、垂枝梅类和龙游梅类。

(1) 直枝梅类　直枝梅类枝正常直上或斜出，是梅花中最普遍及种类最多的一类，又以花型、花萼颜色及花瓣颜色分为 9 型。

①江梅型：花单瓣，颜色有白、浅红至桃红，如‘江梅’、‘大叶青’。

②宫粉型：花复瓣至重瓣，花开后花瓣内扣呈碗形，或平而呈碟形，萼一般紫色，花瓣粉色至大红。宫粉型常生长健旺而花繁，是切花的优良品种，如‘小宫粉’、‘徽州台粉’等。

③玉蝶型：花复瓣至重瓣，萼紫绿色，瓣近白或纯白色，如‘北京玉蝶’、‘素白台阁’等。

④朱砂型：花单瓣、复瓣至重瓣，萼紫色，花瓣紫红色，如‘粉红朱砂’、‘银边飞朱砂’等。

图 17-3　梅　花

⑤绿萼型：花单瓣、复瓣至重瓣，萼绿色，花纯白或近白色，如‘小绿萼’、‘豆绿萼’。

⑥洒金型：一树上开白色、粉色及白粉相间的花，单瓣或复瓣，又称为跳枝梅，如‘单瓣跳枝’、‘复瓣跳枝’、‘晚跳枝’等。

⑦黄香型：花较小而密生，单瓣、复瓣至重瓣，花心微黄色，极香，如‘曹王黄香’、‘单瓣黄香’等。《花镜》有“黄香梅，一名缃梅，花小，而心瓣微黄，香尤烈”的记载。

⑧品字梅型：每花能结数果，如‘品字’梅、‘炒豆品字’梅等花果兼用品种。

⑨小细梅型：花小至特小，白、黄或红色，单瓣，偶无瓣，如‘北京小’、‘黄金’、‘淡黄金’等。

(2) 垂枝梅类　小枝自然下垂或斜垂，开花时花向下，别具一格，分 5 型。

①粉花垂枝型：花单瓣至重瓣，单色，如‘粉皮垂枝’、‘单红垂枝’等。

②残雪垂枝型：花复瓣，萼紫色，瓣白色，如‘残雪’。

③白碧垂枝型：花单瓣或复瓣，花萼绿色，如‘双碧垂枝’。

④骨红垂枝型：花单瓣至重瓣，萼紫色，花深紫红色，如‘骨红垂枝’、‘锦红垂枝’等。

⑤五宝垂枝型：花复色，萼紫色，如‘跳雪垂枝’等。

(3) 龙游梅类　小枝自然扭曲。花复瓣，白色，仅 1 型。

玉蝶游龙型：如‘龙游’梅等品种。

2. 杏梅种系　杏梅种系枝叶介于梅、杏之间，小枝褐色似杏，叶比梅大，花亦较大，无香或微香，果大，果核上有小凹点。杏梅种系仅 1 类。

杏梅类　杏梅类分 2 型。

①单花杏梅型：枝叶似杏，花单瓣，如‘燕’杏梅、‘中山’杏梅等。

②春后型：树势旺，花中大至大，红、粉、白等色，复瓣至重瓣，如‘送春’、‘丰后’等。

3. 樱李梅种系　樱李梅种系形态近于紫叶李而远于梅，叶紫褐色，花叶同放，花大，紫红或粉红，略有李花香。樱李梅种系仅 1 类。

樱李梅类　樱李梅类仅 1 型。

美人梅型：如‘美人’梅、‘小美人’梅等。

【生物学特性】梅花原产我国南方广大山区，特喜温暖而适应性强，如在北京选在背风向阳处也能生存，但－15℃以下即难以生长。耐酷暑，我国著名的“三大火炉”城市南京、武汉、重庆均盛栽梅花，广州、海口亦有栽培。

梅花性喜土层深厚，但在瘠薄土中也能生长，以保水、排水性好的壤土或黏土最宜，pH 以微酸性最适，但也能在微碱土中正常生长。忌积水，积水数日则叶黄根腐而致死，在排水不良土中生长不良。喜阳光，荫蔽则生长不良并开花少。喜较高的空气湿度，但也耐干燥，故在我国南北均可栽培。但怕空气污染，因而市区内很难生长。

梅发枝力强，休眠芽寿命长，故耐修剪，适于切花栽培和培养树桩。梅为并生复芽，每节的主芽为叶芽，将来生叶发枝，侧芽为花芽。每节可生一至几个侧花芽，依品种而不同，一般为1～2花，细短而节间密的侧生枝及短枝着花最多，长枝和徒长枝着花稀疏。

梅花先开花后发芽抽梢，一般 6～7 月停止生长，不久即进行花芽分化，经过一段时期休眠，入冬即开花。开花时旬平均气温 7～8℃，单朵花的开放时间依气温及品种差异而不同，为 7～17d。

【繁殖】梅花常用嫁接繁殖，砧木常用梅、桃、杏、山杏、山桃等实生苗。嫁接方法多样，成活率均较高，早春可将砧木去顶行切接或劈接，夏秋采用单芽腹接或芽接。扦插繁殖也能生根，成活率依品种而异，目前应用尚不普遍。播种繁殖多用于单瓣或半重瓣品种，或用于砧木培育及育种。李属的种子均有休眠特性，需层积或低温或赤霉酸（GA_3）处理后才能发芽。

【栽培管理】梅花栽培无特殊要求，应选择适宜环境才能生长良好。施肥按一般原则于花后、春梢停止生长后及花芽膨大前施三次。

梅花切花栽培宜选生长势强、花多而密的宫粉型为主，以 2～3m×2～3m 株行距密植，幼苗即短剪，培育成灌丛型，管理方便又能多产花枝。可采用蜡梅切花生产的方式，隔年轮流采，剪一半枝条作商品切花，另一半培育供次年用，保持每年均衡产花。

梅花开花时期受温度影响大。花芽形成后需一段冷凉气候进入休眠，经休眠的花芽在气温升高后才发育开放。开放的时间与温度高低和有效积温有关，故可用控制温度催延花期。一般用增温或加光促其提前开花，低温冷贮延迟开花，具体处理时间与温度应依不同品种及各地气候通过试验后确定。

【应用】梅花是有中国特色的花卉，历代与松、竹合称“岁寒三友”，又与菊、竹、兰并称花中“四君子”。最宜植中国式庭园中，春节前后，冬残春来时节，虽在冰天雪地间，梅花却“凌寒独自开”，表现出“寒梅雪中春，高节自一奇”的骨气。孤植于窗前、屋后、路旁、桥畔尤为相宜，成片丛植更为壮观，如南京梅花山、杭州西湖孤山、武汉东湖磨山梅园、无锡梅园都很有名，在名胜、古迹、寺庙中配以古梅树则更显深幽高洁。

梅花寿命长，耐修剪，易发枝，是树桩盆景的绝妙材料，可以在苍劲树梢上开出生机勃勃的群花。

（四）蜡梅

【学名】*Chimonanthus praecox*

【别名】腊梅、蜡木、唐梅、黄梅

【科属】蜡梅科蜡梅属

【栽培历史】蜡梅起源于我国，是我国的传统名花之一，栽培历史悠久。古代常将蜡梅与梅花混而为一。范成大《梅谱》记载："蜡梅本非梅类，以其与梅同时，香又相近，色酷似蜜脾，故名蜡梅。"河南鄢陵栽培蜡梅始于宋代，盛于明、清，并作为宫廷贡品。《群芳谱》、《花镜》中都曾记述了蜡梅的栽培技术和品种。蜡梅于1611—1628年经朝鲜传至日本，1776年传至欧洲，以后再传入美国。

【产地及分布】蜡梅原产我国，主要分布河南西南部、陕西南部、湖北西部、四川东部及南部、湖南西北部、云南北部及东南部以及浙江西部等地，以湖北、四川、陕西交界地区为分布中心。在湖北神农架、陕西丹凤和石泉、鄂西、川东至今仍有大片野生蜡梅林，应是蜡梅原产地和分布中心。湖南、浙江亦有野生报道。现全国均有栽培，以河南鄢陵栽培最盛。日本、朝鲜也有，欧美各国近来引种渐多。

【形态特征】蜡梅为落叶灌木，株高达4m。幼枝四方形，老枝近圆柱形。叶纸质至近革质。花通常着生于二年生枝条叶腋内，先花后叶，花色似蜜脾，芳香。花期11月至翌年3月（图17-4）。

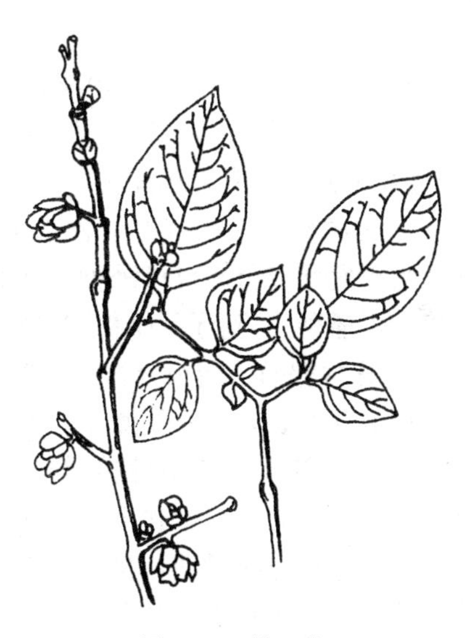

图17-4　蜡　梅

【种类与品种】

1. 主要品种　蜡梅品种分类尚无统一的标准，大都以花型、中轮花被片的形状及颜色、花心色泽、花径大小进行分类。

（1）'小花'蜡梅（'Parviflorus'）　花径仅0.9cm，外轮花被片淡黄色，内轮花被片具浓红紫色斑纹。国内栽培较少，国外主要用作切花。

（2）'狗牙'蜡梅（'Intermedius'）　又叫'狗蝇'蜡梅。花径2.5～2.7cm，花被片狭椭圆形，顶端钝尖，内轮花被片具紫红斑或全为紫红色，盛开时呈钟状，外轮花被片稍翻卷，花色金黄而较淡，香味淡，花期早。多作砧木用。

（3）'檀香'蜡梅（'Tan Xiang'）　花径2.6～2.7cm，花被片倒卵状椭圆形，顶端钝，翻卷，内轮花被片具紫红晕或少量紫红斑，盛开时花被片呈钟状展开，花色鲜黄，花期中。

（4）'磬口'蜡梅（'Grandiflorus'）　花径3.0～3.6cm，花被片椭圆形，顶端圆，内轮花被片有紫红色条纹，盛开时花被片内抱，深黄色，花期早，花期长，花朵较疏。其叶较宽大，长达20cm。

（5）'素心'蜡梅（'Concolor'）　花径3.5cm左右，花被片椭圆状倒卵形，盛开时平展，尖端向外翻卷，内轮花被片金黄色，香味较浓，花期中。

（6）'荷花'蜡梅（'He Hua'）　花径4.2～4.4cm，花被片顶端尖，盛开时呈钟状展开，内轮花被片全为鲜黄色。花期中。

（7）'虎蹄'蜡梅（'Hu Ti'）　花径3.1～3.5cm，花被片狭椭圆形，顶端圆钝，外轮花被片翻卷，内轮花被片具紫红斑晕，盛开时展开，深金黄色。花期早。

此外，尚有不少变种及栽培品种，如'吊金钟'、'黄脑壳'、'早黄'等，它们在花色、着花密度、花期、香气、生长习性等方面各有特点。

2. 同属其他种　蜡梅属共4种，其他3种为柳叶蜡梅、亮叶蜡梅和西南蜡梅。

（1）柳叶蜡梅（*Ch. salicifolius*）　柳叶蜡梅为落叶灌木。叶表被短糙毛，叶背无白粉。中部花被片较窄，内花被片无紫纹。

（2）亮叶蜡梅（*Ch. nitens*） 亮叶蜡梅又叫山蜡梅，为常绿灌木。叶表无短糙毛，叶背多少有白粉。

（3）西南蜡梅（*Ch. campanulatus*） 西南蜡梅为常绿灌木。叶表无短糙毛，叶背无白粉。

【生物学特性】蜡梅性喜阳光，也耐半阴。怕风，较耐寒，在不低于－15℃时能安全越冬，北京以南地区可露地栽培，花期遇－10℃低温，花朵受冻害。好生于土层深厚、肥沃、疏松、排水良好的微酸性沙质壤土上，在盐碱土中生长不良。耐旱性较强，怕涝，故不宜在低湿洼地栽培。

蜡梅树体生长势强，分枝旺盛，根颈部易生萌蘖。耐修剪，易整形，但若修剪不当，常发出较多的徒长枝。7 月开始花芽分化，短枝易形成花芽，长枝上部花芽多，徒长枝上花芽少，单花花期长达 15～20d。植株寿命长达百年，500～600 年生的古树颇为常见。

【繁殖】蜡梅常采用播种、分株、嫁接繁殖，也可采用压条、扦插、组织培养繁殖。

1. 播种繁殖 蜡梅种子含水量大，失水后生活力降低，因此 7～8 月采种后应立即播种，当年发芽成苗。也可采种后沙藏或干藏，翌年春季播种，干藏者先用 45℃温水浸种 1d，晒干后再播种。'狗牙'蜡梅因易结实，为主要种源，多作砧木，或作育种材料。

2. 分株繁殖 蜡梅分株繁殖多在春季叶芽萌发前或秋季落叶后进行，在距地面约 20cm 处剪除上部枝条，以方便操作，节约养分。

3. 嫁接繁殖 蜡梅嫁接繁殖以'狗牙'蜡梅为砧木，采用切接、劈接、芽接、腹接、靠接等方法。切接、劈接多在春季叶芽麦粒大小时（7～10d）进行，过早或过晚成活率都低。为了延长嫁接时期，将母树上准备作接穗的枝条上的芽抹掉，1 周左右又可发出新芽，等新芽长至黄米粒大小时即可再采作接穗用于嫁接。切接、劈接时，一般在距地面 10cm 处嫁接，为了加速整形及造型需要，也常在 1m 左右处嫁接。接后用泥封接口然后埋土，现多用塑料袋套住嫁接部位，半个月以后再破袋、去袋。河南鄢陵嫁接蜡梅现在多采用改良切接法，即在切砧木或削接穗时，仅切去很薄的一层皮（约为砧木直径的 1/10），然后将砧穗的形成层对齐，绑扎套袋即可。此法成活率极高。

蜡梅的芽接、腹接和靠接多在生长季节（6 月中旬至 7 月中旬）进行。腹接后要套塑料袋，经 20～25d 愈合，发新枝后及时解绑剪砧。除普通靠接外，河南鄢陵嫁接蜡梅创造了一种盖头皮靠接法，接口愈合较好。方法是先在砧木适当部位把枝梢剪去，将断面对称两侧由下而上削成带皮层的斜切面，长 4～5cm，深达木质部，然后把接穗一侧削成稍带木质部的切面，比砧木切面稍长，最后将接穗夹盖在砧木上，与砧两侧切面的形成层对齐，用塑料条绑扎紧，成活后剪去接口下部的接穗即可。

4. 其他繁殖方法 蜡梅压条繁殖是传统的繁殖方法，在生长季节进行。蜡梅因枝条生根较慢，所以扦插很少应用，使用高浓度的生长素粉剂处理，成活率可达 80%以上。

【栽培管理】蜡梅宜选择排水良好、光照充足的地方，春季或秋季栽植均可，夏季移植必须带土球。蜡梅耐旱，有"旱不死的蜡梅"之农谚，故不是特别干旱，一般不需特别浇水，雨季应注意排水。每年在冬初或早春花后各施一次肥料即可。盆栽时注意控水，防止烂根。

蜡梅自然生长枝条杂乱，易生根蘖，树形欠佳，因此要进行整形修剪。栽植后要重剪，然后选择主干，培养成有主干的开心形或无主干的丛状。生长季注意摘心，促进分生侧枝，雨季及时疏去杂枝、无用枝和根蘖等。花谢后及时修剪，枝条剪留 15～20cm，摘去残花，防止结实，则枝粗花繁。对各主干枝回缩时，剪口下留斜生中庸枝，以削弱顶端优势。

蜡梅病虫害较少，主要有叶枯病、叶斑病和大蓑蛾、黄刺蛾等，要注意及时防治。

【应用】蜡梅花黄似蜡，晶莹透彻，清香四溢，凌寒怒放，傲霜斗雪，广泛应用于园林中。既可布置大面积的蜡梅林、蜡梅岭、蜡梅溪等景观，又常配置在厅堂入口两侧、窗前屋后、墙隅、山丘斜坡、广场草坪边缘、道路两旁等处，还惯与南天竹搭配在假山旁，构成山石小景，在严冬时节形成一幅绿叶黄花红果相映的色香喜人景观。蜡梅对二氧化硫、氯气等有害气体有较强抗性，宜在工矿区栽植。蜡梅用于园艺盆景及造型，也是极好的材料。树桩盆景有疙瘩梅（又称蜡梅老蔸，上留少数枝条，剪成各种形状，形似梅花桩，换盆将蔸逐步露出，久之即成苍劲古雅的树形）、悬枝梅（久经修剪的老蔸上盆，剪除其上枝条，蔸上泥土保持湿润促发新枝，选其中的 4～5 枝靠接优良品种，成活后剪砧即成悬枝）、曲干龙游梅（干弯曲，枝条经捏弯造型成龙游形）等类型。整形的方法是在春天芽萌动时用刀整理树干形成基本骨架，6 月再用手扭拧新枝使成一定形姿而固定下来。此外，蜡梅也可用作切花材料，瓶插寿命持续月余，市场前景较好。

（五）山茶

【学名】*Camellia japonica*

【别名】华东山茶、茶花、耐冬、曼陀罗、海石榴

【科属】山茶科山茶属

【栽培历史】在古代，山茶被称作海石榴、曼陀罗等。由于山茶天生丽质，故备受人们爱戴，并被引进庭院和宫室之中。公元 138 年，汉武帝建上林苑，山茶作为各地所献的奇花异卉之一，栽植于园中。隋炀帝十分喜爱茶花，在其《宴东堂》的诗中，就有“雨罢春花润，日落暝霞辉。海榴舒欲尽，山樱开未飞。”唐、宋、元、明、清都有山茶的诗句和栽培记载。如唐代诗人李白的诗句：“鲁女东窗下，海榴世所稀。珊瑚映绿水，未足比光辉。”宋代诗人陆游的《山茶》：“东园三月雨兼风，桃李飘零扫地空。唯有山茶偏耐久，绿丛又放树枝红。”山茶栽培的盛事，还可从云南、贵州、四川、广西等许多地方志的物产篇中得到印证。可见，我国山茶栽培至少有2 500多年的历史。

【产地及分布】山茶属分布于亚洲东部和东南部。山茶原产我国西南至东南部，日本也有分布。长江流域以南地区栽培广泛，世界各地均有栽培。

【形态特征】山茶为常绿灌木或小乔木，高可超过 10m。叶革质，互生，椭圆形，边缘锯齿稀，波状，叶面有光泽，光滑无毛。两性花，顶生或腋生，花梗极短，花芽外有鳞片，被茸毛；花瓣5～7片，多可达 60 余片；花径 6～10cm；花色有朱红、桃红、粉红、红白相间和纯白等色；雄蕊多数，基部连成筒状，有时退化或瓣化（图 17-5）。花期 10 月至翌年 3 月。蒴果。

【种类与品种】

1. 山茶属分类及同属其他种　关于山茶属的分类系统，不同分类学家的观点各异。Sealy（1958）的系统分为 12 个组；张宏达在 1981—1998 年建立了亚属分类等级，将山茶属划分为 4 个亚属和 20 组；闵天禄于 2000 年发表了山茶属植物新系统，新建了山茶属 2 个亚属、14 组和 119 种的系统大纲，界定了亚属和组的概念和范围，将已合格发表的 300 余种山茶属植物名称订正归并为 119 种。

同属主要种还有：

（1）云南山茶（*C. reticulata*） 云南山茶又名滇山茶、大茶花、曼陀罗、云南茶花。分布于云南、四川西南部和贵州西部，生于海拔 1 200～3 600m 的阔叶林或混交林中。

图 17-5 山 茶

云南山茶为常绿乔木，高 5～15m。树皮灰褐色，光滑无毛。单叶互生，革质，多宽椭圆形，长 5～14cm，宽 2～7cm，边缘具锐齿。叶面深绿色，背面淡黄绿色。花两性，冬末春初开花，常 1～3 朵着生于小枝顶叶腋间，无花梗或具极短花梗；苞片 5～7 枚，覆瓦状排列，密被褐色短茸毛；萼片常 5～7 枚，分两轮呈覆瓦状排列；花瓣原始单瓣型 5～7 枚，园艺重瓣品种 8～60 枚，分 3～9 轮呈覆瓦状排列，直径 4～22cm，花瓣匙状或倒卵形；花色有大红、紫红、桃红、红白相间等色；雄蕊多数，长 2～4cm，基部合成筒状或束状，连生于花瓣基部；雌蕊 1 枚，上位子房，3～5 室，每室有胚珠 1～3 颗。蒴果扁球形，直径 3～7cm，外壳厚木质，有种子 3～10 粒，黑色，富含脂肪，子叶肥厚，无胚乳。

（2）茶梅（*C. sasanqua*） 茶梅为灌木。叶小，宽 2～4cm，长 5～8cm，椭圆至披针形，先端渐尖，叶近无柄。花单生，白色或红色，花径 3～9cm，子房被银白色柔毛。

（3）金花茶（*C. chrysantha*） 金花茶原产我国广西，越南北部也有分布。小乔木。叶长椭圆形，长 10～15cm，宽 3～5cm，两面粗糙，网脉明显。花金黄色，花径 5cm。金花茶是世界濒危保护物种，是重要的育种种质资源。

2. 山茶属植物品种 我国园艺界分别对云南山茶、山茶、茶梅和金花茶的名称做了初步的统一规范。国际茶花协会（ICS）1993 年版的《国际茶花品种登记》（The International Camellia Register）一书提出了山茶属植物品种登录的主要原则，如品种定名以最早正式刊物上发表的有描述的名称为准等。根据登录原则对世界各地的32 000个品种进行订正，有效登录名称22 100个，别名9 900个。但当时我国山茶的名称未及时调查、统一，分类、登录工作未能与国际接轨。

（1）云南山茶品种 1981 年，在《云南山茶花》一书中公布云南山茶品种 105 个，后又进一步进行了收集和整理，迄今栽培的品种已有 130 个以上。主要有：

①‘狮子头’（‘Shizitou’）：花鲜红色，重瓣，花径 10～15cm。雄蕊多数，分 5～9 组混生于曲折的花瓣中，故有“九心十八瓣”之称。

②‘恨天高’（‘Hentiangao’）：产大理，又名‘汉红菊瓣’，是云南山茶中的珍品。植株矮小，生长缓慢，花桃红色，花径 9～11cm。

③‘童子面’（‘Tongzimian’）：叶片内曲呈 V 形，长 5～9cm，宽 3～4cm。初花淡粉红色，略带红晕，似幼童脸色，故称童子面。

另还有‘紫袍’（‘Zipao’）、‘大理’茶（‘Dalicha’）、‘松子鳞’（‘Songzilin’）、‘牡丹’茶（‘Mudancha’）、‘大玛瑙’（‘Damanao’）、‘通草片’（‘Tongcaopian’）［又称‘菊瓣’、‘国楣’茶（‘Guomeicha’）］等，都是云南山茶的著名品种。

（2）山茶品种 据《世界名贵茶花》（1998）中介绍，山茶品种（含国外）已达 400 个。

主要有：

①‘绿珠球’（‘Luzhuqiou’）：花色洁白，初放时花中心有一枚绿珠状球瓣。

②‘花牡丹’（‘Huamudan’）：花色鲜红，上洒白色斑块。

③‘皇冠’（‘Huangguan’）：似‘花牡丹’，区别在于‘皇冠’花底色白色，上洒鲜红色斑块，瓣缘波形皱边。

④‘吉祥红’（‘Jixianghong’）　花大色红，大瓣2～3轮，小瓣内卷成球形，瓣上洒白纹。

【生物学特性】山茶耐阴、喜光。喜温凉气候，最适生长温度18～24℃，不耐严寒和高温酷暑，长时间高于35℃或低于0℃会造成灼伤、冻害、落花落蕾和花芽无法分化。抗干旱，不耐湿。喜排水良好、疏松肥沃、富含有机质且pH5～6.5的壤土。

【繁殖】

（1）播种繁殖　山茶10月蒴果成熟，采收后经晒干待果皮裂开，收集暴出的种子，经沙藏后于次年春季播种。

（2）嫁接繁殖　在云南境内，由于受干旱期气候条件的限制，用枝接、芽接及切接的效果差。在腾冲一带，用成年红花油茶作砧木，高头劈接获得成功。最行之有效的是传统的靠接法。一般于5月底，选择‘白秧’茶（山茶的白花品种）二年生扦插苗或野山茶实生苗作砧木，将盆栽砧木支撑至接穗等高处靠拢，砧木和接穗在接口处各削去2～4cm，深达木质部，对准二者形成层再用塑料条绑扎紧实即可。接后晴天常向盆中浇水，防止砧木干死，约90d后，接口愈合，剪断接口以下的接穗和接口以上砧木，盆培或地栽即可。

【栽培管理】山茶对土壤透气排水要求较高，盆栽应选用通透性好的素烧盆。盆栽土应人工配制，以保证疏松、透气，土壤呈酸性适宜。山茶从营养生长到生殖生长的过程中，需要的养分较多，应施足缓效基肥，如牛角、蹄片等。管理中还要追施速效肥，以保证生长健壮，特别是从5月起，花芽开始分化，此时每隔15～20d施一次肥，共3次，以满足花蕾形成所需的养分。春季干旱要及时浇水，雨季要注意排水。花蕾长到大豆大时，摘去一部分重叠枝和病弱枝上的花蕾，留蕾要注意大、中、小结合，以控制花期和开花数量。夏秋两季应使山茶处于半阴半凉而又通风的环境中，以确保栽培和开花质量。

山茶主要病虫有茶炭疽病、茶煤污病、茶长绵蚧、茶天牛等，应注意加强防治。

【应用】山茶天生丽质，婀娜多姿，盆栽具有很高观赏价值。在园林中，可孤植、群植和用于假山造景等，也可建设山茶景观区和专类园，还可用于城市公共绿化、庭园绿化、茶花展览以及插花材料等。

（六）杜鹃花

【学名】*Rhododendron simsii*

【别名】映山红、满山红、山鹃

【科属】杜鹃花科杜鹃花属

【栽培历史】杜鹃花用于栽培观赏大致始于唐代，据《丹徒县志》载：“相传唐贞元元年（785）有外国僧人自天台钵盂中以药养根来种之。”此记载为江苏镇江鹤林寺的野生杜鹃花。北宋苏轼也曾在诗中多次提及，如“当时只道鹤林仙，能遣秋光放杜鹃”。诗人白居易对杜鹃花最为推崇：“花中此物是西施，芙蓉芍药皆嫫母”，并曾于819年前后移栽山野杜鹃于厅前，经多次引种方获成功，820年乃作《喜山石榴花开》：“忠州州里今日花，庐山山头去年树。已怜根损斩新栽，还喜花开依旧数。”清代陈淏子在《花镜》（1688）中总结了杜鹃花的习性和栽培经验："杜鹃性最喜阴而恶肥，每早以河水浇，置之树荫之下，则叶青翠可观，亦有黄、白二色者。春鹃亦有长丈余者，须种以山黄泥，浇以羊粪水方茂。若用映山红接者，花不甚佳。切忌粪水，宜豆汁浇。"张泓（约 1736—1795）在《滇南新语》中记述了云南的南杜鹃："迤西楚雄、大理等均盛产杜鹃，种为五色，有蓝者蔚然天碧。"

18 世纪，瑞典植物学家林奈在《植物种志》（1735）中建立了杜鹃花属 *Rhododendron*。19 世纪，欧美国家开始从我国云南、四川等地大量采集杜鹃花种子、标本，进行分类、栽培和育种，在近百年的研究中，培育出数以千计的品种。至 20 世纪 20 年代，我国上海、无锡、青岛、丹东等地开始从国外引进栽培品种。对国内的资源调查，1940 年秦仁昌教授在《西南边疆》中介绍了云南的高山常绿杜鹃花，1942 年方文培教授在《峨眉植物图志》中记述了峨眉山杜鹃花多种，并对杜鹃花进行分类研究。目前，我国的杜鹃花资源已引起各界的重视，与此同时也有大量的西洋杜鹃涌入我国市场。

【产地及分布】杜鹃花属有 800 余种，以亚洲最多，其中我国有 600 余种，占全世界种类的 75%，主要集中分布于云南、西藏和四川，是杜鹃花属的发祥地和世界分布中心，新几内亚、马来西亚约有 280 种，是杜鹃花的次生分布中心，几乎全为附生灌木型。此外，北美分布有 24 种，欧洲分布有 9 种，大洋洲 1 种。

我国杜鹃花以长江以南地区种类较多，长江以北很少，新疆、宁夏属干旱荒漠地带，均无天然分布。

【形态特征】杜鹃花为常绿或落叶灌木，稀为乔木、匍匐状或垫状。主干直立，单生或丛生，枝条互生或近轮生。单叶互生，常簇生枝端，全缘，罕有细锯齿，无托叶，枝、叶有毛或无。花两性，常多朵顶生组成总状、穗状、伞形花序，花冠辐射状、钟状、漏斗状、管状，4～5 裂；花色丰富，喉部有深色斑点或浅色晕；花萼宿存，4～5 裂；雄蕊 5～10 枚，不等长；子房上位，5～10 室。花期 3～6 月。蒴果开裂为 5～10 果瓣，种子细小，有狭翅，果 10 月前后成熟（图 17-6）。

【种类与品种】

1. 同属其他种 我国较珍贵的原产种有：

（1）云锦杜鹃（*Rh. fortunei*） 云锦杜鹃为常绿灌木。顶生总状伞形花序疏松，有花 6～12 朵，花大芳香，淡玫瑰红色。5 月开放。

（2）大白杜鹃（*Rh. decorum*） 大白杜鹃为常绿灌木。花冠白色，6～8 裂，花序顶生。

（3）大树杜鹃（*Rh. protistum* var. *giganteum*） 大树杜鹃为常绿大乔木，被誉为"世界杜鹃花之王"。叶大，花序大，每序有鲜玫瑰紫色花 20～24 朵。

（4）马缨花（*Rh. delavayi*） 马缨花为常绿灌木。顶生伞形花序，圆形，紧密，有花 10～20 朵，花冠钟形，肉质，深红色。

图 17-6 杜鹃花

（5）泡泡叶杜鹃（*Rh. edgeworthii*） 泡泡叶杜鹃为常绿灌木。叶面有泡状隆起，下面密生绵毛，花有香味。

（6）乳黄杜鹃（*Rh. lacteum*） 乳黄杜鹃为常绿灌木。顶生总状伞形花序，有花 15～30 朵，密集，花冠乳黄，宽钟状。

（7）羊踯躅（*Rh. molle*）　羊踯躅为落叶灌木。叶面皱，花金黄色。植株有毒。

（8）滇南杜鹃（*Rh. hancockii*）　滇南杜鹃为常绿灌木。花单生枝顶叶腋，白色，叶有光泽，花香素雅。

（9）锦绣杜鹃（*Rh. pulchrum*）　锦绣杜鹃为半常绿灌木。花1～5朵顶生，粉红色，有深紫斑点。

2. 栽培品种分类　在我国，杜鹃花根据形态、性状、亲本和来源，分为东鹃、毛鹃、西鹃和夏鹃四个类型。

（1）东鹃　东鹃来自日本，包括石岩杜鹃（*R. obtusum*）及其变种。品种很多，体型矮，高1～2m，枝纤细紊乱，叶薄色淡，花期4～5月。品种有‘新天地’、‘雪月’、‘日之出’、‘碧上’以及能在春、秋两次开花的‘四季之誉’等。

（2）毛鹃　毛鹃俗称毛叶杜鹃，包括锦绣杜鹃、白花杜鹃（*R. mucronatum*）及其变种、杂种。株高2～3m，枝粗壮，幼枝密被棕色刚毛，叶长椭圆形、多毛，花大、单瓣。品种有‘玉蝴蝶’、‘琉球红’、‘紫蝴蝶’、‘玲珑’等。

（3）西鹃　西鹃最早在荷兰、比利时育成，系皋月杜鹃（*R. indium*）、杜鹃花、白花杜鹃等反复杂交而成。株型紧凑，花色丰富，花期长，但怕晒怕冻，2～5月开花。品种有‘皇冠’、‘锦袍’、‘天女舞’、‘四海波’等。

（4）夏鹃　夏鹃原产印度、日本，枝叶纤细，分枝稠密，树冠丰满整齐，叶狭小，自然花期5～6月。传统品种有‘长华’、‘大红袍’、‘陈家银红’、‘五宝绿珠’、‘紫辰殿’等。

【生物学特性】杜鹃花喜凉爽、湿润气候，畏酷热干燥，最适宜生长的温度为15～25℃，气温超过30℃或低于5℃则生长趋于停滞。杜鹃花一般在春、秋两季抽梢，以春梢为主。喜阳光，但忌烈日暴晒。要求富含腐殖质、疏松、湿润、pH5.5～6.5的酸性土壤，在黏重或通透性差的土壤中生长不良。

【繁殖】杜鹃花以扦插、嫁接繁殖为主，也可以进行播种和压条繁殖。

1. 扦插繁殖　杜鹃花扦插繁殖一般于5～6月取当年生半木质化枝条，带踵掰下，修平毛头，剪去下部叶片，若枝条过长，可截去顶梢。扦插基质宜用兰花泥、河沙、蛭石、珍珠岩、泥炭等，浅插，入土深度以2～4cm为宜，插后浇透水，置于荫棚下管理，一般20～30d可生根。

2. 嫁接繁殖　西鹃多采用嫁接繁殖。砧木选用1～2年生毛鹃，以‘玉蝴蝶’、‘紫蝴蝶’最好，接穗选用3～4cm长的嫩梢，嫁接方法可以用切接、劈接、腹接等。嫁接时间一般选在4～5月。

3. 播种繁殖　杜鹃花播种繁殖主要用于新品种培育。种子成熟后，常绿杜鹃应随采随播，落叶杜鹃可将种子沙藏，翌年春播。种子撒播后，薄覆一层细土，表面覆盖保湿，置于阴处，气温15～20℃，约20d即可出苗。

【栽培管理】野生杜鹃和栽培品种中的毛鹃、东鹃、夏鹃可以盆栽，也可在略庇荫处地栽，西鹃全部盆栽，下面介绍盆栽杜鹃花的栽培管理。

1. 栽培场地　地栽场地注意不能积水，土壤酸性为宜，盆栽场地忌水泥地，室外场地应注意排水防涝，同时应注意7～8月暴雨袭击，室内场地应注意通风，防止病虫害滋生。

2. 培养土配制　杜鹃花为喜酸植物，以园土30%、沙20%、泥炭28%、椰糠或锯木20%、珍珠岩2%效果较好。配制培养土时，还可加入腐熟的油饼、少量复合肥及微肥。培养土混合均匀后应进行严格的消毒杀菌。

3. 盆的选用与上盆 为使杜鹃花根系透气和降低成本，一般选用瓦盆，加之杜鹃花根系浅，扩张缓慢，因此应适苗适盆，以免浇水失控。一般 1～2 年生杜鹃花植株用 10cm 口径盆，3～4 年生用 15～20cm 的盆，5～7 年生用 20～30cm 的盆。上盆时，应在盆底垫入碎瓦片或 3cm 厚的大块煤渣，以利于根系通水通气。上盆压土时，应从盆壁向下压，以免伤根，上盆后应透浇一次酸化水，然后放于阴凉处。

4. 浇水与施肥 杜鹃花浇水主要根据天气、植株大小、盆土干湿、生长发育的需要灵活掌握。生长旺盛期多浇水，梅雨季节防止盆面积水，7～8 月高温期随干随浇，并于午间、傍晚向地面洒水，冬季生长缓慢，5～7d 浇水一次。肥料要薄肥勤施，主要在 3～5 月，可用沤熟的稀薄麸水、菜籽饼等，20d 左右施一次，同时为防止盆土碱化，一个月施一次 1%～2%的硫酸亚铁液。

5. 修剪与整形 盆栽杜鹃花应从幼苗期及时进行修剪，以加快植株成形和矮化，最终形成 3～4 个一级枝，每个一级枝上有 2～4 个二级枝（图 17-7）。一般植株成形后，平时主要是剪除病枝、弱枝及重叠紊乱的枝条，均以疏剪为主。

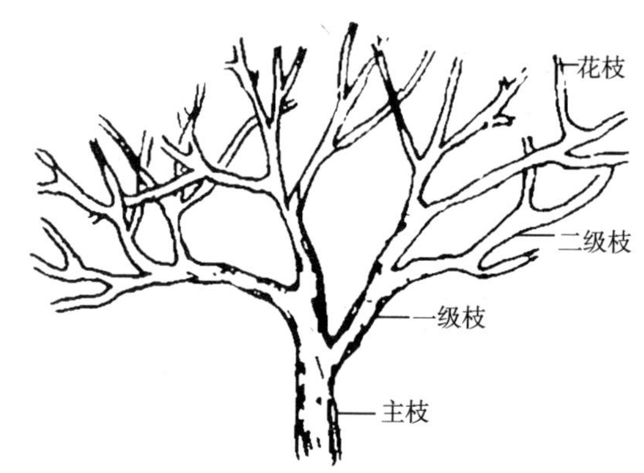

图 17-7 盆栽杜鹃花的整形

6. 花期调控 杜鹃花芽分化之后，移入 20℃的环境中 15～20d 可开花，品种间差异较大。圣诞节（12 月下旬）用花的杜鹃花自冷藏室（4～5℃）移出后，必须在 11 月上旬置于 15℃温室中，才能如期开花。若要国庆节开花，则需先置于 3～4℃低温冷室内，9 月中旬取出即可。使用植物生长调节剂可促其花芽形成，如用比久（B_9）以 0.15%的浓度喷施，每周 1 次，2 个月后花芽即充分发育。杜鹃花在促成栽培以前至少需要 4 周 10℃或更低的温度冷藏。在此期间，植株应保持湿润，不能过分浇水，同时保持每天 12h 的光照，以减少落叶。

7. 病虫害防治 杜鹃花常见的病害是褐斑病，主要发生在梅雨季节，是引起落叶的主要原因，防治方法是在花前、花后喷施 800 倍液托布津或硫菌磷，并注意改善光照、通风条件，随时摘除病叶并烧毁。常见的虫害是红蜘蛛，6～8 月高温干燥时尤为突出，可用1 000 倍液三氯杀螨醇喷杀，每周 1 次，连续 3 次。

【应用】杜鹃花为传统十大名花之一，被誉为“花中西施”，以花繁叶茂、绮丽多姿著称。西鹃是优良的盆花，毛鹃、东鹃、夏鹃均能露地栽培，宜于林缘、溪边、池畔及岩石旁成丛成片种植，也可于疏林下散植，还可建杜鹃花专类园，杜鹃花也是优良的盆景材料。

（七）桂花

【学名】*Osmanthus fragrans*

【别名】木犀、岩桂、九里香、丹桂

【科属】木犀科木犀属

【栽培历史】我国桂花栽培历史悠久。文献中最早提到桂花的是先秦古籍《山海经·南山经》，谓“招摇之山多桂”。屈原（前 340—前 278）《楚辞·九歌》也载有：“援北斗兮酌桂浆，辛夷车兮结桂旗。”自汉代至魏晋南北朝时期，桂花已成为名贵花木与上等贡品。在汉初引种于帝王宫苑，获得成功。唐、宋以来，桂花栽培开始盛行。唐代文人植桂十分普遍，吟桂蔚然成风。宋之问的《灵隐寺》诗中有“桂子月中落，天香云外飘”的名句，故后人亦称桂花为“天香”。唐宋以后，桂花广泛在庭院栽培观赏。元代倪瓒的《桂花》诗中有“桂花留晚色，帘影淡秋光”的诗句，表明了窗前植桂的情况。桂花民间栽培始于宋代，昌盛于明初。我国历史上的五大桂花产区均在此间形成。

我国桂花于1771年经广州、印度传入英国，此后在英国迅速扩展。现今欧美许多国家以及东南亚各国均有栽培，以地中海沿岸国家生长最好。

【产地及分布】桂花原产我国西南部喜马拉雅山东段，印度、尼泊尔、柬埔寨也有分布，在四川、云南、广东、广西、湖北、江西、浙江、安徽等地均有野生桂花生长。现广泛栽培于长江流域及以南地区。

桂花适宜在温暖的亚热带地区生长发育。我国桂花集中分布和栽培的地区，主要在岭南以北至秦岭、淮河以南的广大亚热带和北亚热带地区。该地区水热条件好，降水量适宜，土壤多为黄棕壤或黄褐土，植被以亚热带阔叶林类型为主。在上述生境条件的孕育和影响下，桂花生长良好，并形成了湖北咸宁、江苏苏州、广西桂林、浙江杭州和四川成都五大全国有名的桂花商品生产基地。

【形态特征】桂花为常绿阔叶灌木至小乔木。株高可达15m，分枝性强，分枝点低。树皮粗糙，灰褐色或灰白色，纵裂或有明显菱形皮孔。单叶对生，革质，叶面有光泽或稍具光泽，叶表呈绿色或深绿色，叶背颜色较淡，叶长椭圆形，全缘、波状全缘、具锯齿或仅顶端有齿。芽被鳞片，绿色，有的为暗紫红色。密伞形花序，基部有合生苞片，每花序有小花3～9朵，花梗纤细。雄蕊2枚，花丝极短，雌蕊柱头两裂，子房2室。花具有芳香。花色因品种而异，有浅黄白、浅黄、橙黄和橙红等。花期9～10月。核果4～5月成熟，暗紫蓝色，椭圆形，顶端渐尖，有喙。

【种类与品种】桂花经过长期的栽培，通过人工选择和天然杂交，产生了种类多样的变异性状和丰富的品种资源，形成了众多的品种。随着野生桂花资源的不断开发和杂交育种工作的普遍开展，桂花栽培品种的数目还将不断增加。桂花品种的分类尚无统一标准，比较混乱。

国外对桂花的研究较少，主要研究集中在国内。

1. 传统分类　桂花品种传统分类是根据花色和花期分类。如宋代陈景沂《全芳备祖》以花色来命名‘丹’桂，明代李时珍《本草纲目》以花色将桂花品种分为‘银’桂（白色）、‘金’桂（黄色）和‘丹’桂（红色），清代陈淏子《花镜》等以花色、花期将桂花分为‘金’桂、‘银’桂、‘丹’桂、‘四季’桂和‘月月’桂等品种。也有依花色、开花习性、花冠分裂形状、花期、花芽开放习性、叶形、叶片质地及有无锯齿等几方面来分类的，每一标准中包括多种性状，此种分类方法在实际使用中不易掌握。也有的以树形、枝形和叶形“三形”来分类，但营养器官的生长常因环境条件不同而有很大差异，此种分类方法也不够确切。

2. 现代分类　近年来，国内对桂花品种的分类较为一致的分类系统是以花期与花色分别作为第一、二级分类标准，分为两类（系）四品种群（型）。

四季桂类（系）——四季桂品种群（型），花色乳白、黄、橙，花期长。

秋桂类（系）——金桂品种群（型）：花色金黄。

银桂品种群（型）：花色乳白、淡黄白。

丹桂品种群（型）：花色橙红。

不同类型主要品种介绍如下：

（1）四季桂品种群（Semperflorens Group） 有‘月月’桂、‘日香’桂、‘佛顶珠’、‘天香台阁’等品种。

①‘月月’桂：丛生灌木，树体较小。叶片阔椭圆形，粗糙，少有光泽。花芽多单生，很少叠生。开花稀疏，花色淡黄，微香。花期长，除炎夏外，常年开花不止，以春、秋两季最盛。

②‘日香’桂：灌木，分枝多，节间短。叶片狭长呈披针形，蜡质，具光泽。花芽分生在紫红色幼梢叶腋处。花淡黄色，花心有红点。花期长，9月至次年5月同一枝条各节都有开花习性，花期相错。花香甚浓。

③‘佛顶珠’：小灌木，树冠圆球形。叶长椭圆状披针形，较厚。叶腋内有花芽1～2个，花序紧密，顶生花序独特，状若佛珠。花银白至淡黄色，雌蕊退化，花后无实。花期自秋到翌春连续不断，花繁叶茂。

（2）金桂品种群（Thunbergii Group） 有‘大花金’桂、‘晚金’桂、‘柳叶苏’桂、‘潢川金’桂、‘圆瓣金’桂等品种。

①‘大花金’桂：灌木。叶倒卵形至椭圆形，先端尾尖至渐尖，叶面较平或呈V形。花瓣较厚，花萼微红，花金黄色，香气浓。花期10月上中旬。结实。

②‘晚金’桂：小乔木，树冠卵形。叶卵状椭圆形，叶缘中上部有锯齿。花瓣圆阔，花梗紫红色，花中黄色。花期10月中旬，较其他品种晚。结实多。

③‘柳叶苏’桂：小乔木，树冠伞形。叶披针形，叶尖尾尖，有锯齿。花朵大，花冠裂片厚，花金黄色，雄蕊发育不完全。花期9月中下旬。

（3）银桂品种群 有‘籽’桂、‘早银’桂、‘晚银’桂、‘九龙’桂、‘白洁’等品种。

①‘籽’桂：小乔木，树冠圆头形。叶长椭圆形，先端较宽，平均长13.8cm，宽4.6cm。叶多为全缘或近先端有细锯齿，网状脉明显。花柠檬黄色，渐转乳白色，香气淡。花期9月下旬至10月上旬。结实。

②‘早银’桂：小乔木，树干灰白色，具菱形皮孔。叶阔椭圆形，平展，主脉明显。叶多为全缘，叶尖钝圆或刺状。花梗长，花朵大，花密集，花色乳黄至柠檬黄，香气浓郁。花期8月下旬至9月上旬。不结实。

③‘白洁’：树干灰白，皮孔密而突出。叶长椭圆形，叶片边缘有一条极为明显的黄白色带痕。花色浅黄至乳白，花瓣大而厚，与花梗连接处有一小红点。花香极浓郁。不结实。

④‘九龙’桂：叶长椭圆形至长披针形，多年生小枝自然扭曲呈龙游状。

（4）丹桂品种群 有‘大花丹’桂、‘籽丹’桂、‘桃叶丹’桂、‘硬叶丹’桂等品种。

①‘大花丹’桂：树冠球形。叶披针形，全缘或具疏齿，先端渐尖。花冠直径1.2cm以上，明显大于普通丹桂，花色橙红。花期9月上中旬。不结实。

②‘籽丹’桂：树冠半球形。叶长椭圆状披针形，先端略呈尾尖，全缘或具少数疏锯齿。花量繁多，花色橙红。花期9月中下旬。结实。

③‘桃叶丹’桂：叶长椭圆状披针形，近似桃叶，全缘或中上部有疏齿。花橙红色，子房退化，不结实。

【生物学特性】桂花适生于我国北亚热带和中亚热带地区，耐高温，不很耐寒。桂花属于喜光树种，但也有一定的耐阴能力。幼苗期要有一定的庇荫，成年后要求有相对充足的光照。桂花在富含腐殖质的微酸性沙质壤土中生长良好，土壤不宜过湿，尤忌积水，在黏重土上也能正常生长，但不耐干旱。桂花对空气湿度有一定的要求，开花前夕要有一定的雨湿天气。革质叶有一定的耐烟尘污染的能力，但污染严重时常出现只长叶不开花的现象。

桂花每年春、秋两季各发芽一次。春季萌发的芽生长势旺，容易分枝；秋季萌发的芽，只在当年生长旺盛的新枝顶端上，萌发后一般不分叉。花芽多于当年6～8月形成，有二次开花的习性。通常分两次在中秋节前后开放，相隔2周左右，最佳观赏期5～6d。

【繁殖】

1. 播种繁殖　播种能获得大量生长健壮、根系发达的桂花实生苗，但始花期晚，遗传变异多，有返祖现象。可用播种苗作本砧，取代女贞或小叶女贞等异种或异属砧木，以提高砧穗的亲和力，稳定开花品质，缩短始花年龄。果实变为紫黑色时采收，清除果肉，及时进行混沙贮藏，使种子后熟，当年10～11月秋播或翌年2～3月春播。

2. 扦插繁殖　桂花扦插可分为硬枝扦插和嫩枝扦插。硬枝扦插通常在11月上旬至翌年1月下旬进行，嫩枝扦插在5月至9月下旬进行。插条用激素进行处理，能显著促进生根，其中以吲哚乙酸（IBA）使用效果最好，萘乙酸（NAA）次之。

3. 嫁接繁殖　桂花嫁接通常用枝接而不用芽接，多行靠接与切接。常用的砧木有女贞、小叶女贞、水蜡、小蜡、流苏树和小叶白蜡等。小叶女贞栽培广泛，接后成活率高，生长快，但寿命短；小叶白蜡根系较弱，稍受损伤，就会引起死亡。嫁接后25d左右苗木即可成活发芽。

4. 压条繁殖　桂花压条繁殖一般有地面压条法和空中压条法两种。地面压条法每年3～5月进行，选母株下部2～3年生枝压入土中，半年后压条生根。空中压条法春季3～4月进行，选2～3年生枝环割后包以苔藓等保湿材料，通常3个月后发根，10月生根枝与母株分离即可。

5. 组织培养繁殖　桂花组织培养已有一定的研究，较为成功的是进行胚培养。

【栽培管理】桂花主根不明显，侧根和须根均很发达，栽植成活率高。在长江以南地区，一般于10月上旬至11月中旬秋植桂花；在长江流域以北地区，因气候较为寒冷，以2月下旬至3月底春植效果好。桂花更适宜大苗栽植，宜浅栽而不能深植。栽植时必须带完整的土球，同时要求适当修剪。

桂花不耐涝渍，排水不良对桂花生长有明显的不利影响。梅雨季节和台风天气需注意排涝。在桂花花芽发育时期（6～8月），为促使花芽发育，应控制灌水。9月上中旬，花芽开始萌动时，宜保持土壤湿润，适量浇水，以利于正常开花。

桂花有两次萌芽、两次开花的习性，耗肥量大，应于11～12月施以基肥，使翌春枝叶繁茂，有利于花芽分化。7月二次枝发前施追肥，有利于二次枝萌发，使秋季花大茂密。

幼龄桂花树具有较强的生长势，一般不宜强剪。若要培育独干桂花，应及时除去根部和主干上的萌蘖。成年桂花树要进行疏枝，并适度短截，去弱留强，以增强枝势。老年桂花树要回缩修剪骨干枝，短截内膛纤细枝，疏除外围密生枝。

北方可盆栽桂花，要注意防寒越冬。每隔2～3年进行换盆与修根。

【应用】桂花作为珍贵的观赏花木，自古就享有“独占三秋压众芳”的美誉。历代文人雅士赞颂颇多，如“丹葩间绿叶，锦绣相重叠”，“广寒香一点，吹得满山开”，“何须浅碧深红色，自是花中第一流”，“清风一日来天阙，世上龙涎不敢香”，“秋来香闻十里，真神幻佳境”。由此可见桂花的观赏价值之高。

桂花树姿典雅，碧叶如云，四季长绿，是我国人民喜爱的传统园林花木，尤以金秋时节，香飘十里，令人陶醉。于庭前对植两株，即“两桂当庭”、“双桂留芳”，或玉兰、海棠、牡丹和桂花同栽庭前，取“玉堂富贵”之意，是传统的配置手法；或应用于园林绿化中，将桂花植于道路两侧、假山、草坪、院落等地；如选用山岭、丘陵、山谷等特殊地势和地形，大面积栽植形成桂花山、桂花岭，也是极好的景观；也可与秋色叶树种混植，有色有香，是点缀秋景的极好树种；淮河以北地区桶栽或盆栽桂花，可用来布置会场、大门。也可作为切花材料。

第二节 其他木本花卉

（一）栀子花

【学名】*Gardenia jasminoides*

【别名】栀子、黄栀子、山栀子

【科属】茜草科栀子属

【栽培历史】我国栽培栀子花已有上千年的历史，《艺文类聚》载“汉有栀茜园”，说明至少在汉代时庭园里已有栀子花种植。

【产地及分布】原产我国长江流域以南地区，四川蒲江县等地还有野生栀子花生长，现各地栽培较为普遍。

【形态特征】栀子花为常绿灌木。枝干丛生，小枝绿色，花浓香，盛开时枝头如雪，花冠高脚碟状。花期4～6月。果实具六纵棱（图17-8）。

【种类与品种】栀子花常见的变种、变型有：

（1）大花栀子（f. *grandiflora*） 花大，重瓣。

（2）玉荷花（var. *fortuneana*） 花较大。

（3）水栀子（var. *radicans*） 又名雀舌栀子，植株矮小，枝匍匐伸展，花小，重瓣。

（4）单瓣水栀子（f. *simpliciflora*） 与水栀子近似，但花为单瓣。

（5）斑叶栀子花（var. *aureovariegata*） 叶上具黄色斑纹。

图17-8 栀子花

【生物学特性】栀子花喜温暖、湿润气候，不耐寒，好阳光，也耐阴，宜肥沃、排水良好、pH5～6的酸性土壤，不耐干旱瘠薄，对二氧化硫抗性较强，易萌芽，耐修剪。

【繁殖】栀子花主要采用扦插、压条繁殖，也可采用分株和播种繁殖。扦插繁殖以嫩枝作插穗，一般夏秋进行，20d左右可生根。压条繁殖多在春季进行，选2～3年生枝。分株和播种繁殖均以春季进行为佳。

【栽培管理】栀子花是典型的酸性土指示植物，忌碱性土。盆栽时，生长期宜经常浇以矾肥水，4～5月为栀子花孕蕾和花蕾膨大期，要及时追施氮、磷结合的肥料1～2次。浇水要及时，但不可过湿，夏季多浇水以提高湿度，入秋后浇水不宜过多，否则会造成黄叶甚至落叶。

栀子花栽培注意防治介壳虫、蚜虫和烟煤病，介壳虫和蚜虫可用1 000倍乐果或敌敌畏喷杀，烟煤病用0.3波美度石硫合剂或1 000倍多菌灵喷雾。

【应用】栀子花是绿化城市的优良树种、保护环境的抗性树种，也是装扮阳台、居室的花卉佳品，还可盆栽或作切花。

（二）八仙花

【学名】*Hydrangea macrophylla*

【别名】绣球、紫绣球、粉团花

【科属】虎耳草科八仙花属

【产地及分布】原产我国长江流域的四川、湖北、江西、浙江等地，日本及朝鲜也有分布，属暖温带植物，在我国长江流域普遍露地栽培，北方各地皆行盆栽。

【形态特征】八仙花为半落叶灌木。小枝粗壮，皮孔明显，叶大而略厚，对生，边缘有细锯齿，叶面鲜绿色，叶背黄绿色。花序大如华盖，由许多不孕花组成球形伞房状聚伞花序，初开时白色，渐次变淡红色或浅蓝色，开时花团锦簇（图17-9）。5～7月开花。

【种类与品种】八仙花常见的变种及品种有：

（1）蓝边八仙花（var. *coerulea*）　花两性，深蓝色。

（2）大八仙花（var. *hertensis*）　花不孕，萼片广卵形，全缘。

（3）齿瓣八仙花（var. *macrosepala*）　花白色，花瓣边缘具齿牙。

（4）银边八仙花（var. *maculata*）　叶狭小，边缘白色。

（5）紫茎八仙花（var. *mandshurrica*）　茎暗紫色。

（6）紫阳花（'Taksa'）　叶质厚，花序圆球形，不孕，蓝色或淡红色。

图17-9　八仙花

（7）玫瑰八仙花（var. *rosea*）　花呈玫瑰色。

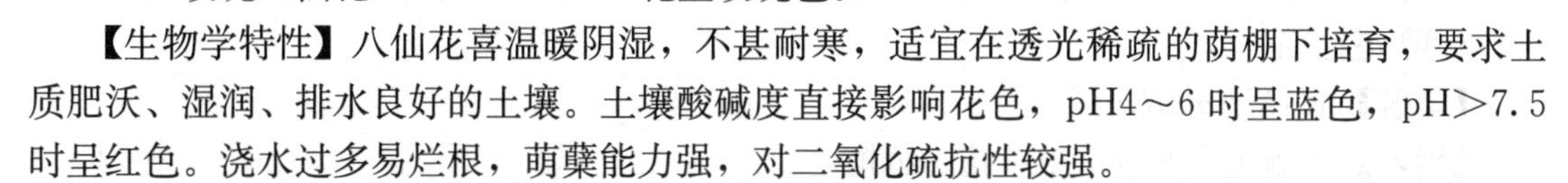

【生物学特性】八仙花喜温暖阴湿，不甚耐寒，适宜在透光稀疏的荫棚下培育，要求土质肥沃、湿润、排水良好的土壤。土壤酸碱度直接影响花色，pH4～6时呈蓝色，pH>7.5时呈红色。浇水过多易烂根，萌蘖能力强，对二氧化硫抗性较强。

【繁殖】八仙花以扦插繁殖为主，也可进行分株及压条繁殖。扦插繁殖除冬季外随时都可进行，初夏嫩枝扦插更易生根。分株繁殖宜在早春萌发前进行。压条繁殖可在梅雨季节进行，老枝、嫩枝均可，压入土中部分不必刻伤，也能生根。

【栽培管理】八仙花栽培宜选择半阴环境，经常保持土壤湿润，但不宜浇水过多，防止受涝烂根。2～3月扦插苗生根后移入5～7cm盆中，4月下旬换10cm盆，5月下旬至6月上旬定植于17cm盆中，缓苗1周后进行第一次摘心，则7月底至8月上旬可形成花芽。若摘心过迟，当年不能开花，因此，以早摘心为宜。生长期每2～3周施豆饼、人粪尿或鸡粪沤制的稀释液肥一次，以促进生长和花芽分化。北方碱性土地区，宜经常适量施硫酸亚铁水溶液或硫酸亚铁与其他有机肥料一起沤制的矾肥水，以中和碱性。盆土常用壤土、腐叶土或堆肥土等量配合，并混入适量河沙，南方则以泥炭代替腐叶土。春暖后移室外荫棚下培养，9月以后逐渐减少浇水，促使枝条充实，10月底移入温室。八仙花促成栽培时，需经6～8

周冷凉（5～7℃）期后，将植株置于20℃下催花，花芽出现时，保持16～18℃，2周后就能开花，为元旦、春节观赏八仙花盆花创造了广阔的前景。另外，一般3年以上植株基部不易抽生新枝，往往形成下空光脚状态，故多淘汰。

【应用】八仙花是室内、厅堂等处的优良盆花，在园林中应用较多，既可植于花坛、花境、庭院等处观赏，也可丛植于草坪、林缘、园路拐角和建筑物前。

（三）含笑

【学名】*Michelia figo*

【别名】小叶含笑、含笑梅、香蕉花

【科属】木兰科含笑属

【产地及分布】主要分布于华南至长江流域地区，北方各地均为盆栽。

【形态特征】含笑为常绿灌木。植株分枝紧密，小枝上有褐色毛。叶片革质互生，倒卵状椭圆形，全缘，叶柄极短。花单生于叶腋，直立，乳黄色，有水果香味，不完全开张。花期3～4月。蓇葖果卵圆形，外面有疣点。

【生物学特性】含笑性喜温暖湿润条件，喜半阴，不耐强光照射，喜肥沃酸性土壤，不耐石灰质土壤，耐寒能力较弱。

【繁殖】含笑多采用分株、扦插、压条和播种繁殖。分株繁殖一般在每年春季进行。扦插成活率较高，6月左右进行，选用当年生半木质化的枝条，剪成2～4cm长的插条。苗床基质可用沙土或苔藓等材料，插后遮阴，早晚喷水，1个月左右即可生根。嫁接繁殖多使用辛夷作砧木，采取切接、劈接等方法。

【栽培管理】含笑喜肥水。幼苗栽植，无论地栽还是盆栽，都必须带土团。地栽选择半阴环境，并施入大量有机肥。盆栽用土需人工配制，要求含腐殖质丰富，pH5.0左右。夏季天气炎热，空气干燥，应避免暴晒，并经常地面喷水，保持较高的空气湿度，但又不能使盆内积水。冬季室内保持在12℃以上，防止冻害。

【应用】含笑是著名芳香观赏花木，花开馥郁动人，适于庭院、小游园、公园及园林绿地丛植，栽于花坛、花境，或配置于林缘和草坪边缘，使过往游人享受芳香气味。有诗云："秋来二笑再芬芳，紫笑何如白笑强。只有此花偷不得，无人知处忽然香。"

（四）白兰花

【学名】*Michelia alba*

【别名】白缅花、缅桂、玉兰花、黄桷兰

【科属】木兰科含笑属

【产地及分布】白兰花原产印度尼西亚爪哇，我国广东、海南、广西、云南、福建、台湾以及浙江南部、四川南部等均可露地栽培，长江流域以北多盆栽。

【形态特征】白兰花为常绿乔木。绿叶翠嫩，枝条柔软，干皮灰色。花单生于叶腋，极香。花期4～8月。

【种类与品种】常见的同属种有黄兰（*M. champaca*），又名黄玉兰，常绿小乔木，形态与白兰花极相似，但叶柄上的托叶痕较长，花黄或淡黄色。

【生物学特性】白兰花喜阳光充足、暖热湿润和通风良好的环境。不耐阴，也不耐酷热和日灼，怕寒冷，冬季温度低于5℃即受冻，喜富含腐殖质、排水良好的微酸性沙质土，不耐水湿，尤忌涝。

【繁殖】白兰花以嫁接繁殖为主，一般不采用扦插和压条繁殖。嫁接可用靠接和切接等方法。靠接一般在2～3月选择株干粗0.6cm左右的紫玉兰作砧木上盆，到4～9月进行，尤以5～6月为宜。切接采用1～2年生粗壮的紫玉兰作砧木，于3月中下旬晴天进行。压条与扦插结合起来，也是白兰花繁殖的一种形式，首先于6～8月将枝条刻伤，用湿润疏松基质（青苔等）包裹，待长出愈伤组织后，再将其剪下，除去部分叶片后扦插，成活率可达70%～80%。

图17-10　白兰花

【栽培管理】白兰花露地栽培时，只要场地不积水，其他管理可较粗放。若需翌年花繁叶茂，可以在入秋时沿树冠周围掏沟，切断部分根系，晾根1周后，施以腐熟厩肥或复合肥于沟中后再回填土。长江流域以北多盆栽，一般于10月中旬左右移入温室，翌年谷雨前后出室。在温室内，应严格控制浇水，保持盆土湿润即可。施肥在出室后抽发枝叶时进行，进温室前一个月停止施肥。另外，在温室内应注意防治病虫害，常见虫害有蚜虫、刺蛾、金龟子、介壳虫等，病害主要是炭疽病、叶斑病。

【应用】白兰花可作为街道、庭院、公园、水滨等处的重要绿化树种，具有绿化、香化、美化功能，也可矮化盆栽，布置于门厅、厅堂或阳台，其花朵可采摘佩戴。

（五）虾衣花

【学名】*Callispidia guttata*

【别名】狐尾木、麒麟吐珠、虾衣草

【科属】爵床科虾衣花属

【产地及分布】原产墨西哥，现在世界各地广泛种植，我国引种仅有数十年的历史，已在南北普遍栽培。

【形态特征】虾衣花为常绿亚灌木。茎半直立、基部木质，常向外呈弧形生长。穗状花序成串开放于枝梢，红褐色花苞成丛状生长，几乎四季有花，以冬末至夏初生长最茂盛（图17-11）。

图17-11　虾衣花

【生物学特性】虾衣花喜温暖湿润、通风良好的环境，夏秋生长适温25℃左右，冬春10～23℃。喜阳光也较耐阴，忌干风和烈日酷暑，对土壤要求不严，黏性土或沙质土均能生长，较能耐水湿，也稍耐干旱。

【繁殖】虾衣花以扦插和分株繁殖为主。扦插繁殖四季均可，以春、秋扦插最适宜。以沙为基质，在20～25℃室温下，约半个月后生根。

【栽培管理】虾衣花养护期间，换盆时要进行短截修剪以抑制其高度，盆栽基质以壤土、腐叶土、沙按体积3∶1∶1混合，效果较好。6月盛花期后适当修剪，以保持优美的株形，并可促生分枝。另外，经常保持土壤湿润，每月施肥一次即可，若冬季放入温室，可连续开花，花谢后，应停止浇水或少浇水，以便安全越冬，同时剪除老枝以促发新枝再开花。温室生长期间，易遭介壳虫、红蜘蛛危害，要及时防治。

【应用】虾衣花多作盆栽用于室内、阳台绿化及建筑物基础种植，也宜于花坛、花境布景，也可作切花。

（六）瑞香

【学名】*Daphne odora*

【别名】睡香、蓬莱花、露甲、风流树

【科属】瑞香科瑞香属

【栽培历史】瑞香栽培历史悠久，《本草纲目》载，此花远在宋代时就有栽培，且始著名。《庐山记》中载：“瑞香花紫而香烈，非群芳之比，盖其始于庐山。”宋代咏瑞香的诗词也较多，被誉为园林中的佳品。

【产地及分布】原产我国长江流域及陕西、甘肃、贵州、云南、广西、广东、福建、台湾及四川等地，多生于山坡林下。

【形态特征】瑞香为常绿灌木。丛生，茎光滑。叶多聚生枝顶，浓绿色，具蜡质光泽，甚为典雅。头状花序顶生，白色或淡紫色，有芳香（图17-12）。花期2～4月。

图17-12 瑞 香

【种类与品种】

1. 常见品种及变种

（1）金边瑞香（var. *aureo*） 叶缘金黄色，花外面紫红色，内面粉白色。

（2）毛瑞香（‘Atrocaulis’） 花白色，花被外侧密生黄色绢毛。

（3）蔷薇红瑞香（‘Rosacea’） 花淡红色。

2. 同属其他种

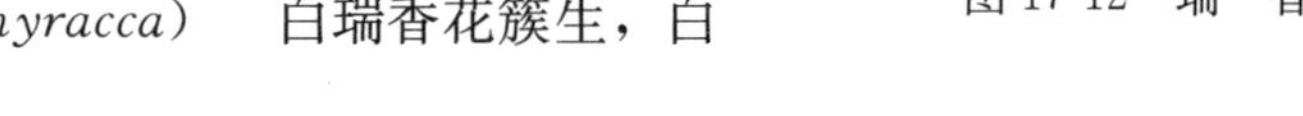

（1）白瑞香（*D. paphyracca*） 白瑞香花簇生，白色。

（2）黄瑞香（*D. giraldii*） 黄瑞香为小灌木，花黄色。

【生物学特性】瑞香喜温暖、湿润、凉爽的气候环境，耐阴性强，忌阳光暴晒，耐寒性差。喜腐殖质多、排水良好的酸性土壤。

【繁殖】瑞香以扦插繁殖为主，也可压条繁殖。扦插繁殖一般于春夏芒种到夏至期间进行，最好带踵并保留顶部叶片，约1个月后生根。

【栽培管理】瑞香栽培宜用泥盆，底孔部多垫碎瓦片，以利透水，土壤宜用山泥。土壤不可太干或太湿，盛夏高温要进行遮阴，防止暴晒，注意通风，同时增加叶面及地面喷水次数，以提高环境湿度。盆栽15d左右可施薄肥一次，4～5月花谢后，应施以氮为主的肥料1～2次，促进枝叶生长茂盛。入秋后，从9月起即开始花芽分化和孕蕾，应施以磷为主的氮、磷、钾结合的肥料1～2次，每隔10～15d一次。花蕾形成时增加施肥浓度，开花时及夏季停止施肥。春季对过旺枝条应适当修剪。

瑞香肉质根有香气，应防止蚯蚓危害。干热季节应注意防止蚜虫及介壳虫危害，及早发现、刷洗、捕杀或喷乐果等药液。病害有花叶病，主要引起叶片色斑及畸形，甚至开花不良和生长停滞，发现后及时连根挖除并烧毁。

【应用】瑞香宜植于花坛、公园建筑物旁、假山阴面、树丛前侧，也适宜盆栽布置门前、厅堂、居室等，是名贵香花之一。

（七）一品红

【学名】*Euphorbia pulcherrima*

【别名】圣诞花、猩猩木、象牙红、老来娇

【科属】大戟科大戟属

【产地及分布】原产中美洲，后传至欧洲、亚洲各地，现在全世界广泛栽培，我国各大中城市均有栽培。

【形态特征】一品红为灌木。植株茎光滑，含乳汁。叶片互生，全缘或浅裂。杯状花序顶生，聚伞状排列，总苞淡绿色，有黄色腺体，下方有一大型红色的花瓣状总苞片，是观赏的主要部分（图 17-13）。

【种类与品种】一品红分类较为简单，最早栽培的品种近于野生种，植株高，幼时不分枝，在不良条件下叶与总苞片易脱落，总苞片猩红色。经过百余年的选育，已经育成了不同高度、自然分枝型及不同总苞片色彩的品种，其中四倍体品种具有总苞片厚硬、平展而不下垂等特点。一品红依分枝习性不同分为标准型和多花型两大类，每类中均有一些主要品种，每一品种又因芽变和人工选择衍生出不同色彩的品种。

1. 标准型一品红 最早栽培的品种以‘Early Red’为典型代表，幼时不分枝，近于野生种，植株高。现栽培的有：

（1）‘Eckespoint C-1’ 1967 年育成，中等高度，枝粗壮，具大而平展的红色总苞片，为晚熟品种，需 75～80d 短日照，有白、粉、红色及复色品种，由它芽变而来的‘Jingle Bells’，苞片深红色带粉色斑点。

（2）‘Paul Mikkelsen’ 1961 年育成，植株较高，茎粗壮，在不利条件下叶与总苞片不易脱落，也有白、粉、复色品种，由它而来的‘Mikkel Swiss’为四倍体。

2. 多花型一品红 多花型或称为自然分枝型，生长到一定时期不经人工摘心便自然分枝，形成一株多头的较矮植株，更适于盆栽观赏。

（1）‘Annette Hegg’ 1967 年首次展出，为最重要的优良品种。枝虽细，但硬直，摘心后能分生 6～8 个花枝，需 65～70d 短日照。根系强健，抗根腐力强，叶与总苞片经久不脱落，总苞片红色。由它衍生出许多品种，如总苞片深红色的‘Dark Red Annette’、粉色的‘Pink Annette Hegg’、白色的‘White Annette Hegg’、粉白二色相间的‘Marble Annette Hegg’及更耐低温的‘Annette Hegg Lady’。

（2）‘Mikkel Rochford’ 1968 年在英国育成，需 66～71d 短日照。也有各种色彩和四倍体品种，如生长强壮、总苞片厚而鲜红色的四倍体‘Mikkel Super Rochford’，总苞片鲜橘红色且硬的‘Mikkel Vivid Rochford’、白色的‘Mikkel White Rochford’及纯粉色的‘Mikkel Fantastic’等。

【生物学特性】一品红性喜温暖湿润及光照充足的环境。生长发育的适宜温度 20～30℃，怕低温，更怕霜冻，12℃以下停止生长，35℃以上生长缓慢。为典型的短日性植物，每天 12h 以上的黑暗便开始花芽分化，花芽分化期间，总苞片充分发育成熟之前若中断短日照条件，则发育停止并转为绿色。对土壤要求不严，以疏松肥沃、排水良好的沙质壤土为佳，pH5.5～6.5。对肥料需求量较大，尤以氮肥重要，但不耐浓肥，土壤盐分过高易造成伤害。

【繁殖】一品红以扦插繁殖为主，多采用嫩枝扦插。插条选取品种纯正的母本植株。扦插一般在 7 月中旬至 9 月下旬进行，基质可用蛭石、泥炭等，要求严格消毒，可使用高锰酸钾或其他杀菌剂，做到基质清洁无菌。插条采取后马上剪成插穗并插于苗床上，不使插穗失水萎蔫。生根温度 21～22℃，保持基质和空气湿润，7d 开始形成愈伤组织，14～21d 开始生根，也可以使用生根剂处理，有助于生根。新枝长到 10cm 左右时即可分栽上盆，栽培基质可用等量的泥炭、珍珠岩和壤土混合而成。

图 17-13　一品红

【栽培管理】一品红盆花栽培方式一般有两种：一是标准型，利用标准品种，不摘心，使每株形成一花；二是多花型，利用自然分枝品种或标准品种，经过摘心后每株形成数个花枝。

栽培一品红盆花从幼苗开始注意肥水的管理，幼苗期间生长不良会降低成株品质。一般在扦插后 1 周，愈伤组织开始形成时追施 0.06%硝酸铵，再 1 周开始生根后施用一次完全肥料。以后肥料的浓度依施肥方式而异，每次浇水可结合施肥进行，一般使用含氮 250mg/L、磷 40mg/L、钾 130mg/L 的化肥。若每周施一次肥，浓度可以加大一倍或更高，但是氮的总浓度不能超过 750mg/L。科学的施肥指标最好依据植株组织或土壤成分测定结果来确定，也可以依据盆内植株生长发育状况及叶片状况来确定。如成熟叶片色浅或呈黄绿色表明缺氮；叶脉间呈黄色表明缺镁；叶色深绿而发育不良则缺磷；基部及中部叶尖或叶缘枯死为肥料过浓而致；上部成熟叶边缘变黄并不断扩展，最后变褐色为缺钼；基部叶变黄转褐可能是 pH 低于 5.5 所致；上部叶出现斑点或幼叶畸形可能是 pH 过高。

进行多花型一品红盆栽时，要因不同地区灵活进行。扦插苗上盆后，幼苗长到一定高度时进行摘心，促发侧枝，待侧枝长大后再适时摘心，摘心次数依预留花枝数目而定，注意摘心应尽量提早进行，以利后期生长，同时在摘心后适当遮阴并保持适宜的空气湿度，更有利于侧芽的萌发和生长。一品红生长期容易徒长，控制植株高度是栽培的关键。植株的高度受品种、生长期长短、光照、温度等的影响，由于低温等原因，达不到植株应有高度时，可在 10 月中旬对叶面喷施浓度为 20mg/L 的赤霉酸，同时赤霉酸还有延缓叶、总苞片和花序脱落的作用。花芽开始分化时，茎尖保留 6～7 个未伸长的节间，应采取措施加以控制，防止生长过高，生产上常使用多效唑、A-Rest 和乙烯丰等。试验证明多效唑在合适的浓度下，盆土浇施效果优于叶面喷施，盆栽根系充分发育后尽早使用，一般不迟于 10 月中旬，使用浓度 10～20mg/L；A-Rest使用浓度 2 000mg/L，采用两次灌根方法，中间间隔 1 周；乙烯丰使用浓度 200mg/L，灌根。注意使用植物生长调节剂不宜浓度过高，否则会使叶片出现不良症状，如扭曲、皱缩等，苞片显著变小，降低观赏价值。

利用光照处理可以调控一品红的花期，短日照处理能提前开花，长日照处理可以延迟开花，我国多采用短日照处理的方法。一般栽培时，大约在预定花期前三个月进入短日照处理，若自然条件下不能满足，应及时人工遮光至自然日照合适时为止。在我国北方，秋冬季用花则不需要人工遮光处理。

【应用】一品红是冬季和春季重要的盆花和切花材料，花色艳丽、花期很长，又正值国庆节、圣诞节、元旦、春节期间开放，深受人们欢迎。在温暖地区还可用于园林绿地，布置花坛、花境等，是装饰宾馆、学校、会议室、接待室等的良好材料，又可作为切花材料，制作花篮、花束、插花等。

（八）米兰

【学名】*Aglaia odorata*

【别名】米仔兰、树兰、碎米兰

【科属】楝科米仔兰属

【产地及分布】原产我国，越南、印度、泰国、马来西亚等国也有。现在世界各地广泛栽培，我国广东、广西、福建、云南等地栽培较多。

【形态特征】米兰为常绿灌木。植株分枝多而密，株高可达7m，冠幅达2m。奇数羽状复叶，互生，小叶倒卵形，3～5枚，叶面亮绿。圆锥花序腋生，长达10cm，花为黄色，小而繁密，故名米兰，花萼五裂，花瓣5枚，极香。浆果具肉质假种皮。

【生物学特性】米兰性喜温暖湿润、阳光充足的环境，但也能耐半阴。畏寒怕冷，光照充足时枝干健壮，叶色浓绿，花多，香气浓。喜欢表土层深厚、肥沃而排水良好的沙质壤土，土壤pH6～6.5为宜，如果盆栽时土壤黏重，缺少有机质，植株则生长不良。

【繁殖】米兰采用扦插和高空压条繁殖。扦插繁殖一般在春夏季进行，选取发育充实、无病虫害的一年生枝条，剪成长8～10cm的枝段作插穗，上部留2～3片叶，插于苗床中，深约插穗的一半，喷透水，然后覆盖塑料薄膜保温保湿，保持半阴条件，约2个月即可生根，1个月以后即可上盆或栽植于露地。此方法较为常用。高空压条繁殖春季或秋季进行，选取一、二年生壮枝，离分枝点8cm左右进行环状剥皮，待切口稍干后，用干净的泥团或苔藓等材料包裹严密，外面用塑料薄膜扎紧，3～4个月即可生根，然后从母株上切取下来，重新上盆。

【栽培管理】温暖地区露地栽培米兰较为容易，栽植时应施入大量有机肥作基肥，以后每年施肥2～3次，注意浇水，不使土壤过于干燥。长大后及时进行适当修剪，保持树形美观。

北方温室盆栽米兰宜用微酸性土，培养土用泥炭、堆肥土、熟土等按一定比例配制而成。冬季温室温度保持10～15℃，温度过高易萌发新芽，春季出室时容易抽条干枯。生长季节要求水分充足，夏季气温高，蒸发量大，盆内要定期浇水，地面经常喷水，增加空气湿度，但是开花期水分不宜过大，否则容易引起落蕾。米兰喜肥，生长季节每15d左右向盆内追施一次液体肥料，要掌握薄肥勤施的原则，肥后及时浇水。秋后天气变凉应及时准备入室。米兰栽培期间主要虫害有蚜虫、红蜘蛛、介壳虫等，用1 000～2 000倍乐果或其他杀虫剂喷杀；主要病害有黑霉病等，应经常保持室内通风良好，并用500～1 000倍多菌灵等杀菌剂喷洒防治。

【应用】米兰在我国长江流域及以南各地均能露地栽培，花期从夏季至秋季，花期长，香气袭人，为常见绿化树种之一，但不耐寒，北方地区只能在温室越冬，为北方温室常见盆栽花卉，可布置会议室、厅堂，也是节假日期间布置花坛、花境的绿植材料。

（九）叶子花

【学名】*Bougainvillea spectabilis*

【别名】九重葛、三角花、宝巾花

【科属】紫茉莉科叶子花属

【产地及分布】原产巴西，世界各地广泛栽培，我国华南、西南地区有露地栽培，北方地区多有盆栽。

【形态特征】叶子花属于攀缘性灌木，无毛或稍有柔毛，茎木质化，有强刺。叶全缘平滑，绿色有光泽，呈长椭圆状披针形或卵状长椭圆形，乃至阔卵形，长 10～20cm，基部楔形。苞片大型，椭圆状披针形，红色或紫色，长 2.5cm 以上，苞片脉显著。花期夏季，花期极长。

【生物学特性】叶子花性强健，喜温暖湿润、阳光充足的环境，适于在中温温室栽培，不耐寒，冬季室内温度不能低于 7℃，较耐炎热，气温达到 35℃时还能正常生长。南方地区可露地越冬。生长期间要求水分供应充足，干旱容易出现落叶、落花现象。喜光，若光照不足，植株新枝生长细弱，花少叶黄。叶子花喜欢富含腐殖质的肥沃土壤，pH5.5～7.0 生长正常。

【繁殖】叶子花多采用扦插繁殖。扦插时期 3～7 月，选发育充实、腋芽饱满的枝条剪成插穗，插后在 25℃左右、相对空气湿度 70%～80%条件下 1 个月左右即可生根。生产上可采用 0.002%吲哚丁酸（IBA）处理 24h，有促进生根的作用。对于不易生根的品种，也可以采用嫁接和空中压条繁殖。

【栽培管理】叶子花在热带地区露地栽培时，一般采用大苗栽种，坑穴要大并施入足量有机肥。栽种后马上浇水，第二年就能开花。北方地区需进行盆栽，繁殖成活后及时上盆，盆栽用土以壤土、堆肥土、腐叶土、腐熟的牛马粪等混合而成，上盆时可加上适量的骨粉。初上盆时需要遮阴，缓苗后移入阳光充足处养护。欲在十一期间开花，可以提前 40～50d 进行短日照处理。多年生植株每年春季需换盆，同时进行适当修剪，剪除细弱枝条，对过长枝进行短截或造型。夏季和花期要满足水分需求，花后适当减少浇水量，生长期每 7～10d 追施一次有机液体肥料，花期增施若干次磷肥，能增强植株抗性，花大色艳。叶子花开花期落花、落叶较多，要及时清理，保持植株整洁美观。5 年左右对植株重剪更新一次，将枯枝、密枝、病虫枝剪除，老枝更新复壮，促发新枝，保持植株树姿美观，开花繁盛。

【应用】叶子花可作为攀缘植物，生长健壮，在热带地区露地栽培能攀缘 10 余米高，常在被攀缘的树木上开花，花期极长，十分壮观。叶子花是园林绿化中十分理想的垂直绿化树种，用作花架、拱门、棚架或墙垣攀缘材料，也适于在河边、护坡等处作为彩色的地被材料应用，在我国北方地区作盆栽花卉，也常用来制作盆景，可布置春、夏、秋花坛，是五一、十一的重要花材，有时也用作切花。

（十）扶桑

【学名】*Hibiscus rosa-sinensis*

【别名】朱槿、朱槿牡丹

【科属】锦葵科木槿属

【产地及分布】原产东印度和我国，全世界热带、亚热带、温带地区广泛分布。我国分布于长江以南地区，现在各地广为栽培。

【形态特征】扶桑为常绿灌木。株高 2～5m，全株无毛，分枝多。叶片广卵形至卵形，长锐尖，叶面深绿色有光泽。花单生于叶腋，花径 10～18cm，大者可达 30cm，阔漏斗形。

【种类与品种】

1. 同属其他栽培种

（1）吊灯扶桑（*H. schizopetalus*） 吊灯扶桑为常绿直立灌木。小枝细瘦，常下垂，平滑无毛。叶椭圆形或长圆形，两面均无毛。花单生于枝端叶腋间，花梗细瘦，下垂；花瓣 5，红色，深细裂作流苏状，向上反曲；雄蕊柱长而突出，下垂。

（2）黄槿（*H. tiliaceus*）　黄槿为常绿灌木或乔木。树皮灰白色。叶革质，近圆形或广卵形。花顶生或腋生，常数花排列成聚伞花序，花冠钟形，花瓣黄色。

（3）木芙蓉（*H. mutabilis*）　木芙蓉为落叶灌木或小乔木。叶宽卵形至圆卵形或心形。花单生于枝端叶腋间，花初开时白色或淡红色，后变深红色。

（4）木槿（*H. syriacus*）　木槿为落叶灌木。小枝密被黄色星状茸毛。叶菱形至三角状卵形。花单生于枝端叶腋间，花钟形，淡紫色。

2. 夏威夷扶桑　扶桑在夏威夷极受重视，被定为夏威夷的市花，经过大量的杂交育种工作，培育出了众多品质优良的品种，据统计总数达3 000个以上。参加杂交的主要种有*H. arnottianus*、*H. kokio*、*H. waimeae*、*H. denisonii*、*H. schizopetalus* 和 *H. rosa-sinensis* 等。这类品种称扶桑已不确切，特称为夏威夷扶桑（Hawaiian hibiscus），是种间杂交种，品种极其繁多，有单瓣、复瓣和重瓣类型，花有大花和小花之分，花色有纯白、灰白、粉、红、深红、橙红、橙黄、黄和茶褐色等。

3. 主要变种　主要变种斑叶扶桑（*Hibiscus rosa-sinensis* var. *cooperi*），叶上有红色和白色斑，为观叶变种。

【生物学特性】扶桑性喜温暖湿润，生长适宜温度 18～25℃，不耐寒，要求光照充足，适宜肥沃而排水良好的微酸性壤土。

【繁殖】扶桑可以采用扦插、播种及嫁接繁殖，以扦插繁殖较为常用。扦插多在春季进行，基质以粗沙或蛭石为宜。北京地区在 3～4 月结合修剪，用剪下的枝条剪成插穗，插穗要充实饱满，长 10～15cm，带 2～3 个芽，保留上端 2 片叶。插后适当遮阴，空气湿度 80%，温度控制在 18～25℃，20d 左右生根，45d 后即可上盆栽植。采用播种繁殖时，由于扶桑的种子较硬，要提高发芽率，需将种皮刻伤或腐蚀，一般在浓硫酸中浸 5～30min，用水洗净后再播。发芽适宜温度 25～35℃，2～3d 即可发芽。一些杂交种，尤其是夏威夷扶桑的新品种，性衰弱，需用嫁接繁殖，砧木选用同属中生长强健的种，引入新品种也常采用嫁接繁殖。

【栽培管理】盆栽扶桑需用轻松肥沃而排水良好的壤土，一般用腐叶土、壤土、腐熟有机肥等混合而成。生长季节每 10d 左右施一次肥，供应充足的水分并置于阳光充足处，使叶色深绿，开花繁茂。十一以后搬入室内养护，冬季室内温度不能低于 15℃，否则会引起落叶，影响以后的发育和开花。

温暖地区露地栽培扶桑应选择地势高燥、阳光充足的地方，以土层深厚的肥沃黏质壤土最佳。一般春季进行栽植，生长迅速，成株快。园林养护多年后，要及时修剪，不断更新老枝，促发新枝。

扶桑病虫害主要有黑霉病、蚜虫、介壳虫等，及时喷布杀菌剂和杀虫剂并改善通风条件可起到防治作用。

【应用】扶桑是北方较重要的盆栽花卉之一，花期很长，花色鲜艳，是布置花坛、会场、展览会等的良好材料。在我国南方地区可以露地栽培，装饰园林绿地，尤其适于布置花墙、花篱等。

（十一）金丝桃

【学名】*Hypericum monogynum*

【别名】金丝海棠、土连翘

【科属】金丝桃科金丝桃属

【产地及分布】原产河北、河南、陕西、江苏、江西、湖北、广东等地。

【形态特征】金丝桃为常绿或半常绿灌木。高达1m，枝条披散，丛生呈球形，小枝红褐色，圆筒状，拱形下垂。叶对生，具透明腺点，长椭圆形，全缘。花单生或3～7朵组成聚伞花序，着生于小枝顶端，鲜黄色，花瓣5枚，花柱联合，花丝细，长于花瓣，花蕾似桃（故而得名）（图17-14）。花期6～7月。蒴果卵圆形，黄褐色，果期8月。

【种类与品种】金丝桃属约有400种，我国约有50种，灌木类多有观赏价值。常见的种类有：

（1）长柱金丝桃（*H. longistylum*） 长柱金丝桃高约1m。花黄色，单生于枝顶或叶腋。花期6～9月，果熟期10月，原产我国。

（2）密花金丝桃（*H. densiflorum*） 密花金丝桃 枝密而直展。叶线状长圆形，边缘稍反卷，质厚。花密集，花期6～7月。耐寒，不择土壤。原产美国。

（3）金丝梅（*H. patulum*） 金丝梅小枝有两棱，较直立，不披散。叶略小。花丝短于花瓣，花柱5枚，离生。花期4～8月。产于我国。

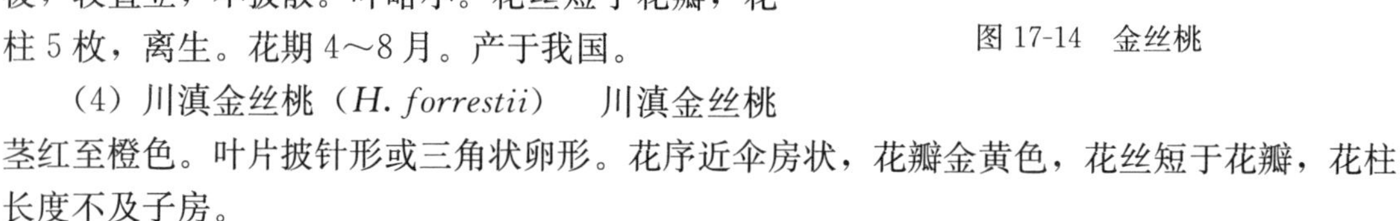

图17-14 金丝桃

（4）川滇金丝桃（*H. forrestii*） 川滇金丝桃茎红至橙色。叶片披针形或三角状卵形。花序近伞房状，花瓣金黄色，花丝短于花瓣，花柱长度不及子房。

【生物学特性】金丝桃喜光耐半阴，适应性强，较耐寒，在长江以北为半常绿，适生于肥沃而排水良好的中性土壤，忌积水。根系发达，萌芽力强，耐修剪。

【繁殖】金丝桃采用播种、分株或扦插繁殖。种子采后干藏，一般多行春播。由于种粒细小，苗床必需精细整地，镇压后再播种。播种后覆土以不见种子为度，并要注意保湿。实生苗第二年即可开花，春、秋季带土球移植。分株在休眠期进行，以2～3月分株最易成活。早春或夏秋扦插，均易成活，插穗最好带踵，用当年生粗壮枝，插后应遮阴，基质不宜过湿，当年可长至20cm左右，翌年可移栽。

【栽培管理】金丝桃管理粗放，花后宜行修剪，剪去凋谢的残花和过老的枝条，促使萌生新枝，以保持每年能形成适量花芽，若枝条过多，应疏去部分。北方宜种植在背风向阳处或进行盆栽，冬季需培土防寒。

【应用】金丝桃枝叶扶疏，花鲜黄色，雄蕊灿若金丝，绚丽可爱，是夏季良好的观赏花木，适宜在庭院、草地边缘 、树坛或林缘下、路旁、路口、道路的转角处或假山旁丛植，或群植为花篱，也可用作花境材料，阳台盆栽也很适宜，花枝可瓶插。

（十二）迎春

【学名】*Jasminum nudiflorum*

【别名】黄素馨、金腰带

【科属】木犀科茉莉属

【栽培历史】迎春栽培历史1 000余年，唐代白居易诗《代迎春花招刘郎中》及宋代韩琦诗《中书东厅迎春》均为咏迎春之名作，赞其不与桃李争春，可与松竹同栽，迎来春天却不居功高傲的高尚品质。明代周文华撰《汝南圃史》记载："以十二月及春初开花，故曰迎春。"

【产地及分布】原产我国云南、西藏、陕西、甘肃和四川等地，多生长于海拔 800～2 000m 的山坡灌丛或溪谷岸边。

【形态特征】迎春为落叶灌木。株高 0.3～5m，枝细长，拱曲弯垂，幼枝绿色，四棱形。叶对生，三出复叶，幼枝基部有单叶，小叶卵形。花单生在去年生枝的叶腋，先叶开放，花冠黄色，外染红晕，高脚碟状，花冠裂片 5～6，短于花冠筒，有清香（图 17-15）。花期 2～4 月。浆果紫黑色（通常不结果）。

【种类与品种】

1. 主要变种　垫状迎春（var. *pulvinatum*），别名藏迎春，小灌木，高 0.3～1.2m，多分枝，密集成垫状，小枝先端近刺状，原产我国云南、四川及西藏交界处。

2. 同属其他栽培种

（1）探春（*J. floridum*）　探春又名迎夏，半常绿灌木。株高约 1m，幼枝绿色，光滑有棱。叶互生，小叶常为 3，偶有 5 或单叶。聚伞花序顶生，花萼裂片 5。花期 5～6 月。

（2）云南黄馨（*J. mesnyi*）　云南黄馨又名南迎春，常绿藤状灌木。不耐寒，花期 4 月，延续时间长，北方可温室盆栽。

（3）素方花（*J. officinale*）　素方花为常绿缠绕藤木。小枝具棱或沟，无毛。聚伞花序，花白色。

【生物学特性】迎春喜温暖湿润和充足阳光，怕严寒和积水，稍耐阴，较耐旱、耐碱，也耐空气干燥，微酸性、轻盐碱土均能生长。浅根性，萌蘖力强，枝端着地部分极易生根，耐修剪。

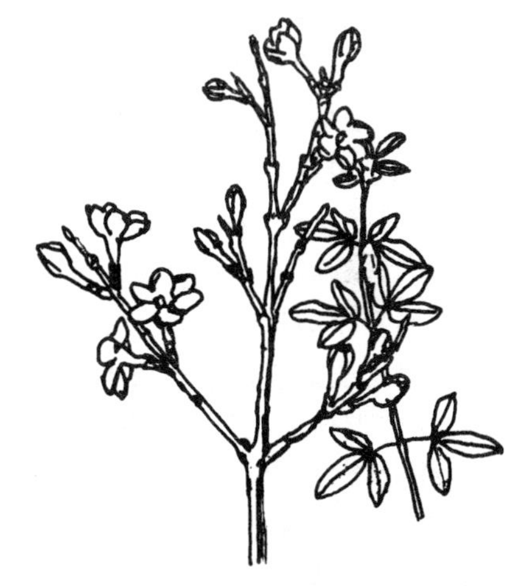
图 17-15　迎　春

【繁殖】迎春多以扦插繁殖为主，硬枝或嫩枝扦插均可，也可用压条、分株繁殖。春、夏、秋三季均可进行扦插繁殖，剪取半木质化枝条插入沙土中，保持湿润，约 20d 生根。压条繁殖时将较长的枝条浅埋于沙土中，不必刻伤，40～50d 后生根，翌年春季与母株分离移栽。分株繁殖在春季萌芽前或春末夏初进行。

【栽培管理】迎春栽培简单，春季移植时带宿土，地上枝干截除一部分。在生长过程中，注意土壤不能积水和过分干旱，开花前后适当施肥 2～3 次。欲培养独干直立的树形，可用竹竿扶持幼树，使其直立生长，并注意摘去基部芽，待长到所需高度时，摘心促分枝，形成下垂之拱形树冠。每年开花后修剪整形，保持树老枝新，开花繁茂。为防止新枝过长，5～7 月可保留基部几对芽摘心 2～3 次，以形成更多的开花枝条。

【应用】迎春株型铺散，枝条长而柔弱，下垂或攀缘，碧叶黄花，早春开花，金黄可爱，冬季鲜绿的枝条在白雪映衬下也很美丽，宜配置湖边、溪旁、堤岸、桥头、墙隅，或在草坪、林缘、坡地、台地、悬崖、阶前等做边缘栽植，特别适于宾馆、大厦顶棚布置，也可盆栽、制作盆景及作切花材料。在南方可与蜡梅、山茶、水仙等同植一处，构成新春佳景；在北方可与松、竹、银芽柳等同栽，构成北方四季均可观赏的动态景观。

（十三）茉莉

【学名】*Jasminum sambac*

【科属】木犀科茉莉属

【产地及分布】原产印度、伊朗、阿拉伯，现广泛栽培于亚热带地区。我国多在广东、广西、福建及长江流域的江苏、湖南、湖北、四川等地栽培。

【形态特征】茉莉为常绿灌木。枝细长，有棱角。叶对生，单叶，叶片纸质。聚伞花序顶生，花冠白色。果球形，呈紫黑色。花期5～11月，果期7～12月。

【生物学特性】茉莉喜光，稍耐阴，夏季光照强的条件下，开花最多且最香。喜温暖气候，不耐寒，最适生长温度为25～35℃，在0℃或轻霜等冷胁迫下叶片受害。喜肥，在肥沃、疏松、pH5.5～7.0的沙壤中生长为宜。

【繁殖】茉莉可采用压条、扦插和分株繁殖。扦插繁殖在气温20℃以上进行，20d左右即可生根。压条繁殖5～6月间进行，20～30d开始生根，2个月后可与母株割离成苗，另行栽植，当年开花。

【栽培管理】茉莉盆栽要注意浇水得当，用水不宜偏碱，盛夏每天早、晚浇水，如果空气干燥，需补充喷水；冬季休眠期控制浇水量，如果盆土过湿，会引起烂根或落叶。栽培中可采取施稀矾肥水或换盆施肥等方法，生长期间需每周施稀薄饼肥一次，开花期可勤施含磷较多的液肥。春季换盆后，要常摘心整形，盛花期后要重剪，以利萌发新枝，使植株整齐健壮，开花旺盛。

【应用】茉莉枝叶茂密，常作树丛、树群的下木，也可作花篱植于路旁。花朵颜色洁白，香气浓郁，是最常见的芳香性盆栽花木。

（十四）凌霄

【学名】*Campsis grandiflora*

【别名】紫葳、大花凌霄、女葳花

【科属】紫葳科凌霄属

【栽培历史】凌霄栽培历史悠久，受到我国民众喜爱，在国外也很受青睐，被誉为“友谊之树”、“吉祥之花”。凌霄常依附他物攀高，可达百尺，好像要凌空直冲云霄。唐代诗人白居易作诗吟之：“有木名凌霄，擢秀非孤标。偶依一棵树，遂抽百尺条。”

【产地及分布】分布于黄河和长江流域，广东、广西、贵州各地也有栽培。

【形态特征】凌霄为落叶攀缘藤本。蔓长达20m，树皮灰褐色，呈细条状纵裂，小枝紫褐色。奇数羽状复叶，对生，小叶7～9，卵形至卵状披针形，先端长尖，基部不对称。顶生疏散的短圆锥花序；花大，花冠漏斗状钟形，外橘黄色，内鲜红色；花萼钟形，质薄，绿色，有10条突起纵脉，五裂至中部（图17-16）。花期6～9月。蒴果细长如豆荚，顶端钝，11月成熟，种子多数。

【种类与品种】同属常见栽培种还有美国凌霄（*C. radicans*），又名厚萼凌霄。小叶9～13，椭圆形，叶轴及小叶背面均有柔毛。花萼筒无棱，浅裂；花冠比凌霄花稍小，黄色。原产北美，耐寒力较强，上海、南京一带有栽培。

【生物学特性】凌霄生于山坡，喜阳也较耐阴，幼苗宜稍庇荫。喜温暖湿润，但忌积水，有一定的耐盐碱能力，不甚耐寒。喜酸性、中性肥沃土壤。萌芽力、萌蘖力均强。

【繁殖】凌霄主要采用扦插和压条繁殖，也可用分株、埋根和播种繁殖。扦插容易生根，春、夏均可进行，剪取具有气生根的枝条更易成活。压条后保持土壤湿润，极易生根。分株在春季或秋季，将萌蘖带根掘出另栽即可。埋根在落叶后进行，将根段直立或斜埋于土中。播种可在采收后播入温室，或干藏至翌年春播种，种子细小，覆土遮住种子即可，苗床保持湿润。

图 17-16　凌　霄

【栽培管理】凌霄移植可在春、秋进行，需带宿土，栽后立引竿，使其攀附。萌芽前剪除枯枝和密枝，发芽后施肥浇水一次，促使枝壮花大。经修剪整枝后，也可形成灌木状树形。

【应用】凌霄柔条细蔓，干枝虬曲多姿，翠叶团团如盖，花大色艳，花期长，为庭园中棚架、花门之良好材料，也适宜配置于枯树、石壁、墙垣、假山等处，还可作桩景材料。若与常绿的常春藤、秋叶绚丽的爬山虎搭配交错于墙面，有极佳的观赏效果。与其他喜阴湿的攀缘植物搭配，也具有层次很好的观赏效果。其花粉有毒，入眼引起红肿，故不宜用于幼儿园和小学。树龄较高的凌霄枝干粗壮，也可以不依不附，挺然独立，花大如杯，蔚然壮观。

（十五）火棘

【学名】*Pyracantha fortuneana*

【别名】红籽、火把果、救军粮

【科属】蔷薇科火棘属

【产地及分布】原产我国华东、华中及广大西南地区，多分布于海拔 200～800m。

【形态特征】火棘为常绿灌木。株高约 3m，枝拱形下垂，侧枝短刺状。叶倒卵形，先端圆钝或微凹，有时有短尖头。复伞房花序，有花 10～22 朵，白色（图 17-17）。花期 4～5 月。果近球形，呈穗状，每穗有果 10～20 个，橘红色至深红色，9 月底开始变红，一直可保持到春节。

【种类与品种】

1. 同属其他栽培种　全属 10 种，我国产 7 种。常见栽培种还有：

（1）细圆齿火棘（*P. crenulata*）　细圆齿火棘少枝刺，叶长圆形至倒披针形，花开繁茂。原产我国华中、华南、西南等地，印度、不丹、尼泊尔也有分布。

（2）窄叶火棘（*P. angustifolia*）　窄叶火棘叶背被茸毛，近全缘。原产我国西南及华中。

（3）全缘火棘（*P. atalantioides*）　全缘火棘叶倒卵形，全缘。原产我国。

（4）欧亚火棘（*P. coccinea*）　欧亚火棘叶狭椭圆形，先端急尖，花序被毛。原产欧洲南部到亚洲西部。

图 17-17　火　棘

2. 栽培品种　国外已培育出火棘的许多优良栽培品种，果色各异，有金黄色、橙黄色、深橙色、橙红色等，观赏价值很高。

【生物学特性】火棘喜光，不耐寒，抗旱耐瘠，山坡、路边、灌丛、田埂均可生长。黄河以南露地种植，华北需盆栽，塑料棚或低温温室（0～5℃）越冬。萌芽力强，耐修剪。

【繁殖】火棘常采用播种和扦插繁殖。播种可在种子成熟后随采随播，也可采后堆放后熟，取出纯净种子沙藏，翌春播种。幼苗期适当遮阴，播种当年苗高约 20cm，翌春分栽，播种苗开花较晚。扦插宜用 1～3 年生带踵插条，在春季、梅雨季节或秋季进行，成活率均高。移栽时，因其须根较少，一定要带土进行，穴内施足有机肥，重剪枝梢。

【栽培管理】盆栽时土壤不宜黏重，小苗要重剪，上盆后在阴处缓苗。适时施肥浇水，保持盆土不过干，则花繁叶茂果丰。果后追肥，可促进果实鲜红且经久不落。

【应用】火棘初夏白花繁密，入秋果火红、壮观、美丽，是一种极好的春季看花、冬季观果植物。我国及欧美庭院中常见栽培，在园林中可丛植、孤植草地边缘，配以山石则更具情趣，也常用作绿篱。在路边或建筑物旁与乔木相间种植，稍加短截控制树形，也很合适。尤宜栽植于常绿树前，秋季红果绿叶，相映成趣。适作中小型盆栽和制作盆景，通过蟠扎可形成各种造型。果枝也是优良的瓶插材料。

（十六）锦带花

【学名】*Weigela florida*

【别名】五色海棠、连萼锦带花、文官花

【科属】忍冬科锦带花属

【栽培历史】锦带花栽培历史悠久，宋代王禹偁诗赞曰："何年移植在僧家，一簇柔条缀彩霞。"形容锦带花枝条柔长，花团锦簇。杨万里称之："天女风梭织露机，碧丝地上茜栾枝。何曾系住春皈脚，只解萦长客恨眉。节节生花花点点，茸茸晒日日迟迟。后园初夏无题目，小树微芳也得诗。"形容锦带花似仙女以风梭织露机织出的锦带，枝条细长柔弱，缀满红花，尽管花美却留不住春光，只留得像镶嵌在玉带上的宝石般的花朵供人欣赏。

【产地及分布】原产我国辽东、华北一带。

【形态特征】锦带花为落叶灌木。株高约 3m，枝条细，幼枝有两行短柔毛。单叶对生，卵形至椭圆形，缘有锯齿，表面脉上有毛，背面尤密。花 1～4 朵组成聚伞花序，生于小枝顶端或叶腋；萼片五裂，披针形，下半部联合；花冠漏斗状钟形，初为白色，后转为玫瑰红色，里边较淡（图 17-18）。花期 4～6 月。蒴果柱形，顶部有短柄状喙，种子微小无翅，8～10 月成熟。

图 17-18 锦带花

【种类与品种】

1. 同属其他栽培种 锦带花属植物有 10 余种，常见栽培的种还有：

（1）海仙花（*W. coraeensis*） 海仙花小枝粗壮。叶阔椭圆形，先端尾尖。花初开黄白色或淡粉色，渐变深粉色，萼片开裂达基部。花期 5～6 月。种子有翅。耐寒性不如锦带花，原产日本中南部及朝鲜。

（2）路边花（*W. floribunda*） 路边花枝细有短毛，花深红色，5 月及 8 月两次开花。原产日本。

（3）日本锦带花（*W. japonica*） 日本锦带花花初开时为白色，后变红色，柱头伸出花冠外，果实光滑。原产日本。

（4）早锦带花（*W. praecox*）　早锦带花叶两面有柔毛，花淡粉色至紫红色，花期 4 月。原产俄罗斯及朝鲜。

2. 栽培品种　国内外通过杂交育种，已选出了 100 多个园艺品种及类型，主要有：

（1）'红花'锦带花（'Honghua Jindai'）　花红似火。

（2）'繁花'锦带花（'Fanhua Jindai'）　单株花量极多，似锦团压枝。

（3）美丽锦带（var. *venusta*）　花淡粉色，叶较小。

（4）白花锦带花（f. *alba*）　花近白色。

（5）变色锦带花（'Versicolor'）　初开时白绿色，后变红色。

（6）花叶锦带花（'Variegata'）　叶缘为白色至黄色。

（7）'紫叶'锦带花（'Foliis Purpureis'）　叶带紫色，花紫粉色。

【生物学特性】锦带花喜光耐寒，对土壤要求不严，耐瘠薄，忌水涝，但以深厚、湿润、肥沃的土壤生长最好。萌芽、萌蘖力强。加拿大近年育成了耐寒性较强的品种。

【繁殖】锦带花因种子细小不易采收，很少采用播种繁殖，主要采用扦插、分株或压条繁殖。春季用成熟枝条露地扦插或 6～7 月用半木质化嫩枝在荫棚下扦插，当年秋季即可移栽。分株繁殖宜在早春结合移栽或秋季落叶后进行。压条繁殖在 6 月进行，发根快，成苗率高，当年可分栽。

【栽培管理】锦带花春、秋季移栽时，均需带宿土，夏季需带泥球。栽后每年早春施一次腐熟堆肥，并修去衰老枝条，2～3 年进行一次更新修剪，剪除三年生以上老枝，花后及时摘去残花序，早春发芽前施一次腐熟堆肥，开花前一个月适当灌水，则年年开花繁茂。

【应用】锦带花枝长花茂，灿如锦带，可丛植于草坪、路边、假山、坡地、建筑物前、庭园角隅、公园湖畔，也可在林缘、树丛边密植作自然式花篱、花丛或作盆景，花枝也作切花。对氯化氢有一定抗性，可在工矿区作美化、抗污染树种。

（十七）紫藤

【学名】*Wisteria sinensis*

【别名】藤萝、朱藤、木笔子

【科属】豆科紫藤属

【栽培历史】紫藤在我国栽培历史悠久，深得历代人民的垂青。唐代大诗人李白曾有诗赞誉："紫藤挂云木，花蔓宜阳春。密叶隐歌鸟，香风流美人。"

【产地及分布】原产我国，自然分布范围极广，我国绝大部分地区均可露地越冬，北起辽宁、宁夏，南至广东、广西、云南，东起沿海，西到湖南、四川、贵州。

【形态特征】紫藤为大型缠绕性木质藤本。花叶同时开放，总状花序下垂，侧生于一年生枝，花序长 15～30cm，花冠蝶形，堇紫色。花期 4～5 月。

【生物学特性】紫藤适应性强，喜温暖气候，也能耐－20～－25℃的低温。阳性树种，喜欢充足的光照，但也能耐半阴。喜欢湿润气候，又具较强的耐旱能力。对土壤要求不严，以深厚、肥沃、湿润的沙壤土或壤土为佳，也能耐瘠薄，并具有一定的耐碱能力。此外，对 SO_2、Cl_2、HF、粉尘等有害物质具有较强的抗性。

【繁殖】紫藤可以采用多种方法进行繁殖。3 月中下旬枝条萌芽之前，取 1～2 年生粗壮枝条，剪成 15～20cm 长的插穗，插于准备好的苗床，基质以沙壤土为好，也可以用洁净的细河沙、珍珠岩、蛭石等。株行距 6～8cm×25～30cm，扦插深度为插穗长度的 2/3 左右，插后灌一次透水，覆盖塑料薄膜，以后经常浇水，保持土壤湿润，15～20d 即可成活，成活率较高。气温升高后，逐渐打开塑料薄膜以通风降温，直至全部撤除。5～7 月追肥 2～3 次，以有机肥为主（如豆饼水、人粪尿等），也可追施尿素等速效性化肥或根外追肥。当年株高可达 0.5～1.0m，2 年后可出圃。紫藤根上容易产生不定芽，故可进行根插。3 月中下旬挖取 0.5～2.0cm 粗的根系，剪成长 10～12cm 的插穗，插入苗床，扦插深度保持插穗的上切口与地面相平。其他管理措施同枝插，唯一需要注意的是萌芽后要及时选定 1～2 个芽作为培养对象，其余全部抹除。

紫藤极易结果，果熟期 11～12 月，取种后沙藏，翌春 3 月露地插种，播种方式可采用开沟点播，株行距 20cm×30cm，当年株高可达 0.5～1.0m，秋季或翌春即可移栽。

【栽培管理】紫藤栽培除常规的水肥管理外，要特别注意整形修剪，秋冬落叶之后，适当进行重剪，剪除过多的细弱枝条，有利于翌年花繁叶茂。

【应用】紫藤主要用于庭园中的棚架、篱垣，也可以让其缠绕在已经枯死的古树名木上，以形成老态龙钟、枯木逢春的景观，或者使其爬上人工焊成的亭廊骨架，以形成别具特色的绿色亭廊，还可以在庭园中孤植、片植，使之长成灌木状，效果都很好。

（十八）榆叶梅

【学名】*Prunus triloba*

【科属】蔷薇科李属

【产地及分布】原产我国华北地区及华东部分地区，现华北庭园广为栽培。

【形态特征】榆叶梅为落叶灌木，有时为小乔木。枝条开展，具多数短小枝。短枝上叶常簇生，一年生枝上叶互生。花先叶开放，粉红色。花期 4～5 月。

【种类与品种】榆叶梅主要变种有：

（1）重瓣榆叶梅（var. *plena*） 花朵密集艳丽，花较大，粉红色，花瓣很多，萼片通常为 10。

（2）截叶榆叶梅（var. *truncata*） 叶前端呈阔截形，近似三角形。

（3）鸾枝榆叶梅（var. *atropurpurea*） 枝短花密，满枝缀花。

【生物学特性】榆叶梅抗性强，比较耐寒、耐旱、耐瘠薄，具一定的耐盐碱能力，在土壤肥厚、湿润的条件下生长更好，喜光，在庇荫条件下生长不良，怕积水。

【繁殖】榆叶梅多用嫁接及分株繁殖。嫁接所用的砧木较多，如榆叶梅实生苗、山桃、毛桃、杏、梅、樱桃等。嫁接可以在 7～8 月采用丁字形芽接，翌春剪砧，当年即可成苗。也可于早春 3 月中下旬、冬芽开始膨大时进行切接或劈接，成活率均很高。春天切接，要进行培土或者用塑料袋将接穗连同接口套起来，一般 15～20d 即可成活。砧木上出现萌蘖要及时除掉。4 月 25 日以后，华北地区气温已相当高，应逐渐打开塑料袋以通风降温，直至最后全部去掉。5～6 月追肥 2～3 次，当年苗高可达 1.0～1.5m。

榆叶梅自根际处萌生很多枝条而呈灌丛状，可于秋季落叶后（华北霜降前后）、土壤封冻之前或者春季化冻之后（华北 3 月中下旬），连根掘出，地上部分短截或不短截，剪掉枯死根、过长根，然后自根颈处剪开，保证每小丛有 3～5 个枝干，进行分栽。

【栽培管理】秋季落叶之后进行修剪，保持优美树形。春季发芽之前施足基肥，并注意适时浇灌，夏季积水时及时排水，防止涝害。

【应用】榆叶梅开花繁茂，颜色美丽，是华北地区清明之后第一批开花的花木之一，是很好的庭院绿化树种。开花时期很容易人为控制，从而可以进行促花栽培，可让其元旦或春节开花，也是很好的插花材料。

（十九）碧桃

【学名】*Prunus persica* var. *duplex*

【科属】蔷薇科李属

【栽培历史】碧桃在我国已有几千年的栽培历史。碧桃花朵美丽繁密，先花后叶，桃红柳绿历来是阳春三月的象征。宋代诗人苏轼有诗赞誉："竹外桃花三两枝，春江水暖鸭先知"，"争开不待叶，密缀欲无条"。

【产地及分布】原产我国西北、西南山区，目前该地区仍有野生分布。目前，世界各地栽培极为广泛。

【种类与品种】桃在我国的栽培历史悠久，经过长期的人工培育，将桃分成了两大类：一类是以生产果实为目的的食用桃，现在也包括许多品种；另一类是以园林观赏为目的的观赏桃类。平时所称"碧桃"，实际上包括碧桃这一变种在内的若干个观赏桃变种及变型。目前，比较重要的观赏桃有碧桃（var. *duplex*）、红碧桃（f. *rubro-plena*）、白碧桃（f. *alba-plena*）、洒金碧桃（f. *versicolor*）、垂枝碧桃（f. *pendula*）、红叶桃（f. *atropurpurea*）、寿（星）桃（var. *densa*）等。

【生物学特性】碧桃为强阳性花木，喜欢充足的阳光，在庇荫处生长不良，开花甚少。比较耐寒，在华北地区自然条件下可安全越冬，但在温暖气候条件下生长更好。比较耐旱，特别怕涝，夏季积水往往是造成落叶甚至死亡的重要原因。对土壤要求不太严格，以深厚肥沃、排水良好的沙壤土最好。

【繁殖】为了保持优良品种的遗传特性，碧桃一般多进行营养繁殖，以嫁接方法应用最为广泛，这种方法较简便，成活率高，可大批繁殖。

嫁接碧桃用的砧木以桃（毛桃）、山桃（*P. davidiana*）最多，成活率最高，杏、李、梅实生苗作砧木也可，但成活率稍低，成活后生长速度较慢。

砧木培养比较容易。秋天采山桃、桃等的成熟果实，取种、净种之后，放在通风阴凉处阴干待用。一般于冬季土壤封冻之前进行混沙层积催芽（华北地区在11月底至12月初，也可以于秋末冬初直接播于苗床）。如果种子数量较少，可以将种子与湿沙（沙的湿度为其饱和含水量的60%）按照1∶3的体积比混合均匀，堆在温度较低的屋内墙角，上盖草苫等保湿。也可以放在花盆中，连同花盆一起埋在露地土壤中，要选择背阴、排水良好的地段，深度一般要求在地表以下40～60cm。

如种子数量较多，则需进行露地坑藏催芽。如在比较向阳的地段进行坑藏，70～80d即可长出胚根；如果在背阴地段，需要的时间稍长，90～100d萌动。

种子刚刚萌动，即胚根刚刚突破种皮"露白"时，立即播种。播后加强管理，当年7～8月（高度达0.5～1.5m、地径1～2cm）即可嫁接。利用优良品种的当年生枝条，采用T字形芽接。芽接当年不萌发，翌年春天萌芽之前（华北2月底至3月初）剪砧，接芽即可萌发。只要掌握好嫁接时机，一般可达95%的成活率。成活后加强肥水管理，根据培养目的，进行相应的整形修剪，一般第二年春天即可开花。如果秋天不能芽接，也可以于春天萌芽之前进行劈接或切接（华北地区3月中下旬）。一般20～30d即可成活，抽出新梢，注意及时除去砧木上的萌芽，加强管理，当年即可成苗。

【栽培管理】碧桃管理要点主要有：休眠期注意加强整形修剪，疏除枯、死、病枝及不合理枝；春季萌动前施足基肥，加强浇灌；5月注意防治蚜虫。

【应用】碧桃类很适合庭园露地栽植，是很好的春季观赏花木，尤其适合庭园道路两旁成行布置或成片栽植，以形成春天繁花似锦的园林景观，也可与其他花木或建筑物搭配布置。有些矮化变种（如寿桃）很适合盆栽或做成树桩盆景供室内观赏。桃花还是很好的传统插花材料。

（二十）樱花

【学名】*Prunus* spp.

【科属】蔷薇科李属

【栽培历史】樱花在日本栽培最为兴盛，特别为日本人民所宠爱，被尊为国花。清代诗人黄遵宪的《樱花歌》："墨江泼绿水微波，万花掩映江之沱。倾国看花奈花何，人人同唱樱花歌。"我国樱花栽培也有悠久的历史，樱花也得到了我国人民的喜爱，唐代诗人白居易曾有诗描写樱花："小园新种红樱树，闲绕花枝便当游。"

【产地及分布】樱花原产我国及日本，现以日本、朝鲜和我国栽培较多。我国主要分布在华北地区及浙江、江苏、贵州等地。

【形态特征】樱花为落叶乔木，伞房或总状花序，与叶同放或后叶开放。花色以红色为多，单瓣或重瓣，有的具香味。花期一般 4～5 月。

【种类与品种】通常说的樱花实际上包括若干种，在我国比较常见的主要是山樱花（*P. serrulata*）、东京樱花（*P. yedoensis*）、日本晚樱（*P. lannesiana*）。

【生物学特性】樱花为强阳性树种，喜充足的阳光，在庇荫条件下生长不良，开花较少。绝大多数品种的耐寒能力较强，故在我国的华北地区以及华中、华东部分省、市均可露地栽培。要求空气比较湿润的环境。以深厚肥沃、排水良好的沙壤土为宜。抗旱力较强，不耐积水。要求微酸性至中性，在微碱性条件下也能正常生长，但不耐盐碱。

【繁殖】樱花常采用嫁接、压条繁殖。

嫁接樱花用的砧木是各种容易结实的樱花实生苗，但因樱花多数种类往往不易结实，故生产上多用樱桃（*P. pseudocerrasus*）实生苗作为砧木。樱桃种子容易得到，且嫁接成活率也很高。樱桃果实成熟期，华北地区一般在 5 月初至 5 月底。种实成熟之后极易失水，失水后则发芽率大大降低。因此，采种之后应及时处理。具体方法是：采收果实后捣烂果皮，取出种子，用水淘洗干净，立即进行混沙层积催芽，不要晾晒。种子在层积期间要求阴凉、湿润的环境，翌年春天播种，7～8 月便可以嫁接，嫁接的方法为 T 字形芽接，也可以在播种后翌年春天（华北地区在 3 月中下旬）切接或劈接，一般当年苗高可达 1.0～1.5m。

压条一般在 5～6 月树木生长旺盛期进行。选择靠近地面的一、二年生枝条，于适当部位环剥，然后将枝条拉弯，将刻伤部位压入土壤，经常保持土壤湿润，一般 1 个月左右即可生根，秋天或翌春剪离母株另行栽植。

【栽培管理】樱花栽培比较简单，栽植地要求土壤肥沃、土层深厚。春夏旺盛生长期注意及时追肥 1～2 次，春秋干旱时及时浇水。注意防治大蓑蛾。冬季休眠期可适当修剪。

【应用】樱花是园林中很好的大型观花树种，可在庭园中孤植、丛植、对植，也可以成片栽植，或者在园路两旁成行栽植。

（二十一）海棠

【学名】*Malus* spp.

【科属】蔷薇科苹果属

【栽培历史】海棠在我国的栽培历史比较久远，我国人民对其甚为喜爱，许多文人墨客为其留下了赞美的诗篇。如宋代苏轼的《咏垂丝海棠》："东风袅袅流崇光，香雾空蒙月转廊。只恐夜深花睡去，故烧高烛照红妆。"

【产地及分布】垂丝海棠原产我国西南地区，现以四川栽培最多，华北、华东部分地区（山东、浙江等）也有分布。海棠花及西府海棠原产我国西北地区，现在华北、东北地区均有分布。

【形态特征】海棠花叶同放，数朵花簇生成伞形花序，花梗细长，直立或下垂，单瓣或半重瓣，红色。花期4～5月。

【种类与品种】通常作为园林观赏的主要有海棠花（*M. spectabilis*）、垂丝海棠（*M. halliana*）、西府海棠（*M. micromalus*）。

【生物学特性】三种海棠都比较耐寒，在华北地区均可露地越冬。属阳性树种，不耐庇荫。比较耐旱，而怕积水。垂丝海棠虽生在南方，要求湿润的环境，但在干旱的北方仍能生长良好。对土壤要求不严，以土层深厚、排水良好的沙壤土为宜。海棠花、西府海棠要求中性至微碱性土壤，故在南方降水较多、土壤过于黏重且呈酸性的地区栽培不多，而以适应性较强的垂丝海棠更为常见。垂丝海棠在微酸性至微碱性土壤中均能正常生长，但忌过度盐碱。

【繁殖】海棠主要采用嫁接、分株繁殖。

嫁接海棠的砧木，可用以上三种海棠的实生苗，也可用湖北海棠（*M. hupehensis*）及山荆子（*M. baccata*）。一般嫁接苹果的砧木都可以用来嫁接以上三种海棠。

砧木培养较为容易。9～10月果实成熟后，及时采摘，然后去掉果肉，取出种子，用水淘洗干净，在背阴处晾干，装入布袋备用。11月底至12月初土壤封冻之前，在背阴处采用露地窖藏层积催芽。翌年3月中下旬取出播于露地苗床，注意经常喷水，保持苗床湿润。如果播后用塑料薄膜覆盖，则可提前催芽，一般11月初进行混沙层积，元旦前后播种，1个月左右出苗，4月中下旬待苗木长到4～5片真叶时移植于苗床，幼苗期间注意病虫害防治。5～7月苗木生长迅速，注意施肥、除草。一般当年7～8月株高达1.5m、地径0.5～2.0cm，即可利用优良海棠品种的当年生枝条，切取接芽，进行芽接。芽接是在地径处采用T字形芽接。1周之后即可看出是否成活，若未成活，及时补接。翌年2月底至3月初剪砧。也可以于播后翌年春天3月中下旬进行切接或劈接，当年即可成苗，高度达1～2m。

三种海棠的萌生能力较强，可于秋天落叶之后或早春发芽之前，将母株根际萌发的新株带根掘出，另行栽植。

【栽培管理】海棠栽培过程中，春季萌动之前施一次有机肥，注意及时浇水防旱，夏季防涝，冬季进行适当修剪。

【应用】海棠是理想的春季观花乔木，适合在广阔的草坪上或者水池、假山旁孤植、丛植，又可在大门两旁对植或在道路两旁成行栽植。在北方，海棠为清明之后的第一批花木，可与其他花卉树木搭配，还可做成盆景供室内观赏，也是很好的插花材料。

（二十二）年橘

【学名】*Citrus* spp.

【科属】芸香科柑橘属

【产地及分布】主产广东、广西等，现在广东省珠江三角洲一带栽培最为广泛。

【形态特征】年橘果扁圆形，果顶部中央微凹，重50～65g，鲜橙黄色，光滑。果肉淡橙黄色，甜偏酸。种子10～18粒，卵形，端尖且略弯勾，子叶深绿色，多胚。果期春节前后，为晚熟柑橘类。

【种类与品种】年橘种类与品种繁多，常见的有朱砂橘、橘红、金橘、金弹子等。

【生物学特性】年橘喜温暖湿润，耐寒性差，具较强耐阴性和抗逆性。树种寿命普遍在20年以上，果熟期1～2月。

【繁殖】年橘播种繁殖容易退化，而且一般结果晚，故很少使用此法。主要采用嫁接繁殖。枸橘、酸橙等可以作为年橘嫁接砧木。

【栽培管理】

（1）浇水　年橘常在换土、加土、修剪、施肥后浇水，每次浇水至水从花盆底孔流出为止，往后遵循不干不浇、浇则浇透的原则。

（2）修剪　年橘不仅要求植株株型丰满，果实多，还要生长一致。生长过程中不但需要及时剪去病虫枝叶和徒长枝条，还要充分考虑植株的发枝情况，保持植株美观。

（3）施肥与病虫害防治　年橘施肥要根内、根外相结合，根内施多元素化肥，根外用花卉营养液稀释后喷洒枝叶。夏、秋常发病虫害，应及时提前喷洒花药，做到防重于治。

此外，在栽培过程中，要配合疏花、疏果等园艺栽培措施，根据栽培及应用等要求，将不宜季节花果疏去，适宜季节花果控制至合适的密度，保留大而旺盛的果实。

【应用】年橘近年来在我国广泛栽培，主要用于盆栽观赏或制作盆景等，供春节等重要节日观赏，也可用作插花材料。

复习思考题

1. 简述花卉学中木本花卉的内涵。
2. 简述月季切花栽培的技术要点。
3. 目前梅花品种是如何进行分类的?
4. 根据牡丹花芽分化的特点，简述调整牡丹花期的措施。

第十八章　地被植物

第一节　概　　述

一、地被植物的概念与分类

地被植物（cover plant）一般指覆盖于地表的低矮的植物群体。地被植物在种类上不仅包括多年生低矮草本和蕨类植物，还有一些适应性强的低矮、匍匐型的灌木和藤本植物。草坪植物依其性质也属地被植物，由于草坪很早以前就为人类广泛应用，在长期栽培过程中，已形成一个独立的体系，而且其生产与养护管理也与其他地被植物不同，因而通常将其另列为一类。

地被植物的应用极为广泛，不仅用于小面积绿化，也可用于较大面积的地面绿化，其功能除用来覆盖地面、保持水土外，又可作为装饰。由于地被植物养护简单，不需经常刈剪，因此具有草坪植物所不及的特殊价值。另外，地被植物除了具有草坪植物所有的功能外，还具有美观的枝叶、花、果等，而且由于其生物学特性不同，在生长和发育、开花及休眠期间具有极复杂的季相变化。

按观赏特性，地被植物分为以下几类：观叶地被植物，叶色美丽，叶形独特，观叶期较长，如麦冬、沿阶草等。观花地被植物，一般花期较长，花色艳丽，如红花酢浆草、紫茉莉、诸葛菜、过路黄等。观果地被植物，一般果实鲜艳，富有特色，如蛇莓、铃兰等。很多地被植物种类是花、叶、果中有两种或三种器官兼具观赏价值的。

地被植物种类繁多，大多是从野生植物群落中挑选出来的，也有一些是经人工选育培育而成的新品种，还有从国外引入的优良地被植物种类。地被植物的共同特点是：覆盖力强，繁殖容易，养护管理粗放，适应能力强，种植以后不需经常更换，能够保持连年持久不衰。因其种类多样，有木本及草本，可以适应各种不同的环境条件，构成各种不同类型的地被如草坪型、灌木型等，在建筑物及道路附近可构成各种装饰型地被，此外，有些地被可忍受极荫蔽、潮湿或干旱的生态条件，因此坡岸和石崖都有可供选择的地被植物。

地被植物虽有很多优点，但也有不及草坪植物之处。如草坪有纯一的草色，人们可在其上漫步游玩、进行各种体育活动等。

二、地被植物的选择

我国地被植物资源极其丰富，从南方热带雨林到北方寒温带，可作地被的植物材料千姿百态。在开发适于本地区应用的野生地被植物资源时，应该制定一个选择优良地被植物的标准，凡符合标准的种类，就可以大面积引种推广。

我国对园林地被植物的选择标准研究较少。目前全国草坪学术委员会提出的初步标准如下：

1. 植株低矮　优良地被植物一般分为30cm以下、50cm左右、70cm左右三种。如属于矮灌木类型的，其高度也尽可能不超过1m，凡超过1m的种类，应挑选耐修剪或生长较慢的，这样容易控制其高度。有些种类也可利用其苗期生长缓慢的特点，如棕榈幼苗苗期长，而且高度一致，且能耐阴，因此，人们常利用其幼苗期作地被植物栽培。

2. 绿叶期较长 一般应挑选绿叶期较长的常绿植物，绿叶期不少于7个月，且能长时间覆盖裸露地面，即除绿叶期之外，株丛仍覆盖在地表面，具有一定的防护作用。

3. 生长迅速、繁殖容易、管理粗放 一般应挑选繁殖容易、苗期生长迅速、成苗期管理粗放、不需要较多养护即能正常生长的种类。由于地被植物需要数量较多，因此，必须采用多种方式进行繁殖，而且成活率要高，这样有利于扩大繁殖、培养种苗。

4. 适应性强 地被植物一般以防护为主，通常栽培面积较大。因此，应挑选适应能力强和抗性较强的种类，如抗干旱、抗病虫害、耐瘠薄土壤等，以利于粗放管理及节约管理费用等。

上述四条标准是最基本的，另外还需依据栽培地区的实际情况提出新的要求。如应具有相应的抗逆性（如抗污染、耐踩踏、耐盐碱、耐阴湿等），要求不同的观赏价值（如观叶、观花等）和经济价值（如药用、食用，作香料、油料、饲料等）。

地被植物中，草本植物占很大比例，其中又以宿根植物为主，一、二年生植物及球根植物只有少量应用。宿根地被植物有低矮、开展及匍匐特性，繁殖易、生长快，因此适应各种不同环境。

我国各地蕨类植物丰富，往往形成大片植被，可耐阴湿，为理想的地被植物，在南方温暖湿润地区生长更为适宜。

选定某一地被植物之前，必须先了解其生物学特性及生长习性，如地被植物对环境的适应能力及抗旱、抗热、抗寒、耐湿、耐阴、耐酸碱程度等。了解这些适应性之后，就可选择适合该地区立地条件的植物种类，然后按生长速度估计充分生长后占有的面积，以确切计算栽植距离及到达完全覆盖地面所需时间。

三、地被植物的繁殖

为了大面积覆盖地表，成片种植地被植物，一般要求采用简易粗放的繁殖和种植方法。目前我国各地常用的方法主要有以下几种：

1. 自播繁衍 在地被植物中，目前已发现有不少种类具有较强的自播覆盖能力。一般情况下其种子成熟落地，均能自播繁衍，更新复苏。

我国地被植物资源丰富，具有较强自播能力的种类较多，如紫茉莉、诸葛菜、大金鸡菊、白车轴草、地肤等，蛇莓、鸡冠花、凤仙花、藿香蓟、半支莲等也具有一定的自播能力。地被植物自播繁衍，管理粗放，绿化效果显著。

2. 直接播种繁殖 直接播种繁殖是目前地被植物栽培常用的一种方法。这种方法不仅省工，而且易于扩大栽培面积，出苗整齐、迅速，覆盖效果显著。

3. 营养繁殖 目前我国约有60%的地被植物可以采用营养繁殖，来扩大地被的栽培面积。常用的方法有：

（1）分株分根繁殖 如萱草、菲白竹、箬竹、麦冬、石菖蒲、沿阶草、万年青、吉祥草等。

（2）分鳞茎繁殖 如石蒜、葱莲、雪滴花、水仙、白芨等。

（3）营养枝扦插繁殖 如络石、常春藤、菊花脑、垂盆草等。

4. 育苗移栽 美女樱常因种子不足或者插条短缺，采用先育苗，然后成批、成片地移往种植地的方法。

四、地被植物的养护管理

地被植物是提高城市绿地覆盖率的重要组成部分，已由常绿型走向多样化，由草坪型转向观花型。由于地面植物的特点是成片大面积栽培，在正常情况下，一般不能做到精细养护，只能以粗放管理为原则。主要栽培养护管理措施如下：

1. 防止水土流失　栽植地的土壤必须保持疏松、肥沃，排水良好。一般情况下，应每年检查1～2次，暴雨后要查看有无冲刷损坏。水土流失严重的地区应立即采取措施。

2. 提高土壤肥力　地被植物生长期内，应根据各类植物的需要，及时补充肥料，尤其对一些观花地被植物更显得重要。常用的施肥方法为喷施法，此法适合于大面积使用，比其他施肥方法简便。喷施肥料一般在植物生长期进行，以喷施稀薄的硫酸铵、尿素、过磷酸钙、氯化钾等无机肥料为主。有时也可在早春和秋末或植物休眠期前后，采用撒施方法，结合覆土进行，对植物根部越冬有利，而且可以因地制宜，充分利用各地的堆肥、厩肥、饼肥、河泥及其他有机肥源。

3. 抗旱浇水　一般情况下，地被植物应选择适应性强的抗旱品种，可不必浇水，但出现连续干旱无雨时，为防止地被植物严重受害，应进行抗旱浇水。

4. 病虫害防治　多数地被植物种类具有较强的抗病虫能力，但有时由于排水欠佳或施肥不当及其他原因，会引起病虫发生。大面积栽培地被植物时，最容易发生的病害是立枯病，能使成片的地被植物枯萎，应立即喷药予以防治，阻止其蔓延扩大。其次是灰霉病、煤污病，也应注意防治。虫害方面最易发生的是蚜虫、蛾类幼虫等，虫情出现后应喷药消灭之。由于地被植物面积大，病虫应以预防为主。

5. 防止斑秃　地被植物大面积栽培最怕出现斑秃，尤其是成片斑秃发生后，影响观赏效果。因此一旦出现，应立即检查原因，翻松土层，如土质欠佳，应采取换土措施，并以相同种类地被补秃，恢复美观。

6. 修剪平整　一般低矮类不需经常修剪，以粗放管理为主。但由于近年来各地大量引入开花地被植物，少数有残花或花茎高的，需在开花后适当压低，或者结合种子采收，适当整修。

7. 更新复壮　地被植物养护管理中，常常由于各种不利因素，使成片地被出现过早衰老。此时应根据不同情况，对表土进行打孔，促使其根部土壤疏松透气，同时加强施肥浇水，则有利于更新复壮。对一些观花类球根、宿根地被植物，必须每隔5～6年进行一次分球、分株翻种，否则会自然衰退。分球、分株翻种时，应将衰老植株及病株剔除，选取健壮者重新栽种。

8. 地被群落的调整与提高　地被植物比其他植物栽培期长，但并非一次栽植后一成不变。除了有些种类具有自身更新复壮能力外，一般均需从观赏效果、覆盖效果等多方面考虑，必要时进行适当的调整与提高。

首先应注意绿叶期和观花期的交替衔接。如观花地被植物石蒜、忽地笑，花和叶不同步，它们在冬季只长叶，夏季只开花，而四季常绿的细叶麦冬则是观叶植物。如在成片细叶麦冬中配置一些石蒜、忽地笑，则可达到互相补充的目的。在成片常春藤、蔓长春花、五叶地锦等藤本地被中，配置一些铃兰、水仙等观花地被植物，则可在深色背景层内衬托出鲜艳的花朵。诸葛菜与紫茉莉两种观花地被植物混种，花期交替，效果显著，是上海地被应用的成功经验。

注意花色协调，宜醒目，忌杂乱。如在绿茵似毯的草地上适当布置观花地被，其色彩容易协调，如紫花的紫花地丁、白花的白车轴草、黄花的蒲公英。又如在道路或草坪边缘种上雪白的香雪球，则显得高雅、醒目和华贵。

地被植物种类的选择要在调整中不断完善和提高，使之更体现出地被植物之群体美。

第二节 常见地被植物

地被植物种类非常广泛，可作地被植物的有关花卉，已在其他有关章节进行介绍。本节仅介绍常用的地被植物。

（一）白车轴草

【学名】*Trifolium repens*

【别名】白三叶

【科属】豆科车轴草属

【产地及分布】原产欧洲。我国东北部、山东及华东地区均有分布。

【形态特征】白车轴草为多年生草本。匍匐茎，节部易生不定根。分枝无毛，长达60cm。掌状三出复叶，小叶倒卵形至倒心脏形，深绿色，先端圆或凹陷，基部楔形，边缘具细锯齿。托叶椭圆形抱茎。花多数，密集成头状或球状花序；总花梗较长，高出叶；花冠白色或淡红色。荚果倒卵状矩形，生于膜质膨大的花萼内，含种子2～4粒。

【生物学特性】白车轴草喜湿润，较耐阴，多生于低湿草地、河岸、路边及林缘、山坡。耐干旱，耐寒，耐瘠薄，各种土壤均能生长。生长较快，夏季生长特快。有早青、晚黄的特点，秋霜后仍能生长，大雪封地时才干枯，但叶仍为绿色。可观叶180d，观花120d。耐践踏，适于修剪，茎易倒，但不易折断。

【繁殖与栽培】白车轴草繁殖力强，采种后可立即播种，播种后5～7d幼苗可出土。又可分根繁殖，每年5～7月进行，以7月分根最好。也可用新生长枝扦插。此外常与禾本科草种混播。

白车轴草种子细小，整地要细致，以每667m^2播种0.5kg为宜，混播时0.25kg。因有根瘤菌固氮，对土质要求不严，瘠薄土壤也能生长。在栽种时先分株，然后定植，定植后要踏实，浇透水。封冻前浇一次冻水，次年返青则较早。冬季用积雪覆盖，早春多浇水。生长过高时可踩踏或修剪，3～5d即可恢复生长，修剪长度为5～10cm，修剪后20d左右则花叶并茂。但要注意冬季植株因受冻硬脆，不宜践踏。

【应用】白车轴草花叶兼优，均有观赏价值，且具有绿色期长、耐修剪、易栽培、繁殖快、造价低等优点，适宜作封闭式观赏草坪。

（二）鸡眼草

【学名】*Kummerowia striata*

【科属】豆科鸡眼草属

【产地及分布】原产我国东北、华北、中南、西南地区，几乎遍及全国。越南、朝鲜、日本、均有分布。

【形态特征】鸡眼草为一年生小草本。茎平卧纤细，多分枝，长5～30cm。三出羽状复叶，主脉和叶缘疏生白色毛，托叶宿存。花1～3朵腋生；小苞片4枚，其中1枚生于花梗关节下，另外 3 枚生于萼下；花萼钟状，深紫色；花冠淡红色。果为荚果，卵状矩圆形。

【生物学特性】鸡眼草植株低矮，根系浅，支根多而发达。多生于山坡、路旁、田边、林边，喜温暖，能生长在荫蔽条件下。耐干旱瘠薄，对土壤要求不严。

【繁殖与栽培】鸡眼草可自播繁衍，次年生长发育。适应性强，栽培容易。

【应用】鸡眼草覆盖地面效果极好，为优良地被植物。花期长，可作园林绿化草种，又可保持水土。

（三）葛藤

【学名】*Pueraria lobata*

【别名】野葛、葛

【科属】豆科葛属

【产地及分布】我国除新疆、西藏外，几乎遍及全国。朝鲜及日本也有分布。

【形态特征】葛藤为多年生藤本。块根肥厚。羽状复叶具三小叶，顶生小叶菱状卵形，先端渐尖，基部圆形。总状花序腋生，花大而密集；小苞片卵形或披针形；花冠紫红色，长 5～10mm，扁平。

【生物学特性】葛藤多生于草坡、路旁、树林。适应广泛，且耐旱、耐阴。

【繁殖与栽培】葛藤播种繁殖时，实生苗生长慢，故多用茎蔓扦插或压条繁殖，均易成活。葛藤生长迅速，能很快覆盖裸露地面，管理粗放。定植初期浇两次水，以后依靠自然降水即可。

【应用】葛藤覆盖度大，为优良的地被植物，可起到水土保持的作用。也是垂直绿化的良好材料。

（四）绣球小冠花

【学名】*Coronilla varia*

【别名】多变小冠花

【科属】豆科小冠花属

【产地及分布】原产欧洲。我国东北南部现有栽培。

【形态特征】绣球小冠花为多年生草本。根繁叶茂，密生根瘤。根部不定芽再生力强，茎蔓生，匍匐向上伸，可达 180cm，分枝力强，节上腋芽萌发形成很多侧枝，地下根盘生，地上茎则纵横交织，植株淡绿色。伞形花序，生于节间叶腋；每花序有花 5～15 朵，下部花白色，上部略带粉红色或紫色。花期 6～9 月，延续持久。地上部绿色期较长。

【生物学特性】绣球小冠花生活力强，适应性广。耐旱、抗寒，耐瘠薄。3 月返青，12 月仍能保持绿色。

【繁殖与栽培】绣球小冠花可采用播种、扦插或分根繁殖。实生苗多在第二年开花结实。利用根蘖苗移栽，易成活，生长快，注意移栽时需带根。播种繁殖栽培应接种根瘤菌。栽培中注意及时补充磷肥。

【应用】绣球小冠花可护坡、固沟，防土壤冲刷，为极好的地被植物，又可作城市绿化、美化之用。

（五）紫花苜蓿

【学名】*Medicago sativa*

【别名】苜蓿、紫苜蓿

【科属】豆科苜蓿属

【产地及分布】原产北美。现世界各国均有栽培。

【形态特征】紫花苜蓿为多年生草本。分枝多，高 30～100cm。羽状三出复叶，小叶倒卵形，先端圆，中肋稍突出，两面有白色柔毛；托叶披针形，具柔毛，长约 5mm。总状花序腋生，花冠紫色。荚果螺旋形，有种子数粒，种子肾形，黄褐色。

【生物学特性】紫花苜蓿适应性强，抗旱、耐寒，耐瘠薄，喜温暖半干旱气候。小苗期生长慢，成长后枝叶繁茂。根茎可分生茎芽，达数十至数百个。

【繁殖与栽培】紫花苜蓿可播种繁殖。生长期最忌积水。幼苗生长缓慢，要加强田间管理，避免杂草侵入。

【应用】紫花苜蓿枝叶繁茂，植株浓绿，花期长，可作为环境绿化的优良草种。

（六）红花酢浆草

【学名】*Oxalis corymbosa*

【别名】紫花酢浆草、铜锤草

【科属】酢浆草科酢浆草属

【产地及分布】原产南美巴西。我国南方各地均有分布，长江以北地区已作为观赏植物引入。

【形态特征】红花酢浆草为多年生草本。地下部分有球状鳞茎。叶丛生状，具长柄；掌状复叶，小叶 3 枚，无柄，叶倒心脏形，顶端凹陷，两面均有毛，叶缘有黄色斑点。花茎自基部抽出，二歧聚伞花序，小花 12～14 朵，花冠 5 瓣，色淡红或深桃红。蒴果。

【生物学特性】红花酢浆草喜温暖湿润、荫蔽的环境，耐阴性强。盛夏高温季节生长缓慢，进入休眠期，忌阳光直射，宜在富含腐殖质、排水良好的沙质壤土中生长。花期长，4～11 月。

【繁殖与栽培】红花酢浆草以分球繁殖为主，春季进行。也可播种繁殖。种子细小，且果实成熟后自动开裂，应及时采收，通常于晚冬或早春播种，种子的发芽适温为 13～18℃。

露地春植红花酢浆草，种前应施足基肥如腐熟的堆肥等，生长期间追施 2～3 次腐熟的稀薄肥水，施肥后用清水淋洗叶面。夏季宜适当遮阴，秋后茎叶枯萎进入休眠期。翌年春季回暖后再度萌发，可重施肥水，促使茎叶繁盛。

【应用】红花酢浆草植株低矮、整齐，叶色青翠，花色明艳，覆盖地面迅速，是优良的观花地被植物，也可作盆栽。

（七）蛇莓

【学名】*Duchesnea indica*

【别名】蛇泡草、龙吐珠、三爪风

【科属】蔷薇科蛇莓属

【产地及分布】我国辽宁以南地区和亚洲其他地区分布较多，欧洲、中美洲、南美洲也有。

【形态特征】蛇莓为常绿草本。茎匍匐。掌状三出复叶，有长柄，小叶边缘有粗锯齿，叶面及叶背均有柔毛。花单生叶腋；花梗 3～6cm；花托扁平，果期膨大为半圆形，红色；萼片卵形，长 4～6mm；副萼 5，较萼片大；花瓣黄色。瘦果小。花期 3～12 月。

【生物学特性】蛇莓对土壤适应性强，喜半阴或偏阴的生活环境，在强阴下长势较差。

【繁殖与栽培】蛇莓采用分株或播种繁殖。种子发芽要持续 2 个月。分株宜于 7 月进行。栽前翻地不必过深，土地稍加整理即可，对肥水要求不严。株行距 7cm×21cm，可用自然式单株栽植，栽后浇一次透水。植株郁闭之前拔一次草，可结合抗旱浇淡肥水 3～4 次。至 9 月前再拔草，以后则植株郁闭。

【应用】蛇莓为树荫下理想的地被植物，且可同时观赏花、果、叶。

（八）诸葛菜

【学名】*Orychophragmus violaceus*

【别名】二月蓝、二月兰、菜籽花

【科属】十字花科诸葛菜属

【产地及分布】广泛分布于我国东北、华北、华东、华中地区。

【形态特征】诸葛菜为一、二年生草本。全株光滑无毛，高 30～60cm。叶无柄，基部有叶耳，抱茎，基生叶羽状分裂，茎生叶倒卵状长圆形，边缘有波状锯齿。花呈紫色，直径 3cm，为疏总状花序。果实为长角果，有四棱。花期 4～6 月。

【生物学特性】诸葛菜生于平地或树荫下，在树荫下成羽状深裂叶。花初时紫色，后变白色。

【繁殖与栽培】诸葛菜播种极易，可自播繁衍。管理粗放，一年施肥 4 次，即早春的花芽肥、花谢后的健壮肥、坐果后的壮果肥、入冬前的壮苗肥。

【应用】诸葛菜成片聚生，为早春开花的良好地被，宜植于林下、草地、山坡等环境，形成春景特色。

（九）百里香

【学名】*Thymus mongolicus*

【别名】地椒、千里香、地姜

【科属】唇形科百里香属

【产地及分布】分布于我国东北、河北、内蒙古、甘肃、青海和新疆等地。

【形态特征】百里香为半灌木。植株矮小，高 5～20cm。有芳香，匍匐茎平卧，末端多为开花枝，上密生多数平行直立茎，当年生枝紫色，老枝灰色。叶小，近无柄，为长椭圆形或长方形，全缘，有侧脉 2～3 对，具透明油点。春季开粉紫色小花，花密集枝端成头状花序，花冠二唇形，二强雄蕊外露。

【生物学特性】百里香多生于多石山地、斜坡、山谷、山沟、路旁及杂草丛中。要求阳光充足，性喜凉爽，耐寒、耐旱，宜植于沙质壤土。

【繁殖与栽培】百里香采用分株繁殖，即在生长期挖出母株，切断横走的匍匐茎，分簇栽种，株行距为 16cm×33cm。经常注意除草，雨季应排水。

【应用】百里香枝叶茂盛，生长粗放，为地被良好材料。也适合布置岩石园、香料园。

（十）活血丹

【学名】*Glechoma longituba*

【别名】连钱草、金钱草、破铜钱

【科属】唇形科活血丹属

【产地及分布】原产我国、朝鲜等地。我国除青海、西藏、新疆、甘肃外，各地广泛分布。

【形态特征】活血丹为多年生草本。株高 10～20cm。具匍匐茎，幼嫩部分疏被长柔毛。叶心形，上面疏生粗伏毛，下面常紫色，也生疏柔毛，茎上部叶较大。轮伞花序，苞片刺芒状，花萼筒状，花冠淡蓝色至紫色，下唇具深色斑点。花期 6～9 月。

【生物学特性】活血丹多生于林缘、草地、溪边等阴湿处。耐寒，耐半阴，喜湿润，对土壤要求不严。

【繁殖与栽培】活血丹主要采用播种繁殖，也可分株繁殖。管理粗放，易栽。

【应用】活血丹宜作疏林下地被植物。

（十一）过路黄

【学名】*Lysimachia christinae*

【别名】走游草、大叶金钱草、铺地莲

【科属】报春花科珍珠菜属

【产地及分布】分布范围较广，主产我国云南、四川、贵州、陕西南部、河南、湖北、湖南、广东、广西、江西、安徽、江苏、浙江等地。

【形态特征】过路黄为多年生草本植物。茎柔软，平卧延伸，长 20～60cm。叶对生，卵圆形、近圆形或肾圆形，基部截形至浅心形；叶柄比叶片短或近与之等长。花单生叶腋；花萼长 5～7mm，分裂近达基部；花冠黄色，裂片狭卵形至披针形，质地稍厚。花期 5～7 月，果熟期 7～10 月。

【生物学特性】过路黄多生于沟边、路旁较阴湿处和山坡林下。垂直分布上限可达海拔 2 300m。

【繁殖与栽培】过路黄结实量少，以分株或茎插繁殖为主。半荫蔽、疏林、林缘都能生长，在 pH 中性土壤上生长良好。繁殖力强，生长发育迅速，春秋为两个生长高峰期。7～8 月生长趋缓，进入短暂休眠期，旱情严重时，注意及时灌溉。

【应用】过路黄对环境适应性较强，整个绿色期达 280d 左右，适宜作地被植物和观赏性草坪草种，用以绿化美化环境、铺饰地面。叶色翠绿诱人，特别是进入盛花期时，黄花绿叶，相映成趣。

（十二）‘金山’绣线菊

【学名】*Spriae*×*bumalda* ‘Gold Mound’

【科属】蔷薇科绣线菊属

【产地及分布】原产美国明尼苏达州。

【形态特征】‘金山’绣线菊为落叶小灌木。高达 30～60cm，冠幅达 60～90cm。老枝褐色，新枝黄色，枝条呈折线状，不通直，柔软。叶卵状，互生，叶缘有桃形锯齿。花蕾及花均为粉红色，10～35 朵聚成复伞形花序。花期 5 月中旬至 10 月中旬，盛花期为 5 月中旬至 6 月上旬，花期长，观花期 5 个月。3 月上旬开始萌芽。新叶金黄，老叶黄色，夏季黄绿色，8 月中旬开始叶色金黄，10 月中旬后，叶色带红晕，12 月初开始落叶。色叶期 5 个月。

【生物学特性】‘金山’绣线菊喜光，稍耐阴，耐旱，耐寒，怕涝。生长快，易成形。

【繁殖与栽培】‘金山’绣线菊以分株和扦插繁殖为主。分株一般在 2 月底 3 月初进行。扦插繁殖在生长期内均可进行，为管理方便，多选择在早春萌芽前扦插。

【栽培管理】为保持植株丰满，叶色艳丽，需进行经常性的修剪，特别是盛花期后及 8 月初需进行强度较大的修剪。

【应用】‘金山’绣线菊植株矮小，小巧玲珑，色叶期长，特别适合作地被，亦可作花境和花坛植物。

（十三）地榆

【学名】*Sanguisorba officinalis*

【科属】蔷薇科地榆属

【产地及分布】原产我国，南北各地有分布。

【形态特征】地榆为多年生草本。株高 50～150cm，茎直立，有沟槽，无毛。奇数羽状复叶，小叶对生，间距较长，矩圆状卵形至长椭圆形，有柄，先端钝，基部浅心形或圆楔形，缘具尖锯齿，托叶抱茎。圆柱状穗状花序密集，顶生长花茎顶端，无花瓣，萼片花瓣状，暗紫红色。花期 6～7 月。

【生物学特性】地榆喜温暖，耐寒。喜阳光充足，耐半阴，喜湿润环境，宜肥沃而排水好的土壤，适应性强。

【繁殖与栽培】地榆采用分株繁殖为主，也可播种繁殖。管理粗放。

【应用】地榆适宜作疏林下地被，也可布置花境。

（十四）马蔺

【学名】*Iris lactea* var. *chinensis*

【科属】鸢尾科鸢尾属

【产地及分布】原产我国、朝鲜及中亚西亚。

【形态特征】马蔺为多年生草本。根茎粗短。叶二列状丛生，狭线形，基部具纤维状老叶鞘，质地较硬。花茎与叶等高，着花 1～3 朵；花被片 6 枚，淡蓝色，狭长；外轮花瓣稍大，中部有黄色条纹，无须毛；内轮花瓣直立；花柱三歧呈花瓣状，端二裂。花期 4～5 月。

【生物学特性】马蔺耐寒、耐热，喜阳光充足、半阴，极耐干旱，喜生长于湿润土壤至浅水中，不择土壤。耐践踏。

【繁殖与栽培】马蔺采用分株繁殖为主，春天花后或秋季进行。也可秋季播种繁殖，种子采后即播。栽培简单，长势旺盛，管理粗放。

【应用】马蔺以其花叶清秀、抗性强而见长，园林中可用于花境及地被，也可丛植于路边、山石旁，还可切叶作插花材料。

（十五）万年青

【学名】*Rohdea japonica*

【科属】百合科万年青属

【产地及分布】原产我国及日本。

【形态特征】万年青为多年生常绿草本。株高 50cm，具短粗根茎。叶丛生，倒阔披针形，全缘，有时稍波状，端急尖，基部渐狭；叶脉突出，硬革质，深绿色而有光泽。花茎短于叶丛，顶生穗状花序；小花密集，钟状，淡绿白色。花期 6～7 月。浆果球形，鲜红色，经久不凋，果熟期 9～10 月。

【生物学特性】万年青喜温暖，较耐寒；喜半阴及湿润环境，忌强光照射；喜疏松、肥沃的微酸性土壤。

【繁殖与栽培】万年青采用分株繁殖，地下根茎萌蘖力强，早春分割萌蘖苗，另行栽植即可。长江流域可露地过冬，华北地区盆栽，越冬温度 0℃以上。对水肥要求不高，较湿润的空气和通风良好有利于生长。

【应用】万年青叶质硬，挺拔，深绿，冬季叶绿果红，有较高的观赏价值，是长江流域以南优良的疏林下地被植物。北方可盆栽观叶及果。

（十六）吉祥草

【学名】*Reineckia carnea*

【科属】百合科吉祥草属

【产地及分布】原产我国、日本。

【形态特性】吉祥草为多年生常绿草本。地下具根茎，地上有匍匐茎。株高 20～30cm。叶丛生，广线形至线状披针形，基部渐狭成柄，具叶鞘，深绿色。花茎高约 15cm，低于叶丛；顶生疏松穗状花序，小花无柄，粉红色，芳香。花期 9～10 月。浆果球形，鲜红色，经久不落，果期 10 月。

【生物学特性】吉祥草喜温暖，稍耐寒；喜半阴湿润环境，忌阳光直射，对土壤要求不严。

【繁殖与栽培】吉祥草采用分株繁殖，也可播种繁殖，春季进行。长江流域可露地过冬，生长期需保持土壤湿润并遮阴，管理简单。

【应用】吉祥草适于作长江流域地区的林下地被，是优良的耐阴地被植物。北方多盆栽观叶及果。

（十七）阔叶山麦冬

【学名】*Liriope platyphylla*

【科属】百合科山麦冬属

【产地及分布】原产我国中南部，南方常栽培。日本也有分布。

【形态特征】阔叶山麦冬为多年生常绿草本。根状茎短，木质，局部膨大成肉质小块根。叶基生，成丛状，宽线形，稍呈镰刀状，基部渐狭呈柄状，有明显横脉。花茎 50～100cm，高出叶丛，顶生总状花序；小花多而密，4～8 朵簇生，淡紫色或紫红色；花药披针形，与花丝近等长，子房上位。花期 7～8 月。浆果黑紫色。

【生物学特性】阔叶山麦冬较耐寒，喜阴湿，忌阳光直射。对土壤要求不严，肥沃、湿润沙质土生长良好。

【繁殖与栽培】阔叶山麦冬采用分株或播种繁殖，春季进行。长江流域可露地过冬，生长迅速时可适当追肥，并保持土壤湿润，提供半阴、通风的环境，管理极粗放。

【应用】阔叶山麦冬适于长江流域作林下地被，还可丛植或配置假山石。

（十八）山麦冬

【学名】*Liriope spicata*

【科属】百合科山麦冬属

【产地及分布】原产我国、朝鲜，日本也有分布。

【形态特征】山麦冬为多年生常绿草本。株丛较阔叶麦冬小。叶窄而短硬，主脉隆起，叶鞘革质，深绿色。花茎高 20～60cm，稍伸出叶面，纤细，总状花序；小花淡紫或淡蓝色，小花梗短，花药短条形，与花丝近等长。花期 7～9 月。浆果黑紫色。

【生物学特性】山麦冬耐寒性较阔叶山麦冬强，北京小气候好的地方可露地过冬。

【繁殖与栽培】同阔叶山麦冬。

【应用】山麦冬叶色浓郁，株形清秀优美，是优良的地被植物。华北地区冬季寒冷处可覆盖枯叶等保护过冬。适于作林下地被，城市绿地可用。

（十九）紫花地丁

【学名】*Viola phillipina*

【科属】堇菜科堇菜属

【产地及分布】原产中国、日本、朝鲜及俄罗斯远东地区。

【形态特征】紫花地丁为多年生宿根草本。株高 5～10cm。根状茎细小，无匍匐茎。叶基生，卵状心形或长椭圆状心形，基部下延成柄，稍内折，具规则圆齿。花具长梗，高出叶面，花梗中部具 2 枚条形苞片，花淡紫色。花期 3～4 月。

【生物学特性】紫花地丁性强健，喜凉爽、湿润，耐寒；喜光，稍耐阴；对土壤要求不严，宜肥沃、疏松土壤。

【繁殖与栽培】紫花地丁采用播种或分株繁殖，可自播繁衍。我国华北地区可露地过冬，管理简便。

【应用】紫花地丁植株低矮，小花清雅，是早春开花的良好地被。

(二十) 翠云草

【学名】*Selaginella uncinata*

【科属】卷柏科卷柏属

【产地及分布】原产我国，分布西南、华南地区及台湾省。

【形态特征】翠云草为多年生蔓性草本。主茎柔软纤细，有棱，伏地蔓分枝处常生不定根，侧枝多回分叉。叶二型，中叶长卵形、渐尖，边叶矩圆形、向两侧平展，叶背面深绿色，表面碧蓝色。孢子囊穗四棱形，孢子叶卵状三角形。

【生物学特性】翠云草喜温暖湿润、半阴，忌强光直射。常生于林下湿石上、石洞内。

【繁殖与栽培】翠云草于春天采用分株繁殖。生长期要充分浇水，并保持较高的空气湿度。不耐寒，越冬温度要高于 5℃以上。

【应用】翠云草适合作暖地阴湿处地被，还可点缀假山石或作盆栽。

第三节　其他地被植物

其他地被植物见表 18-1。

表 18-1　其他地被植物

中名	学　名	科　属	形态特征与生物学特性	繁殖方法	应　用
紫金牛	*Ardisia japonica*	紫金牛科紫金牛属	常绿半灌木，有褐色柔毛；生林下阴湿处，极耐阴	播种	观叶，植林下阴地
车轴草	*Galium odoratum*	茜草科拉拉藤属	草本，叶数枚轮生，聚伞花序，花漏斗状	播种、分株	观叶、花
蓝雪花	*Ceratostigma plumbaginoides*	蓝雪科蓝雪花属	直立灌木状，叶宽大，花蓝色；生浅山或平地	播种、分株	庭园栽培、观花
日本木瓜	*Chaenomeles japonica*	蔷薇科木瓜属	落叶灌木，分枝细密平展，春季开花，红色；阳性树，宜排水良好的沙壤土	分株、扦插	配置花坛、草坪边
海州常山	*Clerodendrum trichotomum*	马鞭草科大青属	落叶灌木，聚伞花序顶生，萼紫红，花冠白色，果熟为蓝紫色；生山坡、路旁	播种	植山岩、路边，观花、果
金雀儿	*Cytisus scoparius*	豆科金雀儿属	灌木，叶色淡绿，花黄色；能在岩石上生长	扦插、压条、播种	观花、叶

（续）

中名	学　名	科　属	形态特征与生物学特性	繁殖方法	应　用
野菊	*Chrysanthemum indicum*	菊科 菊属	多年生草本，顶生伞房状圆锥花序，花色多变；半耐阴，全国各地均有	播种	林边，观花
大花淫羊藿	*Epimedium grandiflorum*	小檗科 淫羊藿属	多年生草本，丛生，花萼红紫色，花冠白色	春秋栽种	植山地、阴地，观花
薜荔	*Ficus pumila*	桑科 榕属	常绿攀缘藤本，分枝，气生根很多，生长低矮；耐阴，喜潮湿	扦插、播种	池边、岩石、驳岸、山墙
箬竹	*Indocalamus tessellatus*	禾本科 箬竹属	常绿灌木状竹类，匍匐性强，叶大；耐阴	地下茎栽植	植于山坡，也可作地被
枸杞	*Lycium chinense*	茄科 枸杞属	落叶小灌木，花1～4朵簇生，紫色，浆果红色；生于山坡、荒地、路旁、宅旁，半耐阴	播种、扦插	路旁、石边观赏
阔叶十大功劳	*Mahonia bealei*	小檗科 十大功劳属	常绿灌木，叶大反卷，上面蓝绿，下面黄绿，花序直立，黄褐色，浆果暗蓝色；耐阴	播种	可植山坡、灌木丛中，观叶、观花
铺地柏	*Sabina procumbens*	柏科 圆柏属	常绿木本，植株低矮，平铺地面，小枝密集；喜光，耐干旱	播种	与假山配置，也可植于草坪、坡上、坡脚
白穗花	*Speirantha gardenii*	百合科 白穗花属	多年生常绿草本，叶较宽，亮绿色；喜阴湿处，海拔800m处成片生长	播种、分株	观叶、花
络石	*Trachelospermum jasminoides*	夹竹桃科 络石属	常绿攀缘藤本，有气根，生长迅速；喜阴湿	扦插、播种、分株	宜裸岩地、驳岸、林下栽植

复习思考题

1. 简述地被植物的概念和选择标准。
2. 试列举目前园林中常见的地被植物种类。
3. 结合地被植物在园林的应用现状，简述其应用前景以及在园林中发挥的生态效益。

附录

一、重要花卉学名索引

A

Abelmoschus moschatus 201
Abutilon hybridum 201
Achillea millefolium 248
A. ptarmica 248
A. sibirica 248
Aconitum carmichaeli 249
A. ramulosum 403
Acorus calamus 385
A. tatarinowii 385
Adenium obesum 349
Adenophora tetraphylla 250
Adiantum capillus-junonis 310
A. capillus-veneris 309
A. caudatum 310
A. pedatum 309
Aechmea chantinii 'Variegata' 313
A. fasciata 313
Aeonium simsii 349
Agapanthus africanus 304
Agave americana 347
A. potatorum 347
A. victoriae-reginae 347
Ageratum conyzoides 200
A. houstonianum 200
Aglaia odorata 437
Aglaonema × 'Silver Queen' 319
A. commutatum 319
A. costatum 319
A. modestum 318
Ajania pallasiana 249
Alisma plantago-aquatica 394
Allium giganteum 304
Alocasia×*amazonica* 332
A. macrorrhiza 332
Aloe arborescens var. *natalensis* 349
A. vera var. *chinensis* 349
Alpinia zerumbet 'Variegata' 333
Alstroemeria aurantiaca 285
A. chilensis 285
A. haemantha 285
A. ligta 285
A. pelegrina 285
A. pulchella 285
A. versicolor 285
Alternanthera bettzickiana 202
A. paronychioides 393
Althaea rosea 195
Alyssum saxatilis 250
Amaranthus caudatus 196
A. paniculatus 195
A. tricolor 195
Amaryllis vittata 282
Ammobium alatum 202
Ananas comosus 'Variegatus' 313
Androsace bulleyana 401
A. delavayi 401
A. rigida 401
A. tapete 401
A. umbellata 400
A. wardii 401
Anemone cathayensis 298
A. coronaria 298

A. hupehensis 298
Anthemis tinctoria 249
Anthurium andraeanum 234
A. crystallium 235
A. hookeri 235
A. scendens 235
A. scherzerianum 235
A. wallisii 235
A. warocqueanum 235
Antirrhinum majus 183
Aphelandra squarrosa 'Dania' 333
Aponogeton cripus 393
A. madagascaliensis 393
Aporocactus flagelliformis 348
Aquilegia vulgaris 249
Araucaria cunninghamii 333
Ardisia japonica 461
Arenaria rhodantha 403
Argemone grandiflora 202
Ariocarpus fissuratus 348
A. retusus 348
Arundo donax var. *versicolor* 393
Asparagus densiflorus 327
A. setaceus 327
Aster novi-belgii 243
A. tataricus 243
Astilbe chinensis 250
Astridia velutina 344
Astrophytum asterias 341
A. myriostigma 341
A. ornatum 341
Austrocylindropuntia salmiana 348

B

Babiana stricta 305
Begonia aelatior-hybrid 302
B. × *argentea-guttata* 225
B. × *cheimantha* 225
B. boliviensis 302
B. coccinea 225
B. dregei 225
B. gracilis 224
B. heracleifolia 226
B. × *hiemelis* 225
B. maculata 225
B. margaritae 225
B. masoniana 226
B. nelumbifolia 226
B. rex 226
B. semperflorens 198，225
B. socotrana 225，302
B. yunnanensis 403
B. tuberhybrida 301
Belamcanda chinensis 250
Bellis perennis 185
Bergenia purpurascens 403
Borzicactus aureispina 348
Bougainvillea spectabilis 437
Brachycome iberidifolia 202
Brasenia shreberi 393
Brassica oleracea var. *acephala* f. *tricolor* 193
Browallia speciosa 203

C

Caladium bicolor 319
Calathea lancifolia 317
C. ornata 317
C. roseopicta 317
C. zebrina 317
Calceolaria darwinii 191
C. herbeohybrida 191
C. mexicana 191
Calendula officinalis 186
Callispidia guttata 433
Callistephus chinensis 174
Camellia chrysantha 422
C. japonica 421
C. reticulata 422
C. sasanqua 422
Campanula carpatica 250
C. glomerata 250
C. isophylla 250
C. medium 203
C. persicifolia 250
C. punctata 250
Campsis grandiflora 442
C. radicans 442
Canna flaccida 299

C. ×*generalis* 298
C. glauca 393
C. indica 299
C. iridiflora 299
C. orchioides 299
C. warscewiczii 299
Capsicum frutescens 196
Caragana franchetiana 404
Cardiospermum halicacabum 203
Caryota mitis 332
Cattleya dowiana 373
C. gigas 373
C. intermedia 373
C. labiata 373
C. warneri 373
Celosia cristata 184
Centaurea cyanus 202
C. macrocephala 249
Ceratophyllum demersum 391
Ceratostigma plumbaginoides 461
Cereus peruvianus 348
C. sp. f. *monst* 348
Ceropegia woodii 349
Chaenomeles japonica 461
Chamaecereus silvestris var. *aurea* 348
Chamaedorea elegans 328
Ch. erumpens 328
Ch. seifrizii 328
Cheiranthus allionii 197
Ch. cheiri 197
Chimonanthus companulatus 420
Ch. nitens 420
Ch. praecox 418
Ch. salicifolius 419
Chlorophytum comosum 326
Chrysalidocarpus lutescens 329
Chrysanthemum chanetii 207
Ch. indicum 207，462
Ch. lanvandulifolium 208
Ch. morifolium 207
Ch. vestitum 207
Ch. zawadskii 207
Ch. multicaule 201
Ch. paludosum 201
Cineraria cruenta 177
Cirsium griseum 403
Citrus spp. 449
Clarkia elegans 203
Clematis hybridus 249
C. macropetala 249
Cleome spinosa 203
Clerodendrum trichotomum 461
Clivia gardenii 228
C. miniata 228
C. nobilis 228
Codiaeum variegatum 331
Colchicum autumnale 304
Coleus blumei 194
Consolida ajacis 204
Convallaria majalis 304
Cordyline terminalis 325
Coreopsis grandiflora 245
C. lanceolata 245
C. tinctoria 245
Coronilla varia 455
Cosmos bipinnatus 182
C. sulphureus 182
Crassula corymbulosa 343
C. falcata 343
C. lycopodioides 343
C. perforata 343
C. portulacea 343
Crinum asiaticum 305
Crocus chrysanthus 277
C. maesiacus 276
C. sativus 277
C. speciosus 277
C. vernus 276
Cryptanthus acaulis 332
Cyclamen africanum 293
C. coum 294
C. europaeum 293
C. hederifolium 293
C. persicum 293
Cymbidium eburneum 366，367
C. ensifolium 366，367
C. faberi 366，367
C. floribundum 366，367

C. goeringii 366，367
C. hybrida 377
C. hookerianum 366，368
C. insigne 366，368
C. iridioides 366
C. kanran 366，367
C. lancifolium 366，367
C. sinense 366，367
C. tracyanum 366
Cryptanthus acaulis 332
Cyperus alternifolius 394
Cytisus scoparius 461

D

Dahlia coccinea 289
D. hybrida 289
D. imperialis 289
D. juarezii 289
D. merckii 289
D. pinnata 289
Daphne aurantiaca 403
D. giraldii 434
D. odora 434
D. paphyracca 434
Datura metel 203
Delphinium grandiflorum 204
D. thibeticum 403
Dendranthema ×*grandiflorum* 207
D. morifolium 207
Dendrobium aphyllum 374
D. bigibbum 375
D. chrysanthum 375
D. chrysotoxum 375
D. fimbriatum 375
D. lasianthera 375
D. linawianum 374
D. loddigesii 374
D. moniliforme 374
D. nobile 374
D. pendulum 374
D. phalaenopsis 375
D. primulinum 375
D. speciosum 375
D. stratiotes 375
Deutzia caclycosa 403
Dianthus barbatus 182
D. caryophyllus 214
D. chinensis 181
D. deltoides 182
D. latifolius 182
D. plumarius 182
D. superbus 182
Diapensia bulleyana 403
D. purpurea 403
Dicentra spectabilis 240
Dieffenbachia amoena 320
D. maculata 320
D. ‘Camilla’ *320*
D. ‘ Wilson’s Delight’ 320
Digitalis purpurea 204
Dizygotheca elegantissima 333
Dolichothele longimamma 348
Dracaena fragrans 323
D. sanderiana 324
D. sanderiana ‘Virens’ 324
Duchesnea indica 456
Duvalia elegans 349
Dyckia brevifolia 349

E

Echeveria elegans 343
E. glauca 344
E. pulvinata 344
E. setosa 344
Echinacea purpurea 244
Echinocactus grusonii 339
Echinodorus amazsonicus 394
Echinopsis tubiflora 348
Eichhornia crassipes 390
Emilia sagittata 202
Epimedium grandiflorum 462
Epiphyllum oxypetalum 340
Epipremnum aureum 322
Erigeron speciosus 249
Erythronium grandiflorum 304
Eschscholtzia californica 203
Eucharis grandiflora 305
Eucomis pallidiflora 304

Eupatorium japonicum 249
Euphorbia marginata 203
E. milii 346
E. neriifolia 346
E. pulcherrima 435
E. tirucalli 346
E. trigona 346
Euryale ferox 393
Eustoma grandiflorum 203

F

Faucaria tigrina 345
Ficus benjamina 'Golden Princess' 334
F. elastica 'Variegata' 333
F. microcarpa 333
F. pumila 462
Fittonia verschaffeltii 333
Freesia armstrongii 274
F. hybrida 274
F. refracta 274
Fritillaria camtschatcensis 265
F. cirrhosa 265
F. imperalis 265
F. pallidiflora 265
F. thunbergii 265
F. ussuriensis 265

G

Gaillardia pulchella 202
Galanthus caucasius 287
G. elwesii 287
G. fosteri 287
G. nivalis 286
Galium odoratum 461
Gardenia jasminoides 430
Gasteria maculata 347
G. verrucosa 347
Gaura lindheimeri 251
Gentiana cephalantha 398
G. rigescens 398
G. scabra 397
G. szechenyii 397
Gerbera jamesonii 232
G. hybrida 232
G. virifolia 232
Gilia tricolor 205
Gladiolus cardinalis 268
G. ×*colvillei* 268
G. floribundus 268
G. gandavensis 268
G. hybridus 268
G. primulinus 268
G. psittacinus 268
Glechoma longituba 457
Gloriosa superba 266
Godetia amoena 203
Gomphrena globosa 202
Guzmania conifera 314
G. dissiflora 'Gemma' 314
G. lingulata 314
G. × 'Remembrance' 314
Gymnocalycium baldianum 340
G. cardenasianum 340
G. mihanovichii 340
G. m. var. *friedrichii* 'Rubra' 340
G. multifolorum 340
G. pflanzii 340
G. saglione 340
Gynura aurantiaca 334
Gypsophila elegans 230
G. oldhamiana 230
G. paniculata 230

H

Haemanthus multiflorus 305
Haworthia cymbiformis 346
H. fasciata 346
H. limifolia 346
H. margaritifera 346
H. maughanii 346
H. obtusa var. *pilifera* 346
H. retusa 346
H. tessellata 346
H. truncata 346
Hedera helix 333
Hedychium coronarium 303
H. forrestii 303
H. gardnerianum 303

Helenium autumnale 249
Helianthus annuus ' Nanus Flore-pleno' 202
H. laetiflorus 249
Helichrysum bracteatum 202
Hemerocallis citrina 242
H. flava 242
H. fulva 242
H. hybrida 243
H. middendorffii 242
H. minor 242
Hibiscus arnottianus 439
H. denisonii 439
H. kokio 439
H. mutabilis 439
H. rosa-sinensis 439
H. schizopetalus 438
H. syriacus 439
H. tiliaceus 439
H. waimeae 439
Hippeastrum aulicum 282
H. hybridum 282
H. reginae 282
H. reticulatum 282
H. vittatum 282
Hosta lancifolia 245
H. plantaginea 245
H. ventricosa 245
Hoya carnosa 349
Hyacinthus amethystinus 263
H. azureus 263
H. orientalis 263
Hydrangea macrophylla 431
Hydrilla verticillata 392
Hydrocharis dubia 394
Hylocereus undatus 348
Hymenocallis americana 288
H. calathina 288
H. littoralis 288
H. speciosa 288
Hypericum densiflorum 440
H. forrestii 440
H. longistylum 440
H. monogynum 439
H. patulum 440
Hypoestes phyllostachya 'Splash' 333

I

Iberis amara 204
Impatiens balfouri 181
I. balsamina 180
I. hawkeri 181
I. holstii 181
I. sultanii 181
Incarvillea zhongdianensis 403
I. delavayi 403
Indocalamus tessellatus 462
Iris brevicaulis 221
I. chamaeiris 221，222
I. chrysographes 221
I. delavayi 221
I. ensata 221，384
I. hollandica 272
I. forrestii 221
I. fulva 221
I. germanica 221，222
I. giganticaerulea 221
I. graminea 221
I. japonica 222
I. kashmiriana 221
I. lactea var. *chinensis* 459
I. laevigata 221，222
I. mesopotamica 221
I. pallida 221，222
I. pseudacorus 221，384
I. pumila 221，222
I. reticulata 273
I. sanguinea 221，222
I. sibirica 221，222
I. spuria 221，223
I. tectorum 221，222
I. tingitana 221，272
I. varigata 221
I. virginia 221
I. xiphioides 273
I. xiphium 221，272

J

Jasminum floridum 441

J. mesnyi 441
J. nudiflorum 440
J. officinale 441
J. sambac 442
Jatropha podagrica 349

K

Kalanchoe beharensis 342
K. blossfeldiana 342
K. fedtschenkoi 342
K. marmorata 342
K. pinnata 342
K. rhombopilosa 342
K. synsepala 342
K. thyrsifolia 342
K. tomentosa 342
Kniphofia uvaria 251
Kochia scoparia 204
Kummerowia striata 454

L

Lagenaria siceraria var. *microcarpa* 204
Lampranthus spectabilis 345
Lathyrus latifolius 251
L. odoratus 202
Lavandula pinnata 251
Leucojum vernum 305
Liatris aspera 292
L. graminifolia 292
L. punctata 292
L. pycnostachya 292
L. spicata 292
Lilium amoenum 255
L. auratum 256
L. brownii 254
L. bulbiferum 256
L. candidum 254
L. concolor 255
L. dauricum 255
L. davidii 255
L. d. var. *unicolor* 255
L. ×*formolongo* 256
L. formosanum 256
L. henryi 255
L. lancifolium 255
L. longiflorum 254
L. martagon 255
L. m. var. *pilosiusculum* 255
L. regale 254
L. souliei 255
L. speciosum 255
L. sulphurenum 256
L. taliense 404
L. tsingtauense 255
Limnocharis flava 394
Limonium bicolor 237
L. hybrida 237
L. latifolium 236
L. perezii 237
L. reticulata 237
L. sinuatum 236
L. tataricum 237
Linaria vulgaris 204
Linum grandiflorum 205
L. perenne 251
Liriope platyphylla 460
L. spicata 460
Lithops spp. 344
Livistona chinensis 332
Lobelia erinus 203
Lobularia maritima 198
Lupinus densiflorus 202
Lychnis chalcedonica 250
L. coelirosa 204
L. coronata 250
L. fulgens 250
L. senno 250
Lycium chinense 462
Lycoris albiflora 281
L. aurea 281
L. chinensis 281
L. incarnata 281
L. radiata 280
L. rosea 281
L. sprengeri 281
L. squamigera 281
Lysimachia christinae 458
Lythrum salicaria 383

M

Magnolia delavayi 403
Mahonia bealei 462
Malus halliana 449
M. micromalus 449
M. rockii 403
M. spectabilis 449
Malva sinensis 201
Mammillaria elongata 341
M. gracilis 341
M. prolifera 341
Manihot esculenta 'Variegata' 334
Maranta bicolor 316
Marsilea quadrifolia 389
Matthiola incana 199
Medicago sativa 455
Melampodium paludosum 199
Melocactus intortus 348
Michelia alba 432
M. champaca 432
M. figo 432
Mimosa pudica 202
Mimulus luteus 204
Miscanthus sinensis 'Zebrinus' 248
Molucella laevis 205
Monochoria korsakowii 394
M. vaginalis 394
Monstera deliciosa 332
Morina nepalensis 403
Muscari armeniacum 266
M. botryoides 265
M. comosum 266
M. racemosum 266
Musella lasiocarpa 403
Myosotis sylvatica 205

N

Najas marina 394
Narcissus cyclamineus 278
N. incomparabilis 278
N. jonquilla 278
N. poeticus 278
N. pseudo-narcissus 278
N. tazetta 278
N. tazetta var. *chinensis* 277
Nelumbo lutea 381
N. nucifera 380
N. pentapetala 381
Nemesia strumosa 204
Neottopteris antiqua 310
N. antrophyoides 310
N. nidus 310
Nephrolepis auriculata 311
N. exaltata 311
Nerine bowdenii 305
Nicotiana alata 203
Nigella damascena 204
Nolina recurvata 334
Nomocharis forrestii 404
N. pardanthina 404
Nopalxochia ackermannii 348
Notholirion bulbuliferum 404
N. campanulatum 404
Nuphar bornetii 389
N. luteum 389
N. pumilum 388
N. shimadai 389
N. sinensis 389
Nymphaea alba 387
N. caerulea 387
N. candida 387
N. capensis 387
N. lotus 387
N. mexicana 387
N. odorata 387
N. rubra 387
N. tetragona 387
N. tuberosa 387
Nymphoides peltatum 389

O

Opuntia dillenii 348
O. microdasys 348
Ornithogalum caudatum 304
Orychophragmus violaceus 457
Osmanthus fragrans 426
Oxalis corymbosa 456

P

Pachira macrocarpa 330
Pachypodium namaguanum 349
Paeonia delavayi 411
P. ×*lemoinei* 411
P. lactiflora 218
P. lutea 411
P. ostii 411
P. rokii 411
P. suffruticosa 409
Pandanus veitchii 334
Papaver nudicaule 190
P. orientale 190
P. rhoeas 190
Paphiopedilum armeniacum 371
P. concolor 371
P. hainanensis 371
P. hangianum 372
P. malipoense 371
P. markianum 371
P. micranthum 371
P. philippinense 372
P. sukhaulii 372
Paraquilegia microphylla 403
Pedicularis lutiscens 400
P. siphonantha 400
P. superba 400
P. tricolor 400
P. verticillata 399
Pedilanthus tithpoaloides 349
Pelargonium domesticum 246
P. hortorum 246
P. peltatum 246
P. zonale 246
Penstemon campanulatus 251
Peperomia argyreia 332
P. caperata 333
P. obtusifolia 332
Pereskia aculeata 349
Pericallis cruenta 177
P. ×*hybrida* 177
P. ×*lanata* 177
Petunia hybrida 173
Phalaenopsis amabilis 369
Ph. aphrodite 369
Ph. bstianii 370
Ph. celebensis 369
Ph. cochlearis 370
Ph. cornu-cervi 370
Ph. epuestris 369
Ph. fasciata 370
Ph. gigantea 370
Ph. lobbii 369
Ph. pantherina 370
Ph. parishii 369
Ph. philippionensis 369
Ph. viridis 370
Ph. wilsonii 369
Pharbitis hederacea 189
P. nil 188
P. purpurea 189
Philodendron cordatum 321
Ph. erubescens 'Green Emerald' 321
Ph. imbe 321
Ph. panduraeforme 321
Ph. selloum 321
Phlox drummondii 192
Ph. paniculata 241
Ph. subulata 241
Phoenix roebelenii 332
Physalis alkekengi 203
Physostegia virginiana 247
Pilea cadierei 333
Piptanthus nepalensis 404
Pistia stratiotes 391
Platycerium bifurcatum 311
Platycodon grandiflorum 250
Plumeria rubra var. *acutifolia* 349
Polemonium coaeruleum 251
Polianthes tuberosa 283
Polygonum griffithii 404
Polyscias balfouriana 333
Pontederia cordata 385
Portulaca grandiflora 176
Portulacaria afra 349
Potamogeton natans 394
Potentilla coriandrifolia 403

Primula auricula 399
P. denticulata 399
P. forbesii 399
P. kewensis 399
P. malacoides 399
P. obconica 398
P. × *polyantha* 399
P. sinensis 398
P. vulgaris 399
Prunus lannesiana 448
P. mume 416
P. persica var. *duplex* 447
P. serrulata 448
P. triloba 446
P. yedoensis 448
Pueraria lobata 455
Pulsatilla chinensis 249
Pyracantha angustifolia 443
P. atalantioides 443
P. coccinea 443
P. crenulata 443
P. fortuneana 443

Q

Quamoclit coccinea 189
Q. lobata 190
Q. pennata 189
Q. ×*sloteri* 190

R

Ranunculus aconitifolius 296
R. acris 296
R. alpestris 296
R. asiaticus 296
R. bulbosus 296
R. gramineus 296
R. lingua 296
Reineckia carnea 459
Reseda odorata 205
Rhapis excelsa 329
Rh. humilis 330
Rheum nobile 404
Rhipsalidopsis gaertneri 349
Rhipsalis salicornioides 342
Rhodiola fastigiata 404
Rhododendron bulu 404
Rh. campanulatum 404
Rh. decorum 424
Rh. delavayi 424
Rh. edgeworthii 424
Rh. fortunei 424
Rh. hancockii 425
Rh. indium 425
Rh. lacteum 424
Rh. lutescens 404
Rh. molle 425
Rh. mucronatum 425
Rh. obtusum 425
Rh. pulchrum 425
Rh. simsii 423
Rhoeo spathacea 333
Rohdea japonica 459
Rosa×*alba* 406
R. arvensis 407
R. borboniana 406
R. centifolia 406
R. chinensis 406
R. cymosa 406
R. damascena 406
R. gallica 406
R. gigantea 406
R. hybrida 405
R. iheritierana 406
R. laevigata 405
R. moschata 406
R. multiflora 405
R. omeiensis 406
R. roxburghii 406
R. rugosa 406
R. spinosissima 406
R. wichuriana 406
R. xanthina 406
Rudbeckia hirta 202
R. laciniata 249

S

Sabina procumbens 462
Sagittaria sagittifolia 394

Salvia coccinea　172
S. farinacea　172
S. guaranitica　172
S. splendens　171
S. uliginosa　172
Salvinia natans　394
Sandersonia aurantiaca　304
Sanguisorba officinalis　458
Sansevieria trifasciata　349
S. t. 'Laaurenrii'　349
Saponaria officinalis　250
Saussurea depsangensis　402
S. hypsipeta　402
S. involucrata　401
S. laniceps　402
S. medusa　402
S. obvallata　402
Saxifraga stolonifera　334
Scabiosa atropurpurea　205
S. superba　251
S. tschiliensis　251
Schefflera arboricola 'Variegata'　333
S. octophylla　333
Schizanthus pinnatus　203
Schlumbergera bridgesii　339
Scilla bifolia　267
S. campanulata　267
S. peruviana　267
S. sibirica　267
S. sinensis　267
Scindapsus aureus　322
Scirpus tabernaemontani　395
Sedum aizoon　343
S. anglicum　343
S. emarginatus　343
S. lineare　343
S. magniflorum　404
S. makinoi　343
S. morganianus　343
S. pachyphyllum　343
S. rubrotinctum　343
S. sarmentosum　343
S. spectabile　343
Selaginella uncinata　461
Sempervirum tectorum　349
Senecio articulatus　350
S. cruentus　177
S. rowleyanus　350
S. pericallis　177
Silene armeria　204
Sinningia speciosa　303
Solidago canadensis　249
Sparaxis tricolor　305
Spathiphyllum kochii　322
S. × 'Mauna Loa'　322
S. × 'Sensation'　322
Speirantha gardenii　462
Sprekelia formosissima　305
Spriae×bubalda 'Gold Mound'　458
Stapelia grandiflora　345
Stellera chamaejasme　404
Strelitzia augusta　239
S. nicolaii　239
S. parvifolia　239
S. reginae　238
Syngonium podophyllum　332
Syringa yunnanensis　404

T

Tagetes erecta　178
T. patula　178
T. tenuifolia　178
Thalia dealbata　386
Thalictrum aquilegifolium　249
Th. petaloideum　250
Th. squarrosum　250
Thunbergia alata　205
Thymus mongolicus　457
Tigridia pavonia　305
Tillandsia cyanea　315
T. flabellata　315
T. ionantha　315
T. usuneoides　315
Torenia fournieri　204
Trachelospermum jasminoides　462
Trachymene coerulea　205
Tradescantia fluminensis　333
T. sillamontana　333

Trapa quadrispinosa 395
Trifolium repens 454
Trillium tschonoskii 304
Tritonia crocata 305
Trollius chinensis 250
Tropaeolum majus 205
Tulipa buhseana 259
T. clusiana 259
T. fosteriana 259
T. gesneriana 259
T. greigii 259
T. iliensis 259
T. kaufmaniana 259
T. schrenkii 259
T. suaveolens 259
Typha angustata 383
T. angustifolia 383
T. latifolia 384
T. orientalis 384

U

Ursinia anthemoides 202

V

Vallisneria natans 392
Vanda alpina 377
V. brunnea 376
V. coerulea 377
V. coerulescens 377
V. concolor 377
V. cristata 377
V. lamellata 377
V. pumila 377
V. subconcolor 377
V. teres 376
Verbascum thapsus 204
Verbena bonariensis 188
V. hybrida 187
V. tenera 188
Veronica linariifolia 251
V. spicata 251
Victoria regia 388
Viola altaica 175
V. cornuta 175
V. lutea 175
V. odorata 175
V. phillipina 460
V. tricolor 175
V. ×wittrockiana 175
Vriesea carinata 316
V. × poelmannii 316
V. splendens 315
V. zebrona 316

W

Weigela coraeensis 444
W. floribunda 444
W. florida 444
W. japonica 444
W. praecox 445
Wisteria sinensis 445

Y

Yucca elephantipes 326

Z

Zamioculcas zamiifolia 332
Zantedeschia aethiopica 300
Z. albo-maculata 300
Z. elliottiana 300
Z. rehmannii 300
Zebrina pendula 333
Zephyranthes candida 287
Z. grandiflora 287
Zinnia angustifolia 179
Z. elegans 179
Z. linearis 179
Zygocactus truncactus 339

二、重要花卉中名笔画索引

一画

一串红 171
一枝黄花 249
一品红 435
乙女心 343

二画

二叉鹿角蕨 311
二叶绵枣儿 267
二色补血草 237
丁香水仙 278
七里黄 197
八仙花 431
八宝景天 343
人参榕 333

三画

三色马先蒿 400
三色吉利花 205
三色苋 195
三色堇 175
三色魔杖花 305
大王万年青 320
大白杜鹃 424
大花三色堇 175
大花万代兰 377
大花小苍兰 274
大花天竺葵 246
大花龙胆 397
大花矢车菊 249
大花亚麻 205
大花君子兰 228
大花金鸡菊 245
大花油加律 305
大花美人蕉 298
大花猪牙花 304
大花剪秋罗 250
大花淫羊藿 462
大花葱 304
大花萱草 243
大花景天 404
大花犀角 345
大花蓝盆花 251
大花蓟罂粟 202
大花蕙兰 377
大花藿香蓟 200
大芦荟 349
大丽花 289
大苞萱草 242
大岩桐 303
大金鸡菊 245
大理百合 404
大雪花莲 287
大银苞芋 322
大鹤望兰 239
大薸 391
大瓣铁线莲 249
大鳞巢蕨 310
万代兰 376
万年青 459
万寿菊 178
万象 346
小叶秋海棠 225
小叶鹤望兰 239
小红菊 207
小报春 399

小花百日草 179
小花仙客来 294
小苍兰 274
小果蔷薇 406
小黄花菜 242
小蓝万代兰 377
小精灵 315
山玉兰 403
山字草 203
山麦冬 460
山吹 348
山茶 421
山桃草 251
山樱花 448
山影拳 348
千日红 202
千叶蓍 248
千屈菜 383
川贝母 265
川百合 255
川滇金丝桃 440
广东万年青 318
飞蓬 249
飞燕草 204
马拉巴栗 330
马蔺 459
马缨花 424
马蹄纹天竺葵 246
马蹄莲 300

四画

王百合 254
王莲 388
天人菊 202
天门冬 327
天轮柱 348
天竺葵 246
天香百合 256
天赐玉 340
天鹅绒竹芋 317
天蓝鼠尾草 172
云南丁香 404
云南山茶 422
云南鸢尾 221
云南秋海棠 403
云南黄馨 441
云南锦鸡儿 404
云锦杜鹃 424
木芙蓉 439
木犀草 205
木槿 439
五色苋 202
五色菊 202
车轴草 461
巨丝兰 326
巨花蔷薇 406
瓦氏卡特兰 373
少女石竹 182
日本木瓜 461
日本晚樱 448
日本锦带花 444
中华萍蓬草 389
中国水仙 277
中国石蒜 281
中型卡特兰 373
贝壳花 205
贝壳蝴蝶兰 370
水生美人蕉 393
水母雪兔子 402
水鬼蕉 288
水烛 383
水葱 394
水晶花烛 235
水晶掌 346
水鳖 394
毛叶莲花掌 349
毛地黄 204
毛百合 255
毛华菊 207
毛药石斛 375
毛蕊花 204
长心叶喜林芋 321
长叶毛茛 296
长叶花烛 235
长生草 349
长寿花 342
长苞香蒲 383
长柱金丝桃 440

长梗蓼　404
长鞭红景天　404
月季　405
月季花　406
丹尼亚单药花　333
丹吉尔鸢尾　272
勿忘草　205
风信子　263
风铃草　203
风船葛　203
乌头　249
凤仙花　180
凤眼莲　390
凤梨百合　304
文竹　327
文殊兰　305
六出花　284
六倍利　203
火炬花　251
火棘　443
火鹤花　235
心叶粗肋草　319
心叶蔓绿绒　321
巴氏蝴蝶兰　370
巴富凤仙　181
孔雀木　333
孔雀草　178

五画

玉牛掌　349
玉吊钟　342
玉兔蝴蝶兰　369
玉扇　346
玉蝉花　221，384
玉簪　245
玉露　346
打破碗花花　298
甘菊　207
甘德唐菖蒲　268
石竹　181
石竹梅　182
石岩杜鹃　425
石莲花　344
石菖蒲　385
石斛　374
石蒜　280
石碱花　250
布朗百合　254
龙头花　305
龙舌兰　347
龙面花　204
龙须海棠　345
龙胆　397
平贝母　265
东方罂粟　190
东京樱花　448
卡特兰　373
叶子花　437
叶仙人掌　349
田字萍　389
田野蔷薇　407
凹叶景天　343
四季报春　398
四季秋海棠　198，225
四海波　345
生石花　344
矢车菊　202
禾叶鸢尾　221
禾草毛茛　296
丘园报春　399
仙人指　339
仙人笔　350
仙人球　348
仙人掌　348
仙女之舞　342
仙客来　293
仙客来水仙　278
白车轴草　454
白玉黛粉叶　320
白兰花　432
白头翁　249
白花百合　254
白花杜鹃　425
白花曼陀罗　203
白花紫露草　333
白柱万代兰　376
白雪姬　333
白晶菊　201

白瑞香 434
白睡莲 387
白蔷薇 406
白鹤芋 322
白穗花 462
瓜叶菊 177
丛生风铃草 250
丛生葡萄风信子 266
丛生福禄考 241
令箭荷花 348
冬花秋海棠 225
鸟巢蕨 310
包尔苏蔷薇 406
兰州百合 255
兰花美人蕉 299
半支莲 176
头花龙胆 398
尼可拉鹤望兰 239
弗吉尼亚鸢尾 221
弗斯特雪花莲 287
圣诞秋海棠 225
台湾百合 256
台湾萍蓬草 389

六画

吉祥草 459
考夫曼郁金香 259
地中海仙客来 293
地中海绵枣儿 267
地肤 204
地涌金莲 403
地榆 458
芍药 218
亚美尼亚蓝壶花 266
亚菊 249
过路黄 458
再力花 386
西瓜皮椒草 332
西伯利亚鸢尾 221，222
西伯利亚绵枣儿 267
西府海棠 449
西南蜡梅 420
西班牙鸢尾 221，272
西藏虎头兰 366
百子莲 304
百日草 179
百叶蔷薇 406
百合 253
百里香 457
灰蓟 403
达尔文氏蒲包花 191
光叶蔷薇 406
光琳玉 340
光棍树 346
旱锦带花 445
团羽铁线蕨 310
同色兜兰 371
吊兰 326
吊竹梅 333
吊灯扶桑 438
吊金钱 349
网状补血草 237
网纹孤挺花 282
网草 393
网脉鸢尾 273
网球花 305
年橘 449
朱顶红 282
朱蕉 325
竹茎玲珑椰子 328
延龄草 304
华北蓝盆花 251
华西蝴蝶兰 369
华丽马先蒿 400
伊贝母 265
伊犁郁金香 259
全缘火棘 443
合果芋 332
杂种朱顶红 282
杂种补血草 237
杂种非洲菊 232
杂种金铃花 201
杂种铁线莲 249
杂种黄牡丹 411
匈牙利鸢尾 221
多年生霞草 230
多色六出花 285
多花水仙 278

多花玉　340
多花兰　366，367
多花报春　399
多花唐菖蒲　268
多枝乌头　403
冰岛罂粟　190
羊角石斛　375
羊踯躅　425
米兰　437
羽叶薰衣草　251
羽衣甘蓝　193
羽裂喜林芋　321
观音兰　305
观赏葫芦　204
观赏辣椒　196
红大丽花　289
红口水仙　278
红六出花　285
红丝姜花　303
红花小苍兰　274
红花马蹄莲　300
红花无心菜　403
红花竹节秋海棠　225
红花岩梅　403
红花酢浆草　456
红花睡莲　387
红花鼠尾草　172
红苞喜林芋　321
红波罗花　403
红莲子草　393
红雀珊瑚　349
红斑枪刀药　333

七画

寿　346
麦氏大丽花　289
麦氏兜兰　371
麦秆菊　202
扶桑　438
块茎睡莲　387
报春石斛　375
报春花　399
报春花唐菖蒲　268
拟鸢尾　221，223
拟耧斗菜　403
花贝母　265
花毛茛　296
花叶万年青　320
花叶川莲　342
‘花叶’木薯　334
花叶芋　317
花叶竹芋　316
花叶艳山姜　333
花葱　251
花烛　234
花烟草　203
花菱草　203
芬芳郁金香　259
芡实　393
芦荟　349
克什米尔鸢尾　221
克氏郁金香　259
克里木鸢尾　221，222
苏丹凤仙　181
苏氏兜兰　372
苏拉威西蝴蝶兰　369
杜鹃花　423
杏黄兜兰　371
杨山牡丹　411
束花石斛　375
丽江山荆子　403
丽格海棠　302
肖竹芋　317
旱伞草　394
旱金莲　205
串钱景天　343
牡丹　409
牡丹玉　340
秀丽卡特兰　373
何氏凤仙　181
佛甲草　343
佛肚树　349
含笑　432
含羞草　202
龟甲牡丹　348
龟背竹　332
角堇　175
条纹十二卷　346

迎春 440
冷水花 333
沙参 250
沙漠玫瑰 349
沃氏花烛 235
补血草 236
君子兰 227
尾穗苋 196
阿尔卑斯毛茛 296
阿尔泰堇菜 175
阿拉伯秋海棠 225，302
鸡冠万代兰 377
鸡冠花 184
鸡眼草 454
鸡蛋花 349
纯色万代兰 377

八画

青岛百合 255
青锁龙 343
玫红百合 255
玫瑰 406
玫瑰石蒜 281
玫瑰竹芋 317
茉莉 442
苦草 392
英国鸢尾 273
茑萝 189
苞叶雪莲 402
松萝铁兰 315
松霞 341
枫叶秋海棠 226
刺参 403
雨久花 394
郁金香 259
欧亚火棘 443
欧亚萍蓬草 389
欧报春 399
欧洲仙客来 293
欧洲百合 255
欧洲堇菜 175
欧洲银莲花 298
欧洲剪秋罗 204
轮叶马先蒿 399
软叶刺葵 332
鸢尾 221
鸢尾美人蕉 299
非洲仙客来 293
非洲菊 232
歧花铁兰 315
虎头兰 367，368
虎皮花 305
虎耳草 334
虎尾兰 349
虎纹凤梨 315
虎刺梅 346
虎眼万年青 304
肾蕨 311
昙花 340
果子蔓 314
昆仑雪兔子 402
明星水仙 278
岩生庭荠 250
岩牡丹 348
岩白菜 403
钓钟柳 251
垂头万代兰 377
垂丝海棠 449
垂盆草 343
垂笑君子兰 228
佩雷济补血草 237
‘金山’绣线菊 458
金手指 341
‘金边’虎尾兰 349
金丝桃 439
金丝梅 440
金光菊 249
金花茶 422
金鱼草 183
金鱼藻 391
金星 348
金脉鸢尾 221
金盏菊 186
金莲花 250
金雀儿 461
金琥 339
金番红花 277
金樱子 405

念珠掌　342
乳白石蒜　281
乳肋粉黛叶　320
乳黄杜鹃　424
肿节石斛　374
兔耳兰　366，367
忽地笑　281
狒狒花　305
变叶木　331
变叶芦竹　393
卷丹　255
卷瓣大丽花　289
浅黄马先蒿　400
法国蔷薇　406
泡泡叶杜鹃　424
波旁蔷薇　406
波斯菊　182
泽兰　249
泽泻　394
学士毛茛　296
建兰　366，367
屈曲花　204
细叶万寿菊　178
细叶百日草　179
细叶鸢尾　221
细叶美女樱　188
细叶蛇鞭菊　292
细叶婆婆纳　251
细茎石斛　374
细圆齿火棘　443
细斑粗肋草　319

九画

春兰　366，367
春黄菊　249
春黄熊菊　202
春番红花　276
珊瑚树　348
玻利维亚秋海棠　302
玻璃秋海棠　225
垫状点地梅　401
茜之塔　343
荇菜　389
茶梅　422
茨藻　394
胡克氏花烛　235
南非睡莲　387
南洋白花蝴蝶兰　369
南洋杉　333
柯氏唐菖蒲　268
柏氏蝴蝶兰　369
栀子花　430
枸杞　462
柳叶马鞭草　188
柳叶蜡梅　419
柳穿鱼　204
树马齿苋　349
树状大丽花　289
牵牛花　188
韭莲　287
点地梅　400
点纹十二卷　346
星球　341
贵州萍蓬草　389
虹之玉　343
虾衣花　433
钟花杜鹃　404
钟花假百合　404
香石竹　214
香石蒜　281
香龙血树　323
香根鸢尾　221，222
香堇　175
香雪球　198
香蒲　384
香睡莲　387
香豌豆　202
秋水仙　304
皇冠草　394
鬼脚掌　347
盾叶天竺葵　246
须苞石竹　182
狭叶玉簪　245
狭基巢蕨　310
独占春　366，367
亮叶蜡梅　420
美人蕉　299
美女樱　187

美叶光萼荷 313
美兰菊 199
美花石斛 374
美花兰 366，368
美丽水鬼蕉 288
美丽六出花 285
美丽石莲花 343
美丽石斛 375
美丽孤挺花 282
美丽番红花 277
美国凌霄 442
美洲黄莲 381
美索不达米亚鸢尾 221
姜花 303
送春花 203
总状葡萄风信子 266
活血丹 457
洋桔梗 203
突厥蔷薇 406
神刀 343
费菜 343
娜丽花 305
柔毛郁金香 259
柔瓣美人蕉 299
绒毛掌 344
绒缨菊 202
络石 462

十画

‘艳’凤梨 313
艳花向日葵 249
珠蓍 248
素方花 441
换锦花 281
埃及白睡莲 387
莲叶秋海棠 226
荷包牡丹 240
荷兰鸢尾 272
荷兰菊 243
荷花 380
菱叶委陵菜 403
莺哥凤梨 316
莼菜 393
桂竹香 197
桂花 426
桔梗 250
桃叶风铃草 250
桃红蝴蝶兰 369
格里郁金香 259
夏堇 204
鸭舌草 394
圆叶茑萝 189
圆叶南洋参 333
圆叶牵牛 189
圆叶椒草 332
圆叶景天 343
圆锥擎天 314
圆瓣姜花 303
峨眉蔷薇 406
铁十字秋海棠 226
铁兰 315
铁线蕨 309
铃兰 304
皋月杜鹃 425
射干 250
般若 341
豹子花 404
豹纹蝴蝶兰 370
狼毒 404
皱叶波浪草 393
皱叶剪秋罗 250
皱叶椒草 333
凌霄 442
高大肾蕨 311
高山报春 399
高毛茛 296
高加索雪花莲 287
高雪轮 204
准噶尔郁金香 259
唐印 342
唐松草 249
唐菖蒲 268
粉萼鼠尾草 172
浙贝母 265
酒瓶兰 334
海仙花 444
海芋 332
海州常山 461

海南兜兰　371
海棠　448
海棠花　449
浮叶眼子菜　394
流苏石斛　375
宽叶补血草　236
宽叶香蒲　384
宾川溲疏　403
窄叶火棘　443
窄叶君子兰　228
诸葛菜　457
扇雀　342
袖珍椰子　328
展枝唐松草　250
姬凤梨　332
姬星美人　343
绣球小冠花　455

十一画

球兰　349
球花报春　399
球根毛茛　296
球根鸢尾　272
球根秋海棠　301
琉璃殿　346
堆心菊　249
菱　394
黄毛掌　348
黄六出花　285
黄兰　432
黄花马蹄莲　300
黄花木　404
黄花岩梅　403
黄花杜鹃　404
黄花菜　242
黄花萱草　242
黄花蔺　394
黄牡丹　411
黄苞果子蔓　314
黄刺玫　406
黄金纽　348
黄菖蒲　221，384
黄萼果子蔓　314
黄葵　201
黄晶菊　201
黄瑞香　434
黄睡莲　387
黄蝉兰　366
黄槿　439
菲律宾白花蝴蝶兰　369
菲律宾兜兰　372
菲律宾蝴蝶兰　369
菖蒲　385
菊花　207
萍蓬草　388
梅花　416
梭鱼草　385
硕花卡特兰　373
雪片莲　305
雪白睡莲　387
雪花莲　286
雪佛里椰子　328
雪莲　401
雪铁芋　332
探春　441
常春藤　333
常夏石竹　182
野菊　207，462
野蔷薇　405
晚香玉　283
蛇目菊　245
蛇皮掌　346
蛇莓　456
蛇根草　292
蛇鞭菊　292
铜红鸢尾　221
银手指　341
银边富贵竹　324
银边翠　203
‘银后’粗肋草　319
银苞菊　202
银星马蹄莲　300
银星竹节秋海棠　225
银莲花　298
兜兰　370
兜唇石斛　374
假百合　404
假昙花　349

彩云 348
彩云阁 346
彩叶草 194
彩苞凤梨 316
象耳蝴蝶兰 370
鸾凤玉 341
麻栗坡兜兰 371
鹿子百合 255
鹿角海棠 343
鹿角蝴蝶兰 370
鹿葱 281
粗毛点地梅 401
剪秋罗 250
剪夏罗 250
淡黄花百合 256
淡紫六出花 285
深红网纹草 333
深波叶补血草 236
深蓝鼠尾草 172
宿根亚麻 251
宿根香豌豆 251
宿根福禄考 241
密花羽扇豆 202
密花金丝桃 440
密刺蔷薇 406
随意草 247
绯红唐菖蒲 268
绯花玉 340
‘绯牡丹’ 340
绵头雪兔子 402
绵枣儿 267
‘绿巨人’ 322
绿叶非洲菊 232
绿花蝴蝶兰 370
绿萝 322

十二画

琴叶蔓绿绒 321
琴唇万代兰 377
‘斑叶’光萼荷 313
‘斑叶’芒 248
斑叶竹节秋海棠 225
‘斑叶’垂榕 334
‘斑叶’鹅掌藤 333
‘斑叶’橡皮树 333
斑叶露兜树 334
斑纹莺哥 316
堪萨斯蛇鞭菊 292
塔黄 404
提灯花 304
散尾葵 329
散鳞杜鹃 404
葛藤 455
葡萄风信子 265
葱莲 287
落地生根 342
落新妇 250
萱草 242
韩氏兜兰 372
葵叶茑萝 190
棒叶万代兰 376
棒槌树 349
棕竹 329
硬叶兜兰 371
硬枝点地梅 401
硫华菊 182
裂叶茑萝 190
裂叶牵牛 189
雅美万代兰 377
紫叶美人蕉 299
紫花百合 255
紫花地丁 460
紫花苜蓿 455
紫花野菊 207
紫牡丹 411
紫条六出花 285
紫松果菊 244
紫罗兰 199
紫金牛 461
紫背万年青 333
紫盆花 205
紫菀 243
紫斑风铃草 250
紫斑牡丹 411
紫萼 245
紫鹅绒 334
紫藤 445
掌叶铁线蕨 309

量天尺　348
景天点地梅　401
喇叭水仙　278
黑贝母　265
黑毛雪兔子　402
黑心菊　202
黑叶观音莲　332
黑种草　204
黑藻　392
铺地柏　462
短叶雀舌兰　349
短茎鸢尾　221
短筒孤挺花　282
短穗鱼尾葵　332
智利六出花　285
番红花　277
番黄花　276
猴面花　204
阔叶十大功劳　462
阔叶山麦冬　460
湖北百合　255
渥丹　255
寒兰　366，367
富贵竹　324

十三画

瑞香　434
鼓槌石斛　375
蓍草　248
蓝花水鬼蕉　288
蓝英花　203
蓝饰带花　205
蓝雪花　461
蓝睡莲　387
蒲包花　191
蒲葵　332
槐叶苹　394
榆叶梅　446
雷神　347
虞美人　190
睡莲　387
路边花　444
蛾蝶花　203
蜀葵　195
锦司晃　344
锦带花　444
锦绣杜鹃　425
锦葵　201
锥花丝石竹　230
矮万代兰　377
矮生向日葵　202
矮鸢尾　221，222
矮牵牛　173
矮棕竹　330
鼠尾掌　348
雏菊　185
新几内亚凤仙　181
新天地　340
新铁炮百合　256
新疆百合　255
意大利风铃草　250
慈姑　394
滇龙胆草　398
滇西北点地梅　401
滇南杜鹃　425
滇蜀豹子花　404
溪荪　221，222
福氏郁金香　259
福禄考　192

十四画

碧桃　447
嘉兰　266
聚花风铃草　250
聚铃花　267
蔓生花烛　235
酸浆　203
翡翠珠　350
翡翠景天　343
蜡梅　418
箬竹　462
管花马先蒿　400
褐斑伽蓝菜　342
翠云草　461
翠菊　174
翠雀　204
缫丝花　405

十五画

耧斗菜 249
趣蝶莲 342
鞑靼补血草 237
蕙兰 366，367
横纹蝴蝶兰 370
樱石斛 374
樱花 448
醉蝶花 203
蝴蝶石斛 375
蝴蝶兰 368
蝴蝶花 221，222
墨兰 366，367
墨西哥蒲包花 191
墨鉾 347
箭羽竹芋 317
德拉瓦氏鸢尾 221
德国鸢尾 221，222
鲨鱼掌 347
澳洲鸭脚木 333
澜沧翠雀花 403
鹤望兰 238

十六画

燕子花 221，222
燕子掌 343
薜荔 462
橙花瑞香 403
螟叶秋海棠 226
鹦鹉唐菖蒲 268
糙叶蛇鞭菊 292

十七画

藏报春 398
霞草 230
穗花婆婆纳 251
繁穗苋 195
翼叶山牵牛 205

十八画

鞭叶铁线蕨 310
瞿麦 182

十九画

藿香蓟 200
蟹爪兰 339
瓣蕊唐松草 250

二十画

鳞茎百合 256

二十一画

霸王鞭 346
麝香百合 254
麝香蔷薇 406

二十二画

囊距石斛 375